普通高等教育“十二五”规划教材

大学物理学

（上册）

王玉国　康山林　赵宝群　主编

科学出版社

北京

内 容 简 介

本书是根据教育部《高等教育教学内容和课程体系改革计划》和高等学校物理学与天文学教学指导委员会物理基础课程教学指导分委员会编制的《理工科类大学物理课程教学基本要求(2010版)》的基本精神,并结合国内外非物理类尤其是工科物理教材改革动态和编者多年的教学实践经验编写而成的.全书分为上、下两册,上册包括力学基础、振动与波动、热学等内容;下册包括电磁学、波动光学、近代物理等内容.本书内容注意联系生活实际,突出工程特色,注重介绍物理学的思想方法、物理学在工程技术中的应用等内容,尽力反映物理学前沿和相关新技术的发展情况,努力使教材内容系统化和现代化.

本书可作为高等工科院校各专业的大学物理教材,也可作为一般读者了解基础物理理论与物理学工程技术应用的参考书.为方便教学,本书配有内容生动的多媒体教学课件和电子版的习题详细解答.

图书在版编目(CIP)数据

大学物理学:全2册/王玉国,康山林,赵宝群主编. —北京:科学出版社,2013.1

普通高等教育"十二五"规划教材

ISBN 978-7-03-036609-2

Ⅰ.①大… Ⅱ.①王…②康…③赵… Ⅲ.①物理学-高等学校-教材 Ⅳ.①O4

中国版本图书馆CIP数据核字(2013)第019090号

责任编辑:昌 盛/责任校对:邹慧卿

责任印制:阎 磊/封面设计:迷底书装

科学出版社出版

北京东黄城根北街16号

邮政编码:100717

http://www.sciencep.com

铭浩彩色印装有限公司印刷

科学出版社发行 各地新华书店经销

*

2013年1月第 一 版 开本:787×1092 1/16

2015年12月第四次印刷 印张:34 1/4

字数:871 000

定价:59.00元(上下册)

(如有印装质量问题,我社负责调换)

前　　言

为适应当前物理课程教学改革的要求，根据教育部《高等教育教学内容和课程体系改革计划》和《理工科类大学物理课程教学基本要求(2010 版)》的基本精神，我们在总结大学物理课程教学研究和改革实践的基础上，借鉴了部分国内外新的教学改革成果，编写了《大学物理学》一书. 本书以大学物理课程基本要求为依据，本着贴近生活、结合技术、加强近代、突出应用、注重能力培养的原则，努力彰显“精、新、实、宜、活”的特色.

1.“精”:在内容设置上，我们精心选择教材内容，突出主干，删除枝节；在内容处理上，我们尽量简化数学推导，突出物理学思想方法，注意内容的前后联系，力求使教学内容形成完整体系.

2.“新”:根据大学物理课程基本要求，加强了近代物理内容，并且将一些物理学前沿新内容以阅读材料的形式体现出来，力求使教学内容现代化.

3.“实”:尽量使教材内容贴近生活，突出应用，结合技术；注意结合日常实际现象引入问题，应用物理学理论解释实际现象；注重介绍物理学在工程技术中的应用性内容.

4.“宜”:充分考虑不同层次院校特别是一般院校的学生具体情况，力求教材内容精炼，对主要物理概念和物理规律的阐述尽量做到简洁准确、通俗易懂，便于学生阅读和理解. 考虑到不同层次院校的不同学时要求，将教学内容分为基本内容、选讲内容和阅读材料三个层次，教师可以根据具体情况选择教学内容.

(1)基本内容:以教学基本要求的 A 类内容为基础，作为必须讲授的教学内容；这部分内容的教学大约需要 100～120 学时.

(2)选讲内容:以教学基本要求的 B 类内容为基础，相应于打 * 号的章节，以小号字体排印，如果学时紧张，可以不讲或安排自学.

(3)阅读材料:将教学基本要求的部分 B 类内容和一些物理学前沿内容以及物理学理论在工程技术中的应用性内容以阅读材料的形式进行介绍，用楷体排印，用于教师组织学生课下讨论或学生自学.

5.“活”:教材内容尽量结合实际事例、结合技术，增强趣味性和可读性；阅读材料尽量反映当代物理学发展概况，适应当前科学技术和经济生产的发展趋势. 制作了与教材配套的多媒体教学课件，内容丰富生动，动态效果较好，便于教学.

全书共有 6 篇，20 章，分为上、下两册. 上册包括力学基础、振动与波动、热学等内容；下册包括电磁学、波动光学、近代物理等内容.

本书采用国际单位制，物理量的名称及其表示符号采用国家现行标准.

本书由王玉国、康山林、赵宝群担任主编，负责对全书内容进行设计、修改和审核. 参加编写工作的有:康山林(绪论、第 9 章)、赵宝群(第 1、2 章)、赵蔚(第 3、4 章)、范锋(第 5 章)、徐静(第 6、7 章)、赵剑锋(第 8 章)、熊红彦(第 10、11 章)、秦爱丽(第 12 章)、张春元

(第13、14章)、张慧亮(第15章)、张寰臻(第16、17章)、张红(第18章)、王玉国(第19章)、王意(第20章).

由于时间仓促,编者水平有限,书中疏漏和不妥之处在所难免,衷心希望广大读者提出宝贵意见.

编　者

2012年9月

目　　录

第二篇　振动与波动

第三篇　热　　学

绪　论

1. 物理学的研究对象和内容体系

物理学是探索“万物之理”的科学，它研究的是一切物质的结构、性质、基本运动规律和相互作用规律. 在17世纪之前，物理学被认为与自然科学或自然哲学是等同的，英文“物理学”“physics”一词源于希腊文“φν′σιζ”，其含义就是“自然”. 这表明物理学在早期是广泛研究自然界一切事物的性质、演化、发展，以及所伴随的各种现象的一门学科，现在看来工程上的许多学科，如地质学、建筑学、冶金学等，原来都属于物理学的范畴. 后来随着知识的不断发展，这些内容逐渐从物理学中独立出来，发展成为专门的学科. 现代意义上的物理学，是研究物质的基本性质和基本运动规律的学科.

物理学所研究的物质有两种不同的形式，一种是实物，另一种是场. 实物包括微观粒子和宏观物体，它的范围从所谓的基本粒子世界到天体组成的星系和整个宇宙. 场包括电磁场、引力场和量子场等. 物质的运动和物质之间的相互作用是物质的普遍属性. 物质的物理运动具有粒子和波动两种图像. 宏观物体的运动，从其内部分子的无规则热运动到天体的运动都呈现粒子图像；而场的运动则呈现波动图像. 在微观领域，无论是实物粒子还是场都呈现出波粒二象性. 物质之间有四种基本相互作用，即引力相互作用、电磁相互作用、强相互作用和弱相互作用. 现代物理学研究表明，实物之间的相互作用是由场来传递的，实物激发场，场再作用于另一个物体.

物质的运动形式是多种多样的，最普遍最基本的运动是机械运动，研究物体机械运动规律的物理学分支是力学；物体最复杂最无序的运动是其内部大量分子的无规则热运动，研究热运动规律的物理学分支是热学. 从本质上讲，牛顿所建立的力学定律是力学和热学的理论基础. 研究电磁场性质和规律的物理学分支是电磁学，研究光波(电磁波)传播规律的物理学分支是波动光学，电磁学和光学的理论基础是麦克斯韦电磁场方程. 以上所述的力学、热学、电磁学和光学又称为经典物理学，牛顿的力学定律和麦克斯韦电磁场方程是经典物理学的两大基石. 在20世纪发展起来的相对论和量子物理学称为近代物理学，相对论研究物体高速运动规律和时空的一般性质，量子物理学研究微观粒子的运动规律. 在大学物理学的内容体系中就包括了经典物理学和近代物理学两部分内容.

大学物理课程的内容体系大体按以下顺序编排：

(1) 力学——研究物体的机械运动规律；

(2) 振动和波动——研究宏观领域波动规律；

(3) 热学——研究大量分子热运动(随机运动)的统计规律和宏观性质；

(4) 电磁学——研究电磁场的基本性质和基本规律；

(5) 波动光学——研究光波传播中的干涉、衍射和偏振规律；

(6) 近代物理学——研究物体高速运动的规律、时间和空间的相对性、微观粒子的波粒二象性和量子运动规律.

2. 物理学与科学技术

物理学是一切自然科学与工程技术的基础,这是因为物理学的规律和方法具有普适性. 物理学的研究对象包括了从微观到宏观,从低速到高速,从简单系统到复杂系统,从有序到无序,从状态到过程的广博范围,与其他只研究某个特定领域的学科相比,物理学的研究方法、思想方法和主要结论都具有普遍性;而且物理学从根本上说是一门实验学科,基本物理规律和结论都是经过大量实验检验和验证的,任何其他学科的理论都不能与物理学规律相抵触. 其他自然科学,如化学、地质学、冶金学、生物等,都必然包含着物理过程和物理现象. 在自然界中,物质的运动从低级到高级可以分为五个层次:机械运动、物理运动、化学运动、生命运动和社会运动. 而高级运动都包含着低级运动. 例如,化学运动中包含分子原子的机械运动,还有发热、发光等物理运动;生命运动中包含着血液流动、心脏跳动等机械运动,还有食物消化、营养吸收等化学运动;社会运动更为复杂,但也包含着各种低级运动,因此就必然要应用物理学理论研究问题. 物理学中的许多概念、语言和规律已经成为其他学科基本知识构件;在物理学长期发展过程中逐步完善的一整套研究方法和思想方法,也已经成为其他学科的核心和基础. 因此说物理学是一切自然科学乃至社会科学的理论基础.

物理学的发展广泛而又直接推动着技术的革命性发展和社会的文明进步,这已经被历史充分证明. 18 世纪 60 年代开始的以蒸汽机应用为标志的第一次工业革命,是力学和热力学发展的结果. 19 世纪 70 年代开始的以电力应用和无线电通信为标志的第二次工业革命,是电磁学发展的结果. 20 世纪 40 年代开始并且一直延续至今的以计算机应用为标志的第三次工业革命,是近代物理学发展的结果. 事实证明,几乎所有重大的新的技术领域(如电子技术、原子能、激光、新材料、信息技术等)的出现,都是在物理学中经过长期酝酿,在理论和实验两方面积累了大量知识以后,才得以发展建立起来的. 所以说现代工程技术的突破性进展离不开物理学,物理学的每一个重要发现,都会给工程技术带来巨大变革,每一次工业革命无一不是以物理学的突破性进展为先导的. 物理学的不断发展已经成为科技生产力发展的不竭的源泉.

在 21 世纪,全世界正面临着以信息、能源、材料、生物工程和空间技术等为核心的一场新技术革命. 在这些高科技领域中必将层出不穷地涌现出人们今天尚不知道的一系列新技术和新产品,物理学以其最广泛最普遍的内容成为各个新兴领域的先导. 近代物理学在量子场论和粒子物理等方面的突破和成熟,可能孕育和萌发科学技术的新芽. 建立在物理学基础之上的高新科技必将出现前所未有的辉煌,使人类文明进入更高级的阶段.

物理学规律和理论的普遍性不仅表现在自然科学方面,也深入到社会、经济、管理等各个领域的研究之中. 例如,在信息论、系统论和控制论中广泛使用熵的概念和熵的理论来研究生产和消费过程,在熵的概念和理论基础上发展起来的耗散结构、非平衡理论、协同学等已经成为系统科学的重要部分,并在解决有关社会问题中扮演着越来越重要的角色. 随着社会科学和物理学理论的不断发展,必将会有更多的物理学理论应用到社会科学的研究领域,逐渐成为解决社会问题的重要工具. 由此也可以说,物理学的发展也是社会文明进步的基础.

3. 物理学与素质教育

现代科学技术的飞速发展导致知识急剧膨胀,知识更新速度空前加快. 院校教育时间的有限性和知识增长的无限性的矛盾,决定了任何人都不可能一劳永逸地仅凭在学校几年的学习而受用终生,都需要不断充实和更新. 另外,为适应科学技术的快速发展,社会对人才的需求已越来越由"专才"向"通才"转变. 为适应这种发展趋势,高等教育也越来越重视"厚基础、宽口径"的通才教育. 所谓通才,并非样样都通,在知识大爆炸的时代,任何人都没有这样的本事,而是要求人们具备不断获取新知识的能力. 素质教育就是着重培养学生的这种能力. 高等院校肩负着为社会培养人才的重任,大学物理是一门极其重要的基础课,在素质教育中有着特殊的地位和作用.

决定人的素质的因素有很多,但是最主要的是知识和能力. 要提高一个人的科学素质,就必须丰富知识,提高能力. 在物理学的发展过程中,不仅发现和创立了物理学的概念、规律和理论,这些严密的理论构成了其他自然学科的基础;更重要的是总结和发展了许多极其精彩的研究方法,如观察与实验、假说、类比、归纳和演绎、分析与综合、证明与反驳等,这些研究方法不仅在物理学研究中使用,实际上已经构成科学研究方法的主体,对其他学科的研究起着指导作用. 物理学是一门实验科学,也是与工程技术和实际生活联系最为密切最为广泛的一门学科,学习物理学的方法、技术和技能,对提高学生的能力也是至关重要的. 大学生在大学物理学课程中,通过学习物理学的概念、规律、研究方法和思想方法,能够不断丰富知识;通过物理实验和应用物理学的理论和方法解决实际问题的训练,可以逐步提高自己分析问题和解决问题的能力;学生的知识得到了丰富,能力得到了提高,他们的科学素质也就必然提高了. 可见通过大学物理课程的学习,能够有效地培养学生的科学素质,学好物理课程将十分有利于对他们的素质教育.

在物理学发展的历史长河中,一代又一代物理学家站在前辈巨人的肩膀上,向着物理学一个个高峰不断攀登. 物理学家的真知灼见、创新意识和不畏艰难的探索精神是值得我们永远学习的,这也是对学生进行素质教育极好的题材.

如何学习物理学? 每个人都应该有自己的经验和体会,找不到一个共同的答案,每位同学都应该在学习中,建立一套适合自己的学习方法. 但是有两点是需要特别注意的. 第一,就是正确认识物理课程的地位和作用,在学习中要逐步培养学习兴趣,能够学会享受物理学. 第二,在学习物理学理论知识的同时,要有意识地通过课堂教学、课下练习、课外讨论和科技活动以及物理实验等各种教学环节,学习物理学研究问题的方法,分析问题和解决问题的技巧. 总之,同学们应该通过大学物理学课程的学习,逐步丰富自己的科学知识,不断提高分析问题和解决问题的能力,从而达到提高自己科学素质的目的.

4. 物理量的单位制和量纲

为了对物理现象和物理过程进行定量描述,需要一系列物理量. 物理量之间一般是通过描述客观规律的方程相互联系的. 同一类物理量能够相互比较,如长度、直径、距离、波长等都属于描述空间距离的物理量. 对每一类量可以确定一个**单位**,这一类物理量的值可以用这个单位和一个纯数的乘积来表示. 这个数称为这个量的**数值**,数值和单位一起合称为物理量的**量值**.

物理测量是为确定被测物理量的数值而进行的一系列操作. 为了定义一个物理量,不仅要规定单位,还要规定一套测量程序或方法. 物理量的测量程序一般有国际标准,而在物理实验中测量物理量的方法确是多种多样的,视具体情况而定.

物理量的种类很多,也不都是独立的,没有必要也不可能为每个物理量规定标准. 在众多物理量中只有几个**基本量**,对它们规定相应的标准——单位和测量方法,其他物理量都可以从这些基本量中推导而得,称这样的物理量为**导出量**. 建立在这样一套基本量之上的单位体系称为**单位制**.

对于基本量的选择不是唯一的. 显然应该选择尽可能少的物理量并用尽量简单的表述对它们进行定义,同时还要考虑到测量程序的精确性和方便性. 历史上由于各种原因曾经有过多种单位制. 现在世界上通用的是 1960 年国际计量大会确定的**国际单位制**,缩写为 SI(法文 Le Syste′me International d′Unites). 在国际单位制中,选择了七个物理量作为基本量,规定了它们的基本单位,详见本书附录Ⅰ.

当一个单位制中的基本物理量选定之后,通过基本物理量可以导出其他物理量,后者称为导出量. 导出量的量度单位也可以用基本单位表示出来,这种表达式就称为该导出量的**量纲式**,量纲式又简称为量纲(dimension). 物理量 Q 的量纲记为 $\mathrm{dim}Q$;例如力学中的基本量是长度 l、质量 m、时间 t,所以所有力学量的量纲式就可以表示为 $\mathrm{dim}Q=\mathrm{L}^p\mathrm{M}^q\mathrm{T}^r$,其中 L 是长度的量纲、M 是质量的量纲、T 是时间的量纲;幂指数 p、q、r 称为该量的**量纲指数**,通常简单地将量纲指数说成量纲. 显然只有规定了单位制,才能确定量纲. 例如,在国际单位制中,速度的量纲式为 $\mathrm{dim}v=\mathrm{LT}^{-1}$,就可以说速度量纲式中,长度的量纲是 1,时间的量纲是 −1. 有些物理量所有量纲指数都为零,称为**量纲为 1 的量**,如角度、摩擦因数等.

量纲可以用于不同单位制之间的换算,各个量纲符号可以像代数量一样处理,进行合并或相消. 物理学中常常用**量纲分析法**来分析问题,例如,通过比较物理方程两边各项的量纲来检验方程的正确性,因为在任何合理的物理方程中,所有各项的量纲必须是相同的. 量纲分析还可以用于一些探索性分析,得到某些重要的信息和结论.

单位是度量量纲的尺度,如时间的单位可以是秒、小时、天、月、年等. 量纲为 1 的量也可以有单位,如角度的单位是弧度. 可见单位和量纲之间既有联系,又是两个不同的概念. 系统了解物理量的单位制和量纲,对学好物理课程是十分必要的,在今后从事的科技工作中也是十分有用的.

第一篇　力学基础

力学是研究物体机械运动规律的学科．物质的运动形式包括机械运动、分子热运动、电磁运动、原子和原子核运动等．其中机械运动是物质的各种运动形式中最简单、最基本的运动形式，它是指物体之间(或物体内各部分之间)相对位置的变动．力学是物理学中最古老和发展最完美的学科．它在各门自然学科中发展得最早，早在17世纪就已经形成一门理论严密、体系完整的学科．它曾被人们誉为完美、普遍的理论而兴盛了约300年．直到20世纪初才发现它在高速和微观领域的局限性，从而在这两个领域分别被相对论和量子力学所取代．但在一般的技术领域，经典力学仍然是不可或缺的基础理论．

力学是本课程中最基本的内容．学习这一部分内容不仅可以使读者学到基本规律，而且还能够学习运用科学思维和基本概念、原理去分析解决具体问题，提高学习能力．

力学是一切工程技术的基础理论知识，如机械制造、土木建筑、水利设施、电子技术、信息技术等工程技术领域．系统掌握力学知识可以为进一步学习相关后续课程打下基础．

研究力学，通常是先研究运动的描述，即单纯地用几何观点描述物体的位置如何随时间变化，即在空间的运动情况，而不涉及物体的质量和所受的力，这称为运动学．然后考虑物体的质量和物体之间的相互作用，进一步研究运动的规律，即在怎样的条件下发生怎样的运动，这称为动力学．本篇包括5章．第1章介绍运动的描述；第2章介绍牛顿运动定律，这是动力学的基本规律；第3章讨论功和能以及能量守恒定律；第4章讨论动量与角动量以及动量守恒定律和角动量守恒定律；第5章介绍刚体的定轴转动．

第 1 章　运动的描述

自然界的物质都处于不停的运动之中,物质有各种不同的运动形式. 其中机械运动是物质的各种运动形式中最简单、最基本的运动形式,它是指物体之间(或物体内各部分之间)相对位置的变动. 例如,车辆的行驶、弹簧的振动、机器的运转、河水的流动等都是我们日常中所观察到的机械运动. 另外,地球绕太阳的运转,人造卫星绕地球的运转,火箭喷出的气体的运动等,也都是机械运动. 机械运动的基本形式有平动和转动. 物体在平动过程中,物体内各点都做同样的运动,物体上任一点的运动都可以用来代表整个物体的运动. 所以物体的运动可用一个具有该物体质量的点的运动来代替. 这种不计物体的形状和大小而具有该物体全部质量的点称为**质点**. 本章主要介绍质点运动的描述方法.

本章主要内容为:运动的描述方法,运动的描述(位置矢量、位移、速度、加速度),切向加速度,法向加速度,圆周运动,线量与角量的关系以及相对运动学等.

1.1　运动的描述方法

为了描述物体的运动,必须选择参考系,建立坐标系,提出物理模型.

1.1.1　运动的绝对性和相对性

宇宙间万物都在永恒不停地运动着,像星体运动、江河奔流、车辆行驶、机器运转等. 运动是物质的存在形式,是物质的固有属性. 从这方面来讲,**运动是绝对的**. “静止”只有相对的意义. 这不仅是指哲学意义上的运动. 即使以机械运动形式而言,任何物体在任何时刻都在不停地运动着. 例如,火车、汽车、动物在地球上运动,即使看起来静止不动的高山峻岭、高楼大厦,也在昼夜不停地随着地球一起自转和绕太阳公转,而太阳系绕银河系中心以大约 $250\text{km}\cdot\text{s}^{-1}$ 的速率运动,银河系也在宇宙中相对于其他星系以大约 $600\text{km}\cdot\text{s}^{-1}$ 的速率高速地运动. 总之,自然界中绝对不运动的物体是不存在的,运动是永恒的.

但是,同一物体的运动,从不同的角度看来可以得出完全不同的结论. 例如,火车在辽阔的田野疾驰而过,站在地面铁道边上的人看起来,火车在高速地运动,而该火车车厢里的乘客看来,火车车厢相对于自己没有运动,而铁道边的人和树木等都在向后退. 因此,**运动又具有相对性**. 物体的运动,都是在一定的环境和特定的条件下进行的,离开一定的环境和特定的条件谈论运动是没有任何意义的.

1.1.2　参考系

运动是绝对的,但是对运动的描述是相对的. 在观察一个物体的位置以及位置的变化时,必须先指明运动是相对于哪个参考物体而言的,即必须先选定一个物体作为基准.

这个被选作参考、作为基准的物体就称为**参考系**. 所选参考系不同,对同一物体的运动的描述就不同. 这就是**运动描述的相对性**. 例如,做匀速直线运动的火车车厢中,一物体自由下落,相对于车厢,它做自由落体运动;而在地面上静止的人看来,它做抛物线运动;而从航天飞机上来看,其运动形式更复杂.

从运动学的角度来看,参考系是可以任意选择的,通常以对问题的研究方便、简单为原则. 讨论地面上物体的运动时(如研究汽车的运动),通常选地球表面(地面)为参考系最为方便. 以后如果不做特别说明,研究地面上物体的运动,都以地面为参考系. 研究人造卫星的运动,以地球中心为参考系最方便;研究行星的运动,则以太阳为参考系最方便. 人们常用的参考系有:太阳参考系(太阳-恒星参考系)、地心参考系(地球-行星参考系)、地面参考系(实验室参考系)和质心参考系等.

1.1.3 坐标系

选定参考系后,为了定量描述一个物体在各时刻相对于参考系的运动规律,还需要建立适当的**坐标系**,固定在被选作参考的物体上. 运动物体的位置就由它在坐标系中的坐标值确定. 这个坐标系既然与参考系牢固地连接成一体,则物体相对于坐标系的运动,就是相对于参考系的运动. 在力学中,通常采用直角坐标系居多,也可根据需要选用平面极坐标系、自然坐标系、球坐标系或柱坐标系等. 在同一个参考系中,坐标系可以任意选择,但仍以对问题的研究方便、数学描述简单为原则.

1.1.4 物理模型 质点

实际物体都有一定的大小、形状,而且物体运动时,可以既有平动又有转动和变形. 例如,火车的运动,除了整体沿铁轨平移外,还有车厢的上下左右晃动,车轮的转动等. 一般地,物体上各点的运动情况是不同的. 任何一个真实的物体运动过程都是极其复杂的. 要想对物体的实际运动情况做出全面的描述是困难的,而且也没有必要这么做. 我们只能分清主次,逐个解决. 在科学研究中,为了研究某一过程中最本质、最基本的规律,常根据所研究问题的性质,抓住主要因素,忽略次要因素,对真实过程进行简化,然后经过抽象,提出一个可供数学描述的理想化的**物理模型**. 这是经常采用的一种科学思维方法. 这样做可以使问题大为简化,但又不失其客观真实性.

当我们研究物体在空间的位置时,如果我们只研究物体整体的平移规律(如火车沿铁轨的整体平移规律,炮弹的空间轨道),或者物体做平动时,同一时刻物体上各部分运动情况(轨迹、速度、加速度)完全相同,或者物体的线度比它运动的空间范围小得多(如地球绕太阳的公转等),我们可以忽略那些与整体运动关系不大的次要运动,把物体上各点的运动都看成完全一样,这样我们就可以不用考虑物体的形状和大小,或者说只考虑其平动,物体的运动就可以用一个具有该物体全部质量的、没有形状和大小的点的运动来代替. 这种不计物体的形状和大小而具有该物体全部质量的点称为**质点**.

质点是一种理想化的物理模型,是在一定的环境和条件下对实际物体的一种科学抽象和简化. 对这样的科学抽象,可以使所研究的问题大大简化而不影响主要结论. **能否把一个物体看成质点,不在于物体的绝对大小,而主要取决于所研究问题的性质和具体情**

况. 例如,当研究地球绕太阳的公转运动时,由于地球的半径(约为 6.4×10^6 m)远小于地球公转的轨道半径(约为 1.5×10^{11} m),因此地球上各点绕太阳的运动情况可看成基本上是相同的,所以在研究地球绕太阳公转时,可以不考虑地球的大小和形状,可把地球当作一个质点. 但当研究地球的自转运动时,或者研究地球表面不同地点的潮汐运动规律时,就必须考虑地球的大小和形状,不能再把它当作一个质点了.

把物体视为质点这种研究方法,在理论上和和实践上都具有重要的意义. 当我们所研究的运动的物体不能视为一个质点时,可以通过数学上的无穷分割方法,把整个物体分割成无穷多个无穷小的质量元,每一个质量元都可以看成一个质点,一个实际的物体就可以看成是由许多乃至于无穷多个质点组成的系统,这就是**质点系**的概念. 当把组成这个物体的所有质点的运动情况都弄清楚了,也就描述了整个物体的运动情况. 因此,研究质点的运动规律也就是研究一般物体更为复杂运动规律的基础.

用理想模型的方法来研究问题是一种常用的科学研究方法,这种方法在物理学中经常遇到. 除了质点模型,在后面我们还会遇到如刚体、弹簧振子、理想气体、点电荷等许多理想化的物理模型. 但应注意,任何一个理想模型都有其适用条件,在一定条件下,它能否反映客观实际,还要通过实践来检验.

总之,要描述物体的运动,我们需要:①选择合适的参考系,以方便确定物体的运动性质;②在参考系上建立恰当的坐标系,以定量描述物体的运动;③提出较准确的物理模型,以确定研究对象在特定情况下的最基本的运动规律.

思考题

思 1.1　一个物体能否被看成质点,你认为主要由以下三个因素中的哪个因素决定:①物体的大小和形状;②物体的内部结构;③所研究问题的性质.

思 1.2　一只小蚂蚁和地球,哪个可以看成质点? 你将如何回答?

1.2　运动的描述

1.2.1　位置矢量　运动方程　轨迹

1. 位置矢量

为了描述质点的运动,首先需要选择合适的参考系,然后在参考系上选定坐标系的原点和坐标轴,建立恰当的坐标系. 例如,建立图 1.1 所示的三维直角坐标系 $Oxyz$. 确定在任意时刻 t 质点相对于参考系的位置 P,可用质点所在点 P 的一组有序直角坐标 (x,y,z)来确定. 质点在平面上运动时,可在该平面上建立二维直角坐标系 Oxy,质点的位置可用两个坐标(x,y)来确定. 如果质点做直线运动,就只需要一个坐标就可以确定质点的位置了. 当然,用坐标法确定质点的位置,不限于直角坐标系,根据问题的不同特点,也可以选用其他坐标系,如平面极坐标系、球坐标系、柱坐标系等,这里就不一一介绍了.

质点的位置还可以用**位置矢量** $\boldsymbol{r}$ 表示. 位置矢量简称**位矢**(又称**矢径**). 它是一个有向线段,在选定的参考系上任选一固定点 O,质点在任一时刻 t 的位置矢量 $\boldsymbol{r}$ 的始端位于

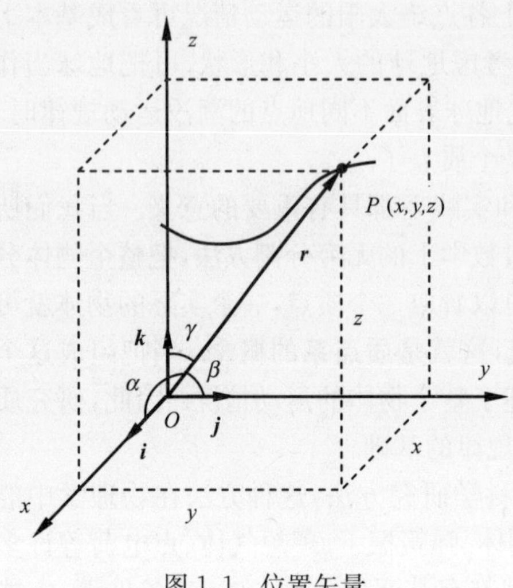

图 1.1　位置矢量

O 点,末端与质点在时刻 t 的位置 P 点相重合. 位置矢量 $\boldsymbol{r}$ 的大小和方向完全确定了质点相对于参考系的位置.

以位置矢量 $\boldsymbol{r}$ 的起点 O 为坐标原点,建立直角坐标系,位置矢量 $\boldsymbol{r}$ 在 x 轴、y 轴和 z 轴方向的投影(质点的坐标)分别为 x、y 和 z. 即 x、y 和 z 分别是位置矢量 $\boldsymbol{r}$ 在 x 轴、y 轴和 z 轴三个坐标轴上的分量. 如取 $\boldsymbol{i}$、$\boldsymbol{j}$ 和 $\boldsymbol{k}$ 分别表示沿 x 轴、y 轴和 z 轴方向的单位矢量,$\boldsymbol{i}$、$\boldsymbol{j}$ 和 $\boldsymbol{k}$ 都是大小和方向不变的常矢量. 那么,在直角坐标系中位置矢量可以写成

$$\boldsymbol{r} = x\boldsymbol{i} + y\boldsymbol{j} + z\boldsymbol{k} \tag{1.1}$$

位置矢量的模(大小)为

$$|\boldsymbol{r}| = \sqrt{x^2 + y^2 + z^2}$$

位置矢量的方向余弦为

$$\cos\alpha = \frac{x}{r}, \quad \cos\beta = \frac{y}{r}, \quad \cos\gamma = \frac{z}{r}$$

式中,α、β、γ 分别是位置矢量 $\boldsymbol{r}$ 与 x 轴、y 轴和 z 轴正向之间的夹角.

质点的位置也可以用自然坐标系来描述. 在有些情况下,质点相对于参考系的运动轨迹是已知的. 例如,火车(视为质点)在铁轨上的运动轨迹是已知的,电扇边缘上一点(质点)的运动轨迹(圆周运动)是已知的等. 在这种情况下,可以采用如下方法来确定质点的位置:首先在已知的轨迹上任选一固定点 O',然后规定从 O' 点起,沿轨迹的某一方向量得的曲线长度 s 取正值,这个方向常称为自然坐标的正向;反之,为负向,s 取负值,如图 1.2 所示. 这样质点在轨迹上的位置就可以用 s 唯一地确定,这种确定质点位置的方法称为自然法. O' 称为自然坐标的原点,s 称为自然坐标. s 为代数量,其大小反映了质点与原点之间的曲线距离,其正负表明这个曲线距离是从轨迹上 O' 点起沿哪个方向量得的.

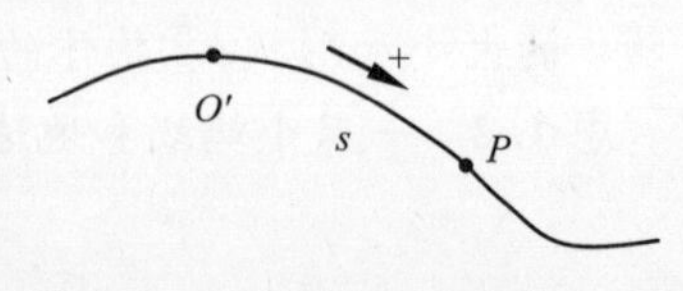

图 1.2　自然坐标系

2. 质点的运动方程

当质点在空间运动时,它的位置矢量 $\boldsymbol{r}$ 以及质点的坐标都随时间变化,都是时间 t 的单值连续函数.

用直角坐标表示质点的位置时,有

$$x = x(t), \quad y = y(t), \quad z = z(t) \tag{1.2a}$$

用位矢表示质点的位置时,有

$$\boldsymbol{r} = \boldsymbol{r}(t) \tag{1.2b}$$

用自然坐标表示质点的位置时,有

$$s = s(t) \tag{1.2c}$$

式(1.2)从数学上确定了在选定的参考系中质点相对于坐标系的位置随时间变化的关系，称为**质点的运动方程**.

知道了运动方程，就能确定任一时刻质点的位置，从而确定质点的运动.

3. 轨迹方程

质点在空间的运动路径称为**轨迹**. 质点的运动轨迹为直线时，称质点做直线运动；质点的运动轨迹为曲线时，称质点做曲线运动. 从运动方程(1.2a)中消去时间 t 即得质点运动的轨迹方程.

例 1.1　已知一质点的运动方程为

$$\boldsymbol{r}(t) = 2t\boldsymbol{i} + (7 - 4t^2)\boldsymbol{j}$$

式中各物理量的单位都采用国际单位制(SI). 求该质点的轨迹方程.

解　在任一时刻 t，该质点的坐标值为

$$x(t) = 2t, \quad y(t) = 7 - 4t^2, \quad z(t) = 0$$

由第三式知质点在 Oxy 平面内运动. 由第一式和第二式消去时间 t 后，得轨迹方程

$$y = 7 - x^2, \quad z = 0$$

这表明质点的轨迹是在 $z=0$ 的平面内的一条抛物线.

思考题

思 1.3　一个质点在运动中，如果位置矢量的模 $|\boldsymbol{r}|$ 为常量，则该质点的运动情况可能是：①在一直线上运动；②在一平面上做任意曲线运动；③在以位矢起点为中心的球面上做任意曲线运动.

思 1.4　说地球同步卫星定位于赤道上空某点不动，是以什么为参考系的？若以地球中心为参考系，它的运动轨迹如何？若以太阳为参考系，它的运动轨迹又大致如何？

1.2.2　位移

质点运动时，其位置在空间连续变化，形成一条运动轨迹. 如图 1.3 所示，设一质点的运动轨迹为曲线 $\widehat{AB}$，在 t 时刻，质点在 A 点，在 $t+\Delta t$ 时刻，质点运动到了 B 点，在 A、B 两点，质点相对于坐标原点 O 的位置矢量分别由 $\boldsymbol{r}_A$ 和 $\boldsymbol{r}_B$ 表示. 质点在时间间隔 Δt 内，位置矢量的长度和方向都发生了变化，我们将由始点 A 指向终点 B 的有向线段 $\overrightarrow{AB}$ 称为 Δt 这段时间内的**位移矢量**，简称**位移**. 位移反映了质点位矢的变化，即在时间间隔 Δt 内位矢的增量，一般写作 $\Delta\boldsymbol{r}$

$$\Delta\boldsymbol{r} = \boldsymbol{r}_B - \boldsymbol{r}_A \tag{1.3}$$

位移是描述质点在时间间隔 Δt 内位置变动大小和方向的物理量，在图 1.3 就是由起始位置 A 指向终点位置 B 的一个矢量. 位移是一个矢量，它的运算遵从矢量运算的法则，例如，位移的加法运算遵从平行四边形法则(或三角形法则). 位移和位矢不同，位矢反映某一时刻质点的位置.

位移的模，即位移的大小，是由始点 A 指向终点 B 的有向直线段$\overrightarrow{AB}$的长度，它只能记为$|\Delta \boldsymbol{r}|$，$|\Delta \boldsymbol{r}|=|\boldsymbol{r}_B-\boldsymbol{r}_A|$，即图 1.4 中的$\overline{AB}$直线段的长度. 注意，位移的大小不能写成 Δr. Δr 表示位矢的模的增量，即 $\Delta r=\Delta|\boldsymbol{r}|=|\boldsymbol{r}_B|-|\boldsymbol{r}_A|$，在图 1.4 中取$\overline{OC}$段的长度等于$\overline{OA}$段的长度，即$\overline{OC}=|\boldsymbol{r}_A|$，因为$\overline{OB}=|\boldsymbol{r}_B|$，所以 $\Delta r=|\boldsymbol{r}_B|-|\boldsymbol{r}_A|=\overline{CB}$. 而$|\Delta \boldsymbol{r}|$表示位移的模，即位置矢量增量的模，由图 1.4 可知，在通常情况下$|\Delta \boldsymbol{r}|\neq\Delta r$. 例如，一质点做半径为 R 的匀速圆周运动，以圆心为原点，半个周期内，质点位移的大小为$|\Delta \boldsymbol{r}|=2R$，而位矢的模的增量 $\Delta r=R-R=0$.

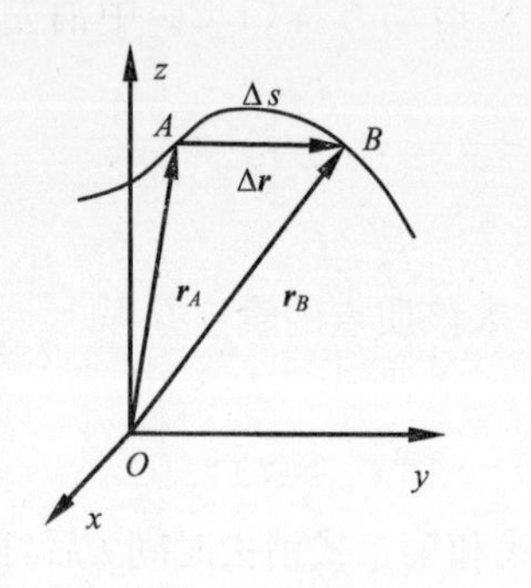

图 1.3　位移

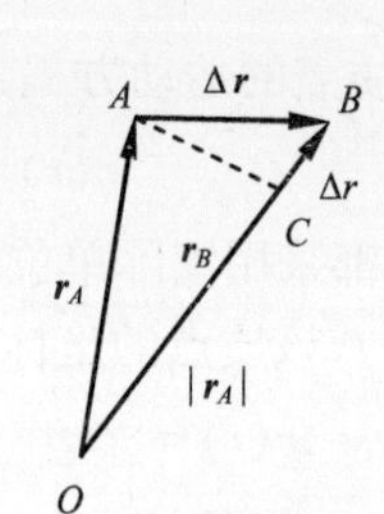

图 1.4　位移的大小

必须注意，位移表示在 Δt 时间间隔内位置的变动，它是一个矢量，有大小，有方向. 位移不涉及质点位置变化过程的细节. 例如，在图 1.3 中，位移是有向线段$\overrightarrow{AB}$，位移的方向为：由始点 A 指向终点 B 的方向；位移的大小(位移的模)是割线 AB 的长度，是 A 到 B 的直线距离，但这并不意味着质点一定是从 A 点沿直线$\overline{AB}$运动到 B 点. 位移并非质点所经历的路程. 质点在 Δt 时间间隔内从 A 点沿曲线$\widehat{AB}$运动到 B 点所经历的实际路径的长度，即弧线$\widehat{AB}$的长度，称为质点在该段时间内的**路程**. 路程通常记作$|\Delta s|$. 路程是标量. 所以不能说位移等于或不等于路程，因为一个矢量和一个标量谈不上比较其是否相等的问题. 但一个矢量的模(大小)可以和一个相同单位的标量比较大小. 所以位移的大小和路程可以比较，但一般来讲位移的大小不一定总等于路程，即$|\Delta \boldsymbol{r}|\neq|\Delta s|$. 例如，当质点经历一个任意闭合路径回到起始位置时，其位移为零，而路程则不为零. 显然，在 Δt 趋近于零时，有$|\mathrm{d}\boldsymbol{r}|=|\mathrm{d}s|$.

在直角坐标系中，质点在 A、B 两点的位置矢量可分别表示为

$$\boldsymbol{r}_A = x_A\boldsymbol{i} + y_A\boldsymbol{j} + z_A\boldsymbol{k}$$

$$\boldsymbol{r}_B = x_B\boldsymbol{i} + y_B\boldsymbol{j} + z_B\boldsymbol{k}$$

于是，位移可以写成

$$\Delta\boldsymbol{r} = \boldsymbol{r}_B - \boldsymbol{r}_A = (x_B - x_A)\boldsymbol{i} + (y_B - y_A)\boldsymbol{j} + (z_B - z_A)\boldsymbol{k} = \Delta x\boldsymbol{i} + \Delta y\boldsymbol{j} + \Delta z\boldsymbol{k}$$

上式表明，质点的位移等于它在 x 轴、y 轴和 z 轴上的分位移 $\Delta x\boldsymbol{i}$、$\Delta y\boldsymbol{j}$ 和 $\Delta z\boldsymbol{k}$ 的矢量和. 其中 $\Delta x=x_B-x_A$、$\Delta y=y_B-y_A$ 和 $\Delta z=z_B-z_A$ 均为代数量，分别表示位移在 x 轴、y 轴和 z 轴方向的分量.

位移的模为

$$|\Delta \boldsymbol{r}| = \sqrt{(\Delta x)^2 + (\Delta y)^2 + (\Delta z)^2} = \sqrt{(x_B - x_A)^2 + (y_B - y_A)^2 + (z_B - z_A)^2}$$

位移与路程的单位均为长度的单位，国际单位制(SI)中为米(m).

1.2.3　速度

在力学中，仅知道质点在某时刻的位置矢量，是不能知道质点是动还是静，动又动到什么程度的，这不足以确定质点的运动状态. 只有当质点的位矢和速度同时被确定时，才能确知它的运动状态. 所以，位矢和速度是描述质点运动状态的两个物理量.

位移矢量只说明了质点在某段时间间隔 Δt 内的位置变化，还不足以充分描述质点的运动情况. 为了描述质点运动的快慢程度和方向，我们引进速度这一物理量.

在图 1.3 中，质点做曲线运动，在 t 时刻，质点在 A 点，其位矢为 $\boldsymbol{r}_A(t)$，在 $t+\Delta t$ 时刻，质点运动到了 B 点，其位矢为 $\boldsymbol{r}_B(t+\Delta t)$. 在 Δt 时间内，质点的位移为 $\Delta \boldsymbol{r} = \boldsymbol{r}_B - \boldsymbol{r}_A$. 定义：在 Δt 时间内，质点的**平均速度**为

$$\bar{\boldsymbol{v}} = \frac{\boldsymbol{r}_B - \boldsymbol{r}_A}{\Delta t} = \frac{\Delta \boldsymbol{r}}{\Delta t} \tag{1.4}$$

平均速度即单位时间内的位移，它与所研究的时刻 t 和所取的时间间隔 Δt 有关系，表示在所取的时间间隔 Δt 内位矢对时间的平均变化率，它可用来近似描述 t 时刻附近质点运动的快慢和方向. 平均速度是一个矢量，它的方向为位移 $\Delta \boldsymbol{r}$ 的方向，它的大小为 t 时刻附近单位时间内的位移大小.

在直角坐标系中，平均速度可表示为

$$\bar{\boldsymbol{v}} = \frac{\boldsymbol{r}_B - \boldsymbol{r}_A}{\Delta t} = \frac{\Delta \boldsymbol{r}}{\Delta t} = \frac{\Delta x}{\Delta t}\boldsymbol{i} + \frac{\Delta y}{\Delta t}\boldsymbol{j} + \frac{\Delta z}{\Delta t}\boldsymbol{k} = \bar{v}_x\boldsymbol{i} + \bar{v}_y\boldsymbol{j} + \bar{v}_z\boldsymbol{k}$$

式中，$\bar{v}_x = \frac{\Delta x}{\Delta t}$、$\bar{v}_y = \frac{\Delta y}{\Delta t}$和$\bar{v}_z = \frac{\Delta z}{\Delta t}$分别表示平均速度 $\bar{\boldsymbol{v}}$ 在 x 轴、y 轴和 z 轴方向的分量.

显然，用平均速度只能近似地描述质点在 t 时刻附近运动的快慢和方向. Δt 取得越短，近似程度就越好，平均速度就越能反映质点在 t 时刻的真实运动情况. 当 $\Delta t \to 0$ 时，平均速度 $\bar{\boldsymbol{v}} = \frac{\Delta \boldsymbol{r}}{\Delta t}$趋近于一个确定的极限矢量，这个极限矢量确切地描述了质点在 t 时刻运动的快慢和方向. 我们把这个极限矢量定义为质点在 t 时刻的**瞬时速度**，简称**速度**，用 $\boldsymbol{v}$ 表示，记作

$$\boldsymbol{v} = \lim_{\Delta t \to 0} \frac{\Delta \boldsymbol{r}}{\Delta t} = \frac{\mathrm{d}\boldsymbol{r}}{\mathrm{d}t} \tag{1.5}$$

可见速度等于质点的位置矢量对时间的一阶导数，即质点在 t 时刻的瞬时速度 $\boldsymbol{v}$ 也就是在该时刻位置矢量对时间的变化率.

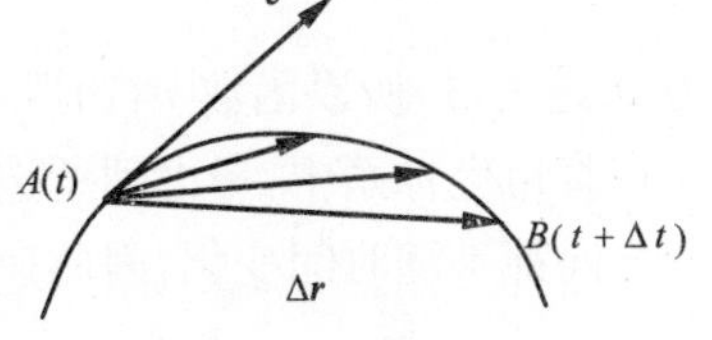

图 1.5　速度的方向

速度是一个矢量，具有大小和方向. 速度的方向就是当 $\Delta t \to 0$ 时平均速度矢量 $\bar{\boldsymbol{v}}$ 或者位移矢量 $\Delta \boldsymbol{r}$ 的极限方向. 如图 1.5 所示，当 $\Delta t \to 0$ 时，位移矢量 $\Delta \boldsymbol{r}$ 的方向趋于轨道的切线方向. 因此，**质点在任意时刻的速度方向总是沿该时刻质点所在点处的轨道曲线的**

切线方向,并指向质点前进的方向.质点在做曲线运动时,速度方向沿轨迹的切线方向,这在日常生活中经常可见,如转动雨伞,水滴沿切线方向离开雨伞,自行车车轮甩出的泥点,砂轮切割金属时火花沿切线方向飞出等.在直线运动中,质点运动轨迹为一条直线,速度方向即沿该直线,指向前进方向.速度的方向反映了质点的运动方向.

描述质点运动时,也常使用另一个物理量——速率.速率是标量,它等于质点在单位时间内所经过的路程,而不考虑质点运动的方向.如图 1.3 所示,质点在 Δt 时间内所经过的路径为曲线段$\overset{\frown}{AB}$,设$\overset{\frown}{AB}$的长度为$|\Delta s|$,则$|\Delta s|$与 Δt 的比值就称为 t 时刻附近 Δt 时间内质点的**平均速率**,即

$$\bar{v}=\frac{|\Delta s|}{\Delta t} \tag{1.6}$$

平均速率与平均速度是两个不同的概念.平均速率是一个标量,恒取非负值;而平均速度是一个矢量,有大小,有方向.而且在一般情况下,位移的模不一定等于路程,即有$|\Delta \boldsymbol{r}|\neq|\Delta s|$,所以平均速度的模一般不等于平均速率.例如,在某一段时间内,质点经历了一个闭合路径,质点的位移为零,所以这段时间内质点的平均速度等于零;而路程不等于零,质点的平均速率不等于零.

质点在某时刻的**瞬时速率**(简称**速率**)为

$$v=\lim_{\Delta t\to 0}\frac{|\Delta s|}{\Delta t}=\frac{|\mathrm{d}s|}{\mathrm{d}t} \tag{1.7}$$

速率的物理意义为:质点在某时刻的速率等于该时刻附近质点在单位时间内所走过的路程.(1.7)式中的 $s=s(t)$ 是质点运动轨道的弧长(路程)函数(自然坐标).因此,速率等于路程随时间的变化率.速率直接反映了质点运动的快慢.速率是一个标量,恒取非负值.

在 $\Delta t\to 0$ 的极限条件下,曲线段$\overset{\frown}{AB}$的长度$|\Delta s|$与直线段 AB 的长度$|\Delta \boldsymbol{r}|$相等,即在 $\Delta t\to 0$ 时,路程等于位移的模,$|\mathrm{d}s|=|\mathrm{d}\boldsymbol{r}|$.所以

$$|\boldsymbol{v}|=\lim_{\Delta t\to 0}\left|\frac{\Delta \boldsymbol{r}}{\Delta t}\right|=\lim_{\Delta t\to 0}\frac{|\Delta \boldsymbol{r}|}{\Delta t}=\lim_{\Delta t\to 0}\frac{|\Delta s|}{\Delta t}=\frac{|\mathrm{d}s|}{\mathrm{d}t}=v \tag{1.8}$$

即任意时刻瞬时速度的模总等于瞬时速率.因此以后就可以用 v 来表示瞬时速度的模.

在国际单位制(SI)中,速度和速率的单位都是米每秒($\mathrm{m\cdot s^{-1}}$).

由上述讨论可知,速度是描述质点在某一时刻的瞬时运动状态的物理量,是一个状态量.一般来说,速度可以是随时间变化的,即不同时刻(或质点处于不同位置),质点具有不同的速度,即

$$\boldsymbol{v}=\boldsymbol{v}(t)$$

因为 $\boldsymbol{v}$ 是矢量,所以函数 $\boldsymbol{v}(t)$既包括速度大小的变化,也包括速度方向的变化.

在直角坐标系中,考虑到所选用的是在参考系中的固定坐标系,单位矢量 $\boldsymbol{i}$、$\boldsymbol{j}$、$\boldsymbol{k}$ 的大小和方向都不随时间变化,因此速度可以表示成

$$\boldsymbol{v}=\frac{\mathrm{d}\boldsymbol{r}}{\mathrm{d}t}=\frac{\mathrm{d}x}{\mathrm{d}t}\boldsymbol{i}+\frac{\mathrm{d}y}{\mathrm{d}t}\boldsymbol{j}+\frac{\mathrm{d}z}{\mathrm{d}t}\boldsymbol{k}=v_x\boldsymbol{i}+v_y\boldsymbol{j}+v_z\boldsymbol{k} \tag{1.9a}$$

式中，$v_x=\dfrac{dx}{dt}$，$v_y=\dfrac{dy}{dt}$和$v_z=\dfrac{dz}{dt}$是速度在x轴、y轴和z轴上的分量，简称速度分量. 它们都是代数量. 如以$\boldsymbol{v}_x$、$\boldsymbol{v}_y$和$\boldsymbol{v}_z$矢量分别表示速度在x轴、y轴和z轴上的分速度(注意：它们是矢量)，则有$\boldsymbol{v}_x=v_x\boldsymbol{i}$，$\boldsymbol{v}_y=v_y\boldsymbol{j}$，$\boldsymbol{v}_z=v_z\boldsymbol{k}$，速度也可写成

$$\boldsymbol{v}=\boldsymbol{v}_x+\boldsymbol{v}_y+\boldsymbol{v}_z \tag{1.9b}$$

速度的模(即速率)可以表示成

$$v=|\boldsymbol{v}|=\sqrt{v_x^2+v_y^2+v_z^2} \tag{1.10}$$

在自然坐标系中，设质点沿曲线轨迹AB运动，如图1.6所示. 时刻t质点在P点，自然坐标为$s(t)$，时刻$t+\Delta t$质点在Q点，自然坐标为$s(t+\Delta t)$，时间Δt内，质点位移为$\Delta\boldsymbol{r}$，自然坐标s的增量为Δs，即

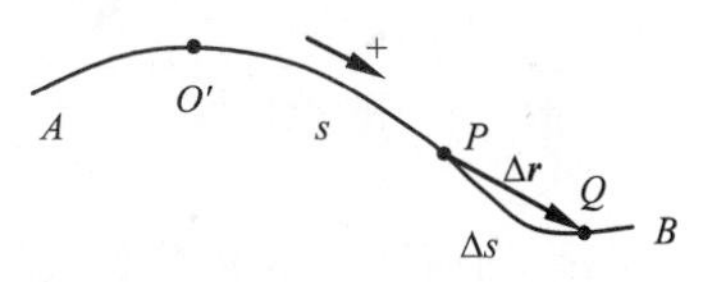

图1.6　自然坐标系中的速度

$$\Delta s=s(t+\Delta t)-s(t)$$

Δs为代数量. 根据速度的定义，可得速度

$$\boldsymbol{v}=\lim_{\Delta t\to 0}\frac{\Delta\boldsymbol{r}}{\Delta t}=\lim_{\Delta t\to 0}\left(\frac{\Delta\boldsymbol{r}}{\Delta s}\frac{\Delta s}{\Delta t}\right)=\left(\lim_{\Delta t\to 0}\frac{\Delta\boldsymbol{r}}{\Delta s}\right)\left(\lim_{\Delta t\to 0}\frac{\Delta s}{\Delta t}\right)=\left(\lim_{\Delta t\to 0}\frac{\Delta\boldsymbol{r}}{\Delta s}\right)\frac{ds}{dt}$$

由于$\Delta t\to 0$时，Q点趋近于P点，因此

$$\lim_{\Delta t\to 0}\left|\frac{\Delta\boldsymbol{r}}{\Delta s}\right|=1$$

且$\lim\limits_{\Delta t\to 0}\dfrac{\Delta\boldsymbol{r}}{\Delta s}$的方向在轨迹的切线方向的正方向，即质点运动轨迹上沿着s增加方向的轨迹切线方向的单位矢量$\boldsymbol{\tau}$的方向. 所以

$$\lim_{\Delta t\to 0}\frac{\Delta\boldsymbol{r}}{\Delta s}=\boldsymbol{\tau}$$

由此可得

$$\boldsymbol{v}=\frac{ds}{dt}\boldsymbol{\tau}=v_\tau\boldsymbol{\tau} \tag{1.11}$$

式中，s即为自然坐标，$\boldsymbol{\tau}$为切向单位矢量. $v_\tau=\dfrac{ds}{dt}$为速度在切向的分量，为代数量. 由式(1.11)可知，质点速度的大小：$v=|\boldsymbol{v}|=|v_\tau|=\left|\dfrac{ds}{dt}\right|$，由自然坐标$s$对时间的一阶导数决定. 速度的方向沿着质点所在处轨道的切线，指向则由速度的切向分量$v_\tau=\dfrac{ds}{dt}$的正负号决定. $v_\tau=\dfrac{ds}{dt}>0$，速度指向切线正方向；$v_\tau=\dfrac{ds}{dt}<0$，速度指向切线的负方向.

在力学中，位矢$\boldsymbol{r}$和速度$\boldsymbol{v}$是描述质点机械运动状态的两个物理量.

1.2.4　加速度

速度是一个矢量，既有大小又有方向. 当质点做一般曲线运动时，曲线上各点的切线方向不断改变，所以速度的方向在不断改变；而运动的快慢也可以随时间改变，即速度的

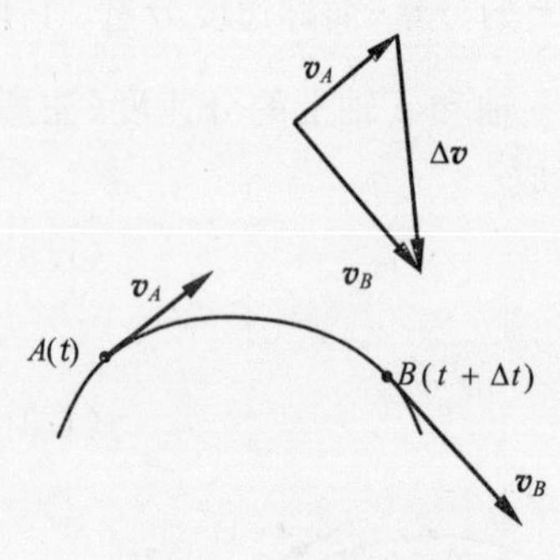

图 1.7　速度的增量

大小也在不断改变. 为了定量描述各个时刻速度矢量的变化情况,我们引进加速度的概念.

设在 t 时刻,质点在 A 点,其速度为 $\boldsymbol{v}_A$,在 $t+\Delta t$ 时刻,质点运动到了 B 点,其速度变为 $\boldsymbol{v}_B$,如图 1.7 所示. 在 Δt 时间内,速度的大小和方向都发生了变化. 为了看清楚速度的变化情况,在图 1.7 中把矢量 $\boldsymbol{v}_A$ 和 $\boldsymbol{v}_B$ 平移到同一点. 从速度矢量图可以看出,质点速度的增量为

$$\Delta \boldsymbol{v} = \boldsymbol{v}_B - \boldsymbol{v}_A$$

它反映了在 Δt 时间内质点速度矢量的变化情况(包括速度大小的变化和速度方向的变化).

与平均速度的定义类似,定义在 t 时刻附近,Δt 时间间隔内质点的**平均加速度**为

$$\bar{\boldsymbol{a}} = \frac{\Delta \boldsymbol{v}}{\Delta t} = \frac{\boldsymbol{v}_B - \boldsymbol{v}_A}{\Delta t} \tag{1.12}$$

平均加速度表示质点在 t 时刻附近,Δt 时间间隔内速度的平均变化率. 与平均速度类似,平均加速度也只是一种粗略的描述. Δt 取得越小,$\frac{\Delta \boldsymbol{v}}{\Delta t}$越接近于 t 时刻速度变化的实际情况. 为了精确地描述质点速度的变化情况,可将时间间隔 Δt 无限减小,并使之趋近于零,即 $\Delta t \to 0$,这样,质点的平均加速度$\frac{\Delta \boldsymbol{v}}{\Delta t}$就会趋向于一个确定的极限矢量. 这个极限矢量就称为质点在 t 时刻的**瞬时加速度**,简称**加速度**,用 $\boldsymbol{a}$ 表示. 其定义式为

$$\boldsymbol{a} = \lim_{\Delta t \to 0} \frac{\Delta \boldsymbol{v}}{\Delta t} = \frac{\mathrm{d}\boldsymbol{v}}{\mathrm{d}t} = \frac{\mathrm{d}^2 \boldsymbol{r}}{\mathrm{d}t^2} \tag{1.13}$$

可见,**加速度等于质点的速度矢量对时间的一阶导数,或位矢对时间的二阶导数. 只要知道了质点的速度 $v(t)$ 或位矢 $\boldsymbol{r}(t)$,就可以求出质点的加速度.**

加速度是一个矢量,加速度 $\boldsymbol{a}$ 的方向是 $\Delta t \to 0$ 时 $\Delta \boldsymbol{v}$ 的极限方向,而加速度 $\boldsymbol{a}$ 的大小(模)是

$$|\boldsymbol{a}| = \lim_{\Delta t \to 0} \frac{|\Delta \boldsymbol{v}|}{\Delta t} = \frac{|\mathrm{d}\boldsymbol{v}|}{\mathrm{d}t}$$

加速度既反映了速度大小的变化,又反映了速度方向的变化. 所以质点做曲线运动时,任一时刻加速度的方向并不与速度方向相同,即加速度的方向不沿曲线的切线方向. 由图 1.7 可知,在曲线运动中,加速度的方向总是指向曲线凹的一侧.

一般来说,加速度可以是随时间变化的,即不同时刻(或质点处于不同位置),质点具有不同的加速度,即

$$\boldsymbol{a} = \boldsymbol{a}(t)$$

因为 $\boldsymbol{a}$ 是矢量,所以函数 $\boldsymbol{a}(t)$ 既包括加速度大小如何变化,也包括加速度方向如何变化. 在国际单位制(SI)中,加速度的单位是米每二次方秒($\mathrm{m \cdot s^{-2}}$).

在直角坐标系中,加速度可以表示成

$$\boldsymbol{a}=\frac{\mathrm{d}\boldsymbol{v}}{\mathrm{d}t}=\frac{\mathrm{d}v_x}{\mathrm{d}t}\boldsymbol{i}+\frac{\mathrm{d}v_y}{\mathrm{d}t}\boldsymbol{j}+\frac{\mathrm{d}v_z}{\mathrm{d}t}\boldsymbol{k}=a_x\boldsymbol{i}+a_y\boldsymbol{j}+a_z\boldsymbol{k} \tag{1.14a}$$

或者写成

$$\boldsymbol{a}=\frac{\mathrm{d}\boldsymbol{v}}{\mathrm{d}t}=\frac{\mathrm{d}^2\boldsymbol{r}}{\mathrm{d}t^2}=\frac{\mathrm{d}^2x}{\mathrm{d}t^2}\boldsymbol{i}+\frac{\mathrm{d}^2y}{\mathrm{d}t^2}\boldsymbol{j}+\frac{\mathrm{d}^2z}{\mathrm{d}t^2}\boldsymbol{k} \tag{1.14b}$$

式中，$a_x=\frac{\mathrm{d}v_x}{\mathrm{d}t}=\frac{\mathrm{d}^2x}{\mathrm{d}t^2}$，$a_y=\frac{\mathrm{d}v_y}{\mathrm{d}t}=\frac{\mathrm{d}^2y}{\mathrm{d}t^2}$，$a_z=\frac{\mathrm{d}v_z}{\mathrm{d}t}=\frac{\mathrm{d}^2z}{\mathrm{d}t^2}$分别是加速度在 x 轴、y 轴和 z 轴上的分量，它们都是代数量.

加速度的模为

$$a=|\boldsymbol{a}|=\sqrt{a_x^2+a_y^2+a_z^2} \tag{1.15}$$

思考题

思 1.5　$|\Delta\boldsymbol{r}|$ 与 $|\Delta r|$ 有无不同？$\left|\frac{\mathrm{d}\boldsymbol{r}}{\mathrm{d}t}\right|$ 与 $\left|\frac{\mathrm{d}r}{\mathrm{d}t}\right|$ 有无不同？$\left|\frac{\mathrm{d}\boldsymbol{v}}{\mathrm{d}t}\right|$ 与 $\left|\frac{\mathrm{d}v}{\mathrm{d}t}\right|$ 有无不同？其不同在哪里？试举例说明.

思 1.6　一个质点沿半径为 R 的圆周做匀速率运动，其周期为 T. 试求在以下时间间隔内质点的平均速率和平均速度的大小：(1) $\frac{T}{2}$；(2) T；(3) $\frac{3T}{2}$.

思 1.7　质点做曲线运动，其瞬时速度为 $\boldsymbol{v}$，瞬时速率为 v，平均速度 $\bar{\boldsymbol{v}}$，平均速率为 $\bar{v}$. 则关于它们之间的关系，下列四个选项哪一个是正确的？

(A) $|\boldsymbol{v}|=v$，$|\bar{\boldsymbol{v}}|=\bar{v}$；(B) $|\boldsymbol{v}|\neq v$，$|\bar{\boldsymbol{v}}|=\bar{v}$；

(C) $|\boldsymbol{v}|=v$，$|\bar{\boldsymbol{v}}|\neq\bar{v}$；(D) $|\boldsymbol{v}|\neq v$，$|\bar{\boldsymbol{v}}|\neq\bar{v}$

思 1.8　一个质点以恒定速率 v 沿半径为 R 的圆周运动，已知时刻 t 质点在轨道上的 A 点，在时刻 $t+\Delta t$，质点运动到 B 点，$\overline{AB}=2R$. 取圆心 O 为位矢 $\boldsymbol{r}$ 的原点. 试写出：(1)Δt 时间内的 $|\Delta\boldsymbol{r}|$，$|\Delta r|$，$|\Delta\boldsymbol{v}|$，$|\Delta v|$；(2)任意时刻 t 的 $\left|\frac{\mathrm{d}\boldsymbol{r}}{\mathrm{d}t}\right|$，$\left|\frac{\mathrm{d}r}{\mathrm{d}t}\right|$，$\left|\frac{\mathrm{d}\boldsymbol{v}}{\mathrm{d}t}\right|$，$\left|\frac{\mathrm{d}v}{\mathrm{d}t}\right|$，$\left|\frac{\mathrm{d}^2\boldsymbol{r}}{\mathrm{d}t^2}\right|$，$\left|\frac{\mathrm{d}^2r}{\mathrm{d}t^2}\right|$ 的值.

思 1.9　下面几个质点运动学方程，哪个是匀变速直线运动？

(A) $x=3t-2$；　(B) $x=-4t^3+2t+5$；　(C) $x=-2t^2+8t+3$；(D) $x=\frac{2}{t^2}+4$

并给出这个匀变速直线运动在 $t=3s$ 时刻的速度和加速度，并说明该时刻质点是在加速还是在减速运动. 式中各物理量均采用国际单位制.

思 1.10　一质点的运动学方程为 $x=x(t)$，$y=y(t)$. 在计算质点的速度和加速度的大小时，甲同学采用如下方法：先计算 $r=\sqrt{x^2+y^2}$，然后由 $v=\frac{\mathrm{d}r}{\mathrm{d}t}$ 和 $a=\frac{\mathrm{d}^2r}{\mathrm{d}t^2}$，求出质点的速度和加速度大小. 乙同学先计算出速度和加速度的分量，再合成得到速度和加速度的大小，即

$$v=\sqrt{\left(\frac{\mathrm{d}x}{\mathrm{d}t}\right)^2+\left(\frac{\mathrm{d}y}{\mathrm{d}t}\right)^2},\quad a=\sqrt{\left(\frac{\mathrm{d}^2x}{\mathrm{d}t^2}\right)^2+\left(\frac{\mathrm{d}^2y}{\mathrm{d}t^2}\right)^2}$$

你认为哪个同学做得正确呢？不正确的方法，错在哪里？

例 1.2　如图 1.8 所示，一人通过一根不可伸缩的绳水平向右拉小车前进，绳跨过一个小定滑轮，小车位于人拉绳的一端上方高为 h 的平台上，人的速率 v_0 不变，求人离滑轮的水平距离为 s 时，小车的速度大小和加速度大小.

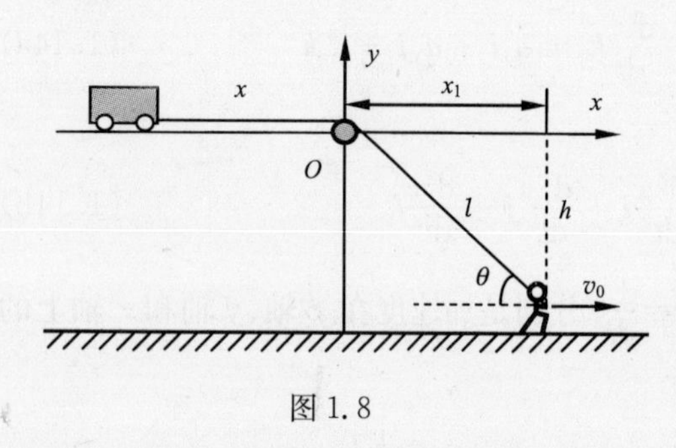

图 1.8

解　小车水平向右做直线运动，小车做平动，可看成一质点，以地面为参考系，以滑轮处为坐标原点，水平向右为 x 轴正向，竖直向上为 y 轴正向，建立平面直角坐标系. 设任意时刻小车的坐标(x,y)为$(x,0)$(此处 $x<0$)，人的坐标(x,y)为$(x_1,-h)$，小车和人的 y 坐标都是常量. 由速度的定义，小车的速度为

$$\boldsymbol{v}=\frac{\mathrm{d}x}{\mathrm{d}t}\boldsymbol{i}+\frac{\mathrm{d}y}{\mathrm{d}t}\boldsymbol{j}=\frac{\mathrm{d}x}{\mathrm{d}t}\boldsymbol{i}$$

所以小车的速度沿 x 轴方向. 人的速度为

$$\boldsymbol{v}_0=\frac{\mathrm{d}x}{\mathrm{d}t}\boldsymbol{i}+\frac{\mathrm{d}y}{\mathrm{d}t}\boldsymbol{j}=\frac{\mathrm{d}x_1}{\mathrm{d}t}\boldsymbol{i}$$

已知人的速度 $\boldsymbol{v}_0=v_0\boldsymbol{i}$，所以，有$\frac{\mathrm{d}x_1}{\mathrm{d}t}=v_0$.

又因为绳不可伸缩，设绳总长为 l_0，定滑轮和人之间的绳长为 l，则有 $l_0=l+|x|=l-x$，所以

$$x=l-l_0=\sqrt{x_1^2+h^2}-l_0$$

因此，小车的速度为

$$\boldsymbol{v}=\frac{\mathrm{d}x}{\mathrm{d}t}\boldsymbol{i}=\frac{x_1}{\sqrt{x_1^2+h^2}}\frac{\mathrm{d}x_1}{\mathrm{d}t}\boldsymbol{i}=\frac{x_1v_0}{\sqrt{x_1^2+h^2}}\boldsymbol{i}$$

则当人离滑轮的水平距离为 s 时，即 $x_1=s$ 时，小车的速度大小为 $v=\frac{sv_0}{\sqrt{s^2+h^2}}$，方向水平向右.

速度 $\boldsymbol{v}$ 再对时间求导，并利用$\frac{\mathrm{d}x_1}{\mathrm{d}t}=v_0$，可得小车的加速度为

$$\boldsymbol{a}=\frac{\mathrm{d}\boldsymbol{v}}{\mathrm{d}t}=\frac{\mathrm{d}}{\mathrm{d}t}\left(\frac{x_1v_0}{\sqrt{x_1^2+h^2}}\right)\boldsymbol{i}=\frac{h^2v_0^2}{(x_1^2+h^2)^{\frac{3}{2}}}\boldsymbol{i}$$

小车的加速度方向水平向右，小车做变加速运动，当人离滑轮的水平距离为 s 时，加速度大小为

$$a=\frac{h^2v_0^2}{(s^2+h^2)^{\frac{3}{2}}}$$

1.3　曲线运动　圆周运动

1.3.1　一般平面曲线运动

1. 曲率 曲率半径

若质点的运动轨迹为曲线时，则称为曲线运动. 为了描述曲线的弯曲程度，通常引入曲率和曲率半径. 以下我们仅讨论二维的平面曲线运动.

如图 1.9 所示，从曲线上邻近的两点 P_1、P_2 各引一条切线，这两条切线间的夹角为 $\Delta\theta$，P_1、P_2 两点间的弧长为 Δs，则 P_1 点的曲率定义为

$$k = \lim_{\Delta s \to 0} \frac{\Delta\theta}{\Delta s} = \frac{\mathrm{d}\theta}{\mathrm{d}s} \tag{1.16}$$

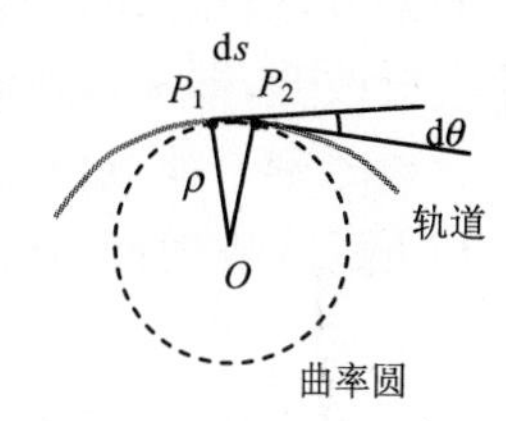

图 1.9　曲率、曲率圆、曲率半径

一般情况下，一条曲线上的不同点有不同的曲率. 曲率越大，曲线弯曲得越厉害. 显然在同一个圆周上各点的曲率都相等.

过曲线上一点做一圆，若该圆的曲率与曲线在该点的曲率相等，则称它为该点的曲率圆，其圆心 O 和半径 ρ 分别称为曲线上该点的**曲率中心和曲率半径**. 且曲率半径为

$$\rho = \frac{1}{k} = \frac{\mathrm{d}s}{\mathrm{d}\theta} \tag{1.17}$$

2. 平面曲线运动的描述

质点做曲线运动时，任一时刻加速度的方向并不与速度方向相同，即加速度的方向不沿曲线的切线方向，它总是指向曲线凹的一侧. 当 $\boldsymbol{a}$ 与 $\boldsymbol{v}$ 成钝角时，速率是减小的，质点运动变慢；当 $\boldsymbol{a}$ 与 $\boldsymbol{v}$ 成锐角时，速率是增大的，质点运动变快；当 $\boldsymbol{a}$ 与 $\boldsymbol{v}$ 成直角时，速率不变(或者该时刻速率取极值)，如图 1.10 所示.

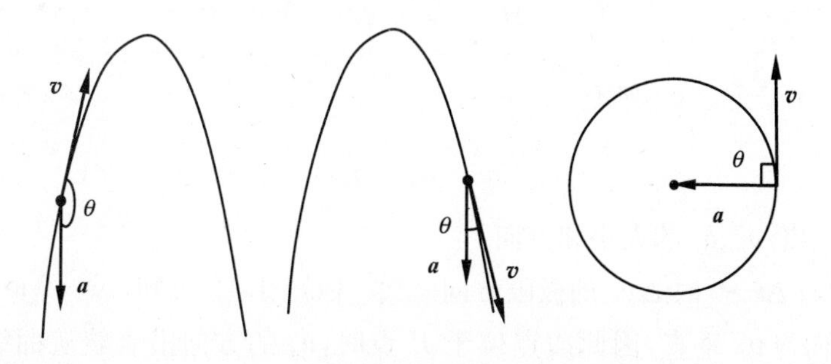

图 1.10　曲线运动中的加速度

为运算方便，对平面曲线运动常采用平面自然坐标系进行讨论. 即将加速度沿质点所在处轨道的切线方向和法线方向进行分解，这样的加速度分矢量分别称为切向加速度

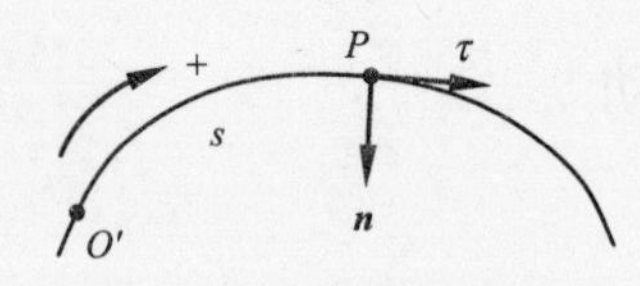

图 1.11 切向单位矢量和法向单位矢量

和法向加速度.

设质点的运动轨道如图 1.11 所示. O'为自然坐标的原点,s 为自然坐标. $\boldsymbol{\tau}$ 为切向单位矢量,沿着自然坐标 s 增大方向的切线方向. $\boldsymbol{n}$ 为法向单位矢量,垂直于切线方向、且指向运动轨迹曲线凹的一侧. t 时刻,质点位于 P 点,速度为 $\boldsymbol{v}$,表示为

$$\boldsymbol{v} = \frac{\mathrm{d}s}{\mathrm{d}t}\boldsymbol{\tau} = v_\tau \boldsymbol{\tau}$$

一般来说,质点做曲线运动时,不仅速度的方向要改变,即 $\boldsymbol{\tau}$ 的方向在变化;而且速度的大小也会改变,即 v 也在改变.

设时刻 t,质点位于 P 点,速度为 $\boldsymbol{v}_P$;时刻 $t+\Delta t$,质点位于 Q 点,速度为 $\boldsymbol{v}_Q$,如图 1.12 所示. 在时间 Δt 内,质点的速度增量为

$$\Delta \boldsymbol{v} = \boldsymbol{v}_Q - \boldsymbol{v}_P$$

如图 1.12 中的$\overrightarrow{P'Q'}$所示.

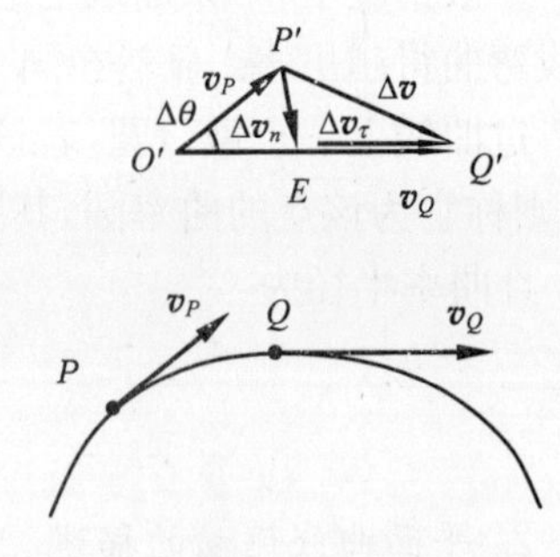

图 1.12 自然坐标系中速度的增量

在速度矢量三角形 $O'P'Q'$中,做矢量$\overrightarrow{O'E}$(图上未画出)使其大小与 $\boldsymbol{v}_P$ 相等,即 $|\overrightarrow{O'E}| = |\boldsymbol{v}_P| = |\overrightarrow{O'P'}|$,再做矢量$\overrightarrow{P'E}$和$\overrightarrow{EQ'}$,令$\overrightarrow{P'E} = \Delta \boldsymbol{v}_n$,$\overrightarrow{EQ'} = \Delta \boldsymbol{v}_\tau$. 这样就把速度增量矢量 $\Delta \boldsymbol{v}$ 分解为 $\Delta \boldsymbol{v}_n$ 和 $\Delta \boldsymbol{v}_\tau$ 两个部分,即

$$\Delta \boldsymbol{v} = \Delta \boldsymbol{v}_n + \Delta \boldsymbol{v}_\tau$$

由图可知,$\Delta \boldsymbol{v}_n = \overrightarrow{O'E} - \boldsymbol{v}_P$(注意:$|\overrightarrow{O'E}| = |\boldsymbol{v}_P|$),$\Delta \boldsymbol{v}_\tau = \boldsymbol{v}_Q - \overrightarrow{O'E}$,可见,$\Delta \boldsymbol{v}_n$ 只反映质点速度方向的变化,$\Delta \boldsymbol{v}_\tau$ 只反映质点速度大小的变化.

根据加速度的定义,有

$$\boldsymbol{a} = \lim_{\Delta t\to 0}\frac{\Delta \boldsymbol{v}}{\Delta t} = \lim_{\Delta t\to 0}\frac{\Delta \boldsymbol{v}_n}{\Delta t} + \lim_{\Delta t\to 0}\frac{\Delta \boldsymbol{v}_\tau}{\Delta t}$$

令$\lim\limits_{\Delta t\to 0}\dfrac{\Delta \boldsymbol{v}_n}{\Delta t} = \boldsymbol{a}_n$,$\lim\limits_{\Delta t\to 0}\dfrac{\Delta \boldsymbol{v}_\tau}{\Delta t} = \boldsymbol{a}_\tau$,则有

$$\boldsymbol{a} = \boldsymbol{a}_n + \boldsymbol{a}_\tau$$

下面分别讨论 $\boldsymbol{a}_n$、$\boldsymbol{a}_\tau$ 的大小和方向.

$\boldsymbol{a}_n$ 的方向与 $\Delta t\to 0$ 时 $\Delta \boldsymbol{v}_n$ 的极限方向一致. 由图 1.12 可知,$\Delta t\to 0$ 时,$\Delta\theta\to 0$,可见 $\Delta \boldsymbol{v}_n$ 的极限方向与 $\boldsymbol{v}_P$ 垂直,因此质点位于 P 点时,$\boldsymbol{a}_n$ 的方向沿着轨迹曲线在该点的法线,并指向曲线凹的一侧. 我们把加速度沿着法线的这个分矢量 $\boldsymbol{a}_n$ 称为**法向加速度**.

法向加速度 $\boldsymbol{a}_n$ 的大小

$$|\boldsymbol{a}_n| = \lim_{\Delta t\to 0}\frac{|\Delta \boldsymbol{v}_n|}{\Delta t} = \lim_{\Delta t\to 0}\frac{|v\Delta\theta|}{\Delta t} = v\lim_{\Delta t\to 0}\left|\frac{\Delta\theta}{\Delta s}\frac{\Delta s}{\Delta t}\right| = v\left|\frac{\mathrm{d}s}{\mathrm{d}t}\right|\left|\frac{\mathrm{d}\theta}{\mathrm{d}s}\right| = \frac{v^2}{\rho}$$

此处，用到了$\lim\limits_{\Delta t\to 0}\left|\dfrac{\Delta\theta}{\Delta s}\right|=\left|\dfrac{\mathrm{d}\theta}{\mathrm{d}s}\right|=\dfrac{1}{\rho}$，其中，$\Delta s$是$\widehat{PQ}$的弧长，$\rho$是曲线在$P$点处的曲率半径. 而且考虑到$P$点是曲线上任意一点，因此略去了$\boldsymbol{v}_P$的下标.

所以，法向加速度写为

$$\boldsymbol{a}_n=a_n\boldsymbol{n}=\frac{v^2}{\rho}\boldsymbol{n} \tag{1.18}$$

式中，$a_n=\dfrac{v^2}{\rho}$即为加速度沿法线方向的分量，恒为非负值. 法向加速度$\boldsymbol{a}_n$的方向始终与$\boldsymbol{n}$相同.

$\boldsymbol{a}_\tau$的方向与$\Delta t\to 0$时$\Delta\boldsymbol{v}_\tau$的极限方向一致. 由图1.12可知，$\Delta t\to 0$时，$\Delta\theta\to 0$，可见$\Delta\boldsymbol{v}_\tau$的极限方向将沿着质点运动轨迹$P$点处的切线，把加速度沿着切线的这个分矢量$\boldsymbol{a}_\tau$称为**切向加速度**.

切向加速度$\boldsymbol{a}_\tau$的大小

$$|\boldsymbol{a}_\tau|=\lim_{\Delta t\to 0}\frac{|\Delta\boldsymbol{v}_\tau|}{\Delta t}=\lim_{\Delta t\to 0}\frac{|\Delta v|}{\Delta t}=\left|\frac{\mathrm{d}v}{\mathrm{d}t}\right|=\left|\frac{\mathrm{d}^2 s}{\mathrm{d}t^2}\right|$$

切向加速度表示为

$$\boldsymbol{a}_\tau=a_\tau\boldsymbol{\tau}=\frac{\mathrm{d}v_\tau}{\mathrm{d}t}\boldsymbol{\tau}=\frac{\mathrm{d}^2 s}{\mathrm{d}t^2}\boldsymbol{\tau} \tag{1.19}$$

式中，$a_\tau=\dfrac{\mathrm{d}v_\tau}{\mathrm{d}t}$即为加速度沿切线方向的分量，它是一个代数量，$a_\tau=\dfrac{\mathrm{d}v_\tau}{\mathrm{d}t}>0$，表明$\boldsymbol{a}_\tau$与$\boldsymbol{\tau}$方向相同；反之，$a_\tau=\dfrac{\mathrm{d}v_\tau}{\mathrm{d}t}<0$，表明$\boldsymbol{a}_\tau$与$\boldsymbol{\tau}$方向相反.

综上所述，质点在平面曲线运动中的加速度为

$$\boldsymbol{a}=\boldsymbol{a}_n+\boldsymbol{a}_\tau=a_n\boldsymbol{n}+a_\tau\boldsymbol{\tau}=\frac{v^2}{\rho}\boldsymbol{n}+\frac{\mathrm{d}v_\tau}{\mathrm{d}t}\boldsymbol{\tau} \tag{1.20}$$

即质点在平面曲线运动中的加速度等于质点的法向加速度和切向加速度的矢量和，如图1.13所示.

加速度$\boldsymbol{a}$的模（大小）为

$$a=|\boldsymbol{a}|=\sqrt{a_n^2+a_\tau^2}=\sqrt{\left(\frac{v^2}{\rho}\right)^2+\left(\frac{\mathrm{d}v_\tau}{\mathrm{d}t}\right)^2} \tag{1.21}$$

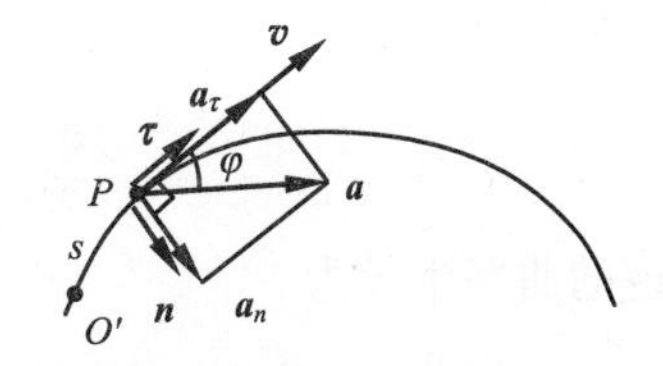

图1.13 平面曲线运动的加速度

加速度$\boldsymbol{a}$的方向可由式(1.22)计算

$$\tan\varphi=\frac{a_n}{a_\tau} \tag{1.22}$$

式中，φ为加速度的方向与切向正方向之间的夹角，如图1.13所示.

当质点做匀速率曲线运动时，由于速度仅有方向的变化，而大小无变化，所以任何时刻质点的切向加速度均为零，故有$\boldsymbol{a}=\boldsymbol{a}_n=a_n\boldsymbol{n}$，$|\boldsymbol{a}|=\dfrac{v^2}{\rho}$，$\varphi=90°$，可见法向加速度只反映速度方向的变化. 当质点做变速直线运动时，$\rho\to\infty$，任何时刻质点的法向加速度均为零，

故有 $\boldsymbol{a}=\boldsymbol{a}_\tau=a_\tau\boldsymbol{\tau}$，$|\boldsymbol{a}|=\left|\frac{\mathrm{d}v_\tau}{\mathrm{d}t}\right|=\left|\frac{\mathrm{d}v}{\mathrm{d}t}\right|$，$\varphi=0°$或 180°，可见切向加速度只反映速度大小的变化.

如果某时刻质点速度大小随时间增大，则该时刻质点做加速运动；反之做减速运动. 不难理解，当 $\boldsymbol{v}$ 与 $\boldsymbol{a}_\tau$ 同向时(即 v_τ 与 a_τ 符号相同时)，质点做加速运动，这时 $\boldsymbol{v}$ 与 $\boldsymbol{a}$ 之间的夹角 φ 为锐角；当 $\boldsymbol{v}$ 与 $\boldsymbol{a}_\tau$ 反向时(即 v_τ 与 a_τ 符号相反时)，质点做减速运动，这时 $\boldsymbol{v}$ 与 $\boldsymbol{a}$ 之间的夹角 φ 为钝角.

在讨论平面曲线运动(包括圆周运动)时，经常采用自然坐标系.

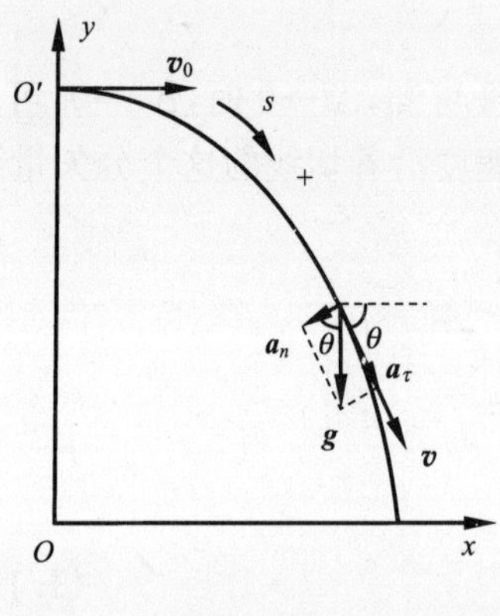

图 1.14

例 1.3 以速度 $\boldsymbol{v}_0$ 平抛一小球，不计空气阻力，如图 1.14 所示. 以平抛时为计时起点，求 t 时刻小球的切向加速度分量 a_τ 和法向加速度分量 a_n，以及轨道的曲率半径 ρ.

解一 建立如图 1.14 所示直角坐标系. 任意 t 时刻，小球的加速度即重力加速度 $\boldsymbol{g}$，方向竖直向下，大小不变. 而任意时刻 t，小球速度的 x、y 分量分别为

$$v_x=v_0,\quad v_y=gt$$

因此任意时刻，速度矢量与 x 轴正向之间的夹角 θ(即重力加速度 $\boldsymbol{g}$ 与法向加速度之间的夹角)满足

$$\tan\theta=\frac{v_y}{v_x}=\frac{gt}{v_0}$$

所以，法向加速度分量为

$$a_n=g\cos\theta=g\frac{v_0}{v}=\frac{gv_0}{\sqrt{v_0^2+g^2t^2}}$$

切向加速度分量为

$$a_\tau=g\sin\theta=g\frac{gt}{v}=\frac{g^2t}{\sqrt{v_0^2+g^2t^2}}$$

轨道的曲率半径为

$$\rho=\frac{v^2}{a_n}=\frac{(v_0^2+g^2t^2)^{3/2}}{gv_0}$$

解二 以抛出点 O' 为自然坐标的原点，建立如图 1.14 所示自然坐标系. 任意 t 时刻，小球速度的 x、y 分量和速率 v 分别为

$$v_x=v_0,\quad v_y=gt,\quad v=\sqrt{v_0^2+g^2t^2}$$

因此任意时刻，小球的切向加速度分量为

$$a_\tau=\frac{\mathrm{d}v}{\mathrm{d}t}=\frac{g^2t}{\sqrt{v_0^2+g^2t^2}}$$

由于小球的加速度即重力加速度 $\boldsymbol{g}$，方向竖直向下，大小不变，所以，法向加速度分

量为

$$a_n=\sqrt{a^2-a_\tau^2}=\sqrt{g^2-\left(\frac{g^2t}{\sqrt{v_0^2+g^2t^2}}\right)^2}=\frac{gv_0}{\sqrt{v_0^2+g^2t^2}}$$

轨道的曲率半径为

$$\rho=\frac{v^2}{a_n}=\frac{(v_0^2+g^2t^2)^{\frac{3}{2}}}{gv_0}$$

1.3.2　圆周运动

质点做圆周运动时，由于其轨道上各点的曲率半径处处相等(均为圆半径)，曲率中心就是圆心，速度方向始终沿圆周的切线，因此对圆周运动的描述，常常采用自然坐标系为基础的线量和以平面极坐标系为基础的角量来描述. 现分别介绍如下.

1. 圆周运动在自然坐标系中的描述

在自然坐标系中，质点做圆周运动时，质点在任意时刻的速度为

$$\boldsymbol{v}=\frac{\mathrm{d}\boldsymbol{r}}{\mathrm{d}t}=\frac{\mathrm{d}s}{\mathrm{d}t}\boldsymbol{\tau}=v_\tau\boldsymbol{\tau}$$

其切向加速度和法向加速度分别为

$$\left.\begin{aligned}\boldsymbol{a}_\tau&=\frac{\mathrm{d}v_\tau}{\mathrm{d}t}\boldsymbol{\tau}=\frac{\mathrm{d}^2s}{\mathrm{d}t^2}\boldsymbol{\tau}\\\boldsymbol{a}_n&=\frac{v^2}{R}\boldsymbol{n}\end{aligned}\right\}\tag{1.23}$$

式中，R 是圆的半径. 所谓匀速圆周运动是指切向加速度为零的圆周运动，即匀速率圆周运动，其速度矢量和加速度矢量都随时在变化.

2. 圆周运动在平面极坐标系中的描述

研究质点的平面曲线运动时，有时选用平面极坐标系较为方便，如图 1.15 所示. 在参考系上选一固定点 O 作为平面极坐标系的原点(常称为极点)，在质点运动的平面内作一通过极点的射线 OO' 作为极轴，连接极点和质点所在位置的直线 r 称为极径(极径总是取正值). 极径与极轴的夹角 θ 称为质点的**角位置** θ(或**角坐标** θ). 通常规定从极轴沿逆时针方向(也可以根据需要选取不同的方向)到极径所计量的角坐标 θ 为正，反之为负. 则角位置 θ 是一个代数量，可正可负. 注意：这是计量角坐标 θ 的约定，与质点的运动方向无关，即 θ 的正负与质点的运动方向之间无必然联系. 这样质点的位置就可以用平面极坐标(r,θ)来确定，相应地可写出用极坐标表示的质点运动学方程、速度、加速度等. 对平面极坐标，本书将不做一般性的介绍.

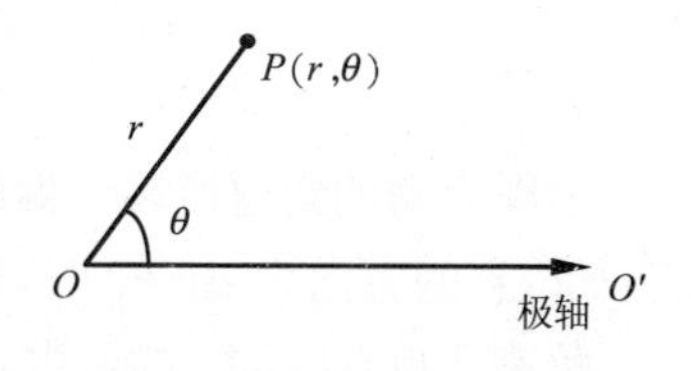

图 1.15　平面极坐标系

如果一质点绕 O 点做半径为 R 的圆周运动，选圆心 O 为极点，并引任意一条射线

OO'为极轴. 质点沿圆周运动时极径 r 是一个常量($r=R$),所以任意时刻 t,质点的位置可用角坐标 θ 完全确定,角位置 θ 是时间 t 的函数,即

$$\theta=\theta(t) \tag{1.24}$$

此即质点做圆周运动时以角坐标表示的运动方程.

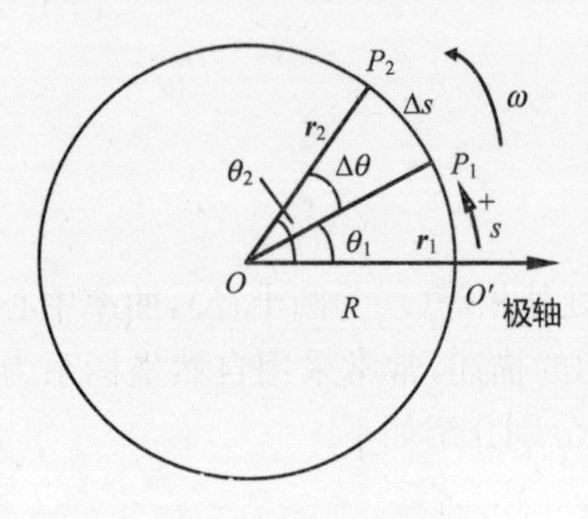

图 1.16　角位移

在 t 时刻,质点位于 P_1 点,角坐标是 θ_1;在 $t+\Delta t$ 时刻,质点位于 P_2 点,角坐标是 θ_2,则极径 r 在 Δt 时间内转过的角度叫做质点在 Δt 时间内的**角位移** $\Delta\theta$,$\Delta\theta=\theta_2-\theta_1$. 角位移既有大小又有方向,其方向规定为:用右手四指的环绕方向表示质点的旋转方向,与右手四指环绕方向画出的平面垂直的大拇指的方向则表示角位移的方向,即角位移的方向由右手螺旋法则确定. 在图 1.16 中,若质点逆时针转动,则角位移的方向为垂直于纸面向外. 注意:有限大小的角位移不是矢量(因为其合成不遵从交换律). 可以证明,只有当 $\Delta t\to0$ 时,即 $\mathrm{d}t$ 时间内转过的角位移 $\mathrm{d}\theta$ 才是矢量. 质点做圆周运动时,如果过圆心做一垂直于圆平面的直线为坐标轴,任选一个方向规定为坐标轴的正方向(如选择垂直于纸面向外为坐标轴的正方向),则角位移只有两种可能的方向,沿坐标轴的正向或者负向(即质点沿逆时针或顺时针方向转动),因此,也可以在角位移的大小前冠以正、负号组成一个标量来表示角位移的方向. 角位移为正值时,表示角位移的方向与所选坐标轴的正方向相同;反之则方向相反.

角位移 $\Delta\theta$ 与发生这一角位移所经历的时间 Δt 的比值,称为在这段时间内质点做圆周运动的平均角速度,用符号 $\bar{\omega}$ 表示,即

$$\bar{\omega}=\frac{\Delta\theta}{\Delta t} \tag{1.25}$$

当时间 $\Delta t\to0$ 时,平均角速度 $\bar{\omega}$ 将趋近于一个确定的极限值 ω,这个极限值确切地描述了质点在 t 时刻转动的快慢和方向. 我们把这个极限值定义为质点在 t 时刻的**瞬时角速度**(简称**角速度**),即圆周运动的角速度为

$$\omega=\lim_{\Delta t\to0}\frac{\Delta\theta}{\Delta t}=\frac{\mathrm{d}\theta}{\mathrm{d}t} \tag{1.26}$$

圆周运动的**角速度等于做圆周运动质点的角坐标对时间的一阶导数**. 瞬时角速度也是矢量,它的方向为 $\Delta t\to0$ 时,即 $\mathrm{d}t$ 时间内转过的角位移 $\mathrm{d}\theta$ 的方向.

角速度也是时间 t 的函数,即 $\omega=\omega(t)$.

设在时刻 t,质点的角速度为 ω_1,在时刻 $t+\Delta t$,质点的角速度为 ω_2,则角速度的增量 $\Delta\omega=\omega_2-\omega_1$ 与发生这一增量所经历的时间 Δt 的比值,称为在这段时间内质点做圆周运动的平均角加速度,用符号 $\bar{\beta}$ 表示,即

$$\bar{\beta}=\frac{\Delta\omega}{\Delta t} \tag{1.27}$$

当时间 $\Delta t\to0$ 时,平均角加速度 $\bar{\beta}$ 将趋近于一个确定的极限值 β,我们把这个极限值

定义为质点在 t 时刻的**瞬时角加速度**(简称**角加速度**),即圆周运动的角加速度为

$$\beta=\lim_{\Delta t\to 0}\frac{\Delta\omega}{\Delta t}=\frac{d\omega}{dt}=\frac{d^2\theta}{dt^2} \tag{1.28}$$

圆周运动的**角加速度等于做圆周运动质点的角速度对时间的一阶导数,也等于角坐标对时间的二阶导数**. 角加速度一般也是时间 t 的函数,即 $\beta=\beta(t)$.

角加速度也是矢量,其方向取决于质点的运动性质,可以与角速度的方向相同或相反.

角速度和角加速度也都可以用代数量表示其方向,其意义与角位移相同. 即角速度(或角加速度)为正值时,表示其方向与选定的垂直于圆平面的坐标轴正方向相同,反之则方向相反.

当质点沿圆周做加速运动时,速率随时间增大,角速度 ω 与角加速度 β 同号;做减速运动时,ω 与 β 异号;做匀速运动时,ω 为常量,β 等于零.

在国际单位制(SI)中,角位置的单位为弧度(rad),角速度的单位为弧度每秒($rad\cdot s^{-1}$或 s^{-1}),角加速度的单位为弧度每二次方秒($rad\cdot s^{-2}$或 s^{-2}).

质点做圆周运动时,只要确定质点所在的角位置 θ,即可确定质点的位置,所以只需一个坐标(角位置 θ)即可描述质点的位置. 这和质点做直线运动的描述类似.

3. 圆周运动中线量和角量的关系

如图1.17所示,O'为自然坐标原点,以逆时针方向为自然坐标的正方向,t 时刻质点的自然坐标为 s,在 dt 时间内质点自然坐标的增量为 ds;同时也规定从极轴沿逆时针方向到极径所计量的角坐标 θ 为正,则 dt 时间内质点的角位移为 $d\theta$. 它们之间有

$$ds=Rd\theta \tag{1.29}$$

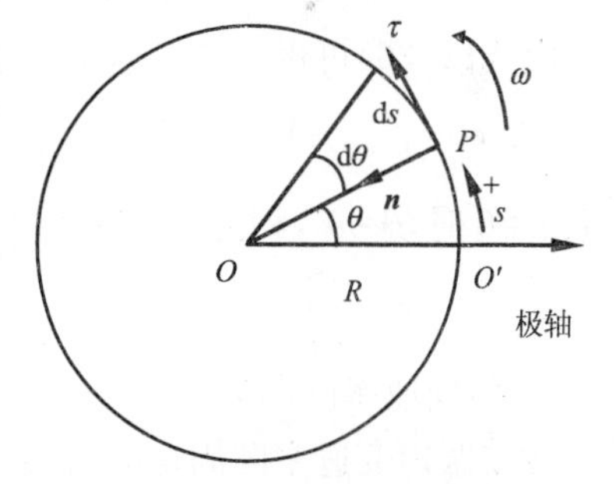

图1.17　角量与线量

速度的切向分量为

$$v_\tau=\frac{ds}{dt}=\frac{Rd\theta}{dt}=R\omega$$

而速度大小(即速率)为

$$v=|v_\tau|=R|\omega| \tag{1.30}$$

注意:速度的模(速度大小,即速率)总是非负值. 而速度的切向分量 v_τ 为代数量.

加速度的切向分量为

$$a_\tau=\frac{dv_\tau}{dt}=R\frac{d\omega}{dt}=R\beta \tag{1.31}$$

加速度的法向分量为

$$a_n=\frac{v^2}{R}=R\omega^2 \tag{1.32}$$

角速度的方向即角位移的方向,如图1.18所示. 按照矢量的矢积规则,角速度矢量与线速度矢量之间的关系为

$$\boldsymbol{v} = \boldsymbol{\omega} \times \boldsymbol{r} \tag{1.33}$$

如图 1.19 所示.

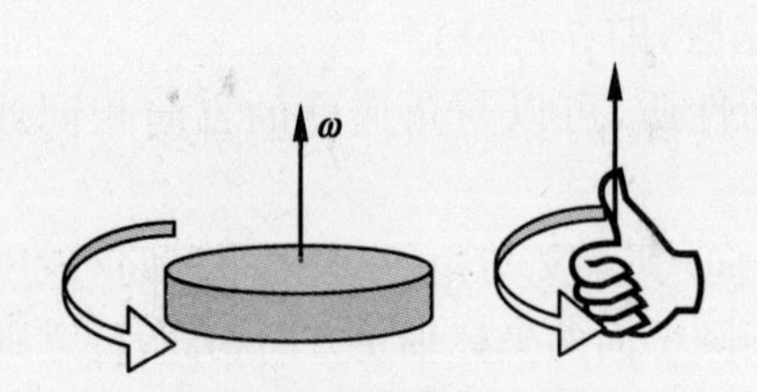

图 1.18 角速度的方向

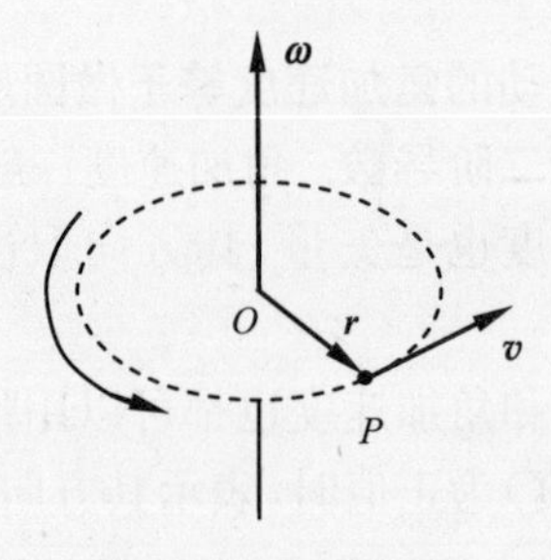

图 1.19 角速度矢量与线速度矢量的关系

4. 匀速率圆周运动和匀变速率圆周运动

1) 匀速率圆周运动

质点做匀速率圆周运动(简称匀速圆周运动)时,其速率 v 和角速度 ω 都是常量,因此角速度 $\beta=0$,切向加速度分量 $a_\tau=\frac{\mathrm{d}v_\tau}{\mathrm{d}t}=0$,而法向加速度分量 $a_n=\frac{v^2}{R}=R\omega^2$ 为常量,但法向加速度的方向随时在变化(始终指向圆心). 于是匀速率圆周运动的加速度为

$$\boldsymbol{a} = \boldsymbol{a}_n = \frac{v^2}{R}\boldsymbol{n} = R\omega^2\boldsymbol{n}$$

由式(1.26)可得

$$\mathrm{d}\theta = \omega \mathrm{d}t$$

如取 $t=0$ 时,$\theta=\theta_0$,积分:$\int_{\theta_0}^{\theta}\mathrm{d}\theta = \int_0^t \omega \mathrm{d}t$, 可得

$$\theta = \theta_0 + \omega t$$

2) 匀变速率圆周运动

质点做匀变速率圆周运动时,其角加速度 $\beta=$常量,因此质点在圆周上任一点,加速度的切向分量 $a_\tau=R\beta$ 为常量;而法向加速度分量为 $a_n=\frac{v^2}{R}=R\omega^2$,不是常量.

由于匀变速率圆周运动的角加速度 $\beta=$常量,设 $t=0$ 时,$\theta=\theta_0$,$\omega=\omega_0$,由式(1.28)可得

$$\int_{\omega_0}^{\omega}\mathrm{d}\omega = \int_0^t \beta \mathrm{d}t$$

积分可得

$$\omega = \omega_0 + \beta t \tag{1.34}$$

由式(1.26)可得如下积分

$$\int_{\theta_0}^{\theta}\mathrm{d}\theta = \int_0^t \omega \mathrm{d}t$$

将式(1.34)代入,积分可得

$$\theta=\theta_0+\omega_0 t+\frac{1}{2}\beta t^2 \tag{1.35}$$

由式(1.34)和式(1.35)可得

$$\omega^2=\omega_0^2+2\beta(\theta-\theta_0) \tag{1.36}$$

公式(1.34)至(1.36)与中学物理已学过的匀变速直线运动的公式形式上相似.

思考题

思 1.11　若质点限于在平面上运动,试指出符合下列条件的运动分别是什么运动?

(A) $\frac{\mathrm{d}r}{\mathrm{d}t}=0,\frac{\mathrm{d}\boldsymbol{r}}{\mathrm{d}t}\neq 0$;(B) $\frac{\mathrm{d}v}{\mathrm{d}t}=0,\frac{\mathrm{d}\boldsymbol{v}}{\mathrm{d}t}\neq 0$;(C) $\frac{\mathrm{d}\boldsymbol{a}}{\mathrm{d}t}=0$

思 1.12　质点在 Oxy 平面内做匀速率圆周运动,圆心在坐标原点. 已知在 $x=-2\mathrm{m}$ 处,质点速度为 $\boldsymbol{v}=-2\boldsymbol{j}\mathrm{m/s}$,试计算质点在①$y=2\mathrm{m}$ 处,②$x=2\mathrm{m}$ 处质点的速度、切向加速度、法向加速度和加速度.

例 1.4　一飞轮以初始转速 $n_0=1500\mathrm{r\cdot min^{-1}}$ 转动,受制动后均匀地减速,经 $t=50\mathrm{s}$ 后静止. 求:

(1) 角加速度 β;

(2) 从开始制动到静止,飞轮转过的转数 N;

(3) 制动开始后 20s 时飞轮的角速度;

(4) 设飞轮半径为 $R=0.60\mathrm{m}$,求 $t=20\mathrm{s}$ 时刻飞轮边缘上任一点的速率和加速度大小.

解　(1) 设飞轮初始角速度方向为正方向,则 $\omega_0=\frac{2\pi n}{60}=\frac{2\pi\times 1500}{60}=50\pi(\mathrm{rad\cdot s^{-1}})$,当 $t=50\mathrm{s}$ 时,$\omega=0$,而且 $\beta=$常量,因此由式(1.34)可得

$$\beta=\frac{\omega-\omega_0}{t}=\frac{0-50\pi}{50}=-\pi=-3.14(\mathrm{rad\cdot s^{-1}})$$

(2) 从开始制动到静止,飞轮转过的角位移 $\Delta\theta$ 和转数 N 分别为

$$\Delta\theta=\theta-\theta_0=\omega_0 t+\frac{1}{2}\beta t^2=50\pi\times 50+\frac{1}{2}\times(-\pi)\times 50^2=1250\pi(\mathrm{rad})$$

$$N=\frac{\Delta\theta}{2\pi}=\frac{1250\pi}{2\pi}=625(\mathrm{r})$$

(3) 制动开始后 $t=20\mathrm{s}$ 时飞轮的角速度为

$$\omega=\omega_0+\beta t=50\pi+(-\pi)\times 20=30\pi(\mathrm{rad\cdot s^{-1}})$$

(4) $t=20\mathrm{s}$ 时刻飞轮边缘上任一点的速率为

$$v=R\omega=0.60\times 30\pi=18\pi=56.5(\mathrm{m\cdot s^{-1}})$$

$t=20\mathrm{s}$ 时刻飞轮边缘上任一点的切向加速度分量和法向加速度分量分别为

$$a_\tau=R\beta=0.60\times(-\pi)=-0.60\pi=-1.88(\mathrm{m\cdot s^{-2}})$$

$$a_n = R\omega^2 = 0.60 \times (30\pi)^2 = 5.33 \times 10^3 (\text{m} \cdot \text{s}^{-2})$$

t=20s 时刻飞轮边缘上任一点的加速度大小为

$$a = \sqrt{a_\tau^2 + a_n^2} = 5.33 \times 10^3 \text{m} \cdot \text{s}^{-2}$$

1.4 运动学中的两类问题

1.4.1 已知运动方程,求速度、加速度

已知质点的运动方程 $\boldsymbol{r}=\boldsymbol{r}(t)=x(t)\boldsymbol{i}+y(t)\boldsymbol{j}+z(t)\boldsymbol{k}$,求质点在任意时刻的位置矢量、速度、加速度等物理量,求解这类问题,只要利用前面所述各量的定义,运用求导的方法即可求解.

$$\boldsymbol{v} = \frac{\mathrm{d}\boldsymbol{r}}{\mathrm{d}t} = \frac{\mathrm{d}x}{\mathrm{d}t}\boldsymbol{i} + \frac{\mathrm{d}y}{\mathrm{d}t}\boldsymbol{j} + \frac{\mathrm{d}z}{\mathrm{d}t}\boldsymbol{k}$$

$$\boldsymbol{a} = \frac{\mathrm{d}\boldsymbol{v}}{\mathrm{d}t} = \frac{\mathrm{d}^2\boldsymbol{r}}{\mathrm{d}t^2} = \frac{\mathrm{d}^2x}{\mathrm{d}t^2}\boldsymbol{i} + \frac{\mathrm{d}^2y}{\mathrm{d}t^2}\boldsymbol{j} + \frac{\mathrm{d}^2z}{\mathrm{d}t^2}\boldsymbol{k}$$

例 1.5 已知质点的运动方程为 $\boldsymbol{r}=2t\boldsymbol{i}+(8-6t^2)\boldsymbol{j}$(SI),求:

(1) 质点运动轨迹方程;

(2) 从 t_1=1s 到 t_2=2s 这段时间内质点的位移、平均速度;

(3) 在任意时刻的速度、加速度;

(4) 在任意时刻的切向加速度、法向加速度.

解 (1) 运动方程写成分量式

$$x = 2t, \quad y = 8 - 6t^2, \quad z = 0$$

质点在 $z=0$ 的平面内运动. 消去时间 t,即得轨迹方程:$y=8-\dfrac{3}{2}x^2\ (z=0)$,这是一条抛物线.

(2) t_1=1s 时的位置矢量 $\boldsymbol{r}_1=2\boldsymbol{i}+2\boldsymbol{j}$(m);$t_2$=2s 时的位置矢量 $\boldsymbol{r}_1=4\boldsymbol{i}-16\boldsymbol{j}$(m). 这段时间内质点的位移为

$$\Delta\boldsymbol{r} = \boldsymbol{r}_2 - \boldsymbol{r}_1 = 2\boldsymbol{i} - 18\boldsymbol{j}(\text{m})$$

t_1=1s 到 t_2=2s 这段时间内质点的平均速度为

$$\bar{\boldsymbol{v}} = \frac{\Delta\boldsymbol{r}}{\Delta t} = \frac{\boldsymbol{r}_2 - \boldsymbol{r}_1}{t_2 - t_1} = 2\boldsymbol{i} - 18\boldsymbol{j}(\text{m} \cdot \text{s}^{-1})$$

(3) 由速度定义,可得质点在任意时刻的速度

$$\boldsymbol{v} = \frac{\mathrm{d}\boldsymbol{r}}{\mathrm{d}t} = \frac{\mathrm{d}x}{\mathrm{d}t}\boldsymbol{i} + \frac{\mathrm{d}y}{\mathrm{d}t}\boldsymbol{j} + \frac{\mathrm{d}z}{\mathrm{d}t}\boldsymbol{k} = 2\boldsymbol{i} - 12t\boldsymbol{j}$$

即速度大小(速率)为 $v=\sqrt{v_x^2+v_y^2}=\sqrt{2^2+(-12t)^2}=\sqrt{4+144t^2}=2\sqrt{1+36t^2}$,速度方向与 x 轴正向的夹角为 $\theta=\arctan\dfrac{v_y}{v_x}=\arctan\dfrac{-12t}{2}=\arctan(-6t)$.

由加速度的定义,可得质点在任意时刻的加速度

$$\boldsymbol{a}=\frac{\mathrm{d}\boldsymbol{v}}{\mathrm{d}t}=-12\boldsymbol{j}\mathrm{m}\cdot\mathrm{s}^{-2}$$

即加速度大小为 $a=12\mathrm{m}\cdot\mathrm{s}^{-2}$,加速度方向沿 y 轴负方向.

(4) 由切向加速度的定义,可得质点在任意时刻的切向加速度分量

$$a_\tau=\frac{\mathrm{d}v}{\mathrm{d}t}=\frac{\mathrm{d}}{\mathrm{d}t}(2\sqrt{1+36t^2})=\frac{72t}{\sqrt{1+36t^2}}$$

质点在任意时刻的法向加速度分量

$$a_n=\sqrt{a^2-a_\tau^2}=\frac{12}{\sqrt{1+36t^2}}$$

例 1.6 一质点沿一半径为 $R=1\mathrm{m}$ 的圆周运动,其角量运动方程为 $\theta=2+t+3t^3$(SI). 求:

(1) $t=1\mathrm{s}$ 时,质点的角位置、角速度、角加速度;

(2) $t=1\mathrm{s}$ 时,质点的速率、切向加速度分量、法向加速度分量和加速度大小.

解 (1)由定义可得,任意时刻 t 质点的角速度 ω、角加速度 β 分别为

$$\omega=\frac{\mathrm{d}\theta}{\mathrm{d}t}=1+9t^2$$

$$\beta=\frac{\mathrm{d}\omega}{\mathrm{d}t}=18t$$

$t=1\mathrm{s}$ 时,质点的角位置 θ、角速度 ω、角加速度 β 分别为

$$\theta=(2+t+3t^3)\big|_{t=1\mathrm{s}}=6\ \mathrm{rad}$$
$$\omega=(1+9t^2)\big|_{t=1\mathrm{s}}=10\ \mathrm{rad}\cdot\mathrm{s}^{-1}$$
$$\beta=(18t)\big|_{t=1\mathrm{s}}=18\ \mathrm{rad}\cdot\mathrm{s}^{-2}$$

(2) $t=1\mathrm{s}$ 时,质点的速率 v、切向加速度分量 a_t、法向加速度分量 a_n 和加速度大小 a 分别为

$$v=R\omega=10\mathrm{m}\cdot\mathrm{s}^{-1}$$
$$a_\tau=R\beta=18\mathrm{m}\cdot\mathrm{s}^{-2}$$
$$a_n=R\omega^2=100\mathrm{m}\cdot\mathrm{s}^{-2}$$
$$a=\sqrt{a_\tau^2+a_n^2}=\sqrt{18^2+100^2}=101.6(\mathrm{m}\cdot\mathrm{s}^{-2})$$

1.4.2 已知加速度和初始条件,求速度和位置矢量(运动方程)

已知加速度和初始条件,求速度和运动方程,求解这类问题,主要运用积分的方法. 这是力学中常见的一类问题.

已知质点运动的加速度是时间的函数 $\boldsymbol{a}=\boldsymbol{a}(t)$,则由定义,并利用初始条件,即 $t=0$ 时刻(初始时刻)的速度($\boldsymbol{v}_0$)及位置矢量($\boldsymbol{r}_0$),通过积分的方法,可求得任意时刻质点的速度矢量和位置矢量(运动方程). 即由 $\boldsymbol{a}=\boldsymbol{a}(t)=\frac{\mathrm{d}\boldsymbol{v}}{\mathrm{d}t}$,得

$$\mathrm{d}\boldsymbol{v}=\boldsymbol{a}(t)\mathrm{d}t$$

将上式两边积分,$\int_{\boldsymbol{v}_0}^{\boldsymbol{v}}\mathrm{d}\boldsymbol{v}=\int_0^t\boldsymbol{a}\mathrm{d}t$, 得

$$\boldsymbol{v}=\boldsymbol{v}_0+\int_0^t \boldsymbol{a}(t)\mathrm{d}t=\boldsymbol{v}(t)$$

类似地,由 $\boldsymbol{v}=\boldsymbol{v}(t)=\frac{\mathrm{d}\boldsymbol{r}}{\mathrm{d}t}$,积分得,$\int_{r_0}^{r}\mathrm{d}\boldsymbol{r}=\int_0^t \boldsymbol{v}\mathrm{d}t$,即

$$\boldsymbol{r}=\boldsymbol{r}_0+\int_0^t \boldsymbol{v}\mathrm{d}t=\boldsymbol{r}_0+\int_0^t [\boldsymbol{v}(t)]\mathrm{d}t$$

以上各式均为矢量式. 在具体的坐标系下,都可以写成分量式的形式.

例 1.7 已知质点的加速度为 $\boldsymbol{a}=2\boldsymbol{i}+6t^2\boldsymbol{j}$(SI),初始时刻($t=0$)质点位于坐标原点处,初速度为 $\boldsymbol{v}_0=2\boldsymbol{i}(\mathrm{m\cdot s^{-1}})$. 求:

(1) 质点在任意时刻的速度;

(2) 运动方程 $\boldsymbol{r}(t)$ 和轨迹方程.

解 (1)由 $\boldsymbol{a}=2\boldsymbol{i}+6t^2\boldsymbol{j}=\frac{\mathrm{d}\boldsymbol{v}}{\mathrm{d}t}$,得

$$\mathrm{d}\boldsymbol{v}=(2\boldsymbol{i}+6t^2\boldsymbol{j})\mathrm{d}t$$

将上式两边积分,

$$\int_{2i}^{v}\mathrm{d}\boldsymbol{v}=\int_0^t(2\boldsymbol{i}+6t^2\boldsymbol{j})\mathrm{d}t$$

得质点在任意时刻的速度

$$\boldsymbol{v}=(2+2t)\boldsymbol{i}+(2t^3)\boldsymbol{j}$$

(2) 由 $\boldsymbol{v}=(2+2t)\boldsymbol{i}+(2t^3)\boldsymbol{j}=\frac{\mathrm{d}\boldsymbol{r}}{\mathrm{d}t}$,积分

$$\int_0^r \mathrm{d}\boldsymbol{r}=\int_0^t[(2+2t)\boldsymbol{i}+(2t^3)\boldsymbol{j}]\mathrm{d}t$$

得运动方程

$$\boldsymbol{r}=(2t+t^2)\boldsymbol{i}+\frac{1}{2}t^4\boldsymbol{j}$$

运动方程的分量形式为

$$x=2t+t^2,\quad y=\frac{1}{2}t^4$$

上式消去时间 t,可得轨迹方程

$$2y-(\sqrt{x+1}-1)^4=0$$

1.5 相对运动

两个做相对运动的参考系中,对时间间隔和空间间隔(长度)的测量是绝对的,与参考系无关. 在人们的日常生活中和一般科技活动中,上述结论是毋庸置疑的. 时间和空间的绝对性是经典力学或牛顿力学的基础. 本书后面将介绍,当两个物体相对运动的速度接近于光速时,时间和空间的测量将依赖于相对运动的速度. 只是由于牛顿力学所涉及

的物体的运动速度远小于光速，所以在牛顿力学范围内，时间和空间的测量才可以视为与参考系的选取无关. 但运动质点的位矢、位移、速度、运动轨迹则与参考系的选择有关，这就是运动描述的相对性. 下面研究在有相对运动的两个不同的参考系中观察同一质点的运动，所测量的位矢、速度、加速度之间的关系.

例如，在研究一艘运动的大轮船上的物体的运动时，显然以轮船为参考系描述物体的运动(如位移、速度、加速度、运动轨迹等)，和以地面(河岸)为参考系所描述的物体的运动形式一般是不同的. 为了描述物体(质点)相对于地面(河岸)的运动，我们需要以地面为参考系，通常称为**静止参考系**. 为了描述物体(质点)相对于轮船的运动，我们可以选择轮船为参考系，通常称为**运动参考系**. "静止参考系"和"运动参考系"的称谓是相对的. 一般情况下，研究地面上物体的运动，把地球作为静止参考系比较方便.

定义了静止参考系后，我们把物体相对于静止参考系的运动称为**绝对运动**，把物体相对于运动参考系的运动称为**相对运动**，把运动参考系相对于静止参考系的运动称为**牵连运动**. 这些称谓也是相对的.

如图1.20所示，有两个参考系，设 S 为静止参考系，S'为运动参考系. 为简单计，假设在两个参考系中选取的坐标系的相应坐标轴保持相互平行，S'系相对于 S 系沿 x 轴做直线运动. 这时两参考系间的相对运动情况，可以用 S'系的坐标原点 O'相对于 S 系的坐标原点 O 的运动来代表. 设有一质点位于 P 点，它相对于 S 系的位矢(**绝对位矢**)为 $\boldsymbol{r}$，相对于 S'系的位矢(**相对位矢**)为 $\boldsymbol{r}'$，而 O'点相对于 O 点的位矢(**牵连位矢**)为 $\boldsymbol{r}_0$. 由矢量合成的三角形法则知，三个位矢间有如下关系：

$$\boldsymbol{r} = \boldsymbol{r}' + \boldsymbol{r}_0 \tag{1.37}$$

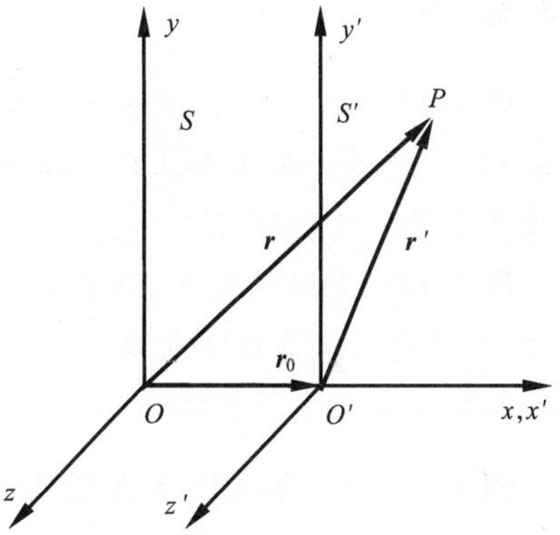

图1.20　运动描述的相对性

即绝对位矢等于相对位矢与牵连位矢的矢量和.

将式(1.37)两边对时间求导，可得

$$\frac{\mathrm{d}\boldsymbol{r}}{\mathrm{d}t} = \frac{\mathrm{d}\boldsymbol{r}'}{\mathrm{d}t} + \frac{\mathrm{d}\boldsymbol{r}_0}{\mathrm{d}t}$$

即

$$\boldsymbol{v} = \boldsymbol{v}' + \boldsymbol{v}_0 \tag{1.38}$$

式中，$\boldsymbol{v}$ 是**绝对速度**，$\boldsymbol{v}'$是**相对速度**，$\boldsymbol{v}_0$ 是**牵连速度**. 绝对速度等于相对速度与牵连速度的矢量和.

将式(1.38)两边对时间求导，可得

$$\boldsymbol{a} = \boldsymbol{a}' + \boldsymbol{a}_0 \tag{1.39}$$

式中，$\boldsymbol{a}$ 是**绝对加速度**，$\boldsymbol{a}'$是**相对加速度**，$\boldsymbol{a}_0$ 是**牵连加速度**. 绝对加速度等于相对加速度与牵连加速度的矢量和. 以上分析利用了经典力学的时空观：时间的测量与参考系无关.

说明：式(1.37)、式(1.38)、式(1.39)所表示的两个相对运动的参考系中所分别测量的位矢、速度和加速度之间的关系，只有物体和参考系的运动速度远小于光速时才成立.当物体和参考系的运动速度可与光速相比时，上述三式不再成立，而应代之以相对论的时空坐标、速度、加速度的变换法则. 另外，当两个参考系之间还有相对转动时，它们之间的速度、加速度的变换关系要复杂得多，此处不做讨论.

由于绝对运动、相对运动、牵连运动的概念都是相对的，静止参考系、运动参考系的概念也是相对的，所以也可以把以上的坐标、速度、加速度变换关系写成如下的一般形式.设研究物体(质点)A 的运动，物体 B 作为运动参考系，物体 C 作为静止参考系，则有

$$\boldsymbol{r}_{AC} = \boldsymbol{r}_{AB} + \boldsymbol{r}_{BC}$$
$$\boldsymbol{v}_{AC} = \boldsymbol{v}_{AB} + \boldsymbol{v}_{BC}$$
$$\boldsymbol{a}_{AC} = \boldsymbol{a}_{AB} + \boldsymbol{a}_{BC}$$

式中，下标的意义代表第一个下标表示的物体相对于第二个下标表示的物体，例如 $\boldsymbol{v}_{AB}$ 表示物体 A 相对于物体 B 的速度，依此类推.

思考题

思 1.13 船相对于河水以 $12\text{km}\cdot\text{h}^{-1}$ 的速度逆流而上，河水相对于地面的速度为 $8\text{km}\cdot\text{h}^{-1}$，一个小孩在船上以 $5\text{km}\cdot\text{h}^{-1}$ 的速度从船头向船尾走去，问小孩相对于地面的速度是多少？方向如何？

思 1.14 无风的天气，雨滴竖直下落，司机开车以 $54\text{km}\cdot\text{h}^{-1}$ 的速率在水平直路上行驶，发现雨滴以偏离竖直线 $60°$ 角度落在侧面的车窗玻璃上，你能告诉司机，雨滴相对于地面以多大的速率下落吗？

例 1.8 设一架飞机从 A 处向东匀速飞到 B 处，然后又向西匀速飞到 A 处，飞机相对空气的速率为 v'，而空气相对于地面的速率为 u(设在飞行时间内 v'和 u 都各自保持不变)，A、B 之间的距离为 l. 求以下情况下来回飞行一次所用的总时间：

(1) 无风； (2) 西风； (3) 北风.

解 (1) 无风情况下，空气相对于地面的速度 $\boldsymbol{u}=0$，飞机相对地面的速度等于飞机相对空气的速度，所以来回一次飞行的总时间为 $t_0=\dfrac{2l}{v}$；

(2) 西风时，空气相对于地面的速度 $\boldsymbol{u}\neq0$，则飞机相对地面的速度 $\boldsymbol{v}=\boldsymbol{v}'+\boldsymbol{u}$，向东飞行时，$v=v'+u$，向西飞行时，$v=v'-u$，则来回一次飞行的总时间为

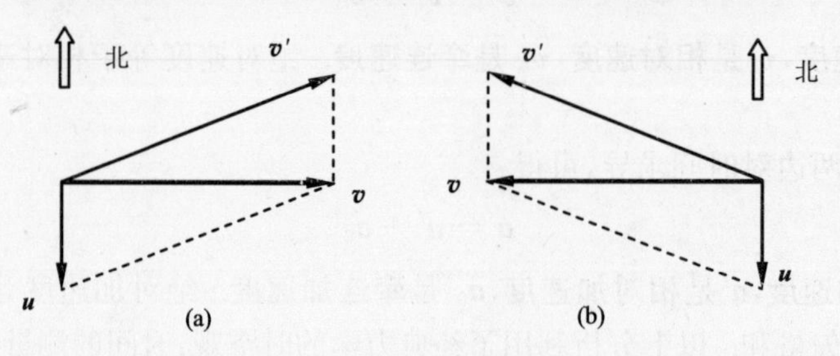

图 1.21

$$t_1=\frac{l}{v'+u}+\frac{l}{v'-u}=\frac{2lv'}{v'^2-u^2}=\frac{2l}{v'}\cdot\frac{v'^2}{v'^2-u^2}=t_0\left(1-\frac{u^2}{v'^2}\right)^{-1}$$

(3) 北风时,空气相对于地面的速度$\boldsymbol{u}\neq 0$,则飞机相对地面的速度$\boldsymbol{v}=\boldsymbol{v}'+\boldsymbol{u}$,向东飞行时,$v=\sqrt{v'^2-u^2}$[如图1.21(a)所示],向西飞行时,仍有$v=\sqrt{v'^2-u^2}$[如图1.21(b)所示],则来回一次飞行的总时间为

$$t_2=\frac{l}{\sqrt{v'^2-u^2}}+\frac{l}{\sqrt{v'^2-u^2}}=\frac{2l}{\sqrt{v'^2-u^2}}=\frac{2l}{v'}\cdot\frac{v'}{\sqrt{v'^2-u^2}}=t_0\left(1-\frac{u^2}{v'^2}\right)^{-\frac{1}{2}}$$

混　沌

1. 线性系统与非线性系统

“线性”和“非线性”的名词来源于数学. 在数学中,把形如$y=ax+b$的函数称为线性函数. 意思是:依据这个函数在图中画出一条直线. 其他高于变量x的一次方的多项式和其他函数,都是非线性函数. 将这一概念延伸到微分方程,把变量和变量的导数(可以是n阶导数)都是一次方的微分方程,都称为线性微分方程. 在物理学中,则把能用线性函数或线性微分方程描述的系统称为**线性系统**,反之,称为**非线性系统**. 非线性微分方程,除了极小部分有解析解外,其余都没有解析解. 每一个具体问题,似乎都要求发明特殊的算法,运用特殊的技巧,因而,非线性问题曾被人们认为是个性极强,无法逾越的难题.

由于人类认识的发展总是由简单事物开始的,从简单到复杂. 所以在科学发展的早期,人们首先从线性关系来认识自然事物. 人们总是用适合于线性微分方程描述的理想模型来处理真实复杂的物理世界. 尽管这种描述是不完全的,但这种方法常常能起到抓住本质的作用. 因而线性理论在科学发展史上是至关重要的,它正确解释了自然界的许多现象. 所以线性科学在理论研究和实际应用中都有非常巨大的进展,在自然科学和工程技术领域,对线性系统的研究都取得了辉煌的成就.

然而,自然界本身是非线性的. 早在牛顿时代,伴随着“精确”的自然科学的开始,就留下了许多非线性问题. 例如,19世纪经典力学的两大难题:刚体的定点转动和三体作用问题,实质上就是非线性问题. 只不过它们始终处于“支流”的地位. 到了20世纪60年代以后,情况有了改变. 由于电子计算机的广泛应用,以及由此发展起来的“计算物理”和“实验数学”方法的利用,人们从一些看起来不很复杂的不可积系统的研究中,发现了确定性动力系统中存在着对初值极为敏感的混沌运动. 人们越来越明白地认识到:“大自然无情地是非线性的”. 在现实世界中,能解的、有序的线性系统只是少见的例外,非线性才是大自然的普遍特性;线性系统其实只是对少数简单非线性系统的一种理论近似,非线性才是世界的魂魄. 而且正是非线性才造成了现实世界的无限多样性、曲折性、突变性和演化性.

这样,就逐步形成了贯穿物理学、数学、天文学、生物学、生命科学、空间科学、气象科学、环境科学等广泛领域,揭示非线性系统的共性,探讨复杂性现象的新的科学领域"非线性科学". 混沌理论就是在这种科学思想的背景下发展起来的.

不论是东方还是西方,"混沌"(chaos)概念古已有之. 面对浩瀚无垠的宇宙和纷繁多变的自然现象,古人只能凭借直觉对其进行模糊、整体的想象和猜测,逐步产生了"混沌"的概念. 中国古代所说的"混沌",一般是指天地合一、阴阳未分、万物相混的那种整体状态. 它既含有错综复杂、混乱无序、模糊不清的意思,又有内在地蕴含着同一和差异、规则和杂乱、通过演化从"元气未分"的状态产生出多姿多彩的现实世界的丰富内涵. 在古埃及和古巴比伦的传说里,都提出了世界起源于混沌的思想. 这些都反映了古人关于世界起源的共同思想,即世界产生之前的自然状态是混沌,万物借分离之力从混沌中演化出来.

从17世纪开始,以牛顿定律为基础建立起来的经典力学体系,导致了把宇宙看作是一架巨大的精密机械,或者说就像一架精确运行的"钟表机构". 因为牛顿力学的核心是牛顿第二定律,它是一个二阶微分方程,这个方程的解,即物体的轨道,完全是由两个初始条件唯一地决定. 就是说,只要知道了物体在某一时刻的运动状态以及作用于这个物体的外力情况,那么这个物体的"过去、现在、未来"等一切就都在掌握之中,就可以完全确定这个物体过去、未来的全部运动状态. 因此牛顿定律被称为"确定性理论",它的魅力就在于它的"确定性". 无论在自然科学还是在工程技术领域,牛顿力学都取得了辉煌的成就. 从宇宙天体的运动,到车船行驶、机器运转,以及原子分子的运动,都有牛顿定律的用武之地.

对这个经典确定论的信心,充分体现在法国科学家拉普拉斯1812年所著的《概率解析理论》一书的绪论中所写的一段话:"假设有一位至高无上的智者,他能知道在任一给定时刻作用于自然界的所有的力以及构成世界的所有的物体的位置和初始速度. 假定这位智者的智慧高超到有能力对所有这些数据做出分析处理,那么他就能将宇宙中最大的天体和最小的原子的运动包容到一个公式中. 对于这个智者来说,再没有什么事物是不确定的了,过去和未来都历历在目地呈现在他的面前. "拉普拉斯的设想实际上是提出了一个令人敬畏的命题:整个宇宙中物质的每个粒子在任一时刻的位置和速度,完全决定了它未来的演化;宇宙沿着惟一一条预定的轨道演变,混沌是不存在的;随机性只是人类智力不敷使用时的搪塞之语.

科学认识的步伐,总是在螺旋式上升的. "混沌"让位于"规则"——这是牛顿所建立的伟大功勋. 然而,在牛顿力学适用的范围内,任何系统果真都那么确定吗? 20世纪60年代以来,越来越多的研究结果表明:在一个没有外来随机干扰的"确定论系统"中,同样存在着"随机行为". "规则"中又产生出新形式的"混沌".

2. 混沌

早在19世纪末,伟大的法国科学家亨利·庞加莱,在确定论思想浓重笼罩着全部科学界的时候,就在研究天体力学,特别是"三体问题"时发现了混沌现象.

在太阳系中,包含着十多个比月球大的巨大天体. 如果太阳系仅仅由太阳和地球组成，这就是一个“二体系统”，它们的运动是简单而有规则的周期运动，太阳和地球将围绕一个公共质心、以一年为周期永远运转下去. 然而，当增加一个相当大的天体后，这就成了一个“三体系统”，它们的运动问题就大大复杂化了. 对短时间内的运动状态，可以用数值方法来确定，但是由于根据牛顿运动定律列出的方程组，是一组非线性微分方程，不能解析地求解，所以系统长时间的运动状态是无法确定的.

为了减少解决“三体问题”的难度，庞加莱采用了美国数学家希尔提出的一个极为简化的三体系统，即“希尔约化模型”. 即三体中有一个物体的质量非常小，它对其他两个天体不产生引力作用，就像由天王星(我们称之为 A 星)、海王星(称之为 B 星)和一粒星际尘埃组成的一个宇宙体系一样. 这两颗行星就像一个“二体系统”一样围绕着它们的公共质心做周期运动；但这颗尘埃却受到两颗行星的万有引力的作用，在两颗行星共同形成的旋转着的引力场中做复杂的轨道运动. 这种运动不可能是周期性的，也不可能是简单的，看上去简直乱糟糟一团. 根据一定的初始条件，计算机绘出的结果如图 1.22 所示.

这颗尘埃的运动，就是“确定论系统”中的“随机性行为”. 人们不可能预知尘埃何时围绕 A 星或 B 星运动，也无法预知尘埃何时由 A 星附件转向 B 星附近.

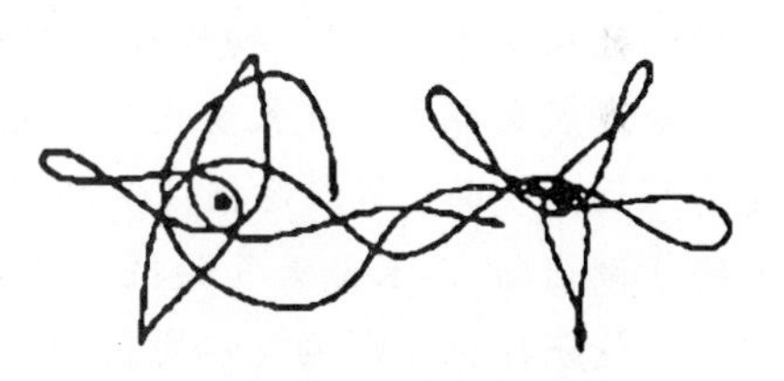

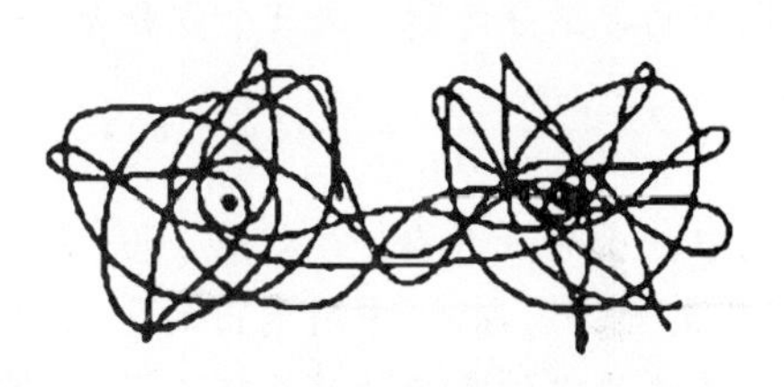

图 1.22　一颗尘埃绕两颗质量相等的固定行星的复杂运动轨道

庞加莱在“三体问题”中发现了混沌！这一发现表明，即使在“三体系统”，甚至是在极为简化的“希尔约化模型”中，牛顿力学的确定性原则也受到了挑战，动力系统可能出现极其惊人的复杂行为. 并不像人们原来认为的那样，动力系统从确定性的条件出发都可以得出确定的、可预见的结果；确定性动力学方程的某些解，出现了不可预见性，即走向混沌！然而从此以后很长时间，除极少数人外，几乎没有人沿着庞加莱的足迹前进. 直到 20 世纪 60 年代以后，对动力系统的研究才有了长足的进展.

混沌研究上的一个重大突破，是在天气预报问题的探索中取得的. 20 世纪 40 年代以后，电子计算机的发明和发展，使天气预报梦想成真. 在牛顿力学确定论思想的影响下，当时科学家们对天气预报普遍持有这样乐观的看法：气象系统虽然异常复杂，但仍然遵循牛顿定律的确定性过程. 在有了电子计算机这种强有力的工具之后，只要充分利用遍布全球的气象站、气象船、探空气球和气象卫星，把观测的气象数据(气压、温度、湿度、风力等)都及时准确地收集起来，根据大气运动方程进行计算，天气变化是可以做出精确预报的.

美国气象学家、麻省理工学院教授、混沌学开创人之一洛伦茨(E. N. Lorenz)最初也接受了这种观点. 1960 年前后，他开始用电子计算机模拟天气变化. 洛伦茨有良好的数学修养，他本想成为一个数学家，但由于第二次世界大战的爆发，他成了空军气象预报员，使他成了一位气象学家.

洛伦茨把气候问题简化又简化，提炼出影响气候变化的少而又少的一些主要因素，然后运用牛顿运动定律,列出了12个方程. 他相信,12个联立方程可以用数值计算方法对气象的变化做出模拟. 1961年冬季的一天,洛伦茨用他的计算机算出了一长串数据,并得出了一个气候变化的系列. 为了对计算结果进行核对,又为了节省点时间,他把前一次计算的一半处得到的数据作为新的初始值输入计算机,让计算机进行计算. 然后他出去喝了杯咖啡. 一个小时后,当他回到计算机旁边的时候,一个意想不到的事情使他目瞪口呆! 新一轮的计算数据与上一轮的数据相差如此之大,仅仅表示几个月的两组气候数据逐渐分道扬镳,最后竟变得毫无相近之处,简直就是两种类型的气候了. 开始时,洛伦茨曾经想到可能是他的计算机出了故障,但很快他就悟出了真相:机器没有毛病,问题出在他输入的数据中. 他的计算机存储器里存有6位小数:0.506 127,他为了在打印时省些地方,只打印出了3位小数:0.506,洛伦茨原本以为舍弃这只有千分之一大小的后几位小数无关紧要. 但结果却表明,小小的误差却带来了巨大的"灾难". 两次输出的变化曲线刚开始时还很好地吻合,后来就完全乱套了. 这个结果从传统观点来看,是不可理解的. 因为按照经典决定性原则,初始数据中的小小差异,只能导致结果的微小变化;因为一阵微风不会造成大范围的气象变化. 但洛伦茨是从事天气预报的,他对长期天气预报的失败是有深切感受的. 所以他相信他的这些方程组和计算结果揭露了气象变化的真实性质. 他终于做出断言:长期天气预报是根本不可能的!

洛伦茨抓住了影响气候变化的重要过程,即大气的对流,经过处理,得到一组大为简化了的常微分方程. 这三个方程是

$$\frac{\mathrm{d}x}{\mathrm{d}t}=10(y-x),\quad \frac{\mathrm{d}y}{\mathrm{d}t}=rx-y-xz,\quad \frac{\mathrm{d}z}{\mathrm{d}t}=\frac{8}{3}z+xy$$

式中,r为可变参数. 这就是1963年洛伦茨发表在《气象科学杂志》20卷第2期上的题为《确定性非周期流》中所列出的方程组. 由于其中出现了xz、xy这些项,因而是非线性的,这意味着它们表示的关系不是简单的比例关系. 一般地说,非线性方程组是不可解的,洛伦茨的方程组也是不能用解析方法求解的,惟一可靠的方法就是用数值方法求解. 用初始时刻x,y,z的一组数值,计算出下一个时刻它们的数值,如此不断地进行下去,直到得出某一组"最后"的数值. 这种方法叫做"迭代",即反复做同样方法的计算. 用计算机进行这种"迭代"运算是很容易的.

洛伦茨把x,y,z作为坐标画出了一个坐标空间,描述了系统行为的相轨道,他吃惊地发现,画出的图显示出奇妙而无穷的复杂性,如图1.23所示. 这是三维空间里的双重绕图,就像是有两翼翅膀的一只蝴蝶. 后人也把这种解称为奇怪吸引子. 奇怪吸引子的发现是整个科学界的大事. 它意味着系统的性态永远不会重复,是非周期性的,是无序的. 正如这篇文章的标题所表示的,从确定性的方程和确定的初始状态出发,经过多次迭代后,却得出了非周期性态的结果. 这就是混沌! 它说明,300年来,人们对动力学非线性方程解的行为了解得还是过于简单化了. 所谓初值即可决定过去未来的一切,只不过是这种简单化了的解的一个侧面而已.

那么,现代科学意义上"混沌"究竟如何定义呢? 1986年在伦敦召开的一个关于混沌问题的国际会议上,提出了下述的定义:"数学上是指在确定性系统中出现的随机性态". 传统观点认为,确定性系统的性态受精确的规则支配,其行为是确定的,是可以预言的;随

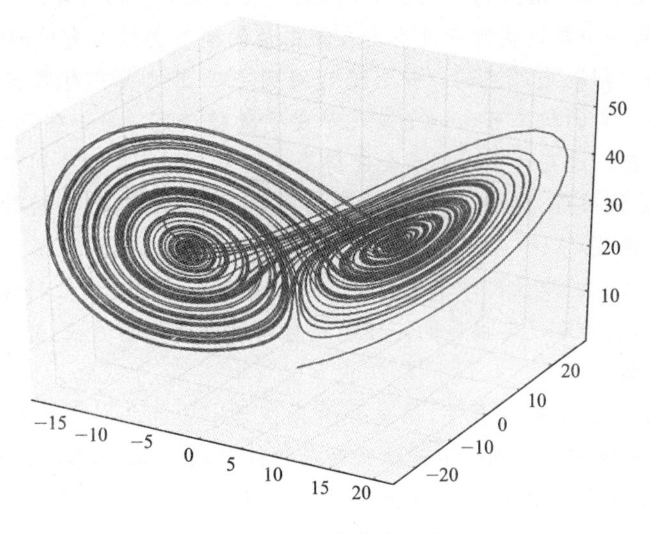

图 1.23　洛伦茨吸引子

机系统的性态是不规则的，由偶然性支配，“随机”就是“无规”．这样看来，“混沌”就是“完全由定律支配的无规律性态”．即混沌是指发生在确定性系统中的貌似随机的不规则运动，一个确定性理论描述的系统，其行为却表现为不确定性——不可重复、不可预测，这就是混沌现象．出现混沌现象，在于某些系统内部存在着非线性特征．研究表明，混沌是非线性动力系统的固有特性，是非线性系统普遍存在的现象．牛顿确定性理论能够充分处理的多为线性系统，而线性系统大多是由非线性系统简化来的．因此，在现实生活和实际工程技术问题中，混沌是无处不在的．

经典力学断言，系统的行为或运动轨道对初值的依赖是不敏感的，知道了一个系统近似的初始条件，系统的行为就能够近似地计算出来．这就是说，从两组相接近的初值描绘出的两条轨道，会始终相互接近地在并行，永远不会分道扬镳，小的影响不会积累起来形成一种大的效应．混沌研究却粉碎了传统科学中这种对近似性和运动的收敛性的信仰．处在混沌状态的系统，或者更一般地说对于一个非线性系统，运动轨道将敏感地依赖于初始条件．洛伦茨已经发现，从两组非常相邻近的初始值出发的两条轨道，开始时似乎没有明显的偏离，但经过足够长的时间后，就会呈现出显著的差异来．小的偏差竟能带来巨大的灾难性后果．洛伦茨非常形象地比喻说：在巴西亚马逊河丛林中一只蝴蝶扇动了几下翅膀，三个月后能在美国得克萨斯州产生一个龙卷风．并由此提出了天气的不可准确预报性．人们把洛伦茨的比喻戏称为“蝴蝶效应”．这里描述的正是我们通常成语中说的“失之毫厘，差之千里”．时至今日，这一论断仍为人们津津乐道，更重要的是，它激发了人们对混沌学的浓厚兴趣．我们可以用在西方世界流传的一首民谣对此作形象的说明．这首民谣说：丢失一个钉子，坏了一只蹄铁；坏了一只蹄铁，折了一匹战马；折了一匹战马，伤了一位骑士；伤了一位骑士，输了一场战斗；输了一场战争，亡了一个帝国．马蹄铁上一个钉子是否会丢失，本是初始条件的十分微小的变化，但其“长期”效应却是一个帝国存与亡的根本差别．这就是军事和政治领域中的所谓“蝴蝶效应”．今天，伴随计算机等技术的飞速进步,混沌学已发展成为一门影响深远、发展迅速的前沿科学.

一般地,如果一个接近实际而没有内在随机性的模型仍然具有貌似随机的行为,就可以称这个真实物理系统是混沌的. 一个随时间确定性变化或具有微弱随机性的变化系统,称为动力系统,它的状态可由一个或几个变量数值确定. 而一些动力系统中,两个几乎完全一致的状态经过充分长时间后会变得毫无一致,恰如从长序列中随机选取的两个状态那样,这种系统被称为敏感地依赖于初始条件. 而对初始条件的敏感的依赖性也可作为混沌的一个定义.

与我们通常研究的线性科学不同,混沌学研究的是一种非线性科学. 混沌来自于非线性动力系统,而动力系统又描述的是任意随时间发展变化的过程,并且这样的系统产生于生活的各个方面.

混沌不是偶然的、个别的事件,而是普遍存在于宇宙间各种各样的宏观及微观系统的,万事万物,莫不混沌. 混沌也不是独立存在的科学,它与其他各门科学互相促进、互相依靠,由此派生出许多交叉学科,如混沌气象学、混沌经济学、混沌数学等. 混沌学不仅极具研究价值,而且有现实应用价值,能直接或间接创造财富. 近 30 年来,由于动力系统混沌运动现象的发现,形成了各行各业共同探求混沌的世界性的热潮.

动力系统现今可以被看作自然和社会定量变化的最一般的概括,虽然各行各业研究的是针对各自行业的特殊的动力系统,但是动力系统的分岔和混沌的共同特性促使人们对动力系统发生了共同的兴趣. 在最近 30 年来,研究动力系统有物理学家、数学家、化学家、气象学家、天文学家、力学家、生物学家、经济学家等. 由于他们的共同兴趣都在于非线性动力系统,所以人们把这种共同的探求称为非线性科学. 混沌的发现在一定程度上推进了各门学科的综合趋势.

习 题 1

1-1 已知质点位矢随时间变化的函数形式为 $\boldsymbol{r}=R(\cos\omega t\boldsymbol{i}+\sin\omega t\boldsymbol{j})$,其中 ω 为常量,式中 r 的单位为 m,t 的单位为 s. 求:

(1) 质点的轨迹方程;

(2) 任一时刻 t 质点的速度和速率.

1-2 已知质点位矢随时间变化的函数形式为 $\boldsymbol{r}=4t^2\boldsymbol{i}+(3+2t)\boldsymbol{j}$,式中 r 的单位为 m,t 的单位为 s. 求:

(1) 质点的轨迹方程;

(2) 从 $t=0$ 到 $t=1$s 的位移;

(3) $t=0$ 和 $t=1$s 两时刻的速度.

1-3 一质点在 Oxy 平面上运动,运动方程为

$$x=3t+5,\ y=0.5t^2+3t-4$$

式中 t 以 s 计,x,y 以 m 计.

(1) 以时间 t 为变量,写出质点位置矢量的表示式;

(2) 求出 $t=1$s 时刻和 $t=2$s 时刻的位置矢量,计算这 1s 内质点的位移;

(3) 计算 $t=1$s 时刻到和 $t=2$s 时刻这一段时间内的平均速度;

(4) 求出质点速度矢量表示式，计算 $t=0$ 和 $t=4$s 时质点的速度；

(5) 计算 $t=0$ 到 $t=4$s 内质点的平均加速度；

(6) 求出质点加速度矢量的表示式，计算 $t=4$s 时质点的加速度(请把位置矢量、位移、平均速度、瞬时速度、平均加速度、瞬时加速度都表示成直角坐标系中的矢量式).

1-4　已知质点位矢随时间变化的函数形式为 $\boldsymbol{r}=t^2\boldsymbol{i}+2t\boldsymbol{j}$，式中 r 的单位为 m，t 的单位为 s. 求：

(1) 任一时刻的速度和加速度；

(2) 任一时刻的切向加速度和法向加速度.

1-5　一升降机以加速度 a 上升，在上升过程中有一螺钉从天花板上松落，升降机的天花板与底板相距为 h，求螺钉从天花板落到底板上所需的时间.

1-6　一质点沿直线运动，其运动方程为 $x=2+4t-2t^2$(m)，在 t 从 0s 到 3s 的时间间隔内，质点的位移是多少？质点走过的路程又是多少？

1-7　已知子弹的轨迹为抛物线，初速为 $\boldsymbol{v}_0$，已知 $\boldsymbol{v}_0$ 方向斜向上且与水平面的夹角为 θ. 试分别求出抛物线顶点及落地点的曲率半径.

1-8　已知一质点做直线运动，其加速度为 $a=4+3t$，$t=0$ 时刻开始运动时，$x_0=5$m，$\boldsymbol{v}_0=0$，求该质点在 $t=10$s 时质点的速度和位置.

1-9　质点沿 x 轴运动，其加速度和位置的关系为 $a=2+6x^2$，a 的单位为 $\mathrm{m\cdot s^{-2}}$，x 的单位为 m. 质点在 $x=0$ 处，速度为 $10\mathrm{m\cdot s^{-1}}$，试求质点在任意坐标 x 处的速度值.

1-10　一质点沿半径为 1m 的圆周运动，运动方程为 $\theta=2+3t^3$，式中 θ 以弧度计，t 以秒计，求：

(1) $t=2$s 时，质点的切向加速度和法向加速度；

(2) 当加速度的方向和半径成 45°角时，从 $t=0$ 时刻到该时刻，其角位移是多少？

1-11　一质点沿半径为 R 的圆周运动，质点经过的弧长与时间的关系为 $s=bt+\frac{1}{2}ct^2$，其中 b，c 是正常量，且满足 $b^2<Rc$. 求从 $t=0$ 时刻开始，到达切向加速度与法向速度大小相等所经历的时间.

1-12　飞轮半径为 0.4m，自静止启动，其角加速度为 $\beta=0.2\mathrm{rad\cdot s^{-2}}$. 求 $t=2$s 时边缘上某点的速度、法向加速度、切向加速度和加速度.

1-13　一飞机驾驶员想向正北方向航行，而风以 $60\mathrm{km\cdot h^{-1}}$ 的速度由东向西刮来，如果飞机的航速(在静止空气中的速率)为 $180\mathrm{km\cdot h^{-1}}$，试问驾驶员应采取什么航向才能使飞机向正北方向航行？此时飞机相对于地面的速率为多少？试用矢量图说明.

1-14　一轮船在雨中航行时，它的雨篷边缘遮着篷边缘的垂直投影后 2m 的甲板上，篷高 4m . 但当轮船停航时，甲板上干湿两部分的分界线却在篷前 3m，如雨滴的速度大小为 $8\mathrm{m\cdot s^{-1}}$，求轮船航行时的速率.

第 2 章　牛顿运动定律

第 1 章我们曾指出，运动是物质的固有属性，位置矢量和速度是描述质点运动状态的物理量，而加速度则是描述质点运动状态变化的量，但在第 1 章没有涉及质点运动状态发生变化的原因. 物体如何运动，既与自身的内在因素有关，又取决于物体间的相互作用. 在力学中把物体间的相互作用称为力. 研究物体在力的作用下运动的规律称为动力学. 这部分内容属于牛顿定律涉及的范围，以牛顿定律为基础建立起来的宏观物体运动规律的动力学理论，称之为牛顿力学或经典力学.

动力学问题中既有以牛顿定律为代表所描述的力的瞬时作用规律，又有通过动量守恒定律、机械能守恒定律、角动量守恒定律等所描述的力在时间、空间过程中的积累效应. 而反映力在时间、空间过程中的积累效应的这些守恒定律又是与时、空的某种对称性紧密相连的.

以牛顿定律为基础的经典力学历经三个多世纪的检验，人们发现它只能在宏观、低速领域成立. 但在今天，经典力学仍然是机械制造、土木建筑、水利设施、电子技术、信息技术、航天技术等工程技术领域不可或缺的理论基础.

本章将概括介绍牛顿定律的内容及其在质点运动方面的初步应用.

2.1　牛顿运动定律

2.1.1　牛顿第一定律 惯性参考系

古希腊哲学家亚里士多德(Aristotle，公元前 384～322)认为，静止是物体的自然状态，要使物体以某一速度运动，必须有力对它作用才行. 人们的确看到，在水平面上运动的物体最后都要趋于静止. 亚里士多德以后的漫长岁月里，这一概念一直被许多哲学家和物理学家所接受. 直到 17 世纪，意大利物理学家和天文学家伽利略(Galileo Galilei，1564～1642)指出，物体沿水平面滑动最终趋于静止的原因是有摩擦力作用在物体上的缘故. 他总结出在略去摩擦力的情况下，如果没有外力作用，物体将以恒定的速度运动下去. 力不是维持物体运动的原因，而是使物体运动状态改变的原因.

1687 年，牛顿(Isaac Newton，1642～1727)发表了《自然哲学的数学原理》，在这本科学巨著中，牛顿概括了包括伽利略等前人的研究成果以及他自己的创造，提出了著名的牛顿三定律及其他结论，首次创立了一个地面力学和天体力学统一的严密体系，成为经典力学的基础，实现了物理学史上的第一次大综合.

牛顿第一定律指出：**任何物体都要保持其静止或匀速直线运动状态，直到外力迫使它改变运动状态为止.** 牛顿第一定律的数学形式为

$$\boldsymbol{F}=0\text{ 时}, \boldsymbol{v}=\text{恒矢量}$$

牛顿第一定律表明，**任何物体都具有保持其原有运动状态不变的性质**，这个性质称为**惯性**. 任何物体在任何运动状态下都具有惯性，**惯性是物体的固有属性**. 所以，牛顿第一定律也称为**惯性定律**.

牛顿第一定律还表明，正是由于物体具有惯性，所以要使物体的运动状态发生变化，一定要有其他物体对它作用，这种物体之间的相互作用称为**力**.

如果有一个质点，远离所有星体，它的运动将不受其他物体的影响. 这种不受其他物体作用或离其他物体都足够远的质点，称为**孤立质点**. 牛顿第一定律也可表述为：**孤立质点将永远保持其原来的静止或匀速直线运动状态**. 牛顿第一定律是从大量实验事实中概括总结出来的. 但在自然界中，完全不受其他物体作用的孤立质点实际上是不存在的，物体总要受到接触力或场力的作用，因此牛顿第一定律不能简单地直接由实验加以验证. 我们确信牛顿第一定律的正确性，是因为从它所导出的其他结果都与实验事实相符合.

观察表明，如果有几个外力同时作用在一个质点上，若质点保持其运动状态不变，这时作用在质点上所有外力的合力必定为零. 因此，在实际应用中，牛顿第一定律可以表述为：**任何质点，只要其他物体作用于它的所有力的合力为零，则该质点就保持其静止或匀速直线运动状态**. 这时质点的运动情况与它不受外力作用时的情况是一样的，该质点可以看成一个孤立质点.

质点处于静止或匀速直线运动状态，统称为质点处于平衡状态. 根据牛顿第一定律的表述，质点处于平衡状态的条件为：作用于质点的所有力的合力为零.

设作用于质点上的力有 $\boldsymbol{F}_1,\boldsymbol{F}_2,\cdots,\boldsymbol{F}_n$，用 $\boldsymbol{F}$ 表示这些力的合力，则质点处于平衡状态的条件可以表示为

$$\boldsymbol{F}=\sum_i \boldsymbol{F}_i=0$$

其分量形式为

$$\begin{cases}F_x=\sum_i F_{ix}=0\\F_y=\sum_i F_{iy}=0\\F_z=\sum_i F_{iz}=0\end{cases}$$

即质点处于平衡状态时，作用于质点上的所有力沿直角坐标系三个坐标轴分量的代数和分别等于零.

由牛顿第一定律可知，力是使物体运动状态发生变化的原因. 而物体的惯性则反映了改变物体运动状态的难易程度. 这两个方面都对物体运动状态的变化发挥作用.

实验表明，一孤立质点并不是在任何参考系下都能保持加速度为零的静止或匀速直线运动状态. 例如，在一个相对于地面在水平方向做加速运动的车厢里，有一个光滑水平桌面，其上放置一个小球(可视为孤立质点)，则以车厢为参考系观察小球的运动，小球做加速运动，加速度方向与车厢加速度方向相反，不遵从牛顿第一定律. 而以地面为参考系，则小球保持原有的静止状态，加速度为零，遵从牛顿第一定律.

上述现象表明,牛顿第一定律只能在某些特殊参考系中成立. 通常把牛顿第一定律成立的参考系称为**惯性参考系**,简称**惯性系**. 上例中的地面就是一个惯性系,而相对于地面加速运动的车厢不是惯性系.

那么,哪些参考系是惯性系呢? 严格来讲,要根据大量的观察和实验结果来判断.

太阳参考系是指以太阳为原点、以太阳与其他恒星的连线为坐标轴的参考系,这是一个精确度非常好的惯性系,但也不是一个严格的惯性系. 研究表明,太阳与银河系的其他星体一起绕银河系的中心旋转,加速度约为 $10^{-10}\mathrm{m\cdot s^{-2}}$.

研究地面上物体的运动,地球是最常用的惯性系. 但精确观察表明,地球也不是一个严格的惯性系. 由于太阳的引力作用,地球具有相对于太阳 $5.9\times10^{-3}\mathrm{m\cdot s^{-2}}$ 的公转加速度,地球表面相对于地心的自转加速度更大,为 $3.4\times10^{-2}\mathrm{m\cdot s^{-2}}$. 但对大多数精度要求不很高的实验,上述效应可以忽略不计,地球或地球表面可作为近似程度很好的惯性系.

可以证明:**凡是相对于某一个惯性系静止或做匀速直线运动的其他参考系都是惯性系.**

2.1.2 牛顿第二定律

牛顿第一定律给出了质点的平衡条件,并定性地说明了力和运动的关系. 牛顿第二定律则定量地研究质点在不等于零的合力作用下,其运动状态如何变化的问题.

实验表明,**物体受到外力作用时,它所获得的加速度的大小与合外力的大小成正比,与物体的质量成反比;加速度的方向与合外力的方向相同**. 这就是**牛顿第二定律**的内容.

牛顿第二定律的数学形式为

$$\boldsymbol{F}=k m \boldsymbol{a}$$

比例系数 k 与所采用的单位制有关. 在国际单位制(SI)中 $k=1$. 即我们规定:以质量为 1kg 的物体产生 $1\mathrm{m\cdot s^{-2}}$ 的加速度所需的合外力作为力的单位,称为 1N(牛顿,简称牛). 所以,在国际单位制中,牛顿第二定律的数学形式为

$$\boldsymbol{F}=m \boldsymbol{a} \tag{2.1a}$$

牛顿第一定律给出了惯性的定义,但没有给出惯性的度量. 它只说明任何物体都具有惯性,惯性大的物体,难以改变其运动状态;惯性小的物体,易于改变其运动状态. 牛顿第二定律指出,物体受力的作用而获得的加速度,不仅依赖于所受的力,而且与质点的质量有关. 如果同一个外力作用在具有不同质量的质点上,质量大的质点,获得的加速度较小;质量小的质点,获得的加速度较大. 这意味着对质量大的质点,改变其运动状态较困难;对质量小的物体,改变其运动状态较容易. 因此,**质量就是物体惯性大小的量度**.

由于 $\boldsymbol{a}=\dfrac{\mathrm{d}\boldsymbol{v}}{\mathrm{d}t}$,可得 $\boldsymbol{F}=m\boldsymbol{a}=m\dfrac{\mathrm{d}\boldsymbol{v}}{\mathrm{d}t}$,若令 $\boldsymbol{p}=m\boldsymbol{v}$,表示质点的动量, 则当质点的质量 m 为常量时,式(2.1a)可变形为

$$\boldsymbol{F}=\frac{\mathrm{d}(m\boldsymbol{v})}{\mathrm{d}t}=\frac{\mathrm{d}\boldsymbol{p}}{\mathrm{d}t} \tag{2.1b}$$

这是牛顿第二定律的另一种表述.

牛顿第二定律是牛顿力学的核心，应用它解决问题时必须注意以下几点.

(1) 牛顿第二定律只适用于质点的运动. 当我们不用考虑物体的形状和大小，或者只考虑其平动时，物体的运动就可用一个具有该物体质量的质点的运动来代替. 以后在论及物体的平动时，一般都是把物体当成质点来处理的.

(2) 牛顿第二定律所表示的合外力和加速度之间的关系是瞬时关系. 牛顿第二定律指出，任何质点，只有在作用于它的合外力不为零时，才能获得加速度. 所以作用于质点上的合外力是质点运动状态发生改变(产生加速度)的原因. 但是作用于质点上的合外力和质点获得的加速度，在时间上没有先后，是同时的. 也就是说，当有合外力作用在物体上时，就有加速度；合外力改变了，加速度同时改变；合外力消失，加速度同时变为零.

(3) 力的叠加原理. 力是矢量，当若干个外力同时作用于一个物体时，其合力满足矢量的平行四边形叠加规则，即质点所受的合力为所有作用在质点上的力的矢量和，即 $\boldsymbol{F}=\sum\limits_i \boldsymbol{F}_i$. 加速度也是矢量，其合成也遵从矢量的平行四边形叠加规则. 若干个外力同时作用于一个物体时所产生的加速度等于所有这些外力的合力所产生的加速度 $\boldsymbol{a}$，或等于每个外力分别单独作用于该物体时所产生的加速度 $\boldsymbol{a}_i$ 的矢量和，这就是力的叠加原理，即

$$\boldsymbol{F}_i = m\boldsymbol{a}_i$$

$$\begin{aligned}\boldsymbol{F} &= \boldsymbol{F}_1+\boldsymbol{F}_2+\cdots+\boldsymbol{F}_N=\sum_{i=1}^{N}\boldsymbol{F}_i\\ &= m\boldsymbol{a}_1+m\boldsymbol{a}_2+\cdots+m\boldsymbol{a}_N=\sum_{i=1}^{N}m\boldsymbol{a}_i=m\sum_{i=1}^{N}\boldsymbol{a}_i=m\boldsymbol{a}\end{aligned}$$

式中，$\boldsymbol{F}_1,\boldsymbol{F}_2,\cdots,\boldsymbol{F}_N$ 表示同时作用在物体上的 N 个外力；$\boldsymbol{F}$ 表示它们的合力；$\boldsymbol{a}_1,\boldsymbol{a}_2,\cdots,\boldsymbol{a}_N$ 分别表示这 N 个外力各自单独作用在物体上时所产生的加速度；$\boldsymbol{a}$ 表示这 N 个外力同时作用在物体上时所产生的加速度，也称为合加速度.

(4) 牛顿第二定律只在惯性系中成立.

(5) 牛顿第二定律的式(2.1a)形式只能在宏观物体(不考虑量子效应时)低速运动(物体的运动速度远小于光速，不考虑相对论效应)的情况下成立. 当物体的速率 v 接近光速 c 时，牛顿第二定律式(2.1a)不再适用，但牛顿第二定律式(2.1b)被实验证明仍然是成立的.

(6) 牛顿第二定律的分量式. 式(2.1)是牛顿第二定律的数学形式，它是一个矢量式，与坐标系的选取无关. 在应用时，为了方便起见，经常在选定的坐标系中分解为分量形式.

在直角坐标系中，合外力可表示为

$$\boldsymbol{F}=\sum_i \boldsymbol{F}_i = F_x\boldsymbol{i}+F_y\boldsymbol{j}+F_z\boldsymbol{k}$$

式中，$F_x=\sum\limits_i F_{ix}$，$F_y=\sum\limits_i F_{iy}$，$F_z=\sum\limits_i F_{iz}$，分别为合外力在 x,y,z 轴上的分量，为代数量，分别等于作用于物体上的各个外力在 x,y,z 轴上的分量的代数和.

而加速度可写为

$$\boldsymbol{a} = a_x\boldsymbol{i} + a_y\boldsymbol{j} + a_z\boldsymbol{k}$$

其中,a_x,a_y,a_z 分别为加速度在 x,y,z 轴上的分量,亦为代数量.

则牛顿第二定律可写为

$$\boldsymbol{F} = F_x\boldsymbol{i} + F_y\boldsymbol{j} + F_z\boldsymbol{k} = m\boldsymbol{a} = ma_x\boldsymbol{i} + ma_y\boldsymbol{j} + ma_z\boldsymbol{k} \tag{2.2a}$$

式(2.2a)相当于三个独立的分量式

$$\begin{cases} F_x = \sum_i F_{ix} = ma_x \\ F_y = \sum_i F_{iy} = ma_y \\ F_z = \sum_i F_{iz} = ma_z \end{cases} \tag{2.2b}$$

当质点做平面曲线运动,特别是圆周运动时,选取平面自然坐标系较为方便. $\boldsymbol{\tau}$ 为切向单位矢量,$\boldsymbol{n}$ 为法向单位矢量,则质点在某点的加速度在自然坐标系中两个相互垂直的坐标轴方向上的分矢量为 $\boldsymbol{a}_\tau$ 和 $\boldsymbol{a}_n$. 这样,质点在做平面曲线运动时,在自然坐标系中牛顿第二定律可写为

$$\boldsymbol{F} = \boldsymbol{F}_\tau + \boldsymbol{F}_n = m\boldsymbol{a} = m\boldsymbol{a}_\tau + m\boldsymbol{a}_n = m\frac{\mathrm{d}v_\tau}{\mathrm{d}t}\boldsymbol{\tau} + m\frac{v^2}{\rho}\boldsymbol{n} \tag{2.3a}$$

式中,$\boldsymbol{F}_\tau$ 表示合外力在切向的分矢量,称为切向力;$\boldsymbol{F}_n$ 表示合外力在法向的分矢量,称为法向力(或向心力);ρ 为质点做曲线运动的曲率半径,在圆周运动的情况下则为该圆周轨迹的半径.

式(2.3a)也可写成分量形式

$$\begin{cases} F_\tau = ma_\tau = m\dfrac{\mathrm{d}v_\tau}{\mathrm{d}t} \\ F_n = ma_n = m\dfrac{v^2}{\rho} \end{cases} \tag{2.3b}$$

式中,F_τ,F_n 分别表示合外力的切向和法向分量.

2.1.3 牛顿第三定律

牛顿第三定律指出:**当物体 A 以力 F 作用在物体 B 上时,物体 B 必定同时以力 F' 作用在物体 A 上,F 和 F' 大小相等,方向相反,且力的作用线在同一直线上.** 其数学表达式为

$$\boldsymbol{F} = -\boldsymbol{F}' \tag{2.4}$$

这一对力 $\boldsymbol{F}$ 和 $\boldsymbol{F}'$ 通常被称为作用力和反作用力. 把其中任意一个力称为作用力,则另一个力就称为它的反作用力. 因此,牛顿第三定律也称为作用和反作用定律.

牛顿第三定律说明力具有相互作用的性质. 正确理解牛顿第三定律对分析物体受力情况很重要. 应用牛顿第三定律时,必须注意以下几点.

(1) 作用力和反作用力是矛盾的两个方面,它们互以对方为自己存在的条件,同时产生,同时消灭,任何一方都不能孤立地存在. 作用力和反作用力的关系是一一对应的.

(2) 作用力和反作用力是分别作用在两个物体上的,因此它们的作用不能互相抵消,它们绝对不是一对平衡力.

(3) 作用力和反作用力总是属于同种性质的力. 例如,作用力是万有引力,反作用力一定也是万有引力;作用力是摩擦力,反作用力也一定是摩擦力等.

(4) 力是按照它在惯性系中产生的效应来定义的,作用力和反作用力也是如此,所以牛顿第三定律也是只适用于惯性系.

(5) 无论物体是静止还是运动的,牛顿第三定律都适用.

牛顿第一定律指出物体只有受到外力作用才能改变其运动状态,牛顿第二定律给出物体的加速度与作用于物体上的合外力和质量之间的数量关系,牛顿第三定律则说明力具有物体间相互作用的性质. 三条定律是一个整体,它成为经典力学的基础. 牛顿运动定律在力学和整个物理学中占有重要的地位,在工程技术中有着广泛的应用.

思考题

思 2.1　一质点相对于某参考系静止,该质点所受的合力是否一定为零?

思 2.2　在惯性系中,质点所受的合力为零,该质点是否一定处于静止状态?

思 2.3　在下列情况下,说明质点所受合力的大小和方向的特点:①质点做匀速直线运动;②质点做匀减速直线运动;③质点做匀速圆周运动;④质点做匀加速圆周运动.

思 2.4　牛顿第二定律的两种表述 $\boldsymbol{F}=\frac{\mathrm{d}(m\boldsymbol{v})}{\mathrm{d}t}$ 和 $\boldsymbol{F}=m\frac{\mathrm{d}\boldsymbol{v}}{\mathrm{d}t}$ 有区别吗? 为什么说用动量形式表示的牛顿第二定律具有更大的普遍性?

思 2.5　质点所受合力为零的这段时间内,质点能否沿曲线运动? 质点做什么运动?

2.2　力学中常见的几种力　受力分析

2.2.1　几种常见的力

在动力学中,分析物体的受力情况是十分重要的. 力学中常见的力有万有引力、重力、弹性力、摩擦力等,它们具有不同的性质,弹性力和摩擦力是接触力,而万有引力属于场力. 下面我们分别加以介绍.

1. 万有引力 重力

1) 万有引力

17 世纪初,德国天文学家开普勒(J. Kepler,1571～1630)通过分析丹麦天文学家第谷·布拉赫(Tycho Brahe,1546～1601)毕生观测行星所积累的大量天文观测资料,提出了行星运动的开普勒三定律. 牛顿在开普勒等前人的研究成果基础上,通过深入研究,在1680 年提出了著名的万有引力定律,即:宇宙之中,大到地球和地球表面附近的物体之间,星体、星系之间,小到微观粒子之间,任何有质量的物体与物体之间都存在着一种相互吸引的力,所有这些力都遵循同一规律. 这种相互吸引的力叫做**万有引力**. **万有引力定律**可表示为:**两个相距为 r,质量分别为 m_1、m_2 的两个质点间有万有引力,其方向沿着它**

们的连线、相互吸引,其大小与它们的质量乘积成正比、与它们之间距离 r 的二次方成反比. 其数学形式为

$$\boldsymbol{F}=-G\frac{m_1m_2}{r^2}\boldsymbol{e}_r \tag{2.5}$$

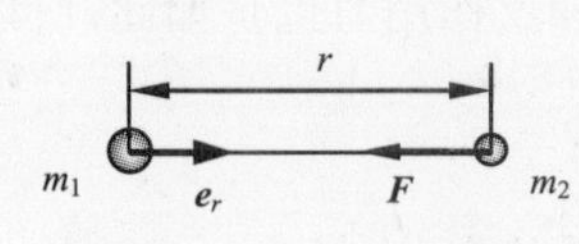

图 2.1 万有引力

式中,$G=6.67\times10^{-11}\,\text{N}\cdot\text{m}^2\cdot\text{kg}^{-2}$,称为引力常量. 若式(2.5)中 $\boldsymbol{F}$ 表示质点 2 所受到的质点 1 对其施加的万有引力,则 $\boldsymbol{e}_r$ 表示由质点 1 指向质点 2 的方向上的单位矢量,式中的负号表示质点 2 所受的万有引力总是与 $\boldsymbol{e}_r$ 方向相反,即指向质点 1,表示引力,如图 2.1 所示. $\boldsymbol{F}$ 也可表示质点 1 所受的万有引力,此时,$\boldsymbol{e}_r$ 表示由质点 2 指向质点 1 的方向上的单位矢量,$\boldsymbol{F}$ 仍然为引力.

万有引力使地球和其他行星绕太阳运转、使月球和人造卫星绕地球运转、使苹果从树上落向地面等,那么物体之间并没有直接接触,为什么会有万有引力作用呢?近代物理指出,任何具有质量 m 的物体,在它周围空间都存在着某种特殊形式的物质,这种物质称为引力场. 当一个具有质量 m' 的物体处于 m 的引力场内时,就要受到 m 的引力场对它的作用力;与此同时,在 m' 周围的空间也存在着引力场,物体 m 在 m' 的引力场中也要受到 m' 的引力场对它的作用力,所以 m 和 m' 的相互作用,是通过它们周围的引力场来实现的,万有引力是场力.

应该注意,万有引力定律表示的是两个**质点**间的万有引力. 如果物体的线度和物体之间的距离相差不大,则不能用式(2.5)计算两个物体之间的万有引力. 若要求任意形状的两个物体间的万有引力,则必须把每个物体分割成许许多多的小部分,每个小部分都可以看成是一个质点,计算所有这些质点间的万有引力,然后求矢量和. 从数学上讲,这个计算是一个积分问题. 对于两个密度均匀的球体,或者密度具有球对称性的两个球体,即每个球各点的密度只是该点到其球心距离 r' 的函数 $\rho(r')$,计算表明,它们之间的万有引力可以直接用式(2.5)来计算,这时 r 表示两球球心之间的距离. 这就是说,这样的两个球体之间的引力与把两球看成其质量分别集中于球心的两个质点之间的引力是一样的.

在牛顿第二定律 $\boldsymbol{F}=m\boldsymbol{a}$ 中,m 是反映物体惯性效应的量,称为**惯性质量**. 而在万有引力定律式(2.5)中的物体质量,也是表征物体性质的一个物理量,它反映物体之间引力的效应,称为**引力质量**. 牛顿等许多人做过实验,特别是近代的精密实验证明,引力质量等于惯性质量. 所以今后在讨论中不再区分引力质量和惯性质量,通称为质量.

爱因斯坦在探究惯性和引力的本质的过程中,推广了引力质量与惯性质量相等这一"等效原理",建立起了引力场的概念,从而创建了近代物理中著名的"广义相对论".

2) 重力

以地球表面为参考系,物体在地球表面附近自由下落时,因受地球引力作用会获得一个竖直向下的加速度,称为**重力加速度**,用 $\boldsymbol{g}$ 表示. 我们把产生此重力加速度的力称为**重力,重力 $\boldsymbol{P}$ 的大小通常称为物体的重量**. 如果不考虑地球自转运动,**物体所受的重力是指地球以及所有其他物体作用在该物体上的合引力**. 在地球表面或表面附近,地球的引力比其他任何物体的引力要大得多,以至于可以把所有其他物体的引力忽略不计,从而可以认为**地球对地球表面附近的物体的万有引力就是物体所受的重力 $\boldsymbol{P}$**. 类似地,在月球或

其他行星的表面上，物体的重量也几乎完全是由月球或其他行星的万有引力引起的. 重力 $\boldsymbol{P}$ 是一个矢量，有大小有方向. 在地球上物体所受重力 $\boldsymbol{P}$ 的方向，就是物体所受地球引力的方向，一般是指向地球中心的. 假如地球是半径为 R_E、质量为 m_E 的均匀球体，在地球表面附近距地心为 r 处有一质量为 m 的小物体(可视为质点)，那么其重量为

$$P=\frac{Gm_Em}{r^2}$$

在重力 $\boldsymbol{P}$ 的作用下，物体具有的加速度即重力加速度 $\boldsymbol{g}$，有

$$\boldsymbol{g}=\frac{\boldsymbol{P}}{m}$$

重力加速度 $\boldsymbol{g}$ 的方向与重力的方向相同，可认为指向地球中心. 重力加速度的大小为

$$g=\frac{Gm_E}{r^2}$$

显然，物体所受的重力以及重力加速度的大小与物体到地球中心的距离 r 有关，即与物体离地面的高度有关. 而且，此式表明，对任何物体，在同一地点，重力加速度都是相同的. 在地球表面附近一定高度内(如几千米高度范围内)，r 与 R_E 相差很小，即 $r-R_E \ll R_E$. 故上式可近似表述为

$$g=\frac{Gm_E}{R_E^2}$$

将 $G=6.67\times10^{-11}\mathrm{N\cdot m^2\cdot kg^{-2}}$，$m_E=5.98\times10^{24}\mathrm{kg}$，$R_E=6.37\times10^6\mathrm{m}$ 代入上式，得 $g=9.83\mathrm{m\cdot s^{-2}}$. 即在地球表面附近，重力加速度的大小几乎是常量. 一般计算时，地球表面附近的重力加速度大小通常取 $g=9.80\mathrm{m\cdot s^{-2}}$.

应该指出，质量是物体的惯性大小的量度，是物体的根本属性，在低速运动情况下，它是一个常量. 而一个给定物体，在地球表面的不同点，它所受的重力或重力加速度有微小的变化. 其原因包括：区域性的矿床、油田等，地球不是一个正球体，物体离地面高度的不同等. 还有一个重要的原因，就是由于地球的自转. 地球表面不是一个严格的惯性系. 在地球表面这样一个非惯性系中描述，地球表面上的物体所受的力并非只有地球对物体的引力，而是地球对物体的引力 $\boldsymbol{F}_e$ 和物体在地面这样一个非惯性系中的惯性力 $\boldsymbol{F}_i$ 的合力，这个合力就是重力，根据其纬度不同，在地面参考系中测得物体的重力在大小和方向上与地球对它的引力有微小的差别.

由有关月球的质量和半径的数据，可算出月球表面的重力加速度约为 $g_{月}=1.62\mathrm{m\cdot s^{-2}}$，近似等于地球表面重力加速度的 $\frac{1}{6}$.

思考题

思 2.6　设地球为质量均匀分布的球体，地球半径为 $R_E=6.37\times10^6\mathrm{m}$，实验测得地球表面附近的重力加速度大小为 $g=9.80\mathrm{m\cdot s^{-2}}$. 根据这些数据，以及万有引力常量 $G=6.67\times10^{-11}\mathrm{N\cdot m^2\cdot kg^{-2}}$，你能估算出地球的质量吗？能算出地球的平均密度 $\bar{\rho}$ 有多大吗？地球表面层的大多数岩石(如花岗岩、片麻岩)的密度约为 $3\times10^3\mathrm{kg\cdot m^{-3}}$，地表面常

见的玄武岩的密度约为 $5\times10^3\text{kg}\cdot\text{m}^{-3}$,与你计算出的地球平均密度$\bar{\rho}$对比一下,这意味着什么?

2. 弹性力

当两物体相互接触而挤压时,它们都要发生形变. 物体发生弹性形变时,欲恢复其原来的形状,物体之间就会有作用力产生. 这种物体因发生弹性形变而产生的欲使其恢复原来形状而对与其接触的物体产生的力,称为**弹性力**. 弹性力是接触力,它产生的条件:一是两个物体相互接触,二是相互挤压而发生弹性形变.

绳索被拉紧时所产生的张力,物体放在支撑面上所产生的正压力(作用于支撑面上)和支持力(作用于物体上),弹簧被拉伸或压缩时产生的弹簧弹性力等,这些都是常见的弹性力.

例如,一物体放在水平桌面上,物体受到重力作用要下落而受到桌面的阻挡,所以物体受到挤压而发生形变,物体欲恢复原来形状而产生了一个竖直向下的对桌面的弹性力(即正压力),另一方面,物体同时挤压桌面,使桌面发生形变,桌面欲恢复原来形状而产生了一个垂直于桌面竖直向上的对物体的弹性力(即支持力). 这种接触力产生的物理根源是:由于物体内部分子间一般有一定的平衡距离. 当物体受到挤压而变形时,物体内部分子间产生电磁斥力,宏观上即表现为弹力. 这种弹力通常称为正压力或支持力,它们的大小取决于相互挤压而发生弹性形变的程度,由物体的受力情况和运动情况决定;它们的方向总是垂直于接触面或接触点的公切面、指向试图使物体恢复原状的方向(即指向与其相接触的另一个物体).

物体和柔软的绳子相连接,在物体和绳子之间也会有力的作用. 一般认为这种力是由于物体和绳子都发生了形变而引起的,因而也是一种弹性力. 绳子与物体之间相互作用的拉力的作用线沿着绳子,物体受到绳子拉力的方向为:从力的作用点背离受力物体本身. 绳子受到物体拉力的方向为从力的作用点背离绳子本身,这个力只是使绳子张紧,故这种力常称为**张力**. 绳子和物体之间有拉力相互作用时,绳索受到拉伸,绳子内部各段之间也有力的相互作用. 设想在绳索上任一点 P 将绳索分为两段,而保持绳索以及与之相连接的所有物体的运动状态不变,则每一段绳子由于存在伸长弹性形变而在 P 点都有一个弹性力(拉力)作用于另一段绳索,绳子中每一点都存在的这一对拉力 $\boldsymbol{F}_\text{T}$ 和 $\boldsymbol{F}_\text{T}'$就是绳子内部的**张力**. 它们是一对作用力和反作用力,大小相等,方向相反,作用在同一条直线上. 其大小取决于绳索的拉伸程度,方向总是沿着绳索而指向绳索拉伸的方向. 一般情况下,绳子中各点的张力大小是不相等的,但在绳子的质量可以忽略不计时(在本书所讨论的涉及绳子的问题中,除非特别说明,绳子质量一般都忽略不计),同一段绳子上各处的张力总是大小相等的(见例 2.1).

其他物体受到拉伸时,如一根杆,在两端向外拉伸,也会产生同样的拉力. 这种接触力产生的物理根源是:当绳索等物体受到外力作用而伸长时,物体内部分子间产生电磁引力,宏观上即表现为张力(或拉力).

弹簧被拉伸或压缩时产生的弹簧弹性力是最常见的一种弹性力. 当弹簧发生形变时,在弹簧内部产生弹性力的作用,这个力试图使弹簧恢复到原来的形状. 根据胡克定律，在弹性限度内，弹性力和弹簧的伸长量成正比. 如图 2.2 所示，把弹簧的一端固定，另一端连接一个放置在水平面上的物体(可视为质点)，O 点为弹簧在原长(没有形变)状态时物体的位置，即物体的平衡位置. 以平衡位置 O 为坐标原点，沿弹簧向右为 Ox 轴的正方向，则当物体自 O 点向右移动而将弹簧稍微拉长时，弹簧对物体作用的弹性力 $\boldsymbol{F}$ 指向左方；当物体自 O 点向左移动而压缩弹簧时，弹簧对物体的弹性力 $\boldsymbol{F}$ 指向右方. 当弹簧形变量不大，处于弹性限度范围内时，弹簧作用于物体上的弹性力 $\boldsymbol{F}$ 遵从胡克定律，即

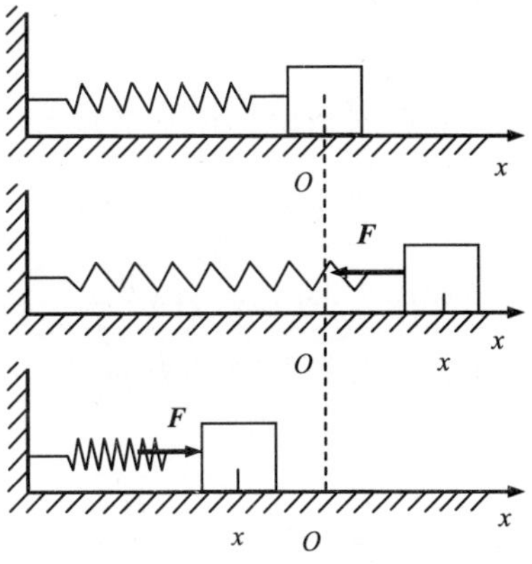

图 2.2　弹簧的弹性力

$$\boldsymbol{F}=-kx\boldsymbol{i} \tag{2.6a}$$

弹性力 $\boldsymbol{F}$ 在 x 方向的分量可以表示为

$$F=-kx \tag{2.6b}$$

式中，x 是物体相对于平衡位置(坐标原点 O)的位移，即物体的坐标值，为代数量，$x>0$ 表示弹簧伸长，$x<0$ 表示弹簧被压缩，其绝对值表示弹簧的伸长或压缩量. k 是一个正的常量，称为弹簧的劲度系数，它表征弹簧的力学性能，即弹簧发生单位形变时弹性力的大小. 上式的负号表示弹性力的方向，即当 $x>0$ 时，$F<0$，弹性力的方向沿 Ox 轴的负方向；当 $x<0$ 时，$F>0$，弹性力的方向沿 Ox 轴的正方向. 由此可见，弹簧作用于物体上的弹性力总是要使物体回到平衡位置 O，故通常把这种力称为弹性回复力.

例 2.1　质量为 m_1、长为 l 的柔软细绳，一端系于放在水平光滑桌面上、质量为 m_2 的物体上，另一端加一个水平方向的恒力 $\boldsymbol{F}$，如图 2.3(a)所示. 绳被拉紧时必然会发生形变，略有伸长，一般伸长量相对于绳长很小，可略去不计. 现设绳的长度不变，质量均匀分布. 求：

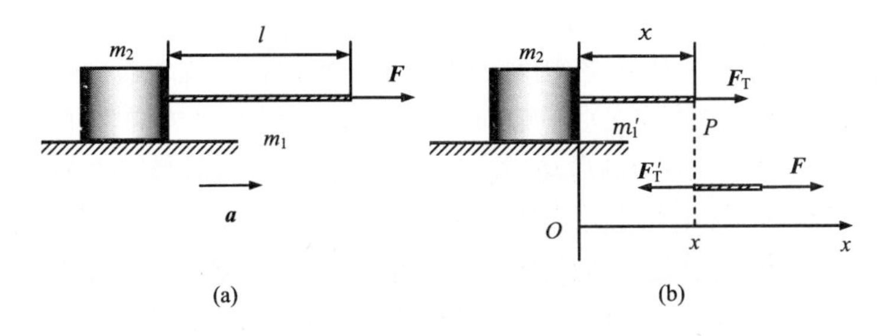

图 2.3

(1) 绳作用在物体上的力；

(2) 绳上任一点的张力.

解　(1) 如图 2.3(a)所示. 以物体 m_2 和绳 m_1 整体为研究对象，整体做平动，所以可以当作一个质点，其所受合外力即为水平方向外加的恒力 $\boldsymbol{F}$，设其加速度 $\boldsymbol{a}$ 方向向右，由

牛顿第二定律得

$$\boldsymbol{F}=(m_1+m_2)\boldsymbol{a}$$

建立如图 2.3(b)所示坐标系,绳和物体连接点为坐标原点 O,向右为 x 轴正向,则上式的分量式为

$$F=(m_1+m_2)a$$

以物体 m_2 为研究对象,物体做平动,可当成一个质点,其所受合外力为绳子对它的拉力 $\boldsymbol{F}_{T2}$,其加速度为 $\boldsymbol{a}$,方向向右,由牛顿第二定律得 $\boldsymbol{F}_{T2}=m_2\boldsymbol{a}$,其分量式为

$$F_{T2}=m_2a$$

解得 $a=\dfrac{F}{m_1+m_2}$,$F_{T2}=\dfrac{m_2}{m_1+m_2}F$.

(2) 如图 2.3(b)所示,设想在绳索上任一点 P 将绳索分为两段,P 点的坐标为 x,以物体 m_2 和与之相连的质量为 $m_1'=\dfrac{x}{l}m_1$ 的一段绳子为研究对象,受到右段绳子的拉力 $\boldsymbol{F}_T$ 作用,其加速度为 $\boldsymbol{a}$,方向向右,由牛顿第二定律

$$\boldsymbol{F}_T=\left(m_2+m_1\frac{x}{l}\right)\boldsymbol{a}$$

得

$$F_T=\frac{m_2+m_1\dfrac{x}{l}}{m_1+m_2}F$$

讨论 由上式可见,绳子中不同点处的张力一般是不同的,跟绳子的具体受力情况和运动形式有关. 如果绳子质量 m_1 可以忽略不计,则同一段绳子中(即这一段绳子上,除了两端以外,中间各点没有其他力的作用),无论运动形式如何,各点张力大小都相等.

3. 摩擦力

除了弹性力是接触力外,摩擦力也是接触力. 当两个相互接触而挤压的物体间有相对滑动的趋势但尚未相对滑动时,在接触面上便产生阻碍相对滑动趋势的力,这种力称为**静摩擦力**. 例如,把一个物体放在水平地面上,用外力 $\boldsymbol{F}$ 沿水平方向作用在物体上,若外力较小,物体不发生相对于地面的滑动,物体处于平衡状态,这时静摩擦力 $\boldsymbol{F}_{f0}$ 与所加外力 $\boldsymbol{F}$ 大小相等、方向相反. 逐渐增大外力 $\boldsymbol{F}$,静摩擦力 $\boldsymbol{F}_{f0}$ 大小随之增大,只要物体还没有发生相对滑动,静摩擦力 $\boldsymbol{F}_{f0}$ 总是与所加外力 $\boldsymbol{F}$ 大小相等、方向相反. 直到外力增大到某一定数值时,物体相对于平面即将开始滑动,可见静摩擦力增大到某一数值后就不能再增加了,这时静摩擦力达到最大值,称为最大静摩擦力 $\boldsymbol{F}_{fm}$. 实验表明,作用在物体上的最大静摩擦力的大小与物体受到的两个物体接触面上的正压力(法向力)的大小 $\boldsymbol{F}_N$ 成正比,即

$$\boldsymbol{F}_{f0m}=\mu_0F_N \tag{2.7}$$

μ_0 叫做静摩擦因数. 静摩擦因数与两个相互接触物体的表面材料性质以及接触面的情况(如粗糙程度、温度、湿度等)有关,但与接触面积的大小无关. 注意:只有最大静摩擦力才能按式(2.7)计算. 一般情况下,静摩擦力大小由物体的受力情况和运动状态决定,不能

按式(2.7)计算. 但静摩擦力大小 F_{f0} 总满足下述关系:

$$F_{f0} \leqslant F_{f0m}$$

物体所受静摩擦力的方向总是在接触面内(确切地说,在两物体接触处的公切面内),与该物体相对于与之接触的另一物体的相对运动趋势的方向相反.

例如,物体 A 与物体 B 相接触,如图 2.4(a)所示. 当用一水平向右的力拉物体 A 但尚未拉动时,A 相对于 B 将有向右滑动的趋势,故 A 受到 B 作用于它的静摩擦力 $\boldsymbol{F}_{f0}$ 的方向水平向左,如图 2.4(b)所示;与此同时,B 相对于 A 将有向左滑动的趋势,故 B 受到 A 作用于它的静摩擦力 $\boldsymbol{F}'_{f0}$ 的方向水平向右,如图 2.4(c)所示. $\boldsymbol{F}_{f0}$ 和 $\boldsymbol{F}'_{f0}$ 是一对作用力和反作用力.

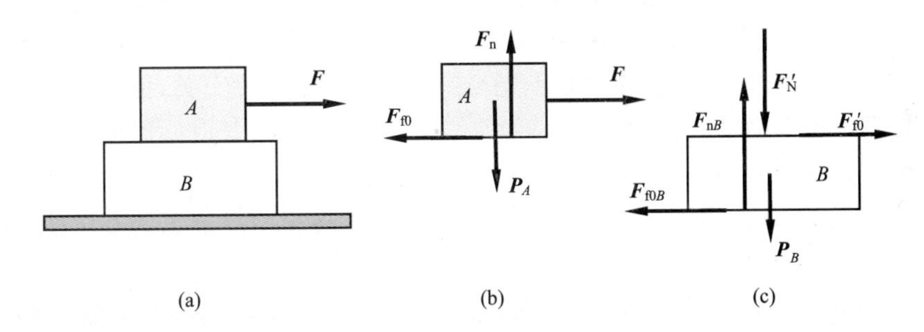

图 2.4　静摩擦力

当两个物体间有相对滑动时,仍受摩擦力作用,这种摩擦力称为**滑动摩擦力** $\boldsymbol{F}_f$,某物体所受滑动摩擦力的方向总是沿着接触处的公切面,与该物体相对于与之接触的另一物体的运动方向相反.

例如,物体 A 与物体 B 相互接触,并在力 $\boldsymbol{F}$ 的作用下运动,如图 2.5(a)所示. 设某时刻物体 A 相对于地面的速度为 $\boldsymbol{v}_A$,物体 B 相对于地面的速度为 $\boldsymbol{v}_B$,且 $v_A < v_B$. 这时 A、B 之间有相对运动,A 相对于 B 的运动方向(以物体 B 为参考系观察物体 A 的运动方向)向左,故 A 受到 B 作用于它的滑动摩擦力 $\boldsymbol{F}_f$ 的方向向右;与此同时,B 相对于 A 的运动方向向右,故 B 受到 A 作用于它的滑动摩擦力 $\boldsymbol{F}'_f$ 的方向向左. 物体 A 和 B 的受力分析图分别如图 2.5(b)和(c)所示. $\boldsymbol{F}_f$ 和 $\boldsymbol{F}'_f$ 是一对作用力和反作用力.

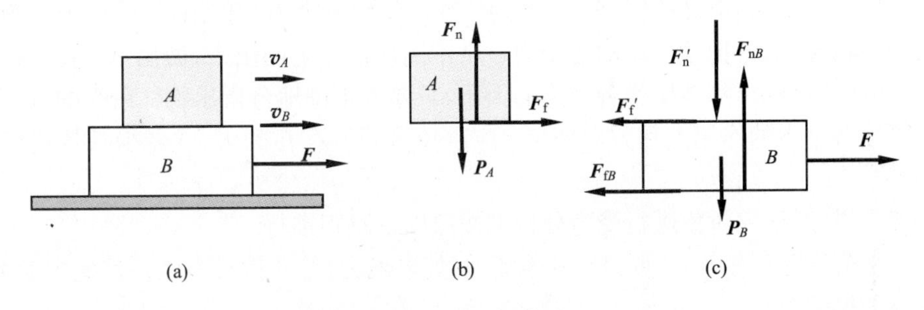

图 2.5　滑动摩擦力

实验表明,滑动摩擦力的大小也与两个物体接触面上的正压力 F_n 成正比,即

$$F_f = \mu F_n \tag{2.8}$$

μ 称为滑动摩擦因数. 滑动摩擦因数 μ 与两相互接触物体的材料性质、接触面的情况、温度、湿度等有关,还与两相互接触物体的相对滑动速度的大小有关. 在相对速度不太大时,滑动摩擦因数 μ 近似可看成常量. 在其他条件相同的情况下,一般来说,滑动摩擦因数 μ 略小于静摩擦因数 μ_0. 在一般计算时,除非特别声明,可以认为两者相等.

摩擦力的规律是比较复杂的,式(2.7)、式(2.8)都是由实验总结出的近似规律. 至于摩擦力的性质及产生机理十分复杂. 一般认为是电磁相互作用,其形成的机理至今尚不清楚.

通常可以通过减小物体表面的凹凸程度、清洁物体表面来减小摩擦力. 但实验表明,物体表面过于光洁,使物体实际接触面过大,又会因为分子间吸引力的增大使宏观上表现出的摩擦力增大. 另外,滑动摩擦因数不光与物体相对运动速度有关,而且还与物体的温度有关. 如汽车刹车制动系统,在汽车连续下坡的过程中,经过长时间摩擦以后可能会刹车失灵. 这主要是因为制动盘(鼓)温度升高到一定程度时,盘间的摩擦因数会变小. 因此汽车在走山路时,一般应通过发动机制动或通过不断向制动盘淋水的办法使其降低温度,避免刹车失灵.

摩擦产生的影响有利又有弊. 一方面,人们的生产生活活动离不开摩擦. 例如,人走路、车辆行走、货物的皮带传输等都离不开摩擦. 另一方面,摩擦又有不利的一面,如机器运转时,摩擦会产生热量,影响机器的精度甚至影响正常工作,这时就要尽量减小摩擦力.

2.2.2 受力分析方法

牛顿运动定律在实践中有着广泛的应用. 牛顿第二定律 $\boldsymbol{F}=m\boldsymbol{a}$ 中,$\boldsymbol{F}$ 是作用在运动物体上的合外力,因此,应用牛顿运动定律以及其他力学规律分析和解决动力学问题时,对研究对象的受力情况进行正确分析是非常重要的. 这就需要遵循一定的受力分析方法.

对物体受力分析,首先要明确研究对象,根据运动情况和所研究的问题,做出合理假设,提出合适的物理模型. 然后,需要把研究对象从与之相联系的其他物体中"隔离"出来,把其他物体对研究对象的作用用"力"表示出来,这就是"隔离体法". 隔离体法是分析物体受力的有效方法,应熟练掌握. 一个物体往往受到多个力的作用,为了便于正确分析物体的受力情况,应该把分析出的各个力一个不漏地在图上画出来,做出示力图. 在示力图上,不必按比例画出物体所受各个力的大小,只要能正确地分析出物体所受的各个力的性质并画出各个力的作用点和方向即可. 应避免多画不存在的力,或者少画某些真实存在的力.

一般来讲,对研究对象进行受力分析可按照以下原则进行.

(1) 首先分析万有引力(重力)、其他场力(如电磁力)等非接触力以及其他主动力(如人对物体的推力等).

(2) 其次分析弹性力. 在场力等主动力的作用下,如果没有与之接触的周围物体的阻挡,研究对象的运动状态要发生变化,会对与之接触的物体产生力的作用,引起周围物

体的形变，所以就要受到周围物体对研究对象的弹性力的作用. 因此，弹性力属于约束反力. 根据周围物体的特性，可分析并画出弹性力的方向. 注意：只有相互接触的物体才可能存在弹性力的作用，所以，研究对象周围有几个物体与之接触，最多就有几个弹性力的作用.

(3) 最后分析摩擦力. 根据主动力和非接触力以及弹性力的分析，或者已知运动情况，我们就可以分析出沿两物体接触面之间是否有相对滑动或者相对滑动的趋势. 设研究对象初始时与接触面相对静止，如果除了摩擦力之外的其他外力沿接触面的分力大于最大静摩擦力，则两物体将沿接触面相对滑动，这时研究对象所受摩擦力为滑动摩擦力，其大小应按照式(2.8)计算，其方向沿接触面并与研究物体相对滑动的方向相反；如果除了摩擦力之外的其他外力沿接触面的分力小于或等于最大静摩擦力，则物体沿接触面没有相对滑动，但有相对滑动的趋势，这时摩擦力为静摩擦力，其方向沿接触面并与研究物体相对滑动趋势的方向相反，其大小应根据物体的运动状态由牛顿定律计算.

物体的受力分析应紧密结合物体运动情况的分析进行，它们之间紧密联系并互相影响，不是相互脱离、相互独立的.

以上只是对物体进行受力分析的一般原则，物理问题千变万化，所以不能拘泥于某种方法而死搬教条，应在掌握物理学基本规律和受力分析基本原则的基础上灵活应用.

思考题

思 2.7　以下两种说法正确吗？试举例说明. (1)物体受到的摩擦力的方向总是与物体的运动方向相反；(2)摩擦力总是阻碍物体运动的.

思 2.8　水平地面上放着一只木箱，以一个水平向右的力 $\boldsymbol{F}_1$ 作用于木箱，箱子仍保持静止. $\boldsymbol{F}_1$ 保持不变，现用一个竖直向下的力 $\boldsymbol{F}_2$ 作用于箱子，且 $\boldsymbol{F}_2$ 的大小慢慢增大. 问以下各量是变大，变小，还是不变？(1)地面对箱子的静摩擦力；(2)地面对箱子的支持力；(3)地面对箱子的最大静摩擦力. 箱子会动吗？

思 2.9　质量为 m 的小球，放在光滑的木板和光滑的墙壁之间，并保持平衡，如图所示. 设木板和墙壁之间的夹角为 α，当 α 逐渐增大时，小球对木板的压力将怎样变化？

思 2.10　如图所示，用一斜向上的力 F（与水平成30°角），将一重为 P 的木块压靠在竖直墙面上，如果不论用怎样大的力 F，都不能使木块向上滑动，则说明木块与壁面间的静摩擦因数 μ_0 的大小为多少？

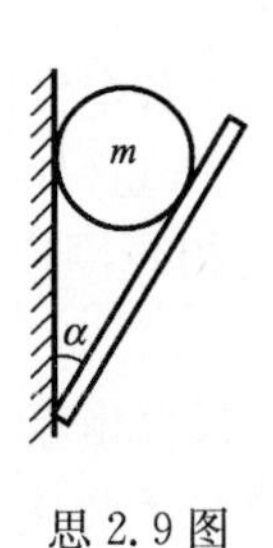

思 2.9 图

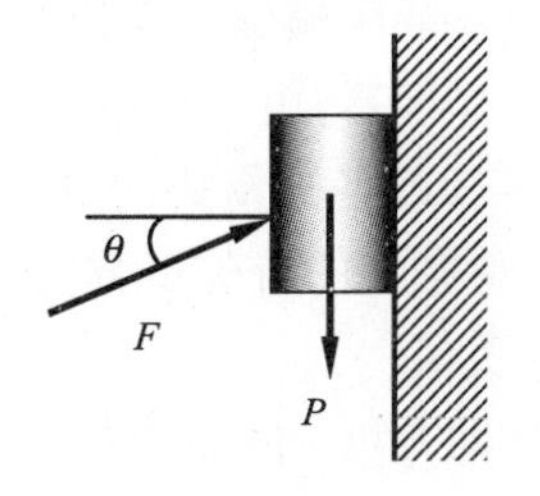

思 2.10 图

2.3 牛顿定律的应用举例

牛顿定律是经典力学的基础,是物体做机械运动的基本规律,在实践中有着广泛的应用. 而其中牛顿第二定律是牛顿运动定律的核心. 动力学问题通常分为两类:一类是已知作用在物体上的力求物体的运动规律;另一类是已知物体的运动规律求作用在物体上的力(或部分未知力). 对于第二类问题,只需将运动方程对时间求导,求出物体的加速度后,再应用牛顿第二定律求力. 对第一类问题,需要分析所涉及的所有物体的受力情况,按牛顿第二定律列出各个物体的动力学方程,计算各个物体的加速度,进而求出物体的速度和运动方程等. 本课程主要是求解第一类问题. 本节将通过举例说明如何应用牛顿定律解决力学问题.

应用牛顿运动定律分析和解决问题可按以下步骤进行.

(1) 选择**参考系**. 因为牛顿第二定律只在惯性系中成立,所以必须选择一个惯性参考系. 研究地球表面上物体的运动问题,通常选择地面或者相对于地面做匀速直线运动的物体作为参考系(近似为惯性系);研究人造地球卫星的运动,选择地球中心作为参考系.

(2) 选择**研究对象**. 牛顿第二定律只适用于质点的运动. 当我们不用考虑物体的形状和大小,或者物体做平动时,物体即可看做一个质点. 应选择能够看做一个质点的物体作为研究对象. 在同一个问题中,往往涉及多个物体的运动,应选择受力情况和运动情况已知或便于计算的一个物体作为研究对象,必要时可再选择与之相联系的一个或多个其他物体作为研究对象(这些物体也应该能看成质点).

(3) **受力分析**. 按照上一节所讲的方法,正确分析研究对象的受力情况,画出示力图. 一般采用隔离体法分别画出每一个研究对象的示力图. 进行受力分析时一般要同时应用牛顿第三定律和第一定律,且要考虑到研究对象的运动情况.

(4) **运动情况分析**. 分析周围物体的约束情况,可以明确研究对象的运动特点,是直线运动还是圆周运动等,这往往可以确定加速度矢量的方向.

(5) **选择适当的坐标系**. 常用直角坐标系或自然坐标系. 坐标轴的方向的选择,应尽量使各个力矢量或加速度矢量沿坐标轴方向的分解较为简单方便为原则. 通常选择加速度的方向和与之垂直的方向,或者大多数力矢量和其垂直方向为坐标轴的正向. 当然对曲线运动,特别是圆周运动,选择自然坐标系往往较为方便.

(6) 列出每一隔离体的**牛顿第二定律的矢量式**.

(7) 按照所选定的坐标系,由牛顿第二定律的矢量式沿各个坐标轴进行分解,列出每一隔离体的**牛顿第二定律的各分量式**(标量式). 在某一个矢量(如某个力或加速度)分解时,如果该矢量在某坐标轴上的分矢量方向与坐标轴正向相同,则该矢量在该坐标轴方向的分量为正值,反之取负值.

(8) 列出必要的**辅助方程**. 例如,同一段轻绳中各点张力相等;作用力和反作用力大小相等、方向相反、作用在同一直线上;不可伸长的绳所联结的物体,其加速度之间存在一定关系;滑动摩擦力公式;圆周运动中角量与线量的关系等等.

(9) **联立求解**. 联立各个方程，求解. 求解时，应先求出用物理量符号表示的解的表达式，再代入已知数据进行运算. 这样，可以清晰地看出结果的物理意义，以及结果与哪些因素有关，便于对结果进行讨论分析，也容易检验运算过程以及结果的正确性.

(10) 对结果进行**分析讨论**.

例 2.2　一细绳跨过一个轴承光滑的定滑轮，绳的两端分别悬挂质量分别为 m_1 和 m_2 的物体($m_1<m_2$)，如图 2.6 所示. 设滑轮和绳的质量可以忽略不计，绳的伸长忽略不计，试求物体的加速度和绳中张力大小.

解　以地面为参考系，分别以 m_1 和 m_2 为研究对象，m_1 和 m_2 均做平动，都可以看做质点. 其隔离体受力分析如图 2.6 所示. 设 m_1 的加速度方向竖直向上，m_2 的加速度方向竖直向下.

对 m_1，取竖直向上为坐标轴的正方向，根据牛顿第二定律，有

$$\boldsymbol{F}_{T1}+m_1\boldsymbol{g}=m_1\boldsymbol{a}_1$$

其分量式为

$$F_{T1}-m_1g=m_1a_1 \qquad ①$$

对 m_2，取竖直向下为坐标轴的正方向，根据牛顿第二定律，有

$$\boldsymbol{F}_{T2}+m_2\boldsymbol{g}=m_2\boldsymbol{a}_2$$

其分量式为

$$-F_{T2}+m_2g=m_2a_2 \qquad ②$$

由于定滑轮的轴承光滑，滑轮和绳的质量可以忽略不计，所以绳上各部分的张力大小相等；又因为绳不能伸长，所以 m_1 和 m_2 的加速度大小相等，即有

$$F_{T1}=F_{T2},\quad a_1=a_2$$

联立求解以上各式得

$$a_1=a_2=\frac{m_2-m_1}{m_1+m_2}g,\quad F_{T1}=F_{T2}=\frac{2m_1m_2}{m_1+m_2}g$$

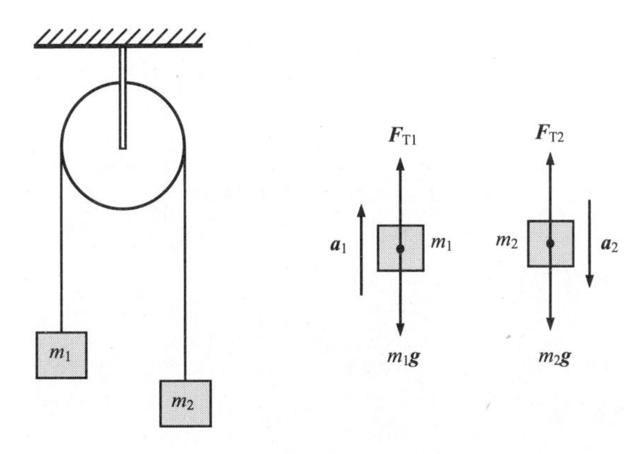

图 2.6

例 2.3 在自然界里,经常可以发现随速率变化的阻力. 半径为 r 的任一小球,如雨点、油滴、钢球等,以低速度 v 通过黏滞流体(液体或气体)时,受到阻力 $\boldsymbol{F}_r$ 的作用,

$$\boldsymbol{F}_r = -6\pi\eta r\boldsymbol{v}$$

其中 η 为流体的黏滞系数. 这个关系式称为斯托克斯定律. 设一半径为 r 的钢球,在黏滞系数为 η 的流体中从静止开始下落,设液体足够深,小球所受重力大于浮力,求任一时刻钢球的速度和位置.

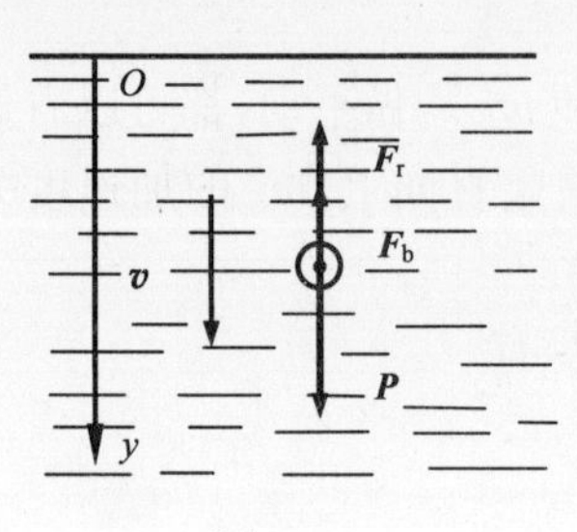

图 2.7

解 令 $k=6\pi\eta r$,对某一物体在某种黏滞流体中,k 为大于零的常量. 则斯托克斯定律可以简写为

$$\boldsymbol{F}_r = -k\boldsymbol{v}$$

在黏滞流体中下落的小球,受到三个竖直方向的力的作用,如图 2.7 所示,分别为重力 $\boldsymbol{P}$、浮力 $\boldsymbol{F}_b$ 及阻力 $\boldsymbol{F}_r$. 由牛顿第二定律

$$\boldsymbol{P} + \boldsymbol{F}_b + \boldsymbol{F}_r = m\boldsymbol{a}$$

设刚开始下落时小球的位置为坐标原点,y 轴正方向向下,考虑到 $\boldsymbol{F}_r = -k\boldsymbol{v}$,则上式的 y 轴分量式为

$$P - F_b - kv = ma$$

最初,$v=0$ 时,黏滞阻力 $F_r=0$,初加速度 a_0 为正,

$$a_0 = \frac{P - F_b}{m}$$

所以,小球向下加速运动,黏滞阻力增大;当 v 足够大时,黏滞阻力增大到等于 $P-F_b$,此时作用在小球上的合力变为零,小球的加速度也是零,以后速度不再增加,此速度为小球的最大速度或收尾速度 v_t,可由 $a=0$ 计算出,

$$P - F_b - kv_T = 0$$

得

$$v_T = \frac{P - F_b}{k}$$

由牛顿第二定律的分量式

$$P - F_b - kv = ma = m\frac{dv}{dt}$$

用 v_T 代替 $\frac{P-F_b}{k}$,整理得

$$\frac{dv}{v - v_T} = -\frac{k}{m}dt$$

当 $t=0$ 时,$v=0$,上式积分

$$\int_0^v \frac{dv}{v - v_T} = -\frac{k}{m}\int_0^t dt$$

即得

$$v = v_T(1 - e^{-\frac{k}{m}t})$$

速率随时间变化的关系，如图 2.8 所示.

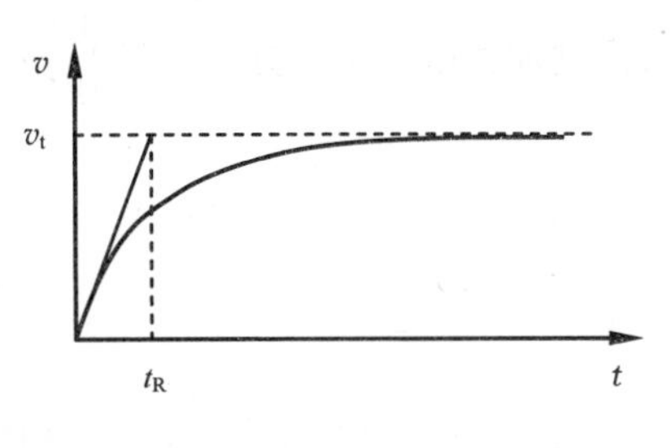

图 2.8

与指数变化量有关的一个重要概念是弛豫时间(特征时间)t_R，其含义由图 2.8 可知. 假定加速度保持初始值 a_0 不变，则速度变化如图中直线所示. 弛豫时间 t_R 可定义为以匀加速度 a_0 到达收尾速度所需要的时间，显然

$$t_R = \frac{v_T}{a_0} = \frac{(P - F_b)/k}{(P - F_b)/m} = \frac{m}{k}$$

速率随时间变化的关系式可以简单地写成

$$v = v_T(1 - e^{-\frac{t}{t_R}})$$

当 t 等于弛豫时间 t_R 时，实际速度大约是收尾速度的 63%.

由 $v = v_T(1 - e^{-t/t_R}) = \frac{dy}{dt}$，得 $dy = v_T(1 - e^{-t/t_R})dt$，积分得

$$y = v_T(t - t_R + t_R e^{-t/t_R})$$

或

$$y = \frac{P - F_b}{k}\left(t - \frac{m}{k} + \frac{m}{k}e^{-\frac{k}{m}t}\right)$$

例 2.4　如图 2.9 所示，一根长为 l 的轻绳一端固定在 O 点，另一端拴一质量为 m 的小球. 开始时小球处于最低位置，使小球获得如图所示的初速度 v_0，小球将在竖直面平面内做圆周运动. 求小球在任意位置的速率及绳的张力. 小球在最低点的速率 v_0 满足什么条件才能保证小球做完整的圆周运动？

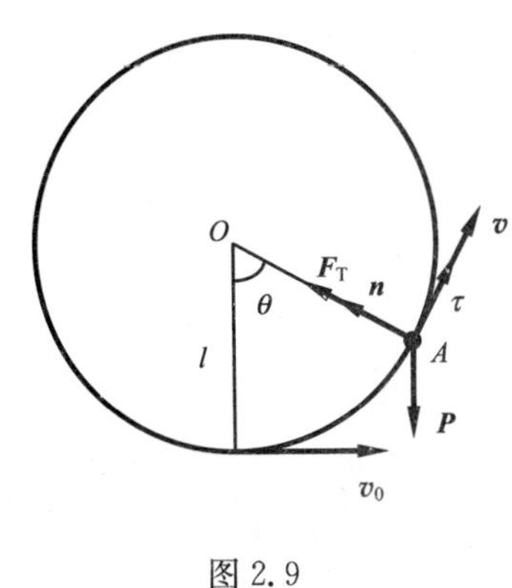

图 2.9

解　由题意知，$t=0$ 时刻小球位于最低点，速率为 v_0. 在 t 时刻，小球位于 A 点，绳与铅直线成 θ 角，设速率为 v，此时小球受到重力 $\boldsymbol{P}=m\boldsymbol{g}$(竖直向下)和绳的拉力 $\boldsymbol{F}_T$(沿绳指向 O 点)作用. 由于绳的质量不计，故绳中各处的张力大小相等，等于绳对小球的拉力大小 F_t. 由牛顿第二定律，对小球有

$$\boldsymbol{F}_T + m\boldsymbol{g} = m\boldsymbol{a} \quad ①$$

小球做圆周运动，选取自然坐标系. 在 A 点，速度 $\boldsymbol{v}$ 的方向为切向正方向(切向单位矢量 $\boldsymbol{\tau}$ 的方向)，A 点指向圆心 O 点的方向为法向正方向(法向单位矢量 $\boldsymbol{n}$ 的方向). 则①式在切向和法向的分量式分别为

$$\begin{cases} -mg\sin\theta = ma_\tau \\ F_T - mg\cos\theta = ma_n \end{cases}$$

考虑到加速度的切向分量 $a_\tau=\dfrac{dv}{dt}$,加速度的法向分量 $a_n=\dfrac{v^2}{l}$,上式写为

$$-mg\sin\theta = m\frac{dv}{dt} \quad ②$$

$$F_T - mg\cos\theta = m\frac{v^2}{l} \quad ③$$

在②式中,$\dfrac{dv}{dt}=\dfrac{dv}{d\theta}\dfrac{d\theta}{dt}=\omega\dfrac{dv}{d\theta}$(利用了角速度 $\omega=\dfrac{d\theta}{dt}$),又角速度和线速率的关系式 $v=\omega l$,所以,$\dfrac{dv}{dt}=\dfrac{v}{l}\dfrac{dv}{d\theta}$,代入②式,得$-mg\sin\theta=m\dfrac{v}{l}\dfrac{dv}{d\theta}$,即 $vdv=-gl\sin\theta d\theta$,积分

$$\int_{v_0}^{v} vdv = -gl\int_0^{\theta}\sin\theta d\theta$$

得小球在任意位置的速率

$$v=\sqrt{v_0^2+2gl(\cos\theta-1)} \quad ④$$

将上式代入③,得小球在任意位置时绳的张力

$$F_T = m\left(\frac{v_0^2}{l}-2g+3g\cos\theta\right) \quad ⑤$$

讨论 从④式可知,当小球做圆周运动时,小球的速率与其位置有关,θ 在 $0\to\pi$ 的过程中,随着角度 θ 的增大,小球速率减小;而在 $\pi\to 2\pi$ 的过程中,随着 θ 的增大,小球速率增大. 小球做变速圆周运动.

从⑤式可以看出,小球在从最低点向上升的过程中,随着角度 θ 的增大,绳对小球的拉力(绳中张力)F_t 逐渐减小,在到达最高点时(如果能够到达最高点),绳中张力最小,$F_{T,\min}=m\left(\dfrac{v_0^2}{l}-5g\right)$;而后在小球下降的过程中,绳中张力 F_T 逐渐增大,到达最低点时,张力最大,$F_{T,\max}=m\left(\dfrac{v_0^2}{l}+g\right)$.

那么,需满足什么条件,小球才能到达最高点呢?或者说:需满足什么条件,小球才能做完整的圆周运动呢?显然,只要小球在任一点,绳子都处于张紧状态而不松弛,则小球就能做完整的圆周运动. 即绳中张力处处满足 $F_T\geqslant 0$ 的条件即可. 而在最高点绳中张力最小,所以只要满足

$$F_{t,\min} = m\left(\frac{v_0^2}{l}-5g\right)\geqslant 0$$

就能保证小球在其他任意点处,绳中张力处处满足 $F_T>0$ 的条件. 由上式即可解得

$$v_0 \geqslant \sqrt{5gl}$$

这就是保证小球做完整的圆周运动的条件.

如果以上条件不满足,则小球不能做完整的圆周运动. 若 $v_0\leqslant\sqrt{2gl}$,小球上升到某一角度 θ 处时(θ 满足 $0<\theta\leqslant\pi/2$),小球速度即减为零,小球将原路返回,做往复振动;若 v_0 满足条件:$\sqrt{2gl}<v_0<\sqrt{5gl}$,则小球上升到某一角度 θ 处时(θ 满足$\dfrac{\pi}{2}<\theta<\pi$),绳子就会

松弛,在该处绳中张力 $F_T=0$,但速度不为零,小球将从该处开始做斜上抛运动.

思考题

思 2.11　一根绳子悬挂着一个质量为 m 的小球,小球在水平面内做匀速圆周运动,绳子与铅直方向的夹角为 θ,如图所示. 在求绳子对小球的拉力 $\boldsymbol{F}_T$ 时,甲同学把拉力 $\boldsymbol{F}_T$ 投影在铅直方向,得

$$F_T\cos\theta - mg = 0$$

从而有

$$F_T = \frac{mg}{\cos\theta}$$

乙同学把重力 mg 投影在绳子所在方位,得

$$F_T - mg\cos\theta = 0$$

从而有

$$F_T = mg\cos\theta$$

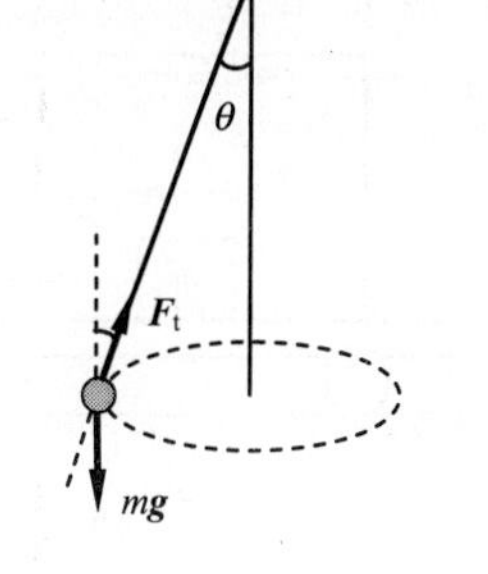

思 2.11 图

以上两种做法中,你认为哪种做法是正确的? 并说明理由.

思 2.12　质量分别为 m 和 M 的滑块 A 和 B,叠放在光滑水平桌面上,如图所示. A、B 间静摩擦因数为 μ_0,滑动摩擦因数为 μ,系统原处于静止. 今有一水平力作用于 A 上,要使 A、B 不发生相对滑动,则 $\boldsymbol{F}$ 的大小应取什么范围?

思 2.13　质量为 M 的物体 B,固定在水平面上,并与质量为 m 的物体 A 接触,二者之间的静摩擦因数为 μ_0. 为保持物体 A 不从物体 B 上滑落,最小必须给物体 A 加多大的水平力?

若物体 B 不是固定在水平面上,且与水平面之间无摩擦,再回答上述问题.

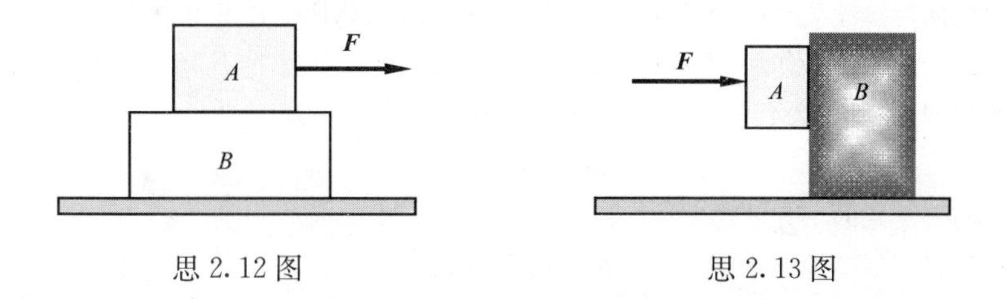

思 2.12 图　　　　思 2.13 图

*2.4　非惯性系　惯性力

凡是相对于任一惯性系做匀速直线运动的参考系都是惯性系,而相对于任一惯性系有加速度的参考系称之为非惯性系,例如相对于地面加速运动的火车车厢、升降机以及旋转的圆盘等都是非惯性系. 牛顿定律在非惯性系中不成立. 但是,在实际问题中,人们往往需要在非惯性系中处理力学问题,为了方便地沿用牛顿定律的形式在非惯性系中求解力学问题,需要引入惯性力的概念.

2.4.1 在变速直线运动参考系中的惯性力

如图 2.10 所示,在一列相对于地面以加速度为 $\boldsymbol{a}_0$ 沿直线行驶的火车车厢中,车厢地板上有一质量为 m 的物体,所受合外力为 $\boldsymbol{F}$,相对于车厢以加速度 $\boldsymbol{a}'$ 运动. 因为车厢不是一个惯性系,所以在车厢参考系里观察,牛顿定律不成立,即

$$\boldsymbol{F} \neq m\boldsymbol{a}'$$

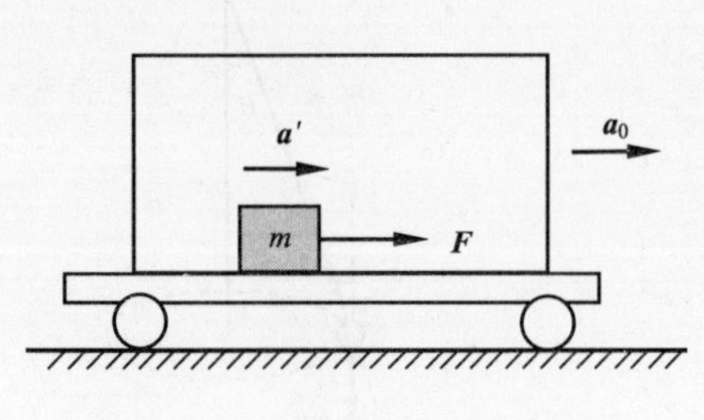

图 2.10 惯性力的引入

若以地面为参考系,则牛顿定律成立,即有

$$\boldsymbol{F} = m\boldsymbol{a} = m(\boldsymbol{a}' + \boldsymbol{a}_0) = m\boldsymbol{a}' + m\boldsymbol{a}_0$$

其中 $\boldsymbol{a}$ 为物体相对于地面的加速度. 如果将等式右侧的 $m\boldsymbol{a}_0$ 这一项移至等式的左边,得

$$\boldsymbol{F} + (-m\boldsymbol{a}_0) = m\boldsymbol{a}'$$

若令

$$\boldsymbol{F}_\mathrm{i} = -m\boldsymbol{a}_0 \tag{2.9}$$

并称 $\boldsymbol{F}_\mathrm{i}$ 为惯性力,则上式可写为

$$\boldsymbol{F} + \boldsymbol{F}_\mathrm{i} = m\boldsymbol{a}' \tag{2.10}$$

式(2.10)的右侧为在车厢这个非惯性系中测得的加速度与质量的乘积,而左侧是物体实际所受的合外力和惯性力的矢量和. 这表明,如果在物体所受的合外力中包括惯性力的作用,则在非惯性系中,牛顿定律形式上仍然成立.

由式(2.9)可知,惯性力的方向与非惯性参考系(此处的车厢参考系)相对于惯性参考系(地面)的加速度 $\boldsymbol{a}_0$ 方向相反,其大小等于研究对象的质量 m 与 a_0 的乘积.

注意:惯性力不是物体间的相互作用,所以惯性力没有施力物体,也没有反作用力. 惯性力仅仅是参考系非惯性运动的表现,惯性力的具体表示形式与非惯性参考系的运动形式有关.

例 2.5 升降机中有一个质量为 m 的物体悬挂在系于升降机顶上的弹簧秤上,升降机相对于地面的加速度为 $\boldsymbol{a}_0$ 向上加速运动,求弹簧秤的读数. 设地球表面是惯性参考系.

解一 以地面为参考系(惯性参考系),以物体为研究对象,物体受到重力 $\boldsymbol{P}$(方向竖直向下)和弹簧秤的拉力 $\boldsymbol{F}_\mathrm{t}$(方向竖直向上)作用,物体的加速度为 $\boldsymbol{a}_0$(方向竖直向上,随升降机一起向上加速运动,物体相对于升降机静止). 以竖直向上为 x 轴正方向,则由牛顿第二定律

$$\boldsymbol{F}_\mathrm{T} + \boldsymbol{P} = m\boldsymbol{a}_0$$

其中重力 $\boldsymbol{P}=m\boldsymbol{g}$. 上式的 x 分量式为

$$F_\mathrm{T} - mg = ma_0$$

解得弹簧秤对物体的拉力大小,即弹簧秤的读数为

$$F_\mathrm{T} = m(a_0 + g)$$

解二 以升降机为参考系(非惯性参考系),以物体为研究对象,物体相对于升降机静止,所以物体相对于升降机的加速度 $\boldsymbol{a}'=0$,物体受到重力 $\boldsymbol{P}$(方向竖直向下)、弹簧秤的拉力 $\boldsymbol{F}_\mathrm{T}$(方向竖直向上)和惯性力 $\boldsymbol{F}_\mathrm{i}=-m\boldsymbol{a}_0$(方向竖直向下)的作用. 以竖直向上为 x 轴正方向,则在升降机参考系中,牛顿第二定律的形式为

$$\boldsymbol{F}_\mathrm{T} + \boldsymbol{P} + (-m\boldsymbol{a}_0) = m\boldsymbol{a}' = 0$$

其中重力 $\boldsymbol{P}=m\boldsymbol{g}$. 上式的 x 分量式为

$$F_\mathrm{T} - mg - ma_0 = 0$$

解得弹簧秤对物体的拉力大小,即弹簧秤的读数为

$$F_{\mathrm{T}} = m(a_0 + g)$$

弹簧秤的读数大于物体的重量．而在地面上测量，弹簧秤的读数等于物体的重量．

在升降机参考系中的观察者看来，物体处于平衡状态，因此好像有一个向下的力 $\boldsymbol{P}'$ 作用在物体上，这个力的大小等于弹簧秤的读数．我们把 $\boldsymbol{P}'$ 称为物体在这个非惯性系中的**视重**．视重与弹簧秤的拉力相平衡．即

$$\boldsymbol{F}_{\mathrm{T}} + \boldsymbol{P}' = 0$$

在非惯性系中观测，物体相对于这个非惯性系的自由落体加速度就由视重决定，等于视重除以物体的质量．视重由重力和惯性力共同形成．视重为

$$\boldsymbol{P}' = \boldsymbol{P} + (-m\boldsymbol{a}_0)$$

这是在以加速度 $\boldsymbol{a}_0$ 相对于惯性系运动的一个非惯性系中视重的一般表达式．在此例中，视重的大小

$$P' = P + ma_0$$

式中，升降机相对于地面的加速度 $\boldsymbol{a}_0$ 方向向上时，a_0 取正值；加速度向下时，a_0 取负值．

如果升降机是静止的，或者做匀速直线运动，$a_0=0$，视重就等于物体在当地所受的重力．升降机的加速度方向向上，$a_0>0$，物体的视重大于物体在当地所在处的重力，称为超重状态．当升降机的加速度方向向下，$a_0<0$，视重小于物体在当地所受的重力，称为失重状态，视重等于零时，称为完全失重状态．例如，在宇宙飞船里，宇航员和宇宙飞船一起仅在重力作用下以重力加速度运动，所以视重等于零，处于完全失重状态，此时宇航员可以在飘浮在宇宙飞船里的任意位置．

2.4.2　在匀速转动的非惯性系中的惯性力——惯性离心力

如图 2.11 所示，在光滑水平圆盘上，用一轻弹簧拴一小球，圆盘以角速度 ω 匀速旋转，小球和被拉伸后的弹簧均相对圆盘静止，即小球随圆盘一起做角速度为 ω、半径为 r 的匀速圆周运动．

地面上的观察者认为，小球受到水平的、指向圆心方向的、弹簧对小球的弹力作用，竖直方向上合力为零，所以，弹力提供了向心力，小球能够随圆盘一起在水平面上做匀速圆周运动，符合牛顿第二定律，即

$$\boldsymbol{f}_{\mathrm{s}} = m\boldsymbol{a}_0 = m(-\omega^2\boldsymbol{r}) = -m\omega^2\boldsymbol{r}$$

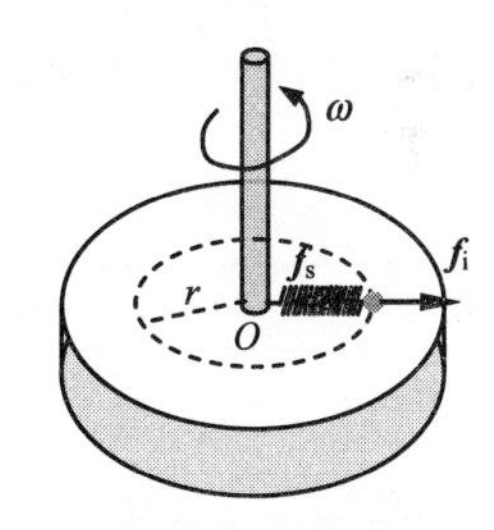

图 2.11　转动参考系中的惯性力

圆盘上小球所在处的观察者认为，小球受到一个水平的、指向圆心方向的、弹簧对小球的弹力作用，而相对于圆盘保持静止状态，不符合牛顿定律．因为圆盘是一个非惯性系，牛顿定律当然不成立．如果圆盘上的观察者想引用牛顿定律的形式解释这一现象，就必须引入一个惯性力

$$\boldsymbol{f}_{\mathrm{i}} = -m\boldsymbol{a}_0 = -m(-\omega^2\boldsymbol{r}) = m\omega^2\boldsymbol{r} \tag{2.11}$$

由于该力方向为沿径矢方向向外，背离圆心，故称为**惯性离心力**，常简称为离心力．这样，圆盘上的观察者认为，弹簧弹力和惯性离心力之矢量和为零，故小球保持静止状态．考虑惯性力后，牛顿定律形式上仍然成立，即小球保持静止状态，满足

$$\boldsymbol{f}_{\mathrm{s}} + \boldsymbol{f}_{\mathrm{i}} = 0$$

应该注意：有些读者认为离心力是向心力的反作用力，这是完全错误的．但从名词上看，确实很容易误解．实际上，惯性离心力是一种惯性力，是在做旋转运动的非惯性参考系中描述物体的运动时，所引入的一个惯性力，它不是物体之间的相互作用，它没有施力物体，更谈不上存在反作用力．另外，惯性离心力作用在小球上，向心力（此处由弹簧弹力提供）也作用在小球上，从圆盘这个非惯性系上的观察者来看，它们是一对平衡力．

惯性离心力在我们的日常生活中经常遇到. 例如,当我们坐在车里,车转弯时,我们会向外侧倾倒,这就是惯性离心力的作用,即在转弯的车(非惯性系)里观察,由于沿曲率圆的半径方向向外的惯性离心力的作用,我们会向外侧倾倒. 再例如,在地球表面,物体所受的重力和重力加速度随纬度而变化,就是由地球自转的惯性离心力引起的.

物质之间的基本相互作用

物质的运动和物质间的相互作用是物质的普遍属性. 物质间有四种基本相互作用:万有引力相互作用,电磁相互作用,弱相互作用和强相互作用.

万有引力相互作用存在于宇宙万物之间;电磁相互作用是运动电荷间产生的;弱相互作用产生于放射性衰变过程和其他一些“基本”粒子衰变过程中;强相互作用是存在于核子之间的作用,它能使质子、中子这样的粒子聚合在一起. 我们常遇到的力,如重力、支持力、正压力、摩擦力、库仑力、安培力、分子力、核力等都可归入这四种基本相互作用. 然而这四种基本相互作用的范围(即力程)是不同的. 万有引力和电磁相互作用的作用范围,原则上讲是不限制的,即可达无限远. 弱相互作用和强相互作用是微观粒子间的相互作用,强相互作用的范围为10^{-15}m,而弱相互作用的有效作用范围仅为10^{-18}m. 这四种基本相互作用的强度也相差巨大,如以强相互作用的力强度为1,那么其他力的相对强度分别为:电磁相互作用为10^{-2},弱相互作用为10^{-13},万有引力仅为10^{-40}. 万有引力的强度是最弱的. 表2.1是万有引力、电磁力、强力、弱力四种力的相对强度和作用力程的比较.

表2.1　四种基本相互作用的性质

	强力	电磁力	弱力	万有引力
相对强度	1	10^{-2}	10^{-13}	10^{-40}
作用力程	10^{-15}m	长程	$<10^{-17}$m	长程

1. 电磁相互作用

带电的粒子或不带电但带有磁矩的粒子都能与电磁场直接发生作用,或者以电磁场为媒介彼此发生作用. 这种有电磁场参与的相互作用,称为电磁相互作用. 电磁相互作用是通过交换电磁场的量子——光子而发生的. 电磁相互作用是一种长程相互作用(作用半径$r\to\infty$),其作用特征时间为10^{-21}s数量级. 电磁相互作用是一种非常普遍的相互作用,光子、轻子、介子、质子均参与这种相互作用.

2. 弱相互作用

人们因研究核的β衰变(1934年)而发现了弱相互作用. 由于β衰变过程进行得异常缓慢,物质间的相互作用比已知的电磁力弱得多,故称弱相互作用. 这种弱相互作用通过交换中间玻色子而进行. 弱相互作用是一种更短程的相互作用(作用半径 $r<10^{-17}$m),其作用特征时间则更长,可从 10^{-18}s 直到 15min,也就是说弱相互作用相对来说是非常缓慢的. 重子、介子、轻子均参与弱相互作用. 但只有中微子是唯一不参与弱相互作用的粒子. W^+、W^-、Z^0 是规范粒子,表现在弱相互作用中.

3. 强相互作用

人们因研究核力(1935 年)而发现了强相互作用. 由于核力比早已熟悉的电磁相互作用强得多,故称强相互作用. 这种强相互作用是通过交换胶子场的量子——胶子而发生的. 强相互作用是一种短程相互作用(作用半径 r 为 $10^{-14}\sim10^{-16}$m),其作用时间一般在 10^{-23}s 的数量级. 相对来说,强相互作用过程是非常迅速的. 这种强相互作用只发生在介子和重子之间,光子及轻子不参与强相互作用.

4. 引力相互作用

引力相互作用是一种比弱相互作用更弱的相互作用. 因此,引力在基本粒子世界的效应一般是忽略不计的.

引力是人们最早熟悉的一种相互作用,但也是本质隐藏得最深的一种相互作用. 对于引力的规律及本质的认识,在物理学史上经历了三个阶段:第一阶段是牛顿总结的万有引力定律;第二阶段是爱因斯坦的引力场方程;第三阶段是引力场的量子化(引力场能否量子化,尚未解决).

1968 年温伯格、萨拉姆和格拉肖提出一个理论,把弱相互作用和电磁相互作用统一为电弱相互作用,后被实验所证实. 许多物理学家正在进行电弱相互作用和强相互作用统一的研究,并企盼把万有引力作用也包括进去,以最终实现四种基本相互作用的"大统一"理论.

习　题　2

2-1　质量为 16kg 的质点在 Oxy 平面内运动,受一恒力作用,力的分量为 $f_x=6$N,$f_y=-7$N,当 $t=0$ 时,$x_0=y_0=0$,$v_{x0}=-2\text{m}\cdot\text{s}^{-1}$,$v_{y0}=0$. 当 $t=2$s 时,求:

(1) 质点的位矢;

(2) 质点的速度.

2-2　摩托快艇以速率 v_0 行驶,它受到的摩擦阻力与速率平方成正比,可表示为 $F=-kv^2$(k 为正值常量). 设摩托快艇的质量为 m,当摩托快艇发动机关闭后,求:

(1) 求速率 v 随时间 t 的变化规律;

(2) 求路程 x 随时间 t 的变化规律;

(3) 证明速率 v 与路程 x 之间的关系为 $v=v_0\text{e}^{-k'x}$,其中 $k'=k/m$.

2-3　质量为 m 的子弹以速度 v_0 水平射入沙土中,设子弹所受阻力与速度反向,大小与速度成正比,比例系数为 k,忽略子弹的重力,求:

(1) 子弹射入沙土后,速度随时间变化的函数式;

(2) 子弹进入沙土的最大深度.

2-4　已知一质量为 m 的质点在 x 轴上运动，质点只受到指向原点的引力作用，引力大小与质点离原点的距离 x 的平方成反比，即 $f=-k/x^2$，k 是大于零的比例常数．设质点在 $x=A$ 时的速度为零，求质点在 $x=A/4$ 处的速度的大小．

2-5　一质量为 2kg 的质点，在 Oxy 平面上运动，受到外力 $\boldsymbol{F}=4\boldsymbol{i}-24t^2\boldsymbol{j}$ (SI)的作用，$t=0$ 时，它的初速度为 $\boldsymbol{v}_0=3\boldsymbol{i}+4\boldsymbol{j}$ (SI)，求 $t=1$s 时质点的速度及受到的法向力 F_n．

2-6　如图，用质量为 m_1 的板车运载一质量为 m_2 的木箱，车板与箱底间的摩擦因数为 μ，车与路面间的滚动摩擦可不计，计算拉车的力 F 为多少才能保证木箱不滑动．

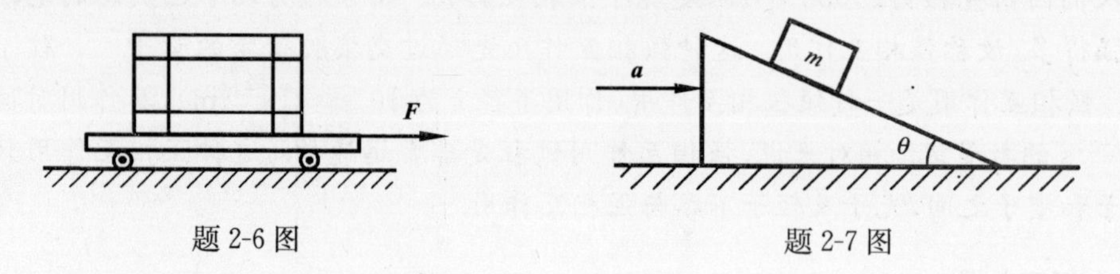

题 2-6 图　　题 2-7 图

2-7　如图所示，一倾角为 θ 的斜面放在水平面上，斜面上放一木块，两者间摩擦因数为 μ(其中 $\mu<\tan\theta$)．为使木块相对斜面静止，求斜面加速度 a 的范围．

2-8　如图所示，质量为 m_2 的物体可以在劈形物体的斜面上无摩擦滑动，劈形物质量为 m_1，放置在光滑的水平面上，斜面倾角为 θ．求释放后两物体的加速度及它们之间的相互作用力．

2-9　如图所示，一小环套在光滑细杆上，细杆以倾角 θ 绕竖直轴作匀角速度转动，角速度为 ω，求小环平衡时距杆端点 O 的距离 r．

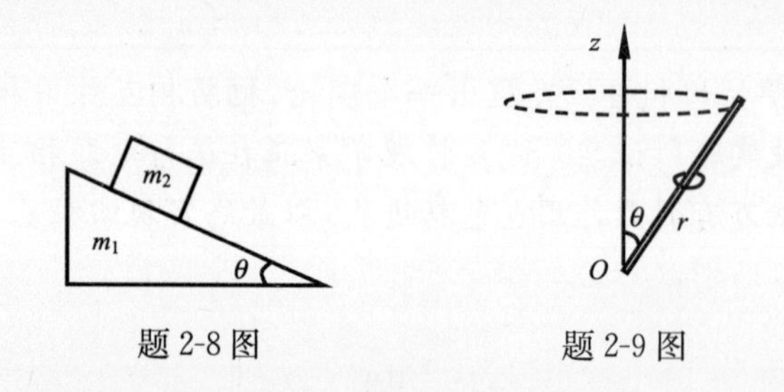

题 2-8 图　　题 2-9 图

2-10　设质量为 m 的带电微粒受到沿 x 方向的电力 $\boldsymbol{F}=(b+cx)\boldsymbol{i}$，计算粒子在任一时刻 t 的速度和位置，假定 $t=0$ 时，$v_0=0$，$x_0=0$．其中 b，c 为与时间无关的常数，m、F、x、t 的单位分别为 kg、N、m、s．

第3章 功 和 能

牛顿运动定律阐明了力对物体产生的瞬间效应，即力产生瞬时加速度的规律. 但是在该瞬间物体具有加速度，并不表示物体运动状态(速度)已经发生了变化. 若要使物体的运动状态发生变化，需要力在持续作用下经历一个过程，或者说需要力持续作用一段时间. 因此我们需要研究力在持续地对物体作用过程中所产生的累积效应以及描述力在作用过程中的累积效应所引起的物体运动状态改变的规律.

本章主要介绍功、功率、动能、势能、机械能等物理概念以及动能原理、功能原理、机械能守恒定律等物理规律.

3.1 功和功率

3.1.1 功

1. 恒力所做的功

为了弄清功的基本概念，我们先来讨论最简单的情况，即恒力所做的功.

设有一恒力 $\boldsymbol{F}$ 作用在一质点上，质点移动的位移为 $\Delta\boldsymbol{r}$. 若力 $\boldsymbol{F}$ 与位移 $\Delta\boldsymbol{r}$ 是同一方向，则力对质点所做的功为

$$A = F|\Delta\boldsymbol{r}| \tag{3.1}$$

若 $\boldsymbol{F}$ 与位移 $\Delta\boldsymbol{r}$ 不是在同一方向，则 $\boldsymbol{F}$ 对质点所做的功为

$$A = F|\Delta\boldsymbol{r}|\cos\theta \tag{3.2}$$

其中 θ 是 $\boldsymbol{F}$ 与 $\Delta\boldsymbol{r}$ 之间的夹角，如图 3.1 所示，θ 的取值范围为：$0\leqslant\theta\leqslant\pi$.

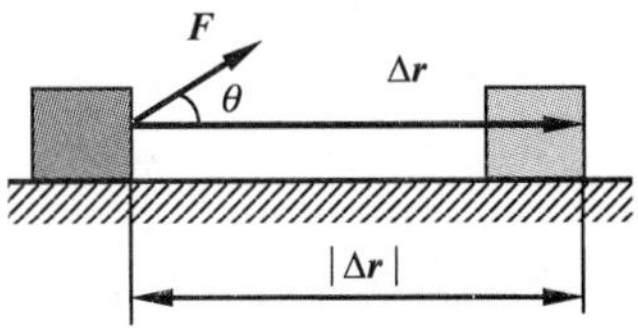

图 3.1 恒力的功

按矢量标积的定义，式(3.2)可写为

$$A = \boldsymbol{F}\cdot\Delta\boldsymbol{r} \tag{3.3}$$

需要明确：功是一标量，它没有方向，但可正、可负. 功的正负由 θ 角来决定. 当$\frac{\pi}{2}\leqslant\theta\leqslant\pi$时，功为负值，说明力做负功；当$0\leqslant\theta<\frac{\pi}{2}$时，功为正值，说明力做正功；当$\theta=\frac{\pi}{2}$时，功值为零，说明力不做功.

由于位移与参考系有关，所以功与参考系的选择有关. 在国际单位制中，功的单位是焦耳，简称焦，符号为 J.

2. 变力所做的功

设做曲线运动的质点受到大小和方向随位置而变化的变力 F 作用，质点沿着一段曲线轨迹由 a 点运动到 b 点，如图 3.2 所示. 在计算变力 $\boldsymbol{F}$ 在路程 ab 上做的功时，我们可以把物体的运动轨道分成若干个微小的路程元 Δs_i，其中 $i=1,2,\cdots,n$，与路程元 Δs_i 相对应的微小位移为 $\Delta \boldsymbol{r}_i$，称为位移元. 在 Δs_i 足够小时，每一段微小路程 Δs_i 均可近似看成一段直线段，且与相应的位移元 $\Delta \boldsymbol{r}_i$ 的大小相等；且在每一段微小路程 Δs_i 之内，力 $\boldsymbol{F}_i$ 的大小和方向均可近似看作不变，即可近似看成恒力，力 $\boldsymbol{F}_i$ 在每个位移元 $\Delta \boldsymbol{r}_i$ 上所做的功可看成是恒力所做的功. 根据上述恒力做功的定义，力 $\boldsymbol{F}_i$ 在位移元 Δr_i 上所做的元功可写成

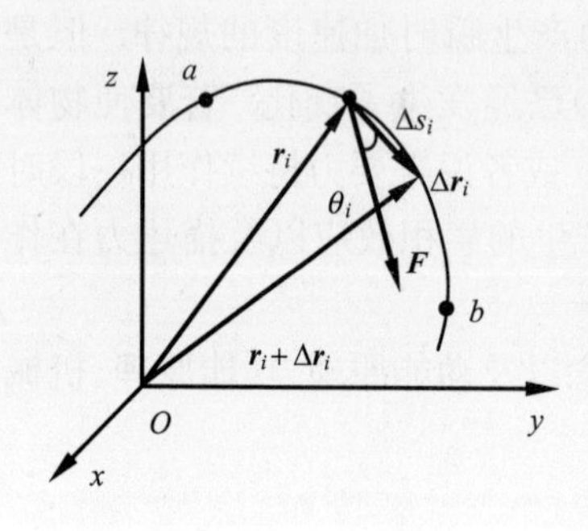

图 3.2　变力的功

$$\Delta A_i = F_i\,|\Delta \boldsymbol{r}_i|\cos\theta_i$$

式中，θ_i 为力 $\boldsymbol{F}_i$ 和位移元 Δr_i 之间的夹角.

当取 $n\to\infty$，$\Delta s_i\to 0$ 时，上式变为

$$dA = F\,|d\boldsymbol{r}|\cos\theta \tag{3.4a}$$

或

$$dA = \boldsymbol{F}\cdot d\boldsymbol{r} \tag{3.4b}$$

当 $\Delta s\to 0$ 时，路程元 ds 与位移元 $d\boldsymbol{r}$ 的大小相等，即 $ds=|d\boldsymbol{r}|$，故表示元功的式(3.4a)也可以写成

$$dA = F\cos\theta ds \tag{3.5}$$

力 $\boldsymbol{F}$ 在路程 ab 上做的功 A，等于力 $\boldsymbol{F}$ 在路程 ab 上各段位移元上元功的代数和，即

$$A = \int_a^b \boldsymbol{F}\cdot d\boldsymbol{r} \tag{3.6a}$$

或

$$A = \int_a^b F\cos\theta\,|d\boldsymbol{r}| \tag{3.6b}$$

在直角坐标系中，力 $\boldsymbol{F}$ 和位移元 $d\boldsymbol{r}$ 可分别表示为

$$\boldsymbol{F} = F_x\boldsymbol{i} + F_y\boldsymbol{j} + F_z\boldsymbol{k}$$

$$d\boldsymbol{r} = dx\boldsymbol{i} + dy\boldsymbol{j} + dz\boldsymbol{k}$$

故有

$$dA = F_x dx + F_y dy + F_z dz$$

$$A = \int_a^b (F_x dx + F_y dy + F_z dz) \tag{3.7}$$

式(3.6a)、式(3.6b)、式(3.7)中的积分都是沿着曲线路径 ab 进行的，称为线积分. 一般来说，线积分的值不但与起点和终点的位置有关，而且也与积分路径有关. 所以功是过程量，与物体受力的作用过程有关.

功也可用图解法计算，路程为横坐标 s，F 为纵坐标，根据 F 随路程的变化关系所描述的路线称为示功图. 曲线与边界所围的面积就是变力 F 在整个路程上所做的总功，如图3.3所示. 用示功图求功比较直接方便，所以工程上常采用此种方法.

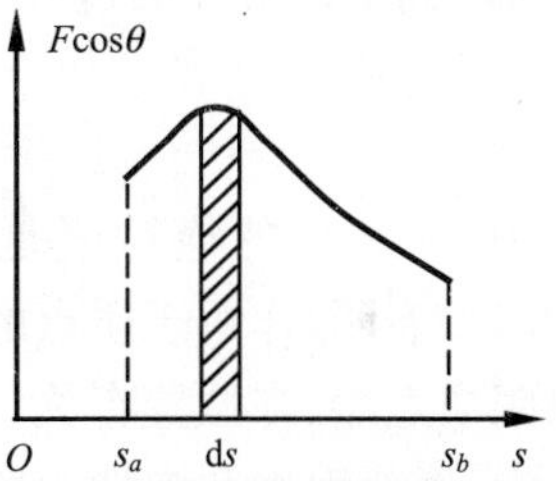

图 3.3 变力做功的示功图

应当注意：

(1) 功是标量，没有方向，但有正负，由 $\cos\theta$ 决定；

(2) 功对应于力和力所作用的物体；

(3) 功是过程量，与物体受力作用的过程有关；

(4) 功是相对量，与参考系的选择是有关的.

若质点同时受到几个力 $\boldsymbol{F}_1,\boldsymbol{F}_2,\cdots,\boldsymbol{F}_n$ 的作用，且在这些力作用下从 a 点沿任意曲线运动到 b 点，则这些力的合力 $\boldsymbol{F}=\boldsymbol{F}_1+\boldsymbol{F}_2+\cdots+\boldsymbol{F}_n$，在此过程中对质点所做的功为

$$
\begin{aligned}
A &= \int_a^b \boldsymbol{F}\cdot \mathrm{d}\boldsymbol{r} = \int_a^b (\boldsymbol{F}_1+\boldsymbol{F}_2+\cdots+\boldsymbol{F}_n)\cdot \mathrm{d}\boldsymbol{r} \\
&= \int_a^b \boldsymbol{F}_1\cdot \mathrm{d}\boldsymbol{r} + \int_a^b \boldsymbol{F}_2\cdot \mathrm{d}\boldsymbol{r} + \cdots + \int_a^b \boldsymbol{F}_n\cdot \mathrm{d}\boldsymbol{r} = A_1 + A_2 + \cdots + A_n
\end{aligned}
\tag{3.8}
$$

即当几个力同时作用在质点上时，在某一过程中这些力的合力对质点所做的功，等于在这一过程中这些力分别对质点所做功的代数和.

3.1.2 几种常见力的功

根据功的定义，可得以下几种常见力的功.

1. 重力的功

质量为 m 的质点在地球表面附近的重力场中，沿任意曲线路径由 a 点运动到 b 点，取 z 轴竖直向上，a 点坐标为(x_1,y_1,z_1)，b 点坐标为(x_2,y_2,z_2). 则可计算得重力在这段曲线路径$\widehat{ab}$上所做的功为

$$
A = \int_{(a)}^{(b)} m\boldsymbol{g}\cdot \mathrm{d}\boldsymbol{r} = \int_{z_1}^{z_2} -mg\,\mathrm{d}z = -(mgz_2 - mgz_1) \tag{3.9}
$$

2. 万有引力的功

设一质量为 M 的质点 O，可看成固定不动的. 另有一个质量为 m 的质点 A，在质点 O 对它的万有引力作用下，从起始位置 a(离质点 O 的距离为 r_1)，沿任意曲线路径运动到位置 b(离质点 M 的距离为 r_2)，计算可得万有引力在这段曲线路径 ab 上所做的功为

$$
A = \int_{r_1}^{r_2} -G\frac{Mm}{r^2}\mathrm{d}r = -\left[\left(-G\frac{Mm}{r_2}\right)-\left(-G\frac{Mm}{r_1}\right)\right] \tag{3.10}
$$

3. 弹性力的功

弹簧一端固定，另一端系一质点，弹簧原长为 l_0，劲度系数为 k. 质点沿直线由始位置

1 移动到末位置 2 的过程中弹性力所做的功为

$$A=\int_{x_1}^{x_2}(-kx)\mathrm{d}x=-\left(\frac{1}{2}kx_2^2-\frac{1}{2}kx_1^2\right) \tag{3.11}$$

式中，x_1 和 x_2 的绝对值是质点在始、末位置时弹簧的形变量. 式(3.9)、式(3.10)、式(3.11)表明，作用于质点的重力、万有引力和弹性力所做的功具有一个共同特点，就是功只跟质点始、末位置有关，与质点运动的路径无关. 质点沿任意一条闭合路径运动一周，重力、万有引力和弹性力所做的总功也必定为零.

3.1.3　功率

对有些问题，需要考虑力做功的快慢，为此我们引入功率的概念.

力在单位时间内所做的功称为功率. 若在 Δt 时间内完成功 ΔA，则这段时间内的平均功率为

$$\overline{P}=\frac{\Delta A}{\Delta t} \tag{3.12}$$

当 $\Delta t\to 0$ 时，则在某一时刻的瞬时功率为

$$P=\lim_{\Delta t\to 0}\frac{\Delta A}{\Delta t}=\frac{\mathrm{d}A}{\mathrm{d}t} \tag{3.13}$$

由于 $\mathrm{d}A=\boldsymbol{F}\cdot\mathrm{d}\boldsymbol{r}$，故式(3.13)可写为

$$P=\frac{\boldsymbol{F}\cdot\mathrm{d}\boldsymbol{r}}{\mathrm{d}t}=\boldsymbol{F}\cdot\boldsymbol{v}=Fv\cos\theta \tag{3.14}$$

即瞬时功率等于物体受到的力与物体的速度的标积(或点积)，或者说瞬时功率等于作用于物体的力沿物体的速度方向的投影和速度大小的乘积.

在国际单位制中，功的单位是焦耳(J)，功率的单位是焦耳每秒($\mathrm{J\cdot s^{-1}}$)，称为瓦特(W).

例 3.1　一个人拉着质量为 m 的物体. 在地面上做加速运动，加速度为 a，已知拉力 $\boldsymbol{F}$ 的方向同水平方向的夹角为 θ，物体与地面之间的摩擦因数为 μ. 求各力以及合力在物体从静止开始的 Δt 时间间隔内对物体所做的功.

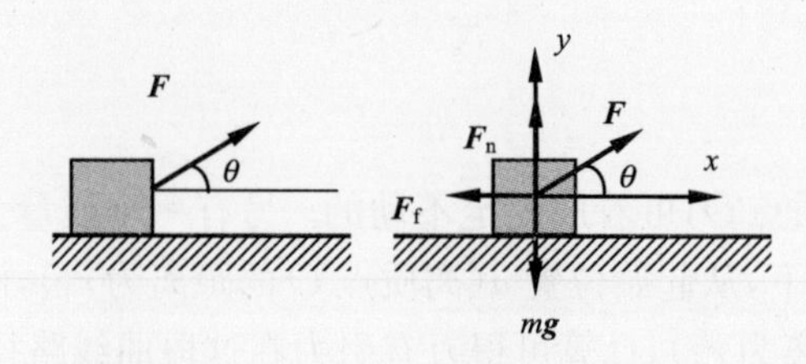

图 3.4

解　取物体为研究对象. 物体共受四个力的作用：重力 $m\boldsymbol{g}$、拉力 $\boldsymbol{F}$、支持力 $\boldsymbol{F}_\mathrm{n}$、滑动摩擦力 $\boldsymbol{F}_\mathrm{f}$，如图 3.4 所示. 取水平向右为 x 轴正方向，竖直向上为 y 轴正方向. 根据牛顿第二定律，有

$$F\cos\theta - F_f = ma$$

$$F\sin\theta + F_n - mg = 0$$

又

$$F_f = \mu F_n$$

联立解得

$$F = \frac{m(a+\mu g)}{\cos\theta + \mu\sin\theta}$$

$$F_f = \frac{\mu m(g\cos\theta - a\sin\theta)}{\cos\theta + \mu\sin\theta}$$

物体在 Δt 时间间隔内位移为

$$\Delta x = \frac{1}{2}a(\Delta t)^2$$

由此得拉力在 Δt 时间间隔内对物体所做的功为

$$A_1 = F\Delta x\cos\theta = \frac{m(a+\mu g)a(\Delta t)^2\cos\theta}{2(\cos\theta + \mu\sin\theta)}$$

滑动摩擦力在 Δt 时间间隔内对物体所做的功为

$$A_2 = F_f\Delta x\cos\pi = -\frac{\mu m(g\cos\theta - a\sin\theta)a(\Delta t)^2}{2(\cos\theta + \mu\sin\theta)}$$

支持力在 Δt 时间间隔内对物体所做的功为

$$A_3 = F_n\Delta x\cos\frac{\pi}{2} = 0$$

重力在 Δt 时间间隔内对物体所做的功为

$$A_4 = mg\Delta x\cos\frac{\pi}{2} = 0$$

故合力做的功为

$$A = A_1 + A_2 + A_3 + A_4 = \frac{1}{2}m(a\Delta t)^2$$

思考题

思 3.1 对物体做功越多,物体受到的力越大;物体移动的距离越大,物体受到的力越大,这两句话是否正确,为什么?

思 3.2 如图所示,用同样的力拉同一物体,在甲(光滑平面)、乙(粗糙平面)上通过相同距离,则拉力在甲上做功多,还是在乙上做功多,还是同样多,解释原因.

思 3.3 如图所示,两个物体 A 和 B,质量相等,在水平面上移动的距离 s 相等,与水平面间的摩擦因数 μ 也相等. A 和 B 所受恒力 $\boldsymbol{F}_1$ 和 $\boldsymbol{F}_2$ 的大小相等,与水平面间的夹角也相等. 问力 $\boldsymbol{F}_1$ 对物体 A 做的功与力 $\boldsymbol{F}_2$ 对物体 B 做的功是否相等?

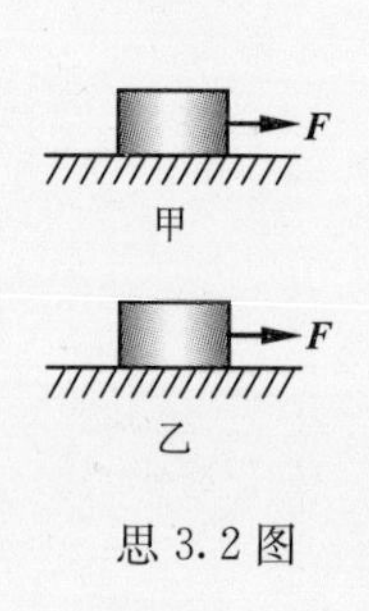

思 3.2 图

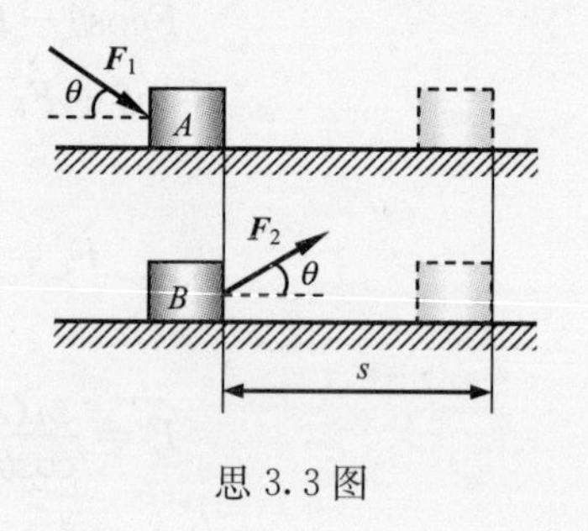

思 3.3 图

3.2 动能定理

3.2.1 质点的动能定理

如图 3.5 所示,一质量为 m 的质点,在合外力 $\boldsymbol{F}$ 的作用下,自 a 点沿曲线移动到 b 点,它在 a、b 两点的速率分别为 v_1 和 v_2. 设想把路径 $\overset{\frown}{ab}$ 分成许多位移元,则在任一位移元 $\mathrm{d}\boldsymbol{r}$ 上,合外力 $\boldsymbol{F}$ 对质点所做的元功为

$$\mathrm{d}A = \boldsymbol{F}\cdot\mathrm{d}\boldsymbol{r} = F\cos\theta\mathrm{d}s$$

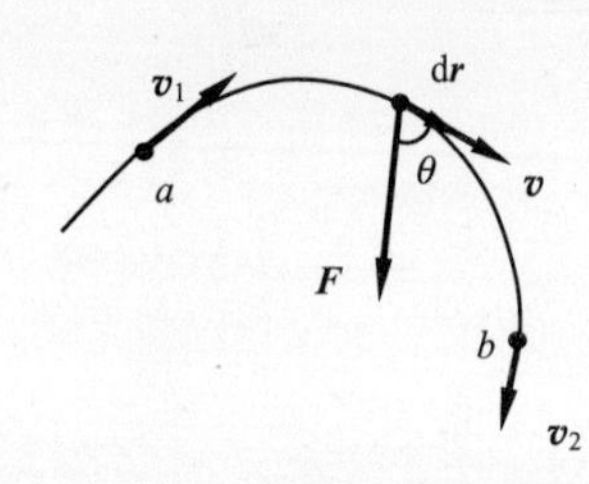

图 3.5 质点的动能定理

其中,θ 为在位移元 $\mathrm{d}\boldsymbol{r}$ 上合外力 $\boldsymbol{F}$ 与位移元 $\mathrm{d}\boldsymbol{r}$ 之间的夹角. 根据牛顿第二定律,有 $F\cos\theta=F_\tau=ma_\tau$,式中 a_τ 为切向加速度,$a_\tau=\dfrac{\mathrm{d}v}{\mathrm{d}t}$,因此,有

$$F\cos\theta = m\frac{\mathrm{d}v}{\mathrm{d}t}$$

在任一位移元 $\mathrm{d}\boldsymbol{r}$ 上,合外力 $\boldsymbol{F}$ 对质点所做的元功为

$$\mathrm{d}A = m\frac{\mathrm{d}v}{\mathrm{d}t}\mathrm{d}s = m\frac{\mathrm{d}s}{\mathrm{d}t}\mathrm{d}v = mv\mathrm{d}v \tag{3.15}$$

在路径 $\overset{\frown}{ab}$ 上,合外力 $\boldsymbol{F}$ 对质点所做的功为

$$A = \int_{(a)}^{(b)}\mathrm{d}A = \int_{v_1}^{v_2} mv\mathrm{d}v = \int_{(a)}^{(b)}\mathrm{d}\left(\frac{1}{2}mv^2\right)$$

即

$$A = \frac{1}{2}mv_2^2 - \frac{1}{2}mv_1^2 \tag{3.16a}$$

我们把 $\frac{1}{2}mv^2$(质点质量和速率平方乘积的一半)定义为质点的**动能**,用符号 E_k 表示,即 $E_\mathrm{k}=\frac{1}{2}mv^2$. 这样,$E_{\mathrm{k}2}=\frac{1}{2}mv_2^2$ 和 $E_{\mathrm{k}1}=\frac{1}{2}mv_1^2$ 就分别表示质点在初始状态和终了状态的动能,动能是物体由于运动而具有的能量,它是描述物体运动状态的一种物理量. 动能具有相对性,它与参考系的选择有关. 式(3.16a)可写成

$$A = E_{\mathrm{k}2} - E_{\mathrm{k}1} = \Delta E_\mathrm{k} \tag{3.16b}$$

式(3.16)表明,质点受到的合外力做的功等于质点动能的增量. 这一规律称为**质点的动能定理**. 质点的动能定理只在惯性系中成立.

动能定理说明了做功与质点运动状态的变化(动能的变化)之间的关系,指出了质点动能的任何改变都是作用于质点的合外力对质点做功所引起的,作用于质点的合外力在某一过程中对质点所做的功,在量值上等于质点在同一过程中动能的增量;也就是说,合力的功是动能改变的量度. 从这个意义上,可以说:**功是物体之间能量转换的一种量度**. 质点的动能定理还说明了作用于质点的合外力在某一过程中对质点所做的功,只与运动质点在该过程的始、末状态的动能有关,而与质点在运动过程中动能变化的细节无关. 因此,只要知道了质点在某过程的始、末两状态的动能,就知道了作用于质点的合力在该过程中对质点所做的功.

例 3.2 一质量为 10kg 的物体沿 x 轴无摩擦的滑动,$t=0$ 时物体静止于原点,若物体在力 $F=3+4x$ 的作用下移动了 3m(各量均为国际单位制),它的速度增量为多大?

解 合外力做功为

$$A=\int_0^3 F\mathrm{d}x=\int_0^3(3+4x)\mathrm{d}x=27(\mathrm{J})$$

由动能定理 $A=\frac{1}{2}mv^2$ 得

$$v=\sqrt{\frac{2A}{m}}=\sqrt{\frac{2\times 27}{10}}=2.32(\mathrm{m\cdot s^{-1}})$$

3.2.2 质点系的动能定理

在处理力学问题时,往往会根据需要将若干个物体(或质点)作为一个整体来加以研究,通常我们把这些物体组成的总体称为系统. 如果组成系统的各物体可以看为质点,则称为质点系. 一个质量连续分布的物体可以看做由无限个质点所组成的质点系,广义地说,一部机器、一个人都可以看做是一个质点系. 质点系既可是固体,也可是液体、气体;既可是单个物体,也可是多个物体的组合. 所以,质点系概括了力学中最普遍的研究对象.

设质点系由 n 个质点组成,其中第 i 个质点的质量为 m_i $(i=1,2,\cdots,n)$,在某一过程中的初始状态的速率为 v_{i1},末了状态的速率为 v_{i2},用 A_i 表示作用于该质点的所有力在该过程中所做功的总和,对第 i 个质点应用质点的动能定理,有

$$A_i=\frac{1}{2}m_iv_{i2}^2-\frac{1}{2}m_iv_{i1}^2$$

把质点的动能定理应用于质点系内所有的质点,并把所有方程相加,有

$$\sum_{i=1}^n A_i=\sum_{i=1}^n\frac{1}{2}m_iv_{i2}^2-\sum_{i=1}^n\frac{1}{2}m_iv_{i1}^2$$

质点系内所有质点的动能之和,称为质点系的动能,即

$$E_\mathrm{k}=\sum_{i=1}^n E_{\mathrm{k}(i)}=\sum_{i=1}^n\frac{1}{2}m_iv_i^2$$

令 $E_{\mathrm{k}2}=\sum\limits_{i=1}^n\frac{1}{2}m_iv_{i2}^2$,$E_{\mathrm{k}1}=\sum\limits_{i=1}^n\frac{1}{2}m_iv_{i1}^2$,分别表示质点系在末状态和初状态的动能. 则

$$\sum_{i=1}^{n} A_i = E_{k2} - E_{k1} = \Delta E_k \tag{3.17}$$

式(3.17)表明,**质点系动能的增量,等于作用于质点系内各质点上的所有力在这一过程中所做功的总和**. 这就是**质点系的动能定理**. 质点系的动能定理同样只在惯性系中成立.

应用质点系的动能定理分析力学问题时,常把作用于质点系各质点的力分为内力和外力,质点系外的物体作用于质点系内各质点的作用力称为外力,质点系内各质点之间的相互作用力称为内力. 当我们确定系统后,在分析系统内各质点受力情况的基础上,必须清楚地将系统的内力、外力区别开来. 必须强调,系统的内力、外力的区分,应视所取系统而异. 用 $\sum A_{外}$ 表示作用于质点系各质点的外力所做功的总和, $\sum A_{内}$ 表示质点系各质点的所受内力所做功的总和,则式(3.17)可改写成

$$\sum A_{外} + \sum A_{内} = E_{k2} - E_{k1} = \Delta E_k \tag{3.18}$$

即质点系从一个状态运动到另一个状态时动能的增量,等于作用于质点系的所有外力和所有内力在这一过程中所做功的总和.

由于内力是成对出现的,且每一对内力都满足牛顿第三定律,故作用于质点系内所有质点上的一切内力的矢量和必然等于零. 但是,在一般情况下,所有内力做功的总和并不为零,即 $A_{内} \neq 0$. 例如,炮弹爆炸时,把炮弹作为一个系统,爆炸中内力做功的结果使炮弹系统的动能增大;人跑步时的起跑过程,人作为一个系统,靠人的内力做功使系统的动能增大. 所有这些,都是内力做功不等于零的例子. 下面我们从理论上进行简单证明.

我们先以两个质点组成的质点系为研究对象进行讨论. 如图 3.6 所示,质点 1 和质点 2 之间相互作用的内力(即系统内的各质点之间相互作用的力)分别为 $\boldsymbol{f}_{12}$ 和 $\boldsymbol{f}_{21}$(其中 $\boldsymbol{f}_{12}$ 表示质点 1 受到质点 2 对它的作用力,$\boldsymbol{f}_{21}$ 表示质点 2 受到质点 1 对它的作用力). $\mathrm{d}\boldsymbol{r}_1$ 和 $\mathrm{d}\boldsymbol{r}_2$ 是质点 1、2 的位移. 则内力 $\boldsymbol{f}_{12}$ 和 $\boldsymbol{f}_{21}$ 所做功 $\mathrm{d}A_1$、$\mathrm{d}A_2$ 分别为

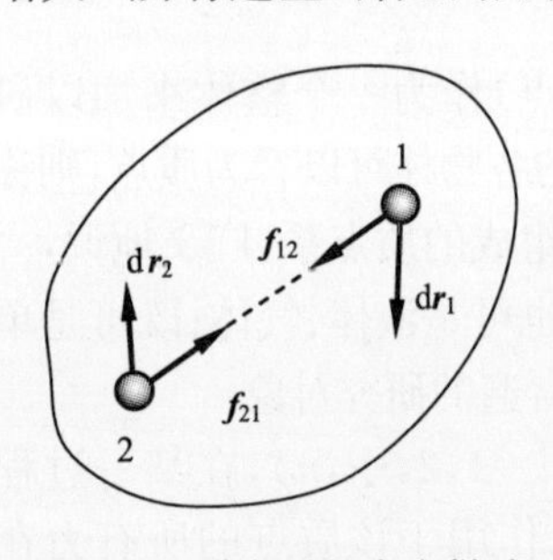

图 3.6 质点系的内力做功

$$\mathrm{d}A_1 = \boldsymbol{f}_{12} \cdot \mathrm{d}\boldsymbol{r}_1$$
$$\mathrm{d}A_2 = \boldsymbol{f}_{21} \cdot \mathrm{d}\boldsymbol{r}_2$$

对于质点 1 和质点 2 组成的系统来说,把上面两式相加,并考虑到质点 1 和质点 2 之间相互作用的内力 $\boldsymbol{f}_{12}$ 和 $\boldsymbol{f}_{21}$ 是一对作用力和反作用力,它们遵从牛顿第三定律,任一时刻,有

$$\boldsymbol{f}_{12} + \boldsymbol{f}_{21} = 0$$

可得内力所做总功为

$$A = A_1 + A_2 = \boldsymbol{f}_{12} \cdot \mathrm{d}\boldsymbol{r}_1 + \boldsymbol{f}_{21} \cdot \mathrm{d}\boldsymbol{r}_2 = \boldsymbol{f}_{12} \cdot (\mathrm{d}\boldsymbol{r}_1 - \mathrm{d}\boldsymbol{r}_2) = \boldsymbol{f}_{12} \cdot \mathrm{d}\boldsymbol{r}_{12}$$

其中,$\mathrm{d}\boldsymbol{r}_{12} = \mathrm{d}\boldsymbol{r}_1 - \mathrm{d}\boldsymbol{r}_2$ 为质点 1、2 之间的相对位移.

上述结论表明,一对内力做的功等于力与相互作用质点的相对位移的点积. 如果相互作用的两个质点之间没有相对位移,或者一对内力的方向与相对位移的方向相互垂直,

这一对内力做的功为零.

根据上述分析,在应用质点系的动能定理时,不仅要考虑外力的功,而且还要考虑内力的功,外力和内力的功都可以改变系统的动能.

思考题

思 3.4 试述质点的动能定理和质点系的动能定理.

思 3.5 动能定理是否是对所有参考系都成立?

3.3 功能原理和机械能守恒定律

3.3.1 保守力和非保守力

重力、万有引力、弹性力的功都与质点的始、末位置有关,而与质点所经历的路径长短和形状无关. 如果一种力做的功只与始、末位置有关,而与路径无关,这种力称为**保守力**. 重力、万有引力和弹性力都是保守力. 而摩擦力不是保守力,其做功与路径有关,这样的力称为**非保守力**.

保守力做功只与始、末位置有关,而与路径无关,也可以表示为沿闭合路径一周所做的功为零. 数学上可以写成

$$A=\oint \boldsymbol{F}_{保}\cdot \mathrm{d}\boldsymbol{r}=0 \tag{3.19}$$

我们可以把系统的内力按它们做功的性质而区分为两类:保守力和非保守力.

如果质点在某一部分空间内的任何位置,都受到与该位置对应的一个大小和方向都完全确定的保守力的作用,则称这部分空间存在着保守力场. 如质点在地球表面附近空间中的任何位置,都受到一个大小和方向完全确定的重力的作用,所以这部分空间存在着重力场. 重力场是保守力场. 类似地,万有引力场也是保守力场.

3.3.2 势能

在保守力场中,仅有保守力做功时,质点从 P_1 点移动到 P_2 点时,其动能将发生确定的变化. 例如,在重力场中,仅有重力做功的情况下,质点从 $P_1(x_1,y_1,z_1)$点沿任意路径移动到 $P_2(x_2,y_2,z_2)$点时,如图 3.7 所示,重力对质点做正功,质点的动能增大;质点从 $P_3(x_3,y_3,z_3)$点沿任意路径移动到 $P_4(x_4,y_4,z_4)$点时,重力对质点做负功,质点的动能减少. 保守力做功仅与始末位置有关,而与中间路径无关,即质点在保守力场中与位置改变相伴随的动能增减,按照能量转化的观点,这表明质点在保守力场中各点都蕴藏着一种能量,这种能量在质点位置改变时,有时释放出来,转变为质点的动能,表现为质点动能增大,例如质点在重力场中由 P_1 点移动到 P_2 点;有时储藏起来,表现

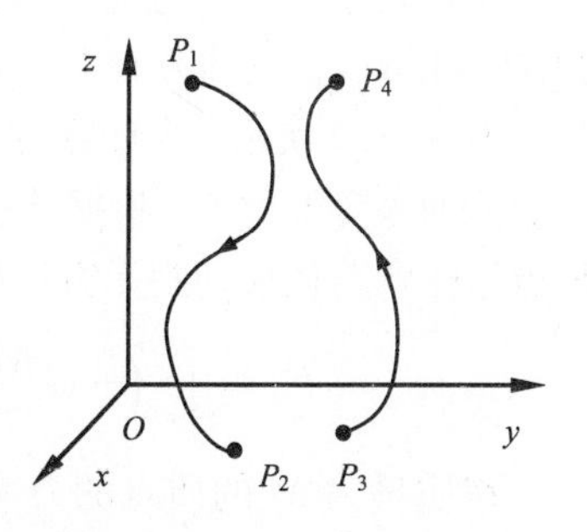

图 3.7 重力做功与路径无关

为质点动能减少,例如质点在重力场中由 P_3 点移动到 P_4 点. 这种与质点在保守力场中位置有关的能量称为势能.

为了比较质点在保守力场中各点势能的大小,可在其中任选一个参考点 P_0,并令 P_0 点的势能等于零,我们把 P_0 点称为零势能点. 定义:**质点在保守力场中某点(P 点)的势能,等于质点从 P 点沿任意路径移动到 P_0 点的过程中保守力所做的功**. 若用 E_p 表示质点在保守力场中的势能,则有

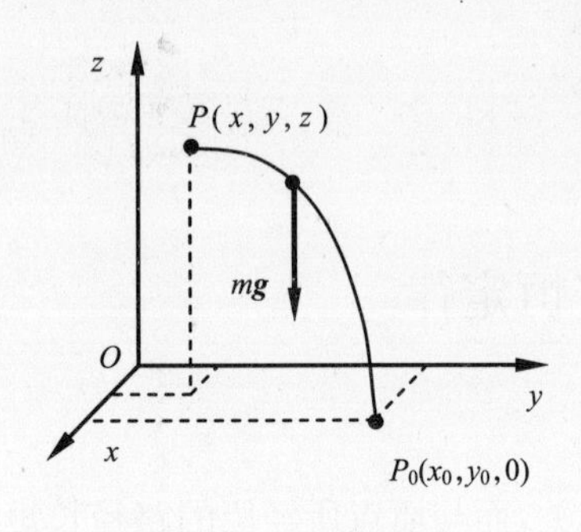

图 3.8 重力势能

$$E_p = \int_P^{P_0} \boldsymbol{F} \cdot d\boldsymbol{r} \tag{3.20}$$

1. 重力势能

质点处于地球表面附近重力场中的任一点时,都具有重力势能. 设质量为 m 的质点,处于重力场中 P 点,如图 3.8 所示. 取坐标系 $Oxyz$,使 Oz 轴竖直向上为正方向,选 Oxy 平面内任意一点 P_0 点为零势能点,则质点在 P 点的重力势能等于把质点从 P 点沿任意路径移动到 P_0 点的过程中重力所做的功,即

$$E_p = \int_P^{P_0} (m\boldsymbol{g}) \cdot d\boldsymbol{r} = \int_z^0 (-mg)dz = mgz \tag{3.21}$$

即重力势能等于重力 mg 与质点和零势能点间的高度差 z 的乘积.

在前面讨论重力的功时,曾得出结论:质量为 m 的质点,在重力场中由始位置 $a(x_1,y_1,z_1)$ 沿任意曲线移动到终了位置 $b(x_2,y_2,z_2)$ 的过程中,重力的功为

$$A = -(mgz_2 - mgz_1) \tag{3.22}$$

取 $z=0$ 的平面为零势能面,则质点在位置 $a(x_1,y_1,z_1)$ 和 $b(x_2,y_2,z_2)$ 的势能分别为 $E_{p1}=mgz_1$ 和 $E_{p2}=mgz_2$. 式(3.22)表明,**在重力场中,质点从起始位置移动到终了位置,重力的功等于质点在始、末位置重力势能增量的负值**. 重力做正功,重力势能减少;重力做负功,重力势能增加.

2. 万有引力势能

质点处于万有引力场中的任一点时,都具有万有引力势能. 设固定点 O 处有一质量为 M 的质点,在它的万有引力场中 P 点,有一质量为 m 的质点, P 点离固定点 O 的距离为 r,如图 3.9 所示. 为计算方便起见,通常选择质点 m 距离固定点 O 无穷远时为万有引力势能的零势能位置. 根据势能的定义,则质点在 P 点的万有引力势能等于把质点 m 从 P 点沿任意路径移动到无穷远处的过程中万有引力所做的功,即

$$E_p = \int_r^{\infty} \left(-G\frac{Mm}{r^2}\right)dr = -G\frac{Mm}{r} \tag{3.23}$$

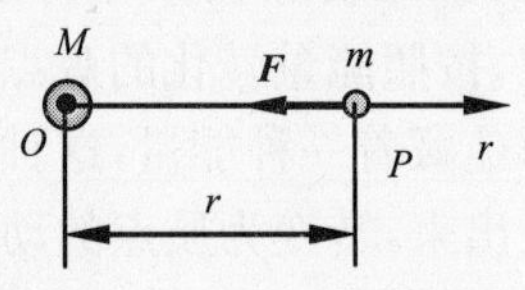

图 3.9 万有引力势能

在质量为 M 的质点的万有引力场中,把质量为 m 的质点由起始位置 P_1 点(P_1 点离固定点 O 的距离为 r_1)沿任意曲线移动到终了位置 P_2 点(P_2 点离固定点 O 的距离为 r_2)的过程

中，万有引力所做的功为

$$A=\int_{r_1}^{r_2}-G\frac{Mm}{r^2}\mathrm{d}r=-\left[\left(-G\frac{Mm}{r_2}\right)-\left(-G\frac{Mm}{r_1}\right)\right] \tag{3.24}$$

取无穷远处为零势能位置，则质点在位置 P_1 点和 P_2 点的万有引力势能分别为$E_{p1}=-G\frac{Mm}{r_1}$和 $E_{p2}=-G\frac{Mm}{r_2}$. 式(3.24)表明，**在万有引力场中，质点从起始位置移动到终了位置，万有引力的功等于质点在始、末位置万有引力势能增量的负值**. 万有引力做正功，万有引力势能减少；万有引力做负功，万有引力势能增加.

3. 弹性势能

质点处于弹性力场中的任一点时，都具有弹性势能. 为计算方便起见，往往选择弹簧原长处为弹性势能的零势能位置. 设弹簧劲度系数为 k，以弹簧原长处为坐标原点 O，弹簧伸长方向作为 Ox 轴. 根据势能的定义，则质点在 P 点的弹性势能等于把质点从 P 点沿任意路径移动到弹簧原长处(O 点)的过程中弹性力所做的功，即

$$E_{\mathrm{p}}=\int_x^0(-kx)\mathrm{d}x=\frac{1}{2}kx^2 \tag{3.25}$$

即弹性势能等于弹簧的劲度系数与其形变量的平方乘积的一半.

质点在弹性力场中由始位置 P_1 点(P_1 点弹簧的形变为 x_1)移动到终了位置 P_2 点(P_2 点弹簧的形变为 x_2)的过程中，弹性力所做的功为

$$A=\int_{x_1}^{x_2}(-kx)\mathrm{d}x=-\left(\frac{1}{2}kx_2^2-\frac{1}{2}kx_1^2\right) \tag{3.26}$$

选弹簧原长处为弹性势能的零势能位置，则质点在位置 P_1 点和 P_2 点的弹性势能分别为 $E_{p1}=\frac{1}{2}kx_1^2$ 和 $E_{p2}=\frac{1}{2}kx_2^2$. 上式表明，**在弹性力场中，质点从起始位置移动到终了位置，弹性力的功等于质点在始、末位置弹性势能增量的负值**. 弹性力做正功，弹性势能减少；弹性力做负功，弹性势能增加.

以上我们讨论了常见的三种势能，需要指出，势能概念的引入是以质点处于保守力场中这一事实为依据的. 由于保守力做功仅与始、末位置有关，与质点所经历的中间路径无关，因此，质点在保守力场中任一确定位置，相对于选定的零势能位置都具有一个确定的、单值的势能值. 由于零势能位置选取是任意的，所以势能的值具有相对性，与零势能位置的选取有关. 所以，我们讲质点在保守力场中某点势能的量值时，必须明确是相对于哪个零势能位置而言的. 虽然势能的量值具有相对意义，但是质点在保守力场中确定的两个不同位置的势能之差与势能零点选取无关.

势能对应于保守力场，每一种保守力都对应一种势能. 且势能属于存在保守力作用所涉及的两个物体组成的系统的. 例如，重力势能是属于物体和地球组成的系统的，不是只属于在重力场中运动的物体的. 但为了方便，常把“系统的重力势能”简称为“物体的重力势能”.

综合式(3.22)、(3.24)、(3.26)三式可知，在保守力场中，质点从起始位置 1 移动到终

了位置 2,保守力的功等于质点在始、末位置势能增量的负值,即

$$A_{保} = -(E_{p2} - E_{p1}) = -\Delta E_p \tag{3.27}$$

对于一个无穷小的元过程而言,有

$$dA_{保} = -dE_p \tag{3.28}$$

即保守力在某一过程中做的功,等于该过程的始、末两个状态势能增量的负值. 这是一个很重要的、具有普遍意义的结论,对所有保守力都成立.

3.3.3 功能原理

质点系的动能定理为

$$A_{外} + A_{内} = E_{k2} - E_{k1}$$

即质点系从一个状态运动到另一个状态时动能的增量,等于作用于质点系内各质点的所有外力和所有内力在这一过程中所做功的总和. 如果我们把上式中内力所做的功再区分为保守内力的功和非保守内力的功,则有

$$A_{内} = A_{保内} + A_{非保内}$$

于是有

$$A_{外} + A_{保内} + A_{非保内} = E_{k2} - E_{k1}$$

根据式(3.27),$A_{保内} = -(E_{p2} - E_{p1}) = -\Delta E_p$,于是上式可写为

$$A_{外} + A_{非保内} = (E_{k2} + E_{p2}) - (E_{k1} + E_{p1}) = E_2 - E_1 = \Delta E \tag{3.29}$$

其中 $E_1 = E_{k1} + E_{p1}$,$E_2 = E_{k2} + E_{p2}$ 分别表示质点系在始、末状态时的机械能,而 $\Delta E = E_2 - E_1$ 为系统机械能的增量. 式(3.29)表明,**质点系所受的一切外力和一切非保守内力所做的功之和,等于质点系机械能的增量**. 这个结论称为**系统的功能原理**.

在质点系内有多种保守力作用时,式(3.29)中的 E_p 应理解为各种势能的总和. 例如质点受到重力和弹性力共同作用时,式中 E_p 为重力势能和弹性势能的总和.

功能原理表明,只有外力和非保守内力对系统做功,才能引起系统机械能的变化. 功能原理和质点系的动能定理并没有本质上的区别. 它们的区别仅在于功能原理中引入了势能而无需再考虑保守内力的功了,这正是应用功能原理解决力学问题的优点,因为计算势能增量往往比直接计算保守力的功要方便得多.

3.3.4 机械能守恒定律

显然,在一个力学过程中,如果任意一段时间内,外力和非保守内力对系统都不做功,即

$$A_{外} = 0,且\ A_{非保内} = 0 \tag{3.30}$$

则由功能原理可知

$$E_{k2} + E_{p2} = E_{k1} + E_{p1} = 常量 \tag{3.31a}$$

或

$$E_k + E_p = 常量 \tag{3.31b}$$

这就是说，**如果作用于质点系的所有外力和非保守内力都不做功，则运动过程中质点系内各质点间的动能和势能可以互相转换**，但它们的总和（即总机械能）**是一个不随时间变化的常量**. 这就是质点系的**机械能守恒定律**. 在满足这一条件的情况下，如果系统内有保守力做功，也只能引起系统内动能和势能间的相互转化，当动能增加某一数值时，势能必减小同一数值；反之亦然，而不会引起系统机械能的改变.

3.3.5 能量的转化及守恒定律

我们利用功能原理，对非保守内力做功再做一些讨论. 考虑外力不做功的情形，即$A_{外}=0$. 这时，式(3.27)可写为

$$A_{非保内} = (E_{k2} + E_{p2}) - (E_{k1} + E_{p1}) = E_2 - E_1$$

对于这样的系统，若$A_{非保内}<0$，则$E_2<E_1$，即若系统内非保守力做了负功，则系统的机械能减少，减少的机械能是用非保守内力所做的负功来量度的. 事实表明，在这种情况下，系统有部分机械能转换为其他形式的能量. 例如，系统内两个物体表面有摩擦而相对滑动时，摩擦力（为非保守力）做了负功，系统的机械能减少了，但物体会发热. 这说明，摩擦力通过做功，把物体的一部分机械能转化成内能. 内能是区别于机械能的另一种形式的能量. 自然界中除了机械能（动能和势能）、内能之外，还有其他许多形式的能量，如电磁能、化学能、原子核能等. 若$A_{非保内}>0$，则$E_2>E_1$，即若系统内非保守力做了正功，则系统的机械能增加. 在这种情况下，系统内部有其他形式的能量转化为机械能. 例如，静止的炸弹爆炸过程，炸成的碎片所具有的机械能是在爆炸过程中由一部分化学能转化而来的. 实践证明如果系统和外界没有其他形式的能量交换，那么系统的能量只能在内部相互转化，而能量的总和将保持不变. 也就是说，**能量既不能消灭，也不能创造，它只能从一种形式转化为另一种形式. 对一个孤立系统来讲，不论发生何种变化，各种形式的能量可以互相转化，但能量的总和保持不变**. 这个结论称为**能量的转化及守恒定律**.

能量转化及守恒定律是从大量事实中综合归纳得出的结论，它适合于任何变化过程，不论是机械的、热的、电磁的、原子和原子核的，还是化学的、生物的过程，都适用. 所以，能量转化及守恒定律是自然界中各种现象都遵从的一个普遍规律.

能量转化及守恒定律能使我们更加深刻的理解功和能量的意义. 应当指出，我们不能把功和能看成是等同的. 功是过程量，和能量的变化或交换过程相连，而能为状态量，只决定于系统的状态，系统在一定的状态就具有一定的能量. 因此可以说，能量是系统状态的单值函数.

思考题

思 3.6 甲将弹簧缓慢拉伸 0.05m 后，乙继续再将弹簧缓慢拉伸 0.03m. 甲乙两人谁做功多些？

思 3.7 质点系在某一运动过程中，无外力做功，作用于它的非保守内力先做正功，后做负功，整个过程做功总和为零. 问：质点系始末两个状态机械能相等吗？整个过程机械能守恒吗？

思 3.8 起重机将一集装箱铅直地匀速上吊,此集装箱与地球作为一个系统,此系统的机械能是否守恒?

能源的开发与利用

1. 什么是能源?

我们经常会提到能源问题,那么究竟什么是"能源"呢? 通常来说在自然界中,凡是能提供机械能、热能、电能、化学能等各种形式能量的自然资源,统称为能源. 能源是人类社会经济生活中的重要的物质基础,在人类利用能源的历史上有四个重要的发展时期,即火的使用,蒸汽机的发明和使用,电能的使用和原子能的利用. 每一个高效的新能源的利用都与物理学的发展紧密相关,而且都会使社会进入一个新的天地. 能源是国民经济的重要物质基础,未来国家命运取决于能源的掌控. 能源的开发和有效利用程度以及人均消费量是生产技术和生活水平的重要标志.

2. 能源的分类

能源种类繁多,而且经过人类不断的开发与研究,更多新型能源已经开始能够满足人类需求. 根据不同的划分方式,能源也可分为不同的类型.

按来源可分为三类:一是来自地球外部天体的能源(主要是太阳能). 人类所需能量的绝大部分都直接或间接地来自太阳. 除直接辐射外,太阳还为风能、水能、生物能和矿物能源等的产生提供基础;二是地球本身蕴藏的能量. 通常指与地球内部的热能有关的能源和与原子核反应有关的能源,如原子核能、地热能等;三是地球和其他天体相互作用而产生的能量,如潮汐能.

按能源的产生方式分为两类:一次能源和二次能源. 前者即天然能源,指在自然界现成存在的能源,如煤炭、石油、天然气、水能等. 后者指由一次能源加工转换而成的能源产品,如电力、煤气、蒸汽及各种石油制品等. 一次能源又分为可再生能源(水能、风能及生物质能)和不可再生能源(煤炭、石油、天然气等);二次能源则是指由一次能源直接或间接转化成其他种类和形式的能量资源,例如,电力、煤气、汽油、柴油、焦炭、洁净煤、激光和沼气等能源都属于二次能源.

按能源性质可分为有燃料型能源(煤炭、石油、天然气、泥炭、木材)和非燃料型能源(水能、风能、地热能、海洋能). 人类利用自己体力以外的能源是从用火开始的,最早的燃料是木材,以后用各种化石燃料,如煤炭、石油、天然气、泥炭等. 现正研究利用太阳能、地热能、风能、潮汐能等新能源. 当前化石燃料消耗量很大,而且地球上这些燃料的储量有限. 未来铀和钍将提供世界所需的大部分能量. 一旦可控核聚变的技术问题得到解决,人类实际上将获得无尽的能源.

根据能源消耗后是否造成环境污染可分为污染型能源和清洁型能源,污染型能源包括煤炭、石油等,清洁型能源包括水力、电力、太阳能、风能以及核能等.

根据能源使用的类型,又可分为常规能源和新型能源.利用技术上成熟,使用比较普遍的能源叫做常规能源.包括一次能源中的可再生的水力资源和不可再生的煤炭、石油、天然气等资源.新近利用或正在着手开发的能源叫做新型能源.

按能源的形态特征或转化与应用的层次进行分类.世界能源委员会推荐的能源类型分为:固体燃料、液体燃料、气体燃料、水能、电能、太阳能、生物质能、风能、核能、海洋能和地热能.其中,前三个类型统称化石燃料或化石能源.已被人类认识的上述能源,在一定条件下可以转化为人们所需的某种形式的能量.

凡进入能源市场作为商品销售的如煤、石油、天然气和电等均为商品能源.国际上的统计数字均限于商品能源.非商品能源主要指薪柴和农作物残余(秸秆等).1975年,世界上的非商品能源约为0.6太瓦年,相当于6亿吨标准煤.据估计,中国1979年的非商品能源约合2.9亿吨标准煤.

凡是可以不断得到补充或能在较短周期内再产生的能源称为再生能源,反之称为不可再生能源.风能、水能、海洋能、潮汐能、太阳能和生物质能等是可再生能源;煤、石油和天然气等是不可再生能源.地热能基本上是不可再生能源,但从地球内部巨大的蕴藏量来看,又具有再生的性质.核能的新发展将使核燃料循环而具有增殖的性质.核聚变释放的能量可比核裂变释放的能量高出5~10倍,核聚变最合适的燃料重氢(氘)大量地存在于海水中,可谓"取之不尽,用之不竭".核能是未来能源系统的支柱之一.

3. 中国的能源状况

中国能源资源有以下特点:一是能源资源总量比较丰富.中国拥有较为丰富的化石能源资源.其中,煤炭占主导地位.2006年,煤炭保有资源量10345亿吨,剩余探明可采储量约占世界的13%,列世界第三位.已探明的石油、天然气资源储量相对不足,油页岩、煤层气等非常规化石能源储量潜力较大.中国拥有较为丰富的可再生能源资源.水力资源理论蕴藏量折合年发电量为6.19万亿千瓦时,经济可开发年发电量约1.76万亿千瓦时,相当于世界水力资源量的12%,列世界首位;二是人均能源资源拥有量较低.中国人口众多,人均能源资源拥有量在世界上处于较低水平.煤炭和水力资源人均拥有量相当于世界平均水平的50%,石油、天然气人均资源量仅为世界平均水平的1/15左右.耕地资源不足世界人均水平的30%,制约了生物质能源的开发;三是能源资源赋存分布不均衡.中国能源资源分布广泛但不均衡.煤炭资源主要赋存在华北、西北地区,水力资源主要分布在西南地区,石油、天然气资源主要赋存在东、中、西部地区和海域.中国主要的能源消费地区集中在东南沿海经济发达地区,资源赋存与能源消费地域存在明显差别.大规模、长距离的北煤南运、北油南运、西气东输、西电东送,是中国能源流向的显著特征和能源运输的基本格局;四是能源资源开发难度较大.与世界相比,中国煤炭资源地质开采条件较差,大部分储量需要井工开采,极少量可供露天开采.石油天然气资源地质条件复杂,埋藏深,勘探开发技术要求较高.未开发的水力资源多集中在西南部的高山深谷,远离负荷中心,开发难度和成本较大.

令人欣喜的是,2009年9月25日北京当天的新闻发布会上,中国地质部门宣布在青藏高原发现了一种名为可燃冰(又称天然气水合物)的环保新能源,预计 10 年左右能投入使用. 可燃冰是水和天然气在高压、低温条件下混合而成的一种固态物质,具有使用方便、燃烧值高、清洁无污染等特点,是公认的地球上尚未开发的最大新型能源. 发言人说,这是中国首次在陆域上发现可燃冰,使中国成为加拿大、美国之后,在陆域上通过国家计划钻探发现可燃冰的第三个国家. 据粗略的估算,远景资源量至少有 350 亿吨油当量.

改革开放以来,中国能源工业迅速发展,为保障国民经济持续快速发展做出了重要贡献,我国能源的供给能力明显提高. 能源节约效果显著. 消费结构有所优化. 中国能源消费已经位居世界第二. 科技水平迅速提高使中国能源科技取得显著成就,以"陆相成油理论与应用"为标志的基础研究成果,极大地促进了石油地质科技理论的发展. 石油天然气工业已经形成了比较完整的勘探开发技术体系,特别是复杂区块勘探开发、提高油田采收率等技术在国际上处于领先地位. 中国政府高度重视环境保护,加强环境保护已经成为基本国策,社会各界的环保意识普遍提高.

但同时随着能源价格改革不断深化,价格机制不断完善以及随着中国经济的较快发展和工业化、城镇化进程的加快,能源需求不断增长,构建稳定、经济、清洁、安全的能源供应体系面临着重大挑战,突出表现在以下几方面:资源约束突出,能源效率偏低;能源消费以煤为主,环境压力加大;市场体系不完善,应急能力有待加强.

4. 世界能源消费和预测

据国际能源署(IEA)发布的《世界能源展望 2008》预测,从 2006 年至 2030 年世界一次能源需求从 117.3 亿吨油当量增长到了 170.1 多亿吨油当量,增长了 45%,平均每年增长 1.6%. 煤炭需求的增长超过任何其他燃料,但石油仍是最主要的燃料. 据估计,2006 年城市的能源消耗达 79 亿吨油当量,占全球能源总消耗量的 2/3,这一比例将会在 2030 年上升至 3/4. 在 2006 年至 2030 年期间,一次能源需求的增长将占世界一次能源总需求增长量的一半以上. 全球石油需求平均每年上升 1%,从 2007 年 8500 万桶/日增加到 2030 年 1.06 亿桶/日. 与 2008 年的《展望》相比,2030 年石油需求有所下调,下降了 1000 万桶/日,这主要反映了较高的价格和略为放缓的 GDP 增长以及去年以来政府实行的新政策所带来的影响. 所有预测中世界石油需求的增长都主要源于非经合组织(Non-OECD)国家(4/5 以上的增长量来自中国、印度和中东地区),经济合作与发展组织(OECD)成员国石油需求略有下降,主要是因为非运输行业石油需求的减少. 全球天然气需求的增长更加迅速,以 1.8 %的速度递增,在能源需求总额中所占比例微略上升至 22%. 天然气消费量的增长大部分来自发电行业. 世界煤炭需求量平均每年增长 2%,其在全球能源需求量中的份额从 2006 年的 26 %攀升至 2030 年的 29%. 其中,全球煤炭消费增加的 85%主要来自中国和印度的电力行业. 在《展望》预测期内,核电在一次能源需求中所占比例略有下降,从目前的 6% 下降到 2030 年的 5%(其发电量比例从 15%下降到 10%),现代可再生能源技术发展极为迅速,将于 2010 年后不久超过天然气,成为仅次于煤炭的第二大电力燃料. 可再生能源的成本随着技术的成熟应用而降低,电力行业对可再生能源的利用占大部分的增长. 非水电可再生能源在总发电量所占比例从 2006 年的 1%增长到 2030 年的 4%. 尽管水电产量增加,但其电力的份额下降两个百分点至14%.

由于石油、煤炭等目前大量使用的传统化石能源枯竭,同时新的能源生产供应体系又未能建立,人类在享受能源带来的经济发展、科技进步等利益的同时,也遇到一系列无法避免的能源安全挑战,能源短缺、资源争夺以及过度使用能源造成的环境污染等问题威胁着人类的生存与发展. 按目前的消耗量,专家预测石油、天然气最多只能维持不到半个世纪,煤炭也只能维持一、两个世纪. 所以不管是哪一种常规能源结构,人类面临的能源危机都日趋严重. 当前世界所面临的能源安全问题呈现出与历次石油危机明显不同的新特点和新变化,它不仅仅是能源供应安全问题,而是包括能源供应、能源需求、能源价格、能源运输、能源使用等安全问题在内的综合性风险与威胁.

5. 新能源发展现状和趋势

部分可再生能源利用技术已经取得了长足的发展,并在世界各地形成了一定的规模. 目前,生物质能、太阳能、风能以及水力发电、地热能等的利用技术已经得到了应用. IEA对2000～2030年国际电力的需求进行了研究,研究表明,来自可再生能源的发电总量年平均增长速度将最快. IEA的研究认为,在未来30年内非水力的可再生能源发电将比其他任何燃料的发电都要增长得快,年增长速度近6%,2000～2030年其总发电量将增加5倍,到2030年,它将提供世界总电力的4.4%,其中生物质能将占80%. 我国政府高度重视可再生能源的研究与开发. 近年来在国家的大力扶持下,我国在风力发电、海洋能潮汐发电以及太阳能利用等领域已经取得了很大的进展. 风能和太阳能对于地球来讲是取之不尽、用之不竭的健康能源,它们必将成为今后替代能源主流.

习 题 3

3-1 一质点所受合力为$\boldsymbol{F}_{合}=7\boldsymbol{i}-6\boldsymbol{j}$(N).

(1) 当质点从原点运动到$\boldsymbol{r}=-3\boldsymbol{i}+4\boldsymbol{j}+16\boldsymbol{k}$(m)时,求$\boldsymbol{F}$所做的功;

(2) 如果质点从原点运动到$\boldsymbol{r}$处需0.6s,求合力做功的平均功率;

(3) 如果质点的质量为$m=1$kg,求质点动能的变化.

3-2 用铁锤将一铁钉击入木板,设木板对铁钉的阻力与铁钉进入木板内的深度成正比,在铁锤击第一次时,能将小钉击入木板内1cm,问击第二次时能击入多深?假定铁锤两次打击铁钉时的速度相同.

3-3 已知一质点(质量为m)在其保守力场中位矢为$\boldsymbol{r}$点的势能为$E_{\mathrm{p}}(r)=\dfrac{k}{r^n}$,试求质点所受保守力的大小和方向.

3-4 一人用质量为1kg的水桶从深为10m的井中提水,水桶刚离开水面时桶中装有10kg的水,由于水桶漏水,每升高1m要均匀地漏去0.2kg的水. 若人把水桶匀速地从水面提到井口,在此过程中需做多少功?

3-5 一质量为m的陨石从距地面高h处由静止开始落向地面,忽略空气阻力,求:

(1) 陨石下落过程中,万有引力的功是多少?

(2) 陨石落地时的速率是多少?设地球可看作质量均匀的球体,其质量为M,半径为R.

3-6 质量为m的质点在外力F作用下沿Ox轴运动,已知$t=0$时质点位于原点,且初速度为零.

设外力 F 随距离线性减小，且 $x=0$ 时，$F=F_0$；当 $x=L$ 时，$F=0$. 试求质点从 $x=0$ 运动到 $x=L$ 处的过程中 F 对质点做的功和质点在 $x=L$ 处的速率.

3-7　一物体在介质中按规律 $x=ct^3$ 沿 x 轴正向作直线运动，c 为一正的常量，设介质对物体的阻力和速度的平方成正比，即阻力 $f=-kv^2$(k 为阻力系数，为正的常量). 试求物体由 $x_0=0$ 运动到 $x=l$ 时，阻力所做的功.

3-8　一质量为 m 的地球卫星，沿半径为 $3R_0$ 的圆轨道绕地球运动，已知 R_0 为地球半径，m_0 为地球质量. 求：

(1) 卫星的动能；

(2) 卫星的引力势能；

(3) 卫星的机械能.

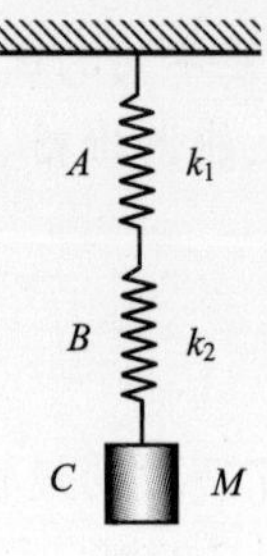

题 3-9 图

3-9　一根劲度系数为 k_1 的轻弹簧 A 的下端，挂一根劲度系数为 k_2 的轻弹簧 B，B 的下端挂一重物 C，其质量为 M，如图所示. 求这一系统静止时两弹簧的伸长量之比和弹性势能之比.

3-10　试计算

(1) 月球和地球对物体 m 的引力相抵消的一点 P，距月球表面的距离是多少？

(2) 如果一个 1kg 的物体在距月球和地球均为无限远处的势能为零，那么它在 P 点的势能为多少？已知地球质量为 5.98×10^{24} kg，地球中心到月球中心的距离 3.84×10^{8} m，月球质量 7.35×10^{22} kg，月球半径 1.74×10^{6} m.

3-11　一质量为 m 的质点，系在细绳的一端，绳的另一端固定在平面上，此质点在粗糙的水平面上作半径为 r 的圆周运动. 设质点的最初速率是 v_0，当它运动一周时，其速率为 $\frac{v_0}{2}$. 求：

(1) 摩擦力做的功；

(2) 滑动摩擦因数；

(3) 在静止以前质点运动了多少圈？

3-12　由水平桌面、光滑铅直杆、不可伸长的轻绳、轻弹簧、理想滑轮以及质量为 m_1 和 m_2 的滑块组成如图所示装置，弹簧的劲度系数为 k，自然长度等于水平距离 BC，m_2 与桌面间的摩擦因数为 μ，最初 m_1 静止于 A 点，$AB=BC=h$，绳已拉直，现令滑块 m_1 落下，求它下落到 B 处时的速率.

3-13　如图所示，一物体质量为 2kg，以初速度 $v_0=3\text{m}\cdot\text{s}^{-1}$ 从斜面 A 点处下滑，它与斜面的摩擦力为 8N，到达 B 点后压缩弹簧 20cm 后停止，然后又被弹回，求弹簧的劲度系数和物体最后能回到的高度.

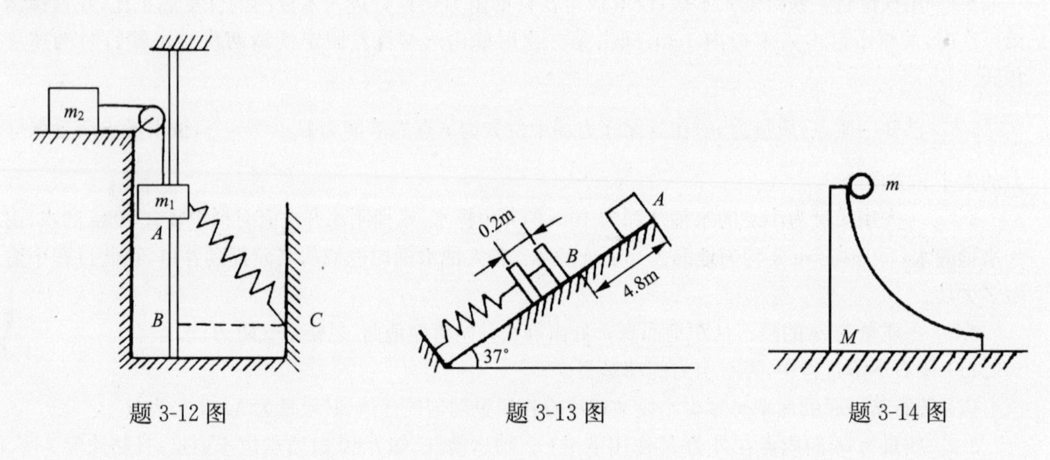

题 3-12 图　　题 3-13 图　　题 3-14 图

3-14　质量为M的大木块具有半径为R的四分之一弧形槽，如图所示．质量为m的小球从曲面的顶端滑下，大木块放在光滑水平面上，二者都做无摩擦的运动，而且都从静止开始，求小球脱离大木块时的速度．

3-15　一质量为M的平顶小车在光滑的水平轨道上以速度v_0做匀速直线运动，在车顶的前部边缘A处轻放一质量为m的小物体(即放置时，小物体相对地面的速度为零)．设物体与车顶之间的摩擦因数为μ，为使物体不至于从车顶滑出，问车顶的长度L最短为多少？

第4章 动量和角动量

本章我们从动量入手来研究动力学. 动量比力更具有普遍意义. 在此体系中牛顿力学仍将保持其应有的重要地位,我们从力的时间和空间积累效应出发,根据牛顿定律,导出动量定理、角动量定理及其守恒定律的常见形式.

4.1 动量定理

4.1.1 动量

动量是描述物体机械运动的一个重要的物理量. 人们在从事冲击和碰撞等问题的研究中,逐步认识到一个物体对其他物体的冲击效果与这个物体的速度和质量都有关系. 例如,要使速度相同的两辆车停下来,质量小的就比质量大的容易些;同样,要是质量相同的两辆车停下来,速度小的就比速度大的容易些. 若两辆车质量和速度都不相同,要想判断哪辆车比较容易停下来,单从一方面判断就不可以了. 也就是说,在研究物体的运动状态改变时,必须同时考虑速度和质量这两个因素,才能全面地表达物体的运动状态. 为此引入了动量的概念,我们把质点的质量 m 和速度 $\boldsymbol{v}$ 的乘积称为质点的动量,用 $\boldsymbol{p}$ 表示,即

$$\boldsymbol{p} = m\boldsymbol{v} \tag{4.1}$$

对于动量这个物理量需要明确以下几点:

(1) 质点的动量是矢量,其方向与质点的速度方向相同. 在直角坐标系中,它的各个分量为

$$\begin{cases} p_x = mv_x \\ p_y = mv_y \\ p_z = mv_z \end{cases} \tag{4.2}$$

(2) 动量具有相对性,其大小与方向一般都与参考系有关.

(3) 质点的动量是描述质点运动状态的一个物理量.

(4) 质点系的动量是指质点系内各质点动量的矢量和,即

$$\boldsymbol{p} = \sum_i m_i \boldsymbol{v}_i \tag{4.3}$$

(5) 在国际单位制中,动量的单位是千克米每秒,符号:$\mathrm{kg \cdot m \cdot s^{-1}}$.

需要指出的是,动量和动能虽然都与物体的质量和速度有关,都是表示物体运动状态的物理量,但它们的意义并不相同. 应理解动量和动能的区别和联系. 与动量相联系的是外力的冲量,动量的变化是外力的时间累积作用的结果(即外力的冲量),并且动量是矢量,具有大小和方向;而与动能相联系的是外力的功,动能的变化是外力的空间累积作用结果(即外力的功),且动能是标量. 动能是物体由于运动而具有的能量,是能量的一种形

式,动能的改变可以描述物体之间不同运动形式的相互转化. 而动量是物体机械运动状态的一种量度,动量的改变只能反映物体之间机械运动形式的相互转换.

最后,我们还要指出动量和动能具有的共同特征:通常来说,外力做功与其所经的路径有关,但由功引起的动能的改变仅由物体在开始的运动状态(初动能)和做功后的运动状态(末动能)所决定;同样,外力的冲量与外力持续作用的时间有关,但由它所引起的动量的改变却仅由物体的初、末运动状态(动量)决定. 因此,当我们在不了解过程的详细情况而无法确定冲量 (或功)时,可以考虑过程始、末状态的动量 (或动能)的改变,来计算冲量 (或功).

4.1.2　冲量

物体动量的改变,是外力在一定时间内持续作用的结果. 受力物体动量的改变不仅与力有关,而且与力作用的时间长短有关. 为了表示力对时间的这种累积作用的效果,在力学中,我们把**力和力的作用时间的乘积称为力的冲量**. 冲量是矢量.

如果力 $\boldsymbol{F}$ 为恒力,则其在 t_0 到 t 时刻这一段时间间隔内的冲量为

$$\boldsymbol{I}=\boldsymbol{F}\Delta t=\boldsymbol{F}(t-t_0) \tag{4.4}$$

恒力的冲量的方向与力的方向相同,其大小等于力的大小与力的作用时间的乘积.

如果质点所受的力 $\boldsymbol{F}$ 为变力,可把力的作用时间分为许多微小的时间间隔 Δt,在每个时间间隔 Δt 均趋近于零的极限情况下,即在无限小的时间间隔 $\mathrm{d}t$ 内,力 $\boldsymbol{F}$ 均可近似看成恒力,力 $\boldsymbol{F}$ 矢量与微小的时间间隔 $\mathrm{d}t$ 的乘积 $\boldsymbol{F}\mathrm{d}t$ 称为力 $\boldsymbol{F}$ 在 $\mathrm{d}t$ 时间内的元冲量. 元冲量的方向与力 $\boldsymbol{F}$ 的方向相同. 变力 $\boldsymbol{F}$ 在 t_1 到 t_2 时刻这一段时间间隔内,所有元冲量的矢量和,称为力 $\boldsymbol{F}$ 在 Δt 时间内的冲量,常用 $\boldsymbol{I}$ 表示,即

$$\boldsymbol{I}=\int_{t_0}^{t}\boldsymbol{F}\mathrm{d}t \tag{4.5}$$

变力的冲量方向由力的作用过程所决定. 当然,恒力是变力的特殊情况,上式同样适用于恒力的情况.

需要明确:

(1) 冲量是矢量. 在直角坐标系中,它的各个分量为

$$\begin{cases} I_x=\int_{t_0}^{t}F_x\mathrm{d}t \\ I_y=\int_{t_0}^{t}F_y\mathrm{d}t \\ I_z=\int_{t_0}^{t}F_z\mathrm{d}t \end{cases} \tag{4.6}$$

(2) 冲量对应于力的作用过程,是一个过程量.

(3) 质点所受若干个力的合力的冲量等于各力冲量的矢量和

$$\boldsymbol{I}=\int_{t_0}^{t}\Big(\sum_i\boldsymbol{F}_i\Big)\mathrm{d}t=\int_{t_0}^{t}(\boldsymbol{F}_1+\boldsymbol{F}_2+\cdots+\boldsymbol{F}_n)\mathrm{d}t$$

$$=\int_{t_0}^{t}\boldsymbol{F}_1\mathrm{d}t+\int_{t_0}^{t}\boldsymbol{F}_2\mathrm{d}t+\cdots+\int_{t_0}^{t}\boldsymbol{F}_n\mathrm{d}t=\boldsymbol{I}_1+\boldsymbol{I}_2+\cdots+\boldsymbol{I}_n=\sum_i\boldsymbol{I}_i \tag{4.7}$$

(4) 在国际单位制中,冲量的单位是牛[顿]秒,符号为:N·s.

4.1.3 动量定理

1. 质点的动量定理

对一个质点,牛顿第二定律可表述为

$$\boldsymbol{F}=\frac{\mathrm{d}(m\boldsymbol{v})}{\mathrm{d}t}=\frac{\mathrm{d}\boldsymbol{p}}{\mathrm{d}t}$$

式中 $\boldsymbol{F}$ 为质点受到的合外力. 把上式改写为

$$\boldsymbol{F}\mathrm{d}t=\mathrm{d}\boldsymbol{p}=\mathrm{d}(m\boldsymbol{v}) \tag{4.8}$$

式中,$\boldsymbol{F}\mathrm{d}t$ 即为质点所受的合外力 $\boldsymbol{F}$ 在 $\mathrm{d}t$ 时间内的元冲量. 式(4.8)称为质点动量定理的微分形式. 它可以表述为:**作用在质点上的合力的元冲量等于质点动量的微分**. 这个定理告诉我们:质点动量的变化,只有在冲量的作用下才会发生,也就是说,要使质点的动量发生变化,仅有力的作用是不够的,力还必须累积作用一定的时间.

设质点在合外力 $\boldsymbol{F}$ 作用下,沿某一轨迹运动,在 t_0 时刻速度为 $\boldsymbol{v}_0$,动量为 $\boldsymbol{p}_0=m\boldsymbol{v}_0$;在 t 时刻速度为 $\boldsymbol{v}$,动量为 $\boldsymbol{p}=m\boldsymbol{v}$. 将式(4.8)在时间 $t_0\sim t$ 内积分可得

$$\int_{t_0}^{t}\boldsymbol{F}\mathrm{d}t=m\boldsymbol{v}-m\boldsymbol{v}_0 \tag{4.9a}$$

或写成

$$\boldsymbol{I}=\boldsymbol{p}-\boldsymbol{p}_0=\Delta\boldsymbol{p} \tag{4.9b}$$

式(4.9)表示,**作用在质点上的合力在某段时间内的冲量等于在同一时间段内质点动量的增量**. 这就是质点动量定理的积分形式. 式(4.9)在直角坐标系中各轴上的分量式为

$$\begin{cases}I_x=\int_{t_0}^{t}F_x\mathrm{d}t=mv_x-mv_{0x}\\[2ex] I_y=\int_{t_0}^{t}F_y\mathrm{d}t=mv_y-mv_{0y}\\[2ex] I_z=\int_{t_0}^{t}F_z\mathrm{d}t=mv_z-mv_{0z}\end{cases} \tag{4.10}$$

式(4.10)表明,**在某段时间内,质点的动量沿某一坐标轴分量的增量,等于作用在质点上的合力沿该坐标轴的分量在同一时间段内的冲量**.

如果作用在质点上的合力为一恒力 $\boldsymbol{F}$,则式(4.9)变为

$$\boldsymbol{I}=\boldsymbol{F}(t-t_0)=m\boldsymbol{v}-m\boldsymbol{v}_0 \tag{4.11}$$

动量定理是由牛顿第二定律导出的,但具有新的意义. 牛顿第二定律表明力的瞬时效应,而动量定理表明力对时间的积累效应. 动量定理同样只在惯性系中成立.

在力的整个作用时间 $(t-t_0)$ 内,变力 $\boldsymbol{F}$ 的冲量等于平均力 $\overline{\boldsymbol{F}}$ 的冲量,即

$$I = \int_{t_0}^{t} \boldsymbol{F} \mathrm{d}t = \overline{\boldsymbol{F}}(t - t_0) \tag{4.12}$$

变力 $\boldsymbol{F}$ 在时间 $(t-t_0)$ 内的作用效果可以用平均力 $\overline{\boldsymbol{F}}$ 的作用效果来代替，即二者引起质点同样的动量变化

$$\boldsymbol{I} = \int_{t_0}^{t} \boldsymbol{F} \mathrm{d}t = \overline{\boldsymbol{F}}(t - t_0) = m\boldsymbol{v} - m\boldsymbol{v}_0 \tag{4.13}$$

平均力的概念在碰撞、冲击等问题中很有用.

质点动量定理式(4.9)表明，作用在质点上的合力在某一段时间内的冲量，只与该段时间末时刻与初始时刻的动量差有关，而与质点在该段时间内动量变化的细节无关. 因此，动量定理在解决诸如打击、碰撞等问题时特别方便. 在这类问题中，物体相互作用的时间极短，但力的峰值却很大，且变化很快，但变化规律很难测定，这种力通常称为冲力. 我们能够很容易地测出物体在冲力作用下动量的增量，再根据动量定理计算出冲力的冲量. 如果我们知道力的作用时间，就可以根据

$$\overline{\boldsymbol{F}}(t - t_0) = m\boldsymbol{v} - m\boldsymbol{v}_0$$

求出平均冲力来.

由动量定理可知，冲量一定时，我们可以在保持力的方向不变的前提下，用较大的力作用较短的时间，也可以用较小的力作用较长的时间，都可以使质点的动量发生同样的变化. 例如，用双手接一个质量为 m、速度为 $\boldsymbol{v}$ 的篮球时，如果迎上去迅速地将球接住，即在较短的时间内使球的动量从 $m\boldsymbol{v}$ 变为零，那么，手会感到球给手的一个较大的撞击力；或者，你可以一面接球，一面将手回缩，使球在较长的时间内动量从 $m\boldsymbol{v}$ 变为零，则手会受到球给手的一个较小的撞击力，以免手受伤. 跳远的沙坑，跳高时下面的海绵垫，贵重仪器或电子设备、电器等运输时四周的泡沫塑料等松软包装，都是为了延长力的作用时间，以避免人受伤或仪器损坏.

2. 质点系的动量定理

仔细考察一个实际的装置、机器或车辆的运动，把它们看成一个质点的做法，有时显得过于简单. 例如，一辆在平直公路上行驶的汽车，其车体在平动，车轮在滚动，发动机和变速箱的各个部件在做相对运动. 因此，有时要把实际的装置看作是若干个质点组成的质点系.

我们先以两个质点组成的质点系为研究对象进行讨论. 如图 4.1 所示，质点 1 和质点 2 所受的外力(系统外的物体对质点系内的质点的作用力)分别为 $\boldsymbol{F}_1$ 和 $\boldsymbol{F}_2$，它们之间相互作用的内力(系统内的各质点之间相互作用的力)分别为 $\boldsymbol{f}_{12}$ 和 $\boldsymbol{f}_{21}$(其中 $\boldsymbol{f}_{12}$ 表示质点 1 受到质点 2 对它的作用力，$\boldsymbol{f}_{21}$ 表示质点 2 受到质点 1 对它的作用力). 设质点 1 和质点 2 在时刻 t 的速度分别为 $\boldsymbol{v}_1$ 和 $\boldsymbol{v}_2$. 质点 1 所受的合外力为 $\boldsymbol{F}_1 + \boldsymbol{f}_{12}$(每个质点受到的所有力均是外力)，对质点 1 应用动量定理，根据式(4.8)，有

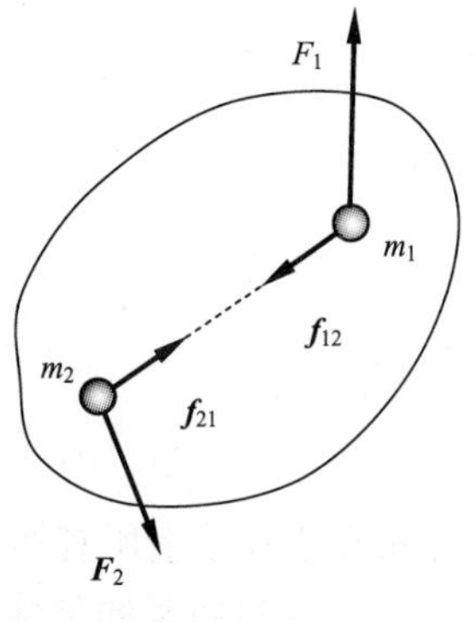

F_1
m_1
f_{12}
m_2
f_{21}
F_2

图 4.1　质点系的内力和外力

$$(\boldsymbol{F}_1+\boldsymbol{f}_{12})\mathrm{d}t=\mathrm{d}(m_1\boldsymbol{v}_1)$$

同理,对质点 2,有

$$(\boldsymbol{F}_2+\boldsymbol{f}_{21})\mathrm{d}t=\mathrm{d}(m_2\boldsymbol{v}_2)$$

对于质点 1 和质点 2 组成的系统来说,把上面两式相加,并考虑到质点 1 和质点 2 之间相互作用的内力 $\boldsymbol{f}_{12}$ 和 $\boldsymbol{f}_{21}$ 是一对作用力和反作用力,它们遵从牛顿第三定律,任一时刻,有

$$\boldsymbol{f}_{12}+\boldsymbol{f}_{21}=0$$

可得

$$\boldsymbol{F}_1\mathrm{d}t+\boldsymbol{F}_2\mathrm{d}t=\mathrm{d}(m_1\boldsymbol{v}_1)+\mathrm{d}(m_2\boldsymbol{v}_2)$$

或写为

$$(\boldsymbol{F}_1+\boldsymbol{F}_2)\mathrm{d}t=\mathrm{d}(m_1\boldsymbol{v}_1+m_2\boldsymbol{v}_2)$$

这个结果不难推广到由任意多个质点组成的质点系,由于质点系的内力总是成对出现,且每一对内力都遵从牛顿第三定律,其矢量和为零,所以质点系内所有内力的矢量和为零,故有

$$\left(\sum_i\boldsymbol{F}_i\right)\mathrm{d}t=\mathrm{d}\left(\sum_i m_i\boldsymbol{v}_i\right)=\mathrm{d}\boldsymbol{p}\tag{4.14a}$$

其中 $\boldsymbol{p}=\sum_i m_i\boldsymbol{v}_i$,为质点系在时刻 t 的动量. 这就是**质点系动量定理的微分形式**. 即:**作用于质点系上所有外力矢量和的元冲量(或者质点系上所有外力元冲量的矢量和),等于质点系动量的微分.**

质点系动量定理的微分形式在直角坐标系中各坐标轴方向的分量式为

$$\begin{cases}\left(\sum_i F_{ix}\right)\mathrm{d}t=\mathrm{d}\left(\sum_i m_i v_{ix}\right)=\mathrm{d}p_x\\ \left(\sum_i F_{iy}\right)\mathrm{d}t=\mathrm{d}\left(\sum_i m_i v_{iy}\right)=\mathrm{d}p_y\\ \left(\sum_i F_{iz}\right)\mathrm{d}t=\mathrm{d}\left(\sum_i m_i v_{iz}\right)=\mathrm{d}p_z\end{cases}\tag{4.14b}$$

即作用于质点系上所有外力沿某一坐标轴上分量的代数和的元冲量(或者质点系上所有外力沿某一坐标轴上分量的元冲量的代数和),等于质点系动量沿该坐标轴分量的微分.

式(4.14a)在时间段 $t_0\sim t$ 内积分,可得

$$\int_{t_0}^{t}\left(\sum_i\boldsymbol{F}_i\right)\mathrm{d}t=\sum_i m_i\boldsymbol{v}_i-\sum_i m_i\boldsymbol{v}_{i0}\tag{4.15a}$$

或写成

$$\boldsymbol{I}=\sum_i\boldsymbol{I}_i=\boldsymbol{p}-\boldsymbol{p}_0\tag{4.15b}$$

即作用在质点系上所有外力的合力在某段时间内的冲量(或作用在质点系上所有外力在某段时间内的冲量的矢量和)等于在同一时间段内质点系动量的增量. 这就是**质点系动量定理的积分形式.**

质点系动量定理在直角坐标系中各坐标轴上的分量式为

$$\begin{cases} I_x = \sum_i I_{ix} = \sum_i \int_{t_0}^{t} F_{ix}\,\mathrm{d}t = p_x - p_{0x} \\ I_y = \sum_i I_{iy} = \sum_i \int_{t_0}^{t} F_{iy}\,\mathrm{d}t = p_y - p_{0y} \\ I_z = \sum_i I_{iz} = \sum_i \int_{t_0}^{t} F_{iz}\,\mathrm{d}t = p_z - p_{0z} \end{cases} \tag{4.15c}$$

式(4.15)表明，**作用在质点系上所有外力的合力在某段时间内的冲量沿某一坐标轴的分量(或作用在质点系上所有外力在某段时间内的冲量沿某一坐标轴的分量的代数和)等于在同一时间段内质点系动量沿该坐标轴的分量的增量.**

从质点系的动量定理可以看出：内力不能改变质点系的动量，只有外力才能改变质点系的动量.

质点系的动量定理也只在惯性系中成立.

思考题

思 4.1　在跳高时，横杆下面为什么要铺上厚厚的海绵垫？运输各种仪器设备时，为什么箱子内四周要塞满泡沫塑料等松软的物质？

思 4.2　两个均未能打开降落伞的伞兵，一个落在青石板上险些丧命；另一个落在厚厚的雪地上，只受了点轻伤. 试问：由于雪的存在，使下列各物理量的值增大、减小还是保持不变？①伞兵的动量增量；②伞兵受到的合力冲量；③伞兵与接触面的碰撞时间；④伞兵受到的平均冲力.

4.1.4　动量守恒定律

对质点系来说，如果质点系所受的外力的矢量和为零，即

$$\sum_i \boldsymbol{F}_i = 0$$

则由式(4.14)或式(4.15)可知

$$\mathrm{d}\Big(\sum_i m_i \boldsymbol{v}_i\Big) = 0$$

则

$$\sum_i m_i \boldsymbol{v}_i = \text{常矢量} \tag{4.16a}$$

或

$$\sum_i m_i \boldsymbol{v}_i = \sum_i m_i \boldsymbol{v}_{i0} \tag{4.16b}$$

式(4.16)表明，**如果作用在质点系上所有的外力的矢量和为零，则该质点系的动量保持不变.** 这称为质点系的**动量守恒定律.**

如果作用在质点系上的所有的外力沿某一坐标轴方向的分量的代数和为零，则由式(4.14b)可知，**该质点系的动量沿这个坐标轴的分量保持不变，**即

$$\begin{cases} \sum_i F_{ix} = 0 \text{ 时}, \sum_i m_i v_{ix} = \text{常量} \\ \sum_i F_{iy} = 0 \text{ 时}, \sum_i m_i v_{iy} = \text{常量} \\ \sum_i F_{iz} = 0 \text{ 时}, \sum_i m_i v_{iz} = \text{常量} \end{cases} \tag{4.16c}$$

这就是质点系的**动量沿坐标轴分量的守恒定律**.

当质点系所受合外力不等于零时,质点系的动量不守恒. 但是在爆炸、碰撞、冲击等问题中,外力远小于内力,且过程进行的时间极短,在这样的情况下,可以忽略外力的冲量,近似认为该过程中系统的动量守恒.

动量守恒定律表明,质点系内不论运动情况如何复杂,不论内部各质点之间的作用形式如何复杂,只要质点系不受外力作用或作用于质点系的外力的矢量和为零,则该质点系的动量守恒. 质点系内各质点之间相互作用的内力虽然不能改变质点系的动量,但内力可以改变质点系中的各个质点的动量. 即内力可以使动量在质点系内各质点之间相互转移.

在推导动量守恒定律的过程中,我们应用了牛顿定律,但绝不能认为动量守恒定律是牛顿定律的推论,实际上不一定要根据牛顿定律来推导动量守恒定律. 动量守恒定律是独立于牛顿定律而存在的自然界的更普遍规律之一. 理论和实践表明,在有些牛顿定律不成立的问题中,动量守恒定律仍然适用. 动量守恒定律不仅适用于宏观物体的机械运动过程,而且适用于分子、原子等微观粒子的运动过程.

最后指出,动量守恒定律也仅适用于惯性系.

例 4.1 设质量为 $m=60\text{kg}$ 的跳高运动员越过横杆后竖直落到海绵垫上,垫比横杆低 $h=1.5\text{m}$. 运动员触垫后经 0.5s 速度变为零. 求此过程中垫子作用于运动员的平均力.

解一 选取运动员为研究对象,研究运动员与垫子相互作用的过程,在这个过程中运动员受重力 $m\boldsymbol{g}$ 和垫子的作用力(平均力)$\overline{\boldsymbol{F}}_{\text{N}}$. 根据动量定理,有

$$(\overline{\boldsymbol{F}}_{\text{N}} + m\boldsymbol{g})\Delta t = m\boldsymbol{v} - m\boldsymbol{v}_0$$

选取 Ox 轴的方向为水平方向,Oy 轴的方向竖直向上,则动量定理在 Ox 轴和 Oy 轴方向的分量式为

$$\overline{F}_{\text{N}x}\Delta t = mv_x - mv_{0x}$$

$$(\overline{F}_{\text{N}y} - mg)\Delta t = mv_y - mv_{0y}$$

而已知运动员触垫时的初速度为 $v_{0x}=0, v_{0y}=-\sqrt{2gh}$;末速度为 $\boldsymbol{v}=0$. 由上式可得

$$\begin{cases} \overline{F}_{\text{N}x} = 0 \\ \overline{F}_{\text{N}y} = mg + \dfrac{m\sqrt{2gh}}{\Delta t} = 60\times 9.8 + \dfrac{60\times 9.8\sqrt{2\times 9.8\times 1.5}}{0.5} = 1.24\times 10^3(\text{N}) \end{cases}$$

所以垫子作用于运动员的平均力 $\overline{\boldsymbol{F}}_{\text{N}}$ 的方向竖直向上,大小为 $1.24\times 10^3\text{N}$.

解二 选取运动员为研究对象,研究运动员从横杆开始下落到落到垫子上而停止的

整个过程，在这个过程中运动员受垫子的作用力（平均力）$\overline{\boldsymbol{F}}_N$（作用时间为 $\Delta t_2=0.5\text{s}$）和重力 $m\boldsymbol{g}$（作用时间为 $\Delta t_1+\Delta t_2$，其中 Δt_1 为运动员从横杆开始自由下落到落到垫子上所用的时间，其值为 $\Delta t_1=\sqrt{\frac{2h}{g}}$）. 根据动量定理，有

$$\overline{\boldsymbol{F}}_N\Delta t_2+m\boldsymbol{g}(\Delta t_1+\Delta t_2)=m\boldsymbol{v}'-m\boldsymbol{v}_0'$$

其中，$\boldsymbol{v}'=\boldsymbol{v}_0'=0$. 选取 Ox 轴的方向为水平方向，Oy 轴的方向竖直向上，则动量定理在 Ox 轴和 Oy 轴方向的分量式为

$$\begin{cases}\overline{F}_{Nx}\Delta t_2=mv'_x-mv'_{0x}=0\\ \overline{F}_{Ny}\Delta t_2-mg(\Delta t_1+\Delta t_2)=mv'_y-mv'_{0y}=0\end{cases}$$

由上式可得

$$\overline{F}_{Nx}=0$$

$$\begin{aligned}\overline{F}_{Ny}&=\frac{mg(\Delta t_1+\Delta t_2)}{\Delta t_2}=mg+\frac{m\sqrt{2gh}}{\Delta t_2}\\&=60\times9.8+\frac{60\times9.8\sqrt{2\times9.8\times1.5}}{0.5}=1.24\times10^3(\text{N})\end{aligned}$$

所以垫子作用于运动员的平均力 $\overline{\boldsymbol{F}}_N$ 的方向竖直向上，大小为 $1.24\times10^3\text{N}$，这与解一的结果相同.

思考题

思 4.3　试述动量守恒定律及其适用条件.

思 4.4　在地面上空停着一只气球，气球下面吊着软梯，梯上站有一人. 当这个人沿着软梯往上爬时，气球是否运动？如何运动？

思 4.5　一只企鹅，站在雪橇上，雪橇在光滑冰面上以速度 v_0 向前匀速运动. 试就以下两种情况下判断雪橇的速率 v 变得小于、大于还是等于 v_0：

(1) 企鹅从雪橇后端正向前端走去；

(2) 企鹅从雪橇前端正向后端走去.

思 4.6　坐在静止的车上的人，依靠自己推车的力量能使车和人都前进吗？为什么？

*4.2　质心运动定理

为了便于研究系统的整体运动，本节将引入质心的概念. 利用质心可以将系统整体运动的规律表述成类似单个质点的运动规律的质心运动定理.

4.2.1　质心

1. 质心

由(4.14a)可知质点系动量定理的微分式为

$$\left(\sum_{i=1}^{n}\boldsymbol{F}_{i外}\right)\mathrm{d}t=\mathrm{d}\left(\sum_{i=1}^{n}m_i\boldsymbol{v}_i\right)=\mathrm{d}\left(\sum_{i=1}^{n}m_i\frac{\mathrm{d}\boldsymbol{r}_i}{\mathrm{d}t}\right) \tag{4.17}$$

若质点系只做平动，即 $\boldsymbol{a}_i=\dfrac{\mathrm{d}^2\boldsymbol{r}_i}{\mathrm{d}t^2}$，则有

$$\frac{\mathrm{d}^2}{\mathrm{d}t^2}\left(\sum_{i=1}^{n}m_i\boldsymbol{r}_i\right)=\sum_{i=1}^{n}m_i\frac{\mathrm{d}^2\boldsymbol{r}_i}{\mathrm{d}t^2}=\sum_{i=1}^{n}m_i\boldsymbol{a}_i=m\boldsymbol{a} \tag{4.18}$$

若质点系只有平动则可简化为一个点，如果令

$$m\boldsymbol{r}_{\mathrm{c}}=\sum_{i=1}^{n}m_i\boldsymbol{r}_i \tag{4.19}$$

式中 m 为质点系的全部质量，所以有

$$r_{\mathrm{c}}=\frac{1}{m}\sum_{i=1}^{n}m_i\boldsymbol{r}_i \tag{4.20}$$

该点的运动代表了质点系整体的平动特征，将与位置矢量 $\boldsymbol{r}_{\mathrm{c}}$ 对应的点叫做质点系的质量分布中心，简称**质心**. 它实际上是质点系质量分布的平均坐标.

2. 质心位置的计算

由上式可知，在直角坐标系内，当质量分布不连续时，有

$$\begin{cases}x_{\mathrm{c}}=\dfrac{1}{m}\displaystyle\sum_{i=1}^{n}m_ix_i\\ y_{\mathrm{c}}=\dfrac{1}{m}\displaystyle\sum_{i=1}^{n}m_iy_i\\ z_{\mathrm{c}}=\dfrac{1}{m}\displaystyle\sum_{i=1}^{n}m_iz_i\end{cases} \tag{4.21}$$

当质量连续分布时

$$\begin{cases}x_{\mathrm{c}}=\displaystyle\int\frac{x\mathrm{d}m}{m}\\ y_{\mathrm{c}}=\displaystyle\int\frac{y\mathrm{d}m}{m}\\ z_{\mathrm{c}}=\displaystyle\int\frac{z\mathrm{d}m}{m}\end{cases} \tag{4.22}$$

计算表明，一个质量分布均匀且有规则几何形状的物体，其质心就在其几何中心.

4.2.2　质心运动定理

由式(4.18)和式(4.19)可知，不管质点系所受外力如何分布，质点系的运动就像是把质点系全部质量集中于质心，所有外力的矢量和也作用于质心时的一个质点的运动. 质心运动定理可表示为

$$\sum_{i=1}^{n}\boldsymbol{F}_{i外}=\frac{\mathrm{d}^2}{\mathrm{d}t^2}\left(\sum_{i=1}^{n}m_i\boldsymbol{r}_i\right)=\frac{\mathrm{d}^2}{\mathrm{d}t^2}(m\boldsymbol{r}_c)=m\frac{\mathrm{d}^2r_c}{\mathrm{d}t^2}=m\boldsymbol{a}_c \tag{4.23a}$$

也可写为

$$\sum_{i=1}^{n}\boldsymbol{F}_{i外}=\frac{\mathrm{d}\boldsymbol{p}}{\mathrm{d}t}=\frac{\mathrm{d}(m_{\mathrm{c}}\boldsymbol{v}_{\mathrm{c}})}{\mathrm{d}t} \tag{4.23b}$$

其在直角坐标下的投影式为

$$\begin{cases}\sum_{i=1}^{n} F_{ix} = ma_{cx} \\ \sum_{i=1}^{n} F_{iy} = ma_{cy} \\ \sum_{i=1}^{n} F_{iz} = ma_{cz}\end{cases} \tag{4.24}$$

可以看出它们具有与牛顿第二定律相同的形式，这说明**无论质点系如何运动，质点系的质量与质心加速度的乘积总等于质点系所受一切外力的矢量和**，称为**质点系的质心运动定理**.

由质心运动定理可知，当合外力 $\sum_{i=1}^{n} \boldsymbol{F}_{i外} = 0$ 时，有

$$\boldsymbol{a}_c = \frac{d\boldsymbol{v}_c}{dt} = 0 \tag{4.25a}$$

即

$$\boldsymbol{v}_c = 常矢量 \tag{4.25b}$$

也就是说，**系统受外力的矢量和恒为零时，系统的质心将保持静止和匀速直线运动**. 从本质上说，这是系统动量守恒定律的另一种表述形式.

从质心运动定理可知，系统的内力不可改变质心的运动；若质心运动发生改变，则系统所受外力的矢量和必不等于零. 质心运动定理只能给出质心的运动情况，并不能给出系统内部的运动细节，只着眼于实际物体的整体运动，而忽略系统内各质点绕质心的转动和系统内各质点间的相对运动.

4.3　角动量守恒定律

4.3.1　力矩

实验发现，力是引起质点或平动物体运动状态发生变化的原因，力矩则是引起转动物体运动状态发生变化的原因. 因此必须引入力矩的概念，下面先引入力对某固定点的力矩.

如图 4.2 所示，设一质点绕固定点 O 转动，力 $\boldsymbol{F}$ 对固定点 O 的力矩大小等于力 $\boldsymbol{F}$ 的大小与力臂 d 的乘积，即

$$M = Fd = Fr\sin\varphi \tag{4.26}$$

式中，r 为 O 点到力 $\boldsymbol{F}$ 的作用点的矢径 $\boldsymbol{r}$ 的大小，φ 为矢径 $\boldsymbol{r}$ 与力 $\boldsymbol{F}$ 的夹角. 力矩为矢量，定义为

$$\boldsymbol{M} = \boldsymbol{r} \times \boldsymbol{F} \tag{4.27a}$$

即 $\boldsymbol{M}$ 的方向垂直于 $\boldsymbol{r}$ 和 $\boldsymbol{F}$ 所决定的平面，其指向用右手螺旋法则确定，即从上往下看，若力 $\boldsymbol{F}$ 使物体沿逆时针方向转动，则力矩 $\boldsymbol{M}$ 为正，反之为负.

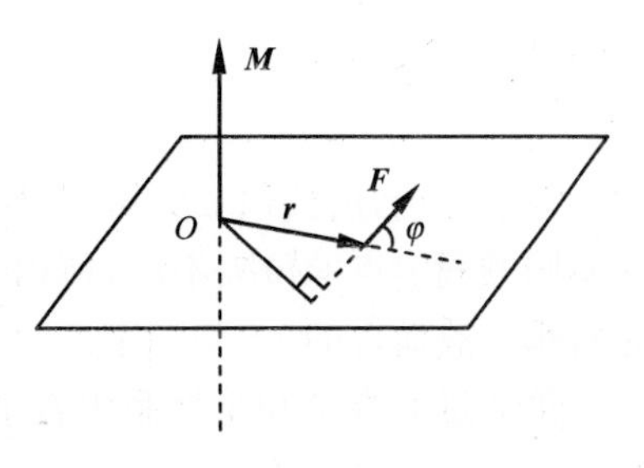

图 4.2　力 $\boldsymbol{F}$ 对点 O 的力矩

$\boldsymbol{M}$ 在直角坐标系中的各坐标轴的分量为

$$
\begin{cases}
M_x = yF_z - zF_y \\
M_y = zF_x - xF_z \\
M_z = xF_y - yF_x
\end{cases}
\tag{4.27b}
$$

各坐标轴的分量也称为力对各轴的力矩.

特别指出,力对固定点的力矩为零有两种情况:一是力 $\boldsymbol{F}$ 为零;二是力 $\boldsymbol{F}$ 的作用线与矢径 $\boldsymbol{r}$ 共线(此时力 F 的作用线穿过 O 点),即 $\sin\varphi=0$. 我们将物体所受的始终指向(或背离)某一固定点的力称为**有心力**,该固定点称为**力心**. 显然有心力 $\boldsymbol{F}$ 与矢径 $\boldsymbol{r}$ 是共线的. 所以有,**有心力对力心的力矩恒为零**.

国际单位制中,力矩的单位是:牛[顿]米(N·m).

4.3.2 质点的角动量

在研究物体的平动时,我们用物体的动量来描述物体的运动状态. 当研究物体转动问题时,仅用动量来描述物体的机械运动是不够的. 因此引入另一个物理量:角动量,也称动量矩,来描述物体的机械运动状态. 与质点运动时的动量相似,角动量是物体"转动运动量"的量度,是与物体的一定转动状态相关联的物理量,在这里我们先引入运动质点对某一固定点的角动量.

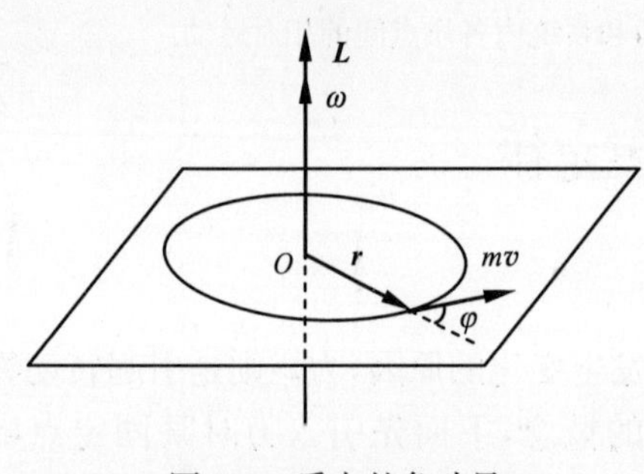

图 4.3 质点的角动量

如图 4.3,设一质量为 m 的质点沿任意曲线运动,在时刻 t,质点的动量为 $m\boldsymbol{v}$,质点相对于某点 O 的位矢为 $\boldsymbol{r}$. **则质点相对于 O 点的角动量定义为质点相对于 O 点的矢径 $\boldsymbol{r}$ 与质点的动量 $m\boldsymbol{v}$ 的矢积**. 角动量用 $\boldsymbol{L}$ 表示,即

$$
\boldsymbol{L} = \boldsymbol{r} \times m\boldsymbol{v} \tag{4.28}
$$

角动量是一个矢量,根据矢积的定义,质点对 O 点的角动量的方向垂直于 $\boldsymbol{r}$ 和 $m\boldsymbol{v}$ 组成的平面,其指向遵循右手螺旋法则. $\boldsymbol{L}$ 的大小为

$$
L = rmv\sin\varphi \tag{4.29}
$$

其中,φ 为位矢 $\boldsymbol{r}$ 与动量 $m\boldsymbol{v}$ 之间的夹角. 当质点做圆周运动时,$\varphi=\frac{\pi}{2}$,此时质点对圆心 O 的角动量大小为

$$
L = rmv = mr^2\omega \tag{4.30}
$$

特别指出,由式(4.28)可知,质点的角动量与质点对固定点 O 的矢径有关. 同一质点对不同的固定点的位矢不同,所以角动量也不同. 因此,在谈质点的角动量时,必须指明是对哪一点而言的.

角动量 $\boldsymbol{L}$ 在直角坐标系中各坐标轴的分量为

$$
\begin{cases}
L_x = yp_z - zp_y \\
L_y = zp_x - xp_z \\
L_z = xp_y - yp_x
\end{cases}
\tag{4.31}
$$

国际单位制中,角动量的单位是千克平方米每秒($\mathrm{kg \cdot m^2 \cdot s^{-1}}$).

4.3.3　质点的角动量定理

若将式(4.28)对时间 t 求导,可得

$$\frac{\mathrm{d}\boldsymbol{L}}{\mathrm{d}t}=\frac{\mathrm{d}}{\mathrm{d}t}(\boldsymbol{r}\times m\boldsymbol{v})=\boldsymbol{r}\times\frac{\mathrm{d}(m\boldsymbol{v})}{\mathrm{d}t}+\frac{\mathrm{d}\boldsymbol{r}}{\mathrm{d}t}\times m\boldsymbol{v}$$

因为

$$\boldsymbol{F}=\frac{\mathrm{d}(m\boldsymbol{v})}{\mathrm{d}t},\quad \boldsymbol{v}=\frac{\mathrm{d}\boldsymbol{r}}{\mathrm{d}t}$$

故上式可写为

$$\frac{\mathrm{d}\boldsymbol{L}}{\mathrm{d}t}=\boldsymbol{r}\times\boldsymbol{F}+\boldsymbol{v}\times(m\boldsymbol{v})$$

其中

$$\boldsymbol{r}\times\boldsymbol{F}=\boldsymbol{M},\quad \boldsymbol{v}\times(m\boldsymbol{v})=0$$

所以可得

$$\boldsymbol{M}=\frac{\mathrm{d}\boldsymbol{L}}{\mathrm{d}t}\tag{4.32}$$

上式说明,**作用在质点上的合外力矩等于质点角动量对时间的变化率**,上式为**质点角动量定理的微分形式**. 其积分形式为

$$\int_{t_0}^{t}\boldsymbol{M}\mathrm{d}t=\boldsymbol{L}-\boldsymbol{L}_0\tag{4.33}$$

其中 $\int_{t_0}^{t}\boldsymbol{M}\mathrm{d}t$ 称为合外力矩的冲量矩,上式说明作用于质点的冲量矩等于质点角动量的增量.

特别指出,在运用质点的角动量定理时,一定要确认等式两边的力矩和角动量是对同一固定点而言的.

4.3.4　质点角动量守恒定律

由式(4.33)可知,若 $\boldsymbol{M}=0$,则

$$\boldsymbol{L}=\boldsymbol{L}_0$$

或

$$\boldsymbol{L}=\boldsymbol{r}\times m\boldsymbol{v}=常矢量\tag{4.34}$$

即若质点所受外力对某固定点(或固定轴)的力矩为零,则质点对该固定点(或固定轴)的角动量守恒,这称为质点的角动量守恒定律.

角动量守恒定律是自然界普遍适用的定律之一. 它不仅适用于包括天体在内的宏观物体的运动,而且适用于原子、原子核等牛顿定律已不适用的微观问题,因此角动量守恒定律是比牛顿定律更为基本的规律.

例 4.2　在光滑的水平桌面上,一根轻绳一端连接一个小球,另一端穿过桌面中心的

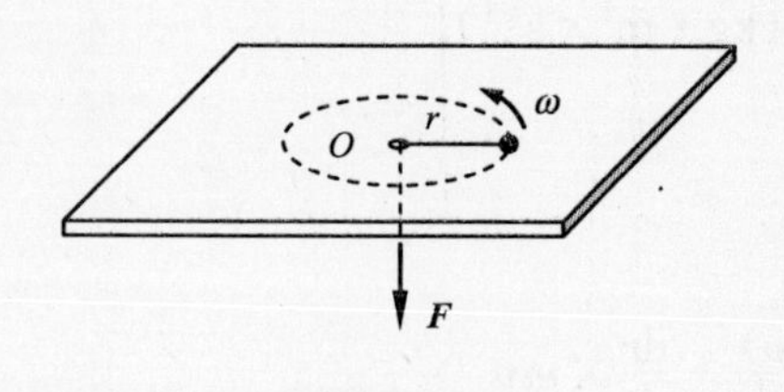

图 4.4

光滑圆孔,如图 4.4 所示. 小球原来以角速度 $\omega_1 = 3\text{rad} \cdot \text{s}^{-1}$ 沿半径 $r_1 = 0.2\text{m}$ 的圆周运动. 将绳子从小孔处缓慢向下拉,当半径变为 $r_2 = 0.1\text{m}$ 时,小球的角速度 ω_2 为多大?

解 以小球为研究对象,小球受到重力、桌面支持力、绳的拉力作用. 重力、桌面支持力互相平衡,小球在运动情况下,对桌面中心的小孔 O,小球所受合外力的力矩等于零,所以小球角动量守恒,小球每一时刻都可以近似看作匀速圆周运动,即

$$mr_1^2\omega_1 = mr_2^2\omega_2$$

其中 m 为小球的质量. 由此解得

$$\omega_2 = \left(\frac{r_1}{r_2}\right)^2 \cdot \omega_1 = \left(\frac{0.2}{0.1}\right)^2 \times 3 = 12(\text{rad} \cdot \text{s}^{-1})$$

例 4.3 如图 4.5 所示为太阳系行星(质量为 m)绕太阳 S 运动的示意图,运行轨道在同一平面内,设 $\text{d}A$(阴影部分)为 $\text{d}t$ 时间内行星到 S 的连线所扫过的面积. 若选择太阳 S 的中心为参考点,试证明:在相等时间内行星到 S 的连线所扫过的面积相等.

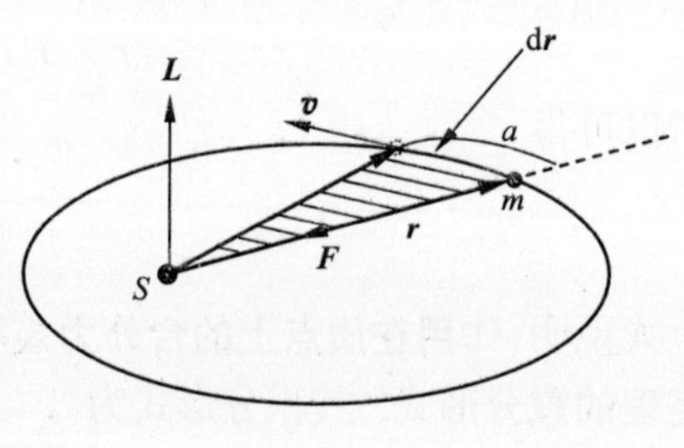

图 4.5

证明 因为行星受太阳的引力 $\boldsymbol{F}$ 是有心力,则 $\boldsymbol{F}$ 对于 S 中心的力矩

$$\boldsymbol{M} = \boldsymbol{r} \times \boldsymbol{F} \equiv 0$$

由角动量守恒定律可知,行星对 S 中心的角动量 $\boldsymbol{L}$ 保持不变,则有

$$L = mvr\sin\alpha = m\frac{|\text{d}\boldsymbol{r}|}{\text{d}t}r\sin\alpha = 2m\frac{\frac{1}{2}r(|\text{d}\boldsymbol{r}|\sin\alpha)}{\text{d}t} = \text{常量}$$

其中

$$\frac{1}{2}r(|\text{d}\boldsymbol{r}|\sin\alpha) = \text{d}A$$

得

$$L = 2m\frac{\text{d}A}{\text{d}t} = \text{常量}$$

$$\frac{\text{d}A}{\text{d}t} = \text{常量}$$

所以在相等时间内行星到太阳 S 的连线所扫过的面积相等. 这就是著名的开普勒第二定律.

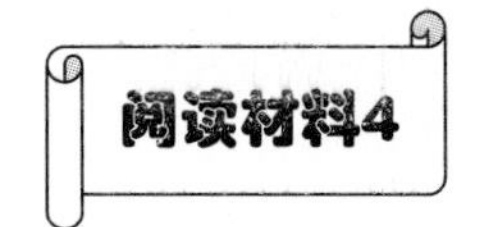

时空对称性与守恒定律

一切物理现象都发生在时空之中，时空的对称性必然会影响物理现象的特性；因此在研究物理理论时，往往要研究时空的对称性. 在研究广义相对论和宇宙学时也是这样. 温伯格(S. Weinberg)在他的名著《引力论与宇宙论》一书中用了专门一章，标题为“对称空间”，来讨论时空的对称性.

在物理学中存在着许多守恒定律，如能量守恒、动量守恒、角动量守恒、电荷守恒以及微观领域中的奇异数守恒，重子数守恒、同位旋守恒和宇称守恒等定律. 这些守恒定律的存在，是物理规律具有多种对称性的自然结果. 可以说，一种对称性对应着一条守恒定律. 我们只限于从时间、空间的不同对称性出发，导出相应的守恒定律，并讨论它们之间的关系. 这样就必须弄清何为对称性以及时间、空间具有的基本属性.

1. 什么是对称性

对称性无论在生活、艺术中，还是在科学技术领域都有着非常重要的地位. 它在粒子物理、固体物理及原子物理中都是非常重要的概念. 人们早在19世纪末就发现时、空的某种对称性分别与力学中(实际上是物理学的)三大守恒律是等效的.

对称性的定义最初源于数学：**若图形通过某种操作后又回到它自身(即图形保持不变)，则这个图形对该操作具有对称性**. 例如镜面对称就是一种反射对称性，如右手在镜中的像是左手，如图4.6；轴对称性又可称为旋转对称性，例如一个毫无标记的圆在平面上绕过其中心轴无论怎样旋转，总保持原图形，如图4.7. 若在一个无穷大的平面上有一组无穷多的完全相同的图案，那么在有限视界内平移一个或几个图案，整个图像又能回到原来自身，这就叫做平移对称性. 如图4.8. 上面所说的几种对称性都是通过一定的“操作”(如反射、转动、平移之后)才体现出来的.

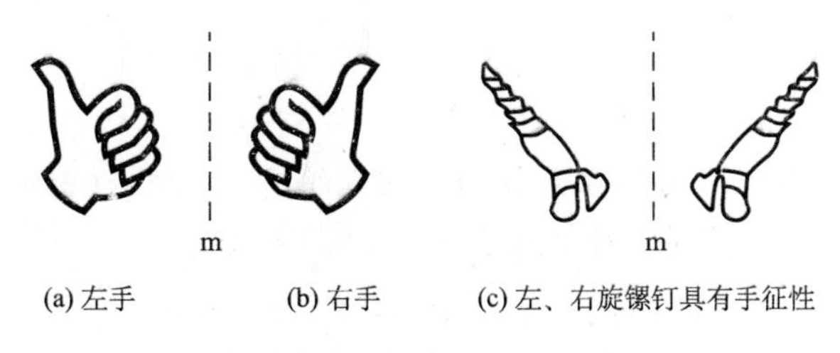

(a) 左手　(b) 右手　(c) 左、右旋镙钉具有手征性

图 4.6　镜面(反射)对称性

对称性的概念在物理学中大大地发展了：首先是被操作的对象，除了图形之外还有物理量和物理规律；其次是操作，例如空间的平移、反转、旋转及标度变换(即尺度的放大和缩小)以及时间的平移和反转，时、空联合操作和一些更为复杂的非时空操作等. 因此，在物理学中的对称性应理解为：**若某个物理规律(或物理量)在某种操作下能保持不变，则这**

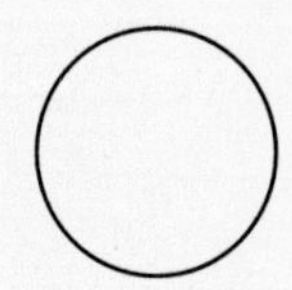

(a) 对绕O轴旋转任意角的操作对称

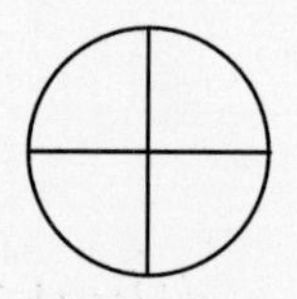

(b) 对绕O轴旋转$\pi/2$整数倍的操作对称

图 4.7　旋转对称性

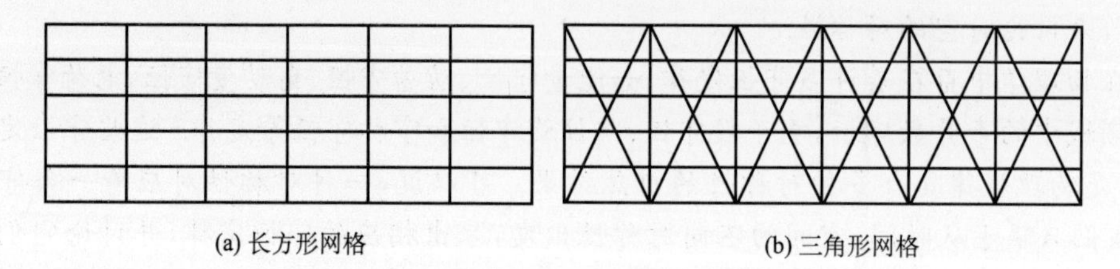

(a) 长方形网格　(b) 三角形网格

图 4.8　平移对称性

个物理规律 (或物理量)对该操作对称.

2. 时间的均匀性与机械能守恒

在物理学中我们假定时间具有均匀性,通常也称为时间的平移对称性. 它可以理解为:古往今来的物理现象应该服从相同的客观规律. 例如牛顿时代所做的一个物理实验,我们今天重复去做,得出的还是同一结果,而且谁也不会怀疑牛顿所总结的力学规律今天是否还能适用. 因此时间的均匀性意味着:当时间的计算起点移动时,物理规律(表现为运动方程)的具体形式不会改变. 通常所说物理规律对于时间平移变换 $t=t'+t$. 具有不变性,也就是说在一个具体的物理规律中,如把时间变量从 t' 变换为 t 或反过来从 t 变为 t',所得的结果都与变换前相同. 所以,这种不变性表明,不同的时刻在物理上是等价的.

可设一个一维系统的势能函数为 $E_p(x,t)$,则由时间的平移对称性可知势能函数与时间无关,即

$$E_p(x,t+\Delta t)=E_p(x,t) \tag{4.35}$$

现讨论一不受外界作用的两粒子 m_1、m_2 组成的保守系统,也就是它们的相互作用只与两个质点的位置 x_1、x_2 有关. 对于此系统,(4.35)可写为

$$E_p(x_1,x_2,t+\Delta t)=E_p(x_1,x_2,t) \tag{4.36}$$

将此式左边用泰勒级数展开为

$$E_p(x_1,x_2,t+\Delta t)=E_p(x_1,x_2,t)+\frac{\partial E_p}{\partial t}\Delta t+\text{高次项}$$

若(4.36)式成立,则需满足

$$\frac{\partial E_p}{\partial t}=0$$

即势能函数不能显含时间t,因而有

$$E_p = E_p(x_1, x_2) \tag{4.37}$$

因此两质点组成的保守系统,其机械能为

$$E = E_k + E_p = \frac{1}{2}m_1 v_1^2 + \frac{1}{2}m_2 v_2^2 + E_p(x_1, x_2)$$

若质量为常数,现将E对时间t求全微商,则有

$$\frac{dE}{dt} = m_1 v_1 \frac{dv_1}{dt} + m_2 v_2 \frac{dv_2}{dt} + \frac{\partial E_p}{\partial x_1}\frac{\partial x_1}{\partial t} + \frac{\partial E_p}{\partial x_2}\frac{\partial x_2}{\partial t} \tag{4.38}$$

又由$F(x) = -\frac{dE_p}{dx}$可知

$$\frac{\partial E_p}{\partial x_1} = -F_{21}, \quad \frac{\partial E_p}{\partial x_2} = -F_{12}$$

其中F_{21}是m_2对m_1的保守力,F_{12}是m_1对m_2的保守力.

又因为

$$\frac{\partial x_1}{\partial t} = v_1, \quad \frac{\partial x_2}{\partial t} = v_2$$

v_1,v_2分别为m_1,m_2的速率,所以式(4.38)可以写为

$$\frac{dE}{dt} = \left[\frac{d(m_1 v_1)}{dt} - F_{21}\right]v_1 + \left[\frac{d(m_2 v_2)}{dt} - F_{12}\right]v_2$$

由$F = \frac{d(mv)}{dt}$,可得

$$\frac{dE}{dt} = 0$$

即

$$E = 常量$$

此结论说明,时间的平移性或时间的均匀性一定会导致机械能守恒.

3. 空间的均匀性与动量守恒

在物理学中还假定了空间具有均匀性. 空间的均匀性也称为**空间平移对称性或空间平移不变性**. 它可以理解为:空间各处的物理现象应服从相同的客观规律. 如果物理条件相同,同一物理实验无论放在哪里做,都会得到相同结果. 因此空间的均匀性意味着:当坐标原点移动时,物理规律(表现为运动方程)的具体形式不会改变. 也可以表述为:物理规律对于坐标平移变换$\boldsymbol{r} = \boldsymbol{r}' + \boldsymbol{r}_0$具有不变性,或者说在一个具体的物理规律中,如果把矢径$\boldsymbol{r}'$或者是直角坐标(x', y', z')变换为$\boldsymbol{r}$或反过来把$\boldsymbol{r}$(或x, y, z)变换为$\boldsymbol{r}'$(或x', y', z'),所得结果都与以前相同. 因此这种不变性表明物理空间中一切点都是等价的.

为了进一步了解空间平移不变性,现在我们设一个系统的一维势能函数为$E_p = E_p(x)$,进行空间平移变换,则势能函数由$E_p(x)$变为$E_p(x') = E_p(x + \Delta x)$,空间平移不变性意味着系统势能函数与坐标原点的选择无关,即

$$E_p(x') = E_p(x)$$

或

$$\Delta E_p = E_p(x + \Delta x) - E_p(x) = 0 \tag{4.39}$$

对于不受外界作用的两粒子 m_1、m_2 组成的系统，其势能函数为 $E_p = E_p(x_1, x_2)$. 若系统对空间平移是对称的，则其势能函数在空间平移变换下将保持不变，即

$$\Delta E_p = \frac{\partial E_p}{\partial x_1}\Delta x + \frac{\partial E_p}{\partial x_2}\Delta x = \left(\frac{\partial E_p}{\partial x_1} + \frac{\partial E_p}{\partial x_2}\right)\Delta x = 0 \tag{4.40}$$

因 Δx 可取任何值，故有

$$\frac{\partial E_p}{\partial x_1} + \frac{\partial E_p}{\partial x_2} = 0 \tag{4.41}$$

又因为

$$\frac{\partial E_p}{\partial x_1} = -F_{21}, \quad \frac{\partial E_p}{\partial x_2} = -F_{12}$$

式中，F_{21} 为粒子 2 对粒子 1 的作用力；F_{12} 为粒子 1 对粒子 2 的作用力. 则(4.41)式可写为

$$F_{21} + F_{12} = 0$$

其矢量式为

$$\boldsymbol{F}_{21} + \boldsymbol{F}_{12} = 0 \tag{4.41a}$$

由

$$\boldsymbol{F}_{21} = \frac{\mathrm{d}(m_1 \boldsymbol{v}_1)}{\mathrm{d}t}, \quad \boldsymbol{F}_{12} = \frac{\mathrm{d}(m_2 \boldsymbol{v}_2)}{\mathrm{d}t}$$

可知

式(4.41a)可改写为

$$\frac{\mathrm{d}}{\mathrm{d}t}(m_1 v_1 + m_2 v_2) = 0 \tag{4.41b}$$

即为

$$m_1 v_1 + m_2 v_2 = 常量 \tag{4.42}$$

这就是动量守恒定律，也就是说空间均匀性或空间平移对称性必会导致动量守恒.

4. 空间各向同性与角动量守恒

物理学中还认为空间是各向同性的，空间转动对称性等价于空间是各向同性. 它可以具体理解为：在空间任何方向上所发生的物理现象，都服从相同的客观规律. 因此空间的各向同性意味着，当坐标轴转动时，物理规律的具体形式不会改变，或者说物理规律对于空间转动下的坐标变换具有不变性. 这种不变性表明了物理空间中的一切方向都是等价的. 因涉及转动，所以系统的势能函数选用球坐标表示，记作 $E_p = E_p(r, \theta, \varphi)$，空间转动对称性意味着空间转过一个角度 $\Delta\varphi$，即 φ 变为 $\varphi' = \varphi + \Delta\varphi$，系统的势能函数不变，即

$$E_p(r, \theta, \varphi') = E_p(r, \theta, \varphi) \tag{4.43}$$

为了找出空间转动对称性与角动量守恒的关系，将牛顿定律的直角坐标形式转换到球坐标形式，在直角坐标系中，牛顿定律为

$$\begin{cases} m\dfrac{\partial^2 x}{\partial t^2}=-\dfrac{\partial E_p}{\partial x} \\ m\dfrac{\partial^2 y}{\partial t^2}=-\dfrac{\partial E_p}{\partial y} \\ m\dfrac{\partial^2 z}{\partial t^2}=-\dfrac{\partial E_p}{\partial z} \end{cases} \tag{4.44}$$

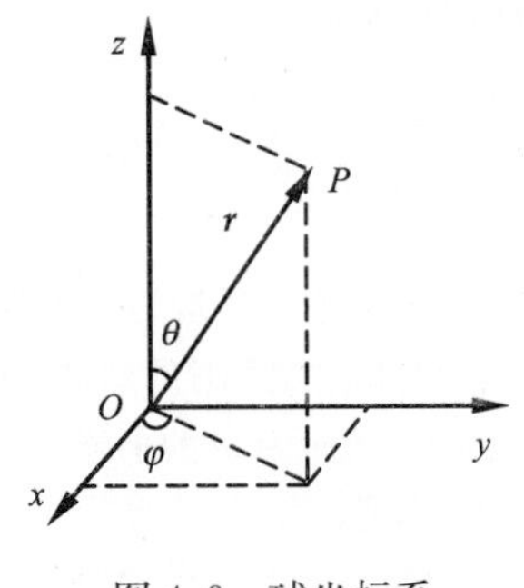

图 4.9　球坐标系

由图 4.9 可知，

$$\begin{cases} x = r\sin\theta\cos\varphi \\ y = r\sin\theta\sin\varphi \\ z = r\cos\theta \end{cases} \tag{4.45}$$

势能函数对 φ 的变化率为

$$\frac{\partial E_p}{\partial \varphi}=\frac{\partial E_p}{\partial x}\frac{\partial x}{\partial \varphi}+\frac{\partial E_p}{\partial y}\frac{\partial y}{\partial \varphi}+\frac{\partial E_p}{\partial z}\frac{\partial z}{\partial \varphi} \tag{4.46}$$

考虑式(4.45)，可求得

$$\frac{\partial E_p}{\partial \varphi}=-y\frac{\partial E_p}{\partial x}+x\frac{\partial E_p}{\partial y} \tag{4.47}$$

将式(4.44)代入式(4.47)，有

$$\frac{\partial E_p}{\partial \varphi}=my\frac{\partial^2 x}{\partial t^2}-mx\frac{\partial^2 y}{\partial t^2}=-\frac{\partial}{\partial t}\left(xm\frac{\partial y}{\partial t}-ym\frac{\partial x}{\partial t}\right)=-\frac{\partial}{\partial t}(xp_y-yp_x) \tag{4.48}$$

式(4.48)又可写为

$$\frac{\partial E_p}{\partial \varphi}=-\frac{\partial L_z}{\partial t} \tag{4.49}$$

因 E_p 具有旋转不变性，与 φ 无关，所以有

$$\frac{\partial E_p}{\partial \varphi}=0,\quad \frac{\partial L_z}{\partial t}=0 \tag{4.50}$$

即

$$L_x = 常量 \tag{4.51}$$

也就是说，角动量在与转角 $\Delta\varphi$ 所在转动平面垂直的 z 轴方向上的分量守恒. 空间若为各向同性，则转动平面选在任意方向，对垂直于该平面的轴，角动量都守恒. 即只要空间为各向同性，就必然导致角动量守恒.

关于对称性和守恒定律的研究一直是物理学中的一个重要领域，对称性与守恒定律的本质和它们之间的关系一直是人们研究的重要内容. 由上可知物理规律(表现为运动方程)在一定的时间空间变换下的不变性，分别对应于时间、空间的对称性. 而从时间的均匀性，空间的均匀性及空间的各向同性这些对称性原理出发，经过严谨的推理，就可导出能量守恒定律、动量守恒定律和角动量守恒定律，因而可以说这些守恒定律反映了时空

的对称性.

习 题 4

4-1 现有一质量为 m 的质点以与地平面仰角 $\theta=30°$ 的初速 $\boldsymbol{v}_0$ 从地面抛出,若忽略空气阻力,求质点落地时相对抛射时的动量的增量.

4-2 质量为 m 的小球从某一高度处水平抛出,落在水平桌面上发生弹性碰撞. 并在抛出 1 s 后,跳回到原高度,速度仍是水平方向,速度大小也与抛出时相等. 求小球与桌面碰撞过程中,桌面给予小球的冲量的大小和方向. 并回答在碰撞过程中,小球的动量是否守恒?

4-3 作用在质量为 10 kg 的物体上的力为 $\boldsymbol{F}=(10+2t)\boldsymbol{i}$(N),式中 t 的单位是 s,求:

(1) 求 4s 后,这物体的动量和速度的变化,以及力给予物体的冲量.

(2) 为了使这力的冲量为 200N · s,该力应在这物体上作用多久? 试就一原来静止的物体和一个具有初速度 $-6\boldsymbol{j}$(m · s^{-1})的物体,分别回答这两个问题.

4-4 一颗子弹由枪口射出时速率为 $\boldsymbol{v}_0$,当子弹在枪筒内被加速时,它所受的合力为 $F=a-bt$(a,b 为常量),其中各个物理量均采用国际单位制.

(1) 假设子弹运行到枪口处合力刚好为零,试计算子弹走完枪筒全长所需时间;

(2) 求子弹所受的冲量.

(3) 求子弹的质量.

4-5 一炮弹质量为 m,以速率 $\boldsymbol{v}$ 飞行,其内部炸药使此炮弹分裂为两块,爆炸后由于炸药使弹片增加的动能为 T,且一块的质量为另一块质量的 k 倍,如两者仍沿原方向飞行,试证其速率分别为$v+\sqrt{\dfrac{2kT}{m}}$和 $v-\sqrt{\dfrac{2T}{km}}$.

4-6 高空作业时系安全带是非常必要的,若有一质量为 51.0kg 的人,在操作时不慎从高空竖直跌落下来,由于安全带的保护,最终使他被悬挂起来. 已知此时人离原处的距离为 2.0m,安全带弹性缓冲作用时间为 0.50s. 求安全带对人的平均冲力.

4-7 一斜抛运动的物体,在最高点炸裂为质量相等的两块,最高点距地面为 19.6m,爆炸后 1s,第一块落到爆炸点正下方的地面,此处距抛出点的水平距离为 1.0×10^2m. 问第二块落在距抛出点多远的地面上?

4-8 一架以 3.0×10^2m · s^{-1}的速率水平飞行的飞机,与一只身长为 0.20m、质量为 0.50kg 的飞鸟相碰. 设碰撞后飞鸟的尸体与飞机具有相同速度,而原来飞鸟对于地面的速率很小,可忽略不计. 试估计飞鸟对飞机的平均冲击力(碰撞时间可用飞鸟的长度除以飞机速率来估算). 根据本题计算结果,你对于高速运动的物体(如汽车、飞机)与通常情况下不足以引起危害的物体(如飞鸟、石子)相碰后会产生的后果有何体会?

4-9 A、B 两船在平静的湖面上平行逆向航行,当两船擦肩相遇时,两船各自向对方平稳地传递 50kg 的重物,结果是 A 船停了下来,而 B 船以 3.4m · s^{-1} 的速度继续向前驶去. A、B 两船原有质量分别为 0.5×10^3kg 和 1.0×10^3kg,求在传递重物前两船的速度 (忽略水的阻力) .

4-10 质量为 m'的人手里拿着一个质量为 m 的物体,此人用与水平面成 α 角的速率 v_0 向前跳去. 当他达到最高点时,他将物体以相对于人为 u 的水平速率向后抛出. 问:由于人抛出物体,他跳跃的距离增加了多少?(假设人可视为质点.)

4-11 一质量均匀柔软的绳竖直悬挂着,绳下端刚好触到了桌面上,如果把绳的上端放开,绳将落在桌面上. 试证明:绳在下落过程中的任意时刻,作用于桌面上的压力等于已落到桌面上绳的重量的三倍.

第 5 章　刚体的定轴转动

前面讨论了质点或质点系平动的力学规律，实际中物体除了平动外还可以做转动. 当物体做转动时，质点模型已经不再适用，如果在研究的问题中，物体的微小形变可以忽略不计，则可以看成是一个新的物理模型——刚体. 所谓**刚体，指可以看成没有形变的物体.**

本章将主要讨论刚体运动的描述，刚体定轴转动的转动定律、功能定理、角动量定理、角动量守恒定律，简要介绍刚体的平面运动和进动.

5.1　刚体运动的描述

5.1.1　刚体的概念

实验表明，任何物体在受到力的作用或外界其他因素作用时，都会发生程度不同的变形，例如，压缩弹簧，弹簧会发生压缩变形；压电晶体在电场作用下会发生伸缩变形；汽车过桥时，桥墩会发生压缩变形，桥身会发生弯曲变形等. 对一般物体来说，这种变形通常都非常微小，只有用精密仪器才能测量. 在力的作用下，物体的这种微小变形如果对所研究的问题只是次要因素，以至于忽略它不影响对问题的研究，我们就认为这个物体在力的作用下将保持其形状、大小不变. 我们把**在力的作用下，形状、大小都保持不变的物体称为刚体**. 物体可以看成由大量质点组成的，因此刚体也可定义为：**在力的作用下，如果组成物体的所有质点中，任意两点之间的相对距离在物体的运动过程中始终保持不变，这样的物体称为刚体**. 例如在研究机器上的飞轮的运动规律时，就可以把飞轮看成刚体.

物体受力作用时总是要发生形变的，因此，没有真正意义上的刚体. 刚体是力学中非常有用的一个理想模型.

刚体的平动和定轴转动是刚体的两种最简单、也是最基本的运动形式. 刚体的运动一般来说是非常复杂的，但可以证明，刚体的一般运动通常可以分解为平动和转动的组合. 因此，研究刚体的平动和转动是研究刚体复杂运动的基础. 刚体的平动和转动在工程中也有着广泛的应用.

5.1.2　刚体的平动

在平直道路上运动的车厢，如果我们在车厢上任意画一些直线段 AB、CD 等，可以看到，在车厢运动过程中，这些直线始终保持它们的方向不变，如图 5.1 所示. 气缸中活塞的往复运动、刨床上刨刀的运动等也都具有这样的特点. 即在**刚体运动时，若在刚体内所做的任意一条直线，都始终保持和自身平行，这种运动就称为刚体的平动.**

在平直轨道上运动的火车车厢的运动形式是平动，并且车厢上任意一点的运动轨迹也都是直线. 但是，切不可误认为做平动的刚体上任意一点的运动轨迹都必定是直线.

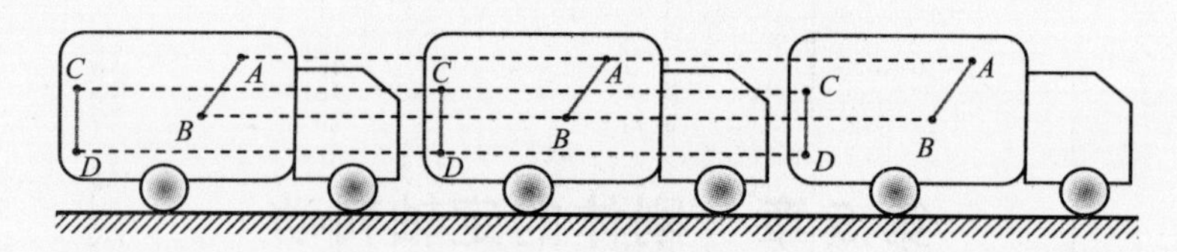

图 5.1 刚体的平动

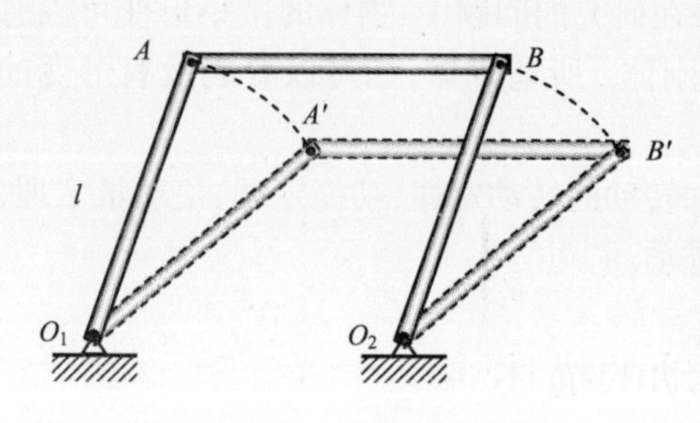

图 5.2 四连杆机构

图 5.2 是工程技术中被广泛应用的平行四连杆机构(如一些汽车的雨刷器采用的就是四连杆机构),其中 O_1A、O_2B 两杆长度相等(皆为 l),$\overline{O_1O_2}=\overline{AB}$,两杆各自可绕通过 O_1、O_2 并与纸面垂直的轴在纸面内转动. 在四连杆机构运动过程中,O_1ABO_2 保持为平行四边形. 按照平动的定义,杆 AB 的运动显然为平动. 可以证明,做平动的 AB 杆上任意点的运动轨迹为圆. 所以刚体做平动时,刚体上各点的运动轨迹可以为直线,也可以为曲线,且各点的运动轨迹都相同. 也就是说,由刚体上一个点的运动轨迹曲线,经过平移可以得到另一个点的运动轨迹曲线. 而且,做平动的刚体上各点在任意一段时间间隔内的位移都相同,在任意时刻各点的速度、加速度也都相同.

综上所述,在刚体做平动时,由于各点运动情况都相同,只要知道了刚体上任意一点的运动,就可以完全确定整个刚体的运动. 也就是说,刚体上任意一点的运动都可以代表整个刚体的运动,对刚体平动的研究可以归结为对质点运动的研究,通常用**质心**的运动来描绘刚体的平动.

5.1.3 刚体的定轴转动

1. 刚体的定轴转动

刚体运动时,如果**刚体内各点都绕同一条直线做圆周运动,则这种运动称为刚体的转动,这一直线称为转轴**. 例如机床上飞轮的转动、电动机转子的运动、飞机螺旋桨的运动、门窗的开关、地球的自转等都是转动. 如果做转动的**刚体的转轴相对于参考系是固定不动的,这时刚体的转动就称为刚体绕固定轴的转动,简称为定轴转动**.

刚体做定轴转动时,具有如下特征:

(1) 刚体内不在轴上的其他点,都在通过该点、并垂直于轴的平面内绕轴做圆周运动,圆心就是这些平面分别与轴的交点,半径就是该点到轴的垂直距离.

(2) 由于刚体内各点位置不同,因此各点的轨道半径不尽相同,在同一段时间间隔内各点转过的圆弧长度也不尽相同. 但由于刚体内各点之间的相对位置不变,刚体内各点在同一时间间隔内都绕轴转过相等的角度,因此刚体内各点的角位移、角速度、角加速度都相同. 所以,用角量描述整个刚体的定轴转动最为方便.

2. 刚体定轴转动的角量描述

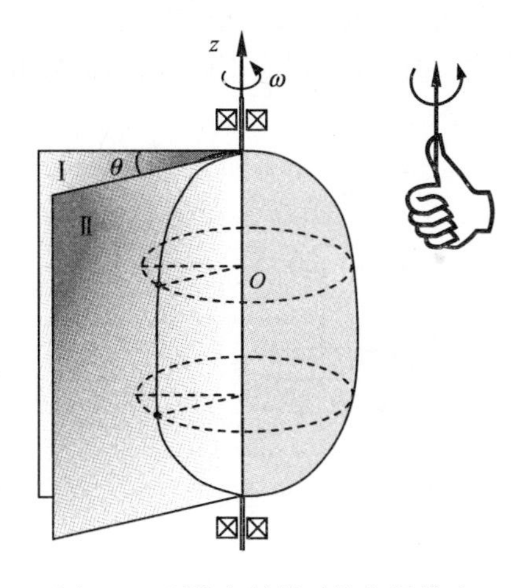

图5.3　刚体定轴转动的角量描述

根据刚体定轴转动的特征，为了确定刚体在任意时刻的位置，我们设想：通过轴做两个平面（如图5.3）一个是相对于参考系固定不动的平面Ⅰ，另一个是固定在刚体上的平面Ⅱ，它随着刚体一起转动. 以θ表示这两个平面之间的夹角，θ角从平面Ⅰ算起，如从z轴的正端向负端看，规定θ角沿逆时针方向为正. 这样，用θ角就能完全确定刚体做定轴转动时在空间的位置. θ角称为刚体的角坐标. 刚体在绕轴做定轴转动时，角坐标θ是时间的单值连续函数，即

$$\theta=\theta(t) \tag{5.1}$$

这就是刚体绕定轴转动的运动学方程.

和质点做圆周运动时的角位移、角速度、角加速度定义方法类似，我们可以定义绕定轴转动刚体的角位移、角速度和角加速度.

定轴转动刚体在t时刻的瞬时角速度（简称角速度）为

$$\omega=\frac{\mathrm{d}\theta}{\mathrm{d}t} \tag{5.2}$$

这里，角速度是描述整个刚体绕定轴转动状态的物理量. 刚体的角速度等于角坐标对时间的一阶导数.

在国际单位制（SI）中，角位置的单位为弧度（rad），角速度的单位为弧度每秒（$\mathrm{rad\cdot s^{-1}}$或$\mathrm{s^{-1}}$）. 工程上，机器的角速度常用转速n表示，其单位为转每分（$\mathrm{rev\cdot min^{-1}}$）. 因为一转相当于$2\pi$弧度，故角速度$\omega$与转速$n$的关系为

$$\omega=\frac{2\pi n}{60}=\frac{\pi n}{30} \tag{5.3}$$

定轴转动刚体在t时刻的瞬时角加速度（简称角加速度）为

$$\beta=\frac{\mathrm{d}\omega}{\mathrm{d}t}=\frac{\mathrm{d}^2\theta}{\mathrm{d}t^2} \tag{5.4}$$

定轴转动刚体的角加速度等于做圆周运动质点的角速度对时间的一阶导数，也等于角坐标对时间的二阶导数. 在国际单位制（SI）中，角加速度的单位为弧度每二次方秒（$\mathrm{rad\cdot s^{-2}}$或$\mathrm{s^{-2}}$）.

有限大小的角位移不是矢量，但无限小的角位移是矢量；角速度和角加速度都是矢量. 无限小的角位移和角速度的方向如图5.4所示. 即规定为：伸开右手，四指环绕转动方向，拇指就是角速度（或无限小角位移）的方向. 显然对于刚体的定轴转动，角位移（无限小）、角速度和角加速度都是与转轴相平行的，可以用各个量的正负来描述它们的方向. 即先规定转动的正方向，如果角速度或角加速度为正，表示角速度或角加速度的方向与规定的正方向相同；如果角速度或角加速度为负，表示角速度或角加速度的方向与规定的正

方向相反. 因此描述刚体的定轴转动,角位移、角速度和角加速度都可以作为标量进行运算;在描述刚体围绕不同的转轴转动时,则应用矢量运算.

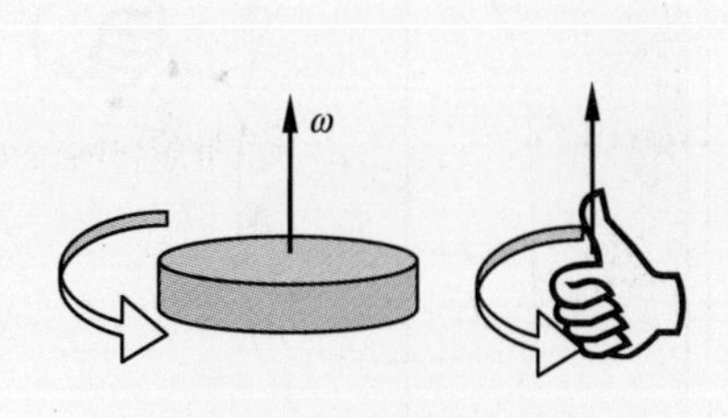

图 5.4 角速度的方向

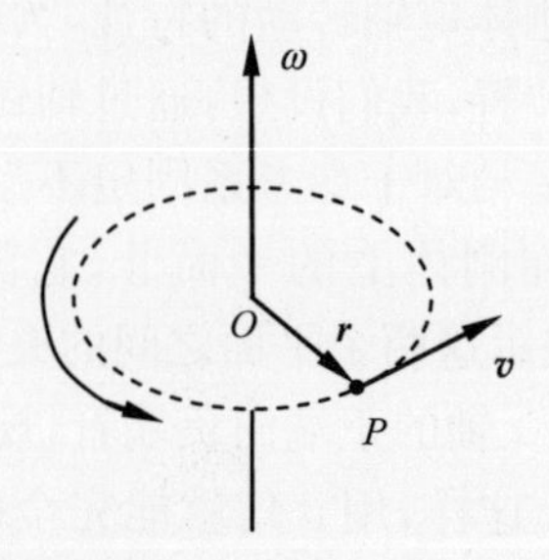

图 5.5 角速度矢量与线速度矢量的关系

3. 定轴转动刚体内各点的角量和线量的关系

在许多问题中,往往需要考虑定轴转动刚体上某一点的运动情况. 例如皮带传动时,就需要考虑轮子边缘的线速度,以确定皮带传动的速度. 设 P 为刚体上的任一点,它与轴 O 的距离为 R. 当刚体在 $\mathrm{d}t$ 时间内转过角位移 $\mathrm{d}\theta$ 时,P 点通过的圆弧路程为

$$\mathrm{d}s = R|\mathrm{d}\theta| \tag{5.5}$$

P 点速度大小(速率)为

$$v = \frac{\mathrm{d}s}{\mathrm{d}t} = R|\omega| \tag{5.6}$$

P 点加速度的切向分量为

$$a_t = \frac{\mathrm{d}v}{\mathrm{d}t} = R\beta \tag{5.7}$$

P 点加速度的法向分量为

$$a_n = \frac{v^2}{R} = R\omega^2 \tag{5.8}$$

根据矢量的运算法则可知(如图 5.5 所示),角速度与速度的矢量关系为

$$\boldsymbol{v} = \boldsymbol{\omega} \times \boldsymbol{r} \tag{5.9}$$

角位移与位移的矢量关系为

$$\mathrm{d}\boldsymbol{r} = \mathrm{d}\boldsymbol{\theta} \times \boldsymbol{r} \tag{5.10}$$

加速度与角加速度和角速度的关系为

$$\boldsymbol{a} = \boldsymbol{\beta} \times \boldsymbol{r} - \omega^2 \boldsymbol{r} \tag{5.11}$$

当刚体做匀角加速转动时,有运动学关系

$$\begin{cases} \omega = \omega_0 + \beta t \\ \theta - \theta_0 = \omega_0 t + \dfrac{1}{2}\beta t^2 \\ \omega^2 - \omega_0^2 = 2\beta(\theta - \theta_0) \end{cases} \tag{5.12}$$

例 5.1　一飞轮在时间 t 内转过角度 $\theta=at+bt^2+ct^4$，式中 a、b、c 为常量. 求它的角加速度.

解　题意中给出飞轮的运动学方程为 $\theta=at+bt^2+ct^4$，将此式对时间 t 求导，即得飞轮角速度的表达式为

$$\omega=\frac{\mathrm{d}}{\mathrm{d}t}(at+bt^2+ct^4)=a+2bt+4ct^3$$

角加速度是角速度对时间的导数，因此得

$$\beta=\frac{\mathrm{d}\omega}{\mathrm{d}t}=\frac{\mathrm{d}}{\mathrm{d}t}(a+2bt+4ct^3)=2b+12ct^2$$

由此可见，飞轮做的是变加速运动.

思考题

思 5.1　设地球绕日做圆周运动．求地球自转和公转的角速度为多少？估算地球赤道上一点因地球自转具有的线速度和向心加速度. 估算地心因公转而具有的线速度和向心加速度(自己搜集所需数据).

5.2　刚体定轴转动的转动定律

5.2.1　力矩

力是引起质点或平动物体运动状态发生变化的原因. 力矩则是引起转动物体运动状态发生变化的原因.

设一刚体可绕 z 轴转动，在刚体与 z 轴垂直的平面内，作用一力 $\boldsymbol{F}$，如图 5.6 所示，O 点为转轴与力 $\boldsymbol{F}$ 所在平面的交点，则**力对转轴 z 的力矩 M_z 定义为：力 F 的大小与 O 点到力 $\boldsymbol{F}$ 的作用线间垂直距离 h(称为力臂)的乘积**，即

$$M_z(\boldsymbol{F})=\pm Fh=\pm Fr\sin\varphi \tag{5.13}$$

式中，r 为 O 点到力 $\boldsymbol{F}$ 的作用点 A 的矢径 $\boldsymbol{r}$ 的大小，φ 为矢径 $\boldsymbol{r}$ 与力 $\boldsymbol{F}$ 之间小于 180°的夹角；力矩的正负由右螺旋法则确定，即从 z 轴正端向负端看，若力 $\boldsymbol{F}$ 使物体沿逆时针方向转动，则力矩 M_z 为正，式(5.13)中取正号；反之为负. 因为力对轴的力矩或为正、或为负，只有这两种情况，因此力对于定轴的力矩一般可视为代数量.

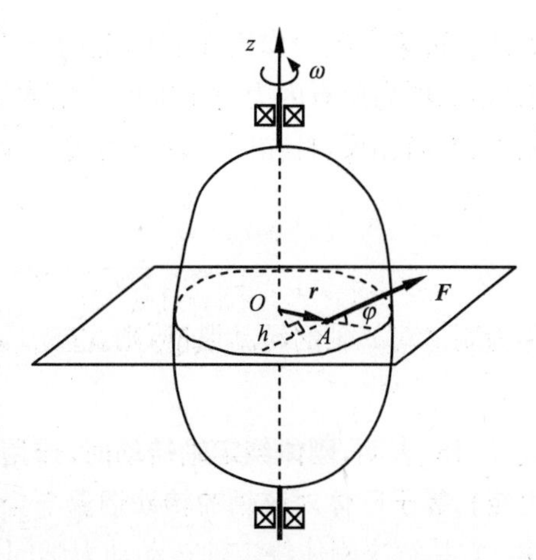

图 5.6　垂直于转轴平面内的力的力矩

国际单位制中，力矩的单位是：牛·米(N·m).

当力 $\boldsymbol{F}$ 不在垂直于轴的平面内时，可以将力 $\boldsymbol{F}$ 按照柱面坐标系分解为垂直于轴的平面内的两个分力 $\boldsymbol{F}_\tau$、$\boldsymbol{F}_n$ 和轴向的一个分力 $\boldsymbol{F}_z$，即

$$\boldsymbol{F}=\boldsymbol{F}_{\tau}+\boldsymbol{F}_{n}+\boldsymbol{F}_{z}$$

按照矢量运算法则,力矩的矢量可以表示为

$$\boldsymbol{M}=\boldsymbol{r}\times\boldsymbol{F} \tag{5.14}$$

由于对定轴转动的刚体,只有在转轴方向上的力矩分量才能影响它的运动状态;按照矢量运算法则可以得到

$$M_z=\pm F_{\tau}r \tag{5.15}$$

5.2.2 刚体定轴转动的转动定律

设某一刚体可绕定轴 z 轴转动,某时刻 t,角速度为 ω,角加速度为 β. 设刚体是由大量质点组成的,这些质点都在垂直于轴的平面内各自做不同半径的圆周运动. 考虑第 i 个质点,其质量为 Δm_i,到轴 z 的距离为 r_i. 作用在质点 i 上的力可以分为两类: $\boldsymbol{F}_i$ 表示来自刚体以外一切力的合力(称为外力),$\boldsymbol{f}_i$ 表示来自刚体以内其余各质点对质点 i 作用力的合力(称为内力). 刚体绕定轴 z 轴转动过程中,质点 i 以 r_i 为半径做圆周运动,根据牛顿第二定律有

$$\boldsymbol{F}_i+\boldsymbol{f}_i=(\Delta m_i)\boldsymbol{a}_i=(\Delta m_i)\frac{\mathrm{d}\boldsymbol{v}_i}{\mathrm{d}t}$$

将此矢量方程两边都投影到质点 i 的圆轨迹切线方向上,则有

$$F_{i\tau}+f_{i\tau}=(\Delta m_i)a_{i\tau}=(\Delta m_i)r_i\beta$$

再将此式两边乘以 r_i,并对整个刚体求和,有

$$\sum_i F_{i\tau}r_i+\sum_i f_{i\tau}r_i=\Big(\sum_i \Delta m_i r_i^2\Big)\beta \tag{5.16}$$

等式左边第一项为作用在刚体上的外力对 z 轴的力矩的总和,称为合外力矩,用 M_z 表示;第二项为所有内力对 z 轴的力矩的总和. 由于内力总是成对出现,而且每对内力大小相等、方向相反,且在同一条作用线上,因此内力对 z 轴之矩的和恒为零.

令

$$J_z=\sum_i \Delta m_i r_i^2 \tag{5.17}$$

称为刚体对 z 轴的转动惯量,则式(5.16)可以写成

$$M_z=J_z\beta \tag{5.18}$$

式(5.18)表明,**刚体绕定轴转动时,作用在刚体上的所有外力对该轴力矩的代数和(合外力矩),等于刚体对该轴的转动惯量与角加速度的乘积**. 这称为**刚体绕定轴转动的转动定律**. 它是解决刚体绕定轴转动动力学问题的基本方程.

对于给定的绕定轴转动的刚体(J_z=常量),角加速度反映了它绕定轴转动的运动状态的变化. 因此,转动定律表明,合外力矩 M_z 决定了绕定轴转动刚体的运动状态变化与否以及变化快慢. 对给定的合外力矩 M_z,转动惯量越大,角加速度越小,即刚体绕定轴转动的运动状态越难改变,因此,转动惯量是描述刚体对轴转动惯性大小的物理量. 如果把转动定律和牛顿第二定律做形式上的比较,即把刚体所受外力矩之和与质点所受的合力

相对应,刚体的角加速度和质点的加速度相对应,那么刚体的转动惯量就与质点的质量相对应. 刚体的转动定律也是瞬时关系.

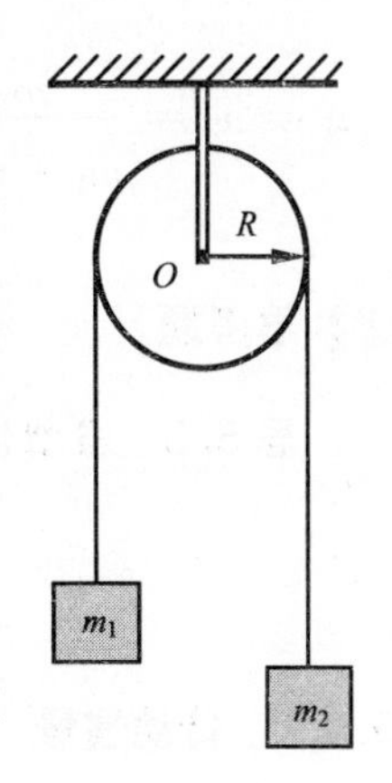

图 5.7

例 5.2　一细绳跨过一个轴承光滑的定滑轮,绳的两端分别悬挂质量为 m_1 和 m_2 的物体($m_1<m_2$),如图 5.7 所示. 滑轮视为均质圆盘,其质量为 M、半径为 R,绳与滑轮间无相对滑动,不计水平轴处的摩擦,绳的质量可以忽略不计,绳不能伸长,试求物体的加速度和绳中张力大小. 已知定滑轮的转动惯量为 $J=\frac{1}{2}MR^2$.

解　以地面为参考系,分别以 m_1、m_2 和滑轮为研究对象,m_1 和 m_2 均做平动,都可以看成质点. 其隔离体受力分析如图 5.8 所示. 设 m_1 的加速度 $\boldsymbol{a}_1$ 方向竖直向上,m_2 的加速度 $\boldsymbol{a}_2$ 方向竖直向下.

对 m_1,取竖直向上为坐标轴的正方向,根据牛顿第二定律,有

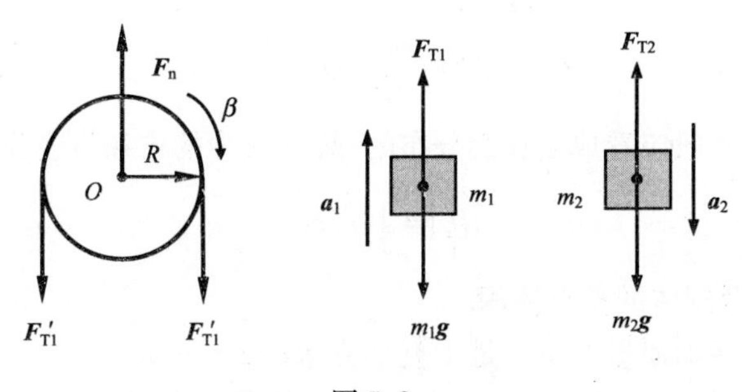

图 5.8

$$F_{T1}-m_1g=m_1a_1$$

对 m_2,设取竖直向下为坐标轴的正方向,根据牛顿第二定律,有

$$-F_{T2}+m_2g=m_2a_2$$

对定滑轮进行受力分析,如图 5.8 所示. 滑轮的运动可视为刚体的定轴转动. 设定滑轮的角加速度为 β,顺时针方向为正方向,由于不计水平轴处的摩擦,根据转动定律,有

$$RF'_{T2}-RF'_{T1}=J\beta$$

其中定滑轮视为均质圆盘,其转动惯量为

$$J=\frac{1}{2}MR^2$$

绳的质量忽略不计,所以同一段绳上各部分的张力大小相等,故

$$F'_{T1}=F_{T1}$$

$$F'_{T2}=F_{T2}$$

又因为绳不能伸长,且绳与滑轮间无相对滑动,所以 m_1 和 m_2 的加速度大小相等,且等于滑轮边缘上任一点的切向加速度大小. 即有

$$a_1=a_2=R\beta$$

联立求解以上各式,即得

$$a_1 = a_2 = \frac{m_2 - m_1}{m_1 + m_2 + \frac{1}{2}M} g,\ F_{t1} = \frac{2m_2 + \frac{1}{2}M}{m_1 + m_2 + \frac{1}{2}M} m_1 g,\ F_{t2} = \frac{2m_1 + \frac{1}{2}M}{m_1 + m_2 + \frac{1}{2}M} m_2 g$$

思考题

思 5.2 当刚体转动的角速度很大时,作用在它上面的合外力矩是否一定很大?

5.3 刚体的转动惯量

5.3.1 转动惯量

刚体对某 z 轴的转动惯量等于刚体上各质点的质量与该质点到转轴垂直距离平方的乘积之和,即

$$J_z = \sum_i \Delta m_i r_i^2$$

事实上,刚体的质量一般应看成是连续分布的,故上式中的求和应变为定积分,即

$$J_z = \int_V r^2 \mathrm{d}m \tag{5.19}$$

式中 V 表示积分遍及刚体的整个体积.

国际单位制中,转动惯量的单位是千克平方米($\mathrm{kg \cdot m^2}$).

刚体对轴转动惯量的大小取决于三个因素,即刚体转轴的位置、刚体的质量和质量对转轴的分布情况. 转动惯量的这些性质,在日常生活和工程实际问题中得到广泛的应用.

例如,为了使机器工作时运行平稳,常在回转轴上装置飞轮,一般飞轮的质量都非常大,而且飞轮的质量绝大部分都集中于轮的边缘上. 所有这些措施都是为了增大飞轮对轮轴的转动惯量.

对形状简单、质量分布均匀的刚体,通常用理论方法计算转动惯量. 对形状复杂的刚体,用理论方法求解对某轴的转动惯量是困难的,实际中多用实验方法测定.

例 5.3 质量为 m、长为 L 的均质细杆. 求:

(1) 该杆对过中心且与杆垂直的轴的转动惯量;

(2) 该杆对过其一端且与杆垂直的轴的转动惯量.

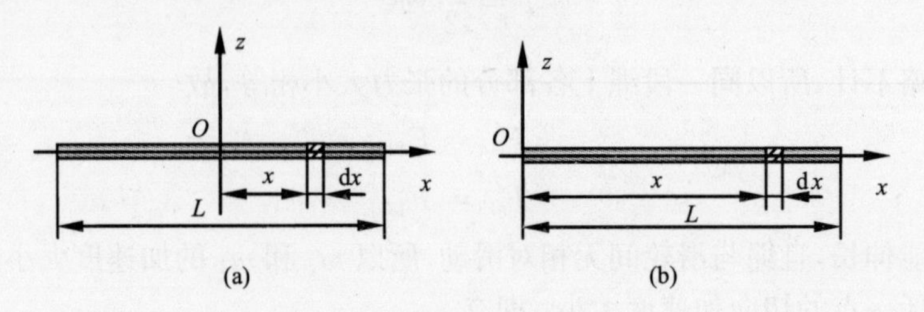

图 5.9

解　(1) 选取图 5.9(a)所示坐标系，根据转动惯量的定义，在距轴 x 处取一质量元，其长度为 $\mathrm{d}x$，质量为 $\mathrm{d}m=\frac{m}{L}\mathrm{d}x$，则该杆对过中心且与杆垂直的轴 z 的转动惯量为

$$J_z=\int_{-\frac{L}{2}}^{\frac{L}{2}}x^2\frac{m}{L}\mathrm{d}x=\frac{1}{12}mL^2$$

(2) 如图 5.9(b)所示，同理可得该杆对过其一端且与杆垂直的轴 z 的转动惯量为

$$J_z=\int_0^L x^2\frac{m}{L}\mathrm{d}x=\frac{1}{3}mL^2$$

*5.3.2　平行轴定理

由例 5.3 的结果可以看出，刚体做定轴转动时，当转轴通过刚体的质心时，其转动惯量相对于与该转轴平行的它转轴而言是最小的. 通过互相平行的不同转轴的转动惯量之间的定量关系就是平行轴定理.

平行轴定理：设刚体对通过其质心 C 的一个轴的转动惯量为 J_C，另一个转轴与该转轴相平行且相对距离为 d；若刚体对该轴的转动惯量为 J_O，则

$$J_O=J_C+md^2 \tag{5.20}$$

证明　对任意刚体，设有两个距离为 d 的平行转轴，其中一个转轴过刚体的质心，建立直角坐标系，令两个平行轴沿 z 方向，质心为坐标原点 $x_C=0$，则

$$J_C=\int_V r^2\mathrm{d}m=\int_V(x^2+y^2)\mathrm{d}m$$

$$J_O=\int_V[(x+d)^2+y^2]\mathrm{d}m=\int_V(x^2+2\mathrm{d}x+d^2+y^2)\mathrm{d}m$$

$$=\int_V(x^2+y^2)\mathrm{d}m+2d\int_V x\mathrm{d}m+d^2\int_V\mathrm{d}m$$

由质心定义 $x_C=\frac{1}{m}\int x\mathrm{d}m=0$ 可得

$$J_O=\int_V(x^2+y^2)\mathrm{d}m+d^2\int_V\mathrm{d}m=J_C+md^2$$

*5.3.3　可加性定理

由式(5.19)以及积分的意义知，一个刚体如果可以看成几部分刚体构成，则刚体对某个转轴的转动惯量是每一部分刚体对该转轴的和，即

$$J=\sum_i J_i \tag{5.21}$$

例 5.4　一个质量为 m、长度为 $2R$ 的细杆，一端连接与杆垂直的转轴 O，另一端连接一个质量为 m、半径为 R 的圆盘. 求对转轴 O 的转动惯量.

解　由于

$$J=J_1+J_2$$

细杆的转动惯量为

$$J_1=\frac{1}{3}ml^2=\frac{4}{3}mR^2;$$

由平行轴定理,圆盘的转动惯量为

$$J_2 = md^2 + \frac{1}{2}mR^2 = 4mR^2 + \frac{1}{2}mR^2 = \frac{9}{2}mR^2$$

根据可加性定理可得

$$J = J_1 + J_2 = \frac{4}{3}mR^2 + \frac{9}{2}mR^2 = \frac{35}{6}mR^2$$

*5.3.4 垂直轴定理

设刚体对原点的虚拟转动惯量为 $J_O = \int (x^2 + y^2 + z^2)\mathrm{d}m$, x 轴、y 轴、z 轴相互垂直且相交于原点;若刚体对 x 轴、y 轴、z 轴的转动惯量分别为 J_x, J_y, J_z;则

$$J_x + J_y + J_z = 2J_O \tag{5.22}$$

证明 因为 $J_x = \int (y^2 + z^2)\mathrm{d}m, J_y = \int (x^2 + z^2)\mathrm{d}m, J_z = \int (x^2 + y^2)\mathrm{d}m$; 所以

$$J_x + J_y + J_z = 2\int (x^2 + y^2 + z^2)\mathrm{d}m = 2J_O$$

例 5.5 一个质量均匀分布的薄球壳,质量为 m,半径为 R. 求:对其直径轴的转动惯量 J.

解 选取球心处为坐标原点,x 轴、y 轴、z 轴相互垂直且相交于原点. 则

$$J_O = \int (x^2 + y^2 + z^2)\mathrm{d}m = mR^2$$

由对称性,x 轴、y 轴、z 轴都是其直径轴,所以

$$J_x = J_y = J_z = J$$

根据垂直轴定理,可得

$$J_x + J_y + J_z = 3J = 2J_O$$

由此可得

$$J = \frac{2}{3}mR^2$$

同样道理,可用上述类似方法计算质量均匀分布的球体等的转动惯量.

表 5.1 给出了几种常用均质刚体对某轴的转动惯量.

表 5.1 几种常用刚体的转动惯量

图	说明	转动惯量 J
转轴 l	细棒 长为 l、质量为 m、质量均匀分布的细长直杆. 转轴:通过杆中心且与杆垂直.	$J=\frac{1}{12}ml^2$

续表

图	说明	转动惯量 J
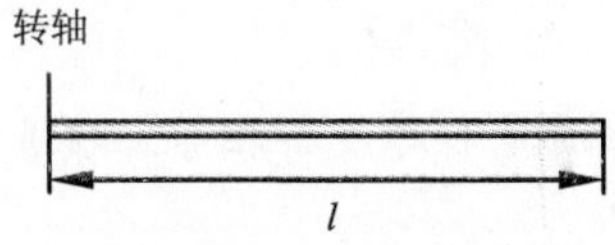 转轴 l	细棒 长为 l、质量为 m、质量均匀分布的细长直杆. 转轴：通过杆一端且与杆垂直.	$J=\frac{1}{3}ml^2$
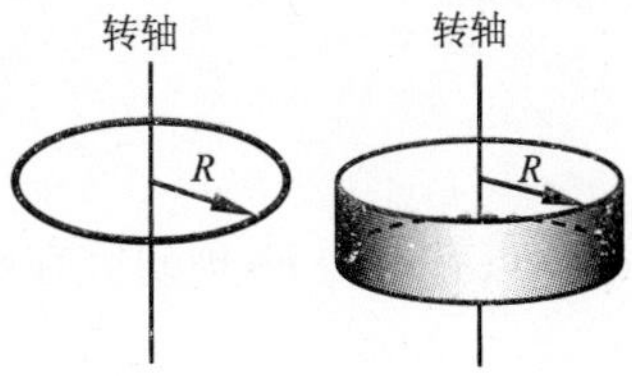 转轴 R 转轴 R	细圆环（薄壁圆筒） 半径为 R、质量为 m、质量均匀分布的细圆环（或薄壁圆筒）. 转轴：通过环中心且与环面垂直（或沿薄壁圆筒的垂直于圆面的几何对称轴）.	$J=mR^2$
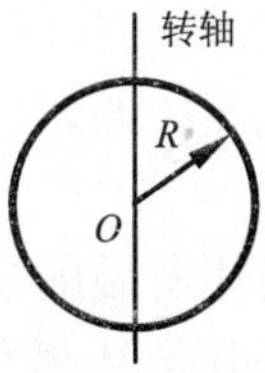 转轴 R O	细圆环 半径为 R、质量为 m、质量均匀分布的细圆环. 转轴：沿直径.	$J=\frac{1}{2}mR^2$
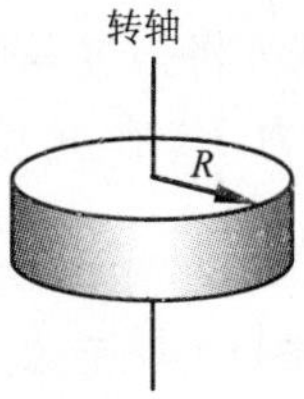 转轴 R	薄圆盘（圆柱体） 半径为 R、质量为 m、质量均匀分布的薄圆盘（或圆柱体）. 转轴：沿通过中心且垂直于盘面（或圆柱体底面）的几何对称轴.	$J=\frac{1}{2}mR^2$
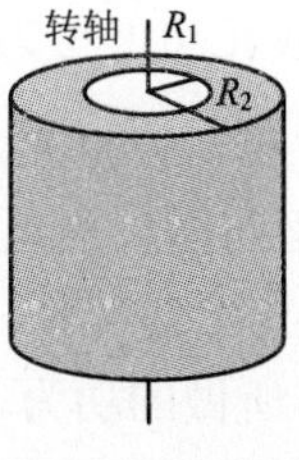 转轴 R_1 R_2	圆筒 内、外半径分别为 R_1、R_2，质量为 m、质量均匀分布的圆筒. 转轴：沿圆筒的几何对称轴.	$J=\frac{1}{2}m(R_1^2+R_2^2)$
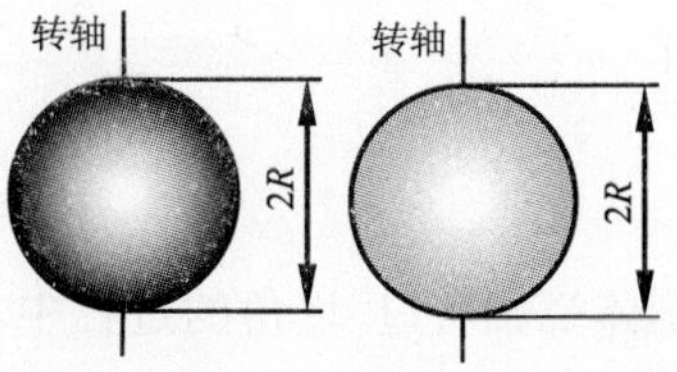 转轴 $2R$ 转轴 $2R$	球体、球壳 半径为 R、质量为 m、质量均匀分布的球体（实心）、薄球壳（空心）. 转轴：沿通过球心的几何对称轴.	球体：$J=\frac{2}{5}mR^2$ 球壳：$J=\frac{2}{3}mR^2$

思考题

思 5.3　刚体的转动惯量都与那些因素有关？说“一个确定的刚体具有确定的转动惯量”，这话对吗？

思 5.4　设有两个圆盘是用密度不同的金属制成的，但质量和厚度都相等. 对通过盘心且垂直于盘面的轴而言，哪个圆盘具有较大的转动惯量？

5.4　刚体定轴转动的功能原理

5.4.1　力矩的功

如图 5.10 所示，刚体绕定轴 z 转动，设作用在刚体上的 P 点有一力 $\boldsymbol{F}$，现研究在刚体转动时力 $\boldsymbol{F}$ 在其作用点 P 的元位移上的功.

将力 $\boldsymbol{F}$ 分解为两个力：$\boldsymbol{F}_{/\!/}$ 与 z 轴平行，$\boldsymbol{F}_{\perp}$ 在过 P 点并与 z 轴垂直的平面内. 由于力的作用点 P 的元位移在垂直于转轴的平面内，$\boldsymbol{F}_{/\!/}$ 与力作用点的位移相垂直，故 $\boldsymbol{F}_{/\!/}$ 对刚体的定轴转动不做功. 因此，在刚体做定轴转动时，力 $\boldsymbol{F}$ 在其作用点 P 的元位移上的功，就等于 $\boldsymbol{F}_{\perp}$ 在元位移上的功.

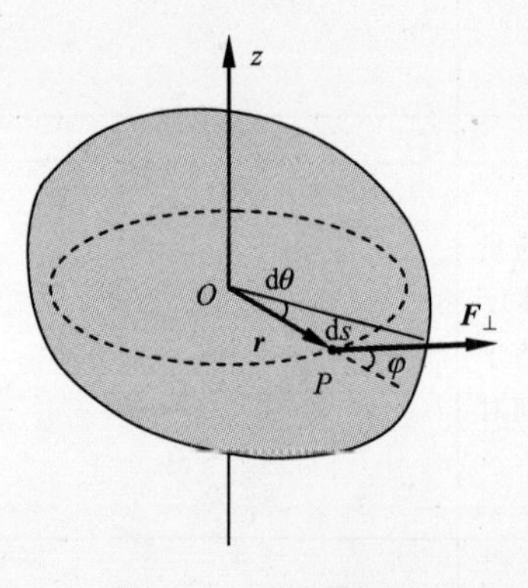

图 5.10　力矩的功

现在计算 $\boldsymbol{F}_{\perp}$ 在元位移上对刚体所做的功. 由 $\boldsymbol{F}_{\perp}$ 所在平面与 z 轴的交点 O 向力的作用点 P 做矢径 $\boldsymbol{r}$，如图 5.10 所示. 当刚体绕 z 轴转动、力 $\boldsymbol{F}$ 的作用点移动元位移 $\mathrm{d}\boldsymbol{r}$ 时，相应的元路程为 $\mathrm{d}s$，位矢 $\boldsymbol{r}$ 将扫过一个元角位移 $\mathrm{d}\theta$，显然 $\mathrm{d}s = r\mathrm{d}\theta$. 按功的定义，力 $\boldsymbol{F}_{\perp}$ 在元位移上的元功为

$$\mathrm{d}A = \boldsymbol{F}_{\perp} \cdot \mathrm{d}\boldsymbol{r} = F_{\perp} \cos\left(\frac{\pi}{2} - \varphi\right) \cdot r\mathrm{d}\theta = F_{\perp}\, r\sin\varphi \mathrm{d}\theta$$

式中 φ 是矢径 $\boldsymbol{r}$ 与力 $\boldsymbol{F}_{\perp}$ 之间的夹角. 根据定义，$F_{\perp} r\sin\varphi$ 正是力 $\boldsymbol{F}$ 对 z 轴的力矩 $M_z(\boldsymbol{F})$，故元功可写为

$$\mathrm{d}A = M_z(\boldsymbol{F})\mathrm{d}\theta \tag{5.23}$$

即作用在定轴转动刚体上的力 $\boldsymbol{F}$ 的元功，等于该力对 z 轴的力矩与刚体的元角位移的乘积.

刚体从角坐标 θ_1 转到角坐标 θ_2 的过程中，力 $\boldsymbol{F}$ 的力矩对刚体所做的功为

$$A = \int_{\theta_1}^{\theta_2} M_z(\boldsymbol{F})\mathrm{d}\theta \tag{5.24}$$

当 M_z 为常量时，上式为

$$A = M_z(\theta_2 - \theta_1) \tag{5.25}$$

若在转动的刚体上作用有力 $\boldsymbol{F}_1, \boldsymbol{F}_2, \cdots, \boldsymbol{F}_n$，那么在刚体绕轴转过 $\mathrm{d}\theta$ 角的过程中，各力对刚体所做的总功等于各力所做功之和.

需要指出，所谓力矩的功，实质上还是力所做的功，并不存在关于力矩功的新定义.

只不过是刚体在定轴转动过程中，力所做的功可用力矩和角位移的乘积来表示.

力矩做功的功率

$$P=\frac{\mathrm{d}A}{\mathrm{d}t}=\frac{M_z\mathrm{d}\theta}{\mathrm{d}t}=M_z\omega \tag{5.26}$$

5.4.2　定轴转动的动能

刚体绕定轴 z 转动，转动惯量为 J_z，某时刻 t，角速度为 ω. 刚体是由大量质点组成的，考虑第 i 个质点，其质量为 Δm_i，到转轴 z 的垂直距离为 r_i. 质点 i 以 r_i 为半径做圆周运动，其速率为 $v_i=r_i\omega$，所以质点 i 的动能为 $\frac{1}{2}\Delta m_i v_i^2=\frac{1}{2}\Delta m_i r_i^2\omega^2$，由于动能为标量且永为正，故整个刚体的动能 E_k 等于刚体所有质点动能之和，即

$$E_\mathrm{k}=\sum_i\frac{1}{2}\Delta m_i r_i^2\omega^2=\frac{1}{2}\omega^2\sum_i\Delta m_i r_i^2=\frac{1}{2}J_z\omega^2 \tag{5.27}$$

即绕定轴转动刚体的动能，等于刚体对转轴的转动惯量与其角速度平方乘积的一半.

将刚体绕定轴转动的动能 $\frac{1}{2}J_z\omega^2$ 与质点的动能 $\frac{1}{2}mv^2$ 加以比较，再一次看到转动惯量对应于质点的质量，即转动惯量是刚体绕轴转动惯性大小的量度.

5.4.3　刚体定轴转动的动能定理

用功能关系处理力学问题往往比较方便. 根据转动定律，作用在刚体上的所有外力对该轴的力矩的代数和，等于刚体对该轴的转动惯量与角加速度的乘积，即

$$M_z=J_z\beta=J_z\frac{\mathrm{d}\omega}{\mathrm{d}t}$$

等式两边同乘以 $\mathrm{d}\theta$，这一方程可改写为

$$\mathrm{d}A=J_z\omega\mathrm{d}\omega=\mathrm{d}\left(\frac{1}{2}J_z\omega^2\right)$$

此式表示，绕定轴转动刚体动能的微分等于作用在刚体上所有外力元功的代数和. 这就是绕定轴转动刚体的动能定理的微分形式.

若绕定轴转动的刚体在外力矩作用下，角速度从 ω_1 变到 ω_2，积分得

$$A=\frac{1}{2}J_z\omega_2^2-\frac{1}{2}J_z\omega_1^2 \tag{5.28}$$

式中 A 表示刚体角速度从 ω_1 变到 ω_2 的过程中，作用在刚体上所有外力所做功的代数和. 上式表明，**绕定轴转动的刚体在某一过程中动能的增量，等于在该过程中作用在刚体上所有外力矩做功的总和**. 这就是**绕定轴转动刚体的动能定理的积分形式**. 简称为**定轴转动刚体的动能定理**.

需要指出，对于刚体，由于其内部任意两点之间都没有相对位移，所以内力的功的总和在任何过程中都等于零. 但是，对非刚体或任意质点系，内力的功的总和一般不等于零. 因此，**对于围绕同一固定轴转动的刚体系统，在某一过程中动能的增量，等于在该过**

程中作用在刚体上所有外力矩做功与所有内力矩做功的总和. 这就是定轴转动的动能定理. 这与质点系动能定理的表述是相同的.

5.4.4 刚体定轴转动的机械能守恒

当刚体体积不大时,刚体所受的重力可以看作是作用于刚体重心上的. 当我们选择刚体与地球作为一个系统时,重力势能为

$$E_p = mgz_c$$

它决定于整个刚体的质量 m 和其重心距势能零点的高度 z_c.

对一个定轴转动的刚体,如果转轴不通过重心,则转动时重力势能发生变化. 如果外力矩不做功,只有重力力矩做功,则定轴转动刚体的机械能守恒,即

$$\frac{1}{2}J_z\omega^2 + mgz_c = \text{常量}$$

这就是刚体定轴转动的机械能守恒定律.

思考题

思 5.5 假定地球是一个均质球体,求地球绕自转轴的转动动能. 取地球半径为 6.4×10^6 m,质量为 6.0×10^{24} kg.

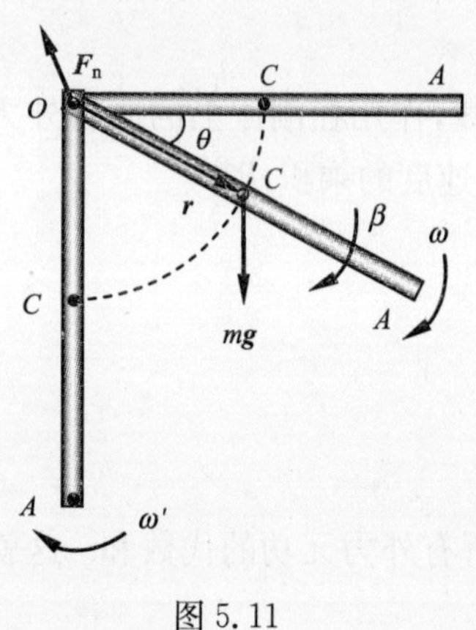

图 5.11

例 5.6 一根质量为 M、长为 L 的均质细棒 OA,可绕通过其一端且垂直于棒的水平轴在铅直平面内转动,如图 5.11 所示. 棒在轴承处的摩擦不计. 如果让棒自水平位置开始自由释放,求:

(1) 该棒转到与水平位置夹角为 θ 时的角加速度 β 和角速度 ω;

(2) 该棒转到铅直位置时棒端 A 的速率 v_A.

解 (1) 棒 OA 转到与水平位置夹角为 θ 时,受到重力 mg(作用于质心 C)和轴上的支持力 $\boldsymbol{F}_n$ 的作用. 对轴 O 而言,支持力 $\boldsymbol{F}_n$ 的力矩为零,所以由转动定律,有

$$Mg\frac{L}{2}\sin\left(\frac{\pi}{2}-\theta\right) = J\beta$$

$$J = \frac{1}{3}ML^2$$

得该棒转到与水平位置夹角为 θ 时的角加速度

$$\beta = \frac{3g}{2L}\cos\theta$$

由于棒转动过程中只有重力做功,故机械能守恒,有

$$Mg\frac{L}{2}\sin\theta = \frac{1}{2}J\omega^2$$

得该棒转到与水平位置夹角为 θ 时的角速度

$$\omega = \sqrt{\frac{3g}{L}\sin\theta}$$

(2) 将 $\theta = \frac{\pi}{2}$ 代入上述结果，即得该棒转到铅直位置时的角速度

$$\omega' = \sqrt{\frac{3g}{L}}$$

则此时棒端 A 的速率

$$v_A = \omega' L = \sqrt{3gL}$$

5.5　刚体定轴转动的角动量定理

5.5.1　刚体定轴转动的角动量

现在计算绕定轴转动的刚体角动量. 当刚体以角速度 ω 绕定轴 z 转动时，刚体上任意一点均在各自所在的垂直于 z 轴的平面内做圆周运动. 取刚体上任一质点 i，其质量为 Δm_i，速度为 $\boldsymbol{v}_i$，到转轴 z 的垂直距离为 r_i，速度大小为 $v_i = r_i\omega$. 质点 i 以 r_i 为半径做圆周运动，所以质点 i 对 z 轴的角动量为 $r_i\Delta m_i v_i$. 由于刚体上任一质点对 z 轴的角动量都具有相同的方向，因此整个刚体对 z 轴的角动量 L_z 等于各质点对 z 轴的角动量的和，即

$$L_z = \sum_i r_i \Delta m_i v_i = \sum_i \Delta m_i r_i^2 \omega = J_z \omega \tag{5.29}$$

上式表明，**刚体绕定轴转动的角动量，等于刚体对该轴的转动惯量与角速度的乘积.**

5.5.2　刚体定轴转动的角动量定理

把刚体绕定轴转动的转动定律 $M_z = J_z\beta$ 改写成

$$M_z = J_z \frac{\mathrm{d}\omega}{\mathrm{d}t}$$

由于刚体对固定轴的转动惯量 J_z 是常量，可以把它放入微分号内，即

$$M_z = \frac{\mathrm{d}(J_z\omega)}{\mathrm{d}t} = \frac{\mathrm{d}L_z}{\mathrm{d}t} \tag{5.30}$$

上式表明，绕定轴转动刚体角动量对时间的导数，等于作用在刚体上所有外力对转轴之矩的代数和. 这是刚体绕定轴转动情况下，转动定律的角动量表达式.

将式(5.30)两边乘以 $\mathrm{d}t$ 并积分，得

$$\int_{t_1}^{t_2} M_z \mathrm{d}t = L_2 - L_1 = (J_z\omega)_2 - (J_z\omega)_1 \tag{5.31}$$

式中 $(J_z\omega)_2$ 和 $(J_z\omega)_1$ 分别表示在 t_2 和 t_1 时刻转动刚体的角动量，$\int_{t_1}^{t_2} M_z \mathrm{d}t$ 称为在 $(t_2 - t_1)$ 时间间隔内的冲量矩. 冲量矩表示了力矩在一段时间间隔内的累积效应. 式(5.31)表明，**绕定轴转动刚体角动量在某一段时间内的增量，等于同一时间间隔内作用在刚体上所有外力矩的冲量矩.** 这一关系称为**刚体的角动量定理.**

5.5.3 刚体定轴转动的角动量守恒定律

根据角动量定理式(5.31),**当作用在定轴转动刚体上所有外力对转轴的力矩的代数和为零时,刚体在运动过程中角动量保持不变(守恒)**,即

$$M_z = 0 \text{ 时}, \quad J_z\omega = \text{常量}$$

这就是**刚体定轴转动的角动量守恒定律**. 由于刚体绕定轴 z 的转动惯量为一常量,故刚体的角速度 ω 保持不变,这时刚体做惯性转动.

对绕定轴转动的可变形物体(非刚体)来说,物体相对于转轴的位置是可变的,物体对轴的转动惯量不再是一个常量,可以证明,式(5.30)仍然成立,这时,如果作用在可变形物体上所有外力对转轴的力矩的代数和总是为零,则在运动过程中,可变形物体的角动量保持不变(守恒). 这一结论在实际生活及工程中有着广泛的应用. 例如,花样滑冰的表演者和芭蕾舞演员,绕通过重心的铅直轴高速旋转时,由于外力对轴的合力矩为零,因此,表演者对旋转轴角动量守恒,他们可以通过伸展或收回手脚(改变转动惯量)的动作来调节旋转的角速度. 还有跳水运动员的旋转角速度的变化,直升飞机尾翼的设置等,都可用角动量守恒定律来解释.

角动量守恒定律是自然界普遍适用的定律之一. 它不仅适用于包括天体在内的宏观物体的运动,而且适用于原子、原子核等牛顿定律已不适用的微观问题,因此角动量守恒定律是比牛顿定律更为基本的规律.

思考题

思 5.6 试说明:地球两极冰山的融化是地球角速度变化的原因之一.

思 5.7 如果地球两极“冰帽”都融化了,而且水都回归海洋,试分析这对地球自转角速度会有什么影响,一昼夜的时间会变长吗?

思 5.8 一个人随着转台转动,转台轴上的摩擦忽略不计,他将两臂伸平,两手各拿一只重量相等的哑铃,这时他和转台的角速度为 ω,然后他保持两臂不动将哑铃丢下. 问角动量是否守恒? 他的角速度是否改变?

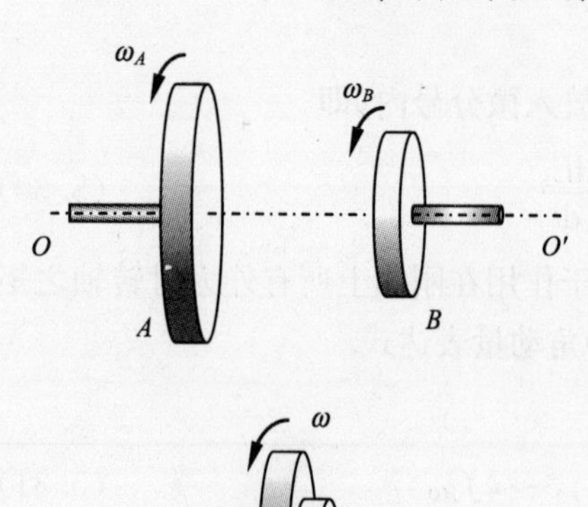

图 5.12

例 5.7 如图 5.12 所示,两个均质圆盘 A、B 分别绕过其中心轴 OO' 同向转动,角速度分别是 ω_A、ω_B,两轮的半径分别为 r_A 和 r_B,质量分别为 m_A 和 m_B. 求 A、B 两圆盘对心衔接(啮合)后的角速度 ω.

解 以 A、B 两圆盘为研究对象. 在衔接过程中,系统对轴无外力矩作用(它们之间的摩擦力矩为内力矩),故系统角动量守恒,即衔接前两圆盘的角动量之和等于衔接后两圆盘的角动量之和,于是有

$$J_A\omega_A + J_B\omega_B = (J_A + J_B)\omega$$

式中

$$J_A = \frac{1}{2}m_A r_A^2$$

$$J_B = \frac{1}{2}m_B r_B^2$$

分别为圆盘A、B绕轴OO'的转动惯量. 由上式得

$$\omega = \frac{J_A\omega_A + J_B\omega_B}{J_A + J_B} = \frac{\frac{1}{2}m_A r_A^2\omega_A + \frac{1}{2}m_B r_B^2\omega_B}{\frac{1}{2}m_A r_A^2 + \frac{1}{2}m_B r_B^2} = \frac{m_A r_A^2\omega_A + m_B r_B^2\omega_B}{m_A r_A^2 + m_B r_B^2}$$

讨论 假若B圆盘的转动方向与题中相反,则结果又如何呢?

假设ω_A为正,则有

$$J_A\omega_A - J_B\omega_B = (J_A + J_B)\omega$$

解得

$$\omega = \frac{m_A r_A^2\omega_A - m_B r_B^2\omega_B}{m_A r_A^2 + m_B r_B^2}$$

若$\omega>0$,则表示两圆盘衔接后的转动方向与原来圆盘A的转动方向相同;若$\omega<0$,则表示两圆盘衔接后的转动方向与原来圆盘A的转动方向相反;若$\omega=0$,则表示两圆盘衔接后静止.

例5.8 长为$l=0.40$m、质量为$M=1$kg的均质细杆,竖直悬挂,可绕上端的光滑水平轴O转动.一质量为$m=8\times10^{-3}$kg的子弹在杆的转动面内以水平速度$v=200\text{m}\cdot\text{s}^{-1}$在距转轴$O$为$\frac{3}{4}l$的$A$点垂直射入杆内,如图5.13所示.求:(1)杆开始转动时的角速度ω;(2)杆从竖直位置开始摆动所能摆到的最大摆角θ.

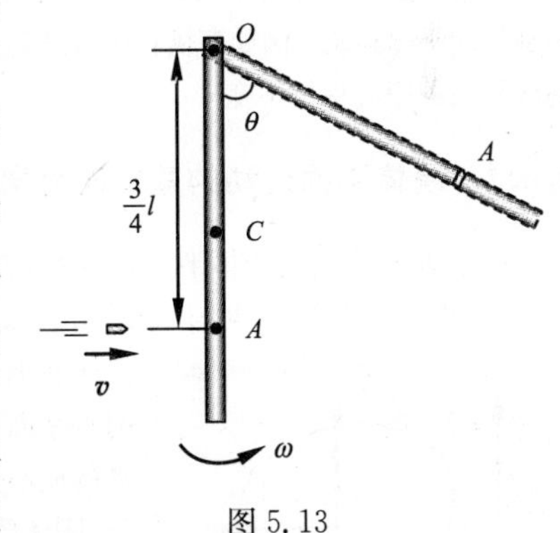

图5.13

解 子弹射入杆的过程,时间极其短暂,杆几乎处于竖直位置不变,以杆和子弹为研究对象,此时系统受到的外力作用有子弹和杆的重力、轴上的支持力,对转轴O而言,这些外力的力矩的代数和等于零. 所以,在子弹射入杆的过程中,系统角动量守恒(注意:**此过程动量不守恒!**). 即射入前子弹和杆的的角动量之和,等于射入后子弹和杆的角动量之和. 以逆时针为正方向,于是有

$$mv\frac{3}{4}l = \left[\frac{1}{3}Ml^2 + m\left(\frac{3}{4}l\right)^2\right]\omega$$

解得杆开始转动时的角速度

$$\omega = \frac{mv\frac{3}{4}l}{\frac{1}{3}Ml^2 + m\left(\frac{3}{4}l\right)^2}$$

$$= \frac{8\times10^{-3}\times200\times\frac{3}{4}}{\frac{1}{3}\times1\times0.40 + \frac{9}{16}\times8\times10^{-3}\times0.40}$$

$$= 8.88(\mathrm{rad}\cdot\mathrm{s}^{-1})$$

子弹留在杆内与杆一起向上摆动的过程中，子弹、杆、地球作为系统，只有重力做功，系统机械能守恒，有

$$\frac{1}{2}\left[\frac{1}{3}Ml^2 + m\left(\frac{3}{4}l\right)^2\right]\omega^2 = Mg\,\frac{l}{2}(1-\cos\theta) + mg\,\frac{3}{4}l(1-\cos\theta)$$

解得

$$\theta = \arccos\left[1 - \frac{\frac{1}{2}\left[\frac{1}{3}Ml^2 + m\left(\frac{3}{4}l\right)^2\right]\omega^2}{Mg\,\frac{l}{2} + mg\,\frac{3}{4}l}\right] = 94.3°$$

*5.6 刚体的平面运动

在刚体运动的过程中，如果刚体内部任意点与某固定的参考平面的距离始终保持不变，则称此运动为刚体的平面运动. 例如车辆在做直线运行时，对于垂直于地面的平面，车辆的车身或车轮上任意点，到该平面的距离保持不变.

5.6.1 刚体平面运动的基本动力学方程

在运动学中，可将刚体平面运动视作随任意选定的基点的平动和绕基点轴的转动. 讨论动力学问题时，一般把基点选择在刚体的质心上，以便应用质心运动定理和对质心的角动量定理.

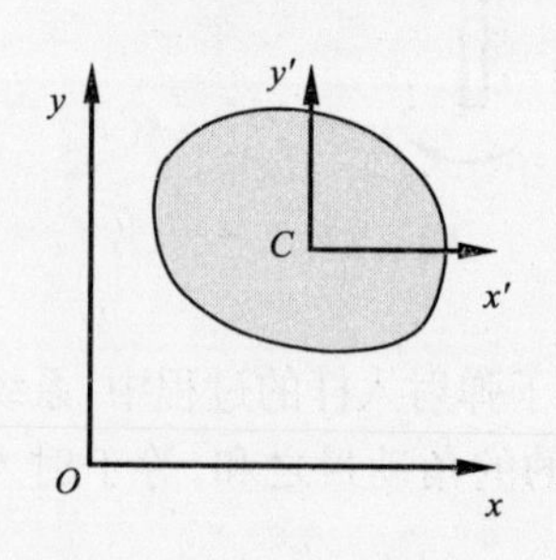

图 5.14 惯性系与非惯性系

在惯性系中建立直角坐标系 $Oxyz$，Oxy 平面与讨论刚体平面运动时的平面平行. 选择刚体质心 C 为坐标原点，在刚体上建立随刚体运动的质心坐标系 $Cx'y'z'$，两坐标系对应坐标轴始终保持平行. 一般而言，刚体质心做变速运动，故 $Cx'y'z'$ 为非惯性系，如图 5.14 所示.

首先，在 $Oxyz$ 坐标系中对刚体应用质心运动定理，

$$\sum \boldsymbol{F}_i = m\boldsymbol{a}_C \tag{5.32}$$

其中 m 为刚体的质量. 设作用于刚体的力均在 Oxy 坐标平面内，得投影式

$$\sum F_{ix} = ma_{Cx}, \quad \sum F_{iy} = ma_{Cy}$$

在对 $Cx'y'z'$ 坐标系研究刚体绕过质心 C 的 z' 轴的角动量对时间的变化率，由刚体定轴转动的角动量定理可得

$$\sum M_{iz'} = \frac{\mathrm{d}L_{z'}}{\mathrm{d}t} = J_{z'}\beta_{z'} \tag{5.33}$$

即作用于刚体的各力对质心轴的合力矩等于刚体对该轴的转动惯量与刚体角加速度的乘积，式(5.33)与刚体的定轴转动定理具有完全相同的形式，称为**刚体对质心轴的转动定理**.

式(5.32)给出了刚体随质心平动的动力学，式(5.33)描述刚体绕质心轴转动的动力学. 两式合在一起称为**刚体平面运动的基本动力学方程**.

5.6.2 刚体上受到力的特征

由刚体平面运动的基本动力学方程可得作用于刚体的力的特征.

根据(5.32)式，作用于刚体的力使质心做加速运动；根据(5.33)式，它对质心轴的力矩使刚体产生角加速度. 因此作用于刚体的力有两种效果. 如图5.15所示，当刚体受到作用力F时，将F大小方向不变的沿力的作用线滑移到F'，不改变力对刚体产生的两种效果. 因此，**刚体所受的力可沿作用线滑移而不改变其效果**，即作用于刚体的力是**滑移矢量**. 在质点力学中力有三要素，即大小、方向和作用点，而对于刚体来说，力固然有其作用点，但力可以滑移，力的作用点不再是决定力的效果的重要因素. 可以说，作用于刚体的力的三要素是大小、方向和作用线.

若力的作用线通过质心，该力对质心轴力矩为零，该力仅产生质心加速度. 如刚体最初静止，则作用线通过质心的力使刚体产生平动. 例如，宇航员离开空间站在空中行走需要助推小火箭的推力，该推力应过宇航员的质心. 否则宇航员将做绕质心无休止的转动使其无法工作. 可见，测定和计算质心位置在刚体的运动中具有重要意义.

大小相等方向相反的一对平行力称为力偶. 因为力偶的矢量和为零，故对质心运动没有影响. 如图5.17所示，$\boldsymbol{F}$和$-\boldsymbol{F}$就是一对力偶. 这两个力对质心轴力矩之和的大小为

$$|M_z| = Fd$$

d称为力偶的力偶臂. 这对力偶的力矩的方向指向纸面内，**大小等于力偶中一个力与力偶臂乘积，方向与力偶中二力成右手螺旋的力矩称为该力偶的力偶矩**. 力偶矩决定力偶对刚体运动的全部效果. 将二力的大小方向和作用线挪动后，如图5.16挪动为F'和$-F'$，只要不改变力偶矩，即$F'd'=Fd$且力偶矩方向不变，则与原力偶等效.

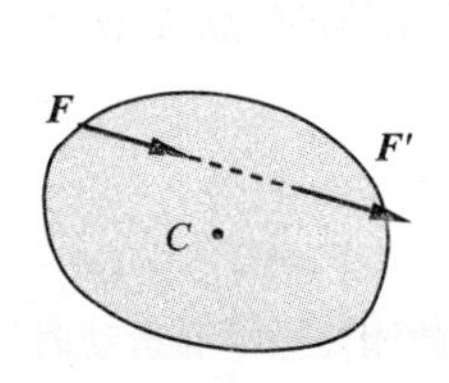

图5.15 力沿作用线的滑动

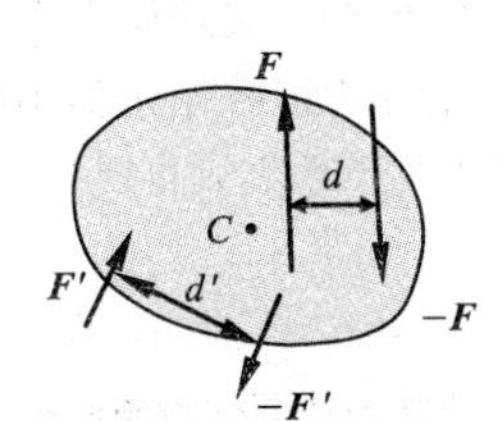

图5.16 力偶矩

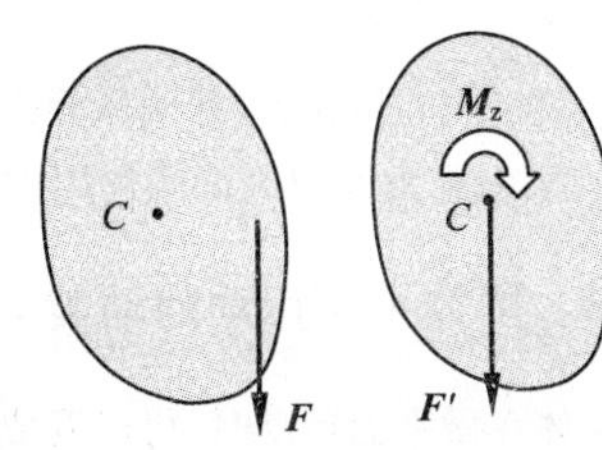

图5.17 等效力和力偶矩

考虑到作用于刚体的力的两种效果和力偶矩的概念，作用于刚体上的力等效于一个作用线通过质心的力和一力偶. 如图5.17所示，刚体受到力F的作用等效为与F大小和方向相同过质心的力F'和一个与F对质心力矩相同的力偶矩M_z. 图5.17提供了一种分析刚体受力效果的简单方法. 如一力沿切线方向作用于滑轮边缘，其产生一种力偶矩的效果使滑轮加速转动，另一效果则为作用于质心的力，它将增加对支座的压力.

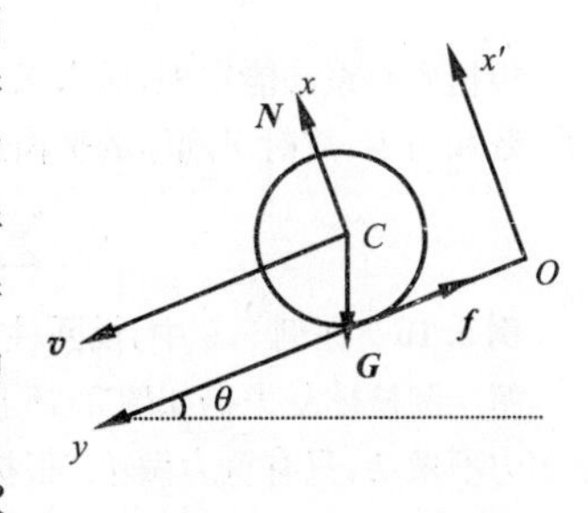

图5.18 例5.9图

例5.9 如图5.18所示，固定斜面倾角为θ，质量为m、半径为R的均质圆柱体顺斜面向下做无滑滚动，求圆柱质心的加速度a_C及斜

面作用于柱体的摩擦力 f.

解 将圆柱体视作刚体取隔离体,受力如图 5.18 所示. 因圆柱体做无滑滚动,它与斜面接触点的瞬时速度为零,f 为静摩擦力,其方向和大小由圆柱体所受的其他力以及运动状况决定的. 圆柱体质心位于 C 点,根据质心定理

$$\boldsymbol{N}+\boldsymbol{G}+\boldsymbol{f}=m\boldsymbol{a}_C$$

在斜面上建立直角坐标系 $Oxyz$,上面的方程在 y 轴的投影

$$G\sin\theta-f=ma_C$$

因圆柱体为均质,质心在圆柱体质心轴上. 建立随刚体平动的质心坐标系 $Cx'y'z'$,利用质心轴转动定理,有

$$fR=J\beta=\frac{1}{2}mR^2\beta$$

圆柱体作无滑动滚动时,有

$$a_C=R\beta$$

解以上方程,得

$$a_C=\frac{2}{3}g\sin\theta$$

$$f=\frac{1}{3}mg\sin\theta$$

由结果可知,圆柱体沿斜面滚下时质心的加速度$\frac{2}{3}g\sin\theta$小于物体沿光滑斜面下滑的加速度 $g\sin\theta$. 正是由于静摩擦力矩的作用才使圆柱体产生角加速度. 可见静摩擦力的存在保证了无滑动滚动的实现,又减小了质心运动的加速度.

按运动学观点,可按质点运动学处理刚体平动问题. 但对刚体平动的动力学问题,却不能一律按质点运动处理. **刚体做平面运动且只作平动,称刚体做二维平动.** 这时刚体的角速度和角加速度等于零,根据刚体平面运动的基本动力学方程,得

$$\sum F_i=ma_C,\quad \sum M_{iz'}=0 \tag{5.34}$$

由式(5.34)可知,虽然刚体并未转动,却存在力矩平衡问题,不得不考虑刚体的形状大小,不可视为质点. 当然,若对所研究问题仅用质心运动定理已足够,则可视为质点.

5.6.3 刚体平面运动的动能

刚体在做平面运动时,可以看成是质心的平动和刚体绕质心轴的转动,故**刚体做平面运动时的动能等于随质心平动动能和刚体相对质心系的绕质心轴转动的动能**,即

$$E_\text{k}=\frac{1}{2}mv_C^2+\frac{1}{2}J_C\omega^2 \tag{5.35a}$$

根据质心系动能定理,质点系动能增量等于一切内力和外力做功的代数和. 对刚体来说,内力做功的代数和为零,故对于刚体的平面运动,动能定理表现为

$$\sum A_{外}=\Delta E_\text{k}=\Delta\left(\frac{1}{2}mv_C^2+\frac{1}{2}J_C\omega^2\right) \tag{5.35b}$$

例 5.10 在例 5.9 中,设圆柱体自静止开始滚下,求质心下落高度 h 时,圆柱体质心的速率.

解 圆柱体受力仍如图 5.18 所示,因为是无滑动滚动,圆柱体与斜面的接触位置无相对移动,故静摩擦力不做功,只有重力做功. 根据(5.35b)式,得

$$mgh=\frac{1}{2}mv_C^2+\frac{1}{2}\left(\frac{1}{2}mR^2\right)\omega^2$$

考虑到无滑动条件 $v_C=\omega R$，得

$$v_C=\frac{2}{3}\sqrt{3gh}$$

*5.7　刚体的进动

本节介绍一种刚体转轴不固定的情况. 大家知道，玩具陀螺不转动时，在重力矩作用下将发生倾倒. 但当陀螺在高速旋转时，尽管仍然受到重力的作用，却不会倒下来. 可以发现，**陀螺在绕本身对称轴线转动的同时，其对称轴还将绕竖直轴回转**，如图 5.19 所示，这种现象称为**进动**.

像陀螺仪这样，在重力矩的作用下之所以不发生倾倒，是机械运动矢量性的一种表现. 在平动运动中，我们知道，质点在外力作用下不一定就沿外力方向运动. 当质点初始运动方向和外力方向不一致时，质点的运动方向既不是原来的运动方向，也不是外力的方向，实际的运动方向是由上述两个方向共同决定的. 在刚体作转动中，也有类似的情况. 本来旋转的刚体，在与它转动方向不同的外力矩作用下，也不是沿外力矩的方向转动，而会出现进动现象. 当高速旋转的陀螺仪在倾斜状态时，因它自转的角速度远大于进动的角速度，我们可以把陀螺对 O 点的角动量 $\boldsymbol{L}$（$L=J\omega$，ω 为陀螺自转的角速度）看作它对本身对称轴的角动量. 由于重力 $\boldsymbol{P}$ 对 O 点产生一力矩，其方向垂直于转轴和重力所组成的平面. 根据角动量定理，在极短的时间 $\mathrm{d}t$ 内，陀螺的角动量将增加 $\mathrm{d}\boldsymbol{L}$，其方向与外力矩的方向相同. 因外力矩的方向垂直于 $\boldsymbol{L}$，所以 $\mathrm{d}\boldsymbol{L}$ 的方向也与 $\boldsymbol{L}$ 垂直，结果使 $\boldsymbol{L}$ 的大小不变而方向发生连续变化，如图 5.20 所示. 因此，陀螺的自转轴将从 $\boldsymbol{L}$ 的位置转到 $\boldsymbol{L}+\mathrm{d}\boldsymbol{L}$ 的位置上. 从陀螺的顶部向下看，其自转轴的回转方向是逆时针的. 这样，陀螺就不会倒下，而沿一圆锥面转动，即绕竖直轴 Oz 进动.

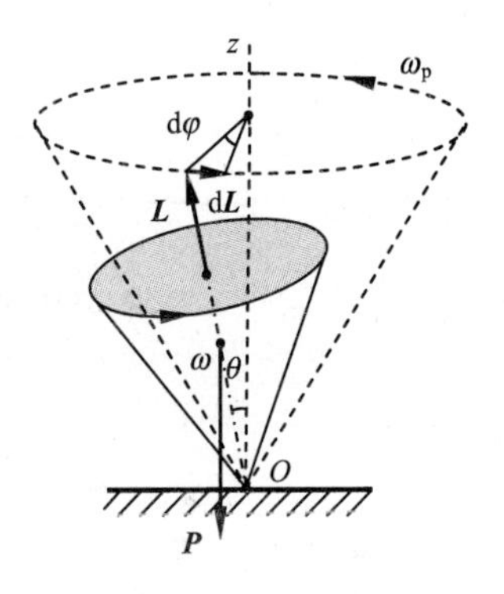

图 5.19　进动

下面进行计算进动的角速度. 在 $\mathrm{d}t$ 时间内，角动量 L 的增量 $\mathrm{d}L$ 很小，从图中可知

$$\mathrm{d}L=L\sin\theta\mathrm{d}\varphi=J\omega\sin\theta\mathrm{d}\varphi$$

式中 $\mathrm{d}\varphi$ 为自转轴在 $\mathrm{d}t$ 时间内绕 Oz 轴转动的角度，θ 为自转轴与 Oz 轴之间的夹角. 由角动量定理

$$\mathrm{d}L=M\mathrm{d}t$$

代入上式可得

$$M\mathrm{d}t=J\omega\sin\theta\mathrm{d}\varphi$$

定义进动的角速度 $\omega_p=\frac{\mathrm{d}\varphi}{\mathrm{d}t}$，可得

$$\omega_p=\frac{M}{J\omega\sin\theta} \tag{5.36}$$

由此可知，进动角速度 ω_p 与外力矩成正比，与陀螺自转的角动量成反比. 因此，当陀螺仪自转角速度增大时，进动角速度变小；而当陀螺仪自转角速度减小时，进动角速度却增加. 实际中，由于陀螺仪受到地面的摩擦力，自转角速度不断减小，我们可以看出，其进动的角速度不断增加，当接近停止的时候，进动的角速度变得非常的大.

回转效应在实践中有广泛的应用. 例如，高速运动的子弹或炮弹，如果没有高速的旋转，在空气阻力的作用下极有可能发生弹头翻转. 为了避免这种现象，使子弹或炮弹在高温变软后嵌入膛内来复线炮膛中轴线而高速旋转. 由于回旋效应，空气阻力的力矩使子弹或炮弹的自转轴绕弹道方向进动，这样，子弹或炮弹的弹头与飞行方向不至于有过大的偏离.

实际上,地球不仅有公转和自转,由于赤道和黄道由一定的夹角,也会像陀螺那样发生进动. 可以计算出地球的进动周期约为 26000 年. 地球自转的角速度矢量指向的恒星叫北极星. 由于地球的进动,北极星会发生变化. 当前的北极星为小熊座 α 星,5000 年前是天龙座 α 星,5000 年后则为仙王座 α 星. 可以想到,地球的进动会改变人们在地面上看到的星空. 另外,地球的进动还会使春分点秋分点移动,这种现象叫"岁差".

当然,回转效应有时也会产生危害. 例如,轮船在转弯时,由于回转效应,涡轮机的轴承将受到附加的力,在设计和使用中必须要考虑到这一点.

进动的概念在微观世界中也常用到. 例如,原子中的电子同时参与绕核运动与电子本身的自旋,都具有角动量,在外磁场中将以外磁场方向为轴线作进动. 这是从物质结构来说明物质磁性的理论依据.

理想流体的性质

常见的物质状态有固态、液态和气态三种. 固体有一定的形状和大小;液体有一定体积,形状随容器而定,易流动,不易压缩;气体没有固定的体积和形状,自发地充满容器,易流动,易压缩. 液体和气体与固体不同,它们不能保持固定的形状,这是因为液体和气体内部各部分之间很容易发生相对运动,我们把这种性质称为流动性. 具有流动性的物体称为流体. 流体除了具有流动性外,还具有黏滞性、可压缩性(液体的可压缩性是很小的).

研究流体运动的规律以及流体与其他物体之间相互作用规律的学科称为流体动力学. 由于研究的是流体的机械运动,因此,反映机械运动本质的质点、质点组力学规律,对流体也同样适用.

早期的阿基米德发现的浮力定律和液体平衡理论为流体动力学打下基础,15 世纪达芬奇、帕斯卡建立了流体动力学的雏形,直到 17 世纪牛顿才创立了动力学的初步模型,随后伯努利方程和欧拉方程的建立以及 1738 年伯努利出版了《流体动力学》一书标志流体动力学成为一门基本完整的理论.

流体动力学主要研究流体处于运动状态时的力学规律,以及这些规律在实际工程中的应用,因此流体动力学应用的领域非常广泛,包括大气的流动,石油和天然气的开采,水利工程,航天和航海,人体的血液流动,植物内部营养液的流动等.

1. 理想流体的流动

(1) 理想流体.

由流体的可压缩性可知,实际流体受力时的体积是会发生变化的. 对于密闭的气体来说其压缩率可以达到很高,但是如果是非密闭条件,只要有极小的压强差就能导致气体迅速的流动,结果对于气体密度的改变量微乎其微. 对于液体来说其压缩率非常小,如压强增大一倍,水的体积只减少二万分之一,因此一般研究流体不必考虑压缩性. 流体的流动性,其含义是流体内部各部分之间发生相对运动,相互接触又有相对运动必然出现摩擦力，这个力称为内摩擦力，流体的这种性质称为黏滞性. 常见流体像水、酒精的黏滞性不大. 我们研究的问题中，压缩性和黏滞性是影响流体运动的次要因素，只有流动性才是决定运动的主要因素. 这样我们就可以引入一个理想模型——理想流体. 所谓理想流体就是绝对不可压缩并且完全没有黏滞性的流体. 它是我们本节的研究对象.

(2) 稳定流动.

理想流体的流动可以看作是许多流体质点的流动. 如果流体质点流过空间任意指定点的流速 $\boldsymbol{v}$ 不随时间而变化，这种流动就是稳定流动. 图 5.20 中，流过 A、B、C 三点的流速 $\boldsymbol{v}_A$、$\boldsymbol{v}_B$、$\boldsymbol{v}_C$ 不随时间变化，这就是稳定流动，还得指出，稳定流动的流速与位置有关，不同的位置对应不同的流速.

与电场线形象描述电场性质类似，描述理想流体的流动，我们可以在流体内部画一些线. 这些线上各点的切线方向就是流体质点流过该点的速度方向. 这样的线我们称为流线. 注意每个流体质点的运动轨迹就是一条流线. 流线是不会相交的，稳定流动的理想流体，空间任一点的流速具有唯一性.

流线围成的管状空间就是流管. 如图 5.21 所示. 图中阴影部分就是一段流管. 因为稳定流动的理想流体流线是不会相交的，所以管内流体不会流出管外，管外流体也不会流进管内.

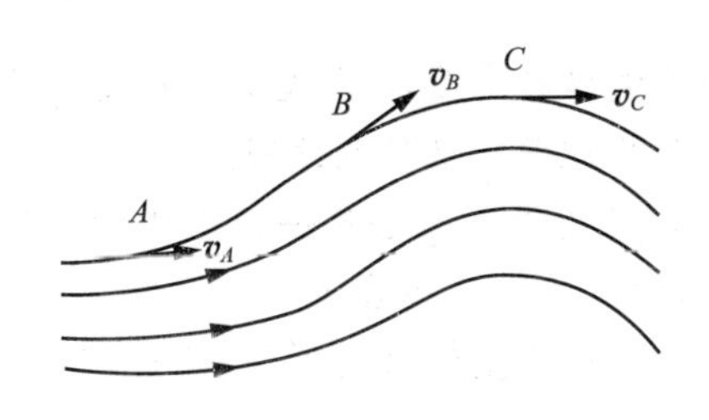

图 5.20　稳定流动时的流速

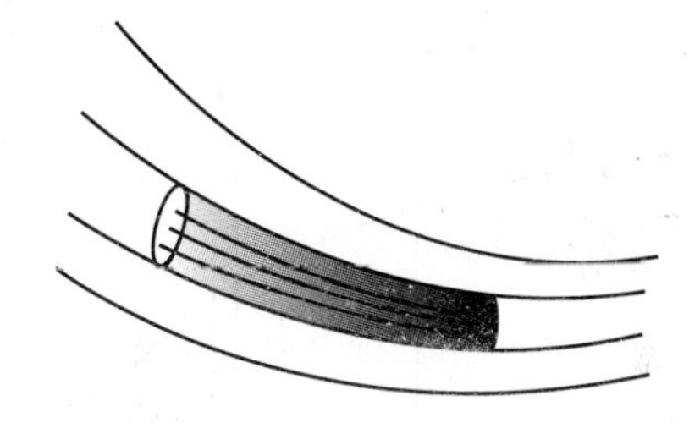
图 5.21　流管

(3) 连续性方程.

在稳定流动的理想流体中任意取一段流管 S_1S_2，如图 5.22 所示.

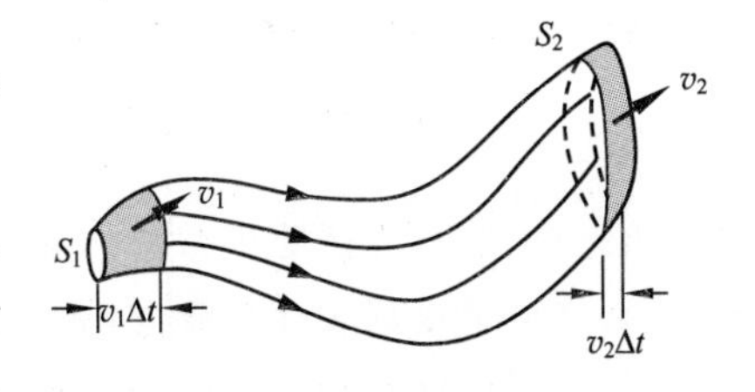

图 5.22　连续性方程

前后两个垂直流速方向的截面分别是 S_1、S_2，两截面上的平均流速是 $\boldsymbol{v}_1$，$\boldsymbol{v}_2$. 经过一个较短的时间 Δt，流进和流出这段流管流体的质量分别是 m_1，m_2. 由于理想流体的不可压缩性和流管内外流体不会混淆，可知流进和流出流管的流体体积相同，质量也相同. 得出

$$m_1 = m_2 \tag{5.37}$$

$$m_1 = \rho S_1 v_1 \Delta t \tag{5.38}$$

$$m_2 = \rho S_2 v_2 \Delta t \tag{5.39}$$

将式(5.38)和式(5.39)两式带入式(5.37)得

$$\rho S_1 v_1 \Delta t = \rho S_2 v_2 \Delta t \tag{5.40}$$

整理得

$$S_1 v_1 = S_2 v_2 \tag{5.41}$$

式(5.41)就是理想流体的连续性方程,也称为连续性原理. 它体现了流体在流动中质量的守恒. 由于截面 S_1S_2 是任意选取的,因此在同一流管中任意截面都满足 Sv=常量,我们定义 $Q_v=Sv$ 为该流管的体积流量,表示在单位时间内流过截面的流体体积. 由(5.41)式我们可得出在同一流管中任意截面的体积流量都相等,截面大的地方流速小,截面小的地方流速大.

如果一个截面积为 S_0,流速为 v_0 的主管道分成 n 个管道,那连续性方程为

$$S_0 v_0 = S_1 v_1 + S_2 v_2 + \cdots + S_n v_n \tag{5.42}$$

式(5.42)表明主管道的体积流量等于各分管道体积流量之和.

2. 伯努利方程

伯努利方程是流体动力学的基本定律,它说明理想流体在管道中作稳定流动时,流体中某点的压强 p、流速 v 和高度 h 三个参量之间的关系为

$$\frac{p}{\rho g} + \frac{v^2}{2g} + h = 常量 \tag{5.43}$$

式中 ρ 是流体的密度,g 是重力加速度. 下面我们用功能原理导出伯努利方程.

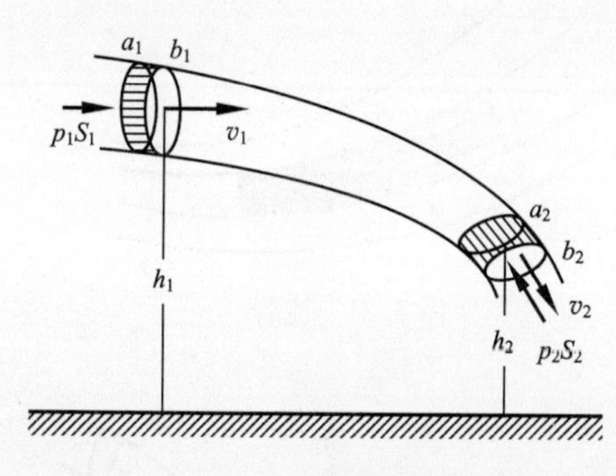

图 5.23 伯努利方程

我们研究管道中任意一段流体的运动. 设在某一时刻,这段流体在 a_1、a_2 位置,经过极短时间 Δt 后,这段流体达到 b_1、b_2 位置,如图 5.23 所示.

现在计算在流动过程中,外力对这段流体所做的功. 假设流体没有黏性,管壁对它没有摩擦力,那么,管壁对这段流体的作用力垂直于它的流动方向,因而不做功. 所以流动过程中,除了重力之外,只有在流管中前后的流体对它做功. 在它后面的流体推它前进,这个作用力作正功;在它前面的流体阻碍它前进,这个作用力做负功.

因为时间 Δt 极短,所以 a_1b_1 和 a_2b_2 是两段极短的位移,在每段极短的位移中,压强 p、截面积 S 和流速 v 都可看作不变. 设 p_1、S_1、v_1 和 p_2、S_2、v_2 分别是 a_1b_1 和 a_2b_2 处流体的压强、截面积和流速,则后面流体的作用力是 p_1S_1,位移是 $v_1\Delta t$,所做的正功是 $p_1S_1v_1\Delta t$,而前面流体作用力做的负功是 $-p_2S_2v_2\Delta t$,由此,外力的总功是

$$W = (p_1 S_1 v_1 - p_2 S_2 v_2)\Delta t \tag{5.44}$$

因为理想流体不可压缩,所以 a_1b_1 和 a_2b_2 两小段流体的体积相等,都为 $\Delta V=S_1v_1\Delta t=S_2v_2\Delta t$,所以两小段流体的质量也相等,都为 $m=\rho\Delta V$,则式(5.44)可写成

$$W = (p_1 - p_2)\Delta V \tag{5.45}$$

其次,计算这段流体在流动中机械能的变化. 对于稳定流动来说,在 b_1a_2 间的流体的机械能是不改变的. 由此,就机械能的变化来说,可以看成是原先在 a_1b_1 处的流体,在 Δt 时间内移到了 a_2b_2 处,由此而引起的机械能变化量就等于 a_2b_2 处流体与 a_1b_1 处流体机械能的差值

$$E_2 - E_1 = \left(\frac{1}{2}mv_2^2 + mgh_2\right) - \left(\frac{1}{2}mv_1^2 + mgh_1\right)$$

$$= \rho\Delta V\left[\left(\frac{1}{2}v_2^2 + gh_2\right) - \left(\frac{1}{2}v_1^2 + gh_1\right)\right] \tag{5.46}$$

由功能原理得

$$W = E_2 - E_1 \tag{5.47}$$

将式(5.45)和式(5.46)带入式(4.47)得

$$(p_1 - p_2)\Delta V = \rho\Delta V\left[\left(\frac{1}{2}v_2^2 + gh_2\right) - \left(\frac{1}{2}v_1^2 + gh_1\right)\right] \tag{5.48}$$

整理后得

$$p_1 + \frac{1}{2}\rho v_1^2 + \rho gh_1 = p_2 + \frac{1}{2}\rho v_2^2 + \rho gh_2 \tag{5.49}$$

由于所研究的这段流体是任意选取的,因此在同一流管中的任何位置式(5.49)所描述的等式关系均成立,所以式(5.49)还可以表示为

$$p + \frac{1}{2}\rho v^2 + \rho gh = 常量 \tag{5.50}$$

这就是伯努利方程. 该式表明在同一管道中任何一点处,流体每单位体积的动能和势能以及该处的压强能之和是个常量. 这就是能量守恒定律在流体力学中的具体形式. 在工程上,上式常写成

$$\frac{p}{\rho g} + \frac{v^2}{2g} + h = 常量 \tag{5.51}$$

$\frac{p}{\rho g}$、$\frac{v^2}{2g}$、h 三项都相当于长度,分别叫做压力头、速度头、水头. 所以伯努利方程表明在同一管道的任一处,压力头、速度头、水头之和是一常量,对于稳定流动的理想流体,用这个方程对确定流体内部压力和流速有很大的实际意义,在水利、造船、航空等工程部门有广泛的应用.

3. 伯努利方程的应用

(1) 流速计(皮托管).

皮托(pitot)管是一种用来测量流体速度的装置,如图5.24. 装置中U型管的两端开口方向不同,A 处开口方向与流体水平向右的流速方向垂直,B 处开口方向与流速方向相反. 当把皮托管两端串接到待测流体中时,U型管中的流体高度不再变化时,我们就可以测量U型管中的两液面高度差 h. 我们对 AB 两个

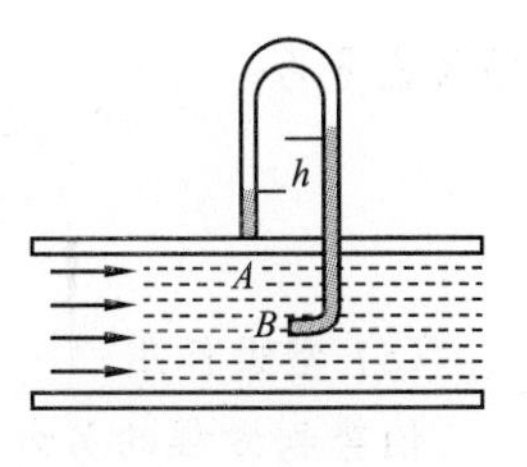

图5.24 流速计

位置列出伯努利方程

$$p_A+\frac{1}{2}\rho v_A^2+\rho g h_A=p_B+\frac{1}{2}\rho v_B^2+\rho g h_B \tag{5.52}$$

式中,A 处的流速 v_A 就是流体的流速 v,B 处的流速 $v_B=0$,同时 AB 两处的高度相差无几,令 $h_A=h_B$,式(5.52)变为

$$p_B-p_A=\frac{1}{2}\rho v^2 \tag{5.53}$$

AB 两处的压强差可用竖直管中的液面高度差计算

$$p_B-p_A=\rho g h \tag{5.54}$$

最后联立式(5.53)和式(5.54)得到

$$v=\sqrt{2gh} \tag{5.55}$$

皮托管串接到待测流体中,必然会对流动产生一定的影响,测量计算数据有不同程度的偏差. 在现代工程技术中,有时用激光测速仪取代皮托管,原因是激光测速仪不扰乱原来的流动状况,测量精度极高,并且还能测量不稳定流体流速的瞬时值和截面上的流速分布.

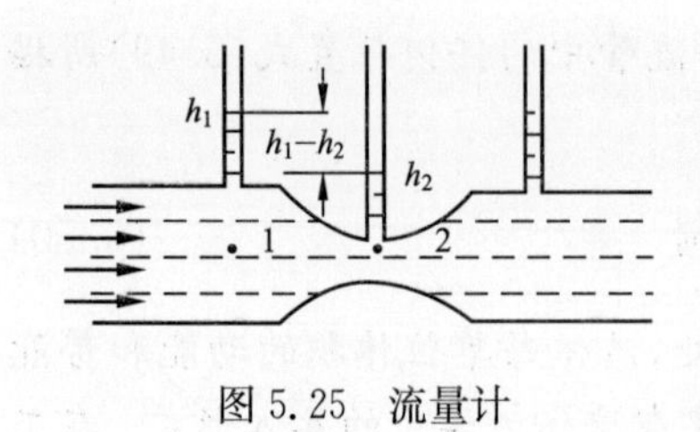

图 5.25 流量计

(2) 流量计.

流量计装置如图 5.25 所示. 图中是一个粗细不均的水平流管,在最粗界面处和最细截面处向上接出竖直细管. 在测量流量时,需要将流量计串接到待测流体中,当竖直细管中的液面高度不再变化时就可以测量计算了.

图中两竖直细管正下方同一高度上选取 1,2 两点作为研究点. 列出水平流管的伯努利方程

$$p_1+\frac{1}{2}\rho v_1^2=p_2+\frac{1}{2}\rho v_2^2 \tag{5.56}$$

连续性方程

$$S_1 v_1=S_2 v_2 \tag{5.57}$$

联立式(5.56)和式(5.57),得

$$v_1=S_2\sqrt{\frac{2g(h_1-h_2)}{S_1^2-S_2^2}} \tag{5.58}$$

那么流量为

$$Q_V=S_1 v_1=S_2 v_2=S_1 S_2\sqrt{\frac{2g(h_1-h_2)}{S_1^2-S_2^2}} \tag{5.59}$$

(3) 空吸作用.

伯努利方程的另外一个重要的应用就是空吸作用,图 5.26 是利用空吸作用制成的喷雾器的原理图. 图中水平流管 A 处空气高速向右流动,当流速达到一定数值时,A 处压强

p_A 小于外界大气压 p_0，容器中的液体就会沿着竖直细管上升. 这种液体被高速流体吸引的现象叫做空吸作用. 当水平流管中的流速进一步增大，达到一个极限值时，容器中的液体就会进入水平流管和高速流动的空气混合后从 B 处喷出，这样液体就被冲散成大量的小液滴，这就是喷雾器的工作原理.

水流抽气机就是根据上述空吸作用的原理设计的，图 5.27 就是水流抽气机的原理图. 图中水从圆锥形玻璃管的细口高速流出，该处水的压强小于空气压强，因而将空气从水平开口处吸入，吸入进来的空气被高速水流带走并从下水管中排出. 这样就达到了抽气的目的.

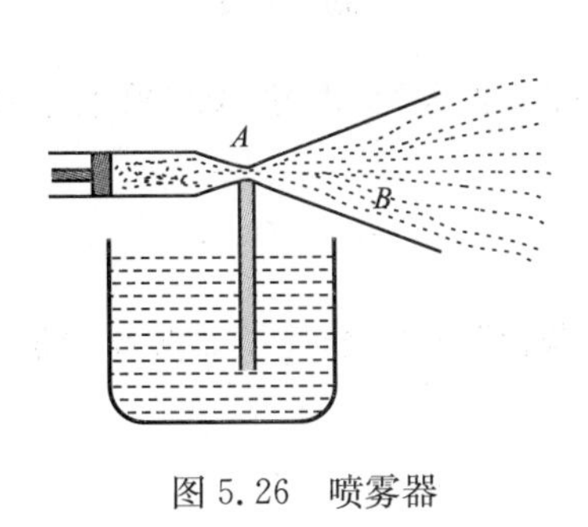

图 5.26　喷雾器

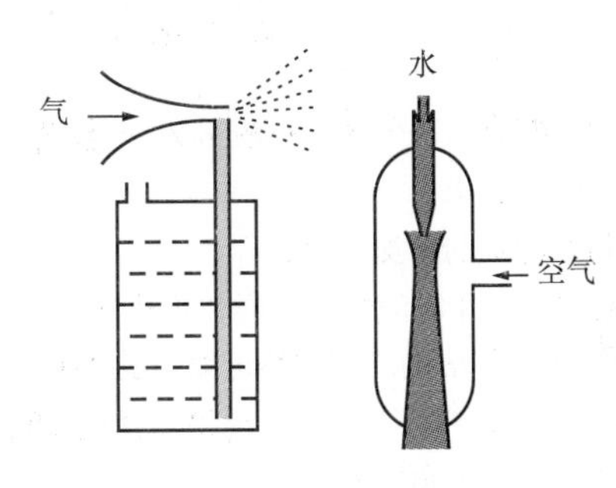

图 5.27　水流抽气机

习　题　5

5-1　以 $M=20\text{N}\cdot\text{m}$ 的恒力矩作用在有固定轴的转轮上，在 10s 内该轮的转速由零均匀增大到 $100\text{rev}\cdot\text{min}^{-1}$. 此时移去力矩 M，转轮因摩擦力矩 M_f 的作用经过 100s 而停止. 试推算此转轮的转动惯量.

5-2　一飞轮的质量 $m=60\text{kg}$，半径 $R=0.25\text{m}$，绕其水平中心轴 O 无摩擦转动，转速为 $900\text{rev}\cdot\text{min}^{-1}$. 现利用一制动闸杆 AB（质量不计），可使飞轮减速，闸杆可绕一端 A 转动，在闸杆的另一端 B 加一竖直方向的制动力 $\boldsymbol{F}$，已知闸杆的尺寸如图所示，闸瓦与飞轮之间的摩擦因数 $\mu=0.4$，飞轮可看做匀质圆盘.

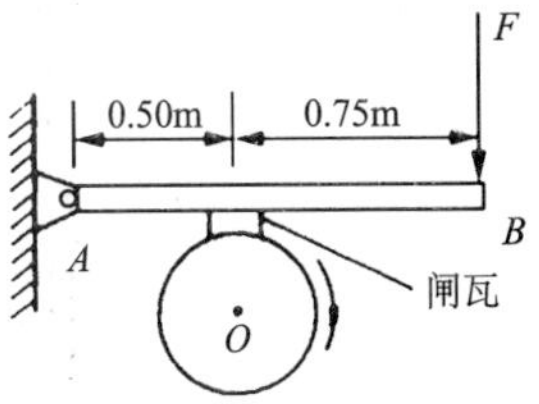

题 5-2 图

(1) 设制动力的大小 $F=100\text{N}$，可使飞轮在多长时间内停止转动？在这段时间里飞轮转了几转？

(2) 若使飞轮在 2s 内转速减小一半，需加多大的力 F？

5-3　固定在一起的两个同轴均匀圆柱体可绕其光滑的水平对称轴 OO' 转动．设大小圆柱体的半径分别为 R 和 r，质量分别为 M 和 m. 绕在两柱体上的细绳分别与物体 m_1 和 m_2 相连，m_1 和 m_2 则挂在圆柱体的两侧，如图所示．设 $R=0.20\text{m}$，$r=0.10\text{m}$，$m=4\text{kg}$，$M=10\text{kg}$，$m_1=m_2=2\text{kg}$，且开始时 m_1 和 m_2 离地高度均为 $h=2\text{m}$.

(1) 求柱体转动时的角加速度；

(2) 求两侧细绳的张力；

(3) m_1 和 m_2 哪个先落地？它落地前瞬间的速率为多少？

5-4　计算如图所示系统中物体的加速度大小. 设滑轮为质量均匀分布的圆柱体，半径为 $r=0.1\text{m}$，轻绳不可伸长，且与滑轮之间无相对滑动，滑轮轴上摩擦不计，且忽略桌面与物体 m_1 间的摩擦，已知

$m_1=50\text{kg}$,$m_2=200\text{kg}$,滑轮质量 $M=15\text{kg}$.

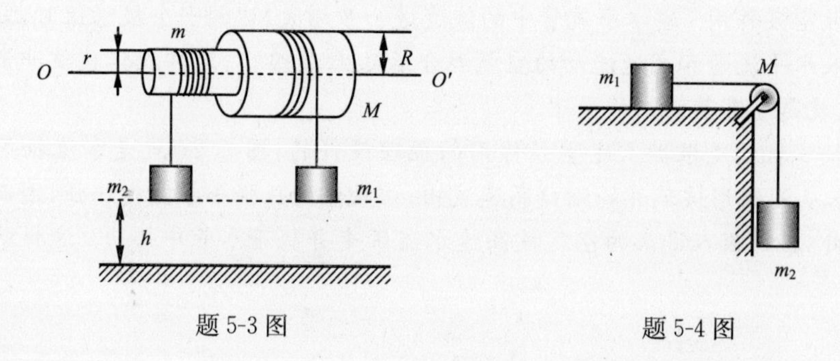

题 5-3 图　　　　题 5-4 图

5-5　如图所示,一匀质细杆质量为 m,长为 l,可绕过一端 O 的水平光滑固定轴转动,杆于水平位置由静止开始摆下. 求:

(1) 初始时刻的角加速度;

(2) 杆转过 θ 角时的角加速度和角速度.

5-6　一长为 1m 的均匀直棒可绕过其一端与棒垂直的水平光滑固定轴转动,抬起另一端使棒向上与水平面成 60°角,然后无初转速地将棒释放,求:

(1) 放手时棒的角加速度;

(2) 棒转到竖直位置时的角速度.

5-7　如图所示,质量为 M、长为 l 的均匀直棒,可绕垂直于棒一端的水平轴 O 无摩擦地转动,它原来静止悬挂在平衡位置上. 现有一质量为 m 的弹性小球飞来,正好在棒的下端与棒垂直地相撞. 相撞后,使棒从平衡位置处摆动到最大角度 $\theta=30°$处.

(1) 设这碰撞为完全弹性碰撞,试计算小球初速 v_0 的值;

(2) 相撞时小球受到多大的冲量?

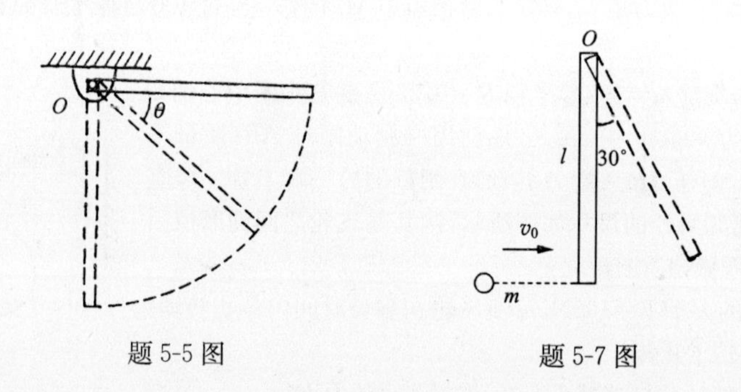

题 5-5 图　　　　题 5-7 图

5-8　有一质量为 m_1、长为 l 的均匀的细棒 OA,可绕一端的水平固定轴 O 自由转动,初始时静止悬挂. 一水平运动的质量为 m_2 的小球,从侧面垂直于棒和轴与棒的另一端 A 相碰撞,设碰撞时间极短. 已知小球在碰撞前后的速度分别为 v_1 和 v_2,方向如图所示. 求:

(1) 碰撞后瞬间细棒的角速度;

(2) 细棒能够摆动的最大摆角 θ_m.

5-9　弹簧、定滑轮和物体的连接如图所示,弹簧一端固定在墙上,其劲度系数为 $k=200\text{N}\cdot\text{m}^{-1}$,定滑轮的转动惯量是 $0.5\text{kg}\cdot\text{m}^2$,其半径为 0.30m,悬挂质量为 $m=6.0\text{kg}$ 的物体. 假设定滑轮轴上摩擦忽略不计,刚开始时物体静止而弹簧处于自然状态.

(1) 当物体落下 $h=0.40\text{m}$ 时，它的速率为多大？

(2) 物体最低可以下落到什么位置？

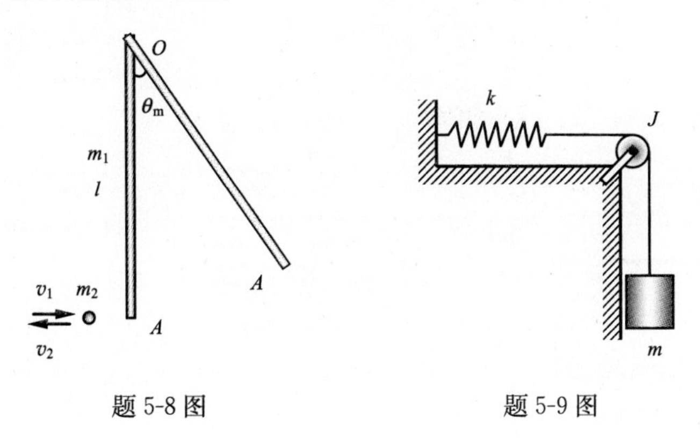

题 5-8 图　　　　题 5-9 图

第二篇　振动与波动

振动是自然界中最常见的运动形式之一．从狭义上说，物体在某个固定位置附近的往复性运动为**振动**，从广义上说，任何一个物理量在某一量值附近随时间作周期变化，都可以称为振动．例如，电荷、电流、电场强度、磁场强度、温度等，都可能在某个数值附近周期性变化，因此都可以称为振动．虽然这些运动的本质各不相同，但就振动规律而言，它们有着相同的数学特征和运动规律．在各种振动中，机械振动是最直观的．理想的振动是简谐振动．简谐振动的振动方程可以用余弦函数(或正弦函数)表示；一般的周期性振动，可以分解为若干个不同频率的简谐振动的合成；复杂的非周期性振动也可以分解为频率连续分布的无限多个简谐振动的合成．因此，研究简谐振动的基本规律和简谐振动的合成方法是研究振动规律的基础．

波动是振动在空间的传播，声波、水波、地震波、电磁波和光波等都是波．机械振动在弹性介质中传播时，形成机械波，电磁振荡在真空或介质内传播时，形成电磁波．激发波动的振动系统称为波源．各种波的产生和传播机制从本质上讲是不同的，但就振动状态的传播而言，有着共同或相似的特征，都有着时间和空间的周期性，都伴随有能量的传递，在传播过程中都有干涉、衍射、折射和反射现象．简谐振动在空间的传播形成简谐波．一般的波动也可以分解为若干个或无限多个不同频率的简谐波的叠加．

在本篇中，主要讨论机械振动和机械波的基本理论．第 6 章讨论机械振动，第 7 章讨论机械波．

第 6 章　机 械 振 动

振动是自然界物质运动的常见形式之一. 物体在某固定位置附近的往复运动称为**机械振动**. 广义地说,任何一个物理量在某一量值附近随时间作周期变化,都可以称为振动. 例如,电荷、电流、电场强度、磁场强度、温度等,都可能在某个数值附近周期性变化,因此都可以称为振动. 虽然这些运动的本质各不相同,但就振动规律而言,它们有着相同的数学特征和运动规律. 在各种振动中,机械振动是最直观的.

本章主要讨论简谐振动和振动的合成的基本理论,并简要介绍阻尼振动、受迫振动和共振现象.

6.1　机械振动的形成

6.1.1　机械振动

物体在某一稳定平衡位置附近作往复性运动称为**机械振动**. 机械振动是一种常见的机械运动形式,广泛地存在于自然界中,例如,桥梁的摆动、心脏的跳动、车厢运动时的摇晃都可视作机械振动,并且是很复杂的振动. 理论表明,任何复杂振动都可以分解为若干个简单振动,而若干个简单振动可以叠加合成为一个复杂振动. 最简单、最基本的机械振动称为简谐振动,简称谐振动. 弹簧振子和单摆在一定条件下的运动是谐振动.

6.1.2　机械振动的形成条件

由于机械振动是在平衡位置附近作往复性运动,所以物体偏离平衡位置后,要受到一种力的作用使其回到平衡位置,这种力称为**回复力**;当物体处于平衡位置时,必须有运动速度能够离开平衡位置;因此,机械振动的产生条件为:①存在回复力;②具有惯性运动,这就要求振动物体所受的阻尼足够小.

当物体的机械振动引起周围的弹性媒质也陆续发生振动时,在空间形成了振动状态向外传播的机械波. 因此研究振动的规律也是研究机械波所必备的理论基础.

思考题

思 6.1　振动和机械振动有什么联系和区别?

6.2　简 谐 振 动

6.2.1　简谐振动

一个做往复运动的物体,如果离开平衡位置的位移 x(或角位移 θ)随时间 t 按余弦

(或正弦)函数规律变化,即

$$x = A\cos(\omega t + \varphi) \tag{6.1}$$

则这种运动称为**简谐振动**.

研究表明,做简谐振动的物体,尽管描述他们偏离平衡位置的物理量可以千差万别,但描述它们动力学特征的运动微分方程却完全相同.

6.2.2 简谐振动方程

以弹簧振子为例,推导出简谐振动方程. 如图 6.1 所示,弹簧振子系统由劲度系数为 k,质量不计的轻弹簧和质量为 m 的物体组成,弹簧一端固定,另一端连接物体. 当物体在无摩擦的水平面上受到弹簧弹性限度内的弹性力作用下,物体将做简谐振动. 取 x 轴沿水平方向,以弹簧自然松弛状态时物体的位置作为坐标原点 O. 物体在这个位置受合力为零,称为**平衡位置**.

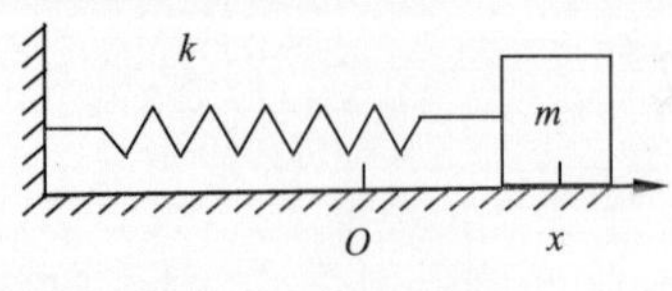

图 6.1 弹簧振子

在运动过程中,物体 m 相对平衡位置的位移为 x,加速度为 a,如果振子所受的摩擦阻力与弹簧的质量均忽略不计,根据胡克定律,物体受到的弹性力 F 与弹簧的伸长(或压缩)量 x 成正比

$$F = -kx \tag{6.2}$$

负号表示弹力与振子位移的方向相反. 由牛顿运动定律,物体所受弹性力为合力,运动方程为

$$F = ma = m\frac{\mathrm{d}^2 x}{\mathrm{d}t^2} = -kx \tag{6.3}$$

或

$$\frac{\mathrm{d}^2 x}{\mathrm{d}t^2} + \omega^2 x = 0$$

其中 $\omega = \sqrt{\frac{k}{m}}$,式(6.3)称为弹簧振子系统的**动力学方程**,也是系统是否做简谐振动的**判据方程**.

由简谐振动的动力学方程可求出位移与时间的函数关系为

$$x = A\cos(\omega t + \varphi) \tag{6.4}$$

式(6.4)称为简谐振动的**运动学方程**,A 和 φ 是由初始条件($t=0$ 时刻的位置 x 和速度 v 的值)确定的常数. 可见,物体 m 的运动是简谐振动,其位移随时间以余弦函数形式作周期性变化. 由式(6.4)还可得到物体的振动速度和加速度

$$v = \frac{\mathrm{d}x}{\mathrm{d}t} = -\omega A\sin(\omega t + \varphi) = v_{\mathrm{m}}\cos\left(\omega t + \varphi + \frac{\pi}{2}\right) \tag{6.5}$$

$$a = \frac{\mathrm{d}v}{\mathrm{d}t} = -\omega^2 A\cos(\omega t + \varphi) = a_{\mathrm{m}}\cos(\omega t + \varphi + \pi) \tag{6.6}$$

可见,做简谐振动的物体,其运动速度和加速度都随时间以余弦函数形式作周期性变化.

例 6.1 单摆问题. 一质点用不可伸长的轻绳悬挂起来,使质点保持在竖直平面内摆动,就构成一个单摆. 证明小角度单摆系统做的是简谐振动.

解 设质点的质量为 m,绳长为 l. 当偏离竖直方向 θ 角时,质点受重力和绳的张力作用. 张力 F_T 和重力的法向分力 $mg\cos\theta$ 的合力决定质点的法向加速度,重力的切向分力 $mg\sin\theta$ 决定质点沿圆周的切向加速度,如图 6.2 所示. 质点的切向运动方程为

$$ml\frac{\mathrm{d}^2\theta}{\mathrm{d}t^2}=-mg\sin\theta$$

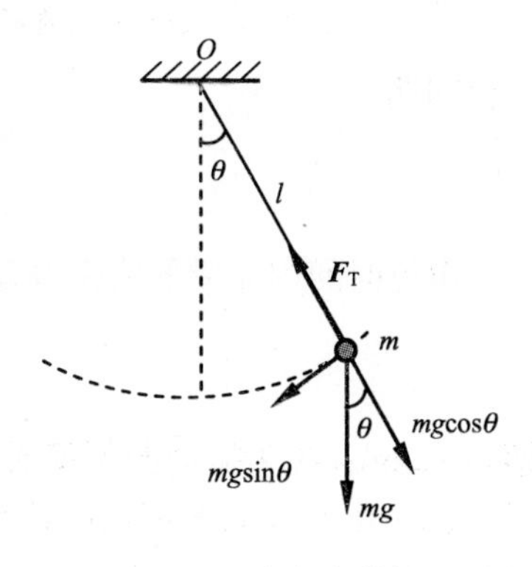

图 6.2 小角度单摆

负号表示切向加速度总与摆角 θ 增大的方向相反.

当 θ 很小时,$\sin\theta\approx\theta$,上式变为

$$ml\frac{\mathrm{d}^2\theta}{\mathrm{d}t^2}=-mg\theta$$

或

$$\frac{\mathrm{d}^2\theta}{\mathrm{d}t^2}+\omega^2\theta=0$$

其中 $\omega=\sqrt{\frac{g}{l}}$,这就是小角度单摆系统的谐振动方程,求解可得角位移与时间的函数关系

$$\theta=\theta_{\mathrm{m}}\cos(\omega t+\varphi)$$

由此证明了小角度单摆系统做的是简谐振动.

6.2.3 简谐振动的特征量

1. 振幅 A

简谐运动中,物体的运动范围为:$-A\leqslant x\leqslant A$,将物体离开平衡位置的最大位移的绝对值称为振动的**振幅**. 用 A 表示,单位是米(m). 设初始条件 $t=0$ 时,$x=x_0$,$v=v_0$,由(6.4)和(6.5)式得到

$$\begin{cases}x_0=A\cos\varphi\\ v_0=-A\omega\sin\varphi\end{cases}\tag{6.7}$$

解得

$$A=\sqrt{x_0^2+\left(\frac{v_0}{\omega}\right)^2}\tag{6.8}$$

可见振幅的大小由振动系统的初始状态决定.

2. 周期和频率

振动物体完成一次完全振动所需的时间称为**周期**,用 T 表示,单位是秒(s). 一次完全振动的含义是指振动物体从一个振动状态出发经过最短时间回到完全相同的振动状态,物体的振动状态需要由物体的位移 x 和速度 v 共同决定. 由式(6.5)可知做简谐振动

物体的速度也按谐振动规律随时间作周期变化. 由周期的定义,可得

$$x = A\cos(\omega t + \varphi) = A\cos[\omega(t + T) + \varphi]$$

$$v = -\omega A\sin(\omega t + \varphi) = -v_m\sin[\omega(t + T) + \varphi]$$

可得周期

$$T = \frac{2\pi}{\omega} \tag{6.9}$$

单位时间内完成的完全振动次数称为**频率**,用 ν 表示,单位是赫兹(Hz). 可见

$$\nu = \frac{1}{T} = \frac{\omega}{2\pi} \tag{6.10}$$

即 $\omega=2\pi\nu$,ω 称为振动**圆频率**或**角频率**,表示 2π 秒内完成的完全振动的次数. 因为特征量 T、ω、ν 由组成简谐振动的系统所决定,与外界无关,称为**固有周期**和**固有频率**. 对于弹簧振子系统,固有周期和固有频率表示为

$$T = 2\pi\sqrt{\frac{m}{k}} \tag{6.11}$$

$$\nu = \frac{1}{2\pi}\sqrt{\frac{k}{m}} \tag{6.12}$$

对于单摆,固有周期和固有频率表示为

$$T = 2\pi\sqrt{\frac{l}{g}} \tag{6.13}$$

$$\nu = \frac{1}{2\pi}\sqrt{\frac{g}{l}} \tag{6.14}$$

显然周期、频率和圆频率取决于振动系统的自身性质,而与初始条件无关.

3. 相位和相位差

在简谐振动系统中,振动物体一个周期内有不同的运动状态. 从式(6.4)和(6.5)给出,在任一时刻 t,物体的振动状态需要由 $x(t)$ 和 $v(t)$ 共同决定,而这两式都由 $(\omega t+\varphi)$ 决定,即不论 t 取何值,只要 $(\omega t+\varphi)$ 相同,振动状态就相同. 所以,$(\omega t+\varphi)$ 是决定简谐振动状态的物理量因子,称为**相位**. $t=0$ 时刻的相位称为**初相位**(简称**初相**),决定振动系统的初始运动状态,即决定初始位移 x_0 和初始速度 v_0. 由式(6.7)可求的初相位

$$\varphi = \arctan\left(\frac{-v_0}{x_0\omega}\right) \tag{6.15}$$

振动的相位直接与物体的振动状态相对应,也常用来比较两个谐振动状态的差异. 设两个同频率的简谐振动,表达式分别为

$$x_1 = A_1\cos(\omega t + \varphi_1)$$

$$x_2 = A_2\cos(\omega t + \varphi_2)$$

在 t 时刻,它们的**相位差**是

$$\Delta\varphi = (\omega t + \varphi_2) - (\omega t + \varphi_1) = \varphi_2 - \varphi_1 \tag{6.16}$$

可见，在任一时刻，频率相同的两个振动的相位差就是它们的初相位之差.

当$\Delta\varphi=\pm 2k\pi(k=0,1,2,\cdots)$时，两个谐振动物体将同时运动到$x$轴正方向位移的最大值，同时从$x$轴正方向回到平衡位置，又同时运动到$x$轴负方向位移的最大值，它们步调一致，称这两个谐振动是同相的.

当$\Delta\varphi=\pm(2k+1)\pi(k=0,1,2,\cdots)$时，两个谐振动物体将同时运动到相反方向的最大位移处，虽然同时通过平衡位置，但运动速度的方向相反，它们步调完全相反，称这两个谐振动是反相的.

当$\Delta\varphi$取其他值时，并且$0<\Delta\varphi<2\pi$范围，若$\Delta\varphi>0$，称第二个谐振动超前于第一个谐振动，或者第一个谐振动落后于第二个谐振动.

比较式(6.4)、式(6.5)和式(6.6)可知，做谐振动的物体的速度相位超前位移相位$\frac{\pi}{2}$，加速度的相位超前速度的相位$\frac{\pi}{2}$，超前位移的相位π，即与位移反相.

4. 旋转矢量法

简谐振动可以用三角函数表示，也可用旋转矢量法来表示. 如图6.3所示，自原点O作一矢量$\boldsymbol{A}$，使它的模等于要表示的简谐振动的振幅$\boldsymbol{A}$；$t=0$时刻，让$\boldsymbol{A}$与x轴正方向夹角等于简谐振动的初相位φ. 令$\boldsymbol{A}$以该谐振动的角频率ω为角速度，绕原点O沿逆时针方向旋转. 这时矢量$\boldsymbol{A}$的末端点在x轴上的投影点的运动规律为

$$x=A\cos(\omega t+\varphi)$$

此式正是简谐振动的表达式. 这种借助几何图形描述简谐振动的方法称为**旋转矢量法**. 旋转矢量法能清晰而直观地把简谐振动的振幅、周期和相位反映出来.

利用旋转矢量法，可以很容易地表示简谐振动的相位差. 两个频率相同、初相不同的谐振动的相位差，在旋转矢量图上就表示为两个旋转矢量$\boldsymbol{A}_1$和$\boldsymbol{A}_2$间的夹角，该夹角在两个矢量旋转过程中保持不变，即在任意时刻的相位差都等于它们的初相之差，即

$$\Delta\varphi=\varphi_2-\varphi_1$$

两个不同频率、初相也不同的谐振动的相位差，将随时间而不断变化.

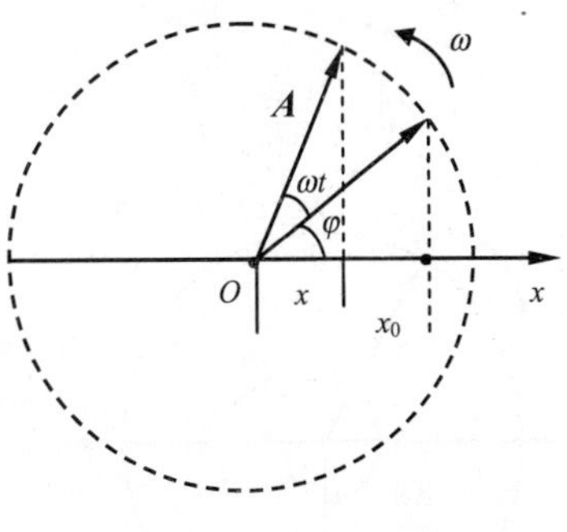

图6.3　旋转矢量法

一个谐振动物体在两个不同时刻的振动相位差，在旋转矢量图上对应于$\boldsymbol{A}$在相应时间差Δt内转过的角度$\Delta\varphi$，由

$$\Delta\varphi=(\omega t_2+\varphi)-(\omega t_1+\varphi)=\omega\Delta t$$

可得时间差为

$$\Delta t=\frac{\Delta\varphi}{\omega}\tag{6.17}$$

例6.2　一物体沿x轴做简谐振动，平衡位置在坐标原点O，振幅$A=0.12\text{m}$，周期$T=2\text{s}$. 当$t=0$时，物体的位移$x=0.06\text{m}$，且向x轴正方向运动. 求：

(1) 简谐振动的表达式；

(2) $t=0.5\text{s}$ 时物体的位移、速度和加速度；

(3) 物体从 $x=-0.06\text{m}$ 向 x 轴负方向运动，第一次回到平衡位置所需的时间.

解 (1) 已知物体做简谐振动，故振动表达式为

$$x = A\cos(\omega t+\varphi)$$

由于振幅 $A=0.12\text{m}$，$T=2\text{s}$，所以 $\omega=\frac{2\pi}{T}=\pi$. 初相位 φ 由初始条件决定，将 $t=0$，$x=0.06\text{m}$ 代入简谐振动表达式，得到

$$0.06 = 0.12\cos\varphi$$

从而

$$\cos\varphi = \frac{1}{2},\quad \varphi=\pm\frac{\pi}{3}$$

又根据此时物体向 x 轴正方向运动可知，$t=0$ 时，$v_0>0$，即 $v_0=-A\sin\varphi>0$，则 $\sin\varphi<0$，故取 $\varphi=-\frac{\pi}{3}$，所以，简谐振动表达式为

$$x = 0.12\cos(\pi t-\frac{\pi}{3})(\text{m})$$

(2) 由振动表达式对时间求导数，可以分别得到速度和加速度的表达式，代入时间 $t=0.5\text{s}$，即为该时刻的位移、速度和加速度.

$$x|_{t=0.5} = 0.12\cos(\pi\times 0.5-\frac{\pi}{3}) = 0.104(\text{m})$$

$$v|_{t=0.5} = \frac{\text{d}x}{\text{d}t}|_{t=0.5} = -0.12\pi\sin(\pi\times 0.5-\frac{\pi}{3}) = -0.188(\text{m}\cdot\text{s}^{-1})$$

$$a|_{t=0.5} - \frac{\text{d}^2x}{\text{d}t^2}|_{t=0.5} = -0.12\pi^2\cos(\pi\times 0.5-\frac{\pi}{3}) = -1.03(\text{m}\cdot\text{s}^{-2})$$

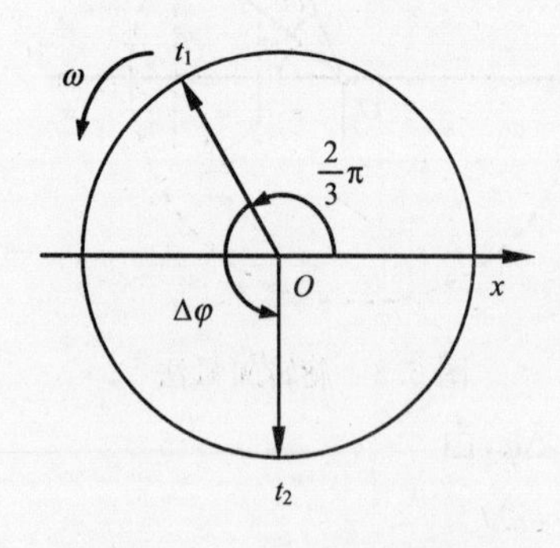

图 6.4 旋转矢量法求解

(3) 用旋转矢量法确定先后两个振动状态后，即可求出所需的时间. 这两个振动状态分别是 t_1 和 t_2 时刻的状态，如图 6.4 所示，t_1 时刻，$x_1=-0.06\text{m}$，$v_1<0$，矢量 $\boldsymbol{A}$ 位于第二象限，$\varphi_1=\pi t_1-\frac{\pi}{3}=\frac{2\pi}{3}$；$t_2$ 时刻，$x_2=0$，$v_2>0$，矢量 $\boldsymbol{A}$ 垂直向下，$\varphi_2=\pi t_2-\frac{\pi}{3}=\frac{3\pi}{2}$.

由相位差可得

$$\Delta t = \frac{\Delta\varphi}{\omega} = \frac{\frac{3}{2}\pi-\frac{2}{3}\pi}{\pi} = \frac{5}{6} = 0.83(\text{s})$$

思考题

思 6.2 请说明下列运动是不是简谐振动：(1) 小球在地面上做完全弹性的上下跳

动;(2)小球在半径很大的光滑凹球面底部做小幅度的摆动.

思 6.3　简谐振动的速度和加速度在什么情况下是同号的?在什么情况下是异号的?加速度为正值时,振动质点的速率是否一定在增加?反之,加速度为负值时,速率是否一定在减小?

6.3　简谐振动的能量

以在水平面上做简谐振动的弹簧振子为例,分析其能量变化,显然振动物体只受弹性力这一保守力作用. 在任一时刻 t,物体位移为 x 和速度为 v 表示为

$$x = A\cos(\omega t + \varphi)$$

$$v = -\omega A\sin(\omega t + \varphi)$$

则物体的**动能**为

$$E_k = \frac{1}{2}mv^2 = \frac{1}{2}m\omega^2 A^2 \sin^2(\omega t + \varphi) \tag{6.18}$$

系统的**势能**为

$$E_p = \frac{1}{2}kx^2 = \frac{1}{2}kA^2 \cos^2(\omega t + \varphi) \tag{6.19}$$

由于 $\omega = \sqrt{\dfrac{k}{m}}$,因此系统总机械能为

$$E = E_k + E_p = \frac{1}{2}kA^2 = \frac{1}{2}m\omega^2 A^2 \tag{6.20}$$

显然,在振动过程中物体的动能和系统的势能都随时间做周期性的变化,但它们的幅值是相同的. 当振子的位移最大时,势能最大而动能最小;当振子恰通过平衡位置时,动能最大而势能最小,系统的**机械能守恒**. 这是因为振子只受弹性力这一保守力作用,所以机械能守恒. 弹簧振子系统的总能量与振幅的平方成正比,如图 6.5 所示. 振幅的大小直接反映振动能量的大小,由于系统的初始振动状态决定了振幅,因而也决定了谐振动的总能量.

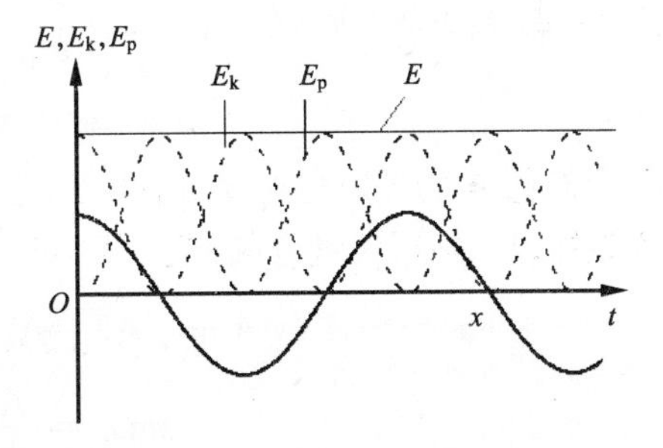

图 6.5　弹簧振子系统的动能、势能和机械能

根据周期函数 $H(t)$ 在一个周期内的平均值 $\overline{H}$ 的定义

$$\overline{H} = \frac{1}{T}\int_0^T H(t)\,\mathrm{d}t$$

对式(6.18)和式(6.19)求一个周期内的平均值可知,简谐振动的动能和势能在一个周期内的平均值相等,都是总能量的一半,即为

$$\overline{E}_k = \overline{E}_p = \frac{E}{2} = \frac{1}{4}kA^2$$

思考题

思 6.4 分析下列表述是否正确,为什么?(1)若物体受到一个总是指向平衡位置的合力,则物体必然做振动,但不一定是简谐振动;(2)简谐振动过程是能量守恒的过程,凡是能量守恒的过程就是简谐振动.

6.4 简谐振动的合成

6.4.1 同方向、同频率谐振动的合成

在实际问题中,常会遇到一个物体同时参与两个或两个以上振动的情况,例如,两列声波同时传到空间某一点时,该处空气质点的振动就是两列波在该处引起的振动的合成.一切复杂振动均可看作多个简谐振动的合成,因此研究振动合成问题具有普遍性的意义.

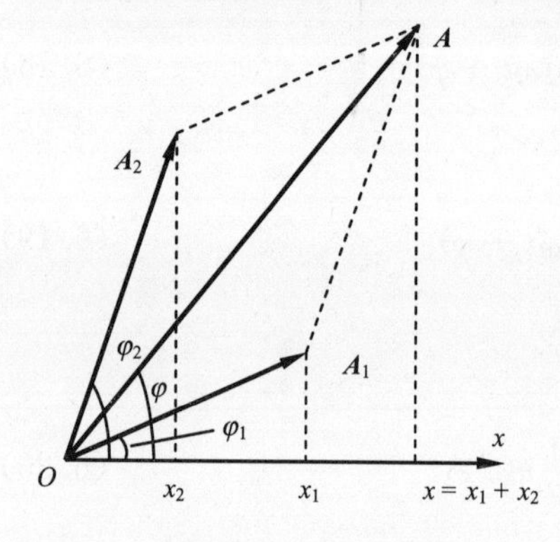

图 6.6 旋转矢量法进行振动的合成

一般振动的合成问题比较复杂,在此只讨论简单的情况,即两个同方向、同频率的简谐振动的合成.设物体同时参与两个谐振动

$$x_1 = A_1\cos(\omega t+\varphi_1)$$

$$x_2 = A_2\cos(\omega t+\varphi_2)$$

任一时刻,这两个谐振动的相位差等于它们的初相位之差. 如图 6.6 所示,用旋转矢量表示时,矢量 $\boldsymbol{A}_1$ 和 $\boldsymbol{A}_2$ 间的夹角 $\Delta\varphi=\varphi_2-\varphi_1$ 将保持不变,并且矢量投影之和等于合矢量 $\boldsymbol{A}$ 的投影. 显然,合矢量 $\boldsymbol{A}$ 在 x 轴上的投影

$$x = x_1 + x_2 = A\cos(\omega t+\varphi) \tag{6.21}$$

由于合矢量 $\boldsymbol{A}$ 同样以角速度 ω 逆时针绕 O 点旋转,所以物体的合运动仍然是在 x 方向上的简谐振动. 利用矢量合成方法,可以得到合振动的振幅和初相分别为

$$A=\sqrt{A_1^2+A_2^2+2A_1A_2\cos(\varphi_2-\varphi_1)} \tag{6.22}$$

$$\tan\varphi=\frac{A_1\sin\varphi_1+A_2\sin\varphi_2}{A_1\cos\varphi_1+A_2\cos\varphi_2} \tag{6.23}$$

由式(6.22)可知,合振幅 A 不仅与 A_1、A_2 有关,还与两谐振动的初相位差 $\Delta\varphi=\varphi_2-\varphi_1$ 有关.

当两谐振动同相时,$\Delta\varphi=\varphi_2-\varphi_1=\pm 2k\pi(k=0,1,\cdots)$,$A=A_1+A_2$,合振幅达到最大值,在旋转矢量图上,$\boldsymbol{A}_1$ 和 $\boldsymbol{A}_2$ 间的夹角为零. 若两谐振动的振幅相同,$A_1=A_2$,则合振幅 $A=2A_1=2A_2$.

当两谐振动反相时,$\Delta\varphi=\varphi_2-\varphi_1=\pm(2k+1)\pi(k=0,1,\cdots)$时,$A=|A_1-A_2|$;合振幅达到最小值,在旋转矢量图上,$\boldsymbol{A}_1$ 和 $\boldsymbol{A}_2$ 间的夹角为 π. 若 $A_1=A_2$,则 $A=0$,即物体将静止不动.

当 $\Delta\varphi$ 为其他值时，有

$$|A_1-A_2|<A<(A_1+A_2)$$

总之，两个同方向同频率谐振动的合振动还是简谐振动，其合振幅和初相位由两个分振动的相位差决定.

例 6.3 有两个简谐振动，振动方程为

$$x_1=5\times10^{-2}\cos(10t+\frac{3\pi}{4})(\mathrm{m})$$

$$x_2=6\times10^{-2}\cos(10t+\frac{\pi}{4})(\mathrm{m})$$

求：(1)合振动方程；(2)若 $x_3=7\times10^{-2}\cos(10t+\beta)(\mathrm{m})$，$\beta$ 取何值可使 (x_2+x_3) 振幅最小？

解 (1) x_1 与 x_2 两个振动的相位差为 $\Delta\varphi=\varphi_2-\varphi_1=\frac{\pi}{4}-\frac{3\pi}{4}=-\frac{\pi}{2}$；

合振动的振幅为

$$A=\sqrt{A_1^2+A_2^2}=7.8\times10^{-2}\mathrm{m}$$

$$\tan\varphi=\frac{A_1\sin\varphi_1+A_2\sin\varphi_2}{A_1\cos\varphi_1+A_2\cos\varphi_2}=11.0$$

合振动的初相为

$$\varphi=\arctan11.0=84.8^\circ$$

合振动的振动方程为

$$x=7.8\times10^{-2}\cos(10t+84.8^\circ)(\mathrm{m})$$

(2) x_2 与 x_3 两个振动的相位差为 $\Delta\varphi=\varphi_3-\varphi_2=\beta-\frac{\pi}{4}$；合振动的振幅最小的条件为 $\Delta\varphi=\beta-\frac{\pi}{4}=(2k+1)\pi, k=1,2,\cdots$；当 $\beta=\frac{\pi}{4}+(2k+1)\pi$ 时，(x_2+x_3) 的振幅最小，振幅的最小值为

$$A=A_3-A_2=1\times10^{-2}\mathrm{m}$$

例 6.4 有两个同频率同振动方向的简谐振动的进行合成，已知合振动的振幅为 $A=20\mathrm{cm}$，周期为 $T=0.5\mathrm{s}$，初相位为 $\varphi=\frac{\pi}{6}$；而且第一个振动振幅为 $A_1=17.32\mathrm{cm}$，初相位为 $\varphi_1=0$. 求第二个振动的振动方程.

解 两个同频率同振动方向的简谐振动的进行合成，满足下述关系：

$$A\sin\varphi=A_1\sin\varphi_1+A_2\sin\varphi_2$$
$$A\cos\varphi=A_1\cos\varphi_1+A_2\cos\varphi_2$$

将 $\varphi_1=0, \varphi=\frac{\pi}{6}, A=20, A_1=17.32$ 代入得

$$20\sin\frac{\pi}{6}=A_2\sin\varphi_2$$

$$20\cos\frac{\pi}{6} = 17.32 + A_2\cos\varphi_2$$

即

$$A_2\sin\varphi_2 = 10, \quad A_2\cos\varphi_2 = 0$$

解得

$$\varphi_2 = \frac{\pi}{2}, \quad A_2 = 10$$

故

$$x_2 = A_2\cos(\omega t + \varphi_2) = 10\cos\left(4\pi t + \frac{\pi}{2}\right)(\text{cm})$$

6.4.2 同方向、不同频率振动的合成 拍

振动方向相同、频率不同的两个简谐振动的合成一般不再是简谐振动. 在此只讨论一种简单的情况,一个物体同时参与两个同方向、频率相近($\omega_1 \approx \omega_2$)的简谐振动的合成. 设两个简谐振动的表达式为

$$x_1 = A_1\cos\omega_1 t$$
$$x_2 = A_2\cos\omega_2 t$$

为简单化,设两分振动的振幅相等($A_1 = A_2 = A_0$),初相位都为零. 利用三角函数关系,得到它们的合振动是

$$x = x_1 + x_2 = 2A_0\cos\left(\frac{\omega_2 - \omega_1}{2}t\right)\cos\left(\frac{\omega_2 + \omega_1}{2}t\right) \tag{6.24}$$

由于$\omega_1 \approx \omega_2$,满足关系$|\omega_2 - \omega_1| \ll (\omega_2 + \omega_1)$. 所以可令

$$A_0(t) = \left|2A_0\cos\left(\frac{\omega_2 - \omega_1}{2}\right)t\right| \tag{6.25}$$

式(6.25)可以视为振幅函数. 物体的合振动是一个高频振动受到一个低频振动调制的运动. 这种振幅随时间作周期性变化(忽强忽弱)的现象称为**拍**. 如图 6.7 所示,合振幅每变化一个周期称为一拍,单位时间内拍出现的次数称为**拍频**. 由于振幅只能取正值,所以拍频

$$\nu_{拍} = \frac{\omega_{拍}}{2\pi} = \left|\frac{\omega_2 - \omega_1}{2\pi}\right| = |\nu_2 - \nu_1| \tag{6.26}$$

拍频为两个分振动的频率之差. 拍现象在声振动、电磁振荡和波动中经常遇到. 例如,当两个频率相近的音叉同时振动时,就可听到时强时弱的“嗡、嗡……”的拍音.

*6.4.3 频率相同、振动方向垂直的两个谐振动的合成

设物体同时参与两个振动方向互相垂直的谐振动,一个沿 x 轴方向,一个沿 y 轴方向,两个振动频率相同,振动方程分别为

$$\begin{cases} x = A_1\cos(\omega t + \varphi_1) \\ y = A_2\cos(\omega t + \varphi_2) \end{cases} \tag{6.27}$$

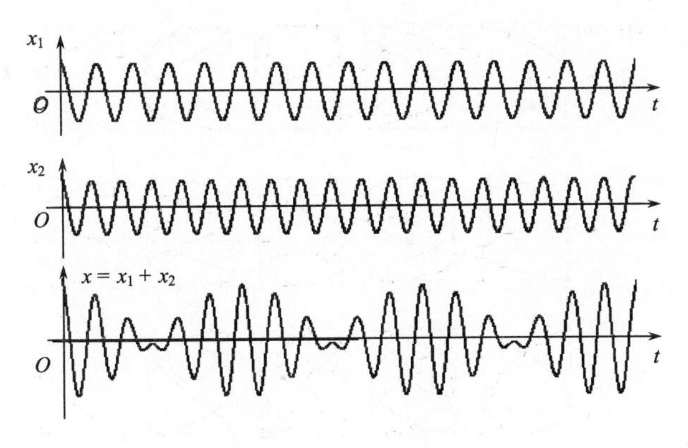

图 6.7 拍的形成

由式(6.27)消去时间 t,得到合振动的轨道方程

$$\frac{x^2}{A_1^2}+\frac{y^2}{A_2^2}-\frac{2xy}{A_1A_2}\cos(\varphi_2-\varphi_1)=\sin^2(\varphi_2-\varphi_1) \tag{6.28}$$

由式(6.28)可知,一般情况下,物体合振动的轨迹为椭圆. 当两个分振动振幅 A_1 和 A_2 给定时,物体的轨迹由两个分振动的初相位差($\varphi_2-\varphi_1$)决定. 用旋转矢量法也可以作出物体合运动的轨迹.

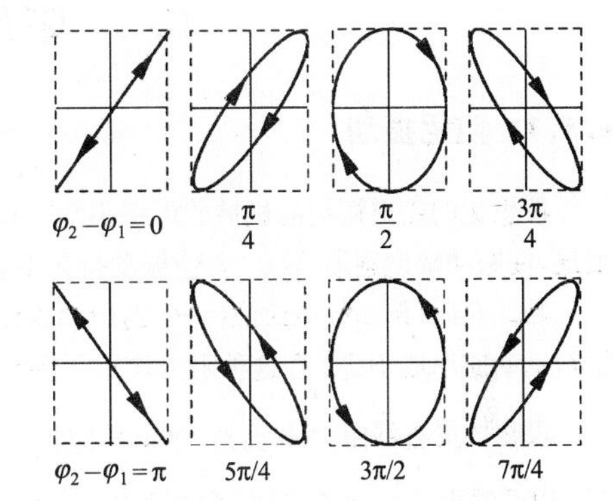

图 6.8 频率相同、振动方向相互垂直的两个简谐振动的合成

下面讨论几种特殊情况:

(1) 当 $\varphi_2-\varphi_1=0$ 时,$y=\frac{A_2}{A_1}x$,轨迹为直线,合振动为简谐振动;当 $\varphi_2-\varphi_1=\pi$ 时,$y=-\frac{A_2}{A_1}x$,合振动也为简谐振动;但是两种情况下的振动方向不同.

(2) 当 $\varphi_2-\varphi_1=\frac{\pi}{2}$ 时,$\frac{x^2}{A_1^2}+\frac{y^2}{A_2^2}=1$,轨迹为正椭圆,若 $A_1=A_2=A$,轨迹为圆,且顺时针旋转;当 $\varphi_2-\varphi_1=\frac{3\pi}{2}$ 时,$\frac{x^2}{A_1^2}+\frac{y^2}{A_2^2}=1$,轨迹为正椭圆,若 $A_1=A_2=A$,轨迹为圆,为逆时针旋转. 如图 6.8 所示.

*6.4.4 李萨如图形

两个不同频率、相互垂直的简谐振动的合成后,质点的运动轨迹不仅与两振动频率有关,也与初相之差有关,通常是不稳定、非闭合的曲线. 当两个振动频率成整数比时,质点的运动轨迹是平面内稳定的封闭曲线,这些稳定的图形称为李萨如图形.

图 6.9 给出了沿 x 轴和 y 轴的两个分振动的频率比取不同值时几种不同初相位的李萨如图形. 在电子示波器中,若使互相垂直的按正弦规律变化简谐振动的周期成不同的整数比,就可在荧光屏上看到各种不同的李萨如图形.

由于图形花样与两个分振动的频率比有关,因此可以通过李萨如图形来判断两个分振动的频率比,进而由一个振动的已知频率求得另一个振动的未知频率. 这是无线电技术中常用的测定未知频率的方法之一.

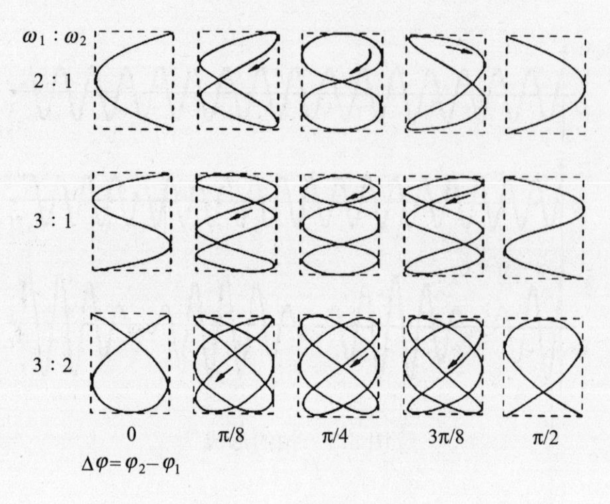

图 6.9　李萨如图形

*6.5　阻尼振动与受迫振动

6.5.1　阻尼振动

理想化的简谐振动的机械能保持不变,这称为**无阻尼自由振动**. 实际的振动系统存在各种形式的阻尼,使振动幅度逐渐衰减. 要使振动持久不衰,则需由外界向系统不断供给能量.

黏性介质(例如气体或液体)中的运动物体,在速度不很大的情况下受到的黏滞阻力的大小通常近似与运动速率成正比. 在这种阻力作用下发生的振动为**阻尼振动**.

设物体受黏滞阻力为 $f_x=-Cv=-C\dfrac{\mathrm{d}x}{\mathrm{d}t}$. 式中 C 称为阻力系数,负号表示阻力与物体运动方向相反. 以弹簧振子为例,这时振子的动力学方程为

$$m\frac{\mathrm{d}^2x}{\mathrm{d}t^2}=-kx-C\frac{\mathrm{d}x}{\mathrm{d}t} \tag{6.29}$$

令 $\omega_0=\sqrt{\dfrac{k}{m}}$, $2\beta=\dfrac{C}{m}$. 上式可化为

$$\frac{\mathrm{d}^2x}{\mathrm{d}t^2}+2\beta\frac{\mathrm{d}x}{\mathrm{d}t}+\omega_0^2x=0 \tag{6.30}$$

式中 ω_0 是系统的固有角频率,β 称为阻尼系数. 方程(6.30)的解与阻尼的大小有关,有以下几种形式.

(1) 当 $\beta<\omega_0$ 时,称为**弱阻尼**,通解为

$$x=A\mathrm{e}^{-\beta t}\cos(\omega t+\varphi) \tag{6.31}$$

式(6.31)称为阻尼振动方程,其中 $\omega=\sqrt{\omega_0^2-\beta^2}$,$A$ 和 φ 由初始条件确定. 弱阻尼振动的振幅 $A\mathrm{e}^{-\beta t}$,振幅随时间 t 按指数衰减,阻尼越大,振幅衰减越快. 阻尼振动的周期比系统的固有周期长.

(2) 当 $\beta>\omega_0$ 时,称为**过阻尼**,通解为

$$x=c_1\mathrm{e}^{\lambda_1t}+c_2\mathrm{e}^{\lambda_2t}$$

其中 $\lambda_1=-\beta+\sqrt{\beta^2-\omega_0^2}$, $\lambda_2=-\beta-\sqrt{\beta^2-\omega_0^2}$;此时系统也不做往复运动,而是非常缓慢地回到平衡位置并停下来.

(3) 当 $\beta=\omega_0$ 时，称为**临界阻尼**，通解为

$$x=(c_1+c_2t)\mathrm{e}^{-\beta t}$$

此时系统不做往复运动，而是较快地回到平衡位置并停下来.

阻尼振动、临界阻尼和过阻尼情况的 x-t 曲线分别如图 6.10 中的 a,b 和 c 三条曲线所示.

通常利用改变阻尼的方法控制系统的振动. 例如有些精密仪器，物理天平、灵敏电流计中装有阻尼装置并调至临界阻尼状态，使测量快捷、准确.

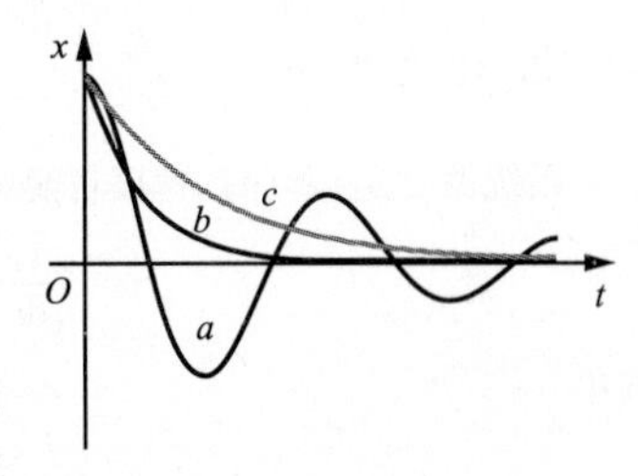

图 6.10　阻尼振动、临界阻尼和过阻尼振动

6.5.2　受迫振动

物体在周期性外力作用下的振动称为**受迫振动**. 对机械振动系统来说，最简单的方式是通过简谐型外力(也称简谐策动力)对系统不断做功，从而使振动得以持久维持.

设作用在弹簧振子上的力，包括弹性恢复力、黏滞阻力和简谐策动力 $F\cos\omega_{\mathrm{p}}t$. 物体的运动微分方程为

$$\frac{\mathrm{d}^2x}{\mathrm{d}t^2}+2\beta\frac{\mathrm{d}x}{\mathrm{d}t}+\omega_0^2x=f\cos\omega_{\mathrm{p}}t \tag{6.32}$$

其中 $\omega_0=\sqrt{\dfrac{k}{m}}$，$2\beta=\dfrac{C}{m}$，$f=\dfrac{F}{m}$.

方程(6.32)的通解为

$$x=\bar{x}+x^*=A_0\mathrm{e}^{-\beta t}\cos(\omega t+\varphi')+A\cos(\omega_{\mathrm{p}}t+\varphi)$$

第一项 $\bar{x}=A_0\mathrm{e}^{-\beta t}\cos(\omega t+\varphi')$ 为方程的齐次通解，随着时间的推移，很快衰减为零. 第二项 $x^*=A\cos(\omega_{\mathrm{p}}t+\varphi)$ 为方程的一个特解. 在稳定情况下 $x=x^*$，即

$$x=A\cos(\omega_{\mathrm{p}}t+\varphi) \tag{6.33}$$

其中

$$A=\frac{f}{\sqrt{(\omega_0^2-\omega_{\mathrm{p}}^2)^2+4\beta^2\omega_{\mathrm{p}}^2}} \tag{6.34}$$

$$\varphi=\arctan\frac{-2\beta\omega_{\mathrm{p}}}{\omega_0^2-\omega_{\mathrm{p}}^2} \tag{6.35}$$

这说明稳定受迫振动，其频率等于简谐策动力的频率，其振幅与系统的初始条件无关，而与系统固有频率、策动力频率和阻尼系数有关. 显然，振幅 A 与策动力的最大值 F 成正比.

6.5.3　共振

共振是受迫振动中所特有的现象. 共振又分为位移共振和速度共振.

1. 位移共振

受迫振动的位移幅值(振幅)达到极大值的现象称为**位移共振**. 由式(6.34)可知，当阻尼和策动力幅值不变时，受迫振动的位移振幅是策动力角频率 ω_{p} 的函数；令 $\dfrac{\mathrm{d}A}{\mathrm{d}\omega_{\mathrm{p}}}=0$，得到

$$\omega_{\mathrm{pr}}=\sqrt{\omega_0^2-2\beta^2} \tag{6.36}$$

此时振幅最大，称为位移共振或振幅共振. 显然，位移共振的大小与阻尼有关.

2. 速度共振

系统做受迫振动时,速度也是策动力角频率的函数,即

$$v=\frac{\mathrm{d}x}{\mathrm{d}t}=-\omega_{\mathrm{p}}A\sin(\omega_{\mathrm{p}}t+\varphi)=-v_{\mathrm{m}}\sin(\omega_{\mathrm{p}}t+\varphi)$$

式中

$$v_{\mathrm{m}}=\frac{\omega_{\mathrm{p}}f}{\sqrt{(\omega_0^2-\omega_{\mathrm{p}}^2)^2+4\beta^2\omega_{\mathrm{p}}^2}} \tag{6.37}$$

为速度幅值. 受迫振动的速度幅值达到极大值的现象称为**速度共振**.

同理,令$\frac{\mathrm{d}v_{\mathrm{m}}}{\mathrm{d}\omega_{\mathrm{p}}}=0$,得到$\omega_{\mathrm{pv}}=\omega_0$,此时速度振幅有极大值. 当系统发生速度共振时,外界能量的输入处于最佳状态,即策动力在整个周期内对系统做正功,用于补偿阻尼引起的能耗. 因此,速度共振又称为**能量共振**.

共振现象在光学、电学、无线电技术中应用极广. 如收音机的"调谐"就是利用了"电共振". 此外,如何避免共振对桥梁、烟囱、水坝、高楼等建筑物的破坏,也是设计制造者必须考虑的问题.

例 6.5　一弹簧系统,已知振子质量为$m=1.0\mathrm{kg}$,弹簧的劲度系数为$k=900\mathrm{N\cdot m^{-1}}$,阻尼系数为$\beta=10.0\mathrm{s^{-1}}$,为使振动能够持续进行,加上一个周期性外力$F(t)=100\cos30t(\mathrm{N})$,求:(1)稳定振动的圆频率、振幅、初相和振动方程;(2)若外力的频率可以调节,发生位移共振时的频率是多少? 共振的振幅是多大?

解　振动系统的固有圆频率$\omega_0=\sqrt{\frac{k}{m}}=30\mathrm{rad\cdot s^{-1}}$,强迫力频率为$\omega_{\mathrm{p}}=30\mathrm{rad\cdot s^{-1}}$;

(1) 受迫振动达到稳定时,振动频率与外力的频率相同,即$\omega=\omega_{\mathrm{p}}=30\mathrm{rad\cdot s^{-1}}$;受迫振动达到稳定时振幅和初相分别为

$$A=\frac{F}{m\sqrt{(\omega_0^2-\omega_{\mathrm{p}}^2)^2+4\beta^2\omega_{\mathrm{p}}^2}}=\frac{100}{2\times10\times30}=0.167(\mathrm{m})$$

$$\tan\varphi=\frac{-2\beta\omega_{\mathrm{p}}}{\omega_0^2-\omega_{\mathrm{p}}^2}=-\infty$$

$$\varphi=-\frac{\pi}{2}$$

所以

$$x=A\cos(\omega_{\mathrm{p}}t+\varphi)=0.167\cos(30t-\frac{\pi}{2})(\mathrm{m})$$

(2) 发生位移共振时,频率为

$$\omega_{\mathrm{pr}}=\sqrt{\omega_0^2-2\beta^2}=26.45\mathrm{rad\cdot s^{-1}}$$

共振时的振幅为

$$A=\frac{F}{m\sqrt{(\omega_0^2-\omega_{\mathrm{p}}^2)^2+4\beta^2\omega_{\mathrm{p}}^2}}=0.177\mathrm{m}$$

一、非线性振动

如果回复力与位移不成线性比例或阻尼力与速度不成线性比例,系统的振动称为非线性振动. 从动力学角度分析,发生非线性振动的原因有两个方面,即振动系统内在的非线性因素

和系统外部的非线性影响.

1. 内在的非线性因素

振动系统内部出现非线性回复力,这是最直接的原因.振动系统在非线性回复力作用下,即使做无阻尼的自由振动也不是简谐振动,而是一种非线性振动.如果振动系统的参量不能保持常数,例如描述系统“惯性”的物理量,或摆长之类的参量不能保持常数,则形成参量振动一类的非线性振动,如漏摆.自激振动也是一种非线性振动,产生这种非线性振动的根本原因仍是系统本身内在的非线性因素.所谓自激振动,就是振动系统能从单向激励中自行有控地吸收能量,将单向运动能量转化成周期性振荡的能量.这种转化不是线性系统所能完成的,所以自激振动是非线性振动.例如,树梢在狂风中的呼啸,琴弦上奏出的音乐,自来水管突如其来的喘振等,都是自激振动的实例.

2. 外在的非线性影响

一种情况是非线性阻尼的影响,另一种情况是策动力为位移或速度的非线性函数.只要存在以上所说的某一种非线性因素,系统的振动就是非线性的.因此,非线性振动是一种统称,针对具体不同的非线性因素,系统的振动形式是完全不同的.因此,对非线性振动研究的方法基本上是近似简化、图解及计算机处理.

二、消振器和隔振器

1. 消振器

工件切削加工时,加工系统往往会产生振动,当系统刚性不足时尤为明显.减小或消除振动的方法之一是采用专门的消振装置,有阻尼消振器和冲击消振器.常见的是一种用于车床的消振装置——杠杆式浮动冲击消振器.它由杠杆本体、滚轮、小轴、铰支轴及支架组成.为了使滚轮与工件的接触点更靠近车刀,支架可做成弯柄形状,这种消振器的基本工作原理是:杠杆式本体在其自重的作用下,通过滚轮自由地支靠在被加工零件的表面上,当工件自振时,通过滚轮与工件间的相互冲击,扩散振动能量起到消振的作用.

2. 隔振器

隔振器是连接设备和基础的弹性元件,用以减少和消除由设备传递到基础的振动力和由基础传递到设备的振动.设计和应用隔振器时,要考虑下列因素:①能提供所需的隔振量;②能承受规定的负载;③能承受温度和其他环境条件(湿度、腐蚀性流体等)的变化;④具有一定的隔振特性;⑤满足应用隔振器的设备对隔振器重量和体积的要求.

激发频率低于质量(设备)弹簧系统的固有频率时,隔振器不起隔振作用;激发频率与固有频率相近时,振动就会放大;只有当激发频率大于固有频率的几倍时,隔振器才有隔振效果.通常要求激发频率大于固有频率的2～3倍,以便获得良好的隔振效果.常用隔振器有以下几种:

(1) 钢弹簧隔振器.

从重达数百吨的设备到轻巧的精密仪器都可以应用钢弹簧隔振器,通常用在静态压缩量大于5cm的地方或者用在温度和其他环境条件不容许采用橡胶等材料的地方. 这种隔振器的优点是:①静态压缩量大,固有频率低,低频隔振良好;②耐油、水和溶剂等侵蚀,不受温度变化的影响;③不会老化或蠕变;④大量生产时特性变化很小. 其缺点是:①本身阻尼极小(阻尼比约0.005),以致共振时传递率非常大;②高频时容易沿钢丝传递振动;③容易产生摇摆运动,因而常需加上外阻尼(如金属丝、橡胶、毛毡等)和惰性块.

(2) 橡胶隔振器.

可用于受切、受压或切压的情况,很少用于受拉的情况. 其优点是:可以做成各种形状和不同劲度. 其内部阻尼作用比钢弹簧大,并可隔低至10Hz左右的激发频率. 缺点是:使用久了会老化,而且在重负载下会有较大蠕变(特别在高温时),所以不应受超过10%~15%(受压)或25%~50%(切变)的持续变形. 天然橡胶的固有频率略低于合成橡胶,其机械性能特点为:变化小,拉力大,受破坏时延伸率长,而且价格较低,但不能用于与油类、碳氢化合物、臭氧接触的设备和环境温度较高处. 氯丁橡胶和丁腈橡胶隔振器的抗碳氢化合物和臭氧的性能良好,丁腈橡胶隔振器还可适应高温. 硅酮橡胶隔振器可用于其他材料不能胜任的低温或高温(−75~+200℃)环境. 中国制造的橡胶隔振器有JG型、Z型等多种型号.

(3) 隔振垫.

隔振垫有软木、毛毡、橡胶垫和玻璃纤维板等,优点是:价格低廉,安装方便,并可裁成所需大小和重叠起来使用,以获得不同程度的隔振效果.

(4) 气垫隔振器.

一般由橡胶制件充气而成,振动的频率特别低时,它的隔振效果比钢弹簧更佳. 固有频率可低至0.1~5Hz. 它在共振时阻尼高,而在高频时则阻尼小. 缺点是:价格昂贵,负载有限,并需经常检查.

(5) 隔振机座.

机器有时安装在隔振机座上,机座通常由混凝土或钢构成. 采用沉重而刚性好的混凝土惰性块可以增加承载机器的有效重量,其作用是:①减少振动,减小机器不平衡力的作用;②提高力阻抗,使机器安装牢固;③降低重心,增加稳定性;④降低固有频率. 惰性块的重量至少应等于机器的重量,最好是机器重量的两倍. 往复式发动机和压缩机等通常需要3~5倍重量的机座,而轻型机器有时需要重达10倍于机器重量的机座.

习 题 6

6-1 证明图示系统的振动为简谐振动. 其频率为 $\nu=\frac{1}{2\pi}\sqrt{\frac{k_1k_2}{(k_1+k_2)m}}$.

6-2 原长为0.5m的弹簧,上端固定,下端挂一个质量为0.1kg的物体,当物体静止时,弹簧长为0.6m. 现将物体上推,使弹簧缩回到原长,然后放手,以放手时开始计时,取竖直向下为正向,写出振动的表达式(取 $g=9.8\text{m}\cdot\text{s}^{-2}$).

6-3 有一单摆,摆长 $l=1.0\text{m}$,小球质量 $m=10\text{g}$,$t=0$ 时,小球正好经过 $\theta=-0.06\text{rad}$ 处,并以角速度 $\omega=0.2\text{rad}\cdot\text{s}^{-1}$ 向平衡位置运动. 设小球的运动可看作简谐振动,试求:

(1) 角频率、频率、周期;

(2) 用余弦函数形式写出小球的振动表达式.(取 $g=9.8\text{m}\cdot\text{s}^{-2}$)

6-4　简谐振动的振动曲线如图所示. 求振动方程.

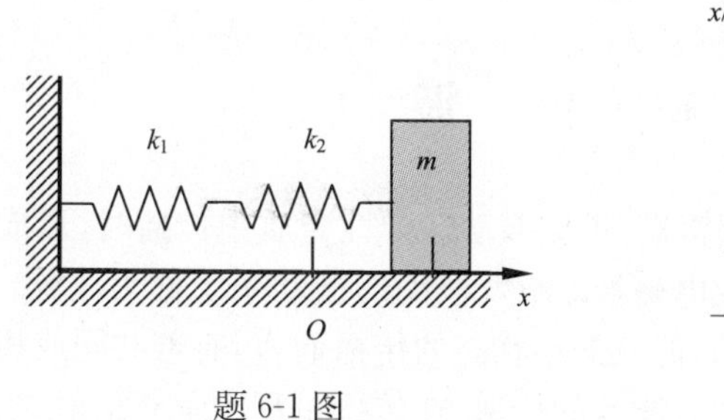

题 6-1 图

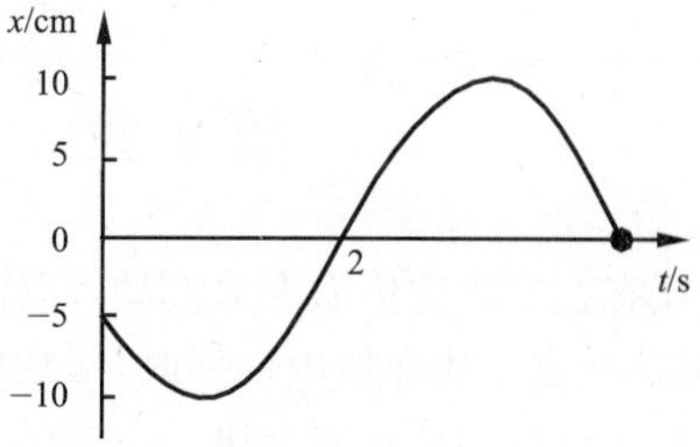

题 6-4 图

6-5　一个质点沿 x 轴做简谐振动,振幅为 12cm,周期为 2s. 当 $t=0$ 时,位移为 6cm,且向 x 轴正方向运动. 求:

(1) 振动表达式;

(2) $t=0.5$s 时,质点的位置、速度和加速度;

(3) 如果在某时刻质点位于 $x=-6$cm,且向 x 轴负方向运动,求从该位置回到平衡位置所需要的时间.

6-6　弹簧振子沿 x 轴做简谐振动. 已知振动物体最大位移为 $x_m=0.4$m 时最大回复力为 $F_m=0.8$N,最大速度为 $v_m=0.8\pi \text{m}\cdot\text{s}^{-1}$,又知 $t=0$ 的初位移为 0.2m,且初速度与所选 x 轴方向相反. 求:

(1) 求振动能量;

(2) 求此振动的表达式.

6-7　当简谐振动的位移为振幅的一半时,其动能和势能各占总能量的多少? 物体在什么位置时其动能和势能各占总能量的一半?

6-8　两个同方向的简谐振动曲线(如图所示). 求:

(1) 合振动的振幅;

(2) 合振动的振动表达式.

6-9　两个同方向,同频率的简谐振动,其合振动的振幅为 20cm,合振动与第一个振动的相位差为$\frac{\pi}{6}$. 若第一个振动的振幅为 $10\sqrt{3}$cm. 求:

(1) 第二个振动的振幅为多少?

(2) 两简谐振动的相位差为多少?

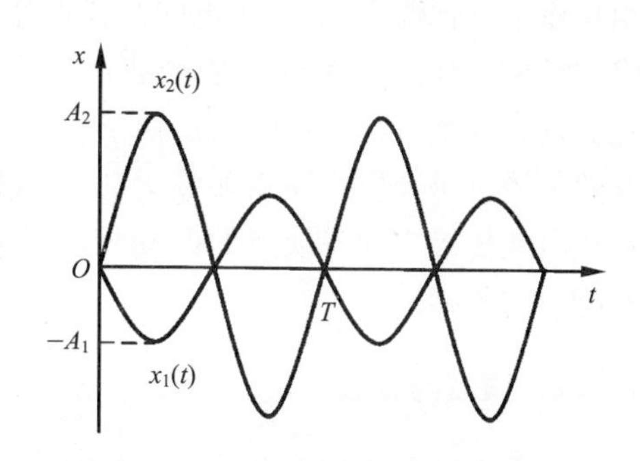

题 6-8 图

6-10　在平板上放一个质量为 2kg 的物体,平板在竖直方向做谐振动,其振动周期为 $T=0.5$s,振幅 $A=4$cm,初位相 $\varphi_0=0$. 求:

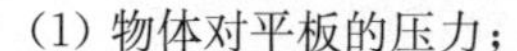

(1) 物体对平板的压力;

(2) 平板以多大的振幅振动时,物体开始离开平板?

*6-11　质点分别参与下列三组互相垂直的谐振动

$$(1)\begin{cases}x=4\cos\left(8\pi t+\dfrac{\pi}{6}\right)\\ y=4\cos\left(8\pi t-\dfrac{\pi}{6}\right)\end{cases};\quad(2)\begin{cases}x=4\cos\left(8\pi t+\dfrac{\pi}{6}\right)\\ y=4\cos\left(8\pi t-\dfrac{5\pi}{6}\right)\end{cases};\quad(3)\begin{cases}x=4\cos\left(8\pi t+\dfrac{\pi}{6}\right)\\ y=4\cos\left(8\pi t+\dfrac{2\pi}{3}\right)\end{cases}.$$

试判别各质点运动的轨迹.

*6-12　在火车的车厢里用细线吊着一个小球,由于在铁轨接合处火车通过受到震动使球摆动,如果每根铁轨长 12.5m,细线长 0.4m,则当火车速度达多大时,球摆动的振幅最大?

第 7 章　机　械　波

振动状态在空间的传播形成波动，简称波. 机械振动在弹性介质中传播时，形成机械波，电磁振荡在真空或介质内传播时，形成电磁波. 激发波动的振动系统称为波源. 各种波的产生和传播机制从本质上讲是不同的，但就振动状态的传播而言，有着共同或相似的特征，都有着时间和空间的周期性，都伴随有能量的传递，在传播过程中都有衍射、折射和反射现象. 本章主要讨论机械波基本概念、简谐波的波动方程、波的传播规律、波的干涉等内容.

7.1　波动的描述

7.1.1　机械波的形成条件

波动是振动状态的传播过程，振动是产生波动的根源，机械振动在介质中的传播形成机械波. 因此形成机械波需要两个条件：一是有波源，二是有介质. 例如，振动的音叉会在空气中产生声波，音叉是波源，而空气则是传递振动的弹性介质.

一般的弹性介质可看成大量质点的集合. 每个质点有一定的质量，各个质点之间的相互作用是弹性力，由于质点间的弹性作用和质点的惯性，使机械波能够在弹性介质中形成，并以有限的速度传播. 机械波形成后，介质中各质点都在各自平衡位置附近做振动，犹如投石入水，水波荡漾开去，而飘浮在水面的树叶只在原地运动，并未随波而去. 因此波的传播不是介质中质点随波运动，而是波源的振动状态沿波的方向由近及远向外传播，并且沿波传播方向各质点的振动相位是逐一落后的. 波动具有一定的传播速度，并伴随着能量的传播.

7.1.2　横波与纵波

根据波的传播方向和质点的振动方向的关系，可以将波动分为两类：横波和纵波. 质点的振动方向与波的传播方向垂直的波称为**横波**. 比如抖动绳索的一端，沿绳就会形成如图 7.1 所示的横波. 横波的所有质点的位移呈现周期性的峰-谷分布.

质点的振动方向平行于波的传播方向，并呈现出疏-密的周期性分布，这种波称为**纵波**. 比如一定频率的声波使气体被周期性地膨胀和压缩，就会形成空气中分子疏密相间的纵波，如图 7.2 所示，曲线表示质点离开各自平衡位置的位移，绕平衡位置沿圆弧线逆时针转 90°形成.

无论是横波还是纵波，它们都具有时空周期性，固定空间一点来看，振动随时间的变化具有时间周期性，而固定一个时刻来看，空间各点的振动分布也具有空间周期性. 周期性波的传播有两个特点，一是各质点都做与波源同方向、同频率的振动，二是各质点的相位不同，离波源越远的点，相位越落后.

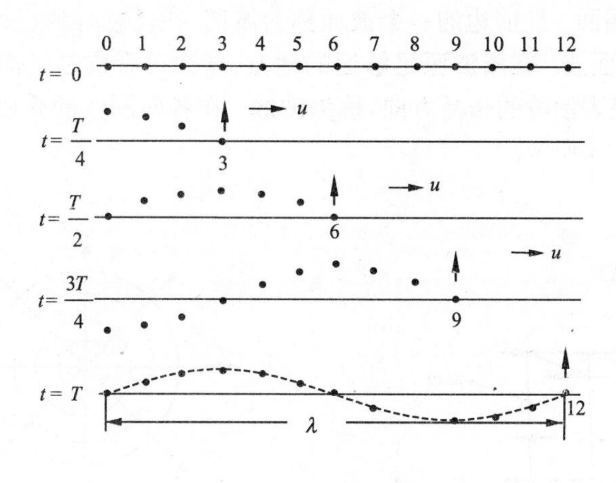

图 7.1 横波的形成

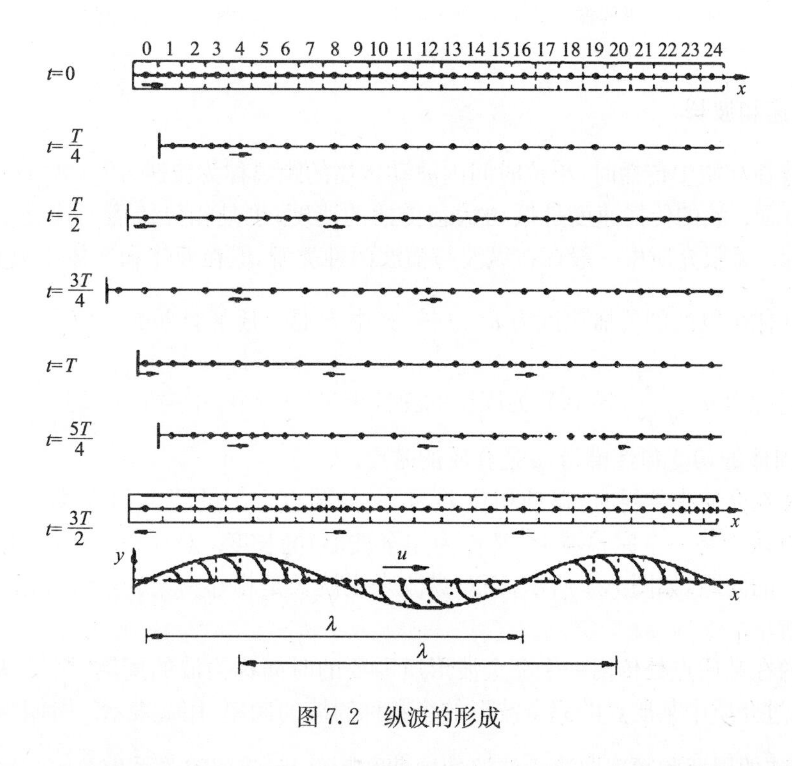

图 7.2 纵波的形成

横波和纵波是波的两种基本类型. 实际的各种波,质点的运动通常很复杂,如水面波、地震波等. 当波源做简谐运动时,介质中各质点也做简谐运动,这样的波称为简谐波. 其他复杂的波可以由简谐波叠加而成.

7.1.3 波线和波面

在各向同性的均匀介质中,从一个点波源发出的振动状态,经过一定时间后,将到达一个球面上,引起该球面上各质点做相位相同的振动. 介质中振动相位相同的点构成的曲面称为**波面**或**波振面**. 最前边的一个波面称为**波前**,在任意时刻,只有一个波前. 波面是球面的波,叫做**球面波**. **在离波源足够远的地方**,球面可看成是平面,这种波称为**平面波**. 通常用有向线段表示波的传播方向,称为**波线**. 在各向同性的介质中,波线与波面垂直. 如图 7.3 和图 7.4 所示.

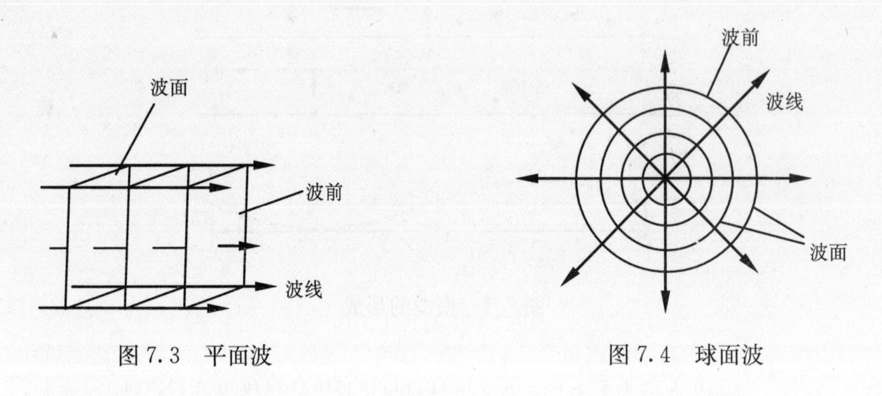

图 7.3 平面波　　图 7.4 球面波

7.1.4 波速和波长

简谐波在介质中传播时,单位时间内波动传播的距离称为**波速**,用 u 表示. 波速取决于介质的性质. 波的传播速度是振动状态传播的速度,也是相位传播的速度. 因此波速也称为相速. 无限介质中一般存在纵波与横波两种类型,但在液体和气体中只存在纵波. 在液体和气体中纵波的传播速度为 $u=\sqrt{\frac{B}{\rho}}$,式中 B 是介质的容变弹性模量. 在固体中纵波的传播速度为 $u=\sqrt{\frac{Y}{\rho}}$,式中 Y 为固体的弹性模量. 而固体中横波传播速度为 $u=\sqrt{\frac{G}{\rho}}$,式中 G 为固体的切变弹性模量,ρ 是介质的密度.

简谐波在介质中传播时,振动相位差为 2π 的两点之间的距离称为**波长**,用 λ 表示. 波长也可以认为是一个完整波形(又称为完全波形)的长度. 对横波来说,波长是相邻波峰(或波谷)的间距,如图 7.1 所示;而对纵波来说波长是相邻密集区(或稀疏区)的间距,如图 7.2 所示.

介质内在某质点处传播一个完全波形所需要的时间称为波的**周期**,用 T 表示. 单位时间内,通过介质中某质点的完全波形的个数称为波的**频率**,用 ν 表示. 周期与频率的关系 $\nu=\frac{1}{T}$. 波的周期和频率取决于波源的周期和频率,与波速的关系为

$$u=\frac{\lambda}{T}=\lambda\nu \tag{7.1}$$

思考题

思 7.1 振动和波动有什么联系和区别?

7.2 简谐波的波动方程

7.2.1 简谐波的波动方程

波源做简谐振动时，介质中各质点也将随着振动状态的传播而相继做同频率的简谐振动，形成简谐波. 我们给出平面简谐波在无吸收、无散射的均匀无限大介质中传播时，各质点的位移随时间的变化关系，即波动方程.

设一列平面简谐波沿 x 轴正方向以波速 u 传播，t 时刻的波形如图 7.5 所示. 取一条波线为 x 轴，设 t 时刻坐标原点 O 的振动表达式为

$$y_0 = A\cos(\omega t + \varphi_0) \tag{7.2}$$

其中 y_0 是 O 处质点 t 时刻的位移，φ_0 是坐标原点 O 的振动初相位. 由于波是自 O 点向 P 点传播，所以 P 点的相位落后于 O 点的相位，延迟的时间是 $t'=\frac{x}{u}$，设 t 时刻坐标为 x 的 P 点的振动位移为

$$y = A\cos(\omega t + \varphi_P) \tag{7.3}$$

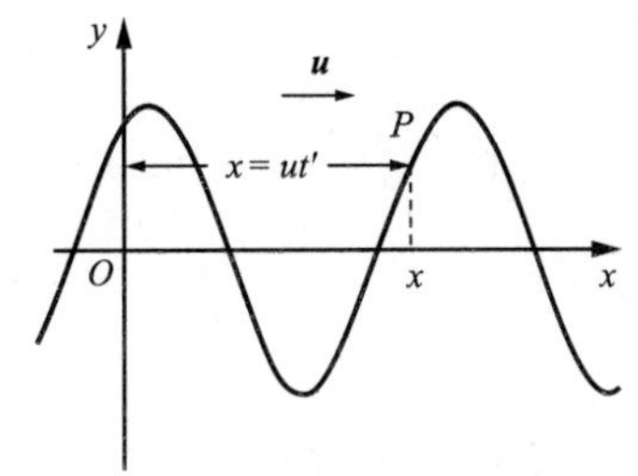

图 7.5 波动方程的推导

则 t 时刻，两点间的相位差为

$$\Delta\varphi = \varphi_0 - \varphi_P = \omega t' = \frac{\omega x}{u}$$

所以

$$\varphi_P = \varphi_0 - \frac{\omega x}{u}$$

即

$$y = A\cos\left[\omega\left(t - \frac{x}{u}\right) + \varphi_0\right] \tag{7.4}$$

上式为沿 x 轴正向传播的**平面简谐波的波动方程**. 与(7.2)式相比，式中 $-\frac{x}{u}$ 可理解为 P 点的振动落后于原点振动的时间.

利用关系 $\omega=\frac{2\pi}{T}=2\pi\nu$，$uT=\lambda$，平面简谐波的波动方程可改写为

$$y = A\cos\left(\frac{2\pi}{T}t - \frac{2\pi x}{\lambda} + \varphi_0\right) \tag{7.4a}$$

$$y = A\cos\left(2\pi\nu t - \frac{2\pi x}{\lambda} + \varphi_0\right) \tag{7.4b}$$

$$y = A\cos(\omega t - kx + \varphi_0) \tag{7.4c}$$

其中 $k=\frac{2\pi}{\lambda}$，称为角波数，它表示单位长度上波的相位变化，数值上等于 2π 长度内所包含的完整波形的个数. 平面简谐波的波形曲线及其随时间的平移如图 7.6 所示.

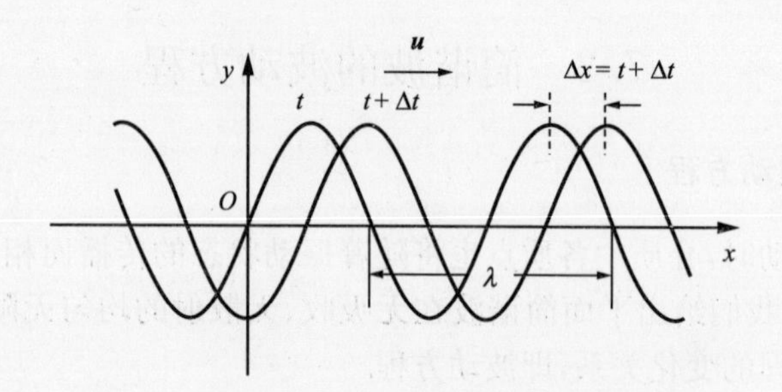

图 7.6　简谐波的波形曲线及其随时间的平移

若平面简谐波沿 x 轴负方向传播，P 点的振动超前于原点的振动，因此波动方程写为

$$y = A\cos\left[\omega\left(t + \frac{x}{u}\right) + \varphi_0\right] \tag{7.5}$$

或

$$y = A\cos\left(\frac{2\pi}{T}t + \frac{2\pi x}{\lambda} + \varphi_0\right) \tag{7.5a}$$

$$y = A\cos\left(2\pi\nu t + \frac{2\pi x}{\lambda} + \varphi_0\right) \tag{7.5b}$$

$$y = A\cos(\omega t + kx + \varphi_0) \tag{7.5c}$$

波动方程反映介质中质点的运动规律. 波动方程表示了位移 y 是质点坐标 x 和时间 t 的函数，为了理解其物理意义，可以从以下几方面作进一步分析.

(1) 当 $x=x_1$ 时，位移 y 只是时间 t 的函数. 波动方程(7.2)变成坐标为 x_1 的质点的振动位移随时间的表达式

$$y = A\cos\left(\omega t - \frac{\omega}{u}x_1 + \varphi_0\right) = A\cos(\omega t + \varphi_1) \tag{7.6}$$

其中 φ_1 是 x_1 处质点做谐振动的初相；式(7.6)说明介质中 x_1 处的质点在做简谐振动. 式(7.6)满足 $y(t)=y(t+NT)$，其中 N 为整数，这表明波动具有时间周期性，周期 T 表示**波的时间周期**. 从质点运动来看，这说明每个质点的振动周期均为 T；从整个波形看，这说明 t 时刻的波形曲线与 $t+NT$ 时刻的波形曲线完全重合.

(2) 当 $t=t_1$ 时，位移 y 只是质点坐标 x 的函数. 波动方程(7.2)变成 t_1 时刻 x 轴上各质点的振动位移关于坐标 x 的分布图，即波形曲线图，

$$y = A\cos\left(\omega t_1 - \frac{2\pi x}{\lambda} + \varphi_0\right) \tag{7.7}$$

显然，式(7.7)满足 $y(x)=y(x+N\lambda)$，表明波动具有空间周期性，波长 λ 代表了波在空间的周期性. 从质点来看，表明相隔 $N\lambda$ 的两个质点其振动规律完全相同；从波形来看，波形在空间以 λ 为“周期”分布着. 所以波长 λ 也称为**波的空间周期**.

(3) 若坐标 x 和时间 t 都变化，波动方程就表示波线上所有质点在各个不同时刻的位移情况. 或形象地说，在这个波动方程中包括了无数个不同时刻的波形随着 t 的变化，

并且满足 $y(x,t)=y(x+u\Delta t,t+\Delta t)$，这说明了 t 时刻的振动状态在 $t+\Delta t$ 时刻传到了 $x+u\Delta t$ 处. 总之，波动方程反映了波的时间和空间双重周期性.

例 7.1 一列简谐波的波动方程为 $y=0.1\cos\left(10\pi t-4\pi x+\dfrac{\pi}{2}\right)(\mathrm{m})$；求：(1)波的振幅、波速、频率和波长；(2) $x=1.25\mathrm{m}$ 处质点的振动方程；(3) $t=0.5\mathrm{s}$ 时，$x=1.0\mathrm{m}$ 处质点的振动速度；(4) $x=0.5\mathrm{m}$ 处和 $x=0.625\mathrm{m}$ 处两个质点之间相位差.

解 (1) 由波动方程 $y=A\cos\left(\omega t-\dfrac{\omega x}{u}+\varphi_0\right)=0.1\cos\left(10\pi t-4\pi x+\dfrac{\pi}{2}\right)(\mathrm{m})$，可知

$$A=0.1\mathrm{m},\omega=10\pi\mathrm{rad}\cdot\mathrm{s}^{-1},\quad u=2.5\mathrm{m}\cdot\mathrm{s}^{-1},\quad \nu=\frac{\omega}{2\pi}=5\mathrm{Hz},\quad \lambda=\frac{u}{\nu}=0.5\mathrm{m}$$

(2) $x=1.25\mathrm{m}, y=0.1\cos(10\pi t-5\pi+\frac{\pi}{2})=0.1\cos(10\pi t-\frac{\pi}{2})(\mathrm{m})$；

(3) $x=1.0\mathrm{m}$ 处的质点振动方程为

$$y=0.1\cos\left(10\pi t-4\pi+\frac{\pi}{2}\right)=0.1\cos\left(10\pi t+\frac{\pi}{2}\right)(\mathrm{m})$$

速度为

$$v=\frac{\mathrm{d}y}{\mathrm{d}t}=-\pi\sin(10\pi t+\frac{\pi}{2})(\mathrm{m}\cdot\mathrm{s}^{-1})$$

当 $t=0.5\mathrm{s}$ 时，$v=-\pi\sin\dfrac{3\pi}{2}\mathrm{m}\cdot\mathrm{s}^{-1}=3.14\mathrm{m}\cdot\mathrm{s}^{-1}$；

(4) $\Delta\varphi=\omega\dfrac{\Delta x}{u}=10\pi\times\dfrac{0.625-0.5}{2.5}=\dfrac{\pi}{2}$.

例 7.2 简谐波以 $u=2\mathrm{m}\cdot\mathrm{s}^{-1}$ 自左向右传播，某点 A 的振动方程为 $y=3\cos(4\pi t-\pi)(\mathrm{cm})$；(1)选取 x 轴的正方向向右，以 A 点为坐标原点，求波动方程；(2)选取 x 轴的正方向向左，以 A 点左方 2m 处的 B 点为坐标原点，求波动方程.

解 (1) 由方程可知 $A=3\mathrm{cm},\omega=4\pi\mathrm{rad}\cdot\mathrm{s}^{-1},u=2\mathrm{m}\cdot\mathrm{s}^{-1},\varphi_A=-\pi$，所以波动方程为

$$y=3\cos(4\pi t-2\pi x-\pi)(\mathrm{cm})$$

(2) $A=3\mathrm{cm},\omega=4\pi\mathrm{rad}\cdot\mathrm{s}^{-1},u=2\mathrm{m}\cdot\mathrm{s}^{-1},\varphi_A=-\pi$，则

$$\varphi_B-\varphi_A=\frac{\omega}{u}\Delta x=4\pi\Rightarrow\varphi_B=\varphi_A+4\pi=3\pi$$

所以波动方程为

$$y=3\cos(4\pi t+2\pi x+\pi)(\mathrm{cm})$$

思考题

思 7.2 波动方程中，坐标轴原点是否一定要选在波源处？$t=0$ 时刻是否一定是波源开始振动的时刻？波动方程写成 $y=A\cos\omega\left(t-\dfrac{x}{u}\right)$ 时，波源一定在坐标原点处吗？在什么前提下波动方程才能写成这种形式？

7.3 简谐波的能量

7.3.1 简谐波的能量

当机械波传播到介质中的某处时,该处原来不动的质点开始振动,因而有动能,同时该处的介质也将发生形变,因而也具有势能,波的传播过程也伴随着能量的传播过程. 设介质的密度为 ρ,有平面简谐波在其中传播,其波动方程为

$$y = A\cos\left(\omega t - \frac{\omega x}{u} + \varphi_0\right) \tag{7.8}$$

在介质中取一质元 $dm=\rho dV$,该质元对应的动能为

$$dW_k = \frac{1}{2}dm\left(\frac{\partial y}{\partial t}\right)^2 = \frac{1}{2}\rho\omega^2 A^2\sin^2\left[\omega(t - \frac{x}{u}) + \varphi_0\right]dV \tag{7.9}$$

为了求质元的弹性势能,设质元的自然长度为 dx,绝对伸长量 dy,所以质元的相对伸长量为$\frac{dy}{dx}$,胡克定律指出,弹性力与相对伸长量的关系为

$$F = YS\frac{dy}{dx} = kdy \tag{7.10}$$

式中 Y 为固体的杨氏弹性模量,S 为介质的横截面积. 所以,质元的弹性势能为

$$dW_p = \frac{1}{2}k(dy)^2 = \frac{1}{2}\frac{YS}{dx}(dy)^2 = \frac{1}{2}YSdx\left(\frac{dy}{dx}\right)^2$$

考虑到 y 为 x,t 的函数,$\left(\frac{dy}{dt}\right)^2$ 可以表示为$\left(\frac{\partial y}{\partial t}\right)^2$,将 $u=\sqrt{\frac{Y}{\rho}}$代入可得

$$dW_p = \frac{1}{2}\rho u^2\left(\frac{\partial y}{\partial x}\right)^2 dV$$

根据简谐波波动方程,可以得到

$$dW_p = \frac{1}{2}\rho\omega^2 A^2\sin^2\left[\omega(t - \frac{x}{u}) + \varphi_0\right]dV \tag{7.11}$$

由式(7.9)和式(7.11)得到质元的**机械能**

$$dW = dW_k + dW_p = \rho\omega^2 A^2\sin^2\left[\omega(t - \frac{x}{u}) + \varphi_0\right]dV \tag{7.12}$$

可见,在波的传播过程中,质元的动能、弹性势能和总机械能都与质元的体积成正比. 介质中任一质元的动能与势能在相同时刻总是相等,而且同相位变化,机械能不守恒. 质元在平衡位置($y=0$)处,动能和势能都取最大值,在振动最大位移($y=\pm A$)处,动能和势能都为零. 质元在远离平衡位置的过程中,动能和势能都减小,该质元向后面质元释放能量;质元在接近平衡位置的过程中,动能和势能都增大,该质元从前面质元吸收能量.

通常用波的能量密度来表示介质中波的能量分布,所谓**波的能量密度**,即单位体积介质中所具有的波的能量,用 w 表示,由式(7.12)表示为

$$w=\frac{\mathrm{d}W}{\mathrm{d}V}=\rho\omega^2A^2\sin^2\left[\omega\left(t-\frac{x}{u}\right)+\varphi_0\right] \tag{7.13}$$

可见能量密度随时间作周期性变化,实际应用中是取其平均值. 波的能量密度在一个周期内的平均值称为**平均能量密度**,用 $\overline{w}$ 表示,对平面简谐波有

$$\overline{w}=\frac{1}{T}\int_0^T w\mathrm{d}t=\frac{1}{2}\rho\omega^2A^2 \tag{7.14}$$

式(7.14)指出,平均能量密度与波振幅的平方、角频率的平方及介质密度成正比. 此公式适用于各种弹性波.

7.3.2 能流和波的强度

能量随波而传播的特性,还可以用能流和能流密度的概念来描述.

单位时间内垂直穿过某一截面 S 的波的能量称为能流,用 $\boldsymbol{P}=w\boldsymbol{u}S$ 表示;而单位时间内垂直穿过某一面积 S 的波的平均能量称为**平均能流**,表达式为

$$\overline{\boldsymbol{P}}=\overline{w}\boldsymbol{u}S=\frac{1}{2}\rho\omega^2A^2\boldsymbol{u}S \tag{7.15}$$

波通过与其传播方向垂直的单位面积的平均能流称为能流密度或**波的强度**,简称波强. 用 $\overline{\boldsymbol{I}}$ 表示,则有

$$\overline{\boldsymbol{I}}=\frac{\overline{\boldsymbol{P}}}{S}=\overline{w}\boldsymbol{u}=\frac{1}{2}\rho\omega^2A^2\boldsymbol{u} \tag{7.16}$$

波强 $\overline{\boldsymbol{I}}$ 是矢量,方向就是能量的传播方向,即波速的方向. 如图 7.7 所示. 波的强度的单位是瓦特每平方米($\mathrm{W\cdot m^{-2}}$).

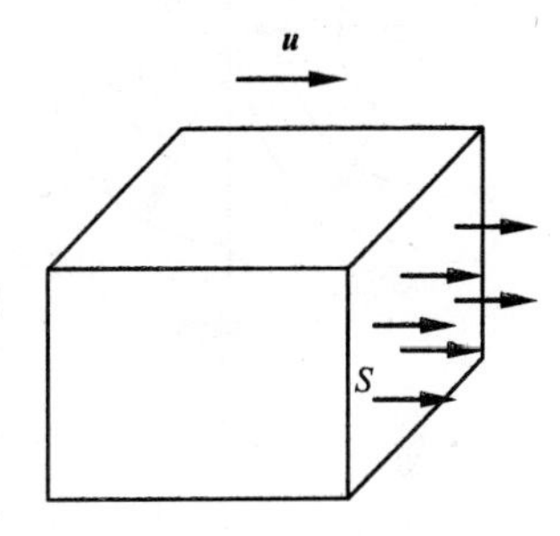

图 7.7 波的能流

例 7.3 一列简谐波的频率为 $f=500\mathrm{Hz}$,振幅为 $A=10^{-6}\mathrm{m}$,在空气中传播,空气密度为 $\rho=1.3\mathrm{kg\cdot m^{-3}}$,波速为 $u=340\mathrm{m\cdot s^{-1}}$,求波的平均能量密度和波的强度.

解 波的平均能量密度 $\overline{w}=\frac{1}{2}\rho\omega^2A^2=\frac{1}{2}\times1.3\times(2\pi\times500)^2\times(10^{-6})^2=6.41\times10^{-6}(\mathrm{J\cdot m^{-3}})$;

波的强度 $I=\overline{w}u=6.41\times10^{-6}\times340=2.18\times10^{-3}(\mathrm{W\cdot m^{-2}})$.

思考题

思 7.3 从能量角度讨论振动和波动的联系和区别.

思 7.4 波在介质中传播时,为什么介质元的动能和势能具有相同的相位,而弹簧振子的动能和势能却没有这样的特点?

7.4 惠更斯原理

7.4.1 惠更斯原理

如图 7.8 所示,水波通过开有小孔的障碍物后,在小孔后方会出现圆形的波面,它偏

离原来的方向而向各处传播,就像是以小孔为波源发出的一样.

早在1690年,荷兰物理学家惠更斯观察和研究了波会绕到障碍物后面传播的现象,并提出了一个关于波的传播规律:在波的传播过程中,波面上的任一点都可作为发射子波的波源,在其后的任一时刻,所有子波波面的包络成为新的波面,即**惠更斯(C. Huygens)原理**. 惠更斯原理不仅适用于机械波,也适用于电磁波,不论波动经过的介质是均匀的,还是非均匀的,是各向同性的还是各向异性的,只要知道某一时刻的波阵面,就可根据这一原理用几何方法来决定任一时刻的波阵面,进而确定波的传播方向. 当波在无障碍的均匀、各向同性的介质中传播时,用惠更斯原理描绘的球面波和平面波的传播情况如图7.9所示,设S_1为某时刻t的波面,根据惠更斯原理,S_1上的每一点发出的球面子波,经Δt时间后形成半径为$u\Delta t$的球面,在波的前进方向上,这些子波的包迹S_2就成为$t+\Delta t$时刻的新波面. 我们发现新波面的几何形状不变,沿直线传播,这与实际情况相符合.

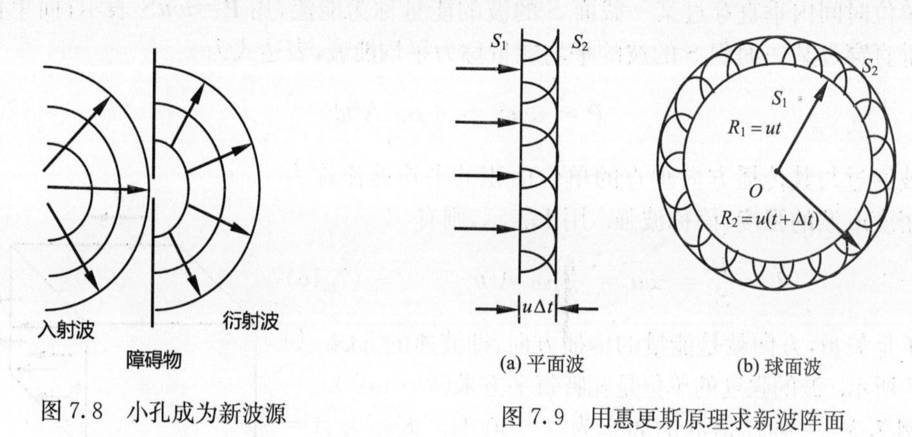

图7.8　小孔成为新波源

图7.9　用惠更斯原理求新波阵面

7.4.2　惠更斯原理的应用

1. 惠更斯原理解释波的衍射现象

波在传播过程中遇到障碍物时,其波线绕过障碍物边缘发生偏折的现象称为波的衍射(或绕射). 衍射现象是波的重要特征之一. 如图7.10所示,平面波到达障碍物AB上的一条狭缝时,根据惠更斯原理,缝上各点都可看作是发射子波的波源,作出它们的包迹,就成为新的波面. 这个新波面已不再是平面了,在狭缝的边缘处,波面弯曲,波线发生偏折,使波偏离原来沿直线传播的方向而向两侧扩展,即产生了衍射现象.

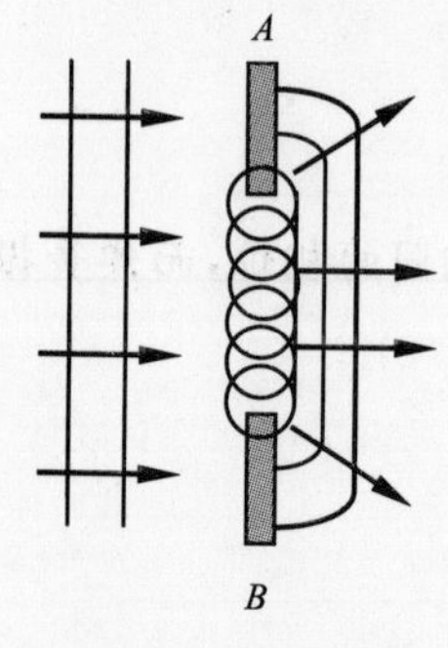

图7.10　用惠更斯原理解释衍射现象

衍射现象是否明显,与障碍物上缝的宽度有关. 当缝的宽度很小时,缝后出现图7.8中的圆形衍射波,彻底改变了入射波的波面形状,这时的衍射现象是很显著的. 用惠更斯原理定性地解释波的衍射现象,其独到之处在于方法简单、图像直观. 但它不能给出子波的振幅,从而不能定量地描述衍射波强度的分布. 这些缺陷后来由菲涅耳做了重要补充,在光学中将进一步讨论惠更斯-菲涅耳原理.

2. 惠更斯原理解释波的反射定律和折射定律

当波动从一种介质传到另一种介质的分界面上时，波的传播方向会发生变化，形成折射波和反射波. 设有一列平面波以波速 u 入射到两种介质的分界面上，根据惠更斯作图法，入射波传到分界面上的各点都可看作发射子波的波源. 作某一时刻这些子波的包络，就能得到新的波阵面，从而确定反射波和折射波的传播方向.

先说明波的反射定律. 如图 7.11 所示，设入射波的波阵面和两种介质的分界面均垂直于图面. 在 t 时刻，此波阵面与图面的交线 AB 到达图示位置，A 点和界面相遇. 此后 AB 上各点将依次到达界面. 在 $t+\Delta t$ 时刻，B 点到达 C 点，我们作出此时刻界面上各点发出的子波的包络，因为波在同一介质中传播，波速不变，所以在 $t+\Delta t$ 时刻，从界面上各点发出的子波到达 DC 面，显然 $AD=BC$，入射角和反射角相等. 这就是反射定律.

如图 7.12 所示，在 t_0 时刻，入射波波前 AB 在两种介质界面上相继激发子波，这些子波同样会在介质 2 中传播. 根据惠更斯原理，在 $t=t_1$ 时刻，各子波在介质 2 中的包络 DC，形成该时刻折射波的波面. 界面法线与折射波波线的夹角 γ 称为折射角. 波在不同的介质中，以不同的速度传播，因此形成了折射现象. 设入射波在介质 1 中的传播速度为 u_1，折射波在介质 2 中的传播速度为 u_2，由图 7.12 可知，

$$BC = u_1(t_1 - t_0) = AC\sin i$$
$$AD = u_2(t_1 - t_0) = AC\sin\gamma$$

两式相除，得

$$\frac{\sin i}{\sin\gamma} = \frac{u_1}{u_2} \tag{7.17}$$

式(7.17)就是折射定律.

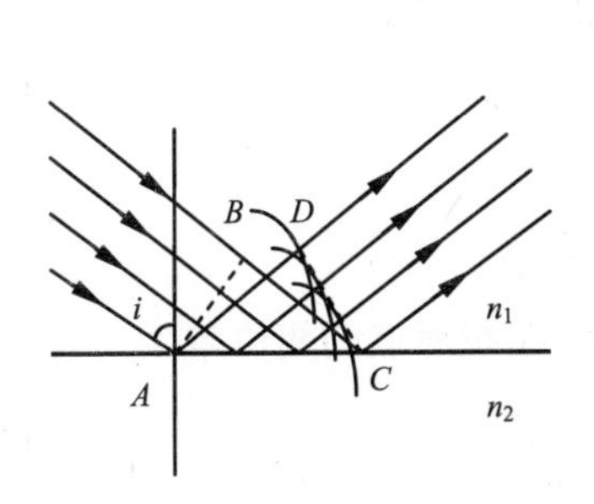

图 7.11 用惠更斯原理解释波的反射定律

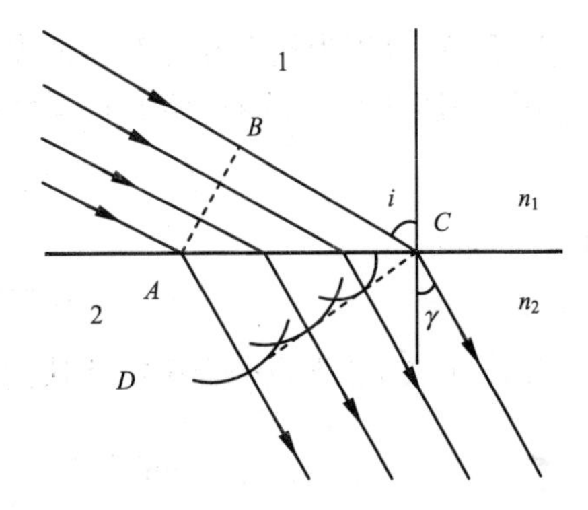

图 7.12 用惠更斯原理解释波的折射定律

7.5 波的干涉

7.5.1 波的叠加原理

当几列波在同一介质中相遇时，观察和实验表明：各列波在相遇前和相遇后，每个波

的波长、频率、振动方向、传播方向等都保持原来的特性不变,每列波的传播就像其单独存在时一样;而相遇点的振动是各个波单独存在时在该点引起振动的合振动,即相遇点的位移是各个波单独存在时在该点引起的位移的矢量合. 这一规律称为**波的叠加原理**.

波的叠加与振动的叠加是不完全相同的,振动的叠加仅发生在一个质点上,而波的叠加则发生在相遇范围内的许多质点上,这就行成了波的叠加所特有的现象,例如波的干涉现象;此外,任何复杂的波也都可以分解为频率或波长不同的许多平面简谐波的叠加.

7.5.2 波的干涉

几列波相遇的区域,其质点的振动一般很复杂. 我们只讨论一种最简单的波的叠加情况. 当两列频率相同,振动方向相同,相位差恒定的波在空间相遇叠加时,使相遇区域内某些点振动始终加强,使某些点振动始终减弱,在空间形成一个稳定的叠加图样,这种现象称为**波的干涉**. 能产生干涉现象的波称为**相干波**,能形成相干波的波源为相干波源. 干涉现象是波动所独具的特征之一.

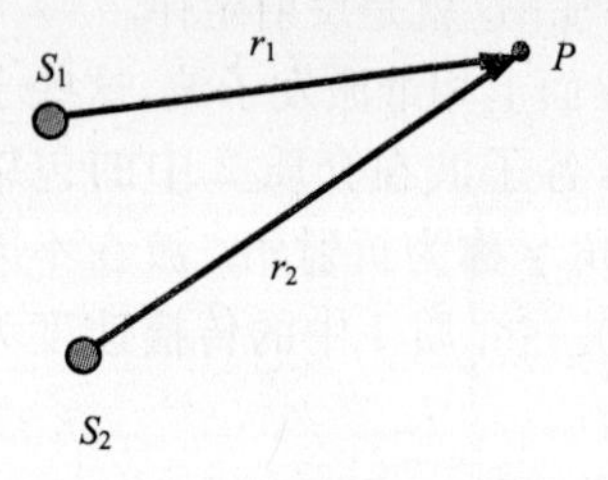

图 7.13 波的干涉

如图 7.13 所示,设两列平面简谐波波源 S_1、S_2 的振动为

$$y_{S_1} = A_{10}\cos(\omega t + \varphi_1)$$

$$y_{S_2} = A_{20}\cos(\omega t + \varphi_2)$$

两列波在 P 点引起的振动分别为

$$y_{P1} = A_1\cos\left(\omega t - \frac{\omega}{u}r_1 + \varphi_1\right)$$

$$y_{P2} = A_2\cos\left(\omega t - \frac{\omega}{u}r_2 + \varphi_2\right)$$

式中 A_1 和 A_2 分别为相干波在 P 点的振幅;r_1 和 r_2 为相干波源 S_1、S_2 至 P 点的距离;φ_1、φ_2 则分别是两波源的初相位. 根据叠加原理,P 点的合振动为

$$y = y_{P1} + y_{P2} = A\cos(\omega t + \varphi) \tag{7.18}$$

其中

$$A = \sqrt{A_1^2 + A_2^2 + 2A_1A_2\cos\Delta\varphi} \tag{7.19}$$

由式(7.19)可知,相遇点的合振幅 A 决定于两列相干波在相遇点的相位差

$$\Delta\varphi = (\varphi_2 - \varphi_1) - 2\pi\frac{r_2 - r_1}{\lambda} \tag{7.20}$$

当 $\Delta\varphi=\pm 2k\pi(k=0,1,2,\cdots)$时,合振幅最大,为 $A=A_1+A_2$,振动加强,这些点称为干涉相长点. 当 $\Delta\varphi=\pm(2k+1)\pi(k=0,1,2,\cdots)$时,合振幅最小,为 $A=|A_1-A_2|$,振动减弱. 这些点称为干涉相消点. 当 $\Delta\varphi$ 为其他值时,各点的合振幅介于 A_1+A_2 和 $|A_1-A_2|$之间.

相位差 $\Delta\varphi$ 由两部分组成,其中 $\varphi_2-\varphi_1$ 是两波源初相位不同而引起的相位差,而 $2\pi\frac{r_2-r_1}{\lambda}$是两波源到相遇点的**波程差** $\delta=r_2-r_1$ 而引起的相位差. 如果两相干波源的初

相相同，即 $\varphi_2=\varphi_1$，则式(7.20)简化为

$$\Delta\varphi = 2\pi\frac{\delta}{\lambda} \tag{7.21}$$

此时，干涉相长与干涉相消条件可简化为

$$\delta = r_2 - r_1 = \begin{cases} \pm k\lambda & \text{干涉相长} \\ \pm(2k+1)\dfrac{\lambda}{2} \quad (k=0,1,2,\cdots) & \text{干涉相消} \end{cases} \tag{7.22}$$

所以，从初相相同的两个相干波源发出的波在空间叠加时，凡是波程差等于零或等于波长的整数倍的各点，干涉加强；凡是波程差等于半波长的奇数倍的各点，干涉减弱．干涉现象是所有波动的重要特征之一，在光学、声学等各方面都有着广泛的应用．

例 7.4 相干波源 S_1 和 S_2 相距 $d=30\text{m}$，S_1 的相位比 S_2 的相位落后 π；两波源都在 x 轴上，且 S_1 为原点，S_2 在 x 轴正半轴；若 $x_1=9\text{m}$ 的 A 点和 $x_2=12\text{m}$ 的 B 点是相邻的干涉静止点．求：

(1) 波长 λ；

(2) S_1 和 S_2 之间的所有干涉静止点．

解 (1) 在 S_1 和 S_2 连线上取坐标为 x 任意点，两列波到 x 点的波程分别为 $r_1=x$，$r_2=30-x$，两个振动的相位差为

$$\Delta\varphi = \varphi_2 - \varphi_1 - \frac{2\pi(r_2-r_1)}{\lambda} = \pi - \frac{2\pi(30-2x)}{\lambda}$$

因干涉而静止不动的 x 点，满足干涉相消条件，有

$$\pi - \frac{2\pi(30-2x)}{\lambda} = (2k+1)\pi, \quad k=0,\pm1,\pm2,\cdots$$

得

$$x = 15\pi + \frac{1}{2}k\lambda$$

设 A 和 B 两点的坐标分别为 x_A 和 x_B，由上式可知

$$x_B - x_A = \frac{1}{2}\lambda$$

得 $\lambda=2(x_B-x_A)=2\times(12-9)=6\text{m}$.

(2) 对 S_1 和 S_2 之间的任一点，S_1 发出的波向 x 正向传播，S_2 发出的波向 x 负向传播．因此

$$y_1 = A\cos\left(\omega t - \frac{\omega x}{u} + \varphi_1\right) = A\cos\left(\omega t - \frac{2\pi x}{\lambda}\right)$$

$$y_2 = A\cos\left(\omega t - \frac{\omega x}{u} + \varphi_2\right) = A\cos\left(\omega t + \frac{2\pi x}{\lambda} + \pi - \frac{2\pi d}{\lambda}\right)$$

相位差

$$\Delta\varphi = \pi + 2\pi\frac{2x-d}{\lambda}$$

令

$$\Delta\varphi = (2k+1)\pi$$

得

$$2x - d = k\lambda$$

即

$$k = \frac{2x-d}{\lambda}$$

由于 $0 \leqslant x \leqslant d$，所以 $-5 \leqslant k \leqslant 5$，干涉静止点坐标

$$x = \frac{k\lambda + d}{2}$$

式中，$k=0, \pm1, \pm2, \pm3, \pm4, \pm5$.

7.5.3　驻波

驻波是简谐波干涉的特例. 两列振幅相同、传播方向相反的相干波的叠加形成驻波. 设有两列沿 x 轴正、反两方向传播的相干波，波动方程分别为

$$y_1 = A_0\cos\left(\omega t - \frac{2\pi x}{\lambda}\right)$$

$$y_2 = A_0\cos\left(\omega t + \frac{2\pi x}{\lambda}\right)$$

两列波叠加，其合成波为

$$y = y_1 + y_2 = 2A_0\cos\frac{2\pi x}{\lambda}\cos\omega t \tag{7.23}$$

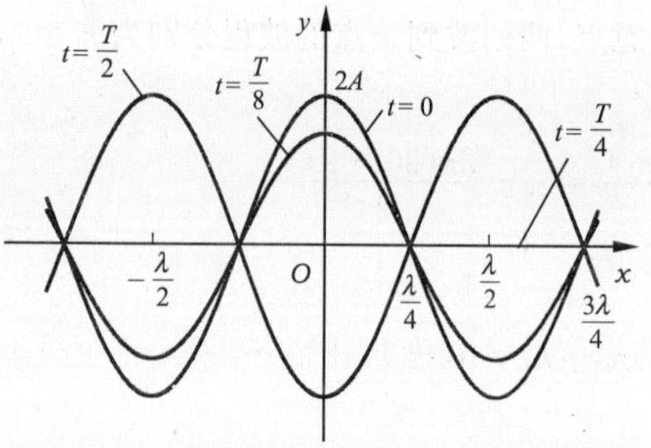

图 7.14　驻波波形

式(7.23)为**驻波方程**. 波形如图 7.14 所示. 以下分析驻波的特征.

1. 波腹和波节

在驻波方程中，令 $A(x) = \left|2A_0\cos\frac{2\pi x}{\lambda}\right|$ 为振幅分布函数，当 $x = k\,\frac{\lambda}{2}$ $(k=0, \pm1, \pm2, \cdots)$ 时，这些点的振幅最大，称为驻波的**波腹**；当 $x=(2k+1)\frac{\lambda}{4}$ $(k=0, \pm1, \pm2, \cdots)$ 时，这些点的振幅为零，称为驻波的**波节**. 相邻波腹(或波节)间距离 $\Delta x = x_{k+1} - x_k = \frac{\lambda}{2}$. 波节与波腹的位置固定，说明驻波的波形不随时间传播.

2. 相位分布

考察相邻的第 k 和第 $k+1$ 两个波腹，它们的振幅因子分别为 $\cos k\pi$ 和 $\cos(k+1)\pi$，这说明两相邻波腹处质元的振动相位差是 π，即相位相反，所以每一波节两侧对应点的振

动相位相反;而相邻两个波节之间各点振动相位相同,它们同时达到位移的最大值,同时通过平衡位置,又同时达到位移的最小值.

3. 驻波的能量

考察驻波的能量,由驻波方程,介质的动能能量密度为

$$w_k = \frac{1}{2}\rho\left(\frac{\partial y}{\partial t}\right)^2 = 2\rho\omega^2 A_0^2 \cos^2\frac{2\pi x}{\lambda}\sin^2\omega t \tag{7.24}$$

介质的势能能量密度

$$w_p = \frac{1}{2}\rho u^2\left(\frac{\partial y}{\partial x}\right)^2 = 2\rho\omega^2 A_0^2 \sin^2\frac{2\pi x}{\lambda}\cos^2\omega t \tag{7.25}$$

由式(7.24)和式(7.25)可知,波腹处($x=k\frac{\lambda}{2}$),势能能量密度$w_p=0$,动能能量密度 $w_k=2\rho\omega^2 A_0^2\sin^2\omega t$,势能为零,动能最大;波节处($x=(2k+1)\frac{\lambda}{4}$),势能能量密度 $w_p=2\rho\omega^2 A_0^2\cos^2\omega t$,动能能量密度 $w_k=0$,势能最大,动能为零.

形成驻波的两列相干波的平均能流密度分别为

$$\bar{I}_1 = \frac{1}{2}\rho\omega^2 A^2 u$$

$$\bar{I}_2 = -\frac{1}{2}\rho\omega^2 A^2 u$$

所以叠加后驻波的平均能流密度为

$$\bar{I} = \bar{I}_1 + \bar{I}_2 = 0 \tag{7.26}$$

所以,平均而言,驻波不传播能量,在波节与波腹之间,动能和势能相互转换. 在一个完整的波段内能量守恒.

7.5.4 半波损失

弦线上形成驻波时,在固定端处是个波节,根据振动的叠加原理可知,入射波和由它引起的反射波在反射点引起的振动相位是相反的,即相位差为 π. 这意味着:在固定端处的反射波相对入射波发生了 π 的相位突变. 由于波程差为半波长的两点之间的相位差是 π,因此,π 的相位突变也可理解为:在固定端处的反射波相对入射波损失了(或增加了)半个波长,被简称为"半波损失".

当抖动自然垂悬的绳索的一端时,其垂悬的另一端是自由的,并形成波腹. 这意味着入射波和反射波在自由端是同相的,没有相位的突变,即不发生"半波损失". 对于弹性波,定义介质波阻为密度和波速的乘积,即 $Z=\rho u$. Z 值大的介质称为**波密介质**,Z 值小的介质称为**波疏介质**. 当波从波疏介质垂直入射到波密介质界面上反射时,有半波损失,驻波在界面处形成波节. 反之,当波从波密介质垂直入射到波疏介质界面上反射时,无半波损失,界面处出现波腹. 这些现象在电磁波中同样也是存在的.

*反射波在界面处相位变化的讨论

一般情况下,入射到界面处的波动既有反射波又有透射波. 由于弹性介质的连续性和不可入性,在介质处相邻质点的位移(或振动速度)和能流(或应变)必定是连续的. 正是这种连续性,使得反射波的相位仅由界面两边介质的相对波阻来决定.

设入射波、反射波、透射波的表达式分别为

$$y_1 = A_1 \cos\omega\left(t - \frac{x}{u_1}\right) \tag{7.27}$$

$$y_1' = A_1' \cos\left[\omega\left(t + \frac{x}{u_1}\right) + \varphi_1\right] \tag{7.28}$$

$$y_2' = A_2 \cos\left[\omega\left(t - \frac{x}{u_2}\right) + \varphi_2\right] \tag{7.29}$$

若以界面处为坐标原点,以界面处振动速度和能流连续性为出发点,则可得

$$\left(\frac{\partial y_1}{\partial t} + \frac{\partial y_1'}{\partial t}\right)_{x=0} = \left(\frac{\partial y_2}{\partial t}\right)_{x=0}$$

经整理,得

$$A_1 \sin\omega t + A_1' \sin(\omega t + \varphi_1) = A_2 \sin(\omega t + \varphi_2) \tag{7.30}$$

另据能流在界面处的连续性,可得

$$\rho_1 u_1 \left[A_1^2 \sin^2 \omega t - A_1'^2 \sin^2(\omega t + \varphi_1)\right] = \rho_2 u_2 A_2^2 \sin^2(\omega t + \varphi_2) \tag{7.31}$$

将式(7.31)与式(7.30)相除,即得

$$\rho_1 u_1 \left[A_1 \sin\omega t - A_1' \sin(\omega t + \varphi_1)\right] = \rho_2 u_2 A_2 \sin(\omega t + \varphi_2)$$

再将式(7.30)代入上式,即得

$$\rho_1 u_1 \left[A_1 \sin\omega t - A_1' \sin(\omega t + \varphi_1)\right] = \rho_2 u_2 \left[A_2 \sin\omega t + A_1' \sin(\omega t + \varphi_1)\right]$$

整理,得

$$\frac{A_1' \sin(\omega t + \varphi_1)}{A_1 \sin\omega t} = \frac{\rho_1 u_1 - \rho_2 u_2}{\rho_1 u_1 + \rho_2 u_2} \tag{7.32}$$

或为

$$\frac{A_1'}{A_1}\cos\varphi_1 + \frac{A_1'}{A_1}\sin\varphi_1 \cot\omega t = \frac{\rho_1 u_1 - \rho_2 u_2}{\rho_1 u_1 + \rho_2 u_2} \tag{7.33}$$

式(7.33)对任一时刻 t 均成立,有

$$\frac{A_1'}{A_1}\sin\varphi_1 = 0 \tag{7.34}$$

$$\frac{A_1'}{A_1}\cos\varphi_1 = \frac{\rho_1 u_1 - \rho_2 u_2}{\rho_1 u_1 + \rho_2 u_2} \tag{7.35}$$

由式(7.34)知,φ_1 只能取 0 或 π 值,代入式(7.35),即有

当 $\varphi_1 = 0$ 时,$\cos\varphi_1 = 1$,即

$$\frac{A_1'}{A_1} = \frac{\rho_1 u_1 - \rho_2 u_2}{\rho_1 u_1 + \rho_2 u_2} > 0 \tag{7.36}$$

当 $\varphi_1 = \pi$ 时,$\cos\varphi_1 = -1$,即

$$-\frac{A_1'}{A_1} = \frac{\rho_1 u_1 - \rho_2 u_2}{\rho_1 u_1 + \rho_2 u_2} < 0 \tag{7.37}$$

由上两式可知,当 $\rho_1 u_1 > \rho_2 u_2$ 时,$\varphi_1 = 0$,即入射波所在介质的波阻大于透射波所在介质的波阻时,反射波的相位与入射波的相位相同;当 $\rho_1 u_1 < \rho_2 u_2$ 时,$\varphi_1 = \pi$,即入射波所在介质为波疏介质,而透射波所在介质为波密介质时,反射波的相位与入射波的相位差为 π,即这时出现了相位突变(或半波损失).

例 7.5 一弦线上有一列简谐波的波动方程为 $y_1=0.02\cos(\frac{\pi}{2}t+\frac{\pi}{2}x)$，在 $x=0$ 的固定端发生理想反射．求：(1)反射波的波动方程；(2)合成的驻波的波动方程；(3)波腹与波节的位置．

解 (1) 入射波向 x 轴负向传播，反射波向 x 轴正向传播，由于半波损失，在 $x=0$ 处反射波与入射波之间具有相位差 π；所以反射波的波动方程为

$$y_2=0.02\cos(\frac{\pi}{2}t-\frac{\pi}{2}x+\pi)$$

(2) 合成的驻波的波动方程

$$y=y_1+y_2=0.02\cos\left(\frac{\pi}{2}t+\frac{\pi}{2}x\right)+0.02\cos\left(\frac{\pi}{2}t-\frac{\pi}{2}x+\pi\right)$$

由三角函数公式可得

$$y=-0.04\sin\left(\frac{\pi}{2}x\right)\sin\left(\frac{\pi}{2}t\right);$$

(3) 令 $\sin(\frac{\pi}{2}x)=\pm1$，则$\frac{\pi}{2}x=k\pi+\frac{\pi}{2}$，波腹位置坐标为

$$x=2k-1$$

其中，$k=1,2,\cdots$.

令 $\sin(\frac{\pi}{2}x)=0$，则$\frac{\pi}{2}x=k\pi$，波节位置坐标为

$$x=2k$$

其中，$k=1,2,\cdots$.

思考题

思 7.5 在驻波的两相邻波节间的同一半波长上，描述各质点振动的什么物理量不同，什么物理量相同？

*7.6 多普勒效应

在前面的讨论中，我们假设了波源和观察者相对于介质都是静止的，这时观察者接收的波的频率等于波源的振动．但在实际生活中，经常会遇到这两者相对于介质运动的情况，这时观察者接收的波的频率就会不等于波源的振动频率．由于波源或观察者相对介质运动，使观察者接收的频率不等于波源的频率，1842 年，多普勒(J. C. Doppler，1803～1853)发现了此效应，因此称这种现象为**多普勒效应**或**多普勒频移**．在这里，我们只讨论波源和观察者的运动发生在两者的连线上，以介质为参考系，设波源相对于介质的速度为 V_s，观察者相对于介质的速度为 V_r，波在介质中的传播速度为 u，波源发出的频率为 $\nu_s=\frac{u}{\lambda}$．观察者接收的频率 ν_r 是指单位时间内通过观察者的完整波长数，观察者测得的波速和波长表示为 u' 和 λ'．假设波源和观察者靠近时，V_s，V_r 为正，两者远离时 V_s，V_r 为负．多普勒效应分为三种情况，下面分别进行论述．

7.6.1　波源静止,观察者运动($V_s=0, V_r\neq0$)

波相对于观察者的速度 $u'=u+V_r$,又有 $\lambda'=\lambda$,所以观察者接收到的波的频率

$$\nu_r=\frac{u'}{\lambda'}=\frac{u+V_r}{\lambda}=\frac{u+V_r}{uT}=\frac{u+V_r}{u}\nu_s \tag{7.38}$$

当观察者靠近波源时,有 $V_r>0$,由式(7.27)可知 $\nu_r>\nu_s$;当观察者远离波源时,有 $V_r<0$,同理得到 $\nu_r<\nu_s$. 如图 7.15 所示.

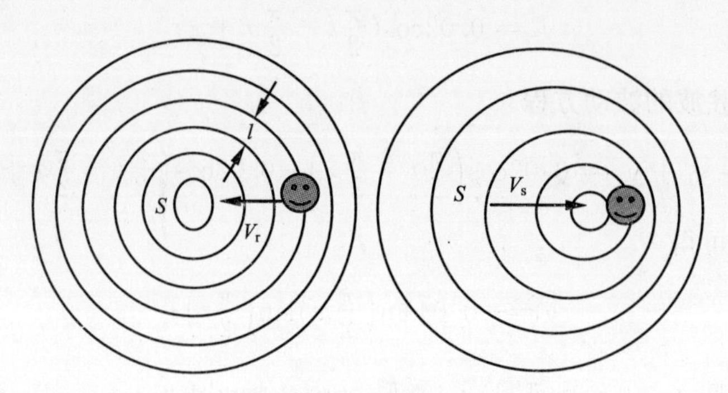

图 7.15　多普勒效应

7.6.2　波源运动,观察者不动($V_s\neq0, V_r=0$)

波相对于观察者的速度 $u'=u$,又有 $\lambda'=\lambda-V_sT=(u-V_s)T$,所以观察者接收到的波的频率

$$\nu_r=\frac{u'}{\lambda'}=\frac{u}{\lambda-V_sT}=\frac{u}{(u-V_s)T}=\frac{u}{u-V_s}\nu_s \tag{7.39}$$

当波源靠近观察者时,$V_s>0$,由上式可知 $\nu_r>\nu_s$;当波源远离观察者时,$V_s<0$,由上式可知 $\nu_r<\nu_s$.

7.6.3　观察者和波源都运动($V_s\neq0, V_r\neq0$)

波相对于观察者的速度 $u'=u+V_r$,又有 $\lambda'=\lambda-V_sT=(u-V_s)T$,所以观察者接收到的波的频率

$$\nu_r=\frac{u'}{\lambda'}=\frac{u+V_r}{\lambda-V_sT}=\frac{u+V_r}{(u-V_s)T}=\frac{u+V_r}{u-V_s}\nu_s \tag{7.40}$$

这就是多普勒频移公式. 总之,波源与观察者相互靠近时,$V_s>0, V_r>0, \nu_r>\nu_s$;相互远离时,$V_s<0, V_r<0, \nu_r<\nu_s$.

多普勒效应是一切波动过程的共同特征,不仅机械波有多普勒效应,电磁波也有多普勒效应. 由于电磁波的传播不依赖于介质,所以接收到的频率只需考察波源与观察者之间的相对运动,又由于电磁波以光速传播,所以涉及相对运动时必须考虑相对论的时空变换关系.

多普勒效应有很重要的应用. 例如利用超声波的多普勒效应来诊断心脏的跳动情况、测量血流速度,利用微波的多普勒效应可以监测车辆速度、用于报警等. 天文学家发现来自所有星体的光谱都存在"红移"现象,即接受频率变低的多普勒效应,这对研究宇宙爆炸理论提供了有力的证据.

例 7.6　两列火车分别以 $v_1=72\text{km}\cdot\text{h}^{-1}$ 和 $v_2=54\text{km}\cdot\text{h}^{-1}$ 的速度相向行驶,如果第一列火车的汽笛声波的频率为 $\nu=600\text{Hz}$,空气中的声速为 $u=340\text{m}\cdot\text{s}^{-1}$,求:第二列火车上的观察者接收到汽笛声的频率.

解　由于 $V_s=v_1=20\text{m}\cdot\text{s}^{-1}$, $V_r=v_2=15\text{m}\cdot\text{s}^{-1}$, $\nu=600\text{Hz}$, $u=340\text{m}\cdot\text{s}^{-1}$;根据多普勒频移公

式得

$$\nu_r = \frac{u+V_r}{u-V_s}\nu = \frac{340+15}{340-20}\times 600 = 666(\text{Hz})$$

思考题

思 7.6 波源向着观察者运动和观察者向着波源运动都会产生频率增高的多普勒效应,这两种情况有何区别?

*7.7 声波、超声波与次声波的应用

声源体发生振动会引起四周空气振动,以波的形式传播着,我们把它叫做声波. 声波借助各种介质向四面八方传播. 声波在开阔空间的空气中是一种球形的阵面波. 声音是指可听声波的特殊情形,对于人耳的可听声波,频率范围是 20Hz~20kHz,如果物体振动频率低于 20Hz 或高于 20kHz 人耳就听不到了,频率高于 20kHz 的声波称为超声波,而频率低于 20Hz 的声波称为次声波.

声波的强度称为声强. 人的听觉不仅与声波的频率范围有关,还与声强的大小有关,对多数人的正常听觉而言,声波频率为 1kHz 时,能觉察的最弱声强约为$10^{-12}\text{W}\cdot\text{m}^{-2}$,能觉察的最强的声强约为 $1\text{W}\cdot\text{m}^{-2}$,大于此值的声强通常只能引起人耳的痛觉. 由于最弱和最强声强的数量级相差悬殊,所以通常用声强级表示声音的强弱.

声强级定义为

$$L = 10\lg\frac{I}{I_0}(\text{dB})$$

式中 I_0 称为基准声强,是声波频率为 1kHz 时能觉察的最弱声强,即

$$I_0 = 1\times 10^{-12}\text{W}\cdot\text{m}^{-2}$$

声强级的单位是分贝(dB). 通常微风吹拂树叶的声强级约为 15dB;正常谈话的声强级约为 60~70dB;室内噪音达到 80dB 以上,会感到交谈困难;长期在 90dB 以上的高噪音环境下工作,会损坏听觉,影响健康.

超声波和次声波在人们的生产实践以及军事领域有着广泛的应用.

超声波方向性好,穿透能力强,易于获得较集中的声能,在水中传播距离远,可用于测距、测速、清洗、焊接、碎石、杀菌消毒等. 在军事、工业、农业上有很多的应用,通常用于医学诊断的超声波频率为 1~5MHz. 在我国北方干燥的冬季,如果把超声波通入水罐中,剧烈的振动会使罐中的水破碎成许多小雾滴,再用小风扇把雾滴吹入室内,就可以增加室内空气湿度,这就是超声波加湿器的原理. 如咽喉炎、气管炎等疾病,很难利用血流使药物到达患病的部位,利用加湿器的原理把药液雾化,让病人吸入能够提高疗效. 利用超声波巨大的能量还可以使人体内的结石做剧烈的受迫振动而破碎,从而减缓病痛,达到治愈的目的. 次声波具有很强的穿透能力,可以穿透建筑物、掩蔽所、坦克、船只等障碍物. 7kHz 的声波用一张纸即可阻挡,而 7Hz 的次声波可以穿透十几米厚的钢筋混凝土. 地震或核爆炸所产生的次声波可将岸上的房屋摧毁. 次声波如果和周围物体发生共振,能放出相当大的能量,次声波会干扰人的神经系统正常功能,危害人体健康. 一定强度的次声波,能使人头晕、恶心、呕吐、丧失平衡感甚至精神沮丧. 有人认为,晕车、晕船就是车、船在运行时伴生的次声波引起的. 住在十几层高的楼房里的人,遇到大风天气,往往感到头晕、恶心,这也是因为大风使高楼摇晃产生次声波的缘故. 更强的次声波还能使人耳聋、昏迷、精神失常甚至死亡.

非线性波和孤波

非线性波就是由非线性方程所描述的波,和所有的非线性一样,非线性波不遵循叠加原理.

1. 非线性效应对波动的影响

在前面的讨论中,认为传播波动的介质是弹性的,也就是说波的传播速度只与介质的性质有关,但实际上,波速还与介质内质点的振动状态有关. 当波动振幅较大时,介质中波的波动方程变为非线性的. 一般的,讨论非线性波动方程的解析解几乎是不可能的. 因此,只能粗略地介绍一下非线性效应对波动的影响. 非线性效应的影响导致波动叠加原理的失效. 例如原来是正弦波,由于非线性因素所致,在传播一段距离后可能变成非正弦波,即由原来的单一频率波变成含有各高次频率的复合波.

2. 孤波

介质的色散性是指波速与频率有关,而非线性是指波速与质点振动状态有关. 如果介质既是色散的又是非线性的,那么在色散效应和非线性效应的共同作用下可能出现一种特殊波——孤波.

在1834年8月,英国科学家、造船工程师约翰·罗素(J. S. Russell)观察到一只运行的木船船头挤出一堆水来;当船突然停下时,这堆水竟保持着它的形状,以每小时大约13km的速度往前传播. 10年后,在英国科学促进协会第14届会议上,他发表了一篇题为《论水波》的论文,描述了这个现象. 他把这团奇特的运动着的水堆称为"孤立波"或"孤波".

1895年德国的两位科学家D. Korteweg和G. de Vrise根据流体力学的理论研究了浅水槽中水的运动过程,设计出一个数学模型,浅水波的动力学方程为

$$\frac{\partial y}{\partial t}-6y\frac{\partial y}{\partial x}+\frac{\partial^3 y}{\partial x^3}=0$$

这就是著名的KdV方程,它的一个特解是

$$y=-\frac{u}{2}\text{sech}^2\left[\frac{\sqrt{u}}{2}(x-ut)\right]$$

式中的常数u由初始条件决定,此波的波形就是一个钟形孤波,它以恒定的速度u向前传播. 从KdV方程看,本身包含了非线性项和色散项,这两者都是使波包变形的原因,但两者的作用正好相反,只有波包具有稳定的形状和速度时,两种效应正好相互抵消,这时才能形成孤波,所以孤波是色散效应和非线性效应达到平衡时的产物.

1965年以后,人们进一步发现,除水波外,其他一些物质中也会出现孤波. 在固体物理、等离子体物理、光学实验中,都发现了孤立子(或称孤子). 孤子与孤波的运动很相似,在传播过程中具有定域性、稳定性和完整性. 因为光孤子不改变其波形、速度,光纤孤子

通信具有失真小、保密性好等优点，对它的研究吸引了人们越来越多的注意，并正在成为现代通信技术的热门课题和重要发展方向.

习 题 7

7-1 已知一平面简谐波方程 $y=0.25\cos(125t-0.37x)$(m)，分别求：

(1) $x_1=10\text{m}$ 和 $x_2=25\text{m}$ 两点处质点的振动方程；

(2) x_1 和 x_2 两点间的振动相位差；

(3) $t=4\text{s}$ 时 x_1 点的振动位移.

7-2 已知一列平面简谐波沿 x 轴正向传播，距坐标原点 O 为 x_1 处 P 点的振动式为 $y=A\cos(\omega t+\varphi)$，波速为 u，求：

(1) 平面波的波动方程；

(2) 若波沿 x 轴负向传播，波动方程又如何？

7-3 图示为一平面简谐波在 $t=0$ 时刻的波形图，求：

(1) 该波的波动方程；

(2) P 处质点的振动方程.

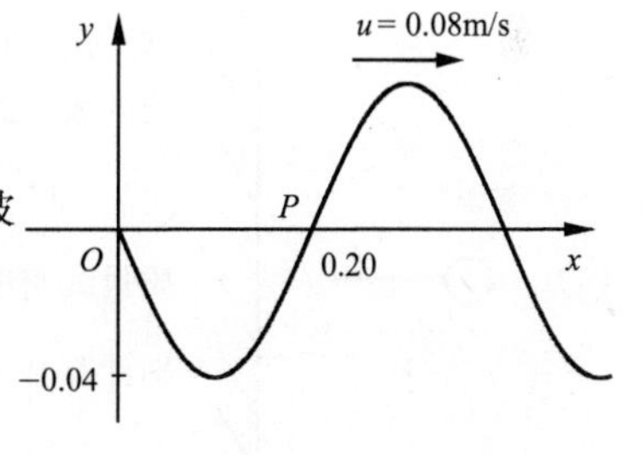

题 7-3 图

7-4 已知一沿 x 正方向传播的平面余弦波，$t=\frac{1}{3}$ s 时的波形如图所示，且周期 T 为 2s.

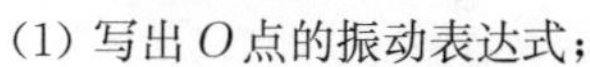

(1) 写出 O 点的振动表达式；

(2) 写出该波的波动表达式；

(3) 写出 A 点的振动表达式；

(4) 写出 A 点离 O 点的距离.

7-5 一平面简谐波以速度 $u=0.8\text{m}\cdot\text{s}^{-1}$ 沿 x 轴负方向传播. 已知原点的振动曲线如图所示. 试写出：

(1) 原点的振动表达式；

(2) 波动表达式；

(3) 同一时刻相距 1m 的两点之间的相位差.

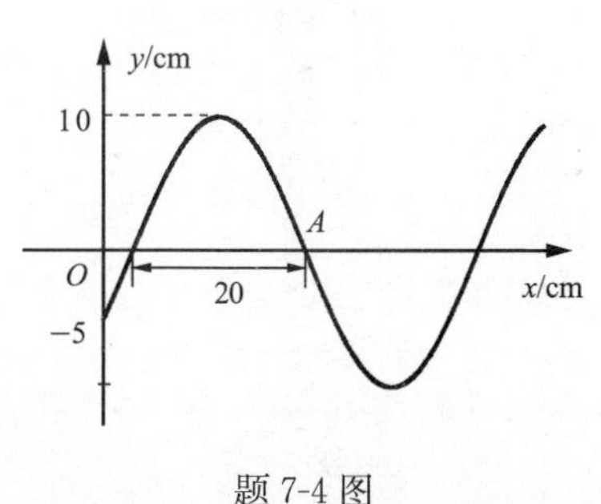

题 7-4 图

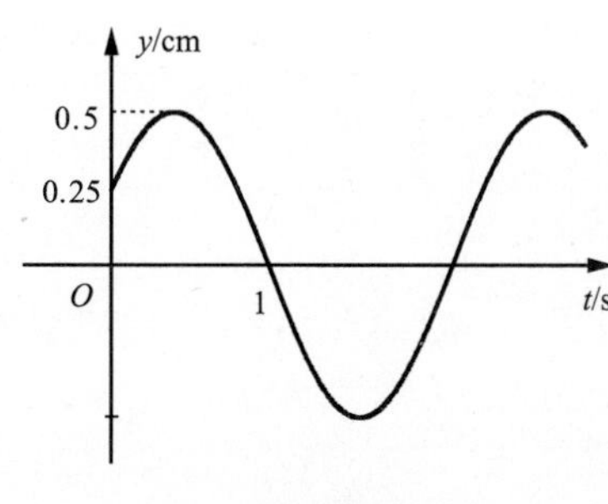

题 7-5 图

7-6 某质点做简谐振动，周期为 2s，振幅为 0.06m，$t=0$ 时，质点恰好处在负向最大位移处，求该质点的振动方程；若此振动以速度 $u=2\text{m}\cdot\text{s}^{-1}$，沿 x 轴正方向传播，质点的轨迹形成一列简谐波形，求该波的波长.

7-7 一弹性波在介质中传播的速度 $u=10^3\text{m}\cdot\text{s}^{-1}$，振幅 $A=1.0\times10^{-4}\text{m}$，频率 $\nu=10^3\text{Hz}$. 若该介

质的密度为 800kg·m^{-3}，求：(1)该波的平均能流密度；(2)1min 内垂直通过面积 $S=4.0\times10^{-4}\text{m}^2$ 的总能量.

7-8 S_1 与 S_2 为左、右两个振幅相等的相干平面简谐波源，它们的间距为 $d=\frac{5\lambda}{4}$，S_2 质点的振动比 S_1 超前$\frac{\pi}{2}$，设 S_1 的振动方程为 $y_{10}=A\cos\frac{2\pi}{T}t$，且介质无吸收，(1)写出 S_1 与 S_2 之间的合成波动方程；(2)分别写出 S_1 左侧与 S_2 右侧的合成波动方程.

7-9 设 S_1 与 S_2 为两个相干波源，振幅都为 A，相距$\frac{1}{4}$波长，S_1 比 S_2 的相位超前$\frac{\pi}{2}$. 若两波在在 S_1、S_2 连线方向上的强度相同且不随距离变化，问 S_1、S_2 连线上在 S_1 外侧各点的合成波的振幅如何？在 S_2 外侧各点的振幅又如何？

7-10 绳索上的波以波速 $u=25\text{m}\cdot\text{s}^{-1}$ 传播，若绳的两端固定，相距 2m，在绳上形成驻波，且除端点外其间有 3 个波节. 设驻波振幅为 0.1m，$t=0$ 时绳上各点均经过平衡位置. 沿绳的方向为 x 轴，设形成该驻波的向 x 轴正向传播的其中一列行波的波动方程为

$$y_1 = 0.05\cos(50\pi t - 2\pi x)(\text{m})$$

试写出：(1)形成该驻波的向 x 轴负向传播的另一列行波的波动方程；(2)驻波的表示式.

7-11 弦线上的驻波波动方程为 $y=A\cos(\frac{2\pi}{\lambda}x+\frac{\pi}{2})\cos\omega t$，设弦线的质量线密度为 ρ. (1)分别指出振动势能和动能总是为零的各点位置；(2)分别计算 $0\sim\frac{\lambda}{2}$半个波段内的振动势能、动能和总能量.

7-12 一波源振动的频率为 2040Hz，以速度 V_s 向墙壁接近(如图所示)，观察者在 A 点听得拍音的频率为 $\Delta\nu=3\text{Hz}$，求波源移动的速度 V_s，设声速为 $340\text{m}\cdot\text{s}^{-1}$.

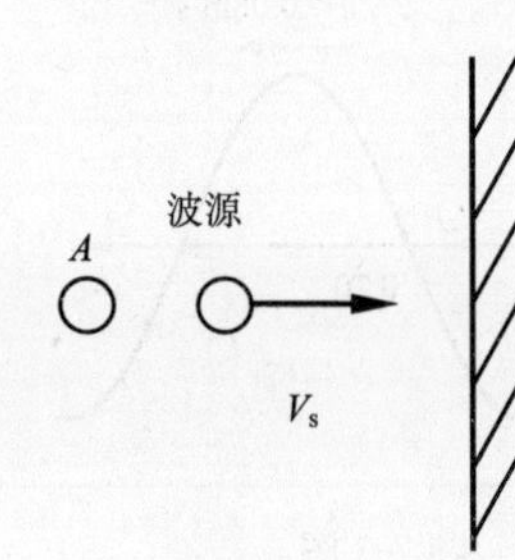

题 7-12 图

第三篇　热　　学

热学起源于人们对冷热现象的探索，人们为了明确的表征物体的冷热程度引入了温度的概念，并把与温度相关的现象称为热现象，热学就是研究物质的各种热现象和变化规律的一门学科.

热学有两种不同的描述方法——热力学和统计物理学.

热力学是热现象的宏观理论，它是从通过对大量热现象的直接观察和实验测量中总结出来的基本定律(例如热力学第一定律和热力学第二定律)出发，运用逻辑推理和数学推理的方法来研究热力学系统和热力学过程的宏观性质和一般规律. 热力学第一定律是在19世纪由迈耶(R. J. Mayer)、焦耳(J. P. Joule)、亥姆霍兹(Hermann von Helmholtz)等人在实验的基础上建立的与热现象有关的能量转化和守恒的热力学定律；而热力学第二定律则是开尔文(Kelvin)、克劳修斯(R. Clausius)等人建立的描述能量传递方向的热力学定律.

统计物理学是热现象的微观理论，它是从物质的微观结构出发，通过物理简化模型，运用统计方法来研究微观量和宏观量之间的关系和大量分子运动所遵循的统计规律. 19世纪由克劳修斯、麦克斯韦(J. K. Maxwell)、玻尔兹曼(L. Boltzmann)、吉布斯(J. W. Gibbs)等人在经典力学基础上建立起经典统计物理. 20世纪初，狄拉克(P. A. M. Dirac)、爱因斯坦(A. Einstein)、费米(E. Fermi)、玻色(S. Bose)等在量子力学基础上又建立了量子统计物理.

热力学的结论来源于实验，具有可靠性好的特点，但同时它对问题的本质缺乏深入地阐述；统计物理学的分析对热现象的本质给出了解释，但其正确性需要热力学结论来验证，因此这两种不同的描述方法必须相互结合，才能准确深入地揭示热学的本质.

本篇共分两章. 第8章介绍气体动理论；第9章介绍热力学基础.

第 8 章　气体动理论

气体动理论也称分子物理学，是在物质结构的分子学说的基础上，为说明气体的物理性质和气态现象而发展起来的理论. 它开始于 19 世纪，于 20 世纪 20 年代形成完整的理论.

气体是由大量的做无规则热运动的气体分子构成的系统. 这种以大量粒子为研究对象的系统称为热力学系统. 对于单个气体分子而言，它的热运动具有偶然性和无序性，因此用经典力学的方法研究单个气体分子的运动情况是没有意义的；但对于大量气体分子而言，它们的热运动却存在一定的规律性，并且存在确定可测的宏观性质. 这种大量的偶然事件在宏观上表现的规律性称为统计规律性. 气体动理论就是从气体分子热运动的观点出发，运用统计方法研究大量气体分子的宏观性质和统计规律的理论，它是统计物理学最基本的内容.

本章，我们将根据力学规律和运用统计方法研究气体的宏观性质的微观本质和大量分子在平衡态下所遵循的统计规律.

8.1　气体系统状态的描述

8.1.1　平衡态和状态参量

1. 热力学系统

对于热力学系统，系统外的一切物体或外界环境称为外界，依据系统与外界之间进行能量和物质交换的特点，我们可把系统分为孤立系统、封闭系统和开放系统三类. **孤立系统**是指与外界既无能量交换，又无物质交换的系统；**封闭系统**是指与外界仅有能量交换，而无物质交换的系统；**开放系统**是指与外界既有能量交换，又有物质交换的系统.

2. 热力学系统的平衡态

热力学系统的宏观状态可分为平衡态和非平衡态. 在没有外界影响的条件下，系统的宏观性质不随时间变化的状态称为**平衡态**，否则称为**非平衡态**.

如图 8.1 所示，有一封闭容器，用隔板分成左、右两室. 初始时左室中充满某种气体，右室为真空，气体分子均匀分布在左室中. 现在如果把隔板抽走，则气体分子逐渐从左室向右室运动. 开始时，两室中气体的压强、密度等不相同，而且随着时间不断变化，这样的状态就是非平衡态. 经过足够长的时间后，气体分子均匀分布在整个容器中，整个容器中的压强、密度等必定会达到处处一致，如果再没有外界的影响，则容器中的气体将保持状态不变，这时容器内气体所处的状态即为平衡态.

对于平衡态的理解需要注意以下几点：

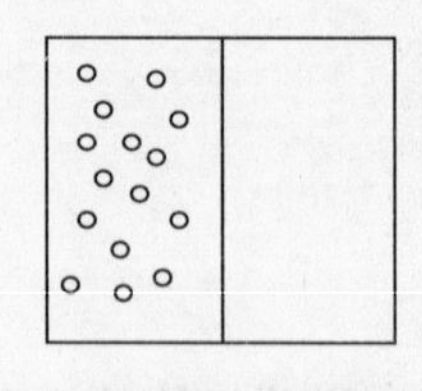

(a) 有隔板的封闭容器

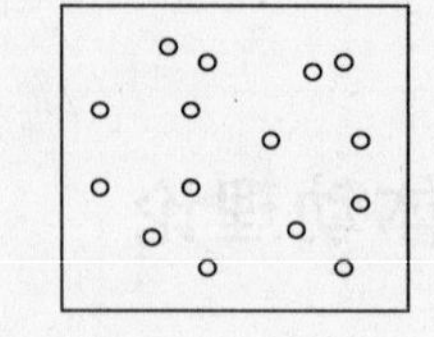

(b) 抽去隔板的封闭容器

图 8.1　平衡态与非平衡态

(1) 平衡态仅是指系统的宏观性质不随时间变化,组成系统的微观粒子则始终在做无规则的热运动. 因此热力学中的平衡态是一种动态平衡,称为**热动平衡**,这种平衡与力学中的平衡是不一样的.

(2) 平衡态是一种理想状态,是在一定条件下对实际情况的理想抽象. 事物是普遍联系的,因而真正"不受外界影响"的孤立系统在实际中是不存在的. 在实际问题中,如果系统所受外界的影响可以忽略,当系统处于相对稳定的情况时,可近似认为该系统处于平衡态.

(3) 平衡态不同于系统受恒定外界影响所达到的稳定态. 例如一金属杆两端分别始终与温度保持恒定的沸水和冰水接触,热量不断从一端传往另一端,经过一段时间,则杆各处温度虽然不同却并不随时间变化,达到宏观性质不变的稳定状态,这种状态称为稳定态. 但稳定态并不是平衡态,因为虽然金属杆的宏观状态稳定,但它一直处在外界影响之下,不断有热量沿杆从高温端传递到低温端.

3. 状态参量

当热力学系统处在平衡态时,其一系列宏观性质不随时间变化,描述系统宏观性质相应的物理量都具有确定值,如体积、压强等. 这些宏观量与系统所处的状态有关,称为系统的态函数. 一般来说,对于给定的系统这样的态函数有若干个. 我们把可以独立改变的、并足以确定热力学系统平衡态的一组宏观量称为系统的**状态参量**. 例如,一定质量的某种气体处在平衡态时,一般选择气体的体积 V、压强 p 和温度 T 这三个量来描述它的状态. 气体的体积、压强和温度等物理量称为**气体系统的状态参量**. 为了详尽地描述气体系统状态,有时还需要知道别的状态参量. 比如说,如果系统是由多种物质组成的,那就必须知道它们的浓度;如果系统处在电场或磁场中,还需要知道电场强度或磁场强度. 一般来说,我们常用几何参量、力学参量、化学参量和电磁参量等四类参量来描述系统的状态. 究竟需要哪几个参量才能完全地描述系统的状态要由系统本身的情况而定.

气体的体积,用 V 表示,是指气体分子热运动所能活动的空间,并非气体分子本身体积的和,气体的体积通常就是容器的容积. 在国际单位制(SI)中,体积的单位是立方米,符号为 m^3.

气体的压强,用 p 表示,是指大量气体分子作用于容器器壁并指向器壁单位面积上的垂直作用力,是气体分子对器壁碰撞的宏观表现. 在国际单位制(SI)中,压强的单位是帕斯卡,符号为 Pa. $1Pa=1N\cdot m^{-2}$. 在实际应用中常见的单位还有标准大气压(atm)和毫米汞柱(mmHg). 它们之间的换算关系为

$$1atm = 1.013\times 10^5 Pa = 760mmHg$$

4. 平衡态的性质

当热力学系统处于平衡态时,由平衡态的概念可知其宏观性质将不随着时间而改变,

因此表示其宏观性质的状态参量将保持不变，主要表现为以下几个方面.

(1) 处于平衡态的系统，系统内温度处处相同. 我们把这一性质称为平衡态的热平衡条件. 若系统内温度不均匀，则系统还没有处于平衡态，系统内发生热传递现象，直到系统内温度处处相同为止，此时系统达到平衡态.

(2) 处于平衡态的系统，系统内压强处处相等. 我们把这一性质称为平衡态的力学平衡条件. 若系统内压强不均匀，则系统还没有处于平衡态，系统内粒子受到压力的作用从高压的区域向低压的区域运动，直到系统内压强处处相同为止，此时系统达到平衡态.

(3) 处于平衡态的系统，系统内各组分的密度和浓度都处处相同. 若系统内某种组分的密度不均匀，则系统还没有处于平衡态，系统内发生扩散现象，直到系统内各组分的密度都处处相同为止，此时系统达到平衡态.

思考题

思 8.1　气体平衡态有什么特征?

思 8.2　稳定态与平衡态有什么区别?

8.1.2　热力学第零定律　温度

温度表征物体的冷热程度，温度概念的引入和定量测量都是以热力学第零定律为基础的，因此，我们首先介绍一下热力学第零定律.

1. 热平衡

在生活中，我们经常能够发现这样的现象，当我们手中捧着一杯热水时，如果杯子是金属杯或玻璃杯时手会感觉发烫，如果用的是真空保温杯则感觉不到烫. 手感觉到烫说明有热量传导到手上，感觉不到烫则说明没有热量的传导，因此，这反映出金属杯和玻璃杯是导热的，而真空保温杯几乎是绝热的.

我们把这种两个物体通过导热材料互相接触称为相互热接触. 实验发现，如果我们将热接触的两个物体孤立起来，那么经过足够长的时间后，它们的宏观状态不随着时间变化，称为两物体达到**热平衡**.

2. 热力学第零定律

如果有三个物体 A、B、C，其中 A 和 B 相互热接触，B 和 C 相互热接触，实验发现如果 A 和 B 达到热平衡，同时 B 和 C 也达到热平衡，则 A 和 C 一定也达到热平衡，这一规律称为**热力学第零定律**.

3. 温度

通过热力学第零定律我们看到热平衡具有可传递性，这种可传递性反映出处在热平衡的两个物体一定具有某种唯一的共同属性. 处在热平衡的系统所具有的共同属性称为**温度**，用 T 或 t 表示.

处在热平衡的物体一定具有相同的温度，这是温度计测量温度的依据. 只有当温度计与待测物体处于热平衡时,温度计与待测物体才具有相同的温度.

4. 温标

宏观上可简单地认为温度是表示物体冷热程度的量度. 微观上来讲,温度是物体分子热运动剧烈程度的量度. 温度只能通过物体随温度变化的某些特性(称为测温性质)来间接测量,为了定量地计量物体的温度,需要先规定温度的分度法,再规定某一特定状态(称为参考点)温度的具体数值. 温度的数值表述称为**温标**,每一种具体规定的数值表示法称为一种温标. 这里我们仅介绍最常用的两种温标——摄氏温标和热力学温标.

(1) **摄氏温标**. 历史上规定:在一个标准大气压下,纯水和纯冰达到平衡时的温度为0摄氏度(符号℃),纯水和水蒸气达到平衡时的温度为100℃. 中间温度值与具体温度计选择有关,对于酒精或水银温度计,认为它们的体积随着温度线性变化,把0℃和100℃刻度值之间均分100个刻度,刻度值每升高一个刻度表示温度值升高1℃.

由于各种物质的各种测温性质,比如水银和酒精的体积、铂丝和各种半导体的电阻,以及各种温差电偶的温差电动势等,它们随温度的变化不可能都是一致的. 如果把某种物质的测温性质与温度的关系确定为线性,则其他测温性质与温度的关系就可能不是线性的. 这就导致选择不同的测温物质的同一测温属性,或同一测温物质的不同测温属性所建立起来的温标可能不一致. 也就是说所建立的温标与温度计的测温物质和测温性质有关.

(2) **热力学温标**. 在以后所学的热力学第二定律的基础上,还可以引入一种不依赖于测温物质的温标,温度由卡诺循环的热量来规定,称为**热力学温标**. 由于热力学温标不依赖任何测温物质,因此它所表示的温标是确定的、绝对的,又称为**绝对温标或开尔文温标**. 由热力学温标确定的温度称为热力学温度或绝对温度,单位为开尔文,符号K. 热力学温标规定纯水的三相点的温度为273.16K. 摄氏温标与绝对温标的温度值的换算关系为

$$T(\mathrm{K}) = t(^\circ\mathrm{C}) + 273.15$$

8.1.3 理想气体状态方程

1. 气体实验定律

(1) 玻意耳定律. 1662年,英国化学家玻意耳(Boyle)根据实验结果提出"在密闭容器中的定量气体,在恒温下,气体的压强和体积成反比关系",这一关系称之为波意耳定律.

(2) 查理定律. 法国科学家查理(Charles)通过实验发现"体积不变时,一定质量的理想气体的压强与热力学温度成正比",这一关系称为查理定律.

(3) 盖·吕萨克定律. 1802年,法国科学家盖·吕萨克通过实验发现"压强不变时,一定质量气体的体积跟热力学温度成正比",这一关系称为盖·吕萨克定律.

(4) 阿伏伽德罗定律. 1811年,意大利化学家阿伏伽德罗通过实验发现"在同温同压

下,相同体积的气体含有相同数目的分子",这被称为阿伏伽德罗定律. 由此可知在相同的温度和压强下,摩尔数相等的各种气体(严格来讲应为理想气体)所占的体积相同. 实验指出,1mol任何气体在标准状况下所占有的体积都为22.4L,称为摩尔体积.

2. 理想气体

严格遵守上述实验定律的气体称为**理想气体**,这是一个理想的模型. 一般在温度足够高,压强足够小情况下,实际气体都可近似地看作理想气体. 所谓温度足够高,要求气体温度远远高于它的液化临界温度;压强足够小,要求气体压强远远小于它的液化临界压强. 不同的气体的临界温度和临界压强是不同的,因此可以看作理想气体的条件也不相同. 对于空气中的各种气体(比如氧气、氮气、氢气、氦气等)临界温度很低(约几十K)和临界压强很大(约几十个大气压),所以在常温常压下(例如标准态),都可以作为理想气体. 但是对于其他气体(例如水蒸气)在常温常压下(例如标准态)就不能看作理想气体.

3. 理想气体状态方程

根据上述气体实验定律可以得到,对一定质量的气体,当压强不太大(和大气压相比),温度不太低(和室温相比)时,p、V、T之间有下列关系式

$$\frac{pV}{T}=C \tag{8.1}$$

由阿伏伽德罗定律可以确定,式(8.1)中常数C为

$$C=\frac{p_0V_0}{T_0}=\nu\frac{p_0V_{0\text{mol}}}{T_0}\equiv\nu R \tag{8.2}$$

其中,$p_0=1.013\times10^5\,\text{Pa}$;$T_0=273.15\text{K}$;$\nu$为气体的物质的量;气体摩尔体积$V_{0\text{mol}}=22.4\text{L}$. 由此可得

$$R=\frac{p_0V_{0\text{mol}}}{T_0}=8.31\text{J}\cdot\text{mol}^{-1}\cdot\text{K}^{-1} \tag{8.3}$$

称为摩尔气体常量(也称为普适气体常量). 结合式(8.1)、式(8.2)可得

$$pV=\nu RT=\frac{M}{M_{\text{mol}}}RT \tag{8.4}$$

式中,M为气体质量,M_{mol}为摩尔质量,该式就称为**理想气体状态方程**.

引入玻尔兹曼常量

$$k=\frac{R}{N_\text{A}}=1.38\times10^{-23}\text{J}\cdot\text{K}^{-1} \tag{8.5}$$

式中,$N_\text{A}=6.022\times10^{23}\text{mol}^{-1}$为阿伏伽德罗常量. 则有

$$pV=\nu N_\text{A}kT=NkT$$

$$p=\frac{NkT}{V}=nkT \tag{8.6}$$

其中n为单位体积内的分子数,称为气体分子的数密度.

例8.1　一容器内有氧气0.5kg,压强为10atm,温度为47℃. 因容器漏气,过一段时

间后,压强减到原来的一半,温度降到27℃,求:(1)容器体积;(2)漏了多少氧气(氧气分子的分子量为32).

解　(1) 由理想气体状态方程可知容器体积为

$$V=\frac{MRT}{M_{\text{mol}}p}=\frac{0.5\times 8.31\times(273+47)}{32\times 10^{-3}\times 10\times 1.01\times 10^{5}}=4.1\times 10^{-2}(\text{m}^3)$$

(2) 容器漏气后,容器内压强为 p'、温度为 T'、质量为 M',则

$$M'=\frac{p'VM_{\text{mol}}}{RT'}=\frac{5\times 1.01\times 10^{5}\times 4.1\times 10^{-2}\times 32\times 10^{-3}}{8.31\times(273+27)}=0.27(\text{kg})$$

所以漏掉氧气质量为 $M-M'=0.5-0.27=0.23(\text{kg})$.

思考题

思 8.3　在什么情况下,我们可以将气体作为理想气体来进行计算?

8.2　压强和温度的统计意义

热力学系统是由大量分子、原子等微观粒子组成的,各个粒子都在做无规则热运动.热力学系统的宏观性质一般用相应的状态参量来描述.那么系统的宏观状态参量(如温度、压强等)与这些微观粒子的运动有什么关系呢?本节将讨论气体压强、温度与气体分子运动的关系,从而揭示压强和温度的微观实质.

8.2.1　理想气体微观模型

从微观分子热运动基本特征出发,对理想气体模型作如下假定:

(1) 理想气体分子本身大小与分子间的距离相比较,可以忽略不计.在标准状态下,气体分子间的平均距离约为分子有效直径的50倍.分子本身线度比起分子之间距离小得多而可忽略不计;气体越稀薄,分子间距比其有效直径更大,所以一般情况下,气体分子可视为质点.

(2) 除碰撞瞬间外,分子间互作用力可忽略不计.一般情况下,宏观物体内部,分子与分子之间存在着作用力,称为分子力.分子力是近程力,作用距离的数量级为 10^{-9} m;由于理想气体分子间距很大,因此除碰撞瞬间有力作用外,分子的相互作用力可以忽略.所以分子在两次碰撞之间做自由的匀速直线运动.

(3) 分子之间及分子与器壁间的碰撞可视为完全弹性碰撞.分子与分子之间的作用力都是保守力,所以分子发生碰撞的系统仅受内保守力作用,机械能是守恒的,碰撞前后没有机械能损失.因此分子间及分子与器壁之间的碰撞是完全弹性碰撞.

这就是理想气体的微观模型,也可以说理想气体分子是弹性的自由运动质点.

8.2.2　统计假设

热力学系统是由大量分子组成的.单个分子的运动遵循力学规律,但是由于支配分子运动的作用主要是分子之间的碰撞,所以各个分子都在做无规则热运动,每个分子的运

动状态(例如某一时刻分子速度的大小和方向)都是完全随机的. 因此,单个分子的运动可以看作一个随机事件,大量分子的运动可以看作大量随机事件组成的统计系统,遵循统计规律.

统计规律指出在相同的条件下每一个随机事件出现的概率都相等,因此处于平衡状态的理想气体,其性质还将符合如下两条统计假设:

(1) 忽略重力的影响,平衡态时每个分子处于容器内空间中任何一点的概率是相等的. 简单地说,分子按位置的分布是均匀的. 若以 N 表示容器体积 V 内的分子总数,则分子数密度 n 处处相同.

(2) 在平衡态下,每个分子沿着任何一个方向运动的概率都是一样的. 因此速度的每个分量的平均值相等,并且都为零. 即

$$\bar{v}_x = \bar{v}_y = \bar{v}_z = 0, \quad 所以\ \bar{v} = 0 \tag{8.7}$$

由此还可以得出一条推论:速度的每个分量的平方的平均值也应该相等,且速度的平方值在三个方向上均分,即

$$\overline{v_x^2} = \overline{v_y^2} = \overline{v_z^2} = \frac{1}{3}\overline{v^2} \tag{8.8}$$

上述统计假设只适用于由大量分子构成的集体行为. 这些假设都具有一定的实验基础,所导出的结果符合理想气体的性质.

8.2.3　理想气体压强公式

容器中气体宏观上施于器壁的压强,是大量气体分子对器壁不断碰撞的结果. 无规则运动的气体分子不断与器壁相碰撞. 就某一个分子来说,它对器壁的碰撞是断续的,而且它每次碰撞给器壁多大的冲量,碰在什么地方,都是偶然的,随机的. 但就大量分子整体来说,每一时刻都有许多分子与器壁相碰,所以在宏观上就表现出一个恒定的、持续的压力. 这好比在下雨天打伞,每一雨滴落在伞上何处,给伞多大的冲量,完全是随机的. 但由于雨滴数目众多,每一时刻总有许多雨滴落在伞上,因此伞将受到一个持续的压力. 由此可知气体压强在数值上等于单位时间内与器壁相碰撞的所有分子作用于器壁单位面积上的总冲量的统计平均值,这就是气体压强的微观本质. 按照这一思想,我们可以推导出理想气体的压强公式.

假设有一长方形容器,边长为 a、b、c,如图 8.2 所示. 在容器内有 N 个同类理想气体分子处于平衡态. 由于容器内气体分子数量巨大,容器的每个器壁均受到均匀的、连续的冲力. 因为气体处于平衡态,各处的压强都相等,我们只需要计算任何一个器壁所受的压强即可. 我们计算器壁 A 受到的压强.

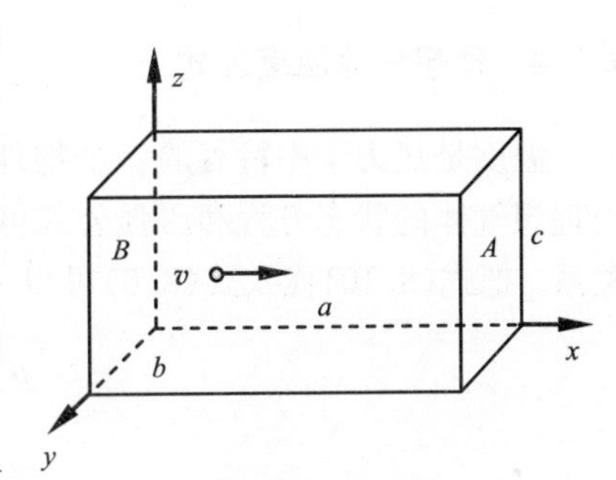

图 8.2　理想气体压强公式

考虑到气体分子速度有一定的分布,我们把分子速度标记为 $\boldsymbol{v}$,设其分子数密度为 n,器壁 A 面积

$\Delta S=bc$. 第 i 个分子的质量为 m，速度为 $\boldsymbol{v}_i$，v_{ix} 是 $\boldsymbol{v}_i$ 的 x 分量. 考虑第 i 个分子与器壁 A 碰撞. 碰撞前，分子的动量为 $m\boldsymbol{v}_i$，动量在垂直于 A 方向(即 x 方向)的投影为 $p_{ix1}=mv_{ix}$. 碰撞后，分子的速度在垂直于 A 方向的投影变为 $p_{ix2}=-mv_{ix}$. x 方向动量增量为 $\Delta p_{ix}=p_{ix2}-p_{ix1}=-2mv_{ix}$. 而该分子沿 x 轴运动的情况来看，它以 v_{ix} 从器壁 A 弹回，飞向器壁 B，并与其碰撞，又以 v_{ix} 回到器壁 A 再作碰撞. 所以相邻两次撞击器壁 A 需要时间为 $\tau=\dfrac{2a}{v_{ix}}$，单位时间的碰撞次数为 $\dfrac{1}{\tau}=\dfrac{v_{ix}}{2a}$；由动量定理，第 i 个分子对器壁 A 的平均冲力为

$$F_i=\frac{\Delta p_{ix}}{\tau}=\frac{mv_{ix}^2}{a}$$

根据压强定义，器壁受到的压强大小为

$$p=\frac{\sum\limits_i F_i}{\Delta S}=\frac{\sum\limits_i (mv_{ix}^2)}{abc}=\frac{N}{abc}\frac{m\sum\limits_i v_{ix}^2}{N}=nm\frac{\sum\limits_i v_{ix}^2}{N}$$

由平均值的定义，有

$$\frac{\sum\limits_i v_{ix}^2}{N}=\overline{v_x^2}$$

代入式(8.8)，可得

$$p=nm\overline{v_x^2}=\frac{1}{3}nm\overline{v^2} \tag{8.9}$$

或者

$$p=\frac{2}{3}n\overline{\varepsilon_{\mathrm{kt}}} \tag{8.10}$$

式中 $\overline{\varepsilon_{\mathrm{kt}}}=\dfrac{1}{2}m\overline{v^2}$ 为分子的平均平动动能. (8.9)式或(8.10)式就称为**理想气体的压强公式**.

理想气体压强公式把宏观量 p 和大量分子微观量的统计平均值 $\overline{\varepsilon_{\mathrm{kt}}}$(或 $\overline{v^2}$)联系起来，显示了宏观量与微观量的关系. 压强具有统计意义，气体的压强是“大量分子”撞击器壁的“统计平均”效果，对一个或少数几个分子，压强的概念是没有意义的.

8.2.4 理想气体温度公式

温度是热力学中特有的一个物理量，它在宏观上表征了物体冷热状态的程度. 我们由理想气体的状态方程和压强公式可以得出理想气体的温度和分子平均平动动能之间的关系. 把式(8.10)代入式(8.6)可得

$$p=\frac{2}{3}n\overline{\varepsilon_{\mathrm{kt}}}=nkT$$

$$\overline{\varepsilon_{\mathrm{kt}}}=\frac{1}{2}m\overline{v^2}=\frac{3}{2}kT \tag{8.11}$$

上式即为**理想气体温度公式**.

该式说明气体的温度是与气体分子运动的平均平动动能成正比的．换句话说，温度公式揭示了气体温度的统计意义，即气体的温度是气体分子平均平动动能的量度．物体内部分子运动越剧烈，分子平均平动动能越大，则物体的温度越高．因此，可以说温度是物体内部分子无规则热运动剧烈程度的量度．如果两种气体的温度相同，则意味着这两种气体的分子平均平动动能相等；如果一种气体的温度高于另一种气体，则意味着这种气体的分子平均平动动能比另一种气体的分子平均平动动能大．按照这个观点，热力学温度零度将是永远不可能达到的．温度是大量气体分子热运动的集体表现，具有统计意义，对于个别分子或极少数分子，谈温度是没有意义的．

利用式(8.11)，我们可以求得气体分子的方均根速率

$$\sqrt{\overline{v^2}}=\sqrt{\frac{3kT}{m}}=\sqrt{\frac{3RT}{M_{\mathrm{mol}}}} \tag{8.12}$$

例 8.2　试求常温下氮气分子和氧气分子的平均平动动能和方均根速率.（设常温下 $t=20℃$，$p=1.01\times10^5\,\mathrm{Pa}$.）

解　氮气分子和氧气分子的平均平动动能均为

$$\overline{\varepsilon_{\mathrm{kt}}}=\frac{3}{2}kT=\frac{3}{2}\times1.38\times10^{-23}\times(273+20)=6.07\times10^{-21}(\mathrm{J})$$

氮气分子的方均根速率为

$$\sqrt{\overline{v_{\mathrm{N_2}}^2}}=\sqrt{\frac{3RT}{M_{\mathrm{mol}}}}=\sqrt{\frac{3\times8.31\times(273+20)}{28\times10^{-3}}}=511(\mathrm{m\cdot s^{-1}})$$

$$\sqrt{\overline{v_{\mathrm{O_2}}^2}}=\sqrt{\frac{3RT}{M_{\mathrm{mol}}}}=\sqrt{\frac{3\times8.31\times(273+20)}{32\times10^{-3}}}=478(\mathrm{m\cdot s^{-1}})$$

思考题

思 8.4　如果有两个理想气体系统，一种是氧气，一种为氮气，那么在相同的温度下，两种气体分子的平均平动动能是否相等？

8.3　气体分子的速率分布律

8.3.1　麦克斯韦速率分布律

气体是由大量分子组成的．处在平衡态下的气体分子时刻不停地做杂乱无章的运动，分子间频繁地碰撞，使得每个分子的运动速度的大小和方向不断地改变，各分子的速度千差万别．但是，从整体上来说，气体的分子的速度还是有规律的．早在 1859 年麦克斯韦(J. C. Maxwell)就用概率论和统计力学证明了，在平衡态下，理想气体分子按速率的分布有确定的规律，这个规律就叫做**麦克斯韦速率分布律**．麦克斯韦速率分布律的具体形式为

$$\frac{\mathrm{d}N}{N}=4\pi\left(\frac{m}{2\pi kT}\right)^{\frac{3}{2}}\mathrm{e}^{-\frac{mv^2}{2kT}}v^2\,\mathrm{d}v \tag{8.13}$$

式中,N 为平衡态下气体总分子数,m 为分子质量,T 为热力学温度,v 为分子速率,$\mathrm{d}v$ 为速率区间 $v \sim v+\mathrm{d}v$ 的间隔宽度,$\mathrm{d}N$ 为速率处在速率区间 $v \sim v+\mathrm{d}v$ 内的分子数. 式(8.13)表示分布在速率区间 $v \sim v+\mathrm{d}v$ 内的分子数与总分子数的比率;也反映了分子速率处在 $v \sim v+\mathrm{d}v$ 区间内的概率.

8.3.2 速率分布函数及其曲线

1. 速率分布函数

可定义速率分布函数为

$$f(v)=\frac{\mathrm{d}N}{N\mathrm{d}v} \tag{8.14}$$

则

$$f(v)=\frac{\mathrm{d}N}{N\mathrm{d}v}=4\pi\left(\frac{m}{2\pi kT}\right)^{\frac{3}{2}}\mathrm{e}^{-\frac{mv^2}{2kT}}v^2 \tag{8.15}$$

称为**麦克斯韦速率分布函数**.

速率分布函数 $f(v)$ 的意义为:处在 v 附近单位速率区间的分子数与总分子数的比值,它反映了分子在速率空间中的概率密度的分布规律. 将式(8.15)对速率积分,就可得到所有速率区间的分子数与总分子数的比,显然它等于1,即

$$\int_0^\infty f(v)\mathrm{d}v=\int_0^N\frac{\mathrm{d}N}{N}=1 \tag{8.16}$$

称为速率分布函数的归一化条件.

2. 速率分布曲线

$f(v)$-v 关系曲线称为麦克斯韦速率分布曲线,如图 8.3 所示.

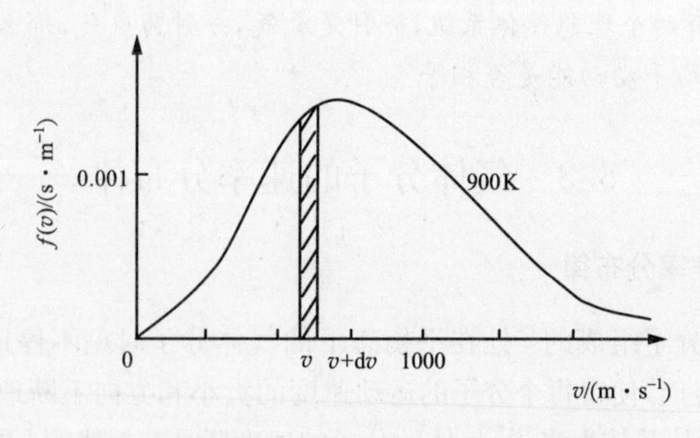

图 8.3 氮气在 900K 麦克斯韦速率分布曲线

(1) 由图 8.3 显然可知,$v\to 0, f(v)\to 0; v\to\infty, f(v)\to 0$;这表明气体分子速率非常小或非常大的概率都是很小的.

(2) 图中曲线下宽度为 $\mathrm{d}v$ 的窄条的几何面积等于

$$f(v)\mathrm{d}v=\frac{\mathrm{d}N}{N}$$

即为该区域内的分子数与总分子数的比值；由归一化条件可知曲线下的总面积等于 1. 由此可知，速率在 $v_1 \sim v_2$ 的分子数与总分子数的比值为

$$\frac{\Delta N}{N}=\int_{v_1}^{v_2} f(v)\mathrm{d}v \tag{8.17}$$

(3) 速率分布曲线具有一个峰值，对应于速率 v_p，称为最概然速率. 通过比较氮气在 300K 和 900K 时的速率分布曲线，我们发现温度越高，最概然速率 v_p 越大，峰值 $f(v_p)$ 越小，如图 8.4 所示. 在一定的温度下，气体的摩尔质量（或分子质量）越小，最概然速率 v_p 越大，峰值 $f(v_p)$ 越小，如图 8.5 所示.

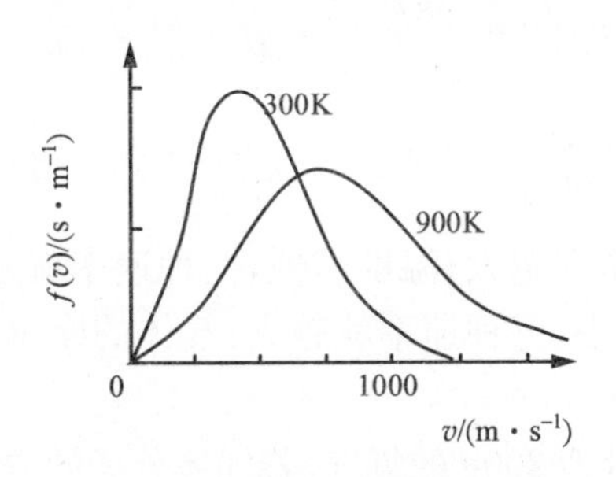

图 8.4　氮气在 300K 和 900K 麦克斯韦速率分布曲线

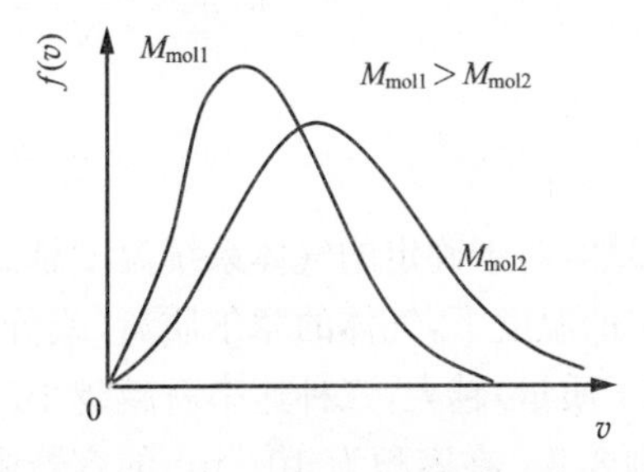

图 8.5　不同分子量的气体分子的麦克斯韦速率分布曲线

思考题

思 8.5　简述麦克斯韦速率分布函数的几何意义.

8.3.3　三种统计速率

1. 最概然速率

麦克斯韦速率分布曲线的峰值对应于速率 v_p；速率在 v_p 附近的分子数最多，因此 v_p 称为**最概然速率**，其大小可通过对 $f(v)$ 求极值得到. 由极大值条件 $\frac{\mathrm{d}f(v)}{\mathrm{d}v}\Big|_{v=v_p}=0$ 可得

$$v_p=\sqrt{\frac{2kT}{m}}=\sqrt{\frac{2RT}{M_{\mathrm{mol}}}} \tag{8.18}$$

2. 平均速率

由(8.15)式分布在 $v \sim v+\mathrm{d}v$ 的分子数为 $\mathrm{d}N=Nf(v)\mathrm{d}v$. 由于 $\mathrm{d}v$ 很小，所以可以认为 $\mathrm{d}N$ 个这些分子的速率都等于 v. 因此这 $\mathrm{d}N$ 个分子的速率之和为 $v\mathrm{d}N$. 全部分子的速率之和即为

$$\int_0^\infty v\mathrm{d}N = N\int_0^\infty vf(v)\mathrm{d}v$$

由此可得平均速率为

$$\bar{v} = \frac{\int_0^\infty v\mathrm{d}N}{N} = \int_0^\infty vf(v)\mathrm{d}v = \sqrt{\frac{8kT}{\pi m}} = \sqrt{\frac{8RT}{\pi M_{\mathrm{mol}}}} \tag{8.19}$$

3. 方均根速率

同理由于速率分布在 $v \sim v+\mathrm{d}v$ 的 $\mathrm{d}N$ 个分子速率都可认为等于 v，因此这 $\mathrm{d}N$ 个分子速率平方和为 $v^2\mathrm{d}N$，所以有

$$\overline{v^2} = \frac{\int_0^\infty v^2\mathrm{d}N}{N} = \int_0^\infty v^2 f(v)\mathrm{d}v = \frac{3kT}{m}$$

$$\sqrt{\overline{v^2}} = \sqrt{\frac{3kT}{m}} = \sqrt{\frac{3RT}{M_{\mathrm{mol}}}} \tag{8.20}$$

显然，对于确定的气体系统温度越高，三种速率就越大；温度越低，三种速率就越小. 在一定的温度下，气体的摩尔质量(或分子质量)越小，三种速率就越大；气体的摩尔质量(或分子质量)越大，三种速率就越越小.

例 8.3 在容积为 $10^{-2}\mathrm{m}^3$ 的容器中，装有质量为 200g 的氧气，若气体分子的方均根速率为 $200\mathrm{m}\cdot\mathrm{s}^{-1}$，求：

(1) 气体的压强；

(2) 气体的温度.

解 气体的质量密度为

$$\rho = mn = m\frac{N}{V} = \frac{M}{V}$$

(1) 由压强公式，可得气体的压强

$$p = \frac{1}{3}nm\overline{v^2} = \frac{1}{3}\frac{M}{V}\overline{v^2} = \frac{0.2\times 200^2}{3\times 10^{-2}} = 2.67\times 10^5(\mathrm{Pa})$$

(2) 由 $\overline{\varepsilon_{\mathrm{kt}}} = \frac{1}{2}m\overline{v^2} = \frac{3}{2}kT$，得气体的温度

$$T = \frac{m\overline{v^2}}{3k} = \frac{M_{\mathrm{mol}}\overline{v^2}}{3k} = \frac{32\times 10^{-3}\times 200^2}{3\times 8.31} = 51.3(\mathrm{K})$$

思考题

思 8.6 最概然速率的物理意义是什么？

*8.3.4 速率分布律实验验证

麦克斯韦速率分布律提出后，物理学家就试图用实验加以验证. 由于条件的限制，直到 20 世纪 20 年代随着高真空技术的发展，麦克斯韦速率分布律的实验验证才得以实现. 1920 年由史特恩(Stern)做

了第一次实验，对麦克斯韦速率分布律进行了验证. 1955 年库什(Kusch)和米勒(Miller)又进行了一次高精度的实验，验证麦克斯韦速率分布律.

我们介绍一下库什和米勒所做的实验. 如图 8.6 所示. A 是金属蒸汽源，从金属蒸汽源中产生的分子通过狭缝形成一条很窄的分子射线. B 和 C 是两个相距为 l 的同轴圆盘，盘上各开有一个很窄的狭缝，两狭缝形成一个很小的夹角 θ，约为 2°左右. D 为接收分子射线的接收器. 整个装置放在高真空容器中，以防射线中的分子与其他分子碰撞. 当两个同轴圆盘以角速度 ω 匀速旋转时，并不是所有的分子都能通过 B 和 C 盘，只有速率满足如下关系式要求的分子才能通过而被接收器 D 接收到. 即

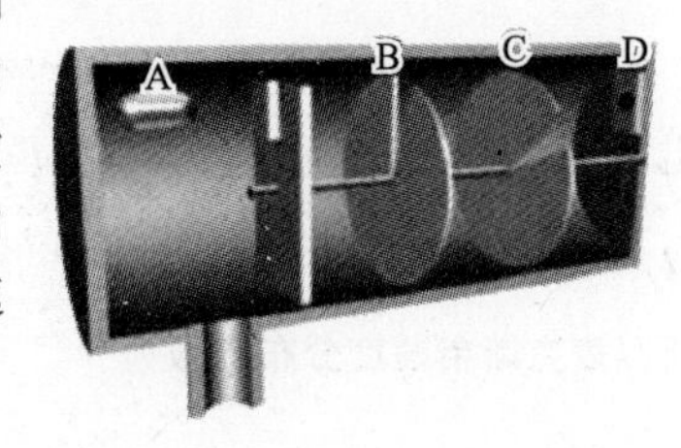

图 8.6　测定气体分子速率的实验装置

$$\theta = \omega t = \omega \frac{l}{v}$$

$$v = \frac{\omega}{\theta} l \tag{8.21}$$

由此可见，圆盘 B 和 C 起到速率选择的作用. 当改变 ω 时，可以使不同速率的分子通过. 考虑到 B 和 C 狭缝都有一定的宽度，速率在 $v \sim v+\Delta v$ 区间的分子都能通过圆盘而被 D 接收到. 实验时，改变 ω，D 所接收到的分子的速率不同，相同时间间隔接收到的分子数量也不同. 使圆盘分别以 $\omega_1, \omega_2, \cdots$ 匀速旋转，测出相同时间间隔内分子射线中速率处在 $v_1 \sim v_1+\Delta v, v_2 \sim v_2+\Delta v, \cdots$ 各不同速率区间内分子数 ΔN_1，$\Delta N_2, \cdots$ 占总分子数 N 的百分比. 在实验条件不变的情况下，改变时间间隔，即改变总分子数 N，测得分布在各个速率区间内的分子数与总分子数的比值不变. 这说明对大量气体分子而言，其速率遵从一定的统计分布规律，从而验证了麦克斯韦速率分布律.

*8.4　气体分子的速度分布律和玻尔兹曼分布律

8.4.1　麦克斯韦速度分布律

1. 麦克斯韦速度分布律

对处于平衡态的理想气体系统而言，由于分子沿各个方向运动的概率相等，速度分布函数与速度方向无关，仅是速度大小的函数，因此速度分布函数可以假设为

$$F(v_x, v_y, v_z) = F(v^2)$$

由于分子对三个速度分量的分布应该相互独立，所以进一步假设

$$F(v^2) = F(v_x^2 + v_y^2 + v_z^2) = g(v_x^2)g(v_y^2)g(v_z^2)$$

而指数函数刚好满足自变量相加对应函数相乘的条件，故

$$F(v^2) = A\mathrm{e}^{-\alpha v_x^2}\mathrm{e}^{-\alpha v_y^2}\mathrm{e}^{-\alpha v_z^2} = A\mathrm{e}^{-\alpha(v_x^2+v_y^2+v_z^2)}$$

A 为常数，可由归一化条件确定. 因为

$$\int_{-\infty}^{+\infty}\int_{-\infty}^{+\infty}\int_{-\infty}^{+\infty} F(v_x, v_y, v_z)\mathrm{d}v_x\mathrm{d}v_y\mathrm{d}v_z = \int_{-\infty}^{+\infty}\int_{-\infty}^{+\infty}\int_{-\infty}^{+\infty} A\mathrm{e}^{-\alpha(v_x^2+v_y^2+v_z^2)}\mathrm{d}v_x\mathrm{d}v_y\mathrm{d}v_z = 1$$

即

$$A\left[\int_{-\infty}^{+\infty}\mathrm{e}^{-\alpha(v_x^2)}\mathrm{d}v_x\right]^3 = 1$$

可得

$$A = \left(\frac{\pi}{\alpha}\right)^{-\frac{3}{2}}$$

常数 α 可利用$\overline{v_x^2}=\frac{kT}{m}$解出，即

$$\overline{v_x^2}=\frac{kT}{m}=\frac{\int_{-\infty}^{+\infty} v_x^2 \mathrm{e}^{-\alpha v_x} \mathrm{d}x}{\int_{-\infty}^{+\infty} \mathrm{e}^{-\alpha v_x} \mathrm{d}x}$$

解得

$$\alpha=\frac{m}{2kT}$$

所以麦克斯韦速度分布函数为

$$F(v_x,v_y,v_z)=\left(\frac{m}{2\pi kT}\right)^{\frac{3}{2}} \mathrm{e}^{-\frac{m}{2kT}(v_x^2+v_y^2+v_z^2)} \tag{8.22}$$

表示在速度 v 附近单位速度空间体积内的分子数占总分子数的比值. 这就是著名的麦克斯韦速度分布律.

2. 麦克斯韦速率分布律

利用麦克斯韦速度分布律，可以推导出麦克斯韦速率分布律. 由麦克斯韦速度分布函数可知，在单位速度空间内的分子数为 $NF(v_x,v_y,v_z)$，且只是速率的函数，所以在以速率 v 为半径、$\mathrm{d}v$ 为厚度的“速度空间的球壳”内分子数密度处处相等，其分子数为：$NF(v_x,v_y,v_z)4\pi v^2\mathrm{d}v$. 这些分子速率均处在 $v\sim v+\mathrm{d}v$ 区间，由此可得出麦克斯韦速率分布函数为

$$Nf(v)dv=NF(v_x,v_y,v_z)4\pi v^2\mathrm{d}v$$

即

$$f(v)=F(v_x,v_y,v_z)4\pi v^2=4\pi\left(\frac{m}{2\pi kT}\right)^{\frac{3}{2}} \mathrm{e}^{-\frac{mv^2}{2kT}} v^2$$

这就是麦克斯韦速率分布函数.

8.4.2 玻尔兹曼分布律

1. 玻尔兹曼分布律

在上一节中，我们讨论麦克斯韦速率分布律是理想气体分子在不受外力或外力场可以忽略的时，处于热平衡态的气体分子速率分布律. 玻尔兹曼把麦克斯韦分布律推广到气体分子处在保守力场(如重力场、电场等)中情形.

(1) 因为在麦克斯韦速率分布律中含有分子的平动动能 $\varepsilon_{\mathrm{kt}}=\frac{mv^2}{2}$，在推广到存在保守力场时，分子除了具有平动动能 $\varepsilon_{\mathrm{kt}}$ 外还具有势能 ε_{p}，所以应该用分子能量 $\varepsilon=\varepsilon_{\mathrm{kt}}+\varepsilon_{\mathrm{p}}$ 代替式(8.15)中平动动能 $\varepsilon_{\mathrm{kt}}=\frac{mv^2}{2}$.

(2) 由于保守力场的存在，气体分子在保守力场的作用下在空间的分布不再均匀，其分布除了按速度区间 $v_x\sim v_x+\mathrm{d}v_x$、$v_y\sim v_y+\mathrm{d}v_y$、$v_z\sim v_z+\mathrm{d}v_z$ 分布外，还应该还位置坐标 $x\sim x+\mathrm{d}x$、$y\sim y+\mathrm{d}y$、$z\sim z+\mathrm{d}z$ 分布.

玻尔兹曼在这两条推广的基础上运用概率论理论导出了气体分子在力场中处于平衡态时，其速度介于区间 $v_x\sim v_x+\mathrm{d}v_x$、$v_y\sim v_y+\mathrm{d}v_y$、$v_z\sim v_z+\mathrm{d}v_z$ 内，坐标介于区间 $x\sim x+\mathrm{d}x$、$y\sim y+\mathrm{d}y$、$z\sim z+\mathrm{d}z$ 内的分子数为

$$dN = n_0\left(\frac{m}{2\pi kT}\right)^{\frac{3}{2}} e^{-\frac{\varepsilon}{kT}} dv_x dv_y dv_z dx dy dz \tag{8.23}$$

式中 n_0 待定常数,表示在分子势能 $\varepsilon_p=0$ 处气体分子的数密度. 这一规律称为玻尔兹曼分子按能量分布定律,简称**玻尔兹曼分布律**.

2. 重力场中的气体分子分布

下面我们来看一下保守力场为重力场时,理想气体气体分子的分布情况. 在重力场中,分子势能为 $\varepsilon_p=mgz$,代入式(8.23)得

$$dN = n_0\left(\frac{m}{2\pi kT}\right)^{\frac{3}{2}} e^{-\frac{\varepsilon_{kt}}{kT}} dv_x dv_y dv_z e^{-\frac{mgz}{kT}} dx dy dz$$

上式对三个速度分量进行积分后,考虑麦克斯韦分布函数的归一化条件,得到坐标介于区间 $x\sim x+dx$、$y\sim y+dy$、$z\sim z+dz$ 内的分子数为

$$dN' = n_0 e^{-\frac{mgz}{kT}} dx dy dz$$

所以重力场中气体分子的数密度为

$$n = \frac{dN'}{dx dy dz} = n_0 e^{-\frac{mgz}{kT}} \tag{8.24}$$

当 $z=0$ 时,$n=n_0$,即 n_0 表示重力势能为零处气体分子的数密度. 由上式可知,重力场中的气体分子数密度随着高度的升高呈现指数衰减.

如果我们把大气分子当作等温状态下的理想气体,则由压强公式可得

$$p = nkT = n_0 kT e^{-\frac{mgz}{kT}} = p_0 e^{-\frac{mgz}{kT}} = p_0 e^{-\frac{M_{mol}gz}{RT}} \tag{8.25}$$

式中 $p_0=n_0kT$,为 $z=0$ 时的大气压,M_{mol} 为大气的摩尔质量. 该式称为**等温大气压公式**.

例 8.4 以地面为重力势能零点,试求:温度为 T 时大气分子的平均重力势能.

解 以地面为坐标原点,方向竖直向上为 z 轴正向,分子数密度

$$n = n_0 e^{-\frac{mgz}{kT}}$$

在 z 处垂直 z 轴取截面积为 ΔS 高为 dz 的小体积元,该体积元中的分子重力势能相同,均为 mgz,体积元内分子重力势能和为

$$d\varepsilon_p = n\Delta S dz(mgz) = mgzn_0 e^{-\frac{mgz}{kT}} \Delta S dz$$

所以大气分子的平均重力势能为

$$\overline{\varepsilon_p} = \frac{\int_0^\infty mgzn_0 e^{-\frac{mgz}{kT}} \Delta S dz}{\int_0^\infty n_0 e^{-\frac{mgz}{kT}} \Delta S dz} = kT$$

8.5 能量均分定理

8.5.1 自由度

1. 自由度

前面讨论分子热运动时,把分子视为质点,只考虑分子的平动. 实际上,除了单原子分子可看作质点(只有平动)外,一般由两个以上原子组成的分子,不仅有平动,而且还有转动和分子内原子间的振动. 为了确定分子各种运动形式能量的统计规律,需要引用自

由度的概念.

自由度是确定一个物体的空间位置所需要的独立坐标的数目,或者说物体能够沿以运动的独立坐标的数目,用字母 i 表示.

一个质点在空间任意运动,确定其位置需用三个独立坐标(x,y,z),所以自由质点的自由度 $i=3$. 因为质点只可能进行平动,所以质点有三个平动自由度. 如果对质点的运动加以限制,自由度将减少. 比如质点被限制在平面上运动,则 $i=2$;如果质点被限制在直线上运动,则其自由度 $i=1$.

一个刚体在空间任意运动时,可分解为质心的平动和绕通过质心轴的转动,它既有平动自由度还有转动自由度. 确定刚体质心的位置,需三个独立坐标(x_c,y_c,z_c),即自由刚体有三个平动自由度 $t=3$;确定刚体通过质心轴的空间方位,需要三个方位角(α,β,γ),只有其中两个是独立的,所以需 2 个转动自由度;另外还要确定刚体绕通过质心轴转过的角度 θ——还需 1 个转动自由度,这样确定刚体绕通过质心轴的转动位置,共有三个转动自由度 $r=3$. 所以,一个任意运动的刚体,总共有 6 个自由度,即 $i=t+r=3+3=6$. 但是对于一个直线型刚体,只要确定其质心的位置和质心轴的空间方位,就可以确定其空间位置,因此直线型刚体的自由度为 $i=t+r=3+2=5$.

对于由 n 个质点构成的质点系统,若系统是完全自由的,则每个质点自由度 $i=3$,总自由度 $i=3n$. 对于质点系统整体而言,其体系的平动自由度 $t=3$,转动自由度 $r=3$,其他的自由度是用来描述各质点间的相对运动的自由度,称为振动自由度,用 s 表示,所以必然有 $s=3n-t-r=3n-6$.

2. 气体分子自由度

单原子分子,如氦(He)、氖(Ne)、氩(Ar)等分子只有一个原子,其分子模型可看成自由质点,所以有 3 个平动自由度 $i=t=3$.

双原子分子,如氢气(H_2)、氧气(O_2)等,它们在温度不太高时,分子几乎不发生形变,可认为是分子是刚性的. 其模型可看成是通过一个刚性杆连接起来的两个质点,即为一个直线型刚体. 因此确定其质心需 3 个平动自由度,确定其转轴需要 2 个转动自由度,故 $i=5$. 若考虑分子形变,则分子模型为两质点组成的质点系,$i=3\times2=6$,增加一个振动自由度.

多原子分子,如二氧化碳(CO_2)、水蒸汽(H_2O)、甲烷气体(CH_4)等多原子分子气体,若不考虑分子形变,其分子模型可认为是多个质点通过刚性杆连接组成的刚体,其自由度为 $i=6$;若考虑分子形变,其分子模型为多质点组成的质点系,其自由度 $i=3n$.

3. 自由度的冻结

根据量子理论,微观粒子的能量是不连续的,具有**能级**;因此分子的各种运动形式(振动、转动、平动)都有相应的能级分布. 因为分子的振动能级和转动能级的能级间隔较大,所以在低温($T\approx10^1$K)时分子之间相互碰撞不可能使分子的振动能级和转动能级发生跃迁,相当于分子振动和转动自由度被“冻结”了,分子失去了振动和转动自由度. 当温度升高的常温($T\approx10^2$K)时,分子热运动加剧,分子碰撞能够使得转动能级发生跃迁,因而转动自由度"解冻";但是,振动动自由度依然被"冻结". 而温度升高到高温($T\approx10^3$K)时,分子热运动更剧烈,则振动自由度也被"解冻".

因此,在低温下各种分子都可以看作是质点;在常温下双原子分子和多原子分子都可以看作刚体;在高温下,双原子分子和多原子分子就需要作为质点系. 因为我们一般是在常温下研究气体系统行为的,所以分子可以看作刚性的,双原子分子的自由度 $i=t+r=3+2=5$;多原子分子的自由度 $i=t+r=3+3=6$.

8.5.2　分子能量均分定理

前面我们得出了理想气体分子的平均平动动能为

$$\overline{\varepsilon_{\mathrm{kt}}}=\frac{1}{2}m\overline{v^2}=\frac{3}{2}kT$$

结合(8.8)式可得

$$\frac{1}{2}m\overline{v_x^2}=\frac{1}{2}m\overline{v_y^2}=\frac{1}{2}m\overline{v_z^2}=\frac{1}{2}kT \tag{8.26}$$

由于分子运动的无规则性,在平衡状态下分子沿各个方向运动的概率都相同,所以可以认为气体分子的平均平动动能是平均分配在每一个平动自由度上的. 同样由于分子运动的无规则性,在平衡状态下分子沿各个方向,以各种形式运动的概率都相同,在每个自由度上,分子都应该具有相同的平均动能. 所以**处于温度为 T 的平衡状态时,气体分子在任何一个自由度上,相应平均动能都相等,其大小均为**$\frac{1}{2}kT$. 这样的能量分配原则称为**能量均分定理**.

由能量均分定理可知,自由度为 i 的气体分子的平均动能为

$$\overline{\varepsilon_{\mathrm{k}}}=\frac{i}{2}kT \tag{8.27}$$

当温度很高时,分子内部的原子具有振动形式,在每个振动自由度上不但具有一份平均动能,还具有一份平均(振动)势能. 理想气体分子内各原子间的振动势能和振动动能的平均值是相等的,所以在每个振动自由度上还有平均势能,其量值也为$\frac{1}{2}kT$. 因此气体分子的平均能量为

$$\bar{\varepsilon}=\frac{1}{2}(t+r+2s)kT \tag{8.28}$$

需要注意的是,能量均分定理是对大量分子统计平均的结果,是一个统计规律. 对于个别分子而言,在某一时刻它的各种形式的动能不一定按照自由度均分. 能量均分的物理原因是,气体由非平衡态向平衡态演化的过程是依靠大量分子无规则的、频繁地碰撞并交换能量来实现的. 在碰撞的过程中,一个分子的能量可以传递给另一个分子,一种形式的能量可以转化为另一种形式的能量,一个自由度的能量可以转移到另一个自由度上,当到达平衡态时,能量就按自由度平均分配了.

8.5.3　理想气体内能

热力学系统的内能是指气体所有分子各种形式的动能(平动动能、转动动能和振动动

能)以及分子之间、分子内各原子之间相互作用势能的总和. 对于理想气体,因为分子之间相互作用力可以忽略,不用考虑分子间的势能,所以**理想气体的内能为气体所有分子各种形式的无规则热运动动能和分子内各原子间相互作用势能(振动势能)的总和**. 所以理想气体内能为$E=N\bar{\varepsilon}$,其中N为气体分子数,$\bar{\varepsilon}$为每个分子的平均能量. 代入式(8.28),理想气体内能可表示为

$$E = N(t+r+2s)\frac{kT}{2} = \nu(t+r+2s)\frac{RT}{2} \tag{8.29}$$

在常温下,振动自由度$s=0$,有

$$E = \nu(t+r)\frac{RT}{2} = \frac{i}{2}\nu RT \tag{8.30}$$

理想气体的内能只是温度的函数,与体积无关,这是因为理想气体忽略了分子相互作用势能的缘故. 分子间的作用势能显然和分子间距有关,从而和体积有关. 所以对于非理想气体,内能不仅和温度有关,还和体积有关.

特别需要指出的是,常温下理想气体的内能只是指气体分子各种无规则热运动动能的总和,并不计及分子有规则运动(指整体宏观定向运动)能量. 气体分子的内能与宏观运动的机械能有明显的区别,不能混为一谈.

例 8.5　一容器内装有某刚性双原子分子理想气体,气体的温度为 273K,密度为$\rho=1.25\mathrm{g\cdot m^{-3}}$,压强为$p=1.0\times10^{-3}\mathrm{atm}$. 求:

(1) 气体的摩尔质量;

(2) 气体分子的平均平动动能和平均转动动能;

(3) 单位体积内气体分子的总平动动能;

(4) 设该气体有 0.3mol,求气体的内能.

解　(1) 由理想气体状态方程

$$pV = \frac{M}{M_{\mathrm{mol}}}RT$$

得

$$M_{\mathrm{mol}} = \frac{M}{V}\frac{RT}{p} = \frac{\rho RT}{p} = \frac{1.25\times10^{-3}\times8.31\times273}{10^{-3}\times1.013\times10^{5}} = 0.028(\mathrm{kg\cdot mol^{-1}})$$

(2) 气体分子平均平动动能和平均转动动能为

$$\overline{\varepsilon_{\mathrm{kt}}} = \frac{3}{2}kT = \frac{3}{2}\times1.38\times10^{-23}\times273 = 5.56\times10^{-21}(\mathrm{J})$$

$$\overline{\varepsilon_{\mathrm{kr}}} = kT = 1.38\times10^{-23}\times273 = 3.77\times10^{-21}(\mathrm{J})$$

(3) 单位体积内气体分子的总平动动能为

$$E_{\mathrm{kt}} = \overline{\varepsilon_{\mathrm{kt}}}\cdot n = \overline{\varepsilon_{\mathrm{kt}}}\cdot\frac{p}{kT} = 5.56\times10^{-21}\times\frac{1.013\times10^{2}}{1.38\times10^{-23}\times273} = 1.52\times10^{2}(\mathrm{J\cdot m^{-3}})$$

(4) 由常温下气体的内能公式,有

$$E = \frac{M}{M_{\mathrm{mol}}}\cdot\frac{t+r}{2}RT = 0.3\times\frac{5}{2}\times8.31\times273 = 1.70\times10^{3}(\mathrm{J})$$

8.6　平均碰撞频率和平均自由程

8.6.1　平均碰撞频率

在室温下空气分子热运动的平均速率约为 $4\times10^2\text{m}\cdot\text{s}^{-1}$，声速约为 $3\times10^2\text{m}\cdot\text{s}^{-1}$，两个是同数量级的，而且前者还稍快些. 根据这一关系克劳修斯在1858年提出了这样一个有趣的问题：若摔破一瓶香水，我们听到声音和闻到气味是否应该几乎是同一时刻？但实际上却是声音先到，气味的传播要慢得多. 这是因为香水分子在空气中的运动过程中不断与其他的分子相碰撞，每碰撞一次，其速度的大小和方向都会发生改变，其所走过的路径是一条十分复杂的折线.

分子的热运动是杂乱无章的，每个分子都要与其他分子频繁碰撞. 我们把**每个分子与其他分子在单位时间内平均碰撞次数称为平均碰撞频率**，用 $\bar{z}$ 表示.

为了考察分子之间的碰撞情况，必须要考虑分子的大小和相对运动. 为使问题简化，我们假设每个分子都是直径为 d 的刚性小球，分子间的相对运动速率平均为 $\bar{u}$；且分子与分子做完全弹性碰撞.

设想跟踪一个分子 A，由于它与其他分子不断碰撞，其球心所走过的轨迹是一条折线，如图8.7所示. 设想以分子 A 的球心经过的轨迹为轴，以分子的直径 d 为半径做一个曲折的圆柱体. 这样，凡是球心在此圆柱体内的分子都会和 A 碰撞，所以在一定时间内，分子 A 与其他分子发生碰撞的次数等于圆柱体内所包含的分子数目. 在 Δt 时间内，分子 A 所走过的相对路程为 $\bar{u}\Delta t$，对应体积为 $\pi d^2\bar{u}\Delta t$，设分子数密度为 n，则分子 A 在单位时间内与其他分子的碰撞次数为

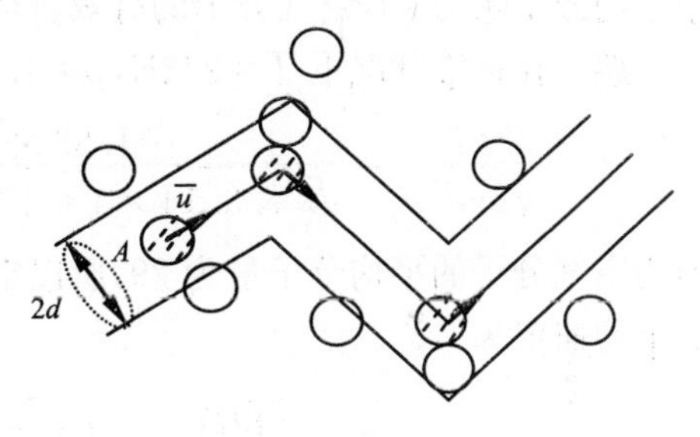

图8.7　分子平均碰撞频率的计算模型

$$\bar{z} = n\pi d^2\bar{u} \tag{8.31}$$

考虑两个分子 A_j 和 A_i 分别以速度 $\boldsymbol{v}_j$ 和 $\boldsymbol{v}_i$ 运动，相对速度则为 $\boldsymbol{u}_{ij}=\boldsymbol{v}_i-\boldsymbol{v}_j$. 再设两个分子速度的夹角为 α，则有 $\alpha\in[0,\pi]$. 由于分子沿各个方向运动的概率都相等，所以 α 在 $[0,\pi]$ 区间上取任意数值的概率也都是相等的. 由此可得：对于大量分子而言，两个分子速度的夹角的平均值为 $\bar{\alpha}=\frac{\pi}{2}$；因此，对于大量分子平均而言，分子之间的碰撞可以看作以平均速率作垂直碰撞，由此可以得到平均相对速率 $\bar{u}$ 和平均速率 $\bar{v}$ 之间关系为

$$\bar{u} = \sqrt{2}\bar{v} \tag{8.32}$$

代入式(8.31)可得

$$\bar{z} = \sqrt{2}n\pi d^2\bar{v} \tag{8.33}$$

上式即为气体分子平均碰撞频率的统计公式.

8.6.2 平均自由程

由于分子热运动的无规则性,任意一个分子都要与其他分子频繁碰撞,在任意连续两次碰撞之间,可认为分子做直线运动,它所经过的直线路程,称为**自由程**. 对于单个分子而言,其自由程时长时短,带有偶然性. 我们把**分子在连续两次碰撞之间所经过的自由程的平均值称为平均自由程**,用$\bar{\lambda}$表示. 由平均碰撞频率概念可知自由程的平均时间间隔为$\frac{1}{\bar{z}}$,所以由式(8.33)可知平均自由程为

$$\bar{\lambda}=\frac{\bar{v}}{\bar{z}}=\frac{1}{\sqrt{2}n\pi d^2} \tag{8.34}$$

由式(8.34)可以看出平均自由程只与分子直径和数密度有关. 结合理想气体压强公式$p=nkT$,上式还可表示为

$$\bar{\lambda}=\frac{kT}{\sqrt{2}\pi d^2 p} \tag{8.35}$$

例 8.6 计算空气分子在标准状况下的平均自由程和平均碰撞频率. 已知空气分子的平均分子量为29,空气分子的有效直径为$d=3.5\times10^{-10}$m.

解 在标准状况下$T=273$K,$p=1.01\times10^5$Pa,空气分子平均自由程为

$$\bar{\lambda}=\frac{kT}{\sqrt{2}\pi d^2 p}=\frac{1.38\times10^{-23}\times273}{\sqrt{2}\times3.14\times(3.5\times10^{-10})^2\times1.01\times10^5}=6.86\times10^{-8}(\mathrm{m})$$

因为空气分子的平均分子量为29,所以空气分子摩尔质量为$29\mathrm{g\cdot mol^{-1}}$,所以空气分子的平均速率为

$$\bar{v}=\sqrt{\frac{8RT}{\pi M_{\mathrm{mol}}}}=\sqrt{\frac{8\times8.31\times273}{3.14\times29\times10^{-3}}}=446(\mathrm{m\cdot s^{-1}})$$

则空气分子在标准状况下的平均碰撞频率为

$$\bar{z}=\frac{\bar{v}}{\bar{\lambda}}=\frac{446}{6.86\times10^{-8}}=6.51\times10^9(\mathrm{s^{-1}})$$

*8.7 气体的输运过程

我们前面的讨论都是气体处于平衡态时的情况. 实际上,由于气体系统不可避免地受到外界环境的影响,气体常处在非平衡态,也就是说,气体各部分的物理性质不同,比如流速不同、密度不同、温度不同等. 处在非平衡态的气体,不受外界干扰的情况下,由于气体分子的热运动和碰撞,分子间不断地交换能量、动量,最后气体内各部分的物理性质由不均匀趋向均匀,气体状态趋于平衡态,这一现象称为**气体内的迁移现象或输运过程**. 气体的输运过程有三种:黏滞过程、扩散过程和热传导过程.

8.7.1 黏滞过程

对于流动的气体,如果气体各层的宏观流速(定向运动速度)不同时,则在相邻两层之间的接触面上形成摩擦力,阻碍两层间的相对运动,这种摩擦力称为黏滞力. 由于黏滞力的作用,使得流动较慢的气

层加速，流动较快的气层减速，最终使得各气层的流速趋于一致，这一过程称为**黏滞过程**. 设气体沿 x 轴正向流动，宏观流速 u，u 沿 z 方向变化，如图 8.8所示，u 沿 z 方向梯度为$\frac{du}{dz}$. 任取一平行 z 轴的平面 ΔS，则以 ΔS 为接触面的上下两层气体间存在一对大小相等方向相反的黏滞力，用 f 表示. 通过实验人们发现黏滞力和接触面面积 ΔS、流速梯度$\frac{du}{dz}$成正比，即

$$f=\pm\eta\frac{du}{dz}\cdot\Delta S \tag{8.36}$$

式中，η 称为黏滞系数，单位为 Pa·s. 式(8.36)称为牛顿黏滞定律.

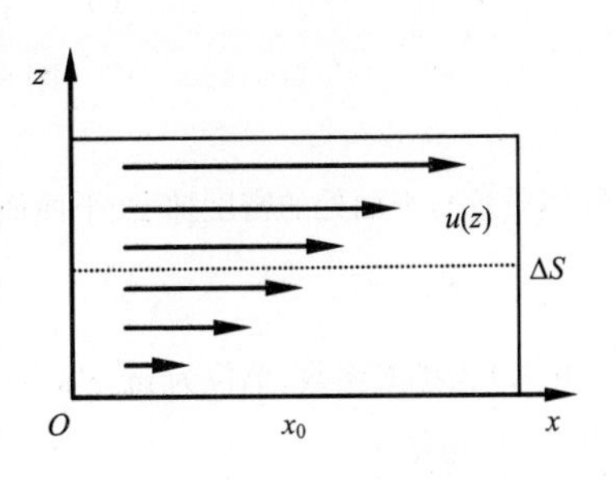

图 8.8　黏滞过程

我们假设气体是单一组分的，分子质量为 m，且有均匀的分子数密度 n 和温度 T，则 ΔS 上下的两气层有相同的分子热运动速率，设分子平均速率为 $\bar{v}$，平均自由程为 $\bar{\lambda}$. 因为分子热运动的随机性，分子沿各个方向运动的概率都相等，所以在任一体积内沿 z 轴正向和负向运动的分子数占总分子数的$\frac{1}{6}$. 因此在 dt 时间内沿 z 轴正向或负向通过 ΔS 的分子数近似为

$$N=\frac{1}{6}n\bar{v}dt\Delta S \tag{8.37}$$

通过这些分子在气层间的运动，使得气层间分子交换定向动量，每一个分子定向动量为 $p'=mu_z$，使得下面一层气层得到的动量为

$$dp'=\frac{1}{6}n\bar{v}dt\Delta Smu_{z+dz}-\frac{1}{6}n\bar{v}dt\Delta Smu_z=\frac{1}{6}n\bar{v}dt\Delta Sm\frac{du}{dz}dz$$

而平均来说，通过 ΔS 的分子都是在离 ΔS 距离等于平均自由程 $\bar{\lambda}$ 处发生最后一次碰撞的，所以我们取 $dz=2\bar{\lambda}$，所以有

$$dp'=\frac{1}{3}n\bar{v}\bar{\lambda}dt\Delta Sm\frac{du}{dz}$$

根据动量定理，上边气层作用在下边气层上的力为

$$f=\frac{dp'}{dt}=\frac{1}{3}nm\bar{v}\bar{\lambda}\Delta S\frac{du}{dz}=\frac{1}{3}\rho\bar{v}\bar{\lambda}\Delta S\frac{du}{dz}$$

对比(8.36)式可得黏滞系数为

$$\eta=\frac{1}{3}\rho\bar{v}\bar{\lambda} \tag{8.38}$$

该式说明了黏滞阻力是分子热运动与分子间碰撞产生的宏观效果.

8.7.2　自扩散过程

当某种气体的密度不均匀时，气体分子会从密度大的区域向密度小的区域迁移运动，使其密度逐渐趋于均匀，这一过程称为**扩散过程**. 为了简单起见，在本节中我们只讨论单纯的扩散过程. 我们可以选择两种分子量相等或相近的气体(如 N_2 和 CO)，放在一个容器的两边，中间用隔板隔开，如图 8.9(a)所示. 设两边气体的温度、压强、密度都相同. 抽去隔板后，由于整个容器内的 N_2 和 CO 两种气体的密度分布都不均匀，气体分子都向另一侧扩散. 现我们只讨论其中的一种气体(如 N_2)的扩散规律.

如图 8.9(b)所示，设 N_2 的密度为 ρ，在自扩散过程进行中，ρ 沿 x 方向逐渐增大，ρ 沿 x 方向密度梯度为$\frac{d\rho}{dx}$. 假想在 $x=x_0$ 处有一垂直于 x 轴的平面 ΔS. 通过实验人们发现：单位时间内通过这个平面的

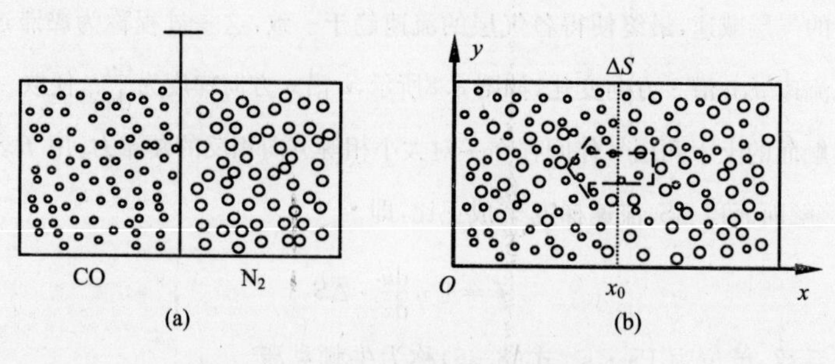

图 8.9　气体的单纯的自扩散过程

气体质量与平面处的密度梯度、平面面积成正比,即

$$\frac{\Delta M}{\Delta t}=-D\frac{\mathrm{d}\rho}{\mathrm{d}x}\Delta S \tag{8.39}$$

式中,D 为扩散系数,单位为 $\mathrm{m^2\cdot s^{-1}}$;负号表示质量沿逆着密度梯度的方向发生迁移. (8.39)式称为菲克(Fick)定律.

若气体分子的质量为 m,数密度为 n,则气体密度 $\rho=nm$,分子数密度的梯度 $\frac{\mathrm{d}n}{\mathrm{d}x}=\frac{1}{m}\frac{\mathrm{d}\rho}{\mathrm{d}x}$. 由(8.37)式可知在 Δt 时间内沿 x 正向和负向通过 ΔS 的分子数分别为 $\frac{1}{6}n_x\bar{v}\Delta t\Delta S$ 和 $\frac{1}{6}n_{x+\mathrm{d}x}\bar{v}\Delta t\Delta S$,所以有

$$\Delta M=\left(\frac{1}{6}n_x\bar{v}\Delta t\Delta S-\frac{1}{6}n_{x+\mathrm{d}x}\bar{v}\Delta t\Delta S\right)m$$

$$=-\frac{1}{6}\bar{v}\Delta t\Delta Sm\frac{\mathrm{d}n}{\mathrm{d}x}\mathrm{d}x=-\frac{1}{6}\bar{v}\Delta t\Delta S\frac{\mathrm{d}\rho}{\mathrm{d}x}\mathrm{d}x$$

同黏滞过程一样,我们取 $\mathrm{d}x=2\bar{\lambda}$,则

$$\frac{\Delta M}{\Delta t}=-\frac{1}{3}\bar{v}\bar{\lambda}\Delta S\frac{\mathrm{d}\rho}{\mathrm{d}x}$$

对比(8.39)式可得扩散系数为

$$D=\frac{1}{3}\bar{v}\bar{\lambda} \tag{8.40}$$

8.7.3　热传导过程

当气体的温度不均匀时,热量将由高温处向低温处传递,使得气体各处温度将趋于均匀,这个过程就称为**热传导过程**.

为了简单起见,我们讨论一维热传导过程:设温度只沿 x 方向变化,T 由左向右递减,变化梯度为 $\frac{\mathrm{d}T}{\mathrm{d}x}$,热量将沿 x 方向传递,如图 8.10 所示. 假想在 $x=x_0$ 处有一垂直于 x 轴的平面 ΔS,实验发现单位时间流过该平面的热量与平面面积、温度梯度成正比,即

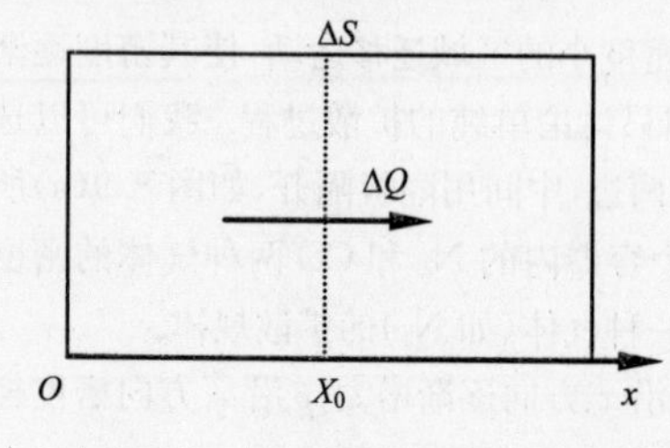

图 8.10　气体的热传导过程

$$\frac{\Delta Q}{\Delta t}=-\kappa\frac{\mathrm{d}T}{\mathrm{d}x}\Delta S \tag{8.41}$$

式中 κ 为热导率,单位 $\mathrm{W\cdot(m\cdot K)^{-1}}$,由导热物质的性质及状态决定. (8.41)式称为傅里叶(Fourier)定律.

热量流过 ΔS,是 ΔS 两侧气体分子热运动能量进行互相交换的结果. 每个分子平均热运动能量为 $\bar{\varepsilon}=\frac{1}{2}ikT$,在 Δt 时间内

沿 x 正向和负向通过 ΔS 的分子数$\frac{1}{6}n\bar{v}\Delta t\Delta S$，所以沿 x 正向流过 ΔS 的热量为

$$\Delta Q=\frac{1}{6}n\bar{v}\Delta t\Delta S\left(\frac{1}{2}ikT_x-\frac{1}{2}ikT_{x+\mathrm{d}x}\right)=-\frac{1}{6}n\bar{v}\Delta t\Delta S\,\frac{1}{2}ik\,\frac{\mathrm{d}T}{\mathrm{d}x}\mathrm{d}x$$

同样我们取 $\mathrm{d}x=2\bar{\lambda}$，则

$$\frac{\Delta Q}{\Delta t}=-\frac{1}{3}\rho\bar{v}\bar{\lambda}c_V\,\frac{\mathrm{d}T}{\mathrm{d}x}\Delta S$$

式中，$c_V=\frac{i}{2}\frac{k}{m}$，称为气体的定容比热．对比式(8.41)可得热传导率为

$$\kappa=\frac{1}{3}\rho\bar{\lambda}\bar{v}c_V \tag{8.42}$$

*8.8　实际气体的范德瓦耳斯方程

在通常的压强和温度下，平均而言气体分子间距很大，我们可以忽略气体分子的大小和分子间的作用力，近似地用理想气体状态方程来处理问题．但是，在近代科研和工程技术中，经常要处理高压或低温条件下的气体问题．这时，由于气体分子间距小，分子的大小和分子间的作用力就不能忽略了．范德瓦尔斯(Van der Waals)把气体分子看作有引力作用的刚性球，对理想气体状态方程加以修正，从而导出了实际气体的范德瓦尔斯方程．

8.8.1　分子体积引起的修正

根据理想气体状态方程，1mol 理想气体的压强为

$$p=\frac{RT}{V}$$

V 为容器的体积，是气体分子运动的空间大小．由于理想气体模型中我们把气体分子看作质点，不考虑分子体积，所以 V 即为气体分子自由活动的空间大小．而现在我们需要计入分子体积，分子自身体积也要占据空间，因此气体分子活动空间不再等于 V，而要减去一个反映气体分子所占有体积的修正量 b，称为**体积修正常数**．则 1mol 气体的状态方程修正为

$$p=\frac{RT}{V-b} \tag{8.43}$$

为了确定 b 的大小，我们假设在气体内除某一分子 A 外，其他分子都固定在一定的位置，分子 A 运动过程中与它们碰撞．如果用 d 来表示分子的有效直径，当分子 A 与任一分子 B 相碰时，它们的中心间距就为 d．现在设想，如图 8.11 所示，分子 A 收缩成一个点，而其他分子的直径都扩展为 $2d$，则碰撞时 A 和 B 中心间距仍为 d．也就是说，当分子 A 趋近任一其他分子时，其中心将被排除在直径为 $2d$ 的球形区域外．实际上，只有这些球形区域面对着分子 A 的一半是 A 的中心不能进入的．这样就可以确定 b 为

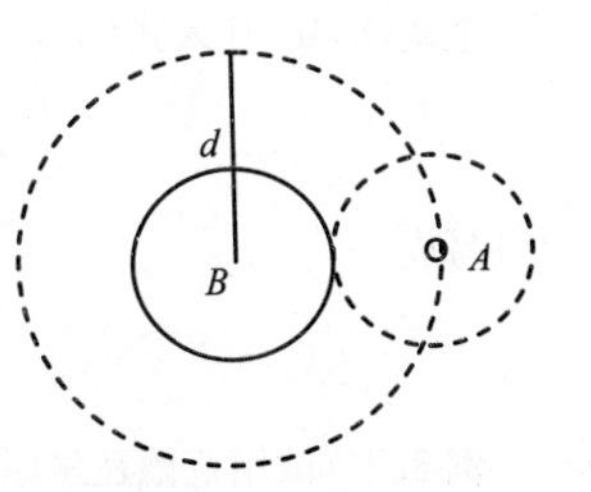

图 8.11　体积修正

$$b=(N_A-1)\times\frac{1}{2}\times\frac{4}{3}\pi d^3\approx 4\times N_A\times\frac{4}{3}\pi\left(\frac{d}{2}\right)^3 \tag{8.44}$$

上式说明 b 约为 1mol 气体内所有气体分子的体积总和的 4 倍．

8.8.2　分子间引力引起的修正

我们都知道分子间引力随分子的距离增大而急剧减小，引力有一个有效作用距离 s，当分子间距大于 s 时，引力可以忽略不计. 因此，对于气体内部的任一分子 A，只有处于以它为中心，以 s 为半径的球形作用圈内的分子才对它有引力的作用，如图 8.12 所示. 由于这些分子相对于 A 球对称分布，故它们对 A 的引力作用互相抵消. 而靠近器壁的分子 B 则不同，因为 B 的引力作用圈有一部处于器壁外，器壁外没有气体分子，B 受到的引力的合力指向气体内部，所以在靠近器壁厚度为 s 的区域内气体分子受到指向气体内部的引力作用. 因此在考虑分子间作用力情况下，器壁受到的压强就要比理想气体时的压强小一个 Δp，通常把 Δp 称为**气体的内压强**. 此时 1mol 气体状态方程修正为

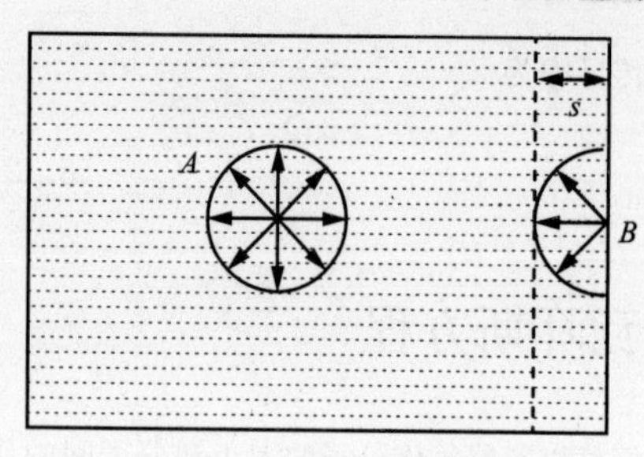

图 8.12　分子间引力引起的修正

$$p=\frac{RT}{V-b}-\Delta p \tag{8.45}$$

由气体压强的统计意义可知，压强等于气体分子在单位时间内对单位面积器壁的冲量的统计平均值. 以 Δq(以便与压强区分开)表示因分子间引力作用使得分子在垂直于器壁方向上动量减少的数值，则由冲量定理可知

$$\Delta p=\text{在单位时间内与单位面积器壁相碰的分子数}\times 2\Delta q$$

显然垂直于器壁方向上动量减少的数值 Δq 的大小与指向气体内部的分子间引力作用成正比，而分子受到的引力的大小与容器内气体分子数密度成正比，即

$$\Delta q\propto n$$

同时在单位时间内与单位面积器壁相碰的分子数也与 n 成正比，所以有

$$\Delta p\propto n^2\propto\frac{1}{V^2}$$

写成等式的形式为

$$\Delta p=\frac{a}{V^2} \tag{8.46}$$

式中 a 为比例系数，称为**引力修正常数**，由气体的性质决定，表示 1mol 某种气体在占有单位体积时，由于气体分子间引力的作用而引起的压强减小量.

把式(8.46)代入式(8.45)就得到了 1mol 气体的范德瓦尔斯方程

$$p=\frac{RT}{V-b}-\frac{a}{V^2}$$

也可写成

$$\left(p+\frac{a}{V^2}\right)(V-b)=RT \tag{8.47}$$

例 8.7　试用范德瓦尔斯方程计算温度为 0℃，摩尔体积为 0.55L·mol^{-1}的 CO_2 的压强，并将结果与用理想气体状态方程计算的结果相比较.

解　已知 $T=273\text{K}$，$V=0.55\times10^{-3}\text{m}^3\cdot\text{mol}^{-1}$，由表 8.1 可查出

$$a=0.365\text{m}^6\cdot\text{Pa}\cdot\text{mol}^{-2},\quad b=43\times10^{-6}\text{m}^3\cdot\text{mol}^{-1}$$

由范德瓦尔斯方程可得

$$p=\frac{RT}{V-b}-\frac{a}{V^2}=\frac{8.31\times273}{0.55\times10^{-3}-43\times10^{-6}}-\frac{0.365}{(0.55\times10^{-3})^2}=3.26\times10^6(\text{Pa})$$

若用理想气体状态方程计算，则

$$p=\frac{RT}{V}=\frac{8.31\times 273}{0.55\times 10^{-3}}=4.12\times 10^{6}(\mathrm{Pa})$$

表 8.1　不同气体的体积修正常数和引力修正常数

气体	$a/(\mathrm{m^6\cdot Pa\cdot mol^{-2}})$	$b/(10^{-6}\mathrm{m^3\cdot mol^{-1}})$
H_2	0.0243	27
He	0.0035	24
O_2	0.138	32
N_2	0.142	39
CO_2	0.365	43

一、真空的获得、测量和应用

真空是一种不存在任何物质的空间状态，是一种物理现象．事实上，在真空技术里，真空是相对于大气而言，当一特定空间内部的部分物质被排出，使其压力小于一个标准值，则称此空间为真空或真空状态．目前在自然环境里，只有外太空堪称最接近真空的空间．

1. 真空的获得

目前获得真空的方法主要有两种：一种是通过某些机构的运动把气体直接从密闭容器中排出；另一种是通过物理、化学等方法将气体分子吸附或冷凝在低温表面上．

人们通常把真空获得设备称为真空泵．按照工作原理，真空泵可分为两种类型——气体传输泵和气体捕集泵．气体传输泵是一种能使气体不断地吸入和排出，以达到抽气目的的真空泵；气体捕集泵是一种使气体分子被吸附或凝结在泵的内表面上，从而减小了容器内的气体分子数目而达到抽气目的的真空泵．实际应用中常用的气体传输泵有：旋片式机械真空泵、罗茨真空泵、油扩散泵和涡轮分子泵；常用的气体捕集泵有：低温吸附泵和溅射离子泵．

我们以旋片式机械真空泵为例对真空泵的工作原理做一简单说明．图 8.13 为旋片式机械真空泵工作原理示意图．旋片式机械真空泵主要由定子、转子、旋片、定盖、弹簧等零件组成．其结构是利用偏心地装在定子腔内的转子(转子的外圆与定子的内表面相切，两者之间的间隙非常小)和转子槽内滑动的借助弹簧张力和离心力紧贴在定子内壁的两块旋片，当转子旋转时，始终沿定子的内壁滑动．两个旋片把转子、定子内腔和定盖所围成的月牙形空间分隔成 A、B、C 三个部分．当转子按图示方向旋转时，与吸气口相通的空间 A 的容积不断地增大，其压强不断的降低，当 A 空间内的压强低于被抽容器内的压强

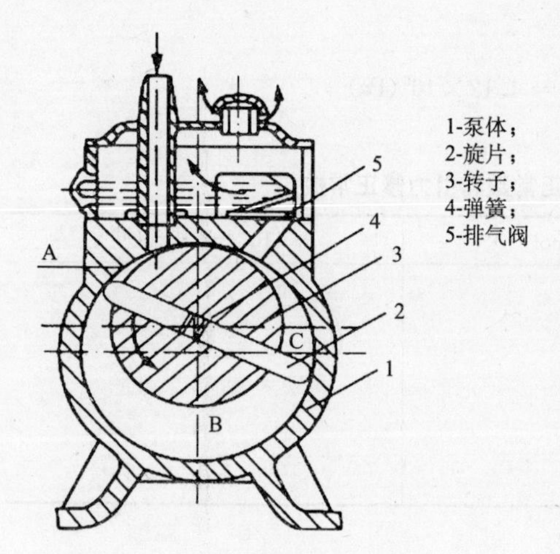

图 8.13 旋片式机械真空泵原理示意图

时，被抽容器内的气体不断地被抽进吸气腔A，此时A空间正处于吸气过程. B腔的空间正逐渐减小，压力不断地增大，此时正处于压缩过程. 而与排气口相通的空间C的容积进一步地减小，C空间的压强进一步的升高，当气体的压强大于排气压强时，被压缩的气体推开排气阀，被抽的气体不断地穿过油箱内的油层而排至大气中. 在泵的连续运转过程中，不断地进行着吸气、压缩、排气过程，从而达到连续抽气的目的.

2. 真空的测量

真空的测量就是真空度的测量，真空度是指低于大气压强的气体稀薄程度. 以压强来表示真空度是由于历史上沿用下来，压强高意味着真空度低；反之，压强低则真空度高. 大气的压强为 1.01×10^5Pa，直接测量这样大的压强是容易的，但在真空技术中，遇到的气体压强都很低，比如 10^{-1}Pa 的压力，这时作用在 1cm^2 的压力只有 10^{-5}N，这样小的压力用直接测量单位面积所承受的力是不可能的. 因此，测量真空度的方法通常是在气体中造成一定的物理现象，然后测量这个过程中与气体压强有关的某些物理量，再设法间接确定出真实的压力来.

用以探测低压空间稀薄气体压力所用的仪器称为真空计. 真空计的种类繁多，按真空计测量原理可分为直接测量真空计和间接测量真空计. 直接测量真空计直接测量单位面积上的力，有：①静态液位真空计——利用U形管两端液面差来测量压力；②弹性元件真空计——利用与真空相连的容器表面受到压力的作用而产生弹性形变来测量压力值的大小. 间接测量真空计根据低压下与气体压力有关的物理量的变化来间接测量压力的变化. 属于这类的真空计有：压缩式真空计、热传导真空计、热辐射真空计、电离真空计、放电管指示器、黏滞真空计、场致显微仪、分压力真空计等.

真空度的测量中，除极少数直接测量外，绝大多数是间接测量. 这是真空测量的特点，但这种方法也会造成某些问题. 任何具体物理现象与压力的关系，都是在某一压力范围内才最显著，超出这个范围，关系变得弱了. 因此，任何方法都有其一定的测量范围，这个范围就是真空计的"量程". 尽可能扩展每一种方法的量程，是真空科学研究的重要内容之一. 近代真空技术所涉及到的压力范围宽达19个数量级($10^{-14}\sim10^5$Pa)，没有任何一种真空计能测量如此宽的压力范围，因此总是用几种真空计分别管辖一定的区域. 但由于各种真空计在原理上的差异，在相互衔接的区域，往往要造成较大的误差，而且还会在被测空间引起一定物理现象. 有时还会出现这样的问题，即从测量的角度出发，本需要一种单纯的物理现象，但有时却不可避免地带来一系列寄生现象，这些寄生现象不但给测量带来误差，有时还会"喧宾夺主"，完全把主要现象掩盖住了. 为改善真空计性能及提高真空测量准确度，必须突出主要现象，抑制寄生现象. 表 8.2 给出一些真空计的压力测量范围.

表8.2　一些真空计的压力测量范围

真空计名称	测量范围/Pa	真空计名称	测量范围/Pa
水银U形管	$10^5\sim10$	高真空电离真空计	$10^{-1}\sim10^{-5}$
油U形管	$10^4\sim1$	高压力电离真空计	$10^2\sim10^{-4}$
光干涉油微压计	$1\sim10^{-2}$	B-A计	$10^{-1}\sim10^{-8}$
压缩式真空计(一般型)	$10^{-1}\sim10^{-3}$	宽量程电离真空计	$10\sim10^{-8}$
压缩式真空计(特殊型)	$10^{-1}\sim10^{-5}$	放射性电离真空计	$10^5\sim10^{-1}$
弹性变形真空计	$10^5\sim10^2$	冷阴极磁放电真空计	$1\sim10^{-5}$
薄膜真空计	$10^5\sim10^{-2}$	磁控管型电离真空计	$10^{-2}\sim10^{-11}$
振膜真空计	$10^5\sim10^{-2}$	热辐射真空计	$10^{-1}\sim10^{-5}$
热传导真空计(一般型)	$10^2\sim10^{-1}$	分压力真空计	$10^{-1}\sim10^{-14}$
热传导真空计(特殊型)	$10^5\sim10^{-1}$		

3. 真空的应用

真空的应用范围极广，主要分为低真空、中真空、高真空和超高真空应用. 低真空是利用低真空获得的压力差来夹持、提升和运输物料，以及吸尘和过滤，如吸尘器、真空吸盘. 中真空一般用于排除物料中吸留或溶解的气体或水分、制造灯泡、真空冶金和用作热绝缘. 如真空浓缩生产炼乳，不需要加热就能蒸发乳品中的水分. 真空冶金可以保护活性金属，使其在熔化、浇铸和烧结等过程中不致氧化，如活性难熔金属钨、钼、钽、铌、钛和锆等的真空熔炼；真空炼钢可以避免加入的一些少量元素在高温中烧掉和有害气体杂质等的渗入，可以提高钢的质量. 高真空可用于热绝缘、电绝缘和避免分子、电子、离子碰撞的场合. 高真空中分子自由程大于容器的线性尺寸，因此高真空可用于电子管、光电管、阴极射线管、X射线管、加速器、质谱仪和电子显微镜等器件中，以避免分子、电子、和离子之间的碰撞. 这个特性还可应用于真空镀膜，以供光学、电学或镀制装饰品等方面使用. 外层空间的能量传输与超高真空的能量传输相似，故超高真空可用作空间模拟. 在超高真空条件下，单分子层形成的时间长(以小时计)，这就可以在一个表面尚未被气体污染前，利用这段充分长的时间来研究其表面特性，如摩擦、黏附和发射等.

二、低温物理技术及其应用

因为随着温度的降低，物质中原子、分子的热运动会减弱，当物质温度接近绝对零度时，物质处在能量的基态或低激发态，这将导致物质的物理性质发生很大的变化. 例如：某些金属和合金的电阻消失，产生超导电现象；液体氦的黏滞性几乎消失，产生超流现象；顺磁物质可表现出铁磁性或反铁磁性；固体比热发生突变等. 低温下产生的这些物理变化，大大加深了人们对物质世界的认识. 我们通常把低温技术定义为研究温度在120K以下所发生的现象和过程或使用的技术和相关设备等. 低温技术与一般的冷冻和冷藏技术不同，它所能达到的温度更低，技术也更加复杂.

低温技术在工程领域有着重要的应用. 下面我们做一个简要介绍.

(1) 在能源研究方面的应用.

能源是人类赖以生存和发展的基础,开发受控热核聚变曾被认为是彻底解决能源危机的根本途径,因为海水中每千克含有的氢同位素氘和氚的聚变能相当于300kg汽油燃烧的能量.而聚变的实验装置中真空室在放电前要求很高的真空度,此时采用低温真空泵是最佳的选择.

天然气是当今世界的主要能源之一,当它温度降低到$-162°C$时变成液态,其体积缩小大约640倍,从而便于存储和运输.大型船舶可装运5万吨级的液化天然气.

而作为新世纪清洁能源的电能,它在传输过程中要损耗大量的能量.如果低温超导技术能得到广泛地应用,将大大地减少能量的浪费.

(2) 在航空航天技术中的应用.

低温可使得室温下的气体转换成液体,气体液化后体积缩小几百倍,因此火箭常常用液氧和液氢作为燃料.一艘宇宙飞船的推进火箭可携带液氧多达$530m^3$、液氢$1438m^3$.而且这些低温燃料还起到冷却火箭外壳的作用,使其与大气高速摩擦时不被烧坏.

广袤的太空是高真空极低温环境,在宇宙飞船上天之前必须在模拟太空环境中进行试验,这对于保证飞船的安全十分重要.太空环境的人工模拟就需要依靠低温技术,不仅需要低温技术使模拟空间到达足够低的温度,还需要低温泵来获得高真空度.

(3) 在超导电子学中的应用.

低温能降低电子器件的噪声,提高微弱信号的声噪比,比如探测地层中矿藏分布和资源的红外光谱扫描仪,防空预警系统中导弹制导系统的红外探测器等.在低温下利用约瑟夫逊效应量子器件可精确测量极微弱磁场的变化,可用来记录人的脑磁图,用来诊断某些疾病.低温超导微电子器件也可用来制造速度更快的计算机.超导电子学已成为一门前景辉煌的学科,有人预计到2020年在信息技术领域,超导应用的产值将占46%.这些都需要低温技术来保障.

习 题 8

8-1 一定质量的气体被封闭在密闭的容器内,容器体积不变,已知温度为0°C,压强为1.01×10^5Pa,现在使得温度升到67°C,问:此时气体压强多大?

8-2 自行车车轮直径为71.12cm,其内胎截面直径为3cm,在$-3°C$的天气给空胎充气.打气筒长30cm,截面直径3cm.打了20下,气充足了.问:此时车胎内压强为多少?(设大气压强为1atm,车胎内最后气体温度为7℃)

8-3 求真空度为1.0×10^{-18}atm的空气在常温下单位体积内平均有多少个分子?(常温下温度取20℃)

8-4 在90km高空,大气的压强为0.18Pa,密度为$3.2\times10^{-6}kg\cdot m^{-3}$.求:该处的温度和分子数密度.(取空气分子量为29.)

8-5 温度为27°C时,1mol氦气、氢气和氧气内能各为多少?

8-6 一容器被中间的隔板分成相等的两半,一半装有氦气,温度为250K,另一边装有氧气,温度为310K,二者压强相等.求去掉隔板后两种气体混合后的温度.

8-7 假定N个粒子的速率分布函数为

$$f(v)=\begin{cases}a & (0<v<v_0)\\ 0 & (v>v_0)\end{cases}$$

(1) 作出速率分布曲线；

(2) 由 v_0 求出常数 a；

(3) 求粒子的平均速率.

8-8　利用麦克斯韦速率分布律求速率倒数的平均值$\overline{\left(\frac{1}{v}\right)}$.

8-9　日冕的温度为 2×10^6K,求其中电子的方均根速率. 星际空间的温度为 2.7K,其中气体主要是氢原子,求那里氢原子的方均根速率.

8-10　氮气分子的有效直径为 3.8×10^{-10}m,求氮气在标准状况下的平均自由程和平均碰撞频率.

*8-11　已知空气的摩尔质量为 $0.029\text{kg}\cdot\text{mol}^{-1}$,求在温度为 300K 的等温大气中,分子数密度相差一倍的两处对应的高度差.

*8-12　实验测得标准状况下氧气的扩散系数为 $0.19\times10^{-4}\text{m}^2\cdot\text{s}^{-1}$,试求氧气分子的有效直径和平均自由程.

*8-13　试用范德瓦尔斯方程计算温度为 0℃,摩尔体积为 $0.2\text{L}\cdot\text{mol}^{-1}$ 的 O_2 的压强,并将结果与用理想气体状态方程计算的结果相比较.

第9章　热力学基础

分子物理学(也称统计物理学)是研究热现象的微观理论,热力学是研究热现象的宏观理论. 热力学是根据对热现象的直接观察和实验测量所得到的普适定律,从能量转换的角度出发,应用数学推理和逻辑推理的方法来研究热现象的宏观过程所遵循的规律. 热力学与分子物理学分别是从两个不同的角度来研究物质热运动规律的,它们彼此密切联系、相互补充,宏观方法和微观方法紧密结合,构成热物理学完整的理论体系.

本章主要讨论热力学过程所遵循的普适定律,即热力学第一定律和热力学第二定律及其应用,简要介绍热机和制冷机的工作原理.

9.1　热力学第一定律

9.1.1　准静态过程

所谓热力学过程就是热力学系统的状态变化的路径. 任何一个热力学过程都是从一定的初始状态出发,经历一系列的中间状态过渡到终态. 若系统从一个平衡态过渡到另一个平衡态,且中间过程所经历的任一中间状态都可以视为平衡态,这样的过程称为**准静态过程**(或平衡过程). 如果中间状态不能都看作平衡态,这样的过程称为**非静态过程**(或非平衡过程).

准静态过程是一种理想过程. 在任何过程的进行过程中必然要破坏原来状态从而使系统处于非平衡态,严格说系统经历一系列的中间状态不可能都是平衡态,因此严格意义上的准静态过程实际上是不存在的. 但是,如果在热力学过程中系统偏离平衡态无限小并且随即可以恢复到平衡状态,就可近似认为是准静态过程. 因此**准静态过程是一个进行的足够缓慢,以致于将系统所经历的任一中间状态都可以近似认为是平衡态的过程**.

系统的平衡态被破坏后要达到新的平衡态需要一定的时间,称为弛豫时间,用τ表示. 利用弛豫时间可以解释"过程进行的足够缓慢"的含义. 例如,对于活塞压缩气缸内气体的过程,若活塞使气体体积改变ΔV需要的时间为Δt,而气体的弛豫时间为τ. 如果$\Delta t \gg \tau$,就可以认为气体体积连续变化过程中的任一中间态近似为平衡态. 在一个不大的容器内气体的弛豫时间一般很小(约为10^{-3}s),因此转速为150rev·min^{-1}的四冲程热机,其整个压缩过程的时间约为$\Delta t \approx 0.2$s,而弛豫时间$\tau \approx 10^{-3}$s;可以认为$\Delta t \gg \tau$,所以有理由将活塞压缩气缸内的气体的过程视为准静态过程.

气体系统的准静态过程,在p-V图上可以表示为一条曲线,称为过程曲线. 这是因为系统在平衡态下,所有宏观性质保持不变,因此所有状态参量都是确定的,所以在p-V图上,每一个点都可以代表一个平衡态,因此任意一条曲线都可以表示一个准静态过程,如图9.1所示.

系统不需要外界帮助而发生的过程称为**自发过程**,系统通过自发过程只能从非平衡态过渡到平衡态，因此自发过程一定是非静态过程. 系统在外界帮助下而发生的过程称为**非自发过程**. 系统经历的过程是自发过程还是非自发过程与系统的选取有关. 例如，一个密封容器内储有温度为 0℃的空气，容器内再放置一杯温度为 100℃的开水. 对于从开水向空气传热的过程，如果以开水（或空气）作为研究的系统，则这个传热过程不是自发的；如果将开水和空气一起作为研究的系统，这个传热过程则是自发的. 所以通过变换系统的选取，可以将一个非自发过程转化为自发过程.

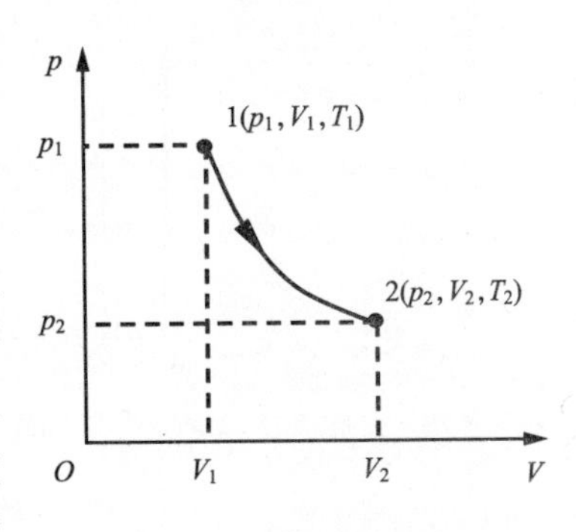

图 9.1　准静态过程曲线

思考题

思 9.1　为什么说在 p-V 图上，任意一点都可以表示一个平衡态，任意一条曲线都可以表示一个准静态过程？非平衡态和非准静态过程在 p-V 图上又如何表示？

9.1.2　功和热量

1. 功

在力学中曾经讨论了功的概念，我们知道做功是物体与物体之间传递能量的一种方式. 在热现象中，系统经历的热力学过程也可以通过做功的方式与外界交换能量. 做功一般伴随着宏观上的定向位移（对于气体系统则一定伴随着体积变化），功的数值是系统与外界之间定向运动的能量和无规则热运动能量的相互转换的量度.

在热力学中，系统与外界之间做功的方式很多，例如体积变化时压强做功、液体表面积改变时表面张力做功、电磁场中介质的电磁力做功等. 本章主要讨论气体系统，在此着重讨论气体系统在无摩擦准静态过程中对外做的功，这种情况下系统对外做的功可以用系统的状态参量来表示.

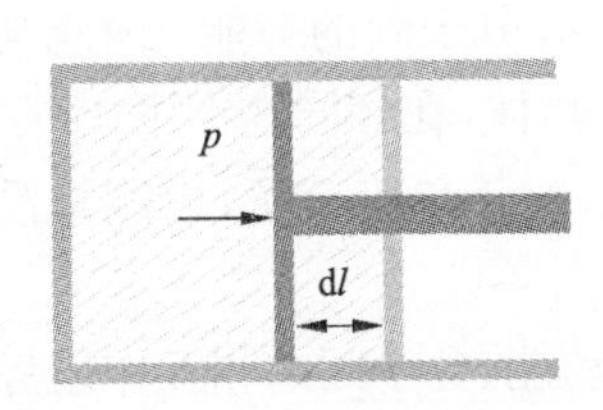

图 9.2　气体做功

如图 9.2 所示，活塞与气缸之间无摩擦，气体的体积（准静态）膨胀或压缩. 当活塞移动微小位移 $\mathrm{d}l$ 时，系统向外界所做的元功为

$$\mathrm{d}A = p \cdot S \cdot \mathrm{d}l = p\mathrm{d}V \tag{9.1}$$

系统体积由 V_1 变为 V_2，系统向外界所做的功为

$$A = \int_{V_1}^{V_2} p\mathrm{d}V \tag{9.2}$$

由式(9-2)可知，当气体的体积膨胀时，对外做正功；体积压缩时，对外做负功. 由图 9.3 可知，气体系统做功的数值等于 p-V 图上过程曲线下的面积. 显然功的数值不仅与初态和末态有关，而且还依赖于过程的路径，所以功与过程的路径有关，**功是过程量**.

2. 热量

系统和外界存在温度差时将发生热传导，这是能量传递的又一种方式. 通过热传导

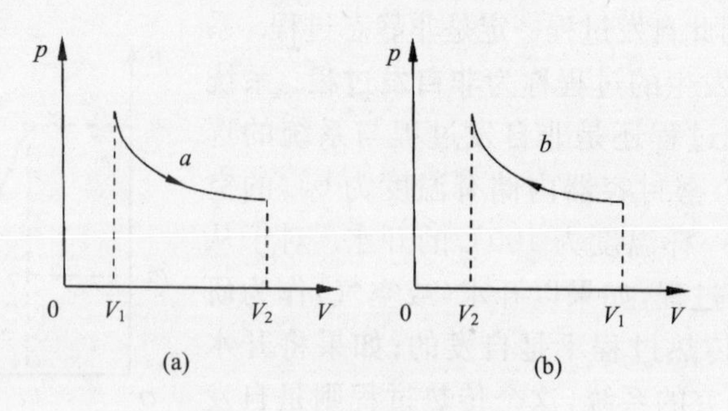

图 9.3　气体做功过程曲线

方式系统和外界之间传递的能量为**热量**. 热量伴随着温差传热过程，是系统与外界之间相互传递无规则热运动能量的量度. 热量也是一个过程量，与系统经历的过程路径有关. 热量的数值一般可由下式表示：

$$dQ = Mc\,dT = \nu C_m\,dT \tag{9.3}$$

式中，c 为比热容，M 为系统的质量，$\nu=\dfrac{M}{M_{mol}}$为摩尔数，M_{mol}为摩尔质量，C_m 为摩尔热容.

在式(9-3)中，系统从外界吸热时 dQ 为正，系统向外界放热时 dQ 为负. 应当明确系统的比热容 c 和摩尔热容 C_m 都与系统经历过程的具体路径有关，**都是过程量**. 热量的单位和能量单位相同，为焦耳(J).

思考题

思 9.2　能否说系统含有热量？能否说系统含有功？

思 9.3　如果系统吸热，其温度是否一定升高？系统放热，其温度是否一定降低？

9.1.3　内能

内能是系统内所有分子无规则热运动的动能和所有分子相互作用的势能的总和. 它包括组成系统的所有分子的平动动能、转动动能、振动能量和所有分子间的势能. 内能与物体内部分子的热运动和分子间的相互作用情况有关. 同一个物体，在相同物态下，分子热运动越剧烈，内能就越大. 内能对应于大量分子组成的系统，对于单个分子，内能是没有意义的.

从严格意义上说，内能应该定义为物体系统内所有分子的动能、分子间的相互作用势能、原子内部的电子能和核内部粒子间的相互作用能等. 前两项又可统称为分子热运动能，就是通常意义上所说的“内能”；后面两项在大多热物理过程中不变，因此在研究热现象问题中一般只需要考虑前两项. 但在涉及电子的激发、电离等物理过程中或发生化学反应时，电子的能量将大幅度变化，此时内能中必须考虑电子能的贡献. 核内部粒子间的相互作用能仅在发生核反应时才会变化，因此绝大多数情形下，都不需要考虑这一部分的能量.

关于内能还应当明确以下几点：

(1) 内能是物质系统的一种固有属性，即一切物体系统都具有内能，不依赖于外界对系统是否有影响.

(2) 内能是一种广延量(容量性质)，即内能的大小与物质的数量(物质的量或质量)成正比，系统的内能等于系统各个部分(或各个子系统)的内能总和.

(3) 内能是系统状态的单值函数，系统的内能一般可以表示为系统的某些状态参量(如温度、体积等)的某种特定的函数，函数的具体形式取决于物质系统的性质(具体地说取决于物态方程). 当系统处于某一平衡态时，系统的所有状态参量都是一定的，内能是唯一确定的；当系统从原先的平衡态过渡到另一个新的平衡态时，内能的变化量仅取决于变化前后的系统状态，而与这个变化所经历的具体过程(比如是经历一个等温过程还是等压过程)完全无关. 内能的这一性质与功、热量有着本质的区别.

根据能量均分原理，理想气体的内能可以表述为

$$E=\frac{i}{2}\nu RT \tag{9.4}$$

其中，i 为分子的自由度. 对于一定量的理想气体，在温度一定的情况下，内能具有唯一的数值，所以理想气体的内能是温度的单值函数.

思考题

思 9.4　试说明物体系统的机械能和内能的区别，并判断以下说法是否正确：

(1) 物体在某种情况下，机械能和内能均为零.

(2) 物体在任何情况下，机械能和内能均不能为零.

(3) 一切物体任何情况下都具有内能，机械能可以为零，内能不为零.

(4) 物体在任何情况下都具有机械能，内能可以为零，机械能不为零.

9.1.4　热力学第一定律

在系统和外界之间传递能量有两种方式，即传递热量和做功. 热力学第一定律就是描述系统从外界吸热或放热、系统内能的改变和系统对外做功的相互关系的规律. 通过归纳大量实验现象人们得到，对于任意的系统经历的任何过程，**系统吸收的热量等于系统的内能增量和系统对外做功之和**，即

$$Q=\Delta E+A \tag{9.5}$$

其微分形式为

$$\mathrm{d}Q=\mathrm{d}E+\mathrm{d}A$$

式(9.5)即为热力学第一定律的表达式. 其中，系统如果吸热，Q 为正；如果放热，Q 为负；系统如果对外做功，A 为正，外界如果对系统做功，A 为负.

关于热力学第一定律应明确以下几点：

(1) 热力学第一定律的实质就是能量守恒与转换定律在热现象中的具体反映，如果将式中的内能推广到所有形式的能量之和(即总能量)，热力学第一定律就是能量守恒与转换定律的表达式. 这是自然界任何系统和过程都遵循的一个普遍规律.

(2) 热力学第一定律还反映出,做功与传热是量度能量转换的两种基本形式,功和热量具有等价性.

(3) 不需要外界提供能量而能够对外做功的机器称为**第一类永动机**,由热力学第一定律可以断定这种机器是不能制造出来的. 所以**第一类永动机制不成**又可以作为热力学第一定律的另一种表述.

例 9.1　系统由状态 a 经历某一过程过渡到状态 b,在此过程中系统吸热 345J,对外做功 125J;若系统由状态 b 经历另一过程回到状态 a,外界对系统做功 80J. 求在后一过程中系统吸取的热量.

解　对 $a \to b$ 的过程,吸热 $Q_1 = 345\text{J}$,对外做功 $A_1 = 125\text{J}$. 由热力学第一定律可得

$$\Delta E = E_B - E_A = Q_1 - A_1 = 345 - 125 = 220(\text{J})$$

对 $b \to a$ 的过程,对外做功 $A_2 = -80\text{J}$. 由热力学第一定律可得

$$Q_2 = (E_A - E_B) + A_2 = -220 - 80 = -300(\text{J})$$

所以在后一过程中系统吸取的热量为-300J,即系统向外界放出 300J 的热量.

思考题

思 9.5　能量守恒和转换定律的表达式应当是什么形式? 物体系统的总能量应当怎样表示?

9.2　热力学第一定律对理想气体的应用

9.2.1　等容过程

理想气体系统经历体积保持不变的过程为等容过程. 由理想气体物态方程可得到等容过程的参量关系满足

$$\frac{p}{T} = \text{常量}$$

由 $\mathrm{d}A = p\mathrm{d}V$,因为 $\mathrm{d}V = 0$,所以等容过程对外不做功,即

$$A = 0 \tag{9.6}$$

理想气体的内能是温度的单值函数,所以内能增量

$$\Delta E = \frac{i}{2}\nu R \Delta T \tag{9.7}$$

由热力学第一定律得到系统吸取的热量

$$Q = \Delta E + A = \Delta E + 0 = \Delta E$$

即

$$Q = \frac{i}{2}\nu R \Delta T \tag{9.8}$$

根据式(9.3),可以得到理想气体的等容摩尔热容为

$$C_{V,\mathrm{m}} = \frac{i}{2}R \tag{9.9}$$

思考题

思 9.6　是否可以说没有体积变化的过程就一定不对外做功？

9.2.2　等压过程

理想气体系统经历压强保持不变的过程为等压过程. 由理想气体物态方程可得到等压过程的参量关系满足

$$\frac{V}{T}=\text{常量}$$

由 $\mathrm{d}A=p\mathrm{d}V$，等压过程对外做的功为

$$A=\int_{V_1}^{V_2}p\mathrm{d}V=p(V_2-V_1)=p\Delta V \tag{9.10}$$

内能增量为

$$\Delta E=\frac{i}{2}\nu R\Delta T=\frac{i}{2}p\Delta V \tag{9.11}$$

由热力学第一定律可得系统吸取的热量为

$$Q=\Delta E+A=\frac{i+2}{2}p\Delta V=\frac{i+2}{2}\nu R\Delta T \tag{9.12}$$

由式(9.3)可以得到摩尔定压热容

$$C_{p,\mathrm{m}}=\frac{i+2}{2}R \tag{9.13}$$

显然摩尔定压热容和摩尔定容热容的差值

$$C_{p,\mathrm{m}}-C_{V,\mathrm{m}}=R \tag{9.14}$$

式(9.14)称为迈耶(Mayer)公式.

思考题

思 9.7　为什么摩尔定压热容要大于摩尔定容热容？如何解释这个结论？

9.2.3　等温过程

理想气体系统经历温度保持不变的过程为等温过程. 由理想气体物态方程可得到等温过程的参量关系满足

$$pV=\text{常量}$$

等温过程气体对外做的功为

$$A=\int_{V_1}^{V_2}p\mathrm{d}V=\nu RT\int_{V_1}^{V_2}\frac{\mathrm{d}V}{V}=\nu RT\ln\frac{V_2}{V_1}=\nu RT\ln\frac{p_1}{p_2} \tag{9.15}$$

由于温度没有发生变化，所以系统内能增量为

$$\Delta E=0 \tag{9.16}$$

由热力学第一定律可得到系统吸收的热量为

$$Q=\Delta E+A=\nu RT\ln\frac{V_2}{V_1}=\nu RT\ln\frac{p_1}{p_2} \tag{9.17}$$

由式(9.3)可以得到系统的等温摩尔热容为

$$C_{T,\mathrm{m}}=\infty \tag{9.18}$$

在等温过程中理想气体系统可以吸收热量或放出热量,但是温度不变,所以等温过程的摩尔热容为无穷.

思考题

思 9.8 传热一定要有温度差,理想气体在等温过程中 $\mathrm{d}T=0$,为什么可以吸收热量或放出热量?

9.2.4 绝热过程

在理想气体系统经历的过程中如果系统与外界之间没有热量的传递,即 $\mathrm{d}Q=0$,这种过程称为绝热过程. 由理想气体物态方程和热力学第一定律可得到绝热过程的参量关系满足

$$pV^{\gamma}=常量 \tag{9.19}$$

$$TV^{\gamma-1}=常量 \tag{9.20}$$

$$p^{\gamma-1}T^{-\gamma}=常量 \tag{9.21}$$

其中,γ 称为绝热指数,且

$$\gamma=\frac{C_{p,\mathrm{m}}}{C_{V,\mathrm{m}}}=\frac{i+2}{i} \tag{9.22}$$

绝热过程中系统对外做功为

$$A=\frac{p_2V_2-p_1V_1}{1-\gamma}=\frac{\nu R(T_2-T_1)}{1-\gamma} \tag{9.23}$$

内能增量为

$$\Delta E=\frac{i}{2}\nu R\Delta T$$

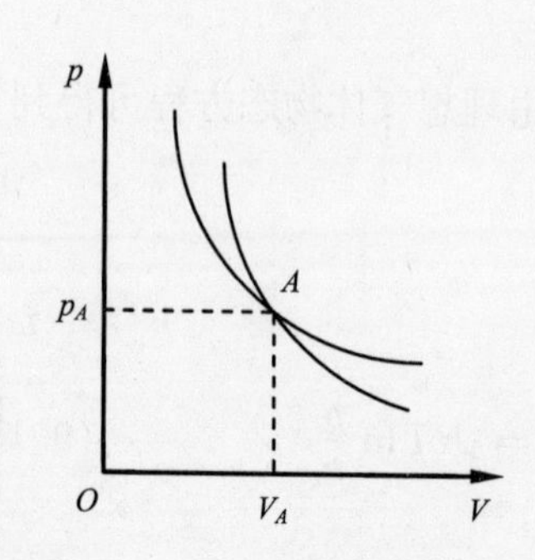

图 9.4 绝热线与等温线的比较

因为绝热过程系统吸热 $Q=0$,由式(9.3)可得到系统的绝热摩尔热容为

$$C_{S,\mathrm{m}}=0 \tag{9.24}$$

在 p-V 图上,绝热过程曲线比等温线要陡,如图 9.4所示. 根据等温过程的参量关系 $pV=C$,可得等温线在 A 点的斜率为

$$\left(\frac{\mathrm{d}p}{\mathrm{d}V}\right)_T=-\frac{p_A}{V_A}$$

根据绝热过程的参量关系 $pV^{\gamma}=C$,可得绝热线在 A 点

的斜率为

$$\left(\frac{\mathrm{d}p}{\mathrm{d}V}\right)_s = -\gamma\frac{p_A}{V_A}$$

由于$\gamma>1$，所以绝热线在A点的斜率的大小要大于等温线在A点的斜率的数值，绝热线比等温线要陡.

例 9.2　一个汽缸中装有2mol的氮气，初始温度为300K，体积为20L，如图9.5所示. 先将气体等压膨胀使其体积增大1倍，然后绝热膨胀使其温度与初始温度相同，求：

(1) 等压过程和绝热过程中气体对外做的功、内能增量和吸取的热量；

(2) 整个过程中气体对外做的功、内能增量和吸取的热量.

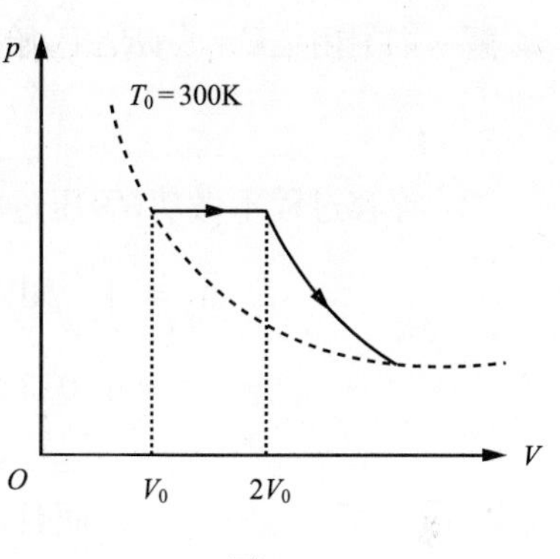

图9.5

解　(1) 对等压过程，初态$T_0=300$K，$V_0=20$L，终态$V_1=2V_0$.

等压过程对外做的功为

$$A_p = p_0(V_1-V_0) = p_0V_0 = 2RT_0 = 2\times 8.31\times 300 = 4986(\mathrm{J})$$

$$\frac{T_1}{T_0} = \frac{V_1}{V_0} = 2$$

即

$$T_1 = 2T_0 = 600\mathrm{K}$$

等压过程内能增量为

$$\Delta E_p = 5R(T_1-T_0) = 5RT_0 = 5\times 8.31\times 300 = 12465(\mathrm{J})$$

等压过程吸取的热量为

$$Q_p = \Delta E_p + A_p = 12465 + 4986 = 17451(\mathrm{J})$$

(2) 对绝热过程，初态$T_1=600$K，终态$T_2=T_0=300$K.

绝热过程吸热量为$Q_s=0$，所以绝热过程内能增量为

$$\Delta E_s = 5R(T_0-T_1) = -5RT_0 = -5\times 8.31\times 300 = -12465(\mathrm{J})$$

由热力学第一定律

$$Q_s = \Delta E_s + A_s = 0$$

所以绝热过程对外做的功为

$$A_s = -\Delta E_s = 12465\mathrm{J}$$

对整个过程

$$\Delta E = \Delta E_s + \Delta E_p = 0$$

$$A = A_s + A_p = 17451\ \mathrm{J}$$

$$Q = Q_s + Q_p = 17451\ \mathrm{J}$$

例 9.3 1mol 理想氢气盛于气缸中,设气缸活塞与缸壁间无摩擦. 开始时压强为 $p_1=1\text{atm}$,体积为 $V_1=10^{-2}\text{m}^3$,将气体在等压下加热,使体积增大 1 倍;然后等容加热,压强增大 1 倍;最后绝热膨胀,温度降为起始温度. 求:

(1) 内能的增量;

(2) 气体对外做功.

解 (1) 由 $\Delta E=\frac{i}{2}\nu R\Delta T$,始末态温度相同,所以系统内能增量

$$\Delta E = 0$$

(2) 等容过程不做功,等压过程做功为

$$A_p = \int_{V_1}^{V_2} p\mathrm{d}V = p_1(V_2 - V_1) = p_1(2V_1 - V_1)$$

$$= 1.013\times10^5\times10^{-2} = 1.013\times10^3(\text{J})$$

如图 9.6 所示,对绝热过程,初态压强为 p_2,体积为 V_2;而且 $V_2=2V_1$,$p_2=2p_1$,所以 $p_2V_2=4p_1V_1$;因为末态与初态温度相同,所以 $pV=\nu RT=\nu RT_1=p_1V_1$;对于氢气

$$i = 5,\quad \gamma = \frac{7}{5}$$

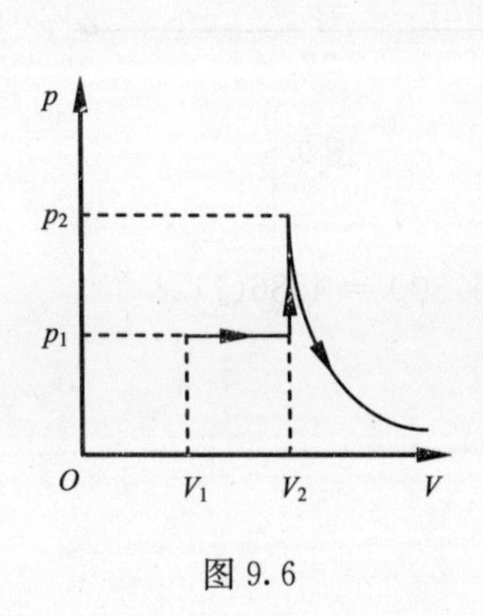

图 9.6

由式(9.23)可得绝热过程对外做功为

$$A_s = \frac{pV - p_2V_2}{1-\gamma} = \frac{p_1V_1 - 4p_1V_1}{1-\frac{7}{5}} = \frac{15}{2}p_1V_1$$

$$= \frac{15}{2}\times1.01\times10^5\times10^{-2} \approx 7.597\times10^3(\text{J})$$

所以整个过程气体对外做功

$$A = A_p + A_s \approx 8.61\times10^3\text{J}$$

思考题

思 9.9 理想气体向真空绝热膨胀后,温度和压强怎样变化?

思 9.10 如何区分 p-V 图上的等温线和绝热线.

*9.2.5 多方过程

如果理想气体经历的过程状态参量满足

$$pV^n = \text{恒量} \tag{9.25}$$

则称这样的过程为多方过程. 其中 n 是常数,称为多方指数. 如果该过程的摩尔热容为 C_m,则多方指数为

$$n = \frac{C_\mathrm{m} - C_{p,\mathrm{m}}}{C_\mathrm{m} - C_{V,\mathrm{m}}} \tag{9.26}$$

系统在多方过程中对外做功为

$$A=\frac{p_2V_2-p_1V_1}{1-n} \tag{9.27}$$

系统在多方过程中吸取的热量为

$$Q=\frac{n-\gamma}{n-1}\left(\frac{i}{2}R\right)\Delta T=\frac{n-\gamma}{n-1}C_{V,\mathrm{m}}\Delta T \tag{9.28}$$

由式(9.3)可得到系统多方过程的摩尔热容为

$$C_{\mathrm{m}}=\frac{n-\gamma}{n-1}C_{V,\mathrm{m}}=\frac{n-\gamma}{n-1}\frac{i}{2}R \tag{9.29}$$

由式(9.29)可知，理想气体多方过程的摩尔热容为常量，因此也可以说**比热容和摩尔热容保持不变的过程为多方过程**.

如果 $n=0$，$p=$常量，$C_{\mathrm{m}}=\gamma C_{V,\mathrm{m}}=C_{p,\mathrm{m}}$，则为等压过程；如果 $n=1$，$pV=$常量，$C_{\mathrm{m}}\to\infty$，则为等温过程；如果 $n=\gamma$，$pV^{\gamma}=$常量，$C_{\mathrm{m}}=0$，则为绝热过程；如果 $n\to\infty$，$V=$常量，$C_{\mathrm{m}}=C_{V,\mathrm{m}}$，则为等容过程. 所以前面讨论的各种过程实质上都是多方过程. 多方过程在热工学中有重要实际意义，在气象学和天体物理学中也有一定的实用价值.

思考题

思 9.11　为什么说气体系统的比热有无穷多个？什么情况下气体的比热为零？什么情况下气体的比热为无穷大？什么情况下气体的比热为正？什么情况下气体的比热为负？

9.3　循环过程　热机

9.3.1　循环过程

历史上，热力学理论最初是在研究热机工作过程的基础上发展起来的. 在热机中被用来吸收热量并对外做功的物质叫工作物质，简称为工质. 热机中的工质往往经历着循环过程，即经历一系列变化又回到初始状态，初态与末态一致. 准静态循环过程在 p-V 图上可表示为一条闭合曲线(图 9.7). 循环过程对外做功必然有正有负，净功的数值等于 p-V 图循环过程闭合曲线所包围的面积.

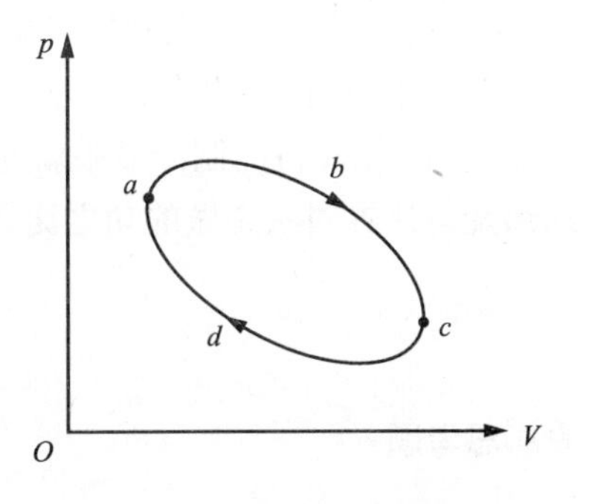

图 9.7　循环过程曲线

因为初态和末态完全相同，而内能是状态的单值函数，所以整个循环过程内能改变量 $\Delta E=0$. 但是在过程进行当中，一般情况下 $\mathrm{d}E\neq0$. 整个循环过程有吸热，也有放热，若吸取的热量为 Q_1，放出的热量为 Q_2，根据热力学第一定律，则得到净功

$$A=Q_1-Q_2 \tag{9.30}$$

思考题

思 9.12　循环过程对外做的净功能否为负值？在什么情况下循环过程的净功为

负值?

9.3.2 热机效率和制冷系数

1. 热机效率

若循环曲线为顺时针循环,又称正循环. 则循环过程中做的净功 $A>0, Q_1>Q_2$. 这意味着在循环过程中系统吸热转化为对外做功,所以顺时针循环代表热机循环. 图 9.8(a)就是热机的工作原理图.

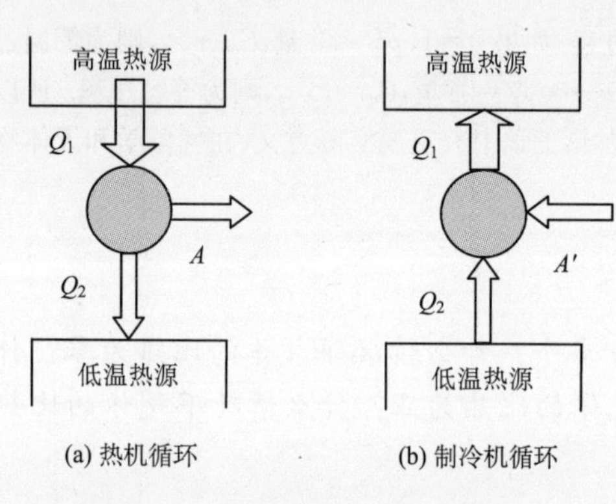

图 9.8 热机和制冷机原理图

对于热机,如果在每个循环过程中对外做功越多,而且耗能(从高温热源吸取的热量)越少,热机的性能就越好. 因此热机效率定义为:**在每一次循环过程中,热机对外做功与系统从高温热源吸取的热量之比,即**

$$\eta=\frac{A}{Q_1}=1-\frac{Q_2}{Q_1} \tag{9.31}$$

日常生活中用的汽油机和柴油机都是热机. 它们靠吸收燃料燃烧放出的热量来保证机器对外做功. 在一次循环中,燃料燃烧放出的热转化为对外做的功越多,热机效率越高,机器性能越好. 例如汽车发动机的效率约为 20%,柴油机的效率在 35%~40%.

2. 制冷系数

若循环曲线为逆时针循环,称为逆循环或负循环. 则循环过程中做的净功 $A<0$,外界对系统做功 $A'=-A, Q_2<Q_1$. 意味着在循环过程中外界对系统做功,并发生热量的迁移,所以逆时针循环代表制冷机循环. 图 9.8(b)是制冷机的工作原理图.

对于制冷机,如果在每一次循环中,从低温热源吸取的热量 Q_2 越大,外界对系统做功 A'越小,制冷机的制冷效果就越好. 因此制冷机的制冷系数定义为:**从低温热源吸取的热量与外界对系统做的功之比,即**

$$e=\frac{Q_2}{A'}=\frac{Q_2}{Q_1-Q_2} \tag{9.32}$$

思考题

思 9.13 热机效率与制冷系数有什么关系? 在什么情况下可由热机效率推算制冷系数?

9.3.3 卡诺循环

1824 年,法国工程师卡诺(N. L. S. Carnot)提出了一种理想的循环过程,称为卡诺循环. 卡诺循环是由两个等温过程和两个绝热过程构成的,在 p-V 图上可以用两条等温线与两条绝热线构成卡诺循环曲线(图9.9).

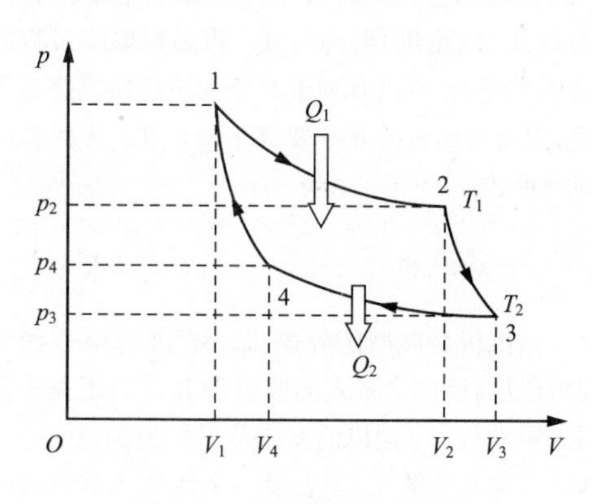

图9.9　卡诺循环过程曲线

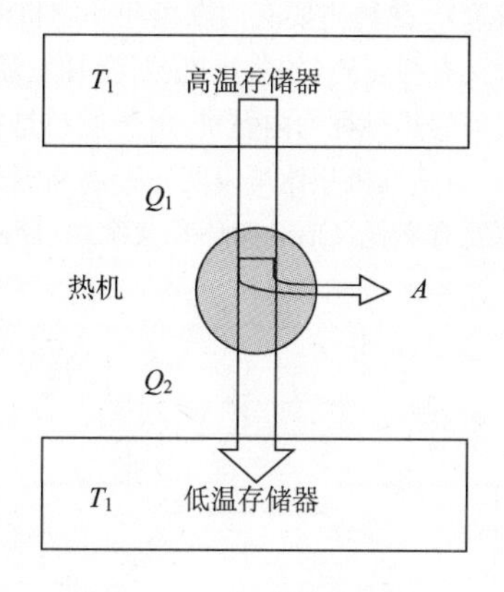

图9.10　卡诺热机原理

卡诺循环可以认为是工作在两个恒温热源之间的准静态过程,其高温热源的温度为T_1,低温热源的温度为T_2. 假设工作物质只与两个恒温热源交换热量,没有散热、漏气、摩擦等损耗. 作卡诺循环的热机叫做卡诺热机,其工作原理如图9.10所示.

在卡诺循环过程中,系统经历等温过程从高温热源吸取的热量为

$$Q_1 = \nu R T_1 \ln \frac{V_2}{V_1}$$

经历等温过程向低温热源释放的热量为

$$Q_2 = \nu R T_2 \ln \frac{V_3}{V_4}$$

又因为在两个绝热过程中参量满足

$$T_1 V_2^{\gamma-1} = T_2 V_3^{\gamma-1}$$

$$T_1 V_1^{\gamma-1} = T_2 V_4^{\gamma-1}$$

$$\frac{V_2}{V_1} = \frac{V_3}{V_4}$$

所以**卡诺循环的效率**为

$$\eta = 1 - \frac{Q_2}{Q_1} = 1 - \frac{T_2}{T_1} \tag{9.33}$$

如果在外界的帮助下,使卡诺循环过程逆向进行,将从低温热源吸热,向高温热源放热,即成为卡诺**制冷机**,其**制冷系数**为

$$e = \frac{Q_2}{A} = \frac{Q_2}{Q_1 - Q_2} = \frac{T_2}{T_1 - T_2} \tag{9.34}$$

*9.3.4　热机

热机在人类生活中发挥着极其重要的作用,现代化的交通运输工具都靠它提供动力. 热机是利用热能来做功的机器. 热机至少应包括以下三个部分:①工作物质(一般为气体);②至少有一个高温热源

和一个低温热源,能够从高温热源吸热,向低温热源放热;③对外做功装置(如汽缸、活塞、飞轮、曲柄连杆等装置). 热机主要有内燃机和外燃机两种形式. 燃料燃烧过程放置到气缸外部的热机称为外燃机,外燃机又有往复式(如蒸汽机、斯特林发动机等)和旋转式(汽轮机)两种形式. 将燃料燃烧过程放置到气缸内部的热机称为内燃机,由于燃料是在工作物质内燃烧的,所以有利于充分利用燃料燃烧过程释放的热量,与蒸汽机相比可以明显提高高温热源的温度,因而内燃机的效率要高于蒸汽机. 内燃机的循环过程主要有奥托(Otto)循环和狄塞尔(Diesel)循环两种形式.

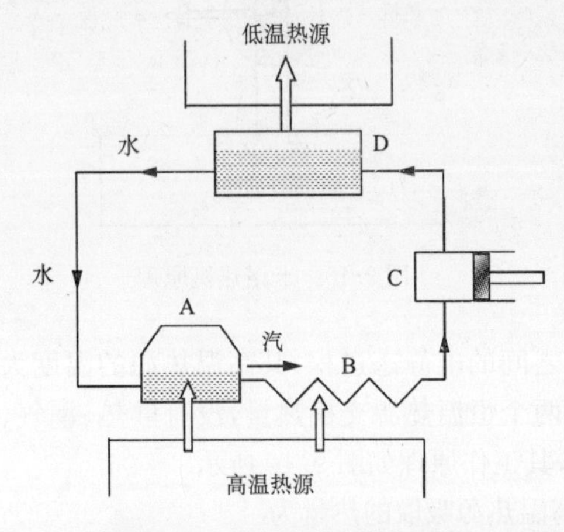

图 9.11　活塞式蒸汽机流程图

1. 蒸汽机

蒸汽机是典型的外燃机. 18 世纪第一台蒸汽机问世以后,经过许多人的改进使其成为工业中普遍使用的原动机. 下面以活塞式蒸汽机为例说明一般热机的工作原理. 图 9.11 表示一个活塞式蒸汽机的简单流程图. 由高温热源加热锅炉 A 中的水,产生水蒸气. 水蒸气进入过热器 B 中继续加热形成干蒸汽(高温高压气体). 高温高压气体进入气缸 C 中,然后绝热膨胀推动活塞对外做功. 蒸汽降压后从气缸出来进入冷却器 D,向低温热源(图中所示为通有冷却水的盘管)放热,蒸汽放热后冷凝为水. 冷凝水进入锅炉重新加热,如此周而复始构成循环.

卡诺循环是对蒸汽机的工作过程的简化,是理想的蒸汽机循环. 因为蒸汽机的燃料和工作物质是分离的,这样不利于有效地利用燃料燃烧过程释放的热量,因此蒸汽机的热机效率一般不高(<10%).

2. 火花点火式四冲程内燃机

德国工程师奥托在 1876 年设计了使用气体燃料的火花点火式四冲程内燃机,所使用的工作物质是空气和汽油蒸汽,这种内燃机通常称为汽油机. 图 9.12 表示了汽油机的简单结构,主要包括气缸、活塞、曲轴连杆系统、进气阀、排气阀和火花塞. 图 9.11 中(a)~(f)分别表示在汽油机一个循环中的进气、压缩、点火、膨胀、排气和扫气过程.

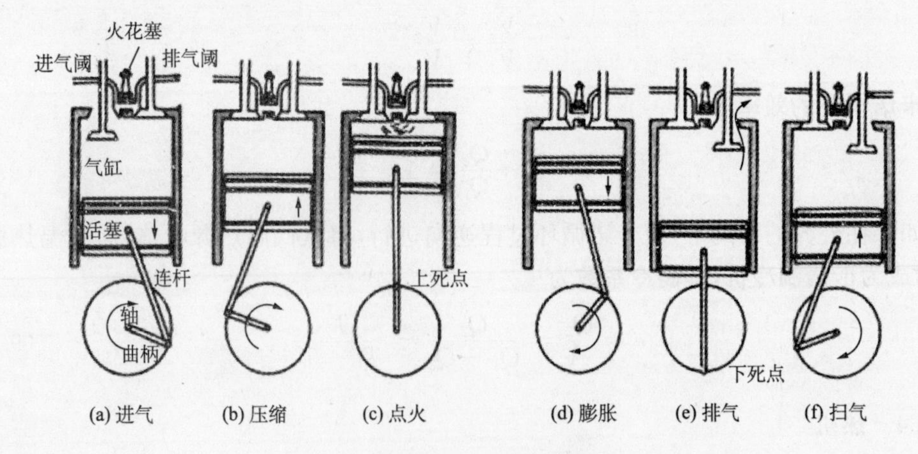

图 9.12　汽油机工作原理

对这类汽油机的循环过程进行简化就成为奥托循环，在 p-V 图上表示出的奥托循环过程如图 9.13 所示.

对奥托循环过程可以分述如下：

(a) **0→1 为吸气过程**. 由于旋转中飞轮的惯性，活塞从气缸的上死点向下运动时进气阀同时打开，从汽化器(又称化油器，是汽油机中可以使燃料与空气混合为可燃气体的部件)吸入燃料混合气体，直到活塞运动到气缸的下死点为止.

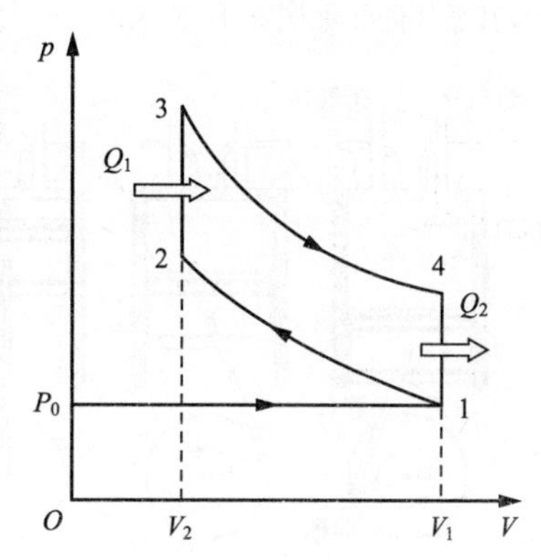

图 9.13　奥托循环

(b) **1→2 为绝热压缩过程**. 活塞达到下死点由于惯性继续运动压缩混合气体，由于活塞运动速度很快，可以认为是一个绝热压缩过程. 当活塞即将到上死点时，混合气体温度可以上升至燃点.

(c) **2→3 为定容吸热过程**. 火花塞放出火花点燃气体，因为在上死点附近活塞速度很小，而燃烧过程十分迅速，可认为是定容吸热. 在此过程中气体的温度和压强同时增加.

(d) **3→4 为绝热膨胀过程**. 燃烧生成的高压气体推动已过上死点的活塞运动对外做功，同样由于活塞速度很快，可以看成绝热膨胀过程. 气体的温度和压强同时降低，直到下死点为止.

(e) **4→1 为定容放热过程**. 活塞到达下死点，排气阀打开，部分气体逸出，气体在定容下降低压强同时放出热量.

(f) **1→0 为扫气过程**. 由于飞轮的惯性，活塞通过下死点后继续运动将残余气体排出气缸，同时吸入新的气体进入下一个循环.

在 p-V 图上奥托循环可以简化为由两条等容线与两条绝热线构成的，将混合气体(工作物质)视为理想气体，奥托循环的效率计算如下.

因为等容吸热(2→3)和等容放热(4→1)，所以有

$$Q_1 = \frac{M}{M_{\mathrm{mol}}}C_{V,\mathrm{m}}(T_3 - T_2)$$

$$Q_2 = \frac{M}{M_{\mathrm{mol}}}C_{V,\mathrm{m}}(T_4 - T_1)$$

$$\eta = 1 - \frac{Q_2}{Q_1} = 1 - \frac{T_4 - T_1}{T_3 - T_2}$$

又因为 1→2 和 3→4 为绝热过程，因此

$$T_1 V_1^{\gamma-1} = T_2 V_2^{\gamma-1}$$

$$T_4 V_1^{\gamma-1} = T_3 V_2^{\gamma-1}$$

所以

$$\frac{T_4 - T_1}{T_3 - T_2} = \left(\frac{V_2}{V_1}\right)^{\gamma-1}$$

$$\eta = 1 - \left(\frac{V_1}{V_2}\right)^{1-\gamma} = 1 - (k)^{1-\gamma} \tag{9.35}$$

其中，$k=\frac{V_1}{V_2}$ 称为绝热容积压缩比，显然 k 增加，则 η 增加.

3. 压缩点火式四冲程内燃机

1892 年，德国工程师狄塞尔受面粉厂粉尘爆炸的启发，设想将吸入气缸的空气高度压缩，使其温度

超过燃料的自燃温度,再将燃料吹入气缸使之着火燃烧. 根据这种设想,设计了压缩点火式内燃机,于1897年研制成功,为内燃机的发展开拓了新途径. 这种内燃机大多用柴油为燃料,故通常称为柴油机. 这种内燃机的简化循环过程称为狄塞尔循环,也称为定压加热循环. 图 9.14 表示了柴油机的循环过程,其循环曲线如图 9.15 所示.

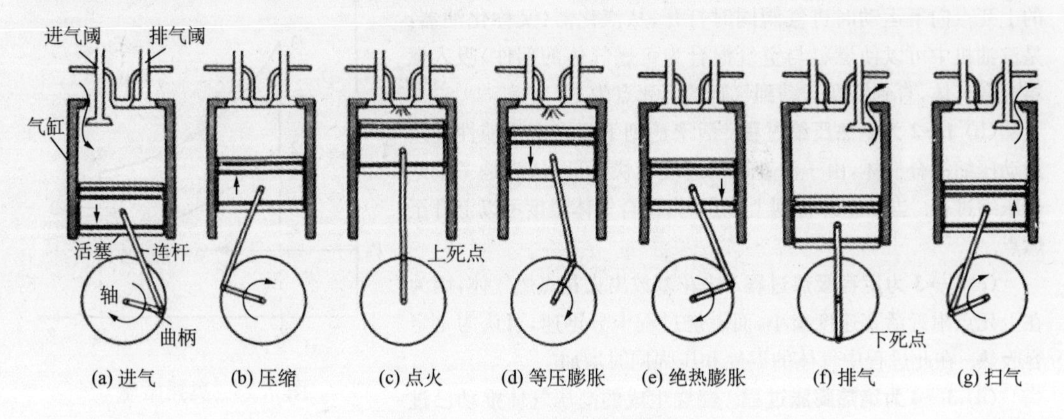

图 9.14　柴油机工作原理图

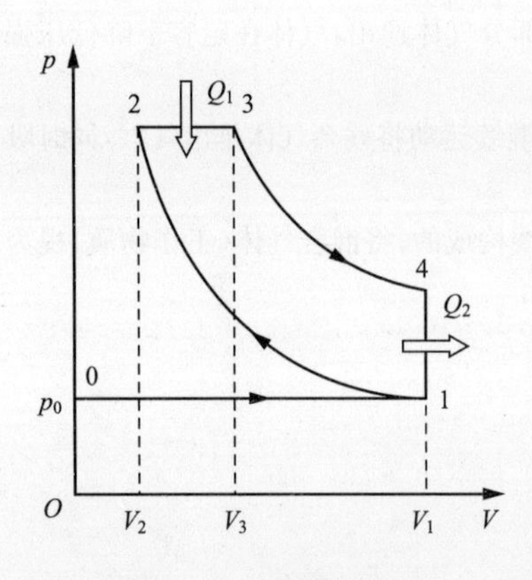

图 9.15　狄塞尔循环

对狄塞尔循环过程可以叙述如下:

(a) **0→1 为吸气过程**. 活塞从气缸的上死点移至下死点的过程中,吸气阀打开,吸入大气中的空气.

(b) **1→2 为绝热压缩过程**. 活塞运动压缩空气,由于活塞运动速度很快,可认为是绝热压缩过程.

(c) **喷油点火**. 在绝热压缩过程终了时,空气的温度可以超过燃料的燃点,这时利用高压油泵将柴油通过喷油嘴喷入汽缸中,燃油与高温空气混合后燃烧.

(d) **2→3 为定压膨胀过程**. 这时活塞已经过了上死点向下运动,气体在气缸中一边燃烧,一边推动活塞对外做功. 这个过程近似认为是等压过程,在此过程中气体温度将不断升高.

(e) **3→4 为绝热膨胀过程**. 当燃料燃烧完以后,气体的温度不可能再升高,气缸中的气体继续推动活塞作绝热膨胀,直到活塞移动倒下死点为止. 在此过程中,气体的温度和压强都将降低.

(f) **4→1 为定容放热过程**. 活塞到达下死点,排气阀打开,部分气体逸出,气体在定容下降低压强,同时放出热量.

(g) **1→0 为扫气过程**. 由于飞轮的惯性,活塞通过下死点运动将残余气体排出气缸,同时吸入新的气体进入下一个循环.

在 p-V 图上狄塞尔循环可以简化为由一条等容线、一条等压线与两条绝热线构成的. 将工作物质视为理想气体,在定压吸热过程吸取的热量为

$$Q_1 = \frac{M}{\mu} C_{p,\mathrm{m}} (T_3 - T_2)$$

在定容放热过程中放出的热量为

$$Q_2 = \frac{M}{\mu} C_{V,\mathrm{m}} (T_4 - T_1)$$

$$\eta = 1 - \frac{Q_2}{Q_1} = 1 - \frac{1}{\gamma}\frac{(T_4 - T_1)}{(T_3 - T_2)}$$

式中，$\gamma = \frac{C_{p,m}}{C_{V,m}}$为绝热指数. 因为 1→2 为绝热过程，所以

$$T_1 V_1^{\gamma-1} = T_2 V_2^{\gamma-1}$$

$$T_2 = (\frac{V_1}{V_2})^{\gamma-1} \cdot T_1 = (k)^{\gamma-1} \cdot T_1$$

其中，$k = \frac{V_1}{V_2}$为绝热容积压缩比. 因为 2→3 为等压过程，所以

$$T_3 = (\frac{V_3}{V_2}) T_2 = \rho T_2$$

其中，$\rho = \frac{V_3}{V_2}$为定压容积压缩比. 因为 3→4 也是绝热过程，所以

$$T_4 = (\frac{V_3}{V_4})^{\gamma-1} T_3 = (\frac{V_3}{V_1})^{\gamma-1}(\frac{V_3}{V_2}) T_2 = (\frac{V_3}{V_1})^{\gamma-1}(\frac{V_3}{V_2})(\frac{V_1}{V_2})^{\gamma-1} T_1 = (\frac{V_3}{V_2})^{\gamma} T_1 = \rho^{\gamma} T_1$$

于是得到

$$T_4 - T_1 = (\rho^{\gamma} - 1) T_1$$

$$T_3 - T_2 = (\rho - 1) k^{\gamma-1} T_1$$

$$\eta = 1 - \frac{1}{\gamma}\frac{(T_4 - T_1)}{(T_3 - T_2)} = 1 - \frac{1}{\gamma}\frac{(\rho^{\gamma} - 1)}{(\rho - 1) k^{\gamma-1}} \tag{9.36}$$

内燃机的性能主要包括动力性能和经济性能. 动力性能表示内燃机在能量转换中量的大小，标志动力性能的参数有扭矩和功率等. 经济性能是指发出一定功率时燃料消耗的多少，表示能量转换中质的优劣，标志经济性能的参数有热机效率和燃料消耗率. 内燃机未来的发展将着重于改进燃烧过程，提高机械效率，减少散热损失，降低燃料消耗率，开发和利用非石油制品燃料，扩大燃料资源，减少排气中有害成分，降低噪声和振动，减轻对环境的污染.

虽然在一般情况下，外燃机的效率要远低于内燃机的效率，但是外燃机也有其特有的优点. 由于外燃机可以避免内燃机传统的震爆做功问题，从而实现高效率、低噪音、低污染和低运行成本. 另外，外燃机可以燃烧各种可燃气体，如天然气、沼气、石油气、氢气、煤气等气体燃料，也可燃烧汽油、煤油、柴油、液化石油等液体燃料，还可以燃烧木材、煤炭等固体燃料. 因此，外燃机在实际工程中也有其不可或缺的地位和作用.

9.4　热力学第二定律

9.4.1　可逆过程与不可逆过程

对于某个热力学过程，如果存在另外一个过程能重复该过程的每一中间状态从其末态回复到初态，而且不引起其他变化(对外界影响完全消除)，这样的热力学过程称为**可逆过程**. 反之，在不引起其他变化的条件下，不能使逆过程重复原过程的每一中间状态从其末态回复到初态；或者虽然能重复该过程的每一中间状态从其末态回复到初态，但必然会引起其他变化(对外界影响不能完全消除). 这样的过程是**不可逆过程**.

某一单摆，如果不受到空气阻力和其他摩擦力的作用，它从左端最大位移处经平衡位置到右端，再从右端经平衡位置回到左端初始位置处，而周围一切都没发生变化，因此这一过程是可逆过程. 由此可见，单纯的、无机械能耗散的机械运动过程是可逆过程.

只有无耗散的准静态过程才是可逆过程. 因为在无耗散的准静态过程中,过程的每一中间状态都是平衡态,我们就可以控制条件,使系统的状态按照和原过程完全相反的顺序进行,经过原过程的所有中间状态回到初始状态,并能消除所有外界的影响. 所以**无耗散和准静态**是可逆过程的两个重要特征,这就要求热力学过程进行地足够缓慢而且没有任何摩擦.

实际上绝对的无耗散准静态过程是不存在的,因此严格说一切实际过程都是不可逆的,可逆过程只是一种理想情况.

实验发现,通过摩擦做功可以把功全部转化为热量,而热量却不能在不引起其他变化的条件下全部转化为功,所以热功转换过程是一个不可逆过程. 又如高温物体能自动的把热量传递给低温物体,而它的逆过程,即要把热量由低温物体传递给高温物体就非要由外界对它做功不可,所以热传导过程也是一个不可逆过程. 在自然界中不可逆过程很多,如固体的液化和升华、气体的扩散、水的汽化、生物的生长等都是不可逆过程.

思考题

思 9.14 可逆过程的特征是什么? 实现可逆过程都有哪些方法?

9.4.2 热力学第二定律

1. 开尔文表述

开尔文(Kelin)将热力学第二定律表述为:**不可能通过循环过程持续地将热量全部转换为功而不产生其他影响.**

如果在循环过程中,吸取的热量全部转化为对外做的功,即 $A=Q_1$,$Q_2=0$,其效率必然为 100%. 通常将效率大于 100%的机器叫做第一类永动机,将效率等于 100%的机器叫做第二类永动机. 因此热力学第二定律又可以叙述为:**第二类永动机(η-100%)是制不成的.**

通过摩擦做功可以把功全部转化为热量,而热量却不能在不引起其他变化的条件下全部转化为功. 开尔文表述实际上反映了热功转换的不可逆性质.

2. 克劳修斯表述

克劳修斯(Clausius)将热力学第二定律表述为:**不可能自动地将热量由低温物体传递到高温物体而不产生其他影响.**

克劳修斯表述是说**热量不能自发地从低温物体传递到高温物体**. 如果有外界影响,热量可以由低温物体传递到高温物体,但是外界的影响是不能消除的. 例如,制冷机的制冷过程,必须通过外界做功才能实现热量由低温热源传递到高温热源. 所以说克劳修斯表述实质上反映了热传导的不可逆性质.

*3. 两种表述的等价性

热力学第二定律的两种表述,表面上似乎是各自独立的,实质上是等价的. 我们可以证明,如果一种表述不成立，则另一种表述也不成立．也就是说，可以由一种表述推论出另一种表述．

（1）由开尔文表述推论克劳修斯表述（图 9.16）．

采用反证法来证明．设开尔文表述不成立，即存在一个热机工作在高温热源和低温热源之间，从高温热源吸收的热量全部转换为功，即 $A=Q$．令这个热机开动一个制冷机，从低温热源吸收的热量为 Q_2，放给高温热源的热量为 $Q_1=A+Q_2=Q+Q_2$．当热机和制冷机复原后，低温热源失去热量 Q_2，高温热源失去的热量为 Q，而得到的热量却为 $Q+Q_2$．所以在上述过程中相当于自动将热量 Q_2 由低温热源传到高温热源，即违背了克劳修斯表述．

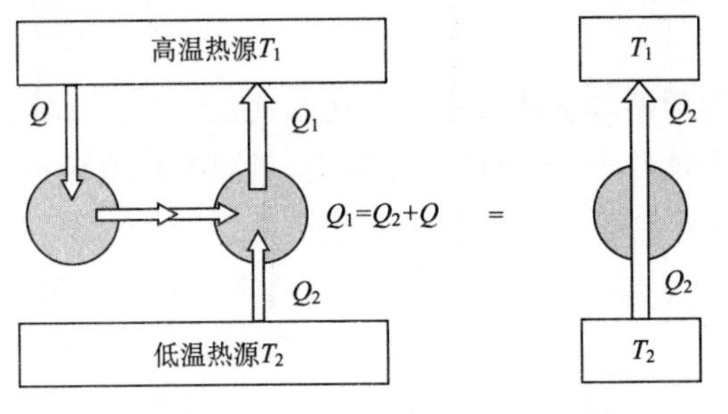

(a) 违反开氏表述的机器+制冷机　　(b) 违反克氏表述的机器

图 9.16　由开尔文表述推论克劳修斯表述

（2）由克劳修斯表述推论开尔文表述（图 9.17）．

设克劳修斯表述不成立，即存在一种机制可以自动地将热量 Q_2 由低温热源传到高温热源．令一个热机工作在这两个热源之间，从高温热源吸收的热量 Q_1，放给低温热源的热量 Q_2，对外做功为 A．当热机循环结束后，低温热源失去热量为 Q_2，而得到的也是热量 Q_2，所以对低温热源的影响被消除．高温热源得到热量 Q_2，失去热量 Q_1．联合效果相当于从高温热源吸收 $Q=Q_1-Q_2$ 的热量全部转换为功，即违背了开尔文表述．

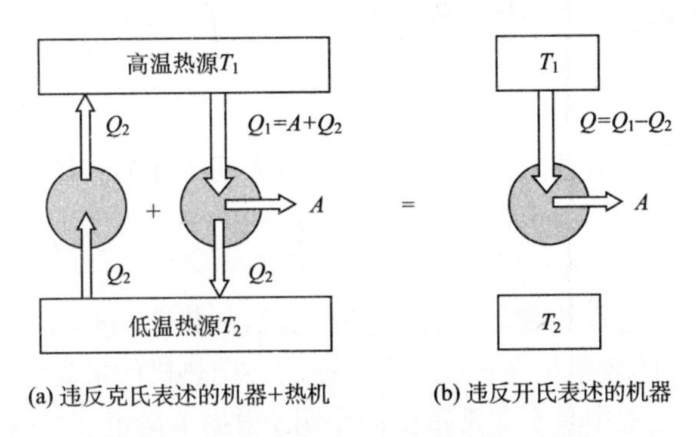

(a) 违反克氏表述的机器+热机　　(b) 违反开氏表述的机器

图 9.17　由克劳修斯表述推论开尔文表述

因为由开尔文表述可以推论克劳修斯表述，也可以由克劳修斯表述推论开尔文表述，所以两种表述是等价的．

9.4.3　热力学第二定律的意义

热力学第二定律的两种表述是等价的，这表明各种不可逆过程是有关联的，由一种过程的不可逆性质可推论另一种过程的不可逆性质，即由一种过程的进行方向可推论另一种过程的进行方向. 因此所有不可逆过程存在共性，这就是过程行进的方向性. 因为一切自发过程都是不可逆过程，所以由热力学第二定律可以推论任何自发过程的行进方向. 又因为一个热力学过程是自发过程还是非自发过程与系统的选取有关，变换系统的选取可以将一个非自发过程转化为自发过程. 所以由热力学第二定律也可以推论非自发过程的行进方向. 因此，**热力学第二定律是判定热力学过程进行方向的一个基本规律.**

思考题

思 9.15　为什么热力学第二定律有多种表述？这反映了什么样的物理内涵？

思 9.16　在等温膨胀过程中，系统的内能不变，所以系统吸收的热量全部转化为功. 能否依据此例做出判断热力学第二定律是错误的？

9.4.4　卡诺定理

1. 卡诺定理

如果一个热机经历的循环过程都是可逆过程，则称为可逆热机，否则称为不可逆热机. 在 1824 年，为了研究提高热机效率的方法，卡诺提出了**卡诺定理**. 具体内容是：

(1) 在相同的高温热源和相同的低温热源之间工作的一切可逆热机，其效率都相等，与工作物质无关.

(2) 在相同的高温热源和相同的低温热源之间工作的一切不可逆热机，其效率都不大于可逆热机的效率.

因为卡诺循环是工作在两个恒温热源之间，其高温热源的温度为 T_1，低温热源的温度为 T_2，而且可逆卡诺循环的热机的效率为

$$\eta = 1 - \frac{T_2}{T_1}$$

所以卡诺定理又可以表述为：**在两个恒温热源之间工作的一切热机的效率都满足**

$$\eta \leqslant 1 - \frac{T_2}{T_1} \tag{9.37}$$

式(9.37)可以视为卡诺定理的数学表述. 也就是说，如果高温热源和低温热源的温度确定之后，可逆卡诺循环的效率是在它们之间工作的一切热机的最高效率界限.

卡诺定理在热力工程中具有非常重要的作用. 根据卡诺定理可以得到估算热机效率的方法. 如果在热机工作过程中，工作物质的最高温度为 T_{max}，最低温度为 T_{min}，则必有 $\eta \leqslant 1 - \frac{T_{min}}{T_{max}}$. 根据卡诺定理又可以得到提高热机效率的途径. 提高热机效率的方法是：降低低温热源的温度、提高高温热源的温度、减小摩擦使过程尽可能达到可逆.

工作在两个恒温热源之间可逆热机的效率只与两个热源的温度有关，如果高温热源的温度 T_1 愈高，低温热源的温度 T_2 愈低，则卡诺循环的效率愈高. 因为不能获得 $T_1 \to \infty$ 的高温热源或 $T_2 = 0\text{K}(-273℃)$ 的低温热源，所以卡诺循环的效率必定小于 1. 因此

要提高热机的效率，应努力提高高温热源的温度或降低低温热源的温度. 由于低温热源通常是周围环境，降低环境的温度难度大、成本高，是不足取的办法. 现代热电厂尽量提高水蒸气的温度，使用过热蒸汽推动汽轮机正是基于这个道理. 几乎所有的热机设备中都有润滑系统，其目的就是减小摩擦，使过程尽可能的接近可逆过程.

*2. 卡诺定理的证明

根据热力学第二定律，可以对卡诺定理进行证明.

(1) 证明工作在相同的两个热源之间的一切可逆热机效率都相等.

设两个可逆热机 e 和 e'，工作在两个相同的高温热源和低温热源之间，效率分别为 $\eta_{可逆}$ 和 $\eta'_{可逆}$. 采用反证法，先假设 $\eta_{可逆}>\eta'_{可逆}$，调节工作时间使得两个热机在每次循环中对外做的功相等，即 $A=A'$，则 $Q_1<Q_1'$，$Q_2<Q_2'$. 如图 9.18 示，令热机 e 作正循环开动热机 e' 作逆循环. 联合作用的效果是低温热源将热量 $Q(Q=Q_1'-Q_1=Q_2'-Q_2)$ 自动传给高温热源，违背热力学第二定律的克劳修斯表述，因此 $\eta_{可逆}>\eta'_{可逆}$ 不可能.

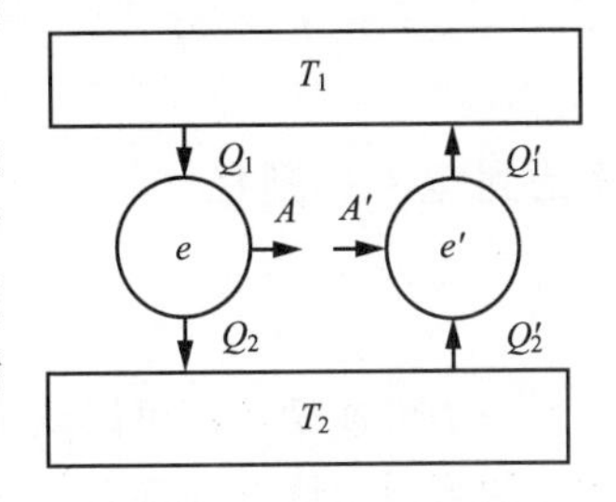

图 9.18　卡诺定理的证明

再设 $\eta_{可逆}<\eta'_{可逆}$，调节工作时间使得 $A=A'$，则 $Q_1>Q_1'$，$Q_2>Q_2'$. 令热机 e' 作正循环驱动热机 e 作逆循环. 联合作用的效果是低温热源自动将热量传给高温热源，这也违背克热力学第二定律的劳修斯表述，因此 $\eta_{可逆}<\eta'_{可逆}$ 也不可能. 所以只有

$$\eta_{可逆}=\eta'_{可逆}$$

(2) 证明工作在相同的两个热源之间的一切不可逆热机效率都不大于可逆热机效率.

设可逆热机 e 和不可逆热机 e'，工作在相同的两个高温热源和低温热源之间，效率分别为 $\eta_{可逆}$ 和 $\eta'_{不可逆}$. 仍然采用反证法，设 $\eta'_{不可逆}>\eta_{可逆}$，调节工作时间使得两个热机在每次循环中对外做的功相等，即 $A=A'$；则 $Q_1<Q_1'$，$Q_2<Q_2'$. 令不可逆热机 e' 作正循环而可逆热机 e 作逆循环. 联合作用的效果是低温热源自动将热量 $Q(Q=Q_1'-Q_1=Q_2'-Q_2)$ 传给高温热源，这也违背热力学第二定律的克劳修斯表述，因此 $\eta'_{不可逆}>\eta_{可逆}$ 不可能. 所以有

$$\eta'_{不可逆}\leqslant\eta_{可逆}$$

例 9.4　一个热机工作在 $T_1=500\text{K}$ 和 $T_2=300\text{K}$ 两个恒温热源之间，如果每次循环对外做的净功为 $A=3\times10^3\text{J}$. 求可能放给低温热源的最小热量.

解　根据卡诺定理

$$\eta=\frac{A}{Q_1}\leqslant1-\frac{T_2}{T_1}=1-\frac{300}{500}=0.4$$

得

$$Q_1\geqslant\frac{A}{\eta}=\frac{3\times10^3}{0.4}=7.5\times10^3(\text{J})$$

$$Q_2=Q_1-A\geqslant7.5\times10^3-3\times10^3=4.5\times10^3(\text{J})$$

所以可能放给低温热源的最小热量为 $4.5\times10^3\text{J}$.

思考题

思 9.17　提高热机效率都有哪些方法？在什么情况下 $\eta=1-\dfrac{T_2}{T_1}$？

9.5 熵增加原理

9.5.1 克劳修斯关系式

1. 克劳修斯等式

根据卡诺定理,一个可逆卡诺循环的效率应当满足

$$\eta = 1 - \frac{Q_2}{Q_1} = 1 - \frac{T_2}{T_1}$$

考虑到 $Q_2 < 0$,则有

$$\frac{Q_1}{T_1} + \frac{Q_2}{T_2} = 0$$

一个可逆循环都可以认为由若干个微小的卡诺循环组成的,如图 9.19 所示. 对每个微小的可逆卡诺循环都有

$$\frac{Q_{i1}}{T_{i1}} + \frac{Q_{i2}}{T_{i2}} = 0$$

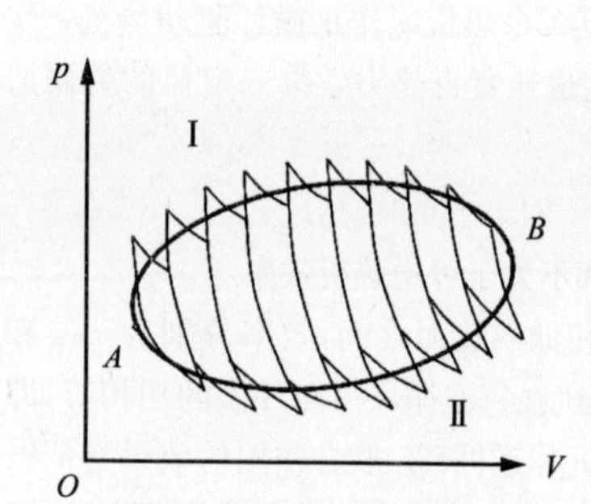

图 9.19　循环过程分割为一系列卡诺循环的组成

所以任意一个可逆循环有

$$\sum_i \frac{Q_i}{T_i} = 0$$

式中,T_i 是第 i 个恒温热源的温度,Q_i 是从该热源吸收的热量. 当一个可逆循环划分为无限多个无限小的卡诺循环时,则有

$$\oint \frac{dQ}{T} = 0 \tag{9.38}$$

式(9.38)称为克劳修斯等式.

2. 克劳修斯不等式

根据卡诺定理,对于不可逆卡诺循环

$$\eta = 1 - \frac{Q_2}{Q_1} \leqslant 1 - \frac{T_2}{T_1}$$

考虑到 $Q_2 < 0$,则有

$$\frac{Q_1}{T_1} + \frac{Q_2}{T_2} \leqslant 0$$

将一个不可逆循环划分为无限多个无限小的卡诺循环,则有

$$\oint \frac{dQ}{T} \leqslant 0 \tag{9.39}$$

式(9.39)称为克劳修斯不等式.

思考题

思 9.18　为什么说任意循环过程都可以看成有许多个卡诺循环构成的?

9.5.2　熵

如图 9.20 所示,设一个可逆循环由 A 点经历过程Ⅰ到 B 点,再经历可逆过程Ⅱ回到 A 点.

由

$$\oint\frac{\mathrm{d}Q}{T}=\int_A^B\left(\frac{\mathrm{d}Q}{T}\right)_{\mathrm{I}}+\int_B^A\left(\frac{\mathrm{d}Q}{T}\right)_{\mathrm{II}}=0$$

得

$$\int_A^B\left(\frac{\mathrm{d}Q}{T}\right)_{\mathrm{I}}=-\int_B^A\left(\frac{\mathrm{d}Q}{T}\right)_{\mathrm{II}}=\int_A^B\left(\frac{\mathrm{d}Q}{T}\right)_{\mathrm{II}'}$$

路径Ⅰ和路径Ⅱ(路径Ⅱ′是路径Ⅱ的逆过程)都是任意的所以

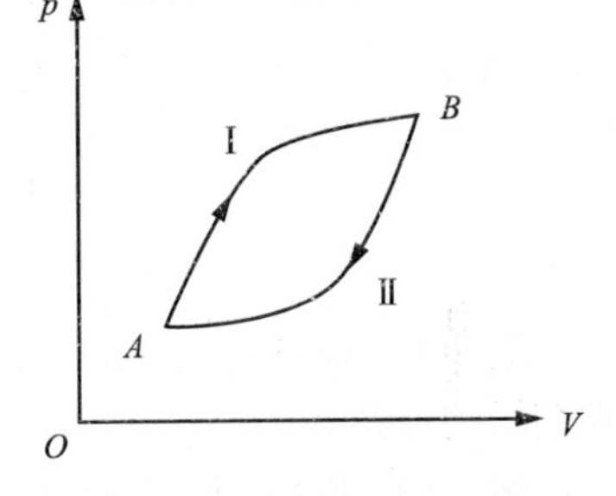

图 9.20　熵函数

$$\int_a^b\left(\frac{\mathrm{d}Q}{T}\right)_{\mathrm{I}}=\int_a^b\left(\frac{\mathrm{d}Q}{T}\right)_{\mathrm{II}}=\int_a^b\left(\frac{\mathrm{d}Q}{T}\right)_{\mathrm{III}}=\cdots$$

由此可知,热力学系统从一个确定的初始状态出发,经历任意可逆过程变化到确定的终态,热温比(热量与温度之比)的积分只取决于系统的初、终状态而与路径无关. 由此可以推断热力学系统存在一个状态函数 S,使得 $\Delta S=S_b-S_a$ 与路径无关. 这个状态函数 S 称为熵,因此熵函数定义为

$$\mathrm{d}S=\left(\frac{\mathrm{d}Q}{T}\right)_{\text{可逆}}\tag{9.40}$$

$$\Delta S=S_b-S_a=\int_a^b\left(\frac{\mathrm{d}Q}{T}\right)_{\text{可逆}}\tag{9.41}$$

据此可知,熵具有如下性质:

(1) 熵是状态的单值函数,$\Delta S=S_b-S_a$ 取决于始末状态而与路径无关.

(2) 熵是广延量,系统的熵等于各个子系统熵的总和,即 $S=\sum\limits_i S_i$.

思考题

思 9.19　由式(9.40)或式(9.41)只是定义了熵的增量,如何确定熵的绝对值?

例 9.5　1mol 双原子理想气体分别经历可逆的等温膨胀、等压膨胀和绝热膨胀过程,使其体积增大一倍. 求各个过程中熵的增量.

解　(1) 可逆等温膨胀过程

$$\mathrm{d}Q=RT\,\frac{\mathrm{d}V}{V}$$

$$\mathrm{d}S=\frac{\mathrm{d}Q}{T}=R\,\frac{\mathrm{d}V}{V}$$

$$\Delta S = R\int_{V_0}^{2V_0} \frac{dV}{V} = R\ln 2$$

(2) 可逆等压膨胀过程

$$dQ = C_{p,m}dT$$

$$dS = \frac{dQ}{T} = C_{p,m}\frac{dT}{T}$$

$$\Delta S = C_{p,m}\int_{T_1}^{T_2}\frac{dT}{T} = C_{p,m}\ln\frac{T_2}{T_1} = C_{p,m}\ln 2$$

(3) 可逆绝热膨胀过程

$$dQ = 0$$

$$dS = \frac{dQ}{T} = 0$$

$$\Delta S = 0$$

例 9.6 设理想气体的 $C_{p,m}$ 和 $C_{V,m}$ 都是常量,分别以 (T,V)、(T,p) 和 (p,V) 为变量,求熵增的表达式.

解 (1) 以 (T,V) 为变量.

$$dQ = dE + dA = \nu C_{V,m}dT + p dV$$

$$dS = \frac{dQ}{T} = \nu C_{V,m}\frac{dT}{T} + \frac{p}{T}dV$$

由

$$pV = \nu RT$$

得

$$dS = \nu C_{V,m}\frac{dT}{T} + \nu R\frac{dV}{V}$$

积分得

$$S - S_0 = \nu\left(C_{V,m}\ln\frac{T}{T_0} + R\ln\frac{V}{V_0}\right) \tag{9.42}$$

(2) 以 (T,p) 为变量.

$$dS = \nu C_{V,m}\frac{dT}{T} + \frac{p}{T}dV$$

由

$$pV = \nu RT,\quad p dV + V dp = \nu R dT$$

得

$$dS = \nu(C_{V,m} + R)\frac{dT}{T} - \nu R\frac{dp}{p}$$

积分得

$$S - S_0 = \nu\left(C_{p,m}\ln\frac{T}{T_0} - R\ln\frac{p}{p_0}\right) \tag{9.43}$$

(3) 以(p,V)为变量.

由

$$pV = \nu RT, \quad p\mathrm{d}V + V\mathrm{d}p = \nu R\mathrm{d}T$$

得

$$\frac{\mathrm{d}T}{T} = \frac{p\mathrm{d}V + V\mathrm{d}p}{pV} = \frac{\mathrm{d}V}{V} + \frac{\mathrm{d}p}{p}$$

$$\mathrm{d}S = \nu C_{V,\mathrm{m}}\frac{\mathrm{d}T}{T} + \frac{p}{T}\mathrm{d}V = \nu C_{V,\mathrm{m}}\frac{\mathrm{d}T}{T} + \nu R\frac{\mathrm{d}V}{V}$$

所以有

$$\mathrm{d}S = \nu C_{V,\mathrm{m}}\left(\frac{\mathrm{d}V}{V} + \frac{\mathrm{d}p}{p}\right) + \nu R\frac{\mathrm{d}V}{V} = \nu\left(C_{p,\mathrm{m}}\frac{\mathrm{d}V}{V} + C_{V,\mathrm{m}}\frac{\mathrm{d}p}{p}\right)$$

积分得

$$S - S_0 = \nu\left(C_{p,\mathrm{m}}\ln\frac{V}{V_0} + C_{V,\mathrm{m}}\ln\frac{p}{p_0}\right) \tag{9.44}$$

例 9.7　一个容器被一个隔板分为相等的两部分,左边盛有 1mol 的氧气处于标准状态,右边为真空,将隔板抽开,让气体进行自由膨胀. 求气体熵的增量.

解　因为孤立系统 $Q=0, A=0$,所以 $\Delta E=0, \Delta T=0$.

因为初、末状态的温度相同,可设计一个可逆等温膨胀过程,由 $V_0 \to 2V_0$,则有

$$\mathrm{d}Q = RT\frac{\mathrm{d}V}{V}, \quad \mathrm{d}S = \frac{\mathrm{d}Q}{T} = R\frac{\mathrm{d}V}{V}$$

$$\Delta S = R\int_{V_0}^{2V_0}\frac{\mathrm{d}V}{V} = R\ln 2$$

又因为 $\Delta T=0, T=T_0, V=2V_0$,由式(9.42)可得

$$\Delta S = S - S_0 = C_{V,\mathrm{m}}\ln\frac{T}{T_0} + R\ln\frac{V}{V_0} = R\ln 2$$

例 9.8　1kg 的冰在标准状态下溶解为水,冰的溶解热为 $l=335\mathrm{J\cdot g^{-1}}$. 求冰溶解过程的熵增量.

解　由于初末状态的温度相同,可设冰的溶解过程是一个足够缓慢地等温过程,则

$$Q = ml$$

因为冰在标准状态下溶解过程中,温度是不变的,所以

$$\Delta S = \frac{Q}{T} = \frac{ml}{T_0} = \frac{335\times 10^3}{273} = 1.227\times 10^3\mathrm{J\cdot K^{-1}}$$

9.5.3　熵增加原理

如图 9.21 所示,系统由状态 a 经历一个不可逆过程 Ⅰ 到达状态 b,再经历一个可逆过程 Ⅱ 回到状态 a.

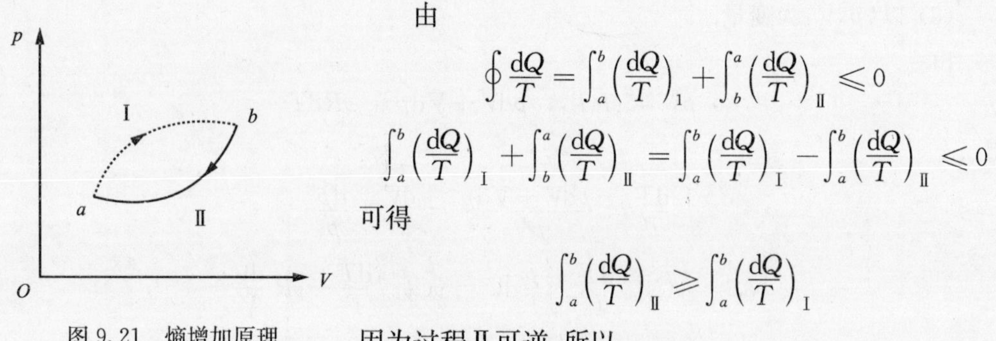

图 9.21　熵增加原理

由

$$\oint \frac{dQ}{T}=\int_a^b\left(\frac{dQ}{T}\right)_{\mathrm{I}}+\int_b^a\left(\frac{dQ}{T}\right)_{\mathrm{II}}\leqslant 0$$

$$\int_a^b\left(\frac{dQ}{T}\right)_{\mathrm{I}}+\int_b^a\left(\frac{dQ}{T}\right)_{\mathrm{II}}=\int_a^b\left(\frac{dQ}{T}\right)_{\mathrm{I}}-\int_a^b\left(\frac{dQ}{T}\right)_{\mathrm{II}}\leqslant 0$$

可得

$$\int_a^b\left(\frac{dQ}{T}\right)_{\mathrm{II}}\geqslant\int_a^b\left(\frac{dQ}{T}\right)_{\mathrm{I}}$$

因为过程Ⅱ可逆，所以

$$\Delta S=S_b-S_a=\int_a^b\left(\frac{dQ}{T}\right)_{\mathrm{II}}\geqslant\int_a^b\left(\frac{dQ}{T}\right)_{\mathrm{I}}$$

由此可知，对一切热力学过程都有

$$\Delta S=S_b-S_a\geqslant\int_a^b\frac{dQ}{T}$$

$$dS\geqslant\frac{dQ}{T}$$

对于孤立系统，系统与外界没有热量的交换 $dQ=0$，所以对于孤立系统总有

$$dS\geqslant 0 \tag{9.45}$$

式(9.45)表明孤立系统的熵永远不会减少，也就是说孤立系统发生的一切热力学过程都沿着熵增加的方向进行，这就是熵增加原理.

根据熵增加原理，可以得出以下结论：

(1) 因为孤立系统发生的过程都是自发过程，所以一切自发过程都沿着熵增加的方向进行.

(2) 因为自发过程只能由非平衡态过渡到平衡态，所以系统处于平衡态时熵最大.

(3) 因为可逆绝热过程 $dS=\frac{dQ}{T}=0$，所以可逆绝热过程的熵不变，为等熵过程.

思考题

思 9.20　对任意一个绝热过程热量都是零，绝热过程的熵增是否一定为零?

*9.5.4　热力学第二定律的数学表述

1. 热力学第二定律的数学表述

熵增加原理，只是适用于孤立系统或绝热过程，对于一般热力学过程，则有

$$\Delta S=S_b-S_a\geqslant\int_a^b\frac{dQ}{T} \tag{9.46}$$

$$dS\geqslant\frac{dQ}{T} \tag{9.47}$$

式(9.46)或式(9.47)称为热力学第二定律的数学表述.

2. 热力学基本方程

由热力学第一定律，$dQ=dE+dA$；由热力学第二定律，$TdS\geqslant dQ$；所以有

$$TdS \geqslant dE + dA \tag{9.48}$$

对于气体系统，在准静态过程中对外做功为 $dA=pdV$. 所以有

$$TdS \geqslant dE + pdV \tag{9.49}$$

式(9.48)或式(9.49)称为热力学基本方程，它实际上是热力学第一定律和热力学第二定律的联合表述.

*9.6　热力学第二定律的统计意义

9.6.1　热力学概率

1. 宏观态与微观态

热力学系统的宏观态是指宏观上可以辨识的状态，对于不同的宏观态一般具有不同的状态参量；系统的微观态是指微观上可能出现的状态，在不同的微观态下，大量分子的运动或分布形式一般不同. 为了说明宏观态和微观态的区别，我们讨论下面一个简单的例子.

设有四个全同粒子(编号分别为 1、2、3、4)，放在一个容器内. 将容器分为相等的两个部分，不考虑粒子的运动速度情况，对粒子的位置只考虑两种可能，即分子处于左侧或处于右侧. 这样可以假设每个粒子只可能有两个微观状态(称为双态粒子). 那么四个粒子在容器左右两边分布情况如图 9.22 所示，显然共有 16 个可能的微观状态. 由于是全同粒子，我们只能辨识到 5 种宏观状态. 如果每个宏观态对应的左侧和右侧的粒子分布为(N_1,N_2)，则有(4,0)、(3,1)、(2,2)、(1,3)、(4,0)五个宏观态. 它们对应的微观态的数目分别为 1、4、6、4、1，显然各个宏观态对应的微观态数目一般不同. 在这五个宏观态中，

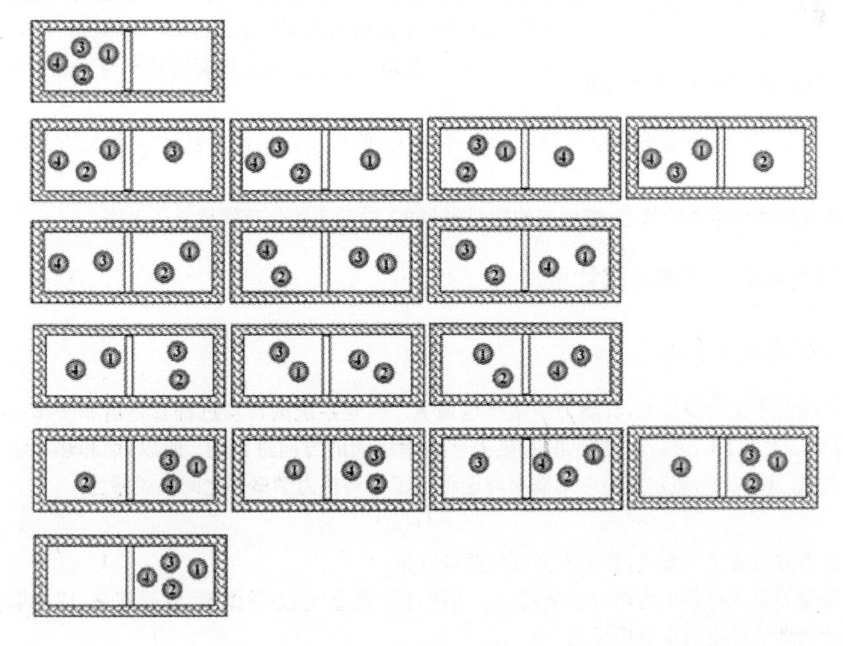

图 9.22　宏观态和微观态

均匀分布(2,2)的状态可以视为平衡态,而其他的状态均可看成非平衡态.

若考察 N 个双态粒子的分布情况,根据排列组合的知识可以知道,宏观态(N_1,N_2)所对应的微观态数目应当为

$$\frac{N!}{N_1!N_2!}$$

表 9.1　1000 个双态分子系统的四个特殊宏观态和对应的热力学概率

宏观态	热力学概率
1000 左;0 右	$1000!/1000!0!=1$
900 左;100 右	$1000!/(900!100!)=6.4\times10^{139}$
700 左;300 右	$1000!/(700!300!)=5.4\times10^{263}$
500 左;500 右	$1000!/(500!500!)=2.7\times10^{299}$

如果 $N=1000$,可以计算出几个特殊宏观态对应的微观态的数目如表 9.1 所示. 其中前三个状态都为非平衡态,最后一个宏观态为平衡态. 由此可以看出,平衡态对应的微观态的数目远远大于各个非平衡态. 图 9.23 给出了双态粒子分布的关系曲线,曲线是非常尖锐的. 粒子数目越大(如 $N=10^{23}$),曲线将更加尖锐,这说明热力学系统的平衡态涵盖了绝大多数的微观状态.

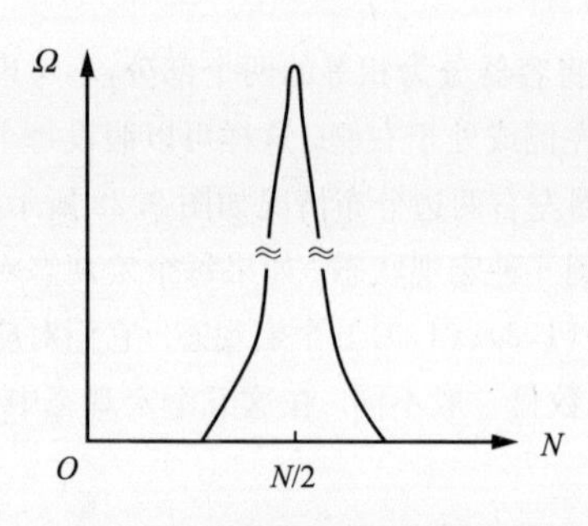

图 9.23　双态粒子热力学概率分布

2. 热力学概率

对于热力学系统,由于分子运动的完全无规则特性,所以如果没有外界的影响,系统的每一个微观态出现的概率都相等,这称为**等概率原理**. 因此某个宏观态所对应的微观态的数目越大,这个宏观态出现的概率也越大. 所以我们将热力学系统某个宏观态所对应的微观态的数目称为热力学概率,用 Ω 表示. 通过对上述简单例子的分析不难得到以下结论:

(1) 热力学系统某个宏观态出现的概率与其热力学概率成正比,即 $P\propto\Omega$;

(2) 热力学系统在平衡态对应的热力学概率最大,偏离平衡态越远的宏观态对应的热力学概率越小;

(3) 热力学概率越大的状态,微观态的数目就越多,微观态的分布就越复杂无序.

9.6.2　热力学第二定律的统计意义

1. 玻尔兹曼关系式

孤立系统的平衡态熵最大,其热力学概率也最大. 孤立系统的自发过程总是由非平衡态过渡到平衡态,是沿熵增大的方向进行的,也是沿着热力学概率增大的方向进行的. 所以,熵和热力学概率存在着必然的关系. 1887 年,玻尔兹曼应用概率理论得到了熵与热力学概率之间的关系为

$$S=k\ln\Omega \tag{9.50}$$

式(9.50)称为玻尔兹曼关系式;其中 k 为玻尔兹曼常量.

玻尔兹曼关系式将系统的热力学函数(熵)与统计学概念(热力学概率)联系起来,成为联系热力学理论与统计物理学理论的重要桥梁之一.

玻尔兹曼关系式给出了熵函数和热力学概率之间的关系,这说明熵具有统计意义. 因为熵函数越

大的状态，热力学概率也越大，这个状态出现的概率也就越大，因此可以说，**熵是系统宏观状态出现概率的量度**，这就是熵的统计意义．又因为熵函数越大的状态，热力学概率也越大，对应的微观态数目越多，系统各种微观态的分布就越复杂，系统也就处在越混乱无序的状态，由此又可以说，熵是系统宏观状态无序程度（或混乱程度）的量度，这可以理解为熵的物理意义．

与玻尔兹曼关系式对应的熵函数又称为统计熵，其重要意义还在于它使熵函数不仅仅适用于热力学系统，还可以拓延应用到任意的随机系统．1948 年香农（Shanon）提出了信息熵的概念，将熵的概念和原理推广应用到信息科学、社会科学、生命科学、宇宙科学等各个领域．现在，在工业、农业、商业、军事等各个行业，熵的概念实际上已经广泛化了，并且已经进入了方法论和哲学范畴，对于科学的发展、社会的进步都起到十分巨大的作用．

2. 热力学第二定律的统计意义

熵增加原理指出，一切自发过程都沿着熵增大的方向进行．根据熵与热力学概率的关系可以推论，**孤立系统内发生的一切过程都是由概率小的状态向概率大状态进行的**，这就是熵增加原理的统计意义，也是热力学第二定律的统计意义．因为熵是系统宏观状态无序程度的量度，一切自发过程都沿着熵增大的方向进行；由此又可以说，**一切自发过程总是沿着无序性增加的方向进行的**，这就是热力学第二定律的微观意义．

热力学第二定律具有统计意义表明它是一个统计规律，只适用于大量分子构成的热力学系统，而熵增加原理也只适用于大量随机事件构成的系统．

一、熵 与 信 息

1. 信息

所谓信息，就是被传递或交流的一组语言、文字、图像、符号等所包含的内容．信息所涉及的范围非常广泛，包含着所有的知识、方法、经验和人们感官所感觉到的一切内容．信息与物质、能量一样，在人类社会中具有重要的作用，是人类赖于生存和发展的重要因素．

信息以相互联系为前提，没有联系就无所谓信息．任何事物都可以作为信息源，事物的状态和特征都可以作为信息．信息可以脱离信息源单独存在和传播，但是必须依附于一定的载体，并且要和接收者及其目的相联系．

信息必须以物质作为载体，信息的产生、转换、传输、处理、存储、检测和识别等都离不开物质，也必然要消耗一定的能量，而能量与物质的控制和应用又需要信息，所以说物质、能量和信息三者密切相关，不可分割，而又有本质不同．信息也是物质的一种普遍属性．信息具有多种多样的载体，人类通过语言、书信、图像等传递信息，而生物体内部的通过电化学反应，经过神经系统来传递的．信息与载体、与载有信息的物理现象是不相同的．

在信息的使用过程中，信息不但不会消耗掉，而且还可以复制、散布和传播．所以信息不像能量和物质那样越用越少．例如图书，它可供千万人阅读从而起到不可估量的作用,而信息本身却依然存在,并无损失. 但是,在信息的传输过程中,由于不可避免的干扰或译码错误,往往会造成信息的损失. 最为理想的传输过程是保真,即是将信息保持一成不变的传输下去. 因此要研究信息在传输过程中的损耗程度和保真方法,就需要确定信息量的度量方法和影响因素.

2. 信息熵

1948 年,贝尔实验室的电气工程师香农(C. E. Shannon,1916～2001)发表了《通信的数学原理》一文,将熵的概念引入信息论中,提出了信息熵的定义.

香农摒弃了信息的具体含义,只考虑事件发生的状态数目和各种可能状态发生的可能性,提出了建立在概率统计模型上的信息度量. 他把信息量定义为"消除不确定性的程度",而将信息熵表示为不确定性的量度.

我们知道,系统处在一定的宏观状态包含许多种微观态,系统所处的精确状态具有多种可能性. 可供选择的可能性越多,系统状态的不确定性就越大. 系统的不确定性是与系统包含的信息有关的. 比如要在电脑中查找一个文件,如果只知道这个文件在某个目录下而不知道文件名. 若这个目录下有 10 个文件,打开这一目录,各个文件出现的可能性都是相等的,也就是说要查找的文件出现的概率只是$\frac{1}{10}$. 如果你知道了文件名,就消除了这种不确定性. 于是我们可以从消除了多少不确定度的角度来定义一条消息中所包含的信息量.

在信息论中,如果一个事件的有 Ω 个可能性相等的结局,那么结局未出现前的不确定度为

$$H = K\ln\Omega$$

如果一个系统有 Ω 个可能性相等的状态(或为事件),那么每个状态出现的概率为 $P=\frac{1}{\Omega}$,所以

$$H = K\ln\Omega = K\ln\frac{1}{P} = -K\ln P$$

在实际问题中,系统的 Ω 个可能状态中,各个状态出现的概率一般是不相等的. 如果有一个系统存在多个事件$\{\Omega_1,\Omega_2,\cdots,\Omega_N\}$,各个事件的概率分布为$\{P_1,P_2,\cdots,P_N\}$,则有

$$\sum_{i=1}^{N}\Omega_i = \Omega,\quad \sum_{i=1}^{n}P_i = \sum_{i=1}^{N}\frac{\Omega_i}{\Omega} = 1$$

其中 Ω_i 为概率为 P_i 的事件数目,Ω 为所有事件的数目. 则系统的信息熵为

$$H = \frac{-K(\Omega_1\ln P_1 + \Omega_2\ln P_2 + L\Omega_N\ln P_N)}{\sum_{i=1}^{N}\Omega_i} = -K\sum_{i=1}^{N}P_i\ln P_i$$

所以在信息论中,信息熵一般表述为

$$H = -K\sum_{i=1}^{N}P_i\ln P_i \tag{9.51}$$

如果各个事件出现的概率都相等,即 $P_1=P_2=\cdots=P_N=\frac{1}{\Omega}$,则

$$H = -K\sum_{i=1}^{N} P_i \ln P_i = -K\sum_{i=1}^{N} \frac{1}{\Omega}\ln\frac{1}{\Omega} = K\ln\Omega$$

这只是一个特例．由此可知，当系统各个微观态出现概率相等时，信息熵与玻尔兹曼熵类同．

3. 信息熵与信息量

因为信息熵是不确定程度的量度，而消除不确定因素的量度是信息量，所以信息熵的减少就意味着事件的不确定性的减少，也就意味着信息量的增加．如果收到某一信息的前后，事件的不确定程度，即信息熵分别为 H_1 和 H_2，则信息量可定义为

$$I = -(H_2 - H_1) = -\Delta H \tag{9.52}$$

式(9.52)表明，**系统的信息量等于信息熵的减少，即信息量相当于负熵．**

信息量的单位由比例系数 K 决定，如果比例系数采用玻尔兹曼常量 k，信息量的单位就是 $\mathrm{J \cdot K^{-1}}$．在计算机科学中，使用的往往是二进制，其信息量的单位为 bit．上述两种单位的换算单位为

$$1\mathrm{bit} = k\ln 2 \approx 0.957 \times 10^{-23}\mathrm{J \cdot K^{-1}}$$

这意味着，获得 1bit 的信息量相当于减少了大约 $10^{-23}\mathrm{J \cdot K^{-1}}$ 的信息熵．

二、自组织过程与耗散结构

1. 自组织现象

热力学第二定律指出，孤立系统发生的自然过程总是沿着熵增大的方向进行，也是沿着无序性增大的方向进行，最终过渡到最无序的平衡态．但是，在生物系统和社会系统中，常常见到系统可以从无序到有序，从低级到高级的进化过程．例如，生物体中的细胞由细胞膜、细胞核和细胞质等组成，细胞膜、细胞核和细胞质又都包含着低一级的成分．比如细胞中心的细胞核，又由核膜与核质组成；核质中又有双螺旋分子链 DNA(脱氧核糖核酸)或 RNA(核糖核酸)；一个 DNA 又由 4 种甙酸碱基构成，分别表示为 A(腺嘌呤)、G(鸟嘌呤)、T(胸腺嘧啶)、C(胞嘧啶)，并且 A 和 T 配对、G 和 C 配对．这样的碱基在 DNA 分子中约有 $10^6 \sim 10^9$ 个左右，它们按照严格的规则排列成双螺旋分子链，构成一个生物体的全部遗传信息，这种信息还可以在细胞分裂中进行转录和复制．一个细胞有着如此复杂的组织机构，这种组织和各种组分分工、协作却是极为有序的行为，能够严格按照时间和功能顺序有条不紊地进行各种新陈代谢过程．细胞就是一个有序结构，然而细胞却是由许多个无序的原子组成的．从进化的观点来看，各种生物经过漫长的演化由简单到复杂，生物体的结构和功能趋于更加有序更加有组织．具有一定功能的非线性系统在非平衡态下从无序到有序的转化过程称为自组织过程，经由自组织过程所形成规则的有序结构称为耗散结构．下面简单介绍几种典型的自组织现象和耗散结构．

(1) 贝纳德(Be'enard)对流．

在一个圆盘中倒入一层流体，上下各与一个很大的恒温热源板接触，两板间距远小于

圆盘的半径,如图 9.24(a)所示. 当两板的温度相等时,流体处于平衡态. 升高下板的温度使 $T_1>T_2$,流体内就形成下高上低的温度梯度,热量将从下板通过流体传向上板. 如果温度差 $\Delta T=T_1-T_2$ 不大,从宏观上看,除了具有热传导外,整个液体保持静止,流体处于稳定的非平衡态. 增大两板的温度差,就使液体越来越远离平衡态. 当温度差增大到超过某个临界值 ΔT_c 时,液体的静止热传导状态会被突然打破,形成对流状态. 在热传导状态下,液体分子在各个方向上做无规则热运动,通过无规则碰撞传递能量;而在对流状态下,大量分子被组织起来参加统一的运动,按照图 9.24(b)中的箭头有规则的宏观运动,能量通过这种宏观对流得到更有效地传递,这是一种宏观有序的动态结构. 图 9.25 则是从上往下的俯视图,可以看到规则的正六边形的对流格子.

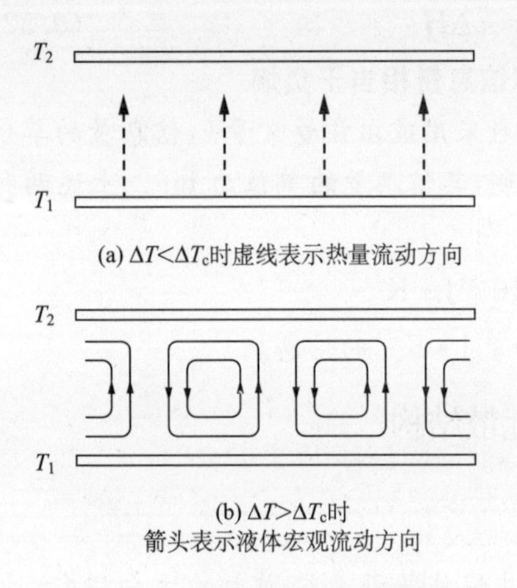

图 9.24　竖截剖面上的对流线

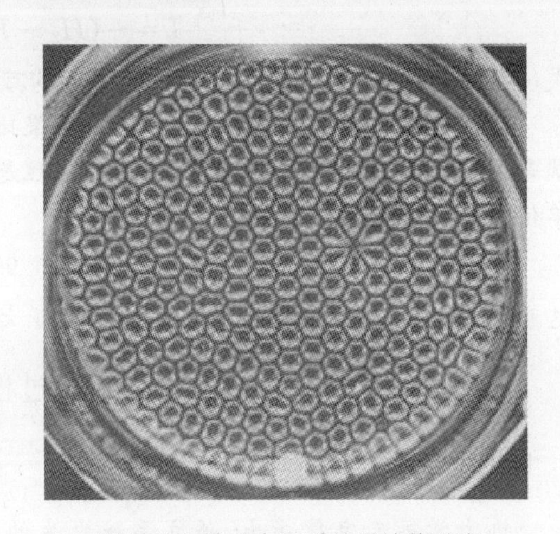

图 9.25　从上向下看的贝纳德对流

在各种不同的实验条件下,比如用不同形状的容器、不同性质的流体就会出现各种各样的对流形式,如加上各种染色就会使对流线形成漂亮的蛋卷式图案.

(2) 激光现象.

激光是时间有序的自组织现象,是一种在远离平衡态条件下典型的宏观有序结构. 例如,氦-氖气体激光器,外界向激光器的泵浦输入能量,当输入功率较小时,氖原子发出光波的频率、位相和振动方向都是无规则的自然光,光强也很弱. 但是一旦泵浦功率超过某一临界功率,就会发生急剧变化,各个原子似乎被某种力量自动组织起来,以相同的频率、位相和振动方向发射光波,使输出的光成为方向性、单色性、相干性极好,强度大大加强的激光. 这就是在非平衡态条件下系统进行自组织,由外界输入能量来维持,从无序自然光向稳定有序的激光的演化.

(3) B-Z 反应.

1958 年,化学家贝罗索夫(Belousov)在铈离子催化下作柠檬酸的溴酸氧化反应. 后来,萨波金斯基(Zhabotinsky)等又用铈离子作催化剂,让丙二酸被溴酸氧化. 当参加反应的物质浓度控制在接近平衡态的比例时,生成物均匀地混合分布在整个容器内,呈现出无序状态. 但是适当控制某些反应物和生成物的浓度而使反应条件远离平衡态,上述两个反应都会出现化学振荡. 在贝罗索夫实验中,容器内混合物的颜色在黄色和无色之间作周期性地变化．在萨波金斯基实验中，也发现同样的结果，反应介质时而变红，时而变蓝．这种介质浓度的比例周期性变化的行为，像钟摆一样产生周期性的时间振荡，这是一种时间有序结构，称为化学钟．

在萨波金斯基实验中，还发现了容器内不同部位各种成分浓度不均匀的现象，呈现出宏观的有规律的空间周期分布（空间有序结构）和各种组分的浓度在空间上和时间上作周期性变化的化学波（时空有序结构），如图 9.26 所示．

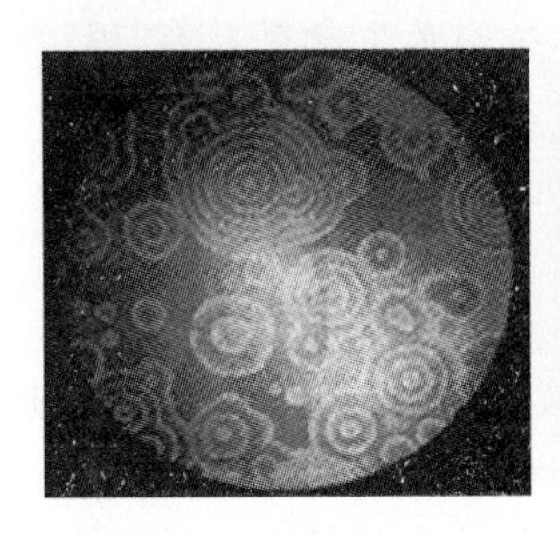

图 9.26　B-Z 反应螺旋花纹

无数个无规则运动的微观粒子或微观系统，在一定条件下相互协同，组织成更高级的运动形式，从宏观上的无序过渡到有序的自组织过程的例子是很多的，例如，蜜蜂是一种低级昆虫，但成千上万个蜜蜂能够制造出精美的蜂窝等．

2. 平衡结构与耗散结构

从热力学观点来看，自然界、实验系统乃至社会系统存在两类稳定的宏观有序结构，即平衡结构与耗散结构．

平衡结构　如晶体中出现的稳定有序结构，可以与环境不进行任何形式的能量和物质的交换，在平衡态下维持稳定的有序结构．孤立系统最终趋于平衡态，熵值达到最大．而开放系统也可能处于平衡态，系统与环境不进行能量和物质的交换，但是这种平衡态并不一定对应熵的最大值．例如，当系统与恒温热源接触时，由热力学理论可知系统沿着自由能减小的方向变化，平衡态时自由能最小．而自由能 F 定义为

$$F = E - TS$$

由此可知，有两种办法可以使自由能最小．一种方法是使熵值达到最大，从而使自由能最小；另一种方法是尽可能减小内能 E 使自由能最小．因此，对于开放系统在平衡态下可以是内能最小而不是熵最大的状态，即不是处于最无序的状态．在这种情况下，有可能产生相对低熵的平衡态有序结构，称为平衡结构．

耗散结构　如贝纳德对流中出现的有序结构，一定对应着自组织过程，要维持自组织，系统必须与外界环境不断地交换物质或交换能量，即不断地耗散能量．例如，在贝纳德对流效应中，如果外界不对下板加热，就不能维持所需要的温度差，那么对流形成的有序结构必然要消失．**系统从非平衡态出发，通过与外界不断交换能量和物质才能维持的宏观上稳定的有序结构称为耗散结构．**

平衡结构与耗散结构有着本质的不同. 平衡结构是一种"死"的结构,维持平衡结构不依赖于外界. 这种结构形成后,最好将系统孤立,才能保证这个结构不被破坏. 例如,只有将冰放在保温桶内,才能使它的晶体结构不至于被融化. 耗散结构是一种"活"的结构,它只有在非平衡条件下才能形成. 由于系统在非平衡条件下总是自发熵增大,所以就要不断从环境获得负熵,不断进行"新陈代谢",一旦系统被孤立,这个耗散结构就会很快消失. 因此耗散结构只有在开放条件下才能维持. 由此可以说系统开放和非平衡是形成耗散结构的一般条件. 自然界所有进化现象特别是生命现象都与耗散结构有关,所以说"非平衡是生命之源".

3. 耗散结构的形成条件

(1) 开放系统.

由热力学第二定律我们知道,孤立系统发生的一切过程都是沿着熵增的方向,最终过渡到平衡态,平衡态下熵最大,是最无序的状态,因此在孤立系统内不会出现耗散结构. 即使系统原来存在耗散结构,一旦将系统孤立,这个结构就会被瓦解. 例如,生命体内都具有耗散结构,如果将它与外界隔绝就不能生存,它内部所有的耗散结构必然消失.

一般系统熵的变化可以分为两部分,一部分是由于系统内部不可逆过程引起的熵增 dS_i 称为熵产生;另一部分是由于系统与外界交流能量或物质引起熵的改变 dS_e 称为熵流. 则系统熵的改变为

$$dS = dS_i + dS_e \tag{9.53}$$

根据热力学第二定律我们知道,熵产生必然为正,即 $dS_i \geqslant 0$,而熵流 dS_e 却可正可负. 在 $dS_e < 0$ 的情况下,如果这个负熵流足够大,它除了抵消系统内部的熵产生 dS_i 外,还能够使系统的总熵 dS 减少,就可以使系统进入相对有序的状态. 所以对于开放系统,系统通过自组织过程从无序状态进入有序的耗散结构状态,并不违背热力学第二定律. 显然,如果是在 $dS_e > 0$ 的情况下,系统不仅不能从无序状态进入有序的耗散结构状态,反而会趋于更加无序的状态.

(2) 远离平衡态.

系统开放是形成耗散结构的一个必要条件,但不是充分条件. 我们平时常见的系统一般都是开放系统,但是出现耗散结构的例子并不普遍. 这是因为绝大多数系统(即使是开放系统)发生的物理过程或化学过程一般都是在平衡态附近进行的,这样的系统总是趋向于更加无序,所以出现耗散结构的另一个重要条件是系统远离平衡态.

在热力学理论中,当系统偏离平衡态不太远时,热力学流 J 与热力学力 X 之间满足线性关系 $J=aX$,故称为线性非平衡区域;在远离平衡态的情况下热力学流 J 与热力学力 X 之间不满足线性关系,称为非线性非平衡区域. 在线性非平衡区域,平衡态是一个稳定状态,若有一扰动使系统稍微偏离平衡态,系统会自动恢复到原来的平衡态,所以在线性非平衡区域,不会出现耗散结构. 在非线性非平衡区域,当系统偏离平衡态超过某个临界阈值时,系统会偏离不稳定的定态进入一个偏离平衡态更远的有序状态,这就是耗散结构.

在非线性非平衡区域,往往具有这样一个特性,控制参数的微小改变,就可以使系统

的性质发生根本性的变化，这种现象称为突变现象．自组织现象往往是通过某种突变过程产生的．而各种突变过程的发生，往往对应于控制参数的一个临界阈值．例如，在贝纳德对流效应中，就有一个温度差的临界阈值 ΔT_c．在临界值附近，控制参数的微小改变将导致系统的某种性质发生极大的变化，从而通过突变过程产生自组织现象．因此，非线性系统经由自组织过程形成耗散结构总是伴随着某种临界值，而确定这个临界值往往是研究自组织现象的关键．

4. 涨落对有序结构的影响

对于大量分子或原子组成的系统，宏观上的状态参量和状态函数，如温度、压强、能量和熵等，都是大量粒子某种微观量的统计平均值．但是在某个时刻，这些宏观物理量的实际数值并不严格等于相应微观量的平均值，而是或多或少地存在着偏差，这种偏差称为涨落．涨落是偶然的、随机的、无规则的．

对于热力学系统，在正常的情况下这种涨落相对于平均值非常小，对宏观量造成的影响往往可以忽略，尤其是在平衡态附件的线性非平衡区域，涨落的影响更是微不足道．但是在远离平衡态的非线性非平衡区域情况就大不相同了，特别是在临界点附近，这时的涨落往往比较大，而且这种涨落一般不能被耗散，相反还会被放大，从而导致系统发生宏观上的突变，促使系统偏离原来的状态达到新的宏观态．而系统到达新的稳定状态后，涨落的影响又变得微乎其微，不再对系统的宏观行为产生影响．所以，热力学系统在远离平衡态的非线性非平衡区域(特别是在临界点附近)，往往是由于涨落导致自组织现象的发生，从而出现耗散结构．比利时的物理学家和化学家普利高津(Prigogine)曾经提出"涨落导致有序"的观点，就认为当非线性非平衡系统具有了形成有序结构的客观条件以后，涨落对实现某种有序结构起着决定的作用．虽然这种观点可能导致人们将自组织现象误解为不可控制的随机现象，但是涨落可能导致有序无疑是正确的．

习　题　9

9-1　质量为0.02kg的氦气(视为理想气体)，温度由17℃升为27℃，若在升温过程中，(1)体积保持不变；(2)压强保持不变；(3)不与外界交换热量．求上述各个过程中，气体内能的改变、吸收的热量和气体对外界所做的功．

9-2　一定量的单原子分子的理想气体装在封闭的气缸里，此气缸有可活动的活塞(活塞与气缸壁之间无摩擦且无漏气)．已知气体的初压强 $p_1=1\text{atm}$，体积 $V_1=1\text{L}$，现将气体在等压下加热直到体积为原来的2倍；然后在等容下加热，到压强为原来的2倍；最后作绝热膨胀，直到温度下降到初温为止．试求；

(1) 在 p-V 图上将整个过程表示出来；

(2) 在整个过程中气体内能的改变；

(3) 在整个过程中气体所吸收的热量；

(4) 在整个过程中气体所作的功．

9-3　气缸内有3mol理想气体，初始温度为 $T=273\text{K}$，先经等温过程体积膨胀到原来的5倍，然后等容加热，使其末态的压强刚好等于初始压强，整个过程传给气体的热量为 $Q=8\times10^4\text{J}$．试在 p-V 图上画出过程曲线，并求这种气体的绝热指数 $\gamma=\dfrac{C_{p,\text{m}}}{C_{V,\text{m}}}$ 的值．

9-4　理想气体系统经历图示过程由 A 到 D,在此过程中气体系统吸热 3.5×10^3J,计算气体系统的内能改变量.

9-5　飞机上的多缸汽油发动机以 $2500\text{r}\cdot\text{min}^{-1}$工作,曲轴每转一周,吸收 7.89×10^3J 的热量,放出 4.58×10^3J 的热量,燃料燃烧放热为 $4.03\times10^7\text{J}\cdot\text{L}^{-1}$,试问:

(1) 发动机连续工作 1h,将耗费多少燃料?

(2) 若忽略摩擦,在这 1h 内发动机做了多少功?

9-6　双原子分子理想气体系统经历如图所示循环过程,气体需从外界吸热还是向外界放热?在循环过程中,气体对外做功的大小是多少?

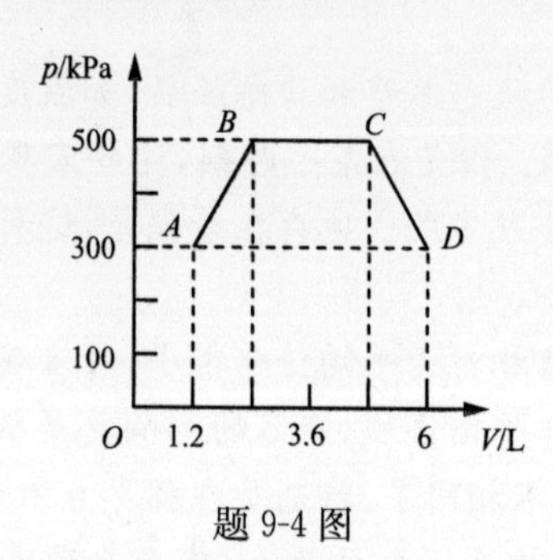

题 9-4 图

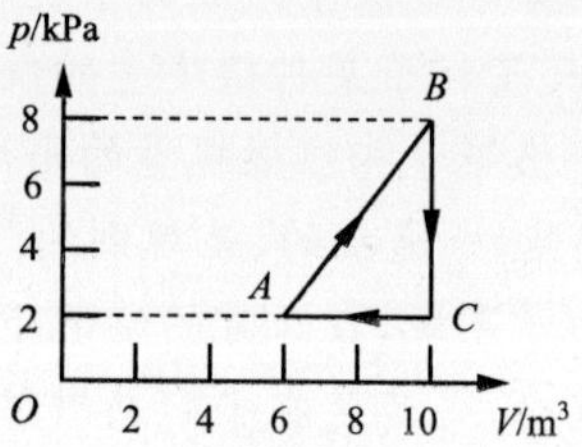

p/kPa
8
6
4
2
B
A
C
O
2
4
6
8
10
V/m³

题 9-6 图

9-7　有 1 摩尔单原子分子理想气体的循环过程如图题 9-7 所示,求:

(1) 气体循环一次,在吸热过程中从外界共吸收的热量;

(2) 循环一次对外做的净功;

(3) 证明 $T_aT_c=T_bT_d$.

9-8　有 1 摩尔氦气作的可逆循环过程如图题 9-8 所示,其中 ab 和 cd 是绝热过程,bc 和 da 为等容过程,已知 $V_1=16.4$L,$V_2=32.8$L;$P_a=1$atm,$P_b=3.18$atm,$P_c=4$atm, $P_d=1.26$atm. 试求:

(1) T_a,T_b,T_c,T_d 的大小

(2) E_c 的大小

(3) 在一循环过程中氦气所做的净功.

9-9　有 1 摩尔单原子分子的理想气体的循环过程在 T-V 图上如题 9-9 图所示,其中 C 点的温度为 $T_c=600$K,试求:

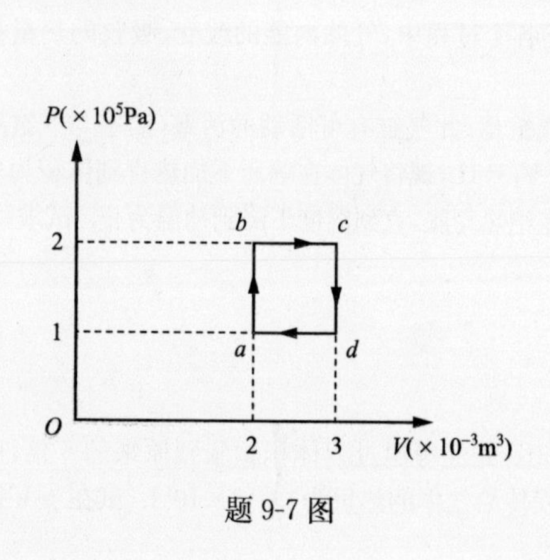

题 9-7 图

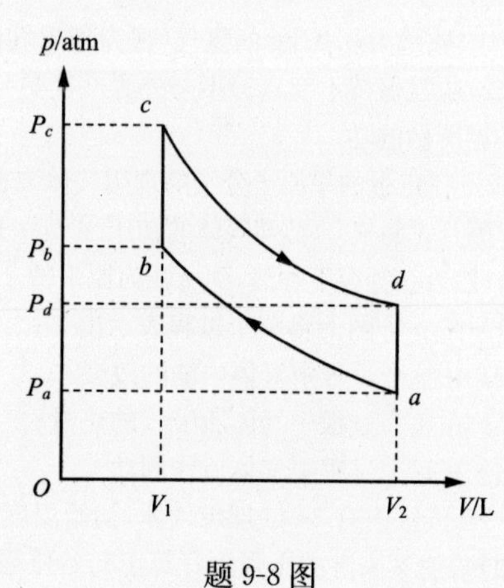

题 9-8 图

(1) ab、bc、ca 各个过程吸收的热量；

(2) 在一个循环过程中所做的净功；

(3) 循环的效率.

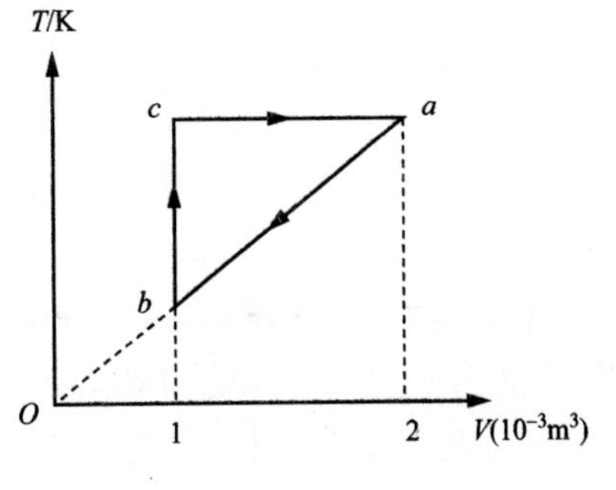

题 9-9 图

9-10　一个卡诺热机工作在两个恒温热源之间，低温热源的温度为 $T_2=300\text{K}$，高温热源的温度为 $T_1=1000\text{K}$. 求：

(1) 此热机的最大效率；

(2) 若低温热源的温度保持不变，要使热机效率提高10%，高温热源温度需提高多少？

(3) 若高温热源的温度保持不变，要使热机效率提高10%，低温热源温度需降低多少？

*9-11　质量为 $M=0.028\text{kg}$ 的氮气经历一个准静态过程，摩尔热容量为 $C_m=2R$，从标准状态开始体积膨胀为原来的 4 倍. 求：

(1) 在这个过程中氮气遵循的过程方程；

(2) 在这个过程中氮气对外做的功，内能改变量和吸收的热量.

*9-12　有 1 摩尔双原子分子的理想气体所经历的准静态过程满足 $pV^2=$常量，如果气体初始处于标准状态，从标准状态开始体积膨胀了 4 倍. 求：

(1) 在这个过程中气体的摩尔热容；

(2) 在这个过程中气体对外做的功，内能改变量和吸收的热量.

9-13　在一个绝热容器中，质量为 m_1、温度为 T_1 的液体，与质量为 m_2、温度为 T_2 的同种液体在一定压强下混合，已知液体的定压比热为 c_p(c_p 为常量). 求：

(1) 液体混合后达到新的平衡态的温度；

(2) 液体混合过程中系统熵的变化.

9-14　已知水的比热为 $c_p=4.18\times10^3\text{J}\cdot\text{kg}^{-1}\cdot\text{K}^{-1}$，质量为 $m=1\text{kg}$，初始温度为 273K.

(1) 让水与一个温度为 373K 的大热源接触使水的温度升到 373K，求此过程中水的熵改变了多少？

(2) 如果先让水与一个温度为 323K 的大热源接触，然后再与温度为 373K 的大热源接触，求整个系统的熵变；

(3) 说明怎样才能使水的温度由 273K 变化到 373K，而整个系统的熵不变.

*9-15　某个热力学系统从状态 1 变化到状态 2，如果状态 2 所对应的热力学概率是状态 1 的 2 倍，求此热力学系统的熵变.

附录Ⅰ　国际单位制(SI)

鉴于国际上使用的单位制种类繁多,换算十分复杂,对科学与技术交流带来许多困难,1960年国际计量大会开始确定国际单位制,简称国际制,国际单位制代号为SI. 在国际单位制中,规定了七个基本单位,即米(长度单位)、千克(质量单位)、秒(时间单位)、安培(电流单位)、开尔文(热力学温度单位)、摩尔(物质的量单位)、坎德拉(发光强度单位). 还规定了两个辅助单位,即弧度(平面角单位)、球面度(立体角单位). 其他单位均由这些基本单位和辅助单位导出. 现将国际单位制的基本单位及辅助单位的名称、符号及其定义列表如下.

表1　国际单位制(SI)中基本单位

物理量名称	单位名称		单位符号	定义
	中文	英文		
长度	米	meter	m	1m是光在真空中1/299 792 458s时间间隔内所经路径的长度
质量	千克	kilogram	kg	千克是质量单位,等于国际千克原器的质量
时间	秒	second	s	1s是铯－133原子基态的两个超精细能级之间跃迁所对应辐射的9 192 631 770个周期的持续时间
电流	安[培]	ampere	A	在真空中,截面积可以忽略的两根相距1m的无限长平行圆直导线通有等量电流时,若导线之间相互作用力为2×10^{-7}N,则每根导线内的电流为1A
温度	开[尔文]	kelvin	K	热力学温度单位开尔文是水的三相点热力学温度的1/273.16
物质的量	摩尔	mole	mol	摩尔是系统的物质的量,该系统中所包含的基本单元数目等于0.012kg碳12的原子数目
发光强度	坎[德拉]	candela	cd	坎德拉是光源在给定方向上发光强度的单位,该光源发出的频率为540×10^{12}Hz的单色辐射,且在此方向上的辐射强度为(1/683)W/sr

表2　国际单位制(SI)中的辅助单位

物理量名称	单位名称		符号	定义
	中文	英文		
平面角	弧度	radian	rad	弧度是一个圆内两条半径之间的平面角,这两条半径在圆周上截取的弧长与半径相等
立体角	球面度	steradian	sr	球面度是一个立体角,其顶点位于球心,而它在球面上所截取的面积等于以球半径为边长的正方形面积

表 3 国际单位制(SI)中的单位词头

词头	符号	幂	词头	符号	幂
尧[它]yotta	Y	10^{24}	分 deci	d	10^{-1}
泽[它]zetta	Z	10^{21}	厘 centi	c	10^{-2}
艾[可萨]exa	E	10^{18}	毫 milli	m	10^{-3}
拍[它]peta	P	10^{15}	微 micro	μ	10^{-6}
太[拉]tera	T	10^{12}	纳[诺]nano	n	10^{-9}
吉[咖]giga	G	10^{9}	皮[可] pico	p	10^{-12}
兆 mega	M	10^{6}	飞[母托]femto	f	10^{-15}
千 kilo	k	10^{3}	阿[托]atto	a	10^{-18}
百 hecto	h	10^{2}	仄[普托] zepto	z	10^{-21}
十 deca	da	10	幺[科托] yocto	y	10^{-24}

附录Ⅱ　常用的基本物理常量表

（1986年国际推荐值）

物理量	符号	数值	不确定度（$\times 10^{-6}$）
真空中光速	c	$299\ 792\ 458 \text{m} \cdot \text{s}^{-1}$	（精度）
真空磁导率	μ_0	$4\pi \times 10^{-7} \text{N} \cdot \text{A}^{-2}$	（精度）
		$12.566\ 370\ 614 \times 10^{-7} \text{N} \cdot \text{A}^{-2}$	
真空介电常数	ε_0	$8.854\ 187\ 817 \times 10^{-12} \text{F} \cdot \text{m}^{-1}$	（精度）
万有引力常量	G	$6.672\ 59(85) \times 10^{-11} \text{m}^3 \cdot \text{kg}^{-1} \cdot \text{s}^{-2}$	128
普朗克常量	h	$6.626\ 075\ 5(40) \times 10^{-34} \text{J} \cdot \text{s}$	0.60
	$\hbar = h/2\pi$	$1.054\ 572\ 66(63) \times 10^{-34} \text{J} \cdot \text{s}$	0.60
阿伏伽德罗常量	N_A	$6.022\ 136\ 7(36) \times 10^{-23} \text{mol}^{-1}$	0.59
摩尔气体常量	R	$8.314\ 510(70) \text{J} \cdot \text{mol}^{-1} \cdot \text{K}^{-1}$	8.4
玻尔兹曼常量	k	$1.380\ 658(12) \times 10^{-23} \text{J} \cdot \text{K}^{-1}$	8.4
斯特藩-玻尔兹曼常量	σ	$5.670\ 51(19) \times 10^{-8} \text{W} \cdot \text{m}^{-2} \cdot \text{K}^{-4}$	34
摩尔体积（理想气体，$T=273.15\text{K}, p=101\ 325\text{Pa}$）	V_m	$0.022\ 414\ 10(19) \times \text{m}^3 \cdot \text{mol}^{-1}$	8.4
维恩位移定律常量	b	$2.897\ 756(24) \times 10^{-3} \text{m} \cdot \text{K}$	8.4
基本电荷	e	$1.602\ 177\ 33(49) \times 10^{-19} \text{C}$	0.30
电子静质量	m_e	$9.109\ 389\ 7(54) \times 10^{-31} \text{kg}$	0.59
质子静质量	m_p	$1.672\ 623\ 1(10) \times 10^{-27} \text{kg}$	0.59
中子静质量	m_n	$1.674\ 928\ 6(10) \times 10^{-27} \text{kg}$	0.59
电子荷质比	e/m	$1.758\ 819\ 62(53) \times 10^{11} \text{C} \cdot \text{kg}^{-1}$	0.30
电子磁矩	μ_e	$9.284\ 770\ 1(31) \times 10^{-24} \text{A} \cdot \text{m}^2$	0.34
质子磁矩	μ_p	$1.410\ 607\ 61(47) \times 10^{-26} \text{A} \cdot \text{m}^2$	0.34
中子磁矩	μ_n	$0.966\ 237\ 07(40) \times 10^{-26} \text{A} \cdot \text{m}^2$	0.41
康普顿波长	λ_C	$2.426\ 310\ 58(22) \times 10^{-12} \text{m}$	0.089
磁通量子，$h/2e$	Φ	$2.067\ 834\ 61(61) \times 10^{-15} \text{Wb}$	0.30
玻尔磁子，$e\hbar/2m_e$	μ_B	$9.274\ 015\ 4(31) \times 10^{-24} \text{A} \cdot \text{m}^2$	0.34
核磁子，$e\hbar/2m_p$	μ_N	$5.050\ 786\ 6(17) \times 10^{-27} \text{A} \cdot \text{m}^2$	0.34
里德伯常量	R_∞	$10\ 973\ 731.534(13) \text{m}^{-1}$	0.0012
原子（统一）质量单位原子质量常量	m_u	$1.660\ 540\ 2(10) \times 10^{-27} \text{kg}$	0.59

附录Ⅲ　常用物理量的名称、符号和单位一览表

下表列出本书中常用物理量的名称、符号和单位.

物理量名称		物理量符号	单位名称	单位符号
中文	英文			
长度	length	l,L	米	m
面积	area	S,A	平方米	m^2
体积,容积	volume	V	立方米	m^3
时间	time	t	秒	s
[平面]角	plane angle	$\alpha,\beta,\gamma,\theta,\varphi$ 等	弧度	rad
立体角	solid angle	Ω	球面度	sr
角速度	angular velocity	ω	弧度每秒	$rad \cdot s^{-1}$
角加速度	angular acceleration	β	弧度每二次方秒	$rad \cdot s^{-2}$
速度	velocity	v,u,c	米每秒	$m \cdot s^{-1}$
加速度	acceleration	a	米每二次方秒	$m \cdot s^{-2}$
周期	cycle	T	秒	s
频率	frequency	ν	赫[兹]	Hz(1Hz=1s^{-1})
角频率	angular frequency	ω	弧度每秒	$rad \cdot s^{-1}$
波长	wavelength	λ	米	m
波数	wavenumber	$\tilde{\lambda}$	每米	m^{-1}
振幅	amplitude	A	米	m
质量	mass	m	千克(公斤)	kg
密度	density	ρ	千克每立方米	$kg \cdot m^{-3}$
面密度	areal density	ρ_S,ρ_A	千克每平方米	$kg \cdot m^{-2}$
线密度	linear density	ρ_l	千克每米	$kg \cdot m^{-1}$
动量 冲量	linear momentum impulse	P,p I	千克米每秒	$kg \cdot m \cdot s^{-1}$
动量矩 角动量	moment of momentum, angular momentum	L	千克二次方米每秒	$kg \cdot m^2 \cdot s^{-1}$
转动惯量	rotational inertia	J	千克二次方米	$kg \cdot m^2$
力	force	F,f	牛[顿]	N
力矩	torque	M	牛[顿]米	$N \cdot m$
压力,压强	pressure	p	帕[斯卡]	$N \cdot m^{-2}$,Pa
相[位]	phase	φ	弧度	rad

续表

物理量名称		物理量符号	单位名称	单位符号
中文	英文			
功	work	W,A	焦耳	J
能[量]	energy	E,W	电子伏[特]	eV
动能	kinetic energy	E_k,T		
势能	potential energy	E_P,V		
功率	power	P	瓦[特]	$J\cdot s^{-1}$,W
热力学温度	thermodynamic temperature	T,Θ	开[尔文]	K
摄氏温度	Celsius temperature	t,θ	摄氏度	℃
热量	heat	Q	焦[耳]	J
热导率(导热系数)	thermal conductivity	κ,λ	瓦[特]每米开[尔文]	$W\cdot m^{-1}\cdot K^{-1}$
热容[量]	heat capacity	C	焦[耳]每开[尔文]	$J\cdot K^{-1}$
质量热容	specific heat capacity	c	焦[耳]每千克开[尔文]	$J\cdot kg^{-1}\cdot K^{-1}$
摩尔质量	molar mass	M_{mol}	千克每摩[尔]	$kg\cdot mol^{-1}$
摩尔定压热容 摩尔定容热容	heat capacity at constant pressure, molar heat capacity at constant volume	C_{pm} C_{Vm}	焦[耳]每摩[尔]开[尔文]	$J\cdot mol^{-1}\cdot K^{-1}$
内能	internal energy	U,E	焦[耳]	J
熵	entropy	S	焦[耳]每开[尔文]	$J\cdot K^{-1}$
平均自由程	mean free path	$\bar{\lambda}$	米	m
扩散系数	diffusion coefficient	D	米二次方每秒	$m^2\cdot s^{-1}$
电量	quantity of electricity	Q,q	库[仑]	C
电流	electric current	I,i	安[培]	A
电荷密度	charge density	ρ	库[仑]每立方米	$C\cdot m^{-3}$
电荷面密度	surface charge density	σ	库[仑]每平方米	$C\cdot m^{-2}$
电荷线密度	linear charge density	λ	库[仑]每米	$C\cdot m^{-1}$
电场强度	electric field strength	E	伏[特]每米	$V\cdot m^{-1}$
电势 电势差,电压	electric potential, electrical potential difference,voltage	U,V U_{12},U_1-U_2	伏[特]	V
电动势	electromotive force	$\mathscr{E}$	伏[特]	V
电位移	electric displacement	D	库[仑]每平方米	$C\cdot m^{-2}$
电位移通量	electric displacement flux	Ψ,Φ_e	库[仑]	C
电容	capacitance	C	法[拉]	$F(1F=1C\cdot V^{-1})$
电容率(介电常数)	permittivity	ε	法[拉]每米	$F\cdot m^{-1}$

续表

物理量名称		物理量符号	单位名称	单位符号
中文	英文			
相对电容率（相对介电常数）	relative permittivity	ε_r	—	
电[偶极]矩	electric dipole moment	p, p_e	库[仑]米	$C \cdot m$
电流密度	electric current density	J, δ	安[培]每平方米	$A \cdot m^{-2}$
磁场强度	magnetic field intensity	H	安[培]每米	$A \cdot m^{-1}$
磁感应强度	magnetic induction	B	特[斯拉]	$T(1T=1Wb \cdot m^{-2})$
磁通量	magnetic flux	Φ_m	韦[伯]	$Wb(1Wb=1V \cdot s)$
自感 互感	self-inductance mutual inductance	L M	亨[利]	$H(1H=1Wb \cdot A^{-1})$
磁导率	permeability	μ	亨[利]每米	$H \cdot m^{-1}$
磁矩	magnetic moment	m, P_m	安[培]平方米	$A \cdot m^2$
电磁能密度	Electromagnetic energy density	ω	焦[耳]每立方米	$J \cdot m^{-3}$
坡印亭矢量	Poynting vector	S	瓦[特] 每平方米	$W \cdot m^{-2}$
[直流]电阻	electrical resistance	R	欧[姆]	$\Omega(1\Omega=1V \cdot A^{-1})$
电阻率	resistivity	ρ	欧[姆]米	$\Omega \cdot m$
光强	light intensity	I	瓦[特]每平方米	$W \cdot m^{-2}$
相对磁导率	relativc pcrmeability	μ_r	—	
折射率	refractive index	n	—	
发光强度	luminous intensity	I	坎[德拉]	cd
辐[射]出[射]度 辐[射]照度	radiant emittance irradiance	M E	瓦[特]每平方米	$W \cdot m^{-2}$
声强级	sound intensity level	L_I	分贝	dB
核的结合能	nuclear binding energy	E_B	焦[耳]	J
半衰期	half-life	τ	秒	s

习题答案

习 题 1

1-1 (1) $x^2+y^2=R^2$； (2) $\boldsymbol{v}=-\omega R\sin\omega t\boldsymbol{i}+\omega R\cos\omega t\boldsymbol{j}$；$v=\sqrt{(-\omega R\sin\omega t)^2+(\omega R\cos\omega t)^2}=\omega R$

1-2 (1) $x=(y-3)^2$； (2) $\Delta\boldsymbol{r}=\boldsymbol{r}_1-\boldsymbol{r}_0=4\boldsymbol{i}+2\boldsymbol{j}(\mathrm{m})$； (3) $\boldsymbol{v}_0=2\boldsymbol{j}(\mathrm{m\cdot s^{-1}})$，$\boldsymbol{v}_1=8\boldsymbol{i}+2\boldsymbol{j}(\mathrm{m\cdot s^{-1}})$

1-3 (1) $\boldsymbol{r}=(3t+5)\boldsymbol{i}+(\frac{1}{2}t^2+3t-4)\boldsymbol{j}$； (2) $\boldsymbol{r}_1=8\boldsymbol{i}-0.5\boldsymbol{j}(\mathrm{m})$，$\boldsymbol{r}_2=11\boldsymbol{i}+4\boldsymbol{j}(\mathrm{m})$，$\Delta\boldsymbol{r}=3\boldsymbol{i}+4.5\boldsymbol{j}(\mathrm{m})$；

(3) $\bar{\boldsymbol{v}}=3\boldsymbol{i}+4.5\boldsymbol{j}(\mathrm{m\cdot s^{-1}})$； (4) $\boldsymbol{v}=\frac{\mathrm{d}\boldsymbol{r}}{\mathrm{d}t}=3\boldsymbol{i}+(t+3)\boldsymbol{j}$，$\boldsymbol{v}_0=3\boldsymbol{i}+3\boldsymbol{j}(\mathrm{m\cdot s^{-1}})$，$\boldsymbol{v}_4=3\boldsymbol{i}+7\boldsymbol{j}(\mathrm{m\cdot s^{-1}})$；

(5) $\bar{\boldsymbol{a}}=1\boldsymbol{j}(\mathrm{m\cdot s^{-2}})$； (6) $\boldsymbol{a}=1\boldsymbol{j}(\mathrm{m\cdot s^{-2}})$

1-4 (1) $\boldsymbol{v}=\frac{\mathrm{d}\boldsymbol{r}}{\mathrm{d}t}=2t\boldsymbol{i}+2\boldsymbol{j}$，$\boldsymbol{a}=\frac{\mathrm{d}\boldsymbol{v}}{\mathrm{d}t}=2\boldsymbol{i}(\mathrm{m\cdot s^{-2}})$； (2) $a_\tau=\frac{2t}{\sqrt{t^2+1}}$，$a_n=\frac{2}{\sqrt{t^2+1}}$

1-5 $t=\sqrt{\frac{2h}{g+a}}$

1-6 $\Delta x=-6\mathrm{m}$；$|\Delta s|=10\mathrm{m}$

1-7 $\rho_1=\frac{v_0^2\cos^2\theta}{g}$；$\rho_2=\frac{v_0^2}{g\cos\theta}$

1-8 $v(10)=190\mathrm{m\cdot s^{-1}}$；$x(10)=705\mathrm{m}$

1-9 $v=2\sqrt{x^3+x+25}$

1-10 (1) $a_\tau=36\mathrm{m\cdot s^{-2}}$，$a_n=1296\mathrm{m\cdot s^{-2}}$； (2) $\Delta\theta=0.67\mathrm{rad}$

1-11 $t=\sqrt{\frac{R}{c}}-\frac{b}{c}$

1-12 $v=0.16\mathrm{m\cdot s^{-1}}$；$a_n=0.064\mathrm{m\cdot s^{-2}}$；$a_\tau=0.08\mathrm{m\cdot s^{-2}}$；$a=0.102\mathrm{m\cdot s^{-2}}$

1-13 北偏东 $19.5°$；$169.7\mathrm{km\cdot h^{-1}}$

1-14 $8\mathrm{m\cdot s^{-1}}$

习 题 2

2-1 (1) $\boldsymbol{v}=-\frac{5}{4}\boldsymbol{i}-\frac{7}{8}\boldsymbol{j}(\mathrm{m\cdot s^{-1}})$； (2) $\boldsymbol{r}=-\frac{13}{4}\boldsymbol{i}-\frac{7}{8}\boldsymbol{j}(\mathrm{m})$

2-2 (1) $v=\frac{1}{\frac{1}{v_0}+\frac{k}{m}t}$； (2) $x=\frac{m}{k}\ln(1+\frac{k}{m}v_0t)$； (3) 略

2-3 (1) $v=v_0\mathrm{e}^{-\frac{k}{m}t}$； (2) $x_{\max}=\frac{m}{k}v_0$

2-4 $v=\sqrt{\frac{6k}{mA}}$

2-5 $\boldsymbol{v}=5\boldsymbol{i}(\mathrm{m\cdot s^{-1}})$；$F_n=24\mathrm{N}$

2-6 $F\leqslant\mu(m_1+m_2)g$

2-7 $\frac{\tan\theta-\mu}{1+\mu\tan\theta}g\leqslant a\leqslant\frac{\tan\theta+\mu}{1-\mu\tan\theta}g$

2-8 m_2 的加速度沿斜面向下的分量为：$a_{2x}=g\sin\theta$

m_2 的加速度沿垂直于斜面向下的分量为：$a_{2y}=\frac{m_2\sin^2\theta\cos\theta}{m_1+m_2\sin^2\theta}g$

m_2 的加速度为：$a_2=\frac{g\sin\theta}{m_1+m_2\sin^2\theta}\sqrt{m_1^2+m_2(m_2+2m_1)\sin^2\theta}$

m_1 的加速度为：$a_1=\frac{m_2\sin\theta\cos\theta}{m_1+m_2\sin^2\theta}g$

相互作用力：$N_1=\frac{m_1m_2\cos\theta}{m_1+m_2\sin^2\theta}g$

2-9 $r=\frac{g}{\omega^2\tan\theta\sin\theta}$

2-10 (1) 当 $c<0$ 时，$v=-\frac{b}{c}\omega\sin(\omega t)$，$x=-\frac{b}{c}+\frac{b}{c}\cos(\omega t)$；

(2) 当 $c>0$ 时，$v=\frac{b}{2c}\omega(e^{\omega t}-e^{-\omega t})$，$x=-\frac{b}{c}+\frac{b}{2c}(e^{\omega t}+e^{-\omega t})$

习　题　3

3-1 (1) -45J； (2) -75W； (3) -45J

3-2 0.414cm

3-3 大小 $F=\frac{kn}{r^{n+1}}$，方向与 $\boldsymbol{r}$ 相同

3-4 980J

3-5 (1) $A=\frac{GMmh}{R(R+h)}$； (2) $v=\sqrt{\frac{2GMh}{R(R+h)}}$

3-6 $W=\frac{1}{2}F_0L$；$v=\sqrt{\frac{F_0L}{m}}$

3-7 $W=-\frac{27}{7}kc^{\frac{2}{3}}l^{\frac{7}{3}}$

3-8 (1) $E_k=\frac{Gmm_0}{6R_0}$； (2) $E_p=-\frac{Gmm_0}{3R_0}$； (3) $E=-\frac{Gmm_0}{6R_0}$

3-9 $\frac{\Delta x_1}{\Delta x_2}=\frac{k_2}{k_1}$；$\frac{E_{p_1}}{E_{p_2}}=\frac{k_2}{k_1}$

3-10 (1) 3.66×10^7m； (2) -1.28×10^6J

3-11 (1) $A=-\frac{3}{8}mv_0^2$； (2) $\mu=\frac{3v_0^2}{16\pi gr}$； (3) $\frac{4}{3}$圈

3-12 $v=\sqrt{\frac{2(m_1-\mu m_2)gh+kh^2(\sqrt{2}-1)^2}{m_1+m_2}}$

3-13 $k=1390\text{N}\cdot\text{m}^{-1}$；$h=0.84$m

3-14 $v=\sqrt{\frac{2MgR}{m+M}}$

3-15 $L\geqslant\frac{Mv_0^2}{2\mu(M+m)g}$

习　题　4

4-1　大小为$|mv_0|$,方向竖直向下

4-2　方向竖直向上,大小mg;动量不守恒

4-3　(1) $\Delta \boldsymbol{P}=56\boldsymbol{i}\mathrm{N\cdot S}$;$\Delta \boldsymbol{v}=5.6\boldsymbol{i}\mathrm{m\cdot s^{-1}}$;$\boldsymbol{I}=56\boldsymbol{i}\mathrm{N\cdot S}$;　(2) $t=10\mathrm{s}$. 对于静止的物体与具有初速度的物体,以上结果相同.

4-4　(1) $t=\dfrac{a}{b}$;　(2) $I=\dfrac{a^2}{2b}$;　(3) $m=\dfrac{a^2}{2bv_0}$

4-5　略

4-6　$1.14\times10^3\mathrm{N}$;方向竖直向上

4-7　500m

4-8　$2.25\times10^5\mathrm{N}$

4-9　$0.4\mathrm{m\cdot s^{-1}}$;$3.6\mathrm{m\cdot s^{-1}}$

4-10　$\Delta s=\dfrac{mv_0\sin\alpha}{(m'+m)g}u$

4-11　略

习　题　5

5-1　$17.36\mathrm{kg\cdot m^2}$

5-2　(1) 7.06s,53.1转;　(2) 177N

5-3　(1) $6.13\mathrm{rad\cdot s^{-2}}$;　(2) $T_2=20.8\mathrm{N}$,$T_1=17.1\mathrm{N}$;　(3) m_1先落地,$2.21\mathrm{m\cdot s^{-1}}$

5-4　$a=7.6\mathrm{m\cdot s^{-2}}$

5-5　(1) $\beta=\dfrac{3g}{2l}$;　(2) $\beta=\dfrac{3g}{2l}\cos\theta,\omega=\sqrt{\dfrac{3g\sin\theta}{l}}$

5-6　(1) $7.35\mathrm{rad\cdot s^{-2}}$;　(2) $1.98\mathrm{rad\cdot s^{-1}}$

5-7　(1) $\dfrac{\sqrt{6(2-\sqrt{3})}}{12}\dfrac{3m+M}{m}\sqrt{gl}$;　(2) $-\dfrac{\sqrt{6(2-\sqrt{3})}M}{6}\sqrt{gl}$

5-8　(1) $\omega=\dfrac{3m_2(v_1+v_2)}{m_1 l}$;　(2) $\arccos\left[1-\dfrac{3m_2^2(v_1+v_2)^2}{glm_1^2}\right]$

5-9　(1) $2.0\mathrm{m\cdot s^{-1}}$;　(2) 下落0.588m

习　题　6

6-1　证明略

6-2　$x=0.1\cos(\sqrt{9g}t+\pi)$.

6-3　(1) $\omega=3.13\mathrm{rad/s}$,$\nu=0.5\mathrm{Hz}$,$T=2\mathrm{s}$;　(2) $\theta=0.08g\cos(3.13t-2.32)$.

6-4　$x=10\cos\left(\dfrac{5\pi}{12}t+\dfrac{2}{3}\pi\right)\mathrm{cm}$

6-5　(1) $x=0.12\cos(\pi t-\dfrac{\pi}{3})\mathrm{m}$;　(2) $x=0.104\mathrm{m}$,$v=-0.188\mathrm{m/s}$,$a=-1.03\mathrm{m/s^2}$;　(3) $\Delta t=\dfrac{5}{6}\mathrm{s}$

6-6 (1) $E=0.16\text{J}$; (2) $x=0.4\cos(2\pi t+\frac{\pi}{3})$

6-7 $\frac{E_k}{E}=\frac{3}{4}$; $x=\pm 0.707A$

6-8 (1) $A=A_2-A$; (2) $x=(A_2-A_1)\cos\left(\frac{2\pi}{T}t-\frac{\pi}{2}\right)$

6-9 0.1m; $\frac{\pi}{2}$

6-10 $F=-(mg+16\pi^2 mA\cos 4\pi t)$; $A=\frac{g}{16\pi^2}=6.12\text{cm}$

6-11 (1) $x^2+y^2-xy=12$,轨迹为一般的椭圆; (2) $x+y=0$,轨迹为一直线;
(3) $x^2+y^2=4^2$,轨迹为圆心在原点,半径为 4m 的圆

6-12 $10\text{m}\cdot\text{s}^{-1}$

习 题 7

7-1 (1) $y_1=0.25\cos(125t-3.7)$, $y_2=0.25\cos(125t-9.25)$; (2) 5.55rad;
(3) 0.249m

7-2 (1) $y=A\cos(\omega t-\omega\frac{x-x_1}{u}+\varphi)$; (2) $y=A\cos(\cot+\omega\frac{x-x_1}{u}+\varphi)$

7-3 (1) $y=0.04\cos\left(\frac{2\pi}{5}t-\frac{2\pi x}{0.4}-\frac{\pi}{2}\right)$; (2) $y_p=0.04\cos\left(\frac{2\pi}{5}t-\frac{3\pi}{2}\right)$

7-4 (1) $y_O=0.1\cos(\pi t+\frac{\pi}{3})$; (2) $y=0.1\cos(\pi t-5\pi x+\frac{\pi}{3})$; (3) $y_A=0.1\cos(\pi t-\frac{5\pi}{6})$;

(4) $x_A=\frac{7}{30}=0.233\text{m}$

7-5 (1) $y_O=5\times10^{-3}\cos(\frac{5\pi}{6}t-\frac{\pi}{3})$; (2) $y=5\times10^{-3}\cos(\frac{5\pi}{6}t+\frac{25\pi}{24}x-\frac{\pi}{3})$;

(3) 位相差:$\Delta\varphi=3.27\text{rad}$

7-6 $y=0.06\cos(\pi t+\pi)$; $\lambda=4\text{m}$

7-7 (1) $I=1.58\times10^5\,\text{W/m}^2$; (2) $W=3.79\times10^3\,\text{J}$

7-8 (1) $y=2A\cos\frac{2\pi}{\lambda}x\cos\frac{2\pi}{T}t$; (2) $y_{左}=y_1'+y_2=2A\cos(\frac{2\pi}{T}t+\frac{2\pi}{\lambda}x)$, $y_{右}=y_1+y_2'=0$

7-9 (1) 0; (2) 2A

7-10 (1) $y_2=0.05\cos(50\pi t+2\pi x+\pi)\text{m}$; (2) $y=0.1\cos(2\pi x+\frac{\pi}{2})\cos(50\pi t+\frac{\pi}{2})$

7-11 (1) $x=(2k+1)\frac{\lambda}{4}$, $x=\frac{k\lambda}{2}(k=0,\pm1,\pm2,\pm3,\cdots)$;

(2) $E_p=\frac{1}{8}\lambda\rho A^2\omega^2\cos^2\omega t$, $E_k=\frac{1}{8}\lambda\rho A^2\omega^2\sin^2\omega t$, $E=\frac{1}{8}\lambda\rho A^2\omega^2$

7-12 $V_S=0.5\text{m/s}$

习 题 8

8-1 $1.26\times10^5\,\text{Pa}$

8-2 2.8atm

8-3 $2.5\times10^{7}\,\mathrm{m}^{-3}$

8-4 196K; $6.65\times10^{19}\,\mathrm{m}^{-3}$

8-5 $3.74\times10^{3}\,\mathrm{J}$; $6.23\times10^{3}\,\mathrm{J}$; $6.23\times10^{3}\,\mathrm{J}$

8-6 284K

8-7 (1) 略; (2) $\dfrac{1}{v_0}$; (3) $\dfrac{v_0}{2}$

8-8 $\sqrt{\dfrac{2m}{\pi kT}}$

8-9 $9.5\times10^{6}\,\mathrm{m\cdot s^{-1}}$; $2.6\times10^{2}\,\mathrm{m\cdot s^{-1}}$

8-10 $5.8\times10^{-8}\,\mathrm{m}$; $7.8\times10^{9}\,\mathrm{s}^{-1}$

8-11 $6.09\times10^{3}\,\mathrm{m}$

8-12 $1.34\times10^{-7}\,\mathrm{m}$; $2.50\times10^{-10}\,\mathrm{m}$

8-13 $1.0\times10^{7}\,\mathrm{Pa}$

习 题 9

9-1 (1) $A=0, Q=\Delta E=623\mathrm{J}$; (2) $Q=1.04\times10^{3}\mathrm{J}, \Delta E=623\mathrm{J}, A=417\mathrm{J}$;
(3) $Q=0, \Delta E=623\mathrm{J}, A=-623\mathrm{J}$

9-2 (1) 略; (2) $E=0$; (3) $5.6\times10^{2}\mathrm{J}$; (4) $5.6\times10^{2}\mathrm{J}$

9-3 1.4

9-4 1340J

9-5 (1) 29.4L (2) $5\times10^{8}\mathrm{J}$

9-6 吸热 $1.2\times10^{4}\mathrm{J}$,做功 $1.2\times10^{4}\mathrm{J}$

9-7 (1) $Q_{吸}=800\mathrm{J}$; (2) $A=100\mathrm{J}$; (3) 略; (4) 12.5%

9-8 (1) 400K,636K,800K,504K; (2) $9.97\times10^{3}\mathrm{J}$; (3) 0.748×10^{3}

9-9 (1) $Q_{ab}=-6232.5\mathrm{J}, Q_{bc}=3739.5\mathrm{J}, Q_{ca}=3456\mathrm{J}$; (2) 963J; (3) 13.4%

9-10 (1) 70%; (2) 500K; (3) 100K

9-11 (1) $pV^{3}=$常量或 $TV^{2}=$常量或 $T^{-3}p^{2}=$常量; (2) $A=1064\mathrm{J}, \Delta E=-5320\mathrm{J}, Q=-4256\mathrm{J}$

9-12 (1) $C_{nm}=\dfrac{3}{2}R$; (2) $A=1701.47\mathrm{J}, \Delta E=-4253.68\mathrm{J}, Q=-2552.21\mathrm{J}$

9-13 (1) $T=\dfrac{m_1T_1+m_2T_2}{m_1+m_2}$; (2) $\Delta S=c_pm_1\ln\dfrac{m_1T_1+m_2T_2}{(m_1+m_2)T_1}+c_pm_2\ln\dfrac{m_1T_1+m_2T_2}{(m_1+m_2)T_2}$

9-14 (1) $\Delta S=1.30\times10^{3}\mathrm{J\cdot K^{-1}}$; (2) $\Delta S=97\mathrm{J\cdot K^{-1}}$; (3) 略

9-15 $\Delta S=k\ln2=0.96\times10^{-23}\mathrm{J\cdot K^{-1}}$

普通高等教育“十二五”规划教材

大学物理学

（下册）

王玉国　康山林　赵宝群　主编

科学出版社

北　京

内 容 简 介

本书是根据教育部《高等教育教学内容和课程体系改革计划》和高等学校物理学与天文学教学指导委员会物理基础课程教学指导分委员会编制的《理工科类大学物理课程教学基本要求(2010版)》的基本精神，并结合国内外非物理类尤其是工科物理教材改革动态和编者多年的教学实践经验编写而成的. 全书分为上、下两册，上册包括力学基础、振动与波动、热学等内容；下册包括电磁学、波动光学、近代物理等内容. 本书内容注意联系生活实际，突出工程特色，注重介绍物理学的思想方法、物理学在工程技术中的应用等内容，尽力反映物理学前沿和相关新技术的发展情况，努力使教材内容系统化和现代化.

本书可作为高等工科院校各专业的大学物理教材，也可作为一般读者了解基础物理理论与物理学工程技术应用的参考书. 为方便教学，本书配有内容生动的多媒体教学课件和电子版的习题详细解答.

图书在版编目(CIP)数据

大学物理学:全2册/王玉国，康山林，赵宝群主编. —北京:科学出版社，2013.1

普通高等教育"十二五"规划教材

ISBN 978-7-03-036609-2

Ⅰ.①大… Ⅱ.①王…②康…③赵… Ⅲ.①物理学-高等学校-教材 Ⅳ.①O4

中国版本图书馆CIP数据核字(2013)第019090号

责任编辑：昌 盛 / 责任校对：彭 涛

责任印制：阎 磊 / 封面设计：迷底书装

科学出版社出版

北京东黄城根北街16号

邮政编码：100717

http://www.sciencep.com

铭浩彩色印装有限公司印刷

科学出版社发行 各地新华书店经销

*

2013年1月第一版 开本：787×1092 1/16

2015年12月第四次印刷 印张：34 1/4

字数：871 000

定价：59.00元(上下册)

(如有印装质量问题，我社负责调换)

目　录

第四篇　电　磁　学

第五篇 波动光学

第六篇　近代物理

第四篇　电　磁　学

人们对电磁现象的认识是非常早的，可以追溯到公元前六世纪. 但是，对于电磁现象的定量研究是从 18 世纪(1785 年)库仑定律的建立开始的. 在 18 世纪末期，通过库仑、卡文迪什、高斯、泊松等的努力，建立了比较完整的静电学理论. 人类对磁现象的认识最初来源于磁铁，在地面上自由状态的磁铁总是指向南北方向，可以用来确认方向. 指南针是我国古代四大发明之一. 最初人们曾经认为电现象和磁现象是相互独立的，直到 1819 年，奥斯特通过实验发现了电流的磁效应，1820 年安培提出分子电流的假设，解释了磁铁的磁性，确立了磁性起源于电流的观点，人们逐渐认识到电与磁在现象上是相互关联的，在本质上是相互统一的. 1831 年，法拉第发现电磁感应定律，对电与磁的相互联系开始了定量的研究. 法拉第最先提出了电场和磁场的观点，认为电力和磁力都是通过场作用的，使人们对电磁现象有了更为深刻的认识. 在众多物理学家工作的基础之上，麦克斯韦终于在 1865 年建立了电磁场基本方程，从而使电磁学形成一个完美的理论体系. 麦克斯韦从理论上预言了电磁波的存在，并且指出光也是一种电磁波，从而使光学成为电磁学的组成部分.

电磁学理论在日常生活和工程技术中的应用非常广泛，许多自然现象都与电磁学有关，需要应用电磁学理论进行研究和解释. 法拉第电磁感应定律和安培定律是发电机和电动机原理的理论基础，打开了人类进入电气化时代的大门；电磁波的发现导致了无线电通信技术的发展，将人类带入了电信时代. 电力技术和无线电技术的发展和应用作为第二次工业革命的标志，在人类文明发展进程中起到了巨大的推进作用. 在科学技术迅猛发展的今天，各个专业领域都离不开电磁学，学习电磁学理论对于学习专业技术和提高科学素质是非常重要的.

本篇将系统介绍电磁学的基本理论. 在第 10 章讨论真空中静电场的基本理论；第 11 章讨论导体和电介质(绝缘体)的静电性质；第 12 章讨论稳恒磁场的基本理论；第 13 章讨论电磁感应；第 14 章讨论电磁场和电磁波的基本理论.

第四篇　电　磁　学

第 10 章　真空中的静电场

在带电体周围都存在电磁场，相对于观察者静止的电荷激发的电场叫做静电场. 本章只讨论真空中的静电场的基本规律，从电场对电荷的作用力即电场力以及电荷在电场中移动时电场力对电荷做功两个方面引入电场强度和电势这两个描述电场特性的物理量，介绍反映静电场基本特性的电场强度叠加原理、高斯定理和静电场的环路定理等内容.

10.1 库仑定律

10.1.1 电荷

1. 电荷

电荷表示物质的带电属性. 大量实验表明自然界中只有两种电荷，1750 年美国物理学家富兰克林(B. Franklin)首先将其命名为正电荷和负电荷. 实验表明，同性电荷相互排斥，异性电荷相互吸引. 一般地说，使物体带电就是使它获得多余的电子或从它取出一些电子. 带电体所带电荷的多少称为电量，电量是电荷多少的量度，电量的单位为库仑(C).

2. 电荷守恒定律

由摩擦生电的实验发现，当一种电荷出现时，必然有相等量值的异号电荷同时出现；一种电荷消失时，必然有相等量值的异号电荷同时消失. 电荷既不能创生，也不会消灭，只能从一个物体转移到另一个物体，或从物体的这一部分转移到另一部分.

在孤立系统中，无论其中的电荷如何迁移，也无论发生什么样的物理过程，系统的电荷的总量保持不变. 这称为**电荷守恒定律**.

3. 电荷量子化

在自然界中所观察到的电荷均为基本电荷 e 的整数倍，即 $q=\pm ne(n=1,2,3,\cdots)$. 电荷的这种只能取分立的、不连续量值的特性称为**电荷的量子化**. 直到现在还没有足够的实验来否定这个规律. 当所讨论的宏观现象中所涉及的电荷比 e 大得多时，可认为电荷连续地分布在带电体上，忽略电荷的量子性所引起的微观起伏.

1897 年汤姆逊(J. J. Thomson)发现了电子(electron). 1913 年密立根(R. A. Millikan，1868～1953)设计了著名的油滴试验，直接测定了基本电荷的量值. 即一个电子所带电量的绝对值 $e=1.602\times10^{-19}$C.

基本粒子带电都是正的(或负的)基本电荷的整数倍,微观粒子所带的基元电荷数常称为它们各自的电荷数,都是正整数或负整数.

近代物理从理论上预言基本粒子由若干种夸克或反夸克组成,每一个夸克或反夸克带有$\pm\frac{1}{3}e$或$\pm\frac{2}{3}e$的电量. 至今尚未从实验中直接发现单独存在的夸克或反夸克.

4. 电荷的运动不变性

大量实验表明,一切带电体的电量不因其运动而改变,即**系统所带电荷与参考系的选取无关**. 电荷的这一性质称为**电荷的运动不变性**.

10.1.2 库仑定律

1. 点电荷

当一个带电体本身的线度比所研究的问题中所涉及的距离小得多时,这个带电体的大小和形状可忽略不计,该带电体就可称为**点电荷**. 也是一种理想化的物理模型. 具有相对意义,本身不一定是很小的带电体. 正像力学中所有宏观物体都可以看成质点的集合一样,任何带电体都可以看成是点电荷的集合.

2. 真空中的库仑定律

带电体之间的相互作用力称为电力,法国科学家库仑(Coulomb,1736~1806)通过实验总结出真空中两个点电荷之间相互作用的基本规律,称为库仑定律,从而使电磁学从定性的研究进入定量研究.

库仑定律可表述为:**在真空中,两个静止的点电荷之间的相互作用力,其大小与这两个电荷所带电量的乘积成正比,与它们之间距离的平方成反比;作用力的方向沿着两点电荷的连线,同号电荷相斥,异号电荷相吸**. 其数学表达式为

$$\boldsymbol{F}_{12}=\frac{1}{4\pi\varepsilon_0}\frac{q_1q_2}{r_{12}^3}\boldsymbol{r}_{12} \tag{10.1}$$

在国际单位制中,$\varepsilon_0=8.85\times10^{-12}\mathrm{C}^2\cdot\mathrm{N}^{-1}\cdot\mathrm{m}^{-2}$,称为真空介电常数或真空电容率. 其中,$\boldsymbol{F}_{12}$是$q_1$对$q_2$的作用力,$\boldsymbol{r}_{12}$是由$q_1$指到$q_2$的矢量.

q_2对q_1的作用力为

$$\boldsymbol{F}_{21}=\frac{1}{4\pi\varepsilon_0}\frac{q_1q_2}{r_{21}^3}\boldsymbol{r}_{21}=\frac{q_1q_2}{4\pi\varepsilon_0r_{12}^3}(-\boldsymbol{r}_{12})=-\boldsymbol{F}_{12}$$

说明

(1) 在库仑定律表示式中引入真空电容率和"4π"因子的作法,称为单位制的有理化.

(2) 从式子可见,当q_1和q_2同号时,表现为排斥力;当q_1和q_2异号时,表现为吸引力. 静止电荷间的作用力,又称为库仑力.

(3) 两静止点电荷之间的库仑力遵守牛顿第三定律. 库仑定律的形式与万有引力定律形式相似. 但前者包含吸力和斥力,后者只是引力.

(4) 两个以上静止点电荷之间的作用力遵循**力的叠加原理**,即两个以上的点电荷对一个点电荷的作用力等于各个点电荷单独存在时对该点电荷的作用力的矢量和.

(5) 库仑定律是直接由实验总结出来的规律,r 在 $10^{-15} \rightarrow 10^{7}$ m 范围内正确有效,它是静电场理论的基础.

思考题

思 10.1　点电荷间的库仑定律遵守牛顿第三定律吗?

思 10.2　设电荷均匀分布在一空心均匀带电球面上,若把另一点电荷放在球心上,这个电荷能处于平衡状态吗?如果把它放在偏离球心的位置上,又将如何呢?

10.2　电场　电场强度

10.2.1　电场

电荷间存在着力的作用,这种相互作用是怎样实现的?历史上曾有过两种不同的看法,在很长的时间内,人们认为带电体之间是超距作用,即二者直接作用,也不用介质传递. 即

$$\text{电荷} \longleftrightarrow \text{电荷}$$

到了19世纪,法拉第提出新的观点,认为在带电体周围存在着一种特殊物质——电场,电场是物质的一种存在形式. 带电体通过它的电场对位于电场中的另一带电体施力,这种力称为电场力. 任何电荷都在它周围空间产生电场. 电荷之间的相互作用正是通过电场实现的. 库仑力即是静电场力. 建立电场的电荷通常称为场源电荷. 静止电荷所产生的场是不随时间而变化的稳定电场,通常称为静电场.

$$\text{电荷} \longleftrightarrow \text{电场} \longleftrightarrow \text{电荷}$$

近代物理学证明后者是正确的.

10.2.2　电场强度

为了讨论电场的情况,我们引入试验电荷 q_0 的概念,从静电场的力的表现出发,利用试验电荷引出电场强度概念来描述电场的性质.

试验电荷必须满足两个条件:首先它本身所带的电量 q_0 应当足够小,这样它的引入才不会影响原来电场的情况;其次它的线度应当小到可以将它视为点电荷,这样才能借助它来确定电场中每一点的性质.

由库仑定律可知,试验电荷 q_0 在电场中某点所受的力不仅与该点所在的位置有关,而且与 q_0 的多少有关. 实验发现,将 q_0 加倍,则受的电场力也增加相同的倍数,即试验电荷分别带有电量 $q_0, 2q_0, 3q_0, \cdots, nq_0$ 时,它所受的力分别为 $\boldsymbol{F}, 2\boldsymbol{F}, 3\boldsymbol{F}, \cdots, n\boldsymbol{F}$.

$$\frac{\text{力}}{\text{试验电荷}} = \frac{\boldsymbol{F}}{q_0} = \frac{2\boldsymbol{F}}{2q_0} = \frac{3\boldsymbol{F}}{3q_0} = \cdots = \frac{n\boldsymbol{F}}{nq_0}$$

可见,这些比值都为$\frac{\boldsymbol{F}}{q_0}$,与试验电荷无关,仅与$A$点电场性质有关. 因此,可以用$\frac{\boldsymbol{F}}{q_0}$来描述电场的性质. 于是我们定义这一比值为描述电场具有力的性质的物理量,称为**电场强度**,简称场强,用符号$\boldsymbol{E}$来表示,则

$$\boldsymbol{E}=\frac{\boldsymbol{F}}{q_0} \tag{10.2}$$

可见电场中任一点的场强大小等于单位正电荷在该点所受的电场力,场强的方向也就是试验电荷在该处受力的方向. 在 SI 单位制中场强的单位是 $\mathrm{N \cdot C^{-1}}$,也可写成$\mathrm{V \cdot m^{-1}}$.

应该指出,电场是客观存在,它仅决定于场源电荷的分布,与是否引入试验电荷无关,而试验电荷的作用则在于显示电场的存在. 空间各点的E都相等的电场称为均匀电场或匀强电场.

10.2.3 场强叠加原理

电场力是矢量,它在叠加时遵从矢量叠加原理. 试验电荷放在元电荷为点电荷系q_1,q_2,q_3,…,q_n所产生电场中的A点,实验表明q_0在A处受的电场力$\boldsymbol{F}$是各个点电荷各自对q_0作用力$\boldsymbol{F}_1$,$\boldsymbol{F}_2$,$\boldsymbol{F}_3$,…,$\boldsymbol{F}_n$的矢量和,即

$$\boldsymbol{F}=\boldsymbol{F}_1+\boldsymbol{F}_2+\boldsymbol{F}_3+\cdots+\boldsymbol{F}_n$$

按场强定义

$$\boldsymbol{E}=\frac{\boldsymbol{F}}{q_0}=\frac{\boldsymbol{F}_1}{q_0}+\frac{\boldsymbol{F}_2}{q_0}+\frac{\boldsymbol{F}_3}{q_0}+\cdots+\frac{\boldsymbol{F}_n}{q_0}=\boldsymbol{E}_1+\boldsymbol{E}_2+\boldsymbol{E}_3+\cdots+\boldsymbol{E}_n$$

$$\boldsymbol{E}=\sum_{i=1}^{n}\boldsymbol{E}_i \tag{10.3}$$

由此可见,**点电荷系电场中任一点处的总场强等于各个点电荷单独存在时在该点产生的场强矢量和,这称为场强叠加原理.**

因此,只要知道点电荷的场强和场源系统的电荷分布情况,便可计算出任意带电体系电场的场强. 以上原理不仅对于点电荷电场的叠加,而且对于任意带电体系电场的叠加都是正确的.

库仑定律与叠加原理是静电学中最基本的内容,将两者结合起来,原则上可以解决静电学中的各种问题.

10.2.4 场强的计算

1. 点电荷电场的电场强度

设真空中有一场源点电荷q,在它所建立的电场中任意一点P的场强可由库仑定律求得. 设点P与场源电荷间的距离为r,将试探电荷q_0置于P点上,它所受的电场力为

$$\boldsymbol{F}=\frac{qq_0}{4\pi\varepsilon_0 r^3}\boldsymbol{r}$$

由场强定义知

$$\boldsymbol{E}=\frac{\boldsymbol{F}}{q_0}=\frac{q}{4\pi\varepsilon_0 r^3}\boldsymbol{r} \tag{10.4}$$

式(10.4)中 $\boldsymbol{r}$ 是由 q 指向点 P 的矢量. 当场源电荷 q 为正时,$\boldsymbol{E}$ 与 $\boldsymbol{r}$ 同方向,如图 10.1 所示;当 q 为负时,$\boldsymbol{E}$ 与 $\boldsymbol{r}$ 反方向. 该式表明点电荷的电场以场源为中心呈球形对称分布.

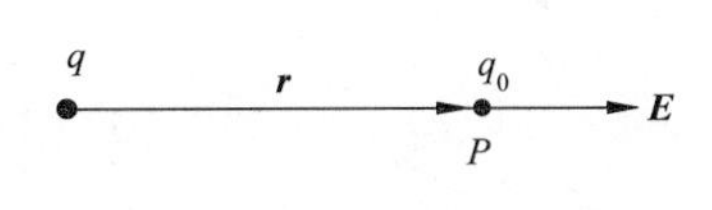

图 10.1　点电荷的电场

2. 点电荷系电场的电场强度

在点电荷系 $q_1,q_2,q_3,\cdots,q_n$ 所产生电场中的 A 点，由场强叠加原理得

$$\boldsymbol{E}=\sum_{i=1}^{n}\frac{q_i}{4\pi\varepsilon_0 r_i^3}\boldsymbol{r}_i$$

3. 连续带电体电场的电场强度

对于电荷连续分布的带电体,可先将带电体分割为无穷多个电荷元 dq,每一个电荷元均可视为一个点电荷,dq 产生场强为

$$\mathrm{d}\boldsymbol{E}=\frac{\mathrm{d}q}{4\pi\varepsilon_0 r^3}\boldsymbol{r}$$

对电荷元的场强进行积分,即可得出整个带电体电场中的场强

$$\boldsymbol{E}=\int \mathrm{d}\boldsymbol{E}=\int_q \frac{\mathrm{d}q}{4\pi\varepsilon_0 r^3}\boldsymbol{r} \tag{10.5}$$

4. 电偶极子

等量异号点电荷相距为 l,如图 10.2 所示,这样一对点电荷称为**电偶极子**. 由 $-q$ 指向 $+q$ 的矢量 $\boldsymbol{l}$ 称为电偶极子的轴,$\boldsymbol{p}=q\boldsymbol{l}$ 叫做电偶极子的**电偶极矩**,简称为**电矩**.

在一正常分子中有相等的正负电荷,当正、负电荷的中心不重合时,这个分子构成了一个电偶极子.

例 10.1　已知电偶极子电矩为 $\boldsymbol{p}$,求:

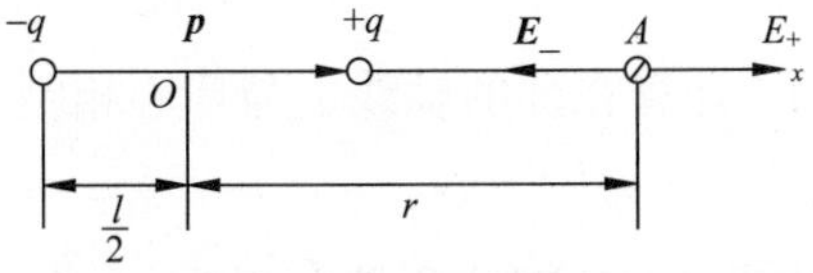

(1) 电偶极子在它轴线的延长线上一点 A 的 $\boldsymbol{E}_A$;

(2) 电偶极子在它轴线的中垂线上一点 B 的 $\boldsymbol{E}_B$.

图 10.2　电偶极子

解　(1) 如图 10.2 所取坐标,则有

$$\boldsymbol{E}_A=\boldsymbol{E}_+ + \boldsymbol{E}_-$$

$$E_+=\frac{q}{4\pi\varepsilon_0\left(r-\frac{l}{2}\right)^2},\quad E_-=\frac{q}{4\pi\varepsilon_0\left(r+\frac{l}{2}\right)^2}$$

$$E_A = E_+ - E_- = \frac{q}{4\pi\varepsilon_0}\left[\frac{1}{\left(r-\frac{l}{2}\right)^2} - \frac{1}{\left(r+\frac{l}{2}\right)^2}\right] = \frac{q}{4\pi\varepsilon_0}\cdot\frac{\left(r+\frac{l}{2}\right)^2-\left(r-\frac{l}{2}\right)^2}{\left(r-\frac{l}{2}\right)^2\left(r+\frac{l}{2}\right)^2}$$

$$= \frac{q}{4\pi\varepsilon_0}\cdot\frac{2lr}{r^4\left(1-\frac{l}{2r}\right)^2\left(1+\frac{l}{2r}\right)^2} \approx \frac{2ql}{4\pi\varepsilon_0 r^3} = \frac{2p}{4\pi\varepsilon_0 r^3}$$

所以 $\boldsymbol{E}_A = \frac{2\boldsymbol{p}}{4\pi\varepsilon_0 r^3}$（$\boldsymbol{E}_A$ 与 $\boldsymbol{p}$ 同向）.

(2) 如图 10.3 所取坐标

$$\boldsymbol{E}_B = \boldsymbol{E}_+ + \boldsymbol{E}_-$$

$$E_+ = \frac{q}{4\pi\varepsilon_0\left(r^2+\frac{l^2}{2^2}\right)} = E_-$$

$$E_{Bx} = -(E_+\cos\alpha + E_-\cos\alpha) = -2E_+\cos\alpha$$

$$= -2\cdot\frac{q}{4\pi\varepsilon_0\left(r^2+\frac{l^2}{4}\right)}\cdot\frac{\frac{l}{2}}{\sqrt{r^2+\frac{l^2}{4}}} = \frac{-ql}{4\pi\varepsilon_0\left(r^2+\frac{l^2}{4}\right)^{\frac{3}{2}}} \approx \frac{-ql}{4\pi\varepsilon_0 r^3} = \frac{-p}{4\pi\varepsilon_0 r^3}$$

$$E_{By} = 0$$

所以 $\boldsymbol{E}_B = \boldsymbol{E}_{Bx} = -\frac{\boldsymbol{p}}{4\pi\varepsilon_0 r^3}$.

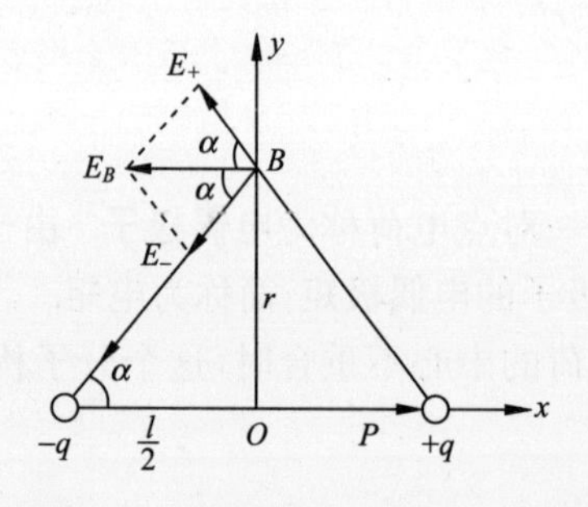

图 10.3 电偶极子中垂线上的场强

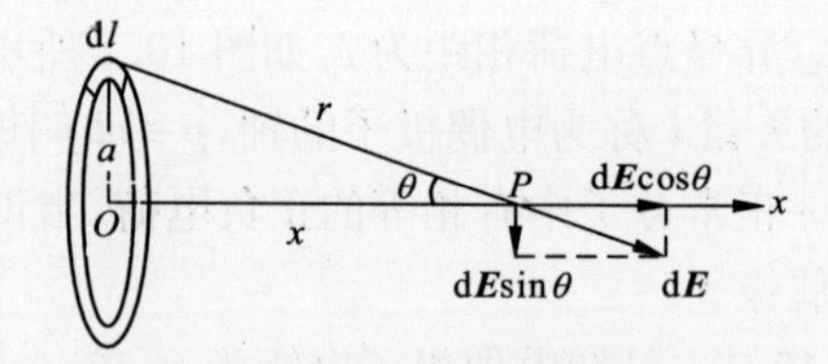

图 10.4 均匀带电圆环轴线上场强

例 10.2 设电荷 q 均匀分布在半径为 a 的圆环上,计算在环的轴线上与环心相距 x 的 P 点的场强.

解 取坐标如图 10.4 所示,把圆环分成一系列电荷元,$\mathrm{d}l$ 部分所带电荷 $\mathrm{d}q = \frac{q}{2\pi a}\mathrm{d}l = \lambda\mathrm{d}l$,在 P 点产生的场强为

$$\mathrm{d}E = \frac{\lambda\mathrm{d}\,l}{4\pi\varepsilon_0 r^2}$$

$$\mathrm{d}E_x = \mathrm{d}E\cos\theta = \frac{\lambda\mathrm{d}\,l}{4\pi\varepsilon_0 r^2}\cos\theta$$

其中，$\cos\theta=\dfrac{x}{(x^2+a^2)^{\frac{1}{2}}}$，$r^2=x^2+a^2$；$x$，$a$ 为定值. 则

$$E_x=\int_0^{2\pi a}\frac{\lambda\mathrm{d}\,l}{4\pi\varepsilon_0 r^2}\cos\theta=\frac{qx}{4\pi\varepsilon_0(x^2+a^2)^{\frac{3}{2}}}$$

根据对称性可知，$E_{\perp x}=0$，所以

$$E=E_x=\frac{qx}{4\pi\varepsilon_0(x^2+a^2)^{\frac{3}{2}}}$$

讨论

(1) $\boldsymbol{E}$ 与圆环平面垂直；

(2) 当 $x=0$ 时，即环中心处，$\boldsymbol{E}=0$；

(3) 当 $x\gg a$ 时，$E=\dfrac{q}{4\pi\varepsilon_0 x^2}$，$x$ 轴上 $\boldsymbol{E}$ 关于原点对称.

从上式可以看出，当某点远离带电圆环时，计算此点的电场强度，可将带电圆环视为电量全部集中在环心的点电荷来处理.

例 10.3　有一均匀带电直线，长为 l，电量为 q，求距直线垂直距离为 r 处的 P 点的场强.

解　取坐标如图 10.5 所示，把带电体分成一系列点电荷，设 $\lambda=\dfrac{q}{l}$，则 $\mathrm{d}y$ 段在 P 处产生场强为

$$\mathrm{d}E=\frac{\mathrm{d}q}{4\pi\varepsilon_0 r'^2}=\frac{\lambda\mathrm{d}y}{4\pi\varepsilon_0(y^2+r^2)}$$

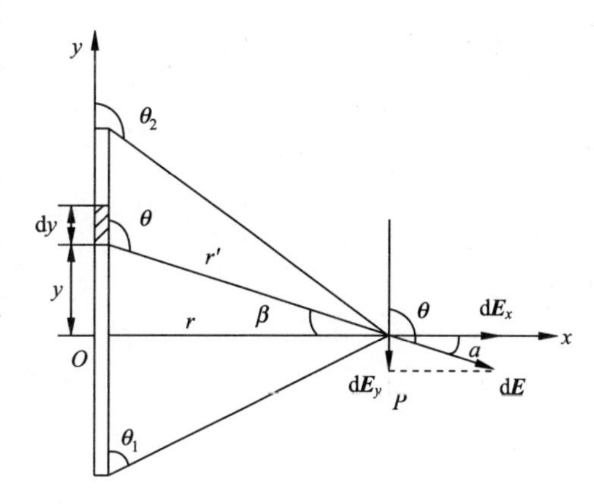

图 10.5　均匀带电细杆场强

由图示几何关系可知

$$y=r\tan\beta=r\tan\left(\theta-\frac{\pi}{2}\right)=-r\cot\theta$$

$$\mathrm{d}y=r\csc^2\theta\mathrm{d}\theta$$

$$y^2+r^2=r^2(1+\cot^2\theta)=r^2\csc^2\theta$$

$$\mathrm{d}E=\frac{\lambda}{4\pi\varepsilon_0 r}\mathrm{d}\theta$$

$$\mathrm{d}E_x=\mathrm{d}E\sin\theta=\frac{\lambda}{4\pi\varepsilon_0 r}\sin\theta\mathrm{d}\theta$$

$$\mathrm{d}E_y=\mathrm{d}E\cos\theta=\frac{\lambda}{4\pi\varepsilon_0 r}\cos\theta\mathrm{d}\theta$$

$$E_x=\int\mathrm{d}E_x=\int_{\theta_1}^{\theta_2}\frac{\lambda\sin\theta\mathrm{d}\theta}{4\pi\varepsilon_0 r}-\frac{\lambda}{4\pi\varepsilon_0 r}(\cos\theta_1-\cos\theta_2)$$

$$E_y=\int \mathrm{d}E_y=\int_{\theta_1}^{\theta_2}\frac{\lambda\cos\theta}{4\pi\varepsilon_0 r}\mathrm{d}\theta=\frac{\lambda}{4\pi\varepsilon_0 r}(\sin\theta_2-\sin\theta_1)$$

讨论 无限长均匀带电直线 $\theta_1=0,\theta_2=\pi$,则

$$E_x=\frac{\lambda}{2\pi\varepsilon_0 r},\quad E_y=0$$

即电场强度垂直无限长带电直线,$\lambda>0$,$\boldsymbol{E}$ 背向直线;$\lambda<0$,$\boldsymbol{E}$ 指向直线.

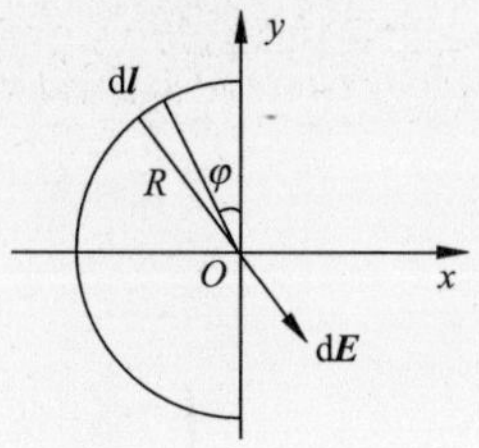

图 10.6 均匀带电半圆环圆心处场强

例 10.4 一个半径为 R 的均匀带电半圆环,电荷线密度为 λ,求环心处 O 点的场强.

解 如图 10.6 在圆上取 $\mathrm{d}l=R\mathrm{d}\varphi$,则 $\mathrm{d}q=\lambda\mathrm{d}l=R\lambda\mathrm{d}\varphi$,它在 O 点产生场强大小为

$$\mathrm{d}E=\frac{\lambda R\mathrm{d}\varphi}{4\pi\varepsilon_0 R^2}$$

方向沿半径向外. 则

$$\mathrm{d}E_x=\mathrm{d}E\sin\varphi=\frac{\lambda}{4\pi\varepsilon_0 R}\sin\varphi\mathrm{d}\varphi$$

$$\mathrm{d}E_y=\mathrm{d}E\cos(\pi-\varphi)=\frac{-\lambda}{4\pi\varepsilon_0 R}\cos\varphi\mathrm{d}\varphi$$

积分

$$E_x=\int_0^{\pi}\frac{\lambda}{4\pi\varepsilon_0 R}\sin\varphi\mathrm{d}\varphi=\frac{\lambda}{2\pi\varepsilon_0 R}$$

$$E_y=\int_0^{\pi}\frac{-\lambda}{4\pi\varepsilon_0 R}\cos\varphi\mathrm{d}\varphi=0$$

所以

$$E=E_x=\frac{\lambda}{2\pi\varepsilon_0 R}$$

场强方向沿 x 轴正向.

思考题

思 10.3 两个点电荷相距一定距离,已知在这两点电荷连线中点处场强为 0,你对这二点电荷的电量和符号可作什么结论?

思 10.4 在电场中某一点的电场强度定义为 $\boldsymbol{E}=\dfrac{\boldsymbol{F}}{q_0}$,若该点没有试验电荷,那么该点电场强度又如何?为什么?

10.3 静电场的高斯定理

10.3.1 电场线

为了形象地描绘电场的分布情况,我们可以在电场中假想一系列的曲线,而且规定:

(1) 曲线上每一点的切线方向与该点场强的方向相同;

(2) 各点附近垂直于电场方向的单位面积所通过的电场线条数与该点场强的大小成正比,因此曲线的疏密程度可以表示该点场强的.

这些曲线称为**电场线**,它可以形象地全面描绘出电场中场强的分布状况. 静电场中的电场线具有下列特性:

(1) **电场线起自正电荷,止于负电荷,但它不会中途中断,也不会形成闭合曲线.**

(2) **电场线之间不会相交,因为任何一点的场强都只有一个确定的方向.**

电场线是为了形象描述电场分布所引进的辅助概念,它并不真实存在. 图 10.7 给出了几种常见电荷激发电场的电力线示意图.

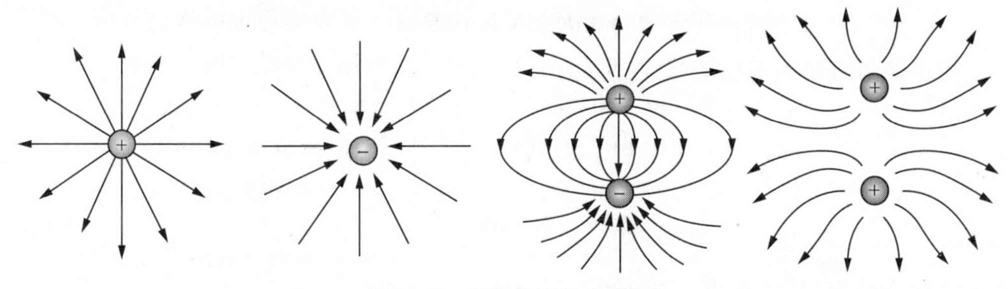

图 10.7　几种常见的电场线

10.3.2　电通量

通过电场中任一给定面积的电场线总数称为通过该面积的**电场强度通量**,简称**电通量**或 $\boldsymbol{E}$ **通量**,用 Φ_e 表示,电通量的单位为伏·米(V·m). 根据电场线的定义,可以计算通过任意面积的电通量. 下面我们分几种情况来讨论 Φ_e 的计算方法.

1. 匀强电场通过平面的电通量

在匀强电场(电场线是一束均匀分布的平行直线)中有一平面 S 与场强 $\boldsymbol{E}$ 垂直,如图 10.8 所示,则通过该面积的电通量显然应为 $\Phi_e=ES=\boldsymbol{E}\cdot\boldsymbol{S}$.

如图 10.9 所示,如果平面 S 的法线与场强 $\boldsymbol{E}$ 成一角度 θ,设 $\boldsymbol{e}_n$ 为 $\boldsymbol{S}$ 的单位法线向量,则 $\boldsymbol{S}=S\boldsymbol{e}_n$,则通过 S 的电通量应为

$$\Phi_e = ES_{\perp} = ES\cos\theta = \boldsymbol{E}\cdot\boldsymbol{S}\quad (\boldsymbol{S}=S\boldsymbol{e}_n)$$

式中,$\boldsymbol{e}_n$ 为 $\boldsymbol{S}$ 的单位法线向量.

2. 在任意电场中通过任意曲面的电通量

在非均匀电场中对任意曲面而言,要计算通过该曲面的电通量可以把曲面分成许多无限小的面积元 $\mathrm{d}S$,由于每一面元无限小,故可认为每一面元均为平面,且其电场是均匀的. 如图 10.10 所示,在 S 上取面元 $\mathrm{d}S$,$\mathrm{d}S$ 可看成平面,$\mathrm{d}S$ 上 $\boldsymbol{E}$ 可视为均匀,设 $\boldsymbol{e}_n$ 为 $\mathrm{d}S$ 单位法向向量,$\mathrm{d}\boldsymbol{S}$ 与该处 $\boldsymbol{E}$ 夹角为 θ,则通过 $\mathrm{d}S$ 电场强度通量为

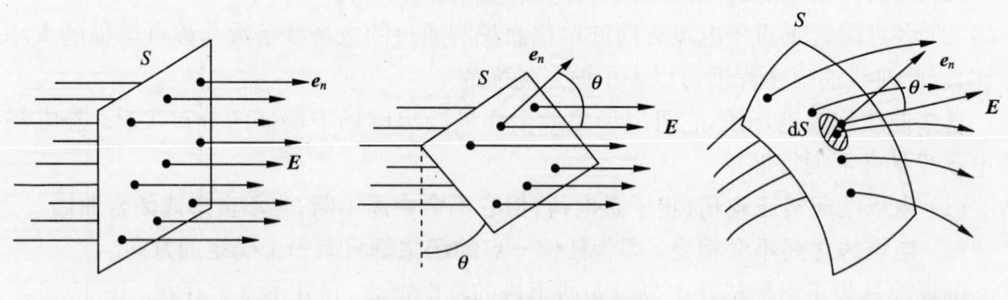

图 10.8　电通量的计算图一　　图 10.9　电通量的计算图二　　图 10.10　电通量的计算图三

$$\mathrm{d}\Phi_e = \boldsymbol{E} \cdot \mathrm{d}\boldsymbol{S}$$

通过整个曲面 S 的电场强度通量为

$$\Phi_e = \int \mathrm{d}\Phi_e = \int_s \boldsymbol{E} \cdot \mathrm{d}\boldsymbol{S}$$

$$\Phi_e = \int_s \boldsymbol{E} \cdot \mathrm{d}\boldsymbol{S} \tag{10.6}$$

当 S 为闭合曲面(如球面)时,通过闭合曲面的电通量可表示为

$$\Phi_e = \oint_s \boldsymbol{E} \cdot \mathrm{d}\boldsymbol{S} \tag{10.7}$$

通常我们规定闭合面的法线方向是由面内指向面外.

说明

(1) 电通量是标量,可以为正、负、零,是代数叠加.

(2) 对闭合曲面规定:通常取面元外法向为正. 如果电场线从闭合曲面之内向外穿出,电通量为正;如果电场线从外部穿入闭合曲面,电通量为负.

(3) 对不闭合曲面,电通量的正负根据所设的面元法线正方向而定.

10.3.3　高斯定理

高斯(K. F. Gauss)定理给出了在静电场中任一闭合曲面上所通过的电通量与这一闭合曲面所包围的场源电荷之间的量值关系,是静电场的基本规律之一. 现在我们就真空中的情况推导这一定理.

首先我们考虑场源是点电荷的情形. 在点电荷 q 所产生的电场中,作一个以 q 所在的位置为中心,以任意长 r 为半径的球面 S,如图 10.11(a)所示. 显然,球面 S 上各点的场强均为

$$\boldsymbol{E} = \frac{q}{4\pi\varepsilon_0 r^3}\boldsymbol{r}$$

方向沿着半径向外,处处都与球面垂直.

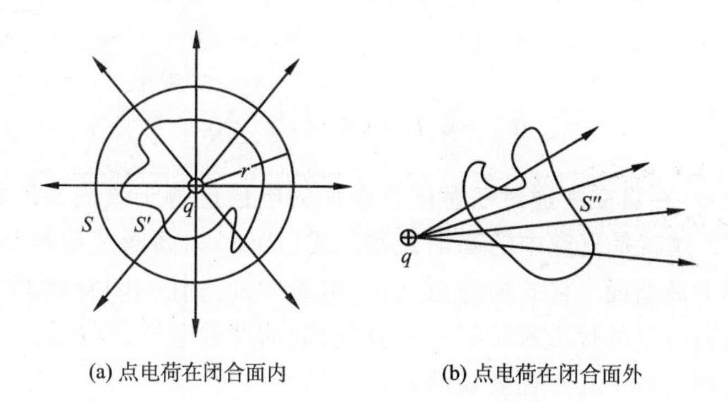

图 10.11　真空中高斯定理证明图一

由式(10.7)可求出通过闭合曲面(球面)S的电场强度通量为

$$\Phi_e=\oint_S \boldsymbol{E}\cdot \mathrm{d}\boldsymbol{S}=\oint_S \frac{q}{4\pi\varepsilon_0 r^3}\boldsymbol{r}\cdot \mathrm{d}\boldsymbol{S}=\oint_S \frac{q}{4\pi\varepsilon_0 r^3}r\mathrm{d}S=\oint_S \frac{q}{4\pi\varepsilon_0 r^2}\mathrm{d}S=\frac{q}{4\pi\varepsilon_0 r^2}\oint_S \mathrm{d}S=\frac{q}{\varepsilon_0}$$

上式表明通过球面的电通量只与球内的电量有关，与球面半径的大小无关.

如果围绕点电荷 q 作任意形状的闭合面 S(图 10.12)，在 S 内做一个以$+q$为中心，任意半径 r 的闭合球面 S_1，由前面讨论可知，通过 S_1 的电场强度通量仍为$\frac{q}{\varepsilon_0}$，与这闭合面的形状无关. 因为通过 S_1 的电场线必通过 S，即此时 $\Phi_{es_1}=\Phi_{es}$，所以通过 S 的电场强度通量为$\frac{q}{\varepsilon_0}$. 若闭合面所包围的电荷是$-q$时，则电场线是进入闭合面，通过闭合面的电通量为$\frac{-q}{\varepsilon_0}$.

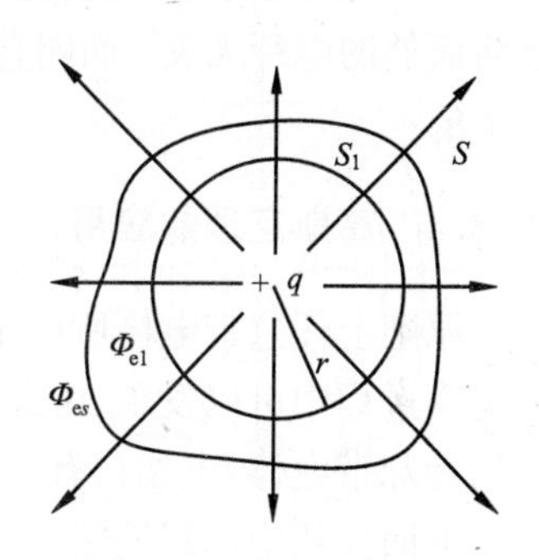

图 10.12　真空中高斯定理证明图二

若作一闭合面 S''不包含此点电荷，则由图 10.11(b)可看到，穿出与穿入此闭合面的电场线数相同，亦即通过此闭合面的电通量为零. 此时，进入 S''面内的电场线必穿出 S''面，即穿入与穿出 S''面的电场线数相等，所以

$$\Phi_e=\oint_S \boldsymbol{E}\cdot \mathrm{d}\boldsymbol{S}=0$$

上式表明通过闭合曲面的电通量只与面内电量有关，与面外的电荷无关.

现在，我们再考虑场源是任意点电荷系的情形. 在点电荷 $q_1,q_2,q_3,\cdots,q_n$ 电场中，任一点场强为

$$\boldsymbol{E}=\boldsymbol{E}_1+\boldsymbol{E}_2+\boldsymbol{E}_3+\cdots+\boldsymbol{E}_n$$

作一任意闭合曲面包围 $q_1,q_2,q_3,\cdots,q_n$，通过闭合曲面电场强度通量为

$$\Phi_e=\oint_S \boldsymbol{E}\cdot \mathrm{d}S=\oint_S (\boldsymbol{E}_1+\boldsymbol{E}_2+\boldsymbol{E}_3+\cdots+\boldsymbol{E}_n)\cdot \mathrm{d}\boldsymbol{S}$$

$$=\oint_S \boldsymbol{E}_1 \cdot \mathrm{d}\boldsymbol{S}+\oint_S \boldsymbol{E}_2 \cdot \mathrm{d}\boldsymbol{S}+\oint_S \boldsymbol{E}_3 \cdot \mathrm{d}\boldsymbol{S}+\cdots+\oint_S \boldsymbol{E}_n \cdot \mathrm{d}\boldsymbol{S}=\frac{1}{\varepsilon_0}\sum_{i=1}^{n} q_i$$

即

$$\Phi_{\mathrm{e}}=\oint_S \boldsymbol{E} \cdot \mathrm{d}\boldsymbol{S}=\frac{1}{\varepsilon_0}\sum_{i=1}^{n} q_i \tag{10.8}$$

式(10.8)表示:**在真空中通过任意闭合曲面的电通量等于该曲面所包围的一切电荷的代数和除以 ε_0. 这就是真空中的高斯定理**. 式(10.8)为高斯定理数学表达式,高斯定理中闭合曲面称为**高斯面**. 它的物理意义是:电场中通过任一闭合曲面的电通量等于该曲面所包围的电荷电量的代数和除以 ε_0,与闭合曲面外的电荷分布无关.

关于高斯定理有如下几点需要说明:

(1) 高斯定理是在库仑定律基础上得到的,但是前者适用范围比后者更广泛,后者只适用于真空中的静电场,而前者适用于静电场和随时间变化的场,高斯定理是电磁理论的基本方程之一.

(2) 高斯定理揭示了静电场是有源场,即静电场起源于电荷.

(3) 高斯面是一假想的任意曲面,并非客观存在. 高斯面可由我们任意选取.

(4) 高斯定理表明,通过闭合曲面的电通量只与闭合面内的电荷代数和有关,而与闭合曲面外的电荷无关. 而闭合曲面上任意一点的场强 $\boldsymbol{E}$ 都是由 S 面内、外所有电荷共同产生的.

10.3.4　高斯定理的应用

原则上任意带电体所产生的电场都可应用库仑定律和场强叠加原理求得,然而在具体运算过程中可以发现,由此而带来的数学上的难度是相当大的. 对于一些电荷对称分布的特殊带电体,电场具有一定的对称性,利用高斯定理可以很方便地计算出场强.

下面介绍应用高斯定理计算几种电荷分布具有一定对称性的场强方法. 可以看到,应用高斯定理求场强比前面介绍的方法更为简单.

例 10.5　均匀带电球面的场强. 设有一均匀带电球面,半径为 R,电荷为 $+q$,求球面内、外任一点场强.

解　由于电荷分布是球对称的,产生的电场是球对称的,场强方向沿半径向外,以 O 为球心的任意球面上的各点 $\boldsymbol{E}$ 值相等.

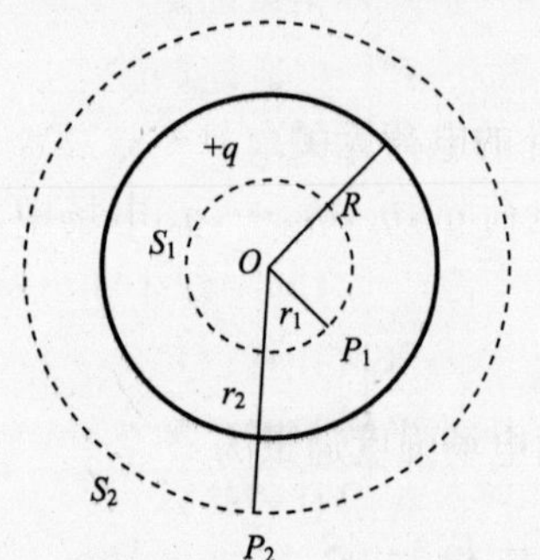

图 10.13　均匀带电球面的电场

1. *求球面内任一点 P_1 的场强*

如图 10.13 所示,以 O 为圆心,通过 P_1 点作半径为 r_1 的球面 S_1 为高斯面,高斯定理为

$$\oint_{S_1} \boldsymbol{E} \cdot \mathrm{d}\boldsymbol{S}=\frac{1}{\varepsilon_0}\sum_{S_{1内}} q$$

因为 $\boldsymbol{E}$ 与 $\mathrm{d}\boldsymbol{S}$ 同向,且 S_1 上各点 $\boldsymbol{E}$ 值都相同,所以

$$\oint_{S_1} \boldsymbol{E} \cdot \mathrm{d}\boldsymbol{S}=\oint_{S_1} E \mathrm{d}S=E\oint_{S_1} \mathrm{d}S=E \cdot 4\pi r_1^2$$

$$\frac{1}{\varepsilon_0}\sum_{S_{1内}} q = 0, E \cdot 4\pi r_1^2 = 0$$

所以

$$E = 0$$

这表明:均匀带电球面内部空间的场强处处为零.

注意　(1) 不是每个面元上电荷在球面内产生的场强为零,而是所有面元上电荷在球面内产生场强的矢量和为零.

(2) 非均匀带电球面在球面内任一点产生的场强不可能都为零(在个别点有可能为零).

2. 求球面外任一点的场强

以 O 为圆心,通过 P_2 点以半径 r_2 作一球面 S_2 作为高斯面,由高斯定理有

$$E \cdot 4\pi r_2^2 = \frac{1}{\varepsilon_0} q$$

所以,

$$E = \frac{q}{4\pi\varepsilon_0 r_2^2}$$

方向沿 $\boldsymbol{r}$ 方向(若 $q<0$,则沿 $\boldsymbol{r}$ 反方向). 这表明,均匀带电球面外任一点的场强如同电荷全部集中在球心处的点电荷在该点产生的场强一样.

$$E = 0, \quad r < R$$

$$E = \frac{q}{4\pi\varepsilon_0 r^2}, \quad r > R$$

场强分布曲线如图 10.14 所示.

例 10.6　无限长均匀带电直线,设电荷线密度为$+\lambda$,求直线外任一点场强.

解　由题意知,这里的电场是关于直线轴对称的,$\boldsymbol{E}$ 的方向垂直直线. 在以直线为轴的任一圆柱面上的各点场强大小是等值的. 如图 10.15 所示,以直线为轴线,过考察点 P 作半径为 r,高为 h 的圆柱高斯面,上底为 S_1、下底为 S_2,侧面为 S_3. 高斯定理为

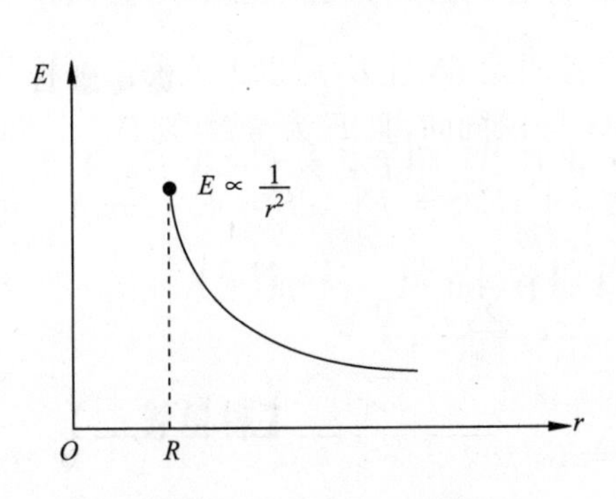

图 10.14　场强分布曲线

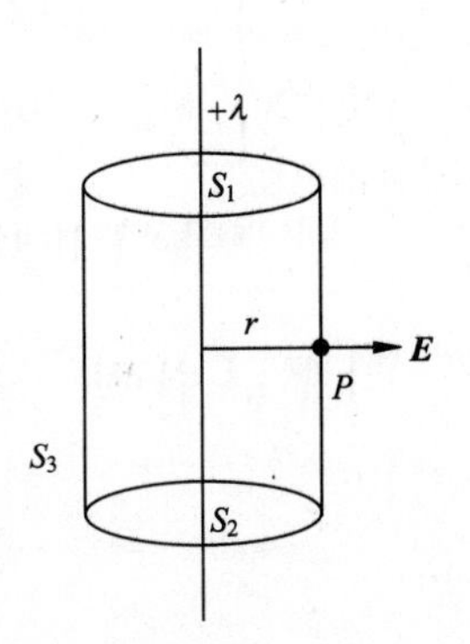

图 10.15　无限长均匀带电直线的电场

$$\oint_S \boldsymbol{E} \cdot \mathrm{d}\boldsymbol{S} = \frac{1}{\varepsilon_0} \sum_{S_{内}} q$$

在此

$$\oint_S \boldsymbol{E} \cdot \mathrm{d}\boldsymbol{S} = \int_{S_1} \boldsymbol{E} \cdot \mathrm{d}\boldsymbol{S} + \int_{S_2} \boldsymbol{E} \cdot \mathrm{d}\boldsymbol{S} + \int_{S_3} \boldsymbol{E} \cdot \mathrm{d}\boldsymbol{S}$$

因为在 S_1、S_2 上各面元 $\mathrm{d}\boldsymbol{S}_1 \perp \boldsymbol{E}$,所以前二项积分为零,在 S_3 上 $\boldsymbol{E}$ 与 $\mathrm{d}\boldsymbol{S}$ 方向一致,且 $E=$ 常数,则有

$$\oint_S \boldsymbol{E} \cdot \mathrm{d}\boldsymbol{S} = \int_{S_3} \boldsymbol{E} \cdot \mathrm{d}\boldsymbol{S} = E\int_{S_3} \mathrm{d}S = E \cdot 2\pi rh$$

$$\frac{1}{\varepsilon_0} \sum_{S_{内}} q = \frac{1}{\varepsilon_0} \lambda h$$

$$E \cdot 2\pi rh = \frac{1}{\varepsilon_0} \lambda h$$

$$E = \frac{\lambda}{2\pi\varepsilon_0 r}$$

$\boldsymbol{E}$ 由带电直线指向考察点(若 $\lambda<0$,则 $\boldsymbol{E}$ 由考察点指向带电直线).

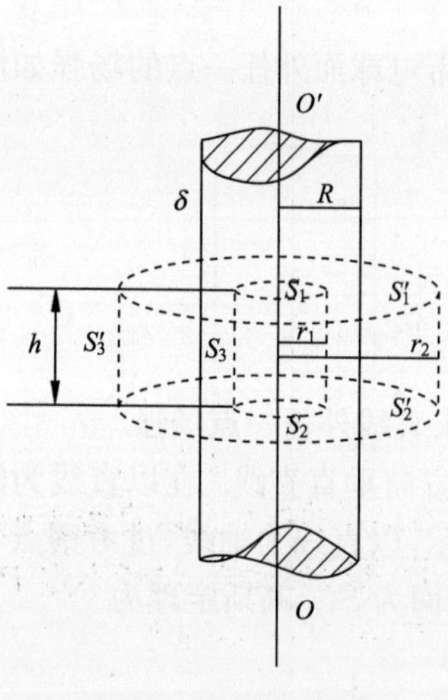

例 10.7　无限长均匀带电圆柱面,半径为 R,电荷面密度 $\sigma>0$,求柱面内外任一点场强.

解　由题意知,柱面产生的电场具有轴对称性,场强方向由柱面轴线向外辐射,并且任意以柱面轴线为轴的圆柱面上各点 $\boldsymbol{E}$ 值相等.

(1) 带电圆柱面内任一点 P_1 的场强.

如图 10.16 所示,以 OO' 为轴,过 P_1 点做以 r_1 为半径,高为 h 的圆柱高斯面,上底为 S_1,下底为 S_2,侧面为 S_3. 高斯定理为

$$\oint_S \boldsymbol{E} \cdot \mathrm{d}\boldsymbol{S} = \frac{1}{\varepsilon_0} \sum_{S_{内}} q$$

$$\oint_S \boldsymbol{E} \cdot \mathrm{d}\boldsymbol{S} = \int_{S_1} \boldsymbol{E} \cdot \mathrm{d}\boldsymbol{S} + \int_{S_2} \boldsymbol{E} \cdot \mathrm{d}\boldsymbol{S} + \int_{S_3} \boldsymbol{E} \cdot \mathrm{d}\boldsymbol{S}$$

图 10.16　无限长均匀带电圆柱面的电场

因为在 S_1、S_2 上各面元 $\mathrm{d}\boldsymbol{S}_1 \perp \boldsymbol{E}$,所以上式前二项积分为零,又在 S_3 上 $\mathrm{d}\boldsymbol{S}$ 与 $\boldsymbol{E}$ 同向,且 E 为常数,则有

$$\oint_S \boldsymbol{E} \cdot \mathrm{d}\boldsymbol{S} = \int_{S_3} E\mathrm{d}S = E\int_{S_3} \mathrm{d}S = E \cdot 2\pi r_1 h$$

$$\frac{1}{\varepsilon_0} \sum_{S_{内}} q = 0$$

所以

$$E \cdot 2\pi r_1 h = 0$$

$$E = 0$$

结论　无限长均匀带电圆筒内任一点场强为零

(2) 带电柱面外任一点场强.

以 OO' 为轴，过 P_2 点作半径为 r_2，高为 h 的圆柱形高斯面，上底为 S_1'，下底为 S_2'，侧面为 S_3'. 由高斯定理有

$$E \cdot 2\pi r_1 h = \frac{1}{\varepsilon_0} \cdot \sigma 2\pi Rh$$

$$E = \frac{\sigma \cdot 2\pi R}{2\pi\varepsilon_0 r_2}$$

因为

$$\sigma \cdot 2\pi R = \lambda$$

所以

$$E = \frac{\lambda}{2\pi\varepsilon_0 r_2}$$

$\boldsymbol{E}$ 由轴线指向 P_2($\sigma<0$ 时，$\boldsymbol{E}$ 沿 P_2 指向轴线).

结论　无限长均匀带电圆柱面在其外任一点的场强，如全部电荷都集中在带电柱面的轴线上的无限长均匀带电直线产生的场强一样.

例 10.8　无限大均匀带电平面，电荷面密度为 $+\sigma$，求平面外任一点场强.

解　由题意知，平面产生的电场是关于平面两侧对称的，场强方向垂直平面，距平面相同的任意两点处的 $\boldsymbol{E}$ 值相等. 如图 10.17 所示，设 P 为考察点，过 P 点做一底面平行于平面的关于平面又对称的圆柱形高斯面，右端面为 S_1，左端面为 S_2，侧面为 S_3，高斯定理为

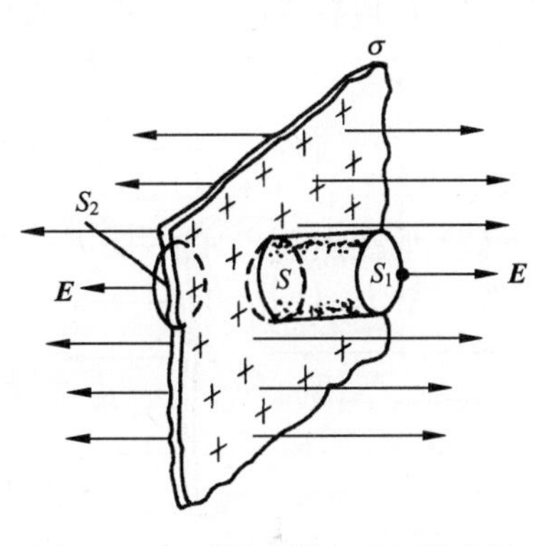

图 10.17　无限大带电平面的电场

$$\oint_S \boldsymbol{E} \cdot \mathrm{d}\boldsymbol{S} = \frac{1}{\varepsilon_0} \sum_{S_{内}} q$$

在此有

$$\oint_S \boldsymbol{E} \cdot \mathrm{d}\boldsymbol{S} = \int_{S_1} \boldsymbol{E} \cdot \mathrm{d}\boldsymbol{S} + \int_{S_2} \boldsymbol{E} \cdot \mathrm{d}\boldsymbol{S} + \int_{S_3} \boldsymbol{E} \cdot \mathrm{d}\boldsymbol{S}$$

因为在 S_3 上的各面元 $\mathrm{d}\boldsymbol{S} \perp \boldsymbol{E}$，所以第三项积分为零. 又因为在 S_1、S_2 上各面元 $\mathrm{d}\boldsymbol{S}$ 与 $\boldsymbol{E}$ 同向，且在 S_1、S_2 上电场强度为常数，因此有

$$\oint_s \boldsymbol{E} \cdot \mathrm{d}\boldsymbol{S} = \int_{s_1} E\mathrm{d}S + \int_{s_2} E\mathrm{d}S = E\int_{s_1} \mathrm{d}S + E\int_{s_2} \mathrm{d}S = ES_1 + ES_2 = 2ES_1$$

$$\frac{1}{\varepsilon_0} \sum_{S_{内}} q = \frac{1}{\varepsilon_0} \cdot \sigma S_1$$

$$E \cdot 2S_1 = \frac{1}{\varepsilon_0} \cdot \sigma S_1$$

所以

$$E = \frac{\sigma}{2\varepsilon_0}$$

计算结果表明，无限大均匀带电平面产生的场强与场点到平面的距离无关.

从上面的例子可以看出,在应用高斯定理时必须先分析场强对称性,再根据对称性恰当地选择高斯面,使 E 大小相等的地方,高斯面的法线方向恒与这里的场强方向平行,从而使 $\cos\theta=1$. 在无法判断场强大小是否相等的地方,使高斯面的法线方向处处与场强方向垂直,从而使 $\cos\theta=0$. 同时高斯面的面积也应易于计算. 能够满足这些条件时才能应用高斯定理计算电场强度.

例 10.9 有两个厚度不计的平行无限大均匀带电平板 A、B,电荷面密度分别为(1) $+\sigma,+\sigma$;(2) $+\sigma,-\sigma$. 分别求两种情况下板内、外的场强.

解 (1) 如图 10.18 所示,设 P_1 为两板之间任一点,有

$$\boldsymbol{E}=\boldsymbol{E}_A+\boldsymbol{E}_B$$

$$E=E_A-E_B=\frac{\sigma}{2\varepsilon_0}-\frac{\sigma}{2\varepsilon_0}=0$$

设 P_2 为 B 板右侧任一点(也可取在 A 板左侧)

$$\boldsymbol{E}=\boldsymbol{E}_A+\boldsymbol{E}_B$$

$$E=E_A+E_B=\frac{\sigma}{2\varepsilon_0}+\frac{\sigma}{2\varepsilon_0}=\frac{\sigma}{\varepsilon_0}$$

(2) 如图 10.19 所示,设 P_3 为两板之间任一点,有

$$\boldsymbol{E}=\boldsymbol{E}_A+\boldsymbol{E}_B$$

$$E=E_A+E_B=\frac{\sigma}{2\varepsilon_0}+\frac{\sigma}{2\varepsilon_0}=\frac{\sigma}{\varepsilon_0}$$

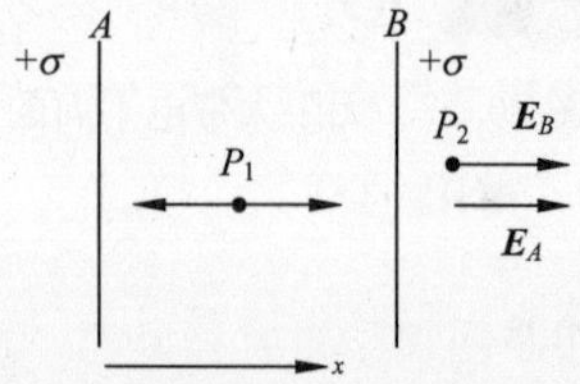

图 10.18 带同号电荷的平行板电场

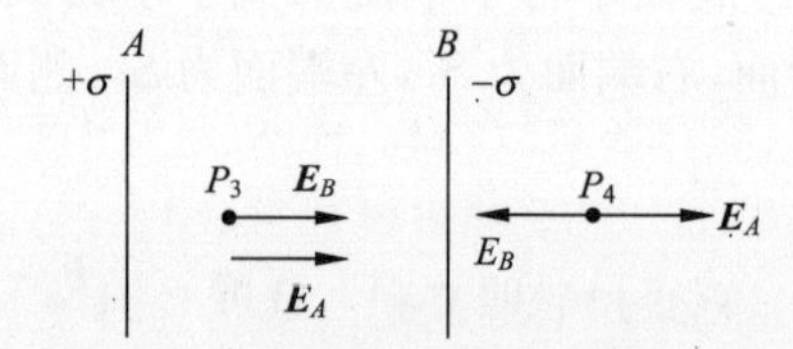

图 10.19 带异号电荷的平行板电场

设 P_4 为 B 板右侧任一点(也可取在 A 板左侧)

$$\boldsymbol{E}=\boldsymbol{E}_A+\boldsymbol{E}_B$$

$$E=E_A-E_B=\frac{\sigma}{2\varepsilon_0}-\frac{\sigma}{2\varepsilon_0}=0$$

上面,我们应用高斯定理求出了几种带电体产生的场强,从这几个例子看出,用高斯定理求场强是比较简单的. 但是,我们应该明确,虽然高斯定理是普遍成立的,但是任何带电体产生的场强不是都能由它计算出,因为这样的计算是有条件的,它要求电场分布具有一定的对称性,在电荷分布具有某种对称性时,才能适当选取高斯面,从而很方便的计算出电场强度.

思考题

思 10.5 有人说,点电荷在电场中一定是沿电场线运动的,电场线就是电荷运动的

轨迹,这样说对吗?为什么?

思 10.6　在均匀电场中,一点电荷静止释放,它能沿电场线运动吗?如把点电荷放在非均匀电场中又如何呢?

思 10.7　若穿过一闭合曲面的电场强度通量不为零,是否在此曲面上的电场强度一定是处处不为零?

思 10.8　如果在一高斯面内没有静电荷,那么此高斯面上每一点的电场强度 E 必为零吗?穿过此高斯面的电场强度通量又如何呢?

思 10.9　如果在一曲面上每点的电场强度 $\boldsymbol{E}=0$,那么穿过此曲面的电场强度通量也为零吗?如果穿过曲面的电场强度通量为零,那么,能否说此曲面上每一点的电场强度 $\boldsymbol{E}$ 也必为零呢?

思 10.10　在高斯定理 $\oint_S \boldsymbol{E}\cdot \mathrm{d}\boldsymbol{S}=\frac{1}{\varepsilon_0}\sum_{S_内} q$ 中,是否闭合曲面上每一点的电场强度 $\boldsymbol{E}$ 仅由 $\sum_{S_内} q$ 所确定?

10.4　静电场的环路定理　电势

10.4.1　静电场力的功

首先我们分析在点电荷建立的电场中移动另一点电荷时场力所做的功.

如图 10.20 所示,在场源点电荷 $+q$ 的静电场中把一试验电荷 q_0 从 a 点沿任意路径 L 移至 b 点. 由于在移动过程中 q_0 受到的静电场力是变力,所以大小和方向都在不断改变. 为此我们把路径 L 分割成无限多个位移元 $\mathrm{d}\boldsymbol{l}$,以致可视 $\mathrm{d}\boldsymbol{l}$ 为直线,并且认为在这无限小的范围内,场强的大小和方向的变化都可忽略不计. 这样,试验电荷 q_0 在位移 $\mathrm{d}\boldsymbol{l}$ 时电场力所做的元功 $\mathrm{d}A$ 为

$$\mathrm{d}A=\boldsymbol{F}\cdot\mathrm{d}\boldsymbol{l}=q_0\boldsymbol{E}\cdot\mathrm{d}\boldsymbol{l}=\frac{qq_0}{4\pi\varepsilon_0 r^2}\mathrm{d}l\cos\theta=\frac{qq_0}{4\pi\varepsilon_0 r^2}\mathrm{d}r$$

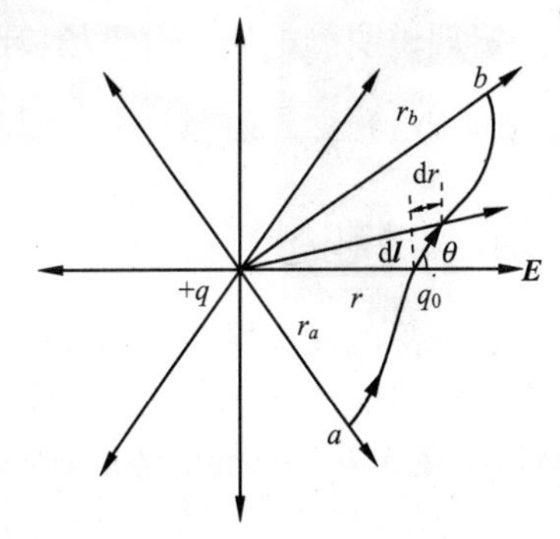

图 10.20　电场力的功

由此得 q_0 从 a 移动到 b 时电场力所做的总功为

$$A=\int\mathrm{d}A=\frac{qq_0}{4\pi\varepsilon_0}\int_{r_a}^{r_b}\frac{1}{r^2}\mathrm{d}r=\frac{qq_0}{4\pi\varepsilon_0}\left(\frac{1}{r_a}-\frac{1}{r_b}\right)\tag{10.9}$$

式中,r_a、r_b 分别表示场源电荷 q 到路程的起点 a 和终点 b 的距离. 可见试验电荷 q_0 在点电荷的电场中移动时电场力所做的功只与起、止点的位置和试探电荷的电量有关,与它的路径无关.

一般情况下当场源电荷不是点电荷时,我们可以把它看成是由许多点电荷所建立的电场叠加而成,电场力所做的总功也就是各点电荷单独建立的电场对 q_0 所做功的代数和. 设 q_0 在 $q_1,q_2,\cdots,q_n$ 的电场中,由场强叠加原理有

$$\boldsymbol{E}=\boldsymbol{E}_1+\boldsymbol{E}_2+\cdots+\boldsymbol{E}_n$$

q_0 从 a 移动到 b 时,静电场力的功为

$$A=\int_{\widehat{ab}}\boldsymbol{F}\cdot\mathrm{d}\boldsymbol{r}=\int_{\widehat{ab}}q_0\boldsymbol{E}\cdot\mathrm{d}\boldsymbol{r}=\int_{\widehat{ab}}q_0\boldsymbol{E}_1\cdot\mathrm{d}\boldsymbol{r}+\int_{\widehat{ab}}q_0\boldsymbol{E}_2\cdot\mathrm{d}\boldsymbol{r}+\cdots+\int_{\widehat{ab}}q_0\boldsymbol{E}_n\cdot\mathrm{d}\boldsymbol{r}$$

因为上式左边每一项都只与 q_0 始末位置有关,而与过程无关,所以点电荷系静电力对 q_0 做的功只与 q_0 始末位置有关,而与过程无关. 对连续带电体,可看成是很多个点电荷组成的点电荷系,所以前面的结论仍成立.

因此得出结论:**点电荷在静电场中移动时,电场力所做的功与该电荷的电量及其在电场中的起、止点的位置有关,而与电荷所经历的路径无关**. 静电场的这一性质和重力场一样,因而静电场也是保守力场或有势场,静电力是保守力.

10.4.2 静电场的环路定理

由于静电场力所作的功与电荷移动的路径无关,若将试验电荷 q_0 从静电场中某点出发经任意闭合路径 l,最后回到该点,则在此过程中静电场力对 q_0 所做的总功应为零,即

$$\oint_l q_0\boldsymbol{E}\cdot\mathrm{d}\boldsymbol{l}=0$$

因为 $q_0\neq0$,所以必有

$$\oint_l\boldsymbol{E}\cdot\mathrm{d}\boldsymbol{l}=0\tag{10.10}$$

此式表明,**在静电场中场强沿任意闭合路径的线积分恒等于零**. 这一重要结论称为**静电场的环路定理**.

静电场的环路定理是静电场的重要特征之一,它是静电场为保守场的一种等价说法. 高斯定理说明静电场是有源场,环路定理说明静电场是保守场.

10.4.3 电势能 电势

1. 电势能

由于静电场为保守力场,所以我们可以像在重力场中引入重力势能那样,在静电场中也引入电势能的概念. 电荷在静电场中一定的位置具有一定的**电势能**,设 W_a、W_b 为试探电荷 q_0 在 a、b 二点的电势能,则有

$$-(W_b-W_a)=A_{ab}=q_0\int_a^b\boldsymbol{E}\cdot\mathrm{d}\boldsymbol{l}\tag{10.11}$$

电势能的单位是焦耳(J). 要确定电荷在电场中某一位置的势能,必须事先选定一个参考点,令其电势能为零. 令 b 点电势能为零($W_b=0$),则有

$$W_a=q_0\int_a^b\boldsymbol{E}\cdot\mathrm{d}\boldsymbol{l}$$

上式的物理意义为:**试探电荷 q_0 在电场中某点 a 处所具有的电势能在量值上等于把 q_0 从 a 点沿着任意路径移至电势能为零处时电场力所做的功**. 电场力所做的功可正可负,因此电势能也有正有负. 电势能零点与其他势能零点一样,原则上是可以任意选取的.

2. 电势

电势能是电场和电荷 q_0 整个系统所具有的能量,它与 q_0 的大小成正比,因而不能用

它来描述电场的性质. 但是$\frac{W_a}{q_0}$这一比值却与电荷q_0无关,因此这一比值可用来表征静电场中各点的性质,该物理量称为**电势**,用符号U_a表示电场中a点的电势,则有

$$U_a = \frac{W_a}{q_0}$$

如果选取电场中b点电势等于零,则有

$$U_a = \int_a^b \boldsymbol{E} \cdot \mathrm{d}\boldsymbol{l} \tag{10.12}$$

对于有限大小的带电体,一般选无限远处电势为零,则有

$$U_a = \int_a^\infty \boldsymbol{E} \cdot \mathrm{d}\boldsymbol{l} \tag{10.13}$$

由上述定义式可知:**电场中某点的电势在数值上等于单位正电荷在该点所具有的电势能. 也等于把单位正电荷由此点经任意路径移至电势零点时电场力所做的功.**

在实际工作中常以大地或电器外壳的电势为零. 电势是标量,在国际单位制中,电势的单位为伏特(V),$1\mathrm{V}=1\mathrm{J}\cdot\mathrm{C}^{-1}$.

说明

(1) U_a为标量,可正、负或零.

(2) 电势的零点(电势能零点)原则上可以任选. 在理论上对有限带电体通常取无穷远处电势零点,在实用上通常取地球为电势零点. 一方面因为地球是一个很大的导体,它本身的电势比较稳定,适宜于作为电势零点;另一方面任何其他地方都可以方便地将带电体与地球比较,以确定电势.

(3) 电势与电势能是两个不同概念,电势是电场具有的性质,而电势能是电场中电荷与电场组成的系统所共有的,若电场中没有带电体也就无电势能,但是各点电势还是存在的.

3. 电势差

静电场中两点间电势之差称为**电势差**或**电压**.

$$U_{ab} = U_a - U_b = \int_a^\infty \boldsymbol{E} \cdot \mathrm{d}\boldsymbol{l} - \int_b^\infty \boldsymbol{E} \cdot \mathrm{d}\boldsymbol{l} = \int_a^b \boldsymbol{E} \cdot \mathrm{d}\boldsymbol{l}$$

$$U_a - U_b = \int_a^b \boldsymbol{E} \cdot \mathrm{d}\boldsymbol{l} \tag{10.14}$$

上式表明,a、b**两点间的电势差就是场强由**a**点到**b**点的线积分,在量值上等于将单位正电荷由**a**移到**b**时电场力所做的功.**

静电场力的功与电势差之间的关系为

$$A = q_0(U_a - U_b) = q_0\int_a^b \boldsymbol{E} \cdot \mathrm{d}\boldsymbol{l}$$

由此可见,在静电场力的推动下,正电荷将从电势高处向电势低处运动. 应注意,电势差与电势不同,它是与参考点位置无关的.

10.4.4 电势叠加原理

根据场强叠加原理和电势的定义,可以得到对于任意带电体系,其静电场在空间某点 a 的电势

$$U_a=\int_a^{\infty}\boldsymbol{E}\cdot\mathrm{d}\boldsymbol{l}=\sum_{i=1}^{n}\int_a^{\infty}\boldsymbol{E}_i\cdot\mathrm{d}\boldsymbol{l}=\sum_{i=1}^{n}U_{ai} \tag{10.15}$$

即任意带电体系的静电场中某点的电势等于各个电荷元单独存在时的电场在该点电势的代数和. 这就是**电势叠加原理**. 式(10.15)从原则上给出了求任意带电体系电场中电势的方法.

10.4.5 电势的计算

1. 点电荷的电势

真空中一个孤立点电荷 q 的电场在距其 r_a 远处一点 a 的电势,可根据电势的定义,利用式(10.13)计算. 由于积分路线可以任意选择,选沿电场线方向积分,则 $\theta=0,\cos\theta\mathrm{d}l=\mathrm{d}r$,故有

$$U_a=\int_a^{\infty}\boldsymbol{E}\cdot\mathrm{d}\boldsymbol{l}=\int_a^{\infty}\frac{q}{4\pi\varepsilon_0 r^3}\boldsymbol{r}\cdot\mathrm{d}\boldsymbol{l}=\int_a^{\infty}\frac{q}{4\pi\varepsilon_0 r^2}\mathrm{d}r=\frac{q}{4\pi\varepsilon_0 r} \tag{10.16}$$

显然,当场源电荷 q 为正时,其周围电场的电势为正;当 q 为负时,其周围电场的电势为负. 式(10.16)表明,点电荷电场中的电势是以点电荷为中心而呈球形对称分布的.

2. 点电荷系电场中的电势

对于由点电荷系 $q_1,q_2,\cdots,q_n$,激发的电场中某点的电势,可从式(10.16)及电势叠加原理得到.

$$U_a=\sum_{i=1}^{n}U_{ai}=\sum_{i=1}^{n}\frac{q_i}{4\pi\varepsilon_0 r_i}$$

因此,**点电荷系中某点电势等于各个点电荷单独存在时产生电势的代数和.**

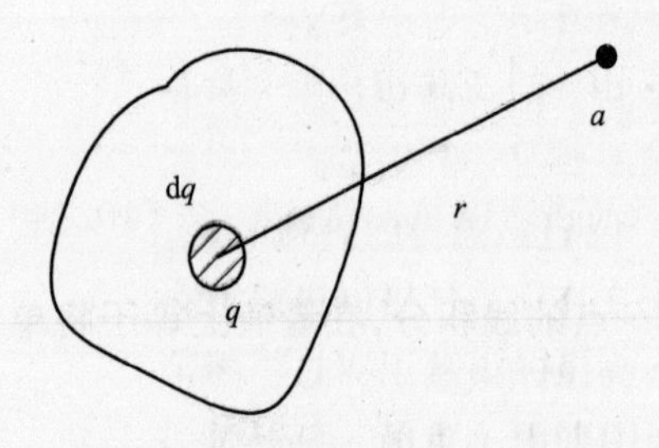

图 10.21 连续分布带电体的电势

3. 连续带电体电场中的电势

对于电荷连续分布的有限大小的带电体,如图 10.21 所示,可看成由无穷多个电荷元组成,每个电荷元视为点电荷 $\mathrm{d}q$,$\mathrm{d}q$ 在 a 处产生电势为

$$\mathrm{d}U_a=\frac{\mathrm{d}q}{4\pi\varepsilon_0 r}$$

整个带电体在 a 处产生的电势为

$$U_a=\int\mathrm{d}U_a=\int_q\frac{\mathrm{d}q}{4\pi\varepsilon_0 r}$$

例 10.10 均匀带电圆环,半径为 R,电荷为 q,求其轴线上任一点电势.

解　如图 10.22 所示，x 轴在圆环轴线上，把圆环分成一系列电荷元，每个电荷元视为点电荷，$\mathrm{d}q$ 在 p 点产生的电势为

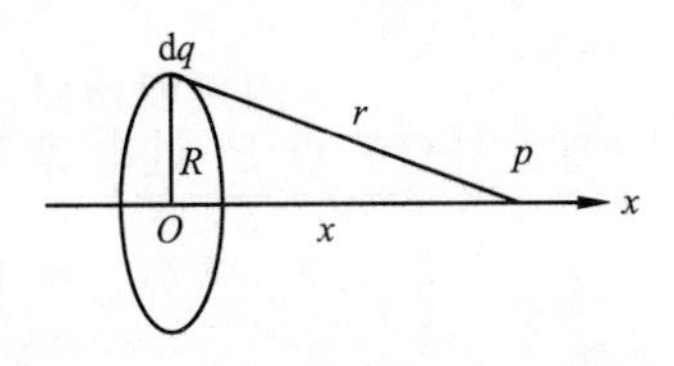

图 10.22　均匀带电圆环的电势

$$\mathrm{d}U_p = \frac{\mathrm{d}q}{4\pi\varepsilon_0 r} = \frac{\mathrm{d}\,q}{4\pi\varepsilon_0\sqrt{R^2+x^2}}$$

整个环在 p 点产生电势为

$$U_p = \int \mathrm{d}\,U_p = \int_q \frac{\mathrm{d}q}{4\pi\varepsilon_0\sqrt{R^2+x^2}} = \frac{q}{4\pi\varepsilon_0\sqrt{R^2+x^2}}$$

讨论

(1) $x=0$ 处，$U_p=\frac{q}{4\pi\varepsilon_0 R}$

(2) $x\geqslant R$ 时，$U_p=\frac{q}{4\pi\varepsilon_0 x}$，均匀带电圆环可视为点电荷.

例 10.11　求无限长均匀带电直导线外任一点的电势，已知线电荷密度为 λ.

解　如图 10.23 所示，取场中任一点 b(距导线为 r_0)为电势零点，即：$U_{b(r=r_0)}=0$. 则任一点 P 的电势为

$$U_p = \int_r^{r_0} \boldsymbol{E}\cdot\mathrm{d}\boldsymbol{r} = \int_r^{r_0} E\,\mathrm{d}r$$

由高斯定理，得无限长均匀带电直导线外任一点场强为

$$E = \frac{\lambda}{2\pi\varepsilon_0 r}$$

则 P 点的电势为

$$U_p = \int_r^{r_0} \boldsymbol{E}\cdot\mathrm{d}\boldsymbol{r} = \int_r^{r_0} E\,\mathrm{d}r = \int_r^{r_0} \frac{\lambda}{2\pi\varepsilon_0 r}\mathrm{d}\,r = \frac{\lambda}{2\pi\varepsilon_0}\ln\frac{r_0}{r}$$

例 10.12　一均匀带电球面，半径为 R，电荷为 q，求球面内、外任一点电势.

解　如图 10.24 所取坐标，场强分布为

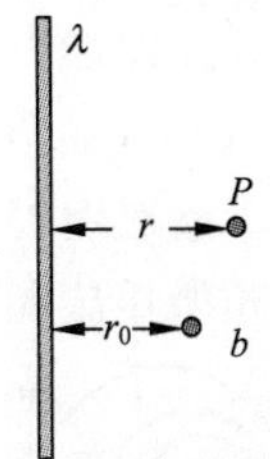

图 10.23　均匀带电长直线的电势计算

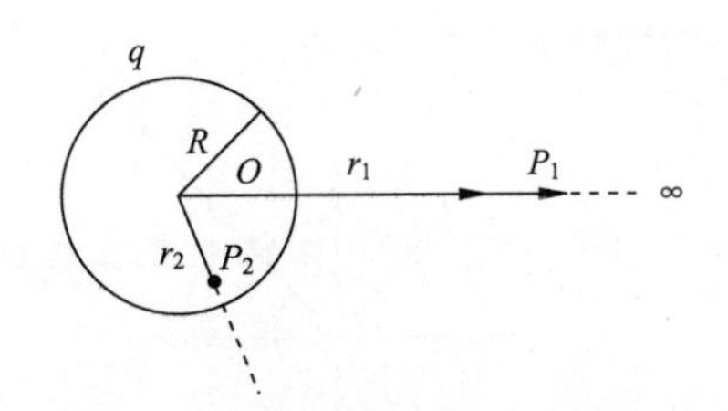

图 10.24　均匀带电球面内外电势的计算

球面内($r<R$)

$$\boldsymbol{E}_i = 0$$

球面外($r>R$)

$$\boldsymbol{E}_{\mathrm{e}} = \frac{q}{4\pi\varepsilon_0 r^3}\boldsymbol{r}$$

球面外任一点 P_1 处电势为

$$U_{P_1} = \int_{P_1}^{\infty} \boldsymbol{E}_{\mathrm{e}} \cdot \mathrm{d}\boldsymbol{r} = \int_{r_1}^{\infty} \frac{q}{4\pi\varepsilon_0 r^2}\mathrm{d}r = \frac{q}{4\pi\varepsilon_0 r_1}$$

结论　均匀带电球面外任一点电势,如同全部电荷都集中在球心的点电荷一样.

球面内任一点 P_2 处的电势

$$U_{P_2} = \int_{P_2}^{\infty} \boldsymbol{E} \cdot \mathrm{d}\boldsymbol{r} = \int_{r_2}^{R} \boldsymbol{E}_i \cdot \mathrm{d}\boldsymbol{r} + \int_{R}^{\infty} \boldsymbol{E}_{\mathrm{e}} \cdot \mathrm{d}\boldsymbol{r}$$

$$= \int_{R}^{\infty} \frac{q}{4\pi\varepsilon_0 r^2}\mathrm{d}r = \frac{q}{4\pi\varepsilon_0 R}$$

可见,球面内任一点电势都与球面上电势相等.

例 10.13　如图 10.25 所示,有二个均匀带电的同心球面,半径为 R_1、R_2,电荷为 $+q$、$-q$,求二面的电势差 ΔU.

解　在二球面间,场强为:$\boldsymbol{E} = \dfrac{q}{4\pi\varepsilon_0 r^3}\boldsymbol{r}$

$$\Delta U = \int_{R_1}^{R_2} \boldsymbol{E} \cdot \mathrm{d}\boldsymbol{r} = \int_{R_1}^{R_2} \frac{q}{4\pi\varepsilon_0 r^2}\mathrm{d}r = \frac{q}{4\pi\varepsilon_0}\left(\frac{1}{R_1} - \frac{1}{R_2}\right)$$

$$(\Delta U > 0, U_{内} > U_{外})$$

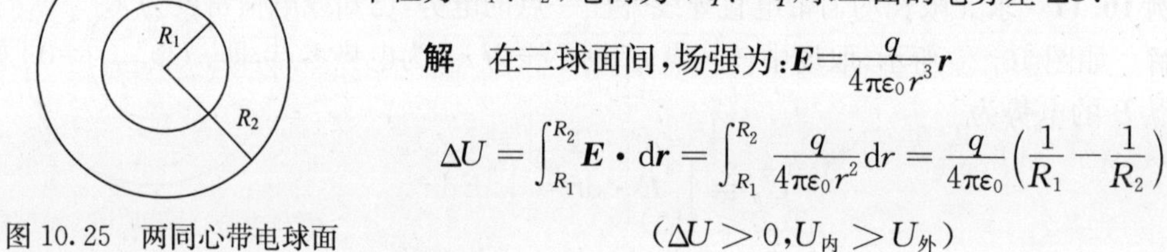

图 10.25　两同心带电球面

10.4.6　等势面　场强与电势的关系

1. 等势面

静电场中由电势相等的点所连成的曲面,且规定任何两个相邻曲面间的电势差值都相等,则这些曲面称为等势面. 等势面形象地描绘了静电场中电势的分布状况,其疏密程度则表示电场的强弱.

如在距点电荷距离相等的点处电势是相等的,这些点构成的曲面是以点电荷为球心的球面,可见点电荷电场中的等势面是一系列同心的球面,如图 10.26(a)所示. 图 10.26(b)是一对电偶极子的等势面.

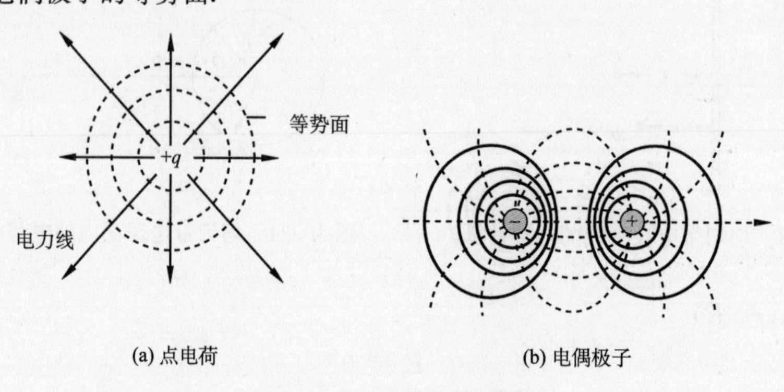

图 10.26　电场线与等势面

静电场的等势面有以下特点：

(1) 在静电场中沿等势面移动电荷，电场力不做功. 今在等势面上任选两点 a、b，则两点间的电势差$(U_a-U_b)=0$，故有电场力的功

$$A=q_0(U_a-U_b)=q_0\int_a^b \boldsymbol{E}\cdot \mathrm{d}\boldsymbol{l}=0$$

(2) 等势面与电场线处处正交. 设一试探电荷 q_0 沿等势面作一任意元位移 $\mathrm{d}\boldsymbol{l}$，由于电场力做功为零，但一般 q_0、E、$\mathrm{d}\boldsymbol{l}$ 都不等于零，所以必然有 $\theta=\frac{\pi}{2}$，即等势面必与电场线垂直.

(3) 电场线密(疏)的地方等势面也密(疏).

(4) 电场线的方向总是从电势高的地方指向电势低的地方.

等势面对于研究电场是极为有用的. 许多实际电场都是先用实验方法测出其等势面分布，然后根据上述特点再画出电场线的. 当然，电场线与等势面都不是静电场中的真实存在，而是对电场的一种形象直观的描述.

2. 场强与电势的关系

电场与电势都是描述电场性质的物理量，它们应有一定的关系，前面已学过电场与电势之间有一种积分关系

$$U_a=\int_a^{\infty}\boldsymbol{E}\cdot \mathrm{d}\boldsymbol{l}$$

那么，电场与电势之间是否还存在着微分关系呢？这正是下面要研究的问题. 如图 10.27 所示，设 a、b 为无限接近的二点，相应所在等势面分别为 u、$u+\mathrm{d}u$. 单位正电荷从$a\rightarrow b$过程中，电场力做功等于电势能增量的负值，即

$$\boldsymbol{E}\cdot \mathrm{d}\boldsymbol{l}=-\mathrm{d}u$$

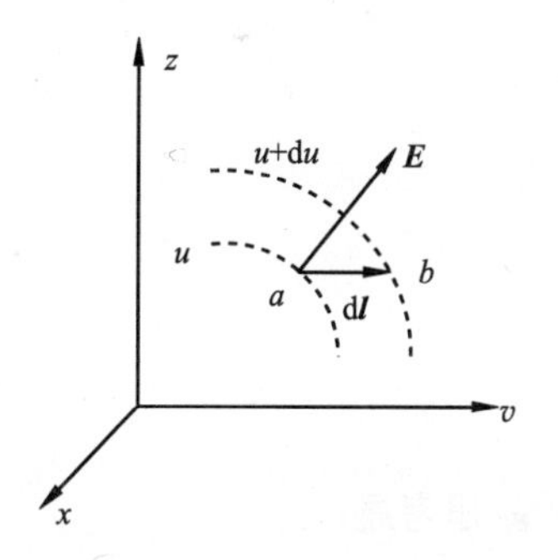

图 10.27　场强与电势的关系

根据全微分的定义，有

$$\mathrm{d}u=\frac{\partial u}{\partial x}\mathrm{d}x+\frac{\partial u}{\partial y}\mathrm{d}y+\frac{\partial u}{\partial z}\mathrm{d}z$$

又因为

$$\boldsymbol{E}\cdot \mathrm{d}\boldsymbol{l}=E_x\mathrm{d}x+E_y\mathrm{d}y+E_z\mathrm{d}z$$

因此得到

$$-\frac{\partial u}{\partial x}=E_x,\quad -\frac{\partial u}{\partial y}=E_y,\quad -\frac{\partial u}{\partial z}=E_z \tag{10.17}$$

$$\boldsymbol{E}=-\left(\frac{\partial U}{\partial x}\boldsymbol{i}+\frac{\partial U}{\partial y}\boldsymbol{j}+\frac{\partial U}{\partial z}\boldsymbol{k}\right) \tag{10.18}$$

以上是场强 $\boldsymbol{E}$ 与电势 U 的微分关系.

数学上，$\frac{\partial U}{\partial x}\boldsymbol{i}+\frac{\partial U}{\partial y}\boldsymbol{j}+\frac{\partial U}{\partial z}\boldsymbol{k}$ 叫做 U 的梯度，记作：$\mathrm{grad}U$ 或∇U.

$$\mathrm{grad}U = \nabla U = \frac{\partial U}{\partial x}\boldsymbol{i} + \frac{\partial U}{\partial y}\boldsymbol{j} + \frac{\partial U}{\partial z}\boldsymbol{k}$$

其中,算符$\nabla = \frac{\partial}{\partial x}\boldsymbol{i} + \frac{\partial}{\partial y}\boldsymbol{j} + \frac{\partial}{\partial z}\boldsymbol{k}$,称为梯度算符.

$$\boldsymbol{E} = -\mathrm{grad}U = -\nabla U \tag{10.19}$$

结论　电场中任一点场强等于电势梯度在该点的负值

例 10.14　一均匀带电圆盘半径为R,电荷面密度为σ. 试求:

(1) 圆盘轴线上任一点电势;

(2) 由场强与电势关系求轴线上任一点场强.

解　(1) 选取圆盘轴线为x轴,原点在圆盘中心. 在圆盘上以O为圆心选取一个细窄圆环,内半径为r,外半径为$r+\mathrm{d}r$;该圆环带有电荷$\mathrm{d}q=\sigma 2\pi r\mathrm{d}r$;在轴线上一点$P$(坐标为$x$)处产生的电势为

$$\mathrm{d}U_p = \frac{\mathrm{d}q}{4\pi\varepsilon_0\sqrt{x^2+r^2}} = \frac{\sigma \cdot 2\pi r\mathrm{d}r}{4\pi\varepsilon_0\sqrt{x^2+r^2}} = \frac{\sigma r\mathrm{d}r}{2\varepsilon_0\sqrt{x^2+r^2}}$$

整个盘在P点产生的电势为

$$U_p = \int \mathrm{d}U_p = \int_0^R \frac{\sigma r\mathrm{d}r}{2\varepsilon_0\sqrt{x^2+r^2}} = \frac{\sigma}{2\varepsilon_0}\left(\sqrt{x^2+R^2}-x\right)$$

(2) 由场强与电势关系

$$E_x = -\frac{\partial U}{\partial x} = -\frac{\sigma}{2\varepsilon_0}\left(\frac{2x}{2\sqrt{x^2+R^2}}-1\right) = \frac{\sigma}{2\varepsilon_0}\left(1-\frac{x}{\sqrt{x^2+R^2}}\right)$$

$$E_y = -\frac{\partial U}{\partial y} = 0,\quad E_z = -\frac{\partial U}{\partial z} = 0$$

所以

$$\boldsymbol{E} = \frac{\sigma}{2\varepsilon_0}\left(1-\frac{x}{\sqrt{x^2+R^2}}\right)\boldsymbol{i}$$

$\boldsymbol{i}$为x轴的单位矢量. 显然$\sigma>0$,$\boldsymbol{E}$沿x轴正向;$\sigma<0$,$\boldsymbol{E}$沿x轴负向(P在$x>0$处).

思考题

思 10.11　在电场中,电场强度为零的点,电势是否一定为零? 电势为零的点,电场强度是否一定为零? 试举例说明.

思 10.12　电场中,有两点的电势差为零,如在两点间选一路径,在这路径上,电场强度也处处为零的点吗? 试说明.

静电的基础知识及危害和防护措施

通常任何物体所带有的正负电荷是等量的,当与其他物体摩擦、接触,并由于机械作

用分离时，因两种物体摩擦起电序列不同，在一种物体上积聚正电荷，另一种物体则积聚负电荷，在各物体上产生静电，并在外部形成静电场. 两种物质互相摩擦是产生静电的一种方式，但不是唯一方式. 像喷涂作业水滴吸附空气中的负离子促成其表面双电层的形成，也可产生静电. 现代科学研究的结果表明，电效应、压电效应、导体（或电介质）的静电感应都可产生静电.

1. 静电源对元器件生产装配的影响

(1) 工作服：作业人员穿用的普通工作服（化纤和纯棉制）与工作台面、工作椅摩擦时可产生0.2～10μC的电荷量，在服装表面能产生6000V以上的静电电压并使人体带电. 当作业人员手持集成电路与工作服或工作台面放置的元器件接触时，即可导致放电. 因元器件各引出线接触电位不同和芯片电介质极薄绝缘强度很低等原因，很容易造成器件电介质的击穿.

(2) 工作鞋：一般工作鞋（橡胶或塑料鞋底）的绝缘电阻高达$1\times10^{13}\Omega$以上，当与地面摩擦时产生静电荷使人体和所穿服装带静电. 调查表明工作鞋与地面摩擦所产生静电导致元器件失效的事例并不多. 但因其较高的绝缘电阻使人体所带静电不能很快泄漏从而对元器件的生产带来不良影响.

(3) 树脂、浸漆封装表面：电子工业用许多元器件需要用高绝缘树脂、漆封装表面. 这些器件放入包装后，因运输过程的摩擦，在其表面能产生几百伏以上的静电电压，造成器件芯片击穿.

(4) 各种包装和容器：用PE（聚乙烯）、PP（聚苯乙烯）、PUR聚氨脂、ABS、聚脂等高分子材料制备的包装和元件盒（箱）都可因摩擦、冲击产生静电荷并对所包装器件产生不良影响.

(5) 终端台、工作台：终端台、工作台表面受到摩擦产生静电时，可对放置其上的电子器件放电.

(6) 各种绝缘地面：打蜡抛光地板、橡胶板等都可因摩擦产生静电. 另外因其高绝缘电阻作业人员带静电在其上时，不会短时间将静电荷泄漏.

(7) 温箱：温箱内热循环空气流动与箱体摩擦产生大量静电荷，对器件热烘处理非常不利.

(8) CO_2低温箱：在使用的冷却箱内，CO_2蒸气可以产生大量的静电荷.

(9) 空气压缩机：利用空气压缩机的喷雾、清洗、油漆、喷砂等设备都可因空气剧烈流动或介质与喷嘴摩擦产生大量静电荷. 带电介质接触到电子器件时可造成损坏.

(10) 某些电子生产设备：焊烙铁、波峰焊机等某些元器件装配设备内设的高压变压器、交直流电路都可在设备上感应出静电电压. 如不采取静电泄漏措施，可使元器件在装配过程中失效.

2. 静电在工业生产中造成的危害

静电的产生在工业生产中是不可避免的，其危害主要可归结为以下两种.

(1) 静电放电（ESD）造成的危害. ①引起电子设备的故障或误动作，造成电磁干扰；

②击穿集成电路和精密的电子元件,或者促使元件老化,降低生产成品率;③高压静电放电造成电击,危及人身安全;④在多易燃易爆品或粉尘、油雾的生产场所极易引起爆炸和火灾.

(2) 静电引力(ESA)造成的危害. ①电子工业:吸附灰尘,造成集成电路和半导体元件的污染,大大降低成品率;②胶片和塑料工业:使胶片或薄膜收卷不齐;胶片、塑盘沾染灰尘,影响品质;③造纸印刷工业:纸张收卷不齐,套印不准,吸污严重,甚至纸张黏结,影响生产;④纺织工业:造成根丝飘动、缠花断头、纱线纠结等危害.

静电的危害有目共睹,现在越来越多的厂家已经开始实施各种程度的防静电措施和工程. 但是,要认识到,完善有效的防静电工程要依照不同企业和不同作业对象的实际情况,制定相应的对策. 防静电措施应是系统的、全面的,否则,可能会事倍功半,甚至造成破坏性的反作用.

3. 静电安全操作

静电防护在很大程度上是提高静电防护意识的问题,提高所有接触静电敏感器件人员的静电知识水平,所以进行静电安全操作与静电防护技术教育是非常重要的. 这在美国军用标准和我国标准里都有明文规定,包括静电保护接地、场地环境的静电防护人员及静电防护设备的静电防护,静电检测仪表和防护措施的日常维护等六个方面.

(1) 静电保护接地.

防静电系统必须有独立可靠的接地装置,接地电阻一般应小于 10Ω,埋设与检测方法应符合 GBJ79 的要求:防静电地线不得接在电源零线上,不得与防雷地线共用,使用三相五线制供电,其大地线可以作为防静电地线(但零线地线不得短接).

(2) 场地环境的静电防护.

防静电工作区场地的地面墙壁及天花板,国家标准要求应选用防静电材料使之具备很好的防静电性能,禁止使用普通绝缘材料.

(3) 人员的静电防护.

人体在日常活动和生产操作中可产生电压为数十伏到数万伏的静电,而放电过程是极短促的,所以放电过程中释放出的能量可达几十瓦,足以引起芯片微区烧毁或 SiO_2 膜击穿,因此对进入防静电工作区的人员要进行静电防护配备(如防静电服及防静电鞋),对设备维修维护人员还应配备防静电腕带.

(4) 设备的静电防护.

防静电安全工作台是防静电工作区的基本组成部分,它由工作台防静电桌垫、腕带接头和接地线等组成. 静电安全工作台上不允许堆放塑料、橡皮、纸板、玻璃等易产生静电的杂物,图纸、资料等应装入防静电文件袋中,座椅垫套等都应是导静电的并与静电接地相连,必要时工作台上配备离子风静电消除器,座椅下可以铺设防静电地垫. 在电子设备研制生产过程中一切储存周转静电敏感器件(SSD)的容器,应具备静电防护性能,不允许使用金属和普通塑料容器.

(5) 静电检测仪表.

配备有关静电检测仪表随时或定期对人员设备及各种防护措施进行检测以保证防护

的有效性.

(6) 防护措施的日常维护.

任何防静电措施都不是一劳永逸的,需要在日常的使用中定期进行正确适当的维护才能保证它确实有效地延长使用寿命,降低费用.

习　题　10

10-1　两小球的质量都是m,都用长为l的细绳挂在同一点,它们带有相同电量,静止时两线夹角为2θ,如图所示. 设小球的半径和线的质量都可以忽略不计,求每个小球所带的电量.

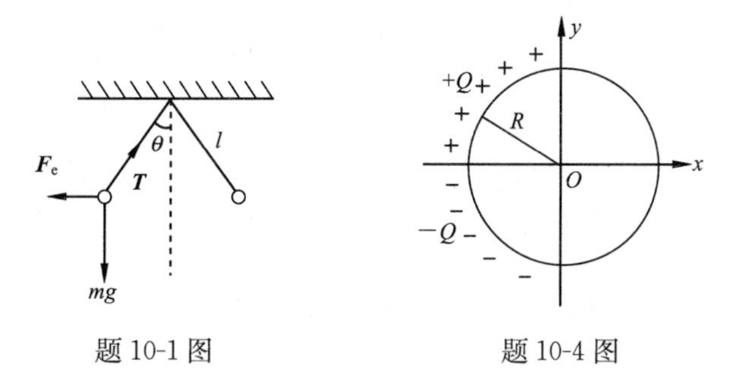

题10-1图　　题10-4图

10-2　在真空中有A、B两平行板,相对距离为d,板面积为S,其带电量分别为$+q$和$-q$. 则这两板之间相互作用力f等于多少?

10-3　在真空中一长为$l=10\text{cm}$的细杆上均匀分布着电荷,其电荷线密度$\lambda=1.0\times10^{-5}\text{C}\cdot\text{m}^{-1}$,在杆的延长线上,距杆的一端距离$d=10\text{cm}$的一点上,有一点电荷$q_0=2.0\times10^{-5}\text{C}$. 试求该点电荷所受的电场力.

10-4　一个细玻璃棒被弯成半径为R的半圆形,沿其上半部分均匀分布有电荷$+Q$,沿其下半部分均匀分布有电荷$-Q$,如图所示. 试求圆心O处的电场强度.

10-5　半径为R_1和$R_2(R_2>R_1)$的两无限长同轴圆柱面,单位长度上分别带有电量λ和$-\lambda$,试求:(1)$r<R_1$;(2) $R_1<r<R_2$;(3) $r>R_2$处各点的场强.

10-6　两个无限大的平行平面都均匀带电,电荷的面密度分别为σ_1和σ_2,试求空间各处场强.

10-7　半径为R的均匀带电球体内的电荷体密度为ρ,若在球内挖去一块半径为$r(r<R)$的小球体,如图所示. 试求两球心O与O'点的场强,并证明小球空腔内的电场是均匀的.

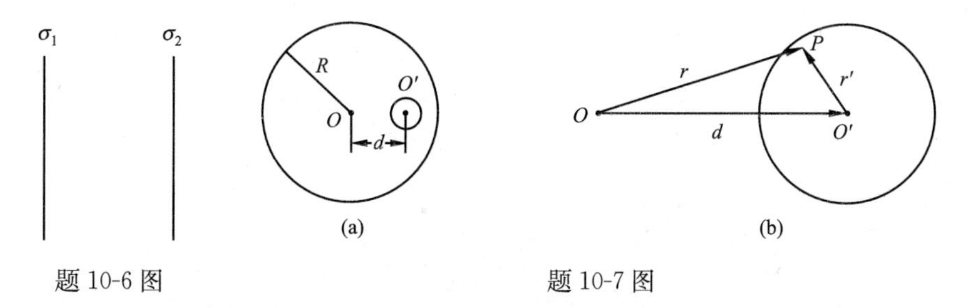

题10-6图　　题10-7图

10-8　(1) 点电荷q位于一边长为a的立方体中心,试求在该点电荷电场中穿过立方体的一个面的电通量;(2) 如果该场源点电荷移动到该立方体的一个顶点上,这时穿过立方体各面的电通量是多少?

10-9　边长为b的立方盒子的六个面,分别平行于xOy、yOz和xOz平面. 盒子的一角在坐标原点处．在此区域有一静电场，场强为 $\boldsymbol{E}=200\boldsymbol{i}+300\boldsymbol{j}$. 试求穿过各面的电通量.

10-10 在点电荷 q 的电场中，选取以 q 为中心、R 为半径的球面上一点 P 处作电势零点，求与点电荷 q 距离为 r 的 P' 点的电势.

10-11 如题 10-11 图所示，边长为 a 的等边三角形的三个顶点上，分别放置着三个正的点电荷 q、$2q$、$3q$. 若将另一正点电荷 Q 从无穷远处移到三角形的中心 O 处，外力所做的功多大？

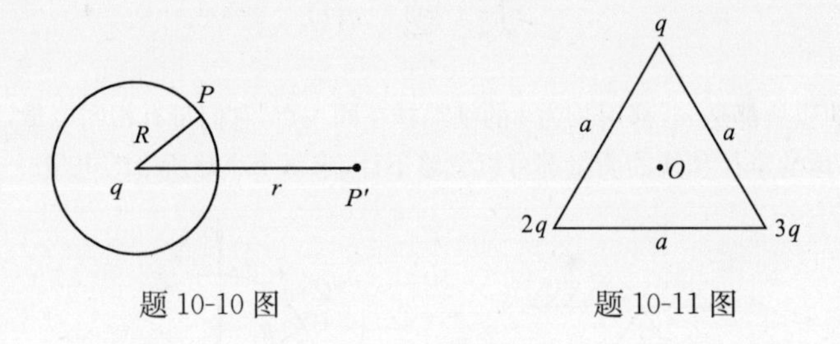

题 10-10 图　　题 10-11 图

10-12 如题 10-12 图所示．试验电荷 q，在点电荷 $+Q$ 产生的电场中，沿半径为 R 的整个圆弧的 3/4圆弧轨道由 a 点移到 d 点的过程中电场力做功多少？从 d 点移到无穷远处的过程中，电场力做功为多少？

10-13 如题 10-13 图所示的绝缘细线上均匀分布着线密度为 λ 的正电荷，两直导线的长度和半圆环的半径都等于 R. 试求环中心 O 点处的场强和电势.

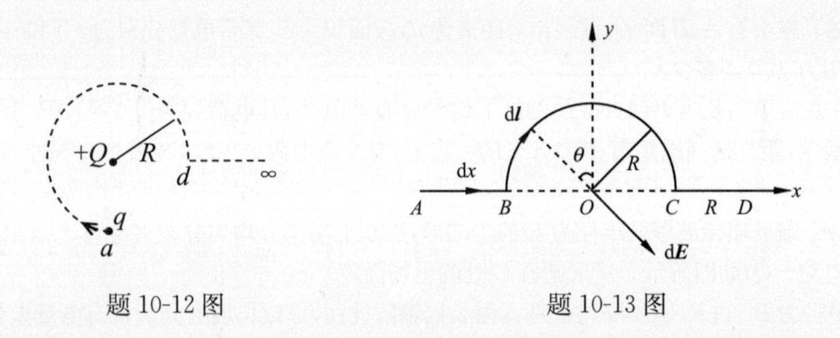

题 10-12 图　　题 10-13 图

10-14 电荷 q 均匀分布在长为 $2l$ 的细杆上，求在杆外延长线上与杆端距离为 a 的 P 点的电势(设无穷远处为电势零点).

第 11 章　导体电学和电介质

真空中的静电场是一种理想的电场，实际电场中总是有导体或电介质(绝缘体)存在．根据物质导电性的不同，可将物质分为三大类：导电性能很好的称为**导体**；导电性能极差的或不导电的物质称为**绝缘体**；导电性能介于导体和绝缘体之间的称为**半导体**．由于导体和电介质的电结构的差异，它们在静电场中的特性有明显的区别．本章分别研究静电场中的导体和电介质的基本性质及导体和电介质对电场分布影响，最后讨论静电场的能量，从一个侧面来反映电场的物质性．

11.1　静电场中的导体

11.1.1　静电感应　导体的静电平衡条件

1. 静电感应

通常的金属导体都是以金属键结合的晶体，处于晶格结点上的原子很容易失去外层的价电子，而成为正离子．脱离原子核束缚的价电子可以在整个金属中自由运动，称为自由电子．在不受外电场作用时，自由电子只做热运动，不发生宏观电量的迁移，因而整个金属导体的任何宏观部分都呈电中性状态．

当把金属导体放入电场强度为 $\boldsymbol{E}_0$ 的静电场中，情况将发生变化．金属导体中的自由电子在外电场 $\boldsymbol{E}_0$ 的作用下，相对于晶格离子做定向运动，如图 11.1 所示．由于电子的定向运动，并在导体一侧面集结，使该侧面出现负电荷，而相对的另一侧面出现正电荷，这就是**静电感应现象**．由静电感应现象所产生的电荷，称为**感应电荷**．感应电荷必然在空间激发电场，这个电场与原来的电场相叠加，因而改变了空间各处的电场分布．我们把感应电荷产生的电场称为附加电场，用 $\boldsymbol{E}'$ 表示．空间任意一点的电场强度应为 $\boldsymbol{E}=\boldsymbol{E}_0+\boldsymbol{E}'$．

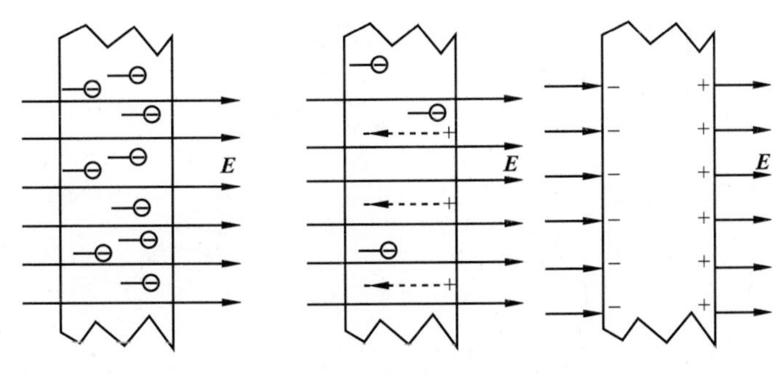

图 11.1　导体的静电感应和静电平衡

2. 导体静电平衡

导体的静电平衡:随着感应电荷的逐渐增多,感应电荷产生的电场将逐渐加强,最终与外电场平衡,这时导体内部将没有宏观上的电荷移动;当导体上没有电荷做定向运动时,称这种状态为导体的静电平衡. 显然静电平衡条件为:

(1) **导体内任一点,场强 $\boldsymbol{E}=0$;**

(2) **导体表面上任一点 $\boldsymbol{E}$ 与表面垂直.**

11.1.2 导体处于静电平衡时的性质

1. 导体为等势体,导体表面为等势面

因为导体静电平衡时,导体内任一点场强都为零,导体表面上任一点场强与表面垂直,所以由电势和电势差的定义可以得到,导体内部各点电势相等,导体表面上各点电势也相等.

2. 导体内无净电荷,电荷只能分布在导体表面上

如图 11.2 所示,导体电荷为 Q,在其内任意选取一个高斯面 S,高斯定理为

$$\Phi_{\mathrm{e}}=\oint_{S}\boldsymbol{E}\cdot\mathrm{d}\boldsymbol{S}=\frac{1}{\varepsilon_0}\sum_{S_{内}}q$$

由于导体静电平衡时,其内部场强处处为零,故有

$$\oint_{S}\boldsymbol{E}\cdot\mathrm{d}\boldsymbol{S}=0$$

即得

$$\sum_{S_{内}}q=0$$

因此可知,**导体内无净电荷存在,电荷只能分布在导体表面上.**

3. 导体表面上场强与电荷面密度成正比,即 $E\propto\sigma$

设在导体表面上某一面积元 ΔS(很小)上,电荷分布如图 11.3 所示 ,过 ΔS 边界作一闭合圆柱面 S,上下底 ΔS_1、ΔS_2 均与 ΔS 平行,侧面 ΔS_3 与 ΔS 垂直. 设柱面的高很小,即 ΔS_1、ΔS_2 非常接近 ΔS,可得闭合曲面 S 的电场强度通量为

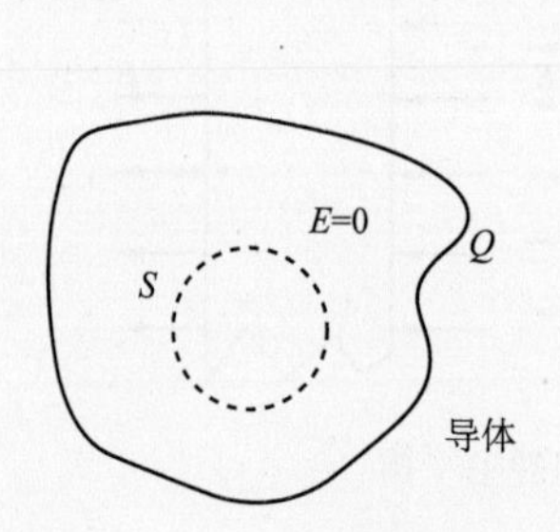

图 11.2 实心导体的静电平衡

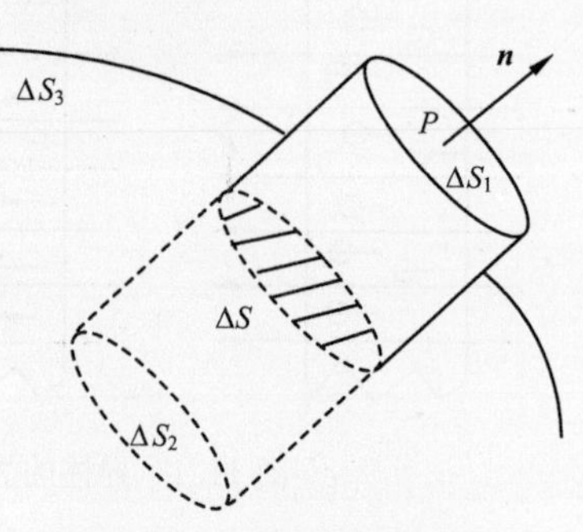

图 11.3 导体表面的场强

$$\oint_S \boldsymbol{E} \cdot \mathrm{d}\boldsymbol{S} = \int_{\Delta S_1} \boldsymbol{E} \cdot \mathrm{d}\boldsymbol{S} + \int_{\Delta S_2} \boldsymbol{E} \cdot \mathrm{d}\boldsymbol{S} + \int_{\Delta S_3} \boldsymbol{E} \cdot \mathrm{d}\boldsymbol{S}$$
$$= E\Delta S_1 = E\Delta S$$

设在导体表面上的电荷面密度为σ,则闭合曲面S所包围的电荷代数和为

$$\sum_{S_{内}} q = \sigma\Delta S$$

由高斯定理$\Phi_e = \oint_S \boldsymbol{E} \cdot \mathrm{d}\boldsymbol{S} = \frac{1}{\varepsilon_0}\sum_{S_{内}} q$,可得

$$E = \frac{\sigma}{\varepsilon_0} \tag{11.1}$$

4. 导体表面曲率对电荷分布影响

孤立的导体处于静电平衡时,它的表面各处的面电荷密度与各处表面的曲率有关,曲率越大的地方,面电荷密度也越大.

如一个孤立带电球,它表面的曲率处处相等,故电荷面密度是均匀的. 若把它放在另一个点电荷产生的电场中,则它的电荷分布就不再均匀了. 一个孤立带电的椭球,由于电荷的相互排斥,则在长轴端点的电荷密度要大一些. 但若是在椭球附近放一个异号点电荷,则该点电荷附近的导体表面的电荷密度可能会更大. 若导体表面有尖锐的凸出部分,由于排斥作用,尖端的电荷面密度可以达到很大的值,尖端附近的电场按$E=\frac{\sigma}{\varepsilon_0}$也可以达到很强甚至击穿空气形成尖端放电. 若导体表面有凹面存在,则凹面内的电荷密度和场强可以很小.

11.1.3　导体空腔的静电平衡和静电屏蔽

1. 导体空腔内无其他电荷情况

如图11.4所示,导体电量为Q,在其内作一高斯面S,高斯定理为

$$\Phi_e = \oint_S \boldsymbol{E} \cdot \mathrm{d}\boldsymbol{S} = \frac{1}{\varepsilon_0}\sum_{S_{内}} q$$

因为静电平衡时导体内处处$\boldsymbol{E}=0$,所以$\sum_{S_{内}} q = 0$,即S面包围的电荷代数和为零. 由于空腔内无其他电荷,静电平衡时导体内又无净电荷,所以空腔内表面上的电荷代数和为零.

在空腔内表面上能否出现等量的正负电荷呢? 我们设想,假如有在这种可能,如图11.4所示,在A点附近出现$+q$,B点附近出现$-q$,这样在腔内就分布始于正电荷上终于负电荷的电力线. 由此可知,$U_A \neq U_B$,但静电平衡时,导体为等势体,即$U_A = U_B$,因此假设不成立.

结论　如果导体空腔内无电荷,静电平衡时导体空腔内表面上处处无净电荷分布,净电荷都分布在外表面上.

2. 导体空腔内有电荷情况

如图 11.5 所示,如果导体自身带电量为 Q,其内腔中有电荷 $+q$. 设导体空腔内表面上分布电荷为 q_1,空腔外表面上分布电荷为 q_2. 在导体内作一高斯面 S,高斯定理为

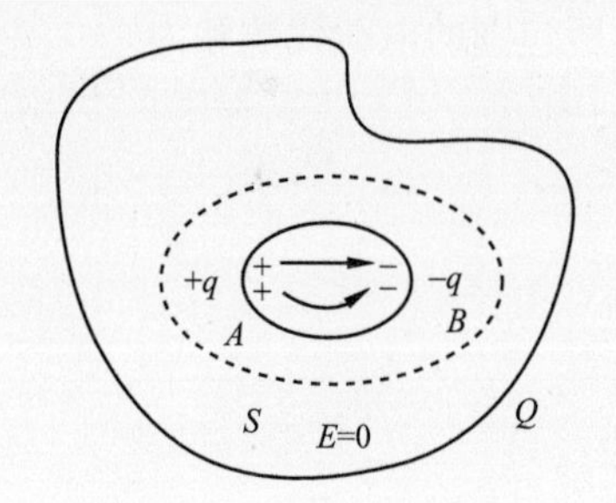

图 11.4 导体空腔内无点电荷情况

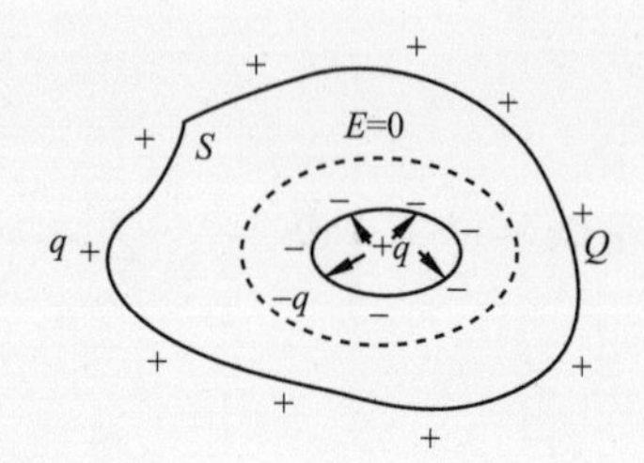

图 11.5 导体空腔内有点电荷情况

$$\Phi_e = \oint_S \boldsymbol{E} \cdot \mathrm{d}\boldsymbol{S} = \frac{1}{\varepsilon_0} \sum_{S_{内}} q$$

因为静电平衡时 $\boldsymbol{E}=0$,所以 $\sum_{S_{内}} q = q + q_1 = 0$. 因而可知,如果腔内有电荷 $+q$,空腔内表面必有感应电荷 $-q$,即 $q_1 = -q$. 由电荷守恒定律,导体空腔带电量不变,所以 $q_1 + q_2 = Q$,$q_2 = Q + q$.

结论 如果导体空腔内有电荷 $+q$,导体空腔自身带电量为 Q,静电平衡时导体空腔内表面上分布的电荷为 $q_1=-q$,外表面上分布的电荷为 $q_2=Q+q$.

3. 导体空腔的静电屏蔽作用

由于空腔中场强处处为零,放在空腔中的物体,就不会受到外电场的影响,所以对于放在导体空腔内的物体有保护作用,使物体不受外电场影响.

另一方面,一个接地的空心导体可以隔绝放在它的空腔内的带电体和外界的带电体之间的静电作用,这就是静电屏蔽原理.

静电屏蔽在生产生活中有着广泛的应用,如电话线从高压线下经过,为了防止高压线对电话线的影响,在高压线与电话线之间装一金属网等.

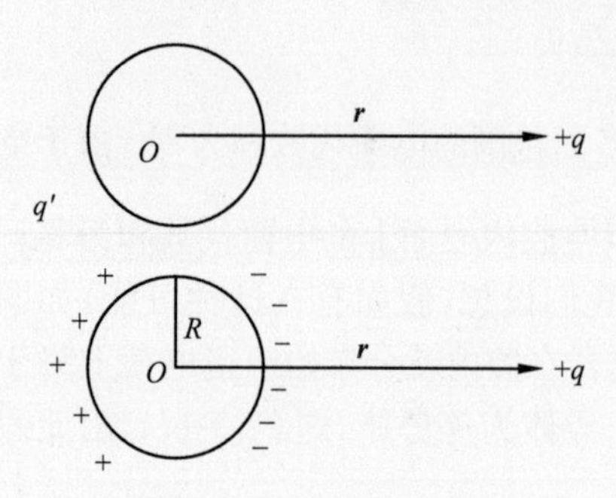

图 11.6 点电荷场中金属球上净感应电荷

例 11.1 如图 11.6 所示,在带电量为 $+q$ 的点电荷产生的电场中,放一不带电的金属球,从球心 O 到点电荷所在距离处的矢径为 $\boldsymbol{r}$,试问:

(1) 金属球上净感应电荷 $q'=$?

(2) 这些感应电荷在球心 O 处产生的场强 $\boldsymbol{E}$?

解 (1) 因为金属球原来不带电,由电荷守恒定律,金属球上净感应电荷 $q'=0$.

(2) 球心 O 处场强 $\boldsymbol{E}=0$(静电平衡要求),即 $+q$

在 O 处产生的场强 $\boldsymbol{E}_+$ 与感应电荷在 O 处产生场强的矢量和等于零.

$$\boldsymbol{E}_+ + \boldsymbol{E}_{感} = 0$$

$$\boldsymbol{E}_{感} = -\boldsymbol{E}_+ = \frac{q}{4\pi\varepsilon_0 r^3}\boldsymbol{r}$$

方向指向 $+q$.

思考题

思 11.1　将一个带电小金属球与一个不带电的大金属球相接触,小球上的电荷会全部转移到大球上去吗?

思 11.2　若例 11.1 中金属球接地,则金属球上感应电荷 q' 为多少?

思 11.3　为什么高压电器设备上金属部件的表面要尽可能不带棱角?

思 11.4　在高压电器设备周围,常围上一接地的金属栅网,以保证栅网外的人身安全.试说明其道理.

11.2　电容　电容器

11.2.1　孤立导体的电容

在真空中有一半径为 R 的孤立的球形导体,它的电量为 q,那么它的电势为(取无限远处为零势点)

$$U = \frac{q}{4\pi\varepsilon_0 R}$$

对于给定的导体球,即 R 一定,当带电量 q 变大时,其电势 U 也变大;q 变小时,U 也变小,但是 $\frac{q}{U} = 4\pi\varepsilon_0 R$ 却不变. 此结论虽然是对球形孤立导体而言的,但对一定形状的其他导体也是如此,$\frac{q}{U}$ 仅与导体大小和形状等有关.

孤立导体的电量 q 与其电势 U 之比称为**孤立导体电容**,用 C 表示,记作

$$C = \frac{q}{U} \tag{11.2}$$

对于孤立导体球,其电容为 $C = \frac{q}{U} = 4\pi\varepsilon_0 R$.

在 SI 制中电容的单位是法拉(F), $1F = 1C \cdot V^{-1}$. 在实用中 F 太大,常用 μF 或 pF,它们之间换算关系为 $1F = 10^6 \mu F = 10^{12} pF$.

11.2.2　电容器及其电容

1. 电容器

实际上,孤立的导体是不存在的,周围总会有别的导体,当有其他导体存在时,则必然

因静电感应而改变原来的电场分布,从而影响导体的电容.

两个彼此绝缘而又靠近的导体系统构成电容器. 两个导体分别叫做电容器的两个极板. 电容器经过充电后使两极板分别带有等量异号的电荷. 电容器可以储存电荷,以后将看到电容器也可以储存能量.

2. 电容器的电容

如图 11.7 所示,两个导体 A、B 放在真空中,它们所带的电量分别为 $+q$, $-q$,如果 A、B 电势分别为 U_A、U_B,那么 A、B 电势差为 U_A-U_B,**电容器的电容**定义为

$$C=\frac{q}{U_A-U_B} \tag{11.3}$$

由上可知,如将 B 移至无限远处,$U_B=0$. 所以,上式就是孤立导体的电容. 所以,孤立导体的电势相当于孤立导体与无限远处导体之间的电势差. 所以,孤立导体电容是导体 B 放在无限远处时 $C=\frac{q}{U_A-U_B}$ 的特例.

电容器是储存电量的装置,也是储存电能的装置,而电容则是表征电容器储存电量或电能能力的物理量.

3. 电容器电容的计算

1) 平行板电容器的电容

如图 11.8 所示的平行板电容器是最常见的,它的两板之间可以是空气,也可以是电介质. 设 A、B 二极板平行,面积均为 S,相距为 d,电量为 $+q$, $-q$,极板线度比 d 大得多,且不计边缘效应,所以 A、B 间为均匀电场.

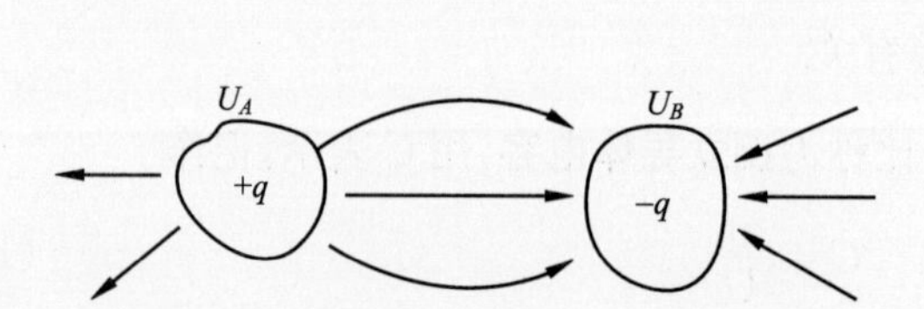

图 11.7　两个带有等值异号电荷的导体系统

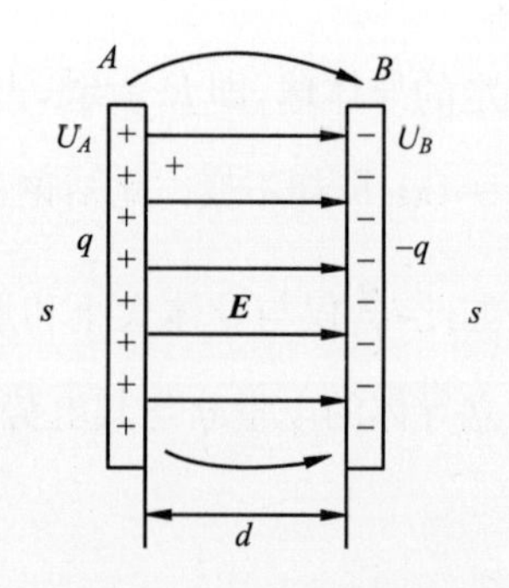

图 11.8　平行板电容器

由高斯定理知,A、B 间场强大小为

$$E=\frac{\sigma}{\varepsilon_0}=\frac{q}{\varepsilon_0 S}$$

$$U_A-U_B=Ed=\frac{q}{\varepsilon_0 S}d$$

$$C=\frac{q}{U_A-U_B}=\frac{\varepsilon_0 S}{d}$$

$$C=\frac{\varepsilon_0 S}{d} \tag{11.4}$$

上式表明电容器的电容 C 与两极板的相对面积 S 成正比，而与两极板之间的距离 d 成反比. 因此，电容器的电容值仅决定于电容器本身的结构(形状、大小)与两极板之间的电介质，而与电容器极板所带电量及两板之间电压无关.

2) 球形电容器

球形电容器是两个同心球面极板构成的. 如图 11.9 所示，设二均匀带电同心球面 A、B，半径 R_A、R_B，电荷为 $+q$，$-q$. A、B 间任一点场强大小为

$$E=\frac{q}{4\pi\varepsilon_0 r^2}$$

$$U_A-U_B=\int_{R_A}^{R_B}\boldsymbol{E}\cdot \mathrm{d}\boldsymbol{r}=\int_{R_A}^{R_B}\frac{q}{4\pi\varepsilon_0 r^2}\mathrm{d}r=\frac{q(R_B-R_A)}{4\pi\varepsilon_0 R_A R_B}$$

$$C=\frac{q}{U_A-U_B}=\frac{4\pi\varepsilon_0 R_A R_B}{R_B-R_A}$$

一般情况下，$R_B-R_A \ll R_A$，即 $R_B \approx R_A$，令 $R_B-R_A=d$，则

$$C=\frac{q}{U_A-U_B}=\frac{4\pi\varepsilon_0 R_A^2}{d}=\frac{\varepsilon_0 S_A}{d}$$

即平行板电容器的结果.

3) 圆柱形电容器

圆柱形电容器是两个同轴柱面极板构成的，如图 11.10 所示，设 A、B 半径为 R_A、R_B，电荷为 $+q$、$-q$，除边缘外，电荷均匀分布在内外两圆柱面上，单位长柱面带电量 $\lambda=\frac{q}{l}$，l 是柱高. 由高斯定理知，A、B 内任一点 P 处 $\boldsymbol{E}$ 的大小为

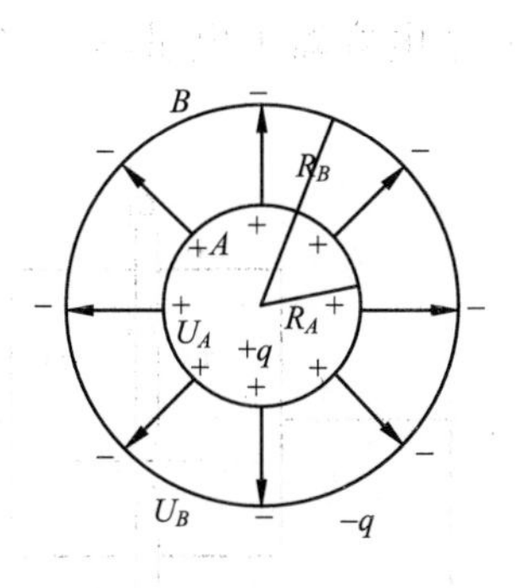

图 11.9　球形电容器

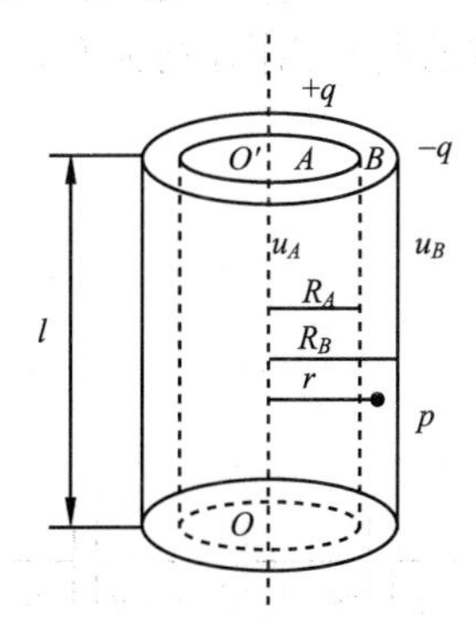

图 11.10　圆柱形电容器

$$E=\frac{\lambda}{2\pi\varepsilon_0 r}$$

$$U_A-U_B=\int_{R_A}^{R_B}\boldsymbol{E}\cdot \mathrm{d}\boldsymbol{r}=\int_{R_A}^{R_B}\frac{\lambda}{2\pi\varepsilon_0 r}\mathrm{d}r=\frac{\lambda}{2\pi\varepsilon_0}\ln\frac{R_B}{R_A}$$

$$C=\frac{q}{U_A-U_B}=\frac{q}{\frac{\lambda}{2\pi\varepsilon_0}\ln\frac{R_B}{R_A}}=\frac{2\pi\varepsilon_0 l}{\ln\frac{R_B}{R_A}}$$

4. 电容器的串联与并联

在实际应用中,现成的电容器不一定能适合实际的要求,如电容大小不合适,或者电容器的耐压程度不合要求有可能被击穿等原因. 因此有必要根据需要把若干电容器适当地连接起来. 若干个电容器连接成电容器的组合,各种组合所容的电量和两端电压之比,称为该电容器组合的等效电容.

1) 电容器的串联

将几个电容器的极板首尾相接,这时各个电容器上的电量相同,总电压等于各个电容器上的分电压之和,由此可以计算总电容和各分电容的关系.

设 A、B 间的电压为 U_A-U_B,两端极板电荷分别为 $+q$、$-q$,由于静电感应,其他极板电量情况如图 11.11 所示,

$$U_A-U_B=\frac{q}{C_1}+\frac{q}{C_2}+\frac{q}{C_3}+\cdots+\frac{q}{C_n}$$

由电容定义有

$$C=\frac{q}{U_A-U_B}=\frac{1}{\frac{1}{C_1}+\frac{1}{C_2}+\frac{1}{C_3}+\cdots+\frac{1}{C_n}}$$

$$\frac{1}{C}=\frac{1}{C_1}+\frac{1}{C_2}+\frac{1}{C_3}+\cdots+\frac{1}{C_n} \tag{11.5}$$

即串联电容器总电容的倒数等于各个电容器电容的倒数之和.

2) 电容器的并联

每个电容器的一端接在一起,另一端也接在一起,称为并联,如图 11.12 所示. 这时,每个电容器两端的电压相同,均为 U_A-U_B,但每个电容器上电量不一定相等. 等效电量为

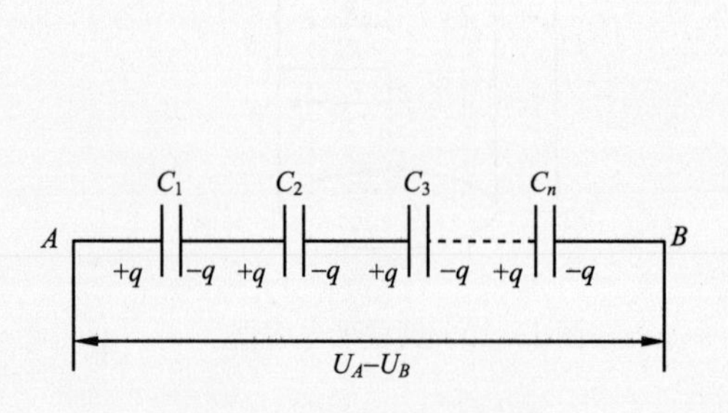

图 11.11 电容器的串联

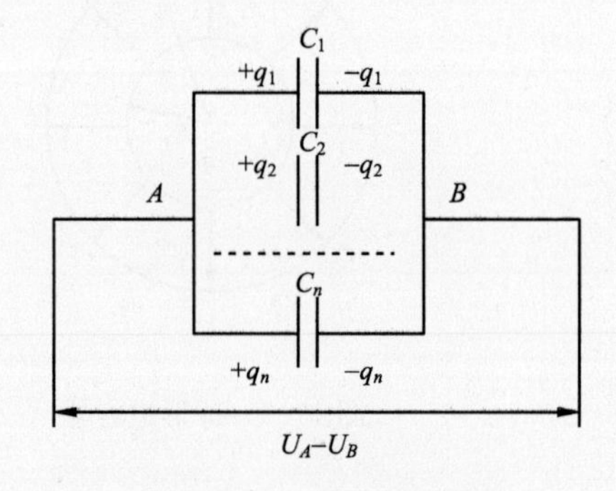

图 11.12 电容器的并联

$$q=q_1+q_2+q_3+\cdots+q_n$$

由电容定义有

$$C=\frac{q}{U_A-U_B}=\frac{q_1+q_2+q_3+\cdots+q_n}{U_A-U_B}=C_1+C_2+C_3+\cdots+C_n$$

$$C=C_1+C_2+C_3+\cdots+C_n \tag{11.6}$$

即并联电容器总电容是各个电容器电容之和.

例 11.2　平行板电容器,极板宽、长分别为 a 和 b,间距为 d,今将厚度 t,宽为 a 的金属板平行电容器极板插入电容器中,不计边缘效应,求电容与金属板插入深度 x 的关系(板宽方向垂直于底面).

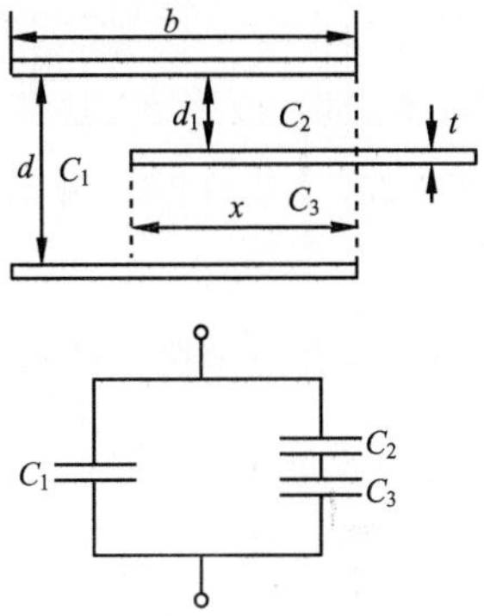

解　由题意知,等效电容如图 11.13 下图所示,电容为

$$C=C_1+C'=C_1+\frac{C_2C_3}{C_2+C_3}$$

忽略边缘效应将 C_1,C_2,C_3 都视为平板电容器的电容,则

$$C_1=\frac{\varepsilon_0 a(b-x)}{d},\quad C_2=\frac{\varepsilon_0 ax}{d_1},\quad C_3=\frac{\varepsilon_0 ax}{d-d_1-t}$$

图 11.13　等效电容

得到

$$C=\frac{\varepsilon_0 a}{d}\left(b+\frac{tx}{d-t}\right)$$

显然,C 大小与金属板插入位置(距极板距离)无关.

例 11.3　半径为 a 的二平行长直导线相距为 d(d 远远大于 a),二者电荷线密度为 $+\lambda$,$-\lambda$,试求:

(1) 二导线间电势差;

(2) 此导线组单位长度的电容.

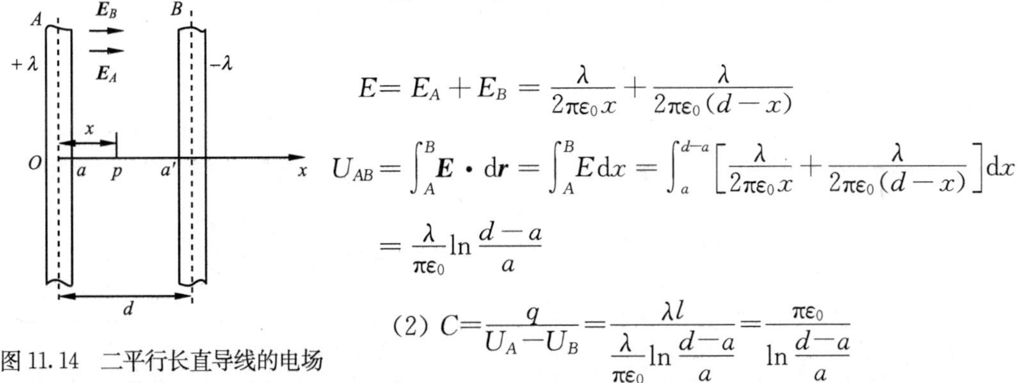

图 11.14　二平行长直导线的电场

解　(1) 如图 11.14 所取坐标,P 点场强大小为.

$$E=E_A+E_B=\frac{\lambda}{2\pi\varepsilon_0 x}+\frac{\lambda}{2\pi\varepsilon_0(d-x)}$$

$$U_{AB}=\int_A^B \boldsymbol{E}\cdot \mathrm{d}\boldsymbol{r}=\int_A^B E\,\mathrm{d}x=\int_a^{d-a}\left[\frac{\lambda}{2\pi\varepsilon_0 x}+\frac{\lambda}{2\pi\varepsilon_0(d-x)}\right]\mathrm{d}x$$

$$=\frac{\lambda}{\pi\varepsilon_0}\ln\frac{d-a}{a}$$

(2) $$C=\frac{q}{U_A-U_B}=\frac{\lambda l}{\frac{\lambda}{\pi\varepsilon_0}\ln\frac{d-a}{a}}=\frac{\pi\varepsilon_0}{\ln\frac{d-a}{a}}$$

*11.3　电介质中的电场　电介质的极化

11.3.1　电介质的极化

实验表明,充电后的电容器去掉电源,再插入某种电介质(如玻璃、硬橡胶等),则极板间电压减小了,

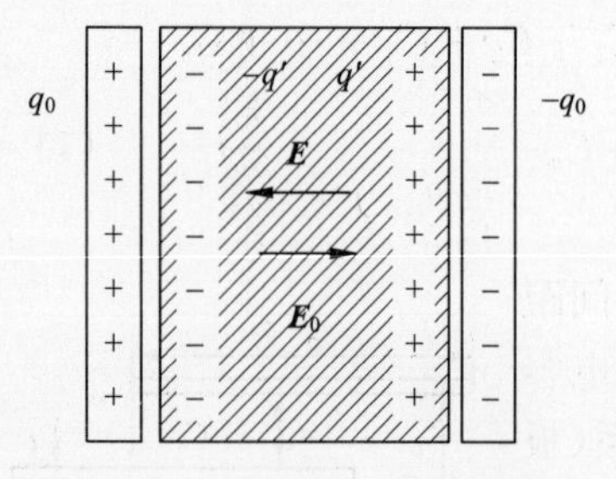

图 11.15　均匀电介质中的静电场

这也意味着场强 $\boldsymbol{E}$ 减小了. $E=\frac{\sigma}{\varepsilon_0}$ 的减小,又意味着电介质与极板的接触处的电荷面密度 σ 减小了. 但是,极板上的电荷 q_0 没变,即电荷面密度 σ_0 没变,这种改变只能是电介质上的两个表面出现了如图 11.15 所示的正、负电荷 $\pm q'$. 电介质在外电场作用下,其表面出现净电荷的现象称为介质的电极化. 电极化时电介质表面处出现的净电荷称为极化电荷(束缚电荷),q_0 称为自由电荷. 另外,可由图看出,$\pm q'$ 产生的场强 $\boldsymbol{E}'$ 与 $\pm q_0$ 产生的场强 $\boldsymbol{E}_0$ 相反,所以它的场强为 $\boldsymbol{E}=\boldsymbol{E}_0-\boldsymbol{E}'$ 减小了,这也可以解释实验结果.

11.3.2　介质电极化的微观机理

为了便于讨论介质的电极化机理,通常将介质分为无极分子电介质和有极分子电介质两类. 所谓无极分子电介质是指无外电场时,分子正负电荷中心重合(如 H_2、H_e、CH_4 等),分子的固有电偶矩为零;所谓有极分子电介质是指无外电场时,分子的正负电荷中心不重合(如 HCl、H_2O、NH_3、CO 等),分子正负电荷中心不重合时相当于一电偶极子,分子的固有电偶极矩不为零.

1. 无极分子介质的电极化

无极分子在没有受到外电场作用时,它的正负电荷的中心是重合的,因而没有电偶极矩,如图 11.16 所示. 但当外电场存在时,它的正负电荷的中心发生相对位移,形成一个电偶极子,其电偶极矩 $\boldsymbol{p}$ 方向沿外电场 $\boldsymbol{E}_0$ 方向. 对一块介质整体来说,由于电介质中每一个分子都成为电偶极子,所以它们在电介质中排列如图 11.6 所示,在电介质内部,相邻电偶极子正负电荷相互靠近,因而对于均匀电介质来说,其内部仍是电中性的,但在和外电场垂直的两个端面上就不同了. 由于电偶极子的负端朝向电介质一面,正端朝向另一面,所以电介质的一面出现负电荷,一面出现正电荷,显然这种正负电荷是不能分离的,故为束缚电荷. 因此,无极分子的电极化是由于分子的正负电荷的中心在外电场的作用下发生相对位移的结果,这种电极化称为位移电极化.

2. 有极分子介质的电极化

如图 11.17 所示,有极分子本身就相当于一个电偶极子,在没有外电场时,由于分子做不规则热运动,这些分子偶极子的排列是杂乱无章的,所以电介质内部呈电中性. 当有外电场时,每一个分子都受到

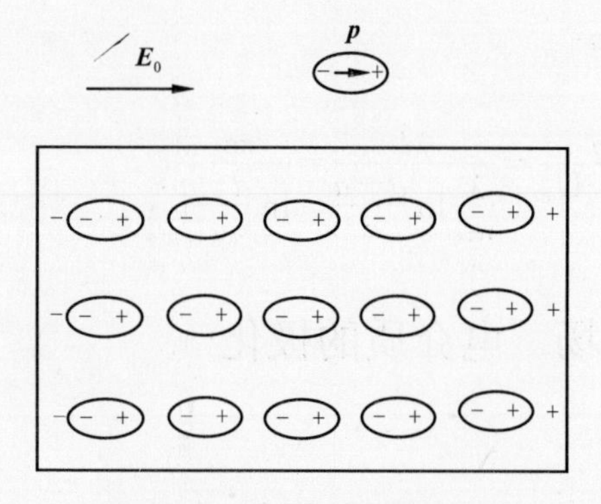

图 11.16　无极分子介质的极化

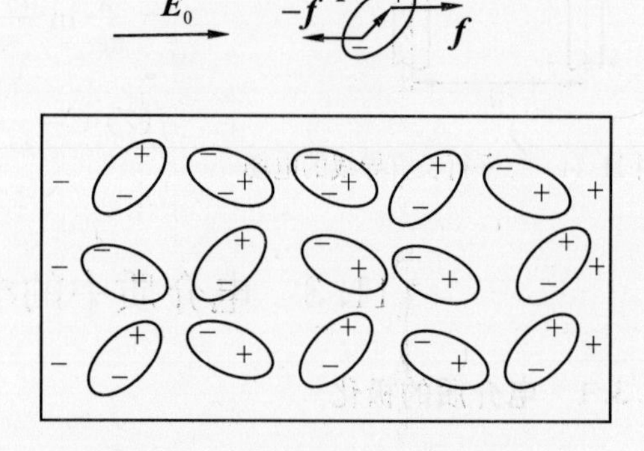

图 11.17　有极分子介质的极化

一个电场力矩作用，这个力矩要使分子偶极子转到外电场方向，但是由于分子的热运动，各分子偶极子不能完全转到外电场的方向，只是部分地转到外电场的方向，即所有分子偶极子不是很整齐地沿着外电场 $\boldsymbol{E}_0$ 方向排列起来. 但随着外电场 $\boldsymbol{E}_0$ 的增强，排列整齐的程度要增大. 无论排列整齐的程度如何，在垂直外电场的两个端面上都产生了束缚电荷. 因此，有极分子的电极化是由于分子偶极子在外电场的作用下发生转向的结果，故这种电极化称为转向电极化.

在静电场中，两种电介质电极化的微观机理显然不同，但是宏观结果即在电介质中出现束缚电荷的效果时却是一样的，故在宏观讨论中不必区分它们.

11.3.3　极化强度与极化电荷

1. 电极化强度矢量

由上述的电介质的极化机理可知，无论是无极分子介质还是有极分子介质，电极化的结果都是使分子的电偶矩矢量和不为零. 显然在单位体积内，分子的电偶矩矢量和越大，介质的极化程度就越高. 因此可以定义极化强度 $\boldsymbol{P}$ 来描述介质的极化程度.

$$\boldsymbol{P}=\lim_{\Delta V}\frac{\sum_i \boldsymbol{p}_i}{\Delta V} \tag{11.7}$$

式中，$\boldsymbol{p}_i$ 是第 i 个分子的电偶极矩. 电极化强度 $\boldsymbol{P}$ 的单位为 $\mathrm{C\cdot m^{-2}}$.

2. 电极化强度与极化电荷的关系

(1) 在介质表面某处选取一个小面元，以 $\mathrm{d}S$ 为底面，在介质内作一个斜圆柱体，长度为 l，其母线与电极化强度 $\boldsymbol{P}$ 平行，与面元法线方向的夹角为 θ，如图 11.18 所示. 显然，斜圆柱体的体积为

$$\mathrm{d}V=\mathrm{d}S\cdot l\cos\theta$$

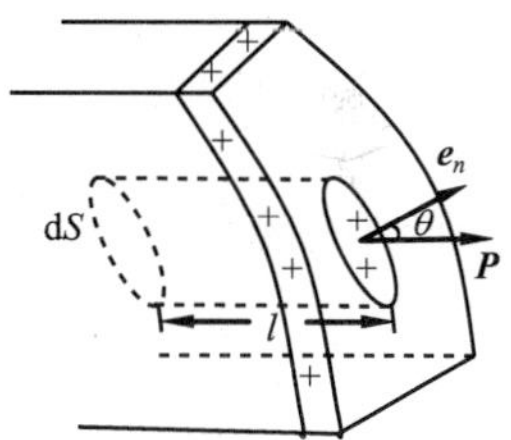

图 11.18　电极化强度和极化电荷的关系

由于电极化，在斜圆柱体两端出现极化电荷 $\pm q'$，可以视为一个电偶极子. 所以在斜圆柱体内电偶极矩矢量和的大小为

$$\left|\sum \boldsymbol{p}_i\right|=q'l=\sigma'\cdot\mathrm{d}S\cdot l$$

由此得到

$$P=\frac{\left|\sum p_i\right|}{\mathrm{d}V}=\frac{\sigma'\cdot\mathrm{d}S\cdot l}{\mathrm{d}S\cdot l\cos\theta}=\frac{\sigma'}{\cos\theta}$$

所以介质表面极化电荷面密度与极化强度的关系为

$$P\cos\theta=\sigma' \tag{11.8}$$

(2) 在介质内选取一个闭合曲面，电极化强度的通量为

$$\oiint_S \boldsymbol{P}\cdot\mathrm{d}\boldsymbol{S}=\oiint_S P\cos\theta\mathrm{d}S=\oiint_S \sigma'\mathrm{d}S$$

式中，$\sigma'\mathrm{d}S=\mathrm{d}q'$ 表示由于极化通过面积元 $\mathrm{d}S$ 移出闭合曲面 S 的电荷，所以越过整个闭合曲面向外移出的极化电荷总量为 $\oiint_S\sigma'\mathrm{d}S$. 根据电荷守恒定律，闭合曲面 S 所包围的极化电荷的代数和应该为其负值，即

$$\sum q'=-\oiint_S\sigma'\mathrm{d}S$$

因此得到

$$\oiint_S \boldsymbol{P} \cdot \mathrm{d}\boldsymbol{S} = -\sum_{S_{内}} q' \tag{11.9}$$

所以对于一个闭合曲面,电极化强度的通量等于闭合曲面所包围极化电荷的负值. 当极化强度穿出闭合面时,闭合面包围负的极化电荷;极化强度穿进闭合面时,闭合面包围正的极化电荷.

3. 电极化强度与电场强度的关系

实验发现,对于各向均匀的介质,电极化强度与电场强度成正比,即有

$$\boldsymbol{P} = \chi\varepsilon_0 \boldsymbol{E} \tag{11.10}$$

式中,χ 称为电介质的电极化率,是一个大于零的纯数. 上述结论称为介质的电极化定律.

思考题

思 11.5 电介质的极化现象和导体的静电感应现象有些什么区别?

思 11.6 怎样从物理概念上来说明自由电荷与极化电荷的差别?

11.4 电介质中的高斯定理

11.4.1 电位移矢量 介质中高斯定理

在真空中,静电场的高斯定理为

$$\oint_S \boldsymbol{E} \cdot \mathrm{d}\boldsymbol{S} = \frac{1}{\varepsilon_0} \sum_{S_{内}} q$$

式中,$\sum\limits_{S_{内}} q$ 应理解为闭合面内一切正、负电荷的代数和. 在有介质存在时,S 内既有自由电荷,又有极化电荷,$\sum\limits_{S_{内}} q$ 应是闭合面 S 内一切自由电荷与极化电荷的代数和,即

$$\oiint_S \boldsymbol{E} \cdot \mathrm{d}\boldsymbol{S} = \frac{1}{\varepsilon_0} \sum_{S_{内}} q = \frac{1}{\varepsilon_0} \sum_{S_{内}} (q_0 + q')$$

式中,q_0、q' 分别表示自由电荷和极化电荷. 实际上,q' 难以测量和计算,故应设法消除. 将式(11.9)代入上式,则得

$$\oiint_S (\varepsilon_0 \boldsymbol{E} + \boldsymbol{P}) \cdot \mathrm{d}\boldsymbol{S} = \sum_{S_{内}} q_0$$

定义电位移矢量为

$$\boldsymbol{D} = \varepsilon_0 \boldsymbol{E} + \boldsymbol{P} \tag{11.11}$$

则得到

$$\oiint_S \boldsymbol{D} \cdot \mathrm{d}\boldsymbol{S} = \sum_{S_{内}} q_0 \tag{11.12}$$

此式就是介质中的高斯定理. 它表明:**在静电场中,通过任意闭合曲面的电位移矢量通量等于该闭合曲面所包围的自由电荷的代数和.**

说明

(1) 式(11.2)为电介质中的高斯定理,它是普遍成立的.

(2) 如同引进电力线一样,为描述方便,可引进电位移线,并规定电位移线的切线方向即为 $\boldsymbol{D}$ 的方向,电位移线的密度(通过与电位移线垂直的单位面积上的电位移线条数)等于该处 $\boldsymbol{D}$ 的大小. 电位移线与电场线有着区别,电位移线总是始于正的自由电荷,止于负的自由电荷(可从定理看出);而电场线是可始于一切正电荷和止于一切负电荷(包括极化电荷).

11.4.2　电位移矢量与电场强度的关系

由电位移矢量的定义和介质的电极化定律,可以得到电位移矢量与电场强度的关系. 将式(11.10)代入式(11.11)可以得到

$$\boldsymbol{D} = \varepsilon_0 \boldsymbol{E} + \boldsymbol{P} = (1+\chi)\varepsilon_0 \boldsymbol{E}$$

令 $\varepsilon_r = 1+\chi$,称为介质的相对介电常数或相对电容率,则

$$\boldsymbol{D} = \varepsilon_r \varepsilon_0 \boldsymbol{E} = \varepsilon \boldsymbol{E} \tag{11.13}$$

式中,$\varepsilon_r\varepsilon_0=\varepsilon$ 称为介质的介电常数或电容率,而 ε_r,ε 容易通过实验测量.

因为对于任意闭合曲面电位移通量等于闭合曲面包围的自由电荷的代数和,而与极化电荷无关,有些情况下可以由介质中的高斯定理求出电位移矢量,再由式(11.13)求出电场强度.

例 11.4　如图 11.19 所示,平行板电容器,板间有两种各向同性的均匀介质,分界面平行板面,介电常数分别为 ε_1、ε_2,厚度为 d_1、d_2,自由电荷面密度为 σ. 求:

(1) 平行板电容器当中各点的点位移矢量和电场强度;

(2) 电容器的电容量.

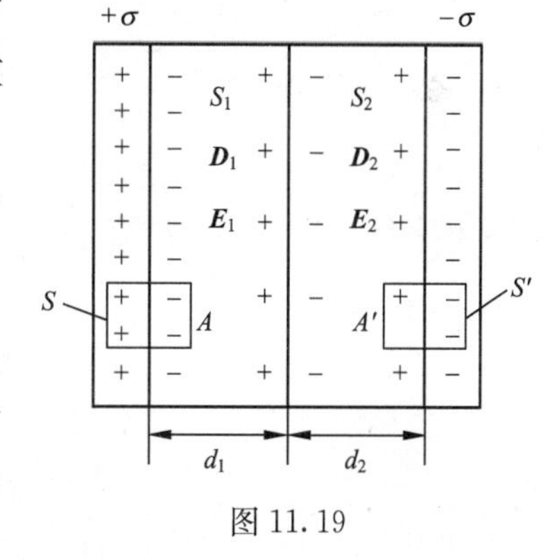

图 11.19

解　(1) 设二种介质中电位移矢量分别为 $\boldsymbol{D}_1$、$\boldsymbol{D}_2$,在左极板处作一个闭合柱面作为高斯面 S,一对底面平行于导体板面,面积均为 A,侧面轴垂直板面,通过闭合曲面的电位移通量为

$$\oint_S \boldsymbol{D}\cdot \mathrm{d}\boldsymbol{S} = \int_{\text{左底面}} \boldsymbol{D}\cdot \mathrm{d}\boldsymbol{S} + \int_{\text{右底面}} \boldsymbol{D}\cdot \mathrm{d}\boldsymbol{S} + \int_{\text{侧面}} \boldsymbol{D}\cdot \mathrm{d}\boldsymbol{S}$$

因为在左底面上 $\boldsymbol{D}=0$,在侧面上 $\boldsymbol{D}\perp \mathrm{d}\boldsymbol{S}$,所以 $\oint_S \boldsymbol{D}\cdot \mathrm{d}\boldsymbol{S} = D_1\cdot A$. 显然闭合面所包围的电荷代数和为 $\sum\limits_{S_{内}} q_0 = \sigma A$. 由高斯定理得 $D_1 A = \sigma A$,即 $D_1 = \sigma$,方向垂直板面向右.

同样在右极板处作一个闭合柱面 S',一对底面平行于导体板面,面积均为 A,侧面轴垂直板面,通过闭合曲面的电位移通量为

$$\oint_S \boldsymbol{D}\cdot \mathrm{d}\boldsymbol{S} = \int_{\text{左底面}} \boldsymbol{D}\cdot \mathrm{d}\boldsymbol{S} + \int_{\text{右底面}} \boldsymbol{D}\cdot \mathrm{d}\boldsymbol{S} + \int_{\text{侧面}} \boldsymbol{D}\cdot \mathrm{d}\boldsymbol{S} = -D_2 A'$$

闭合面所包围的电荷代数和为 $\sum_{S_{内}} q_0 = -\sigma A'$，由高斯定理得 $D_2=\sigma$，方向向右.

可见 $\boldsymbol{D}_1=\boldsymbol{D}_2$，即两种介质中 $\boldsymbol{D}$ 相同.

$E_1=\dfrac{D_1}{\varepsilon_1}=\dfrac{\sigma}{\varepsilon_1}, E_2=\dfrac{D_2}{\varepsilon_2}=\dfrac{\sigma}{\varepsilon_2}$，方向均向右.

(2) 电容器两个极板的电势差为

$$\Delta U = E_1 d_1 + E_2 d_2 = \frac{\sigma}{\varepsilon_1} d_1 + \frac{\sigma}{\varepsilon_2} d_2$$

所以，

$$C=\frac{q}{\Delta U}=\frac{q}{E_1 d_1+E_2 d_2}=\frac{q}{\dfrac{\sigma}{\varepsilon_1}d_1+\dfrac{\sigma}{\varepsilon_2}d_2}=\frac{\sigma S}{\dfrac{\sigma}{\varepsilon_1}d_1+\dfrac{\sigma}{\varepsilon_2}d_2}=\frac{S}{\dfrac{1}{\varepsilon_1}d_1+\dfrac{1}{\varepsilon_2}d_2}$$

例 11.5 如图 11.20 所示，有一个带电为 $+q$，半径为 R_1 的导体球，与内外半径分别为 R_3、R_4，带电量为 $-q$ 的导体球壳同心，二者之间有两层均匀电介质，内层和外层电介质的介电常数分别为 ε_1、ε_2，且二电介质分界面也是与导体球同心的半径为 R_2 的球面. 试求：

(1) 电位移矢量分布；

(2) 场强分布；

(3) 导体球与导体空间电势差；

(4) 导体球壳构成电容器的电容.

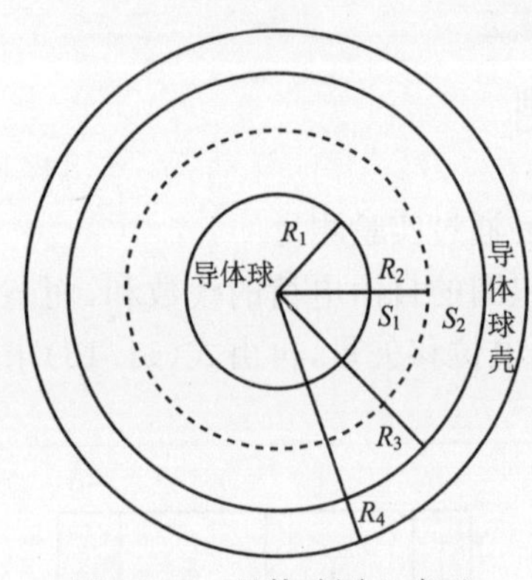

图 11.20 导体球同心球面

解 (1) 由题意知，场是球对称的，选球形高斯面 S，由 $\oint_S \boldsymbol{D}\cdot d\boldsymbol{S} = \sum_{S_{内}} q_0$ 有

$$D\cdot 4\pi r^2 = \sum_{S_{内}} q_0$$

得

$$D=\begin{cases} 0, & (r<R_1) \\ \dfrac{q}{4\pi r^2} & (R_2<r<R_3) \\ 0, & (r>R_3) \end{cases}$$

$\boldsymbol{D}$ 沿半径向外.

(2)
$$E=\frac{D}{\varepsilon}=\begin{cases} 0, & (r<R_1) \\ \dfrac{q}{4\pi\varepsilon_1 r^2}, & (R_1<r<R_2) \\ \dfrac{q}{4\pi\varepsilon_2 r^2}, & (R_2<r<R_3) \\ 0, & (r>R_3) \end{cases}$$

$\boldsymbol{E}$ 与 $\boldsymbol{D}$ 同向，即沿半径向外.

(3) $U_{球} - U_{表} = \int_{R_1}^{R_3} \boldsymbol{E} \cdot \mathrm{d}\boldsymbol{r} = \int_{R_1}^{R_2} \frac{q}{4\pi\varepsilon_1 r^2}\,\mathrm{d}r + \int_{R_2}^{R_3} \frac{q}{4\pi\varepsilon_2 r^2}\,\mathrm{d}r$

$$= \frac{q[(R_2 - R_1)\varepsilon_2 R_3 + (R_3 - R_2)\varepsilon_1 R_1]}{4\pi\varepsilon_1\varepsilon_2 R_1 R_2 R_3}$$

(4) $C = \frac{q}{U_{球} - U_{表}} = \frac{4\pi\varepsilon_1\varepsilon_2 R_1 R_2 R_3}{(R_2 - R_1)\varepsilon_2 R_3 + (R_3 - R_2)\varepsilon_1 R_1}$

思考题

思 11.7　有人认为在电场中有电介质存在的情况下，电介质内外任一点的电场强度 $\boldsymbol{E}$ 都比自由电荷分布相同而无介质时的电场强度 $\boldsymbol{E}_0$ 要小．请指出这一认识是否正确，并举例说明．

11.5　静电场的能量

11.5.1　电容器储存的电能

任何带电系统在带电的过程中，总要通过外力做功，把其他形式的能量转换为电能储存在电场中. 最能说明这一问题的就是电容器，它的充电过程就是储存能量的过程. 把已充电的电容器放电，则可把储存的能量转换成其他形式的能量.

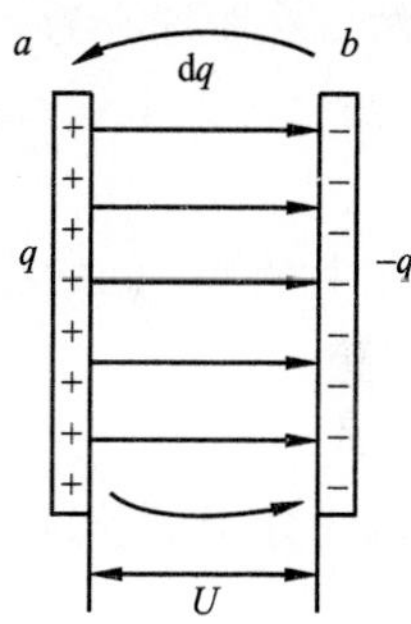

图 11.21　电容器充电过程

电容器充电过程可以认为是电源把一个极板的正电荷不断移到另一极板做功的过程. 如图 11.21 所示，设 t 时刻，两极板上电荷分别为 $+q(t)$ 和 $-q(t)$，a、b 间电势差为

$$U_a(t) - U_b(t) = \frac{q(t)}{C}$$

再把电量 $\mathrm{d}q$ 从 b 移到 a，外力做的功为

$$\mathrm{d}A = (U_a - U_b)\mathrm{d}q = \frac{q(t)}{C}\mathrm{d}q$$

当 a、b 上电量达到 $+Q$ 和 $-Q$ 时，外力做的总功为

$$A = \int \mathrm{d}A = \int_0^Q \frac{q(t)}{C}\mathrm{d}q = \frac{1}{2}\frac{Q^2}{C} = \frac{1}{2}C(U_a - U_b)^2$$

外力所做的功全部转化为带电电容器储藏的电能 W_e. **电容器储存的电能为**

$$W_e = \frac{1}{2}\frac{Q^2}{C} = \frac{1}{2}C(U_a - U_b)^2 \tag{11.14}$$

11.5.2　静电场的能量密度

对于平行板电容器，设极板面积为 S，极间距离为 d，由于

$$U_a - U_b = Ed, C = \frac{\varepsilon S}{d}$$

则式(11.11)可写成

$$W_e = \frac{1}{2}\frac{\varepsilon S}{d}E^2 d^2 = \frac{1}{2}\varepsilon E^2 S d = \frac{1}{2}\varepsilon E^2 V$$

式中,$V=S \cdot d$ 为电容器内部体积.

因为场强为匀强电场,W_e 应均匀分布,故单位体积内能量即**能量密度**为

$$w_e = \frac{W_e}{V} = \frac{1}{2}\varepsilon E^2 = \frac{1}{2}DE \tag{11.15}$$

上述结果虽然是从平行板电容器这一特例中导出的,但它普遍适用任意电场. 式(11.12)表明电场的能量密度仅仅与电场中的场强及电介质有关,而且是点点对应的关系. 这进一步说明电场是电能的携带者.

对于非均匀电场,其能量密度是随空间各点而变化的. 若欲计算某一区域中的电场能量,则需用积分的方法

$$W_e = \int_V w_e \mathrm{d}V = \int_V \frac{1}{2}\varepsilon E^2 \mathrm{d}V \tag{11.16}$$

例 11.6 一个半径为 R 的金属球,带有电荷 Q,处于真空中,计算储存在球周围空间的总能量.

解 在距球心为 $r(r>R)$处的场强为

$$E = \frac{1}{4\pi\varepsilon_0} \cdot \frac{Q}{r^2}$$

在半径为 r 处的能量密度为

$$w_e = \frac{1}{2}\varepsilon_0 E^2 = \frac{Q^2}{32\pi^2\varepsilon_0 r^4}$$

因为处于半径为 $r\sim r+\mathrm{d}r$ 球壳的体积为 $4\pi r^2\mathrm{d}r$,故其能量 $\mathrm{d}W$ 为

$$\mathrm{d}W = w_e 4\pi r^2 \mathrm{d}r = \frac{Q^2}{8\pi\varepsilon_0} \cdot \frac{\mathrm{d}r}{r^2}$$

总能量为

$$W = \int \mathrm{d}W = \int_R^\infty \frac{Q^2}{8\pi\varepsilon_0} \cdot \frac{\mathrm{d}r}{r^2} = \frac{Q^2}{8\pi\varepsilon_0 R}$$

思考题

思 11.8 有人说:"由于 $C=\frac{q}{U}$,所以电容器的电容与其所带电荷成正比",这话对吗? 如电容器两极的电势差增加一倍,$\frac{q}{U}$将如何变化呢?

思 11.9 电势的定义是单位电荷具有的电势能. 为什么带电电容器的能量是 $\frac{1}{2}Q(U_a-U_b)$,而不是 $Q(U_a-U_b)$呢?

11.6　电　　流

11.6.1　电流

1. 电流的形成

我们把能够在物质内部自由运动的，并且带有电荷的电子、正、负离子等都通称为**载流子**. 如果载流子处在电场中，就会受到电场力的作用，而发生定向运动. 这种载流子在物质内部的定向运动就形成了电流，一般规定**正电荷运动的方向为电流的正方向**. 如果载流子带负电荷，那么电流方向为载流子运动方向的反方向.

由此我们可以知道形成电流必须具备两个条件：一是**物质内部必须存在载流子**；二是**载流子必须处在电场之中**.

2. 电流强度

为了描述电流的大小，我们引入了电流强度的概念. 以导体为例，我们把单位时间内通过导体横截面积的电量定义为**电流强度**，用 I 表示. 如果 Δt 时间内通过导体横截面 S 的电量为 ΔQ，则

$$I_{\mathrm{AV}}=\frac{\Delta Q}{\Delta t}$$

称为平均电流强度. 如果它的值不随着时间变化，则这种电流称为**稳恒电流**，如果其值随着时间变化，则需要定义瞬时电流，用 i 表示

$$i=\lim_{\Delta t\to 0}\frac{\Delta Q}{\Delta t}=\frac{\mathrm{d}Q}{\mathrm{d}t}\tag{11.17}$$

电流强度的单位为安培，用 A 表示，$1\mathrm{A}=1\mathrm{C}\cdot\mathrm{S}^{-1}$，常用单位还有毫安(mA)、微安($\mu$A). $1\mathrm{A}=10^3\ \mathrm{mA}=10^6\mu\mathrm{A}$.

通过导体横截面的可能是正电荷，也可能是负电荷(如金属导体中)，也可能正、负电荷同时存在(如电解液). 如果通过导体横截面的负电荷，则电流方向与电荷运动方向相反.

3. 电流密度

对比液体流量的概念，我们很容易看出电流强度能够描述单位时间内通过导体横截面的电量多少，但是不能描述导体内载流子的运动情况. 就像我们虽然知道了某条河流的流量，但是我们仍然不能确定该河河水的流速一样，因为河流的横截面积不同的地方河水的流速是不同的. 为了确定载流子的运动情况，又引入了电流密度的概念，把垂直通过单位面积的电流强度称为**电流密度**，用 $\boldsymbol{j}$ 表示，单位 $\mathrm{A}\cdot\mathrm{m}^{-2}$. 电流密度是矢量，其方向为正电荷定向运动的方向，与该处电场强度 $\boldsymbol{E}$ 的方向相同.

$$j=\frac{I}{S_{\perp}}\tag{11.18}$$

如果电流密度不是均匀分布的，则某点处电流密度的大小为

$$j = \lim_{\Delta S \to 0} \frac{\Delta I}{\Delta S_{\perp}} = \frac{\mathrm{d}I}{\mathrm{d}S_{\perp}} \tag{11.19}$$

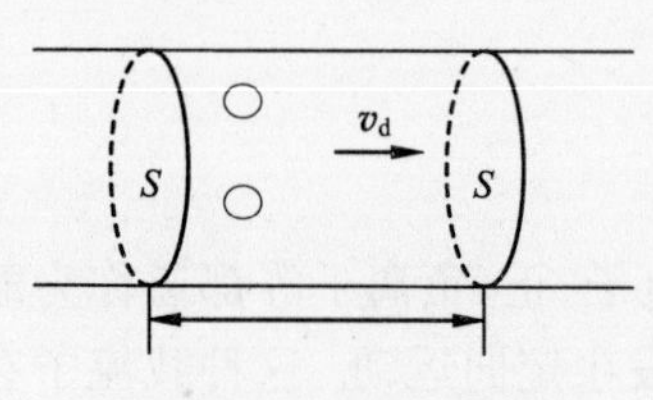

图 11.22　电流微观模型

为了清楚的描述电流密度矢量性，我们通过电流的微观模型来导出电流密度矢量的另一个表达式．首先我们来看一下电流的微观模型．我们以一段粗细均匀的金属导体为例．如图 11.22 所示，假设金属导体两端施加恒定的电压，导体横截面积为 S，单位体积内载流子(自由电子)数目为 n，载流子的定向漂流速度为 $\boldsymbol{v}_{\mathrm{d}}$．则电流强度为

$$I = \frac{\Delta Q}{\Delta t} = \frac{nqSv_{\mathrm{d}}\Delta t}{\Delta t} = nqSv_{\mathrm{d}} \tag{11.20}$$

式中 e 为电子带电量．由于在导体两端施加电压在导体中产生的电场方向与导体横截面垂直，因此导体中的电流密度大小为

$$j = \lim_{\Delta S \to 0} \frac{\Delta I}{\Delta S_{\perp}} = \lim_{\Delta s \to 0} \frac{\Delta nqSv_{\mathrm{d}}}{\Delta S} = nqv_{\mathrm{d}}$$

电流密度的方向与电场强度方向相同．在金属导体内，载流子为电子，电流密度的方向与电子运动方向相反．因此上式可以写为矢量式

$$\boldsymbol{j} = -nq\boldsymbol{v}_{\mathrm{d}} \tag{11.21}$$

如果载流子带正电荷，并且载流子的价数为 Z，则**电流密度的表示式**可以写为

$$\boldsymbol{j} = nZq\boldsymbol{v}_{\mathrm{d}} \tag{11.22}$$

由式(11.21)和式(11.22)可以看到电流密度矢量的方向与正载流子运动方向相同，与负载流子运动方向相反．

10.6.2　欧姆定律的微分形式

我们在中学中就学习过欧姆定律，其表示式为

$$I = \frac{U_2 - U_1}{R} = \frac{\Delta U}{R} \tag{11.23}$$

而我们在实验中发现，在电阻材料一定，温度恒定的条件下，电阻 R 的大小与电阻的长度 l 成正比，与电阻的横截面积 S 成反比．其比例系数用 ρ 表示，称为**电阻率**．

$$R = \rho \frac{l}{S} \tag{11.24}$$

由电场理论我们知道，如图 11.23 所示，如果导体两端存在电势差 $U_2 - U_1$，就会在导体内部产生电场 $\boldsymbol{E}$，且

$$E = \frac{U_2 - U_1}{l} \tag{11.25}$$

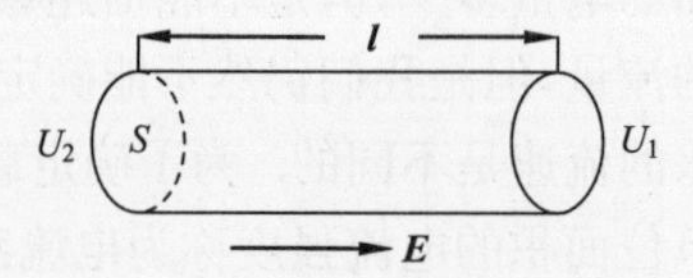

图 11.23　欧姆定律的微分形式

把式(11.19)和式(11.20)代入式(11.18)得

$$I = \frac{ES}{\rho}$$

$$j = \frac{I}{S} = \frac{ES}{\rho S} = \frac{E}{\rho}$$

由于电流密度 $\boldsymbol{j}$ 的方向和该处电场强度 $\boldsymbol{E}$ 的方向相同，上式可写成矢量式

$$\boldsymbol{j} = \frac{\boldsymbol{E}}{\rho} \tag{11.26}$$

式(11.26)就称为欧姆定律的微分形式．而电阻率的倒数，又称为**电导率**，记为 γ，因此**欧姆定律的微分形式**也可写为

$$\boldsymbol{j} = \frac{\boldsymbol{E}}{\rho} = \gamma \boldsymbol{E} \tag{11.27}$$

显然，导体中电流密度与该处的电场强度成正比，且电流密度的方向与该处电场强度方向相同．在式(11.26)中，$\boldsymbol{E}$ 可以是静电场的电场强度，也可以是非静电场的电场强度，因此欧姆定律的微分形式更具有普遍性．

*11.6.3　基尔霍夫定律

在中学我们已经学习过用欧姆定律来分析计算简单的串并联电路．但对于支路比较多的复杂电路，仅用欧姆定律就难以解决了．为了解决复杂电路问题，我们就必须用到基尔霍夫定律．基尔霍夫定律包含两条定律：节点电流定律(基尔霍夫第一定律)和回路电压定律(基尔霍夫第二定律)．

1. 节点电流定律

我们把电路中三条以上的支路汇合的点称为**节点**．**节点电流定律**的表述为：**若规定流入节点的电流取正值，流出节点的电流取负值，则通过任意节点的电流代数和等于零**，即

$$\sum I_i = 0 \tag{11.28}$$

如图 11.24 所示，

$$I_1 - I_2 - I_3 = 0$$

这一定律可用电荷守恒定律进行证明．由于电荷是守恒的，因此在节点处，电荷既不会产生，也不会消失，所以流入节点的电荷数必然等于流出节点的电荷数．这和水流流入支流的情况是一样的，如图 11.25 所示．在节点处水流不会产生也不会消失，所以流入节点的水流之和等于流出节点的水流之和．

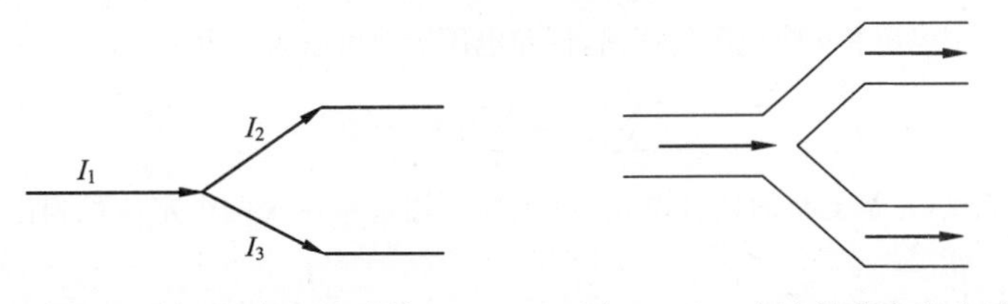

图 11.24　节点电流定律　　图 11.25　水流的节点和支流

在多回路电路中，我们往往不能直接判断出各支路电流的方向，因此也就不能判断电流是流入节点还是流出节点．遇到这样的问题，我们可以**先假定一个方向为回路中该支路的电流方向，列出等式进行计算，计算得出电流后，如果计算结果为正值，说明该支路电流方向与假定方向一致，为负值则该支路电流方向与假定方向相反**．

如果在一个闭合电路中节点的数目为 n,则用节点电流定律可列出 n 个等式. 但是只有 $n-1$ 个等式是独立的. 可以证明其中任一个等式可由其他 $n-1$ 个等式通过等式相加减得到.

2. 回路电压定律

在一个复杂的电路当中,我们把任意一条用电器串联的电路或用电器和电源串联的电路称为电路的一条支路,**把两条或多条支路连成的通路称为回路**. **回路电压定律**可表述为:**绕电路中任一闭合回路一圈,电势的变化为零**, 即

$$\sum_{\text{闭合回路}} \Delta U = 0 \tag{11.29}$$

因为电流密度矢量的方向和电场强度的方向相同,正电荷运动的方向为电流的方向, 所以带正电荷的载流子沿着电流的方向运动时,电场力(静电场)对载流子做正功,电势能减少,电势降低. 如图 11.26 所示,电流 I 经过电阻 R,电势增量为

$$\Delta U = -IR$$

而电流经过一个电源时,沿着电动势的方向(非静电场强方向),电势增加. 因为在电源内部是非静电力对做功,使正电荷从电源负极运动到正极,这个过程中电势能增加,电势升高. 如图 11.27 所示,电流 I 经过电源,电势增量为

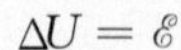

$$\Delta U = \mathscr{E}$$

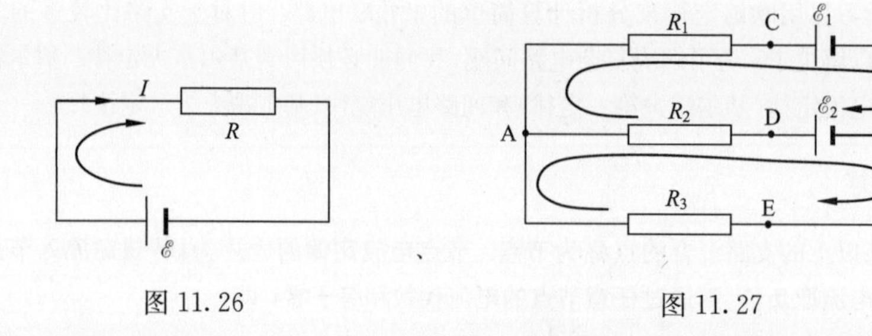

图 11.26　　　　图 11.27

由于在回路电压定律中绕行的方向是我们人为选择的,因此经过导体和电源后电势是升高还是降低还要看绕行的方向来定. 所以计算时我们要**先选定回路绕行方向,如果经过电阻的电流方向和绕行方向一致,则 $\Delta U=-IR$,反之则 $\Delta U=+IR$;如果电源的电动势方向和绕行方向一致时,则 $\Delta U=\mathscr{E}$,反之则 $\Delta U=-\mathscr{E}$**. 在图 11.28 所示电路中,如果选顺时针方向为绕行方向,则回路电压定律可表示式为

$$\sum_{\text{闭合回路}} \Delta U = -IR + \mathscr{E} = 0$$

一般对于有 m 个电源和 k 个电阻的回路,回路电压定律可以表示为

$$\sum_{i=1}^{m} \mathscr{E}_i - \sum_{i=1}^{k} I_i R_i = 0$$

对于有 n 个节点,p 条支路的闭合电路,可证明利用基尔霍夫两个定律可列出 $p-n+1$ 个独立的方程.

例 11.7　如图 11.27 所示,其中 $\mathscr{E}_1=14.0\text{V}$,$\mathscr{E}_2=10.0\text{V}$,$R_1=4.0\Omega$,$R_2=6.0\Omega$,$R_3=2.0\Omega$,求电路中各个支路中的电流强度.

解　该电路中由 2 个节点,3 条支路,因此用节点电流定律可以列出 1 个方程和用回路电压定律可以列出 2 个方程. 电路中电流方向未知,我们先假设 3 条支路 ACB、ADB、AEB 中电流分别为 I_1、I_2、I_3,方向如图 11.27 所示.

对节点 B 用节点电流定律,可得

$$I_2 - I_1 - I_3 = 0$$

对 $ACBDA$ 回路用回路电压定律，可得

$$I_1R_1 - \mathscr{E}_1 - \mathscr{E}_2 + I_2R_2 = 0$$

对 $ADBEA$ 回路用回路电压定律，可得

$$-I_2R_2 + \mathscr{E}_2 - I_3R_3 = 0$$

代入数据，联立3个方程可解得

$$I_1 = 3.0\text{A}, I_2 = 2.0\text{A}, I_3 = -1.0\text{A}$$

所以在支路 ACB 和 ADB 中电流方向与图中假设的电流方向一致，在支路 AEB 中电流方向和图中假设的电流方向相反.

*11.6.4　正弦交流电

1. 正弦交流电

交流(AC)是指大小和方向都随时间变化的电流. 交流电是这类电流、电压和电动势的总称. 正弦交流电是指这类电流 $i(t)$、电压 $u(t)$ 和电动势 $e(t)$ 都可写成时间的正弦函数形式的交流电. 以电流为例，其表示式为

$$i(t) = I_{\max}\sin(\omega t + \varphi_i) \tag{11.30}$$

式中 $i(t)$ 表示任意 t 时刻的**电流瞬时值**. 交流电的瞬时值我们用小写字母来表示. $I_{\max}$ 表示交流电流的**最大值(幅值)**，ω 称为**角频率**($\omega = 2\pi f$)，φ 称为**初相位**. 电流最大值、角频率、初相位确定，则任意时刻交流电流确定. 因此最大值、角频率、初相位称为交流电的三要素.

角频率 ω 取决于电源的频率. 在我国以及许多欧洲国家电力系统的工业标准频率为50Hz，而美国、日本的工业标准频率为60Hz.

为了描述交流电的大小，我们引入有效值的概念. 定义交流电的有效值为：在交流电一个周期的时间内，交流电与某直流电通过同一电阻产生的焦耳热相等，这一直流电流的数值就称为交流电流的有效值. 可以证明交流电流的有效值等于其最大值的 $\frac{1}{\sqrt{2}}$. 同样的，交流电压的有效值也等于其最大值的 $\frac{1}{\sqrt{2}}$. 我们通常所说的照明电路电压220V，就是交流电压的有效值，其电压最大值为311V. 因此我们选择用电器时要注意它的耐压值，应选择大于311V，防止击穿.

2. 正弦量的复数表示

由于正弦交流电可写成时间的正弦函数形式，在做交流电流的分析和计算时经常需要进行几个同频率的正弦量的加减等运算，这是三角函数运算，很不方便. 而我们知道通过数学变换可以把三角函数变为复数的形式，从而简化代数计算，因此我们经常把正弦量表示成复数的形式. **正弦量的最大值对应复数模，正弦量的相位对应复数的辐角**. 以交流电压和交流电流为例，即

$$u(t) = U_{\max}\sin(\omega t + \varphi_u)$$

$$i(t) = I_{\max}\sin(\omega t + \varphi_i)$$

它们对应的复数分别为

$$\widetilde{U} = U_{\max}\mathrm{e}^{\mathrm{j}(\omega t + \varphi_u)} = U_{\max}\cos(\omega t + \varphi_u) + \mathrm{j}U_{\max}\sin(\omega t + \varphi_u) \tag{11.31}$$

$$\widetilde{I} = I_{\max}\mathrm{e}^{\mathrm{j}(\omega t + \varphi_i)} = I_{\max}\cos(\omega t + \varphi_i) + \mathrm{j}I_{\max}\sin(\omega t + \varphi_i) \tag{11.32}$$

式中，j表示虚数因子，$\widetilde{U}$ 称为**复电压**，$\widetilde{I}$ **称为复电流. 几个同频率的正弦量表示成复数形式后，可按照复数运算法则进行四则运算. 交流电压和交流电流的瞬时值分别对应复电压和复电流的虚部.**

3. 电阻 R、电容 C、电感 L 的阻抗

我们把同一段电路上的复电压和复电流的比值称为这段电路的复阻抗,记为 $\widetilde{Z}$,即

$$\widetilde{Z}=\frac{\widetilde{U}}{\widetilde{I}}=\frac{U_{\max}}{I_{\max}}\mathrm{e}^{\mathrm{j}(\varphi_u-\varphi_i)}=Z\mathrm{e}^{\mathrm{j}\varphi} \tag{11.33}$$

上式形式与直流电路的欧姆定律完全相同. 复阻抗的模 $Z=\frac{U_{\max}}{I_{\max}}$,称为**这段电路的阻抗**. $\varphi=\varphi_u-\varphi_i$,**是这段电路的交流电压和交流电流的相位差**. 阻抗 Z 和相位差 φ 一起用来表征这段电路的特性.

如果一段电路中元件仅是一电阻 R 时,则其两端电压为

$$u(t)=i(t)R=I_{\max}R\sin(\omega t+\varphi_i)$$

所以在交流电路中电阻的阻抗和相位差为

$$Z_R=\frac{U_{\max}}{I_{\max}}=\frac{I_{\max}R}{I_{\max}}=R$$

$$\varphi=\varphi_u-\varphi_i=0$$

电阻的复阻抗为

$$\widetilde{Z}_R=R\mathrm{e}^{\mathrm{j}0}=R \tag{11.34}$$

如果这段电路中的元件是一电感 L 时,由于是交流电路,因此在电感线圈内部会产生自感电动势 $\mathscr{E}_L=-L\frac{\mathrm{d}i}{\mathrm{d}t}$,电感的内阻忽略不计,则电感两端电压为

$$u(t)=-\mathscr{E}_L=L\frac{\mathrm{d}i}{\mathrm{d}t}=\omega LI_{\max}\sin\left(\omega t+\varphi_i+\frac{\pi}{2}\right)$$

所以在交流电路中电感的阻抗(又称为感抗)和相位差为

$$Z_L=\frac{U_{\max}}{I_{\max}}=\frac{\omega LI_{\max}}{I_{\max}}=\omega L$$

$$\varphi=\varphi_u-\varphi_i=\frac{\pi}{2}$$

电感的复阻抗为

$$\widetilde{Z}_L=\omega L\mathrm{e}^{\mathrm{j}\frac{\pi}{2}}=\omega Lj \tag{11.35}$$

如果这段电路中的元件是一电容 C 时,由于是交流电路,因此电容器不断地进行充放电. 电容器上积累的带电量为 $q(t)=cu(t)$,则电容器充放电的电流为

$$i(t)=\frac{\mathrm{d}q(t)}{\mathrm{d}t}=\frac{\mathrm{d}}{\mathrm{d}t}[cu(t)]=\omega cU_{\max}\sin\left(\omega t+\varphi_u+\frac{\pi}{2}\right)$$

所以在交流电路中电容的阻抗(又称为容抗)和相位差为

$$Z_C=\frac{U_{\max}}{I_{\max}}=\frac{U_{\max}}{\omega cU_{\max}}=\frac{1}{\omega c}$$

$$\varphi=\varphi_u-\varphi_i=-\frac{\pi}{2}$$

电容的复阻抗为

$$\widetilde{Z}_C=\frac{1}{\omega C}\mathrm{e}^{-\mathrm{j}\frac{\pi}{2}}=\frac{-\mathrm{j}}{\omega C}=\frac{1}{\mathrm{j}\omega C} \tag{11.36}$$

由以上各式可知,**交流电中电阻的阻抗与频率无关,而感抗和容抗都与交流电的频率有关. 感抗与频率成正比,具有阻高频、通低频的性质;而容抗与频率成反比,具有通高频、阻低频的性质.**

4. 简单正弦交流电路

简单电路分为串联电路和并联电路. 对于串联电路,由基尔霍夫回路电压定律

$$\widetilde{U}=\widetilde{I}\widetilde{Z}_R+\widetilde{I}\widetilde{Z}_C+\widetilde{I}\widetilde{Z}_L=\widetilde{I}(\widetilde{Z}_R+\widetilde{Z}_C+\widetilde{Z}_L)$$

所以 RCL 串联电路的总复阻抗

$$\widetilde{Z}=\frac{\widetilde{U}}{\widetilde{I}}=\sqrt{R^2+\left(\omega L-\frac{1}{\omega C}\right)^2}\mathrm{e}^{\mathrm{j}\cdot\arctan\left(\frac{\omega L}{R}-\frac{1}{\omega CR}\right)} \tag{11.37}$$

由上式,我们看到在交流电路中,串联电路的总的阻抗并不等于电阻、电感、电容各阻抗的和,而是等于它们复阻抗和的模. 这和直流串联电路时不同. 但是,交流串联电路的复阻抗表示式和直流电阻表示式在形式上是一样的.

由于并联电路各支路两端的电压(u)相同,我们只要知道各支路的电流,就可用基尔霍夫节点电流定律求出并联电路的总电流. 而各个支路都是一个个串联电路,假设其复阻抗为 $\widetilde{Z}_n$,则总电流即为

$$\widetilde{I}=\widetilde{I}_1+\widetilde{I}_2+\cdots+\widetilde{I}_n=\frac{\widetilde{U}}{\widetilde{Z}_1}+\frac{\widetilde{U}}{\widetilde{Z}_2}+\cdots+\frac{\widetilde{U}}{\widetilde{Z}_n}$$

$$\frac{1}{\widetilde{Z}}=\frac{1}{\widetilde{Z}_1}+\frac{1}{\widetilde{Z}_2}+\cdots+\frac{1}{\widetilde{Z}_n} \tag{11.38}$$

式(11.38)为并联交流电路的复阻抗的计算式. 一定要注意式中用的是复阻抗. 一般情况下,并联电路的阻抗的倒数是不等于各支路阻抗的倒数和的,即

$$\frac{1}{Z}\neq\frac{1}{Z_1}+\frac{1}{Z_2}+\cdots+\frac{1}{Z_n}$$

5. 交流电路的功率

交流电在电路的某一元件或某一组合电路中某一时刻消耗的功率,我们称为**交流电的瞬时功率**. 即

$$p=ui$$

若

$$i(t)=I_{\max}\sin(\omega t),u(t)=U_{\max}\sin(\omega t+\varphi)$$

则

$$p=ui=UI[\cos\varphi-\cos(2\omega t+\varphi)] \tag{11.39}$$

式中,用 U、I 表示交流电的有效值.

交流电的功率在一个时间周期内的平均值,称为交流电的平均功率或有功功率,简称功率,用 P 表示.

$$P=\frac{1}{T}\int_0^T(p)\mathrm{d}t=UI\cos\varphi \tag{11.40}$$

由此式可知,**正弦交流电的功率等于其电压有效值、电流有效值和电压电流相位差余弦($\cos\varphi$)的乘积**. 由于 $\cos\varphi$ 对交流电功率如此重要,因此我们把它称为交流电的功率因数,用 λ 表示. 对于纯电阻电路,$\varphi=0$,有 $\cos\varphi=1$;对于纯电感电路,$\varphi=\frac{\pi}{2}$,有 $\cos\varphi=0$;对于纯电容电路,$\varphi=-\frac{\pi}{2}$,有 $\cos\varphi=0$.

提高用电器的功率因数对交流电的传输具有重要的意义,它不仅能提高用电器的有功功率,还能降低传输过程中的能量损耗.

生活中常用的用电器,如日光灯、电磁炉、电动机等都是电感性的,这些用电器可以通过并联电容的方法来提高电路的功率因数. 因为纯电感电路,电压和电流的相位差为 $\varphi=\pi/2$,实际生活中的电感性电路相当于是一个电感 L 和电阻 R 的串联,$0<\varphi<\pi/2$. 并联电容后,电容支路 $\varphi=-\pi/2$. 总电流是电感性电路和电容支路的电流和. 因此我们选择合适的电容就能使总的相位差减小,从而提高功率因数.

11.7 电源 电动势

11.7.1 电源 非静电力

在直流电路中,为了保持电流的恒定,必须在电路中接上电源. 一个完整的电路,是由电源和外电路组成的. 外电路包括导线和用电器. 电流从电源正极流出,经外电路流入负极,再经电源内部从负极流向正极,形成闭合的电流. 电荷在闭合回路中不断地循环运动,形成不随时间变化的恒定电流.

如图 11.28 所示的直流电路中,由于电源正、负极之间存在着电势差,正极电势高,负极电势低,而正电荷在静电力的作用下只能从高电势向低电势处运动,所以正电荷在静电场力的作用下经外电路由电源正极流向负极. 如果要在回路中形成稳定的电流,就必须将正电荷通过电源内部从负极搬回到正极. 显然依靠静电力是不行的,所以在电源内部必定存在能够克服静电力,将正电荷从低电势推向高电势的力(图 11.29),这种力我们称为**非静电力**,用 $\boldsymbol{F}'$ 表示. **而电源就是为内电路提供非静电力并将其他能量转变为电能的一种装置.**

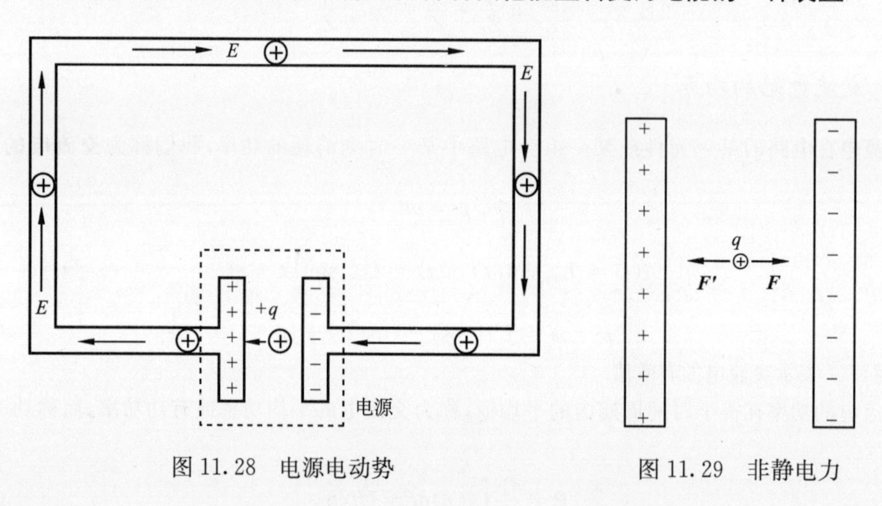

图 11.28 电源电动势　　图 11.29 非静电力

电源的种类很多,如化学电池、发电机、光电池、热电偶等. 各种电源中非静电力的本质是不同的.

11.7.2 电源的电动势 非静电强度

相同电量的电荷通过不同的电源,各种电源提供的电能是不同的. 为了描述电源提供电能的本领,引入电源电动势这个物理概念. 设电量为 q 的正电荷经电源内部从负极移动到正极,在此过程中非静电力做的功为 $A_{非}$,则比值 $\dfrac{A_{非}}{q}$ 就称为电源的电动势,用 $\mathscr{E}$ 表示

$$\mathscr{E}=\frac{A_{非}}{q} \tag{11.41}$$

即**电源电动势**数值上等于**单位正电荷经电源内部从负极移到正极的过程中非静电力做的**

功，即单位正电荷经电源内部从负极移到正极的过程中其他形式的能量转化为电能的数量.

设作用在单位正电荷上的非静电力为 $\boldsymbol{E}_k$，称为**非静电强度**，则电量为 q 的电荷所受的非静电力为

$$\boldsymbol{F}' = q\boldsymbol{E}_k$$

在电荷 q 经电源内部从负极移到正极的过程中，非静电力所做的功为

$$A_{非} = \int_{-}^{+} \boldsymbol{F}' \cdot \mathrm{d}\boldsymbol{l} = \int_{-}^{+} q\boldsymbol{E}_k \cdot \mathrm{d}\boldsymbol{l}$$

故电源电动势的定义又可写为

$$\mathscr{E} = \frac{A_{非}}{q} = \int_{-}^{+} \boldsymbol{E}_k \cdot \mathrm{d}\boldsymbol{l} \tag{11.42}$$

若非静电力存在于整个回路中，则电动势的普遍公式表示为

$$\mathscr{E} = \oint_{l} \boldsymbol{E}_k \cdot \mathrm{d}\boldsymbol{l} \tag{11.43}$$

在国际单位制中，电动势的单位为伏特(V)，与电势差单位相同，但必须注意它们是两个不同的概念. 电动势是电源的基本特征参数之一，它的大小由电源本身的性质所决定，与通过电源的电流大小和方向无关.

由定义可知，**电动势是标量**. 但为反映非静电力驱动正电荷运动的趋向，规定电动势的方向和非静电力的方向是一致的. 所以将**沿电源内部从负极指向正极，从低电势指向高电势**的方向规定为**电动势的方向**.

思考题

思 11.10　电源中的静电力和非静电力有什么不同？

思 11.11　静电强度和非静电场强度是否都是描述场的物理量？

直流电在医学中的应用

我们知道，构成人体的物质主要有水、蛋白质、脂肪和无机盐. 这些物质又是由碳、氢、氧、氮、钙、钠等12种基本元素和一些微量元素组成. 占人体总重60%左右的水存在于各种组织和细胞内，体内许多物质和无机盐溶解于体液中，形成各种正负粒子，所以人体绝大多数组织都是导电的，但导电性能极其复杂，而且由于人体的皮肤和组织内到处都存在着分布电容，这就使人体的电阻抗更加复杂. 皮肤的导电能力很差，体液属于电解质，导电能力最强；而人体的致密组织主要是由蛋白质、脂肪及糖类组成，它们属于电介质，因此人体导电存在着电解质和电介质两种导电形式. 电介质导电只在高频电的作用下才表现明显，所以在较为精确的研究中，不能把人体当作纯电阻，而应等效为阻抗. 在

直流和低频电作用时，则主要是皮肤和体液的电解质导电，这时可把人体看成纯电阻. 皮肤的电阻比体液大得多，有时就把它当作全身电阻. 对应于给定的电压，通过人体的电流大小取决于人体阻抗. 人体阻抗受多种因素的影响，变化范围很大. 例如，干皮肤的阻抗是 10～30kΩ；湿皮肤的阻抗是 1～10kΩ. 皮肤以外的其他组织的阻抗都比较小，其阻抗的大小主要取决于它们的含水量和相对密度.

电流分为直流电和交流电，交流电又分为低频、中频和高频. 这些电流作用于活的机体时能引起机体发生物理化学变化，并产生多种复杂的初级和次级效应，这对临床诊断和治疗方面都有着重要和广泛的作用.

不论是直流电还是交流电对机体都会产生以下三种作用. ①**刺激作用**. 不论哪种电流，在通过人体，当电流达到足够强时都能刺激组织引起一系列生理反应. 感觉神经受到刺激时，可引起疼觉，运动等神经受到刺激时，可使肌肉收缩，甚至僵直. ②**热效应**. 电流通过人体能产生热量，使人体组织温度升高. 产生热量的大小与电流的大小有关，还与电流的频率有关. 高频电和微波对人体产生的热作用比直流电强烈的多. ③**化学效应**. 人体的体液是复杂的电解溶液，人体导电的主要方式是离子导电. 这种方式伴随着化学反应，在电极附近生成新的物质. 这个过程称为电解，也称为电流的化学效应.

直流电通过人体时产生的主要现象是**离子迁移和电泳**. 这些初级的物理过程将引起化学的和生理的变化等一系列次级过程. 如离子迁移又可以产生电解、电极化和离子浓度变化等作用.

1. 离子迁移

人体内存在大量的离子，这些离子在直流电场作用下产生定向运动，称为离子迁移. 不同离子有不同的迁移速度，在直流电源作用下，经过一定时间后，某一区域内的离子分布和浓度将发生变化. 例如，K^+、Na^+ 的迁移速度比 Ca^{2+}、Mg^{2+} 大，经过一段时间后，阴极下的 K^+、Na^+ 就相对增多. 实验证明，K^+ 较多的阴极处会出现兴奋增高. 但随着通电时间增加而 K^+ 的浓度剧烈增加以后反而丧失兴奋性，表现出阴极抑制. 另一方面，在 Ca^{2+}、Mg^{2+} 相对较多的阳极会出现兴奋性降低的现象. 但当通电时间增长时，阳极下的 Ca^{2+}、Mg^{2+} 因为受阳极排斥而使阳极处的兴奋性逐步恢复正常.

离子迁移又可以产生以下一些刺激反应：

(1) 电解作用.

体内各种正负离子，在直流电的作用下，正离子移向阴极，负离子移向阳极，正负离子到达电极后就发生电中和，这种现象和普通电解质的电解是一样的. 例如，体内的重要成分氯化钠，在直流电的作用下，Na^+ 向阴极移动，在阴极发生中和生成钠原子，钠原子和水作用，生成碱和氢，即

$$Na^+ + e \longrightarrow Na, \qquad 2Na + 2H_2O \longrightarrow 2NaOH + H_2\uparrow$$

而 Cl^- 则向阳极移动，生成氯气，氯气进一步和水作用生成酸和氧，即

$$Cl^- - 2e \longrightarrow Cl_2, \qquad 2Cl_2 + 2H_2O \longrightarrow 4HCl + O_2\uparrow$$

由上可见，在阴极发生碱性反应，在阳极发生酸性反应，这种现象称为电解作用

(electrolytic action). 由于酸和碱对皮肤都有刺激和损伤作用,所以在电疗时不应将电极直接放在皮肤上,应在电极和皮肤之间衬上几层容易润湿的棉织物,如法兰绒布. 使用前衬垫用热水或盐水浸泡一下. 衬垫的作用是:吸收电极上电解的生成物,即酸和碱,使之不致刺激和烧伤皮肤;衬垫能使器官外形凹凸不平处得到适当的补救,使电流能较均匀地分布在器官表面,以避免凸出处集中过多的电流;干燥皮肤电阻大,潮湿皮肤电阻小,在电镀与皮肤间有了湿衬垫,能极大地降低皮肤电阻,使直流电易于进人体内. 附带指出,若皮肤有损伤,破损处不易放电极,因破损皮肤电阻小,电流会大量集中在该处而引起烧伤.

直流电的电解作用有它不利的一面,但也有其可利用的一面. 医疗中常用电解作用除掉眼里的倒睫和皮肤上的赘生物.

简易电解去毛器就是其中一例. 以针灸针作为一个电极,与电池的负极相联,在这个电极上电流集中在很小的针尖部,电流密度较大,电解作用较强,称为有效电极. 以小铅片作为另一电极,经电位器与电池的正极相联,这个电极面积较大,电流密度较小,不能引起电解作用,称为无效电极. 使用时把针沿毛孔插入毛囊中,铅片电极放在患眼侧面颊部,通入电流,以患者舒服感为准,一般约为 0.25～0.5mA. 通电数秒钟后,毛囊周围组织变白,这是阴极下碱性反应的结果. 此时由于组织变松,睫毛很易拔出. 这种方法的优点是治疗面积可控制在很小的范围内,治疗后斑痕很小,且简便,易于操作.

(2) 电极化.

当直流电通过人体时,正负离子在运动过程中,遇到细胞膜将受到很大的阻力,造成离子在细胞膜上堆积. 一侧堆积正离子,另一侧堆积负离子,膜两侧出现电势差. 这种离子在细胞膜上堆积的现象叫电极化(electric polarization). 电极化所产生的电势差与直流电方向相反,使直流电受到很大的阻碍作用. 因此,在电疗时接通电源不到 1ms,电流强度便骤降为初始值的 1/100～1/10.

细胞的电极化,实质上就是细胞膜上离子浓度的变化,而离子浓度变化是引起生理作用的基础. 除此之外,在直流电的作用下,各种离子的迁移率不同也是改变它们原来的浓度分布的原因. 离子浓度的变化由两种相反的过程决定. 一是在外电场作用下离子在细胞膜外的堆积,从而使离子浓度增大;一是高浓度处的离子在组织间的扩散,从而使离子浓度变小. 电流强度增加的速率越大,则细胞膜离子浓度变得越大,这是因为离子扩散现象进行得较缓慢,它没有足够的时间来抵消细胞膜处离子浓度的增加,这就使得神经刺激容易发生,做直流电疗时,一定要逐渐增大治疗电流,否则患者有电击感,其原因就在于此.

由于电极化的形成需要一定的时间,因此若在电极化尚未形成之前改变电流方向,将不会产生电极化,这样细胞膜对高频电的阻力很小. 各类组织最易发生电极化的是皮肤和末梢神经纤维.

(3) 离子浓度变化.

离子浓度变化是引起生理作用的基础. 细胞的电极化,实质上就是细胞膜上离子浓度的变化. 除此之外,在直流电的作用下,各种离子的迁移率不同也是改变它们原来的浓度分布的原因. 离子浓度的变化由两种相反的过程决定. 一是在外电场作用下离子在细胞膜外的堆积,从而使离子浓度增大;一是高浓度处的离子在组织间的扩散,从而使离子浓度变小.

H^+和OH^-浓度的变化可直接引起机体内的pH变化,从而影响蛋白质机体的结构,相应地改变细胞的机能. K^+、Na^+和Ca^{2+}、Mg^{2+}浓度的变化所引起的生理效应极为明显. 当直流电通过人体时,由于K^+、Na^+迁移速度比Ca^{2+}、Mg^{2+}的大,所以在阴极处K^+、Na^+浓度相对平时要大. 由于K^+、Na^+浓度增加,使该处的胶体的溶解度增加,因而细胞膜变得疏松,通透性变大,平时不能通过细胞膜的物质也能进入细胞内. 细胞的机能就会受到影响,在生理上表现为兴奋性升高,在阳极处,Ca^{2+}、Mg^{2+}浓度相对平时要大. 由于Ca^{2+}、Mg^{2+}增加,细胞膜胶体疑缩,膜变得致密,通透性降低,甚至中止细胞内的新陈代谢,结果使兴奋性降低.

2. 电泳

(1) 电泳原理.

悬浮或溶解在电介质溶液中的带电微粒,在外加电场的作用下而发生迁移的现象称为电泳(electrophoresis). 这些微粒可以是细胞、病毒、蛋白质分子,也可以是合成的粒子. 由于不同粒子的分子量、体积及所带电量不同,因此在电场作用下它们的迁移速度也是不相同的. 利用这一性质我们可以把样本中的不同成分进行分离,这已成为生物化学研究、制药及临床检验的常用手段. 例如,血浆中含有血清蛋白、球蛋白、纤维蛋白原等,利用电泳技术就可以把这几种蛋白质分开,有利于分别对它们的结构及内容进行研究.

电泳过程中,带正电荷的粒子沿着电场的方向迁移,带负电荷的粒子沿电场的反向迁移. 带电粒子迁移时还要受到介质的阻力作用,当两力平衡时,粒子以稳定的速度沿着电场方向迁移.

假设带电粒子为球状,其半径为r,带电量为q,在电场$\boldsymbol{E}$的作用下在黏度为η的液体中运动,则它受到电场力为

$$F_1 = qE$$

由斯托克斯定律,该粒子受到的黏滞阻力为

$$F_2 = 6\pi\eta rv$$

当$F_1=F_2$时,两力平衡,粒子做匀速运动,其迁移速度为

$$v = \frac{qE}{6\pi r\eta} \tag{11.44}$$

我们把带电粒子在单位电场强度下的迁移速度称为**迁移率**,用μ表示. 由式(13.20)可知

$$\mu = \frac{v}{E} = \frac{q}{6\pi r\eta} \tag{11.45}$$

如果实际测得带电粒子在时间t内迁移距离为L_d,粒子迁移的支持物长为L,两端电压为V,则迁移率可表示为

$$\mu = \frac{v}{E} = \frac{L_d/t}{V/L} = \frac{L_d L}{Vt} \tag{11.46}$$

实际上，迁移率还会受到其他的外界因素的影响．比如溶液的pH，当溶液pH在某一特定的值时，蛋白质分子就会带有相同数量的正负电荷，即净电荷数位零，它就不会在电场中迁移．另外，支撑物的吸附、电渗、蒸发等也会对迁移率有影响．

(2) 滤纸电泳．

滤纸电泳是指用纸作为电泳支持物的电泳方法，是一种早期的电泳方法，普通的层析纸就可适用于电泳．滤纸电泳装置如图11.30所示．

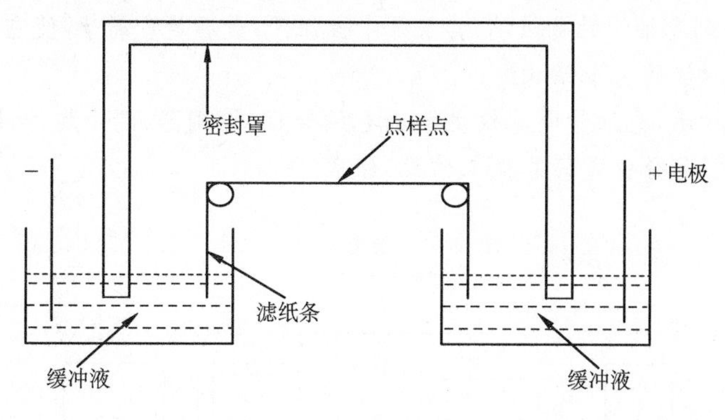

图11.30

它由直流电源和电泳槽两部分组成．直流电提高稳定的输出电压、电流和功率．电泳槽由电极、缓冲液、电泳介质的支架和透明的绝缘密封盖组成，其中缓冲液的作用是使溶液的pH在电泳过程中保持稳定．把滤纸条放在支架上，并使其两端分别浸入在连接正负电极的溶液中，等到滤纸全部湿润后，在点样点处滴上少许的样本，之后接通电路．在电场作用下，样本中的带电粒子就会沿电场力的方向迁移．由于不同成分的迁移率不同，它们的距离就会逐渐拉开，从而把各成分区分开来．我们把滤纸烘干，然后进行染色，就能得到几条鲜明的色带．把色带一一剪下，分别溶于脱色剂中，再进行比色测定，就可求得各种成分的百分比．

(3) 毛细管电泳．

毛细管电泳是以毛细管为分离通道、高压直流电场为驱动力的电泳分离分析法，是20世纪80年代后发展起来的新型电泳方法．由于其具有高效、快速、进样量少、灵敏度高、费用低等优点，从而促使电泳技术发生根本变革，使其成为一种高效新型液相分离技术．

①毛细管电泳的工作原理．

带电粒子在高压电场的作用下沿毛细管通道在溶液中发生迁移，不同的成分迁移速度不同．对于常用的石英毛细管而言，在pH$>$3的情况下，毛细管内壁的表面上的硅醇基(—SiOH)将发生离解而带负电，当其与缓冲液接触时正离子就会聚集在液-固界面处形成电偶层．在缓冲液中，带电粒子在电场的作用下向与其所带电荷极性相反方向移动，形成电泳，电泳速度用v_{ep}表示．同时，在高压电场的作用下，形成电偶层一侧的缓冲液由于带正电荷而整体地向负极方向移动，这一现象称为电渗流，其速度用v_{eo}表示．所以，带电粒子在毛细管内缓冲液中迁移速度为电泳速度与电渗流的速度的矢量和，即为

$$v = v_{ep} + v_{eo} \tag{11.47}$$

带电粒子的迁移率为

$$\mu = \mu_{ep} + \mu_{eo} \tag{11.48}$$

由式(13.23)和式(13.24)可知,当待测样品位于两端加上高压电场的毛细管的正极时,正离子的电泳方向和电渗流方向一致,其迁移的速度是两者的和;中性粒子的电泳速度为零,其迁移速度就是电渗流速度;负离子的电泳方向与电渗流相反,其迁移速度是二者之差. 因此,正离子最先达到毛细管的负极端,其次是中性粒子,最后是负离子,使它们得以分离.

②毛细管电泳仪的基本结构.

如图 11.31 所示,毛细管电泳仪主要由毛细管柱、检测器、两个缓冲液槽、输出信号和记录装置(记录仪、积分仪或计算机工作站)组成.

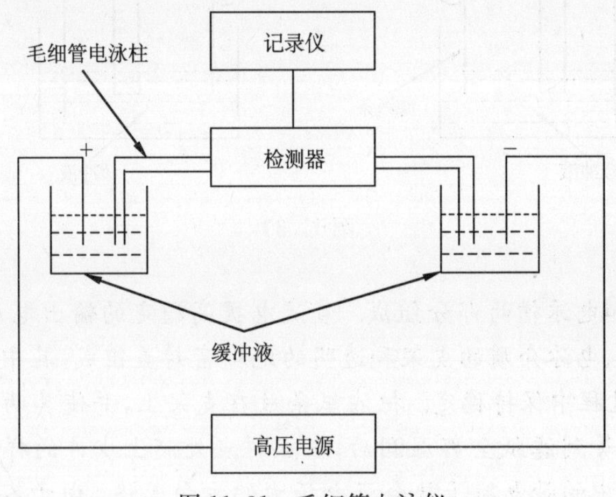

图 11.31　毛细管电泳仪

毛细管电泳有多种分离模式. 常用的有毛细管区带电泳(CZE)、毛细管胶束电动色谱(MECC)、毛细管凝胶电泳(CGE)等. 不管是哪种模式,其分离过程都是在毛细管内完成. 因此,作为核心部件,毛细管的材质和规格上有较严格的要求. 目前,毛细管柱主要是用石英制造的,其内径在 25～75μm. 毛细管柱的长短应根据实际情况确定,在同样电压下,相同毛细管,长度增加,电阻增大,电流减小,有利于减少自热,但同时也降低了电场强度,增长了分析时间;反之,毛细管过短,则容易导致过热,但却减少了分析时间. 实际应用时,CZE 的毛细管长为 30cm,CGE 的则要短得多.

习　题　11

11-1　如图所示一球形电容器,在外球壳的半径 b 及内外导体间的电势差 U 维持恒定的条件下,内球半径 a 为多大时才能使内球表面附近的电场强度最小?求这个最小电场强度的大小.

11-2　一空气平板电容器,极板 A、B 的面积都是 S,极板间距离为 d. 接上电源后,A 板电势 $U_A = V$,B 板电势 $U_B = 0$. 现将一带有电荷 q、面积也是 S 而厚度可忽略的导体片 C 平行插在两极板的中间位置,如图所示. 试求导体片 C 的电势.

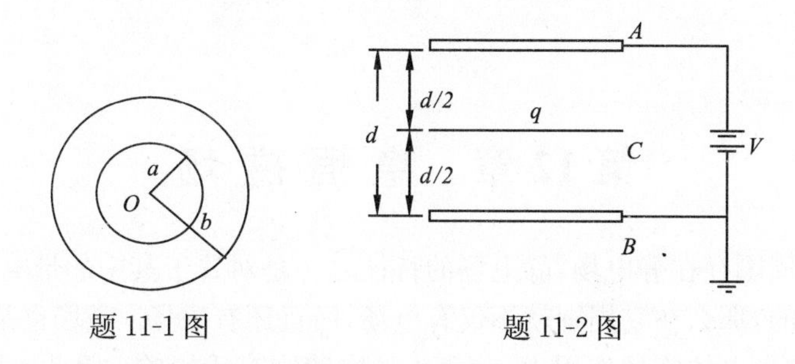

题 11-1 图　　　　题 11-2 图

11-3　两金属球的半径之比为 1∶4，带等量的同号电荷．当两者的距离远大于两球半径时，有一定的电势能．若将两球接触一下再移回原处，则电势能变为原来的多少倍？

11-4　一绝缘金属物体，在真空中充电达某一电势值，其电场总能量为 W_0．若断开电源，使其上所带电荷保持不变，并把它浸没在相对介电常量为 r 的无限大的各向同性均匀液态电介质中，问这时电场总能量有多大？

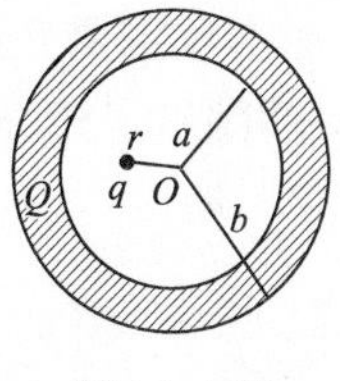

11-5　如图所示，一内半径为 a、外半径为 b 的金属球壳，带有电荷 Q，在球壳空腔内距离球心 r 处有一点电荷 q．设无限远处为电势零点，试求：

(1) 球壳内、外表面上的电荷；

(2) 球心 O 点处，由球壳内表面上电荷产生的电势；

(3) 球心 O 点处的总电势.

题 11-6 图

11-6　有三个大小相同的金属小球，小球 1、2 带有等量同号电荷，相距甚远，其间的库仑力为 F_0．试求：

(1) 用带绝缘柄的不带电小球 3 先后分别接触 1、2 后移去，小球 1、2 之间的库仑力；

(2) 小球 3 依次交替接触小球 1、2 很多次后移去，小球 1、2 之间的库仑力.

11-7　将两个电容器 C_1 和 C_2 充电到相等的电压 U 以后切断电源，再将每一电容器的正极板与另一电容器的负极板相联．试求：

(1) 每个电容器的最终电荷；

(2) 电场能量的损失.

11-8　半径为 $R_1=2.0\text{cm}$ 的导体球，外套一个同心导体球壳，其内、外半径分别为 $R_2=4.0\text{cm}$ 和 $R_3=5.0\text{cm}$；当内球带电荷 $Q=3.0\times10^{-8}C$ 时，求：

(1) 整个电场储存的能量；

(2) 如果将导体壳接地，计算储存的能量；

(3) 此电容器的电容值.

第 12 章　稳 恒 磁 场

静止电荷的周围存在静电场,静电场的特征之一是对置于其中的带电体施加作用力.如果电荷是运动的,那么在它周围就不仅有电场,而且还有磁场. 磁场也是物质的一种形态,它只对运动的带电体施加作用力,对静止的电荷则毫无影响. 因此,通过实验分别测定电荷静止时和运动时所受的力,就可以把磁场从电磁场中区分出来,并用磁感应强度和磁场强度来描写磁场. 最有实际意义的是电荷在导体中作恒定流动时在它周围所激发的磁场,这时场中各点的磁感应强度和磁场强度都不随时间而变化,是一个恒定磁场.

本章主要介绍真空中的恒定磁场以及磁场对运动电荷和电流的作用,着重讨论了毕奥-萨伐尔定律、磁场的高斯定理和环路定理、洛伦兹力公式、安培定律以及它们的应用.

12.1　磁场　磁感应强度

12.1.1　人类对磁现象的认识历史

据史料记载,约在公元前 600 年人们就发现天然磁石吸引铁的现象,它的化学成分是 Fe_3O_4. 现在所用的磁铁大多是人工制成的,例如,用铁、钴、镍等合金制成的永久磁铁.不管是天然磁铁还是人造磁铁,都有吸引铁、钴、镍等物质的特性. 人们发现磁铁具有两个极——南极(S)和北极(N),同号磁极之间相互排斥、异号磁极之间相互吸引. 在自然界中正负电荷可以独立存在,但磁铁的两个磁极不能独立存在,任一磁铁,不管把它分割得多小,每一小块磁铁仍然具有 N 和 S 两个极.

历史上人们对电现象和磁现象的认识,在很长时间内都是独立进行的. 直到 1819 年,奥斯特(H. Oersted)发现放在载流导线周围的磁针会受到磁力作用而偏转;1820 年安培(A. Ampere)发现放在磁铁附近的载流导线或载流线圈也会受到磁力的作用而发生运动,随后又发现载流导线或载流线圈之间也有相互作用,人们认识到磁现象与电荷的运动是密切相关的. 1822 年安培提出了分子电流的假说,他认为任何物质中分子内的电荷运动形成电流,称为分子电流. 分子电流产生磁性,其效果等效于一个回路电流. 安培的假说与现代对物质结构的认识是相符合的. 原子是由原子核和绕核旋转的电子所组成,电子的圆周运动形成环形电流,电子和原子核还有自旋,自旋也引起磁性. 分子内电荷的这些运动就构成了等效的分子电流. 对于一般的物质,由于分子的无规则运动,使得分子电流的取向完全无序,各个分子电流的磁效应相互抵消,因而不显示磁性;对于磁铁,由于分子之间的相互作用使得各个分子电流的取向有序,产生的磁效应相互叠加,从而显示磁性. 安培利用分子电流的观点解释了磁铁的磁效应,也说明了单磁极不能独立存在. 因此安培认为一切磁性起源于电流.

12.1.2　磁感应强度

1. *磁场*

实验发现电流和电流之间，电流与磁铁之间都存在相互作用力，这种相互作用力是通过什么传递的呢？它是通过一种特殊的物质传递的，这种物质就是磁场.

$$\text{电流(或磁铁)} \longleftrightarrow \text{磁场} \longleftrightarrow \text{电流(或磁铁)}$$

磁场和电场一样，是一种特殊的物质形态，它的主要性质表现为：

(1) 磁场对进入场中的运动电荷或载流导体有磁力的作用；

(2) 载流导体在磁场中移动时，磁场力对载流导体做功，表明磁场具有能量.

2. *运动电荷受磁场力的实验规律*

在描述静电场时，我们用电场对试探电荷的电场力来表征电场的特性，并引入电场强度 $\boldsymbol{E}$ 来定量描述各点电场的大小和方向. 同样，根据磁场对运动试探电荷(正电荷)的磁力的特性，来描述磁场的性质，并引入磁感应强度 $\boldsymbol{B}$ 作为定量描述磁场中各点特性的基本物理量.

实验表明，运动电荷在磁场中受到的力遵循下述规律：

(1) 当运动电荷的速度方向与该点小磁针 N 极的指向平行时，运动电荷不受磁力作用，即 $\boldsymbol{F}=0$，这个特殊方向取决于磁场而与运动电荷无关，如图 12.1(a)所示.

(2) 当运动电荷的速度方向与该点小磁针 N 极的指向不平行时，运动电荷将受磁力的作用. 所受磁力 $\boldsymbol{F}$ 的大小随电荷运动方向与磁针 N 极指向的夹角的改变而变化，当夹角为$\dfrac{\pi}{2}$时，运动电荷所受磁力最大，用 $\boldsymbol{F}_{\mathrm{m}}$ 表示，如图 12.1(b)所示.

(3) 最大磁力 $\boldsymbol{F}_{\mathrm{m}}$ 的数值正比于运动电荷电量 q 与速率 v 的乘积，即$\dfrac{F_m}{qv}$，这个比值取决于磁场而与运动电荷无关.

(4) 运动电荷所受磁力的方向与运动电荷的速度方向和该点小磁针 N 的指向所确定的平面垂直，且与运动电荷的正、负有关，如图 12.1(c)所示.

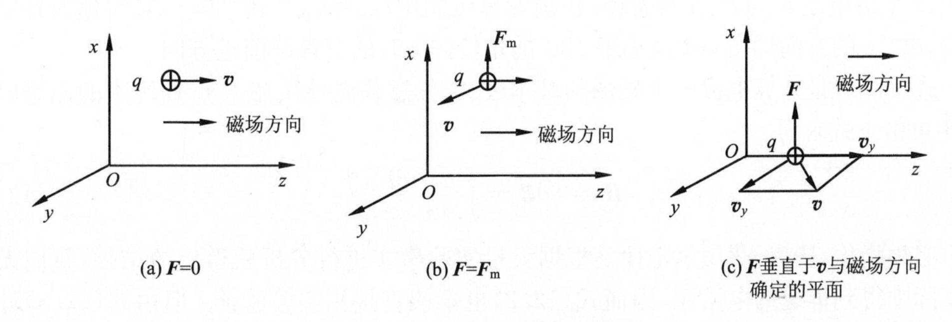

图 12.1　运动电荷在磁场中受力

3. *磁感应强度*

根据以上规律,磁感应强度 $\boldsymbol{B}$ 的大小和方向定义如下:**电荷通过磁场中某点受力为零时,且其运动方向与该点小磁针 N 极的指向相同,规定这个方向为该点磁感应强度 $\boldsymbol{B}$ 的方向;运动电荷所受的最大磁力 F_{m} 与运动电荷电量 q 与速率 v 的乘积的比值 $\frac{F_{\mathrm{m}}}{qv}$ 仅由磁场本身的性质决定,把该比值作为磁感应强度 $\boldsymbol{B}$ 的大小**,即

$$B=\frac{F_{\mathrm{m}}}{qv} \tag{12.1}$$

在国际单位制中,磁感应强度 $\boldsymbol{B}$ 的单位为特斯拉(T),$1\mathrm{T}=1\mathrm{N}\cdot\mathrm{s}\cdot\mathrm{C}^{-1}\cdot\mathrm{m}^{-1}$.

12.2 毕奥-萨伐尔定律

12.2.1 毕奥-萨伐尔定律

前面我们讨论静电场时,先从库仑定律得出点电荷激发的电场强度,任意带电体激发的电场强度,可以采取这样的方法求出:把任意带电体分割成许多电荷元 $\mathrm{d}q$,计算出每个电荷元激发的电场 $\mathrm{d}\boldsymbol{E}$,再利用场强叠加原理就可以求出带电体激发的总场强 $\boldsymbol{E}=\int\mathrm{d}\boldsymbol{E}$. 相似地,为了求出任意形状的载流导线激发的磁场,我们也可以把载流导线看成是无穷多小段电流的集合,每小段电流称为电流元,并用矢量 $I\mathrm{d}\boldsymbol{l}$ 表示,$\mathrm{d}\boldsymbol{l}$ 是矢量,表示在导线上沿电流方向取得线元,I 是导线中的电流强度. 任意形状的载流导线激发的磁场就等于每个电流元激发的磁场的矢量和. 拉普拉斯在研究了毕奥和萨伐尔等的实验资料后,概括了电流激发磁场的基本规律,称为毕奥-萨伐尔定律,内容如下:

载流导线上任一段电流元 $I\mathrm{d}\boldsymbol{l}$ 在真空中某点 P 处产生的磁感强度 $\mathrm{d}\boldsymbol{B}$,大小 $\mathrm{d}B=\frac{\mu_0}{4\pi}\frac{I\mathrm{d}l}{r^2}\sin\theta$;方向垂直于 $I\mathrm{d}\boldsymbol{l}$ 和 $\boldsymbol{r}$ 所组成的平面,并沿矢积 $\mathrm{d}\boldsymbol{l}\times\boldsymbol{r}$ 的方向. 其数学表达式

$$\mathrm{d}\boldsymbol{B}=\frac{\mu_0}{4\pi}\frac{I\mathrm{d}\boldsymbol{l}\times\boldsymbol{r}}{r^3} \tag{12.2}$$

式中,$\boldsymbol{r}$ 是由电流元到 P 点的矢径;在国际单位制中,$\mu_0=4\pi\times10^{-7}\mathrm{N}\cdot\mathrm{A}^{-2}$,称为真空磁导率;$\mathrm{d}\boldsymbol{l}\times\boldsymbol{r}$ 的方向即由 $I\mathrm{d}\boldsymbol{l}$ 经小于 180°的角转向 $\boldsymbol{r}$ 时的右螺旋前进方向.

式(12.2)是计算电流产生磁场的基本公式,任意载流导线在 P 点处产生的磁感应强度 $\boldsymbol{B}$ 可由下式求得

$$\boldsymbol{B}=\int\mathrm{d}\boldsymbol{B}=\int\frac{\mu_0 I}{4\pi}\frac{\mathrm{d}\boldsymbol{l}\times\boldsymbol{r}}{r^3} \tag{12.3}$$

必须指出,毕奥-萨伐尔定律是根据大量实验事实进行分析后得出的结果,我们无法在实际中得到恒定的电流元,因而式(12.2)也不能直接用实验验证. 但由式(12.3)计算的各种形状的载流导线激发的磁场与实验测得的结果相符,这也间接证明了式(12.2)是正确的.

12.2.2 运动电荷的磁场

按照经典电子理论，导体中的电流就是大量带点粒子的定向运动，由此可知，电流产生的磁场就是运动电荷产生磁场的宏观表现．那么，一个带电量为q，速度为v的带电粒子，在其周围空间产生的磁场是怎样分布的呢？我们可以从毕奥-萨伐尔定律导出．

设导体内单位体积内带电粒子数为n，每个粒子带电量为q，以速度v沿电流元$I\mathrm{d}\boldsymbol{l}$的方向匀速运动而形成导体中的电流，如图12.2所示．如果导体的横截面面积为S，单位时间内通过截面S的电量，即电流强度I为

$$I = qnvS \tag{12.4}$$

根据毕奥-萨伐尔定律，电流元$I\mathrm{d}\boldsymbol{l}$产生的磁感应强度$\mathrm{d}\boldsymbol{B}$为

$$\mathrm{d}\boldsymbol{B} = \frac{\mu_0}{4\pi}\frac{nS\mathrm{d}lq\boldsymbol{v}\times\boldsymbol{r}}{r^3} \tag{12.5}$$

在电流元$I\mathrm{d}\boldsymbol{l}$内带电粒子个数为$\mathrm{d}N=ns\mathrm{d}l$，因此，从微观上说，电流元$I\mathrm{d}\boldsymbol{l}$产生的磁感应强度$\mathrm{d}\boldsymbol{B}$就是$\mathrm{d}N$个运动电荷产生的．由此我们可以得到一个带电量为$q$，速度为$\boldsymbol{v}$的带电粒子所产生的磁感应强度$\boldsymbol{B}$的大小为

$$\boldsymbol{B} = \frac{\mathrm{d}\boldsymbol{B}}{\mathrm{d}N} = \frac{\mu_0}{4\pi}\frac{q\boldsymbol{v}\times\boldsymbol{r}}{r^3} \tag{12.6}$$

$\boldsymbol{B}$的方向垂直于$\boldsymbol{v}$和电荷q到场点的矢径$\boldsymbol{r}$所决定的平面，$\boldsymbol{B}$、$\boldsymbol{v}$、$\boldsymbol{r}$符合右手螺旋定则．以正电荷运动为例，如图12.3(a)所示，四指指向速度方向，绕小于π的角度握向矢径$\boldsymbol{r}$的方向，拇指的指向就是磁感应强度的方向．如果运动电荷带负电，如图12.3(b)所示，则磁场的方向与正电荷的相反．

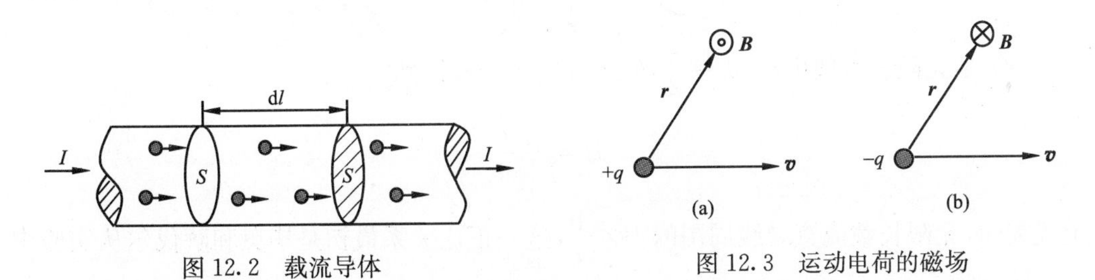

图12.2 载流导体　　图12.3 运动电荷的磁场

12.2.3 毕奥-萨伐尔定律应用举例

下面举几个应用毕奥-萨伐尔定律和磁场叠加原理计算载流导线产生磁场的例子．

1. 载流长直导线的磁场

设一段载流直导线，其电流强度为I，如图12.4所示，场点P到导线的距离为a，P点到导线上下两端点的连线与z轴夹角分别为θ_1和θ_2．

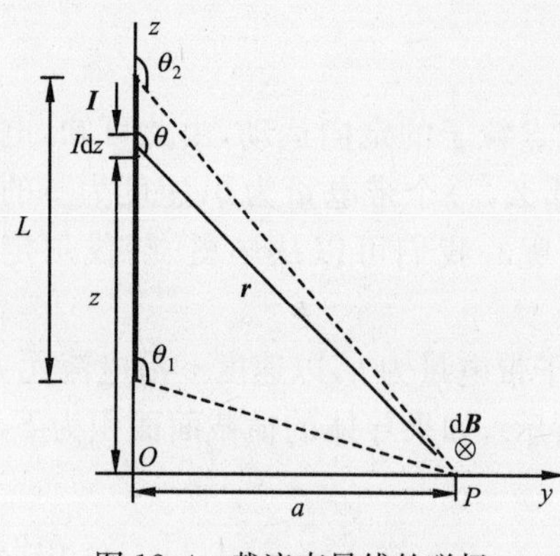

图 12.4 载流直导线的磁场

建立如图 12.4 所示坐标系,在载流直导线上,任取一电流元 Idz,由毕奥-萨伐尔定律得电流元在 P 点产生的磁感应强度大小为

$$dB=\frac{\mu_0}{4\pi}\frac{Idz\sin\theta}{r^2}$$

方向为垂直纸面向里. 所有电流元在 P 点产生的磁场方向相同,所以求总磁感应强度的积分变为标量积分,即

$$B=\int dB=\int\frac{\mu_0}{4\pi}\frac{Idz\sin\theta}{r^2}$$

由图 12.4 可得

$$z=a\cot(\pi-\theta)=-a\cot\theta$$

$$dz=a\csc^2\theta d\theta$$

又因为

$$r=\frac{a}{\sin(\pi-\theta)}=\frac{a}{\sin\theta}=a\csc\theta$$

所以

$$B=\frac{\mu_0}{4\pi}\int_{\theta_1}^{\theta_2}\frac{Ia\csc^2\theta}{a^2\csc^2\theta}\sin\theta d\theta=\frac{\mu_0 I}{4\pi a}(\cos\theta_1-\cos\theta_2)$$

讨论

(1) 无限长直线电流,$\theta_1\to 0$,$\theta_2\to\pi$,代入上式得到

$$B=\frac{\mu_0 I}{2\pi a}\tag{12.7}$$

(2) 半无限长直线电流,$\theta_1=\frac{\pi}{2}$,$\theta_2\to\pi$,代入上式得到

$$B=\frac{\mu_0 I}{4\pi a}$$

上式表明,无限长载流直导线周围的 $B\propto\frac{1}{a}$,这一正比关系最初是毕奥和萨伐尔从实验中得到的.

2. 圆形载流导线轴线上的磁场

设在真空中,有一半径为 R,通电流为 I 的细导线圆环,求其轴线上距圆心 O 为 x 的 P 点处的磁感应强度.

建立坐标系如图 12.5 所示,任取电流元 $I\boldsymbol{dl}$,由毕奥-萨伐尔定律得

$$dB=\frac{\mu_0}{4\pi}\frac{Idl\sin 90^\circ}{r^2}=\frac{\mu_0}{4\pi}\frac{Idl}{r^2}$$

方向 $d\boldsymbol{B}\perp(\boldsymbol{r},I\boldsymbol{dl})$. 将 $d\boldsymbol{B}$ 进行正交分解: $d\boldsymbol{B}=d\boldsymbol{B}_{/\!/}+d\boldsymbol{B}_{\perp}$,则由对称性分析得:

$\boldsymbol{B}_{\perp}=\int \mathrm{d}\boldsymbol{B}_{\perp}=0$,所以有

$$\boldsymbol{B}=\boldsymbol{B}_{//}=\int \mathrm{d}\boldsymbol{B}_{//}=\int \mathrm{d}\boldsymbol{B}\sin\theta\boldsymbol{i}$$

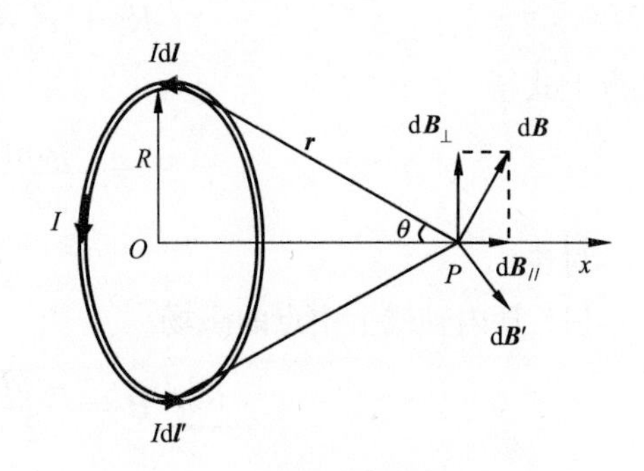

图 12.5　载流圆导线轴线上的磁场

因为

$$\sin\theta=\frac{R}{r},\qquad r=常量$$

所以

$$B=\frac{\mu_0 IR}{4\pi r^3}\int_0^{2\pi R}\mathrm{d}l=\frac{\mu_0 IR^2}{2r^3}$$

又因为

$$r^2=x^2+R^2,\quad S=\pi R^2$$

所以

$$B=\frac{\mu_0 IR^2}{2r^3}=\frac{\mu_0 IS}{2\pi(R^2+x^2)^{3/2}}\tag{12.8}$$

方向:沿 x 轴正方向,与电流成右螺旋关系.

讨论

(1) 圆心处的磁场大小为

$$B=\frac{\mu_0 I}{2R}\tag{12.9}$$

(2) 当 $x\gg R$ 即 P 点远离圆环电流时,P 点的磁感应强度大小为

$$B=\frac{\mu_0 IS}{2\pi x^3}=\frac{\mu_0}{2}\frac{IR^2}{(R^2+x^2)^{3/2}}$$

3. 载流直螺线管的磁场

设有一密绕直螺线管,半径为 R,通电流 I,总长度 L,总匝数 N(单位长度绕有 n 匝线圈),试求管内部轴线上一点 P 处的磁感应强度.

建立如图 12.6 所示坐标系,在距 P 点 x 处任意截取一小段 $\mathrm{d}x$,其线圈匝数为 $\mathrm{d}N=n\mathrm{d}x=\frac{N}{L}\mathrm{d}x$,电流为 $\mathrm{d}I=I\mathrm{d}N=In\mathrm{d}x$,相当于一个圆电流,它在 P 点的磁感应强度由式(12.8)可得

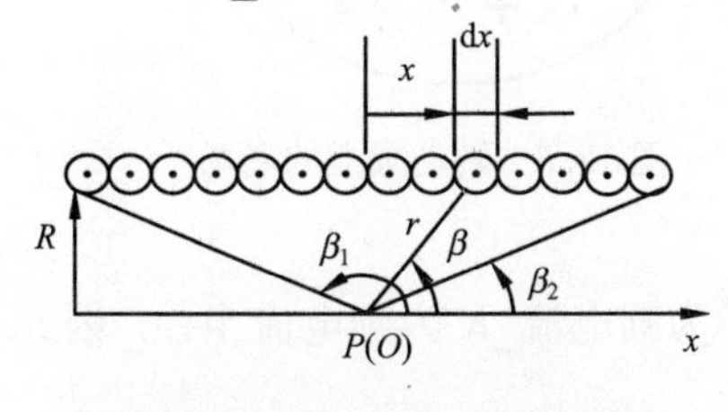

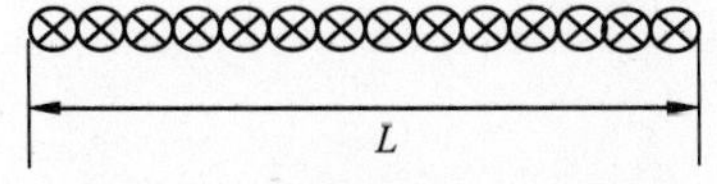

图 12.6　螺线管内部的磁场

$$\mathrm{d}B=\frac{\mu_0 R^2\mathrm{d}I}{2(R^2+x^2)^{3/2}}=\frac{\mu_0 R^2 nI\mathrm{d}x}{2(R^2+x^2)^{3/2}}$$

因为螺线管各小段在 P 点的磁感应强度的方向均沿轴线向右,所以整个螺线管在 P 点的磁感应强度的大小为

$$B=\int \mathrm{d}B=\int \frac{\mu_0 R^2 nI\mathrm{d}x}{2(R^2+x^2)^{3/2}}$$

$$x=R\cot\beta,\qquad \mathrm{d}x=-R\csc\beta\mathrm{d}\beta$$

$$R^2 + x^2 = r^2 = R^2 \csc^2\beta$$

代入上式得

$$B = -\frac{\mu_0 nI}{2}(\cos\beta_2 - \cos\beta_1)$$

讨论

(1) 管内轴线上中点的磁场

$$B = \frac{\mu_0 nI}{2} \frac{l}{\left(\frac{L^2}{4} + R^2\right)^{1/2}}$$

(2) 当 $L \gg R$ 时,为无限长螺线管. 此时 $\beta_1 \to \pi, \beta_2 \to 0$,管内磁场

$$B = \mu_0 nI \tag{12.10}$$

即无限长螺线管轴线上及内部为均匀磁场,方向与轴线平行满足右手定则.

(3) 半无限长螺线管左端面(或右端面),此时 $\beta_1 \to \frac{\pi}{2}, \beta_2 = 0$,因此 $B = \frac{1}{2}\mu_0 nI$,即其端面中心轴线上磁感应强度的大小为管内的一半,如图 12.7 所示.

例 12.1　一半径为 R 的薄圆盘,其电荷面密度为 σ,设圆盘绕通过盘心且垂直于盘面的轴以 ω 匀速转动,求盘心处的磁感应强度.

解　如图 12.8 所示,设圆盘带正电荷,且绕轴 O 逆时针旋转,在圆盘上取一半径为 r,宽度为 $r+\mathrm{d}r$ 的细环带,此环带所带电量 $\mathrm{d}q = \sigma 2\pi r \mathrm{d}r$. 圆盘转动角速度为 $\boldsymbol{\omega}$,即每秒转 $n = \frac{\omega}{2\pi}$ 圈. 于是此环带上的圆电流为

$$\mathrm{d}I = n\mathrm{d}q = \sigma\omega r\,\mathrm{d}r$$

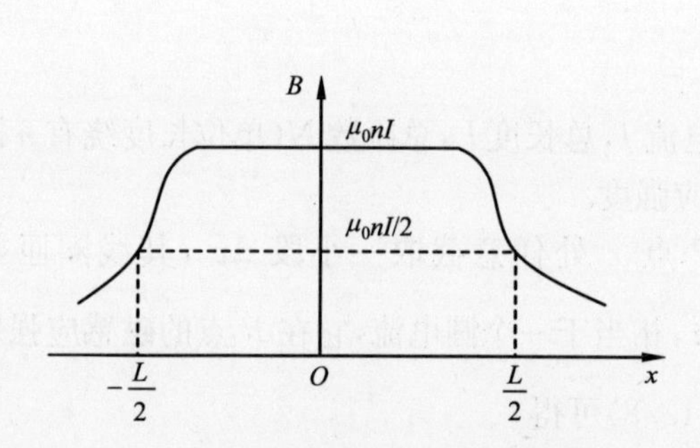

图 12.7　螺线管内部磁场分布

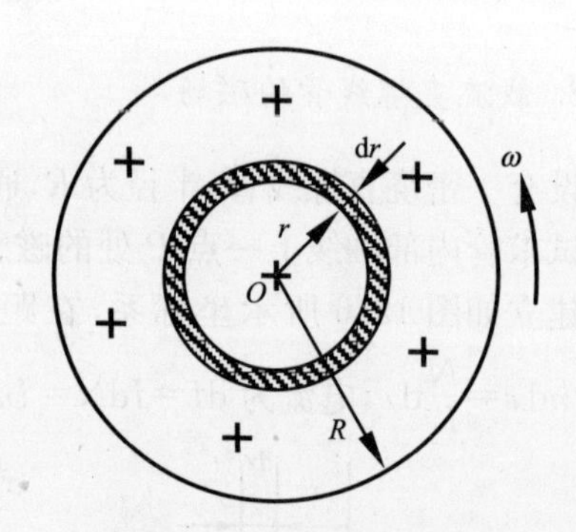

图 12.8　转动圆盘的磁场

已知圆电流在圆心的磁感应强度值为 $B = \frac{\mu_0 I}{2R}$,其中 I 为圆电流,R 为圆电流半径. 因此,细环带在圆心 O 处的磁感应强度的值为

$$\mathrm{d}B = \frac{\mu_0}{2r}\mathrm{d}r = \frac{\mu_0 \sigma\omega}{2}\mathrm{d}r$$

于是,整个圆盘旋转时在圆心 O 处的磁感应强度值为

$$B=\int \mathrm{d}B=\frac{\mu_0\sigma\omega}{2}\int_0^R \mathrm{d}r=\frac{\mu_0\sigma\omega R}{2}$$

如果圆盘带正电荷,磁感应强度方向垂直纸面向外.

思考题

思 12.1 我们为什么不把作用于运动电荷的磁力方向定义为磁感应强度 $\boldsymbol{B}$ 的方向?

思 12.2 为什么当磁铁靠近电视机的屏幕时会使图像变形?

思 12.3 一半径为 R 的假想球面中心有一运动电荷,在球面上哪些点的磁场最强?哪些点的磁场为零?

12.3 磁场的高斯定理和安培环路定理

12.3.1 磁感(应)线

我们曾经用电场线来形象的描绘静电场的分布,同样,也可以用磁感应线来描绘磁场的分布. 绘制磁感应线时规定:磁场中任一磁感应线上某点的切线方向,代表该点磁感应强度 $\boldsymbol{B}$ 的方向;通过垂直于磁感应强度 $\boldsymbol{B}$ 的单位面积上的磁感应线的根数等于该处的 $\boldsymbol{B}$ 的量值,即磁感应线的疏密程度反映了磁场的强弱. 磁感线稠密的地方,磁感强度大;磁感线稀疏的地方,磁感强度小.

磁感线具有如下特性:

(1) 由于磁场中某点的磁感强度的方向是确定的,所以磁场中任意两条磁感线不会相交,与电场线一样.

(2) 磁感应线的环绕方向与电流 $\boldsymbol{I}$ 的方向可以用右手定则表示. 如果四指指向电流方向,则拇指指向即为磁感线方向;如果四指指向磁感线方向,则拇指指向即为电流方向.

(3) 每一条磁感线都是围绕电流的闭合曲线,没有起点,也没有终点. 这一特性与电场线完全不同,因为磁场是一种涡旋场.

通过磁场中某一曲面的磁感线数称为通过该曲面的磁通量,用 Φ 表示.

在非均匀磁场中,要计算穿过任一曲面 S 的磁通量,如图 12.9 所示. 在曲面 S 上取一面元 $\mathrm{d}\boldsymbol{S}$,面元 $\mathrm{d}\boldsymbol{S}$ 上的磁感应强度,面元 $\mathrm{d}\boldsymbol{S}$ 可以认为是平面,若其法线方向的单位矢量 $\boldsymbol{e}_n$ 与该处的磁感应强度 $\boldsymbol{B}$ 之间的夹角为 θ,则通过 $\mathrm{d}\boldsymbol{S}$ 面的磁通量为

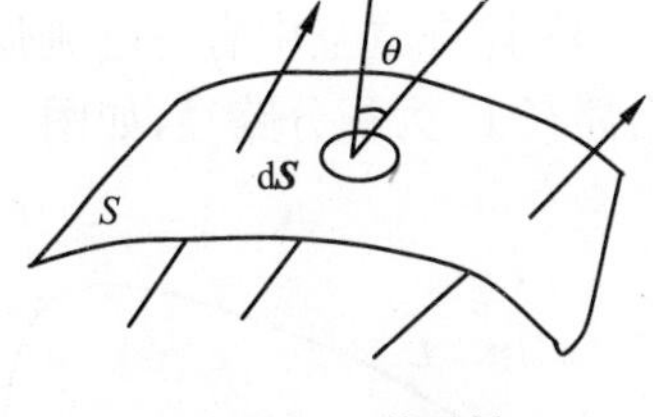

图 12.9 磁通量

$$\mathrm{d}\Phi=B\cos\theta\mathrm{d}S=\boldsymbol{B}\cdot\mathrm{d}\boldsymbol{S} \tag{12.11}$$

而通过曲面 S 的磁通量为

$$\Phi=\int_S \mathrm{d}\Phi=\int_S B\cos\theta\mathrm{d}S=\int_S \boldsymbol{B}\cdot\mathrm{d}\boldsymbol{S} \tag{12.12}$$

在国际单位制中,磁通量的单位为韦伯,符号为 Wb, $1\text{Wb}=1\text{T}\cdot\text{m}^2$.

12.3.2 磁场的高斯定理

对闭合曲面 S 来说,我们通常取向外的指向为该面元法线的正方向. 因此,从闭合曲面内穿出的磁通量为正;从闭合曲面外穿入的磁通量为负. 由于磁感应线是无头无尾的闭合曲线,故穿过任意闭合曲面的总通量为零,即

$$\oint_S \boldsymbol{B}\cdot d\boldsymbol{S}=0 \tag{12.13}$$

这就是磁场的高斯定理,它反映了磁场是无源场($\nabla\cdot\boldsymbol{B}=0$)这一重要特性. 此式与静电学中的高斯定理 $\oint_S \boldsymbol{D}\cdot d\boldsymbol{S}=\sum q_i$ 形式上相似,但两者所反映的场在性质上却有本质的区别. 这是由于在自然界中有单独的自由正电荷或自由负电荷存在,因此通过闭合曲面的电通量可以不等于零;但在自然界中至今尚未发现有单独的磁极存在,所以通过任意闭合曲面的磁通量为零.

12.3.3 安培环路定理

在研究静电场时,我们曾经从场强 $\boldsymbol{E}$ 的环流 $\oint_L \boldsymbol{E}\cdot d\boldsymbol{l}=0$ 这个特性知道静电场是一个保守力场. 那么对于由恒定电流所激发的磁场,也可以用磁感应强度 $\boldsymbol{B}$ 沿任一闭合曲线的线积分 $\oint_L \boldsymbol{B}\cdot d\boldsymbol{l}$ 来反映它的某些性质,而磁感应强度 $\boldsymbol{B}$ 的环流 $\oint_L \boldsymbol{B}\cdot d\boldsymbol{l}$ 等于多少呢?它揭示磁场的什么特性呢?

真空中任意载流导线体系,沿任何闭合路径 L 一周的 $\boldsymbol{B}$ 矢量的线积分($\boldsymbol{B}$ 的环流),等于闭合路径内所包围并穿过的电流的代数和的 μ_0 倍,而与路径的形状大小无关,即

$$\oint_L \boldsymbol{B}\cdot d\boldsymbol{l}=\mu_0\sum I \tag{12.14}$$

这就是磁场的**安培环路定理**.

以下通过几种特殊情况对安培环路定理进行验证.

(1) 设在真空中有一电流强度为 I 的无限长直导线,在垂直于电流 I 的平面上任取闭合路径 L 为积分路径,如图 12.10 所示,磁感应强度 $\boldsymbol{B}$ 的环流为

$$\oint_L \boldsymbol{B}\cdot d\boldsymbol{l}=\int_L B\cos\theta dl$$

因为 $\cos\theta dl=rd\phi$, $B=\dfrac{\mu_0 I}{2\pi r}$,所以 $\boldsymbol{B}$ 的环流为

$$\oint_L \boldsymbol{B}\cdot d\boldsymbol{l}=\int_0^{2\pi}\frac{\mu_0 I}{2\pi r}r\,d\phi=\mu_0 I$$

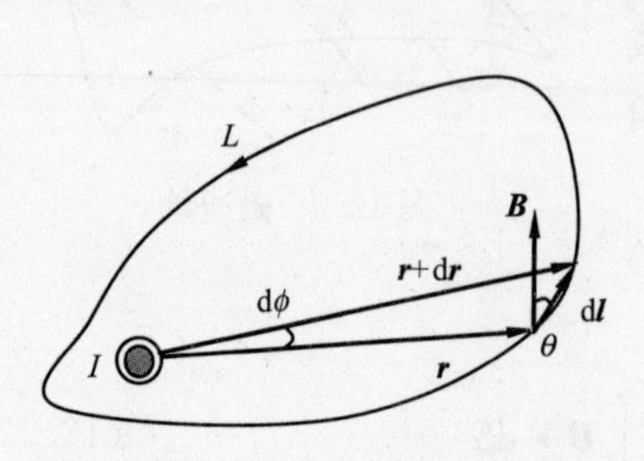

图 12.10 L 在垂直于导线的平面内

(2) 若闭合路径上某处 $d\boldsymbol{l}$ 不在上述平面内,则 $d\boldsymbol{l}$ 可以正交分解为平行于上述平面的分量 $d\boldsymbol{l}_{//}$ 和垂

直于上述平面的分量 $\mathrm{d}\boldsymbol{l}_{\perp}$，即 $\mathrm{d}\boldsymbol{l}=\mathrm{d}\boldsymbol{l}_{//}+\mathrm{d}\boldsymbol{l}_{\perp}$，这时

$$\oint_L \boldsymbol{B}\cdot\mathrm{d}\boldsymbol{l}=\oint_L \boldsymbol{B}\cdot(\mathrm{d}\boldsymbol{l}_{//}+\mathrm{d}\boldsymbol{l}_{\perp})=\oint_L B\cos 90^\circ \mathrm{d}l_{\perp}+\oint_L B\cos\theta\mathrm{d}l_{//}=0+\int_0^{2\pi}\frac{\mu_0 I}{2\pi e}r\mathrm{d}\varphi=\mu_0 I$$

(3) 若 I 在 L 外(L 未包围 I)，如图 12.11 所示，则

$$\oint_L \boldsymbol{B}\cdot\mathrm{d}\boldsymbol{l}=\int_{L_1}\boldsymbol{B}\cdot\mathrm{d}\boldsymbol{l}+\int_{L_2}\boldsymbol{B}\cdot\mathrm{d}\boldsymbol{l}=\int_{L_1}\frac{\mu_0 I}{2\pi r}r\mathrm{d}\phi$$

$$+\int_{L_2}\frac{\mu_0 I}{2\pi r}r\mathrm{d}\phi=\frac{\mu_0 I}{2\pi}\left(\int_0^{\phi}\mathrm{d}\phi+\int_{\phi}^{0}\mathrm{d}\phi\right)=0$$

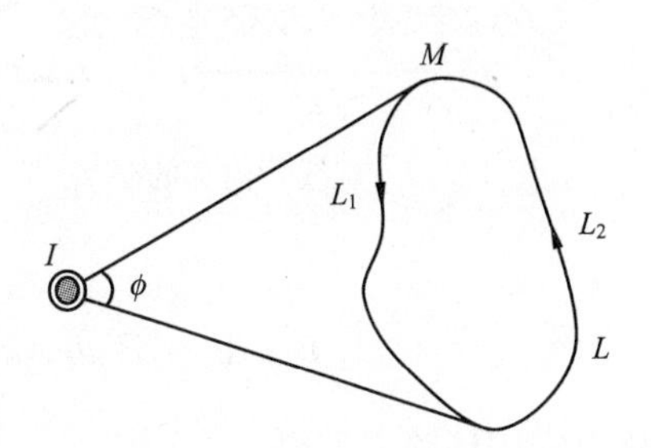

图 12.11 L 未包围电流 I

(4) 若真空中有 N 个无限长直载流导线，电流强度分别为 $I_1,I_2,\cdots,I_N$，各个电流独自存在时产生的磁感应强度分别为 $\boldsymbol{B}_1,\boldsymbol{B}_2,\cdots,\boldsymbol{B}_N$. 对于任意的闭合路径 L，其中 $I_1,I_2,\cdots,I_k$ 处在闭合路径 L 内，$I_{k+1},I_{k+2},\cdots,I_N$ 处在闭合路径 L 外，由上述结论可以得到感应强度 B 的环流为

$$\oint_L \boldsymbol{B}\cdot\mathrm{d}\boldsymbol{l}=\oint_L \boldsymbol{B}_1\cdot\mathrm{d}\boldsymbol{l}+\oint_L \boldsymbol{B}_2\cdot\mathrm{d}\boldsymbol{l}+\cdots+\oint_L \boldsymbol{B}_N\cdot\mathrm{d}\boldsymbol{l}=\mu_0(I_1+I_2+\cdots+I_k)=\mu_0\sum_{L_{内}}I_i$$

说明

(1) 以上只是通过特例对环路定理的验证或说明，而不是严格的数学证明.

(2) 电流的正负规定：若电流流向与积分回路的绕向满足右手螺旋关系，电流取正值；反之取负值.

(3) 只有环路内的电流对 $\boldsymbol{B}$ 的环流有贡献.

(4) 闭合路径 L 上每一点的磁感应强度 $\boldsymbol{B}$ 是所有电流(包括闭合曲线外的)产生的磁感强度的矢量和. 注意每一点的 $\boldsymbol{B}$ 和 $\boldsymbol{B}$ 的环流是两个不同的概念.

(5) 安培环路定理是描述磁场特性的重要规律，磁场中 $\boldsymbol{B}$ 的环流一般不等于零，说明磁场属于非保守场.

(6) 此定理仅适用于稳恒电流产生的稳恒磁场.

12.3.4 安培环路定理的应用

当电流分布具有对称性时(无限长、无限大、柱对称等)，可应用安培环路定理求磁感应强度分布.

1. 长直螺线管内部磁场的分布

设此长直螺线管可视为无限长密绕螺线管，线圈中通电流 I，单位长密绕 n 匝线圈，求管内磁场分布.

由对称性分析，管内部 $\boldsymbol{B}$ 线平行于轴线，离轴等距离处 $\boldsymbol{B}$ 大小相等，管外部贴近管壁处 $\boldsymbol{B}$ 趋近于零.

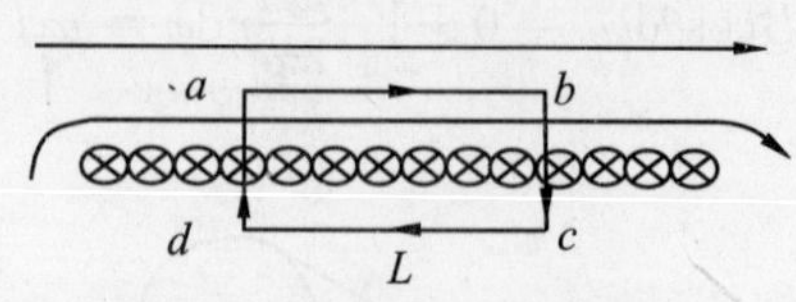

图 12.12 螺线管内部的磁场

取矩形回路 $abcda$ 为积分回路 L;绕行方向为 $abcda$(图 12.12),则 $\boldsymbol{B}$ 环流为

$$\oint_L \boldsymbol{B}\cdot \mathrm{d}\boldsymbol{l} = \int_{ab}\boldsymbol{B}\cdot \mathrm{d}\boldsymbol{l} + \int_{bc}\boldsymbol{B}\cdot \mathrm{d}\boldsymbol{l} + \int_{cd}\boldsymbol{B}\cdot \mathrm{d}\boldsymbol{l} + \int_{da}\boldsymbol{B}\cdot \mathrm{d}\boldsymbol{l}$$

因为

$$\int_{ab}\boldsymbol{B}\cdot \mathrm{d}\boldsymbol{l} = B\overline{ab},\quad \int_{bc}\boldsymbol{B}\cdot \mathrm{d}\boldsymbol{l} = \int_{cd}\boldsymbol{B}\cdot \mathrm{d}\boldsymbol{l} = \int_{da}\boldsymbol{B}\cdot \mathrm{d}\boldsymbol{l} = 0$$

故由安培环路定理得

$$\oint_L \boldsymbol{B}\cdot \mathrm{d}\boldsymbol{l} = B\overline{ab} = \mu_0 I(n\overline{ab})$$

解得

$$B = \mu_0 nI$$

为均匀磁场.

2. 载流螺绕环内磁场的分布

环形螺线管称为螺绕环,设螺绕环轴线半径为 R,环上均匀密绕 N 匝线圈,通有电流 I,求环内外磁感应强度分布.

(1) 环管内

环内磁感应线为一系列与环同心的圆周线,在环内任取一点 P_1,取过 P_1 点作以 O 为圆心,半径为 r 的圆周为积分回路 L,方向与电流 I 构成右手螺旋方向,如图 12.13 所示.由安培环路定理得 $\boldsymbol{B}$ 的环流为

$$\oint_L \boldsymbol{B}\cdot \mathrm{d}\boldsymbol{l} = B\cdot 2\pi r = \mu_0 NI$$

即

$$B = \frac{\mu_0 NI}{2\pi r}$$

当环很细,R 很大时,即 $R\gg d$,可认为 $r\approx R$,令 $n=\frac{N}{2\pi R}$,则 $B=\frac{\mu_0 NI}{2\pi R}=\mu_0 nI$(磁场集中在环内,且均匀分布).

(2) 环管外

任取一点 P_2,过 P_2 作扇形积分回路 $abcda$,其绕行方向符合右手螺旋定则,如图 12.14 所示.由安培环路定理,$\boldsymbol{B}$ 的环流为

$$\begin{aligned}\oint_{abcda}\boldsymbol{B}\cdot \mathrm{d}\boldsymbol{l} &= \int_{\widehat{ab}}\boldsymbol{B}\cdot \mathrm{d}\boldsymbol{l} + \int_{bc}\boldsymbol{B}\cdot \mathrm{d}\boldsymbol{l} + \int_{\widehat{cd}}\boldsymbol{B}\cdot \mathrm{d}\boldsymbol{l} + \int_{da}\boldsymbol{B}\cdot \mathrm{d}\boldsymbol{l}\\ &= B_{ab}\cdot \widehat{ab} + B_{cd}\cdot \widehat{cd} = \mu_0 nI\,\widehat{ab}\end{aligned}$$

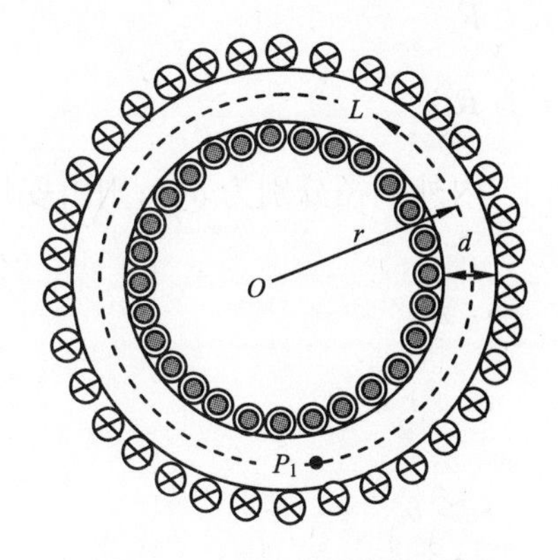

图 12.13 螺绕环内部的磁场

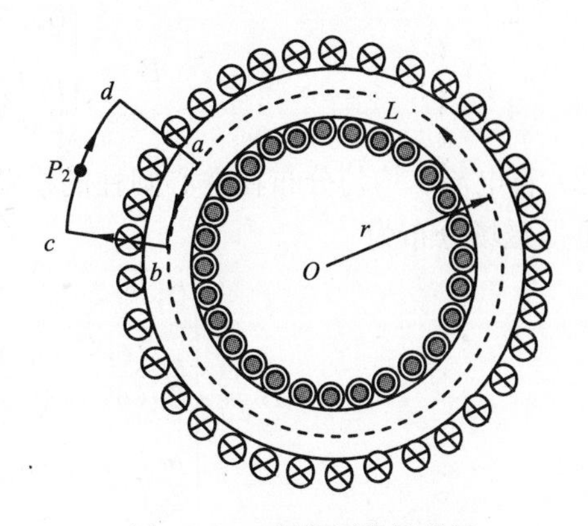

图 12.14 螺绕环外的磁场

注意到

$$B_{ab}\cdot\widehat{ab}=\mu_0 nI\,\widehat{ab}$$

故得 P_2 处的磁感应强度为 $B_{cd}=0$，即环管外无磁场 $\boldsymbol{B}=0$.

3. 无限长载流圆柱体内外的磁场

设真空中有一无限长载流圆柱体，圆柱半径为 R，圆柱横截面上均匀地通有电流 I，沿轴线流动. 求磁场分布.

由对称性分析，圆柱体内外空间的磁感应线是一系列同轴圆周线，如图 12.15 所示.

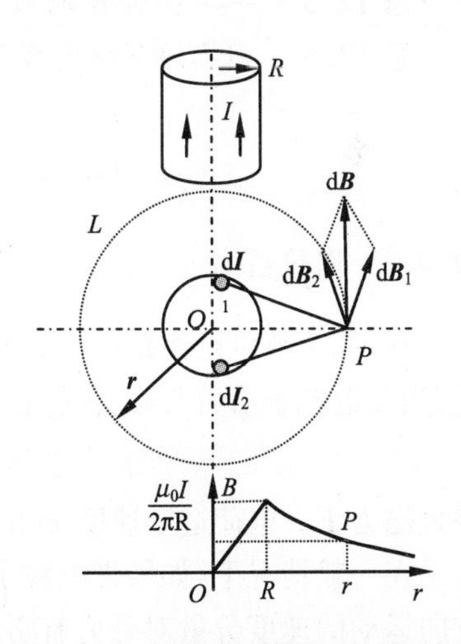

图 12.15 载流圆柱体内、外的磁场

(1) $r>R$

应用安培环路定理得

$$\oint_L \boldsymbol{B}\cdot d\boldsymbol{l}=B\cdot 2\pi r=\mu_0 I$$

即得

$$B=\frac{\mu_0 I}{2\pi r}$$

(2) $r<R$

同理得

$$\oint_L \boldsymbol{B}\cdot d\boldsymbol{l}=B\cdot 2\pi r=\mu_0 I\,\frac{\pi r^2}{\pi R^2}$$

即得

$$B=\frac{\mu_0 rI}{2\pi R^2}$$

讨论

(1) 若电流为面分布，即电流 I 均匀分布在圆柱面上，则由安培环路定理得空间的磁场分布为

$$B=\begin{cases}0, & r<R\\ \dfrac{\mu_0 I}{2\pi r}, & r>R\end{cases}$$

(2) 若电流 I 均匀分布在空心圆柱的横截面上,内外半径分别为 a、b;则由安培环路定理可得磁场分布为

$$B=\begin{cases}0, & r<a\\ \dfrac{\mu_0 I(r^2-a^2)}{2\pi(b^2-a^2)r}, & a<r<b\\ \dfrac{\mu_0 I}{2\pi r}, & r>b\end{cases}$$

应用安培环路定理可较为简便地计算某些具有特定对称性的载流导线的磁场分布,关键在于首先要根据磁场分布的对称性选择合适的闭合路径,要求闭合路径要经过待求的场点. 在该闭合路径上 $\boldsymbol{B}$ 与 $I\mathrm{d}\boldsymbol{l}$ 的方向关系较简单,它们之间的夹角 θ 为 0(或 π,或 $\pi/2$). 在 θ 为 0(或 π)的线段上 $\boldsymbol{B}$ 的量值为一恒量值,这样在积分运算时才能提到积分号外.

思考题

思 12.4　用安培环路定理能否求出有限长一段载流直导线周围的磁场?

思 12.5　一半径为 R 的假想球面中心有一运动电荷,穿过球面的磁通量是多少?

思 12.6　用安培环路定理能否求出有限长一段载流直线周围的磁场?

12.4　磁场对运动电荷的作用

12.4.1　洛伦兹力

在 12.1 节中已经指出,当带电粒子沿磁场方向运动时,作用在带电粒子上的磁力为零;当带电粒子沿着与磁场垂直的方向运动时,所受的磁力最大,其大小为

$$F_{\mathrm{m}}=qvB$$

并且磁力 $\boldsymbol{F}_{\mathrm{m}}$、电荷运动速度 $\boldsymbol{v}$ 和磁感应强度 $\boldsymbol{B}$ 三者相互垂直.

在一般情况下,如果带电粒子运动方向与磁场方向成夹角 θ,因为只有与磁场垂直的方向运动的速度分量对磁力有贡献,所以带电粒子所受磁力的大小为

$$F=qvB\sin\theta$$

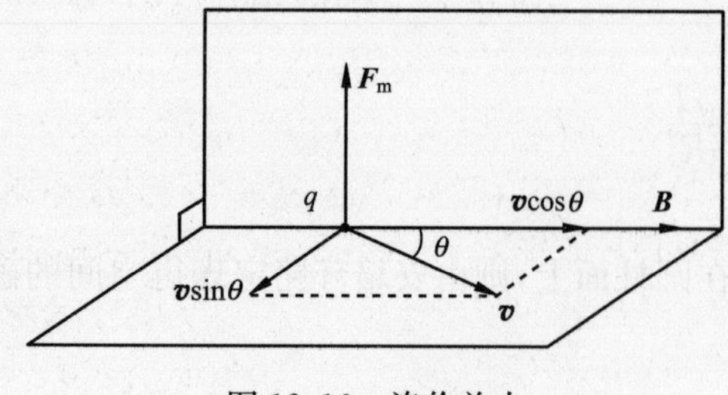

图 12.16　洛伦兹力

方向垂直于 $\boldsymbol{v}$ 和 $\boldsymbol{B}$ 决定的平面. 若带电粒子所带电量为正,如图 12.16 所示,按右手螺旋法则,四指指向 $\boldsymbol{v}$ 经小于 180°的角转向 $\boldsymbol{B}$,拇指指向即为带电粒子所受磁力的方向;若是负电荷,所受磁力的方向正好相反. 用矢量式表示为

$$F = qv \times B \tag{12.15}$$

式(12.15)就是洛伦兹力——磁场对运动电荷的作用力.

洛伦兹力总是和带电粒子运动方向垂直这一事实说明磁力只能使带电粒子速度的方向偏转,而不能改变带电粒子速度的大小. 因此磁力对带电粒子所做的功恒等于零,这是洛伦兹力的一个重要特征.

12.4.2　带电粒子在均匀磁场中的运动

设有一均匀磁场,磁感应强度为 $\boldsymbol{B}$,一质量为 m,带电量为 q 的粒子,以初速度 $\boldsymbol{v}_0$ 进入磁场. 分三种情况进行讨论.

(1) 如果 $\boldsymbol{v}_0$ 与 $\boldsymbol{B}$ 相互平行,则作用于带电粒子的洛伦兹力为零,带电粒子不受磁场的影响,进入磁场后仍做匀速直线运动.

(2) 如果 $\boldsymbol{v}_0$ 与 $\boldsymbol{B}$ 相互垂直,这时粒子将受到洛伦兹力 $\boldsymbol{F}$ 的作用,$\boldsymbol{F}$ 的大小为

$$F = qv_0B$$

方向垂直于 $\boldsymbol{v}_0$ 与 $\boldsymbol{B}$. 所以带电粒子将做匀速率圆周运动,洛伦兹力提供向心力的作用,即

$$qv_0B = \frac{mv_0^2}{R}$$

$$R = \frac{mv_0}{qB}$$

式中,R 是粒子圆周运动的轨道半径. 由此可知,对于一定的带电粒子$\left(\frac{q}{m}一定\right)$,其轨道半径与带电粒子的速度成正比,与磁感应强度成反比.

带电粒子绕圆形轨道一周所需要的时间(周期)为

$$T = \frac{2\pi R}{v_0} = \frac{2\pi m}{qB}$$

这一周期与带电粒子的运动速度无关,这一特点是磁聚焦和回旋加速器的理论基础.

(3) 如果 $\boldsymbol{v}_0$ 与 $\boldsymbol{B}$ 斜交成 θ 角(图12.17),可以把 $\boldsymbol{v}_0$ 分解成两个分矢量:平行于 $\boldsymbol{B}$ 的分矢量 $\boldsymbol{v}_{//} = \boldsymbol{v}_0\cos\theta$ 和垂直于 $\boldsymbol{B}$ 的分矢量 $\boldsymbol{v}_{\perp} = \boldsymbol{v}_0\sin\theta$. 由于磁场的作用,带电粒子在垂直于磁场的平面内以 $\boldsymbol{v}_{\perp}$ 做匀速圆周运动;平行于磁场的分矢量 $\boldsymbol{v}_{//}$ 不受磁场的作用,故在平行于磁场的平面内以 $\boldsymbol{v}_{//}$ 做匀速直线运动. 所以带电粒子合运动的轨道是一螺旋线,螺旋线的半径、周期和螺距分别为

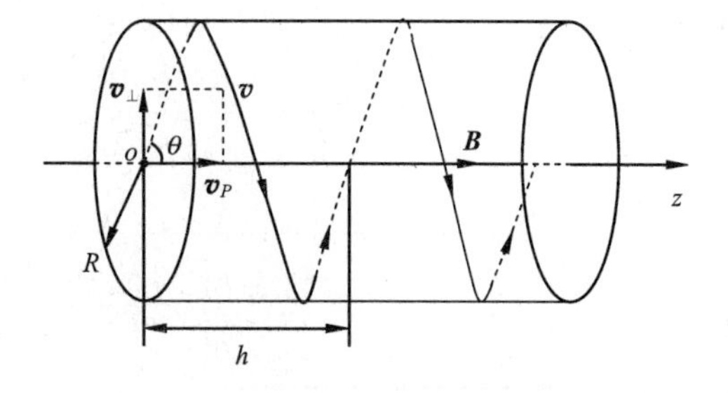

图 12.17　带电粒子在均匀磁场中的运动

$$R = \frac{mv\sin\theta}{qB}$$

$$T = \frac{2\pi m}{qB}$$

$$h = \frac{2\pi m v \cos\theta}{qB}$$

12.4.3 电磁场对带电粒子的作用力

如果在空间内除了磁场外，还有电场存在，这时电量为 q 的粒子在静电场 $\boldsymbol{E}$ 和磁场 $\boldsymbol{B}$ 中以速度 $\boldsymbol{v}$ 运动时受到的作用力为

$$\boldsymbol{F} = q\boldsymbol{E} + q\boldsymbol{v} \times \boldsymbol{B} \tag{12.16}$$

此式叫做洛伦兹关系式. 据牛顿第二定律，带电粒子的运动方程为

$$q\boldsymbol{E} + q\boldsymbol{v} \times \boldsymbol{B} = m\boldsymbol{a}$$

式中，m 为粒子的质量，$\boldsymbol{a}$ 表示粒子的加速度. 在一般情况下，求解这一方程是比较复杂的. 事实上，我们经常遇到利用电磁力来控制带电粒子运动的情况，所用的电场和磁场分布都具有某种对称性，从而使得求解方程简便得多.

12.4.4 霍尔效应

1879 年霍尔(A. H. Hall)首先观察到，把一载流导体薄板放在磁场中时，如果磁场方向垂直于薄板平面，则在薄板的上、下两侧面之间会出现电势差，这一现象称为霍尔效应，其电势差称为霍尔电势差或霍尔电压.

实验发现，霍尔电势差的大小与电流 I 及磁感应强度 $\boldsymbol{B}$ 成正比，而与薄片沿 $\boldsymbol{B}$ 方向的厚度 d 成反比，即

$$U_H = U_1 - U_2 = R_H \frac{IB}{d} \tag{12.17}$$

式中，R_H 是一个常量，称为霍尔系数，它仅与导体的材料有关. 下面用导体中载流子在磁场中运动受洛伦兹力作用来说明霍尔效应.

如图 12.18 所示，假设载流子带负电 q，载流子的漂移速度为 $\boldsymbol{v}$，而载流子的粒子数密度为 n. 载流子所受洛伦兹力为

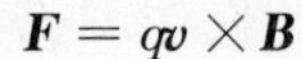

$$\boldsymbol{F} = q\boldsymbol{v} \times \boldsymbol{B}$$

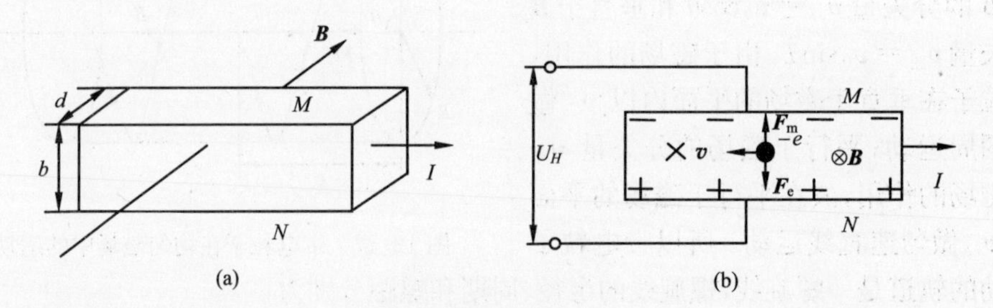

图 12.18 霍尔效应

在此力的作用下，带负电的载流子向 M 面漂移，这使得在 N 面有多余正电荷的积累，而在 M 面有多余负电荷的积累，结果在导体内部形成从 N 面指向 M 面方向的附加电场 $\boldsymbol{E}$，

该电场对载流子的作用力 $q\boldsymbol{E}$ 与载流子受到的洛伦兹力方向相反. 当这两个力达到平衡时,载流子不再有横向漂移运动,此时有

$$qvB = qE$$

如果板的宽度为 b,则附加电场 $\boldsymbol{E}$ 所形成的霍尔电势差为

$$U_H = Eb = Bvb$$

因为

$$I = nqvbd$$

得到

$$U_H = \frac{1}{nq}\frac{BI}{d}$$

霍尔系数

$$R_{\mathrm{H}} = \frac{1}{nq} \tag{12.18}$$

人们用半导体材料制成霍尔元件,它具有对磁场敏感、结构简单、体积小、频率响应宽、输出电压变化大和使用寿命长等优点. 利用霍尔效应制造的磁场传感器和电压或电流传感器,精确度非常高,是电学测量的有效工具. 因此在测量、自动化、计算机和信息技术等领域得到广泛应用.

如果已知载流子电荷 q,根据霍尔效应测定霍尔系数 R_{H},就可以确定载流子的浓度 n;如果已知霍尔系数 R_{H},测出电流强度 I、霍尔电势差 U_{H} 和薄片厚度 d,还可以用来测定磁感应强度 B. 如果导体中的载流子带负电,那么霍尔电势差的极性就与正电荷相反. 因此,根据霍尔效应,还可以判定载流子所带电荷的正负.

除了在固体中的霍尔效应外,在导电流体中同样会产生霍尔现象,这就是目前正在研究中的磁流体发电的基本原理. 把由燃料(油、煤气或原子能反应堆)加热而产生的高温(约 3000K)气体,以高速 v(约 $1000\mathrm{m}\cdot\mathrm{s}^{-1}$)通过用耐高温材料制成的导电管. 气体在高温情况下,原子中的一部分电子克服原子核引力的束缚变成自由电子,同时原子失去电子变成带正电的离子,再在这种高温气室中加入少量容易电离的物质(如钾或铯),更能促进气体的电离,从而提高气流的导电率,使气体接近等离子体状态. 若在垂直于气体运动的方向加上磁场(图 12.19),则气流中的正、负离子由于受洛伦兹力的作用,将分别向垂直于 $\boldsymbol{v}$ 和 $\boldsymbol{B}$ 的两个相反方向偏转,结果在导电管两侧的电极上产生电势差. 如果不断增加高温高速的等离子气体,便能在电极上连续输出电能. 这种发电方式没有转动的机械部分,因而损耗少,效率高. 但是目前还存在某些技术上的问题有待解决,所以磁流体发电还没有达到实用

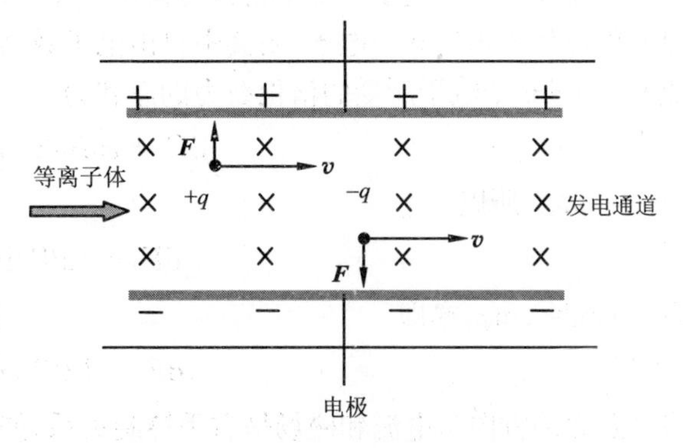

图 12.19 磁流体发电机的工作原理

阶段.

在发现霍尔效应的100年之后,1980年德国物理学家克利钦(K. Von Klitzing)在低温(1.5K)和强磁场(19T)条件下,发现霍尔电势差与电流的关系不再是线性的,而是台阶式的非线性关系

$$R_{\mathrm{H}}=\frac{h}{me^{2}},\quad m=2,3,4,\cdots$$

式中,h为普朗克常量,这就是量子霍尔效应. 量子霍尔效应与低维系统的性质、高温超导体的性质存在联系. 另外,量子霍尔效应给电阻提供了一个新的测量基准,其精度可达10^{-10}. 1982年,又发现了分数量子霍尔效应,其机理至今尚未得到完全揭示. 1986年克利青因量子霍尔效应的发现获诺贝尔奖金.

思考题

思 12.7 一束质子发生了侧向偏转,造成这个偏转的原因可否是:(1)电场?(2)磁场?(3)若是电场或者是磁场在起作用,如何判断是哪一种场?

思 12.8 一对正、负电子同时在同一点射入一均匀磁场,它们的速率分别为$2\boldsymbol{v}$和$\boldsymbol{v}$,方向都和磁场垂直,经磁场偏转后哪个电子先回到出发点?

12.5 磁场对载流导线的作用

12.5.1 安培定律

实验发现,放置在磁场中的载流导线要受到磁力的作用,这个力称为安培力. 进一步研究发现,载流导线在磁场中所受到的磁力(安培力)的本质是:在洛伦兹力的作用下,导体作定向运动的电子和导体中晶格上的正离子不断地碰撞,把动量传给了导体,从而使整个载流导体在磁场中受到磁力的作用. 按照这种分析,我们可以从洛伦兹力公式出发推导安培力公式.

设电流元$I\mathrm{d}\boldsymbol{l}$,截面积为$S$,$\boldsymbol{B}$与$I\mathrm{d}\boldsymbol{l}$的夹角为$\varphi$,电流元中自由电子定向漂移速度$\boldsymbol{v}$与$\boldsymbol{B}$之间的夹角为$\theta$,$\theta=\pi-\varphi$.

电流元中一个电子所受洛伦兹力大小为$F=evB\sin\theta$,其方向垂直纸面向里. 如果电流元单位体积内有n个电子,则其中自由电子数为$nS\mathrm{d}l$. 这样,电流元所受的力应等于电流元中$nS\mathrm{d}l$个电子所受的洛伦兹力的总和为

$$\mathrm{d}F=evBnS\sin\theta\mathrm{d}l$$

而$I=nevS$,所以

$$\mathrm{d}F=I\mathrm{d}lB\sin\theta$$

由于$\sin\theta=\sin\varphi$,亦即

$$\mathrm{d}F=I\mathrm{d}lB\sin\varphi$$

洛伦兹力的方向与电流和磁场呈右手螺旋关系,如图12.20所示. 写成矢量式

$$\mathrm{d}\boldsymbol{F}=I\mathrm{d}\boldsymbol{l}\times\boldsymbol{B}\tag{12.19}$$

这就是安培定律.

有限长载流导线所受的安培力

$$\boldsymbol{F}=\int_L \mathrm{d}\boldsymbol{F}=\int_L I\mathrm{d}\boldsymbol{l}\times\boldsymbol{B} \tag{12.20}$$

若长为 L 的载流直导线处于均匀磁场 $\boldsymbol{B}$ 中,当电流与 $\boldsymbol{B}$ 夹角为 φ 时,所受磁力大小为

$$F=IBL\sin\varphi$$

例 12.2 如图 12.21 所示,一段长为 L 的载流直导线,置于磁感应强度为 $\boldsymbol{B}$ 的匀强磁场中,$\boldsymbol{B}$ 的方向在纸面内,电流流向与 $\boldsymbol{B}$ 夹角为 θ,求导线 AB 所受磁力.

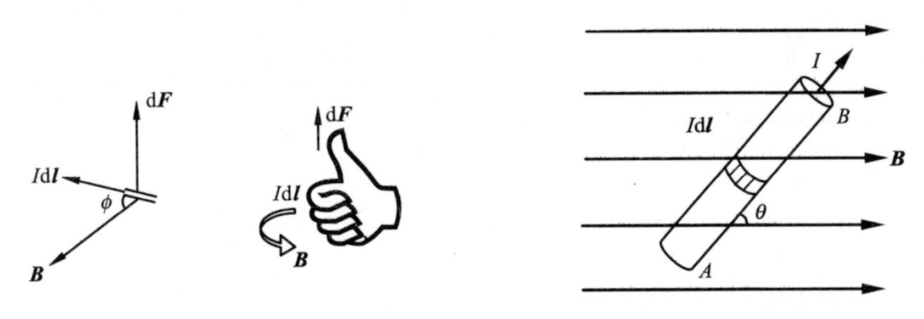

图 12.20 安培力的方向　　图 12.21 均匀磁场对直载流导线的作用力

解 电流元受到的安培力为 $\mathrm{d}\boldsymbol{F}=I\mathrm{d}\boldsymbol{l}\times\boldsymbol{B}$,大小为 $\mathrm{d}F=I\mathrm{d}lB\sin\theta$,方向为垂直纸面向里.

又由于导线上所有电流元受力方向相同,所以整个导线受到安培力可化为标量积分

$$F=\int_A^B IB\sin\theta\mathrm{d}l=\int_0^L IB\sin\theta\mathrm{d}l=BIl\sin\theta$$

其方向为垂直纸面指向里.

讨论

(1) $\theta=0$ 时,$\boldsymbol{F}=0$;

(2) $\theta=\dfrac{\pi}{2}$时,$F=F_{\max}=BIL$.

例 12.3 如图 12.22 所示,一无限长载流直导线 AB,载电流为 I_1,在它的一侧有一长为 l 的有限长载流导线 CD,其电流为 I_2,AB 与 CD 共面,且 $CD\perp AB$,C 端距 AB 为 a. 求 CD 受到的安培力.

解 取 x 轴与 CD 重合,原点在 AB 上. 在 x 处取电流元 $\mathrm{d}x$,磁感应强度 $\boldsymbol{B}$ 的方向垂直纸面向里,大小为

$$B=\frac{\mu_0 I_1}{2\pi x}$$

所以

$$\mathrm{d}F=\frac{\mu_0 I_1 I_2}{2\pi x}\mathrm{d}x\sin 90^\circ=\frac{\mu_0 I_1 I_2}{2\pi x}\mathrm{d}x$$

$\mathrm{d}\boldsymbol{F}$ 方向垂直于 CD 向上.

因为 CD 上各电流元受到的安培力方向相同,所以有

$$F=\int_a^{a+l}\frac{\mu_0 I_1 I_2}{2\pi x}\mathrm{d}x=\frac{\mu_0 I_1 I_2}{2\pi x}\ln\frac{a+l}{a}$$

例 12.4 如图 12.23 所示,半径为 R、电流为 I 的平面载流圆线圈,放在匀强磁场中,磁感应强度为 $\boldsymbol{B}$,$\boldsymbol{B}$ 的方向垂直纸面向外,求半圆周 $\widehat{abc}$ 和 $\widehat{cda}$ 受到的安培力.

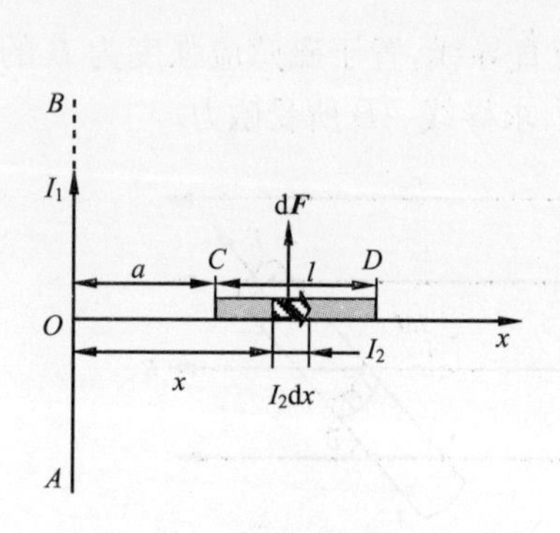

图 12.22 一段直载流导线受无限长载流直线的作用力

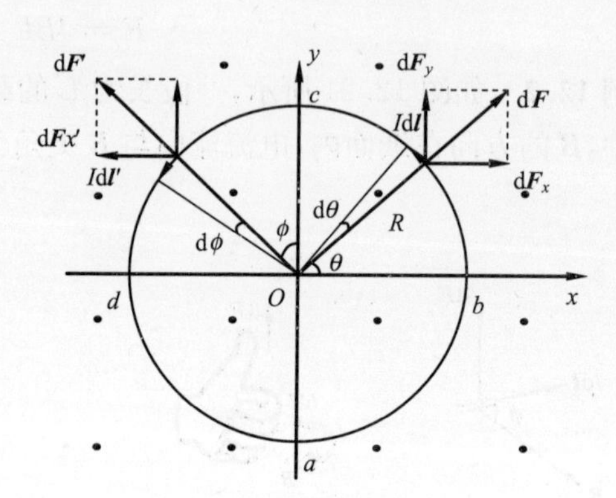

图 12.23 均匀磁场中圆形载流导线受力

解 如图 12.23 所取坐标系,原点在圆心,y 轴过 a 点,x 轴在线圈平面内.

(1) 先求 $\widehat{abc}$ 受到安培力 $\boldsymbol{F}_{\widehat{abc}}$.

取电流元 $I\mathrm{d}\boldsymbol{l}$,受到安培力大小为

$$\mathrm{d}F=I\mathrm{d}lB\sin\frac{\pi}{2}=I\mathrm{d}lB$$

方向沿半径向外.

因为 $\widehat{abc}$ 各处电流元受力方向不同(均沿各自半径向外),故将 $\mathrm{d}\boldsymbol{F}$ 分解成 $\mathrm{d}F_x$ 及 $\mathrm{d}F_y$ 来进行叠加.

$$\mathrm{d}F_x=\mathrm{d}F\cos\theta=BI\mathrm{d}l\cos\theta$$

$$F_x=\int_{abc}BI\mathrm{d}l\cos\theta=\int_{-\frac{\pi}{2}}^{\frac{\pi}{2}}BI(R\mathrm{d}\theta)\cos\theta=2BIR$$

沿 x 轴正方向.

$$\mathrm{d}F_y=\mathrm{d}F\sin\theta=BI\mathrm{d}l\sin\theta$$

$$F_y=\int_{abc}BI\mathrm{d}l\sin\theta=\int_{-\frac{\pi}{2}}^{\frac{\pi}{2}}BI(R\mathrm{d}\theta)\sin\theta=0$$

实际上由受力对称性可直接得知 $F_y=0$.

所以,半圆周 $\widehat{abc}$ 受到的安培力为

$$\boldsymbol{F}_{\widehat{abc}}=2BIR\boldsymbol{i}$$

(2) 求 $\widehat{cda}$ 受到安培力 $\boldsymbol{F}_{\widehat{cda}}$.

考虑电流元 $I\mathrm{d}\boldsymbol{l}'$,它受安培力大小为 $\mathrm{d}F'=I\mathrm{d}l'B\sin\frac{\pi}{2}$,方向:沿半径向外. 由于 $\widehat{cda}$

上各电流元受力方向不同，故将 dF' 分解成 dF'_x，dF'_y 处理.

$$dF'_x = -dF'\sin\varphi = -BI\,dl'\sin\varphi$$

$$F'_x = \int dF'_x = -\int_{abc} BI\,dl'\sin\varphi = -\int_0^{\pi} BI(R\,d\varphi)\sin\varphi = -2BIR$$

由受力对称性可直知 $F'_y=0$. 所以，半圆周 $\widehat{cda}$ 受到的安培力为

$$\boldsymbol{F}_{\widehat{cda}} = -2BIR\boldsymbol{i}$$

方向沿 x 轴负向.

讨论

(1) 各电流元受力方向不同时，应先求出 dF_x 及 dF_y，之后再求 F_x 及 F_y；

(2) $\boldsymbol{F}_{\widehat{abc}} + \boldsymbol{F}_{\widehat{cda}} = 0$，即圆形平面载流线圈在均匀磁场中受的合力为零.

推广　任意平面闭合线圈在均匀磁场中受安培力为零. 这个结论可使某些问题的计算得到简化.

12.5.2　电流的单位　两无限长平行载流直导线间的相互作用

1. 两通电平行载流直导线的相互作用力

设两导线电流方向相同，如图 12.24 所示，在导线 CD 上任取电流元 $I_2 d\boldsymbol{l}_2$，其受力大小

$$dF_2 = B_1 I_2 dl_2$$

又因为 $B_1 = \frac{\mu_0 I_1}{2\pi d}$，且在导线 CD 中每一电流元受力方向相同，故其每单位长度所受力为

$$\frac{dF_2}{dl_2} = \frac{\mu_0}{2\pi}\frac{I_1 I_2}{d}$$

方向为垂直 CD 指向 AB.

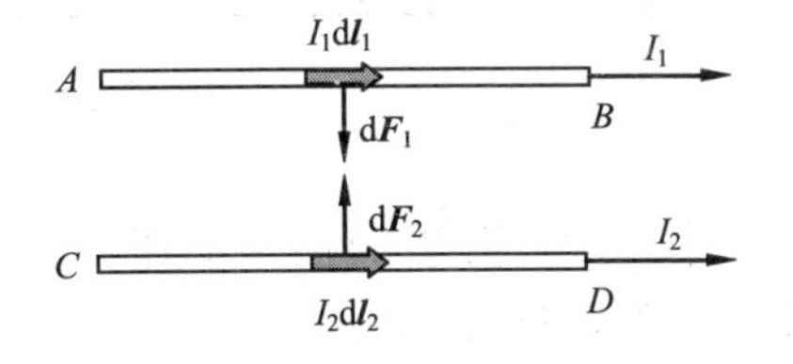

图 12.24　通电平行导线的相互作用力

同理，在导线 AB 中每单位长度所受力为

$$\frac{dF_1}{dl_1} = \frac{\mu_0}{2\pi}\frac{I_1 I_2}{d}$$

方向垂直 AB 指向 CD，故两导线相互吸引. 同样可证明当两导线电流方向相反时则两导线相互相斥.

2. 电流单位“安培”的定义

设真空中有两根平行的长直导线，它们之间相距 1m，两导线上电流的流向相同、大小相等. 当两导线每单位长度上的吸引力为 $2\times10^{-7}\,\mathrm{N\cdot m^{-1}}$ 时，导线中的电流定义为 1A.

12.5.3 均匀磁场对载流线圈的作用

设一面积为 S，通有电流 I 的刚性矩形线圈，处于磁感应强度为 $\boldsymbol{B}$ 的匀强磁场中，线圈的边长分别为 l_1 和 l_2，如图 12.25 所示. 当线圈磁矩的方向 $\boldsymbol{n}$ 与磁场 $\boldsymbol{B}$ 的方向成 φ 角 $\left(\text{线圈平面与磁场的方向成 } \theta \text{ 角}, \varphi+\theta=\frac{\pi}{2}\right)$时，由安培定律，导线 bc 和 da 所受的安培力分别为

$$F_1 = BIl_1\sin(\pi-\theta) = -BIl_1\sin\theta$$

$$F'_1 = BIl_1\sin\theta$$

这两个力在同一直线上，所以它们的合力及合力矩都为零.

而导线 ab 段和 cd 段都与磁场垂直，它们所受磁场作用力的大小则分别为

$$F_2 = F'_2 = BIl_2$$

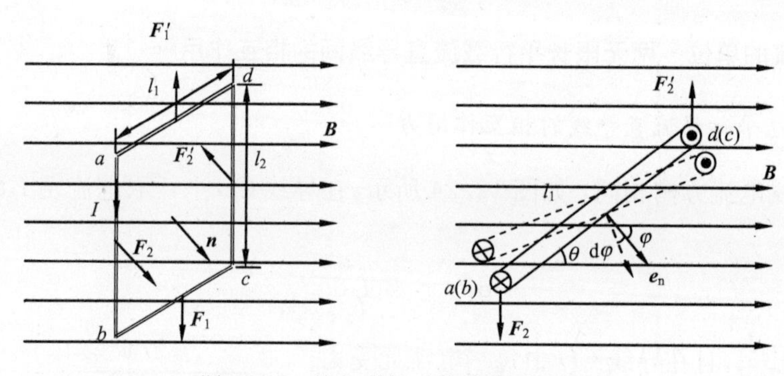

图 12.25 均匀磁场对载流线圈的作用

这两个力大小相等、方向相反，但不在同一直线上，如图 12.25 所示. 因此磁场作用在线圈上的磁力矩的大小为

$$M = F_2 l_1 \sin\varphi = BIl_2 l_1 \sin\varphi = BIS\sin\varphi$$

式中，$S=l_1 l_2$ 为载流线圈的面积.

定义线圈的磁矩为

$$\boldsymbol{P}_{\mathrm{m}} = IS\boldsymbol{e}_{\mathrm{n}}$$

如果线圈有 N 匝，其磁矩应为

$$\boldsymbol{P}_{\mathrm{m}} = NIS\boldsymbol{e}_n \tag{12.21}$$

磁矩的方向与电流呈右手螺旋关系，如图 12.26 所示.

则载流线圈所受到的磁力矩矢量可表示为

$$\boldsymbol{M} = \boldsymbol{P}_{\mathrm{m}} \times \boldsymbol{B} \tag{12.22}$$

考虑下述几种特殊情况：

(1) 当 $\varphi=90°$时，线圈平面与 $\boldsymbol{B}$ 平行，$M=M_{\max}=NBIS$；

(2) 当 $\varphi=0°$时，线圈平面与 $\boldsymbol{B}$ 垂直，$M=0$，此时线圈处于稳定平衡状态；

(3) 当 $\varphi=180°$时，线圈平面与 $\boldsymbol{B}$ 垂直，但载流线圈的 $\boldsymbol{e}_{\mathrm{n}}$ 方向与 $\boldsymbol{B}$ 的方向相反，$M=0$，此时线圈处于不稳定平衡状态.

磁场对载流线圈作用的磁力矩，总是使磁矩 $\boldsymbol{P}_{\mathrm{m}}$ 趋向磁感强度 $\boldsymbol{B}$ 的方向转动.

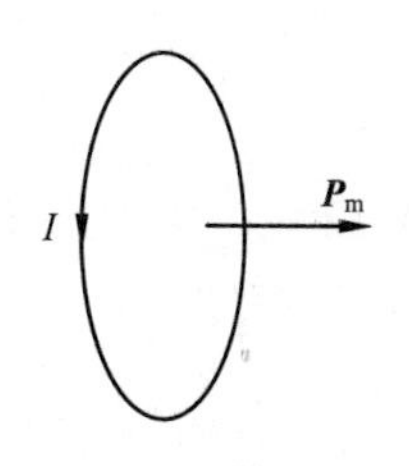

图 12.26　磁矩的方向

例 12.5　电子绕核作圆周运动，已知角速度 $\boldsymbol{\omega}$，轨道半径为 R，电子电量和质量分别为 e 和 m，处于均匀磁场中，磁感应强度为 $\boldsymbol{B}$. 求：

(1) 电子绕核运动电流的磁矩 $\boldsymbol{P}_{\mathrm{me}}$；

(2) 磁场对电子绕核运动的磁力矩 $\boldsymbol{M}$；

(3) 磁场对电子运动的影响及其引起的附加磁矩 $\Delta\boldsymbol{P}_{\mathrm{me}}$.

解　(1) 电子绕核运动时的等效电流为

$$i=\frac{e}{T}=\frac{\omega e}{2\pi}$$

磁矩为

$$\boldsymbol{P}_{\mathrm{me}}=iS\boldsymbol{n}=-\frac{eR^2}{2}\boldsymbol{\omega}$$

又

$$\boldsymbol{L}=mR^2\boldsymbol{\omega}$$

故

$$\boldsymbol{P}_{\mathrm{me}}=-\frac{e}{2m}\boldsymbol{L}$$

(2) 磁力矩为

$$\boldsymbol{M}=\boldsymbol{P}_{\mathrm{m}}\times\boldsymbol{B}=-\frac{e}{2m}(\boldsymbol{L}\times\boldsymbol{B})=\frac{e}{2m}(\boldsymbol{B}\times\boldsymbol{L})$$

(3) 因为 $\boldsymbol{M}\perp\boldsymbol{L}$，所以角动量 $\boldsymbol{L}$ 大小不变，方向连续变化，形成进动.

类比匀速圆周运动. $\boldsymbol{F}=\frac{\mathrm{d}\boldsymbol{P}}{\mathrm{d}t}$，因为 $\boldsymbol{F}\perp\boldsymbol{P}$，所以动量大小不变，方向连续变化，从而作圆周运动. 对匀速圆周运动

$$\boldsymbol{F}=\frac{\mathrm{d}\boldsymbol{P}}{\mathrm{d}t}=m\frac{\mathrm{d}\boldsymbol{v}}{\mathrm{d}t}=m\frac{\mathrm{d}}{\mathrm{d}t}(\boldsymbol{\omega}\times\boldsymbol{r})=m\frac{\mathrm{d}\boldsymbol{\omega}}{\mathrm{d}t}\times\boldsymbol{r}+m\omega\times\frac{\mathrm{d}\boldsymbol{r}}{\mathrm{d}t}$$

因为$\frac{\mathrm{d}\omega}{\mathrm{d}t}=0$，所以

$$\boldsymbol{F}=m\boldsymbol{\omega}\times\frac{\mathrm{d}\boldsymbol{r}}{\mathrm{d}t}=\boldsymbol{\omega}\times m\frac{\mathrm{d}\boldsymbol{r}}{\mathrm{d}t}=\boldsymbol{\omega}\times m\boldsymbol{v}=\boldsymbol{\omega}\times\boldsymbol{P}$$

因此，对匀速圆周运动，有

$$\boldsymbol{F}=\frac{\mathrm{d}\boldsymbol{P}}{\mathrm{d}t}=\boldsymbol{\omega}\times\boldsymbol{P}$$

类似的，对于进动，令

$$M = \frac{dL}{dt} = \frac{e}{2m}(B \times L) = \Omega \times L$$

式中 $\boldsymbol{\Omega}=\frac{e}{2m}\boldsymbol{B}$ 为进动角速度,且 $\boldsymbol{\Omega}$ 与 $\boldsymbol{B}$ 同向. 电子由于进动引起的磁矩为

$$\Delta \boldsymbol{P}_{me} = -\frac{eR'^2}{2}\boldsymbol{\Omega} = -\frac{e^2R'^2}{4m}\boldsymbol{B}$$

所以,附加磁矩 $\Delta \boldsymbol{P}_{me}$ 与 $\boldsymbol{B}$ 反向.

12.5.4 安培力的功

载流导线或载流线圈在磁场中运动时,其所受的磁力或磁力矩将对它们做功.

1. *载流导线在磁场中运动时磁力所做的功*

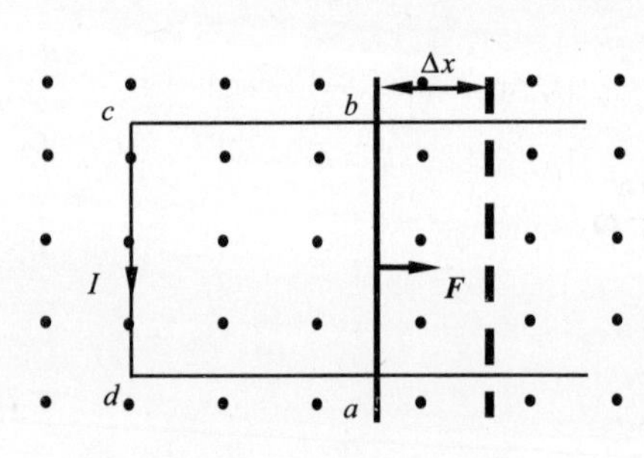

图 12.27 安培力的功

设在垂直纸面向外的均匀磁场 $\boldsymbol{B}$ 中有一载流闭合回路 $abcd$(设在纸面上),如图 12.27 所示. 电路中导线 ab 长为 l,可以沿着 da 和 cb 滑动,假设回路中的电流 I 维持不变,按照安培定律,导线 ab 在磁场中受到的安培力 $\boldsymbol{F}$ 的大小为

$$F = BIl$$

方向如图 12.27 所示,在安培力 $\boldsymbol{F}$ 的作用下,ab 将从初始位置沿力 $\boldsymbol{F}$ 的方向移动,当移动了 Δx 距离后,安培力 $\boldsymbol{F}$ 所做的功

$$A = F \cdot \Delta x = BIl \cdot \Delta x = BI \cdot \Delta S = I \cdot \Delta \Phi \tag{12.23}$$

式(12.23)说明,当载流导线在磁场中运动时,如果电流保持不变,磁力所做的功等于电流乘以载流导线在运动中扫过面积上的磁通量.

2. *载流线圈在磁场中转动时磁力矩所做的功*

设面积为 S,通有电流强度为 I 的线圈,处于磁感应强度为 $\boldsymbol{B}$ 的匀强磁场中. 如图 12.25 所示,设线圈转过极小的角度 $d\varphi$,使 $\boldsymbol{n}(\boldsymbol{P}_m)$ 与 $\boldsymbol{B}$ 之间的夹角从 φ 增加到 $\varphi + d\varphi$,在此转动过程中,磁力矩做负功(磁力矩总是力图使 $\boldsymbol{P}_m$ 转向 $\boldsymbol{B}$),因此

$$dA = -Md\varphi = -BIS\sin\varphi d\varphi = BISd(\cos\varphi) = Id(BS\cos\varphi) = Id\Phi$$

当上述线圈从 φ_1 转到 φ_2 的过程中,维持线圈内电流不变,则磁力矩所做的总功为

$$A = \int_{\Phi_1}^{\Phi_2} Id\Phi = I(\Phi_2 - \Phi_1) = I \cdot \Delta\Phi \tag{12.24}$$

式中,Φ_1 和 Φ_2 分别表示线圈在 φ_1 和 φ_2 时,通过线圈的磁通量.

可以证明,一个任意的闭合回路在磁场中改变位置或改变形状时,如果线圈上的电流维持不变,则磁力或磁力矩所做的功都可按 $A=I \cdot \Delta\Phi$ 计算,即磁力或磁力矩所做的功等于电流强度乘以通过载流线圈磁通量的增量.

如果电流随时间而改变,这时磁力所做的总功要用积分来计算

$$A = \int_{\Phi_1}^{\Phi_2} I\mathrm{d}\Phi \tag{12.25}$$

这是计算磁力做功的一般公式.

例 12.6 边长为 $l=0.1\mathrm{m}$ 的正三角形线圈放在磁感应强度 $B=1\mathrm{T}$ 的均匀磁场中,线圈平面与磁场方向平行. 如图 12.28 所示,使线圈通以电流 $I=10\mathrm{A}$,求:

(1) 线圈每边所受的安培力;

(2) 对 OO' 轴的磁力矩大小;

(3) 从所在位置转到线圈平面与磁场垂直时磁力所做的功.

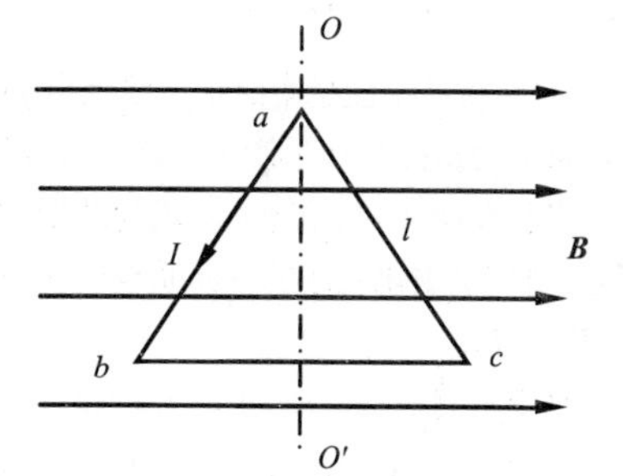

图 12.28 均匀磁场中的正三角形线圈

解 (1) $\boldsymbol{F}_{bc}=I\boldsymbol{l}\times\boldsymbol{B}=0$, $\boldsymbol{F}_{ab}=I\boldsymbol{l}\times\boldsymbol{B}$ 方向垂直纸面向外,大小为

$$F_{ab} = IlB\sin120° = 0.866\mathrm{N}$$

$\boldsymbol{F}_{ca}=I\boldsymbol{l}\times\boldsymbol{B}$ 方向垂直纸面向里,大小为

$$F_{ca} = IlB\sin120° = 0.866\mathrm{N}$$

(2) $\boldsymbol{M}=IS\boldsymbol{e}_{\mathrm{n}}\times\boldsymbol{B}=\boldsymbol{P}_{\mathrm{m}}\times\boldsymbol{B}$ 沿OO'方向,大小为

$$M = ISB = I\frac{\sqrt{3}l^2}{4}B = 4.33\times10^{-2}\mathrm{N\cdot m}$$

(3) 磁力的功

$$A= I(\Phi_2 - \Phi_1)$$

$$\Phi_1 = 0, \quad \Phi_2 = \frac{\sqrt{3}}{4}l^2 B$$

$$A= I\frac{\sqrt{3}}{4}l^2 B = 4.33\times10^{-2}\mathrm{J}$$

思考题

思 12.9 一个弯曲的载流导线在均匀磁场中应如何放置才不受磁力的作用?

思 12.10 一载有电流 I 的细导线分别均匀密绕在半径为 R 和 r 的长直圆筒上,形成两个螺线管($R=2r$),两螺线管单位长度上的匝数相等. 两螺线管中的磁感应强度大小 B_R 和 B_r 应满足什么关系?

思 12.11 均匀磁场的磁感应强度 B 垂直于半径为 r 的圆面. 以该圆周为边线,作一半球面 S,则通过 S 面的磁通量的大小为多少?

思 12.12 如图所示,匀强磁场中有一矩形通电线圈,它的平面与磁场平行,在磁场作用下,线圈向什么方向转动?

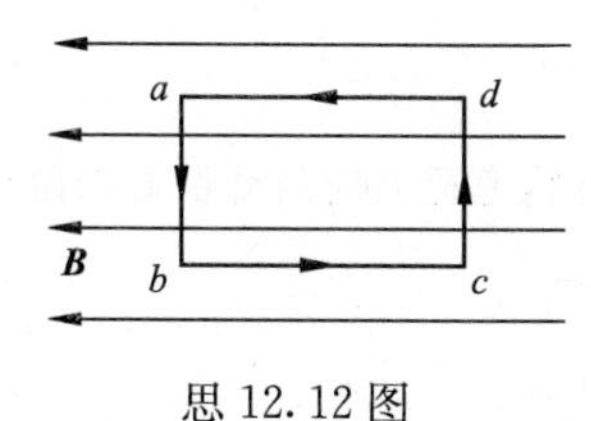

思 12.12 图

12.6 磁 介 质

12.6.1 磁介质的分类

当物质处于磁场中时由于受到磁场的作用而处于一种特殊的状态,称为磁化状态. 磁化后的物质反过来又会对磁场产生影响,我们称能够影响磁场的物质为磁介质.

实验发现,不同的物质对磁场的影响差异很大. 若均匀磁介质处于磁感应强度为 $\boldsymbol{B}_0$ 的外磁中而被磁化,则处于磁化状态的磁介质也要激发一个附加磁场 $\boldsymbol{B}'$,这时介质中的磁场 $\boldsymbol{B}$ 是 $\boldsymbol{B}_0$ 和 $\boldsymbol{B}'$ 的叠加,即 $\boldsymbol{B}=\boldsymbol{B}_0+\boldsymbol{B}'$.

对于不同的磁介质,$\boldsymbol{B}'$ 的大小和方向有很大的差异,为了便于讨论磁介质的分类,我们引入相对磁导率 μ_r,当均匀磁介质充满整个磁场时,磁介质的相对磁导率定义为

$$\mu_r = \frac{B}{B_0} \tag{12.26}$$

式中,B 为介质中总的磁感应强度的大小,B_0 是真空中或外磁场的磁感应强度的大小. μ_r 可以用来描述不同磁介质磁化后对原外磁场的影响. 类似于电介质介电常数 ε 的定义,我们定义磁介质的磁导率

$$\mu = \mu_0 \mu_r \tag{12.27}$$

根据介质的磁性,磁介质可以分为三类.

(1) 抗磁质:这类磁介质的相对磁导率 $\mu_r<1$,磁化产生的附加磁场 $\boldsymbol{B}'$ 与 $\boldsymbol{B}_0$ 方向相反,因而总的磁感应强度 $B<B_0$. 如铜、汞、锌、铅、铋、氢等.

(2) 顺磁质:这类磁介质的相对磁导率 $\mu_r>1$,磁化产生的附加磁场 $\boldsymbol{B}'$ 与 $\boldsymbol{B}_0$ 方向相同,因而总的磁感应强度 $B>B_0$. 如锰、铬、铂、氧等.

(3) 铁磁质:这类磁介质的相对磁导率 $\mu_r \gg 1$,磁化产生的附加磁场 $\boldsymbol{B}'$ 与 $\boldsymbol{B}_0$ 方向相同,而且 $B' \gg B_0$,因而总的磁感应强度的大小 $B \gg B_0$,如铁、镍、钴等.

其中,抗磁质和顺磁质的磁性都很弱,统称为弱磁质,它们的相对磁导率 μ_r 都是接近于 1,且与外磁场无关的常数. 铁磁质的磁性很强,而且还有一些特殊的性质.

12.6.2 抗磁质和顺磁质的磁化

根据物质电结构学说,分子或原子中任何一个电子都不停地同时参与两种运动,即环绕原子核的运动和电子本身的自旋. 这两种运动都等效于一个电流分布,能产生磁效应,把分子或原子看成一个整体,分子或原子中各个电子对外界产生磁效应的总合,可用一个等效的圆电流表示,通称为分子电流. 这种分子电流具有一定的磁矩,称为分子磁矩,用 $\boldsymbol{P}_m$ 表示.

对于抗磁质分子,当没有外磁场作用时,其分子固有磁矩 $\boldsymbol{P}_m=0$,这是由于分子中各电子的轨道运动和自旋运动磁矩的矢量和为零,对整个分子而言,没有磁效应,因而没有分子磁矩;在没有外磁场的情况下,整块磁介质 $\sum P_m = 0$,介质不显磁性. 当处在外磁场 $\boldsymbol{B}_0$ 中时,在磁场力矩的作用下,将产生附加分子磁矩 $\Delta\boldsymbol{P}_m$.

附加磁矩 $\Delta\boldsymbol{P}_m$ 是由电子的进动产生的,具体分析如下.

设电子绕核轨道运动的磁矩为 $\boldsymbol{P}_{me}$,因为电子带负电,所以电子绕核轨道运动的角动量 $\boldsymbol{L}$ 与磁矩 $\boldsymbol{P}_{me}$ 方向相反,如图 12.29 所示. 在外磁场 $\boldsymbol{B}_0$ 作用下,电子受到磁力矩

$$\boldsymbol{M} = \boldsymbol{P}_{me} \times \boldsymbol{B}_0$$

根据角动量定理 $\boldsymbol{M}=\frac{\mathrm{d}\boldsymbol{L}}{\mathrm{d}t}$,电子轨道运动角动量 $\boldsymbol{L}$ 的改变量 $\mathrm{d}\boldsymbol{L}$ 与 $\boldsymbol{M}$ 同向,即顺着 $\boldsymbol{B}_0$ 方向看去,电

子轨道运动角动量 $\boldsymbol{L}$ 是绕 $\boldsymbol{B}_0$ 以顺时针方向旋转的. 因此电子在绕核转动的同时还以外磁场 $\boldsymbol{B}_0$ 方向为轴线转动. 电子的这种运动叫做电子的进动. 设进动的角速度为 $\boldsymbol{\Omega}$,而且不论电子原来轨道运动角动量的方向如何,由电子进动产生的附加磁矩 $\Delta\boldsymbol{P}_{me}$ 总是与外磁场 $\boldsymbol{B}_0$ 的方向相反,见例题 12.5. 所以电子附加磁矩 $\Delta\boldsymbol{P}_{me}$ 的总和(分子的附加磁矩 $\Delta\boldsymbol{P}_m$)与外磁场 $\boldsymbol{B}_0$ 反向,它将产生一个与 $\boldsymbol{B}_0$ 反方向的 $\boldsymbol{B}'$,这就是抗磁效应.

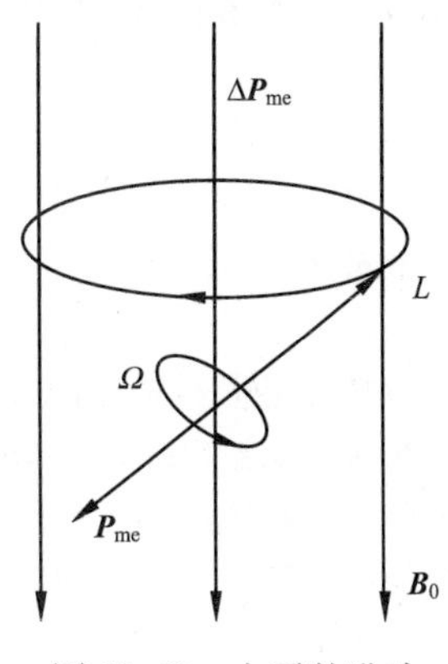

图 12.29 电子的进动

对于顺磁质分子,即使在没有外磁场时,各个电子的磁效应也不相抵消,故顺磁质分子的固有磁矩 $\boldsymbol{P}_m \neq 0$. 但由于排列杂乱无章,整块磁介质仍有 $\sum \boldsymbol{P}_m = 0$. 当有外磁场 $\boldsymbol{B}_0$ 时,每个分子磁矩都受到磁力矩作用,磁力矩使分子磁矩转向 $\boldsymbol{B}_0$ 方向. 由于分子的热运动,分子磁矩尚不能与 $\boldsymbol{B}_0$ 完全一致,只是在一定程度上沿外磁场方向排列起来,因而在磁介质内任一点产生与外磁场方向相同的附加磁感应强度 $\boldsymbol{B}'$. 这就是顺磁质磁化效应.

12.6.3 磁化强度和磁化电流

1. 磁化强度

为表征磁介质的磁化程度,仿照电介质极化强度一样引进一个宏观物理量,叫做磁化强度. 在被磁化后的介质内,任取一体积元 ΔV,定义该体积元内所有分子磁矩的矢量和(固有磁矩和附加磁矩的总和)与该体积元的比值,即单位体积内分子磁矩的矢量和为磁化强度,用 $\boldsymbol{M}$ 表示

$$\boldsymbol{M} = \lim_{\Delta V \to 0} \frac{\sum \boldsymbol{P}_m}{\Delta V} \tag{12.28}$$

在国际单位制中,$\boldsymbol{M}$ 的单位是 $\mathrm{A \cdot m^{-1}}$.

2. 磁化强度与磁化电流的关系

在外磁场中,磁化了的磁介质会激发附加磁场. 这是由于磁化的介质内所出现的磁化电流(实质上是分子电流的宏观表现). 因此,磁化强度和磁化电流之间必然存在一定的联系.

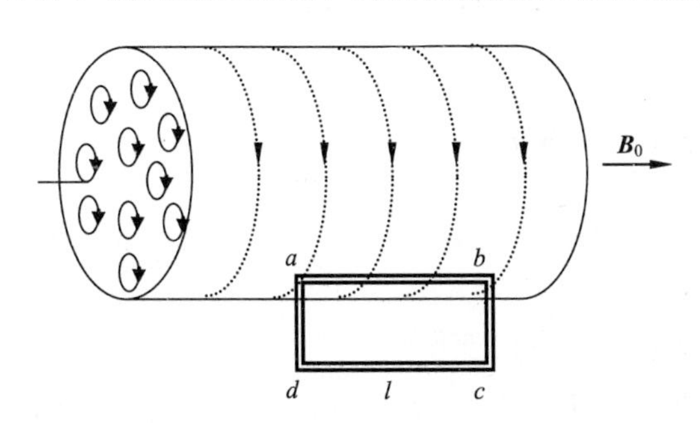

图 12.30 充满磁介质的长直螺线管

设一无限长载流直螺线管,管内充满均匀的顺磁介质(或抗磁介质),螺线管的电流强度为 I. 此电流产生的磁感应强度为 $\boldsymbol{B}_0$,螺线管内的磁介质在该磁场中被均匀磁化,这时磁介质中各个分子电流平面将转到与磁场的方向相垂直,如图 12.30 所示. 在介质内任一点处,总是有两个方向相反的分子电流通过,结果相互抵消;只有在截面边缘处,分子电流未被抵消,形成与截面边缘重合的圆电流. 对整个磁介质来说,未被抵消的分子电流是沿着柱面流动的,称为磁化面电流. 对顺磁质来说,磁化面电流和螺线管导线中的电流 I 方向相同;对抗磁质来说,则两者方向相反.

设 j_s 为圆柱形磁介质表面上单位长度的磁化面电流(称为**磁化面电流密度**),S 为磁介质的截面,l 为磁介质的长度. 在 l 长度上,磁化电流为 $I_s = lj_s$,因此在这段磁介质总体积中的总磁矩大小为

$$\sum P_m = I_s S = lj_s S$$

按定义,磁介质磁化强度的大小为

$$M=\frac{\sum P_{m}}{\Delta V}=\frac{j_{s}Sl}{Sl}=j_{s} \tag{12.29}$$

式(12.29)表明,磁化强度 $\boldsymbol{M}$ 在量值上等于磁化面电流密度. $\boldsymbol{M}$ 是矢量, $\boldsymbol{j}_s$ 也是矢量,它们之间的关系写成矢量式有

$$\boldsymbol{j}_{s}=\boldsymbol{M}\times\boldsymbol{n}_{0} \tag{12.30}$$

$\boldsymbol{n}_0$ 是介质表面外法线方向的单位矢量.

在圆柱形磁介质的边界,取一长方形闭合回路 $abcda$, ab 在磁介质内部,且平行于柱体的轴线,长度为 l, bc、da 两边则垂直于柱面. 现在在磁介质内部各个点处磁化强度 $\boldsymbol{M}$ 的方向都沿 ab,大小相等,在圆柱体外各点 $\boldsymbol{M}=0$. 所以,磁化强度对所取闭合回路的线积分为

$$\oint\boldsymbol{M}\cdot\mathrm{d}\boldsymbol{l}=\int_{ab}\boldsymbol{M}\cdot\mathrm{d}\boldsymbol{l}=Ml$$

将式(12.29)代入得

$$\oint\boldsymbol{M}\cdot\mathrm{d}\boldsymbol{l}=j_{s}l=\sum I_{s} \tag{12.31}$$

这里 $\sum I_s=lj_s$ 就是通过闭合回路的总磁化电流. 式(12.31)虽然是从均匀磁介质及长方形闭合回路的特例推导出来的,但是却在任何情况下都普遍成立.

12.6.4 磁介质中的安培环路定理 磁场强度

把真空中磁场的环路定理推广到有磁介质存在的稳恒磁场中去,由于磁介质在磁场中被磁化时要产生磁化电流,考虑到磁化电流对磁场的贡献,则安培环路定理应为

$$\oint_{L}\boldsymbol{B}\cdot\mathrm{d}\boldsymbol{l}=\mu_{0}\left(\sum_{L内}I_{0}+\sum_{L内}I_{s}\right) \tag{12.32}$$

式中, $\boldsymbol{B}$ 为磁介质中总的磁感应强度 $B=B_0\pm B'$,等式右边括号中的两项电流是穿过回路所围面积的总电流, $\sum I_0$ 是传导电流, I_s **是磁化电流**.

将式(12.31)代入上式中,则有

$$\oint_{L}\boldsymbol{B}\cdot\mathrm{d}\boldsymbol{l}=\mu_{0}\left(\sum_{L内}I+\oint_{L}\boldsymbol{M}\cdot\mathrm{d}\boldsymbol{l}\right)$$

即

$$\oint_{L}\left(\frac{\boldsymbol{B}}{\mu_{0}}-\boldsymbol{M}\right)\cdot\mathrm{d}\boldsymbol{l}=\sum_{L内}I$$

令

$$\boldsymbol{H}=\frac{\boldsymbol{B}}{\mu_{0}}-\boldsymbol{M} \tag{12.33}$$

$\boldsymbol{H}$ 称为磁场强度矢量. 这样,有磁介质时的安培环路定理有下面简单形式

$$\oint_{L}\boldsymbol{H}\cdot\mathrm{d}\boldsymbol{l}=\sum_{L内}I_{0} \tag{12.34}$$

由此可知,在稳恒磁场中,磁场强度矢量 $\boldsymbol{H}$ 沿任一闭合路径的线积分($\boldsymbol{H}$ 的环流)等于包围在环路内传导电流的代数和,而与磁化电流无关.

12.6.5 $\boldsymbol{B}$ 与 $\boldsymbol{H}$ 的关系

式(12.33)是磁场强度 $\boldsymbol{H}$ 的定义式,它表示了磁场中任一点处 $\boldsymbol{H}$、$\boldsymbol{B}$、$\boldsymbol{M}$ 三个物理量之间的关系. 而

且不论磁介质是否均匀,甚至是铁磁性物质,用此式定义 $\boldsymbol{H}$ 矢量都是正确的.

实验发现,对于各向同性的均匀磁介质,介质内任一点的磁化强度 $\boldsymbol{M}$ 与该点的磁场强度 $\boldsymbol{H}$ 成正比,比例系数 χ_m 是恒量,称为磁介质的**磁化率**. 即

$$\boldsymbol{M} = \chi_m \boldsymbol{H} \tag{12.35}$$

这就是介质的磁化定律. 把式(12.35)代入(12.33)则得

$$\boldsymbol{B} = \mu_0 \boldsymbol{H} + \mu_0 \boldsymbol{M} = \mu_0 (1 + \chi_m) \boldsymbol{H} \tag{12.36}$$

如果引入一个物理量 μ_r,令

$$\mu_r = 1 + \chi_m \tag{12.37}$$

μ_r 就是介质的相对磁导率,于是式(12.36)成为

$$\boldsymbol{B} = \mu_0 \mu_r \boldsymbol{H} = \mu \boldsymbol{H} \tag{12.38}$$

对于真空,$\boldsymbol{M}=0, \chi_m=0, \mu_r=1, \mu=\mu_0$,因此,$\boldsymbol{B}=\mu_0 \boldsymbol{H}$.

例 12.7 一长直同轴电缆,内部导线的半径为 R_1,外面导体薄圆筒的半径为 R_2,中间充满相对磁导率为 μ_r 的磁介质,电缆沿轴向通有电流为 I,内外导体上的电流反向. 求:

(1) 空间各个区域内的 $\boldsymbol{H}$、$\boldsymbol{B}$ 和磁化强度 $\boldsymbol{M}$;

(2) 磁介质表面上的磁化电流 I_S.

解 (1) 围绕电缆轴线选取一个半径为 r 的圆环作为闭合回路,由安培环路定理得

$$\oint_L \boldsymbol{H} \cdot d\boldsymbol{l} = H \oint_L dl = H \cdot 2\pi r = \sum_{L内} I_0$$

由

$$\boldsymbol{B} = \mu_0 \mu_r \boldsymbol{H}$$

得 $r<R_1$ 时

$$\sum_{L内} I_0 = \frac{I}{\pi R^2} \pi r^2$$

$$H = \frac{Ir}{2\pi R_1^2}$$

$$B = \frac{\mu_0 Ir}{2\pi R_1^2}$$

$R_1 \leqslant r \leqslant R_2$ 时,

$$\sum_{L内} I_0 = I$$

$$H = \frac{I}{2\pi r}$$

$$B = \frac{\mu_0 \mu_r I}{2\pi r}$$

$R_2 < r$ 时,

$$\begin{cases} \sum_{L内} I_0 = 0 \\ H = 0 \\ B = 0 \end{cases}$$

又由

$$\boldsymbol{B} = \mu_0 (\boldsymbol{H} + \boldsymbol{M})$$

得

$$M = \frac{B}{\mu_0} - H$$

则 $r<R_1$ 时,$M=0$;$R_1\leqslant r\leqslant R_2$ 时,$M=\dfrac{(\mu_r-1)I}{2\pi r}$;$R_2<r$ 时,$M=0$.

(2) 由环路定理

$$\oint_L \boldsymbol{B}\cdot d\boldsymbol{l}=\oint_L B dl = B\cdot 2\pi r = \mu_0 \sum_{L内}(I_0+I_s)$$

$$I_s=\frac{B\cdot 2\pi r}{\mu_0}-I_0$$

$r=R_1$ 时,

$$I_s=\frac{B\cdot 2\pi R_1}{\mu_0}-I=(\mu_r-1)I$$

$r=R_2$ 时,

$$I_s=\frac{B\cdot 2\pi R_2}{\mu_0}-I=(\mu_r-1)I$$

*12.7 铁 磁 质

在各类磁介质中,应用最广泛的是铁磁性物质. 自 20 世纪 50 年代以来,随着电子计算机和信息科学的发展,应用铁磁性材料进行信息的存储和记录,已发展成为引人注目的系列新技术. 因此,对铁磁材料磁化性能的研究,无论在理论上和使用上都有很重要的意义. 下面先从实验出发,介绍铁磁质材料的磁化特性,然后简单介绍形成其特殊磁性的内在原因和铁磁材料的一些应用.

12.7.1 磁化曲线

铁磁质的性质和规律比顺磁质、抗磁质复杂,一般通过确定磁化曲线研究铁磁质的性质和规律.

实验是用图 12.31 所示的电路来进行的. 把待测的铁磁质做成圆环,在圆环上密绕线圈,这样就形成以铁磁质为芯的环形螺线管. 线圈通电时,环内磁场强度为

$$H=nI$$

式中,n 为螺线环单位长度的匝数.

为了测得铁磁质中的磁感应强度 B,在环上再绕一个与冲击电流计相连接的探测线圈,从而构成磁通计. 由磁通计可以测量出磁感应强度 $\boldsymbol{B}$. 根据实验结果画成的曲线如图 12.32 所示,这就是铁磁性物

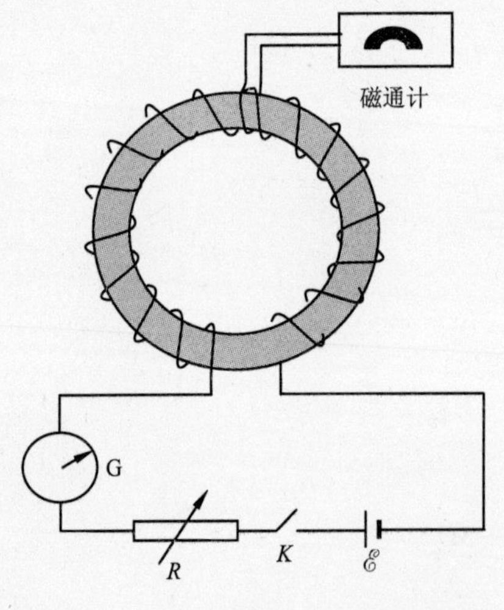

图 12.31 测定铁磁质磁化特性的实验

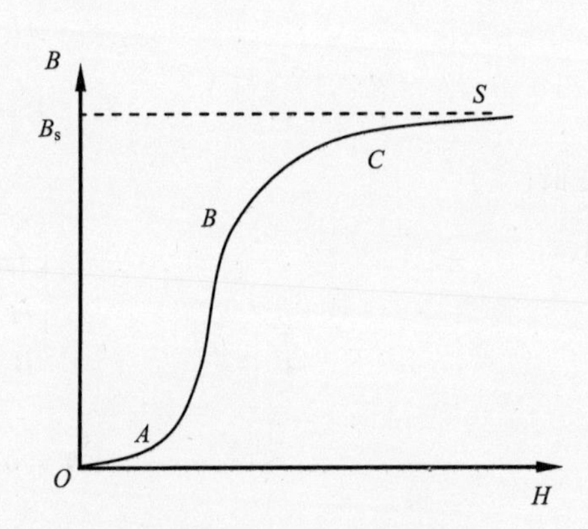

图 12.32 B-H 曲线

质的典型磁化曲线(B-H 曲线),它反映了铁磁性物质的共同磁化特点. 具体地说,这条曲线是非线性的,在逐步增加磁场强度 H 的过程中,磁感应强度 B 也随着增加,不过开始时 B 增加较慢(图中 OA 段),接着便急剧地增大(图中 AB 段),然后又缓慢下来(图中 BC 段). 当 H 增加到一定程度时,B 基本上不再增大,这时铁磁质的磁化已趋近饱和状态. 饱和时的磁感应强度 B_s 称为饱和磁感应强度,简称饱和磁. 由于磁化曲线不是直线,所以铁磁质的磁导率不是恒量.

12.7.2 磁滞回线

上面所讨论的磁化曲线只是反应了铁磁性材料在磁场强度由零逐渐增强时的磁化特性,在这个过程中,磁感应强度 B 由零增加到饱和值 B_S. 但在实际应用中铁磁性材料多是处于交变磁场中,这时的 H 的大小和方向作周期性的变化,铁磁质的磁化特性又将如何变化呢? 下面来讨论这个问题.

如图 12.33 所示,设铁磁材料已沿起始磁化曲线 Oa 达到饱和,在磁化达到饱和后,令 H 减小,则 B 亦减小,但不按 aO 减小,而是沿曲线 ab 减小. 当 H 等于零时,$B=B_r$,即磁场减小到零时,介质的磁化状态并不恢复到原来的起点 O,而是保留一定的磁性,叫剩磁现象,B_r 叫剩余磁感应强度. 为了消除剩磁,必须在线圈中通入反向电流,即加上反方向磁场. 当反方向磁场 H 等于某一定值 H_c 时,B 才变为零,即介质完全退磁,使介质完全退磁所需的反向磁场强度 H_c 叫做矫顽力. 矫顽力 H_c 的大小反映了铁磁性材料保存剩磁状态的能力. 如再增强反向磁场 H,铁磁材料又可被反方向磁化达到反方向的饱和状态,以后再逐渐减小反向磁场到零,B 和 H 的关系将沿 de 线段变化. 这时改变线圈中的电流方向,即又引入正向磁场,B 和 H 的将沿 efa 曲线变化,形成闭合曲线 $abcdefa$. 从图中可以看出磁感应强度 B 值的变化总是落后于磁场强度 H 的变化,这种现象称为磁滞,因图 12.33 中闭合曲线 $abcdefa$ 称为磁滞回线. 研究铁磁质的磁性就必须知道它的磁滞回线,不同的铁磁性材料有不同的磁滞回线,主要是磁滞回线的宽窄不同和矫顽力的大小不同.

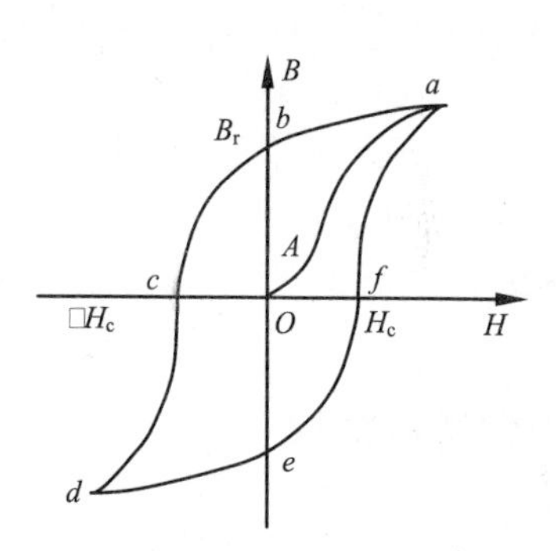

图 12.33 磁滞回线

实验指出,当铁磁性材料在交变磁场的作用下反复磁化时会发热,这是因为铁磁体反复磁化时磁体内分子的状态不断改变,因此分子振动加剧,温度升高. 使分子振动加剧的能量是由产生磁化场的电流的电源所供给的,这部分能量转变成热量而散失掉,这种在反复磁化过程中能量的损失叫做磁滞损耗. 理论和实验证明,磁滞回线所包围的面积越大,磁滞损耗越大. 在电气设备中这种损耗是十分有害的. 此外,铁磁体在交变磁化磁场的作用下,它的形状随之改变,称为**磁致伸缩效应**,这种特性在超声技术中常被用来作为电磁能和机械能的转换器件.

12.7.3 磁畴

铁磁质的磁性不能用一般顺磁质的理论来解释,因为铁磁性元素的单个原子并不具有任何特殊磁性. 例如,铁原子与铬原子的结构大致相同,但铁是典型的铁磁质,而铬是普通的顺磁质,甚至还可用非铁磁性物质来制成铁磁性的合金. 另一方面,还应注意到铁磁质总是固相的. 这些事实说明了铁磁性是一种与固体的结构状态有关的性质.

下面简单介绍铁磁质特殊磁性的产生机制. 在铁磁质中,相邻铁原子中的电子间存在着非常强的交换耦合作用,这个相互作用使相邻原子中电子的自旋磁矩平行排列起来,形成一个自发磁化达到饱和状态的微小区域,这些自发磁化的微小区域称为**磁畴**. 在没有外磁场作用时,在每个磁畴中原子的磁矩均取向同一方位,但对不同的磁畴其磁矩的取向各不相同. 因此对整个**磁体**来说,体内磁矩排列杂乱,一定体积内的平均磁矩为零,在宏观上不显示磁性.

在外磁场作用下,磁矩与外磁场同方向排列时的磁能将低于磁矩与外磁场反方向排列时的磁能,结果是自发磁化磁矩和外磁场成小角度的磁畴处于有利地位,这些磁畴体积逐渐扩大,而自发磁化磁矩与外磁场成较大角度的磁畴体积逐渐减小. 随着外磁场的不断增强,取向与外磁场成较大角度的磁畴全部消失,留存的磁畴将向外磁场的方向旋转,以后再继续增加磁场,所有的磁畴都沿外磁场方向整齐排列,这时磁化达到饱和.

12.7.4 铁磁材料

铁磁材料按矫顽力的大小分为两类,即硬磁材料和软磁材料.

软磁材料的特点是:矫顽力小,剩磁很小,磁滞损耗低,磁滞回线细窄,可以近似地用它的起始磁化曲线来表示其磁化特性. 这种材料容易磁化,也容易退磁,像软铁、坡莫合金、硒钢片、铁铝合金、铁镍合金等. 由于软磁材料磁滞损耗小,适合做电器的铁芯,如变压器铁芯、继电器、电动机转子、定子都是用软磁材料制成.

硬磁性材料的特点是:矫顽力大,剩磁很大,磁滞损耗高,磁滞回线肥大. 这种材料磁滞特性显著,充磁后不易退磁,适合做永久磁铁. 可用在磁电式电表、永磁扬声器、耳机以及雷达中的磁控管等.

等离子体与磁约束

1. 等离子体

随着物质系统温度的不断升高,处在固态的物质就会转变为液态,继而变为气态,物质分子排列的有序程度就逐渐降低. 如果继续对气态加热,使得原子的动能超过原子的电离能,就会使气体发生电离,形成正离子、电子和中性原子的混合物. 大多数气体达到10000K以上时已经高度电离. 这时系统与普通的气态有着明显的区别. 1929年,美国的朗默尔(Langmuir)将它取名为“plasma”,译名为“等离子体”.

等离子体是温度极高的电子气体和正离子气体的混合. 但在几万开下的等离子体仍称低温(或冷)等离子体,而温度达到几百万开甚至几千万开时则称为高温等离子体. 等离子体的电子和离子的热运动与普通气体相似,因此从普通气体到等离子体没有明显的相变阶段,但等离子体又具有完全不同于普通气体的特性.

首先,等离子体是理想导电体,它包含有丰富的正、负自由电荷,但是系统宏观上保持电中性. 这是因为正电荷在任一区域中的偶然集中都会迅速地被吸引过来的负电荷所抵消. 在外界干扰或热运动涨落的影响下使得以某个离子或电子为中心的某一微小半径范围内,正负电荷可能并不完全相等,如果某一小区域正电荷过剩,则临近小区域负电荷过剩. 它们会由于静电作用而产生相对的宏观运动,形成所谓的等离子体震荡. 显然,考察的半径越小,球内区域偏离电中性的涨落就越大. 只有使半径超过某一长度时,才可以忽略涨落现象,使球内的正负电荷保持等量成为电中性,这一长度称为德拜长度. 例如,将一点状的电极放入等离子体中,则在以电极为中心的德拜球之外,由于屏蔽作用就不会显示出宏观电场的存在. 这说明电极在德拜长度之外是被屏蔽掉的,即使对于线度大于德拜长度的等离子体,它将保持宏观电中性.

其次,在等离子体中,由于电子和正离子质量相差悬殊,它们在碰撞之后只有很少能量交换,因此它们各自处于平衡态,而彼此却没有达到平衡,以至于它们各自长时间地保持不同的温度. 例如,氖管辉光等离子体中,电子的温度为20000K,而离子的温度仅为2000K,相差10倍. 又如,当等离子体极为稀薄时,粒子间很少碰撞,这时的等离子体中不管是电子还是正离子,都可能长久地各自处于非平衡态. 由于等离子体与气态不同,具有一系列特殊的性质,所以常称等离子态为物质的第四态.

等离子体还有许多有趣的电磁学性质,由于等离子体是良导体,所以其内部不能有电场存在,但可以有磁场. 但是由于变化的磁场会产生电场,所以等离子体内的磁场不能发生变化,这种现象称为磁场在等离子体内的冻结. 由于磁场冻结在等离子体中,所以当等离子体在磁场中运动时,它能带动和推断磁场,产生磁声波. 另外,从太阳向外发射的由电子和质子组成的中性等离子体,称为"太阳风". 太阳风吹向地球时,地球磁场的分布不再是球形,而是面向太阳的一面被压缩、背向太阳的一面被拉长,形成雨滴形状的磁场分布.

宇宙中99.9%以上的物质处于等离子态. 例如,太阳、恒星就是等离子体,只有行星和某些星际物质是处在气、液、固三态,而这只是宇宙中极小的一部分. 在地球上,闪电、极光、大气电离层也是等离子体,霓虹灯发出的辉光、电焊时闪烁的电弧、火箭喷出的火焰、核爆炸产生的火球云等则是人工产生的等离子体.

2. 磁约束

在各国研究可控热核反应的各种装置中,都采用强磁场作为约束等离子体的容器,图12.34给出等离子体磁约束的示意图. 这是因为等离子体的温度高达$10^7 \sim 10^9$K,没有一种有形的容器能把等离子体约束在空间一定区域内. 在一长直圆柱形真空室中形成一个两端很强、中间较弱的磁场(图12.34),那么两端较强的磁场对带电粒子的运动起着阻塞的作用,它能迫使带电粒子局限在一定的范围内往返运动,这种装置称为磁塞. 由于带电粒子在两端处的这种运动好像光线遇到镜面反射一样,所以这种装置也称为磁镜. 在受控热核反应装置中,一般都采用这种次磁场把等离子体约束在一定的范围内.

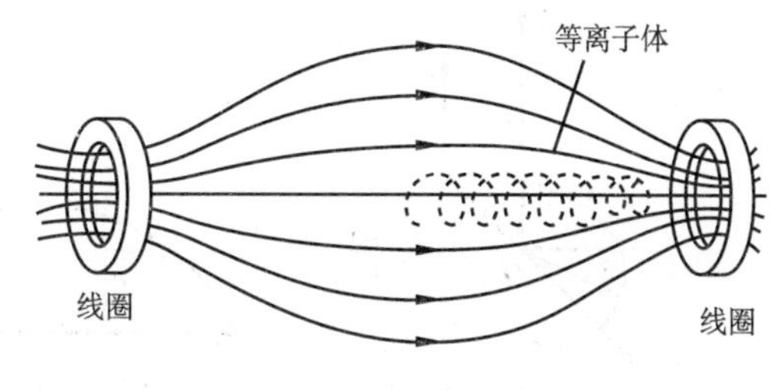

图12.34 磁约束

上述磁约束现象也存在于宇宙空间. 因为地球是一个磁体,磁场在两极强中间弱. 当来自外层空间的大量带电粒子(宇宙射线)进入磁场影响范围后,粒子将绕地磁感应线做螺旋运动,因为在近两极处地磁场增强,做螺旋运动的粒子将被折回,结果粒子在沿磁感应线的区域内来回震荡,形成范艾伦(J. A. Van Allen)辐射带,如图12.35所示. 此带相对地球轴对称分布,在图中只绘出其中一支. 有时,太阳黑子活动使宇宙中高能粒子剧增,这些高能粒子在地磁感应线的引导下在地球北极附近进入大气层时将大气激发,然后辐射发光,从而出现美妙的北极光.

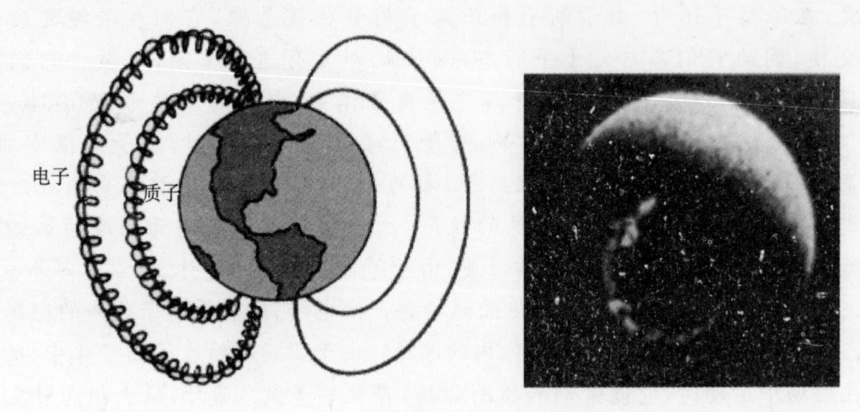

图 12.35　地磁场中的范艾伦辐射带

习　题　12

12-1　无限长细导线弯成如题 12-1 图所示 acb 的形状,其中 c 部分是在 xOy 平面内半径为 R 的半圆,试求通以电流 I 时 O 点的磁感应强度.

12-2　如题 12-2 图所示的弓形线框中通有电流 I,求圆心 O 处的磁感应强度 $\boldsymbol{B}$.

12-3　如题 12-3 图所示,半径为 R 的木球上绕有密集的细导线,线圈平面彼此平行,且以单层线圈均匀覆盖住半个球面. 设线圈的总匝数为 N,通过线圈的电流为 I,求球心 O 的磁感强度.

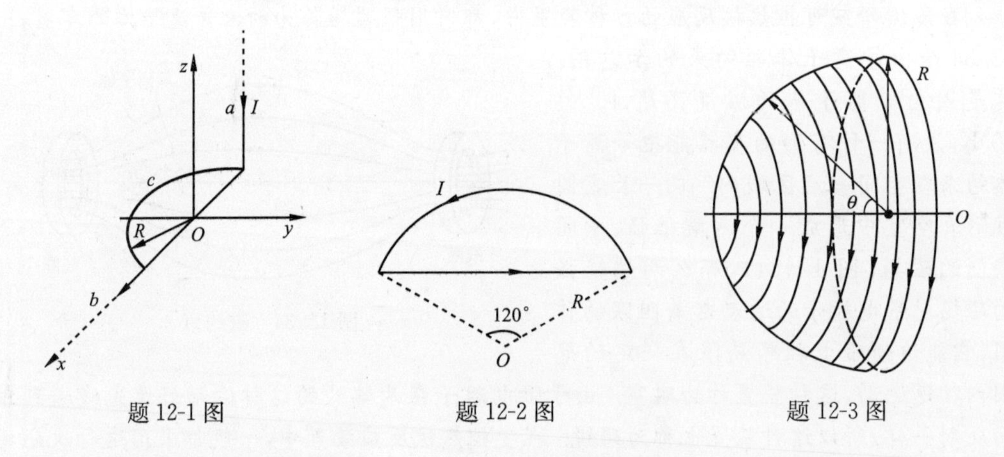

题 12-1 图　　题 12-2 图　　题 12-3 图

12-4　已知磁感应强度 $B=2.0\mathrm{Wb\cdot m^{-2}}$ 的均匀磁场,方向沿 x 轴正方向,如题 12-4 图所示. 试求:

(1) 通过图中 $abcd$ 面的磁通量;

(2) 通过图中 $befc$ 面的磁通量;

(3) 通过图中 $aefd$ 面的磁通量.

12-5　如题 12-5 图所示,AB、CD 为长直导线,$\overset{\frown}{BC}$为圆心在 O 点的一段圆弧形导线,其半径为 R. 若通以电流 I,求 O 点的磁感应强度.

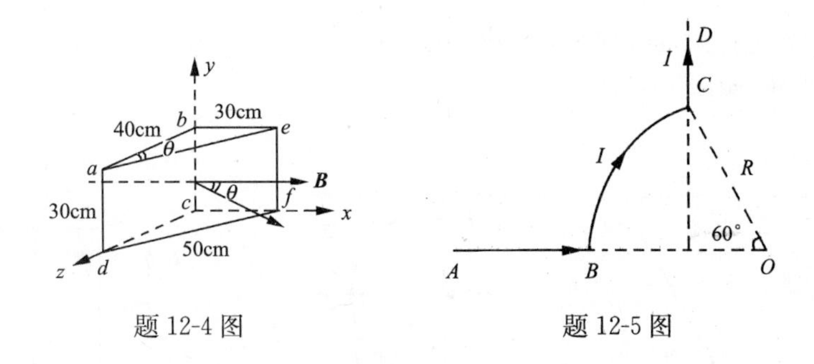

题 12-4 图　　　　题 12-5 图

12-6　在一半径 $R=1.0\text{cm}$ 的无限长半圆柱形金属薄片中，有电流 $I=5.0\text{ A}$ 通过，电流分布均匀．如题 12-6 图所示．试求圆柱轴线任一点 P 处的磁感应强度．

12-7　氢原子处在基态时，它的电子可看作是在半径 $a=0.52\times10^{-8}\text{cm}$ 的轨道上作匀速圆周运动，速率 $v=2.2\times10^{8}\text{cm}\cdot\text{s}^{-1}$，如题 12-7 图所示．求电子在轨道中心所产生的磁感应强度和电子磁矩的值．

12-8　两平行长直导线相距 $d=40\text{cm}$，每根导线载有电流 $I_1=I_2=20\text{A}$，如题 12-8 图所示．求：

(1) 两导线所在平面内与该两导线等距的一点 A 处的磁感应强度；

(2) 通过图中斜线所示面积的磁通量．($r_1=r_3=10\text{cm}$，$l=25\text{cm}$)

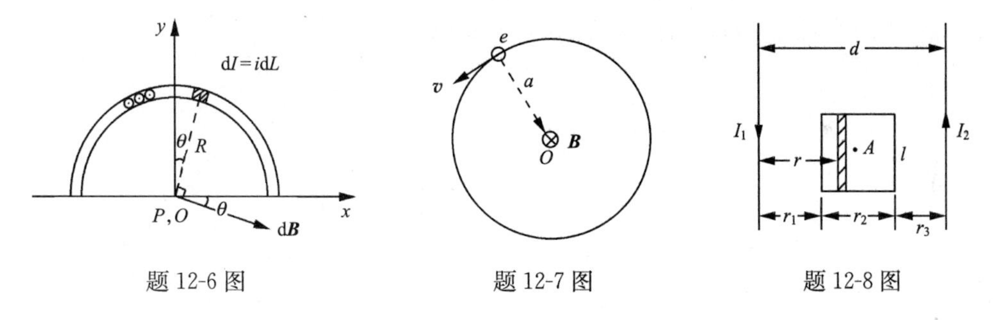

题 12-6 图　　　　题 12-7 图　　　　题 12-8 图

12-9　长直电缆由半径为 R_1 的导体圆柱与同轴的内外半径分别为 R_2、R_3 的导体圆筒构成，电流沿轴线方向由一导体流入，从另一导体流出，设电流强度 I 都均匀地分布在横截面上．求距轴线为 r 处的磁感应强度大小($0<r<\infty$)．

12-10　一均匀带电长直圆柱体，电荷体密度为 ρ，半径为 R．若圆柱绕其轴线匀速旋转，角速度为 ω，求：

(1) 圆柱体内距轴线 r 处的磁感应强度的大小；

(2) 两端面中心的磁感应强度的大小．

12-11　无限长直线电流 I_1 与直线电流 I_2 共面，几何位置如题 12-11 图所示，试求直线电流 I_2 受到电流 I_1 磁场的作用力．

12-12　半径为 R 的半圆形闭合线圈，载有电流 I，放在均匀磁场中，磁场方向与线圈平面平行，如题 12-12 图所示．求：

(1) 线圈所受力矩的大小和方向(以直径为转轴)；

(2) 若线圈受上述磁场作用转到线圈平面与磁场垂直的位置，则力矩做功为多少？

12-13　如题 12-13 图所示，在长直导线 AB 内通以电流 $I_1=20\text{A}$，在矩形线圈 $CDEF$ 中通有电流 $I_2=10\text{A}$，AB 与线圈共面，且 CD、EF 都与 AB 平行．已知 $a=9.0\text{cm}$，$b=20.0\text{cm}$，$d=1.0\text{ cm}$，求：

(1) 导线 AB 的磁场对矩形线圈每边所作用的力;

(2) 矩形线圈所受合力和合力矩.

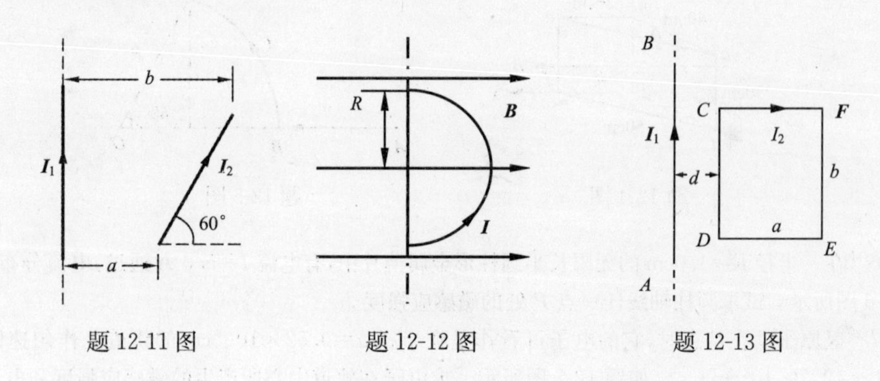

题 12-11 图　　题 12-12 图　　题 12-13 图

12-14　螺绕环中心周长 $L=10\text{cm}$,环上线圈匝数 $N=200$ 匝,线圈中通有电流 $I=100\ \text{mA}$.

(1) 当管内是真空时,求管中心的磁场强度 $\boldsymbol{H}$ 和磁感应强度 $\boldsymbol{B}_0$;

(2) 若环内充满相对磁导率 $\mu_r=4200$ 的磁性物质,则管内的 $\boldsymbol{B}$ 和 $\boldsymbol{H}$ 各是多少?

12-15　一平面塑料圆盘,半径为 R,表面带有面密度为 σ 的正电荷. 假定圆盘绕垂直于盘面且通过圆盘中心的轴线 AA' 以角速度 ω 转动,磁场 $\boldsymbol{B}$ 的方向垂直于转轴 AA'. 试证磁场作用于圆盘的力矩的大小为 $M=\dfrac{\pi\sigma\omega R^4 B}{4}$(提示:将圆盘分成许多同心圆环来考虑).

第 13 章　电 磁 感 应

1820 年,丹麦科学家奥斯特发现了电流的磁效应,第一次把电和磁联系在一起. 此后不久,一些科学家根据朴素的唯物主义和辩证法思想,认为既然“电能生磁”,那么,相反的效应“磁生电”也是可能的. 杰出的英国物理学家法拉第(M. Faraday)通过大量实验和研究,在 1831 年发现了电磁感应现象,并总结出了电磁感应的基本规律.

本章在介绍电磁感应现象的基础上,讨论电磁感应定律及其应用. 主要内容有:法拉第电磁感应定律、动生电动势和感生电动势、自感与互感、以及磁场能量.

13.1　电磁感应定律

13.1.1　法拉第电磁感应定律

基本的电磁现象可以归纳如下:

(1) 当磁棒靠近并插入线圈时,与线圈串联的电流计会发生偏转,线圈中产生电流;磁棒拔出时,电流方向相反;磁棒相对线圈的速率越大,线圈中的电流越大.

(2) 用一通有电流的线圈代替磁棒时,结果相同.

(3) 如果靠的很近的两个线圈相互位置固定,当与电源相连的原线圈中电流发生变化时,另一线圈中也会产生电流.

(4) 把接有电流计的一边可滑动的导线框放入均匀恒定磁场中,可滑动的一边运动时,回路中有电流产生.

以上事实的共同特点是:当穿过闭合回路的磁通量发生变化时,回路中将产生感应电动势. 法拉第认为,**不论何种原因使回路中的磁通量发生变化,回路中产生的感应电动势总与磁通量对时间的变化率成正比**,这个结论称为**法拉第电磁感应定律**. 在 SI 制中,法拉第电磁感应定律的数学表达式为

$$\mathscr{E}=-\frac{\mathrm{d}\Phi}{\mathrm{d}t} \tag{13.1}$$

即感应电动势等于穿过回路的磁通量对时间变化率的负值.

式(13.1)只适用于单匝线圈,对于 N 匝串联回路,设各匝回路中的磁通量分别为 $\Phi_1,\Phi_2,\cdots,\Phi_N$,感应电动势分别为 $\mathscr{E}_1,\mathscr{E}_2,\cdots,\mathscr{E}_N$,$N$ 匝回路中的电动势等于各匝回路电动势的和,即

$$\mathscr{E}=\sum_{i=1}^{N}\mathscr{E}_i=-\sum_{i=1}^{N}\frac{\mathrm{d}\Phi}{\mathrm{d}t}=-\frac{\mathrm{d}}{\mathrm{d}t}\sum_{i=1}^{N}\Phi_i$$

即

$$\mathscr{E}=-\frac{\mathrm{d}\Psi}{\mathrm{d}t} \tag{13.2}$$

式中，$\Psi=\sum_{i=1}^{N}\Phi_i$ 称为磁通匝链数，简称**磁通链**或**磁链**. 如果各匝回路的磁通量均为 Φ，则 $\Psi=N\Phi$，则有

$$\mathscr{E}=-N\frac{\mathrm{d}\Phi}{\mathrm{d}t} \tag{13.3}$$

13.1.2 楞次定律

1834 年，楞次(H. F. E. Lenz)在大量实验结果的基础上，总结出判断感应电流方向的规律：**闭合回路中感应电流的方向，总是使感应电流所产生的磁场阻碍产生感应电流的磁通量的变化**；也可表述为：**感应电流产生的效果，总是反抗产生感应电流的原因**，这个规律称为**楞次定律**.

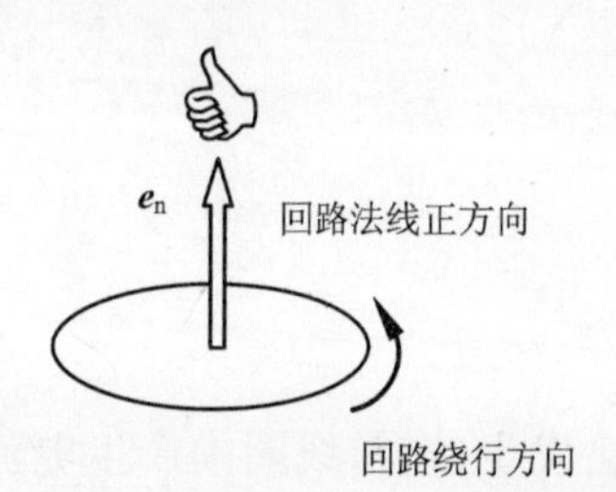

图 13.1 回路法线正方向的确定

现根据楞次定律说明式(13.1)～式(13.3)中负号的物理意义. 为讨论方便，作如下规定：回路的绕行方向与回路的正法线 $\boldsymbol{e}_n$ 的方向之间遵守右手螺旋定则(图 13.1)；当磁场方向与正法线 $\boldsymbol{e}_n$ 的方向相同时，通过回路的磁通量取正值(即 $\Phi>0$)，反之取负值；若回路中的感应电动势取负值(即 $\mathscr{E}<0$)时，则电动势方向与回路绕行方向相反；若感应电动势取正值(即 $\mathscr{E}>0$)时，电动势方向与回路绕行方向相同. 下面我们用上述规定来具体确定感应电动势的方向.

以磁铁插入线圈为例，如图 13.2(a)所示，取回路绕行方向为顺时针方向，线圈中各匝回路的正法线 $\boldsymbol{e}_n$ 的方向与磁感应强度 $\boldsymbol{B}$ 的方向相同，所以 $\Phi>0$. 当磁铁插入线圈时，穿过线圈的磁通量增加，故磁通量随时间的变化率$\frac{\mathrm{d}\Phi}{\mathrm{d}t}>0$. 由式(13.1)可知，$\mathscr{E}<0$，即线圈中各回路的感应电动势的方向与回路的绕行方向相反. 此时，线圈中感应电流所激发的磁场与原磁场方向相反，它阻碍磁铁插入.

当磁铁从线圈中抽出时，如图 13.2(b)所示，穿过线圈的磁通量虽仍为正值，即 $\Phi>0$，但因为磁铁从线圈中抽出，所以穿过线圈的磁通量将减少，故$\frac{\mathrm{d}\Phi}{\mathrm{d}t}<0$. 由式(13.1)可知，$\mathscr{E}>0$，为正值，此时 $\mathscr{E}$ 的方向与回路绕行方向相同，感应电流所激发的磁场与原磁场方向相同，阻碍磁铁抽出.

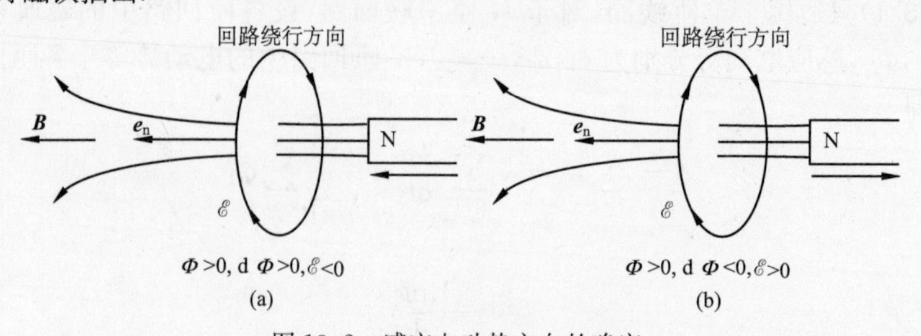

图 13.2 感应电动势方向的确定

实质上，楞次定律是能量守恒定律在电磁感应现象中的一种表现. 例如，无论把磁铁插入（或抽出）线圈都需要有外力克服感应电动势对它做功，这样就把某种形式的能量转化为线圈中的电能. 想象一下如果感应电流所产生的作用不是反抗作用，而是帮助它运动，那么我们只要在开始用一个力使它发生微小位移，以后它就会越来越快的运动下去，也就是说我们可以用一个微小的功来获得无穷大的机械能，这就成为第一类永动机了，显然与能量守恒定律是违背的. 所以感应电流的方向必须是楞次定律所规定的方向. 而电磁感应定律式(13.1)中的负号，表明了电磁感应现象与能量守恒定律之间的必然联系.

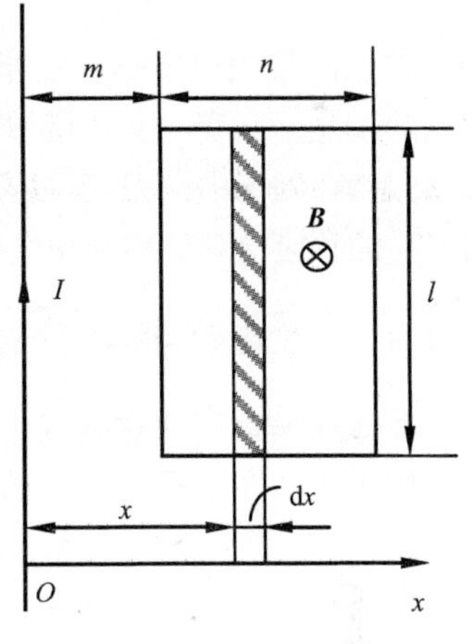

图 13.3 与直线直流共面矩形导线框的感应电动势

例 13.1 如图 13.3 所示，若矩形线框静止，长直导线中的电流强度为 $I=I_{\mathrm{m}}\sin\omega t$，求线框中产生的感应电动势.

解 建立如图所示坐标，在线框所围面积上距长直导线为 x 处，取一长为 l，宽为 $\mathrm{d}x$ 的面元 $\mathrm{d}\boldsymbol{S}$. 线框内磁感应强度 $\boldsymbol{B}$ 的正方向为垂直于纸面向里. 以线框顺时针方向为回路绕行正方向，则面元上通过的磁通量为

$$\mathrm{d}\Phi=\boldsymbol{B}\cdot\mathrm{d}\boldsymbol{S}=\frac{\mu_0 Il}{2\pi x}\mathrm{d}x$$

整个线框面积上的磁通量为

$$\Phi=\int_m^{m+n}\frac{\mu_0 Il}{2\pi x}\mathrm{d}x=\frac{\mu_0 Il}{2\pi}\ln\frac{m+n}{m}$$

线框中产生的感应电动势为

$$\mathscr{E}=-\frac{\mathrm{d}\Phi}{\mathrm{d}t}=-\frac{\mu_0 l}{2\pi}\ln\frac{m+n}{m}\cdot\frac{\mathrm{d}I}{\mathrm{d}t}=-\frac{\mu_0 lI_{\mathrm{m}}\omega\cos\omega t}{2\pi}\ln\frac{m+n}{m}$$

例 13.2 如图 13.4 所示均匀磁场中，置有面积为 S 的可绕 OO' 轴转动的 N 匝线圈. 若线圈以角速度 ω 作匀速转动，求线圈中的感应电动势.

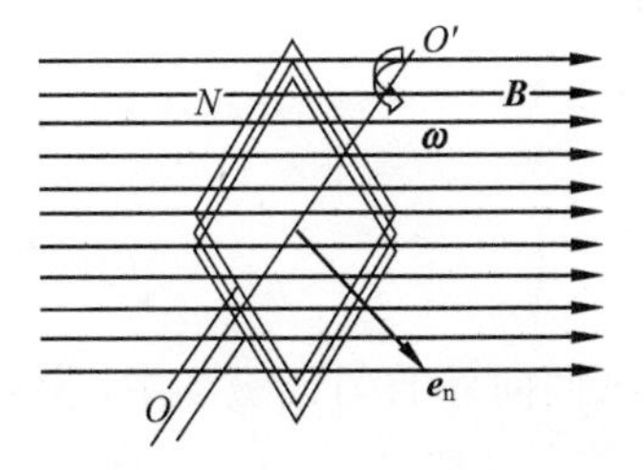

图 13.4 交流发电机

解 在 t 时刻，线圈外法线方向与磁感强度的夹角为 $\theta=\omega t$，穿过线圈的磁通匝链为

$$\Psi=NBS\cos\theta=NBS\cos\omega t$$

则线圈中的感应电动势为

$$\mathscr{E}=-\frac{\mathrm{d}\Psi}{\mathrm{d}t}=NBS\omega\sin\omega t=\mathscr{E}_{\mathrm{m}}\sin\omega t$$

其中，$\mathscr{E}_{\mathrm{m}}=NBS\omega$ 为感应电动势的最大值.

可见在线圈中电动势作周期性变化，这就是交流发电机的原理.

思考题

思 13.1 什么是电磁感应现象？感应电动势大小与哪些因素有关？

思 13.2 试说明电磁感应定律公式中“—”号的物理意义.

13.2 动生电动势

根据法拉第电磁感应定律:只要穿过回路的磁通量发生了变化,在回路中就会有感应电动势产生. 而实际上,引起磁通量变化的原因有两种:其一是回路相对于磁场有运动;其二是回路在磁场中虽无相对运动,但是磁场在空间的分布是随时间变化的. 我们将前一原因产生的感应电动势称为动生电动势,而后一原因产生的感应电动势称为感生电动势.

13.2.1 动生电动势和洛伦兹力

导体或导体回路在磁场中运动而产生的电动势称为动生电动势. 我们知道,电源电动势等于单位正电荷经电源内部从负极移到正极的过程中非静电力做的功,也就是说,电动势必须对应非静电力. 那么,产生动生电动势的非静电力又是什么呢?

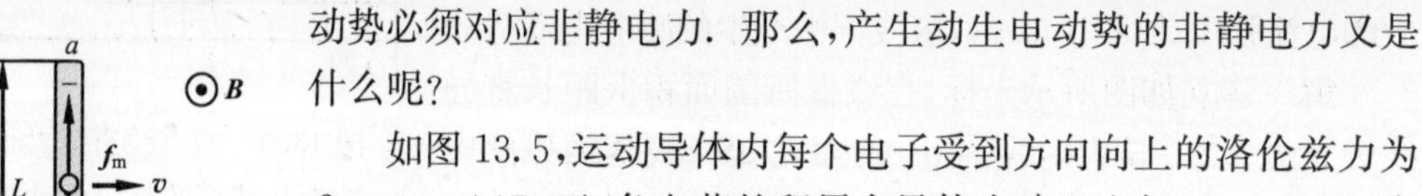

图 13.5 动生电动势

如图 13.5,运动导体内每个电子受到方向向上的洛伦兹力为 $\boldsymbol{f}_{\mathrm{m}}=-e\boldsymbol{v}\times\boldsymbol{B}$;正、负电荷的积累在导体内建立电场 $\boldsymbol{f}_{\mathrm{e}}=-e\boldsymbol{E}$;当 $f_{\mathrm{m}}=f_{\mathrm{e}}$ 时达到动态平衡,电荷不再有宏观定向运动. 此时,导体 ab 相当一个电源,a 端为负极(低电势),b 端为正极(高电势),显然**洛伦兹力就是产生动生电动势的非静电力**.

13.2.2 动生电动势的计算

非静电力 $\boldsymbol{f}_{\mathrm{m}}$ 克服静电力 $\boldsymbol{f}_{\mathrm{e}}$ 做功,将正电荷由 a 端(负极)通过电源内部搬运到 b 端(正极). 则单位正电荷所受的非静电力(非静电场强)为

$$\boldsymbol{E}_{\mathrm{k}}=\frac{\boldsymbol{f}_{\mathrm{m}}}{-e}=\frac{-e\boldsymbol{v}\times\boldsymbol{B}}{-e}=\boldsymbol{v}\times\boldsymbol{B} \tag{13.4}$$

根据电动势定义,运动导体 ab 上的动生电动势为

$$\mathscr{E}=\int_{l}\boldsymbol{E}_{\mathrm{k}}\cdot\mathrm{d}\boldsymbol{l}=\int_{l}(\boldsymbol{v}\times\boldsymbol{B})\cdot\mathrm{d}\boldsymbol{l} \tag{13.5}$$

当导体为闭合回路时

$$\mathscr{E}=\oint_{L}\boldsymbol{E}_{\mathrm{k}}\cdot\mathrm{d}\boldsymbol{l}=\oint_{L}(\boldsymbol{v}\times\boldsymbol{B})\cdot\mathrm{d}\boldsymbol{l} \tag{13.6}$$

例 13.3 如图 13.5 所示,磁感应强度 $\boldsymbol{B}$ 的方向垂直于纸面向外的匀强磁场中,放一长为 L 的直导体棒,棒垂直于 $\boldsymbol{B}$ 运动,速度为 $\boldsymbol{v}$,求导体棒中的电动势.

解 因为 $\boldsymbol{v}$、$\boldsymbol{B}$、$\boldsymbol{L}$ 三者垂直,故由动生电动势公式,有

$$\mathscr{E}=\int_{l}\boldsymbol{E}_{\mathrm{k}}\cdot\mathrm{d}\boldsymbol{l}=\int_{l}(\boldsymbol{v}\times\boldsymbol{B})\cdot\mathrm{d}\boldsymbol{l}=vBL$$

方向由 $a\to b$,b 端电势较高.

例 13.4 如图 13.6,铜棒 OP 长为 L,在方向垂直于纸面向里的磁感应强度为 $\boldsymbol{B}$ 的磁场中,沿顺时针方向绕垂直于纸面的 O 轴转动,角速度为 $\boldsymbol{\omega}$,求铜棒中的动生电动势.

解 在铜棒上沿 OP 方向任取一小段积分元 $\mathrm{d}\boldsymbol{l}$,其中的动生电动势为

$$\mathrm{d}\mathscr{E}=(\boldsymbol{v}\times\boldsymbol{B})\cdot\mathrm{d}\boldsymbol{l}=vB\mathrm{d}l=\omega lB\mathrm{d}l$$

整个铜棒产生的动生电动势为

$$\mathscr{E}=\int_L\mathrm{d}\mathscr{E}=\int_0^L\omega lB\mathrm{d}l=\frac{1}{2}\omega BL^2$$

方向由 $O\rightarrow P$,P 点电势高.

例 13.5 如图 13.7 所示,在无限长直线电流 I 的磁场中,导体棒 ab 平行于电流方向以速度 $\boldsymbol{v}$ 运动,求导体棒 ab 中产生的感应电动势.

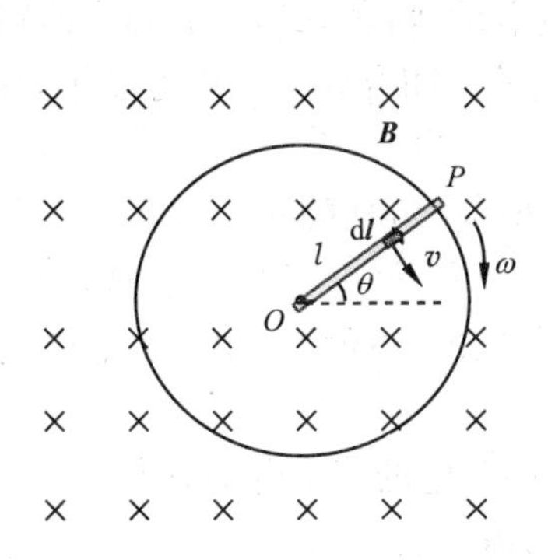

图 13.6 转动直导体棒的电动势

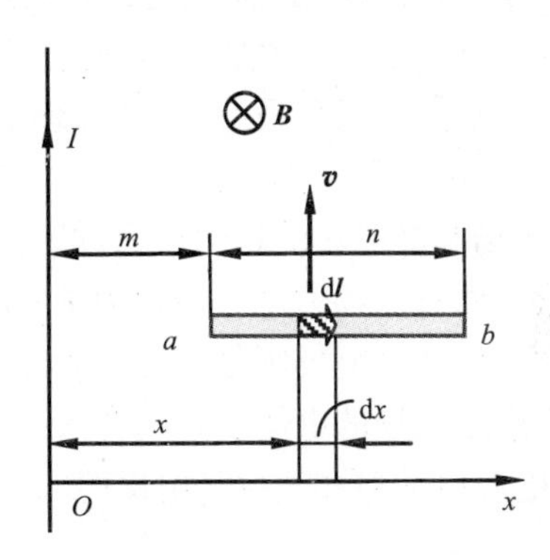

图 13.7 直线电流磁场中导体棒的电动势

解 在导体棒 ab 上沿 $a\rightarrow b$ 方向任取一线元 $\mathrm{d}\boldsymbol{l}$,其到长直导线的距离为 x,则无限长直线电流在 $\mathrm{d}\boldsymbol{l}$ 处的磁感强度为 $B=\frac{\mu_0 I}{2\pi x}$,方向垂直穿入纸面. 则导体棒 ab 中产生的感应电动势为

$$\mathscr{E}=\int_a^b(\boldsymbol{v}\times\boldsymbol{B})\cdot\mathrm{d}\boldsymbol{l}=-\int_m^{m+n}v\cdot\frac{\mu_0 I}{2\pi x}\cdot\mathrm{d}x=-\frac{\mu_0 Iv}{2\pi}\ln\frac{m+n}{m}$$

方向由 $b\rightarrow a$,a 端电势较高.

结论

(1) 在匀强磁场中运动的任意形状的非闭合导线中产生的感应电动势总等于该导线首尾两端之间直导体棒中产生的电动势.

(2) 在无限长直线电流的磁场中,与电流共面的任意形状的导线平行于电流方向运动时,导线中产生的电动势总等于该导线首尾两端之间直导体棒中产生的电动势.

思考题

思 13.3 动生电动势的方向有哪些判断方法?

13.3 感生电动势

13.3.1 感生电动势和感生电场

由法拉第电磁感应定律可知,只要通过回路的磁通量发生变化,回路中就会有感应电

动势产生. 因此,**处在磁场中的静止导体回路,仅仅由磁场随时间变化**,穿过回路所谓面积上的磁通量同样会变化,从而**在回路中产生感应电流和感应电动势**,这种感应电动势称为**感生电动势**.

如图 13.2 所示,闭合导体回路放置在变化的磁场中,在回路内会产生感应电流. 我们知道要形成电流,不仅要有可以移动的电荷,而且还要有迫使电荷定向移动的电场,而由穿过闭合导体回路的磁通量变化而引起的电场不可能是静电场,于是麦克斯韦大胆提出**假设,即变化的磁场在其周围空间中激发一种电场**,称为**感生电场**,感生电场的电场线是闭合的,也叫**涡旋电场**. 感生电场强度用 $\boldsymbol{E}_{\mathrm{r}}$ 表示. 当有导体存在时,感生电场对导体中的自由电荷产生电场力,并驱使电荷定向移动形成感生电动势,若导体形成闭合回路,则在回路中形成感应电流;没有导体时,感生电场同样也存在. 闭合导体回路可以作为探测有无感生电场的一种工具.

感生电场和静电场的相同点是,都会对处于其中的电荷(包括静止电荷和运动电荷)产生作用力,而且电场力都可表示为 $\boldsymbol{F}=q\boldsymbol{E}_i$. 而其不同点是:静电场存在于静止电荷周围的空间内,而感生电场则是由变化的磁场所激发;静电场的电场线是始于正电荷,止于负电荷,而感生电场的电场线是闭合的.

根据电源电动势和法拉第电磁感应定律,闭合回路中产生的感生电动势为

$$\mathscr{E}=\oint_L \boldsymbol{E}_{\mathrm{r}}\cdot \mathrm{d}\boldsymbol{l}=-\frac{\mathrm{d}\Phi}{\mathrm{d}t}=-\int_S \frac{\partial \boldsymbol{B}}{\partial t}\cdot \mathrm{d}\boldsymbol{S} \tag{13.7}$$

由式(13.7)可见

$$\oint_L \boldsymbol{E}_{\mathrm{r}}\cdot \mathrm{d}\boldsymbol{l}=-\int_S \frac{\partial \boldsymbol{B}}{\partial t}\cdot \mathrm{d}\boldsymbol{S}\neq 0$$

由此可进一步说明感生电场的性质,静电场是一种保守场,静电场的环流恒等于零,而感生电场的环流一般不等于零,这就说明**感生电场不是保守场**,在感生电场中没有电势的意义;静电场线是有头有尾的,所以是**无旋**的,而感生电场线是闭合曲线,所以它是**有旋电场**.

由式(13.7)可知,变化的磁场和它所激发的感生电场,在方向上满足**左手螺旋关系**(图 13.8).

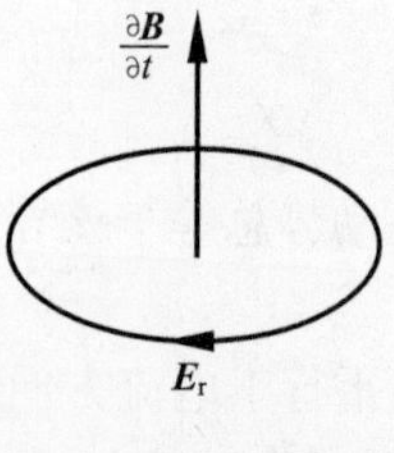

图 13.8 感生电场方向的确定

例 13.6 一半径为 R 的无限长直螺线管,其中的电流做线性变化$\left(\frac{\mathrm{d}I}{\mathrm{d}t}=\text{常量}\right)$时,其内部磁场也随时间线性变化,$\frac{\mathrm{d}\boldsymbol{B}}{\mathrm{d}t}$为常量,设$\frac{\mathrm{d}\boldsymbol{B}}{\mathrm{d}t}$大小已知,求管内外的感生电场分布 $\boldsymbol{E}_{\mathrm{r}}$.

解 螺线管的截面如图 13.9(a)所示,图中圆周 C 为螺线管的边缘. 根据对称性可知,管内外的感生电场线都是 C 的同心圆,圆上各点 $\boldsymbol{E}_{\mathrm{r}}$ 方向均沿切向,且同一圆环上 $\boldsymbol{E}_{\mathrm{r}}$ 大小相等. 假定电流随时间增加,则磁场也随时间增大,即$\frac{\partial \boldsymbol{B}}{\partial t}>0$.

先求管内的 $\boldsymbol{E}_{\mathrm{r}}$,取半径为 $r(r<R)$ 的同心圆周 L 作积分回路,选顺时针方向作为感应电动势的正方向,则有

$$\oint_L \boldsymbol{E} \cdot \mathrm{d}\boldsymbol{l} = E_{\mathrm{r}} 2\pi r$$

另一方面又有

$$\int_S \frac{\partial \boldsymbol{B}}{\partial t} \cdot \mathrm{d}\boldsymbol{S} = \int_S \frac{\partial B}{\partial t} \mathrm{d}S = \frac{\partial B}{\partial t} \pi r^2$$

式中，S 是圆周 L 所围的面积，根据式(13.7)有

$$E_{\mathrm{r}} 2\pi r = -\frac{\partial B}{\partial t} \pi r^2$$

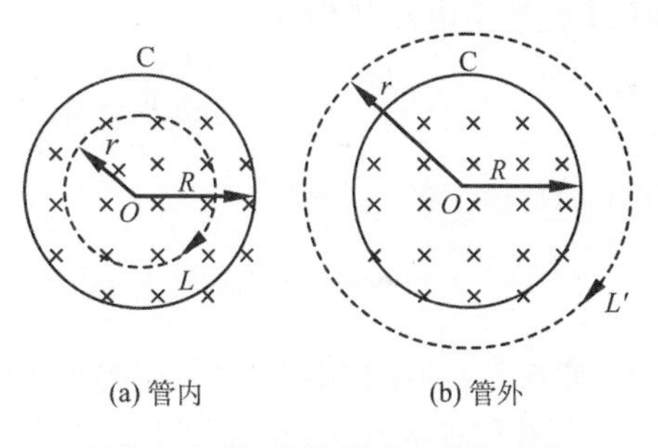

图 13.9 螺线管的感生电场计算

所以 $r<R$ 时有

$$E_{\mathrm{r}} = -\frac{r}{2} \frac{\partial B}{\partial t} \tag{13.8}$$

式中，负号表示 $\boldsymbol{E}_{\mathrm{r}}$ 的方向与选定的正方向相反，即 $\boldsymbol{E}_{\mathrm{r}}$ 沿逆时针方向.

再求管外的 $\boldsymbol{E}_{\mathrm{r}}$，取半径为 $r(r>R)$ 的同心圆周 L' 作积分回路，选顺时针方向作为感应电动势的正方向，则有

$$\oint_{L'} \boldsymbol{E} \cdot \mathrm{d}\boldsymbol{l} = E_{\mathrm{r}} 2\pi r$$

$$\int_{S'} \frac{\partial \boldsymbol{B}}{\partial t} \cdot \mathrm{d}\boldsymbol{S} = \int_{S_0} \frac{\partial B}{\partial t} \mathrm{d}S = \frac{\partial B}{\partial t} \pi R^2$$

式中，S' 是圆周 L' 所围的面积，S_0 是圆周 C 所谓的面积. 因在圆周 C 外的空间，$B=0$，$\frac{\partial \boldsymbol{B}}{\partial t}=0$. 根据式(13.7)有

$$E_{\mathrm{r}} 2\pi r = -\frac{\partial B}{\partial t} \pi R^2$$

所以 $r>R$ 时有

$$E_{\mathrm{r}} = -\frac{R^2}{2r} \frac{\partial B}{\partial t} \tag{13.9}$$

式中，负号表示 $\boldsymbol{E}_{\mathrm{r}}$ 的方向与选定的正方向相反，即 $\boldsymbol{E}_{\mathrm{r}}$ 沿逆时针方向.

若 $\frac{\partial \boldsymbol{B}}{\partial t}<0$，则管内外的 $\boldsymbol{E}_{\mathrm{r}}$ 沿顺时针方向.

例 13.7 在上题中，若 $\frac{\partial B}{\partial t}=$ 常量 >0，AB 直导线长为 L，且距圆心 O 的垂直距离为 h，如图 13.10 所示，求此导线上的感应电动势.

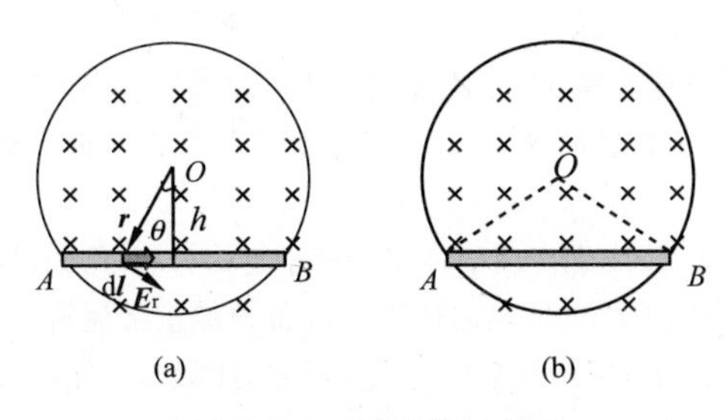

图 13.10 螺线管内直导线的感应电动势

解 方法一： 由感生电动势的定义求解.

在 AB 上距点 O 为 r 处取微元 $\mathrm{d}\boldsymbol{l}$，由上例可知，$\mathrm{d}\boldsymbol{l}$ 处感生电场 $\boldsymbol{E}_{\mathrm{r}}$ 的方向垂直 $\boldsymbol{r}$，其大小为

$$E_{\mathrm{r}} = \frac{r}{2} \frac{\partial B}{\partial t}$$

则 d$\boldsymbol{l}$ 处感生电动势为

$$\mathrm{d}\mathscr{E}=\boldsymbol{E}_{\mathrm{r}}\cdot\mathrm{d}\boldsymbol{l}=\frac{r}{2}\frac{\partial B}{\partial t}\mathrm{d}l\cos\theta=\frac{h}{2}\frac{\partial B}{\partial t}\mathrm{d}l$$

整个 AB 棒上的电动势为

$$\mathscr{E}_{AB}=\int_A^B\mathrm{d}\mathscr{E}=\int_0^L\frac{h}{2}\frac{\partial B}{\partial t}\mathrm{d}l=\frac{hL}{2}\frac{\partial B}{\partial t}>0$$

方法二:由法拉第电磁感应定律求解.

作闭合回路 $AOBA$,如图 13.10(b),沿顺时针方向作为感生电动势的方向,则

$$\oint\boldsymbol{E}_{\mathrm{r}}\cdot\mathrm{d}\boldsymbol{l}=\int_A^O\boldsymbol{E}_{\mathrm{r}}\cdot\mathrm{d}\boldsymbol{l}+\int_O^B\boldsymbol{E}_{\mathrm{r}}\cdot\mathrm{d}\boldsymbol{l}+\int_B^A\boldsymbol{E}_{\mathrm{r}}\cdot\mathrm{d}\boldsymbol{l}=\mathscr{E}_{BA}$$

根据法拉第电磁感应定律,有

$$\oint\boldsymbol{E}_{\mathrm{r}}\cdot\mathrm{d}\boldsymbol{l}=\mathscr{E}_{BA}=-\frac{\mathrm{d}\Phi}{\mathrm{d}t}=-\frac{hL}{2}\frac{\partial B}{\partial t}$$

$$\mathscr{E}_{AB}=-\mathscr{E}_{BA}=\frac{hL}{2}\frac{\partial B}{\partial t}$$

与第一种方法所得结果相同.

* 13.3.2 涡电流

当大块金属处于变化的磁场中,或者在磁场中运动时,在金属内部将产生涡旋状的感应电流,称为涡电流,简称涡流.

1. 涡电流的热效应

由于块状金属的电阻一般很小,所以涡流可以很大,在金属内流动时会释放大量的焦耳热. 工业上用来冶炼金属的高频感应炉就是利用涡流的热效应设计的. 如图 13.11 所示,当线圈与大功率高频电源接通时,放在坩埚内的金属块会因涡电流产生的大量焦耳热而被熔化,这种加热方法称为感应加热. 由于它在金属内部各处同时加热,因此有效率高、速度快、材料不受污染等优点. 高频感应炉常用来冶炼特种钢、难熔或易氧化的金属. 感应加热还被广泛用于金属材料热处理以及真空技术等方面. 比如在制造示波管、显像管等真空器件时,常用感应加热法加热电极,在高温下将附着在金属电极上的气体释放出来.

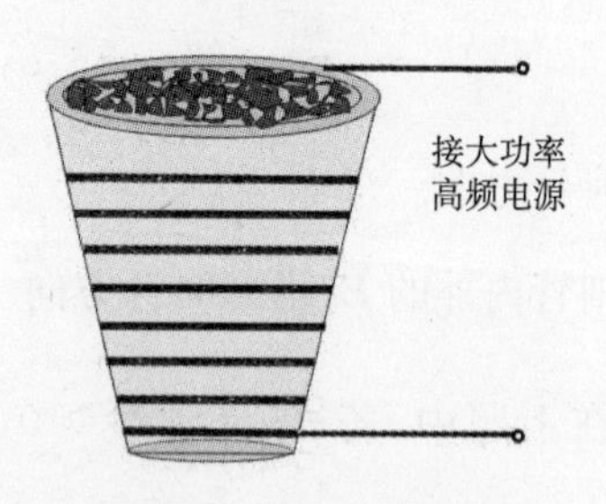

图 13.11 高频感应炉

在一般的用电设备中,涡电流的存在也有一定的弊端. 例如,损耗了能量,而且还会因为严重发热而使机器设备不能正常运转,甚至损坏. 为了减少涡流,各种电机和变压器采用相互绝缘的金属薄片来代替大块铁芯,将涡流限制在薄片内,从而增大电阻,减少电能损耗;另一种方法是选用电阻率高的材料,如半导体硅钢、锗、铁氧体等,一般情况下使用硅钢代替钢片,在高频交变磁场下,则常用铁氧体做铁芯.

2. 涡电流的机械效应

在磁场中运动的导体上产生涡电流,除了热效应以外还有机械效应,在实际中有很广泛的应用,如可用作电磁阻尼以及电度表等.

下面举例说明电磁阻尼以及电度表的原理.

如图13.12所示,一个铜圆盘,拨动后可长时间自由转动,如果在圆盘自由转动的过程中将一马蹄形永久磁铁放在它的边缘之间而不发生接触,圆盘会很快的停下来. 其原因是在磁铁靠近的过程中,通过圆盘面的磁场发生变化,从而在圆盘上产生涡电流. 根据楞次定律,感应电流的效果总是反抗原磁场的变化,即阻碍导体与磁场之间的相对运动. 因此圆盘的转动受到阻力而很快停止. 许多电磁仪表中都采用了电磁阻尼,使测量时指针的摆动能迅速稳定下来.

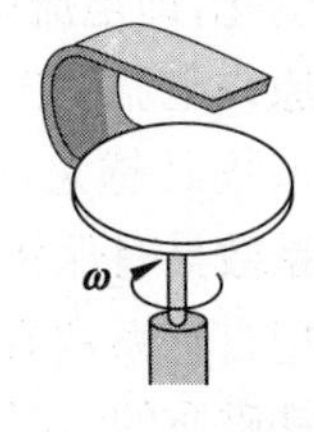

图13.12 电磁阻尼

电度表也叫电表,是用来记录负载消耗电能多少的仪器,其工作原理就是利用了电磁阻尼. 电表主要由电压线圈、电流线圈、铝盘、永久磁铁、计度器等器件构成. 当电表通电时,电压线圈和电流线圈产生的磁场穿过圆盘,这些磁场在时间和空间上相位不同,分别在圆盘上感应出涡电流,磁场与涡电流的相互作用会产生转动力矩,从而使圆盘转动. 因永久磁铁的制动作用,使圆盘的转速达到匀速运动. 由于磁场与电路中的电压和电流成正比例,所以圆盘在其作用下以正比于负载电流的转速运动,圆盘的转动经蜗杆传动到计度器,计度器的读数就是电路负载实际消耗的电能.

思考题

思 13.4 感生电场与静电场有哪些相同点与不同点?

思 13.5 感生电场与恒定磁场又有哪些相似点与不同点?

思 13.6 试讨论动生电动势与感生电动势的异同.

13.4 自感和互感

13.4.1 自感 自感电动势

设一个回路中通有电流 I,若电流发生变化,则穿过该回路本身所围面积 S 的磁通量也将发生变化,如图13.13,从而在**该回路中也会产生感应电动势和感应电流来阻碍该原电流的变化**,这种现象称为**自感现象**,回路中产生的电动势称为**自感电动势**.

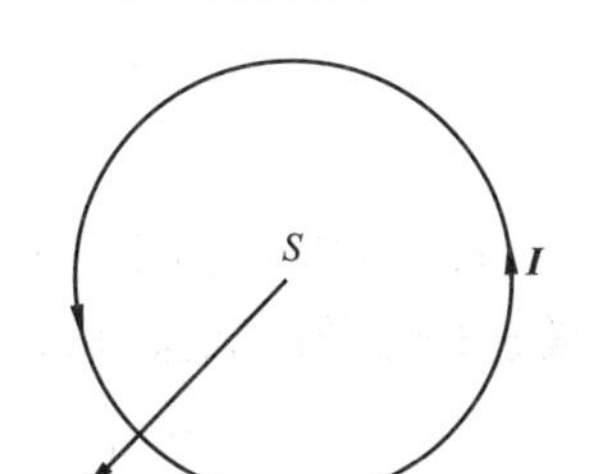

图13.13 自感现象

若导体回路中电流为 I,由于该导体回路所包围面积上的磁通链与电流强度 I 成正比,比例系数为 L,称为自感系数(只决定于线圈本身的性质).

$$L=\frac{\Psi}{I} \tag{13.10}$$

将式(13.10)代入法拉第电磁感应定律有

$$\mathscr{E}_L=-\frac{\mathrm{d}\Psi}{\mathrm{d}t}=-L\frac{\mathrm{d}I}{\mathrm{d}t} \tag{13.11}$$

式中,负号表示自感电动势与 $\frac{\mathrm{d}I}{\mathrm{d}t}$ 的方向关系,是楞次定律的体现. 如图13.13所示,电流流向与所围面积的正法线方向成右手螺旋关系,将电流流向作为回路环绕方向,若电流强度发生变化,则由图13.2所示方法可以判断出回路中产生的自感电动势将反抗回路中电流的变化,即**电流增加时,自感电动势与原来电流的方向相反;而当电流减小时,自感电动势与原来电流的方向相同**. 同时,式(13.11)还表明,在电流变化率相同的情况下,回路的自感系数 L 越大,自感电动势也越大,回路中原有电流的变化就越不容易. 可见,**回路的自感系数具有保持回路中原有电流不变的性质**,这种性质与力学中物体的惯性类似,因此可以把自感系数看成是**回路自身"电磁惯性"的量度**. 自感系数是自感线圈自身的属性,在无铁磁质的情况下,自感系数与线圈中所通的电流无关.

在国际单位制中,自感系数的单位为亨利(H),$1\mathrm{H}=1\mathrm{Wb}\cdot\mathrm{A}^{-1}=1\mathrm{V}\cdot\mathrm{s}\cdot\mathrm{A}^{-1}$. 在实际使用中,常用毫亨(mH)和微亨($\mu$H)为自感的单位,它们的关系为:$1\mathrm{H}=10^3\mathrm{mH}=10^6\mu\mathrm{H}$.

自感系数的计算一般比较复杂,通常用实验方法确定,只有一些简单情况下才能根据式(13.10)计算.

例 13.8 一单层密绕空心长直螺线管,总匝数为 N,长为 l,半径为 R,且 $l\gg R$,试求其自感系数.

解 设螺线管中通有电流 I,由于 $l\gg R$,管内各处磁场可看作均匀磁场,则磁感应强度为

$$B=\mu_0 nI=\mu_0\frac{N}{l}I$$

穿过螺线管的磁通链为

$$\Psi=N\Phi=\mu_0\frac{N^2}{l}IS$$

由式(13.8)有

$$L=\frac{\Psi}{I}=\mu_0\frac{N^2}{l}S=\mu_0 n^2 V$$

式中,$V-\pi R^2 l$ 是螺线管的体积. 由此可见,不存在铁磁质的情况下自感系数 L 与电流 I 无关,仅与描述螺线管自身的特征量 n,V 有关.

13.4.2 互感 互感电动势

回路电流的变化,不仅可以在自身线圈中引起感应电动势,也可以在邻近的回路中产生感应电动势. 这种**由于回路的电流变化,而在另一回路中产生感应电动势的现象**,称为**互感现象**.

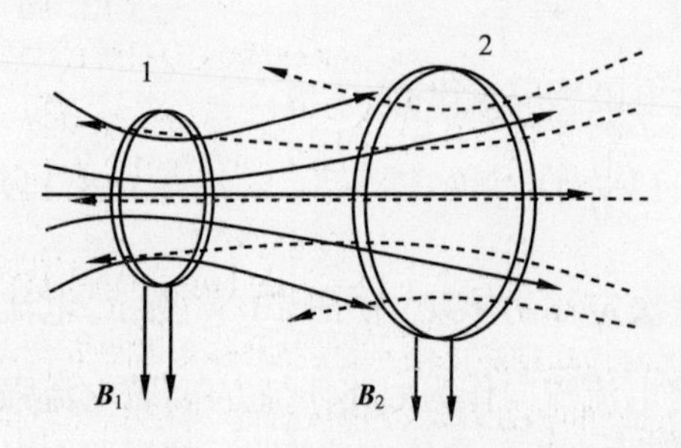

图 13.14 两线圈间的互感演示

如图 13.14 所示,由磁通量的定义和毕奥-萨伐尔定律可知

$$\Psi_{21}=M_{21}I_1 \tag{13.12a}$$

$$\Psi_{12}=M_{12}I_2 \tag{13.12b}$$

理论和实验都证明,式中两个线圈的互感系数 $M_{12}=M_{21}=M$,在数值上等于其中一个线圈中的电流为一个单位时,穿过另一个线圈所围面积的磁通量,它是**表征两回路互感耦合强弱的物理**

量. 如果周围不存在铁磁质,互感系数只与两回路的形状、匝数、相对位置及周围磁介质的磁导率有关,而与电路中的电流无关. 式(13.12)为互感系数的静态定义式.

根据电磁感应定律可知,一线圈中的电流发生变化时,在另一线圈中引起的互感电动势分别为

$$\mathscr{E}_{21}=-\frac{\mathrm{d}\Psi_{21}}{\mathrm{d}t}=-M\frac{\mathrm{d}I_1}{\mathrm{d}t} \tag{13.13a}$$

$$\mathscr{E}_{12}=-\frac{\mathrm{d}\Psi_{12}}{\mathrm{d}t}=-M\frac{\mathrm{d}I_2}{\mathrm{d}t} \tag{13.13b}$$

式中,负号表示,在一个线圈中所引起的互感电动势,要反抗另一个线圈中电流的变化. 互感系数的单位与自感系数的相同. 互感系数与自感系数的计算一样,一般都比较复杂,通常用实验方法确定,只有一些简单情况下才能利用式(13.12)或式(13.13)计算.

例 13.9　一长为 l 的螺线管,横截面积为 S,其上共轴地均匀密绕两线圈,匝数分别为 N_1 和 N_2,求两线圈的互感系数.

解　设两线圈中所通电流分别为 I_1 和 I_2,两电流在螺线管内部产生的磁场分别为

$$B_1=\mu_0\frac{N_1}{l}I_1,\quad B_2=\mu_0\frac{N_2}{l}I_2$$

线圈 1 的磁场通过线圈 2 的磁通链为

$$\Psi_{21}=N_2B_1S=N_2\mu_0\frac{N_1}{l}I_1S$$

线圈 2 的磁场通过线圈 1 的磁通链为

$$\Psi_{12}=N_1B_2S=N_1\mu_0\frac{N_2}{l}I_2S$$

显然,由式(13.12)有

$$M=\frac{\Psi_{21}}{I_1}=\frac{\Psi_{12}}{I_2}=\mu_0\frac{N_1N_2}{l}S$$

*13.5　电容和电感的暂态过程

将一个从 0 突变到 V 的阶跃电压加到阻值为 R 的纯电阻上,则电流随着电压同步变化,从 0 突变到 V/R. 将其加到线圈或电容与电阻串联的电路上,电路中的电流会有一个变化过程,最后达到稳定状态,此过程称为暂态过程.

13.5.1　*RL* 电路

如图 13.15 所示,一个自感为 L 的线圈与电阻 R 串联后接在电源电动势为 $\mathscr{E}$ 的电路上,若电键接通 K_1 而断开 K_2 时,回路上的电压方程为

$$\mathscr{E}+\mathscr{E}_L-IR=0$$

式中,$\mathscr{E}_L$ 代表自感电动势,其方向阻碍电流增加

$$\mathscr{E}_L=-L\frac{\mathrm{d}I}{\mathrm{d}t}$$

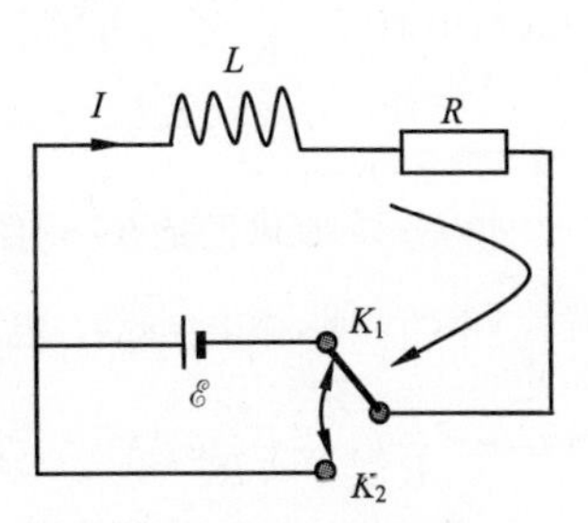

图 13.15　*RL* 电路

所以

$$\mathscr{E}-L\frac{\mathrm{d}I}{\mathrm{d}t}-IR=0$$

对上式化简分离变量后两边求积分，且初始条件为 $t=0$ 时，$I=0$，于是有

$$\int_0^I\frac{\mathrm{d}I}{\frac{\mathscr{E}}{R}-I}=\int_0^t\frac{R}{L}\mathrm{d}t$$

积分并整理后

$$I=\frac{\mathscr{E}}{R}(1-\mathrm{e}^{-\frac{R}{L}t})\tag{13.14}$$

式(13.14)反映的是 RL 电路接通电源后电路中电流随时间的变化情况，其变化曲线如图 13.16(a)所示. 由此可见，接通电源后，由于自感电动势的存在，电流不能立刻达到最大值，而是按照指数规律上升，最后达到稳定. 电流增长快慢由 $\tau=\frac{L}{R}$ 决定，被称为 **RL 电路的时间常数**. 当 $t=\tau=\frac{L}{R}$ 时

$$I=\frac{\mathscr{E}}{R}\left(1-\frac{1}{\mathrm{e}}\right)=0.63\frac{\mathscr{E}}{R}=0.63I_0$$

即电路中的电流达到稳定值 $\frac{\mathscr{E}}{R}$ 的 63%. 当 $t=5\tau$ 时，$I=0.994I_0$，即经过 5τ 时间后，便可认为电流达到了稳定值.

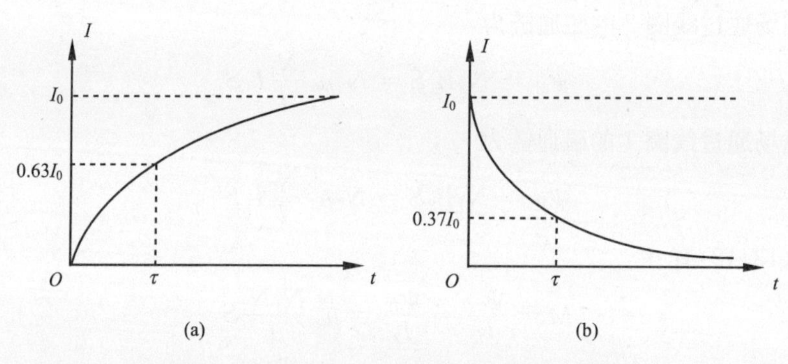

图 13.16 RL 电路中电流随时间的变化曲线

当上述电路中的电流达到稳定值 I_0 以后，再迅速使电键接通 K_2 而断开 K_1，由于电路中 $\mathscr{E}=0$，回路的电压方程变为

$$-L\frac{\mathrm{d}I}{\mathrm{d}t}-IR=0$$

考虑 $t=0$ 时，$I=\frac{\mathscr{E}}{R}$，积分并整理后可得

$$I=\frac{\mathscr{E}}{R}\mathrm{e}^{-\frac{R}{L}t}\tag{13.15}$$

式(13.15)反映的是 RL 电路接通电源后电路中电流随时间的变化情况，其变化曲线如图 13.16(b)所示. 由图可见，撤去电源后，电路中的电流按指数规律衰减，衰减的快慢也是由时间常数 $\tau=\frac{L}{R}$ 决定. 当 $t=\tau=\frac{L}{R}$ 时，$I=\frac{\mathscr{E}}{R}\mathrm{e}^{-1}=0.37I_0$，即电流下降到 $\frac{\mathscr{E}}{R}$ 的 37%.

如果在断开电源时，不接通 K_2，这时 K_1 两端之间的空气隙具有很大的电阻，电路中的电流骤然下降为 0，$\frac{\mathrm{d}I}{\mathrm{d}t}$ 的量值很大，在线圈中将产生很大的自感电动势，所形成的高压加在 K_1 两端间的空气隙上，

可能造成火花放电甚至引起火灾. 为了避免由此造成的事故,通常可用逐渐增加电阻的方法来断开电路,使电路中的电流慢慢变小.

13.5.2　*RC* 电路

如图13.17所示,一个电容为 C 的电容器与电阻 R 串联后接入接有电源电动势为 $\mathscr{E}$ 的电路中,若电键 K_1 接通而电键 K_2 断开时,回路上的电压方程为

$$\mathscr{E}-\frac{q}{C}-IR=0$$

式中,q 为 t 时刻电容器极板上的电量,I 是同一时刻电路中的电流.

利用

$$I=\frac{\mathrm{d}q}{\mathrm{d}t}$$

有

$$\mathscr{E}-\frac{q}{C}-R\frac{\mathrm{d}q}{\mathrm{d}t}=0$$

考虑 $t=0$ 时,$q=0$,积分并整理后可得

$$q=C\mathscr{E}(1-\mathrm{e}^{-\frac{1}{RC}t})\tag{13.16}$$

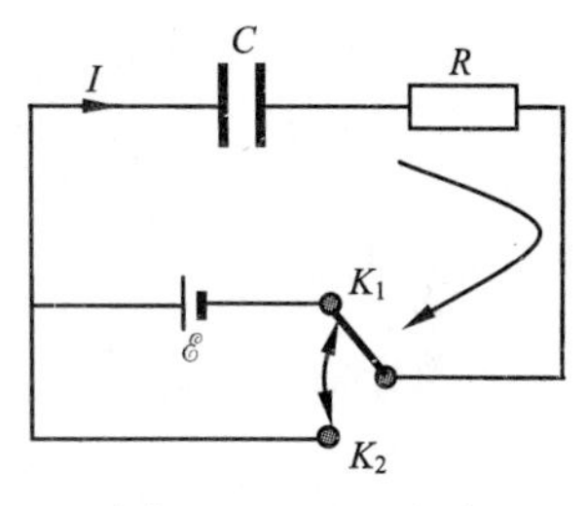

图13.17　*RC* 电路

$$u_C=\frac{q}{C}=\mathscr{E}(1-\mathrm{e}^{-\frac{1}{RC}t})\tag{13.17}$$

$$I=\frac{\mathrm{d}q}{\mathrm{d}t}=\frac{\mathscr{E}}{R}\mathrm{e}^{-\frac{1}{RC}t}\tag{13.18}$$

式(13.18)反映的是 *RC* 电路接通电源后电容器上的电量随时间的变化情况,其变化曲线如图13.18(a)所示. 由图可知,接通电源后,电容器上的电量不能立刻达到最大值 $q_0=C\mathscr{E}$,而是按照指数规律增加,最后达到稳定. 电量增长的快慢由 $\tau=RC$ 决定,称为 ***RC* 电路的时间常数**. 当 $t=\tau=RC$ 时,

$$q=C\mathscr{E}\left(1-\frac{1}{\mathrm{e}}\right)=0.63C\mathscr{E}=0.63q_0$$

即电容器的电量达到最大值的63%. 当 $t=5\tau$ 时,$q=0.994q_0$,即经过 5τ 时间后,便可认为电量达到了稳定值.

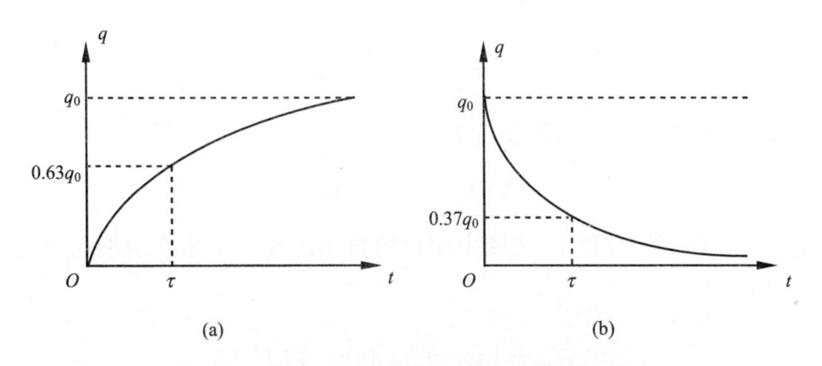

图13.18　*RC* 电路电容器电量随时间的变化曲线

当上述电容器的电量达到稳定值 $q_0=C\mathscr{E}$ 以后,再迅速接通电键 K_2 而断开电键 K_1,由于电路中 $\mathscr{E}=0$,回路的电压方程变为

$$\frac{q}{C}+R\frac{\mathrm{d}q}{\mathrm{d}t}=0$$

考虑 $t=0$ 时,$q=C\mathscr{E}$,积分并整理后可得

$$q=C\mathscr{E}\mathrm{e}^{-\frac{1}{RC}t} \tag{13.19}$$

式(13.19)是 RC 电路断开电源后电容器上的电量随时间的变化情况,其变化曲线如图 13.18(b)所示. 由此可见,当撤去电源后,电路中电容器上的电量按指数规律衰减,衰减的快慢也由时间常数 $\tau=RC$ 决定. 当 $t=\tau=RC$ 时,

$$q=C\mathscr{E}\mathrm{e}^{-1}=0.37q_0$$

即电量将下降到 $q_0=C\mathscr{E}$ 的 37%.

13.6 磁场能量

13.6.1 自感磁能

我们知道,电容器是储存电能的器件,充电后电容器中的能量储存在两极板间的电场中,我们自然会联想到,一个载流线圈也可以储存一定的能量,这种能量将储存于线圈的磁场中.

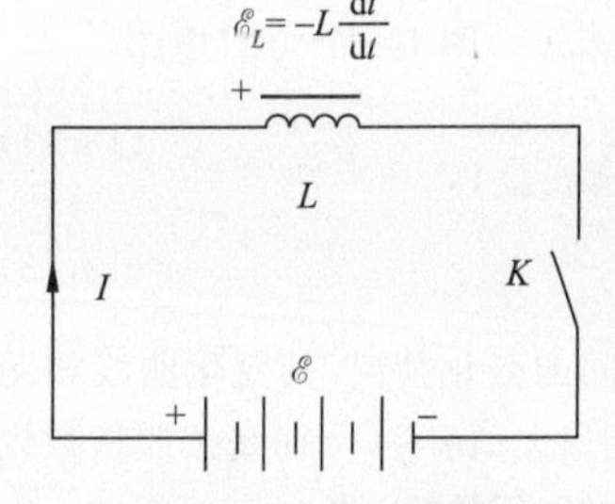

图 13.19 自感磁能

如图 13.19 所示的电路中,闭合电键 K 后,回路中将产生电流,由于线圈的存在,电流强度不会直接达到最大电流强度 I,而是从 0 开始慢慢达到最大电流. 在此过程当中,线圈中会产生自感电动势来阻碍电流增大. 显然,电源需要克服自感电动势做功. 根据能量守恒定律,电源做功损失的能量将转移到线圈当中,所以对于一个自感系数为 L 的载流线圈要知道它所储存的能量,只需计算线圈的的电流增长过程中外电源克服自感电动势所做的功即可.

设在中间任一时刻回路中电流强度为 i,由式(13.11)知此时线圈中的自感电动势为

$$\mathscr{E}_L=-L\frac{\mathrm{d}i}{\mathrm{d}t}$$

在 $\mathrm{d}t$ 时间内,电源克服自感电动势做功为

$$\mathrm{d}A=-\mathscr{E}_L i\,\mathrm{d}t=Li\,\mathrm{d}i$$

在电流强度从零变到 I 的过程中,线圈中储存的自感磁能等于电源克服自感电动势所做的功为

$$W_\mathrm{m}=A=\int_0^I Li\,\mathrm{d}i=\frac{1}{2}LI^2 \tag{13.20}$$

从式中可以看出,当电流一定时,线圈的自感系数越大,储存的磁场能量就越多,所以自感系数 L 可以用来表征线圈储存磁能的本领.

13.6.2 互感磁能

如图13.20所示，设有1、2两个线圈，自感分别为L_1和L_2，互感为M. 当电流达到稳定值I_1和I_2后，磁场分布也达到稳定状态，线圈的总磁能达到定值，这与电流I_1和I_2是通过何种途径建立的无关. 下面我们就从建立I_1和I_2的一个特殊途径来计算总磁能.

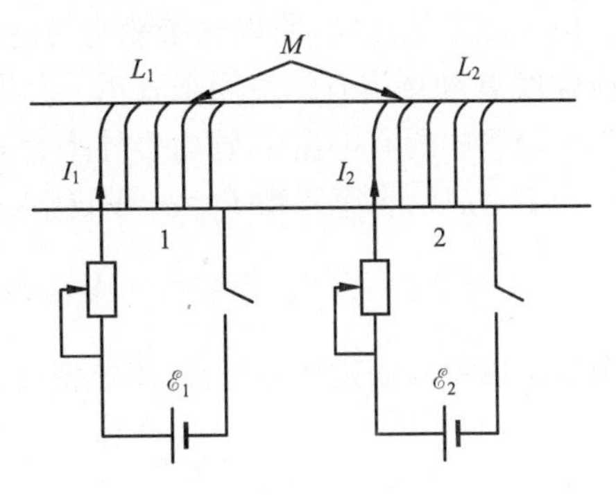

图13.20 互感磁能

首先使线圈2断开，将线圈1接通，电路中的电流从0逐渐增加到I_1，在此过程中，电源电动势$\mathscr{E}_1$克服线圈1的自感电动势做功，转化为线圈1的自感磁能$\frac{1}{2}L_1I_1^2$. 然后再接通线圈2，电路中的电流从0逐渐增加到I_2，在此过程中调节线圈1回路中的可变电阻，保证线圈1中的电流保持I_1不变，而电源电动势$\mathscr{E}_2$克服线圈2中的自感电动势做功，转化为线圈2的自感磁能$\frac{1}{2}L_2I_2^2$. 当线圈1回路的电流I_1保持不变时，线圈1回路对线圈2回路没有任何影响，而线圈2中变化的电流i_2会在线圈1回路中激发出互感电动势

$$\mathscr{E}_{12}=-M\frac{\mathrm{d}i_2}{\mathrm{d}t}$$

在图示电流的情况下，$\mathscr{E}_{12}$的方向与电动势$\mathscr{E}_1$相反. 这样，在保持线圈1中的电流I_1不变时，电动势$\mathscr{E}_1$就要克服互感电动势$\mathscr{E}_{12}$做功，这部分功转化为两个线圈的互感磁能，其量值为

$$A_{12}=\int -I_1\mathscr{E}_2\mathrm{d}t=\int I_1M\frac{\mathrm{d}i_2}{\mathrm{d}t}\mathrm{d}t=\int_0^{I_2}I_1M\mathrm{d}i_2=MI_1I_2$$

整个系统的总磁能为

$$W_\mathrm{m}=\frac{1}{2}L_1I_1^2+\frac{1}{2}L_2I_2^2+MI_1I_2 \tag{13.21a}$$

如两线圈电流I_1和I_2方向相反时，两线圈的磁场相互削弱，整个系统的总磁能为

$$W_\mathrm{m}=\frac{1}{2}L_1I_1^2+\frac{1}{2}L_2I_2^2-MI_1I_2 \tag{13.21b}$$

式(13.21a)与式(13.21b)的最后一项称为互感磁能，可表示为

$$W_\mathrm{m}=\pm MI_1I_2 \tag{13.22}$$

由上可知，自感磁能总是正值，而互感磁能可正可负，其正负取决于电流I_1和I_2产生的磁场是相互加强还是相互削弱.

式(13.21a)与式(13.21b)可合并为

$$W_\mathrm{m}=\frac{1}{2}L_1I_1^2+\frac{1}{2}L_2I_2^2\pm MI_1I_2 \tag{13.23}$$

13.6.3　磁场能量密度

由上可知,线圈可以储存能量,而这种能量以磁场的形式存在,而磁场的性质是用磁感应强度来描述的,所以磁场能量与电能相似,也一定可以用表征磁场本身的参量即磁感应强度 **B** 和场占有的空间来表示.为此我们以长直螺线管为例来说明.

设管中通有电流 I,管内磁导率为 μ,忽略边缘效应,管中的磁场均匀分布,磁感应强度为 $B=\mu nI$,自感系数 $L=\mu n^2V$,代入式(13.20)中,可得螺线管内部储存的磁能为

$$W_{\mathrm{m}}=\frac{1}{2}LI^2=\frac{1}{2}\frac{B^2}{\mu}V$$

则单位体积内的磁场能量,即磁能密度为

$$w_{\mathrm{m}}=\frac{W_{\mathrm{m}}}{V}=\frac{1}{2}\frac{B^2}{\mu}=\frac{1}{2}BH=\frac{1}{2}\mu H^2 \tag{13.24}$$

式(13.24)虽从特例导出,但却适用于一切磁场.对于非均匀磁场,可将磁场存在空间划分为无数的体积元 $\mathrm{d}V$,则有限体积 V 内的磁场能量为

$$W_{\mathrm{m}}=\int_V w_{\mathrm{m}}\mathrm{d}V=\int_V\frac{1}{2}\frac{B^2}{\mu}\mathrm{d}V \tag{13.25}$$

例 13.10　求同轴电缆的磁能和自感系数(如图 13.21 所示,设电缆中金属芯线与同轴金属圆筒之间为真空).

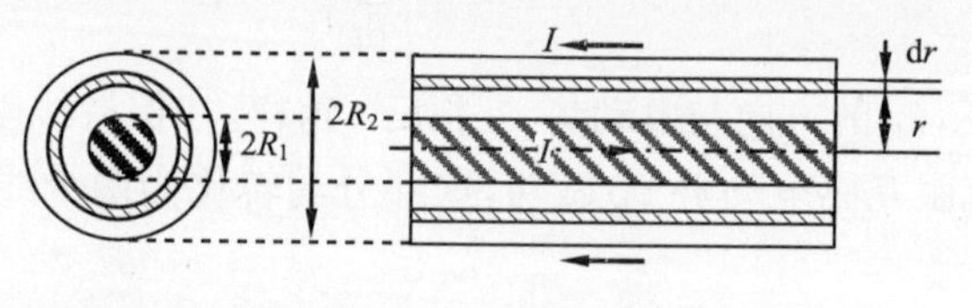

图 13.21　同轴电缆

解　管内距轴为 r 处磁感应强度为 $B=\dfrac{\mu_0 I}{2\pi r}$,由式(13.24)可得磁能密度

$$w_{\mathrm{m}}=\frac{\mu_0}{2}\left(\frac{I}{2\pi r}\right)^2$$

由式(13.25)积分可得单位长度同轴电缆中的磁场能量

$$W_{\mathrm{m}}=\int_V w_{\mathrm{m}}\mathrm{d}V=\int_{R_1}^{R_2}\frac{1}{2\mu_0}\left(\frac{\mu_0 I}{2\pi r}\right)^2 2\pi r\mathrm{d}r=\frac{\mu_0 I^2}{4\pi}\ln\frac{R_2}{R_1}$$

代入式(13.20)可得单位长度的自感系数为

$$L=\frac{2W_{\mathrm{m}}}{I^2}=\frac{\mu_0}{2\pi}\ln\frac{R_2}{R_1}$$

另外一种解法是,先利用两柱面间的磁感强度分布求出单位长度的同轴线内的总磁通量为

$$\Phi=\int\mathrm{d}\Phi=\int_{R_1}^{R_2}\frac{\mu_0 I}{2\pi r}\mathrm{d}r=\frac{\mu_0 I}{2\pi}\ln\frac{R_2}{R_1}$$

再利用自感的定义式(13.10)也可得到上述结果. 由此也可以说明磁能密度公式(13.24)具有普适性,对于任意磁场都是适用的.

思考题

思 13.7 由自感系数的公式 $L=\frac{\Phi}{I}$,是否可以这样说,通过线圈中的电流强度越小时,自感系数 L 就越大? 为什么?

思 13.8 自感系数的物理意义是什么? 线圈的自感系数由哪些因素决定?

思 13.9 怎样绕制一个自感系数为零的线圈?

思 13.10 为什么说磁场具有能量? 能否举出实例?

超导电性

1. 超导现象

许多金属、合金甚至陶瓷材料,在低于某个临界温度时,电阻完全消失,固体的这种零电阻性质称为超导电性,它是人们特别感兴趣的性质之一.

1908 年昂纳斯(Onnes)在氦气的液化过程中,获得了 1.15～4.25K 的低温,为超导的研究创造了条件. 1911 年昂纳斯用实验研究汞在低温下的电阻变化,发现在 4.2K 时汞的电阻突然变为零. 他把零电阻的物质状态称为超导态,而把处于超导态的物质称为超导体,电阻突变为零时的温度称为超导转变温度或超导临界温度,用 T_C 表示.

后来人们陆续发现一些金属具有超导电性,如铝、铟、铅、铌、锇、锡、钨、钒、锌等,它们在各自的临界温度下都转变为超导体. 除此之外,很多化合物和合金也具有超导电性,至今发现的超导物质已有几千种.

2. 超导体的基本性质

(1) 零电阻效应.

当超导物质的温度在临界温度 T_C 以下时,电阻消失为零,这称为超导体的零电阻效应.

柯林斯(Collins)把铅绕制的线圈放在磁场中,将温度降到 7.19K 以下,使铅进入超导态,然后再把磁场去掉,由于电磁感应,在线圈中产生电流. 经过两年半的时间观察,他未发现线圈中的电流衰减. 后来,法奥(File)和迈奥斯(Mills)利用核磁共振的方法,测量螺线管超导电流产生的磁场变化,根据实验结果他们推断,超导电流的衰减时间不低于 10^5 年. 这些实验有力的证明了超导体的零电阻效应.

实验发现,超导电性可以被外磁场破坏. 把温度 $T<T_C$ 的超导体放在外磁场中,当外磁场超过一定强度时,超导电性被破坏,超导态变为正常态. 使物质维持在超导态的外

加磁场强度的最大值称为超导临界磁场,用 H_C 表示. 对于每一种超导物质,临界磁场 H_C 是温度的函数,H_C 与温度的关系为

$$H_C(T) = H_C(0)\left(1 - \frac{T^2}{T_C^2}\right)$$

$H_C(0)$是绝对零度时的临界磁场. 图 13.22 表示了几种超导金属的 H_C 和 T 的函数关系.

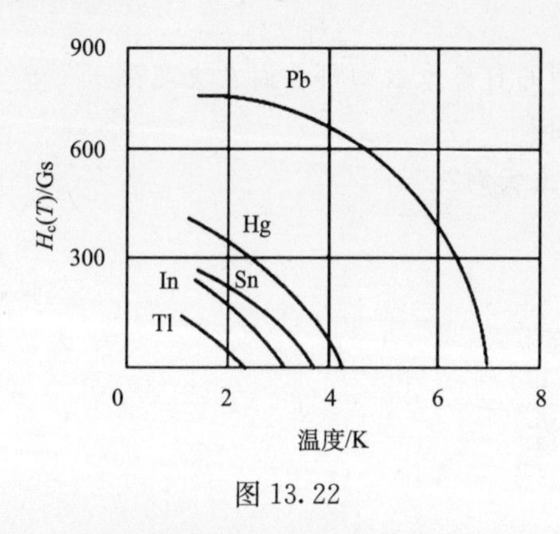

图 13.22

实验还发现,即使不加外磁场,只要超导体中通过的电流超过某个最大值时,超导电性也可以被破坏. 使物质维持在超导态的最大电流值称为超导临界电流,用 I_C 表示. I_C 也与温度有关. 事实上,超导体中的电流产生磁场,当电流在超导体表面产生的磁场超过临界磁场 H_C 时,超导电性就被破坏. 因此临界电流与临界磁场是一致的. I_C 与温度的关系为

$$I_C(T) = I_C(0)\left(1 - \frac{T^2}{T_C^2}\right)$$

$I_C(0)$为绝对零度时的临界电流.

(2) 迈斯纳效应.

1933 年,迈斯纳(Meissener)等对锡单晶球超导体做磁场分布的测量时发现,当锡进入超导态时,它内部的磁感应线全部被排斥,这表明超导体内部的磁感应强度恒为零. 这称为**迈斯纳效应**,迈斯纳效应也称为**完全抗磁效应**.

零电阻效应和迈斯纳效应是超导体的两个最基本的性质,它们也是检验超导材料的依据.

当超导体处在外磁场中时,其表面薄层中将感生屏蔽电流,屏蔽电流产生的磁场将把超导体中的外磁场完全抵消. 阿卡迪耶夫(Arkadiev)做了有趣的悬浮体实验,他把一个小的永久磁体落到一个超导铅碗附近,发现小磁体会在碗面上悬浮起来. 这是因为小磁体受到铅碗表面感生电流所产生的磁场的斥力作用而引起的. 高速磁悬浮列车正是利用这种机理制造的.

3. 约瑟夫森效应

把超导体——绝缘体——超导体连接起来,形成约瑟夫森(Josephson)结,用 SIS 表示. 约瑟夫森结表现出一些特有的现象,称为约瑟夫森效应.

(1) 直流的约瑟夫森效应.

当绝缘体很薄时,结上不加电压也存在稳定的电流. 这表明,不加外电压时,绝缘层超导化,有电流,无电压.

(2) 交流的约瑟夫森效应.

当结上加外电压时,则通过结的电流除直流外,还出现高频振荡电流,并辐射电磁波. 振荡电流和电磁波的频率为

$$\nu = \frac{2eV}{h}$$

式中,V是所加外电压的数值,e是电子电荷量,h是普朗克常量. 用上式计算,$V=1.0\times10^{-6}$V时,$\nu=4.84\times10^{8}$Hz. 如果测出ν和V的值,则可测定$\frac{h}{e}$的数值.

4. 磁通量子化

超导体有两类:第一类超导体是只有一个临界磁场H_C的超导体,这类超导材料是除铌(Nb)、钒(V)、锝(Tc)以外的纯超导元素,如铱(Ir,$T_C=0.14$K),镉(Cd,$T_C=0.56$K),锌(Zn,$T_C=0.85$K),汞(Hg,$T_C=4.15$K),铅(Pb,$T_C=7.2$K)等,这类超导体的T_C和H_C一般都很低,由于低温技术难以获得,所以这类超导材料的应用前景有限.

第二类超导体有两个临界磁场,其中较大的一个为上临界磁场H_{C2},较小的一个为下临界磁场H_{C1}. 当$H<H_{C1}$时,第二类超导体与第一类超导体一样,体内没有磁场. 当$H_{C1}<H<H_{C2}$时,第二类超导体处于混合状态,体内既有超导状态又有正常态部分,于是部分磁场被排出,部分磁场被保留. 1957年,阿布里科索夫(Abrikosov)提出,当超导体处于混合态时,在其中正常态的磁通量是量子化的,即

$$\Phi = n\Phi_0$$

其中,$\Phi_0=\frac{h}{2e}=2.0678\times10^{15}$ Wb,称为磁通量子,磁通量子也是物理学中的一个基本常量.

属于第二类超导材料的有铌、钒、锝及合金化合物等. 第二类超导材料,尤其是化合物的超导材料,其临界温度相对较高,因此在技术上有重要作用的主要是指第二类超导材料.

5. 高温超导体

在1986年以前,人们发现的超导材料中临界温度最高的是Nb_3Ge薄膜,$T_C=23.2$K. 1986年,瑞士苏黎世的IBM公司研究所的物理学家贝德诺兹(J. G. Bednorz)和缪勒(K. A. Müller)意外发现镧、钡、铜三元氧化物这种陶瓷材料在35K出现了超导性,为探索新的高温超导材料开辟了新的道路. 以后两年中,许多新的高温超导材料相继被发现. 1986年12月25日中科院物理研究所的赵忠贤等得到锶、镧、铜氧化物的临界温度为48.6K,1987年2月24日他们又获得了钡、钇、铜氧化物的临界温度为92.8K. 20世纪90年代的最新报道是,H_g系列氧化物超导体的临界温度可达133.8K. 从1986年12月开始,差不多每天都有这方面的新报道,全世界掀起了“超导热”. 这种新的超导材料之所以鼓舞人心,是因为它能工作在液氮温区. 氮的沸点是77K,而获得液氮要比液氦容易得多,而且氮是空气的主要成分,资源丰富. 因此将超导材料的临界温度提高到液氮范围是一个重大的突破,给超导的实际应用带来了非常广阔的前景. 由于缪勒和贝德诺兹在高温超导材料中的关键性突破,他们获得了1987年的诺贝尔物理学奖.

高温超导体与传统的超导体有相同的性质,如零电阻、迈斯纳效应、约瑟夫森效应和

磁通量子化.

6. 超导体的应用

(1) 超导磁体.

用铁磁材料制成的永久磁体，它两极附近的磁场只能达到0.7～0.8T；电磁铁，由于铁芯磁饱和效应的限制也只能产生2.5T的磁场；用通以大电流的铜线圈，它产生的磁场虽然可以达到10T，但耗电达到1600kW，且每分钟须耗用4.5t的水来冷却，此外体积庞大也是其缺点，一个能产生5T的铜线圈重达20t.

用超导线圈来制成磁体却能做到大尺度、强磁场、低消耗. 例如，可以产生几万高斯的超导磁铁只需耗电几百瓦(主要用于维持超导材料需要的低温)，其重量也只有几百公斤，而且还无需耗费大量冷却水. 目前，世界上已制成的超导磁体产生的磁场已高达17T，现在正在研制20万～30万高斯的超导磁体. 此外，超导磁体所产生的磁场，无论在持久工作的时间稳定性、大空间范围内的均匀性和磁场梯度等方面都要比普通磁体强得多.

超导磁体已被应用于高能物理、磁悬浮列车(目前拥有磁悬浮列车的国家只有德国、日本和中国等少数几个国家)以及医用核磁共振成像设备中. 另外，能在大尺度范围内产生强磁场的超导磁体，在未来新能源磁流体发电机中及受控核聚变中用于约束等离子体必将发挥重要作用.

(2) 超导电缆.

电能在零电阻输送时是完全没有损耗的，这无疑是用超导电缆进行电力输送最充分的理由. 在液氦低温区已有实验性电缆. 结论是用于超高压特大容量的电力传输，在技术上是完全可行的. 目前困难主要集中在如下几个问题：在经济上，比较低的运转费用必须抵得过昂贵的投资；在技术方面低温电缆所要求的绝缘介质在低温下的强度还有待解决；在传输线、制冷站或电缆中出现故障时，提供相应的保护以保证电流的供应不间断也有问题；超导电缆低温屏蔽上如果出现故障也不能及时修复等. 然而，由于对电能需求的迅速增长，高温超导材料临界温度的提高，超导电缆在传输上的无能量损耗，这个巨大的优势正在吸引越来越多的人去开发，可以相信，超导电缆的实际应用为时不远了.

(3) 超导储能.

将一个超导体圆环置于磁场中，降温至圆环材料的临界温度之下，撤去磁场，由于电磁感应，圆环中便有感应电流产生. 只要温度保持在临界温度之下，电流便会持续下去. 实验研究表明，这种电流的衰减不低于10万年. 显然这是一种理想的储能装置，称为超导储能.

超导储能的优点很多，主要是功率大、重量轻、体积小、反应快等，因此应用很广. 如大功率激光器，须在瞬时提供数千甚至上万焦耳的能量，这就可由超导储能装置来承担. 超导储能还可以应用于电网，当大电网负荷小时，将多余的电能储存起来，负荷大时又能把电能送回电网，这样就可以避免用电高峰和低谷时的供求矛盾.

(4) 用于高精度的磁电测量.

根据约瑟夫森效应制成的超导量子干涉仪(SQUID)可用于高精度的磁测量,测量磁场的变化量可达 $\Delta B \approx 2\times10^{-13}$T. 超导量子干涉仪还可以用来测量微小的电流变化量,精度可达 $\Delta I \approx 2\times10^{-9}$A.

(5) 超导微电子学.

约瑟夫森结可以作为二进制数码的储存元件和记忆元件,超导量子干涉仪可做成开关电路元件. 因此,超导器件与集成电路结合起来,形成了超导微电子技术. 约瑟夫森结在计算机应用上有巨大潜力,它的开关速度很快,约 10^{-12}s,能耗低,约 10^{-12}W. 利用约瑟夫森结,可以制成新一代的超高速计算机.

目前,高温超导无源微波器件(如滤波器、谐振器等)的研制获得了较大成功,新型的超导—半导体集成电路的开发应用取得了进展,高温超导体在强电方面的应用也有所突破. 人们预言高温超导技术将是21世纪十大高新技术之一.

习 题 13

13-1 一半径为 $r=10$cm 的圆形回路放在 $B=0.8$T 的均匀磁场中. 回路平面与 $\boldsymbol{B}$ 垂直. 当回路半径以恒定速率 $\frac{\mathrm{d}r}{\mathrm{d}t}=80\mathrm{cm}\cdot\mathrm{s}^{-1}$ 收缩时,求回路中感应电动势的大小.

13-2 一铁芯上绕有线圈100匝,已知铁芯中磁通量与时间的关系为 $\Phi=8.0\times10^{-5}\sin100\pi t$,求在0.01s时线圈中的感应电动势.

13-3 有两根相距为 a 的无限长平行直导线,它们通以大小相等流向相反的电流,且电流均以 $\frac{\mathrm{d}I}{\mathrm{d}t}$ 的变化率增长,若有一边长为 a 的正方形线圈与两导线处于同一平面内,如题13-3图所示,求线圈中的感应电动势.

13-4 如题13-4图所示,长为 L 的导体棒 OP,处于均匀磁场中,并绕 OO' 轴以角速度 ω 旋转,棒与转轴之间角度为 θ,磁感强度 $\boldsymbol{B}$ 与转轴平行,求 OP 棒在图示位置处的电动势.

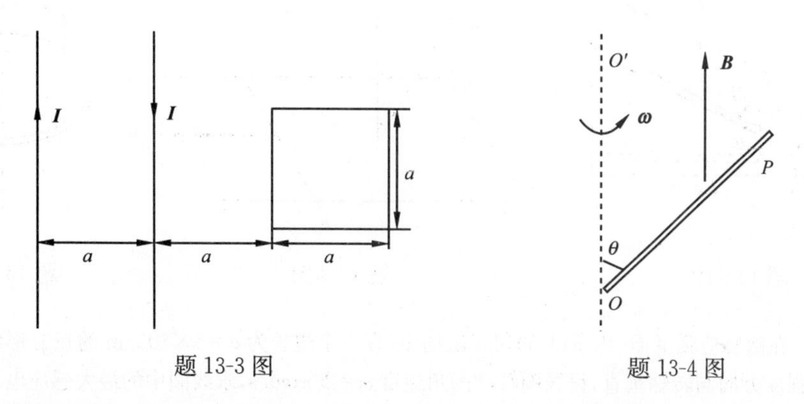

题13-3图　　题13-4图

13-5 如题13-5图所示,在一无限长直导线附近放置一个矩形导体线框,该线框在垂直于导线方向上以匀速 v 向右移动,求在图示位置处线框中的感应电动势的大小和方向.

13-6 导线 ab 长为 l,绕过 O 点的垂直轴以匀角速 ω 转动,$aO=\frac{1}{3}l$,磁感应强度 $\boldsymbol{B}$ 平行于转轴,如

题 13-6 图所示,求:

(1) ab 两端的电势差;

(2) ab 两端哪端电势较高?

13-7　如题 13-7 图所示,长度为 $2b$ 的金属杆位于两无限长直导线所在平面的正中间,并以速度 $\boldsymbol{v}$ 平行于两导线运动,两导线通以大小相等、方向相反的电流 I,两导线相距 $2a$,试求金属杆中产生的电动势大小.

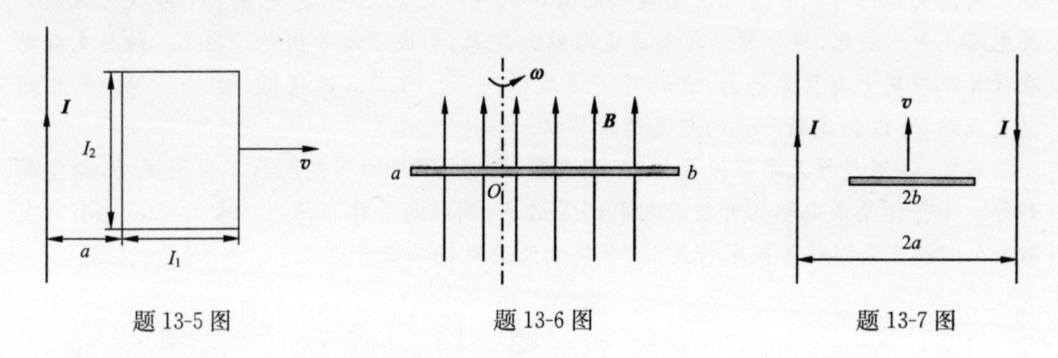

题 13-5 图　　题 13-6 图　　题 13-7 图

13-8　如题 13-8 图所示,在无限长直线电流的磁场中,导体棒 ab 与水平方向成 θ 角,若平行于电流方向运动,求导体棒中产生的感应电动势.

13-9　如题 13-9 图所示,线框 $ABCD$ 的 AB 段可平行于 CD 段而左右滑动,线框放在匀强磁场中,磁场方向与线框平面法线 $\boldsymbol{e}_n$ 成 θ 角,已知 $B=0.60\mathrm{T}$,AB 长为 $1.0\mathrm{m}$,$\theta=60°$,AB 以速率 $v=5.0\mathrm{m\cdot s^{-1}}$ 向右滑动,求线框中感应电动势大小和感应电流的方向.

13-10　法拉第圆盘发电机是一个在磁场中转动的导体圆盘. 如题 13-10 图所示,设圆盘半径为 R,它的轴线与匀强磁场 $\boldsymbol{B}$ 平行,它以角速度 ω 绕通过盘心的竖直轴匀速转动,求:

(1) 盘边与盘心之间的电势差;

(2) 盘边与盘心哪边电势高? 当圆盘反向转动时,又如何?

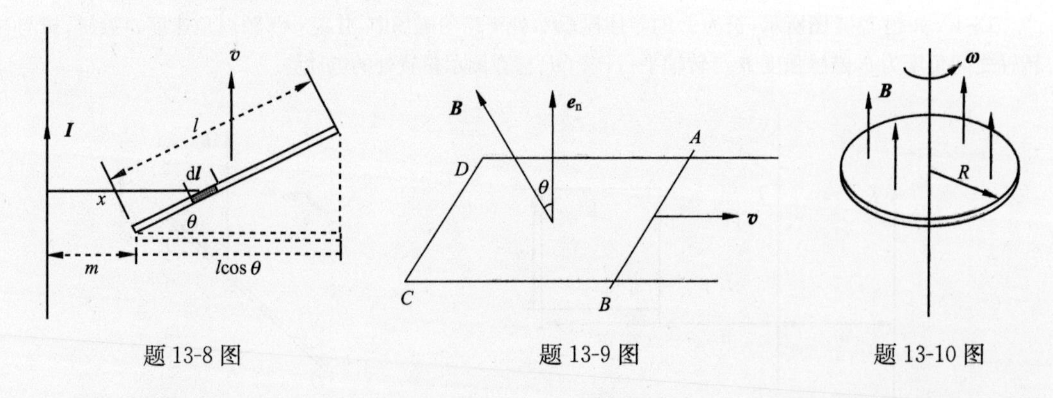

题 13-8 图　　题 13-9 图　　题 13-10 图

13-11　在磁感应强度 $B=0.84\mathrm{T}$ 的匀强磁场中,有一个边长为 $a=5\times10^{-2}\mathrm{m}$ 的正方形线圈匀速转动,磁感应强度方向与转轴垂直,设线圈转动的角速度 $\omega=20\pi\mathrm{rad/s}$,求线圈中的最大感应电动势.

13-12　在长为 $0.60\mathrm{m}$,直径为 $5.0\times10^{-2}\mathrm{m}$ 的圆纸筒上,需要绕多少匝线圈才能使绕成的螺线管的自感系数 L 约为 $6.0\times10^{-3}\mathrm{H}$?

13-13　在一个半径为 R 的圆柱形空间内,有沿圆柱轴向穿入的匀强磁场 $\boldsymbol{B}$,它的磁感应强度以 $10^{-2}\mathrm{T\cdot s^{-1}}$ 的变化率减小,A 点离轴线的的距离 $r=5.0\times10^{-2}\mathrm{m}$,求:

(1) A 点的感应电场；

(2) 电子在 A 点的加速度.

13-14 试求解例题 13.1 中，长直导线与矩形线框的互感系数.

13-15 在银河系星际空间中，一般认为磁场为 10^{-10} T 数量级. 除了每立方厘米大约有一个热运动速率为 10^3 m/s 数量级的氢原子外，没有任何其他东西. 问：在该空间某一定体积内，储存的电磁场能量是多少？并与该体积内物质的动能进行比较.

第14章　电磁场与电磁波

麦克斯韦系统总结了从库仑到法拉第等的电磁学说的全部成就，并在此基础上提出了“涡旋电场”和“位移电流”的假说. 他指出，不仅变化的磁场可以产生(涡旋)电场，而且变化的电场也可以产生磁场. 在相对论出现之前，麦克斯韦就揭示了电场和磁场的内在联系，把电场和磁场统一为电磁场，并归纳出了电磁场的基本方程——麦克斯韦方程组，建立了完整的电磁场理论体系. 1864年，麦克斯韦从他建立的电磁理论出发预言了电磁波的存在，并论证了光是一种电磁波. 1888年，赫兹利用振荡器，在实验上证实了麦克斯韦这一预言. 麦克斯韦的电磁理论，对科学技术和社会生产力的发展起了重大的推动作用.

14.1　位移电流　麦克斯韦方程组

14.1.1　位移电流

在恒定条件下，如图14.1(a)所示，不论载流导体周围是真空还是磁介质，安培环路定理都具有如下形式

$$\oint_L \boldsymbol{H} \cdot d\boldsymbol{l} = \int_S \boldsymbol{j}_0 \cdot d\boldsymbol{S} = I_0 \tag{14.1}$$

式中，$\boldsymbol{j}_0$ 为传导电流密度，I_0 是通过以闭合曲线 L 为边界的任意曲面的传导电流. 显然对于图14.1(a)所示的恒定条件下，通过以闭合曲线 L 为边界的任意曲面 S_1 和 S_2 的传导电流是相同的，即

$$\int_{S_1} \boldsymbol{j}_0 \cdot d\boldsymbol{S} = I_0$$

$$\int_{S_2} \boldsymbol{j}_0 \cdot d\boldsymbol{S} = I_0$$

所以对于由 S_1 和 S_2 组成的任意闭合曲面 S 有

$$\oint_S \boldsymbol{j}_0 \cdot d\boldsymbol{S} = \int_{S_2} \boldsymbol{j}_0 \cdot d\boldsymbol{S} - \int_{S_1} \boldsymbol{j}_0 \cdot d\boldsymbol{S} = 0$$

上式是由恒定电流的连续性保证的. 式中的负号是因为 S_1 的法向与电流流向相反.

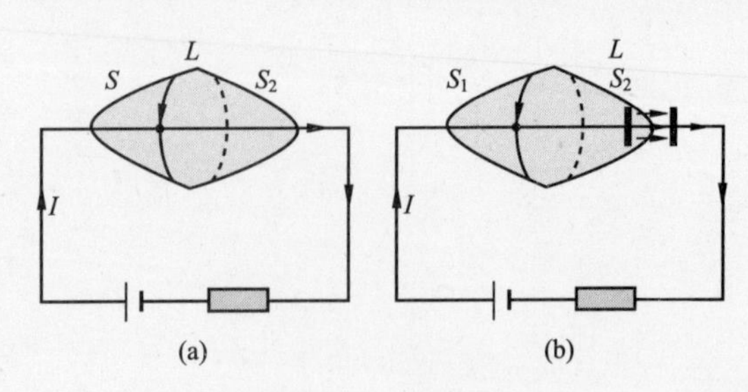

图14.1　位移电流

而对于图 14.1(b)所示的非恒定电流情况，对于曲面 S_1 有

$$\oint_L \boldsymbol{H} \cdot \mathrm{d}\boldsymbol{l} = \int_{S_1} \boldsymbol{j}_0 \cdot \mathrm{d}\boldsymbol{S} = I_0 \tag{14.2}$$

而对于曲面 S_2，没有电流流出，有

$$\oint_L \boldsymbol{H} \cdot \mathrm{d}\boldsymbol{l} = \int_{S_2} \boldsymbol{j}_0 \cdot \mathrm{d}\boldsymbol{S} = 0 \tag{14.3}$$

显然对于式(14.2)和式(14.3)，其左边为同一时刻磁场强度 $\boldsymbol{H}$ 沿同一闭合曲线 L 的环流，是唯一的，而两式右边的值却是不相等的. 这就说明恒定条件下的安培环路定理式(14.2)此时失效，不能直接用于非恒定电流，需要加以修正.

在含有电容的情况下，传导电流是不连续的. 传导电流在电容器之间中断，而电容器极板上的电量 q 却随时间变化，从而在两极板间产生随时间变化的电场. 麦克斯韦假设在非恒定条件下电场的高斯定理仍然成立，则对于图 14.1(b)中由 S_1 和 S_2 组成的任意闭合曲面 S，有

$$\oint_S \boldsymbol{D} \cdot \mathrm{d}\boldsymbol{S} = q$$

q 为闭合曲面 S 所包围的自由电荷. 将上式对时间 t 求导并交换求导和积分的运算顺序有

$$\oint_S \frac{\partial \boldsymbol{D}}{\partial t} \cdot \mathrm{d}\boldsymbol{S} = \frac{\mathrm{d}q}{\mathrm{d}t} \tag{14.4}$$

$\frac{\mathrm{d}q}{\mathrm{d}t}$为闭合曲面 S 内自由电荷的增加率，根据电荷守恒定律，$\frac{\mathrm{d}q}{\mathrm{d}t}$应等于单位时间内流入闭合曲面 S 内的电量. 故有

$$\frac{\mathrm{d}q}{\mathrm{d}t} = -\oint_S \boldsymbol{j}_0 \cdot \mathrm{d}\boldsymbol{S} \tag{14.5}$$

由式(14.4)与式(14.5)两式联立，得

$$\oint_S \frac{\partial \boldsymbol{D}}{\partial t} \cdot \mathrm{d}\boldsymbol{S} = -\oint_S \boldsymbol{j}_0 \cdot \mathrm{d}\boldsymbol{S}$$

整理得

$$\oint_S \left(\frac{\partial \boldsymbol{D}}{\partial t} + \boldsymbol{j}_0\right) \cdot \mathrm{d}\boldsymbol{S} = 0 \tag{14.6}$$

显然，在非恒定条件下，传导电流 $\boldsymbol{j}_0$ 是不连续的，但$\left(\frac{\partial \boldsymbol{D}}{\partial t} + \boldsymbol{j}_0\right)$却是连续的.

于是麦克斯韦称$\frac{\partial \boldsymbol{D}}{\partial t}$为**位移电流密度**，用 $\boldsymbol{j}_\mathrm{d}$ 表示，即

$$\boldsymbol{j}_\mathrm{d} = \frac{\partial \boldsymbol{D}}{\partial t} \tag{14.7}$$

而$\left(\frac{\partial \boldsymbol{D}}{\partial t} + \boldsymbol{j}_0\right)$则称为**全电流密度**，用 $\boldsymbol{j}$ 表示，即

$$\boldsymbol{j} = \frac{\partial \boldsymbol{D}}{\partial t} + \boldsymbol{j}_0$$

全电流密度 $\boldsymbol{j}$ 在任一曲面 S 上的通量称为**全电流** I，即

$$I=\int_S\left(\frac{\partial \boldsymbol{D}}{\partial t}+\boldsymbol{j}_0\right)\cdot \mathrm{d}\boldsymbol{S} \tag{14.8}$$

由式(14.6)可知，**在普遍情况下，全电流总是连续的**. 所以在非恒定条件下，应该用全电流密度代替式(14.1)中的传导电流密度. 于是麦克斯韦假设，在普遍情况下，磁场强度的环流服从以下规律

$$\oint_L \boldsymbol{H}\cdot \mathrm{d}\boldsymbol{l}=\int_S\left(\frac{\partial \boldsymbol{D}}{\partial t}+\boldsymbol{j}_0\right)\cdot \mathrm{d}\boldsymbol{S} \tag{14.9}$$

称为普遍情况下的安培环路定理，又称为**全电流定理**，是麦克斯韦方程组的方程之一.

以上即为麦克斯韦位移电流假设，其正确性已由麦克斯韦方程组的推论和无数实验结果相符合得到证实.

麦克斯韦位移电流假设揭示了一个新的物理规律：位移电流 $\frac{\partial \boldsymbol{D}}{\partial t}$ 和传导电流 $\boldsymbol{j}_0$ 按相同的规律激发磁场，或者说位移电流和传导电流在激发磁场方面是等效的，$\frac{\partial \boldsymbol{D}}{\partial t}$ 与 $\boldsymbol{j}_0$ 在式(14.9)中具有相同的地位. 位移电流的本质是随时间变化的电场，因此麦克斯韦位移电流假设的中心思想是随时间变化的电场产生磁场，而涡旋电场假设的中心思想是变化的磁场产生电场，并由法拉第电磁感应定律给予证明. 既然涡旋电场假设是合理的，那么根据对称性要求，位移电流假设也应该是合理的. 这正是电磁波产生的必要条件.

位移电流与传导电流唯一共同点仅在于都可以在空间激发磁场，而二者的本质是不同的. **位移电流的本质是变化着的电场，而传导电流则是自由电荷的定向运动**；传导电流在通过导体时会产生焦耳热，而位移电流则不会产生焦耳热；位移电流即变化着的电场，可以存在于真空、导体、电介质中，而传导电流只能存在于导体中.

14.1.2 麦克斯韦电磁场方程组

到麦克斯韦时代，关于电磁场的基本规律可以概括如下.

(1) 电场的高斯定理

$$\oint_S \boldsymbol{D}\cdot \mathrm{d}\boldsymbol{S}=\int_V \rho \mathrm{d}V \tag{14.10}$$

(2) 静电场的环路定理

$$\oint_L \boldsymbol{E}\cdot \mathrm{d}\boldsymbol{l}=0 \tag{14.11}$$

(3) 磁场的高斯定理

$$\oint_S \boldsymbol{B}\cdot \mathrm{d}\boldsymbol{S}=0 \tag{14.12}$$

(4) 安培环路定理

$$\oint_L \boldsymbol{H}\cdot \mathrm{d}\boldsymbol{l}=\int_S \boldsymbol{j}_0\cdot \mathrm{d}\boldsymbol{S} \tag{14.13}$$

这些规律的适用条件各不相同，为了得到普遍适用的相互协调一致的电磁感应规律，麦克

斯韦根据实验资料,全面分析了这些规律.

根据感生电动势的实验规律,麦克斯韦认为感生电动势预示着变化的磁场在空间产生涡旋电场.因此在普遍规律下,电场的环路定理应为

$$\oint_L \boldsymbol{E} \cdot \mathrm{d}\boldsymbol{l} = -\int_S \frac{\partial \boldsymbol{B}}{\partial t} \cdot \mathrm{d}\boldsymbol{S} \tag{14.14}$$

静电场的环路定理是它的一个特例.另外,从当时的实验资料和磁场的分析中没有发现电场的高斯定理和磁场的高斯定理有什么不一样的.麦克斯韦假设它们普遍情况下仍然成立.

概括前面的内容,在普遍情况下,电磁场满足的普遍方程为

$$\oint_S \boldsymbol{D} \cdot \mathrm{d}\boldsymbol{S} = \int_V \rho_0 \mathrm{d}V \tag{14.15}$$

$$\oint_L \boldsymbol{E} \cdot \mathrm{d}\boldsymbol{l} = -\int_S \frac{\partial \boldsymbol{B}}{\partial t} \cdot \mathrm{d}\boldsymbol{S} \tag{14.16}$$

$$\oint_S \boldsymbol{B} \cdot \mathrm{d}\boldsymbol{S} = 0 \tag{14.17}$$

$$\oint_L \boldsymbol{H} \cdot \mathrm{d}\boldsymbol{l} = \int_S \left(\frac{\partial \boldsymbol{D}}{\partial t} + \boldsymbol{j}_0\right) \cdot \mathrm{d}\boldsymbol{S} \tag{14.18}$$

根据数学上的高斯定理和斯托克斯定理,可以得到它们对应的微分形式为

$$\nabla \cdot \boldsymbol{D} = \rho_0 \tag{14.19}$$

$$\nabla \times \boldsymbol{E} = -\frac{\partial \boldsymbol{B}}{\partial t} \tag{14.20}$$

$$\nabla \cdot \boldsymbol{B} = 0 \tag{14.21}$$

$$\nabla \times \boldsymbol{H} = \boldsymbol{j}_0 + \frac{\partial \boldsymbol{D}}{\partial t} \tag{14.22}$$

式中,$\nabla = \frac{\partial}{\partial x}\boldsymbol{i} + \frac{\partial}{\partial y}\boldsymbol{j} + \frac{\partial}{\partial z}\boldsymbol{k}$ 称为矢量微分算符.

麦克斯韦方程组中式(14.20)表示随时间变化的磁场产生有旋电场,而产生的有旋电场一般也是随时间变化的,式(14.22)表示随时间变化的电场产生有旋磁场.因此只要空间中有变化的磁场存在,就一定有电场同时存在,反之亦然.随时间变化的有旋磁场和有旋电场的相互激发,闭合的电场线和磁感应线就会像链条上的环节一样一个一个地套连下去,在空间中传播开来就形成了电磁波.而已发射的电磁波,即使在激发它的波源消失以后,仍继续存在并向前传播.电磁场可以脱离电荷与电流单独存在,并以波动的形式运动.由此可以看出,电磁波的传播不需要介质,即使在真空中,通过交变电场和交变磁场的相互激发,使电磁波在空间传播,这一点与机械波只能在弹性介质中传播完全不同.

思考题

思 14.1　什么是位移电流?试比较传导电流和位移电流的异同之处.

思 14.2　麦克斯韦的电磁理论建立了哪两个假设?其本质是什么?有何意义?

14.2 电磁波的一般性质

*14.2.1 电磁波的波动方程

在频率一定的条件下,均匀介质中的 ε 和 μ 是常量. 则在离开发射电磁波的波源足够远的地方,单色简谐电磁波在空间各点的引起的电磁振荡可以表示为

$$\begin{cases} \boldsymbol{E} = \boldsymbol{E}_0 \cos\omega\left(t - \dfrac{r}{u}\right) \\ \boldsymbol{B} = \boldsymbol{B}_0 \cos\omega\left(t - \dfrac{r}{u}\right) \end{cases} \tag{14.23}$$

式中,r 是空间所在点离开波源的距离,ω 是电磁场变化的圆频率,u 是波速.

下面从麦克斯韦方程组来推导一下电磁波方程

在没有电荷和电流的空间,麦克斯韦方程为

$$\begin{cases} \nabla \cdot \boldsymbol{E} = 0 \\ \nabla \times \boldsymbol{E} = -\dfrac{\partial \boldsymbol{B}}{\partial t} = -\mu \dfrac{\partial \boldsymbol{H}}{\partial t} \\ \nabla \cdot \boldsymbol{H} = 0 \\ \nabla \times \boldsymbol{H} = \dfrac{\partial \boldsymbol{D}}{\partial t} = \varepsilon \dfrac{\partial \boldsymbol{E}}{\partial t} \end{cases}$$

若电磁场仅在 x 方向上变化,则有 $\boldsymbol{E}=\boldsymbol{E}(x,t)$,$\boldsymbol{H}=\boldsymbol{H}(x,t)$

由电场的散度$\nabla \cdot \boldsymbol{E}=0$ 可得

$$\frac{\partial E_x}{\partial x} + \frac{\partial E_y}{\partial y} + \frac{\partial E_z}{\partial z} = 0$$

又因为

$$\frac{\partial E_y}{\partial y} = 0, \quad \frac{\partial E_z}{\partial z} = 0$$

所以

$$\frac{\partial E_x}{\partial x} = 0$$

再由磁场的散度 $\nabla \cdot \boldsymbol{H}=0$ 可得

$$\frac{\partial H_x}{\partial x} + \frac{\partial H_y}{\partial y} + \frac{\partial H_z}{\partial z} = 0$$

又因为

$$\frac{\partial H_y}{\partial y} = 0, \quad \frac{\partial H_z}{\partial z} = 0$$

所以

$$\frac{\partial H_x}{\partial x} = 0$$

由电场的旋度 $\nabla \times \boldsymbol{E} = -\mu \dfrac{\partial \boldsymbol{H}}{\partial t}$,有

$$\left(\frac{\partial}{\partial x}\boldsymbol{i} + \frac{\partial}{\partial y}\boldsymbol{j} + \frac{\partial}{\partial z}\boldsymbol{k}\right) \times (E_x\boldsymbol{i} + E_y\boldsymbol{j} + E_z\boldsymbol{k}) = -\mu\left(\frac{\partial H_x}{\partial t}\boldsymbol{i} + \frac{\partial H_y}{\partial t}\boldsymbol{j} + \frac{\partial H_z}{\partial t}\boldsymbol{k}\right)$$

由磁场的旋度 $\nabla \times \boldsymbol{H} = \varepsilon \dfrac{\partial \boldsymbol{E}}{\partial t}$,有

$$\left(\frac{\partial}{\partial x}\boldsymbol{i}+\frac{\partial}{\partial y}\boldsymbol{j}+\frac{\partial}{\partial z}\boldsymbol{k}\right)\times(H_x\boldsymbol{i}+H_y\boldsymbol{j}+H_z\boldsymbol{k})=\varepsilon\left(\frac{\partial E_x}{\partial t}\boldsymbol{i}+\frac{\partial E_y}{\partial t}\boldsymbol{j}+\frac{\partial E_z}{\partial t}\boldsymbol{k}\right)$$

可得

$$\frac{\partial E_y}{\partial x}=-\mu\frac{\partial H_z}{\partial t} \tag{14.24}$$

$$\frac{\partial H_z}{\partial x}=-\varepsilon\frac{\partial E_y}{\partial t} \tag{14.25}$$

将式(14.24)对 x 求导得

$$\frac{\partial^2 E_y}{\partial x^2}=-\mu\frac{\partial^2 H_z}{\partial t\partial x}$$

将式(14.25)对 t 求导得

$$-\varepsilon\frac{\partial^2 E_y}{\partial t^2}=\frac{\partial^2 H_z}{\partial t\partial x}$$

两式相比有

$$\frac{\partial^2 E_y}{\partial x^2}-\varepsilon\mu\frac{\partial^2 E_y}{\partial t^2}=0$$

与$\frac{\partial^2 y}{\partial t^2}-u\frac{\partial^2 y}{\partial x^2}=0$ 比较可知

$$u=\frac{1}{\sqrt{\mu\varepsilon}}$$

再将式(14.24)对 t 求导得

$$-\mu\frac{\partial^2 H_z}{\partial t^2}=\frac{\partial^2 E_y}{\partial t\partial x}$$

将式(14.25)对 x 求导得

$$\frac{\partial^2 H_z}{\partial x^2}=-\varepsilon\frac{\partial^2 E_y}{\partial t\partial x}$$

两式相比有

$$\frac{\partial^2 H_z}{\partial x^2}-\varepsilon\mu\frac{\partial^2 H_z}{\partial t^2}=0$$

同样的，再与$\frac{\partial^2 y}{\partial t^2}-u\frac{\partial^2 y}{\partial x^2}=0$ 比较可知

$$u=\frac{1}{\sqrt{\mu\varepsilon}}$$

于是得到一维平面简谐波波动方程为

$$\frac{\partial^2 E_y}{\partial x^2}-\varepsilon\mu\frac{\partial^2 E_y}{\partial t^2}=0 \tag{14.26}$$

$$\frac{\partial^2 H_z}{\partial x^2}-\varepsilon\mu\frac{\partial^2 H_z}{\partial t^2}=0 \tag{14.27}$$

其通解为

$$E_y=E_0\cos\omega\left(t-\frac{x}{u}\right) \tag{14.28}$$

$$H_z=H_0\cos\omega\left(t-\frac{x}{u}\right) \tag{14.29}$$

其中，$u=\frac{1}{\sqrt{\mu\varepsilon}}$为电磁波在该介质中的传播速度，而且，电场 E 和磁场 H 是相互垂直的. 然后将式(14.28)对 t 求导得

$$\frac{\partial E_y}{\partial t}=-\omega E_0\cos\omega\left(t-\frac{x}{u}\right)$$

将式(14.29)对 x 求导得

$$\frac{\partial H_z}{\partial x}=\frac{\omega}{u}H_0\cos\omega\left(t-\frac{x}{u}\right)$$

由式(14.25)可得

$$\varepsilon E_0=\frac{H_0}{u}=\sqrt{\varepsilon\mu}H_0$$

即

$$\sqrt{\varepsilon}E_0=\sqrt{\mu}H_0$$

另外由于

$$\boldsymbol{B}=\mu\boldsymbol{H}$$

所以又有

$$\frac{E_0}{B_0}=\frac{1}{\sqrt{\varepsilon\mu}}=u$$

将上述讨论推广到三维,则可得到电磁波的一般方程为

$$\boldsymbol{E}=\boldsymbol{E}_0\cos\omega\left(t-\frac{r}{u}\right)$$

$$\boldsymbol{H}=\boldsymbol{H}_0\cos\omega\left(t-\frac{r}{u}\right)$$

或者

$$\boldsymbol{B}=\boldsymbol{B}_0\cos\omega\left(t-\frac{r}{u}\right)$$

由上述讨论可知,电磁波在真空中的传播速度为

$$c=\frac{1}{\sqrt{\mu_0\varepsilon_0}}=3.0\times10^8\,\mathrm{m\cdot s^{-1}}$$

在当时,这是一个令人震惊的结果:电磁波的传播速度与光速相同!麦克斯韦认为,这不是一个巧合,而是光的本性的反映.由此,麦克斯韦提出:光是一种电磁波.

14.2.2 电磁波的一般性质

电磁波的主要性质可以归纳为以下几个方面.

(1) 电磁波是横波.电磁波的电场分量 $\boldsymbol{E}$ 和磁场分量 $\boldsymbol{B}$ 垂直于波的传播方向,如图 14.2 所示.

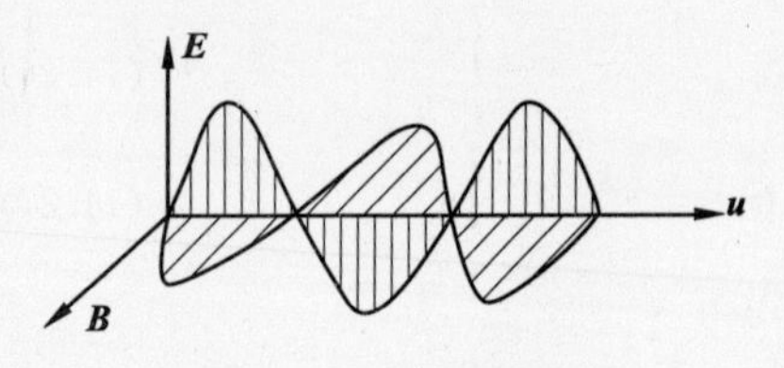

图 14.2 单色简谐电磁波

(2) 偏振性.电磁波的电场分量和磁场分量都只在各自的平面内振动;$\boldsymbol{E}$、$\boldsymbol{B}$、$\boldsymbol{u}$ 相互垂直,呈右手螺旋关系,即 $\boldsymbol{E}\times\boldsymbol{B}$ 沿 $\boldsymbol{u}$ 的方向.

(3) $\boldsymbol{E}$ 与 $\boldsymbol{B}$ 同相,同时达到最大,又同时变为最小.任一时刻,任一空间位置,电场 $\boldsymbol{E}$ 和磁场 $\boldsymbol{B}$ 的大小满足

$$\frac{E}{B}=u \tag{14.30}$$

电场 $\boldsymbol{E}$ 和磁场 $\boldsymbol{H}$ 的大小满足

$$\sqrt{\varepsilon}E = \sqrt{\mu}H \tag{14.31}$$

(4) 波速 $\boldsymbol{u}$ 与介质属性有关，即 $u=\dfrac{1}{\sqrt{\mu\varepsilon}}$，在真空中波速 $c=\dfrac{1}{\sqrt{\mu_0\varepsilon_0}}$.

(5) 电磁波从真空进入折射率为 n 的透明介质中，波速与折射率的关系为

$$u = \frac{c}{n} = \frac{1}{\sqrt{\mu\varepsilon}} = \frac{c}{\sqrt{\mu_r\varepsilon_r}}, \quad n = \sqrt{\mu_r\varepsilon_r}$$

14.2.3 坡印亭矢量

对于波，我们通常用能流密度来衡量波在传播过程中能量的流动，定义为：**单位时间内通过与波的传播方向垂直的单位面积上的能量**. 能流密度是矢量，它的方向就是**能量流动的方向，也就是波速 $\boldsymbol{u}$ 的方向**. 而电磁波的能流密度矢量也称为坡印亭矢量，用 $\boldsymbol{S}$ 表示，其大小为

$$S = wu \tag{14.32}$$

矢量式为

$$\boldsymbol{S} = w\boldsymbol{u} \tag{14.33}$$

式中，$\boldsymbol{u}$ 是电磁波的波速，w 是电磁波的能量密度.

电磁波包含电场分量和磁场分量，其能量密度也应该是电场能量密度和磁场能量密度之和，即

$$w = \frac{1}{2}\varepsilon E^2 + \frac{1}{2}\mu H^2 \tag{14.34}$$

将式(14.31)代入上式则得

$$w = \sqrt{\varepsilon\mu}EH = \frac{EH}{u}$$

结合定义式(14.32)有

$$S = EH \tag{14.35}$$

考虑三者的方向关系可得其矢量式为

$$\boldsymbol{S} = \boldsymbol{E} \times \boldsymbol{H} \tag{14.36}$$

另外，能流密度对时间的平均值称为波强，用 I 表示，结合式(14.31)和式(14.32)可得电磁波的波强为

$$I = \overline{S} = \frac{1}{2}\sqrt{\frac{\varepsilon}{\mu}}E_0^2 = \frac{1}{2}E_0 H_0 \tag{14.37}$$

14.2.4 电磁波谱

无线电波、红外线、可见光、紫外线、X 射线和 γ 射线都是电磁波. 这些电磁波本质相同，只是由于频率和波长不同而呈现出不同的特征. 我们将电磁波按照波长(或频率)的大小，依次排列起来，就形成一个**电磁波谱**，如图 14.3 所示.

根据麦克斯韦理论，尽管这些电磁波在性质上，在产生方法上有很大的差异，但他们

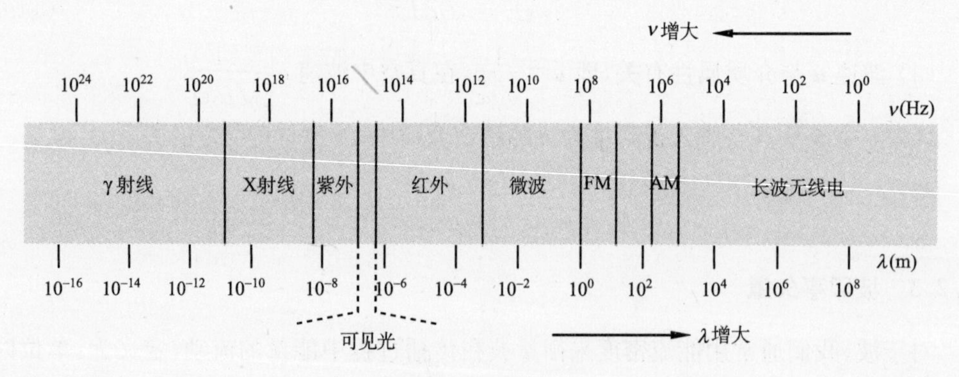

图 14.3 电磁波谱

有一个共同点,它们在真空中都是以光速传播.

电磁波中频率最低,波长最长的是无线电波,一般无线电波从电磁振荡电路产生后通过天线发射. 波长范围在 $10^4 \sim 10^{-3}$ m,包括长波、中波、短波、超短波和微波等波段. 其中长波主要应用于远距离通讯和导航,中波用于无线电广播,短波用于无线电广播和电报通讯,而电视台和雷达、无线电导航使用超短波或者微波.

红外线是在微波与可见光之间的波长范围的电磁波,它的波长在 $10^{-3} \sim 8\times10^{-7}$ m. 红外线不能为人眼所见,它主要是由炽热的物体辐射出来的,具有显著的热效应. 红外线在军事上用于红外追踪、红外探测、红外摄影等,在生产上可用来制成红外烘箱、红外测试仪等.

可见光波长在 760～400nm,它们能为人眼所见. 可见光中不同的波长具有不同的颜色,波长由长到短分别为红、橙、黄、绿、青、蓝、紫等各色.

波长在 $4\times10^{-7} \sim 10^{-9}$ m 的电磁波,由于波长比紫光更短,称为紫外线. 它也不能为人眼所见. 温度很高的物体会辐射大量的紫外线. 紫外线有较强的杀菌作用,在医学上用来消毒. 太阳是高温炽热体,太阳光中有大量的紫外线,所以太阳光也具有消毒杀菌作用.

红外线、可见光、紫外线这三部分都是炽热物体、气体放电或从其他光源中分子和原子的外层电子能级跃迁所发射的电磁波,统称为热辐射.

X 射线又称为伦琴射线,波长在 $10^{-10} \sim 10^{-11}$ m,它来源于原子中内层电子的跃迁. X 射线可由 X 射线管产生. X 射线的能量很大,具有较强的穿透能力,可以使照相底片感光,使荧光屏发光. 在医疗上可用来透视、摄片等,在工业上可用于金属探伤和分析晶体的结构.

比伦琴射线更短的是 γ 射线,它的波长小于 10^{-11} m,是电磁波中波长最短的射线,它主要来源于宇宙射线和原子核内跃迁. γ 射线的穿透能力比 X 射线更强,也可以用来金属探伤,或者研究原子的结构.

思考题

思 14.3 电磁波有哪些性质? 它和机械波在本质上有什么不同?

思 14.4 为什么把电磁波中的电场分量 $\boldsymbol{E}$ 称为光矢量?

14.3 电磁波的辐射和接收

14.3.1 电磁波的辐射

1. 无阻尼振荡电路

任何开放的振荡电路,只要频率足够高,就可以成为电磁波的辐射源. 最简单的振荡电路是由电容器和自感线圈串联组成的 LC 电路,如图 14.4(a)所示,电路中的电量和电流发生周期性变化,形成电磁振荡.

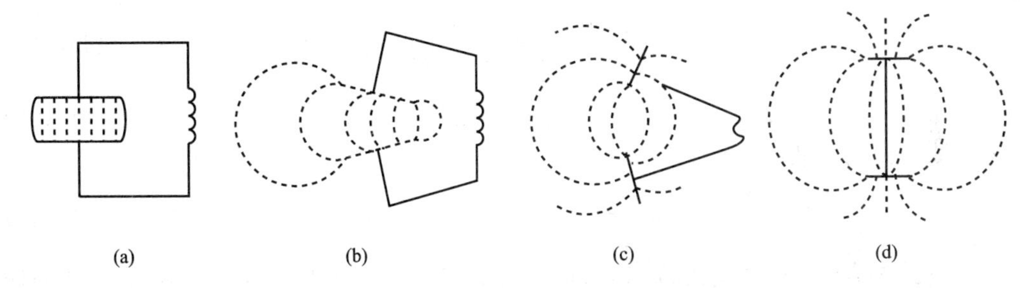

图 14.4 从 LC 振荡电路过渡到电偶极振子

假设回路电阻很小,可以忽略不计. 先将电容器充电至两极板间有一定电势差,然后移去电源,与自感线圈 L 连接. 设 $t=0$ 时,电路中的能量为集中在电容器两极板间的电场能量 W_e. 刚充电的电容器将通过线圈放电,电流在自感线圈中产生磁场,根据电磁感应定律,在自感线圈中将激发感应电动势来反抗电流的增大,所以在放电过程中,电容器两极板上的电量只能逐渐减少,电路中的电流只能逐渐增大. 经 $T/4$ 时间(T 为振荡周期),电容器放电结束,两板上的电荷减少为零,电路中的电流达到最大值,这时电容器两极板间的电场能量 W_e 全部转化为线圈内的磁场能量 W_m.

当电容器放电结束后,电流并不从最大值锐减至零而终止. 因为在电流减少时,又有自感电动势随之产生,其方向与电流相同. 在此自感电动势的作用下,电流继续沿原方向流动,使电容器重新充电. 此时极板上的电荷极性与 $t=0$ 时正好相反. 在 $t=T/2$ 时电流减弱为零,反向充电结束. 电容器上的电量达到最大值,磁场能量又重新转化为电场能量集中在电容器中.

此后,电容器又重新放电,电流又将反向流动. 如此循环往复,电容器上的电荷与电路中的电流都在作周期性变化,形成电磁振荡. 这一过程与弹簧振子的机械振动类似,称为无阻尼自由振荡.

在电磁振荡过程中,在任一瞬间,线圈的自感电动势应与两极板间的电势差相等,即

$$-L\frac{\mathrm{d}I}{\mathrm{d}t}=\frac{q}{C}$$

因回路中的电流强度等于电容器两极板上电荷的变化率,即

$$I = \frac{\mathrm{d}q}{\mathrm{d}t}$$

代入上式,有

$$\frac{\mathrm{d}^2 q}{\mathrm{d}t^2} + \frac{1}{LC}q = 0 \tag{14.38}$$

这是简谐振动微分方程,其解为

$$q = Q_0 \cos(\omega t + \varphi) \tag{14.39}$$

式中,Q_0 与初相 φ 由初始条件决定,$\omega=\dfrac{1}{\sqrt{LC}}$称为振荡圆频率. 电磁振荡的频率和周期分别为

$$\nu = \frac{\omega}{2\pi} = \frac{1}{2\pi\sqrt{LC}} \tag{14.40a}$$

$$T = 2\pi\sqrt{LC} \tag{14.40b}$$

根据式(14.39),电路中的电流强度为

$$I = \frac{\mathrm{d}q}{\mathrm{d}t} = -\omega Q_0 \sin(\omega t + \varphi) = I_0 \cos\left(\omega t + \varphi + \frac{\pi}{2}\right) \tag{14.41}$$

上述结果表明,在 LC 电磁振荡电路中,电量和电流都随时间以相同的圆频率作周期性变化,电流的相位比电量的相位超前$\dfrac{\pi}{2}$.

由式(14.40)可以看出,无阻尼自由振荡的周期和频率只由振荡电路本身的性质(自感系数 L 和电容 C)决定.

在无阻尼自由振荡中,任意时刻电容器中的电场能量为

$$W_{\mathrm{e}} = \frac{1}{2}\frac{q^2}{C} = \frac{1}{2C}Q_0^2\cos^2(\omega t + \varphi)$$

自感线圈中的磁场能量为

$$W_{\mathrm{m}} = \frac{1}{2}LI^2 = \frac{1}{2}L\omega^2 Q_0^2 \sin^2(\omega t + \varphi) = \frac{1}{2C}Q_0^2\sin^2(\omega t + \varphi)$$

任意时刻电路中的总能量为

$$W = W_{\mathrm{e}} + W_{\mathrm{m}} = \frac{Q_0^2}{2C} \tag{14.42}$$

可见,在无阻尼自由振荡中,尽管电场能量和磁场能量都随时间变化,但是在任一瞬间,总电磁能恒等于起振时储存在电容器中的电场能量,也就是说这样的电路中能量守恒.

2. 电偶极振子

在无阻尼电磁振荡电路中,由于电量和电流都随时间以相同的圆频率作周期性变化,导致电容器中的电场和线圈中的磁场都随时间作周期性变化,但是这种变化的电磁场无法在空间传播. 要想形成电磁波,就必须是开放电路,就是要使电场和磁场在空间分布而不是局限在某个电路元件中.

设想把 LC 振荡电路按图 14.4(a)～(d)所示的顺序逐步加以改造,使电路越来越开

放，L 和 C 越来越小，最后演化成直线型振荡电路，电流在其中往复振荡，两端出现正负交替的等量异号电荷，这种电路称为振荡电偶极子或电偶极振子. 发射台的实际天线要比上述电偶极振子复杂得多，但所发射的电磁波都可以看成是电偶极振子所发射的电磁波的叠加. 假定电偶极振子的电偶极矩大小是随时间按余弦或正弦规律变化的，即

$$p = p_0 \cos\omega t \tag{14.43}$$

3. 电偶极振子发射的电磁波

在电偶极振子中心附近的近场区域内，即在离振子中心的距离 r 远小于电磁波波长 λ 的范围内，电磁波传播速度有限性的影响可以忽略，电场的瞬时分布与静态偶极子的电场很相近. 设 $t=0$ 时，偶极振子的正负电荷都在中心，然后分别作简谐振动. 于是，起始于正电荷终止于负电荷的电场线的形状也随时间而变化. 图 14.5 定性的画出了在电偶极振子附近，一条电场线从出现到形成闭合圈，然后脱离电荷并向外扩张的过程. 当然，在电场变化的同时也有磁场产生，磁场线是以电偶极振子为轴的疏密相间的同心圆. 电场线和磁场线互相套合，以一定的速度由近及远向外传播. 图 14.6 给出了振荡电偶极子辐射电磁波的电场线和磁感应线的分布.

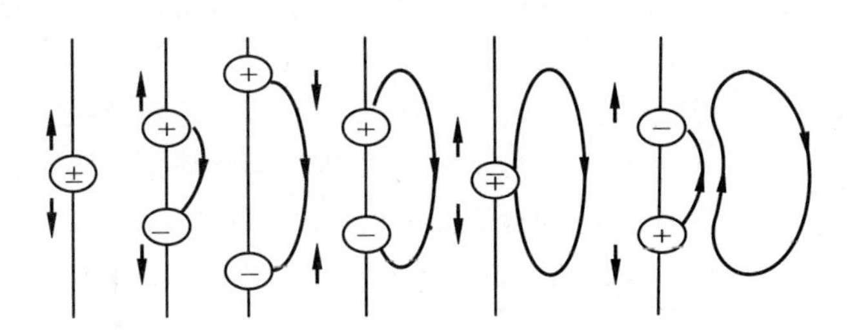

图 14.5　电偶极振子电磁波的发射

在离电偶极振子足够远的地方，即在 $r \gg \lambda$ 的波场区，波阵面逐渐趋于球形. 若以电偶极振子的中心为原点，以电偶极振子的轴线为极轴取球坐标，则如图 14.7 所示，电场强度 $\boldsymbol{E}$ 趋于 $\boldsymbol{e}_\theta$ 方向，磁场强度 $\boldsymbol{H}$ 沿 $\boldsymbol{e}_\varphi$ 方向. $\boldsymbol{E}$ 与 $\boldsymbol{H}$ 同相位且相互垂直，$\boldsymbol{E}\times\boldsymbol{H}$ 的方向指向 $\boldsymbol{e}_r$.

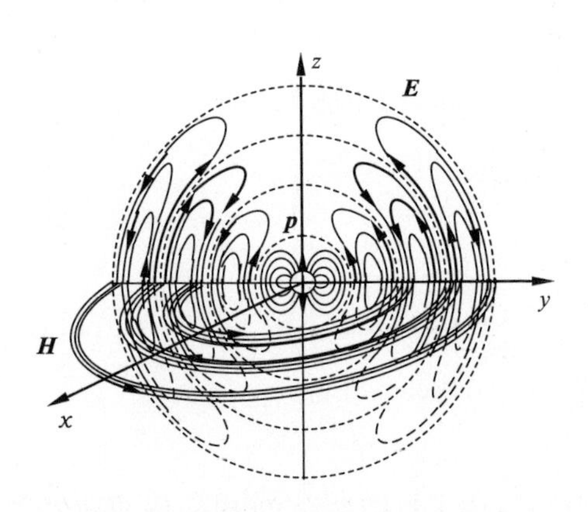

图 14.6　波场区的电场线和磁场线

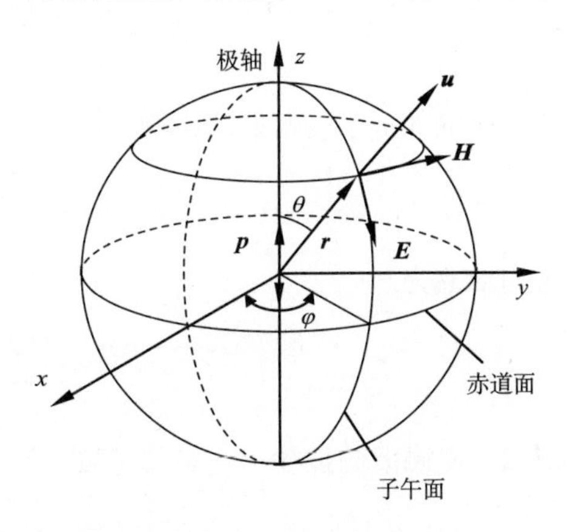

图 14.7　$\boldsymbol{E}$ 和 $\boldsymbol{H}$ 的方向

利用麦克斯韦方程组,经过复杂的计算,可以求出振荡电偶极子周围某点 P 处 t 时刻的电场强度和磁场强度的大小为

$$E=-\frac{\omega^2 p_0 \sin\theta}{4\pi\varepsilon_0 c^2 r}\cos\omega\left(t-\frac{r}{u}\right) \tag{14.44}$$

$$B=-\frac{\omega^2 p_0 \sin\theta}{4\pi c r}\cos\omega\left(t-\frac{r}{u}\right) \tag{14.45}$$

式中,θ 为电磁波传播方向与电偶极矩 $\boldsymbol{p}$ 之间的夹角,r 为参考点到电偶极子的距离,p_0 为电偶极矩的幅值,ω 为电偶极子的振荡圆频率.

另外由式(14.35)可以求出坡印亭矢量的大小为

$$S=EH=\frac{\omega^4 p_0^2 \sin^2\theta}{16\pi^2\varepsilon_0 c^3 r^2}\cos^2\omega\left(t-\frac{r}{u}\right)=\frac{\nu^4\pi^2 p_0^2\sin^2\theta}{\varepsilon_0 c^3 r^2}\cos^2\omega\left(t-\frac{r}{u}\right) \tag{14.46}$$

再由式(14.37)可以证明平均能流密度 $\overline{S}$ 为

$$\overline{S}=\frac{\pi^2 p_0^2 \nu^4}{2c^3\varepsilon_0 r^2}\sin^2\theta \tag{14.47}$$

式(14.47)表明,电偶极振子的辐射具有三个重要的特点.

(1) 电偶极振子辐射的能量与频率的四次方(ν^4)成正比,因此实际中用于广播的电磁波频率一般都在 10^5 Hz 以上.

(2) $\overline{S}$ 与 r^2 成反比,这正是球面波的特点. 因为通过球面波阵面的平均能流为 $4\pi r^2\overline{S}$. 根据能量守恒定律,它是与 r 无关的常量,因此对于球面波必定有 $\overline{S}\propto r^{-2}$.

(3) 电偶极振子辐射的平均能流密度具有很强的方向性,$\overline{S}\propto\sin^2\theta$,在垂直于电偶极振子轴线的方向上辐射最强,而在沿电偶极振子轴线的方向上没有辐射,如图 14.8 所示.

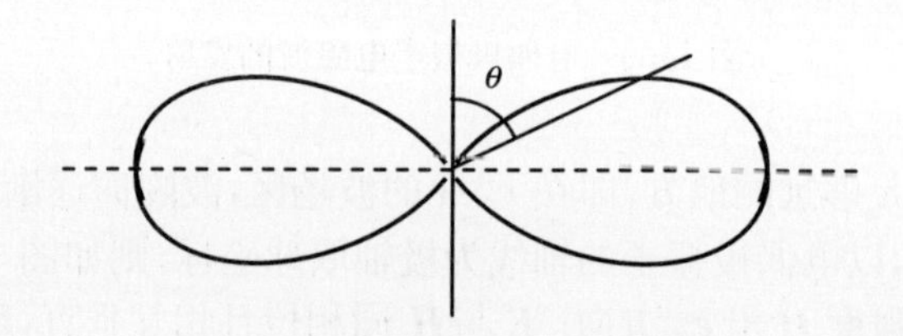

图 14.8 电偶极振子辐射的方向性

振荡电偶极子的辐射功率等于坡印亭矢量在一个球面上的积分,即

$$P=\iint_{\text{球面}} S r^2 \sin\theta \mathrm{d}\theta \mathrm{d}\varphi$$

其平均功率为

$$\overline{P}=\frac{\omega^4 p_0^2}{12\pi\varepsilon_0 c^3}=\frac{4\pi^3\nu^4 p_0^2}{3\varepsilon_0 c^3} \tag{14.48}$$

14.3.2 电磁波的接收——赫兹实验

1864 年 12 月 8 日,麦克斯韦在英国皇家学会宣读了总结性论文《电磁场的动力学理

论》. 在该论文中,他从他的方程组中导出了电磁场的波动方程,预言了电磁波的存在,但没有提出产生电磁波的方法. 麦克斯韦电磁理论的核心是位移电流假设和涡旋电场假设. 因此,麦克斯韦电场理论属于纯假设性的理论,它的正确性有待于实验的验证. 电磁波的存在是麦克斯韦电磁理论的存在的根据,是对这一理论正确性的最重要的实验证明.

赫兹(H. R. Herz)在德国卡尔斯鲁厄作课堂演示时发现,当他用电池或莱顿瓶通过一对里斯(Riess)线圈中的一个放电时,很容易在另一个线圈中产生火花. 后来赫兹首先做成了电磁波辐射源,被称为赫兹振子,如图 14.9 所示. 图中 A、B 是两段共轴的黄铜杆,它们是振荡电偶极子的两半,A、B 中间留有一个火花间隙,间隙两边杆的端点上焊有一对磨光的黄铜球. 振子的两半连接到感应圈的两极上. 当充电到一定程度时,间隙中的空气被击穿产生火花,间隙两边杆连成一条导电通路,这时它相当于一个电偶极振子,在其中激起高频的振荡(在赫兹实验中振荡频率约为 $10^8 \sim 10^9$ Hz). 感应圈以每秒 $10 \sim 10^2$ 次的重复率使火花间隙充电. 但是由于能量不断辐射出去而损失,每次放电后引起的高频振荡衰减很快. 因此,赫兹振子中产生的是一种间歇性的阻尼振荡.

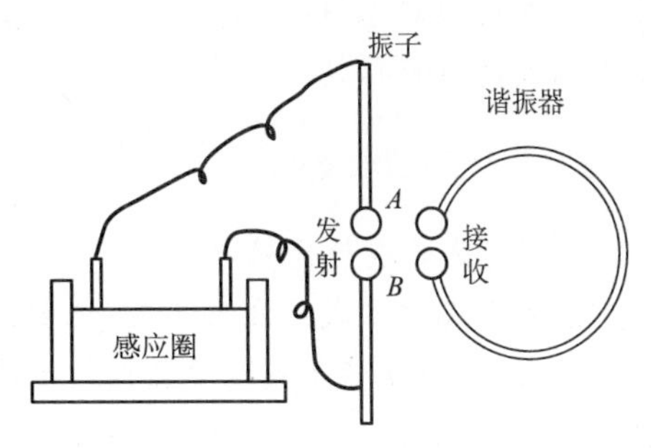

图 14.9　赫兹振子

为了探测由振子发射出来的电磁波,赫兹采用过两种类型的接收装置:一种与发射振子的形状结构完全相同,另一种是圆形铜环,在其中也留有端点为球状的火花间隙(图 14.9 右侧),间隙的距离可用螺旋做微小调节. 这种接收装置叫做谐振器. 将谐振器放在一定的距离以外,适当选择其方位,并使之与振子谐振. 赫兹发现,在发射振子的间隙有火花跳过的同时,谐振器的间隙也有火花跳过,这样,他在实验中观察到了电磁振荡在空间中的传播.

以后,赫兹利用振荡偶极子和谐振器进行了许多实验,观察到偶极子辐射的电磁波与由金属面反射回来的电磁波叠加产生驻波现象,并测定了波长,这证实振荡偶极子发射的确实是电磁波. 此后,赫兹在进一步研究中证明了电磁波具有与光波相同的性质,即反射、折射、干涉、衍射和偏振,并测出电磁波的传播速度等于光速,进一步证实了麦克斯韦的电磁理论.

遥感与遥控技术

1. 遥感技术概述

遥感是一种使用一定的技术、设备、系统,在远离被测目标的位置上对被测目标的特性进行测量和记录的信息技术. 遥感器可安装在地面车载或飞机、卫星、航天器等运载工具上. 运载遥感器的运动工具成为遥感平台. 遥感技术主要包括四个方面:①遥感器,用来接收目标或背景的辐射或反射的电磁波信息，并将其转换成电信号或图像，加以记录. ②信息传输系统，将遥感得到的信息初步处理后，用电信方式发送出去，或直接收回胶片. ③目标特征收集，从明暗程度、色彩、信号强弱的差异及变化规律中找出各种目标信息的特征，以便为判别目标提供依据. ④信息处理与判读，将所收到的信息进行处理，包括消除噪声或虚假信息，矫正误差，借助于光电设备与目标特征进行比较，从复杂的背景中找出所需要的目标信息.

2. 遥感工作的物理基础

(1) 遥感分类与辐射源.

遥感按工作方式可分为两类：主动遥感和被动遥感. 主动遥感是由自身发射电磁波，如测速雷达，接收的是被地面反射的回波；被动遥感指直接接收太阳光的反射、目标物和环境本身所辐射出来的电磁波，被动遥感的主要辐射源是太阳. 太阳可近似看成是一个温度为 6000K 的黑体，入射到地表上的太阳辐射最强部分在可见光区域，峰值波长为 $0.47\mu m$；地球是另一个重要的辐射源，可近似看成一个温度为 3000K 的黑体，峰值波长为 $10\mu m$.

无论电磁波从太阳射向地球，还是从地球射向遥感器，都要穿过大气层. 从物理角度看，电磁波经过大气层时，要被吸收和散射，其强度、传播方向及偏振方向均要改变. 因此，在应用遥感技术研究地球表面的状况以及通信时，工作波段必须选择在大气窗口内.

按电磁波的频段进行分类，遥感可分为：

(a) 可见光遥感. 应用比较广泛的一种遥感方式. 对波长为 $0.4\sim0.76\mu m$ 的可见光遥感一般采用感光胶片(图像遥感)或光电探测器作为感测元件. 可见光摄影遥感具有较高的地面分辨率，迄今为止，从卫星上获得的最高地面分辨率是用可见光照相得到的. 但在阳光照射不到的地面，如地球的黑夜或云层覆盖区，可见光遥感就无能为力了.

(b) 红外遥感. 又分为近红外或摄影红外遥感，波长为 $0.7\sim1.5\mu m$，用感光胶片直接感测；中红外遥感，波长为 $1.5\sim5.5\mu m$；远红外遥感，波长为 $5.5\sim1000\mu m$. 红外遥感通常用于遥感物体的辐射，昼夜都能工作，而且红外波段比较宽，能得到较多的地面目标信息，但探测灵敏度比较差，红外辐射不能穿透云层，处于云层覆盖下的地面情况无法探测. 其中，在近红外区，太阳辐射还比较强，仍可利用反射的太阳辐射进行探测.

(c) 微波遥感. 波长为 $1\sim1000mm$ 的电磁波(即微波)的遥感，具有昼夜工作能力，但空间分辨率低. 辐射也属于热辐射范畴，与红外辐射具有十分相似的性质. 其不同点主要表现在：①通常温度下，地表发射微波的能力很弱，一般要比红外低 5～6 个数量级，相对来说，低温物体的微波特征较明显，常温状态下物体的红外特征较明显；②微波波段穿透大气、云雾、雨雪的性能比可见光、红外波段要好很多，由于波长较长，大气的散射作用也很小，因此可以全天候工作；③微波对于地表层有较强的穿透能力，如波长为 10cm 的微波，对于铜只能透入 $10^{-4}cm$，而对冰雪层却能透入 15m 以上，所以运用微波遥感可探测地表下的地质结构.

(d) 多谱段遥感. 利用几个不同的谱段同时对同一地物(或地区)进行遥感，从而获得与各谱段相对应的各种信息. 将不同谱段的遥感信息加以组合，可以获取更多的有关物体的信息，有利于判断和识别．常用的多谱段遥感器有多谱段相机和多光谱扫描仪．

(e) 紫外遥感．是对波长为0.3～0.4μm的紫外光进行遥感，主要是紫外摄影．

现代遥感技术的发展趋势是由紫外谱段逐渐向X射线和γ射线扩展，从单一的电磁波扩展到声波、引力波、地震波等多种波的综合．

(2) 地物波谱特性．

不同物体，甚至同一种物体的不同状态，反射、吸收和辐射电磁波的规律都是不一样的，这种规律称为物体的波谱特性．

遥感器就是根据各种物体或状态的波谱特性来识别多种地物．如果我们事先掌握了各种物体的波谱特性，只要将遥感器测到的不同电磁波的波谱信息与之相比较，即可区别出物体的种类和状态．

当然，从遥感器上所接收到的电磁波是综合性的，它包括地球表面反射来自太阳、大气和其他物体的电磁波，也包括地球表面、大气辐射的电磁波等．但由于各自不同的特性，可以采用选择光谱的方法，让所有需要的波段进入遥感器，所以实际上是不可叠加的．

地物的波谱特性是设计遥感器和判读遥感图像的依据．研究各种地物的波谱特性，并找出遥感器工作的最佳波段，是遥感技术应用的一项基础性工作．

3. 遥感信息处理和图像判读

地面站收到的遥感信息必须通过适当的处理才能加以利用．将接收到的原始数据加工制成可供观察的图像照片的过程，称为遥感信息处理．根据所获得的遥感图像，从中分析出人们所感兴趣的地面目标状态或数据，此过程称为图像判读．信息处理和图像判读直接涉及最终结果，因而是遥感技术中至关重要的两个步骤．

所谓判读是对图像中的内容进行分析、判别、解释，弄清图像中的线条、轮廓、色调、色彩、花纹等内容对应着地表上什么景物以及这些景物出于什么状态．

最基本的判读方法是人工判读或目视判读．用计算机进行的图像识别(模式识别)，是近20多年来发展起来的一门专门的技术学科．其主要优点是速度快，便于利用可见光以外的遥感数据．但相对于精细的人工判读，计算机的图像识别还是比较粗糙的．正在发展的人工智能识别技术，为图像判读展示了美好的前景．

4. 遥感技术应用

(1) 遥感技术在气象方面的应用．

气象卫星的遥感技术已作为日常气象观测的一种手段，为天气预报了大量有价值的资料，其中红外遥感占有很重要的地位．利用可见光的电视式照相机，借助云层对太阳光的强反射，可以摄取地球上空的云层分布；对于地球的背阴面，则采用红外技术才能获取云层的分布图；利用卫星云图，可较早的侦察到热带风暴、飓风、台风的中心位置，对恶劣天气的预报有重要价值；用安装在卫星上的红外辐射计对辐射通量的测量，能获得大气温度的垂直分布情况；还可以测量海洋面和陆地面的温度，划定冰雪覆盖区的边界等；同时它提供的大气中水汽和臭氧的分布情况，是进行天气预报的必要条件．

(2) 遥感技术在地学方面的应用．

利用卫星遥感绘制小比例尺地图是一个比较好的方法. 与航空制图相比,拍摄照片的数量可减少到千分之一,成本可下降到十分之一. 以往绘制的地图主要是可见光照相,由于用了红外遥感可以获得更多人眼看不到的地面特征,同时也提高了图像的清晰度. 航空和卫星遥感图像为地质构造分析提供了非常直观的工具. 可以利用拍摄的照片得到准确的地质地形图,从而指导找矿;由于红外成像的温度分辨率为 0.1°,通过地面温差图,可以确定地热分布区及火山活动情况;卫星和飞机遥感技术有助于掌握高山、沙漠的河流湖泊分布以及水质水文资料;用红外遥感测得的海面热图,可以确定海洋温度变化情况,这对研究海洋生物很有价值. 此外,微波遥感可用于测量海水的盐度,以及海风速度、风向和波浪高度等.

(3) 遥感技术在其他领域的应用.

在农林牧方面,通过红外遥感仪测量土壤和植物的温度,就能获得像植物长势、土地类型、水分状况等有关信息,如及早发现森林火情、判断农作物遭受病虫害的程度等,还可应用于环境污染测量以及军事侦察、导弹预警、军事测绘等军事领域的诸多方面.

而目前遥感技术总的发展趋势是:提高遥感器的分辨率和综合利用信息的能力,研制先进遥感器、信息传输和处理设备以实现遥感系统全天候工作和实时获取信息,以及增强遥感系统的抗干扰能力.

习 题 14

14-1 圆柱形电容器内、外导体截面半径分别为 R_1 和 $R_2(R_1<R_2)$,中间充满介电常数为 ε 的电介质. 当两极板间的电压随时间的变化为 $\frac{\mathrm{d}U}{\mathrm{d}t}=k$ 时(k 为常数)求介质内距离圆柱轴线为 r 处的位移电流密度.

14-2 试证:平行板电容器的位移电流可写成 $I_\mathrm{d}=C\frac{\mathrm{d}U}{\mathrm{d}t}$. 式中 C 为电容器的电容,U 是电容器两极板的电势差. 如果不是平行板电容器,以上关系还适用吗?

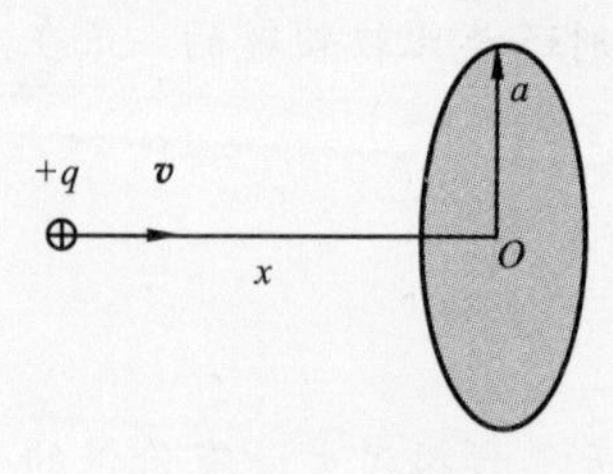

题 14.3 图

14-3 如图所示,电荷 $+q$ 以速度 $\boldsymbol{v}$ 向 O 点运动,$+q$ 到 O 点的距离为 x,在 O 点处做半径为 a 的圆平面,圆平面与 $\boldsymbol{v}$ 垂直. 求通过此圆的位移电流.

*14-4 一导线,截面半径为 $10^{-2}\,\mathrm{m}$,单位长度的电阻为 $3\times10^{-3}\,\Omega\cdot\mathrm{m}^{-1}$,载有电流 25.1A. 试计算在距导线表面很近的一点的以下各量:

(1) $\boldsymbol{H}$ 的大小;

(2) $\boldsymbol{E}$ 在平行于导线方向上的分量;

(3) 垂直于导线表面的 $\boldsymbol{S}$ 分量.

*14-5 有一圆柱形导体,截面半径为 a,电阻率为 ρ,载有电流 I_0. 求:

(1) 在导体内距轴线为 r 处某点 $\boldsymbol{E}$ 的大小和方向;

(2) 该点 $\boldsymbol{H}$ 的大小和方向;

(3) 该点坡印亭矢量 $\boldsymbol{S}$ 的大小和方向.

*14-6 一个很长的螺线管,每单位长度有 n 匝,截面半径为 a,载有一增加的电流 i,求:

(1) 在螺线管内距轴线为 r 处一点的感应电场;

(2) 该点的坡印亭矢量 $\boldsymbol{S}$ 的大小和方向.

14-7　已知电磁波在空气中的波速为 $3\times10^8\text{m}\cdot\text{s}^{-1}$,试计算下列各种频率的电磁波在真空中的波长:

(1) 上海人民广播电台使用的一种频率 $\nu=990\text{kHz}$;

(2) 我国第一颗人造卫星播放东方红乐曲使用的无线电波的频率 $\nu=20.009\text{MHz}$;

(3) 上海电视台八频道的图像载波频率 $\nu=184.25\text{MHz}$.

14-8　氦氖激光器发出的圆柱形激光束,功率为 10mW,光束截面半径为 2mm,求该激光的最大电场强度和磁感应强度.

第五篇　波动光学

光学主要研究光的本性、光的传播和光与物质相互作用等规律．其内容大致分为几何光学、波动光学和量子光学三部分．以光的直线传播为基础，研究光在透明介质中传播规律的光学称为几何光学；以光的波动性质为基础，研究光的传播及规律的光学称为波动光学；以光的粒子性为基础，研究光与物质相互作用的光学称为量子光学．

光学是物理学各学科中最古老的学科之一．光学的发展已有三千多年的历史，一直可以追溯到公元前一千多年．19 世纪初，逐步发展起来的波动光学体系已初步形成，其中以英国的托马斯·杨(T. Young)和法国的菲涅耳(A. J. Fresnel)的著作为代表．杨用双狭缝实验显示了光的干涉现象，测定了光的波长并圆满地解释了“薄膜的颜色”现象；菲涅耳认为光振动是一种连续介质——以太的机械弹性振动，他于 1835 年以杨氏干涉原理补充了惠更斯波动说，提出惠更斯-菲涅耳原理，进一步解释了光的干涉和衍射现象．1808 年，法国人马吕斯(E. L. Malus)发现了光的偏振现象，托马斯·杨根据这一发现提出光是一种横波．光的干涉、衍射和偏振现象，表明光具有波动性，并且是横波，至此，光的波动说获得了普遍承认．1860 年麦克斯韦(C. Maxwell)的理论研究指出，电场和磁场的变化，不能局限在空间的某一部分，而是以一定的速度传播着，且其在真空中的传播速度等于实验测定的光速——$3\times10^8 \mathrm{m\cdot s^{-1}}$，于是麦克斯韦预言：光是一种电磁波．这一结论在 1892 年被赫兹(H. R. Hertz)的实验所证实，人们才认识到光不是机械波，而是电磁波，波动光学的理论得以完善．

本篇从波动的角度研究光的性质，共分为 3 章．第 15 章讨论光的干涉；第 16 章讨论光的衍射；第 17 章讨论光的偏振．

第 15 章 光的干涉

光的干涉、衍射和偏振特性是光的波动性的主要特征，它们是许多光学仪器和测量技术的基础. 本章研究光的干涉相关问题. 主要讨论光的相干特性、获得相干光的方法以及光干涉的典型实验，这些实验主要包括杨氏双缝干涉、薄膜干涉、劈尖干涉等. 最后简要介绍干涉的应用和干涉仪.

15.1 光的相干特性

15.1.1 光的电磁理论

19 世纪 60 年代，麦克斯韦提出光是一种电磁波，这一结论在 1892 年被赫兹的实验所证实. 通常所说的光学频谱，包括紫外线、可见光、红外线. 能够引起人眼视觉的电磁波称为可见光. 可见光的波长大致在 400～760nm，不同波长的可见光引起的色觉不同，波长与颜色的对应关系如表 15.1 所示.

表 15.1 波长与颜色的对应关系 (单位：nm)

红	橙	黄	绿	青	蓝	紫

760 630 600 570 500 450 430 400

实验证明，能引起眼睛视觉效应和照相底片感光作用的是光波中的电场，所以光学中常把电场强度 $\boldsymbol{E}$ 代表光振动，并把 $\boldsymbol{E}$ 矢量称为光矢量. 光振动指的是电场强度随时间周期性地变化. 人眼或感光仪器所检测到的光的强弱是由平均能流密度决定的，平均能流密度 I 正比于电场强度振幅 E_0 的平方，即平均能流密度(光的强度)

$$I \propto E_0^2 \tag{15.1}$$

通常我们关心的是光强度的相对分布，可设比例系数为 1，故在光的传播空间内任一点光的强度，可用该点光矢量振幅的平方表示，即

$$I = E_0^2 \tag{15.2}$$

我们把真空中的光速 c 和透明介质中的光的传播速度 u 的比值称为介质的折射率，用 n 表示

$$n = \frac{c}{u} = \sqrt{\frac{\varepsilon\mu}{\varepsilon_0\mu_0}} = \sqrt{\varepsilon_r\mu_r} \tag{15.3}$$

光在透明介质中传播时，光速、频率与波长的关系为

$$u = \lambda_n\nu \tag{15.4}$$

式中，λ_n 是光在介质中的波长，ν 是光的频率，光在真空中传播时，频率不变，仍然是 ν. 真空中光速用 c 表示，波长用 λ 表示，据上式有

$$c = \lambda\nu \tag{15.5}$$

由式(15.3)、式(15.4)和式(15.5)可得

$$\lambda_n = \frac{u}{c}\lambda = \frac{\lambda}{n} \tag{15.6}$$

上式表明,光在介质中传播时,其波长为光在真空中波长的$\frac{1}{n}$倍.

15.1.2 普通光源的发光特点

干涉现象是波动过程的基本特征之一. 既然光是电磁波,它也应该具有这一特征. 但是两盏发出黄光的钠光灯照在墙壁上,在光的叠加区域中,却观察不到光的干涉现象,这是什么原因?在前面我们讨论过,**由两个频率相同、振动方向相同、相位差恒定或相位相同的波源发出的波是相干波**. 相应的波源称为相干波源. 对于机械波,其波源可以连续地作简谐振动,发出连续不断的简谐波,相干条件容易满足. 至于光波,由于光源发光的机理复杂,两个普通光源发出的光不能满足相干波的条件,所以上述两个钠光灯所发出的光重叠时观察不到干涉现象.

任何发光的物体统称为光源. 普通光源发光的机理是处于激发态的原子(或分子)的自发辐射,光源中的原子吸收了外界能量而处于能量比较高的状态(激发态),这些激发态是极不稳定的,电子在激发态上存在的时间大约只有10^{-11}~10^{-8}s,随后原子就会自发地回到能量较低的状态(低激发态或基态)以保持系统的稳定. 在此过程中原子将多余的能量以电磁波(光波)的形式向外辐射出去. 此过程称为自发辐射. 每个原子的发光是间歇的,一个原子经一次发光后,只有在重新获得足够能量后才会再次发光. 每次发光的持续时间极短,约为10^{-11}s. 原子每次发射的是一段频率一定、振动方向一定、长度有限的光波,称为光波列. 在普通光源中,各个原子的激发和辐射参差不齐,各自独立,是一种随机过程,因而不同原子在同一时刻所发出的波列在频率、振动方向和相位上各自独立,同一原子在不同时刻所发出的波列之间的频率、振动方向和相位也各不相同. 所以两个普通光源,不能构成相干光源,即使同一光源上不同部分发出的光,也不会发生干涉.

15.1.3 相干光的获得

两个普通光源发出的光是不相干的,要获得相干光,可将光源上同一发光点发出的光波分成两束,使之经历不同的路径再使它们相遇. 由于这两束光是出自同一发光原子或分子的同一光波列,所以它们的频率和初相位必然完全相同,在相遇点,这两束光的相位差是恒定的,振动方向也相同,从而满足相干条件,可以产生干涉现象. 一般获得相干光的方法有两种:**分波阵面法**和**分振幅法**. 前者是从同一波阵面上的不同部分产生的次级波相干,如下面将要讨论的双缝干涉;后者是利用光在透明介质薄膜表面的反射和折射将同一光束分割成振幅较小的两束相干光,如后面要介绍的薄膜干涉.

15.1.4 光的相干性

下面进一步详细地讨论两列光波在它们的相遇区域内发生的干涉现象. 设两个振动

方向相同、频率相同的单色光的振幅和光强分别为 E_{10}、E_{20} 和 I_1、I_2，它们在空间某处 P 相遇，它们的光矢量的大小分别为

$$E_1 = E_{10}\cos(\omega t + \varphi_{10}), \quad E_2 = E_{20}\cos(\omega t + \varphi_{20})$$

其中，φ_{10} 和 φ_{20} 分别为两个光矢量在 P 点的初相位，两个光矢量叠加后合成的光矢量的大小为 $E=E_1+E_2$，合成光矢量的量值为

$$E = E_0\cos(\omega t + \varphi_0)$$

式中，$E_0 = \sqrt{E_{10}^2 + E_{20}^2 + 2E_{10}E_{20}\cos(\varphi_{20} - \varphi_{10})}$，$\varphi_0$ 为合成光矢量的初相位. 由式(15.2)可知

$$I = I_1 + I_2 + 2\sqrt{I_1 I_2}\cos(\varphi_{20} - \varphi_{10}) \tag{15.7}$$

由于分子或原子每次发光持续的时间极短，人眼和感光仪器还不可能在这极短的时间内对两波列之间的干涉做出响应. 我们所观察到的光强是在较长时间 τ 内的平均值

$$I = \frac{1}{\tau}\int_0^\tau [I_1 + I_2 + 2\sqrt{I_1 I_2}\cos(\varphi_{20} - \varphi_{10})]\mathrm{d}t = I_1 + I_2 + 2\sqrt{I_1 I_2}\,\frac{1}{\tau}\int_0^\tau \cos(\varphi_{20} - \varphi_{10})\mathrm{d}t$$

对于上式，分两种情况讨论.

1. 非相干叠加

由于分子或原子发光的间歇性和随机性，τ 时间内，在叠加处随着光波列的大量更替，来自两个独立光源的两束光，或同一光源的不同部位所发出的光的相位差$(\varphi_{20} - \varphi_{10})$瞬息万变，它可以取 0 到 2π 之间的一切数值，且机会均等，因而 $\cos(\varphi_{20} - \varphi_{10})$对时间的平均值为零，故

$$I = I_1 + I_2$$

上式表明来自两个独立光源的两束光，或同一光源不同部位所发出的光，叠加后的光强等于两光束单独照射时的光强 I_1 和 I_2 之和，故观察不到干涉现象.

2. 相干叠加

如果使得两束相干光在光场中各指定点的相位差$(\varphi_{20} - \varphi_{10})$各有恒定值，由式(15.7)知，在相遇空间的 P 点处合成后的光强则始终不变. 对于两波相遇区域的不同位置，其光强的大小将由这些位置的相位差决定，即空间各处光强分布将由干涉项 $2\sqrt{I_1 I_2}\cos(\varphi_{20} - \varphi_{10})$决定，这样将会出现有些地方始终加强$(I > I_1 + I_2)$，有些地方始终减弱$(I < I_1 + I_2)$. 若 $I_1 = I_2$，则合成后的光强为

$$I = 2I_1[1 + \cos(\varphi_{20} - \varphi_{10})] = 4I_1\cos^2\frac{\varphi_{20} - \varphi_{10}}{2} = 4I_1\cos^2\frac{\Delta\varphi}{2}$$

其中，$\Delta\varphi = \varphi_{20} - \varphi_{10}$. 当 $\Delta\varphi = \pm 2k\pi$ 时，这些位置的光强最大$(I = 4I_1)$，称为干涉相长，即亮纹中心；当 $\Delta\varphi = \pm(2k+1)\pi$ 时，这些位置的光强最小$(I=0)$，称为干涉相消.

*15.1.5 时间相干性与空间相干性

1. 相干长度

如上所述，光源向外发射的是有限长的波列，而波列的长度是由原子发光的持续时间和传播速度

确定. 我们可以先来简单考察下后面将要介绍到的杨氏双缝干涉实验,如图 15.4 所示. 光源 S 发射一光波列,这一光波列被干涉装置分为两个波列,这两个波列沿不同路径 r_1,r_2 传播后,又重新相遇. 由于这两列波是从同一列光波分割出来的,它们具有完全相同的频率和一定的相位关系,因此可以发生干涉,并可观察到干涉条纹. 若两路光波列的光程差太大,致使 S_1 和 S_2 到考察点 P 的光程差大于波列的长度,使得一个波列刚到达 P 点时,另一个波列已经过去了,两个波列不能相遇,当然无法发生干涉. 故干涉的必要条件是两光波在相遇点的光程差应小于波列的长度. 可以证明,波列的长度 L 至少应等于最大光程差 $\delta_{\max}$,即

$$L=\delta_{\max}=\frac{\lambda^2}{\Delta\lambda}$$

实际光源所发出的单色光都不是单一的波长,而总是包含某一个很小的波长范围 $\Delta\lambda$,把 $\Delta\lambda$ 称为谱线宽度,而谱线中心处的波长为 λ. 上式表明,波列长度与光源的谱线宽度成反比,即光源的单色性好,光源的谱线宽度 $\Delta\lambda$ 就小,波列长度就越长.

2. 相干时间

对于确定点,若前后两个时刻传来的光波隶属于同一波列,则它们是相干光波,称该光波具有时间相干性,否则为非相干光波,称该光波无时间相干性. 由波列的长度 L 可确定考察点所需的时间 Δt_0,即

$$\Delta t_0=\frac{L}{c}$$

式中,c 为光速. 衡量光波时间相干性好坏在于 Δt_0 的长短,Δt_0 称为相干时间,从上式可看出,它是通过相干长度所需的时间. 上述讨论表明,光波的时间相干性是和光源的单色性紧密相关的.

从普通光源的不同部位发出的光是不相干的,在杨氏干涉实验中,需要用点光源或线光源,才能得到满意的干涉条纹. 但是实际的线光源都是有一定宽度的,它们将影响干涉条纹清晰程度.

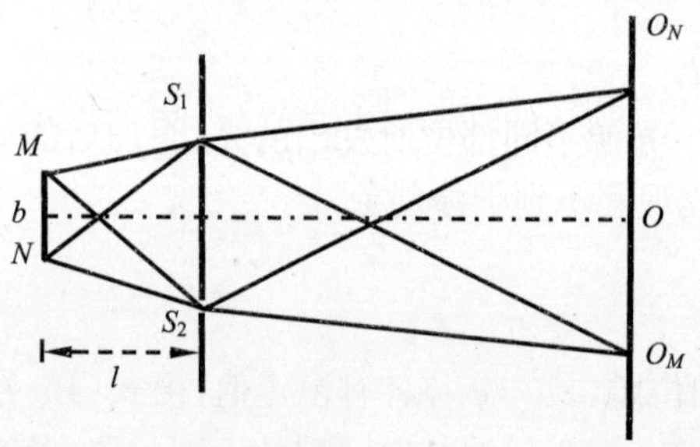

图 15.1

设光源是宽度为 b 的带状光源,相对于双缝 S_1 和 S_2 对称地放置,如图 15.1 所示. 整个带状光源可以看成许多并排的线光源组成,这些线光源是不相干的,每条线光源在屏上都要产生一套自己的干涉条纹. 这些线光源产生的干涉条纹的间距是相等的,但是它们的零级明条纹不在同一处. 带状光源上边缘 M 处的线光源在屏上的零级干涉明条纹是在 O_M 处. 同样 N 处线光源的零级明条纹是在 O_N 处. 因此,这些不相干的线光源在屏上的干涉条纹是彼此错开的,这就使得总的干涉条纹的明暗对比下降.

设带状光源到双缝的距离为 l,双缝 S_1 和 S_2 间距为 d,单色光波长为 λ,计算表明,当带状光源 b 满足

$$b=\frac{l\lambda}{d}$$

这时屏上呈现明暗均匀图样,干涉条纹消失. 满足上式的光源宽度 b 称为临界宽度. 因此,要想得到清晰的干涉条纹,必须满足

$$b<\frac{l\lambda}{d}$$

如果光源宽度 b 保持不变,则双缝间距要满足

$$d<\frac{l\lambda}{b}$$

才能出现干涉条纹. 当$d>\frac{l\lambda}{b}$,干涉条纹模糊,这时S_1和S_2就不能成为相干光源. 双缝间距这一限值,决定了光的空间相干性.

如果光源宽度b很小,即使d较大,也总能满足$d<\frac{l\lambda}{b}$的条件,得到满意的干涉条纹,此时称这种光源的**空间相干性好**.

如果光源线度b较大,是一个扩展光源,即使d相当小,也不能得到满意的干涉条纹,这种光源的空间相干性就差.

一般认为,光源宽度b不超过临界宽度的$\frac{1}{4}$,即光源宽度

$$b<\frac{l\lambda}{4d}$$

干涉条纹的清晰度是相当好的.

15.1.6 光程与光程差

干涉现象的产生,决定于两束相干光波的相位差. 当两束相干光都在同一均匀介质中传播时,它们在相遇处叠加时的相位差,仅决定于两光波之间的几何路程之差. 但是,在当两束相干光通过不同介质时(如光从空气透入薄膜)两束相干光间的相位差就不能单纯由它们的几何路程之差来决定. 为此,需要介绍光程与光程差的概念.

由于光每传过一个波长的距离,相位变化为2π,若光在介质中传播的几何路程为r,那么相应的相位变化为$\frac{2\pi}{\lambda_n}r=\frac{2\pi}{\lambda}nr$. 由此可见,当光在不同的介质中传播时,即使传播的几何路程相同,但相位的变化是不同的.

设从同相位的相干光源S_1和S_2发出的两束相干光,分别在折射率为n_1和n_2的介质中传播,相遇点P与光源S_1和S_2距离分别为r_1和r_2,如图15.2所示. 则两光束到达P点的相位之差为

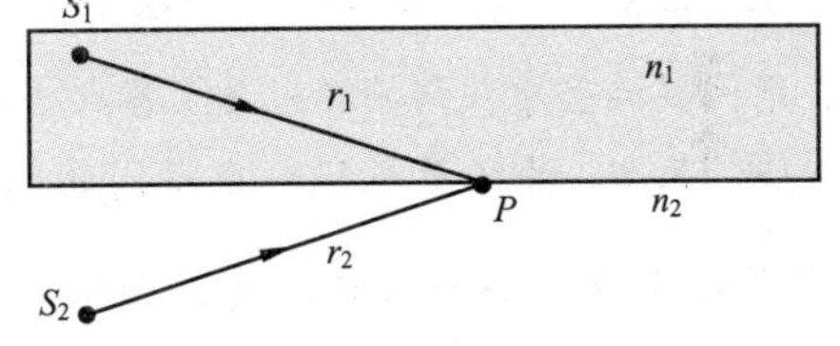

图15.2 两束相干光在不同介质中传播

$$\Delta\varphi=\frac{2\pi r_1}{\lambda_{n_1}}-\frac{2\pi r_2}{\lambda_{n_2}}=\frac{2\pi}{\lambda}(n_1r_1-n_2r_2)$$

上式表明,两相干光束通过不同的介质时,决定其相位差的因素有两个:一是两光波经历的几何路程r_1和r_2;二是所经介质的折射率n_1和n_2. 我们把光在某一介质中所经过的几何路程r和该介质的折射率n的乘积nr称为光程. 当光通过几种介质时

$$光程=\sum_i n_ir_i$$

在均匀介质中,$nr=\frac{c}{u}r=ct$,因此光程可认为是在相同时间内,光在真空中通过的路程. 引进光程的概念后,我们就可将光在介质中经过的路程折算为光在真空中的路程,这样便可统一用真空中的波长λ来比较两束光波经历不同介质时所引起的相位改变. 若令$\Delta=n_1r_1-n_2r_2$,称为**光程差**. 则两束光到达P点的相位差为

$$\Delta\varphi=\frac{2\pi}{\lambda}\Delta$$

在上式中,不论光在何种介质中传播,λ 均是光在真空中的波长.

在光干涉和衍射实验中常用到薄透镜,用它来实现光的会聚. 那么透镜的存在会引起不同光束的光程差吗? 不会. 平行光通过薄透镜后,将会聚在焦平面的焦点上,形成一亮点. 这一事实说明,平行光波面上各点(图 15.3(a)中点 A、B、C)的相位相同,它们到达焦平面上的会聚点 F 后相位仍然相同,因而相互加强成亮点. 同样,图 15.3(b)也是如此. 这就是说,从 A、B、C 各点到 $F(F')$ 点的光程都是相等的,即平行光束经过透镜后不会引起附加的光程差. 这就是透镜的等光程性.

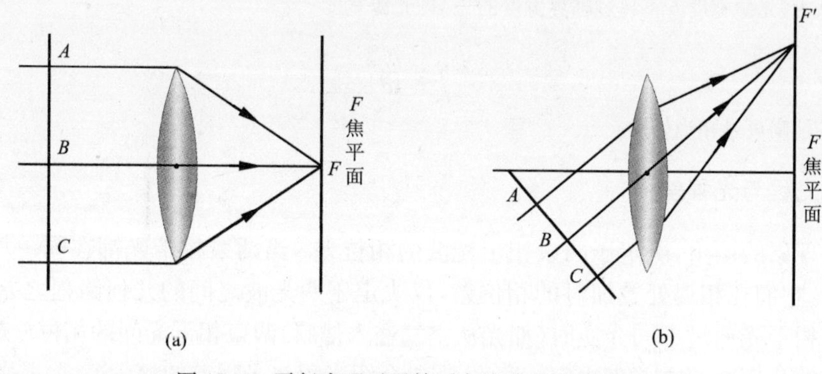

图 15.3　平行光通过透镜后各光线的光程相等

思考题

思 15.1　实验室中常以点光源来讨论多种分波面干涉装置,而实际干涉装置常采用缝光源. 请问实验室中获得的缝光源上各点是完全相干的? 还是完全非相干的? 或部分相干的?

思 15.2　什么是光程? 在不同的均匀介质中,若单色光通过的光程相等时,其几何路程是否相同? 其所需时间是否相同? 在相位差与光程差的关系式 $\Delta\varphi=\frac{2\pi}{\lambda}\Delta$ 中,光波的波长要用真空中的波长,为什么?

15.2　光的分波面干涉

15.2.1　杨氏双缝干涉

1801 年,托马斯·杨首先用实验获得了两列相干光波,研究了光的干涉现象. 实验装置如图 15.4 所示,在普通单色光源(如钠光灯)前面,先放置一个开有小孔 S 的屏,再放置一个开有两个相距很近的小孔 S_1 和 S_2 的屏,就可以在较远的接收屏上观测到干涉图样. 根据惠更斯原理,小孔 S 可看成是发射球面波的点光源. 如果 S_1,S_2 处于该球面波的同一波阵面上,则它们的相位相同. 显然,S_1,S_2 是满足相干条件的两个相干点光源,由它们发出的子波将在相遇区域发生干涉. 为了提高干涉条纹的亮度,后来人们改用狭缝代替小孔 S 以及 S_1、S_2,即用柱面波代替球面波,这种实验就叫双缝干涉实验. 当激光问世以后,利用它的相干性好和亮度高的特性,直接用激光束照射双孔,便可在屏幕上获得清晰明亮的干涉条纹.

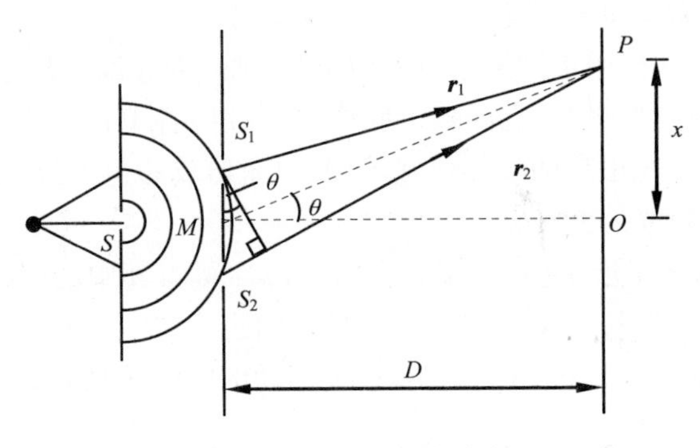

图 15.4 杨氏双缝干涉

现在对双缝干涉条纹的位置作定量分析. 如图 15.4 所示,S_1 与 S_2 之间的距离为 d,到接收屏的距离为 D,MO 是 S_1、S_2 的中垂线. 在接收屏上任取一点 P,设 P 点离 O 点距离为 x,P 点到 S_1、S_2 的距离分别为 r_1、r_2,$\angle PMO=\theta$. 在实验中,一般 $D\gg d$,θ 很小,所以从 S_1 与 S_2 发出的光到达 P 点的光程差为

$$\Delta = r_2 - r_1 \approx d\sin\theta \approx d\tan\theta = d\,\frac{x}{D} \tag{15.8}$$

由干涉加强和干涉减弱的条件,有

$$\Delta = r_2 - r_1 = \begin{cases} \pm k\lambda, & k = 0,1,2,\cdots \\ \pm(2k-1)\lambda/2, & k = 1,2,3,\cdots \end{cases} \tag{15.9}$$

即当 P 点到双缝的波程差为波长的整数倍时,P 点处将出现明条纹. 其中,k 称为干涉级,$k=0$ 的明条纹称为零级明条纹或中央明条纹;$k=1,2,\cdots$对应的明条纹分别称第 1 级明纹、第 2 级明纹……当 P 点到双缝的波程差为半波长的奇数倍时,P 点处出现暗条纹,$k=1,2,\cdots$称为第 1 级暗纹、第 2 级暗纹……波长差为其他值时,各点光强介于明与暗之间. 因此,可以在观察屏上看到明暗相间的稳定的干涉条纹.

将式(15.9)代入式(15.8),可得明条纹中心在屏上的位置为

$$x = \pm k\,\frac{D}{d}\lambda, \quad k = 0,1,2,\cdots$$

暗纹中心的位置为

$$x = \pm(2k-1)\,\frac{D}{d}\cdot\frac{\lambda}{2}, \quad k = 1,2,\cdots$$

两相邻明纹或暗纹间的距离(条纹间距)均为

$$\Delta x = x_{k+1} - x_k = \frac{D}{d}\lambda$$

由以上分析可知,双缝干涉条纹有如下特点:

(1) 屏上明暗条纹的位置是对称分布于屏幕中心 O 点两侧且平行于狭缝的直条纹,明暗条纹交替排列.

(2) 相邻明纹和相邻暗纹的间距相等,与干涉级 k 无关. 条纹间距 Δx 的大小与入射光波长 λ 及缝屏间距 D 成正比,与双缝间距 d 成反比.

因此,当 D,d 一定时,用不同的单色光做实验,则入射光波长越小,条纹越密;波长越大,条纹越稀. 如果用白光照射,则屏幕上除中央明纹因各单色光重合而显示白色外,其他各级条纹由于各单色光出现明纹的位置不同,因而形成彩色条纹. 此外,还可由 Δx 的精确测量而推算出单色光的波长 λ.

例 15.1 杨氏双缝干涉实验中,用一个云母薄片覆盖其中的一条狭缝,干涉条纹将如何移动? 若入射光的波长为 $\lambda=550\text{nm}$,双缝的间距为 $d=3.0\text{mm}$,双缝到屏幕的距离为 $D=2.5\text{m}$,云母片的折射率为 $n=1.58$,条纹移动的距离为 $\Delta x=2.5\text{mm}$. 求云母片的厚度 e.

解 (1)原来的双缝干涉中,出现明条纹的条件为

$$\Delta = r_2 - r_1 = \frac{xd}{D} = k\lambda,\quad x = \frac{kD\lambda}{d}$$

若云母片覆盖其中一条狭缝(例如,上边的狭缝),两条光束的光程差为

$$\Delta' = r_2 - r_1 - (n-1)e = \frac{x'd}{D} - (n-1)e$$

出现明条纹的条件为

$$\Delta' = \frac{x'd}{D} - (n-1)e = k\lambda$$

$$x' = \frac{kD\lambda}{d} + \frac{De(n-1)}{d}$$

由

$$\Delta x = x' - x = \frac{De(n-1)}{d} > 0$$

可知若云母片覆盖上边的狭缝,条纹向上移动;覆盖下边的狭缝,条纹向下移动.

(2) 因

$$\Delta x = x' - x = \frac{De(n-1)}{d}$$

所以

$$e = \frac{d}{D} \times \frac{|x'-x|}{n-1} = \frac{3.0\times10^{-3}}{2.5} \times \frac{2.5\times10^{-3}}{1.58-1} = 5.17\times10^{-6} = 5.17(\mu\text{m})$$

*15.2.2 应用分波阵面方法的其他实验

历史上,有很多利用分波阵面的方法获得干涉现象的实验,这些实验的基本思想与杨氏实验类似.

1. 劳埃德镜实验

劳埃德(H. Lloyd)于 1834 年提出了一种简单的观察干涉的装置,如图 15.5 所示. MN 为一块平玻璃板,用作反射镜,S 是一狭缝光源,从光源发出的光波,一部分掠射(入射角接近 90°)到平玻璃板上,经玻璃表面发射到达屏上;另一部分直接射到屏上. 反射光可看成是由虚光源 S' 发出的. S 和 S' 构成一

对相干光源，它们也是分割波阵面得到的．于是在屏上叠加区域内出现明暗相间的等间距的干涉条纹．

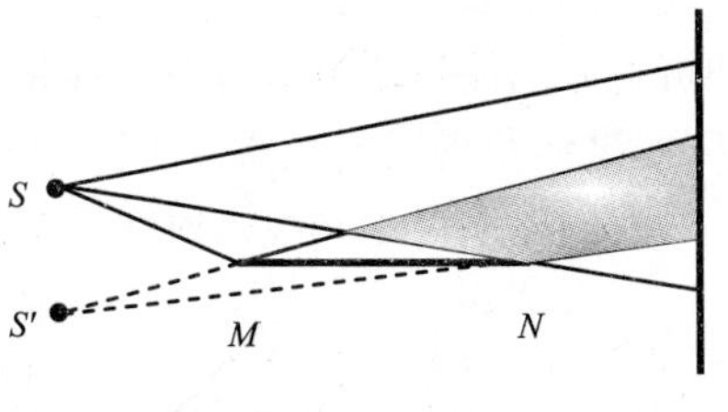

图 15.5 劳埃德镜

若将观察屏移到和反射镜边缘 N 接触时，从 S 和 S' 发出的光到达 N 的光程相等，该处应该出现明纹，但实验结果却是暗纹，其他的条纹也有相应的变化．这说明由镜面反射出来的光和直接射到屏上的光在 N 处的相位相反，即相位差为 π．由于直射光的相位不会变化，所以只能认为光从空气射向玻璃平板发生反射时，反射光的相位改变了 π．应用光的电磁理论，可以得出与实验一致的结论．当光以 0°或接近 90°的入射角从光疏介质(折射率较小的介质)入射到光密介质(折射率较大的介质)表面反射时，反射波的相位与入射波的相位会产生 π 的相位突变，这一变化导致了反射光的光程在反射过程中附加了半个波长，这一现象被称为**半波损失**.

当光从光密介质入射向光疏介质界面时，在反射中不产生半波损失，而且在任何情况下，透射光均没有半波损失.

2. 菲涅耳双面镜实验

菲涅耳也进行了很多类似实验，其中比较主要的是双面镜实验．菲涅耳双面镜由两个夹角很小的平面镜组成，如图 15.6 所示．从狭缝光源 S 发出的光波，经平面镜 M_1 和 M_2 反射后，分成向不同方向传播的两束光，等效于从两相干虚光源 S_1 和 S_2 发出的光，由于 M_1 和 M_2 之间的夹角很小，在两波交叠区域内将产生干涉.

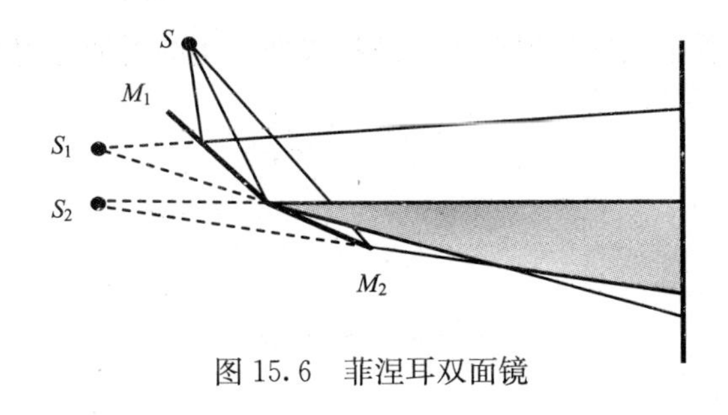

图 15.6 菲涅耳双面镜

思考题

思 15.3 上文中的杨氏干涉实验、劳埃德镜干涉实验和菲涅耳双面镜干涉实验都将点光源换为缝光源，试问：(1) 缝光源与点光源相比有什么好处？(2) 缝光源的走向该怎么样，才能使条纹即明亮又清晰？(3) 为什么对缝光源的宽度要限制？对它的长度需要限制吗？

15.3 光的分振幅干涉

15.3.1 薄膜干涉

日常生活中经常能见到各种薄膜干涉现象，如阳光照射下的肥皂膜、水面上的油膜以及许多昆虫(如蜻蜓、蝴蝶等)翅膀上所呈现出来的彩色花纹．薄膜干涉现象是由于光在薄膜的两个表面上反射后在空间的一些区域内相遇而产生的. 薄膜干涉时,由于反射波和折射波的能量是由入射波的能量分出来的,因此可以认为入射波的振幅被分割成若干部分,这样获得相干光的方法被称为**分振幅法**.

我们先来讨论光线入射在厚度均匀的薄膜上产生的干涉现象. 如图 15.7 所示,在折射率为 n_1 的均匀介质中,有一折射率为 n_2 的平行平面透明介质薄膜,其厚度为 e. 设 $n_2>n_1$,从单色扩展光源(或面光源)上的 S_1 发光点发出一条光线以入射角 i 投射到薄膜的上表面,一部分被上表面反射,另一部分折射进入下表面,被下表面反射后又经过折射回到入射空间. 当薄膜厚度很小时,由反射和折射定律可知,在入射空间的两条反射光线相互平行,因此只能在无穷远处相交而产生干涉. 实际应用时,通常利用透镜将这两条光线聚焦在透镜的焦平面上,以获得干涉条纹. 严格说来,一束入射光在薄膜内可相继发生多次反射和折射,应考虑多束反射光和折射光间的干涉,但由于多次反射后光的强度将迅速下降,因此在通常情况下不予考虑,并认为参与干涉的两光束振幅相等.

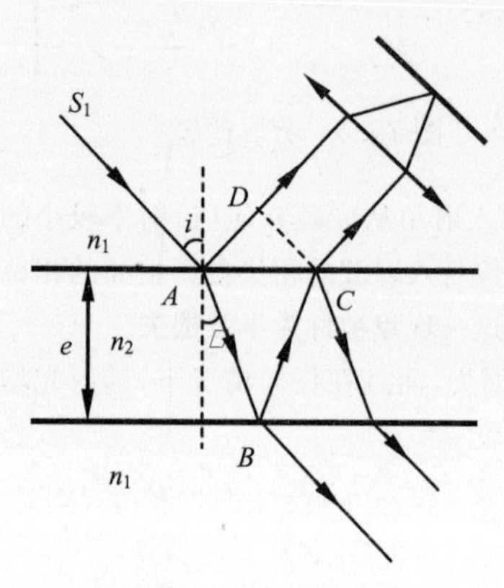

图 15.7 薄膜干涉

由图 15.7 可知,在薄膜上、下表面反射后的两束平行光线之间的光程差为

$$\Delta = n_2(AB + BC) - n_1 AD + \lambda/2$$

其中,$\lambda/2$ 是光线在薄膜上表面反射时因半波损失而产生的附加光程差. 由图 15.7 可见

$$AB = BC = \frac{e}{\cos\gamma}$$

$$AD = AC\sin i = 2e\tan\gamma \cdot \sin i$$

根据折射定律

$$n_1 \sin i = n_2 \sin\gamma$$

可得两束光的光程差为

$$\Delta = 2n_2\frac{e}{\cos\gamma} - 2n_1 e\tan\gamma \cdot \sin i + \frac{\lambda}{2} = 2e\sqrt{n_2^2 - n_1^2\sin^2 i} + \frac{\lambda}{2}$$

当光程差为波长的整数倍时,即

$$\Delta = 2e\sqrt{n_2^2 - n_1^2\sin^2 i} + \frac{\lambda}{2} = k\lambda \quad (k = 1,2,3,\cdots)$$

两反射光干涉相长,k 为明条纹的级次.

当光程差为半波长的奇数倍时,即

$$\Delta = 2e\sqrt{n_2^2 - n_1^2\sin^2 i} + \frac{\lambda}{2} = (2k+1)\frac{\lambda}{2} \quad (k = 0,1,2,\cdots)$$

反射光干涉相消,k 为暗条纹的级次.

针对光程差 $\Delta=2e\sqrt{n_2^2-n_1^2\sin^2 i}+\dfrac{\lambda}{2}$,我们讨论以下几点:

(1) 当 e 为常量(厚度均匀的薄膜)时,光程差由入射角 i 决定,i 相等的入射光产生同一条纹，这样的干涉称为等倾干涉；

(2) 当 i 为常量(平行光入射)、薄膜厚度不均匀时，薄膜厚度相同处出现同一条纹，这样的干涉称为等厚干涉；

(3) 当 $i=0$ 时，光程差 $\Delta=2en_2+\dfrac{\lambda}{2}$.

例 15.2 在一光学元件的玻璃(折射率 $n_3=1.50$)表面上镀一层厚度为 e、折射率为 $n_2=1.38$ 的氟化镁薄膜，为了使入射白光中人眼最敏感的黄绿光($\lambda=550\text{nm}$)反射最小，试求薄膜的厚度.

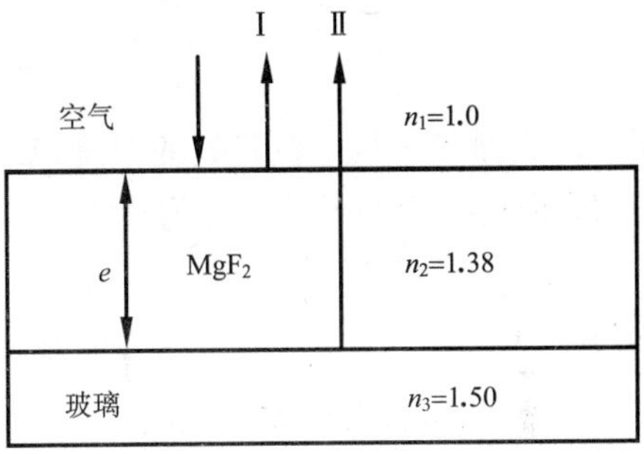

解 如图 15.8 所示，由于 $n_1<n_2<n_3$，氟化镁薄膜的上、下表面反射的Ⅰ、Ⅱ两光均有半波损失. 设光线垂直入射，则Ⅰ、Ⅱ两光的光程差为

$$\delta = 2n_2e$$

图 15.8

要使黄绿光反射最小，即Ⅰ、Ⅱ两光干涉相消，于是

$$\Delta = 2n_2e = (2k+1)\frac{\lambda}{2}$$

应控制的薄膜厚度为

$$e = \frac{(2k+1)\lambda}{4n_2}$$

其中，薄膜的最小厚度($k=0$ 时)为

$$e_{\min} = \frac{\lambda}{4n_2} = \frac{550\text{nm}}{4\times 1.38} = 100\text{nm} = 0.1\mu\text{m}$$

即氟化镁的厚度为 $0.1\mu\text{m}$ 或 $(2k+1)\times 0.1\mu\text{m}$，都可使这种波长的黄绿光在两界面上的反射光干涉减弱. 根据能量守恒定律，反射光减少，透射的黄绿光就增强了.

15.3.2 劈尖干涉　牛顿环

下面我们来讨论光线入射在厚度不均匀的薄膜上所产生的干涉现象. 通常我们在肥皂膜、油膜表面看到的就是这类干涉现象. 在实验室中，通常利用平行光垂直入射获得此类干涉现象，最常见的是劈尖干涉和牛顿环.

1. 劈尖干涉

膜的上下表面都是平面，两平表面间有一很小的夹角，这样的膜称为劈尖，如图 15.9 所示，两平面的交线称为棱边，其夹角 θ 称为劈角. 当平行光垂直入射时，在膜的上下表面产生的反射光可以在膜的上表面处相遇而产生干涉. 由于劈形膜的顶角很小，可以近似把上下表面反射的两束光看成均沿垂直方向向上传播，由此可得两反射光之间的光程差为

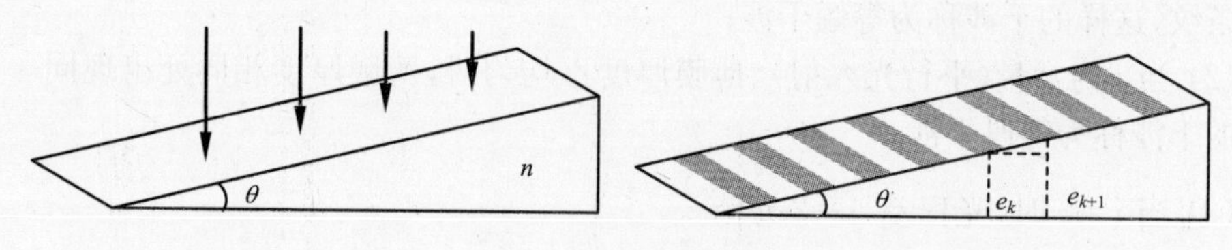

图 15.9 劈尖干涉

$$\Delta = 2ne + \frac{\lambda}{2}$$

式中,e 是薄膜上某一位置处的厚度;$\lambda/2$ 是光在空气膜的下表面反射时的半波损失. 于是两表面反射光的干涉条件为

$$\Delta = 2ne + \frac{\lambda}{2} = \begin{cases} k\lambda, & k = 1,2,3,\cdots(\text{明条纹}) \\ (2k+1)\lambda/2, & k = 0,1,2,\cdots(\text{暗条纹}) \end{cases}$$

由此可见,凡劈尖上厚度相同的地方,两反射光的光程差都相等,都与一定的明纹或暗纹的 k 值相对应,因此这些条纹为**等厚干涉条纹**,这样的干涉称为等厚干涉. 劈尖干涉条纹应为平行于棱边的直条纹,条纹级次随膜厚的增加而增加. 若相邻两干涉条纹所对应的厚度分别为 e_k 和 e_{k+1},则相邻条纹所对应的薄膜厚度之差为

$$\Delta e = e_{k+1} - e_k = \frac{\lambda}{2n}$$

如图 15.9 所示,相邻条纹的间距

$$l = \frac{e_{k+1} - e_k}{\sin\theta} = \frac{\lambda}{2n\sin\theta} \approx \frac{\lambda}{2n\theta}$$

从上式可以看出,干涉条纹是等间距的,而且 θ 越小,干涉条纹越疏;θ 越大,干涉条纹越密. 如果劈尖的夹角太大,干涉条纹将密集得无法看清,因此劈尖干涉只能在 θ 很小时才能看到.

由以上结论可知,如果已知劈尖的夹角,那么测出干涉条纹的间距 l,就可以计算出单色光的波长. 同样,如果已知单色光的波长,那么就可以计算出微小的角度. 利用这个原理,可以测定细丝的直径或薄片的厚度. 利用等厚干涉原理还可以检测物体表面的平整度. 比如,在凹凸不平的玻璃板上放一块光学平板玻璃块,根据所显示的等厚干涉条纹的形状和间距,能够判断其表面的情况.

2. 牛顿环

牛顿环装置如图 15.10 所示,将一曲率半径相当大的平凸透镜叠放在一平板玻璃上,则在透镜与平板玻璃之间形成一个上表面为球面、下表面为平面的厚度不均匀的空气膜. 当单色平行光垂直地入射时,由于空气膜上、下表面两反射光发生干涉,可以形成等厚的干涉条纹. 条纹是以接触点 O 为圆心的一组明暗相间间距不等的同心圆环,称为牛顿环,如图 15.11 所示.

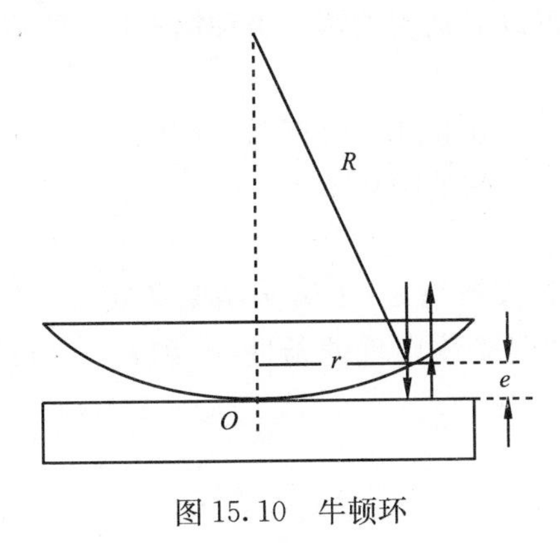

图 15.10　牛顿环

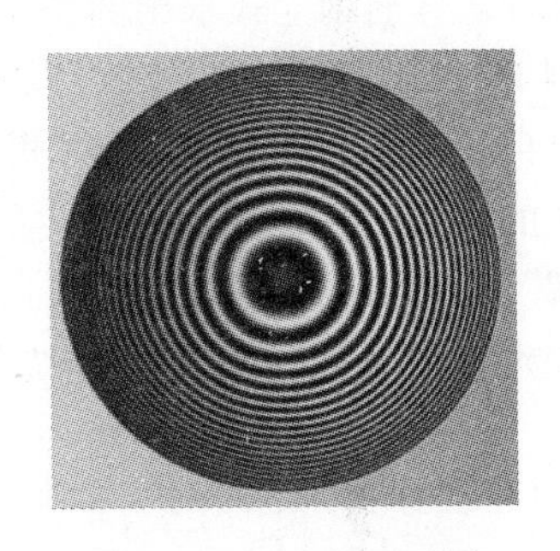
图 15.11　牛顿环图样

由于透镜的曲率半径很大,因此在空气膜上下表面反射的两束光的光程差与劈尖的情形相似,可表示为

$$\Delta = 2e + \frac{\lambda}{2}$$

于是两表面反射光的干涉条件为

$$\Delta = 2e + \frac{\lambda}{2} = \begin{cases} k\lambda, & k = 1,2,3,\cdots(\text{明纹}) \\ (2k+1)\lambda/2, & k = 0,1,2,\cdots(\text{暗纹}) \end{cases}$$

在接触点 O,由于膜厚为零,由上面的暗纹条件可知,牛顿环的中心是一个暗斑,由中心沿半径向外,由于膜厚的变化是非线性的,因此条纹将呈内疏外密分布. 由图 15.10 可以看出

$$r^2 = R^2 - (R-e)^2 = 2Re - e^2$$

因为 $R \gg e$,可略去 e^2 项,于是

$$e = \frac{r^2}{2R}$$

由此得牛顿环明纹和暗纹的半径分别为

$$r = \sqrt{\frac{(2k-1)R\lambda}{2}}, \quad k = 1,2,3,\cdots(\text{明纹})$$

$$r = \sqrt{kR\lambda}, \quad k = 0,1,2,\cdots(\text{暗纹})$$

上式表明,k 值越大,环的半径越大,但相邻明环(或暗环)的半径之差越小,即随着牛顿环半径的增大,条纹变得越来越密.

对于第 k 级和第 $k+m$ 的暗环

$$r_k^2 = kR\lambda$$

$$r_{k+m}^2 = (k+m)R\lambda$$

$$r_{k+m}^2 - r_k^2 = mR\lambda$$

由此可得透镜的曲率半径

$$R = \frac{r_{k+m}^2 - r_k^2}{m\lambda}$$

所以在实际测量平凸透镜的曲率半径 R 时,可以分别测出第 k 级和第 $k+m$ 的暗环的半径 r_k 和 r_{k+m},利用上式求出曲率半径.

例 15.3　利用劈尖干涉可以测量微小角度. 如图 15.12 所示,折射率 $n=1.4$ 的劈尖在某单色光的垂直照射下,测得两相邻明条纹之间的距离是 $l=0.25\text{cm}$. 已知单色光在空气中的波长 $\lambda=700\text{nm}$,求劈尖的顶角 θ.

解　在劈尖的表面上,如图 15.12,取第 k 级和第 $k+1$ 级两条明条纹,用 e_k 和 e_{k+1} 分别表示这两条明纹所在处劈尖的厚度. 按明条纹出现的条件,e_k 和 e_{k+1} 应满足下列两式

$$2ne_k+\frac{\lambda}{2}=k\lambda$$

$$2ne_{k+1}+\frac{\lambda}{2}=(k+1)\lambda$$

两式相减,得

$$n(e_{k+1}-e_k)=\frac{\lambda}{2}$$

$$e_{k+1}-e_k=\frac{\lambda}{2n} \quad ①$$

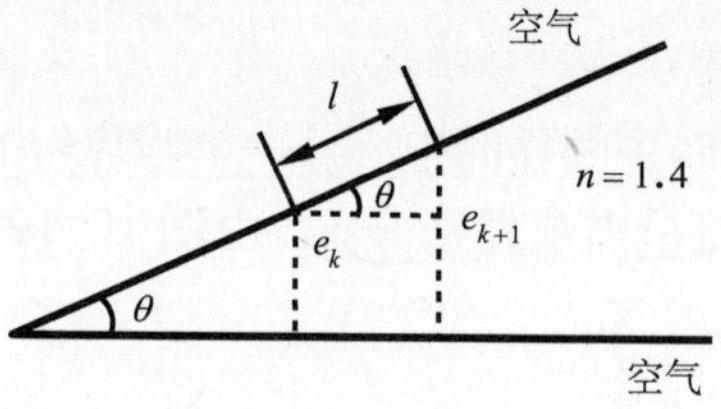

由图 15.12 可知$(e_{k+1}-e_k)$与两相邻明纹间隔 l 之间的关系为

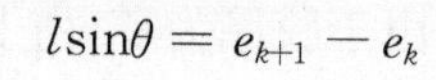

$$l\sin\theta=e_{k+1}-e_k$$

将其代入①得

$$\sin\theta=\frac{\lambda}{2nl}$$

图 15.12

将 $n=1.4$,$l=0.25\text{cm}$,$\lambda=7\times10^{-5}\text{cm}$,代入上式得

$$\sin\theta=\frac{7\times10^{-5}}{2\times1.4\times0.25}=10^{-4}$$

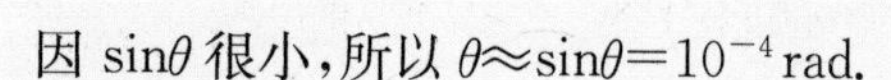

因 $\sin\theta$ 很小,所以 $\theta\approx\sin\theta=10^{-4}\text{rad}$.

思考题

思 15.4　在牛顿环干涉实验中,如果不是从上方观察,而是在透射光方向观察是否也能看到干涉图样? 如果能,请问图样形状如何? 与从上方观察的图样有什么不同?

*15.4　光的干涉的应用与干涉仪

15.4.1　干涉的应用

1. 检验工件表面的平整度

加工业中常常需要加工一些很平的平面,对于已加工好的平面需要进行检验. 利用薄膜干涉检验平面平整程度的方法是在加工面上覆盖一块具有标准平面的玻璃板,使它们之间形成一劈尖形空气薄

膜，然后用单色光垂直照射，在反射方向观察. 如果待检验平面是平整度很好的平面，则可观察到空气薄膜处有非常均匀的明暗相间的平行直线状干涉条纹；否则干涉条纹是扭曲的，从干涉条纹的扭曲程度和扭曲走向，可以判断待检验面偏离平面的情况.

2. 测定涉及长度的一些量

只要把一些待测的量与薄膜的厚度联系起来，就可以通过对干涉条纹的测量得出该待测量. 例如，测细丝的直径、透镜的曲率半径、膜的厚度、劈尖的微小劈角等.

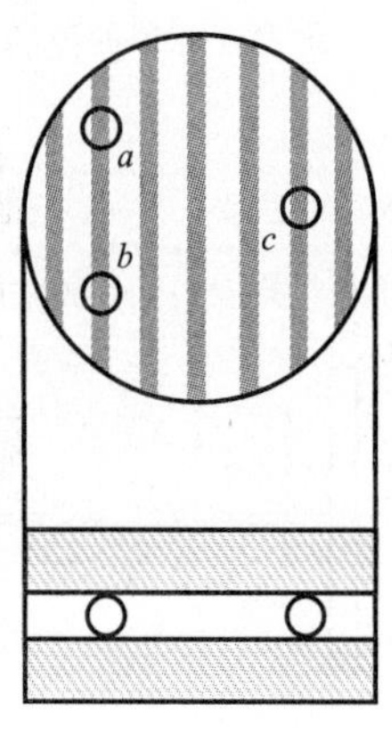

图 15.13

检验小滚珠的干涉装置如图 15.13 所示. 在两块平玻璃之间放有三颗小滚珠 a,b,c，在单色光垂直照射下，形成如图所示的干涉条纹. 由此可得出关于三颗小滚珠一些什么结论？滚珠 a 和 b 在同一暗纹上，它们的直径相同；滚珠 c 和 a,b 之间相差 4 个条纹，相邻暗纹之间薄膜的厚度相差半个波长，因此滚珠 c 与 a,b 的直径相差 2λ，约 10^{-4}cm；然而不能得出 c 的直径究竟比 a,b 的直径大还是小. 在两块玻璃板之间轻轻压一下（只需要轻轻压），可以看出干涉条纹微小移动，根据条纹移动的走向就可以确定哪一颗滚珠的直径大.

测量长度的千分尺（螺旋测微器）在直接测量中是最为精密的，可精确到 10^{-3}cm，估读到下一位，即 10^{-4}cm. 上述干涉计量至少可精确到半个波长的量级，约 10^{-5}cm，可估读到 10^{-6}cm，甚至 10^{-7}cm，可见干涉计量更为精确.

3. 增透膜

一些较高级的照相机镜头上有一层紫红色的膜，称为增透膜，其作用是增加投射光强，减少反射损失. 通常当光入射到两种透明介质的界面上时，反射光强约为 5%，透射光强约为 95%. 一般光学仪器有多块透镜. 例如，有的相机镜头有 6 个透镜，12 个界面，总的投射光强只有 $0.95^{12}\approx 0.55$，即有将近一半的光强损失掉；潜水艇上使用的潜望镜有 20 个镜片，40 个界面，投射光强只有 $0.95^{40}\approx 0.13$，也就是说反射损失达到近 90%. 此外，由于光在各界面上反复反射产生的杂散光，使成像质量变坏. 因此消除或减少光的反射是光学仪器制造中的一个重要问题.

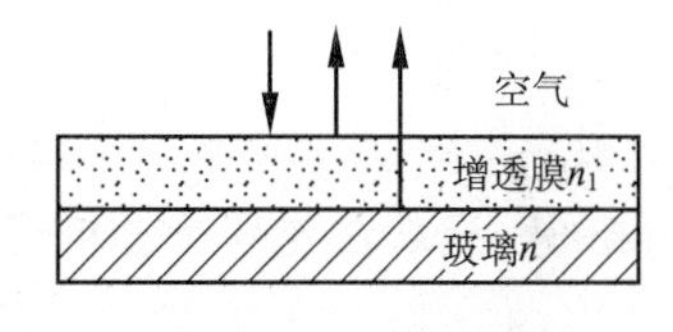

图 15.14　增透膜

增透膜的作用原理可从干涉的角度来理解. 如图 15.14 所示，它是在透镜表面上蒸镀一层透明的薄膜，其折射率 n_1 小于玻璃的折射率 n，于是光在薄膜两表面反射的情况相同，都是从光疏介质到光密介质的反射，两反射光之间没有半波损失，光程差为

$$\Delta = 2n_1 e$$

式中，e 为薄膜的厚度. 要使增透膜起到消反射、增透射的作用，它必须满足两个条件. 一是反射的两束光强相等，即两束反射光的振幅相等. 理论上可以证明这要求 $n_1=\sqrt{n_0 n}$，其中 n_0 为空气折射率，按 $n_0=1$，$n=1.52$，得 $n_1=1.23$，实际中没有找到折射率如此小的介质. 实际中折射率最小的介质是氟化镁（MgF_2），其折射率为 1.38，是比较接近的. 二是两束反射光的光程差满足干涉相消条件，即 $2n_1 e=\lambda/2$. 通常人眼或感光材料都对波长为 550nm 附近的黄绿光比较敏感，消反射也是对这种光进行，而其他波长的光不能很好满足相消条件，因此增透膜看起来呈紫红色. 采用 MgF_2 制成的增透膜使反射损失从 5%减少到 1.3%.

实际中有时提出相反的需求，即尽量减低透射、提高反射率，这同样可以通过镀膜来实现. 这种增加光的反射率的膜称为增反膜. 一定厚度的膜只能对一定波长的光满足增加透射或增加反射的条件，对于不同波长的光是不可能全部满足增加透射或增加反射的条件的. 为了使较宽波长范围的光都能达到增加透射或增加反射的目的,通常采用在表面上交替镀以多层高、低折射率膜的方法.

15.4.2 迈克耳孙干涉仪

迈克耳孙干涉仪的基本思想是分振幅方法,其结构如图15.15所示. 平面反射镜 M_1 和 M_2 安置在相互垂直的两臂上,M_2 固定不动,M_1 可沿臂的方向作微小移动. 与一臂成45°安置有两块完全相同的平行平板玻璃 G_1 和 G_2. G_1 为半透半反镜,可以将入射光分成强度相等的投射光1和反射光2;G_2 起补偿光程的作用,使分束后的光线1与光线2一样,两次通过平板玻璃,从而保证光线1′和2′会聚时的光程差与 G_1 的厚度无关. 透射光1被 M_1 反射后又被分束器反射,成为光线1′进入观察系统 E. M_1' 是 M_1 对 G_1 反射所成的虚像,光线1′犹如反射自 M_1'. 反射光2则被 M_2 反射后又经分束器透射,成为光线2′进入观察系统 E. 所以1′和2′是相干光,它们相遇时可以形成干涉现象.

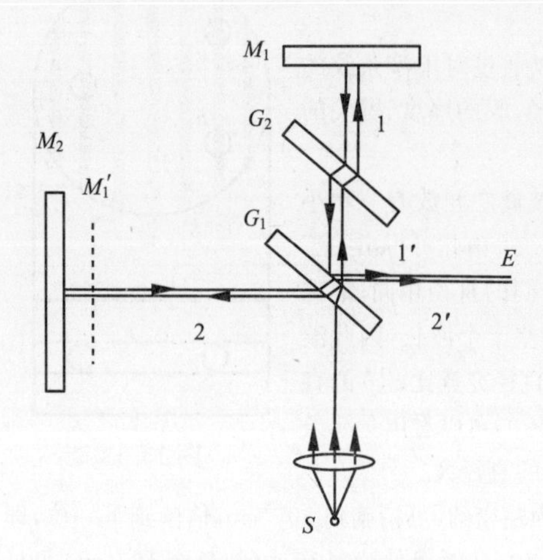

图15.15　迈克耳孙干涉仪

当 M_1 和 M_2 相互严格垂直时,M_1' 和 M_2 之间形成厚度均匀的空气膜,这时可以观察到等倾干涉现象. 当 M_1 和 M_2 不严格垂直时,M_1' 和 M_2 之间形成空气劈尖,可以观察到等厚干涉现象.

迈克耳孙干涉仪可精确测定微小位移. 当 M_1 的位置发生微小变化时,M_1' 和 M_2 之间的空气劈保持夹角不变,但厚度发生变化. 在 E 处可观察到等厚干涉条纹的平移. 当 $M_1(M_1')$ 的位置变化了半个波长时,视场中某一处将移过一个明(或暗)条纹. 当连续移过 N 个干涉条纹时,M_1 移动的距离为 $N(\lambda/2)$. 迈克耳孙干涉仪既可以用来观察各种干涉现象及其条纹变动的情况,也可以用来对长度及光谱线的波长和精细结构等进行精密的测量. 同时,它还是许多近代干涉仪的原型. 为此,迈克耳孙获得1907年的诺贝尔物理学奖.

思考题

思15.5　已知一台迈克耳孙干涉仪,G_2 厚度 $e=2\text{mm}$,折射率 $n_2=\sqrt{2}$,若将 G_2 由原来与水平方向夹角45°位置转向竖直,当入射光波长为632.8nm时,试求在视场中会观察到多少亮条纹移过?

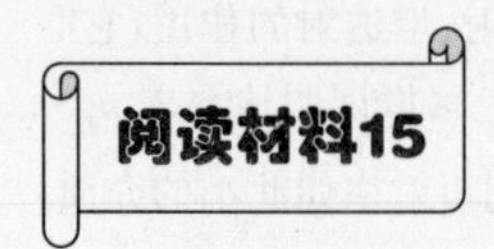

一、非线性光学

非线性光学是现代光学的一个分支,其研究介质在强相干光作用下产生的非线性现象及应用. 激光问世之前,基本上是研究弱光束在介质中的传播,确定介质光学性质的折射率或极化率是与光强无关的常量,介质的极化强度与光波的电场强度成正比,光波叠加时遵守线性叠加原理(见光的独立传播原理).

在上述条件下研究的光学问题称为线性光学. 对很强的激光,例如当光波的电场强度可与原子内部的库仑场相比拟时,光与介质的相互作用将产生非线性效应,反映介质性质的物理量(如极化强度等)不仅与场强 E 的一次方有关,而且还决定于 E 的更高幂次项,从而导致线性光学中许多不明显的新现象.

介质极化温度 P 与场强的关系可写成 $P=\alpha_1E^1+\alpha_2E^2+\alpha_3E^3+\cdots$,可见非线性效应是 E 的一次项及其更高幂次项起作用的结果.

非线性光学的早期工作可以追溯到1906年泡克耳斯效应的发现和1929年克尔效应的发现. 但是非线性光学发展成为今天这样一门重要学科,应该说是从激光出现后才开始的. 激光的出现为人们提供了强度高和相干性好的光束. 而这样的光束正是发现各种非线性光学效应所必需的(一般来说,功率密度要大于 $10^{10}\mathrm{W\cdot cm^{-2}}$,但对不同介质和不同效应有着巨大差异).

自从1961年弗兰肯(P. A. Franken)等首次发现光学二次谐波以来,非线性光学的发展大致经历了三个不同的时期. 第一个时期是1961～1965年. 这个时期的特点是新的非线性光学效应大量而迅速地出现. 如光学谐波、光学和频与差频、光学参量放大与振荡、多光子吸收、光束自聚焦以及受激光散射等都是这个时期发现的. 第二个时期是1965～1969年. 这个时期一方面还在继续发现一些新的非线性光学效应,例如,非线性光谱方面的效应、各种瞬态相干效应和光致击穿等;另一方面则主要致力于对已发现的效应进行更深入的了解,以及发展各种非线性光学器件. 第三个时期是20世纪70年代至今. 这个时期是非线性光学日趋成熟的时期. 其特点是:由以固体非线性效应为主的研究扩展到包括气体、原子蒸气、液体、固体以至液晶的非线性效应的研究;由二阶非线性效应为主的研究发展到三阶、五阶以至更高阶效应的研究;由一般非线性效应发展到共振非线性效应的研究;就时间范畴而言,则由纳秒进入皮秒领域. 这些特点都是和激光调谐技术以及超短脉冲激光技术的发展密切相关的.

常见非线性光学现象:①光学整流. E^2 项的存在将引起介质的恒定极化项,产生恒定的极化电荷和相应的电势差,电势差与光强成正比而与频率无关,类似于交流电经整流管整流后得到直流电压. ②产生高次谐波. 弱光进入介质后频率保持不变. 强光进入介质后,由于介质的非线性效应,除原来的频率 ω 外,还将出现 $2\omega,3\omega,\cdots$的高次谐波. 1961年美国的弗兰肯和他的同事们首次在实验上观察到二次谐波. 他们把红宝石激光器发出的3kW红色(694.3nm)激光脉冲聚焦到石英晶片上,观察到了波长为347.15nm的紫外二次谐波. 若把一块铌酸钡钠晶体放在1W、1.06μm波长的激光器腔内,可得到连续的1W二次谐波激光,波长为532.3nm. 非线性介质的这种倍频效应在激光技术中有重要应用. ③光学混频. 当两束频率为 ω_1 和 ω_2($\omega_1>\omega_2$)的激光同时射入介质时,如果只考虑极化强度 P 的二次项,将产生频率为 $\omega_1+\omega_2$ 的和频项和频率为 $\omega_1-\omega_2$ 的差频项. 利用光学混频效应可制作光学参量振荡器,这是一种可在很宽范围内调谐的类似激光器的光源,可发射从红外到紫外的相干辐射. ④受激拉曼散射. 普通光源产生的拉曼散射是自发拉曼散射,散射光是不相干的. 当入射光采用很强的激光时,由于激光辐射与物质分子的强烈作用,使散射过程具有受激辐射的性质,称为受激拉曼散射. 所产生的拉曼散射光具有很高的相干性,其强度也比自发拉曼散射光强得多. 利用受激拉曼散射可获得多种新波长的相干辐射,并为深入研究强光与物质相互作用的规律提供手段. ⑤自聚焦. 介质在强光作用下折射率将随光强的增加而增大. 激光束的强度具有高斯分布,光强在中轴处最大,并向外围递减,于是激光束的轴线附近有较大的折射率,像凸透镜一样光束将向轴线自动会聚,直到光束达到一细丝极限(直径约 5×10^{-6}m),并可在这细丝范围内产生全反射,犹如光在光学纤维内传播一样. ⑥光致透明. 弱光下介质的吸收系数(见光的吸收)与光强无关,但对很强的激光,介质的吸收系数与光强有依赖关系,某些本来不透明的介质在强光作用下吸收系数会变为零.

研究非线性光学对激光技术、光谱学的发展以及物质结构分析等都有重要意义. 非线性光学研究是各类系统中非线性现象共同规律的一门交叉科学. 目前在非线性光学中的研究热点包括研究及寻找新的非线性光学材料(如有机高分子或有机晶体等),并研讨这些材料是否可以作为二波混合、四波混合、自发振荡和相位反转光放大器甚至空间光固子介质等. 常用的二阶非线性光学晶体有磷酸二氢钾、磷酸二氢铵、磷酸二氘钾、铌酸钡钠等. 此外还发现了许多三阶非线性光学材料.

从技术领域到研究领域,非线性光学的应用都是十分广泛的. 例如:①利用各种非线性晶体做成电光开关和实现激光的调制. ②利用二次及三次谐波的产生、二阶及三阶光学和频与差频实现激光频率的转换,获得短至紫外、长至远红外的各种激光;同时,可通过实现红外频率的上转换来克服目前在红外接收方面的困难. ③利用光学参量振荡实现激光频率的调谐. 目前,与倍频、混频技术相结合已可实现从中红外一直到真空紫外宽广范围内调谐. ④利用一些非线性光学效应中输出光束所具有的位相共轭特征,进行光学信息处理、改善成像质量和光束质量. ⑤利用折射率随光强变化的性质做成非线性标准具和各种双稳器件. ⑥利用各种非线性光学效应,特别是共振非线性光学效应及各种瞬态相干光学效应,研究物质的高激发态及高分辨率光谱以及物质内部能量和激发的转移过程及其他弛豫过程等.

二、光纤通信技术

光纤通信(fiber-optic communication)也称为光纤通信,是指一种利用光与光纤传递信息的一种方式,属于有线通信的一种. 光经过调变后便能携带信息. 自20世纪80年代起,光纤通信系统对于电信工业产生了革命性影响,同时也在数位时代里扮演非常重要的角色. 光纤通信具有传输容量大,保密性好等优点,现在已经成为当今最主要的有线通信方式. 将需传送的信息在发送端输入到发送机中,且将信息叠加或调制到作为信息信号载体的载波上,然后将已调制的载波通过传输介质传送到远处的接收端,最后由接收机解调出原来的信息.

自古以来,人类对于长距离通信的需求就不曾减少. 随着时间的前进,从烽火到电报,再到 1940 年第一条同轴电缆正式使用,这些通信系统的复杂度与精细度也不断地进步. 但是这些通信方式各有其局限,使用电气信号传递信息虽然快速,但是传输距离会因为电气信号容易衰减而需要大量的中继器;微波通信虽然可以使用空气做介质,可是也会受到载波频率的限制. 到了 20 世纪中叶,人们才了解到使用光来传递信息,能带来很多过去所没有的显著好处.

然而，当时并没有同调性高的发光源，也没有适合作为传递光信号的介质，所以光通信一直只是概念. 直到20世纪60年代，激光(laser)的发明才解决了第一项难题. 20世纪70年代康宁公司(Corning glass works)发展出高品质低衰减的光纤则解决了第二项问题，此时信号在光纤中传递的衰减量第一次低于光纤通信之父高锟所提出的每公里衰减20分贝($20dB\cdot km^{-1}$)关卡，证明了光纤作为通信介质的可能性. 与此同时使用砷化镓作为材料的半导体激光(semiconductor laser)也被发明出来，并且凭借体积小的优势而大量运用于光纤通信系统中. 1976年，第一条速率为$44.7Mb\cdot s^{-1}$的光纤通信系统在美国亚特兰大的地下管道中诞生.

经过五年的研发期，第一个商用的光纤通信系统在1980年问市. 这个人类史上第一个光纤通信系统使用波长800nm的砷化镓激光作为光源，传输的速率达到$45Mb\cdot s^{-1}$，每10km需要一个中继器增强信号.

第二代的商用光纤通信系统也在20世纪80年代初期就发展出来，使用波长为1300nm的磷砷化镓铟激光. 早期的光纤通信系统虽然受到色散的问题而影响了信号品质，但是1981年单模光纤的发明克服了这个问题. 到了1987年，一个商用光纤通信系统的传输速率已经高达$1.7Gb\cdot s^{-1}$，比第一个光纤通信系统的速率快了将近40倍之多. 同时传输的功率与信号衰减的问题也有显著改善，间隔50km才需要一个中继器增强信号. 20世纪80年代末，掺铒光纤放大器(EDFA)的诞生，堪称光通信历史上的一个里程碑似的事件，它使光纤通信可直接进行光中继，使长距离高速传输成为可能，并促使了密集波分交用(DWDM)的诞生.

第三代的光纤通信系统改用波长为1550nm的激光做光源，而且信号的衰减已经低至每公里0.2分贝($0.2dB\cdot km^{-1}$). 之前使用磷砷化镓铟激光的光纤通信系统常常遭遇到脉波延散问题，而科学家则设计出色散迁移光纤来解决这些问题，这种光纤在传递1550nm的光波时，色散几乎为零，因其可将激光的光谱限制在单一纵模. 这些技术上的突破使得第三代光纤通信系统的传输速率达到$2.5Gb\cdot s^{-1}$，而且中继器的间隔可达到100km.

第四代光纤通信系统引进了光放大器，进一步减少中继器的需求. 另外，波长分波多工(wavelength-division multiplexing，WDM)技术则大幅增加了传输速率. 这两项技术的发展让光纤通信系统的容量以每六个月增加一倍的方式大幅跃进，到了2001年时已经到达$10Tb\cdot s^{-1}$的惊人速率，是20世纪80年代光纤通信系统的200倍之多. 近年来，传输速率已经进一步增加到$14Tb\cdot s^{-1}$，每隔160km才需要一个中继器.

第五代光纤通信系统发展的重心在于扩展波长分波多工器的波长操作范围. 传统的波长范围，也就是一般俗称的“C band”约是1530～1570nm；新一带的无水光纤(dry fiber)低损耗的波段则延伸到1300～1650nm. 另外一个发展中的技术是引进光孤子的概念，利用光纤的非线性效应，让脉波能够抵抗色散而维持原本的波形.

1990～2000年，光纤通信产业受到因特网泡沫的影响而大幅成长. 此外一些新兴的网络应用，如随选视讯使得因特网带宽的成长甚至超过摩尔定律所预期集成电路芯片中晶体管增加的速率. 而自因特网泡沫破灭至2006年为止，光纤通信产业通过企业整合壮大规模，以及委外生产的方式降低成本来延续生命.

现在的发展前沿就是全光网络了,使光通信完全地代替电信号通信系统,当然,这还有很长的路要走.

习 题 15

15-1 单色光射在两个相距为 0.2mm 的狭缝上,在狭缝后 1.0m 的屏幕上,从第一级明纹到同侧第四级明纹间的距离为 7.5mm,求此单色光的波长.

15-2 波长为 589.3nm 的钠光照射在一双缝上,在距双缝 200cm 的观察屏上测量 20 个明条纹共宽 3cm,试计算双缝之间的距离.

15-3 杨氏双缝干涉实验中,两小孔的间距为 0.5mm,光屏离小孔的距离为 50cm,当以 $n=1.6$ 的透明薄片贴住小孔时,发现屏上的条纹移动了 1cm,试确定该薄片的厚度.

15-4 双缝干涉中,波长 $\lambda=550.0\text{nm}$ 单色平行光垂直入射到缝间距 $d=2\times10^{-4}\text{m}$ 的双缝上,屏到缝间距 $D=2\text{m}$. 求:

(1) 中央明纹两侧的两条第 10 级明纹中心间距;

(2) 用一厚度 $e=6.6\times10^{-6}\text{m}$,折射率 $n=1.58$ 的云母片覆盖一缝后,零级明纹将移动到原来的第几级明纹处?

15-5 在杨氏干涉实验中,两小孔的距离为 1.5mm,观察屏离小孔的垂直距离为 1m,若所用光源发出波长 $\lambda_1=650\text{nm}$ 和 $\lambda_2=532\text{nm}$ 的两种光波,试求两光波分别形成的条纹间距以及两组条纹的同侧两个第 8 级亮纹之间的距离.

15-6 在玻璃板(折射率为 1.50)上有一层油膜(折射率为 1.30). 已知对于波长为 500nm 和 700nm 的垂直入射光都发生反射相消,而这两波长之间无别的波长的光反射相消,求此油膜的厚度.

15-7 有一块厚 1.2μm、折射率为 1.50 的透明膜片. 设波长介于 400~700nm 的可见光垂直入射,求反射光中哪些波长的光最强.

15-8 用 $\lambda=589.3\text{nm}$ 的光垂直入射到楔形薄透明片上,形成等厚条纹,已知膜片的折射率为 1.52,等厚条纹相邻纹间距为 5.0mm,求楔形面间的夹角.

15-9 如题 15-11 图所示,波长为 680.0nm 的平行光垂直照射到长为 $L=0.12\text{m}$ 的两块玻璃片上,两玻璃片一边相互接触,另一边被直径 $d=0.048\text{mm}$ 的细钢丝隔开. 求:

(1) 两玻璃片间的夹角 θ;

(2) 相邻两明条纹间空气薄膜的厚度差是多少;

(3) 相邻两暗条纹的间距是多少;

(4) 在玻璃片上呈现多少条明条纹.

15-10 如图题 15-12 所示,G_1 是待检物体,G_2 是一标定长度的标准物,T 是放在两物体上的透明玻璃板. 假设在波长 $\lambda=550\text{nm}$ 的单色光垂直照射下,玻璃板和物体之间的楔形空气层产生间距为 1.8mm 的条纹,两物体之间的距离为 80mm,问两物体的长度之差为多少?

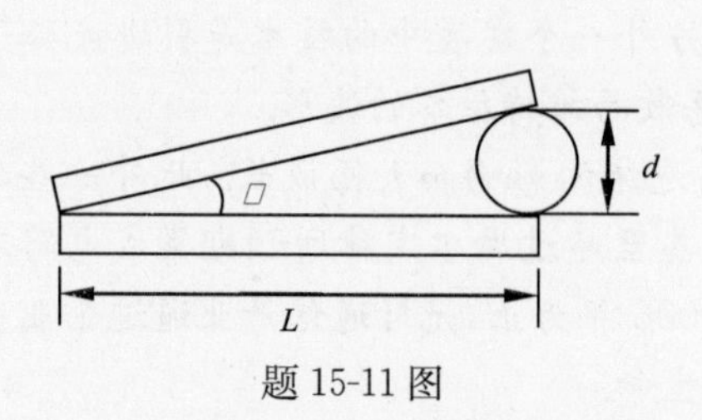

题 15-11 图

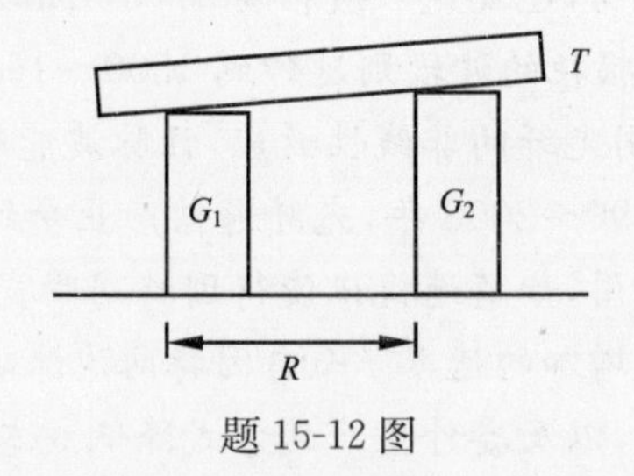

题 15-12 图

15-11　在观察牛顿环时，用 $\lambda_1=580\text{nm}$ 的第五个明环与用 λ_2 的第七个明环重合，求波长 λ_2 为多少？

15-12　当牛顿环装置中的透镜与玻璃之间的空间充以液体时，第 10 个明环的直径由 $d_1=1.40\times10^{-2}\text{m}$ 变为 $d_2=1.27\times10^{-2}\text{m}$，求液体的折射率.

15-13　白光垂直照射到空气中一厚度为 380nm 的肥皂膜上，设肥皂膜的折射率为 1.33，试问该膜的正面呈现什么颜色？背面呈现什么颜色？计算出光的波长.

15-14　在折射率 $n_1=1.52$ 的镜头表面涂有一层折射率 $n_2=1.38$ 的 MgF_2 增透膜，如果此膜适用于波长 $\lambda=550\text{nm}$ 的光，问膜的厚度应取何值？

*15-15　把折射率为 $n=1.632$ 的玻璃片放入迈克耳孙干涉仪的一条光路中，观察到有 150 条干涉条纹向一方移过. 若所用单色光的波长为 $\lambda=500\text{nm}$，求此玻璃片的厚度.

第16章　光的衍射

第15章我们介绍了光的干涉，本章重点讨论光波动性的另外一种重要特征：光的衍射．当障碍物或孔的尺寸跟波长可相比拟时，光在传播过程中会绕过障碍物边缘继续传播或穿过小孔，偏离直线传播而到达几何阴影区的现象称为**光的衍射**．由于光的波长很小，实际生活中这么小的障碍物或小孔很难存在，所以光的衍射一般不容易被发现．但通过有关实验，可以观察到光的衍射现象．

16.1　惠更斯-菲涅耳原理

16.1.1　惠更斯-菲涅耳原理

1．惠更斯-菲涅耳原理

惠更斯原理指出，在波的传播过程中，波面上的每一点都可作为子波波源，各自发出球面子波，在以后的任何时刻，所有这些子波波面的包络面形成整个波在该时刻的新波面．惠更斯提出了子波的概念，利用惠更斯原理可以解释光的直线传播、反射、折射和双折射等现象．但它只能定性解释波的干涉和衍射现象，不能定量描述光波叠加后的光强分布情况，这是惠更斯原理的不足之处．

菲涅耳在惠更斯原理的基础上，引入了“次波相干叠加”的思想，进一步发展了惠更斯原理．菲涅耳指出波面 S 上每个面积元 $\mathrm{d}\boldsymbol{S}$ 都可以看成是子波源(图16.1)，波面前方某一点 P 的振动是所有这些子波在该点的相干叠加，这就是**惠更斯-菲涅耳原理**．

2．由惠更斯-菲涅耳原理确定振幅的方法

如图16.1所示，$\mathrm{d}S$ 发出的子波的振幅和相位满足以下几点：

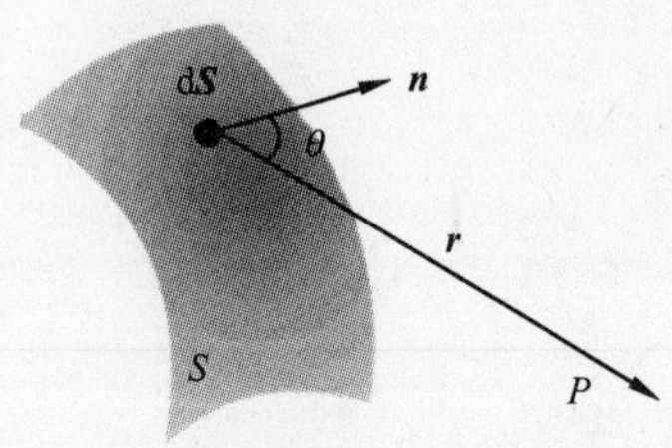

图16.1　惠更斯-菲涅耳原理

(1) $\mathrm{d}S$ 面上发出的所有子波具有相同的初相位；

(2) $\mathrm{d}S$ 发射的子波在 P 点引起的振幅与 r 成反比，而且正比于 $\mathrm{d}S$，即

$$\mathrm{d}E \propto \frac{\mathrm{d}S}{r}$$

(3) P 点振幅与倾角 θ($\mathrm{d}S$ 的法线与 $\mathrm{d}S$ 到 P 点的连线 r 之间的夹角)有关，随 θ 增大而减小；

(4) 次波在 P 点的相位，由光程 $\Delta = nr$ 决定($\varphi = 2\pi\Delta/\lambda$)．

由此可得，$\mathrm{d}S$ 发出的次波在 P 点引起的合振动为

$$\mathrm{d}E \propto \frac{\mathrm{d}S \cdot K(\theta)}{r}\cos(kr - \omega t)$$

或

$$dE = C\frac{dS \cdot K(\theta)}{r}\cos(kr - \omega t)$$

式中，$K(\theta)$为倾斜因子；C为比例系数，则S面上产生的合振动为

$$E = \int_S dE = C\int_S \frac{K(\theta)}{r}\cos(kr - \omega t)dS \tag{16.1}$$

该式称为菲涅耳衍射积分式.

16.1.2　衍射现象及其分类

1. 光的衍射现象

光的衍射现象是指当光在传播过程中遇到障碍物后，偏离原来的直线传播方向，并在绕过障碍物后空间各点的光强产生一定规律分布的现象. 图16.2分别是光经过圆孔和狭缝后产生的衍射图样.

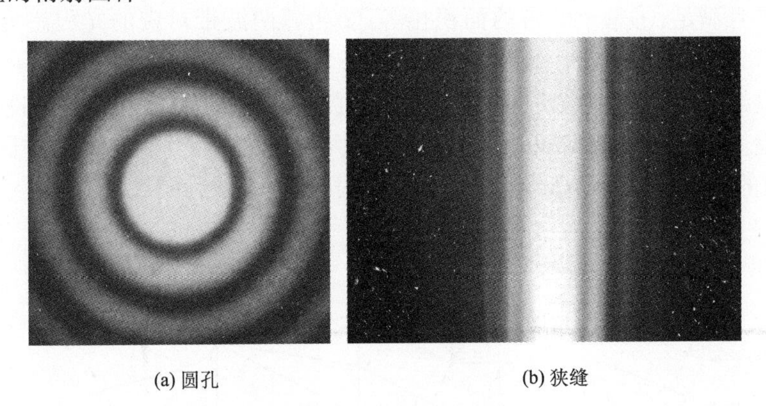

(a) 圆孔　(b) 狭缝

图16.2　光的衍射现象

2. 衍射的分类

衍射系统一般由光源、衍射屏（障碍物）和接收屏三部分组成，按照它们之间距离的大小，将衍射分为两类.

（1）**菲涅耳衍射**：障碍物到光源和考察点（接收屏）的距离为有限远时，发生的衍射称为**菲涅耳衍射**，也称为**近场衍射**. 对于菲涅耳衍射一般采用积分的方法计算光强分布，往往是非常复杂的.

（2）**夫琅禾费衍射**：障碍物到光源和考察点（接收屏）的距离为无限远时，发生的衍射称为**夫琅禾费衍射**，也称为**远场衍射**. 对于夫琅禾费衍射一般采用半波带法分析其光强分布，计算比较简单，而且多数光学仪器中出现的是夫琅禾费衍射，因此我们主要讨论夫琅禾费衍射. 所谓光源在无限远，可以认为是平行光束入射障碍物，这只要将点光源放置在障碍物前面的一个透镜焦点上就可以实现. 所谓考察点在无限远，可以认为是平行光汇聚，只要将接收屏放置在障碍物后方的一个透镜焦平面上就可以实现.

思考题

思 16.1　有人说,光强可以直接相加,就服从波的叠加原理,否则就是不服从波的叠加原理. 这种说法对吗? 光强不可以直接相加,是否意味着波的独立传播定律不成立?

16.2　夫琅禾费单缝衍射

16.2.1　半波带法

对于夫琅禾费衍射现象的分析常用的是半波带法,它也是处理子波相干叠加的一种简化方法. 菲涅耳的衍射公式本要求对波前作无限分割,半波带法则用较粗糙的分割代替,从而使积分化成有限项求和,较方便的得出衍射图样的某些定性特征. 以图 16.3 单缝衍射为例,缝宽为 a,衍射角为 θ,在出射的平行光后方放入凸透镜 L_2,接收屏位于透镜焦平面上. 当平行光垂直入射到狭缝时,我们将狭缝处所在波前(有效波面)划分为一些列的波带,并且满足:①每个波带的面积相等;②相邻两波带对应的光程差为半个波长. 由于每个波带的面积相等,因此在相遇位置处每个波带引起光扰动振幅相等. 又因为相邻两波带对应的光程差为半个波长,因此相邻两波带产生的光扰动振动方向相反,相互抵消,所以屏上一点是明是暗取决于该点对应的半波带数目. 当半波带的数目 N 为偶数时,θ 角方向的衍射条纹为暗条纹,当 N 为奇数时,衍射条纹为明纹.

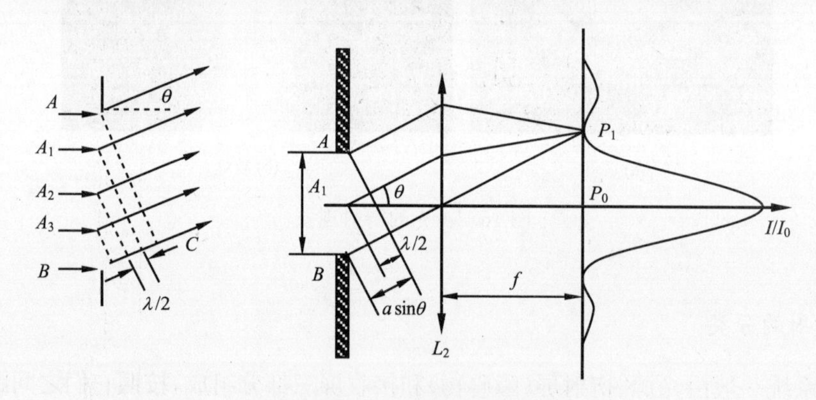

图 16.3　夫琅禾费单缝衍射

16.2.2　夫琅禾费单缝衍射公式

由于狭缝两边缘之间的光程差即为最大光程差 $\delta_{\max}=a\sin\theta$,因此半波带的数目为

$$N=\frac{\delta_{\max}}{\lambda/2}=\frac{2a\sin\theta}{\lambda}$$

由上述分析可知,当半波带的数目 N 为偶数时,θ 角方向的衍射条纹为暗条纹;当 N 为奇数时,衍射条纹为明纹,结果在光屏上出现明暗相间的条纹,即

$$a\sin\theta=\begin{cases}0, & \text{中央明纹} \\ \pm k\lambda, & \text{暗纹} \quad (k=1,2,3,\cdots) \\ \pm(2k+1)\dfrac{\lambda}{2}, & \text{明纹}\end{cases} \tag{16.2}$$

k 称为条纹级数,正、负符号表示衍射条纹对称分布于中央明纹两侧.

16.2.3　夫琅禾费单缝衍射图样特征

实验中,在衍射屏上呈现明暗相间的平行直条纹,且条纹与狭缝相平行. 条纹的分布具有以下特点:

(1) 当衍射角 $\theta=0$ 时,光程差 $\delta=0$,对应中央明纹或零级明纹;第 k 级暗纹中心角坐标 $\theta_k\approx\sin\theta_k=\pm k\lambda/a$,第 k 级暗纹中心坐标 $x_k\approx f\sin\theta_k=\pm kf\lambda/a$;第 k 级明纹角坐标为 $\theta_k\approx\sin\theta_k=\pm(2k+1)\lambda/2a$,第 k 级明纹坐标 $x_k\approx f\sin\theta_k=\pm(2k+1)f\lambda/2a$.

(2) 相邻两条明纹或相邻两条暗纹间距为 $\Delta x=x_{k+1}-x_k=f\lambda/a$,角间距为 $\Delta\theta=\theta_{k+1}-\theta_k=\lambda/a$. 零级亮纹的半角宽度 $\Delta\theta=\lambda/a$,该式称为衍射反比率. 随着缝宽 a 的减小,明纹的角宽度会增加,可见衍射具有放大作用. 当 λ 确定时,$\Delta\theta\propto1/a$;当 a 确定时,$\Delta\theta\propto\lambda$,可见光中红光的衍射更明显;当 $a\gg\lambda$ 时,$\Delta\theta\to0$,光沿直线传播.

(3) 中央明纹宽度为 $\Delta x_0=2f\lambda/a$,其他各级明纹宽度为 $\Delta x=f\lambda/a$. 中央明纹的宽度是其他明纹宽度的 2 倍.

(4) 各级明纹的亮度 I_k 随级数 k 的增加而迅速减小,即 $I_0\gg I_1\gg I_2\gg\cdots$ 这是因为零级明纹 I_0 是波面所有子波叠加的结果,因此中央明纹的亮度最大. 第一级明纹 I_1 对应的波带数 $N=3$,该亮纹是波面上 1/3 子波叠加的结果. 同理,第二级明纹 I_2 对应的波带数 $N=5$,该亮纹是波面上 1/5 子波叠加的结果. 因此明纹的强度随着级数的增加迅速减小,中央明纹集中了绝大部分的光能,是几何光学像的位置.

例 16.1　波长为 $\lambda=632.8\text{nm}$ 的氦氖激光垂直地入射到缝宽 $b=0.0209\text{mm}$ 的狭缝上. 现有一焦距 $f=50\text{cm}$ 的凸透镜置于狭缝后面,试求:

(1)中央亮纹中心到第一级暗纹的角距离 $\Delta\theta$;

(2)中央亮条纹的宽度.

解　(1) 在夫琅禾费单缝衍射图样中,中央亮纹中心到第一级暗纹的角距离即为零级亮纹的半角宽度

$$\Delta\theta=\frac{\lambda}{b}=\frac{632.8\text{nm}}{0.0209\text{mm}}=0.03$$

由于 θ 很小,可以认为

$$\sin\theta\approx\theta=0.03\text{rad}=1°42'$$

(2) 由于 θ 十分小,故第一级暗纹到中央亮纹中心的距离 y 为

$$y=f\tan\theta\approx50\text{cm}\times0.03=1.5\text{cm}$$

因此中央亮纹的宽度为

$$2y=2\times1.5\text{cm}=3\text{cm}$$

思考题

思 16.2　实现夫琅禾费衍射的条件是什么?

思 16.3　在夫琅禾费单缝衍射图样中,中央亮纹的角宽度与各次极大亮纹的角宽度间有何关系?

16.3　夫琅禾费光栅衍射

16.3.1　光栅常数

衍射光栅是由大量等宽等间距的狭缝平行排列组成的. 如图 16.4 所示,透光部分的最小长度 a 与不透光部分的最小长度 b 之和,为光栅的最小周期单位,称为**光栅常数**,可表示为 $d=a+b$,它是光栅衍射的重要参数. $1/d$ 则称为**光栅密度**,表示单位长度的狭缝数. 现代用的衍射光栅,在 1cm 内可以有 $10^3 \sim 10^4$ 个狭缝,一般的光栅常数约为 $10^{-5} \sim 10^{-6}$ m.

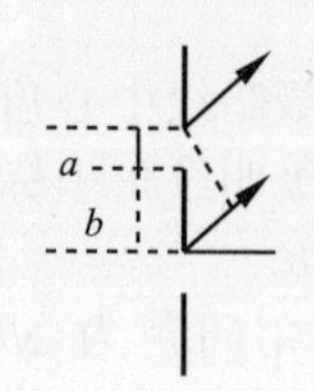

图 16.4　光栅

如图 16.5 所示,平行光入射光栅,后方沿 θ 方向出射的平行光经凸透镜会聚在光屏上 P 点,形成明暗相间的平行直条纹.

16.3.2　光栅公式(方程)

在夫琅禾费单缝衍射中,明暗条纹的位置是由衍射角 θ 决定的,而与狭缝的位置无关. 而光栅可看成是单狭缝等步长平移得到的,每个狭缝产生的衍射图样与狭缝的位置无关. 光栅衍射其实是大量单缝衍射的相干叠加,而参与叠加的单缝的光振幅大小取决于在 θ 角方向上单缝在 P 点的衍射光强弱. 按照多光束干涉理论,相邻两缝的光程差为 $k\lambda$ 时,各缝引起的振动均相互叠加加强,形成光栅衍射的主极大. 其主极大衍射角满足

$$d\sin\theta = \pm k\lambda \tag{16.3}$$

该式称为**光栅公式(方程)**.

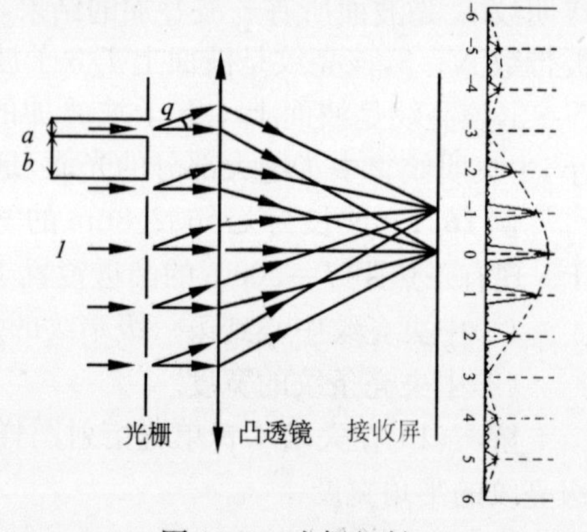

图 16.5　光栅衍射

16.3.3　光栅衍射图样特征

光栅衍射的图样为平行直条纹,对应衍射角 $\theta=0$ 处,形成**中央主极大或称零级主极大**. 其两侧对称分布着各级主极大. 按照光栅公式,第 k 级主极大中心的角位置为 $\sin\theta_k = \pm k\lambda/d$($k=1,2,3,\cdots$称为主极大的级数). 由于此时接收屏即是透镜的焦平面,屏幕到透镜的距离即为透镜焦距 f,则第 k 级主极大中心的坐标位置为 $x_k = f\tan\theta_k$.

在光栅衍射中,相邻两主极大之间还分布着一些暗纹,这些暗纹是由于各缝射出的衍射光因子干涉相消而形成的. 若 A_0 为单光束振幅,N 为光束总数,φ 为相邻两光束之间的相位差,由矢量叠加方法(图 16.6)或积分计算都可以得到,当

$$\varphi = \frac{2\pi d\sin\theta}{\lambda} = \pm \frac{2\pi k'}{N}$$

$$d\sin\theta = \pm \frac{k'\lambda}{N}$$

将对应于衍射条纹的暗纹或主极大. 其中,当 $k'=0,1,2,\cdots,(N-1),(N+1),\cdots,(2N-1),(2N+1),\cdots$时,对应光栅衍射中的暗纹;当 $k'=N,2N,\cdots$时即为光栅公式 $d\sin\theta=k\lambda$,对应于光栅衍射中的主极大(主明纹). 由此可知,在相邻两个主极大之间有 $N-1$ 条暗纹,有 $N-2$ 条次极大. 由于这种多光束干涉效应,使得光栅衍射图样中明条纹细窄明亮,暗区宽阔,而且 N 越大越显著.

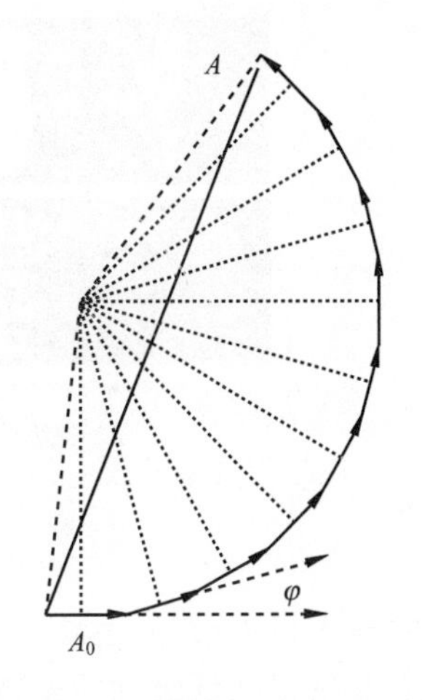

图 16.6 光栅衍射的矢量叠加

考虑到单缝衍射的效应,参与缝间干涉光束的光强是由单缝衍射的光强分布决定的,因此光栅衍射的强度分布保留了"单缝衍射因子",主极大的光强分布是多缝干涉与单缝衍射的共同效应所致,相当于多缝干涉强度分布受到单缝衍射光强分布的调制. 光栅衍射的主极大光强的包络线形状由单缝衍射的光强分布决定,如图 16.7 所示.

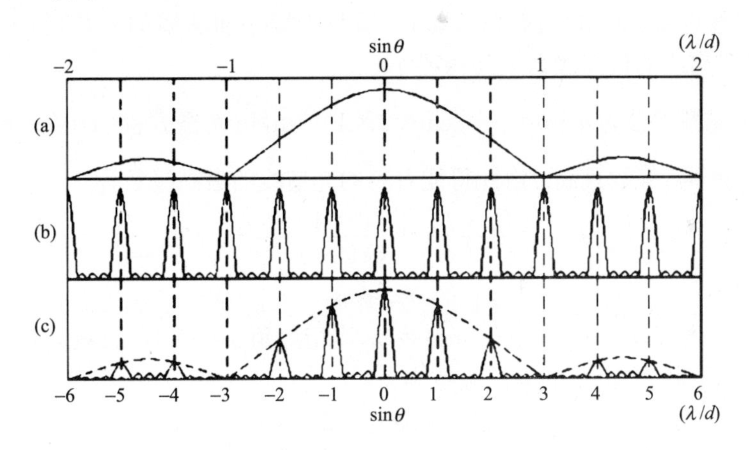

图 16.7 光栅衍射中单缝衍射对多光束干涉的光强调制

在光栅衍射中,由于 $\sin\theta\leqslant 1$,所以 $k\leqslant d/\lambda$,级数存在上限. 最大级数 $k_{\max}\leqslant[d/\lambda]_{最大整数}$;当 d/λ 为整数时,对应的衍射角 $\theta=90°$,最高级主极大将无法观察到.

光栅衍射中主极大的位置满足 $d\sin\theta=\pm k\lambda$,而单缝衍射暗纹位置满足 $a\sin\theta=\pm k'\lambda$,当级数 k 与 k'满足 $k=k'd/a$ 时,k 级主极大消失,即在衍射角 θ 方向上,参与多光束叠加的单缝光强本身为零,因此对应主极大光强也为零. 这种第 k 级明纹消失的现象称为**缺级**,如图 16.8 所示. 一般当 $d/a=(a+b)/a$ 为整数比时,往往出现缺级现象. 例如,当 $d/a=2$ 时,$k=2,4,\cdots$各级将缺级;$d/a=3$ 时,$k=3,6,\cdots$各级将缺级.

由光栅公式可知,在光栅常数 d、衍射角 θ 均确定的情况下,对应同一衍射级 k,衍射角 θ 随波长 λ 而异. 因此当白光作为光源入射光栅时,各种波长的光产生的同一级主极大将分开,屏幕上除了零级主极大明纹仍为白色外其他各级将形成由紫到红排列的可见光彩色光带,这种不同波长同级谱线的集合构成的光谱带称为**光栅光谱**. 光谱中紫光靠

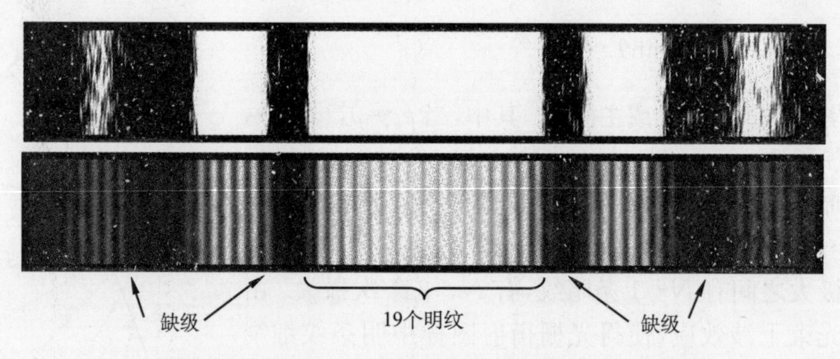

图 16.8　光栅的缺级现象

近零级主极大,红光远离. 并且随着级数的增加,谱线会发生重叠,因此在实际利用中我们只是选择较低级别的光谱.

例 16.2　设光栅平面和透镜都与屏幕平行,在透射光栅上每厘米有 5000 条刻线,用它来观察钠黄光($\lambda=589\text{nm}$)的光谱线. 求:

(1) 当光线垂直入射到光栅上时,能看到的光谱线的最高级数 k_m 是多少?

(2) 当光线以 $\varphi=30°$ 的入射角(入射光线与光栅平面法线的夹角)斜入射到光栅上时,能看到的光谱线的最高级数 k_m' 是多少?

解　(1) 光栅常数为 $a+b=\frac{1}{5000}\text{cm}=2\times10^{-6}\text{m}$,由光栅方程 $(a+b)\sin\theta=k\lambda$ 可知,当衍射角 $\theta=90°$时,级数最高. 由此得能看到的光谱线的最高级数为

$$k_{\text{m}}<\frac{(a+b)}{\lambda}=\frac{2\times10^{-6}}{589\times10^{-9}}=3.39$$

$$k_{\text{m}}=3$$

(2) 由光栅方程 $(a+b)(\sin\varphi+\sin\theta)=k\lambda$,当衍射角 $\theta=90°$时,级数最高.

由此得能看到的光谱线的最高级数为

$$k_{\text{m}}'<\frac{(a+b)(\sin\theta+\sin\varphi)}{\lambda}=\frac{2\times10^{-6}\times1.5}{589\times10^{-9}}=5.09$$

$$k_{\text{m}}'=5$$

思考题

思 16.4　光栅的衍射光谱中,对于同一级上的可见光在空间位置的排列与波长是线性关系吗?

16.4　光学仪器的分辨率

16.4.1　夫琅禾费圆孔衍射

在夫琅禾费衍射中,将单缝换为小圆孔衍射屏时,接受屏上将出现同心圆环衍射图样,该种衍射称为**夫琅禾费圆孔衍射**,如图 16.9 所示.

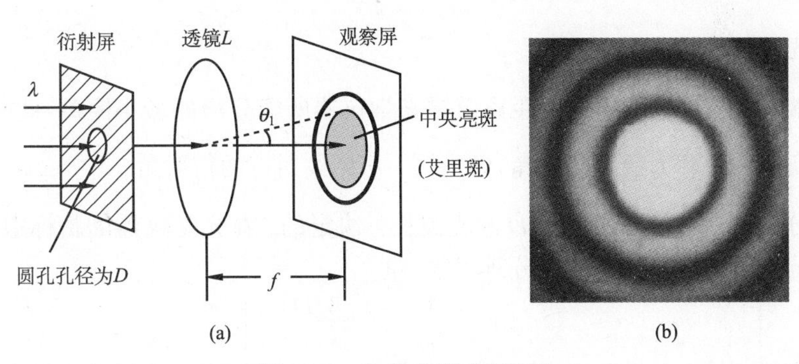

图 16.9　夫琅禾费圆孔衍射

夫琅禾费圆孔衍射的图样中央是一个大的亮斑,它集中了绝大部分的光强(84%),称为**艾里斑(Airy disk)**,其外围为各级明(暗)圆环. 艾里斑的半径对透镜 L 中心的张角 θ 称为艾里斑的角半径,即第一暗环的衍射角 θ_1. 圆孔衍射的理论计算仍然采用半波带法,但光程差为半波带的波带面积不再相等,理论计算较为复杂,因此这里不再作详细介绍. 由理论计算得出的艾里斑的角半径 θ 与圆孔直径 D 以及入射光波长 λ 之间的关系满足

$$\theta \approx \sin\theta_1 = 1.22\frac{\lambda}{D}$$

艾里斑的半径为

$$R = f\tan\theta_1 \approx 1.22\frac{\lambda f}{D}$$

可见,当波长 λ 增大或 D 减小时衍射现象越明显,当 $D \gg \lambda$ 时,衍射图样向中心靠拢,成为一个亮斑,即光沿直线传播时所成的几何图像.

16.4.2　瑞利判据

圆孔衍射现象普遍存在于光学仪器中,如照相机、望远镜、显微镜及人眼瞳孔等. 由于大多数光学仪器所用透镜边缘都是圆形,圆孔的夫琅禾费衍射对成像质量有直接影响. 按照波动光学的观点,透镜相当于一个圆孔,由于衍射的存在,一个物点通过透镜所成的像,不是一个几何像点,而是一个有一定大小的艾里斑. 因此两个物点通过透镜所成的像,就是两个艾里斑,如图 16.10 所示.

瑞利给出恰好能分辨两个物点的判据,即**瑞利判据**. 它指出对于两个强度相等的不相干的点光源(物点),一个点光源衍射图样的中央主极大刚好和另一点光源衍射图样的第一极小相重合,这时两个点光源(或物点)恰为这一光学仪器所分辨,如图 16.11 所示.

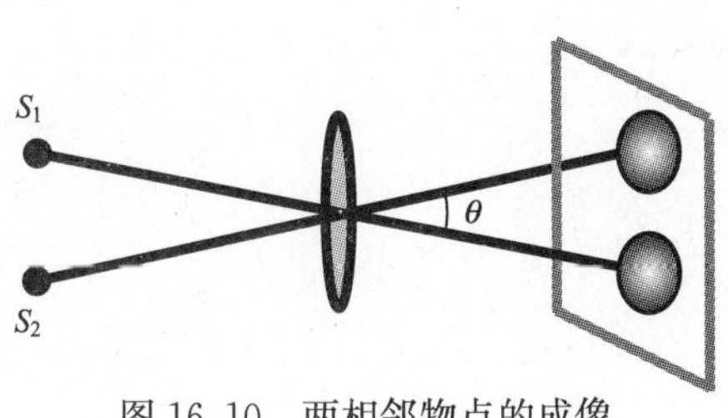

图 16.10　两相邻物点的成像

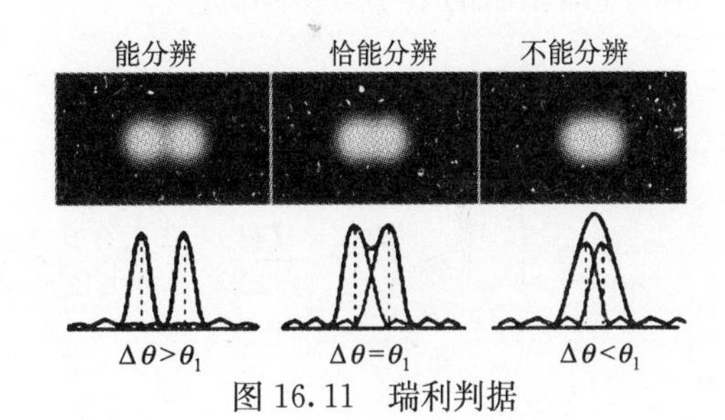

图 16.11　瑞利判据

16.4.3 光学仪器的分辨率

满足瑞利判据的两物点间的距离就是光学仪器所能分辨的最小距离，此时两物点对透镜中心所张的角称为**最小分辨角**，即为第一级暗纹对应的衍射角 $\theta_{\min}\approx\sin\theta_1=1.22\dfrac{\lambda}{D}$，可见最小分辨角是由仪器的孔径 D 和光波长 λ 决定的. 在光学仪器的指标中，我们定义仪器最小分辨角的倒数为仪器的分辨本领，即

$$\delta=\frac{1}{\theta_{\min}}=\frac{0.82D}{\lambda}$$

光学仪器的最小分辨角越小，分辨率就越高. 因此要提高光学仪器分辨本领，可从两个方面入手. ①加大成像系统的通光孔径，例如，一般天文望远镜的直径较大，D 为 1～10m. 世界上最大的天文望远镜在智利，直径达 10m，由四片透镜组成. ②对于显微镜，主要通过减小波长来提高分辨率. 例如，电子显微镜用加速的电子束代替光束，其波长约为 0.1nm，用它来观察分子结构，其放大倍数可达几万乃至几百万，远大于光学显微镜的放大率. 荣获 1986 年诺贝尔物理学奖的扫描隧道显微镜最小分辨距离已达0.1 nm，能观察到单个原子的运动图像.

例 16.3 设人眼在正常照度下的瞳孔直径约为 3mm，而在可见光中，人眼最敏感的波长为 550nm，问：

(1) 人眼的最小分辨角有多大?

(2) 若物体放在距人眼 25cm(明视距离)处，则两物点间距为多大时才能被分辨?

解 (1) $\theta_{\min}=1.22\dfrac{\lambda}{D}=\dfrac{1.22\times5.5\times10^{-7}}{3\times10^{-3}}=2.2\times10^{-4}\,\text{rad}$

(2) $d=l\theta_{\min}=25\times2.2\times10^{-4}=0.0055(\text{cm})=0.055(\text{mm})$

例 16.4 如图 16.12 所示，在迎面驶来的汽车上，两盏前灯相距 120cm，设夜间人眼瞳孔直径为 5.0mm，入射光波为 550nm. 求人在离汽车多远的地方，眼睛恰能分辨这两盏灯?

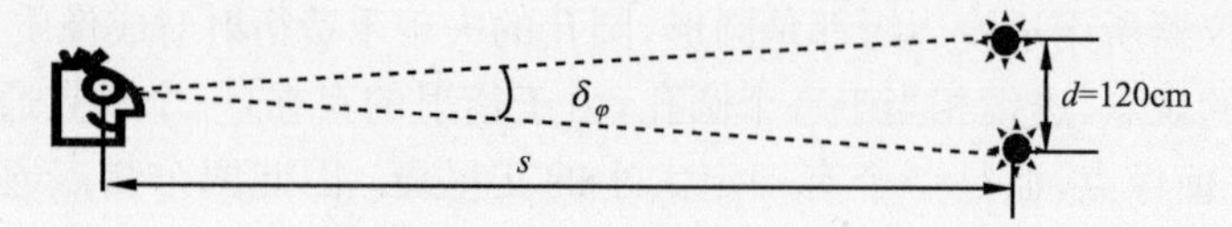

图 16.12 人眼对亮灯的分辨

解 设人离车的距离为 s 时，恰能分辨这两盏灯. 由题意有 $d=120\text{cm}$，$D=5.0\text{mm}$，$\lambda=550\text{nm}$，眼睛的最小分辨角为

$$\delta_\varphi=1.22\frac{\lambda}{D},\quad d\approx s\cdot\delta_\varphi$$

所以

$$s\approx\frac{d}{\delta_\varphi}=\frac{Dd}{1.22\lambda}=\frac{5.0\times10^{-3}\times1.20}{1.22\times550\times10^{-9}}=8.94\times10^{3}(\text{m})$$

*16.5　X射线的衍射

16.5.1　X射线

X射线是伦琴(W. K. Röntgen)在1895年发现的，它是一种波长很短($\lambda \approx 10^{-10} \sim 10^{-11}$ m)的电磁波，能穿透一定厚度的物质，并能使荧光物质发光、照相乳胶感光、气体电离. 用高能电子束轰击金属“靶”材产生X射线，它具有与靶中元素相对应的特定波长，称为特征(或标识)X射线.

16.5.2　劳厄斑

1912年劳厄(Laue)等根据理论预见，并用实验证实了X射线与晶体相遇时能发生衍射现象，证明了X射线具有电磁波的性质，成为X射线衍射学的第一个里程碑. 如图16.13所示，劳厄利用晶体薄片作为衍射光栅，将X射线通过铅板上的圆孔射到晶体片上，结果在感光胶片上形成圆斑，称为**劳厄斑**. X射线通过晶体衍射的图样表明，晶体具有周期性结构，可以抽象成由许多周期排列的格点组成的点阵.

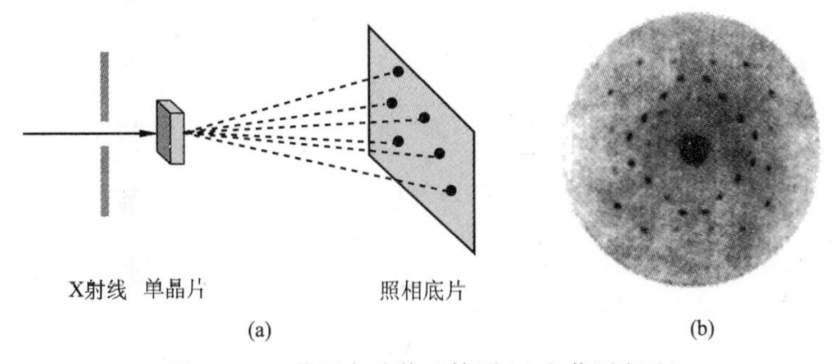

图16.13　劳厄实验装置简图(a)和劳厄斑(b)

16.5.3　布拉格公式

1913年英国物理学家布拉格父子(W. H. Bragg，W. L. Bragg)在劳厄发现的基础上，不仅成功地测定了NaCl、KCl等的晶体结构，并提出了作为晶体衍射基础的著名公式布拉格方程. 如图16.14所示，当X射线以掠角θ(入射角的余角)入射到某一点阵晶格间距为d的晶面上时，以晶面为镜面在满足反射定律的方向上将出现主极大，即叠加加强的衍射线. 主极大满足

$$2d\sin\theta = k\lambda$$

式中，λ为X射线的波长；k为任何正整数. 上式称为**布拉格公式**.

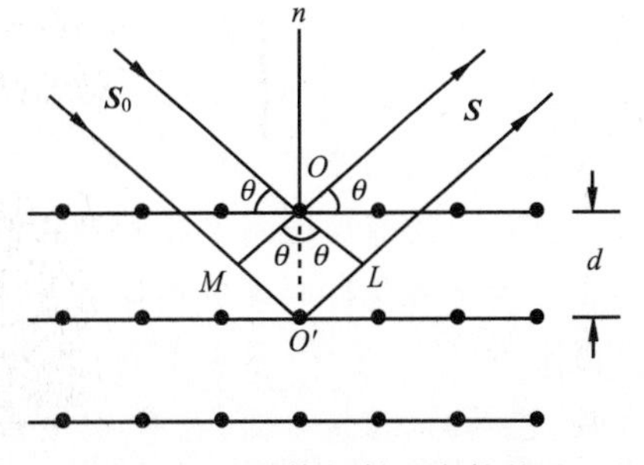

图16.14　晶体衍射的布拉格法

布拉格方程简洁直观地表达了衍射所必须满足的条件. 当X射线波长λ已知时(选用固定波长的特征X射线)，采用细粉末或细粒多晶体的线状样品，在一堆任意取向的晶体中，从每一θ角符合布拉格方程条件的反射面得到反射，测出θ后，利用布拉格方程即可确定点阵晶面间距、晶胞大小和类型；根据衍射线的强度，还可进一步确定晶胞内原子的排布. 这便是X射线结构分析中的粉末法或德拜-谢勒(Debye-Scherrer)法的理论基础. 而在测定单晶取向的劳厄法中，所用单晶样品保持固定不变动(θ不变)，以辐射束的波长作

为变量来保证晶体中一切晶面都满足布拉格方程的条件,故选用连续的X射线束. 如果利用结构已知的晶体,则在测定出衍射线的方向θ后,便可计算X射线的波长,从而判定产生特征X射线的元素. 这便是X射线谱技术,可用于分析金属和合金的成分.

思考题

思 16.5 伦琴射线以45°角的方向入射到某晶体表面,如图16.15所示. 射线中含有从9.5～13nm的各种波长,晶体的晶格常数$d=27.5$nm,试问对图示的晶面能否产生强反射?

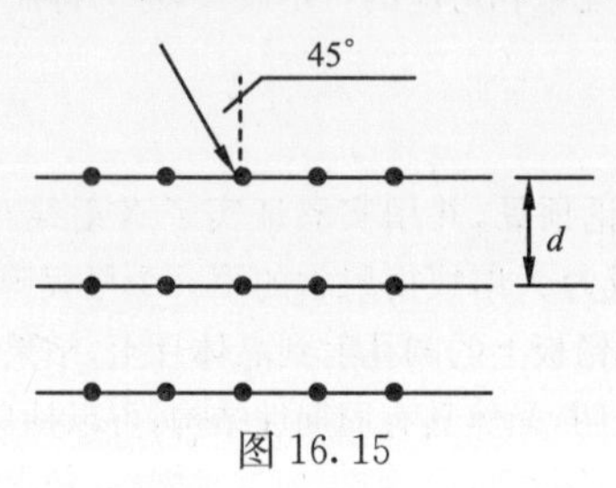

图 16.15

一、全息技术

全息技术是利用干涉和衍射原理记录并再现物体真实三维图像的记录和再现的技术. 其第一步是利用干涉原理记录物体光波信息,即拍摄过程. 被摄物体在激光辐照下形成漫射式的物光束;另一部分激光作为参考光束射到全息底片上,和物光束叠加产生干涉,把物体光波上各点的位相和振幅转换成在空间上变化的强度,从而利用干涉条纹间的反差和间隔将物体光波的全部信息记录下来. 记录着干涉条纹的底片经过显影、定影等处理程序后,便成为一张全息图,或称全息照片. 其第二步是利用衍射原理再现物体光波信息,这是成像过程. 全息图犹如一个复杂的光栅,在相干激光照射下,一张线性记录的正弦形全息图的衍射光波一般可给出两个像,即原始像(又称初始像)和共轭像. 再现的图像立体感强,具有真实的视觉效应. 全息图的每一部分都记录了物体上各点的光信息,故原则上它的每一部分都能再现原物的整个图像,通过多次曝光还可以在同一张底片上记录多个不同的图像,而且能互不干扰地分别显示出来.

全息学的原理适用于各种形式的波动,如X射线、微波、声波、电子波等. 只要这些波动在形成干涉花样时具有足够的相干性即可. 光学全息术可望在立体电影、电视、展览、显微术、干涉度量学、投影光刻、军事侦察监视、水下探测、金属内部探测、保存珍贵的历史文物、艺术品、信息存储、遥感,研究和记录物理状态变化极快的瞬时现象、瞬时过程(如爆炸和燃烧)等各个方面获得广泛应用.

在生活中,也常常能看到全息摄影技术的运用. 比如,在一些信用卡和纸币上,就有运用了俄国物理学家尤里·丹尼苏克在20世纪60年代发明的全彩全息图像技术制作出的聚酯软胶片上的"彩虹"全息图像. 但这些全息图像更多只是作为一种复杂的印刷技术来实现防伪目的,它们的感光度低,色彩也不够逼真,远不到乱真的境界. 研究人员还试着使用重铬酸盐胶作为感光乳剂,用来制作全息识别设备. 在一些战斗机上配备有此种设备,它们可以使驾驶员将注意力集中在敌人身上. 把一些珍贵的文物用这项技术拍摄下来,展出时可以真实地立体再现文物,供参观者欣赏,而原物可妥善保存,以防失窃. 大型全息图既可展示轿车、卫星以及各种三维广告,亦可采用脉冲全息术再现人物肖像、结婚纪念照. 小型全息图可以戴在颈项上形成美丽装饰,它可再现人们喜爱的多彩的花朵与蝴蝶. 迅猛发展的模压彩虹全息图,既可成为生动的卡通片、贺卡、立体邮票,也可以作为防伪标识出现在商标、证件卡、银行信用卡,甚至钞票上. 装饰在书籍中的全息立体照片,以及礼品包装上闪耀的全息彩虹,使人们体会到21世纪印刷技术与包装技术的新飞跃. 模压全息标识,由于它的三维层次感,并随观察角度而变化的彩虹效应,以及千变万化的防伪标记,再加上与其他高科技防伪手段的紧密结合,把新世纪的防伪技术推向了新的辉煌顶点.

除光学全息外,还发展了红外、微波和超声全息技术,这些全息技术在军事侦察和监视上有重要意义. 我们知道,一般的雷达只能探测到目标方位、距离等,而全息照相则能给出目标的立体形象,这对于及时识别飞机、舰艇等有很大作用. 因此,备受人们的重视. 但是由于可见光在大气或水中传播时衰减很快,在不良的气候下甚至于无法进行工作. 为克服这个困难发展出红外、微波及超声全息技术,即用相干的红外光、微波及超声波拍摄全息照片,然后用可见光再现物像,这种全息技术与普通全息技术的原理相同. 技术的关键是寻找灵敏记录的介质及合适的再现方法.

超声全息照相能再现潜伏于水下物体的三维图样,因此可用来进行水下侦察和监视. 由于对可见光不透明的物体,往往对超声波透明,因此超声全息可用于水下的军事行动,也可用于医疗透视以及工业无损检测等.

除用光波产生全息图外,已发展到可用计算机产生全息图. 全息图用途很广,可作成各种薄膜型光学元件,如各种透镜、光栅、滤波器等,可在空间重叠,十分紧凑、轻巧,适合于宇宙飞行使用. 使用全息图储存资料,具有容量大、易提取、抗污损等优点.

全息照相的方法从光学领域推广到其他领域,如微波全息、声全息等得到很大发展,并且成功地应用在工业医疗等方面. 地震波、电子波、X射线等方面的全息也正在深入研究中. 全息图有极其广泛的应用,如用于研究火箭飞行的冲击波、飞机机翼蜂窝结构的无损检验等. 现在不仅有激光全息,而且研究成功白光全息、彩虹全息,以及全景彩虹全息,使人们能看到景物的各个侧面. 全息三维立体显示正在向全息彩色立体电视和电影的方向发展.

全息技术不仅在实际生活中正得到广泛应用,而且在20世纪兴起并快速发展的科幻文学中也有大量描写和应用,有兴趣的话可去看看. 可见全息技术在未来的发展前景将是十分光明的.

二、红外热成像技术

红外热成像技术是一项前途广阔的高新技术. 比0.76μm长的电磁波位于可见光光谱红色以外,称为红外线,又称红外辐射. 其中波长为0.78～2.0μm的部分称为近红外线,波长为2.0～1000μm的部分称为热红外线. 自然界中,一切物体都可以辐射红外线,因此利用探测仪测量目标本身与背景间的红外线差可以得到不同的热红外线形成的红外图像.

目标的热图像和目标的可见光图像不同,它不是人眼所能看到的可见光图像,而是表面温度分布图像. 红外热成像使人眼不能直接看到的表面温度分布变成可以看到的代表目标表面温度分布的热图像. 所有温度在绝对零度(−273℃)以上的物体,都会不停地发出热红外线. 红外线(或热辐射)是自然界中存在最为广泛的辐射. 它还具有两个重要的特性:①物体的热辐射能量大小,直接和物体表面的温度相关. 热辐射的这个特点使人们可以利用它来对物体进行无需接触的温度测量和热状态分析,从而为工业生产、节约能源、保护环境等方面提供了一个重要的检测手段和诊断工具. ②大气、烟云等吸收可见光和近红外线,但是对 $3\sim5\mu m$ 和 $8\sim14\mu m$ 的热红外线却是透明的. 因此,这两个波段被称为热红外线的"大气窗口". 利用这两个窗口,可使人们在完全无光的夜晚,或是在烟云密布的战场,清晰地观察到前方的情况. 由于这个特点,热红外成像技术在军事上提供了先进的夜视装备,并为飞机、舰艇和坦克装上了全天候前视系统,这些系统在现代战争中发挥了非常重要的作用.

红外热像仪应用的范围随着人们对其认识的加深而愈来愈广泛. 用红外热像仪可以十分快捷地探测电气设备的不良接触以及过热的机械部件,以免引起严重短路和火灾. 对于所有可以直接看见的设备,红外热成像产品都能够确定所有连接点的热隐患. 对于那些由于屏蔽而无法直接看到的部分,则可以根据其热量传导到外面的部件上的情况,来发现其热隐患,这种情况对传统的方法来说,除了解体检查和清洁接头外,是没有其他办法的. 对断路器、导体、母线及其他部件的运行测试,红外热成像产品是无法取代的. 而且红外热成像产品可以很容易地探测到回路过载或三相负载的不平衡.

习　题　16

16-1　在某个单缝衍射实验中,光源发出的光含有两种波长 λ_1 和 λ_2,并垂直入射于单缝上,假如 λ_1 的第一级衍射极小与 λ_2 的第二级衍射极小重合,试问:

(1) 这两种波长之间有何关系?

(2) 在这两种波长的光所形成的衍射图样中,是否还有其他极小相重合?

16-2　某元素的特征光谱中含有波长分别为 $\lambda_1=450$nm 和 $\lambda_2=750$nm 的光谱线,在光栅光谱中,这两种波长的谱线有重叠现象,重叠处 λ_2 的谱线的级数是多少?

16-3　波长为 600nm 的单色光垂直入射到一光栅上,第二级和第三级明纹分别出现在 $\sin\phi_2=0.20$ 和 $\sin\phi_3=0.30$ 处,第四级缺级,问:

(1) 光栅常数是多少?

(2) 狭缝最小可能宽度有多大?

(3) 按上述选定的 a、b 值,实际呈现的全部级次为多少?

16-4　在单缝夫琅禾费衍射实验中,波长为 λ 的单色光垂直入射在宽度 $a=4\lambda$ 的单缝上,对应于衍射角为 30°的方向,单缝处波阵面可分成的半波带数目是多少?

16-5　某天文望远镜的通光孔径为 2.5m,试求能被它分辨的双星的最小夹角是多少?(设波长为 550nm)

16-6　用波长为 $\lambda=500$nm 的单色光垂直照射在宽度为 $b=0.20$mm 的单缝上,观察夫琅禾费衍射

图样. 已知透镜焦距为 $f=1.0\text{m}$,屏在透镜的焦平面处. 求:

(1) 中央衍射明条纹宽度 l_0;

(2) 中央衍射明条纹两侧第二级衍射暗条纹中心之间的距离 Δx;

(3) 按照菲涅耳波带法,对于第 2 级衍射暗条纹中心,狭缝处的波阵面可分为多少个半波带?

16-7　当光线垂直入射到一每厘米有 500 条刻线的光栅上,用来观察钠黄光 $\lambda=589\text{nm}$ 的光谱线时,能看到的光谱线的最高级数 k_m 是多少? 当光线以与光栅平面的法线成 $30°$的夹角斜入射时,能看到的光谱线的最高级数 k_m'是多少?

16-8　波长 $\lambda=600\text{nm}$ 的单色光垂直入射到宽度为 $a=0.01\text{mm}$ 的单缝上,观察夫琅禾费衍射图样,透镜焦距 $f=1.0\text{m}$,屏幕在透镜的焦平面处,求:

(1) 屏上中央明条纹的宽度 Δx_0 和半角宽度;

(2) 第二级暗纹所对应的衍射角 θ_2;

(3) 第二级暗纹离透镜焦点的距离 x_2.

16-9　两光谱线波长分别为 λ 和 $\lambda+\Delta\lambda$,其中,$\Delta\lambda\ll\lambda$. 试证明:它们在同一级光栅光谱中的角距离 $\Delta\theta=\Delta\lambda/\sqrt{(d/k)^2-\lambda^2}$,其中,$d$ 是光栅常数;k 是光谱级数.

16-10　波长 $\lambda=600\text{nm}$ 的单色光垂直入射到一个光栅上,测得第 4 级主极大所对应的衍射角为 $\theta=45°$,且第 3 级是缺级. 求:

(1) 光栅常数 $a+b$ 为多少;

(2) 透光缝宽度的可能值 a;

(3) 屏幕上可能出现的全部主极大的级次.

第 17 章　光 的 偏 振

我们知道，波分为横波与纵波，横波与纵波在传播过程中具有不同的性质，可以由图 17.1 进行简单说明机械横波与纵波的区别. 如果在波动传播方向上放置一个狭缝，狭缝方向与振动方向一致时，对机械横波可以通过狭缝继续传播；当狭缝方向与振动方向相互垂直时，就不能通过狭缝传播. 对于机械纵波，由于振动方向与传播方向一致，所以无论狭缝的取向如何，纵波总能够通过狭缝继续传播.

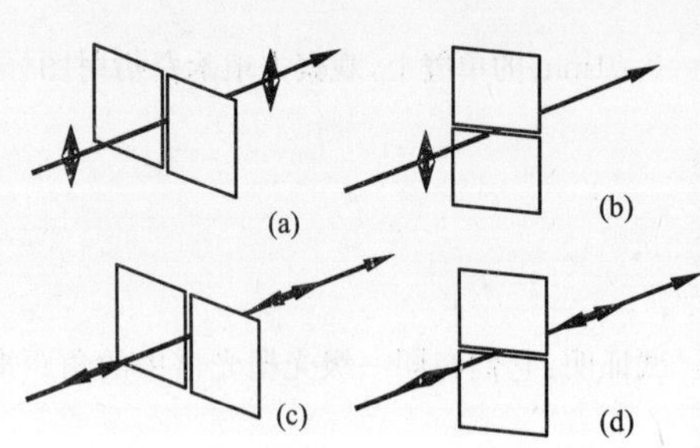

图 17.1　机械横波与纵波的区别

波的振动方向与传播方向构成的平面称为振动面. 对于横波，振动面与包含传播方向在内的其他平面不同，波的振动方向相对于传播方向没有对称性，这种不对称称为偏振. 显然，只有横波才具有偏振现象，偏振是横波的特征.

光波是电磁波，光振动方向总是与光的传播方向相垂直. 当光的传播方向确定后，在与光的传播方向相垂直的平面内光振动的方向依然是不确定的，光矢量可能有不同的振动状态，这种振动状态通常称为光的**偏振态**. 按照光振动状态的不同，可以分为五类：自然光、线偏振光、部分偏振光、椭圆偏振光和圆偏振光. 光的干涉和衍射反映了光的波动性，光的偏振现象说明光波是横波.

17.1　自然光与偏振光

17.1.1　自然光

一般光源发出的光中，包含着各个方向的光矢量. 因为光波是横波，光振动矢量都与传播方向(光线)相垂直. 如果在所有可能的方向上的光振动出现的概率都相等，光振动振幅的统计平均值也都相等，这样的光叫**自然光**. 也就是说，自然光在垂直光线的平面内的各个方向上光矢量对称分布.

自然光的光矢量可以分解为两个互相垂直的、互为独立的(无确定相位关系)、振幅统计平均值相等的光振动分量，这两个光振动分量具有相等的能量，即

$$\overline{E_x} = \overline{E_y}, \quad I_x = I_y$$

自然光的两个互相垂直光振动方向是可以任选的，各个光矢量之间无确定的相位关系，是彼此无关的. 自然光的表示方法如图 17.2 所示.

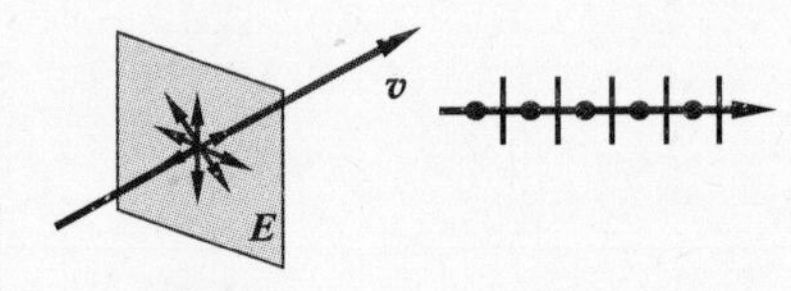

图 17.2　自然光的表示

17.1.2　完全偏振光　线偏振光

如果光振动仅出现在一个确定的方向上，其他方向没有光矢量，这样的光称为**完全偏振光或线偏振光**.

由于光振动矢量与光线构成一个平面，所以又称为平面偏振光. 线偏振光的表示方法如图 17.3 所示.

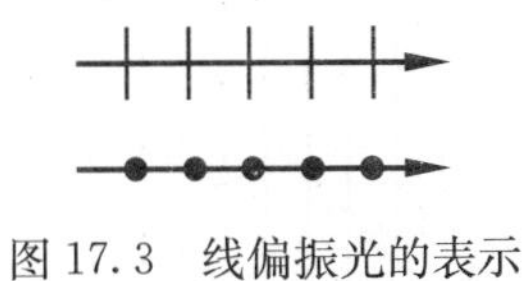

图 17.3　线偏振光的表示

17.1.3　部分偏振光

如果某一方向的光振动比与之垂直方向上的光振动占优势，这样的光称为**部分偏振光**. 部分偏振光也可以分解为两个互相垂直的(无确定相位)光振动分量，但是这两个光振动分量相应的能量不相等. 部分偏振光的表示方法如图 17.4 所示.

图 17.4　部分偏振光的表示

17.1.4　偏振光的获得

一般光源发出的光都是自然光，获得偏振光的方法一般有以下三种：

(1) 物质二向色性起偏. 某些物质能吸收某一方向的光振动，而只让与这个方向垂直的光振动通过，这种性质称**二向色性**. 涂有二向色性材料的透明薄片称为二向色片或偏振片，自然光通过二向色片后成为线偏振光.

(2) 折射光和反射光起偏. 理论和实验证明当自然光入射到两种物质的界面上时，一般情况下反射光与折射光都是部分偏振光，在一定的条件下反射光是线偏振光.

(3) 物质的各向异性起偏. 某些晶体由于晶体内部的分子结构，对不同方向上的光振动具有不同的传播速度，这种性质称为**各向异性**. 自然光入射到晶体表面时，两个相互垂直的光振动具有不同的传播速度，相应的折射率也不相同，从而形成一条入射光线对应于两条折射光线，这种现象称为**光的双折射**. 在光的双折射中，两条折射光都是良好的线偏振光.

思考题

思 17.1　自然光是否一定不是单色光？线偏振光是否一定是单色光？

思 17.2　哪些方法可以获得线偏振光？怎样用实验来检验线偏振光、部分偏振光和自然光？

17.2　物质的二向色性与马吕斯定律

17.2.1　物质的二向色性和偏振片

1. 物质的二向色性

物质能吸收某一方向的光振动，而只让与这个方向垂直的光振动通过，这种性质称为**二向色性**. 为说明二向色性的形成机理，我们可以设想用细导线平行排列构成线栅，

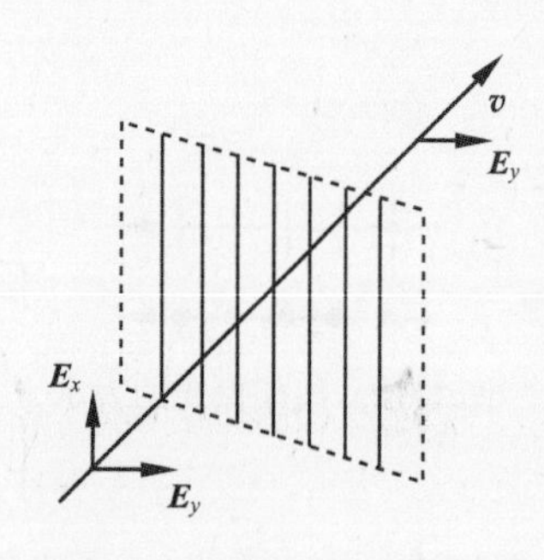

图 17.5 物质的二向色性

如图 17.5 所示. 当电磁波垂直线栅平面入射时,沿导线方向的光振动(交变的电场)对导线内的自由电子施加一个周期性变化的作用力,迫使电子受迫振动,相应的电磁波能量转化为电子的振动能量,被导线吸收. 由于在垂直导线方向上电子不能振动,因此垂直导线方向的光振动可以通过线栅. 所以细导线平行排列构成的线栅可以对电磁波起偏. 对于可见光,波长大约为 10^{-7}m,不可能用导线栅来进行起偏,如果将具有高导电率的长链分子平行排列,形成类似于线栅的结构,就可以吸收长分子链方向上的光振动,从而对可见光波进行有效的起偏. 我们可以在透明基片上,涂上某种物质(如含碘聚乙烯醇)并且在高温高压下均匀拉伸使其形成平行排列的具有高导电率的长分子链,这种物质就具有二向色性.

2. 偏振片(二向色片)

涂有二向色性材料的透明薄片称为偏振片或二向色片. 当自然光照射在偏振片上时,它只让某一特定方向的光振动通过,这个方向称为偏振片的**偏振化方向**. 透过偏振片的光振动方向一定与偏振片的偏振化方向一致,如图 17.6 所示. 其中偏振片 N 称为**起偏器**,偏振片 M 称为**检偏器**.

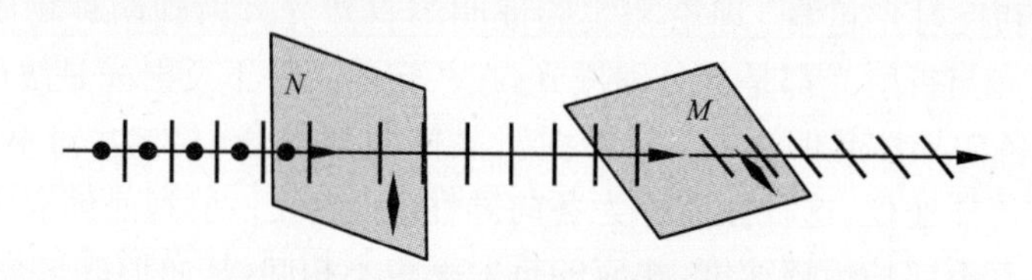

图 17.6 偏振片的起偏作用

17.2.2 马吕斯定律

马吕斯(E. L. Malus)通过实验发现,若入射偏振片的线偏振光光强为 I_0,光矢量方向与偏振片的偏振化方向 M 的夹角为 α,透过偏振片的出射光强为 I,则

$$I = I_0 \cos^2 \alpha \tag{17.1}$$

这就是**马吕斯定律**.

假设入射光振动的振幅为 E_0,将光振动分解为平行于 M 和垂直于 M 的两个分振动,如图 17.7 所示. 显然,$E_{//}=E_0\cos\alpha$,$E_{\perp}=E_0\cos\alpha$. 因为只有平行分量能够通过偏振片,所以透过偏振片的光振动振幅为

$$E = E_0 \cos\alpha$$

所以

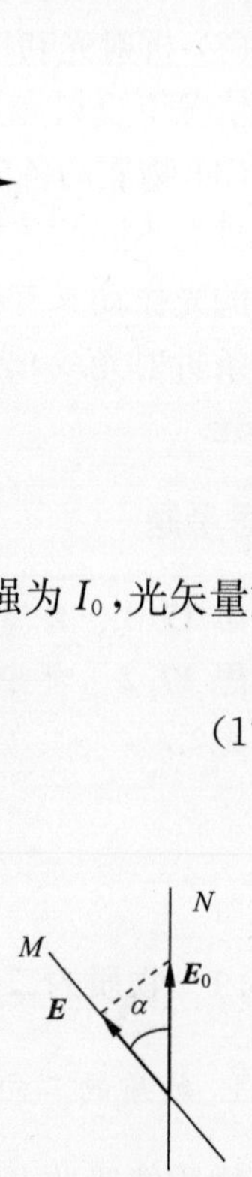

图 17.7 马吕斯定律

$$\frac{I}{I_0}=\frac{E^2}{E_0^2}=\cos^2\alpha$$

$$I=I_0\cos^2\alpha$$

这就是马吕斯定律的数学表述.

显然有

(1) $\theta=0, I=I_0; \theta=\frac{\pi}{2}, I=0$.

(2) 若是光强为 I_0 的自然光入射,则透过偏振片的线偏振光的光强必然为 $I=\frac{I_0}{2}$.

例 17.1 有两个偏振片,一个作起偏器,一个作检偏器. 当它们偏振化方向之间的夹角为30°时,一束单色自然光穿过它们,出射光强为 I_1;当它们偏振化方向之间的夹角为60°时,另一束单色自然光穿过它们,出射光强为 I_2,且 $I_1=I_2$. 求两束单色自然光的强度之比.

解 设两束单色自然光的强度分别为 I_{10} 和 I_{20},经过起偏器后光强分别为 $\frac{1}{2}I_{10}$ 和 $\frac{1}{2}I_{20}$;根据马吕斯定律,经过检偏器后光强分别为

$$I_1=\frac{1}{2}I_{10}\cos^2 30°,\quad I_2=\frac{1}{2}I_{20}\cos^2 60°$$

因为

$$I_1=I_2$$

所以

$$\frac{I_{10}}{I_{20}}=\frac{\cos^2 60°}{\cos^2 30°}=\frac{1}{3}$$

例 17.2 一束光是自然光和线偏振光的混合,通过偏振片并转动偏振片时发现最大光强是最小光强的5倍. 求入射光中自然光的光强与线偏振光的光强之比.

解 设自然光的光强为 I_N,线偏振光的光强为 I_P,则

$$I_{max}=\frac{1}{2}I_N+I_P$$

$$I_{min}=\frac{1}{2}I_N$$

$$\frac{I_{max}}{I_{min}}=1+\frac{2I_P}{I_N}=5$$

所以

$$\frac{I_P}{I_N}=2$$

17.2.3 偏振片的检偏作用

利用光通过偏振片后光强的变化规律可以判断入射偏振光的种类.

(1) 当偏振片绕光线旋转时,若光强无任何变化则为自然光入射;

(2) 偏振片绕光线旋转时,若光强发生变化且最小光强为零则为线偏振光入射;

(3) 偏振片绕光线旋转时,若光强发生变化但是最小光强不为零则为部分偏振光入射.

思考题

思 17.3 如图 17.8 在偏振化方向相互垂直的两个偏振片 P_1 和 P_3 之间,插入另一个偏振片 P_2. 光强为 I_0 的自然光入射到 P_1,转动偏振片 P_2,试讨论从偏振片 P_3 透出的光强与转角的关系.

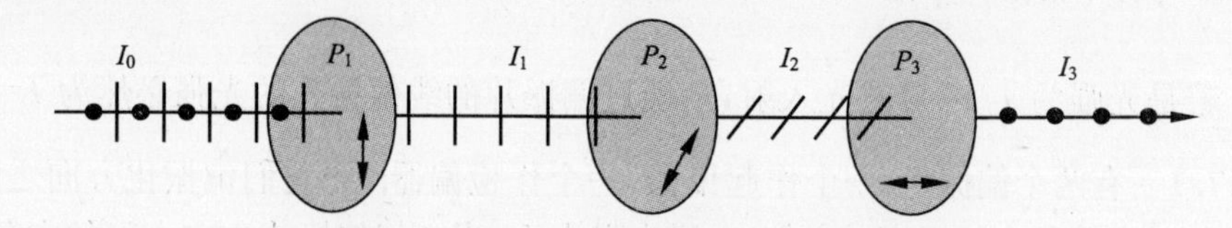

图 17.8 光通过偏振片后的光强变化

17.3 反射光与折射光的偏振

17.3.1 反射光与折射光的偏振

当自然光入射到两种物质的界面上时,一般情况下反射光与折射光都是部分偏振光,反射光在垂直入射面的方向上的光矢量占优势,折射光在平行入射面的光矢量占优势,如图 17.9 所示.

17.3.2 布儒斯特定律

布儒斯特通过实验发现,当入射角满足一定条件时,反射光为线偏振光,光矢量垂直于入射面;折射光为部分偏振光,光矢量在平行入射面的方向上占优势,而且偏振度最高,如图 17.10 所示. 相应的入射角称为布儒斯特角,而且满足

$$\tan i_B = \frac{n_2}{n_1} \tag{17.2}$$

这就是**布儒斯特定律**.

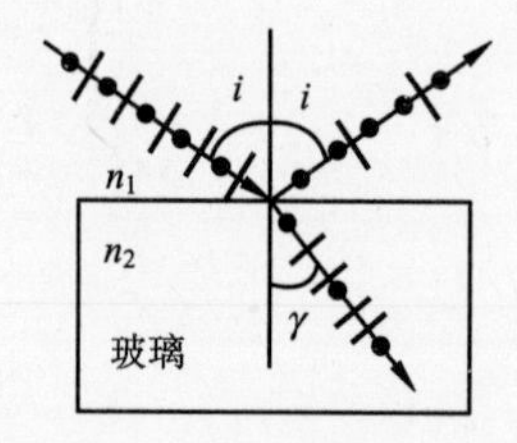

图 17.9 反射光与折射光的偏振

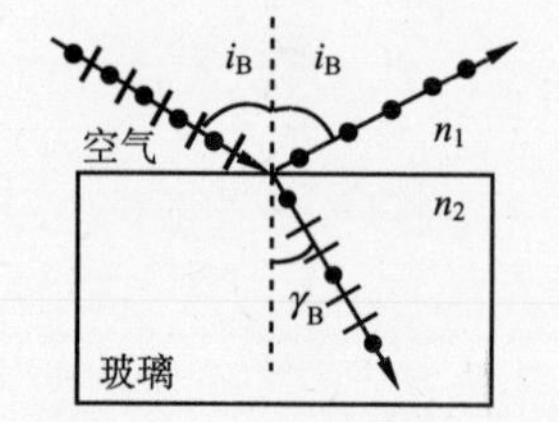

图 17.10 布儒斯特定律

推论

(1) 反射光线与折射光线垂直.

由布儒斯特定律

$$\tan i_B = \frac{n_2}{n_1}, \quad n_1 \sin i_B = n_2 \cos i_B$$

由折射定律

$$\frac{\sin i_B}{\sin \gamma_B} = \frac{n_2}{n_1}, \quad n_1 \sin i_B = n_2 \sin \gamma_B$$

所以

$$\cos i_B = \sin \gamma_B = \cos\left(\frac{\pi}{2} - \gamma_B\right)$$

即

$$i_B + \gamma_B = \frac{\pi}{2}$$

(2) 根据光的可逆性，当入射光以 γ_B 角从 n_2 介质入射于界面时，此 γ_B 角即为布儒斯特角.

因为

$$\tan i_B = \frac{n_2}{n_1}$$

所以

$$\cot i_B = \frac{n_1}{n_2} = \tan\left(\frac{\pi}{2} - i_B\right) = \tan \gamma_B$$

例 17.3　测得从一池静水的水面上反射的太阳光是完全偏振光，空气的折射率为 $n_1 = 1.0$，水的折射率为 $n_2 = 1.33$. 求此时太阳处在地平线的多大仰角处.

解　设仰角为 θ，太阳光的入射角为 i，则 $\theta + i = \frac{\pi}{2}$.

根据布儒斯特定律 $\tan i = \frac{n_2}{n_1} = 1.33$，　$i = \arctan 1.33 = 53.06°$

$$\theta = 90° - i = 90° - 53.06° = 36.94°$$

17.3.3　玻片堆起偏

对于单个玻璃面来说，垂直于入射面振动的反射光只占入射光光强的约 4%，因此常采用让光束通过平行堆放的平面玻璃板构成的**玻片堆起偏器**，从而使折射光成为良好的偏振光. 如图 17.11 所示，就是利用玻璃片堆产生线偏振光的实验装置.

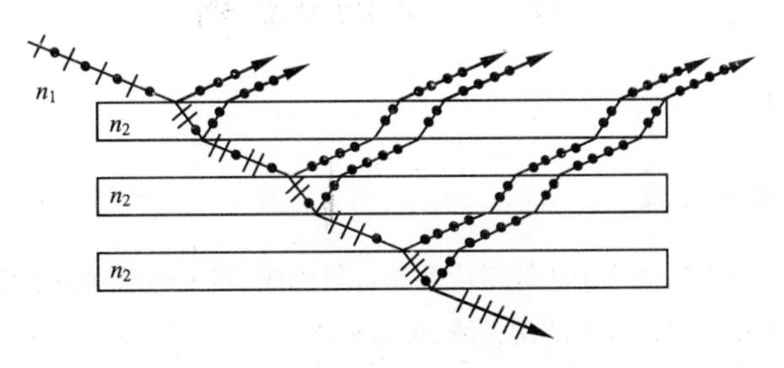

图 17.11　利用玻璃片堆产生线偏振光

一束自然光以布儒斯特角 i_B 入射到第一层玻璃表面上,反射光则为线偏振光;在第二层玻璃表面上入射角为 γ_B,也是布儒斯特角入射,反射光也是为线偏振光. 所以在玻片堆每一层玻璃表面上反射光都是线偏振光,每一次反射都将带走一些垂直入射面的光振动,**因此玻片数目足够多,就可以使折射光成为良好的偏振光.**

思考题

思 17.4 一束光入射到两种透明介质的分界面上时,发现只有透射光而无反射光,试说明这束光是怎样入射的? 其偏振状态如何?

思 17.5 如果自然光以布儒斯特角射在不透明介质的界面上,试确定反射光的偏振状态.

思 17.6 光由空气射入折射率为 n 的玻璃. 在如图 17.12 所示的各种情况中,用黑点和短线把反射光和折射光的振动方向表示出来,并标明是线偏振光还是部分偏振光. 图中 $i \neq i_0$, $i_0 = \arctan n$.

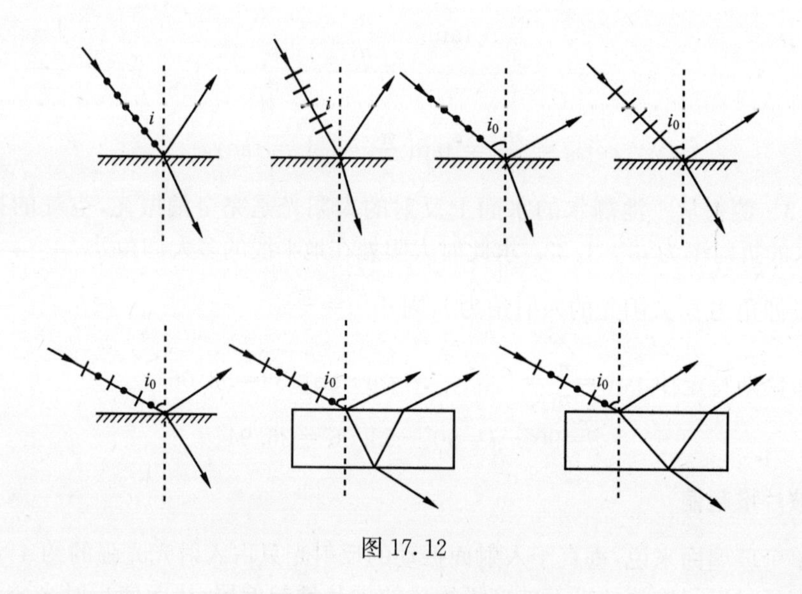

图 17.12

*17.4 光的双折射

17.4.1 光的双折射

1. 寻常光线与非常光线

自然光入射在晶体上时,一条入射光线对应两条折射光线,其中一条满足折射定律称为**寻常光线**,记为 **o 光**;另一条不满足折射定律称为**非常光线**,记为 **e 光**.

2. 晶体的光轴、主截面和主平面

晶体内存在一个特殊方向,称为**光轴**. 光沿光轴方向传播时不发生双折射. 晶体表面的法线与光轴构成的平面称为**主截面**. 晶体内光线与光轴构成的平面称为**主平面**. o光与e光都有各自的主平面，两者一般不同；当入射面为主截面时，o光的主平面与e光的主平面重合.

3. o光与e光的偏振特性

实验证明o光和e光都是线偏振光，**o光的光振动垂直其主平面，e光的光振动平行其主平面**，如图17.13所示. 若入射面与主截面重合，o光和e光的主平面重合，o光与e光的光振动相互垂直.

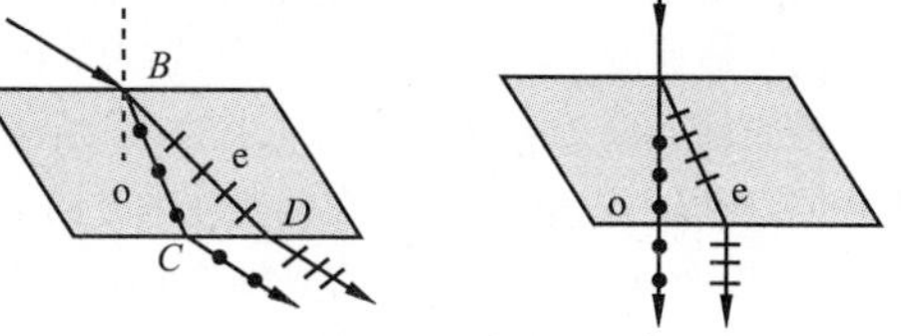

图 17.13　o光与e光的偏振特性

4. o光与e光的传播特性

实验证明，o光的传播速度是常量，与传播方向无关. e光的传播速度不是常量，与传播方向有关. **在光轴方向上，o光与e光的速度相同**；在偏离光轴方向上o光与e光的速度不同，**在垂直光轴方向上o光与e光的速度差异最大**.

5. 晶体的主折射率

对于o光，晶体的折射率 $n_o=\frac{c}{v_o}$，是一个常量. 对于e光，传播速度不是常量，设在垂直光轴方向上e光的传播速度为 $v_{e\perp}$，则定义

$$n_e=\frac{c}{v_{e\perp}} \tag{17.3}$$

为晶体的**主折射率**.

$$\kappa=n_o-n_e \tag{17.4}$$

称为晶体的**双折射率**，表征着晶体的双折射特性. $\kappa>0$，为正晶体；$\kappa<0$，为负晶体.

17.4.2　双折射的产生原因

1. o光与e光的波面

o光的波面为球面，e光的波面为椭球面，在光轴方向两者重合；在垂直光轴方向上两者的差异最大，如图17.14所示.

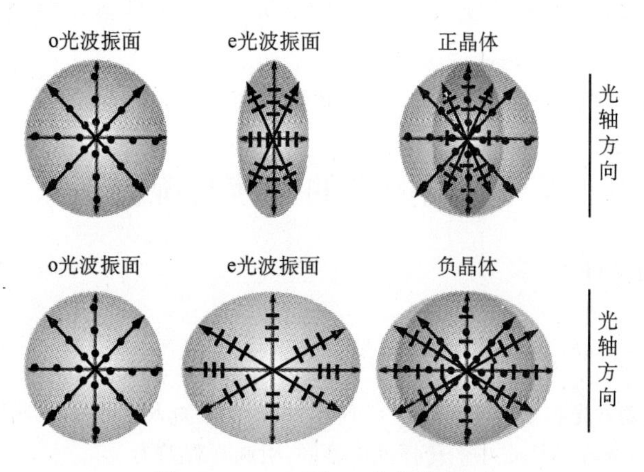

图 17.14　o光与e光的光波面

2. 双折射的产生原因

由于晶体内部的分子结构,使得相对光轴而言,不同方向上的光振动具有不同的传播速度,晶体的这个性质称为各向异性. 由图 17.14 可知,o 光的光振动总是垂直光轴,所以 o 光在各个方向上的传播速度都相同,v_o 为常量,n_o 也为常量;e 光沿不同方向传播光矢量与光轴的夹角不同,所以 e 光在各个方向上的传播速度不相同,v_e 不是常量,折射率 n_e 也不为常量. 因此在偏离光轴方向上,o 光和 e 光具有不同的传播速度和折射率,导致自然光中两个相互垂直的光振动具有不同的折射角,从而形成双折射.

沿光轴方向传播时,o 光与 e 光的光矢量都垂直于光轴,所以两者的传播速度相同,折射率和折射角也相同,所以不发生双折射;在偏离光轴方向上,o 光和 e 光具有不同的传播速度,折射率和折射角也不相同,所以产生双折射;在垂直光轴方向上,o 光的光振动垂直光轴,e 光的光振动平行老轴,所以 o 光和 e 光的传播速度差异最大,所以产生的双折射最为明显.

17.4.3 人为双折射

1. 光弹性效应

某些玻璃、塑料等各向同性介质受到外力作用时会产生双折射效应,其光轴方向与外力方向一致,双折射率与应力压强成正比,即

$$n_o - n_e = kp \tag{17.5}$$

式中,p 为应力压强. 利用光弹性效应制作光测弹性仪具有广泛的用途.

2. 克尔效应

某些溶液在电场中可产生双折射效应,其光轴方向与电场方向一致,双折射率为

$$n_o - n_e = k(\lambda)E^2 \tag{17.6}$$

式中,E 为电场强度. **克尔效应**常用于制作光控开关,灵敏度极高(约为 10^{-9} s).

思考题

思 17.7 什么是光轴、主截面和主平面?什么是寻常光线和非常光线?它们的振动方向和各自的主平面有何关系?

思 17.8 在单轴晶体中,e 光是否总是以 c/n_e 的速率传播?哪个方向以 c/n_o 的速率传播?

思 17.9 是否只有自然光入射晶体时才能产生 e 光和 o 光?

*17.5 偏振光的干涉与旋光现象

17.5.1 偏振光的干涉

1. 实验装置

垂直的两种光振动 o 光和 e 光,如图 17.15 所示,由于是垂直入射晶片 C,所以 o 光和 e 光的光线没有分开. 但是 o 光和 e 光在晶片 C 中的传播速度不同,引起光程差为

$$\Delta = (n_o - n_e)d \tag{17.7}$$

所以 o 光和 e 光的光波面已经分开. 经过偏振片 P 后光线 3 中的 o 光和 e 光成为相干光,如果将晶片 C 作成楔形,则可以在屏幕上看到干涉图样.

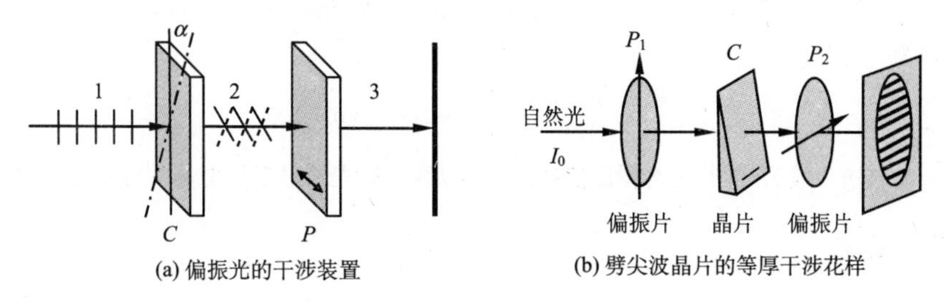

(a) 偏振光的干涉装置　　(b) 劈尖波晶片的等厚干涉花样

图 17.15　偏振光的干涉

2. 理论分析

设线偏振光的光振动方向与晶片 C 的光轴夹角为 α,光轴与偏振片 P 的偏振化方向夹角为 β,由图 17.16 可知

$$A_{e2} = A_1 \cos\alpha$$

$$A_{e3} = A_{e2} \cos\beta = A_1 \cos\alpha \cos\beta = A_1 \cos\alpha \sin\alpha$$

$$A_{o3} = A_{o2} \cos\alpha = A_1 \sin\alpha \cos\alpha$$

显然,$A_{e3} = A_{o3}$;但 A_{e3} 与 A_{o3} 方向相反,这表明两者之间存在 π 相位突变,所以相位差为

$$\Delta\varphi = 2\pi(n_o - n_e)\frac{d}{\lambda} + \pi$$

$$\Delta\varphi = 2\pi(n_o - n_e)\frac{d}{\lambda} + \pi = \begin{cases} 2k\pi, & \text{明纹} \\ (2k+1)\pi, & \text{暗纹} \end{cases}$$

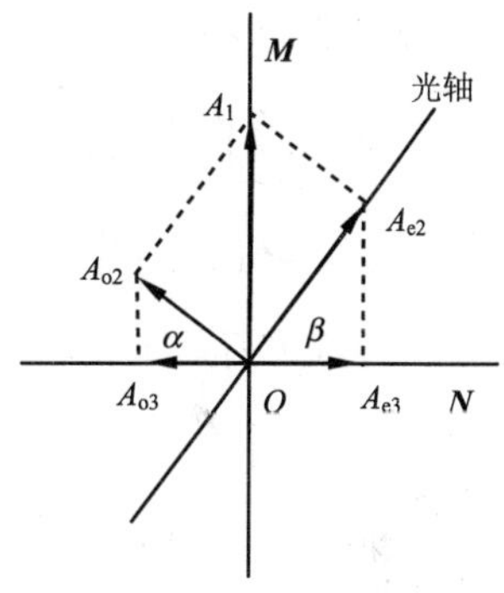

图 17.16　光矢量的分解

17.5.2　椭圆偏振光与圆偏振光

1. 椭圆偏振光

如图 17.17 所示,自然光通过偏振片 P 后成为线偏振光 1,通过双折射晶片 C 的光线 2 中包含相互垂直的两种光振动(o 光和 e 光). 设 o 光和 e 光的光振动分别为

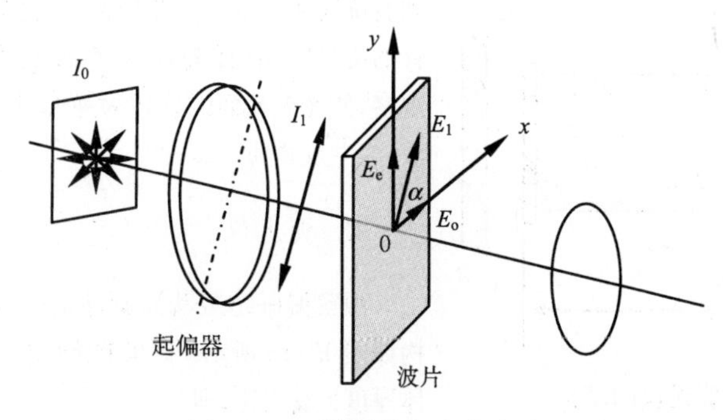

图 17.17　椭圆偏振光的产生

$$E_e = A_e \cos\omega t, \quad E_o = A_o \cos(\omega t + \Delta\varphi)$$

其中

$$A_e = A_1 \cos\alpha, \quad A_o = A_1 \sin\alpha$$

其轨迹方程为

$$\frac{E_e^2}{A_e^2} + \frac{E_o^2}{A_o^2} - \frac{2E_o E_e}{A_e A_o}\cos\Delta\varphi = \sin^2(\Delta\varphi) \tag{17.8}$$

合成光矢量的轨迹一般为椭圆,称为**椭圆偏振光**. 所以线偏振光通过双折射晶片可成为椭圆偏振光.

2. 圆偏振光

若 $\Delta\varphi=2\pi(n_o-n_e)\dfrac{d}{\lambda}=\dfrac{\pi}{2}$,而且 $A_e=A_o\left(\alpha=\dfrac{\pi}{4}\right)$,则合成光矢量的轨迹为圆,称为**圆偏振光**. 此时通过双折射晶片 C 的 o 光和 e 光的光程差为

$$\Delta = (n_o - n_e)d = \frac{\lambda}{4} \tag{17.9}$$

这种晶片称为四分之一波片. 当线偏振光通过 1/4 波片后,若光振动方向与光轴方向夹角 $\alpha=\dfrac{\pi}{4}$,则出射光为圆偏振光.

3. 振动面旋转

若 $\Delta\varphi=2\pi(n_o-n_e)\dfrac{d}{\lambda}=\pi$,合成光矢量的轨迹为直线,依然为线偏振光,振动面旋转一个角度. 此时通过双折射晶片 C 的 o 光和 e 光的光程差

$$\Delta = (n_o - n_e)d = \frac{\lambda}{2} \tag{17.10}$$

此类晶片称为半波片或二分之一波片. 线偏振光通过 1/2 波片后,仍为线偏振光,但是偏振面要旋转一个角度 $\theta(\theta=2\alpha)$.

17.5.3 旋光现象

1. 旋光现象

偏振光通过某些物质后,其振动面将以光的传播方向为轴线转过一定角度的现象称为**旋光现象**. 能产生旋光现象的物质(如石英晶体、糖溶液、酒石酸溶液等)称为**旋光物质**. 旋光物质可分为左旋物质和右旋物质. 面对着光源观察,使光振动面的旋转为顺时针的旋光物质(如葡萄糖溶液)为右旋物质;面对着光源观察,使光振动面的旋转为逆时针的旋光物质(如蔗糖溶液)为左旋物质.

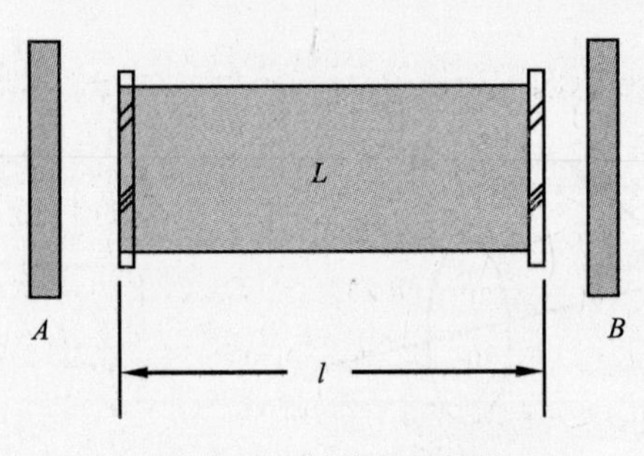

图 17.18 旋光仪的结构

A:起偏器;B:检偏器;L:盛有旋光物质的管子

2. 旋光仪

观察偏振光振动面旋转的仪器为旋光仪,其基本结构如图 17.18 所示. 如果旋光物质为固体,旋转角度与固体厚度 l 成正比,即

$$\psi = al$$

如果旋光物质为溶液,旋转角度还与溶液浓度 C 成正比,即

$$\psi = aCl$$

测糖计就是根据这一原理制成的.

思考题

思 17.10　用什么方法能够区别半波片和四分之一波片?

思 17.11　自然光和圆偏振光都可以看成是等振幅相互垂直的线偏振光的合成,它们之间的主要区别是什么?

*17.6　光的吸收、散射和色散

光通过物质时与物质发生相互作用,一方面光的能量被物质吸收或向四面八方散射,另一方面光在物质中的传播速度小于真空中光速,其波长也发生变化从而导致光的色散. 光的吸收、散射和色散是三种光与物质相互作用的典型现象,也是不同物质光学性质的主要表现,其实质是光和原子中的电子相互作用的结果.

17.6.1　光的吸收

1. 一般吸收与选择吸收

除了真空外,没有一种介质对电磁波是绝对透明的. 光的强度随进入介质的深度而减小,转化为介质热能的为吸收,由于介质不均匀性而散失到四面八方的为散射. 吸收可分为两种,一种吸收是物质对各种波长的光的吸收程度几乎相同,吸收系数 α_a 与 λ 无关,称为一般吸收;另一种是物质对某些波长的光的吸收特别强烈,吸收系数 α_a 是 λ 的函数,称为**选择吸收**. 例如臭氧吸收波长短于 300nm 的紫外线,红外辐射只有狭窄的波段才能通过"大气窗口",这些都属于选择吸收. 吸收(特别是选择吸收)光能是物质的一般属性.

2. 朗伯(Lambert)定律

光通过物质时,光波的电矢量使物质结构中的带电粒子做受迫振动,光的一部分能量用来提供这种受迫振动所需要的能量,这时物质粒子若与其他原子或分子发生碰撞,振动能量就可能转变成平动动能,使分子热运动的能量增加,物体发热温度上升. 从能量的观点研究光的吸收现象,朗伯提出一种假设:光在同一物质中,经过相同距离,能量损失的百分比相同. 可用公式表示为

$$\frac{\mathrm{d}I}{I} = -\alpha_a \mathrm{d}x$$

$$I = I_0 \mathrm{e}^{-\alpha_a d} \tag{17.11}$$

其中,$\mathrm{d}I$ 为经过 $\mathrm{d}x$ 距离光程的减少量. 可见,当物质厚度按等差级数增加时,光的强度按等比级数减弱. 从中不难推导物质的吸收长度 $l=\alpha_a^{-1}$,即光强减弱为原来的 e^{-1} 时在介质中传输的长度. 式(17.11)为朗伯定律的数学表达式.

3. 比尔(Beer)定律

当光在稀液体中传输时,液体吸收系数与溶液的浓度也有一定的关系. 比尔定律指出,溶液的吸收

系数正比于溶液的浓度 C,所以 $\alpha_a=AC$,其中,A 是一个常量,表征物质的分子特性. 从而在液体中的吸收规律可表示为

$$I = I_0 e^{-ACd} \tag{17.12}$$

式(17.12)为比尔定律的数学形式. 当液体的浓度较大时,分子之间的相互影响不能忽略,比尔定律不再成立.

17.6.2 光的散射

光在两种介质的分界面传输时发生反射和折射,但这都在特定的方向上. 当光在光学性质不均匀的介质中传输时,从侧向也能看到光,这种现象为光的散射. 散射使光在原来的传播方向上光强以指数形式减弱,即满足

$$I = I_0 e^{-(\alpha_a+\alpha_s)l} = I_0 e^{-\alpha l} \tag{17.13}$$

式中,α_a 为吸收系数,α_S 为散射系数,α 为衰减系数.

对光的散射经典解释认为,光学性质的不均匀是由于均匀介质中分布着折射率不同的大颗粒或者是不规则的粒子聚集(如烟、尘埃、雾),形成混浊物质. 这些杂质颗粒的线度比光的波长小,彼此间距比波长大,排列无规则. 因此在光矢量的作用下发生的受迫振动没有固定的相位关系,次波辐射为非相干叠加,各处均不会相消,从而形成散射.

散射一般分为两类,一类是**瑞利散射**,它是由线度小于光的波长的微粒对入射光的散射. 这种散射光强度与波长 λ^{-4} 成正比,该关系称为**瑞利定律**. 正是由于这种关系,散射光中短波占优势,所以白光散射后呈青蓝色,而直接通过散射物质的光,由于减少了短波的成分,便显得较红. 比如红光通过薄雾时比蓝光的穿透能力强,正是由于红光散射较弱的缘故,因此信号旗和信号灯常采用红色. 由于红外线的穿透能力比红光更强,因而更适用于远距离照相和遥感技术. 第二种散射为**分子散射**,又称为**米氏散射**,这是由于在光学性质完全均匀的物质中,虽然物质的原子性质结构存在着的不均匀性的线度远小于光波的波长,但是分子的无规则运动使得分子的密度发生涨落从而引起的散射. 米氏证明较大微粒的散射取决于微粒线度与波长的比值. 比如污染的天空太阳光强度会虚弱很多,同时看上去更红一些.

白昼的天空之所以是亮的,除了有阳光照射,还要靠大气散射. 要是没有大气,人们仰望天空,也只能看到光芒眩目的太阳悬挂在漆黑的背景中,和宇航员在太空中看到的景象是一样的. 清晨日出和傍晚日落时,看到太阳呈红色,正是因为此时太阳光与地面平行,穿过的大气层最厚,所有波长较短的蓝光、黄光几乎都朝侧向散射,仅剩下波长较长的红光到达观察者. 但此时的天空看到的仍是浅蓝色,而云块被阳光照射呈红色. 正午太阳穿过大气的厚度薄,散射较少,太阳呈白色.

17.6.3 光的色散

1. 色散特性

早在公元11世纪,我国已有关于天然晶体色散现象的记载. 北宋初年,杨亿(974－1020)著的《杨文公谈苑》一书中说:“嘉州峨眉山有菩萨石,人多收之,色莹白如玉,如上绕水晶之类,日射之有五色……”可见物质的折射率和光的频率有关,而折射率取决于真空中的光速和物质中的光速之比. 牛顿最早通过棱镜折射来观察色散现象,这个方法至今仍然很有价值. 通过理论推算我们很容易利用最小偏向角来测定棱镜物质的折射率,棱镜摄谱仪的角色散率 $D=d\theta/d\lambda$. 通常我们可以用棱镜折射或光栅衍射产生色散谱线观察色散现象,不同点在于后者的光谱是匀排的,前者是非匀排的,而且物质的折射率越大,光谱就展的越宽,即角色散率越大. 可见同一物质在不同波长下的角色散率有不同的值,折射率与波长之间有比较复杂的关系. 棱镜的角色散率为

$$D=\frac{\mathrm{d}\theta}{\mathrm{d}\lambda}=\frac{2\sin(A/2)}{\sqrt{1-n^2\sin^2(A/2)}}\cdot\frac{\mathrm{d}n}{\mathrm{d}\lambda} \tag{17.14}$$

它是两个因数的乘积，第一个因数主要和棱镜的折射角 A 有关，第二个因素是棱镜的色散特性，这里需要找出 $\mathrm{d}n/\mathrm{d}\lambda$ 在各波长区域的值，或者找出 $n=f(\lambda)$ 的表达式.

2. 正常色散

用正交棱镜观察法在可见光区域测得色散曲线，用函数表示色散曲线为

$$n=a+\frac{b}{\lambda^2}+\frac{c}{\lambda^4} \tag{17.15}$$

这一公式称为柯西公式，式(17.15)中 a、b、c 均为正的常量，由材料的性质决定. 多数情况下，如果精度要求不高，波长的范围变化不大，柯西公式只取前两项就够了，即

$$n=a+\frac{b}{\lambda^2} \tag{17.16}$$

对式(17.16)求导得到材料的色散关系

$$\frac{\mathrm{d}n}{\mathrm{d}\lambda}=-\frac{2b}{\lambda^3} \tag{17.17}$$

式(17.17)表明色散近似与波长的三次方成反比，说明棱镜的光谱是非匀排的，式中的负号表示随着波长的变化折射率减小. **对于这种波长越短，折射率越大的色散称为正常色散.**

从图 17.19 的散射曲线上还能够看出波长越短，$\mathrm{d}n/\mathrm{d}\lambda$ 越大，因而角色散率也越大；在波长一定时，不同物质的折射率越大，$\mathrm{d}n/\mathrm{d}\lambda$ 也越大. 不同物质的色散曲线没有简单的相似关系.

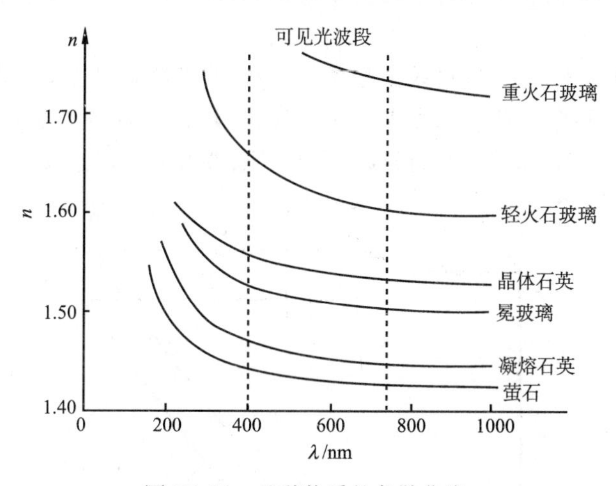

图 17.19　几种物质的色散曲线

3. 反常色散

与正常色散截然不同的还有另一种色散为**反常色散**，即当光通过物质时如果光波长越短，则表现出来的折射率反而越大. 孔脱用正交棱镜法对反常色散进行了系统研究，总结出一个重要定律：反常色散总是与光的吸收有密切联系，任何物质在光谱的某一波段如有反常色散，则在该区域内的光强一定被强烈吸收. 勒鲁(Le Roux)在 1862 年通过实验发现将光束通过碘蒸气的三棱柱，青光比红光的折射率小，即当 $\lambda_1>\lambda_2$，$n_1>n_2$ 时，介于 $\lambda_1\sim\lambda_2$ 的光被碘蒸气吸收. 后来人们发现任何物质在红外或紫外光谱中，只要有选择吸收存在，这些区域中就表现出反常色散. 这就是说“反常”色散实际上并不反常，这种现象

是很普遍的.

偏振全息与光弹技术

光弹技术,又称光测弹性技术,主要应用偏振光干涉和全息照相技术测量工件或建筑物的材料内部应力分布. 因为一般的工件或建筑物的材料是不透明的,所以必须用光弹性材料模拟实际工件的形状制成模型. 所谓光弹性材料,在一般情况下是各向同性的非晶体材料,

当它承受应力作用时,在机械压力的作用下,便失去各向同性的特征而具有各向异性,从而能够产生双折射现象. 一般采用以环氧树脂为主要原料,顺丁乙烯二酸为固化剂,经过高温固化就形成了光弹性材料.

光弹技术的基本原理是,利用光通过模型材料在承受应力作用时产生双折射,再用一定的装置实现偏振光干涉,然后应用全息照相技术获得全息干涉图样. 根据偏振光干涉原理,模型材料承受应力越大的地方,各向异性越强(双折射率越大,引起的光程差也越大),相应的干涉条纹分布就越密. 通过理论分析和计算,容易得出模型材料内部应力分布,再利用光弹技术中的相似律转换到实际物体上,就可以确定实际工件或建筑物的材料内部应力分布.

在全息光弹技术中,采用透射式全息照相技术(其光路如图 17.20 所示),能够得到反映主应力方向的等倾线、反映主应力差的等色线、反映主应力和的等和线、反映绝对光程差的等程线(图 17.21). 应用这些图形,模型材料内部各点的应力通过简单计算就可以独

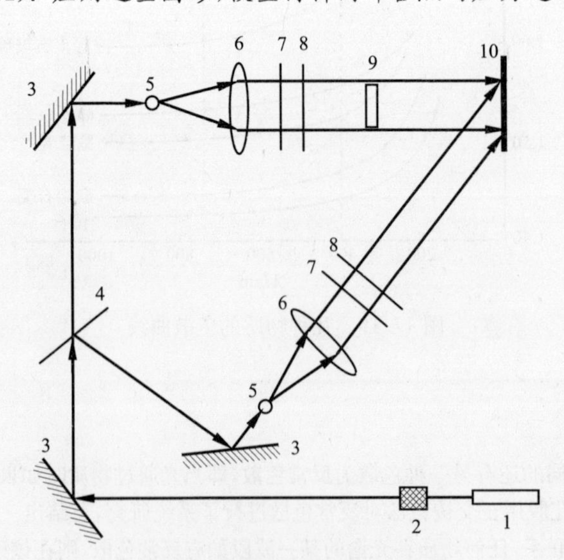

图 17.20 透射式全息照相光路图

1. 激光器;2. 快门;3. 全反镜;4. 分光镜;5. 扩束镜;6. 准直镜;7. 偏振片;
8. 四分之一波片;9. 模型;10. 全息底片

立求出．整个成像过程分为两步：第一步是记录，使直接照射到全息底片上的参考光与通过模型且包含模型应力状态的物光在全息底片上干涉、成像，从而得到记录模型应力状态信息的全息图；第二步是再现，将全息图复位到记录时的位置，用记录时的参考光照射．

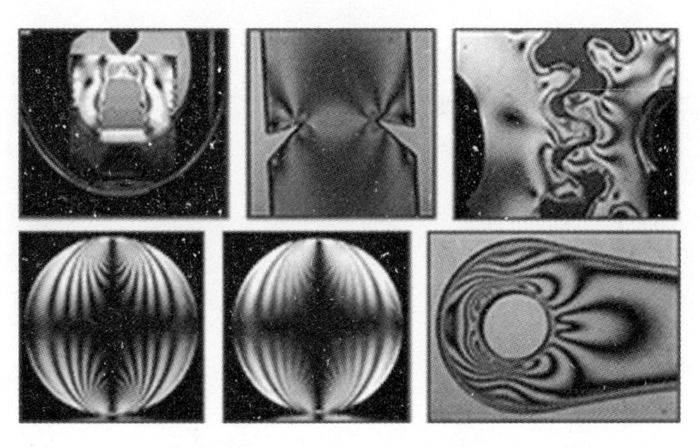

图 17.21　应力全息图形等线

观察与应力相对应的干涉条纹图，凡是条纹密的地方，所承受的应力就大．对于桥梁来说，这一部分就应加固．

应用光测弹性技术可以有效地确定工件或建筑物内部各点受力情况，在实际工程中有着广泛的应用．

习　题　17

17-1　投射到起偏器的自然光强度为 I_0，开始时，起偏器和检偏器的透光轴方向平行，然后使检偏器绕入射光的传播方向转过 30°，45°，60°，试分别求出在上述三种情况下，透过检偏器后光的强度是入射光强的几倍？

17-2　使自然光通过两个偏振化方向夹角为 60°的偏振片时，透射光强为 I_1，今在这两个偏振片之间再插入一偏振片，它的偏振化方向与前两个偏振片均成 30°，问此时透射光 I_2 与 I_1 之比为多少？

17-3　有三个偏振片堆叠在一起，第一块与第三块的偏振化方向相互垂直，第二块和第一块的偏振化方向相互平行，然后第二块偏振片以恒定角速度 ω 绕光传播的方向旋转，设入射自然光的光强度为 I_0．试证明：此自然光通过这一系统后，出射光的光强为 $I=I_0(1-\cos 4\omega t)/16$．

17-4　自然光入射到两个重叠的偏振片上．如果透射光强分别为透射光最大强度的三分之一和入射光强的三分之一，试求这两个偏振片透光轴方向间的夹角应各为多少？

17-5　一束自然光从空气入射到折射率为 1.40 的液体表面上，其反射光是完全偏振光．试求：

(1) 入射角等于多少？

(2) 折射角为多少？

17-6　利用布儒斯特定律怎样测定不透明介质的折射率？若测得釉质在空气中的起偏振角为 58°，求釉质的折射率．

*17-7　厚度为 1mm 且垂直于光轴切出的石英晶片，放在两平行的偏振片之间，对某一波长的光波，经过晶片后振动面旋转了 30°．问石英晶片的厚度变为多少时，该波长的光将完全不能通过？

习 题

第六篇 近代物理

在18世纪末，物理学理论已经发展到相当完善的阶段．物体的机械运动（速度远小于光速时）遵循牛顿力学规律，电磁现象规律（包括光的波动）总结为麦克斯韦方程组，热现象也有完整的热力学和经典统计物理学理论．当时很多物理学家认为，物理学的大厦已经基本建成，物理学理论上的原则性问题都已经解决，后人的工作只需要在细节上进行补充和修正就可以了．就在人们为物理学的辉煌成就欢欣鼓舞的时候，一些新的实验事实与经典物理学理论发生了尖锐的矛盾．最为典型的是迈克耳孙-莫雷实验和黑体辐射的“紫外灾难”．按照经典的电磁理论，电磁波在真空中的传播速度是相对绝对静止的参考系“以太”的，迈克耳孙和莫雷试图在实验上证实静止的参考系“以太”的存在，但是得到的结果与理论期望完全相反，就是说静止的参考系“以太”是根本不存在的．通过实验，人们测得黑体在一定温度下的辐射强度与波长的关系曲线与由统计物理得到的理论公式在短波段（紫外区）严重不符，这就是所谓的“紫外灾难”．这些实验与理论发生尖锐矛盾的事实使经典物理学面临一种困难境地．开尔文将其称为物理学晴朗天空中的“两朵乌云”．相对论和量子物理学的建立驱散了这两朵乌云，开创了物理学中一场深刻的革命．

1905年，爱因斯坦发表了《论动体的电动力学》，建立了崭新的时空理论——狭义相对论，后来将其进一步推广建立了广义相对论．相对论引入时间和空间相对性，将时间、空间、物质的运动和物质的存在紧密联系在一起，给出了高速运动物体的运动规律．

1900年，普朗克为了解释黑体辐射问题，提出了能量的量子化假设，并且以此为基础导出了符合实验的黑体辐射公式，开始了量子物理学的建立工作．后来，爱因斯坦和康普顿在此基础上提出了光子的概念，揭示了光的波粒二象性的本质．1924年，德布罗意在光的波粒二象性的启发下，提出了任何实物粒子都具有波粒二象性的观点和物质波的假说，这个假说不久就被电子衍射实验所证实．从1925～1932年，薛定谔、玻恩、海森伯等在物质波假说的基础上建立了描述微观粒子运动的新理论，即量子力学．

量子力学和相对论一起，成为近代物理学的两块基石．近代物理学的建立并没有否定经典物理学，只是在更深层次上描述了物质世界的客观规律．

近代物理学揭示了时空的相对性和粒子的波粒二象性,并且给出高速运动物体和微观粒子的基本规律,使人们对自然界的认识产生了一个新的飞跃,为原子物理、粒子物理、固体物理等学科的发展奠定了坚实的理论基础;同时还极大地推动了新技术的发展,有力地促进了生产力的提高.

本篇简要介绍近代物理学的基本理论. 第 18 章主要讨论狭义相对论的基本理论;第 19 章主要讨论光的量子性、物质的波粒二象性和薛定谔方程及其应用;第 20 章介绍原子核物理与粒子物理的基本内容.

第 18 章　狭义相对论

麦克斯韦建立了统一的电磁理论确定了电动力学的基础，但也使经典力学在解释运动物体的电磁规律时遇到了困难. 20 世纪初，爱因斯坦发表了《论动体的电动力学》，建立了崭新的时空理论——狭义相对论，后来将其进一步推广建立了广义相对论.

相对论引入时间和空间相对性，将时间、空间、物质的运动和物质的存在紧密联系在一起，给出了高速运动物体的运动规律. 相对论同量子力学一起构成近代物理学，已经成为现代物理甚至现代工程技术不可或缺的重要理论基础.

本章将对狭义相对论的基本原理、基本思想观点和一些重要结论作简单介绍和讨论.

18.1　相对论的产生

18.1.1　力学相对性原理和经典时空观

我们知道，牛顿定律只在惯性系中成立. 牛顿最初认为存在着绝对静止的空间，在这个绝对静止的空间建立的参考系就是惯性系. 并且大量的实验表明，凡是相对于惯性系做匀速直线运动的参考系，牛顿定律都成立，也就是说实际上存在着无数多个惯性系. 对于不同的惯性系，包括牛顿定律在内的所有力学规律的基本形式都一样. 这个结论就称为力学相对性原理或者牛顿相对性原理，也称为伽利略相对性原理.

力学相对性原理是经过大量的实验验证的. 早在 1632 年，伽利略曾对在封闭的船舱中观察到的力学现象进行了这样的描述："在这里(匀速运动的船舱)，你在一切现象中观察不出丝毫的改变，你也不能够根据任何现象来判断船究竟是在运动还是停止. 当你在地板上跳跃的时候，你所通过的距离和你在一条静止的船上跳跃时所通过的距离完全相同，也就是说，你向船尾跳时并不比你向船头跳时跳得更远，虽然当你跳在空中时，在你下面的地板是在向着和你跳跃相反的方向运动. 当你把任何东西抛给你的朋友时，如果你的朋友在船头而你在船尾，你所费的力气并不比你们站在相反的位置时所费的力气更大……"从这样的描述中我们也可以看出，在不同的惯性参考系中做同样的力学实验，都将得到相同的实验结果，并且只凭在一个惯性参考系中观察的力学实验是没有办法测定本惯性系的运动速度的. 因而牛顿提出的绝对静止的空间就没有必要了，实际上绝对静止的空间是不存在的.

牛顿相对性原理体现了两个基本观点：①时间间隔是绝对的，也就是说时间与任何具体的参考系的运动状态无关，两个事件相隔的时间无论在哪个惯性系中测定都是相同的. 在所有的惯性系中，时间的流逝是相同的. ②空间间隔是绝对的，即一个物体的长度无论在哪个惯性系中测量都是相同的. 这是关于时间和空间与人们日常经验相符而被接受的观点，也称经典时空观或绝对时空观.

描述一个物理事件首先需要知道事件发生的地点和时间，这需要有四个物理量进行

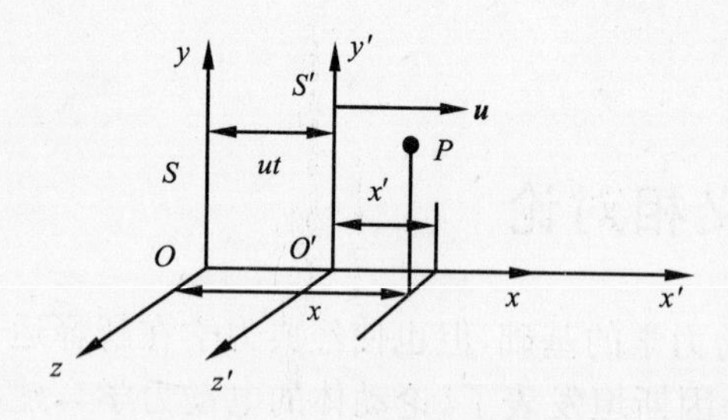

图 18.1　伽利略变换

描述,即空间坐标(x,y,z)和时间坐标(t). 假设有两个惯性系 S 和 S',S'系相对 S 系以 $\boldsymbol{u}$ 的速度沿 x 方向做匀速运动,使 x',y',z'轴分别与 x,y,z 轴平行,如图 18.1 所示. 当两个惯性系的坐标原点 O 和 O'重合时,作为时间起始点开始计时. 同一个事件 P 在 S 和 S'系中的时空坐标分别为(x,y,z,t)和(x',y',z',t'),并且它们之间有如下关系

$$\begin{cases} x = x' + ut' \\ y = y' \\ z = z' \\ t = t' \end{cases} \quad 或 \quad \begin{cases} x' = x - ut \\ y' = y \\ z' = z \\ t' = t \end{cases} \tag{18.1}$$

式(18.1)称为伽利略坐标变换公式. 通过伽利略坐标变换,可以从物理事件在一个惯性系中的时空坐标计算出同一事件在另外一个惯性系中的时空坐标.

把式(18.1)对时间进行一次求导,用 $\boldsymbol{v}$ 和 $\boldsymbol{v}'$分别表示在 S 和 S'系中的速度,得

$$\begin{cases} v_x = v'_x + u \\ v_y = v'_y \\ v_z = v'_z \end{cases} \quad 或 \quad \begin{cases} v'_x = v_x - u \\ v'_y = v_y \\ v'_z = v_z \end{cases} \tag{18.2}$$

这就是 S 和 S'系之间的速度变换.

把式(18.2)对时间再求一次导数,得到 S 和 S'系之间的加速度变换关系为

$$\begin{cases} a_x = a'_x \\ a_y = a'_y \\ a_z = a'_z \end{cases} \tag{18.3}$$

在经典力学中,质量与参考系无关,$m=m'$,物体受力与参考系无关 $\boldsymbol{F}=\boldsymbol{F}'$. 于是,牛顿第二定律在所有惯性系中都具有相同的数学表述,在 S 系中 $\boldsymbol{F}=m\boldsymbol{a}$,在 S'系中 $\boldsymbol{F}'=m'\boldsymbol{a}'$. 因为力学规律都是根据牛顿定律导出的,所以在一切惯性系中所有力学规律具有相同的表述,所以说伽利略变换反映了力学相对性原理和经典时空观.

18.1.2　经典物理的困难

19 世纪,特别是在法拉第发现电磁感应定律之后,电磁技术被广泛地应用到工业和人类的日常生活之中,同时又促进了对电磁运动规律的深入探索. 1862～1864 年,麦克斯韦建立了描述电磁运动普遍规律的方程组,为经典电磁理论奠定了牢固的基础. 根据麦克斯韦方程组可以推论,变化电场和变化磁场相互转化过程中以波的形式在空间传播,从而形成电磁波,光也是电磁波,从而实现了电、磁、光的统一,完成了物理理论的一次大综合. 由麦克斯韦方程组得到的电磁波(光)在真空中的传播速度为 $c(c=3\times10^8\,\mathrm{m\cdot s^{-1}})$,而且与光源的运动无关.

经典力学认为，波动是机械振动在弹性介质中的传播．同样，经典物理学认为，电磁波的传播也需要介质，并将这种介质称为“以太”．由电磁波的性质推论，“以太”应具有以下基本属性：

(1) 充满宇宙，透明而密度很小（电磁波弥散空间，无孔不入）．

(2) 具有高弹性低密度．因为电磁波为横波，所以以太应是一种固体．由于 $v=\sqrt{G/\rho}$（G 是切变模量，ρ 是介质密度），因为光速很大，就要求 G 很大而 ρ 很小．

(3) 以太只在牛顿绝对时空中静止不动，即在特殊参考系中静止．

当时人们普遍认为在相对于以太静止的惯性系中，麦克斯韦方程组是成立的．然而，在相对于以太运动的惯性系中，按照伽利略变换，电磁波沿各个方向的传播速度并不等于恒量 c．这样，力学的相对性原理（力学规律对于一切惯性系都等价），在电磁学中不再成立．经典物理学的两大理论体系之间便出现了不可调和的矛盾．

人们会问，麦克斯韦方程组是只对某一个特殊的惯性系成立还是对所有的惯性系都成立？如果是前者，相当于承认伽利略变换（或经典时空观）是成立的，而麦克斯韦方程组在不同的惯性系中应该有不同的形式．也就是说，力学相对性原理不适用于电磁现象．如果是后者，即认为相对性原理可以推广到电磁规律，而伽利略变换（或经典时空观）不适用于电磁现象，这就意味着绝对时空的概念应该摒弃，需要建立新的时空观．

*18.1.3　迈克耳孙实验

同光速不变原理有关的大量实验已经证明，真空中光速同光源的运动速度无关、同光波的频率（光的颜色）无关、同观察者的惯性运动状态无关．定量的测量表明，真空中平均回路光速是一个常数，约为每秒 30 万千米（c 的精确测量值见基本物理常数）．这类实验中，最著名的是迈克耳孙-莫雷实验．

该实验的实验仪器是迈克耳孙干涉仪，如图 18.2 所示．

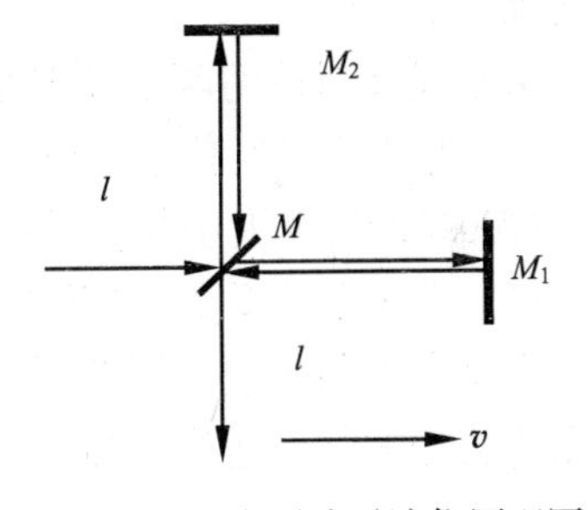

图 18.2　迈克耳孙干涉仪原理图

假设存在绝对参考系“以太”，地球相对于“以太”以速度 $\boldsymbol{v}$ 运动，在地球系中，光速 $\boldsymbol{c}'=\boldsymbol{c}+\boldsymbol{v}$，不同方向的光速不同．水平方向 $MM_1=l$，垂直方向 $MM_2=l$．两路光的传播时间分布为

$$t_1=\frac{l}{c-v}+\frac{l}{c+v}=\frac{2l}{c}\frac{1}{1-\frac{v^2}{c^2}}\gg\frac{2l}{c}\left(1+\frac{v^2}{c^2}\right)$$

$$t_2=\frac{l}{c^2-v^2}+\frac{l}{c^2-v^2}=\frac{2l}{c}\frac{1}{\sqrt{1-\frac{v^2}{c^2}}}\gg\frac{2l}{c}\left(1+\frac{v^2}{2c^2}\right)$$

两路光的光程差为

$$\delta_1=c(t_2-t_1)\approx\frac{lv^2}{c^2}$$

将迈克耳孙干涉仪旋转 90°，得到两路光的光程差为

$$\delta_1=c(t_2-t_1)\approx-\frac{lv^2}{c^2}$$

转动过程光程差的变化 $\Delta=\delta_1-\delta_2=2\dfrac{lv^2}{c^2}$，应有干涉条纹移动 $\Delta N=\dfrac{\Delta}{\lambda}=\dfrac{2lv^2}{\lambda c^2}$. 若取 $l=10\text{m}$，$c=3\times10^8\text{m}\cdot\text{s}^{-1}$，$v=3\times10^4\text{m}\cdot\text{s}^{-1}$，$\lambda=500\text{nm}$，则移动条纹数目 $\Delta N=0.4$. 但实验的结果却是 $\Delta N=0$. 迈克耳孙干涉仪的测量精度是 1%，所以实验结果与理论的差异并不是实验仪器引起的. 迈克耳孙在不同的季节、不同的地点反复试验，并且多次改进实验方法和实验过程，得到的结果都是 $\Delta N=0$. 这只能说明最初的假设是错误的. 所以可以得到如下结论：①绝对参考系“以太”不存在；②真空中的光速 c 与参考系无关.

18.2 相对论基本原理

18.2.1 狭义相对论基本原理

1905 年，爱因斯坦发表了题为《论动体的电动力学》一文，在这篇著名的论文中彻底摒弃了“以太”理论和经典时空观，肯定了相对性原理在物理学中的普遍性和真空中光速的特殊性，提出了两条基本假设，成为狭义相对论的两个基本原理，并在此基础上系统的建立了**狭义相对论**. 这两条基本原理是：

相对性原理 所有物理规律对于一切惯性系都具有完全相同的形式，一切惯性系都是等价的，不存在绝对参考系.

光速不变原理 真空中光速相对任何惯性系沿任何一个方向大小恒为 c，且与光源的运动无关.

从狭义相对论的两个基本原理我们可以得到如下的结论：

(1) 它否定了经典速度公式，即否定伽利略变换；

(2) 光的速度大小与参考系无关，但方向在不同参考系中可以不同；

(3) 光速数值不变，则不同参考系中时间、空间、尺度要发生关系，且尺度不同.

在这种新的相对性原理下，需要有新的变换方程来代替伽利略变换，实现对所有的惯性系中物理规律表达形式的等价性. 这种新的变换方程即洛伦兹变换.

18.2.2 洛伦兹变换

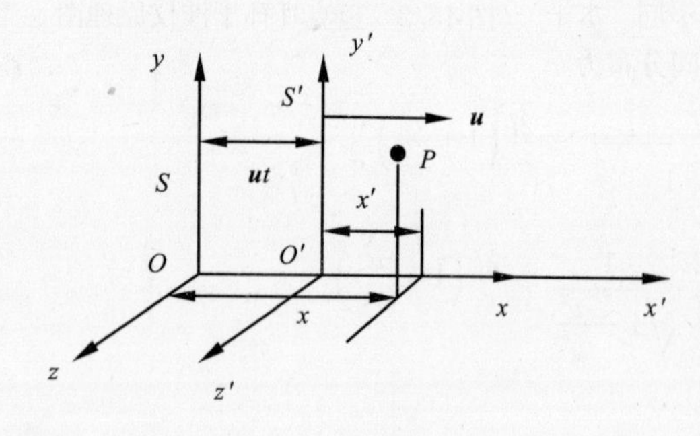

图 18.3 洛伦兹变换

1. 洛伦兹坐标变换

仍然在两个相对匀速直线运动的惯性系 S 和 S' 中，对同一物理事件 P 进行观测. 如图 18.3 所示，S' 系相对 S 系以 $\boldsymbol{u}$ 的速度沿 x 方向做匀速运动，使 x'，y'，z' 轴分别与 x，y，z 轴平行. 当两个惯性系的坐标原点 O 和 O' 重合时，作为时间起始点开始计时.

同一个事件 P 在 S 和 S' 系中的时空坐标分别为 (x,y,z,t) 和 (x',y',z',t')，洛伦兹得出它们之间有如下关系

$$\begin{cases} x' = \gamma(x - ut) \\ y' = y \\ z' = z \\ t' = \gamma\left(t - \dfrac{u}{c^2}x\right) \end{cases} \quad \text{（洛伦兹正变换）} \tag{18.4a}$$

或

$$\begin{cases} x = \gamma(x' + ut') \\ y = y' \\ z = z' \\ t = \gamma\left(t' + \dfrac{u}{c^2}x'\right) \end{cases} \quad \text{（洛伦兹逆变换）} \tag{18.4b}$$

式中，

$$\gamma = \frac{1}{\sqrt{1 - \dfrac{u^2}{c^2}}}$$

从上式可知：

(1) 时间和空间的测量互不分离，称为时空坐标；

(2) 洛伦兹变换是同一事件在不同惯性系中两组时空坐标的变换方程；

(3) 当 $u \geqslant c$ 时，公式无物理意义. 所以两参考系的相对速度不可能等于或大于光速，任何物体的速度也不可能等于或大于真空中的光速，即真空中的光速 c 是一切实际物体的极限速率；

(4) 当 $u \ll c$ 时，洛伦兹变换转化为伽利略变换.

洛伦兹变换式(18.4)原来是洛伦兹在 1904 年研究电磁场理论时提出来的，当时并未给予正确解释. 第二年爱因斯坦从新的观点独立地导出了这个变换式，通常以洛伦兹命名.

例 18.1　一短跑选手，在地球上以 10s 的时间跑完 100m，在飞行速率为 $0.98c$ 的飞船中观测者看来，这个选手跑了多长时间和多长距离（设飞船沿跑道的竞跑方向航行）？

解　设地面为 S 系，飞船为 S' 系. 以起跑作为事件 1，终止作为事件 2.

在 S 系中

$$\Delta x = x_2 - x_1 = 100\text{m}, \quad \Delta t = t_2 - t_1 = 10\text{s}, \quad u = 0.98c$$

在 S' 系中

$$\Delta x' = x_2' - x_1' = \gamma(x_2 - ut_2) - \gamma(x_1 - ut_1) = \gamma(\Delta x - u\Delta t) = \frac{\Delta x - u\Delta t}{\sqrt{1 - \left(\dfrac{u}{c}\right)^2}}$$

$$= \frac{100 - 0.98 \times 3 \times 10^8 \times 10}{\sqrt{1 - 0.98^2}} \approx -1.47 \times 10^{10}\,(\text{m})$$

$$\Delta t' = t_2' - t_1' = \gamma\left(t_2 - \frac{u}{c^2}x_2\right) - \gamma\left(t_1 - \frac{u}{c^2}x_1\right) = \gamma\left(\Delta t - \frac{u}{c^2}\Delta x\right)$$

$$= \frac{10 - \frac{0.98}{3\times 10^8}\times 100}{\sqrt{1-0.98^2}} \approx 50.25(\mathrm{s})$$

2. 洛伦兹速度变换

利用洛伦兹变换求微分关系

$$\mathrm{d}x' = \gamma(\mathrm{d}x - u\mathrm{d}t),\quad \mathrm{d}y' = \mathrm{d}y,\quad \mathrm{d}z' = \mathrm{d}z,\quad \mathrm{d}t' = \gamma\left(\mathrm{d}t - \frac{u}{c^2}\mathrm{d}x\right)$$

根据速度定义

$$v_x = \frac{\mathrm{d}x}{\mathrm{d}t},\quad v_y = \frac{\mathrm{d}y}{\mathrm{d}t},\quad v_z = \frac{\mathrm{d}z}{\mathrm{d}t};\quad v'_x = \frac{\mathrm{d}x'}{\mathrm{d}t'},\quad v'_y = \frac{\mathrm{d}y'}{\mathrm{d}t'},\quad v'_z = \frac{\mathrm{d}z'}{\mathrm{d}t'}$$

可以得到洛伦兹速度变换公式

$$\begin{cases} v'_x = \dfrac{\mathrm{d}x'}{\mathrm{d}t'} = \dfrac{\gamma(v_x - u)\mathrm{d}t}{\gamma\left(1-\dfrac{uv_x}{c^2}\right)\mathrm{d}t} = \dfrac{v_x - u}{1-\dfrac{uv_x}{c^2}} \\ v'_y = \dfrac{\mathrm{d}y'}{\mathrm{d}t'} = \dfrac{\mathrm{d}y}{\gamma\left(1-\dfrac{uv_x}{c^2}\right)\mathrm{d}t} = \dfrac{v_y}{\gamma\left(1-\dfrac{uv_x}{c^2}\right)} \\ v'_z = \dfrac{\mathrm{d}z'}{\mathrm{d}t'} = \dfrac{\mathrm{d}z}{\gamma\left(1-\dfrac{uv_x}{c^2}\right)\mathrm{d}t} = \dfrac{v_z}{\gamma\left(1-\dfrac{uv_x}{c^2}\right)} \end{cases} \tag{18.5}$$

$$\begin{cases} v_x = \dfrac{v'_x + u}{1+\dfrac{uv'_x}{c^2}} \\ v_y = \dfrac{v'_y}{\gamma\left(1+\dfrac{uv'_x}{c^2}\right)} \\ v_z = \dfrac{v'_z}{\gamma\left(1+\dfrac{uv'_x}{c^2}\right)} \end{cases} \tag{18.6}$$

分析与说明：

(1) $u \ll c$，$v \ll c$ 以上的速度变换将回到伽利略速度变换；

(2) 不能通过参考系的变换使物体的运动速度大于光速；

(3) 对 $\boldsymbol{v}$ 平行于 x 轴的情况，由 $v_x = v, v_y = v_z = 0$，得

$$v'_x = \frac{v-u}{1-\dfrac{uv}{c^2}},\quad v'_y = v'_z = 0$$

对 $\boldsymbol{v}'$ 平行于 x 轴的情况，有 $v'_x = v', v'_y = v'_z = 0$，得

$$v_x = \frac{v'+u}{1+\dfrac{uv'}{c^2}},\quad v_y = v_z = 0$$

*18.2.3　洛伦兹变换式的推导

下面根据狭义相对论的两个基本假设来推导洛伦兹变换式.

1. 时空坐标间的变换关系

作为一条公设,我们认为时间和空间都是均匀的,因此时空坐标间的变换必须是线性的.

设 S' 相对于 S 以速度 $\boldsymbol{u}$ 沿 x 方向作匀速运动,并且将 S 系和 S' 系的原点重合的瞬时作为计时起点. 对于任意事件 P 在 S 系和 S' 系中的时空坐标分别为 (x,y,z,t) 和 (x',y',z',t').

在 S 系中观察 S 系的原点,$x=0,y=0,z=0$;在 S' 系中观察该点,$x'=-ut'$,即 $x'+ut'=0$, $y'=0$, $z'=0$.

因为时空坐标间的变换必须是线性的,所以对同一事件的两组时空坐标只能差一个比例常数,因此可以假设

$$x=\gamma(x'+ut'),\quad y=Ay',\quad z=Bz'$$

其中,γ、A、B 都是比例常数.

同样在 S' 系中观察 S' 系的原点,$x'=0$, $y'=0$,$z'=0$;在 S 系中观察该点,则有 $x-ut=0$,$y=0$,$z=0$.

同理可假设:$x'=\gamma'(x-ut)$,$y'=A'y$,$z'=B'z$.

根据相对性原理,惯性系 S 系和 S' 系等价,上面两个等式的形式就应该相同(除正、负号),所以 $\gamma'=\gamma$,$A'=A$,$B'=B$.

显然有 $yy'=A^2yy'$,$A'=A=1$;同理 $zz'=B^2zz'$,$B'=B=1$.

2. 由光速不变原理可求出常数 γ

设 $t=t'=0$ 时,S 系和 S' 系的原点重合. 从重合点发射一列光波,那么在任一瞬时 t(或 t'),光信号到达点在 S 系和 S' 系中的坐标分别是:$x=ct$,$x'=ct'$,则

$$xx'=c^2tt'=\gamma^2(x-ut)(x'+ut')=\gamma^2(ct-ut)(ct'+ut')=\gamma^2tt'(c^2-u^2)$$

由此得到

$$\gamma=\frac{c}{\sqrt{c^2-u^2}}=\frac{1}{\sqrt{1-\left(\frac{u}{c}\right)^2}}$$

这样,代入表达式可以得到

$$x=\frac{x'+ut'}{\sqrt{1-\left(\frac{u}{c}\right)^2}},\quad x'=\frac{x-ut}{\sqrt{1-\left(\frac{u}{c}\right)^2}}$$

由上面二式,消去 x' 得 $t'=\dfrac{t-\frac{ux}{c^2}}{\sqrt{1-\left(\frac{u}{c}\right)^2}}$;消去 x 得 $t=\dfrac{t'+\frac{ux'}{c^2}}{\sqrt{1-\left(\frac{u}{c}\right)^2}}$.

综合以上结果,得到洛伦兹变换或洛伦兹逆变换

$$\begin{cases} x' = \dfrac{x-ut}{\sqrt{1-\left(\dfrac{u}{c}\right)^2}} \\ y' = y \\ z' = z \\ t' = \dfrac{t-\dfrac{ux}{c^2}}{\sqrt{1-\left(\dfrac{u}{c}\right)^2}} \end{cases} \quad 或 \quad \begin{cases} x = \dfrac{x'+ut'}{\sqrt{1-\left(\dfrac{u}{c}\right)^2}} \\ y = y' \\ z = z' \\ t = \dfrac{t'-\dfrac{ux'}{c^2}}{\sqrt{1-\left(\dfrac{u}{c}\right)^2}} \end{cases} \tag{18.7}$$

可见洛伦兹变换是两条基本原理的直接结果.

思考题

思 18.1 什么是相对性原理?在一个参考系内做力学实验能否测出参考系相对于惯性系的加速度?

思 18.2 在洛伦兹变换下,麦克斯韦方程组形式是否改变,牛顿力学规律是否改变.

18.3 相对论运动学效应

18.3.1 相对论时空观

在经典时空观中,时间间隔和空间间隔是绝对的,时间和空间是彼此独立互不影响的,并且不受物质和运动的影响,也不受任何参考系的影响. 但在狭义相对论中,时间和空间都具有了相对性. 在一个惯性系中同时发生的事件,在另一惯性系中不一定是同时的;在一个惯性系中同地发生的事件,在另一惯性系中不一定是同地的.

在两个相对运动的惯性系 S 和 S' 中,分别对事件 1 和事件 2 进行描述. 这里假设 S' 系相对 S 系以 $\boldsymbol{u}$ 的速度沿 x 方向做匀速运动,使 x',y',z' 轴分别与 x,y,z 轴平行. 当两个惯性系的坐标原点重合时,作为时间起始点开始计时.

1. 在 S 系中两个事件是同时同地发生,即 $x_1=x_2$,$t_1=t_2$.

那么,在 S' 系中观测到这两个事件,根据洛伦兹变换公式

$x'_1=\gamma(x_1-ut_1)$,$x'_2=\gamma(x_2-ut_2)$,即 $x'_1=x'_2$.

$t'_1=\gamma\left(t_1-\dfrac{u}{c^2}x_1\right)$,$t'_2=\gamma\left(t_2-\dfrac{u}{c^2}x_2\right)$,即 $t'_1=t'_2$.

由此得到结论:对于在某一惯性系中同时同地发生的两个事件,在不同的惯性系中也是同时同地.

2. 在 S 系中两个事件是同时不同地发生,即 $x_1\neq x_2$,$t_1=t_2$.

在 S' 系中观测这两个事件,根据洛伦兹变换公式

$x'_1=\gamma(x_1-ut_1)$,$x'_2=\gamma(x_2-ut_2)$,$x'_1-x'_2=\gamma(x_1-x_2)$,即 $x'_1\neq x'_2$.

$t'_1=\gamma\left(t_1-\dfrac{u}{c^2}x_1\right)$,$t'_2=\gamma\left(t_2-\dfrac{u}{c^2}x_2\right)$,$t'_1-t'_2=-\gamma\left(\dfrac{u}{c^2}x_1-\dfrac{u}{c^2}x_2\right)$,即 $t'_1\neq t'_2$.

由此可得结论：对于在某一惯性系中同时不同地发生的两个事件，在不同的惯性系中将是不同时不同地事件. 也就是说，在狭义相对论中同时性具有相对性.

3. 在 S 系中两个事件是同地不同时发生，发生事件具有先后，即 $x_1=x_2,t_1<t_2$.

那么，在 S' 系中观测这两个事件，根据洛伦兹变换公式

$x_1'=\gamma(x_1-ut_1),x_2'=\gamma(x_2-ut_2),x_1'-x_2'=-\gamma u(t_1-t_2)$，即 $x_1'\neq x_2'$.

$t_1'=\gamma\left(t_1-\frac{u}{c^2}x_1\right),t_2'=\gamma\left(t_2-\frac{u}{c^2}x_2\right),t_1'-t_2'=\gamma(t_1-t_2)$，即 $t_1'<t_2'$.

由此可得结论：对于在某一惯性系中同地不同时发生的两个事件，在不同的惯性系中将是不同时不同地事件. 也就是说，在狭义相对论中同地性具有相对性.

4. 在 S 系中两个事件是不同地不同时发生，即 $x_1\neq x_2,t_1<t_2$.

在 S' 系中观测这两个事件，根据洛伦兹变换公式，有

$$t_2'-t_1'=\gamma\left[(t_2-t_1)-\frac{u^2}{c}(x_2-x_1)\right]$$

若 $t_2-t_1<\frac{u^2}{t}(x_2-x_1)$ 或 $u\frac{x_2-x_1}{t_2-t_1}>c^2$，这时我们会发现在 S 系中发生的两个事件在 S' 系中观测时时序发生了颠倒.

但是对于有因果关系的两个事件，如生和死，信号的发送和接收等，他们之间的时间顺序是不容颠倒的. 以信号传递为例，信号传递速度为 $v_s=\frac{x_2-x_1}{t_2-t_1}$，事件发生顺序中实际信号的最大传递速度极限是真空中的光速 c，即 $v_s=\frac{x_2-x_1}{t_2-t_1}<c$，因而有 $uv_s=u\frac{x_2-x_1}{t_2-t_1}<c^2$. 也就是说因果联系的事件不会发生时序的颠倒，$(t_2-t_1)$ 与 $(t_2'-t_1')$ 的符号是一致的.

由以上结论可知：

(1) 在狭义相对论中，同时性是相对的；除非两个事件是同地发生，否则在另外的惯性系中，将会是不同时事件.

(2) 在狭义相对论中，同地性是相对的；除非两个事件同时发生，否则在另外的惯性系中，将会是不同地发生的事件.

(3) 在狭义相对论中时序性是相对的，也就是说两个时间发生的先后顺序与参考系有关；但是具有因果关系的两个事件总是不改变其因果关系，也就是说有因果联系的事件时序不会改变.

例 18.2　如图 18.4 所示，在地球上观察石家庄和北京在同一时刻出生两个小孩，如果在从石家庄飞往北京方向的飞船上观察，谁先出生？如果是同一事件的过程先后顺序是否会颠倒？

解　(1) 在 S 系中观测到石家庄和北京在同一时刻出生了两个小孩，在 S' 系(如坐飞船，u 接近光速)观测

$$\text{飞船从石家庄}\rightarrow\text{北京},x_2>x_1,t_2'-t_1'=\gamma\left[(t_2-t_1)-\frac{u^2}{c}(x_2-x_1)\right]<0$$

$$t_2'<t_1'$$

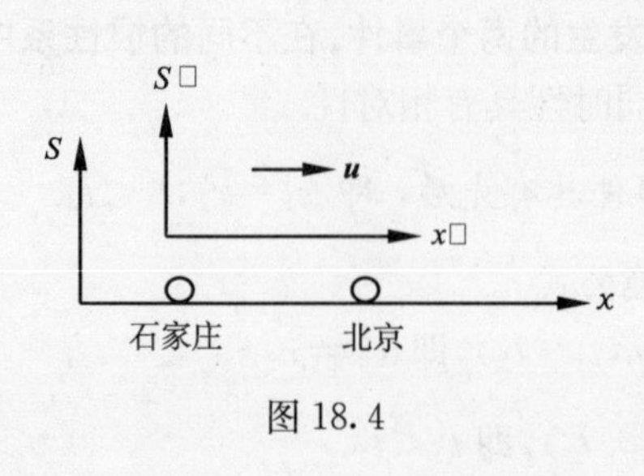

图 18.4

北京的小孩先出生.

飞船从北京→石家庄，$x_2<x_1$，用反变换，得

$$t_2-t_1=\gamma\left[(t'_2-t'_1)+\frac{u}{c^2}(x_2-x_1)\right]>0$$

北京的小孩后出生.

(2) 讨论生孩子过程(经历了一段时间)

出生开始为 P_1，结束为 P_2，$x_1=x_2$. S 系中观测 $t_2>t_1$，$t'_2-t'_1=\gamma(t_2-t_1)>0$，$S'$系中观测同样 $t'_2>t'_1$，出生过程不会颠倒，但过程延长了，即有因果关系的事情不会倒置.

思考题

思 18.3 前进中的一列火车的车头和车尾各遭到一次闪电轰击，据车上的观察者测定这两次轰击是同时发生，试问：据地面上观察者测定它们是否仍然同时？如果不同时何处先遭到轰击？

18.3.2 长度收缩效应

为了讨论的方便，我们以一根与 S'系固连(静止)的尺子作为研究对象，尺的两端点坐标为 x'_1和 x'_2，我们将与物体相对静止的参考系中测量到的物体的长度称为固有长度，则尺子的固有长度 $l_0=x'_2-x'_1$. S'系相对于 S 系以速度 $\boldsymbol{u}$ 运动. 与物体相对运动的参考系中测量到的物体的长度，记做 l，称为运动长度. 根据洛伦兹变换，讨论运动长度与固有长度的关系.

在 S 系测量尺子的长度(运动长度)，应当是同时测量尺子的两端，即

$$l=x_2-x_1\quad(t_1=t_2)$$

由洛伦兹变换

$$x'_2-x'_1=\gamma[(x_2-x_1)-u(t_2-t_1)]=\gamma(x_2-x_1)$$

则 $l_0=\gamma l$，即

$$l=\frac{l_0}{\gamma}=l_0\sqrt{1-\frac{u^2}{c^2}}\tag{18.8}$$

从这个结果中可以得到：

(1) 运动尺度收缩. 因为 $\dfrac{1}{\gamma}=\sqrt{1-\dfrac{u^2}{c^2}}<1$，所以 $l<l_0$，即沿运动方向尺度收缩，我们称之为**尺度收缩效应**. 其中 u 是物体相对测量的惯性系的速度.

(2) 运动尺度收缩是相对的，即在 S'系上观测与 S 系相对静止的尺子，同样得到尺度收缩的结论(用逆变换可得).

(3) 尺缩效应是时空的基本属性，与物体内部结构无关，是测量运动物体的结果，也是相对论的必然结果.

18.3.3　时间膨胀效应

在狭义相对论中，不同参考系中观测到的时间间隔也不相同，他们之间的关系也可以利用洛伦兹变换进行讨论. 在讨论时间间隔之前，我们先对计时标准做一个规定. 计时以物理事件作为尺度的标准，例如用分子振动或者原子跃迁辐射的中期等. 一个标准的钟无论静止在哪个惯性系中，走时都是一样的，同一个惯性系中的钟是同步的. 而对同一个事件，说它发生的时间是用参考系自己的钟作为计时标准进行计时的. 设相对于 S' 系有一静止的时钟，在此惯性系中对某一事件过程进行描述，对应的始末时空坐标为 (x', t'_1) 和 (x', t'_2). 测量的时间间隔 $\Delta\tau = t'_2 - t'_1$，我们将其称为固有时间(在相对事件发生地静止的惯性系中测得的时间间隔). S' 系相对于 S 系以速度 $\boldsymbol{u}$ 运动. 在 S 系中测得的同一事件的时间间隔称为相对时间间隔，记作 Δt.

在 S 系统中观测到事件的始末间隔为

$$\Delta t = t_2 - t_1$$

由洛伦兹逆变换

$$t_2 - t_1 = \gamma\left[(t'_2 - t'_1) + \frac{u}{c^2}(x'_2 - x'_1)\right]$$

因为 $x'_2 = x'_1$，所以 $t_2 - t_1 = \gamma(t'_2 - t'_1)$，即

$$\Delta t = \gamma\Delta\tau = \frac{\Delta\tau}{\sqrt{1 - \frac{u^2}{c^2}}} \tag{18.9}$$

结果讨论：

(1) 一个事件所经历的时间具有相对性，与参考系有关.

(2) 因为 $\gamma > 1$，所以 $\Delta t > \Delta\tau$，时间间隔比固有时间长，称为时间膨胀效应；在所有惯性系中观察运动的钟，都会比相对观察者静止的钟走得慢些，因此又称为时间延缓或钟慢效应.

(3) 时间膨胀是时空的另一基本属性，与钟的内部结构无关，它与长度收缩有关.

例 18.3　μ 介子衰变是证明时间膨胀效应的著名实验. μ 介子是一种不稳定的基本粒子，衰变规律为 $N = N_0 e^{-\frac{t}{\tau}}$，$N$ 和 N_0 分别为 t 时刻和 $t=0$ 时刻的粒子数，τ 为 μ 介子的平均寿命，静止的 μ 介子的平均寿命为 $\tau = 2.21\times10^{-6}$s. 实验中测得海拔 1910m 高处，由宇宙线产生的速度在 0.9950～0.9954c 铅直向下运动的 μ 介子数为平均每小时 563±10 个，而在离海平面 3m 处，测得同样速度的 μ 介子数为平均每小时(408±9)个. 试求：

(1) 运动 μ 介子的平均寿命；

(2) 验证时间膨胀公式.

解　(1) 实验测得 μ 介子由高空到海平面附近的平均时间

$$t = \frac{h}{u} = \frac{1910 - 3}{0.9952\times3\times10^8} = 6.4\times10^{-6}(\text{s})$$

将 $N_0 = 563$，$N = 408$ 和 $t = 6.4\times10^{-6}s$ 代入衰变公式 $N = N_0 e^{-\frac{t}{\tau}}$，可得运动 μ 介子的平均寿命为

$$\tau=\frac{t}{\ln\dfrac{N_0}{N}}=\frac{6.4\times10^{-6}}{\ln\dfrac{563}{408}}=19.9\times10^{-6}(\mathrm{s})=9.0\tau_0$$

(2) 静止 μ 介子的平均寿命固有时间,按相对论的时间膨胀公式 $\Delta\tau=\gamma\Delta\tau_0$,应有

$$\frac{\tau}{\tau_0}=\gamma=\frac{1}{\sqrt{1-\dfrac{u^2}{c^2}}}=\frac{1}{\sqrt{1-(0.9952)^2}}=10.2$$

考虑到实验数据误差的存在,理论值和实验值相比,还是符合得较好.

例 18.4 固有长度为 100m 的火箭以速度 $v_0=0.8c$ 相对地面飞行,发现一流星从火箭的头部飞向尾部,掠过火箭的时间在火箭上测得为 1.0×10^{-6}s,试问:地上的观测者测量时,(1)流星掠过火箭的时间是多长?(2)该时间内流星飞过的距离是多少?(3)流星运动的速度和方向如何?

解 设火箭为 S' 系,地面为 S 系,并以火箭运动的方向为 x 轴的正方向,令流星到达火箭首、尾的事件分别为事件 1 和事件 2,依照题意有

$$u=0.8c,\Delta x'=x'_2-x'_1=-100\mathrm{m},\Delta t'=1.0\times10^{-6}\mathrm{s},\gamma=\frac{1}{\sqrt{1-\dfrac{u^2}{c^2}}}=\frac{1}{\sqrt{1-0.8^2}}=\frac{5}{3}$$

(1) 由时间间隔变换公式,地面参考系中流星掠过火箭的时间为

$$\Delta t=\gamma\left(\Delta t'+\frac{u}{c^2}\Delta x'\right)=\frac{5}{3}\left(10^{-6}-\frac{0.8c}{c^2}\times100\right)=1.2\times10^{-6}(\mathrm{s})$$

(2) 由空间间隔变换公式,地面参考系中流星掠过火箭时间内流星飞过的距离为

$$\Delta x=\gamma(\Delta x'+u\Delta t')=\frac{5}{3}(-100+0.8c\times10^{-6})=2.2\times10^2(\mathrm{m})$$

(3) 流星飞过的距离和时间是在同一个惯性系中的测量值,故飞行速度为

$$v=\frac{\Delta x}{\Delta t}=\frac{2.2\times10^2}{1.2\times10^{-6}}=1.8\times10^8(\mathrm{m\cdot s^{-1}})$$

$v>0$,表示与 S' 系即火箭的运动同方向,由于 $v<v_0$,实际上是火箭在追赶流星,造成流星由火箭头部飞向尾端.

18.4 相对论动力学效应

18.4.1 相对论质量与速度的关系

在狭义相对论中,质点的动量仍沿用经典力学中的形式 $\boldsymbol{p}=m\boldsymbol{v}$,其中 $\boldsymbol{v}$ 是速度,m 是质量. 只是这里质量不再是常量而是速度大小的函数,$m=m(v)$,在低速情况下质量可以过渡到经典力学中的质量. 质量与速度的关系为

$$m(v)=\frac{m_0}{\sqrt{1-\dfrac{v^2}{c^2}}}=\gamma m_0 \tag{18.10}$$

式(18.10)又称为相对论质速关系.

由于运动的相对性,同一质点在不同的惯性系中运动速度不同,因此其运动质量也不同. 从上述关系式中可知:

(1) 物体的质量与运动速度有关,速度越大质量变大;

(2) $v \ll c, m = m_0$;

(3) $v \to c, m \to \infty, v > c$ 是不可能的.

相对论的质速关系已经被大量的实验事实所证实. 目前,在高能粒子加速器上,电子可以加速到 $v = 0.999\,999\,999\,987c$,运动质量和静止质量的比值可达到 $10^5 \sim 10^6$. 宇宙射线中某些高能粒子的质量比可达 10^{11} 量级. 质速关系已经被人们普遍接受,并成为狭义相对论的一个基本公式.

相对论中质量与速度的关系可以通过下面的过程推导得到.

如图 18.5 所示,在 S 系中对碰撞进行分析. 由于粒子 1 相对 S 系静止,粒子 1 的速度、质量和动量分别为 $\boldsymbol{v}_1 = 0, m_0, \boldsymbol{p}_1 = 0$;粒子 2 的速度、质量和动量分别为 $\boldsymbol{v}_2 = \boldsymbol{u}, m$, $\boldsymbol{p}_2 = m\boldsymbol{u}$. 所以碰撞之前系统的总动量 $\boldsymbol{p} = m\boldsymbol{v}$. 完全非弹性碰撞之后,两个粒子结合为一个粒子,系统总质量为$(m_0 + m)$,设合成粒子相对 S 系的速度为 $\boldsymbol{v}$,则动量为$(m_0 + m)\boldsymbol{v}$. 由动量守恒定律得

$$m\boldsymbol{u} = (m_0 + m)\boldsymbol{v} \tag{18.11}$$

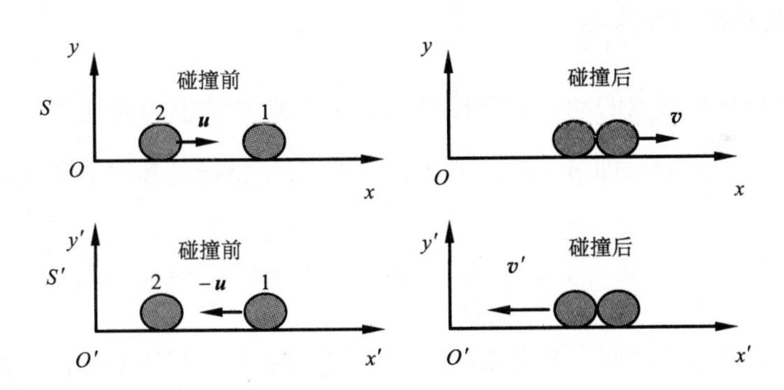

图 18.5 相对运动参考系中的碰撞过程

在 S'系中,粒子 2 的运动速度、质量和动量分别为 $v_2' = 0, m_0, p = 0$;粒子 1 的速度、质量和动量分别为 $\boldsymbol{v}_1 = -\boldsymbol{u}$, $m, \boldsymbol{p} = -m\boldsymbol{u}$. 所以碰撞之前系统的总动量 $\boldsymbol{p} = -m\boldsymbol{u}$. 完全非弹性碰撞之后,合成粒子的总质量为$(m_0 + m)$,总动量为$(m_0 + m)\boldsymbol{v}'$,这里 $\boldsymbol{v}'$为合成粒子相对 S'系的速度. 由动量守恒定律得

$$-m\boldsymbol{u} = (m_0 + m)\boldsymbol{v}' \tag{18.12}$$

由式(18.11)和式(18.12)得

$$v' = -v$$

由洛伦兹速度变换可知

$$v' = \frac{v - u}{1 - \frac{vu}{c^2}}$$

将 $v'=-v$ 代入上式可得

$$\left(\frac{u}{v}\right)^2-2\frac{u}{v}+\left(\frac{u}{c}\right)^2=0$$

解得

$$\frac{u}{v}=1\pm\sqrt{1-\left(\frac{v}{c}\right)^2}$$

由式(18.11)得

$$\frac{u}{v}=1+\frac{m_0}{m}>1$$

所以取"+",可以得到质量和速度的关系式

$$m=\frac{m_0}{\sqrt{1-\left(\frac{v}{c}\right)^2}}$$

式中,m_0 为物体的静止质量,m 为物体相对观察者以速度 v 高速运动时具有的质量,它与质点的运动状态有关,也称为运动质量.

18.4.2　相对论的动力学方程

在狭义相对论中,质点的动力学方程仍然沿用经典力学中的表述 $\boldsymbol{F}=\frac{\mathrm{d}\boldsymbol{p}}{\mathrm{d}t}$ 的形式. 只是这里 $\boldsymbol{p}$ 为相对论性动量,即 $\boldsymbol{p}=m\boldsymbol{v}$,其中 $\boldsymbol{v}$ 是速度,m 是运动质量, 即狭义相对论中的动力学方程为

$$\boldsymbol{F}=\frac{\mathrm{d}\boldsymbol{p}}{\mathrm{d}t}=\frac{\mathrm{d}m}{\mathrm{d}t}\boldsymbol{v}+m\frac{\mathrm{d}\boldsymbol{v}}{\mathrm{d}t}\tag{18.13}$$

式中,所有的物理量都是在同一参考系中测定,所表示的力学规律对不同的惯性系在洛伦兹变换下形式是不变的,但质量、速度及动量在不同的惯性系中是不同的. 因此,相对论中力在不同惯性参考系中也是不同的. 这同经典力学中关于力的描述有本质的区别.

当质点的运动速度不大时($v\ll c$),式(18.13)回到经典的牛顿第二定律形式.

18.4.3　相对论能量

1. 相对论的动能

在相对论中,功能关系仍具有牛顿力学中的形式. 设静止质量为 m_0 的质点,初始时刻静止,在外力作用下获得速度 $\boldsymbol{v}$,质点动能的增量等于外力所做的功,即

$$\mathrm{d}E_\mathrm{k}=\boldsymbol{F}\cdot\mathrm{d}\boldsymbol{s}=\boldsymbol{F}\cdot\boldsymbol{v}\,\mathrm{d}t$$

将式(18.13)代入,得

$$\mathrm{d}E_\mathrm{k}=\mathrm{d}(m\boldsymbol{v})\cdot\boldsymbol{v}=(\mathrm{d}m)\boldsymbol{v}\cdot\boldsymbol{v}+m(\mathrm{d}\boldsymbol{v})\cdot\boldsymbol{v}=v^2\mathrm{d}m+mv\mathrm{d}v$$

由 $m=\dfrac{m_0}{\sqrt{1-\left(\dfrac{v}{c}\right)^2}}$，求微分得

$$\mathrm{d}m=\frac{m_0 v\mathrm{d}v}{c^2\left(1-\dfrac{v^2}{c^2}\right)^{\frac{3}{2}}}=\frac{mv\mathrm{d}v}{c^2\left(1-\dfrac{v^2}{c^2}\right)}=\frac{mv\mathrm{d}v}{c^2-v^2}$$

所以得到

$$\mathrm{d}E_{\mathrm{k}}=c^2\mathrm{d}m$$

$v=0$ 时，$m=m_0$，动能 $E_{\mathrm{k}}=0$，对上式左右两边进行积分

$$\int_0^{E_{\mathrm{k}}}\mathrm{d}E_{\mathrm{k}}=\int_{m_0}^{m}c^2\mathrm{d}m$$

得

$$E_{\mathrm{k}}=mc^2-m_0c^2 \tag{18.14}$$

这就是相对论动能的表达式. 但当 $v\ll c$ 时

$$E_{\mathrm{k}}=m_0c^2\left(1-\frac{v^2}{c^2}\right)^{-\frac{1}{2}}-m_0c^2=m_0c^2\left(1+\frac{1}{2}\frac{v^2}{c^2}+\cdots\right)^{-\frac{1}{2}}-m_0c^2\approx\frac{1}{2}m_0v^2$$

回到了经典力学中的质点动能公式.

2. 质量与能量的关系

式(18.14)给出运动速度为 v 时质点的动能，而 m_0c^2 对应于在 $v=0$ 时的能量，爱因斯坦称之为静止能量 E_0，即质点除了动能以外的能量. 那么，当质点的运动速度为 v 时，总的能量应该是静止能量和动能之和，即

$$E=E_{\mathrm{k}}+E_0=mc^2 \tag{18.15}$$

这就是质能关系，它把质量和能量联系在一起了.

质能关系将质量和能量联系起来，一定的质量对应一定的能量，二者的数值只是相差一个恒定的因子 c^2. 质能关系是相对论中一个重要的结论，它反映物质的基本属性——质量与能量的不可分割关系. 牛顿力学中的质量守恒和能量守恒定律在狭义相对论中统一为质能守恒定律，简称为能量守恒定律. 但是，质量和能量并不是同一的概念，质量表征物理的惯性及其相互间的万有引力所对应的物质的量，能量表征物质系统的运动状态及其变化.

宏观物体的能量实际上包括了组成该物体的所有微观粒子的一切形式的能量，是物体内各种形式能量的总和. 静止能量是一个新的概念，是物体除了动能以外的能量. 爱因斯坦在1905年就预言物体的静能也是能量的一种形式，在一定条件下可以转化为动能，并以热能、电磁能、化学能等其他形式释放出来. 在能量较高情况下，微观粒子相互作用，导致分裂、聚合等反应过程，反应前粒子的静止质量和反应后生成物的总静止质量之差，称为质量亏损. 质量亏损意味着反应过程中的能量转化. 原子核的裂变和聚变的发现，原子能发电的成功，以及原子弹、氢弹的制造都证实了这一理论的预言. 正是原子能的利用使人类进入了原子时代，爱因斯坦建立的质能关系被认为是一个具有划时代意义

的理论公式.

例 18.5 将1g的沙子(如果它能释放出能量的话)含有的能量与燃烧1g煤产生7kcal(1cal=4.186J)的热能进行比较.

解 1g沙子的静止能量为

$$E_0 = m_0c^2 = 10^{-3} \times (3\times10^8)^2 = 9\times10^{13}(\text{J})$$

燃烧1g煤放出的能量为

$$\Delta E = 7\times10^3\times4.186 = 2.9\times10^4(\text{J})$$

$$\frac{E_0}{\Delta E} = 3.1\times10^9$$

18.4.4 动量和能量的关系

由 $\boldsymbol{p}=m\boldsymbol{v}, p^2=m^2v^2, E=mc^2$ 和 $E_0=m_0c^2$,可以得到

$$E^2 = m^2c^4 = m^2c^4 - m^2v^2c^2 + m^2v^2c^2 = m^2c^4\left(1-\frac{v^2}{c^2}\right) + p^2c^2 = m_0^2c^4 + p^2c^2$$

即

$$E^2 = (pc)^2 + E_0^2 \tag{18.16}$$

这就是相对论中总能量和动量的关系式. 在相对论中粒子的动量一般表述为

$$p = \frac{1}{c}\sqrt{E^2 - E_0^2} \tag{18.17}$$

对于静止质量 $m_0=0$ 的粒子(如光子),则

$$E_0 = 0$$

$$p = \frac{E}{c} = \frac{mc^2}{c} = mc \tag{18.18}$$

说明静止质量为零的粒子一定以光速 c 运动. 同样可以得到,以光速 c 运动的粒子,其静止质量必为零.

例 18.6 两个静止质量均为 $m_0=1\times10^{-30}$ kg 的粒子,分别以 $v_1=0.8c$ 和 $v_2=-0.6c$ 的速度沿 x 方向运动,碰撞后结合为一个粒子. 求:

(1) 合成粒子的质量;

(2) 合成粒子的速度;

(3) 合成粒子的动能.

解 (1) 由能量守恒 $Mc^2=m_1c^2+m_2c^2$,合成粒子的质量为

$$M = \frac{m_0}{\sqrt{1-\frac{v_1^2}{c^2}}} + \frac{m_0}{\sqrt{1-\frac{v_2^2}{c^2}}} = 2.9\times10^{-30}\,\text{kg}$$

(2) 由动量守恒: $Mv=m_1v_1+m_2v_2$,合成粒子的速度为

$$v = \frac{m_1v_1+m_2v_2}{M} = 0.2c$$

(3) 合成粒子的能量为

$$E = Mc^2 = 2.9 \times 10^{-30} \times (3 \times 10^8)^2 = 2.61 \times 10^{-13}(\mathrm{J})$$

粒子的静止能量为

$$E_0 = M_0 c^2 = Mc^2 \sqrt{1 - \frac{v^2}{c^2}} = 2.56 \times 10^{-13}(\mathrm{J})$$

合成粒子的动能

$$E_\mathrm{k} = E - E_0 = 2.61 \times 10^{-13} - 2.56 \times 10^{-13} = 5 \times 10^{-15}(\mathrm{J})$$

思考题

思 18.4　牛顿力学中的变质量问题和相对论中的质量变化有何区别?

思 18.5　能把一个粒子加速到光速吗? 为什么?

*18.5　相对论的实验验证

验证狭义相对论的实验大体上分为六大类:①相对性原理的实验检验;②光速不变原理的检验;③时间膨胀实验;④缓慢运动介质的电磁现象实验;⑤相对论力学实验;⑥光子静止质量上限的实验. 关于相对性原理的实验检验,电动力学和光学的例子很多,特别是运动物体的电磁感应现象,都是很有说服力的,这里就不多说了,光速不变原理的检验在第 18.1 节中已经有所介绍,这里只着重介绍其余几类的验证实验.

18.5.1　时间膨胀实验和多普勒频移

原子钟环球航行实验是最直接用来验证时间膨胀效应的实验,除此外间接证明时间膨胀的实验很多,如多普勒频移效应(包括氢的极隧射线实验,原子核俘获反应中的 γ 射线发射、穆斯堡尔效应实验、运动中原子对激光的饱和吸收效应等),飞行中介子的寿命增长. 其中最精确的实验是对飞行中 π^+ 介子平均寿命的测量(精度达 0.4%)以及飞行原子束对激光的饱和吸收实验(精度在 0.5%左右).

1. 原子钟的环球航行实验

静止的原子钟在 S 系中(地球上),$u_0 = \Omega R$,Ω 是自转角速度,R 是地球半径,则有

$$d\tau_0 = \sqrt{1 - \frac{u_0^2}{c^2}}\,\mathrm{d}t \approx \left(1 - \frac{\Omega^2 R^2}{2c^2}\right)\mathrm{d}t$$

地球赤道平面内高度为 h 的空中($h \ll R$),以 v 相对于地面向东运动的另一只原子钟,它在 S 系中的速度

$$u = \frac{v + \Omega R\left(1 + \frac{h}{R}\right)}{1 - \frac{v\Omega R}{c^2}} \approx v + \Omega R$$

由于 $\frac{v}{c} \ll 1, \frac{\Omega R}{c} \ll 1, \frac{h}{R} \ll 1$,略去二阶以上的小项,则

$$\mathrm{d}\tau = \sqrt{1 - \frac{u^2}{c^2}}\,\mathrm{d}t \approx \left(1 - \frac{v^2}{2c^2} - \frac{\Omega^2 R^2}{2c^2} - \frac{\Omega R v}{c^2}\right)\mathrm{d}t$$

将时间间隔 $\mathrm{d}t$ 消去,就得到在地球赤道平面内距地面为 h 的空中,以速度 v 向东绕地球飞行的原子钟

固有时间间隔 $d\tau$,与静止在地球赤道上的原子钟的固有时间间隔 $d\tau_0$ 之间的关系为

$$d\tau \approx \left[1 - \frac{1}{2c^2}(v^2 + 2\Omega R v)\right] d\tau_0$$

在实际实验中,飞机在地球引力场中不同高度上绕地球飞行,不仅受到狭义相对论的运动学效应影响,也将受到引力场的影响,所以在理论处理上还需考虑到广义相对论的影响,这里不再叙述. 1971 年,Hafele 和 Keating 将四只铯原子钟放在飞机上,在赤道平面附近高速向东及向西绕地球航行一周后回到地面,然后将飞机上的钟与地面上静止的钟读数进行比较,在实验误差之内实验结果与理论预言值相符.

2. 光的多普勒效应

由于光源和观察者之间的相对运动引起波长改变的现象我们称为多普勒效应.

光源相对于惯性系中静止的观察者运动速度为 $\boldsymbol{u}$,规定光源向着观察者运动时 $u>0$,背着观察者运动时 $u<0$,光源相对静止的惯性系中测量的频率为 ν_0,波长为 λ_0,周期(本征频率)为 T_0. 由于相对论的时间膨胀效应,在观察者所在的惯性系中,振动周期为

$$T = \gamma T_0$$

单位时间内运动的距离变为 $c-u$,光波长在一个周期内被压缩为

$$\lambda = cT - uT = \gamma(c-u)T_0$$

观察者测得光波振动频率

$$\nu = \frac{c}{\lambda} = \frac{c}{c-u}\frac{1}{\gamma T_0} = \frac{c\nu_0}{c-u}\sqrt{1-\frac{u^2}{c^2}} = \nu_0\sqrt{\frac{c+u}{c-u}}$$

光的多普勒效应指出,面向观察者运动的光源,测出的频率向高频(光谱蓝端)方向移动,背向观察者运动的光源其频率向低频(光谱红端)方向移动. 1895 年 Galizin 和 Belepolsky 观测了光在运动平面镜上的反射频移;1906 年,Stark 测量了快速运动氢原子束(氢的极隧射线)发生的光谱线移动. 这些实验结果都与理论预测值相符. Snyder 和 Hall 利用激光的饱和吸收技术,测量了运动氖原子吸收光谱的横向多普勒移动. 由电压加速的氖离子(Ne^+)在钠(Na)蒸气中通过电荷交换变成亚稳态($1s_2$)的氖原子,这束氖原子垂直穿过形成驻波的激光束,氖原子吸收激光而激发到高能态($2p_2$),通过探测处于激发态的氖在 $2p_2 \to 2s_2$ 跃迁中放出的荧光测定共振吸收频率. 实验在不同的加速电压条件下测量了横向多普勒移动,实验得出的时间膨胀因子与相对论预言值符合,精度在 0.5%左右.

3. 介子的寿命增长

由相对论理论可以推论,运动中的放射性粒子其平均衰变寿命将比静止时的平均寿命增大 γ 倍 $\left(\gamma=\frac{1}{\sqrt{1-\frac{v^2}{c^2}}}\right)$. 假设静止在实验室中的放射性粒子的数目为 N_0,在 t 时刻剩下的未衰变的粒子数目是 N,根据放射性指数衰变定律有

$$N = N_0 e^{-t/\tau_0}$$

如果粒子以相对于实验室的速度 u 运动,按照狭义相对论的时间膨胀效应,任意时刻的粒子数为

$$N = N_0 e^{-t/\gamma\tau_0} = N_0 e^{-t/\tau}$$

式中,τ 为以速度 u 运动的放射性粒子的平均衰变寿命,即

$$\tau = \gamma\tau_0$$

Greenberg 等利用加速器的质子束打在铍靶上产生的 $\pi^{\pm}$ 介子,在 $\pi^{\pm}$ 飞行的直线路程上的几个不同

位置测量 $\pi^{\pm}$ 的数目，得到 $\pi^{\pm}$ 介子寿命的实验值 $\tau-\tau_0$ 与狭义相对论的预言值 $(\gamma-1)\tau_0$ 在 0.4% 的精度内相符．Ayres 等也测量了飞行 $\pi^{\pm}$ 介子的寿命．$\pi^{\pm}$ 介子的速度是 $0.92c$，通过测量飞行 $\pi^{\pm}$ 介子的衰变和飞行时间得到 $\pi^{\pm}$ 介子的固有寿命 $\tau_0=(26.02\pm0.04)\mathrm{ns}$，与静止寿命的实验值在 0.4% 以内相符合．

18.5.2　相对论力学实验

相对论力学包括质速关系（$m=\gamma m_0$）和质能关系（$E=mc^2$）．质速关系是用电子和质子做的，事实上各种高能质子加速器和电子加速器的设计建造都验证了质速关系．质能关系主要是通过核反应来进行检验，精度达到了百万分之三十五．

这里简单介绍一下采用 β 磁谱仪利用动量和能量关系验证相对论的实验，具体的实验装置如图 18.6．在均匀磁场中放置一个真空盒，用一机械泵将盒子抽成真空，以减少 β 粒子与空气分子的碰撞．真空盒面对放射源和探测器．

图 18.6　β 磁谱仪原理图

Sr-Y 源放射出的 β 粒子经准直孔后垂直射入真空室．β 粒子的能谱为连续能谱，根据运动电子在磁场中偏转的性质，不同能量的电子在磁场中偏转的路径不同，左右移动探头，可接收到不同能量的 β 粒子．闪烁晶体接受射线后发射荧光光子，经光电倍增管倍增后，在高压阳极上产生脉冲信号．此脉冲信号经多道分析器记录和分析，最终测得粒子的能量．通过计算射线源与探头间的距离可以推算出粒子的动量，最终可以得到动量和能量的关系曲线，即 $E^2=(pc)^2+(m_0c^2)^2$，从而验证狭义相对论．

除了上述的这些实验外，还有其他形式的实验．所有这些实验都没有观察到与狭义相对论有什么矛盾．此外，狭义相对论在相对论性量子力学、量子场论、粒子物理学、天文学、天体物理学、相对论性热力学和相对论性统计力学等领域中的成功应用，也都为它的正确性提供了丰富的证据．

一、广义相对论简介

1. 广义相对论的两条基本原理

狭义相对论虽然满意地解释了机械运动规律和当时已经发展完善的宏观电磁理论，使得这些物理规律在洛伦兹变换下具有相同的数学表述，但是仍然有它的局限性．首先，它描述的仅仅是惯性系以及相对于惯性系静止或者匀速运动的物质规律，而没有考虑非惯性系以及做加速运动的物体的规律；其次，并不能将万有引力定律纳入其中：在万有引力定律中引力的大小与质点间的距离平方成反比，这个距离是质点间的瞬时距离，但是按照狭义相对论我们知道同时是相对的，在一个惯性系中看到瞬时的确定位置在另一个惯性系上看这个位置并不处在同一时刻，因此并不存在对所有惯性系都相同的、绝对的"在给定时刻的两个质点之间的距离"．为此爱因斯坦考虑应该把相对性原理推广到任意参考系，依据惯性质量和引力质量相等的实验结果提出了等效原理，这两条原理构成了广义相对论的理论基础.

(1) 等效性原理:在一个相当小的时空范围内,不可能通过实验来区分引力与惯性力,他们是等效的.

我们可以用爱因斯坦升降机的理想实验来进行说明. 假定有一个密封的升降机,其中有甲乙两个观察者,他们只能通过内部的物理实验来判断升降机的运动情况.

实验一:升降机中的观察者看到手中的球被释放后不会落到地板上而是悬浮在空中不动. 观察者甲认为球不是自由下落的原因是升降机没有处于引力场中,而乙认为升降机处在地球引力场中自由下落,球不自由下落的原因是它即受到向下引力又受到向上的惯性力,二者平衡.

实验二:升降机中的观察者看到手中的球被释放后加速落向地板. 甲认为球加速下落的原因是升降机在自由空间加速上升,球受到向下的惯性力的作用;而乙认为升降机在一个方向向下的引力场中静止或者做匀速直线运动,球由于受到引力作用而下落.

这两个人谁也无法证明自己和对方谁对谁错. 也就是说,人们无法通过一个参考系内的实验来判断参考系是有引力的惯性系还是无引力的加速系. 也就是说局部引力和惯性力是等效的. 我们说是局部的引力,因为范围一大,其中各处的引力方向和大小就有可能有显著不同,而通过参考系的运动同时对其中所有物体都消除引力作用.

(2) 广义相对性原理:一切参考系,无论其运动状态如何,对物理规律等价. 也就是说,无论在惯性系还是非惯性系中,物理规律的数学表述形式都是相同的. 广义相对性原理取消了惯性系在参考系中的优越地位.

从等效原理和广义相对性原理出发,应用黎曼几何等作为工具,就可以导出爱因斯坦引力场方程,建立广义相对论.

2. 广义相对论的重要结论

从狭义相对论已知,时间、空间和物质的运动密切相关,而引力场是由物质和能量的分布决定的,所以时间、空间和引力场之间也有深刻的联系. 广义相对论揭示了它们之间的联系.

(1) 引力使得光线弯曲.

以在地球表面附近引力场中一个自由下落的升降机为例,在升降机内的观测者是在局域惯性系中,光线从升降机的左边 A 点沿水平方向射到右边的 B 点,空间是平直的,他观测到的光线是直线传播,而地面上的观察者观测到的光线发生弯曲,即在引力场中光线发生弯曲. 我们还可以这样理解:因为光具有能量,从而也就具有了质量. 而任何质量都要受到引力场的吸引,所以光在引力场中轨道弯曲. 这正如地面上平抛物体的路径会弯曲一样.

(2) 引力对时间的影响与引力红移.

用旋转着的圆盘来说明加速参考系中的时间测量. 在做匀速转动的转盘中心和边缘分别放两个时钟. 在地面的观察者发现中心处的钟由于相对地面不动而与地面时钟的快慢相同,而在边缘上的时钟由于有相对运动,所以它比地面上的钟走得慢. 但是对于在圆盘上的观测者而言,两个钟都是静止不动的,它们出现快慢不同是由于所处的环境不同造成的. 边缘上的钟受到惯性离心力的作用,并且离中心越远的地方,惯性离心力越大,钟越慢. 根据加速参考系与引力场等效原理,惯性离心力越大相当于引力场越强. 所以在广义相对论中有这样的结论:空间各点的时间标准不一样,在引力场越强的地方时钟越慢,固有时间越长.

引力时间延缓的一个可观测效应就是光频率的引力红移. 同种原子发光,在质量大的天体表面发光的频率比在质量小的天体表面发光的频率要低. 这种由于引力作用使光谱线向低频方向移动的现象叫引力红移. 但是对于遥远的天体来说,由于天体运动产生的多普勒效应而导致的光谱线频率的改变要比引力红移引起的改变大得多,所以引力红移的观测比较困难. 1961 年观测到太阳光谱中的钠谱线红移结果与理论值偏差小于 5%,1971 年观测到太阳光谱中钾的谱线引力红移与理论偏差小于 6%.

3. 引力对空间的影响　空间弯曲

仍然用旋转的圆盘为例. 在地面的观察者看来,沿着圆盘半径放置的尺子发生收缩,而靠近中心的尺子由于运动速度慢得多,其长度几乎不受影响,也就是说在离中心越远周长缩短越多. 但是圆盘半径与运动方向垂直,其测量结果不受影响. 这样圆盘周长 $L=2\pi R$ 的关系不再成立,圆盘不再是一个平面而是发生弯曲. 根据等效原理,引力场越强,空间弯曲越厉害. 在引力空间中,欧几里得空间不再成立.

对于太阳和地球来说,广义相对论所预言的空间弯曲实在太小了,无法用直接测量来验证,而只能通过它的影响间接显示出来. 显示空间弯曲的一个典型现象就是水星近日点的进动. 牛顿力学预言水星近日点每百年进动 5557.62″,而实际观测值是每百年 5600.73″,比理论值多 43.11″. 爱因斯坦的广义相对论解决了这个问题. 广义相对论的方法是解在引力场中质点的运动方程,其一级近似与牛顿理论相同,更高一级的近似与牛顿理论的差异是每百年有 43.03″的差值,与实验观测非常接近.

用天文学观测检验广义相对论的事例还有许多,如引力波的观测、黑洞、中子星、微波背景辐射的发现等,广义相对论在宇观领域得到了广泛的应用,使广义相对论越来越令人信服.

4. 广义相对论的宇宙模型

弗里德曼和勒梅特发现当把爱因斯坦引力方程用于均匀各向同性的物质分布空间可以找到一个不稳定的方程解,预言爱因斯坦的宇宙具有膨胀的性质,而哈勃等的天文观测证实了这一结论. 1948 年伽莫夫在此基础上提出宇宙起源的大爆炸学说,1965 年威尔逊发现了大爆炸学说预言的剩余物——微波背景辐射. 另外,克尔、霍金、彭罗塞等又从广义相对论出发,提出和证明了一系列关于黑洞的理论. 可以说,广义相对论开创了黑洞物理学和相对论宇宙学这两门崭新的物理学分支.

二、宇宙学简介

1. 广义相对论的宇宙模型

我们对于天文学并不陌生,天文学研究的是比较小尺度、个体的行为,比如太阳风、太阳黑子的形成、星球的生成演化或者星系与星系间的碰撞等. 而宇宙学与天文学有所区别,它研究的内容是关于宇宙的整体问题包括宇宙的结构、宇宙的起源与发展等. 经典力学给我们一个“完美”的宇宙图景,银河系、太阳系、太阳、行星、地球、卫星等在遵循着同样的规律不停运动,它要求宇宙中必须有一个中心,在这个中心里的星群密度是最大的,越往外密度越小,最远处就成为一个虚空. 从这样的理论出发就会得到这样的尴尬结果:从恒星发出的光以及恒星系中个别恒星不断向那个无限远的空间奔去,最终宇宙系统将会走向灭亡,而且系统是被消弱的, 俨然不遵从物质和能量守恒. 1917 年,爱因斯坦发表《根据广义相对论对宇宙的思考》,在绝对的能量守恒的客观规律下,提出了有限无边的宇宙模型,即宇宙的体积有限而没有边界;在较大尺寸下密度均匀,否定了宇宙有中心的论调.

在广义相对论中时空是弯曲的四维空间,宇宙就是这样的一个弯曲的四维空间,举一个例子,如果把空间设想为一个肥皂泡,爱因斯坦的宇宙既不是肥皂泡的内部也不是外部,而是肥皂泡的表面,在这个空间中的任何一点都彼此平等,没有那些点更靠近边缘也没有哪些点更接近中心.

1922 年,弗里德曼(A. Friedman)发现当把爱因斯坦引力方程用于均匀各向同性的物质分布空间时可以找到一个不稳定的方程解,预言爱因斯坦的宇宙具有膨胀的性质. 1929 年,哈勃通过对遥远星系光谱的测量,发现了光谱存在系统性的红移现象,证明其他的星系都在远离我们而去, 这实际上是宇宙膨胀最有力的证据.

2. 大爆炸宇宙模型

1948 年伽莫夫在宇宙膨胀理论的基础上提出宇宙起源的大爆炸学说,又经过一批理论物理学家和天体物理学家的研究、论证和补充才逐渐成熟起来. 大爆炸理论认为,我们目前的宇宙起源于一个“奇点”(一个具有无限大曲率、能量密度无穷大的区域,在此区域内已知的物理定律都失效了),在大约 150 亿年前,奇点处发生了一次大爆炸,从大爆炸开始之后,新生的宇宙就处于急剧膨胀、稀疏和冷却的过程中,据理论推算:在 10^{-44} s 时,宇宙的密度为 10^{93} kg · m^{-3},温度高达 10^{32} K,热辐射能量为 10^{28} eV,宇宙处于一片混沌状态. 在 10^{-35} s,温度为 10^{28} K 时,宇宙发生了一次暴胀,其直径在 10^{-32} s 内增大了 10^{50} 倍,这引起了数目惊人的粒子的产生. 暴胀过后,宇宙继续膨胀. 在 10^{-10} s 时,宇宙温度下降到 10^{15} K,从爆炸零点到此刻,原始统一的力按先后顺序逐渐分化为引力、强力、电磁力和弱力;宇宙间也充满了一种叫“夸克-胶子等离子体”的物质,这种物质不断聚合为质子、中子等强子. 在 1s 时,宇宙温度下降为 10^{10} K,热辐射能为 10^{6} eV,这时宇宙中充满了中子、质子、中微子、光子等粒子,它们处于热平衡状态下. 此后,由于温度降低,质子和中子聚变成氦核,到了大约 3min 时,宇宙温度降为 10^{9} K,热辐射能降为 10^{5} eV,这时核反应停止,不再聚合形成氦核,因此宇宙主要是由氢核和氦核组成. 大约经过 100 万年,宇宙的温度约为 3000K,从这时开始,原子核和电子便开始复合形成不带电的原子,原子的复合过程大约经历了 20 亿年. 这以后,在万有引力的作用下原子逐渐聚成原星系和星团物质,同时原星系又有自行分裂的,形成千千万万个恒星,在恒星产生、消亡和演化的过程中又形成从小行星到大行星的形形色色天体.

大爆炸理论的主要证据：

(1) 宇宙微波背景辐射.

根据大爆炸理论，当宇宙温度降为3000K时，在核合成时期形成的带正电的核离子和电子，开始复合形成不稳定的中性原子，在这一过程中，大量的辐射被释放出来，光子在空间自由传播，整个辐射在空间中均匀分布. 随着宇宙的膨胀，光辐射温度不断下降，因为早期宇宙中物质粒子曾处于热平衡状态，因此这种辐射应具有标准的黑体辐射谱. 按照伽莫夫等的计算，这种辐射冷却到今天，应该为温度是5K的微波背景辐射. 后来，经过进一步测量和计算得出辐射温度是2.7K，一般称之为3K宇宙微波背景辐射. 1964年，美国射电天文学家彭齐亚斯(A. Penzias)和威尔逊(R. W. Wilson)，在调试天线时，发现了无法排除的热噪声，这种噪声处在微波波段，相当于3K左右，这种无法排除的噪声正是伽莫夫当年预言的大爆炸的余热，彭齐亚斯和威尔逊等的观测竟与理论预言的温度如此接近，正是对宇宙大爆炸论的一个非常有力的支持！

(2) 宇宙氦丰度.

由大爆炸理论可知氦元素基本上是在大爆炸几分钟后宇宙温度为10^9K时由质子和中子聚变形成的，但这一炙热状态时间不长，由此可以计算出这种反应的氢和氦的丰度质量比约为75∶25. 观测表明，现今星体中的主要物质就是氢和氦，并且宇宙中各处的氦丰度均约为25%，这与大爆炸理论计算结果相符.

恒星的演化初始弥漫物质的空间分布不可能是绝对均匀的，若某个区域由于涨落密度变得稍高一些，则这个区域的引力也就变得稍强一些，从而吸引更多的物质形成更高的密度. 反之，某个区域的密度偶尔稍低一些，则这个区域的引力也变得稍弱一些，从而有更多的物质逃离这里，形成更低的密度. 这样，初始弥漫物质变成若干个聚集体(星云). 星云在其本身的引力作用下开始收缩的时候，恒星的形成过程就开始了. 当它开始收缩时，引力势能转化为热能，星云发热，压强增大，发出的热辐射从星云表面发射出去，此时，高的压强不能阻止引力的作用，星云将会继续缓慢坍塌. 这种坍塌的过程需要几百万年以上，我们将这种坍塌过程中的星云称为原恒星. 原恒星经过对流收缩阶段演化成主序星的恒星，主序星就是处于壮年期的恒星.

同样，恒星主要依靠其内部气体粒子热运动的压力与自身物质之间的巨大引力相抗衡. 气体粒子热运动主要来自其核心的热核反应. 热核反应持续的时间是有限的，但是引力却永久存在. 主序星阶段的恒星内的热核反应主要是氢聚变成氦的反应. 恒星一生的大部分时间都停留在主序星阶段. 恒星上的氢毕竟有限，当氢燃烧殆尽，热核反应减弱，辐射和引力间的平衡被打破，恒星的中心部分会在引力的作用下发生急剧收缩，温度升高，并且释放出巨大的能量，从而使外壳急剧膨胀，整个恒星像是气球一样被吹大，这时恒星就变成一个亮度大、温度低的红色巨星——红巨星. 在红巨星的内部，虽然氢已基本耗尽，但是由于内部收缩使温度更高了，于是开始了氦聚合反应，内部又重新燃烧起来，这个过程会持续很长时间，像太阳在红巨星阶段大概能够停留10亿年. 氦燃烧完后，恒星又进入碳燃烧阶段，碳燃烧完后进入氧燃烧阶段，氧燃烧完后，硅镁陆续燃烧，直到恒星中心剩下的大部分是铁镍为止. 当一切燃烧都耗尽了，引力就失去平衡，恒星将猛烈坍塌. 在此之后，恒星按照其质量大小的不同将面临三种结局：白矮星、中子星、黑洞.

对于质量小于 $1.44M_{\odot}$($M_{\odot}$为太阳的质量)的恒星,在恒星发生坍塌时,原子的壳层将被破坏,形成原子核在电子海洋中漂浮的物质状态. 当密度达到 $10^6 g \cdot cm^{-3}$ 时,电子间的泡利斥力可以支撑住引力坍塌,使恒星稳定下来,形成白矮星. 一般白矮星比地球要重几十万倍乃至几百万倍. 收缩过程中由于释放出很大的能量使白矮星表面温度高达一万摄氏度以上,使白矮星发出白光,以后白矮星逐渐冷却变暗,最后形成一个小而致密、暗淡的黑矮星.

质量大于 $1.44M_{\odot}$ 的恒星最终要产生强有力的超新星爆发. 超新星爆发发生在一个质量较大的恒星(超巨星)一生的最后阶段,与普通巨星相比,超巨星的核心要致密得多,温度也高得多,因此成为一个使较轻原子聚合成许多重元素的大熔炉. 逐渐地,更多更复杂的物质(如碳、镁、硅、硫)聚合生成,直到铁镍出现在核心,其内部燃料耗尽. 在内部燃料耗尽后,由于内部的引力极强,星体不是慢慢收缩而是突然坍缩,坍缩所引起的内部压力之大以致于球壳无力承受而发生爆炸,使核心星体外的其余部分炸飞到数百万千米以外,这就是超新星爆发. 剧烈的爆发使恒星放出极大的能量. 一颗垂死的恒星经过了超新星爆发后就彻底解体,剩余的物质迅速坍缩成为中子星或者黑洞.

中子星是对于质量大于 $1.44M_{\odot}$ 小于 $2M_{\odot}$ 的恒星发生超新星爆发后形成的致密天体. 它在爆发坍缩过程中产生的巨大压力使它的物质结构发生了巨大的变化,不仅原子的外壳被压破,原子核也大部分瓦解,形成自由中子气体,当密度达到 $10^{14} g \cdot cm^{-3}$ 时,中子的泡利斥力支撑住引力坍缩稳定下来,形成中子星. 中子星一般很小,直径只有十几千米,质量却和太阳差不多,是一种超密度的星体.

对于质量大于 $2M_{\odot}$ 的恒星,在引力坍缩时中子的斥力也抵挡不住强大的引力,它将进一步坍缩下去,最终剩下来的是一个密度很高的物质——黑洞. 在如此密实的黑洞中隐藏着巨大的引力场. 这种引力大到使任何东西,包括光,都不能从黑洞中逃逸出去. 黑洞虽然是任何物质只能进去不能出来的星体,但并不代表黑洞只能吸收物质而不释放物质. 霍金(S. Hawking)用量子场论的方法证明了黑洞存在温度并具有热辐射. 因此黑洞不再是恒星演化的终态,它不断吸收周围的物质和能量,同时不断地向周围发生热辐射,它是一颗具有生命力的星体.

习 题 18

18-1 一辆以速度 v 运动的列车上的观察者,在经过某一高大建筑物时,看见某避雷针上跳起一脉冲电火花,电光迅速传播,先后照亮了铁路线上的两铁塔. 求列车上观察者看到的两铁塔被电光照亮的时刻差. 设建筑物及两铁塔都在一直线上,与列车前进方向一致,铁塔到建筑物的地面距离都是 l_0.

18-2 设固有长度 $l_0=2.50m$ 的汽车,以 $v=30.0m \cdot s^{-1}$ 的速度沿直线行驶,问站在路旁的观察者按相对论计算该汽车长度缩短了多少?

18-3 半人马星座 α 星是太阳系最近的恒星,它距地球为 4.3×10^{16} m. 设有一宇宙飞船,以 $v=0.999c$ 的速度飞行,飞船往返一次需多少时间? 如以飞船上的时钟计算,往返一次的时间又为多少?

18-4 一艘宇宙飞船的船身固有长度为 $L_0=90m$,相对于地面以 $v_0=0.8c$(c 为真空中光速)的速度在一观测站的上空飞过. 求:

(1) 观测站测得飞船的船身通过观测站的时间间隔是多少?

(2) 宇航员测得船身通过观测站的时间间隔是多少?

18-5　长度 $l_0=1\text{m}$ 的米尺静止于 S' 系中,与 x' 轴的夹角 $\theta'=30°$,S' 系相对 S 系沿 x 轴运动,在 S 系中观测者测得米尺与 x 轴夹角为 $\theta=45°$. 试求:

(1) S' 系和 S 系的相对运动速度;

(2) S 系中测得的米尺长度.

18-6　一个以速度为 $0.8c$ 运动的粒子,飞行了 3m 后衰变,该粒子存在了多长时间? 在与该粒子一起运动的组系中来测量,这粒子衰变前存在了多长时间?

18-7　观测者甲和乙分别静止于 S 和 S' 两个惯性参考系中,甲测得在同一地点发生的两个事件的时间间隔为 4s,而乙测得这两个事件的时间间隔为 5s,求:

(1) S' 系相对于 S 系的运动速度;

(2) 乙测得这两个事件发生的地点的距离.

18-8　求速度 v 满足什么条件粒子的动量等于非相对论动量的两倍,v 满足什么条件的粒子动能等于它的静止能量.

18-9　某一宇宙射线中的介子的动能 $E_k=7M_0c^2$,其中 M_0 是介子的静止质量,试求在实验室中观察到它的寿命是它的固有寿命的多少倍.

18-10　一个电子从静止开始加速到 $0.1c$,需对它做多少功? 若速度从 $0.9c$ 增加到 $0.99c$ 又要做多少功?

18-11　已知一粒子的动能等于其静止能量的 n 倍,求:

(1) 粒子的速率;

(2) 粒子的动量.

18-12　一个原来静止的电子,经过 100V 的电压加速后它的动能是多少? 质量改变了百分之几? 速度是多少? 这时能不能使用公式 $E_k=\frac{1}{2}m_0v^2$ 计算电子的动能?

18-13　设快速运动的介子的能量约为 $E=3\,000\text{MeV}$,而这种介子在静止时的能量为 $E_0=100\text{MeV}$,若这种介子的固有寿命是 $\tau_0=2\times10^{-6}\text{s}$,求它运动的距离(真空中光速 $c=2.997\,9\times10^8\text{m}\cdot\text{s}^{-1}$).

18-14　太阳的辐射能来源于内部一系列核反应,其中之一是氢核(^1_1H)和氘核(^2_1H)聚变为氦核(^3_2He),同时放出 γ 光子,反应方程为

$$^1_1\text{H}+^2_1\text{H}\rightarrow^3_2\text{He}+\gamma$$

已知氢、氘和氦的原子质量依次为 1.007 825u、2.014 102u 和 3.016 029u, 原子质量单位 $1\text{u}=1.66\times10^{-27}\text{kg}$,试估算 γ 光子的能量.

第 19 章　量子物理学基础

19 世纪末 20 世纪初，为解决经典物理在解释一系列物理实验（如黑体辐射、光电效应、康普顿散射等）所遇到的巨大困难，物理学家们创立了量子力学理论. 量子力学是描写微观物质运动规律的理论，与相对论一起被认为是现代物理学的两大基本支柱，许多物理学理论和科学（如原子物理学、固体物理学、核物理学和粒子物理学）以及其他相关的学科都是以量子力学为基础. 在许多现代技术装备中，量子物理学的效应起了重要的作用. 从激光、电子显微镜、原子钟到核磁共振的医学图像显示装置，都是以量子力学的原理和效应作为理论基础的. 对半导体的研究导致了二极管和三极管的发明，最后为现代的电子工业铺平了道路. 在核武器的发明过程中，量子力学也起了一个关键的作用.

本章介绍量子理论基础，主要内容有普朗克能量子假设，爱因斯坦光量子假设和光电效应方程，光子和自由电子相互作用的康普顿效应，玻尔的半经典量子理论过渡到实物粒子的量子理论，最后介绍量子力学的基本动力学方程——薛定谔方程.

19.1　黑体辐射的量子理论

19.1.1　黑体　黑体辐射

任何物体在任何温度下都以电磁波的形式向外发射能量. 在常温下由于电磁辐射强度较低，我们并不觉察到它的存在，但随着温度的升高，辐射强度会增加. 以铁块为例，当加热铁块时，开始看不出它发光，随着温度的不断上升，它变得暗红、赤红、橙色最后成为黄白色. 这种**能量按频率（或波长）的分布随温度而不同的电磁辐射称为热辐射**.

物体在辐射电磁波的同时，还吸收照射在其表面的电磁波. **如果在同一时间内从物体表面辐射的电磁波的能量和它吸收的电磁波的能量相等，物体和辐射就处于温度一定的热平衡状态. 这时的热辐射称为平衡热辐射.**

为定量研究热辐射的基本规律，现介绍有关物理量.

为描述物体辐射电磁能量的能力，定义物体表面单位面积上所辐射出的某一波长附近单位波长间隔的电磁能量为**单色辐出度**，记为 $M_\lambda(T)$. 设物体温度为 T 时，在单位时间内从物体单位表面辐射出的波长在 $\lambda\sim\lambda+\mathrm{d}\lambda$ 间隔内的电磁波能量为 $\mathrm{d}M(T)$，则单色辐出度

$$M_\lambda(T)=\frac{\mathrm{d}M(T)}{\mathrm{d}\lambda} \tag{19.1}$$

单位为瓦每三次方米（$\mathrm{W\cdot m^{-3}}$）.

在单位时间内从物体单位表面积辐射的各种波段的电磁波的总能量

$$M(T)=\int \mathrm{d}M(T)=\int_0^\infty M_\lambda(T)\,\mathrm{d}\lambda \tag{19.2}$$

称为**辐出度**或总辐射能，单位为瓦每二次方米（W · m^{-2}）．一般而言，$M(T)$与物体的温度和表面情况有关．

在温度为 T 时，波长在 $\lambda \sim \lambda + d\lambda$ 间隔内，物体吸收的能量与全部入射的该波长间隔内能量的比值，定义为物体的单色吸收比，记为 $\alpha_\lambda(T)$．波长在 $\lambda \sim \lambda + d\lambda$ 间隔内的反射能量与全部入射的该波长间隔内能量的比值，定义为物体的单色反射比，记为 $r_\lambda(T)$．

对于不透明物体，有

$$\alpha_\lambda(T) + r_\lambda(T) = 1 \tag{19.3}$$

即单色吸收比和单色反射比之和等于 1．若 $\alpha_\lambda(T) = 1$，物体吸收了所有入射的能量，称这种物体为**黑体**．

黑体是一个理想模型，在不透明材料围成的空腔上开一个小孔，电磁波从该小孔射入，由于在盒子内壁的反射很难再由该小孔射出，该小孔可以认为是黑体的表面（图 19.1）．显然，黑体的吸收比和单色吸收比都为 100%，黑体能吸收各种频率的电磁波．

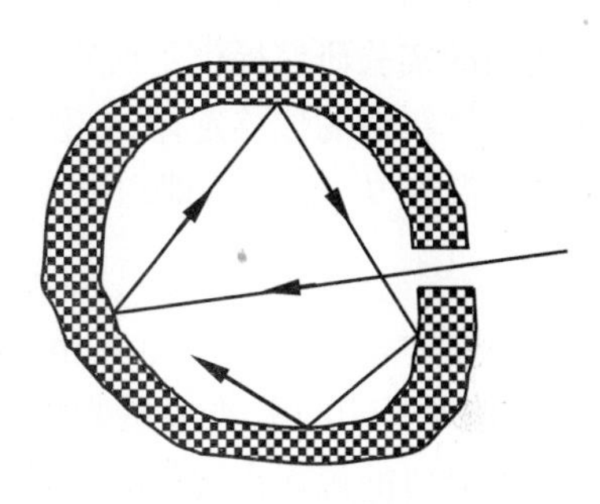

图 19.1　黑体模型

1860 年，基尔霍夫（G. R. Kirchhoff）发现，在温度一定时物体在某波长 λ 处的单色辐出度与单色吸收比的比值与材料以及材料表面的性质无关，仅取决于物体的温度和波长，即

$$\frac{M_{\lambda 1}(T)}{\alpha_{\lambda 1}(T)} = \frac{M_{\lambda 2}(T)}{\alpha_{\lambda 2}(T)} = \cdots = M_{\lambda B}(T) \tag{19.4}$$

式(19.4)中函数不同的下标对应着不同的材料，$M_{\lambda B}(T)$为黑体的单色辐出度，它是一个与材料无关的普适函数．这一结论称为基尔霍夫定律．

思考题

思 19.1　霓虹灯发出的光是热辐射吗？

思 19.2　人体也向外发出热辐射，为什么在黑暗中人眼却看不到人呢？

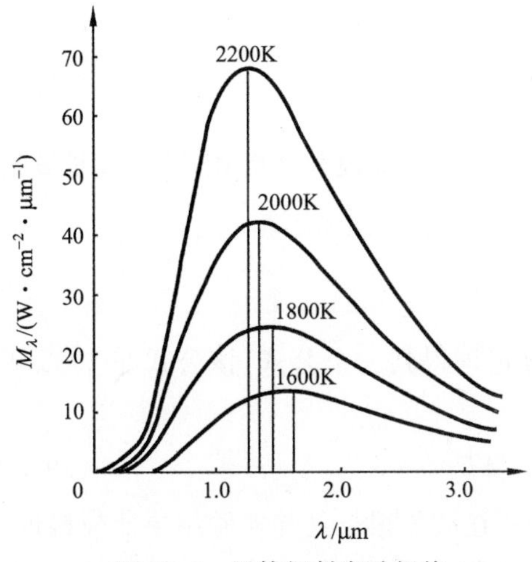

图 19.2　黑体辐射实验规律

19.1.2　黑体辐射的实验曲线

保持温度一定可以通过实验测量由黑体发出的电磁波能量随波长的变化曲线，研究黑体辐射的曲线．图 19.2 给出的是黑体单色辐出度的试验结果，在温度一定时黑体的单色辐出度与波长有关，并存在一个与极大值对应的极值波长 λ_m，当温度升高时，所对应的极值波长 λ_m 下降．

19.1.3　斯特藩-玻尔兹曼定律

斯洛文尼亚物理学家斯特藩（J. Stefan）与奥地利物理学家玻尔兹曼（L. Boltzmann）分别

在 1879 年和 1884 年各自独立地得出结论:对于给定温度的黑体,总辐射能与温度的四次方成正比,即

$$M_B(T) = \sigma T^4 \tag{19.5}$$

式中,$\sigma = 5.67\times10^{-8}\,\mathrm{W\cdot m^{-2}\cdot K^{-4}}$称为斯特藩-玻尔兹曼常量.

19.1.4 维恩位移定律

维恩(W. Wien)和拉梅尔(O. Lummer)发明了第一个实用黑体模型,即空腔发射体,为他们的实验研究提供了所需的完全辐射体. 1893 年,在前人工作的基础上维恩提出了理想黑体辐射的位移定律:在任何温度下,黑体的单色辐出度的极值所对应的波长 λ_m 与黑体的温度 T 成反比,即

$$\lambda_m T = b \tag{19.6}$$

式(19.6)中,$b = 2.898\times10^{-3}\,\mathrm{m\cdot K}$,称为维恩常量. 当温度下降时,峰值波长向长波方向移动,这就是 1000K 左右的物体会发红光的原因.

热辐射的规律在现代科学技术上具有广泛的应用,是高温测量、遥感、红外追踪等技术的物理基础. 炼钢工人可以通过炉火的颜色来估计炉内的温度;天文工作者通过测定星体的谱线分布可以确定其温度;医务工作者可以通过热辐射监测人体某些部位的病变.

19.1.5 黑体辐射的经典公式

1. 维恩公式

19 世纪 90 年代,在得出一系列黑体辐射的实验规律之后,物理学家们面临的一个重要问题就是从理论上推导出黑体的单色辐出度的表达公式.

维恩认为空腔内的热平衡辐射是由一系列驻波振动组成的,每一频率的驻波振动可以对应相同频率的简谐振子,空腔中的电磁波可等效为一系列不同频率的简谐振子,简谐振子的能量分布服从经典的类似于麦克斯韦速度分布律的规律,基于以上观点,利用经典统计理论得到单色辐出度为

$$M_{B\lambda}(T) = \frac{c_1}{\lambda^5}\mathrm{e}^{-c_2/\lambda T} \tag{19.7}$$

式中,c_1,c_2 为常数,式(19.7)称为维恩公式. 维恩公式在短波段与实验相符,但在长波很长处与实验结果相差较大.

2. 瑞利-金斯公式

1900 年瑞利根据经典电磁学理论和能量均分定理得到一个公式,该公式在 1905 年被金斯修正后被命名为瑞利-金斯公式,即

$$M_{B\lambda}(T) = 2\pi c\lambda^{-4}kT \tag{19.8}$$

式中,c 为真空中的波长,k 为玻尔兹曼常量. 该公式在波长很长处与实验结果比较接近,但在波长趋向零时得到辐射能趋向无穷大. 图 19.3 给出了这两个理论公式与实验结果

的比较.

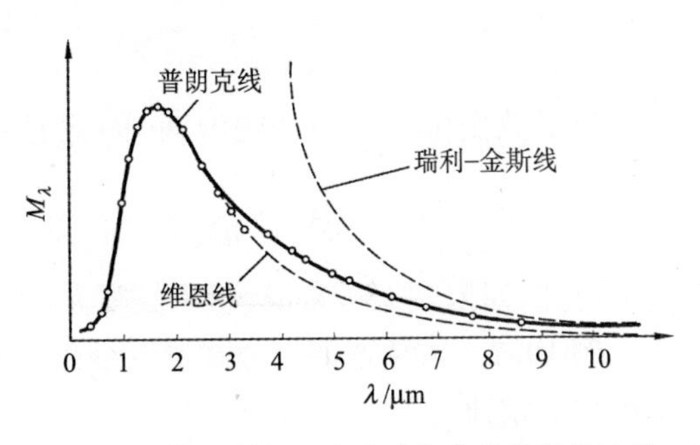

图 19.3　黑体辐射的理论公式与实验结果的比较

经典的电磁学理论认为,分子中振动的带电粒子会发射电磁波,从而使物体有热辐射. 在热平衡时,物体中的谐振子与辐射在不断地交换能量. 同时,由能量均分定理,每个振动自由度的平均能量为 kT,而当波长减小时,代表自由度个数的 $2\pi c\lambda^{-4}$ 会增加,且没有上限. 在 $\lambda\to 0$ 的情况下,处于热平衡的物体将向外界辐射无穷大的能量,这显然是荒谬的. 经典物理学在解释黑体辐射上的这个错误结论被称为"紫外灾难".

19.1.6　普朗克能量子假设　普朗克公式

为了解决热辐射经典理论和实验结果上的矛盾,普朗克提出了一个与实验结果符合得很好的热辐射公式,即

$$M_{B\lambda}(T)=\frac{2\pi hc^2}{\lambda^5(e^{hc/\lambda kT}-1)} \tag{19.9}$$

式(19.9)为普朗克公式. 这一公式在全部波长范围内都和实验值相符. 式中,h 称为普朗克常量,其值为 $h=6.626\times10^{-34}\text{J}\cdot\text{s}$.

为了从理论上解释黑体辐射的实验规律,普朗克提出了**能量子假设**:辐射黑体表面带电粒子的振动可视为谐振子,这些谐振子的振动可以发射和吸收辐射能,但是这些振子只能处于某些分立的状态,在这些状态中,谐振子的能量是某一最小能量 ε_0(称为**能量子**)的整数倍,即任意振子的能量 $E=n\varepsilon_0$(n 为正整数,称为量子数). 对于频率为 ν 的谐振子来说,能量子的能量为 $\varepsilon_0=h\nu$.

由于在经典物理中无法理解能量的不连续性概念,普朗克的能量子假设在提出时并未得到物理界的普遍认同,包括普朗克本人还想继续寻找一种经典的方法去引入 h,但没有成功. 直到 1905 年,爱因斯坦在普朗克能量子假设的基础上提出光量子的概念,成功解释了光电效应,普朗克能量子假设才逐渐被人们所接受. 普朗克由于提出能量子概念,对量子力学理论的建立做出了卓越贡献而获得 1918 年诺贝尔物理学奖.

例 19.1　一个质量 $m=1\text{kg}$ 的球,挂在劲度系数 $k=10\text{N}\cdot\text{m}^{-1}$ 的弹簧下,做振幅为 $A=4\times10^{-2}\text{m}$ 的简谐振动,求振子能量的量子数 n. 如果 n 改变,能量变化率是多少?

解　振子的振动频率为

$$\nu=\frac{1}{2\pi}\sqrt{\frac{k}{m}}=\frac{1}{2\pi}\sqrt{10}\text{s}^{-1}=0.503\text{s}^{-1}$$

振子的能量为

$$E=\frac{1}{2}kA^2=\frac{1}{2}\times10\times(4\times10^{-2})^2\text{J}=8\times10^{-3}\text{J}$$

量子数

$$n=\frac{E}{h\nu}=\frac{8\times10^{-3}}{6.63\times10^{-34}\times0.503}=2.40\times10^{31}$$

量子数变化 1,能量变化为 $h\nu$,因此能量变化率为

$$\frac{\Delta E}{E}=\frac{h\nu}{nh\nu}=\frac{1}{n}=\frac{1}{2.4\times10^{31}}\approx4.17\times10^{-32}$$

由上可知,对宏观振子来说,量子数很大,振动能量的分立不容易被察觉.

例 19.2 试从普朗克公式推论维恩公式、瑞利-金斯公式、斯特藩-玻尔兹曼定律及维恩位移定律.

解 (1) 从普朗克公式推论维恩公式.

对于满足 $hc/\lambda kT\gg1$ 的高频短波段

$$M_{B\lambda}(T)=\frac{2\pi hc^2}{\lambda^5(e^{hc/\lambda kT}-1)}\approx\frac{2\pi hc^2}{\lambda^5}e^{-hc/\lambda kT}=\frac{c_1}{\lambda^5}e^{-c_2/\lambda T}$$

式中,$c_1=2\pi hc^2$,$c_2=hc/k$,即化为维恩公式.

(2) 从普朗克公式推论瑞利-金斯公式.

在 $hc/\lambda kT\ll1$ 的低频长波段,由麦克劳林公式 $e^x=1+x+\frac{1}{2!}x^2+\frac{1}{3!}x^3+\cdots$,令 $x=hc/\lambda kT\ll1$,将普朗克公式的分子项展开后可得

$$M_{B\lambda}(T)\approx\frac{2\pi hc^2}{\lambda^5}\frac{\lambda kT}{hc}=2\pi c\lambda^{-4}kT$$

即化为瑞利-金斯公式.

(3) 从普朗克公式推导斯特藩定律.

为简便起见,我们令 $x=hc/\lambda kT$,$c_1=2\pi hc^2$,这样式(19.9)可以写为

$$M_{B\lambda}(T)=\frac{c_1k^5T^5}{c^5h^5}\frac{x^5}{e^x-1}$$

$$dx=-\frac{hc}{k\lambda^2T}d\lambda=-\frac{k}{hc}Tx^2d\lambda$$

所以,总辐出度

$$M_B(T)=\int_0^\infty M_{B\lambda}(T)d\lambda=\frac{c_1k^4}{c^4h^4}T^4\int_0^\infty\frac{x^3dx}{e^x-1}$$

利用积分公式

$$\int_0^\infty\frac{x^3dx}{e^x-1}=6.494$$

得

$$M_B(T)=6.494\frac{c_1k^4}{c^4h^4}T^4=\sigma T^4$$

可以解得 $\sigma=5.67\times10^{-8}\,W\cdot m^{-2}\cdot K^{-4}$. 这就是斯特藩-玻尔兹曼定律.

(4) 从普朗克公式推论维恩位移定律.

求 $M_{B\lambda}(T)$的极大值,需求出其对于 x 的一阶导数,并令它为零,即

$$\frac{\mathrm{d}M_{\mathrm{B}\lambda}(x)}{\mathrm{d}x}=\frac{2\pi k^5T^5}{c^3h^4}\frac{(\mathrm{e}^x-1)5x^4-x^5\mathrm{e}^x}{(\mathrm{e}^x-1)^2}=0$$

由此应有 $5\mathrm{e}^x-x\mathrm{e}^x-5=0$，求得 $x_{\mathrm{m}}=4.965$.

则 $\lambda_{\mathrm{m}}=\frac{hc}{kTx_{\mathrm{m}}}=\frac{hc}{4.965kT}$；令 $b=\frac{hc}{4.965k}=2.898\times10^{-3}\mathrm{m}\cdot\mathrm{K}$，即得

$$\lambda_{\mathrm{m}}T=b$$

这就是维恩位移定律.

19.2　光的量子理论

19.2.1　光电效应　光子

1. 光电效应

当光照射在金属表面时，导致电子从金属表面逸出的现象称为**光电效应**. 这种逸出的电子称为**光电子**. 光电效应是 1887 赫兹(H. R. Hertz)在研究麦克斯韦电磁理论的实验中偶然发现的. 1888 年，德国物理学家霍尔瓦克斯(W. Hallwachs)证实是由于在放电间隙内出现荷电体的缘故. 1899 年，汤姆孙通过实验证实该荷电体与阴极射线一样是电子流. 1899～1902 年，勒纳德(P. Lenard)对光电效应进行了系统研究，并命名为光电效应.

图 19.4 给出了研究光电效应的实验装置. 在一个抽空的玻璃泡内装有金属电极 K(阴极)和 A(阳极)，称为光电管 GD. 在阳极和阴极之间加上电压，当光电管处于黑暗情况下，电流计数为零. 当有适当频率的光通过窗口照射到阴极 K 上时，电流计显示电路中有电流通过，称为光电流. 通过改变所加的电压大小、方向、照射光的频率和强度，可以分析光电流和这些因素之间的关系. 通过实验可以得到光电效应具有如下规律.

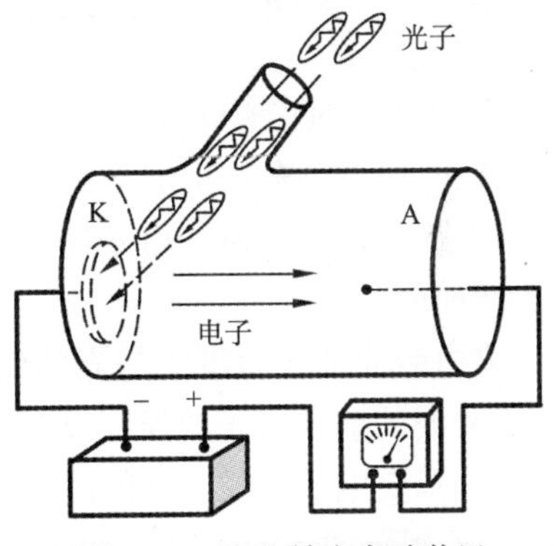

图 19.4　光电效应实验装置

1) 存在截止频率

对一定的金属阴极，当照射光频率 ν 小于某个最小值 ν_0 时，不管光强有多大，照射时间多长，都没有光电流，即阴极不释放光电子. 这个最小频率 ν_0 称为该金属的光电效应**截止频率**，也称为**红限**，红限也可用对应的波长 λ_0 表示.

2) 存在遏止电压

当入射光的频率给定后($\nu>\nu_0$)，改变加速电压，发现当 $U_{\mathrm{AK}}=0$ 时，仍有光电流. 改变电压的极性，使 $U_{\mathrm{AK}}<0$，当反向电压增加到某一数值时，光电流降为零，此时反向电压的绝对值称为**遏止电压**，用 U_{a} 表示. 实验表明，遏止电压与光强无关，但与照射光的频率呈线性增长关系(图 19.5)，即

$$U_{\mathrm{a}}=k\nu-U_0\tag{19.10}$$

式中,k 是直线斜率,它是与金属材料无关的常量;U_0 对同一金属是一个常量,不同金属对应不同的常量.

3) 存在饱和电流

当入射光的频率一定时,光电流与入射光强成正比. 若同时光强一定,则加速电压 U_{AK} 越大,光电流 I 越大;但是当加速电压增加到一定量值的时候,光电流将趋于稳定,达到饱和值 I_H;这是因为,此时所有光电子都从阴极到达阳极形成光电流,再进一步增大电压,光电流不能再增加,所以达到饱和值. 实验发现饱和电流与入射光的强度成正比,这意味着从阴极逸出的光电子的数目与入射光的强度成正比,如图 19.6 所示.

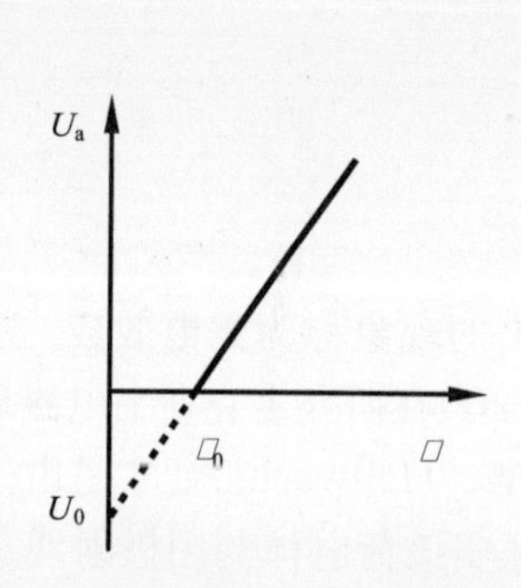

图 19.5　遏止电压与入射频率的关系

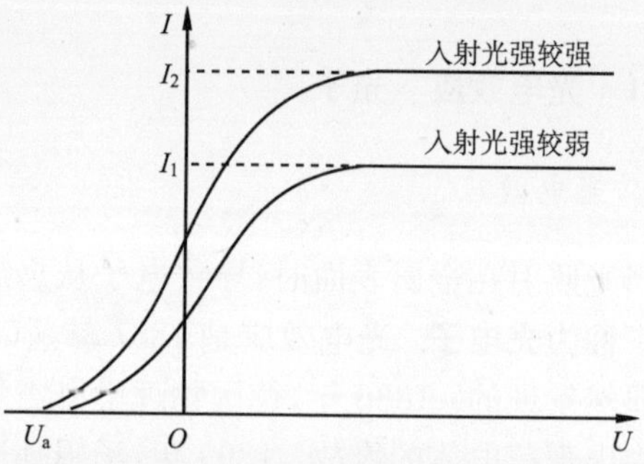

图 19.6　光强与电压的关系

4) 光电效应是瞬时的

无论入射光强如何弱,只要频率大于截止频率($\nu > \nu_0$),光电子在光照射的瞬间即可产生,从光照射阴极到光电子逸出这一过程不超过 10^{-9}s. 这意味着光电子获得能量不需要积累时间.

光电效应的实验事实与光的经典电磁理论有着深刻的矛盾. 按照光的经典电磁理论:①光波的能量与光的强度或振幅有关,与频率无关. 一定强度的光照射金属表面一定时间后,只要电子吸收足够的能量即可逸出金属表面,与光的频率无关,更不存在截止频率. ②若用极微弱的光照射,阴极电子积累能量达到能够挣脱表面束缚能量需要一段时间,理论计算表明,用光强为 1mW 的光照射逸出功为 1eV 的金属,从光照射阴极到电子逸出需要大约十几分钟,所以按照经典理论光电效应不可能瞬时发生.

2. 光子

为解决光电效应实验规律与经典物理理论的矛盾,爱因斯坦在 1905 年提出了光量子假设. 他认为光是由一颗一颗的光子(光量子)组成的,在普朗克能量子假设的基础上进一步提出了光子的假设.

(1) 每个光子的能量与其频率成正比,即

$$\varepsilon = h\nu \tag{19.11}$$

式中,h 是普朗克常量.

(2) 对于波长一定的单色光,光强与光子的数目成正比.

3. 爱因斯坦光电效应方程

爱因斯坦在光子假设的基础上，提出了光电效应模型. 爱因斯坦认为，入射光的光子与阴极金属中的自由电子做完全非弹性碰撞，自由电子一次性吸收光子能量. 根据能量守恒定律，当金属中一个自由电子从入射光中吸收一个光子后，就获得能量$h\nu$，如果$h\nu$大于该金属的电子逸出功W(所谓的逸出功即一个电子脱离金属表面时为克服表面束缚所要做的功)，这个电子就可以从金属表面逸出并获得一定的动能，所以

$$h\nu = W + \frac{1}{2}mv_{\mathrm{m}}^2 \tag{19.12}$$

式(19.12)称为爱因斯坦光电效应方程，$\frac{1}{2}mv_{\mathrm{m}}^2$是光电子的最大初动能.

根据光电效应方程就可以圆满解释光电效应的实验规律.

(1) 能够使某种金属产生光电子的入射光，其最低频率(截止频率)ν_0应满足

$$\nu_0 = \frac{W}{h} \tag{19.13}$$

由该金属的逸出功决定；不同金属的逸出功不同，因而截止频率不同.

(2) 光电子具有初始动能，即使在两端电压为零时也会有电流产生，只有当反向电压加到遏止电压时电流才为零，所以

$$eU_{\mathrm{a}} = \frac{1}{2}mv_{\mathrm{m}}^2 \tag{19.14}$$

由爱因斯坦方程，得

$$U_{\mathrm{a}} = \frac{h\nu - W}{e} \tag{19.15}$$

即遏止电压与光子频率呈线性增长关系.

(3) 在入射光一定时，增大光电管两极的正向电压U_{AK}，将提高光电子的动能，光电流会随之增大. 但光电流不会无限增大，要受到光电子数量的约束，有一个最大值，这个值就是饱和电流I_{H}. 入射光的强度决定于单位时间里通过单位垂直面积的光子数N，当入射光强越大，N越大，光子与金属中的电子碰撞次数也增多，因而单位时间里从金属表面逸出的光电子也增多，饱和电流也随之增大.

(4) 光照射到物质上，一个光子的能量立即被电子吸收，因而光电子的发射是即时的. 爱因斯坦的光量子假设成功地解释了光电效应，为此他获得了1921年的诺贝尔物理学奖.

19.2.2　光的波粒二象性

19世纪，通过光的干涉、衍射等实验，人们已经认识到光是一种波动——电磁波，并建立了光的电磁理论. 爱因斯坦提出光的量子理论，使人们又认识到光是一种粒子流——光子流. 综合起来，关于光的本质的认识就是：光既具有波动性，又具有粒子性. 在有些情况下(如描述光的传播时)，光突出显示的是波动性，而在另一些情况下(如描述

光与物质粒子相互作用时),则突出显示的是粒子性. 光的这种本性被称为**波粒二象性**.

光的波动性用光波的波长 λ 和频率 ν 描述,光的粒子性用光子的质量、能量和动量描述. 由式(19.11)可知一个光子的能量为 $\varepsilon=h\nu$,根据相对论的质能关系 $\varepsilon=mc^2$,可以得到一个光子的质量为

$$m=\frac{h\nu}{c^2}=\frac{h}{c\lambda} \tag{19.16}$$

我们知道,粒子质量和运动速度的关系为

$$m=\frac{m_0}{\sqrt{1-\left(\frac{v}{c}\right)^2}}$$

对于光子,$v=c$,而 m 是有限的,所以要求 $m_0=0$,即光子的静止质量为零. 但是由于光速不变,在任何参考系中光子的实际质量都不为零. 这意味着,光子只能以光速运动,一旦静止必然被其他物质吸收.

根据相对论的能量-动量关系

$$\varepsilon^2=p^2c^2+m_0c^2$$

可以得到光子的动量为

$$p=\frac{\varepsilon}{c}=\frac{h\nu}{c}$$

或

$$p=\frac{h}{\lambda} \tag{19.17}$$

光子具有动量这一点已经在光压实验中得到证实.

式(19.11)和式(19.17)是描述光的波粒二象性的基本关系式,正是这两个式子通过普朗克常量 h 将光的波动性和粒子性联系起来.

例 19.3　波长 $\lambda=450\text{nm}$ 的单色光入射到逸出功 $W=3.60\times10^{-19}\,\text{J}$ 的洁净钠表面,求:

(1) 入射光子的能量;

(2) 逸出电子的最大动能;

(3) 钠的红限频率;

(4) 入射光子的动量.

解　(1)入射光子的能量为

$$\varepsilon=h\nu=h\frac{c}{\lambda}=6.63\times10^{-34}\times\frac{3\times10^8}{450\times10^{-9}}=4.42\times10^{-19}(\text{J})=2.76(\text{eV})$$

(2) 逸出电子的最大动能为

$$\frac{1}{2}mv_{\text{m}}^2=h\nu-W=2.76-\frac{3.60\times10^{-19}}{1.60\times10^{-19}}=0.51(\text{eV})$$

(3) 钠的红限频率为

$$\nu_0 = \frac{W}{h} = \frac{3.60 \times 10^{-19}}{6.63 \times 10^{-34}} = 5.4 \times 10^{14} (\text{Hz})$$

（4）入射光子的动量为

$$p = \frac{h}{\lambda} = \frac{6.63 \times 10^{-34}}{450 \times 10^{-9}} = 1.47 \times 10^{-27} (\text{kg} \cdot \text{m} \cdot \text{s}^{-1})$$

19.2.3　康普顿效应

除光电效应外，光的量子性还表现在光散射的康普顿效应上，该效应是光显示其粒子性的又一著名实验．康普顿（A. H. Compton）在研究X射线在石墨上的散射时，发现散射的射线中不单单有与入射波长相同的射线，同时还存在波长大于入射射线波长的射线成分，这一现象称为**康普顿效应**．在实验上证实了光量子具有动量的假设，证明了X射线具有粒子性．为此康普顿获得了1927年的诺贝尔物理学奖．

康普顿的实验装置如图19.7所示，X射线源发出的射线经过光阑照射到散射物质，固定入射的光波长为λ_0，在不同的θ方向探测散射光的波长为λ，实验得到如下结果：

（1）散射光除原波长λ_0外，还出现了新的散射波长λ，并且$\lambda > \lambda_0$；

（2）波长差$\Delta\lambda = \lambda - \lambda_0$随着散射角$\theta$的增大而增大；

（3）对不同的散射物质，只要在同一个散射角下，波长的改变量都相同，与散射物质无关．

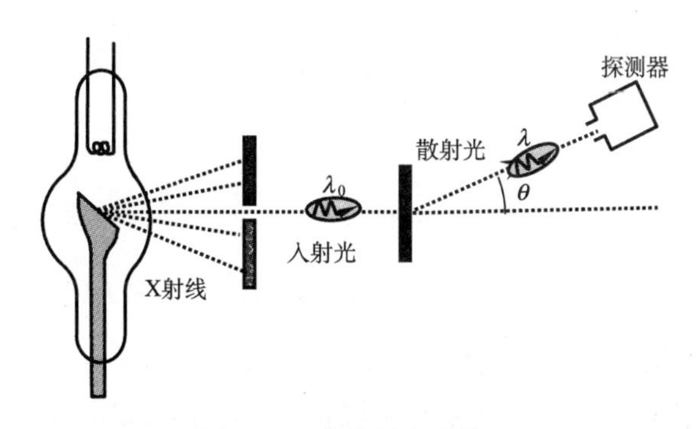

图19.7　康普顿实验装置

按照经典理论，介质中的电子在入射光场的作用下产生受迫振动而向各个方向发出次波，这些次波叠加形成散射光．因为受迫振动的频率与入射光频率相同，所以散射光的频率与入射光频率相同．对康普顿实验中出现新的波长成分，经典理论无法给予合理的解释．

根据爱因斯坦的光子理论，散射光中的新波长大于原有波长，意味着一部分光子的能量损失了．康普顿认为可以用光量子理论将其解释为光子与电子发生了碰撞．

散射物质中的原子核对外层电子的束缚较弱，对内层电子的束缚较强．如果光子与内层电子发生弹性碰撞，也就是与点阵离子发生弹性碰撞，与光子的速度相比，点阵离子可视为静止，由于其质量远大于光子的动质量，碰撞之后光子能量保持不变，这就是散射线中λ_0的成分．如果光子与外层电子发生弹性碰撞，由于外层电子受到原子核的束缚较弱,可视为自由电子,电子做无规则运动的能量远小于光子的能量,故电子可以视为静止.康普顿理论假设一个光子与一个静止的自由电子发生弹性碰撞,光子将损失一些能量,所以光子的频率减小而波长变大,因此在散射光中还存在波长大于入射射线波长的射线成分.

设碰撞前光子的能量和动量分别为 $h\nu_0$ 和$\frac{h\nu_0}{c}\boldsymbol{n}_0$,$\boldsymbol{n}_0$ 为入射光子运动方向的单位矢量. 静止的自由电子能量和动量分别为 m_0c^2 和 0. 碰撞后,沿着 θ 方向散射的光子,其能量和动量分别是 $h\nu$ 和$\frac{h\nu}{c}\boldsymbol{n}$,$\boldsymbol{n}$ 为散射方向的单位矢量. 碰撞后沿 φ 角方向运动的反冲电子能量和动量分别为 mc^2 和 $m\boldsymbol{v}$. 根据能量和动量守恒定律有

$$h\nu_0 + m_0c^2 = h\nu + mc^2 \tag{19.18}$$

$$\frac{h}{\lambda_0}\boldsymbol{n}_0 = \frac{h}{\lambda}\boldsymbol{n} + m\boldsymbol{v} \tag{19.19}$$

由图 19.8,可以得到

$$(m\boldsymbol{v})^2 = \left(\frac{h}{\lambda}\right)^2 + \left(\frac{h}{\lambda_0}\right)^2 - \frac{2h^2}{\lambda \cdot \lambda_0}\cos\theta \tag{19.20}$$

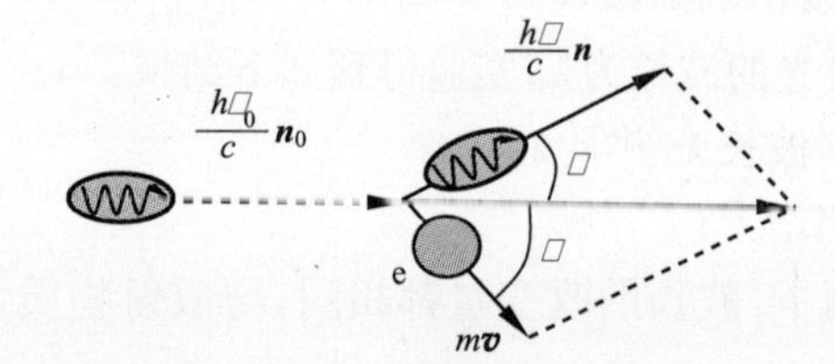

图 19.8 光子与电子碰撞过程

运用相对论质量与速度关系式

$$m = \frac{m_0}{\sqrt{1-\frac{v^2}{c^2}}}$$

可解得

$$\Delta\lambda = \lambda - \lambda_0 = \frac{h}{m_0c}(1-\cos\theta) = 2\lambda_c \sin^2\frac{\theta}{2} \tag{19.21}$$

此式即为**康普顿散射公式**. 式中,$\lambda_c = \frac{h}{m_0c} = 2.43\times10^{-12}\,\text{m}$ 称为电子的**康普顿波长**.

康普顿散射理论合理解释了谱线中新波长出现的原因:光子与电子发生碰撞时会有能量损失,因此波长变长;式(19.21)给出了波长差与散射角的定量关系,并且波长差只与散射角有关跟入射光无关. 康普顿散射不仅有力证明了光具有二象性,还证明了光子和微观粒子的相互作用过程也是严格遵守动量守恒和能量守恒定律的.

19.3 玻尔氢原子理论

19.3.1 氢原子光谱

光谱是电磁辐射按照波长(或频率)成分和强度分布的情况. 它能够提供发光物质内部的很多信息. 原子发光是由于原子内电子运动的能量变化引起的. 因此,研究原子光谱是研究原子结构的重要方法.

1885 年,巴耳末(J. J. Balmer)在研究原子光谱规律时发现,氢原子光谱在可见光波段的谱线呈规律性分布. 在分析研究了这些谱线的基础上,提出了一个经验性公式

$$\tilde{\nu}=\frac{1}{\lambda}=\frac{4}{B}\left(\frac{1}{2^2}-\frac{1}{n^2}\right)\quad(n=3,4,5,\cdots)\tag{19.22}$$

该公式被称为巴耳末公式. 式中，$B=364.5647\text{nm}$，是一个经验常数，波长的倒数 $\tilde{\nu}$ 称为波数.

1889 年，瑞典物理学家里德伯(J. R. Rydberg)在对碱金属元素的光谱进行研究时提出了一个更为普遍的公式

$$\tilde{\nu}=R\left(\frac{1}{m^2}-\frac{1}{n^2}\right)\quad(m=1,2,3,\cdots;n=m+1,m+2,m+3,\cdots)\tag{19.23}$$

这就是里德伯方程. 式中，$R=\frac{4}{B}=1.097\times10^7\text{m}^{-1}$，称为里德伯常量. 一般取不同的 m 值对应着不同的谱线系，在同一谱线系中不同的 n 对应着不同的谱线，如图 19.9 所示.

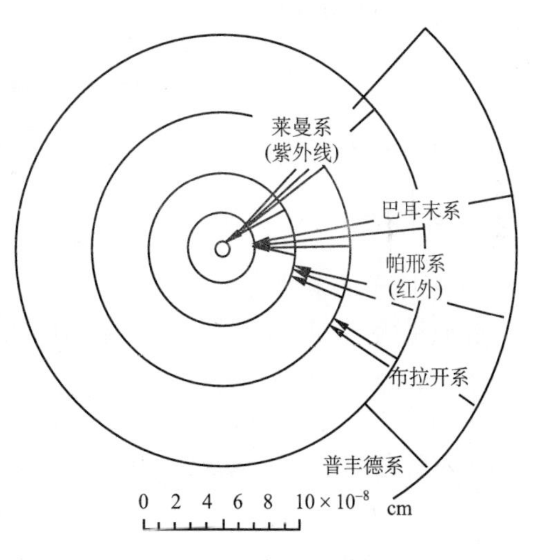

图 19.9　氢原子谱线

$m=1$ 时，$n=2,3,4,\cdots$，谱线处于紫外波段，称为莱曼(Lyman)系；

$m=2$ 时，$n=3,4,5,\cdots$，谱线处于可见光波段，称为巴耳末(Balmer)系；

$m=3$ 时，$n=4,5,6,\cdots$，谱线处于红外波段，称为帕邢(Paschen)系；

$m=4$ 时，$n=5,6,7,\cdots$，谱线处于红外波段，称为布拉开(Brackett)系；

$m=5$ 时，$n=6,7,8,\cdots$，谱线处于红外波段，称为普丰德(Pfund)系.

1908 年，里兹(W. Ritz)提出了一个更为普遍的组合规则：每一种原子都有其特有的一系列光谱项 $T(n)$，而原子发出的光谱线的波数总可以表示为任意两个光谱项之差，即

$$\tilde{\nu}=T(m)-T(n)$$

称为里兹组合原理. 式中 m、n 表示正整数.

19.3.2　玻尔的氢原子理论

1. 玻尔的量子假设

按照经典理论，电子在原子中绕核转动，这种加速运动的电子发射电磁波，其频率等于电子绕核转动的频率. 由于能量辐射，原子系统的能量不断减少，频率也将不断改变，因而所发射的光谱应是连续的. 同时由于能量的减少，电子将沿螺线运动而逐渐接近原子核，最后落入原子核上，即原子是不稳定的. 所以经典理论无法解释氢原子的光谱规律. 为解决这些困难，丹麦物理学家玻尔(N. Bohr)提出了氢原子理论的三条假设.

1) 定态假设

原子只能处在一系列具有不连续能量的稳定状态，简称定态；在这些状态中，核外电

子在一系列稳定的圆轨道上运动时,不辐射也不吸收电磁波.

2) 跃迁假设

原子从一种能量为 E_m 的定态跃迁到另一种能量为 E_n 的定态时($E_m>E_n$),原子将辐射一定频率的光子,光子的能量 $h\nu$ 由这两种定态的能量差决定,即

$$h\nu = E_m - E_n \tag{19.24}$$

3) 轨道角动量量子化假设

原子的不同能量状态跟电子沿不同的圆形轨道绕核运动相对应,原子的定态是不连续的,因此电子的可能的轨道分布也是不连续的. 电子在稳定圆轨道上运动时,其轨道角动量遵从量子化条件

$$L = mv_n r_n = n\frac{h}{2\pi}, \quad n = 1,2,\cdots \tag{19.25}$$

式中,h 为普朗克常量;n 称为量子数.

2. 玻尔的氢原子理论

1) 氢原子的半径

静质量为 m_0 的电子绕原子核做圆周运动,静电力作为向心力,即

$$\frac{e^2}{4\pi\varepsilon_0 r_n^2} = m_0\frac{v^2}{r_n}$$

利用玻尔的角动量量子化条件,可以得到氢原子的半径为

$$r_n = n^2\frac{\varepsilon_0 h^2}{\pi m_0 e^2} = n^2 r_1 \tag{19.26}$$

式中 $m_0=9.1\times10^{-31}\text{kg}$,$e=1.6\times10^{-19}\text{C}$,因此可得

$$r_1 = \frac{\varepsilon_0 h^2}{\pi m e^2} = a_0 = 0.053\text{nm} \tag{19.27}$$

称为玻尔半径.

2) 氢原子的能量

氢原子的能量为电子的动能和电子与原子核相互作用势能之和,即

$$E = \frac{1}{2}m_0 v^2 - \frac{e^2}{4\pi\varepsilon_0 r}$$

将式(19.26)代入就可以得到

$$E_n = -\frac{e^4 m_0}{8\varepsilon_0^2 h^2}\cdot\frac{1}{n^2}, \quad n = 1,2,3,\cdots \tag{19.28}$$

式(19.28)表明氢原子的定态能量是量子化的,这种量子化的能量值称为能级. 当 $n=1$时,氢原子处于最低能量状态,这一状态称为基态,其能量大小为

$$E_1 = -\frac{e^4 m_0}{8\varepsilon_0^2 h^2} = -2.17\times10^{-18}\text{J} = -13.6\text{eV} \tag{19.29}$$

即把电子从氢原子的第一玻尔轨道上移至无限远所需的能量,这就是电离能. 这样式(19.28)可以写为

$$E_n = \frac{E_1}{n^2}, \quad n = 1,2,3,\cdots \tag{19.30}$$

可以看到，不仅轨道是量子化的，能量同样是量子化的，量子数 n 标定了电子的轨道半径和能级. 能量高于基态的能量状态都称为激发态.

3）氢原子光谱规律

根据玻尔的频率假设，从能量高的激发态跃迁到能量低的激发态或基态辐射出的光子频率满足

$$\nu = \frac{E_n - E_m}{h}$$

写成波数的形式

$$\frac{1}{\lambda} = \frac{1}{hc}(E_n - E_m) = \frac{e^4 m_0}{8\varepsilon_0^2 h^3 c}\left(\frac{1}{m^2} - \frac{1}{n^2}\right) \tag{19.31}$$

式(19.31)的形式与里德伯方程的形式完全相同. 比较可以得到

$$R = \frac{e^4 m_0}{8\varepsilon_0^2 h^3 c}$$

这就是里德伯常量的理论计算公式，计算得到的数值为 $R=1.097\ 373\ 156\times10^7\text{m}^{-1}$，与经验值符合得相当好.

玻尔理论在氢原子及类氢离子上获得了很大的成功，但是在其他原子上并没有得到令人满意的结果. 玻尔理论只是把遵从牛顿力学的经典粒子人为赋予了量子化特征，不是一个自成体系的完整理论，使得整个理论存在逻辑上的缺陷. 因此，玻尔理论只是经典理论向量子物理发展的一个过渡理论.

例 19.4 如用能量为 12.6eV 的电子轰击氢原子，将产生那些光谱线？

解 设原子在该能量的轰击下跃迁到第 n 个能态上，则有关系

$$\Delta E = E_n - E_1 = \frac{E_1}{n^2} - E_1$$

$E_1=-13.6\text{eV}$ 和 $\Delta E=12.6\text{eV}$ 代入上式，可解出

$$n = \sqrt{\frac{13.6}{13.6-12.6}} \approx 3.69$$

用 12.6eV 的电子轰击氢原子，只能使原子所处的最高能级为 $n=3$，在该能态上可以向低能级跃迁，所以可能的能级跃迁为

3→1：

$$\text{波数}\ \frac{1}{\lambda_1} = R\left(\frac{1}{1^2} - \frac{1}{3^2}\right) = 0.975\times10^7, \quad \text{波长}\ \lambda_1 = 1.025\times10^{-7}\text{m}$$

3→2：

$$\text{波数}\ \frac{1}{\lambda_2} = R\left(\frac{1}{2^2} - \frac{1}{3^2}\right) = 0.152\times10^7, \quad \text{波长}\ \lambda_2 = 6.579\times10^{-7}\text{m}$$

2→1：

$$波数\ \frac{1}{\lambda_3} = R\left(\frac{1}{1^2} - \frac{1}{2^2}\right) = 0.823 \times 10^7, \quad 波长\ \lambda_3 = 1.215 \times 10^{-7}\,\mathrm{m}$$

19.3.3　夫兰克-赫兹实验

1914 年，夫兰克(J. Franck)和赫兹在研究中发现电子与原子发生非弹性碰撞时能量的转移是量子化的. 他们的精确测定表明，电子与汞原子碰撞时，电子损失的能量严格地保持 4.9eV，即汞原子只接收 4.9eV 的能量. 这个事实直接证明了汞原子具有玻尔所设想的那种“完全确定的、互相分立的能量状态”，是对玻尔的原子量子化模型的第一个决定性的证据. 由于他们的工作对原子物理学的发展起了重要作用，曾共同获得 1925 年的诺贝尔物理学奖. 在本实验中可观测到电子与汞蒸气原子碰撞时的能量转移的量子化现象，测量汞原子的第一激发电位，从而加深对原子能级概念的理解. 这个实验需要的实验仪器有：夫兰克-赫兹管(简称 F-H 管)、加热炉、温控装置、F-H 管电源组、扫描电源和微电流放大器、微机 X-Y 记录仪. F-H 管是特别的充汞四极管，它由阴极、第一栅极、第二栅极及板极组成，如图 19.10 所示. 为了使 F-H 管内保持一定的汞蒸气饱和蒸气压，实验时要把 F-H 管置于控温加热炉内. 加热炉的温度由控温装置设定和控制. 炉温高时，F-H管内汞的饱和蒸气压高，平均自由程较小，电子碰撞汞原子的概率高，一个电子在两次与汞原子碰撞的间隔内不会因栅极加速电压作用而积累较高的能量. 温度低时，管内汞蒸气压较低，平均自由程较大，因而电子在两次碰撞间隔内有可能积累较高的能量，受高能量的电子轰击，就可能引起汞原子电离，使管内出现辉光放电现象. 辉光放电会降低管子的使用寿命，实验中要注意防止. 玻尔的原子理论指出：①原子只能处于一些不连续的能量状态 $E_1, E_2, \cdots$ 处在这些状态的原子是稳定的，称为定态. 原子的能量不论通过什么方式发生改变，只能是使原子从一个定态跃迁到另一个定态；②原子从一个定态跃迁到另一个定态时，它将发射或吸收辐射的频率是一定的.

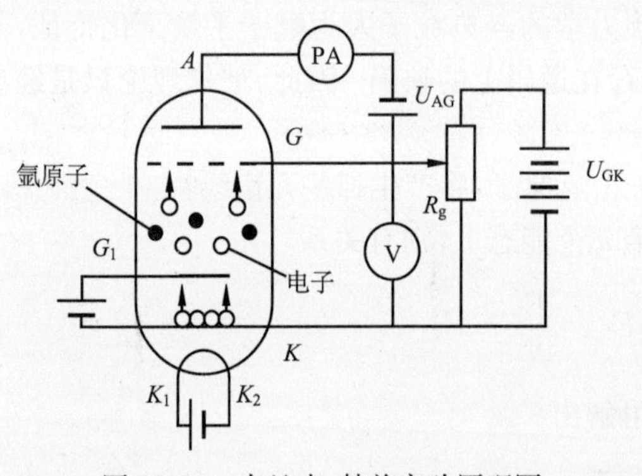

图 19.10　夫兰克-赫兹实验原理图

思考题

思 19.3　根据能级公式画出能级跃迁图，以表示氢原子光谱线系的形成.

19.4　实物粒子的波动性

19.4.1　德布罗意波

光波具有粒子性，那么实物粒子具有波动性吗？德布罗意(L. de Broglie)从光具有波粒二象性出发，认为实物粒子也应具有波动性，并在 1924 年巴黎大学提交的博士论文中提出了与光的波粒二象性相对称的思想：具有能量 E 和动量 p 的实物粒子具有波动性，与粒子相联系的波的频率 ν 和波长 λ，有如下关系：

$$\nu = \frac{E}{h} = \frac{mc^2}{h} \tag{19.32}$$

和

$$\lambda = \frac{h}{p} = \frac{h}{mv} \tag{19.33}$$

式(19.32)和式(19.33)称为德布罗意关系．这种和实物粒子相联系的波称为**德布罗意波**，在解释波函数的物理意义时，又称为**物质波**．

例 19.5　计算质量 $m=0.01\text{kg}$，速率 $v=300\text{m/s}$ 的子弹的德布罗意波长．

解　根据德布罗意公式可得

$$\lambda = \frac{h}{mv} = \frac{6.63\times10^{-34}}{0.01\times300} = 2.21\times10^{-34}(\text{m})$$

这是一个极小的波长，甚至在速度很小，如在 10^{-4} 的量级时，其波长仍然在 10^{-29} 的量级．可以看出，对于宏观尺寸的物体，其波长都太小无法测量．因为只有当物体的尺度或者狭缝的线度与波长可比时，波的特性才能明显的表现出来．因此，在通常情况下，对于宏观物体，其波动性是可以忽略的．但是对于小的基本粒子，情况就不一样了．

例 19.6　分别计算经过电势差 $U_1=150\text{V}$ 和 $U_2=10^4\text{V}$ 加速的电子的德布罗意波长．(在 $U\leqslant10^4\text{V}$ 时，可以不考虑相对论效应)

解　经过电势差 U 加速后，电子的动能和速率分别为

$$\frac{1}{2}m_0v^2 = eU,\quad v=\sqrt{\frac{2eU}{m_0}}$$

式中，m_0 是电子的静止质量，将上式代入德布罗意公式，可得电子的德布罗意波长

$$\lambda = \frac{h}{m_0v} = \frac{h}{\sqrt{2em_0}}\frac{1}{\sqrt{U}}$$

将常量 h、m_0、e 的值代入，可得

$$\lambda = \frac{1.225}{\sqrt{U}}\text{nm}$$

将 $U_1=150\text{V}$，$U_2=10^4\text{V}$ 代入，得到相应的波长值为

$$\lambda_1 = 0.1\text{nm},\quad \lambda_2 = 0.0123\text{nm}$$

从这个例子可以看到，对于基本粒子如电子，由于质量很小，其德布罗意波长在 10^{-10}m 的数量级，可以利用天然的衍射光栅——晶体来观察电子波的衍射现象．

* 19.4.2　物质波的实验验证

德布罗意为了证实物质波的假设提出了做电子衍射实验的设想．1927 年，贝尔实验室的戴维孙

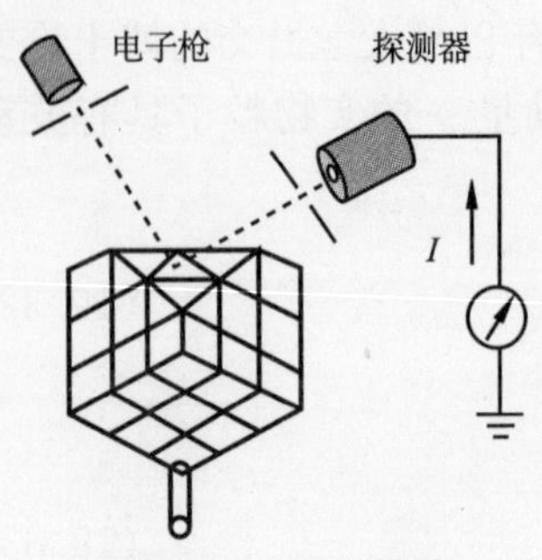

图 19.11　实验装置

(D. J. Davission)和革末(L. H. Germer)利用金属晶体表面散射电子,观测到了和X射线衍射类似的电子衍射现象,从而证实了电子具有波动性. 实验装置如图 19.11 所示,电子枪发射的电子束经过电压U加速后,投射到镍的晶面上,经晶面散射后进入探测器,进入探测器的电子数目可由电流计测出.

设晶面是间隔均匀的原子规则排列而成的,两相邻晶面间距为d,电子束的物质波长为λ,如图 19.12(a)所示. 从图中可以看出,这两个相邻平面反射的电子束,其相干加强的条件是

$$2d\sin\theta = k\lambda$$

式中,k为整数,这与X射线在晶体上衍射的布拉格公式一样. 利用德布罗意公式$\lambda = h/mv$,以及电子的速率v和加速电压的关系$v=\sqrt{2eU/m}$,上式可以写成

$$2d\sin\theta = kh\frac{1}{\sqrt{2emU}}$$

若d和λ都以10^{-10}m为单位,即得

$$2d\sin\theta = k\frac{12.25}{\sqrt{U}}$$

若固定θ角,在增大加速电压时,会多次满足电流极大条件. 图 19.12(b)为实验结果,探测电流随着电压的增大确实呈现振荡形式变化,验证了电子运动具有波动性.

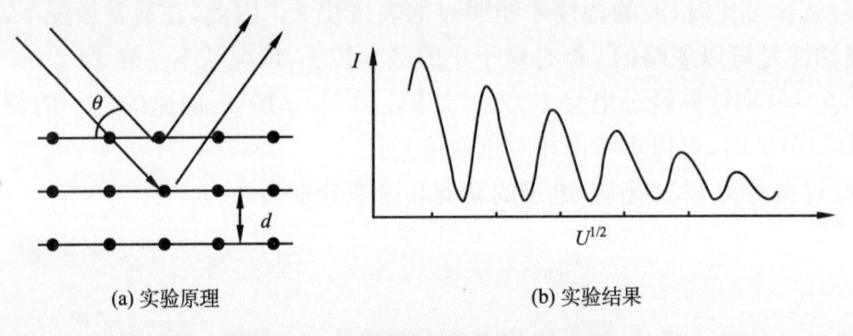

图 19.12　相邻晶面电子束反射干涉

同年,英国物理学家汤姆孙(G. P. Thomson)做了电子束穿过多晶薄膜后的衍射实验,得到了和X射线穿过多晶薄膜后产生的极为相似的环形衍射图像. 后来,约恩孙(C. Jönsson)做了电子的单缝、双缝、三缝等衍射实验,得出的明暗条纹更直接地说明了电子具有波动性. 由于证实了电子的波动性,戴维孙和汤姆孙共同获得了 1937 年的诺贝尔物理学奖.

除了电子外,以后还陆续用实验证实了中子、质子以及原子甚至分子等都具有波动性,德布罗意公式对这些粒子同样正确. 这就说明,一切微观粒子都具有波粒二象性,德布罗意公式就是描述微观粒子波粒二象性的基本公式.

粒子的波动性在现代科学技术上已得到广泛应用. 光学仪器的分辨率与所用射线波长成反比,波长越短,分辨率越高. 普通光学显微镜由于受到可见光波长的限制,分辨率不可能很高. 如果使用$\lambda=$400nm 的紫光照射物体进行观察,最小分辨距离约为 200nm,最大放大倍数约为 2000,这已是可见光的极限. 而电子的德布罗意波长比可见光短得多,如加速电势差为几十万伏,电子的波长只有10^{-3}nm,故电子显微镜的分辨率比光学显微镜高得多. 目前电子和中子的波动性被广泛用于研究固体和液体内的原子结构等.

19.4.3　不确定原理

德国物理学家海森伯(W. Heisenberg)于 1927 年提出了著名的不确定原理:如果一个粒子的位置坐标具有一个不确定量 Δx,则同时其动量也有一个不确定量 Δp_x,Δx 与 Δp_x 的乘积总是大于一定的数值$\frac{\hbar}{2}\left(\hbar=\frac{h}{2\pi}\right)$,即有

$$\Delta x \Delta p_x \geqslant \frac{\hbar}{2} \tag{19.34}$$

式(19.34)称为**海森伯位置与动量的不确定原理或不确定关系**.

不确定原理反映了微观粒子的波粒二象性,这可以借助电子单缝衍射实验来说明. 如图 19.13 所示,如果把单缝看成对电子坐标的测量仪器,缝的宽度 Δx 相当于对电子坐标测量的不确定度. 按照波动理论,电子单缝衍射"中央亮纹"的半角宽度为 $\sin\varphi=\frac{\lambda}{\Delta x}$,由于 $p=\frac{h}{\lambda}$,可得

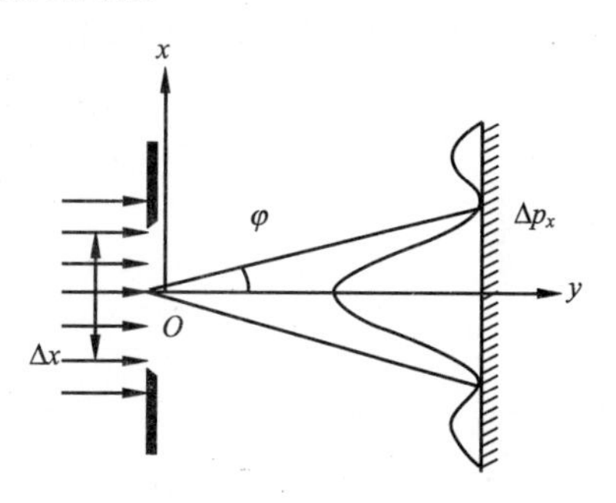

图 19.13　电子衍射图样

$$\Delta p_x = p\sin\varphi = \frac{h}{\lambda} \cdot \frac{\lambda}{\Delta x} = \frac{h}{\Delta x}$$

所以两者乘积近似有

$$\Delta x \Delta p_x \geqslant h$$

式中的大于号是在考虑到还有一些电子落在中央明纹以外区域的情况后加上的. 以上只是粗略的估算,严格推导所得到的关系式为式(19.34). 从上式也可以看出,对坐标 x 测量得越精确(Δx 越小),动量不确定性 Δp_x 越大,这和实验结果是一致的. 如做单缝衍射实验时,缝越窄,电子在接收屏上分布范围越宽. 因此,对于具有波粒二象性的微观粒子,不可能用某一时刻的位置和动量来描述其运动状态,轨道的概念已失去意义,经典力学规律也不再适用.

不确定关系不仅存在于位置和动量之间,也存在于能量和时间之间. 由于光波列长度和原子发光的寿命 Δt 之间有如下关系

$$\Delta x = c\Delta t$$

将上式代入位置和动量不确定关系中有

$$c\Delta t \cdot \Delta p \geqslant \frac{\hbar}{2}$$

将动量换为光子的能量,立即可得到能量和时间的不确定关系为

$$\Delta E \cdot \Delta t \geqslant \frac{\hbar}{2} \tag{19.35}$$

同样这里只是一个粗略的推导,严格的推导需要用到量子力学的知识. 将式(19.35)的不确定关系用于原子系统,可以讨论原子各受激态能级宽度和该能级平均寿命之间的关系. 原子通常处于能量最低的基态,受激发后跃迁到能量较高的激发态,停留一段时间后又自发回到能量较低的激发态或基态. 大量同类原子在同一高能级上停留的时间长短不一,但平均停留时间为一定值,称为该能级的**平均寿命**. 根据能量和时间的不确定关系,平均寿命 Δt 越长的能级越稳定,能级宽度 ΔE 越小,能量越稳定. 因此,基态能级的能量最确定. 由于能级有一定宽度,两个能级间跃迁所产生的光谱线也有一定宽度. 显然,受激态的平均寿命越长,能级宽度越小,跃迁到基态所发出的光谱线的单色性越好. 有些原子具有一种特殊的激发态,寿命可达到 10^{-3} s 或更长,这类激发态称为亚稳态. 具有亚稳态的物质可以用来作为激光器的工作物质.

例 19.7 原子在激发态的寿命为 10^{-8} s,求原子谱线的自然宽度.

解 利用时间能量不确定关系,原子从该激发态跃迁时所辐射的光子能量不确定范围为

$$\Delta E \geqslant \frac{\hbar}{2\Delta t} \approx 1\times10^{-7}\,\mathrm{eV}$$

所以谱线的宽度为

$$\Delta\nu = \frac{\Delta E}{h} \approx 1\times10^{8}\,\mathrm{Hz}$$

19.4.4 波粒二象性的统计解释 波函数

1. 波粒二象性的统计解释

在经典物理中,粒子和波是两个不同的研究对象. 经典粒子,其运动遵从牛顿运动定律,只要知道初始条件,其在任意时刻的位置和速度依照其他的运动状态就可以完全确定下来,并可以得到唯一确定的运动轨迹.

根据不确定原理,我们不可能同时确定微观粒子的位置和动量,因此微观粒子的运动状态失去了确定性,其运动轨道也失去了确定性的意义. 也就是说,由于微观粒子具有波粒二象性,它的运动状态和轨迹具有不确定性,或者说具有统计意义.

以电子的双缝干涉实验为例. 当控制电子流,使电子几乎一个一个通过单缝时,底片上会出现一个一个的点子,说明电子具有粒子性,并且最初这些点子是无规则分布的. 随着时间的推移,电子数目增大,底片上的点子越来越多,有些地方点子密集,有些地方点子稀疏,甚至有些地方没有点子出现,但最后这些点子将会在底片上呈现出清晰的双缝干涉图样. 这说明,波动性实质上是单个电子重复许多次相同实验表现出来的统计结果,电子的波动性是单个电子具有的,不是大量电子相互影响的结果. 同时,我们可以认识到,单个电子的运动是没有确定性轨迹的.

将电子的双缝干涉实验与光的双缝干涉实验对比分析,可以推论得到微观粒子波粒二象性的统计意义. 在光的双缝干涉图样中,亮纹处光强大,对应的光子数目多,光子在此处出现的概率就大;因此可以说,光的干涉图样中的光强分布反映了光子在空间出现的

概率分布. 同样在电子的双缝干涉图样中,点子密集的地方,电子数目多,电子在此处出现的概率就大;因此也可以说,电子的干涉图样也反映了电子在空间出现的概率分布. 由此可以推论,微观粒子的波动性反映了微观粒子在空间出现的概率分布规律,也就是说,微观粒子的波粒二象性具有统计意义.

2. 波函数的统计意义

为了定量描述微观粒子的状态,量子力学引入了**波函数**的概念,并用 ψ 表示. 波函数一般是空间和时间的函数,记为 $\psi=\psi(x,y,z,t)$. 为了运算上的方便,波函数通常表示为复数形式. 与光的波粒二象性作类比分析,可以推论波函数的统计意义. 因为光波的强度正比于光子的数目,也就正比于光子出现的概率,而光强又与光振动矢量的平方成正比, 由此可以推论,对于物质波,波的强度(对应于波函数的共轭平方 $|\psi|^2=\psi^*\psi$)与粒子在 t 时刻,在空间一点 (x,y,z) 出现的概率成正比,这就是波函数的统计解释. 如果 t 时刻,粒子在 $(x\sim x+\mathrm{d}x, y\sim y+\mathrm{d}y, z\sim z+\mathrm{d}z)$ 的空间范围内出现的概率为 $\mathrm{d}P$,则

$$\mathrm{d}P=|\psi(x,y,z,t)|^2\mathrm{d}x\mathrm{d}y\mathrm{d}z$$

$$|\psi(x,y,z,t)|^2=\frac{\mathrm{d}P}{\mathrm{d}x\mathrm{d}y\mathrm{d}z}=\frac{\mathrm{d}P}{\mathrm{d}V} \tag{19.36}$$

因此可以说,波函数的共轭平方(函数)表示着微观粒子的概率密度分布(函数),这就是波函数的统计意义.

显然粒子在空间各点的概率总和必定为 1,所以要求波函数 ψ 满足下列条件

$$\int_{\infty}|\psi(x,y,z,t)|^2\mathrm{d}x\mathrm{d}y\mathrm{d}z=1 \tag{19.37}$$

称为波函数的归一化条件.

应该注意,对于概率分布来说,重要的是相对概率分布,也就是说,将波函数在空间各点的振幅同时增大 C 倍,不影响粒子的相对概率密度分布,$\psi(x,y,z,t)$ 与 $C\psi(x,y,z,t)$ 描述的概率波是一样的. 这与经典的波函数是完全不同的.

此外,粒子在空间任意一点出现的概率密度不可能同时具有多个值,也不可能为无限大,并且粒子在运动过程中它的概率密度也不可能发生突变. 所以,作为有物理意义的波函数 ψ 必须是单值、有限和连续的,这就是**波函数的标准条件**.

思考题

思 19.4　波函数的物理意义是什么? 必须满足什么条件?

19.5　薛定谔方程

19.5.1　薛定谔方程

在第 19.4 节中,我们从微观粒子波动性出发,引入波函数来描述微观粒子的运动状

态,但是对于处于不同状态中的微观粒子其波函数形式肯定不同,那么波函数的形式如何确定呢? 1926 年,薛定谔(E. Schrödinger)提出了一个波函数所遵循的数学方程,称为薛定谔方程. 薛定谔方程在量子力学中的地位和作用相当于牛顿方程在经典力学中的地位和作用. 作为一个基本方程,薛定谔方程不可能由其他更基本的方程推导出来. 它只能通过某种方式建立起来,然后主要看所得的结论应用于微观粒子时是否与实验结果相符.

在经典力学中,当质点在某一时刻的状态为已知时,由质点的运动方程就可以求出以后任意时刻质点的状态. 所以,在量子力学中,我们要建立的应该是描写波函数随时间变化的薛定谔方程,因此它必须是波函数应满足的含有对时间微商的微分方程,并且方程还应该满足这样两个条件:①方程是线性的, 即如果 ψ_1 和 ψ_2 都是方程的解,那么它们的线性叠加 $a\psi_1+b\psi_2$ 也是方程的解;②这个方程的系数不应包含状态的参量,如动量、能量等,因为方程的系数如含有状态的参量,则方程只能被部分状态所满足,而不能被各种可能的状态所满足.

现在我们以自由粒子的平面波函数的薛定谔方程推导为例,然后推广到一般情况中去. 我们知道单色平面波的波函数为

$$y(x,t)=A\cos(\omega t-kx) \tag{19.38}$$

可以将波函数写成复数形式,有

$$y(x,t)=A\mathrm{e}^{-\mathrm{i}(\omega t-kx)} \tag{19.39}$$

它的实部即为单色平面简谐波的波函数. 用复数表示波函数可以大大简化波函数的运算过程.

对于一个能量为 E、动量为 $\boldsymbol{p}$ 的粒子,利用德布罗意关系,用 ψ 表示波函数,则波函数的形式可以改写为

$$\psi(\boldsymbol{r},t)=A\mathrm{e}^{\frac{\mathrm{i}}{\hbar}(\boldsymbol{p}\cdot\boldsymbol{r}-Et)} \tag{19.40}$$

将其对时间求偏微商,得到

$$\frac{\partial\psi}{\partial t}=-\frac{\mathrm{i}}{\hbar}E\psi \tag{19.41}$$

对坐标求二次偏微商,得到

$$\frac{\partial^2\psi}{\partial x^2}+\frac{\partial^2\psi}{\partial y^2}+\frac{\partial^2\psi}{\partial z^2}=\nabla^2\psi=-\frac{\boldsymbol{p}^2}{\hbar^2}\psi \tag{19.42}$$

对于质量为 m 的自由粒子,能量即为动能,有 $E=\frac{\boldsymbol{p}^2}{2m}$,于是由式(19.41)和式(19.42)可以得到

$$\mathrm{i}\hbar\frac{\partial\psi}{\partial t}=-\frac{\hbar^2}{2m}\nabla^2\psi \tag{19.43}$$

式(19.43)即为自由粒子波函数所满足的微分方程.

对式(19.41)和式(19.42)变形

$$E\psi=\mathrm{i}\hbar\frac{\partial\psi}{\partial t} \tag{19.44}$$

$$(\boldsymbol{p}\cdot\boldsymbol{p})\psi=(-\mathrm{i}\hbar\nabla)\cdot(-\mathrm{i}\hbar\nabla)\psi \tag{19.45}$$

由式(19.44)和式(19.45)可以看出,粒子能量和动量各与下列作用在波函数上的算符相当

$$E \rightarrow \mathrm{i}\hbar \frac{\partial}{\partial t}, \boldsymbol{p} \rightarrow -\mathrm{i}\hbar \nabla$$

这两个算符分别称为能量算符和动量算符.

现在利用算符的关系式,推广到一般力场中粒子的薛定谔方程. 设粒子所在的力场势能为 $U(\boldsymbol{r},t)$,在这种情况下,粒子的能量和动量的关系式是

$$E = \frac{\boldsymbol{p}^2}{2m} + U(\boldsymbol{r},t) \tag{19.46}$$

式(19.46)两边与波函数 $\psi(\boldsymbol{r},t)$ 相乘,并以算符的形式代入,得到波函数所满足的微分方程

$$\mathrm{i}\hbar \frac{\partial \psi}{\partial t} = -\frac{\hbar^2}{2m} \nabla^2 \psi + U(\boldsymbol{r},t)\psi \tag{19.47}$$

这个方程称为**薛定谔方程**,它描述在势场 $U(\boldsymbol{r},t)$ 中粒子状态随时间的变化.

如果势能 U 是恒定的,即只是坐标的函数 $U=U(\boldsymbol{r})$ 而与时间无关,可用分离变量法把波函数 $\psi(r,t)$ 写作空间坐标函数 $\varphi(\boldsymbol{r})$ 和时间函数 $f(t)$ 的乘积.

$$\psi(\boldsymbol{r},t) = \varphi(\boldsymbol{r}) f(t) \tag{19.48}$$

代入式(19.47),可以整理为

$$\left[-\frac{\hbar^2}{2m} \nabla^2 \varphi(\boldsymbol{r}) + U(\boldsymbol{r})\varphi(\boldsymbol{r})\right] \frac{1}{\varphi(r)} = \mathrm{i}\hbar \frac{\partial f(t)}{\partial t} \frac{1}{f(t)} \tag{19.49}$$

这样,等式两端只能等于一个常数,用 E 表示. 对于等式右边等于常量,则时间函数

$$f(t) = \mathrm{e}^{-\frac{\mathrm{i}}{\hbar}Et} \tag{19.50}$$

指数是无量纲的量,所以 E 只能是能量的量纲. 等式左边等于常量,有

$$-\frac{\hbar^2}{2m} \nabla^2 \varphi(\boldsymbol{r}) + U(\boldsymbol{r})\varphi(\boldsymbol{r}) = E\varphi(\boldsymbol{r}) \tag{19.51}$$

这个方程称为**定态薛定谔方程**. 由此方程解得 $\varphi(\boldsymbol{r})$,则可以得到薛定谔方程的解

$$\psi(\boldsymbol{r},t) = \varphi(\boldsymbol{r}) \mathrm{e}^{-\frac{\mathrm{i}}{\hbar}Et} \tag{19.52}$$

称为**定态波函数**.

这里我们定义哈密顿算符

$$\hat{H} = -\frac{\hbar^2}{2m} \nabla^2 + U(\boldsymbol{r}) \tag{19.53}$$

它与算符 $\mathrm{i}\hbar \frac{\partial}{\partial t}$ 完全相当. 于是式(19.53)可以写为

$$\hat{H}\varphi(\boldsymbol{r}) = E\varphi(\boldsymbol{r}) \tag{19.54}$$

这种类型的方程称为**本征值方程**,E 称为算符 $\hat{H}$ 的**本征值**,φ 称为算符的**本征函数**.

19.5.2　一维势阱

金属中的电子由于金属表面势能(势垒)束缚,被限制在一个有限的空间范围内运动.

如果金属表面势垒很高,可以将金属表面看为一个刚性盒子的壁. 若只考虑一维运动,金属就是一维的刚性盒子,其势能函数可简化为

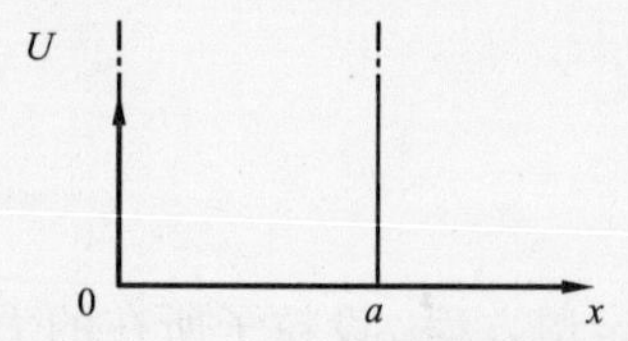

图 19.14 一维势阱的势能曲线

$$U(x)=\begin{cases}0 & (0\leqslant x\leqslant a)\\ \infty & (x\leqslant 0,x\geqslant a)\end{cases} \tag{19.55}$$

相应的势能曲线如图 19.14 所示.

在 $x\leqslant 0, x\geqslant a$ 的区域,即势阱外,体系所满足的定态薛定谔方程为

$$-\frac{\hbar^2}{2m}\frac{\mathrm{d}^2\varphi(x)}{\mathrm{d}x^2}+U_0=E\varphi(x) \tag{19.56}$$

式中,$U_0\to\infty$,根据波函数应满足的连续性和有限性条件,只有当 $\varphi(x)=0$ 时,式(19.56)才成立,所以有 $\varphi(x)=0(x\leqslant 0, x\geqslant a)$. 根据波函数的标准化条件,在边界上

$$\varphi(0)=0,\quad \varphi(a)=0$$

所以粒子被束缚在势阱内.

在 $0\leqslant x\leqslant a$ 的区域,即势阱内,体系所满足的定态薛定谔方程为

$$-\frac{\hbar^2}{2m}\frac{\mathrm{d}^2\varphi(x)}{\mathrm{d}x^2}=E\varphi(x) \tag{19.57}$$

令 $k^2=\frac{2mE}{\hbar^2}$,得

$$\frac{\mathrm{d}^2\varphi}{\mathrm{d}x^2}+k^2\varphi=0 \tag{19.58}$$

该方程的解为

$$\varphi(x)=A\sin(kx+B) \tag{19.59}$$

代入边界条件,可得

$$\varphi(0)=A\sin B=0,\quad \varphi(a)=A\sin(ka+B)=0$$

因此,$B=0$;k 必须满足 $ka=n\pi$,得

$$k=\frac{n\pi}{a} \tag{19.60}$$

式中,$n=1,2,3,\cdots$为整数,称为**量子数**. n 不能取零,否则在阱内波函数处处为零; n 不能取负整数,因为当 n 改变符号时,粒子的能量和概率分布不改变,n 和 $-n$ 描述的是同一状态. 粒子的能量(能量本征值)为

$$E_n=\frac{k^2\hbar^2}{2m}=\frac{\pi^2\hbar^2}{2ma^2}n^2,\quad n=1,2,3,\cdots \tag{19.61}$$

式(19.61)说明,势阱中粒子能量取分立值,能量是量子化的,不同能量对应不同能级,能量间隔为

$$E_{n+1}-E_n=(2n+1)\frac{\pi^2\hbar^2}{2ma^2} \tag{19.62}$$

微观粒子的质量越大,粒子的能级间隔越小;势阱宽度越宽,能级间隔越小. 对宏观粒子

或非束缚粒子，粒子的能量可以连续取值. 对于束缚粒子能量的最小值不等于零，最低能量或称为零点能为($n=1$)

$$E_1=\frac{\pi^2\hbar^2}{2ma^2} \tag{19.63}$$

第 n 个能级对应的波函数为

$$\varphi_n(x)=A\sin\left(\frac{n\pi x}{a}\right),\quad n=1,2,3,\cdots \tag{19.64}$$

由归一化条件可得 $A=\sqrt{\frac{2}{a}}$. 所以，一维无限深势阱中运动的粒子波函数

$$\varphi(x)=\begin{cases}0, & 0\leqslant x\leqslant a\\ \sqrt{\frac{2}{a}}\sin\left(\frac{n\pi x}{a}\right), & x\leqslant 0, x\geqslant a\end{cases} \tag{19.65}$$

如图 19.15 给出了 $n=1,2,3,4$ 时的定态波函数及其概率密度.

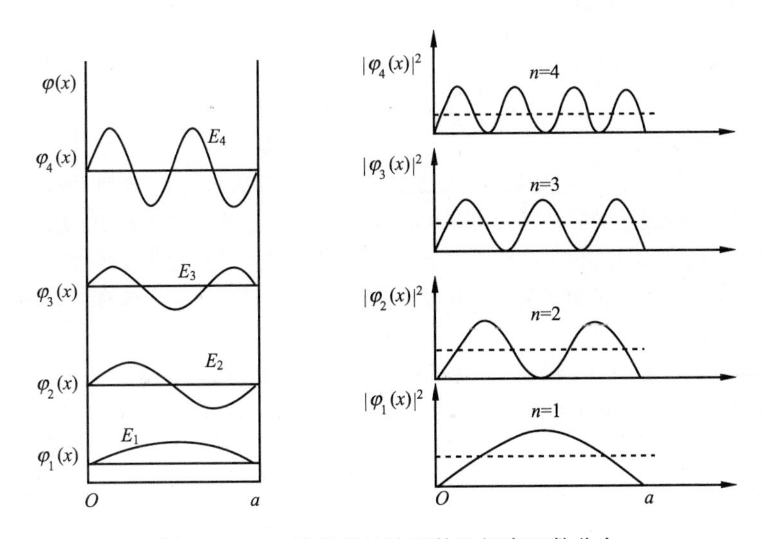

图 19.15　一维势阱的波函数和概率函数分布

显然，势阱中粒子的能量越大，粒子的位置就不容易确定.

*19.5.3　一维谐振子(抛物线势阱)

晶体中原子围绕平衡位置做小振动时可以近似认为是谐振动，势函数为

$$U(x)=\frac{1}{2}kx^2=\frac{1}{2}m\omega^2x^2 \tag{19.66}$$

式中，$\omega=\sqrt{\frac{k}{m}}$ 是振子的固有角频率，m 是振子的质量，k 是振子的等效劲度系数. 将此式代入哈密顿算符，哈密顿量

$$\hat{H}=-\frac{\hbar^2}{2m}\frac{d^2}{dx^2}+\frac{1}{2}m\omega^2x^2 \tag{19.67}$$

一维谐振子的薛定谔方程为

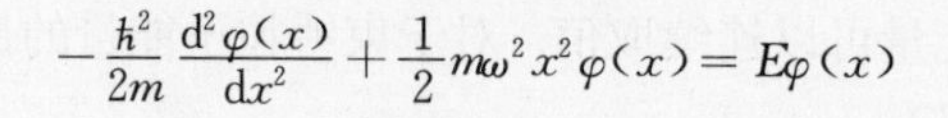

$$-\frac{\hbar^2}{2m}\frac{\mathrm{d}^2\varphi(x)}{\mathrm{d}x^2}+\frac{1}{2}m\omega^2x^2\varphi(x)=E\varphi(x)$$

或

$$\frac{\hbar^2}{2m}\frac{\mathrm{d}^2\varphi(x)}{\mathrm{d}x^2}+\left(E-\frac{1}{2}m\omega^2x^2\right)\varphi(x)=0 \tag{19.68}$$

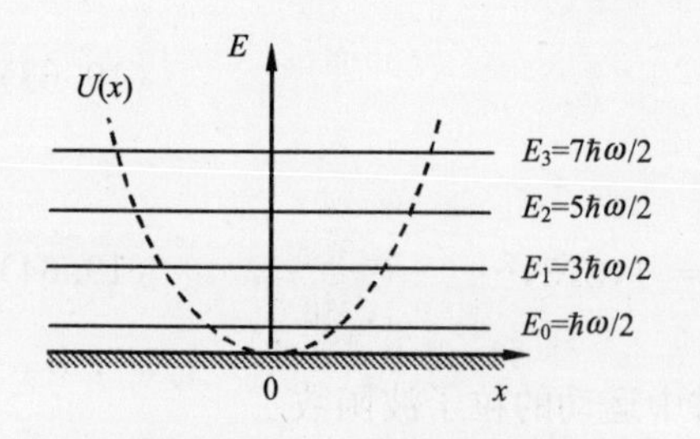

图 19.16　一维谐振子的能级

这是一个变系数的常微分方程,求解较为复杂,这里不再给出波函数的解析形式,只是着重指出:为了使波函数满足标准条件,谐振子的能量只能是

$$E_n=\left(n+\frac{1}{2}\right)\hbar\omega,\quad n=0,1,2,\cdots \tag{19.69}$$

这说明,谐振子的能量也只能取分立值,也是量子化的. 和无限深方势阱中粒子的能级不同,谐振子的能级是等间距的,如图 19.16 所示.

*19.5.4　一维方势垒 隧道效应

如图 19.17 所示的势垒分布为

$$U(x)=\begin{cases}U_0, & 0<x<a\\ 0, & x<0,x>a\end{cases} \tag{19.70}$$

上述势能分布称为一维方势垒. 考虑粒子与势垒碰撞,粒子从无穷远处来,再到无穷远处去,所以已经不是束缚态问题,而是散射问题. 从经典物理来看,只有粒子的能量超过势垒的能量 U_0 时粒子才能透射势垒,否则粒子总是被反射. 但是在量子力学中,对于粒子的大多数能量,反射和透射都会以有限的概率发生. 所以,量子力学中散射问题的求解,是要求出一个能量和动量已知的粒子,在受到势场作用后,被散射到各个方向去的概率.

我们现在对一个能量 $E<U_0$ 的粒子在遇到图 19.17 的势垒时的运动情况进行讨论. 在势垒外边,即 $x<0,x>a$ 时,定态薛定谔方程可表示为如下形式

$$\frac{\mathrm{d}^2\varphi}{\mathrm{d}x^2}+\frac{2mE}{\hbar^2}\varphi=0 \tag{19.71}$$

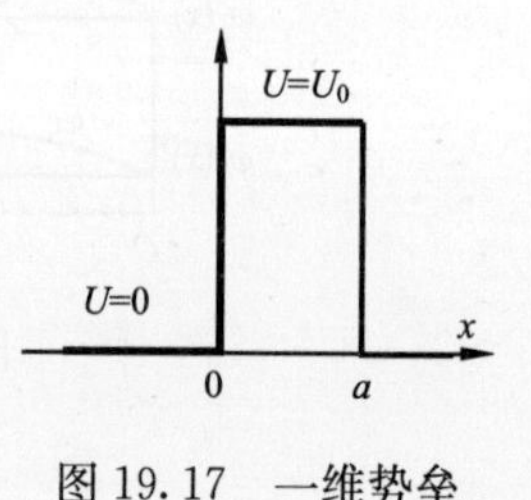

图 19.17　一维势垒

令 $k=\sqrt{2mE}/\hbar$,式(19.71)可以改写为

$$\frac{\mathrm{d}^2\varphi}{\mathrm{d}x^2}+k^2\varphi=0$$

它有两个线性无关的行波解

$$\varphi_1(x)\propto \mathrm{e}^{\mathrm{i}kx} \text{ 和 } \varphi_1(x)\propto \mathrm{e}^{-\mathrm{i}kx}$$

式中,$\varphi_1(x)$代表向 x 轴正方向运动的波,$\varphi_2(x)$代表反方向运动的波. 由假设,粒子从左边入射,所以在 $x<0$ 的区域既有入射波也有反射波,在 $x>a$ 的区域只有透射波. 为方便,将入射波函数进行归一化,这样在势垒不存在的区域内,波函数为

$$\varphi(x)=\begin{cases}\mathrm{e}^{\mathrm{i}kx}+R\mathrm{e}^{-\mathrm{i}kx}, & x<0\\ T\mathrm{e}^{\mathrm{i}kx}, & x>a\end{cases} \tag{19.72}$$

式中,$R\mathrm{e}^{-\mathrm{i}kx}$ 和 $T\mathrm{e}^{\mathrm{i}kx}$ 分别代表反射波和透射波. 从物理意义上讲,$|R|^2$ 为反射系数,$|T|^2$ 为透射系数.

在势垒内部,即当 $0\leqslant x\leqslant a$ 时,定态薛定谔方程可表示为

$$\frac{\mathrm{d}^2\varphi}{\mathrm{d}x^2}-\frac{2m}{\hbar^2}(U_0-E)\varphi=0 \tag{19.73}$$

其通解可取为

$$\varphi(x) = A\mathrm{e}^{k'x} + B\mathrm{e}^{-k'x}, \quad 0 \leqslant x \leqslant a \tag{19.74}$$

式中，$k' = \sqrt{2m(U_0 - E)}/\hbar$. 这样，由式(19.72)和式(19.74)，我们得到了全空间中散射问题的波函数. 再根据波函数及其一阶导数在边界上的连续，可以得到

$$\begin{cases} 1 + R = A + B \\ \dfrac{\mathrm{i}k}{k'}(1 - R) = A - B \\ A\mathrm{e}^{k'a} + B\mathrm{e}^{-k'a} = T\mathrm{e}^{\mathrm{i}ka} \\ A\mathrm{e}^{k'a} - B\mathrm{e}^{-k'a} = \dfrac{\mathrm{i}k}{k'}T\mathrm{e}^{\mathrm{i}ka} \end{cases}$$

由以上四式中消去 A 和 B 后可解得

$$|T|^2 = \frac{4k^2k'^2}{(k^2 + k'^2)^2 \mathrm{sh}^2 k'a + 4k^2k'^2} \tag{19.75}$$

$$|R|^2 = \frac{(k^2 + k'^2)^2 \mathrm{sh}^2 k'a}{(k^2 + k'^2)^2 \mathrm{sh}^2 k'a + 4k^2k'^2} \tag{19.76}$$

显然，我们有

$$|T|^2 + |R|^2 = 1$$

说明入射粒子一部分贯穿势垒到达 $x>a$ 的区域，另一部分被势垒反射回去. 按照量子力学，即使 $E<U_0$，也有部分粒子能够穿透比动能更高的势垒，这种现象称为隧道效应.

*19.5.5　扫描隧道显微镜

扫描隧道显微镜(STM)是利用电子的隧道效应制成的仪器. STM 具有惊人的分辨本领，水平分辨率小于 0.1nm，垂直分辨率小于 0.01nm. 在电子扫描隧道显微镜下，导电物质表面结构的原子、分子状态清晰可见.

由于电子的隧道效应，金属中的电子并不完全局限于表面边界之内，电子密度并不在表面边界处突变为零，而是在表面以外呈指数形式衰减，衰减长度约为 1nm. 如果将具有原子线度的探针和被研究物质的表面分别作为两极，当样品和针尖的距离非常接近(小于 1nm)时，它们的表面电子云就可能重叠. 若它们之间加一微小电压，电子在外电场作用下就会穿过两极间的绝缘层流向另一极，产生隧道电流，并通过反馈电路传递到计算机上表现出来. 隧道电流对针尖和样品间的距离非常敏感. 若控制隧道电流不变，探针在垂直于样品方向上的高度变化就能反映样品表面的起伏；若控制针尖高度不变，通过隧道电流的变化可得到表面态密度的分布.

扫描隧道显微镜(STM)不但可被应用于材料表面形貌及电子结构的研究，而且还可以作为一种表面加工工具实现纳米加工甚至单原子操作. 在表面科学、材料科学和生命科学领域的研究中有广阔的应用前景.

*19.6　氢原子量子理论

氢原子的玻尔理论是半经典半量子的理论，它只能解释具有一个电子的氢原子或一价碱金属的光谱. 一般说来，对具有两个或两个以上价电子的原子的光谱，其理论值与实验结果有较大差异. 这是因为，在玻尔理论中没有考虑微观粒子的波粒二象性. 在微观粒子二象性的基础上建立起来的量子力学，对氢原子问题有较完满的论述.

19.6.1 氢原子的薛定谔方程

设氢原子中电子的质量为 m,电荷为 $-e$,它与核之间距离为 r,如取核为原点 O,氢原子的哈密顿量为

$$\hat{H}=-\frac{\hbar}{2m}\nabla^2+U \tag{19.77}$$

其中

$$U(r)=-\frac{e^2}{4\pi\varepsilon_0 r}$$

为电子和核之间的库仑互作用能. 氢原子的薛定谔方程可化为

$$\nabla^2\psi+\frac{2m}{\hbar^2}\left(E+\frac{e^2}{4\pi\varepsilon_0 r}\right)\psi=0$$

在球坐标系中薛定谔方程为

$$\frac{1}{r^2}\frac{\partial}{\partial r}\left(r^2\frac{\partial\psi}{\partial r}\right)+\frac{1}{r^2\sin\theta}\frac{\partial}{\partial\theta}\left(\sin\theta\frac{\partial\psi}{\partial\theta}\right)+\frac{1}{r^2\sin^2\theta}\frac{\partial^2\psi}{\partial^2\varphi}+\frac{2m}{\hbar^2}\left(E+\frac{e^2}{4\pi\varepsilon_0 r}\right)\psi=0$$

因为势能仅为 r 的函数,且波函数仅为 r、θ 和 φ 的单值函数,所以,可以设定波函数 ψ 为

$$\psi(r,\theta,\varphi)=R(r)\Theta(\theta)\Phi(\varphi)$$

其中,$R(r)$、$\Theta(\theta)$、$\Phi(\varphi)$ 分别是波函数在径向和角度部分的分量. 将波函数代入上式,并用 $R(r)\Theta(\theta)\Phi(\varphi)$ 除全式,然后乘以 r^2,得到

$$\frac{1}{R}\frac{\mathrm{d}}{\mathrm{d}r}\left(r^2\frac{\mathrm{d}R}{\mathrm{d}r}\right)+\frac{1}{\Theta\sin\theta}\frac{\mathrm{d}}{\mathrm{d}\theta}\left(\sin\theta\frac{\mathrm{d}\Theta}{\mathrm{d}\theta}\right)+\frac{1}{\Phi\sin^2\theta}\frac{\mathrm{d}^2\Phi}{\mathrm{d}^2\varphi}+\frac{2m}{\hbar^2}\left(E+\frac{e^2}{4\pi\varepsilon_0 r}\right)r^2=0 \tag{19.78}$$

分离变量,令

$$\frac{1}{\Phi}\frac{\mathrm{d}^2\Phi}{\mathrm{d}^2\varphi}=-m_l^2 \tag{19.79}$$

式(19.78)变为

$$\left[\frac{1}{R}\frac{\mathrm{d}}{\mathrm{d}r}\left(r^2\frac{\mathrm{d}R}{\mathrm{d}r}\right)+\frac{2m}{\hbar^2}\left(E+\frac{e^2}{4\pi\varepsilon_0 r}\right)r^2\right]+\left[\frac{1}{\Theta\sin\theta}\frac{\mathrm{d}}{\mathrm{d}\theta}\left(\sin\theta\frac{\mathrm{d}\Theta}{\mathrm{d}\theta}\right)-\frac{m_l^2}{\sin^2\theta}\right]=0$$

进一步分离变量,令

$$\frac{1}{R}\frac{\mathrm{d}}{\mathrm{d}r}\left(r^2\frac{\mathrm{d}R}{\mathrm{d}r}\right)+\frac{2m}{\hbar^2}\left(E+\frac{e^2}{4\pi\varepsilon_0 r}\right)r^2=\lambda \tag{19.80}$$

可得

$$\frac{1}{\Theta\sin\theta}\frac{\mathrm{d}}{\mathrm{d}\theta}\left(\sin\theta\frac{\mathrm{d}\Theta}{\mathrm{d}\theta}\right)-\frac{m_l^2}{\sin^2\theta}=-\lambda \tag{19.81}$$

原则上,式(19.79)、式(19.80)和式(19.81)都可以进行求解,得到相应 $R(r)$、$\Theta(\theta)$、$\Phi(\varphi)$,从而得到波函数形式. 由于数学计算过程繁杂,这里不再叙述,只给出计算结果.

19.6.2 薛定谔方程的定态解

1. 波方程角度部分的解

式(19.79)解的形式为

$$\Phi=A\mathrm{e}^{\mathrm{i}m_l\varphi}$$

其中,m_l 是一个常数. 由于波函数必须单值,即

$$\Phi(\varphi)=\Phi(\varphi+2\pi)$$

这要求 m_l 是零或者整数，即

$$m_l = 0, \pm 1, \pm 2, \cdots$$

将式(19.79)的解与一维平面波波函数比较，一个动量为 p 的粒子绕 z 轴运动，在局部空间小区域内波函数可近似为

$$\Phi = A e^{\frac{i}{\hbar} ps}$$

其中，s 是绕 z 轴圆弧上的一小弧长，弧长等于半径与转角的积，$\varphi = \frac{s}{r}$；z 轴方向的角动量 $L_z = rp$，则

$$\Phi = A e^{\frac{i}{\hbar} L_z \varphi} = A e^{i m_l \varphi}$$

比较式子两边，有

$$L_z = m_l \hbar, \quad m_l = 0, \pm 1, \pm 2, \cdots$$

说明处于稳定环状行波的粒子，角动量在转轴方向的投影是量子化的，只能取 $\hbar$ 的整数倍，m_l 称为角动量投影量子数或**磁量子数**. 也就是说，角动量在空间的方位不是任意的，它在某特定方向上的分量是量子化的，又称为**空间量子化**.

关于 Θ 的方程式(19.81)的解为关联勒让德多项式 $\mathrm{P}_l^{|m_l|}(\theta)$，

$$\mathrm{P}_l^{|m_l|}(x) = (1 - x^2)^{|m_l|/2} \frac{\mathrm{d}^{|m_l|}}{\mathrm{d}x^{|m_l|}} \mathrm{P}_l(x)$$

其中，$\mathrm{P}_l(x)$ 为勒让德多项式. 为了使 $\theta = 0$ 及 $\theta = \pi$ 时，函数是有限的，必须限定

$$\lambda = l(l+1), \quad l = 0, 1, 2, \cdots \quad 且\ l \geqslant |m_l|$$

这样式(19.79)和式(19.81)合并可得氢原子波函数的角度部分

$$\mathrm{Y}_{l,m}(\theta, \varphi) = N_{l,m} \mathrm{P}_l^{|m_l|}(\theta) e^{i m_l \varphi}$$

其中，$N_{l,m}$ 为归一化常数.

在径向方程式(19.80)中，以 $l(l+1)$ 代替 λ，方程可写为

$$\frac{\hbar^2}{2mr^2} \frac{\mathrm{d}}{\mathrm{d}r}\left(r^2 \frac{\mathrm{d}R}{\mathrm{d}r}\right) + \left(\frac{l(l+1)\hbar^2}{2mr^2} - \frac{e^2}{4\pi\varepsilon_0 r}\right) R = ER \tag{19.82}$$

与经典力学中粒子的能量 $E = \frac{p^2}{2m} + U(r)$ 比较，把动量沿着径向和垂直于径向分解成 p_r 和 $p_\perp$ 两个分量，粒子角动量 $L = rp_\perp$，有

$$E = \frac{p_r^2}{2m} + \frac{L^2}{2mr^2} + U(r)$$

与(19.82)比较，可以得到

$$L^2 = l(l+1)\hbar^2, \quad l = 0, 1, 2, \cdots \quad 且\ l \geqslant |m_l|$$

说明轨道角动量也是量子化的，只能取由 l 所决定的一系列分立值，l 称为**角动量量子数**.

2. 波方程径向部分的解

分析式(19.82)的解，发现 $E > 0$ 时，有两个连续、有限解，加入时间因子后一个表示电子脱离原子的过程，一个表示从无穷远处来到原子内的波. 显然，这不是我们要讨论的电子受核束缚而形成氢原子的状态；束缚状态要求 $r \to \infty$ 时，有 $R(r) \to 0$，而这只能在 $E < 0$ 时实现.

当 $E < 0$ 时，解得径向波函数为

$$R_{n,l}(r) = N_{n,l} e^{-\frac{r}{na_0}} \left(\frac{2r}{na_0}\right)^l \mathrm{L}_{n+l}^{2l+1}\left(\frac{2r}{na_0}\right)$$

式中，$N_{n,l}$ 为归一化常数；a_0 为氢原子第一玻尔半径；$\mathrm{L}_{n+l}^{2l+1}\left(\frac{2r}{na_0}\right)$ 为缔合拉盖尔多项式. 能量为

$$E_n = -\frac{me^4}{(4\pi\varepsilon_0)^2(2\hbar^2)}\frac{1}{n^2}, \quad n = 1,2,3,\cdots$$

且 $n \geqslant l+1$，即当 n 确定后，l 只能取 $0,1,2,\cdots,n-1$ 这 n 个数值. 由于 n 一经确定，能量的取值也随之确定，所以称 n 为**主量子数**. 它表明，处于束缚态的电子，其能量是量子化的，从而形成原子能级. 这个结论从定性和定量上都与原子光谱实验符合得很好.

可以看到，上面三个量子数的得出，是根据对波动方程的分析，要求它们符合波函数的概率诠释而自然得出的结果. 比玻尔人为设定的量子化条件要自然、合理得多.

3. 氢原子定态波函数和能级简并度

由以上分析可知，氢原子的定态波函数可写为

$$\psi_{n,l,m_l}(r,\theta,\varphi) = R_{n,l}(r)Y_{l,m_l}(\theta,\varphi)$$

波函数与 n、l 和 m_l 的取值有关，并且这三个量子数之间还有如下的制约关系

$$n = 1,2,3,\cdots$$

$$l = 0,1,2,\cdots,n-1$$

$$m_l = 0,\pm 1,\pm 2,\cdots,\pm l$$

当 n、l 和 m_l 确定后波函数就确定了，氢原子的电子状态也随着确定. 一组确定的(n、l、m_l)值对应一个状态，所以对于一个确定的能量 E_n（n 确定）应该有

$$\sum_{l=0}^{n-1}(2l+1) = n^2$$

个不同的状态. 我们将一个能级对应的量子状态的个数称为简并度. 对于能量为 E_n 的氢原子对应着 n^2 个状态，就称为 n^2 度简并.

19.6.3 电子自旋

1921 年施特恩(O. Stern)和格拉赫(W. Gerlach)在非均匀磁场中观察一些处于 s 态($l=0$、$m_l=0$)的原子射线束，发现一束分成两束的现象，其实验装置如图 19.18 所示. 图中 C 为银原子射线源，B_1、B_2 为狭缝，N 和 S 为产生不均匀磁场的电磁铁的两极，E 为照相底片. 由于 s 态原子中电子绕核运动的角动量和磁矩都为零，在非均匀磁场中本不应该受到作用力，但是实验却说明 s 态原子不但有磁矩，而且磁矩在磁场中取向是量子化的. 所以，用 n、l、m_l 三个量子数描述的电子运动是一种不完整的描述.

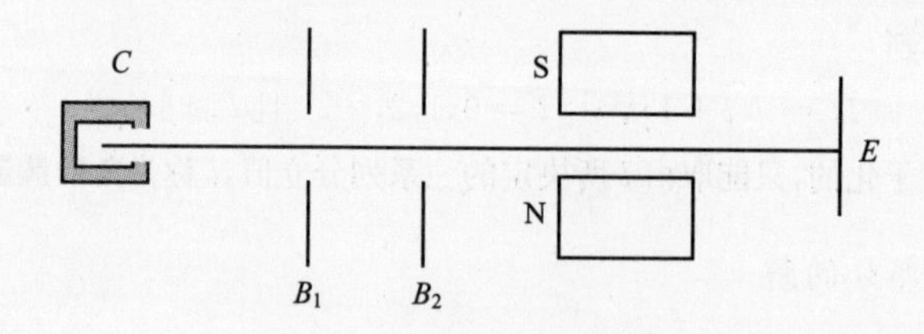

图 19.18 施特恩-格拉赫实验

为了解释施特恩和格拉赫的实验结果，乌伦贝克(G. E. Uhlenbeck)和古兹密特(S. A. Goudsmit)在 1925 年提出电子存在自旋和自旋角动量的假设：认为电子除绕核作轨道运动外，还有绕自身轴线的自旋，因而具有自旋磁矩 μ_s 和自旋角动量 S. 同电子的静止质量以及电荷一样，电子的自旋是电子固有的、内禀的属性，这种属性具有角动量的一切特征，如可以进行角动量矢量合成，参与角动量守恒等. 根据量子力学计算，电子自旋角动量 S 大小为

$$S = \sqrt{s(s+1)}\hbar = \sqrt{\frac{1}{2}\left(\frac{1}{2}+1\right)}\hbar = \frac{\sqrt{3}}{2}\hbar$$

电子自旋角动量在外磁场方向的投影 S_z 为

$$S_z = m_s\hbar$$

式中，m_s 为自旋磁量子数，它只能取两个值，即

$$m_s = \pm\frac{1}{2}$$

m_s 为正时表示自旋与外磁场方向相同，为负时表示自旋与外磁场方向相反. 施特恩-格拉赫实验中银原子射线分裂成两束，就是因为电子自旋磁矩只能有和磁场相同或相反两个方向.

至此，我们看到氢原子核外电子的状态应由四个量子数确定：

(1) 主量子数 $n=1,2,3,\cdots$，它决定电子在原子中的能量 E_n；

(2) 角量子数 $l=0,1,2,\cdots,n-1$，它决定电子绕核运动的角动量 $L^2=l(l+1)\hbar^2$；

(3) 磁量子数 $m_l=0,\pm1,\pm2,\cdots,\pm l$，它决定了电子绕核运动的角动量矢量在外磁场中的空间取向

$$L_z = m_l\hbar;$$

(4) 自旋磁量子数 $m_s=\pm\frac{1}{2}$，它决定电子自旋角动量的空间取向 $S_z=m_s\hbar$.

*19.7　原子的壳层结构

氢原子是最简单的原子，可以根据薛定谔方程精确求解，氢原子中电子态用 n、l、m_l、m_s 四个量子数来完全确定. 对于包含多个电子的原子，每个电子不仅与原子核发生相互作用，而且还与其他电子发生作用，因此某个电子的薛定谔方程变得较为复杂，难以精确求解. 量子力学中，将其他电子对某个电子的排斥作用看成是对核电场存在的一种平均屏蔽作用，这样电子就在核和其他电子所产生的平均势场中独立运动，这样建立起来的薛定谔方程可以进行求解. 因此，多个电子原子内的某个电子的状态仍然由这四个量子数确定，但是，与氢原子有所区别的是，原子中电子的能量与主量子数 n 和角量子数 l 均有关.

原子处于基态时，原子中各个电子分别处于一定的状态，而每个电子的状态均由上述的四个量子数来表示，这就是原子的电子组态. 电子组态决定了原子中电子的壳层结构. 显然，不同的原子其电子组态是不同的，电子在核外分布遵从一定的规律，这个规律就是泡利不相容原理和能量最小原理.

19.7.1　泡利不相容原理

1916 年，克赛尔(W. Kossel)提出了原子的壳层分布模型，主量子数相同的电子组成同一个壳层. 对 $n=1,2,3,\cdots$ 的电子，其壳层分布用大写的字母 K，L，M，N，… 表示. 主量子数相同而角量子数不同的电子分布在不同的分壳层上，对 $l=0,1,2,\cdots,n-1$ 的电子分别用小写字母 s，p，d，f，… 表示.

1925 年，泡利(W. Pauli)为了解释多电子原子的光谱规律，提出了泡利不相容原理：在一个原子系统内，不可能有两个或两个以上的电子具有相同的状态，亦即原子内的各个电子不可能具有完全相同的四个量子数 n、l、m_l、m_s. 当 n 一定时，l 有 n 个不同的取值；对于一个确定的 l，m_l 有 $(2l+1)$ 个不同的取值；而当 n、l、m_l 都给定时，m_s 只有两个可能的取值. 根据泡利不相容原理，在主量子数为 n 的壳层上能够容纳的最多电子数为

$$Z_n = \sum_{l=0}^{n-1} 2(2l+1) = 2n^2$$

根据上式,原子系统中各壳层最多能够容纳 $2n^2$ 个电子,而各分壳层上最多容纳$2(2l+1)$个电子,由此可以计算出原子内各壳层上可能容纳的最多电子数.

19.7.2 能量最小原理

对于原子的基态,每个电子总是趋向占有最低的能量状态,这就是**能量最小原理**. 根据这一原理,电子一般按照主量子数 n 由小到大的次序填入各能级. 但是,由于能级还与角量子数 l 有关,所以在某些情况下,前一主壳层尚未填满电子,下一主壳层就有电子填入了. 研究表明:原子的外层电子能量高低以$(n+0.7l)$的大小确定;$(n+0.7l)$越小,能级越低,反之亦然. 如 5s $(n=5,l=0)$和 4d $(n=4,l=2)$两个能级,5s 能级的$(n+0.7l)=5$,4d 能级的$(n+0.7l)=5.4$,故 5s 比 4d 能级的能量小,所以 5s 能级将比 4d 先填入电子. 一般原子中电子壳层填充的顺序为

1s,2s,2p,3s,3p,4s,3d,4p,5s,4d,5p,6s,4f,5d,6p,7s,6d,5f,7p,6f,7d,…

这种原子核外电子壳层的排列顺序,已经被量子力学理论和光谱实验所得的实验规律证实,元素周期表中的元素原子中核外电子的分布正是按照这样的规律分布的.

19.7.3 原子的壳层结构

根据泡利原理和能量最小原理,可以分析得到原子内各主壳层和分壳层上可容纳的最多电子数,如表 19.1 所示.

表 19.1 部分元素原子中电子按壳层排布表

L N	0 (s)	1 (p)	2 (d)	3 (f)	4 (g)	5 (h)	6 (i)	Z_n
1(K)	2(1s)							2
2(L)	2(2s)	6(2p)						8
3(M)	2(3s)	6(3p)	10(3d)					18
4(N)	2(4s)	6(4p)	10(4d)	14(4f)				32
5(O)	2(5s)	6(5p)	10(5d)	14(5f)	18(5g)			50
6(P)	2(6s)	6(6p)	10(6d)	14(6f)	18(6g)	22(6h)		72
7(Q)	2(7s)	6(7p)	10(7d)	14(7f)	18(7g)	22(7h)	26(7i)	98

19.7.4 元素周期表

1859 年,门捷列夫根据元素的物理性质和化学性质将它们组织到元素周期表中(详见附录),元素周期表中一百多种元素排成 7 个周期,每个周期的元素个数依次为 2、8、8、18、18、32、32,同上表中每个主壳层可容纳的电子数并不完全吻合. 这是因为能级不完全由主量子数 n 决定,也与角量子数 l 有关. 按照能量最小原理,电子按能级的高低从低到高占据原子中的各个能级.

一、固体能带论

固体严格地说指晶体,是物质的一种常见的凝聚状态,而非晶体的性质,更类似于液

体;固体(晶体)理论在现代技术中有很多的应用. 从微观上讲,晶体中的分子、原子或离子在空间的排列都成规则的、具有周期性的阵列形式,这种微观的阵列形式称为晶体点阵,简称晶格. 晶体的性质与这种内在的周期性有着重要关系. 而晶体的许多性质无法用经典理论进行解释,必须用建在量子力学理论上的能带理论才能说明.

1. 固体能带的形成

我们知道对于孤立的原子来说,原子核外的电子按照一定的能级进行分布. 固体中原子的能级结构与孤立原子不同. 由于原子紧密相间周期排列,当两个原子相互靠近时,他们的外层电子轨道将发生不同程度的交叠,用量子力学表述为它们的电子波函数发生交叠,其结果是这些电子在各原子相应的轨道上发生不同程度的共有化运动. 作为一个系统,泡利不相容原理不允许一个量子态上有两个电子存在,这样在孤立状态下的每个能级将分裂成两个能级,这种能级分裂的宽度 ΔE 由两个原子中原来能级的分布状况以及这两个原子中心的距离决定. 对于 N 个原子集聚形成的晶体而言,孤立原子的每一个能级将分裂成 N 个很接近的新能级. 由于能级分裂总的宽度由原子间距决定,而晶体的原子间距是一定的,所以能级总宽度 ΔE 与原子数无关. 由于晶体中原子数目很大,在 10^{23} 的数量级,因此所形成的 N 个能级中相邻的能级间距很小,几乎可以看成是连续的. 这些分布一定能量范围的能级系列称为能带.

2. 晶体的能带结构

按照能量最小原理,晶体中的电子总是先填入能量最低的能带,电子在能带中各能级的填充方式服从泡利不相容原理,每个能级上可以填入自旋相反的两个电子. 这种允许电子存在的能带,统称为允许带. 如果在一个允许带中,各个能级都被电子填满,这样的能带称为满带. 如图 19.19 所示. 不论有无外电场作用,当满带中任一个电子由它原来占有的能级向这一能带中其他能级转移时,因受泡利不相容原理的限制,必有电子沿相反方向转移与之相抵消,这时总体上不产生定向电流,因此满带上的电子不参与导电.

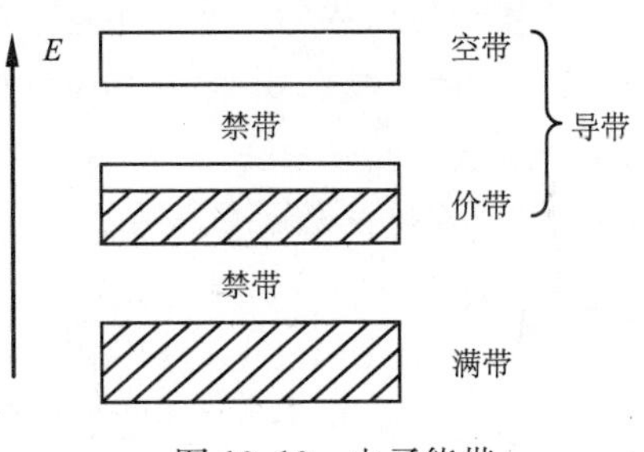

图 19.19　电子能带

由价电子能级分裂形成的能带称为价带. 如果价带中的能级没有全部被电子填满,在外电场作用下,电子可以进入能带中未被填充的高能级,没有反向电子的转移与之抵消,可以形成电流. 因此这种价带中的电子呈现出导电作用,这种未被填满的价带又称为导带.

价带之上的允许能带没有被电子填充,称为空带. 相邻能带之间有一个不存在电子稳定能态的能带区域,这个区域称为禁带. 由于某种原因,价带中某些电子受到激发而进入空带,则在外电场作用下,这些电子在该空带中向较高的空能级跃迁时,没有反向的电子转移与之抵消,依然可以形成电流,表现出导电性.

3. 导体和绝缘体

不同的原子和分子结合成晶体时,由于能带结构不同,其导电能力也不相同,根据导电能力可以分为导体、半导体和绝缘体.

导体的能带结构可以分为三类,如图 19.20 所示. 图 19.20(a)表示价带只有部分填有电子(如金属 Li 的能带);图 19.20(b)表示价带已经填满但与相邻的空带紧密相连或者重叠(如金属 Be、Ca、Mg 等的能带);图 19.20(c)表示价带本身未被填满,却与相邻的空带重叠(如金属 Na、K、Cu、Al 等的能带),具有这些能带结构的晶体有着良好的导电性质.

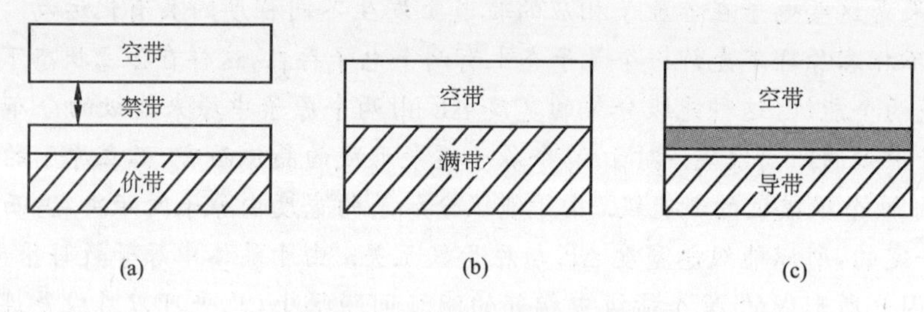

图 19.20　三类导体的能带结构

半导体和绝缘体都具有填满电子的满带和隔离满带与空带的禁带. 半导体的禁带比较窄,禁带宽度一般在 0.1～0.5eV,因此用不大的激发能量(光、热或电场)就可以把满带中的电子激发到空带中去,从而参与导电. 绝缘体的禁带宽度很宽,一般在 3～6eV. 采用一般的激发,价带中的电子很难被激发到上面的空带中去,因此晶体呈现为绝缘的性质.

4. 半导体

半导体技术在当今的计算机、电子技术、自动控制等现代科技中有着极为广泛的应用,半导体物理已经发展成为物理学中的一个重要分支.

半导体可以分为本征半导体和杂质半导体. 本征半导体是不含任何杂质、没有缺陷的半导体,因而也称为纯净半导体. 按照上述的能带分布,半导体的价带是满带,与邻近空带间的禁带较窄,比较容易激发到邻近空带上,而后在满带上留下空位,称为空穴,这种激发称为本征激发. 在外电场作用下,进入空带的电子可以参与导电,称为电子导电. 而满带中的其他电子在电场作用下填充空穴,并且它们又会留下新的空穴,因而引起空穴的定向移动,效果就像是一些带正电的粒子在外电场作用下定向运动,这种由于满带中存在空穴所产生的导电性称为空穴导电. 上述的导电称为本征导电, 参与导电的空穴和电子称为本征载流子.

在纯净半导体中用扩散的方法掺入少量其他元素的原子(杂质),就构成了杂质半导体. 杂质半导体的性质与本征半导体有很大的区别,杂质在半导体内起着重要作用. 量子力学证明,杂质原子的能级处于禁带中,不同类型的杂质,其能级在禁带中的位置也不同. 有些杂质能级离导带较近,有些离满带较近. 杂质能级的位置不同,杂质半导体的导电机制也不同. 按照其导电机制,杂质半导体可以分为两类:一类以电子导电为主,称为n型半导体;一类以空穴导电为主,称为p型半导体.

将p型半导体和n型半导体相接触,在它们接触的区域就形成了pn结. 由于电子和空穴在pn结接触面两边的粒子数密度不同,p型半导体中空穴多,n型半导体中自由电子多. 因此电子将向p型半导体区域扩散,空穴将向n型区域扩散. 扩散到p区的电子因与空穴复合而消失,使p区出现负离子区;扩散到n区的空穴与电子复合而消失,使在n区一侧出现正离子区. 于是,在pn结处出现了由正、负离子组成的电偶层或阻挡层,这样就出现由n区指向p区的电场,这个电场将遏止电子和空穴的继续扩散. 当扩散迁移和电场的阻隔作用达到动态平衡时,电偶层的厚度不再增加,处于稳定状态,此时电偶层的厚度即pn结的厚度,约10^{-7}m. n区电势高于p区,n区相对于p区的电势差U_0称为接触电势差.

若p区接电源正极,n区接负极,将使接触电势差降低,于是n区中的电子和p区中的空穴都较容易通过pn结,从而在电路中形成电流,这种电流称为正向电流,并且随着电压的增加,正向电流增加;反之,当p区接电源负极n区接正极,即p、n间形成反向电压,n区中的电子和p区中的空穴都更难通过pn结,从而在电路中只能形成很弱的电流,当少数载流子全部参与导电时,方向电流达到饱和,如果反向电压过大,方向电流会突然很快增加,这种现象称为pn结的击穿.

在pn结两端连上导线,就形成了半导体二极管. 由于二极管单向导电性,所以二极管可以用来整流、检波(截断反向电流),还可以利用二极管反向电阻极大,在电路中起隔离作用.

5. 自由电子的能量分布　金属导电的量子解释

固体一般分为晶体和非晶体两大类. 在内部结构中,粒子(原子、离子或分子)有规则排列的称为晶体,内部粒子排列不规则的称为非晶体. 按照金属的自由电子模型,通过求解满足一定条件的薛定谔方程,可求出金属中自由电子气的能量方程

$$E=\frac{\hbar^2k^2}{2m}=\frac{\hbar^2}{2m}(k_x^2+k_y^2+k_z^2)$$

式中,$k=\dfrac{2\pi}{\lambda}$是电子波矢$\boldsymbol{k}$的大小,取值由边界条件确定. 一维空间中自由电子能量对波矢$\boldsymbol{k}$的关系曲线如图19.21所示,这是一条抛物线,E值随$\boldsymbol{k}$作连续变化.

电子按能级的分布遵守费米-狄拉克统计(泡利不相容原理),如图19.22所示. 其中,E_{F}为费米能级

$$E_{\mathrm{F}}=\frac{\hbar^2}{2m}(3n\pi^2)^{\frac{2}{3}}$$

式中,n为分布在能量为E的电子数. 由图19.22可见,在绝对零度时,所有低于E_{F}的能级都被电子所填满,而所有高于E_{F}的能级都空着,所以E_{F}就是在此时电子所能占据的最高能级. $T>0$时,少数电子$E>E_{\mathrm{F}}$.

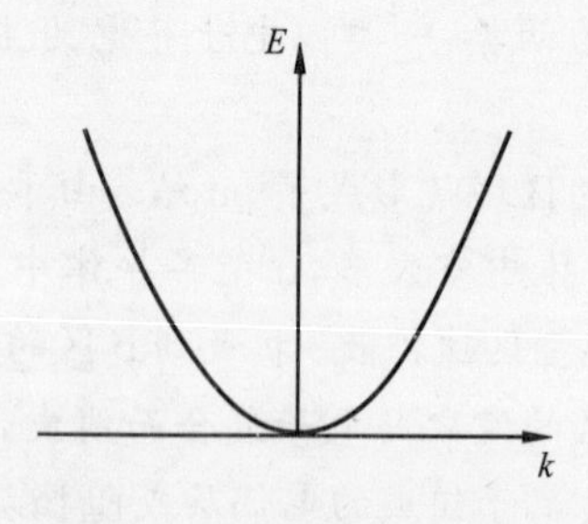

图 19.21　金属中自由电子的能量 E 与波矢 $\boldsymbol{k}$ 的关系

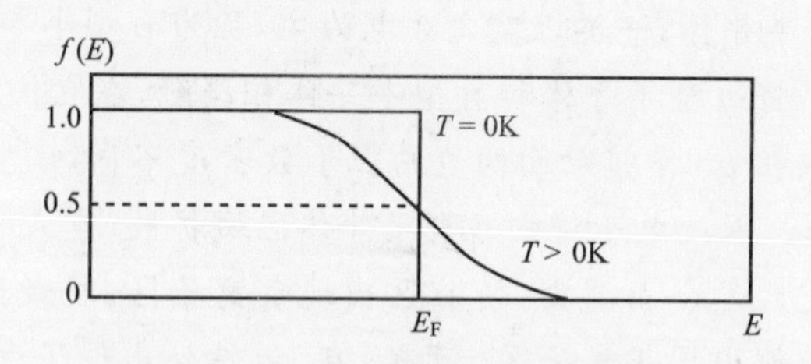

图 19.22　自由电子按能量的分布

量子理论指出，只有费米面($E=E_F$ 的等能面)附近的电子才对导电有贡献．所以，按照纯粹的金属自由电子模型，金属电流就是费米能级附近的电子输运而形成的．

二、分子和化学键

1. 分子的形成化学键

分子由原子组成．当若干个孤立原子构成分子时，通过一定的结合方式，使总能量降低而形成一个稳定的分子．分子中原子之间的结合作用力，在化学上称为化学键．各种化学键的本质都是带电粒子之间复杂的库仑相互作用．化学键与原子的结构有关，化学键通常分为共价键、离子键、金属键等不同类型．离子键代表满壳层的正、负离子之间的库仑吸引力，离子键的作用使得正、负离子相结合而构成分子．如氯化钠分子就是通过离子键形成的．而同种元素的原子则不可能通过离子键结合成分子．共价键指的是分子中相邻原子通过共用一对自旋相反而配对的价电子而结合在一起的化学键．氢分子就是最简单的共价键例子，而典型的半导体 Se、Si 也是完全由共价键形成的晶体．许多情况下，离子键和共价键是同时存在的，这种结合称为混合键．所有游离价电子形成的电子气与所有正离子所共有的结合力称为金属键．金属晶体就是由大量原子通过金属键形成的，而仅在两个原子之间不可能形成金属键．由于金属内的共有化电子属于所有正离子，可以在整个金属中自由运动，所以金属具有良好的导电性和导热性．

2. 分子的振动与转动　分子的能级结构

对于只有一个核外电子的类氢离子，其能级公式相对较为简单

$$E_n=-\frac{m_e Z^2 e^4}{2n^2(4\pi\varepsilon_0)^2\hbar^2},\quad n=1,2,3,\cdots$$

式中，Z 为原子序数．对于多电子原子的单原子分子，其能级结构要比类氢原子的复杂得多．而对于一般的多原子分子，其能级结构更为复杂．分子内部各种微观运动的能量都是量子化的．多原子分子内部的运动状态包括三大类：电子的运动、各原子核在平衡位置附近的振动(核之间的相对振动)、分子整体绕质心的转动．所以分子的总能量为

$$E=E_{电子}+E_{振动}+E_{转动}$$

我们先来看电子的运动能级,分子中电子在多个原子核场中运动,形成不同的能量状态.而各个电子运动能级的间隔的数量级和原子的能级相近.再来看分子振动能级,双原子分子的振动能级近似于谐振子

$$E_\nu = \left(n_\nu + \frac{1}{2}\right)\hbar\nu_0, \quad n_\nu = 0,1,2,\cdots$$

式中,ν_0 为分子的振动频率,n_ν 为振动量子数.多原子分子的振动能量是不同模式(频率和量子数不同)的上述振动能量之和.同一种振动模式中,相邻能级之间是等间距的.振动能级间隔比电子能级间隔小.最后是分子的转动能级,分子整体绕质心转动时,其量子化的能级为

$$E_l = \frac{1}{2I}l(l+1)\hbar, \quad l = 0,1,2,\cdots$$

式中,I 为分子的转动惯量,l 为转动量子数.分子转动能级的间隔为

$$\Delta E_l = E_l - E_{l-1} = \frac{\hbar}{I}l$$

说明转动能级间隔与转动量子数 l 成比例增加,依次为 $E_1, 2E_1, 3E_1, 4E_1\cdots$.

分子三种能量的能级间隔关系为 $\Delta E_e > \Delta E_\nu > \Delta E_l$,且 ΔE_e 是 ΔE_ν 的 10～100 倍,而 ΔE_ν 是 ΔE_l 的 100 倍.

三、激　　光

激光是"受激辐射光放大"的简称,它的基本原理是爱因斯坦在 1916 年发现的,但是第一台激光器直到 1960 年才在休斯顿飞机公司的实验室中由梅曼(T. H. Maiman)首次制造出来.激光的发明不但引起了现代光学技术的巨大变革,还促进了物理学和其他科学的发展.现在激光的应用非常广泛,小到光盘、CD 唱机、超市收银员扫描条形码,大到测量地月距离、宽带网络、激光制导、激光武器等,激光的应用使我们的生活和生产技术各方面都发生了革命性的变化.

1. 受激吸收 自发辐射 受激辐射

设原子的两个能级为 E_1 和 E_2,并且 $E_2 > E_1$.如果有能量为

$$h\nu = E_2 - E_1$$

的光子照射时,原子就有可能吸收该光子的能量,如图 19.23(a)从低能级 E_1 的状态跃迁到较高的能级 E_2 状态,这个过程称为受激吸收.

处于较高能级 E_2 状态的原子是不稳定的,它会在没有外界影响的情况下自发返回低能级 E_1 的状态,如图 19.23(b)同时放出一个能量为 $h\nu = E_2 - E_1$ 的光子,这就是自发辐射.自发辐射是一个随机的过程,辐射出来的光子彼此独立,各个光子的发射方向和初相都不相同,所以自发辐射的光波是非相干光.天然光源都是自发辐射而发光的.

如果处于高能级状态的原子在自发辐射之前收到一个频率满足 $h\nu = E_2 - E_1$ 的光子的激励,如图 19.23(c)会从高能级跃迁到低能级,并释放出一个同频率的光子,这个就是受激辐射.受激辐射的光与外来光子不仅频率相同,相位、振动方向等其他特征都完全一

致,因此受激辐射的光波是相干光.

如果一个光子引发受激辐射而增加一个光子,这两个光子继续引发受激辐射又增加两个光子……. 这样,就可以诱发原子释放出更多特征完全相同的光子,实现光放大. 因此,要获得激光,就应设法实现和强化受激辐射.

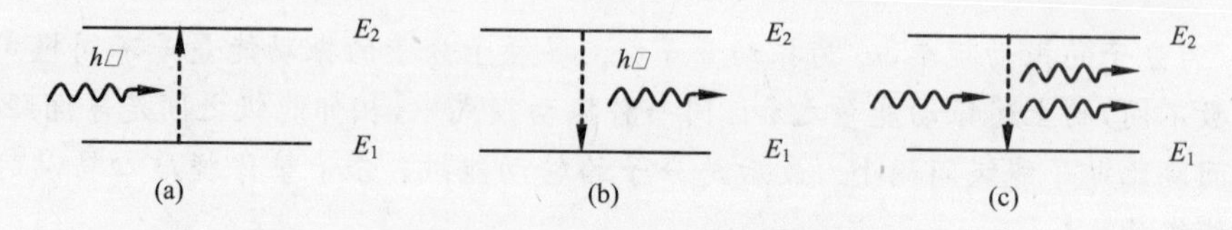

图 19.23 原子的三种跃迁过程

2. 激光的基本原理

一般情况下,处于温度为 T 的平衡态下的体系,在各个能级上的原子数由玻尔兹曼分布确定,处于能级 E_n 上的粒子数 N_n 满足

$$N_n \propto e^{-\frac{E_n}{kT}}$$

处于能级 E_1 和 E_2 上的粒子数之比为

$$\frac{N_2}{N_1} = e^{-(E_2-E_1)/kT}$$

不难看出,处于低能级的原子最多,能级越高,处于该能级的原子数越少. 这种分布称为粒子数正常分布. 由爱因斯坦的理论可知,受激吸收与低能态 E_1 的原子数 N_1 成正比,受激辐射与高能态 E_2 的原子数 N_2 成正比. 常温(T=300K)平衡态下,$\frac{N_2}{N_1} \approx e^{-39}$,即处于激发态的原子数微乎其微,是不可能实现光放大的. 要实现光放大就必须使得 $N_2 > N_1$,即处于高能级的原子数高于处于低能级的粒子数,这种状态称为粒子数反转.

原子在能级上停留的时间称为原子处在该能级的平均寿命,处于激发态(高能态)的原子是不稳定的,一般的平均寿命在 10^{-8}s 数量级,而有些物质激发态具有较长的寿命,可达到 10^{-3}~1s 数量级,称为亚稳态. 具有亚稳态的物质才能够实现粒子数反转.

为了实现粒子数反转,必需从外界输入能量,使物质中尽可能多的原子吸收能量后跃迁到高能级上去,这个过程称为"激励". 激励的方法有光激励、气体放电激励、化学激励、核能激励等.

因此一般激光器由这样三部分组成:工作物质、激励源和谐振腔. 工作物质又称为激活介质,即具有亚稳态的物质. 激励源又称为泵浦,它给工作物质提供能量实现粒子数反转. 在工作物质的两端安装两面互相平行的反射镜,一面是全反射镜,反射率几乎为100%,另一面是部分反射镜,反射率为 80%左右,以实现激光的输出,这两面反射镜及它们之间的空间称为谐振腔.

光子在谐振腔中运动时,偏离谐振腔轴向的那些光子通过侧面逃逸出腔外,而很快消失;沿轴向运动的光子,由于受到两端反射镜的反射在腔内往返而形成振荡,雪崩式的放大,在一定条件下形成稳定的强光光束从部分反射镜输出,得到激光.

3. 激光的特性和应用

与普通光源相比激光具有单色性好、方向性好、相干性好、亮度高的特性.

1) 单色性好

光的谱线宽度 $\Delta\nu$ 描述了光的单色性. 单色性较好的普通光 $\Delta\nu$ 为 $10^{-7}\sim10^{-9}$ Hz,而经过稳频的氦氖激光器可得到频宽为 0.1Hz 的光束.

2) 方向性好

激光几乎是一束定向发射的平行光,其发散角很小,在 1″以下. 用红宝石激光器将直径为 1mm 的光束射向月球通过 380 000km 的距离,月球上的光斑直径仅有 1.6km. 而普通光源射出 1m,光斑直径就有 10m.

3) 相干性好

由于腔长的选择频率作用,使得激光的频宽很窄,单色性很好. 用激光作相干光源,干涉图样有良好的可见度,可以观察到较高级次的干涉条纹,可以进行精密测量. 用激光仪进行检测,比普通干涉仪速度快、精度高. 另外还可以用到通信、全息照相和信息处理等领域.

4) 亮度高

由于激光束方向性好,光束很细,能量被高度集中在很小的立体角内;另外,激光的单色性很好,能量被高度压缩在很窄的频率范围内,使得能量在时间和空间高度集中,故亮度很高. 目前,功率极大的激光,它的亮度可以达到太阳亮度的 100 亿倍以上. 若用透镜将其会聚,可得到每平方厘米 1 万亿瓦的功率密度. 激光的这一特性可以应用在激光加工、激光手术、激光武器、激光惯性约束核聚变研究等领域.

4. 激光冷却与原子囚禁

激光冷却是利用激光和原子的相互作用减速原子运动以获得超低温原子的高新技术. 正是由于激光冷却技术的出现才有了原子波导、囚禁的出现,才使得原子物理学有了惊人的发展.

对原子进行冷却和囚禁,主要是为了更加仔细地对单个原子进行研究. 在室温下,气体原子的速度在 10^3 的数量级上,所以要想对它进行观测是不可能的. 降温是否可行呢?随温度的降低,气体凝结为液体,再凝固为固体,这样的话,对单个原子的研究就更加不可能了. 所以要找到一种办法,既能使原子的速度降到很低(10^{-2} 的数量级),又不能让原子结成团. 激光冷却技术的出现使得这种期望称为可能.

激光冷却的基本原理:当原子在频率略低于原子跃迁能级差且相向传播的一对激光束中运动时,由于多普勒效应,原子倾向于吸收与原子运动方向相反的光子,而对与其相同方向行进的光子吸收几率较小,吸收后的光子将各向同性地自发辐射. 平均地看来,两束激光的净作用是产生一个与原子运动方向相反的阻尼力,从而使原子的运动减缓(冷却下来). 1985 年美国国家标准与技术研究院的菲利浦斯(Willam D. Phillips)和斯坦福大学的朱棣文(Steven Chu)首先实现了激光冷却原子的实验,并得到了极低温度(24μK)的钠原子气体. 他们进一步用三维激光束形成磁光阱将原子囚禁在一个空间的小区域中加以冷却,获得了更低温度的"光学黏胶". 正是由于此项工作,朱棣文获得了1997年诺贝尔物理学奖.

激光冷却技术还有许多其他方面的应用,如原子光学、原子刻蚀、原子钟、光学晶格、光镊子、玻色—爱因斯坦凝聚、原子激光、高分辨率光谱以及光和物质的相互作用的基础研究等.

习 题 19

19-1 将星球看成绝对黑体,利用维恩位移定律测量 λ_m 便可求得 T. 这是测量星球表面温度的方法之一. 设测得太阳的 $\lambda_m=0.55\mu m$,北极星的 $\lambda_m=0.35\mu m$,天狼星的 $\lambda_m=0.29\mu m$,试求这些星球的表面温度.

19-2 宇宙大爆炸遗留在宇宙空间的均匀背景辐射相当于温度为3K的黑体辐射,试计算:

(1) 此辐射的单色辐出度的峰值波长;

(2) 地球表面接收到此辐射的功率.

19-3 从铝中移出一个电子需要4.2eV的能量,今有波长为200.0nm的光投射到铝表面. 试问:

(1) 由此发射出来的光电子的最大动能是多少?

(2) 遏止电势差为多大?

(3) 铝的截止(红限)波长有多大?

19-4 钾的截止频率为 4.62×10^{14} Hz,用波长为435.8nm的光照射,能否产生光电效应? 若能产生光电效应,发出光电子的速度是多少?

19-5 在一定条件下,人眼视网膜能够对5个蓝绿光光子($\lambda=5.0\times10^{-7}$ m)产生光的感觉. 此时视网膜上接收到光的能量为多少? 如果每秒钟都能吸收5个这样的光子,则到达眼睛的功率为多大?

19-6 若一个光子的能量等于一个电子的静能,试求该光子的频率、波长、动量.

19-7 波长为0.1nm的X光在石墨上发生康普顿散射,若在 $\theta=\frac{\pi}{2}$ 处观察散射光. 试求:

(1) 散射光的波长 λ';

(2) 反冲电子的运动方向和动能.

19-8 在康普顿散射中,入射光子的波长为0.0030nm,反冲电子的速度为 $0.60c$,求散射光子的波长及散射角.

19-9 计算下列物体具有10MeV动能时的物质波波长. 求:

(1) 电子;

(2) 质子.

19-10 一个氢原子从 $n=1$ 的基态激发到 $n=4$ 的能态. 求:

(1) 计算原子所吸收的能量;

(2) 若原子回到基态,可能发射哪些不同能量的光子?

(3) 若氢原子原来静止,则从 $n=4$ 直接跃回到基态时,原子的反冲速率.

19-11 氢原子的吸收谱线 $\lambda=434.05$ nm的谱线宽度为 10^{-3} nm,计算原子处在被激发态上的平均寿命.

19-12 一波长为300.0nm的光子,假定其波长的测量精度为百万分之一,求该光子位置的测不准量.

19-13　若红宝石发出中心波长 $\lambda=6.3\times10^{-7}$ m 的短脉冲信号，时距为 1ns，计算该信号的波长宽度 $\Delta\lambda$.

19-14　已知粒子在一维矩形无限深势阱中运动，其波函数为

$$\psi(x)=\frac{1}{\sqrt{a}}\cos\frac{3\pi x}{2a}\quad(-a\leqslant x\leqslant a)$$

那么，粒子在 $x=\frac{5}{6}a$ 处出现的概率密度为多少？

19-15　粒子在一维无限深势阱中运动，其波函数为

$$\psi_n(x)=\sqrt{\frac{2}{a}}\sin\left(\frac{n\pi x}{a}\right)\quad(0<x<a)$$

若粒子处于 $n=1$ 的状态，则在 $0\sim a/4$ 发现粒子的概率是多少？

* 19-16　氢原子处于 $n=2,l=1$ 的激发态时，原子的轨道角动量在空间有哪些可能取向？并计算各种可能取向的角动量与 z 轴的夹角？

* 19-17　求出能够占据一个 d 分壳层的最大电子数，并写出这些电子的 m_l，m_s 值.

*第20章 原子核物理与粒子物理简介

迄今为止，实验发现的基本粒子的数目已达到近百种，随着加速器能量的提高，还会有大量的新粒子被发现. 原来人们期望基本粒子的研究会给物质世界描绘出一幅很简明的图像，结果却相反，基本粒子的种类竟然比化学元素的种类还多. 这使人们意识到，这些粒子并不是物质世界的终极本原. 基本粒子对于它们不是一个合适的名称，于是人们去掉“基本”二字，而把它们称为粒子. 相应的研究领域也改称为粒子物理. 粒子物理是研究比原子核更深层次的微观世界中物质的结构、性质和在很高能量下这些物质相互转化规律的物理学分支，又称高能物理学. 本章简要介绍原子核物理和粒子物理的基本理论.

20.1 原子核物理简介

20.1.1 原子核的一般性质

原子核的基本性质包括原子核的组成、大小、自旋、磁矩、统计性等性质. 原子是由原子核和核外电子组成的，原子的正电荷和绝大部分质量集中在相对原子而言体积很小(占原子体积百万分之一)的原子核内，电子在核外绕核运动. 这就是卢瑟福(Rutherford)于1911年提出的原子的核式模型.

关于原子核的组成，1932年，英国人查德维克(Chadwick)发现中子后，人们才确定是由质子和中子组成. 质子和中子除微小质量差和带有电荷与不带电荷的差异之外，性质十分接近，因此统称为核子. 确定了一个原子核内的质子数Z和中子数N就可以确定原子核的种类. 具有相同质子数和中子数的一类原子核，称为一种核素. 核素常用符号${}_Z^AX$表示，其中X是元素符号，$A=Z+N$是原子核的质量数. 核素符号常简写为${}^AX$，这是因为有了元素符号，就确定了Z，而A、Z、N中只有两个独立，所以给出了A和Z，N也就可以省略了.

20.1.2 原子核的自旋和磁矩

理论和实验都表明，原子核具有自旋角动量，其大小为

$$L=\sqrt{j(j+1)}\hbar \tag{20.1}$$

质子和中子的自旋量子数均为$\frac{1}{2}$，所以凡是质量数A为奇数的原子核，其自旋量子数j是$\frac{1}{2}$的奇数倍，质量数A为偶数的原子核，其自旋量子数j为正整数或零，因此原子核的自旋角动量是量子化的. 表20.1给出了几种原子核的自旋量子数和磁矩.

表20.1 几种原子核的自旋量子数和磁矩

核	自旋(量子数)	磁矩
${}_1^2D$	1	$+0.8565\mu_p$
${}_3^6Li$	1	$-0.8213\mu_p$
${}_3^7Li$	3/2	$+3.2532\mu_p$

续表

核	自旋(量子数)	磁矩
$^{16}_{8}O$	0	—
$^{23}_{11}Na$	3/2	$+2.215\mu_p$
$^{113}_{49}In$	9/2	$+5.49\mu_p$

原子核的自旋角动量在任何一个方向的分量 L_z 也是量子化的.

$$L_z = m_j \hbar \tag{20.2}$$

式中,m_j 为核的自旋磁量子数,可取$-j,-j+1,\cdots,j-1,j$ 共有 $2j+1$ 个,L_z 的最大分量为 $j\hbar$.

原子核也有磁矩(μ),磁矩的方向和自旋角动量 L 平行,大小成比例,即

$$\mu = cL$$

不同核的比例系数 c 的值不同,将 c 写成 $ge/2m_p$. 式中,e 和 m_p 为质子的电量和质量;g 值随核的不同而异,称为核 g 因子. 因此核磁矩的大小 μ 及其 z 分量 μ_z 可表示为

$$\mu = g\frac{e}{2m_p}L = g\sqrt{j(j+1)}\frac{e\hbar}{2m_p} = g\sqrt{j(j+1)}\mu_p$$

$$\mu_z = g\frac{e}{2m_p}L_z = gm_j\mu_p$$

式中,$\mu_p = e\hbar/2m_p$ 称为核磁子,它是玻尔磁子 $\mu_B = \dfrac{e\hbar}{2m_e}$ 的$\dfrac{1}{1836}$,因此核磁矩比核外电子磁矩小得多. 可以算出 $\mu_p = 5.0504\times10^{-27}\text{J}\cdot\text{T}^{-1}$. 核磁矩和核的角动量都是量子化的,磁矩方向只能取某些特定方向,$m_j = j$ 时,磁矩分量 μ_z 最大,用 M 表示,其值为 $M = gj\mu_p$. 通常所说的磁矩,就是指 M,质子的磁矩为 $M_p = 2.7896\mu_p$,中子磁矩为 $M_n = -1.9103\mu_p$,负号表示磁矩与角动量反向,中子虽不带电,但具有磁矩,表明中子是具有内部结构的. 表 20.1 也同时列出了几种原子核的磁矩.

20.1.3　原子核的结合能

由于原子核中的核子之间存在着强大的核力,使原子核组成一个十分坚固的集合体. 如果把原子核拆成自由核子,需要克服强大的核力做十分巨大的功,或说需要巨大的能量. 氘核是一个结构较为简单的原子核,实验表明,可用 γ 光子使氘核分解为 1 个质子和 1 个中子,这时的核反应方程是

$$\gamma + {}^2_1\text{H} \rightarrow {}^1_1\text{H} + {}^1_0\text{n}$$

入射光子的能量至少是 2.22MeV ,对于相反的过程,当 1 个质子和 1 个中子结合成 1 个氘核时,要放出 2.22MeV 的能量. 这一能量以 γ 光子的形式辐射出去.

可见,当核子结合成原子核时要放出一定能量,原子核分解成核子时,要吸收同样的能量,这个能量称为原子核的**结合能**.

当然,2.22MeV 能量的绝对数量并不算大,但这只是组成 1 个氘核所放出的能量. 如果组成的是 6.02×10^{23} 个氘核时,放出的能量就十分可观了. 与之相对的是,1mol 的碳完全燃烧放出的能量为 393.5×10^3J ,折合为每个碳原子在完全燃烧时放出能量只不过 4eV. 若跟上述核反应中每个原子可能放出的能量相比,两者相差数十万倍.

如何求出原子核的结合能呢? 爱因斯坦的相对论给出了质量和能量之间的关系

$$E = mc^2$$

式中,c 是真空中的光速,m 是物体的质量,E 是物体的能量. 该方程表明:物体所具有的能量跟它的质量成正比. 由于 c^2 这个数值十分巨大,因而物体的能量是十分可观的. 质量为 1kg 的物体所具有的能

量为 9×10^{16}J,这一能量相当于一个 100 万千瓦的发电厂三年的发电量. 对此,爱因斯坦曾说过:"把任何惯性质量理解为能量的一种储藏,看来要自然得多". 物体储藏着巨大的能量是不容置疑的,但是如何使这样巨大的能量释放出来?从爱因斯坦质能方程同样可以得出,物体的能量变化 ΔE 与物体的质量变化 Δm 的关系为

$$\Delta E = \Delta mc^2$$

为了获得能量 ΔE,问题是怎样产生相应的 Δm?当自由核子组成原子核时,要放出结合能,原子核的能量比组成原子核的核子的能量小,所以原子核的质量要比组成核的核子质量小. 我们把组成原子核的核子的质量与原子核的质量之差称为核的**质量亏损**. 如果可以知道核的质量亏损,就可以根据质能方程,计算出原子核的结合能 $E_{结}$,即

$$E_{结} = \Delta m \cdot c^2 \tag{20.3}$$

例如,氦核是由 2 个质子和 2 个中子组成的. 1 个质子的质量 $m_p = 1.007\ 277$u ,1 个中子的质量 $m_n = 1.008\ 665$u. 这四个核子的质量为 4.031 884u,但氦核的质量为4.001 509u. 其中,u 表示原子质量单位,1u= $1.660\ 566\times10^{-27}$kg. 由上述数值,可以求出氦核的质量亏损 Δm=4.031 884u−4.001 509u=0.030 375u. 在原子核物理学中,核子与核的质量通常都是用原子质量单位 u 表示,而核的结合能通常用兆电子伏(MeV)表示. 按质能方程可以求出 1u=931.5MeV ,所以氦核的结合能为

$$E_{结} = \Delta m \cdot c^2 = 0.030\ 375 \times 931.5 = 28.3\text{MeV}$$

原子核的结合能 $E_{结}$ 与质量数 A 之比,称为该原子核的平均结合能,又称比结合能,用 ε 表示

$$\varepsilon = \frac{E_{结}}{A} = \frac{\Delta m \cdot c^2}{A} \tag{20.4}$$

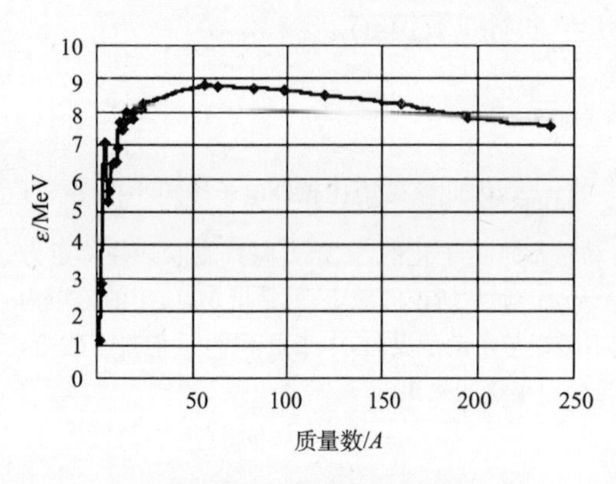

图 20.1　比结合能曲线

核子的比结合能越大,原子核就越稳定. 图 20.1 给出了比结合能对核子数(质量数 A)的曲线图. 由图中可以看出,最轻核和最重核比结合能较小,对于大多数中等质量的核,比结合能近似地相等,都在 8MeV 左右,中等质量的核最为稳定. 因此当重核裂变成为中等质量的核,或轻核聚变为质量较大的核时,都将释放出巨大的核能. 原子弹就是利用重核裂变原理研制出来的核武器.

20.1.4　放射性衰变 辐射剂量

1. 放射性衰变

放射性就是不稳定原子核自发地发射出一些射线而本身变为新的原子核的现象. 1896 年,法国物理学家贝克勒尔(Becquerel)首先观察到铀盐的荧光现象. 1898 年,法国物理学家比埃尔·居里夫妇发现了两种放射性更强的元素"钋和镭". 不久,卢瑟福把已发现的射线分成三种:α 射线、β 射线、γ 射线. 放射性核素自发放射出 α 粒子(氦核)或 β 粒子(电子)或 γ 粒子(光子),而转变成另一种核素. 放射出 α 粒子的衰变称为"α 衰变",放射出 β 粒子的衰变称为"β 衰变",放射出 γ 光子的衰变称为"γ 衰变". 放射性衰变通常还包括同质异能跃迁、自发裂变等.

1) α 衰变

α 粒子就是氦核 ${}^4_2$He,它由两个质子,两个中子组成. 当一个原子核放出 α 粒子时,它的原子序数 Z 减小 2,质量数 A 减小 4,该原子核变成另一种原子核,这就是 α 衰变. 如 ${}^{226}_{88}\text{Ra}\rightarrow{}^{222}_{86}\text{Rn}+{}^4_2\text{He}$. 一般情况

下有

$$ {}_{Z}^{A}X \to {}_{Z-2}^{A-4}Y + {}_{2}^{4}He \tag{20.5}$$

伴随着 α 衰变有能量释放，释放的能量以 α 粒子的动能形式带走，这一过程已被实验观察到. 释放的能量为

$$E = (m_X - m_Y - m_\alpha)c^2 = 931.48(m_X - m_Y - m_\alpha)\text{MeV}$$

α 衰变产生的 α 粒子来自原子核，α 粒子在核内受到很强的核力吸引(负势能)，但在核外将受核的库仑场的排斥，这样对 α 粒子而言，在核表面就形成一个势垒. 放射性原子核的 α 衰变过程就是 α 粒子穿过势垒从原子核放射出去的一个隧道效应过程.

2) β 衰变

β 粒子就是电子. 当一个原子核发出一个 β 粒子后，原子核的原子序数增加 1，而质量数不变，这就是 β 衰变. 实验测定表明，同一种核在 β 衰变过程中放出电子的能量并不等于衰变前后原子核的能量差，而是从零到一个最大值，有一定的分布，不像 α 粒子那样具有确定的能量. 只有最大值的能量才恰好与衰变前后原子核的能量差相当. 另外，因为中子 n，质子 p，电子 e 的自旋都是 1/2，β 衰变过程中的自旋角动量将不守恒. 1927 年泡利为解决这个问题，提出 β 衰变时除放出电子外，还同时放出一个不可检测的、很轻的、中性粒子，它的自旋为 1/2，费米(Fermi)将其称为中微子. β 衰变时释放的能量中，除被电子带走的以外，剩下的能量被中微子带走.

实验发现 β 衰变为两种，一种是中子衰变，变成质子，放出电子和反中微子 $\bar{\nu}_e$

$$n \to p + e^- + \bar{\nu}_e$$

另一种是质子衰变，变成中子放出正电子和中微子

$$p \to n + e^+ + \nu_e$$

前者在自然界中存在，后者在人工放射性中发现.

与 β 衰变相反的过程是电子俘获，即原子核俘获了与它最接近的内层电子，使核内一个质子转变成中子，同时放出一个中微子

$$p + e^- \to n + \nu_e$$

实验中，还发现 β 衰变的逆过程，即质子吸收反中微子转变成中子，同时放出一个正电子 $p + \bar{\nu}_e \to n + e^+$. 类似地还有中子吸收中微子转变为质子，同时放出一个电子

$$n + \nu_e \to p + e^-$$

由于中微子的质量非常小几乎为零，也不带电，它对电磁场不起作用，所以它的穿透力极强，能量为 1MeV 的中微子可以穿透 1000 光年厚的固体物质. 要观察它，是非常困难的，直到 1956 年核反应堆出现以后，才在实验中证实它的存在. β 衰变是一种弱相互作用过程，它的强度只有电磁相互作用的 10^{-12} 倍.

3) γ 衰变

原子核放出光子的过程称为 γ 衰变，经 γ 衰变后原子核的原子序数和质量数都不变. 当原子核发生 α、β 衰变时，往往衰变到核的激发态，处于激发态的原子核是不稳定的，它要向低激发态或基态跃迁，同时放出光子，产生 γ 射线. 由于核的能级间隔为 100keV～1MeV，因此 γ 射线的光子能量非常大，其波长比 X 射线更短. 医学上常用 γ 射线治疗肿瘤，最常用的放射源是 ^{60}Co. ^{60}Co 进行 β 衰变到 ^{60}Ni 的 2.5MeV 激发态，^{60}Ni 的激发态寿命极短，很快跃迁到基态并放出能量分别为 1.17MeV 和 1.33MeV 的两种 γ 射线.

2. 辐射剂量

在放射医学和人体辐射防护中，辐射剂量有多种衡量模式和计量单位. 较为完整的衡量模式是“当

量剂量”,是反映各种射线或粒子被吸收后引起的生物效应强弱的辐射量. 其国际标准单位是希沃特,记为Sv. 定义每千克(kg)人体组织吸收1焦耳(J),为1希沃特. 希沃特是个非常大的单位,因此通常使用毫希沃特(mSv),$1\text{mSv}=10^{-3}\text{Sv}$;微希沃特($\mu$Sv),$1\mu\text{Sv}=10^{-3}\text{mSv}=10^{-6}\text{Sv}$.

辐射剂量还有一个单位是雷姆(Rem),1Sv=100Rem. 数字越高,表明人体受辐射的伤害越强. Sv这个单位很大,如果人体接受了3～6Sv的急性辐射伤害,就会造成一半以上的人员致死,这就是急性照射半致死剂量.

对于日常工作中不常接触辐射的人来说,每年正常的天然辐射(主要是空气中的氡辐射)为1000～2000μSv. 当短时辐射物质摄取量低于100mSv时,对人体没有危害. 如果这个数字超过100,就会对人体造成危害. 100～500mSv时,没有疾病征兆,但在血样中白细胞数在减少. 1000～2000mSv时,辐射会导致轻微的射线疾病,如疲劳、呕吐、食欲减退、暂时性脱发、红细胞减少等. 2000～4000mSv时,人的骨髓和骨密度遭到破坏,红细胞和白细胞数量极度减少,有内出血、呕吐等症状. 大于4000mSv时,将会直接导致死亡.

对一般人来说,比如在日常工作中不接触辐射性物质的人,每年正常的环境本底辐射(主要是空气中的氡)摄取量是1～2mSv. 凡是每年辐射物质摄取量超过6mSv,应被列为放射性物质工作人员. 他们的工作环境应受到定期的监测,而人员本身需要接受定期的医疗检查.

东京时间2011年3月12日15时30分福岛核电站泄漏. 当时监测到的数据是每小时1.015mSv. 这几乎相当于每个人半年内接受的天然辐射,也相当于经历10次X射线检查接受的辐射. 日本核安全机构认定:此次核泄漏严重程度不及切尔诺贝利核事故和三哩岛核事故. 那两起事故分别被定为7级和5级. 而福岛第一核电站发生的放射性物质泄漏,原子力安全保安院当天根据国际核事故分级表将此次事故评估为“伴有局部影响”的4级(最高7级). 对于当地居民所遭受的核辐射,原子力安全保安院认为这些人所遭受的核辐射都是微量的,不会直接造成生命的伤害. 但是,需要对他们进行跟踪检查.

20.1.5 核的裂变与聚变

1. 核裂变

核裂变又称核分裂,是指由重的原子核,主要是指铀或钚,分裂成较轻原子核的一种核反应形式. 原子弹以及裂变核电站或是核能发电厂的能量来源都是核裂变. 其中铀裂变在核电厂最常见,加热后铀原子放出2到4个中子,中子再去撞击其他原子,从而形成链式反应而自发裂变.

核裂变撞击时除放出中子还会放出热,再加快撞击,但如果温度太高,反应炉会熔掉,而演变成反应炉融毁造成严重灾害,因此通常会放控制棒(硼制成)去吸收中子以降低分裂速度. 一个重原子核可分裂成为两个(或更多个)中等质量碎片. 按分裂的方式裂变可分为自发裂变和感生裂变. 自发裂变是没有外部作用时的裂变,类似于放射性衰变,是重核不稳定性的一种表现;感生裂变是在外来粒子(最常见的是中子)轰击下产生的裂变.

核电站和原子弹是核裂变的两大应用,两者机制上的差异主要在于链式反应速度是否受到控制. 核电站的关键设备是核反应堆,它相当于火电站的锅炉,受控的链式反应就在这里进行. 核反应堆有多种类型,按引起裂变的中子能量可分为:热中子堆和快中子堆. 热中子的能量在0.1eV左右,快中子能量平均在2eV左右. 目前大量运行的是热中子堆,其中需要有慢化剂,通过它的原子与中子碰撞,将快中子慢化为热中子. 慢化剂目前用的是水、重水或石墨. 堆内还有载出热量的冷却剂,目前冷却剂有水、重水和氦等. 根据慢化剂和冷却剂和燃料不同,热中子堆可分为轻水堆(用轻水作慢化剂和冷却剂,稍加浓铀作燃料)、重水堆(用重水作慢化剂和冷却剂,稍加浓铀作燃料)和石墨水冷堆(石墨慢化,轻水冷却,稍加浓铀),轻水堆又分压水堆和沸水堆.

2. 核聚变

核聚变又称核融合,是指由质量小的原子(如氘和氚),在一定条件下(如超高温和高压),发生原子核互相聚合作用,生成中子和^{4}He,并伴随着巨大能量释放的一种核反应形式. 原子核中蕴藏巨大的能量. 根据质能方程 $E=mc^2$,原子核的静质量变化(反应物与生成物的质量差)造成能量的释放. 如果是由重的原子核变化为轻的原子核,称为核裂变,如原子弹爆炸;如果是由较轻的原子核变化为较重的原子核,称为核聚变,如恒星持续发光发热的能量来源.

相比核裂变,核聚变的放射性污染等环境问题少很多. 如氘和氚的核聚变反应,其原料可直接取自海水,来源几乎取之不尽,因而是比较理想的能源取得方式. 目前人类已经可以实现不受控制的核聚变,如氢弹的爆炸. 但是要想能量可被人类有效利用,必须能够合理的控制核聚变的速度和规模,实现持续、平稳的能量输出. 而触发核聚变反应必须消耗能量,因此人工核聚变的能量与触发核聚变的能量要到达一定的比例才能有经济效应. 科学家正努力研究如何控制核聚变,但是现在看来还有很长的路要走. 目前主要的几种可控制核聚变方式有超声波核聚变、激光约束(惯性约束)核聚变、磁约束核聚变(托卡马克).

世界上的每一种物质都处于不稳定状态,有时会分裂或合成,变成另外的物质. 物质无论是分裂或合成,都会产生能量. 核裂变虽然能产生巨大的能量,但远远比不上核聚变,裂变堆的核燃料蕴藏极为有限,不仅产生强大的辐射伤害人体,而且遗害千年的废料也很难处理,核聚变的辐射则少得多.

核聚变要在近亿度高温条件下进行,地球上原子弹爆炸时可以达到这个温度. 用核聚变原理造出来的氢弹就是靠先爆发一颗核裂变原子弹而产生的高热,来触发核聚变起燃器,使氢弹得以爆炸. 但是,用原子弹引发核聚变只能引发氢弹爆炸,却不适用于核聚变发电,因为电厂不需要一次惊人的爆炸力,而需要缓缓释放的电能. 关于核聚变的"点火"问题,激光技术的发展,使可控核聚变的"点火"难题有了解决的可能. 目前,世界上最大激光输出功率达 100 万亿瓦,足以"点燃"核聚变. 除激光外,利用超高额微波加热法,也可达到"点火"温度. 世界上不少国家都在积极研究受控热核反应的理论和技术,美国、俄罗斯、日本和西欧国家的研究已经取得了可观的进展.

20.2　粒子物理简介

20.2.1　粒子及其分类

所谓基本粒子就是构成物质的最基本的单元. 粒子物理中的粒子是指比原子核更深层次的微观世界中物质的结构. 根据作用力的不同,粒子分为强子、轻子和传播子三大类.

强子是所有参与强力作用的粒子的总称. 它们由夸克组成,已发现的夸克有五种:上夸克、下夸克、奇异夸克、粲夸克和底夸克. 理论预言还有第六种夸克存在,已命名为顶夸克. 现有粒子中绝大部分是强子,质子、中子、π 介子等都属于强子.

轻子就是只参与弱力、电磁力和引力作用,而不参与强相互作用的粒子的总称. 轻子共有六种,包括电子、电子中微子、μ 子、μ 子中微子、τ 子、τ 子中微子. 电子、μ 子和 τ 子是带电的,所有的中微子都不带电. τ 子是 1975 年发现的重要粒子,不参与强作用,属于轻子,但是它的质量很重,是电子的 3600 倍,质子的 1.8 倍,因此又称为重轻子.

传播相互作用的粒子也属于基本粒子. 传递强作用的胶子共有 8 种,1979 年在三喷注现象中被间接发现,它们可以组成胶子球,但至今尚未被直接观测到. 传递弱作用的中间玻色子(W^+、W^- 和 Z^0)是 1983 年发现的,非常重,是质子的 80～90 倍.

粒子的大小是主要特征量. 基本粒子要比原子、分子小得多,现有最高倍的电子显微镜也不能观察到. 质子、中子的大小,只有原子的十万分之一. 而轻子和夸克的尺寸更小,还不到质子、中子的万分之一.

粒子的质量是粒子的另外一个主要特征量. 按照粒子物理的规范理论,所有规范粒子的质量为零,而规范不变性以某种方式被破坏了,使夸克、带电轻子、中间玻色子获得质量.

粒子的寿命是粒子的第三个主要特征量. 电子、质子、中微子是稳定的,称为“长寿命”粒子;而其他绝大多数的粒子是不稳定的,即可以衰变. 一个自由的中子会衰变成一个质子、一个电子和一个中微子;一个 π 介子可以衰变成一个 μ 子和一个中微子. 粒子的寿命以强度衰减到一半的时间来定义. 质子是最稳定的粒子,实验已测得的质子寿命大于 10^{33} 年.

粒子具有对称性,有一个粒子,必存在一个反粒子. 1932 年科学家发现了一个与电子质量相同但带一个正电荷的粒子,称为正电子;后来又发现了一个带负电、质量与质子完全相同的粒子,称为反质子;随后各种反夸克和反轻子也相继被发现. 一对正、反粒子相碰可以湮灭,变成携带能量的光子,粒子还有另一种属性——自旋. 自旋为半整数的粒子称为费米子,为整数的称为玻色子. 表 20.2 给出了粒子的大致分类情况.

表 20.2 粒子的大致分类情况

基本粒子	费米子	夸克	上夸克	反上夸克	下夸克	反下夸克
			粲夸克	反粲夸克	奇夸克	反奇夸克
			顶夸克	反顶夸克	底夸克	反底夸克
		轻子	电子	正电子	μ 子	反 μ 子
			τ 子	反 τ 子	电子中微子	反电子中微子
			μ 子中微子	反 μ 子中微子	τ 子中微子	反 τ 子中微子
	玻色子	规范玻色子	光子	胶子	W 玻色子	Z 玻色子
复合粒子	强子	重子	质子	反质子	中子	反中子
			Δ 粒子	Λ 粒子	Ξ 粒子	Ω 粒子
		介子	π 介子	K 介子	ρ 介子	D 介子
			J/ψ 介子	Υ 介子		

20.2.2 强子的夸克结构

在深入探索物质结构过程中,到目前为止,没有任何实验结果显示轻子有内部结构,也没有任何实验能测出轻子的大小. 但人们发现强子明显地表现出它的内部结构,其物理性质也呈现出一定的规律性. 根据这些事实,盖尔曼(M. Gell. Mann)和茨威格(G. Zwig)于 1963 年提出了夸克模型,认为强子是由三种具有不同量子数的夸克组成,这三种夸克分别称为上(u)、下(1/2)和奇异(1/2)夸克. 经过一些物理学家的艰苦努力,又发现一些新的夸克存在的事实. 到目前为止,已经确认的夸克有 6 种,每一种夸克都有反夸克,其电量与夸克相反,自旋量子数都是 1/2,最为特别的是,夸克所带电荷量是质子电量的分数倍. 夸克模型认为,强子中的每个介子和反介子由一个夸克和一个反夸克组成. 例如,

$$\pi^{+} \rightarrow u\,\bar{d}, \pi^{-} \rightarrow \bar{u}d, \quad \pi^{0} \rightarrow \frac{1}{\sqrt{2}}(u\bar{u} - d\,\bar{d})$$

重子由三个夸克组成,反重子由三个反夸克组成,例如

$$p \rightarrow uud, \quad \bar{p} \rightarrow \bar{u}\bar{u}\,\bar{d}$$

夸克通过胶子结合成强子是一种强相互作用. 在强相互作用中,每一种夸克又表现为三种不同的

量子态. 为了说明这个问题,物理学家将每一种夸克形象地用“味”表示,6 种夸克和相应的反夸克共有 12 种“味”. 它们在强相互作用中的三种量子状态又形象地比拟为“色”,夸克的三种状态分别用颜色中的三基色——红(R)、绿(G)和蓝(B)来表示. 反夸克的三种状态用三基色的补色——反红$\overline{\mathrm{R}}$、反绿$\overline{\mathrm{G}}$和反蓝$\overline{\mathrm{B}}$表示. 这样,用“味”和“色”来标记的夸克和反夸克共有 36 种.

按照夸克模型,目前所发现的最小单元是媒介子(γ,g,W^+,Z^0 等)、轻子(e,μ,τ 及 $\nu\mu$、ν_μ、$\nu\tau$)和夸克三大类. 夸克模型提出后,显示出极强的生命力,已经成功地解释了强子的一些性质. 尽管如此,这一模型还有许多问题有待进一步探索和实践的检验.

20.2.3　守恒定律

在基本粒子的相互作用和变化过程中要遵守一系列的守恒定律. 正是由于这些守恒定律,使得有些过程可以实现,而有些过程则被禁戒. 这也好像原子的辐射跃迁过程具有一定的选择定则一样. 但在基本粒子过程中涉及三种基本相互作用形式(忽略万有引力作用),而每一种相互作用都具有不同的守恒规律,因此会出现比原子现象复杂得多的情况. 因为原子的辐射跃迁只涉及电磁相互作用.

1. 基本守恒定律

能量守恒、动量守恒、角动量守恒、电荷守恒是基本守恒定律. 在所有三种相互作用下上述这些量都要守恒. 这些不守恒的过程不能发生,就是说一个实际过程的前后,这些量的总值应保持不变,这是基本的守恒定律. 如过程

$$K^0 \rightarrow \pi^+ + \pi^- + \pi^0 + \pi^0$$

是禁戒的,因为 K^0 介子的静止质量比四个 π 介子的静止质量之和要小,这过程违反能量守恒定律,故不能发生. 又如过程

$$\pi^- \rightarrow \mu^- + \gamma$$

也不能发生,因为左边是玻色子,而右边是一个费米子和一个玻色子,总角动量是不守恒的.

2. 轻子数守恒

在三种相互作用中轻子数都要守恒,而且三种轻子数 L_e、L_μ、L_τ 应分别守恒. 如

$$\pi^+ \rightarrow \mu^+ + \nu_\mu$$

和

$$\mu^- \rightarrow e^- + \bar{\nu}_e + \nu_\mu$$

都是可以发生的,这里 L_e、L_μ 分别都守恒,而

$$\mu^- \rightarrow e^- + \nu_e + \bar{\nu}_\mu$$

却不能发生,因为其中 L_e 和 L_μ 都不守恒.

上面这些例子中都出现中微子,因而都是弱作用过程. 在强作用和电磁作用中三种轻子数也都要分别守恒.

3. 重子数守恒

重子数在三种相互作用中亦要求守恒. 正是由于这一守恒定律,使得质子 p 成为稳定粒子. 因为质子是最轻的重子,不可能再自发衰变成其他重子. 而重子数又禁止它转变为比它更轻的其他粒子(非重子).

对于超子(质量超过质子或中子的各种重子),只须规定它们的重子数 $B=+1$,其反粒子的 $B=-1$,则超子的衰变同样满足重子数守恒的要求. 如

$$\Lambda^0 \rightarrow n+\pi^0$$

$$\Sigma^+ \rightarrow p+\pi^0$$

$$\Sigma^- \rightarrow n+\pi^-$$

等都是可以发生的,其中 B 是守恒的(衰变前后的 B 都是 $+1$).

4. 同位旋及其分量的守恒

在基本粒子中,有些粒子的质量很接近,其他许多性质都相同或相近,就是所带电荷不同. 这样我们把它们看成同一种粒子的两种不同的荷电状态,类似于同一种电子有两种不同的自旋状态一样. 和自旋相类比,引入"同位旋"这一物理量,用 $\boldsymbol{I}$ 表示. 它也和自旋一样可看成是一个矢量,不过自旋是在普通空间中的矢量,而同位旋则是在假想的"同位旋空间"中的矢量. 它在该空间中某特定方向(如第三轴方向)上的分量 I_3 也是量子化的,它们在不同的相互作用中有不同的情况. 在强作用下,$\boldsymbol{I}$ 和 I_3 都要守恒(注意:同位旋 $\boldsymbol{I}$ 是矢量,应按矢量合成的方法相加). 如

$$\pi^- + p \rightarrow \Lambda^0 + K^0$$

是强作用过程,这里 $\boldsymbol{I}$ 和 I_3 都是守恒的. 在电磁作用中,$\boldsymbol{I}$ 不再守恒,但 I_3 仍守恒. 如 Σ^0 由电磁作用衰变为 Λ^0 并放出 γ 的过程

$$\Sigma^0 \rightarrow \Lambda^0 + \gamma$$

其中,$\boldsymbol{I}$ 不守恒,但 I_3 还是守恒的(注意:光子 γ 的 $I=I_3=0$). 在弱作用中,$\boldsymbol{I}$ 和 I_3 的守恒都被破坏. 如 Λ^0、K^0 和 K^+ 的衰变

$$\Lambda^0 \rightarrow p+\pi^-$$

$$K^0 \rightarrow \pi^+ + \pi^-$$

$$K^+ \rightarrow \pi^+ + \pi^0$$

等都是通过弱作用发生的,这里 $\boldsymbol{I}$ 和 I_3 都不守恒. 上面这些衰变过程中都不出现轻子,称非轻子过程,这时 $\boldsymbol{I}$ 和 I_3 的改变应满足条件

$$\Delta I = \pm\frac{1}{2}, \quad \Delta I_3 = \pm\frac{1}{2}$$

5. 宇称守恒

关于宇称的守恒定律,曾有一段曲折的历史. 在 20 世纪 50 年代以前,人们自然而然地认为宇称在一切过程中都要守恒,直到 1956 年,才对它提出异议. 那时实验上发现了两种衰变过程,被写为

$$\theta^+ \rightarrow \pi^+ + \pi^0$$

$$\tau^+ \rightarrow \pi^+ + \pi^+ + \pi$$

测得 θ 和 τ 这两种粒子不仅质量和平均寿命都相同,而且这两种衰变过程总是以恒定的分支比同时出现,因此人们想到这可能是同一种粒子的两种不同的衰变方式而已. 如果果真如此,则会出现更大的问题. 当时已经知道 π 介子具有奇的内禀宇称,根据宇称守恒可以推出 θ^+ 介子的宇称为偶,而 τ^+ 介子的宇称应为奇. 这怎么可能是同一粒子呢? 而如果是不同粒子,那么为什么它们的性质又如此相同呢? 这就是当时所谓的"τ-θ"之谜.

为了解开这个谜,李政道和杨振宁又详细地检验了有关宇称守恒的实验资料,发现在弱相互作用中从来没有实验证明过宇称是守恒的,而只是作为推论被接受下来的. 于是在 1956 年他们大胆地提出了

在弱相互作用下宇称不守恒的假设,并建议用实验来检验.第二年,就由吴健雄所领导的实验小组证实了这个假设.为此,李政道和杨振宁获得了1957年的诺贝尔物理学奖.

现在我们知道,在强作用和电磁作用中宇称是守恒的(原子的辐射跃迁是电磁作用过程,所以宇称应是守恒的),而在弱作用中宇称不再守恒.τ 和 θ 确实是同一种粒子,即 K^+ 介子,它的内禀宇称为奇.它通过弱作用衰变时,宇称可以不守恒.

6. 奇异数守恒

为了解释奇异现象引入一个量子化的奇异数.用 S 表示.规定所有非奇异粒子的 $S=0$,而奇异粒子的 $S\neq0$,且指定 K^0 和 K^+ 的 $S=+1$.以此为基础又定出 $\overline{K^0}$ 和 K^- 的 $S=-1$;Λ^0、Σ^-、Σ^0 和 Σ^+ 都有 $S=+1$;Ξ^0 和 Ξ^- 的 $S=-2$;而 Ω^- 的 $S=-3$.它们反粒子的奇异数有相反的符号.

奇异数在不同的相互作用中也有不同的情况.在强作用中奇异数 S 要守恒,如

$$\pi^- + p \rightarrow \Lambda^0 + K^0 \text{ 或 } \Sigma^- + K^+$$

$$p + p \rightarrow \Sigma^+ + K^+ + n \text{ 或 } \Sigma^0 + p + K^+$$

$$p + K^- \rightarrow \Xi^- + K^+$$

等通过强作用发生的过程中 S 都是守恒的.其实,正是利用强作用过程中的 S 守恒,才由 K^0 和 K^+ 的 $S=+1$ 来确定 Λ^0、$\Sigma^{\pm,0}$、$\Xi^{0,-}$ 和 Ω^- 等粒子 S 值的.S 不守恒的强作用过程不能发生,如

$$\pi^- + p \rightarrow \Sigma^+ + K^-$$

$$n + n \rightarrow \Lambda^0 + \Lambda^0 \text{ 或 } \Sigma^0 + \Sigma^0$$

等强作用过程由于 S 不守恒,所以不能发生.

奇异数在电磁作用中也是守恒的,但在弱作用中却不再守恒.如

$$K^0 \rightarrow \pi^+ + \pi^-,\quad \Lambda^0 \rightarrow p + \pi^-$$

等都是奇异粒子衰变为非奇异粒子的过程,由于奇异数不守恒,所以只能通过弱作用发生.由于弱作用过程比较缓慢,因此它们有较长的寿命(10^{-10}秒的量级).这样就解释了奇异粒子"强产生、弱衰变"以及"协同产生"等奇异性.

上面所列举的衰变过程中不出现轻子,因此也是非轻子过程,这时奇异数的改变应为

$$\Delta S = \pm 1$$

另外,当奇异粒子通过弱作用衰变的产物中既有强子又有轻子(称半轻子过程)时,对于其中的强子,要求满足

$$\Delta Q = \Delta S = \pm 1$$

即强子电荷的改变量和奇异数的改变量应相等.如

$$\Sigma^- \rightarrow n + e^- + \bar{\nu}_e$$

满足 $\Delta Q=\Delta S=\pm1$ 条件,故可以发生.而在

$$\Sigma^+ \rightarrow n + e^+ + \nu_e$$

中,强子的 $\Delta Q=-\Delta S$,不满足 $\Delta Q=\Delta S=\pm1$ 条件,因此不能发生,实验上也确实从未观察到过.应该注意,这里所谓电荷的改变只是指强子而言,整个过程的电荷仍应该守恒的.

上述各种守恒定律都列于表20.3中,表中"+"表示守恒,"−"表示不守恒.由表20.3可见,在强作用中各量都保持守恒,而在弱作用中守恒律被破坏得最多.利用这些守恒定律去对照相互作用的具体例子,就可明白为什么有些过程可以发生,而有些则不能发生,同时可以判断一个实际存在的过程究竟通过何种相互作用而发生.

表 20.3　基本相互作用中的守恒定律

守恒量	强作用	电磁作用	弱作用
能量	+	+	+
线动量	+	+	+
角动量	+	+	+
电荷	+	+	+
电子轻子数	+	+	+
μ子轻子数	+	+	+
重子数	+	+	+
同位旋	+	−	−(对非轻子 $\Delta I=\pm 1/2$)
同位旋第三分量	+	+	−(对非轻子 $\Delta I_3=\pm 1/2$)
奇异数	+	+	−(对非轻子 $\Delta S=\pm 1$)
宇称	+	+	−

20.2.4　基本相互作用

微观世界的粒子具有粒子性和波动性双重属性. 描述粒子的粒子性和波动性的双重属性,以及粒子的产生和消灭过程的基本理论是量子场论. 量子场论和规范理论十分成功地描述了粒子及其相互作用. 基本的相互作用决定物质的结构和变化过程. 现代物理确认各种物质之间基本的相互作用可归结为四种(表 20.4):引力相互作用、电磁相互作用、弱相互作用和强相互作用.

表 20.4　四种相互作用的比较

	引力相互作用	弱相互作用	电磁相互作用	强相互作用
作用力程/m	长程,∞	短程,$<10^{-16}$	长程,∞	短程,$10^{-16}\sim10^{-15}$
典型实例	天体之间	β衰变	原子结合	核力
相对强度	10^{-40}	10^{-13}	$\frac{1}{173}$	1
作用传递者	引力子	中间玻色子	光子	胶子
被作用粒子	一切物体	强子、轻子	强子	强子

1. 引力相互作用

所有具有质量的物体之间的相互作用,表现为吸引力,是一种长程力,力程为无穷. 其规律是牛顿万有引力定律,更为精确的理论是广义相对论. 引力相互作用在四种基本相互作用中最弱,远小于强相互作用 、电磁相互作用和弱相互作用,在微观现象的研究中通常可不予考虑. 然而在天体物理研究中起决定性作用. 按照近代物理的观点,引力作用是通过场或通过交换场的量子实现的,引力场的量子称为引力子. 引力可以广泛地作用于所有的物质,引力是所有物体之间都存在的一种相互作用. 由于引力常量 G 很小,因此对于通常大小的物体,他们之间的引力非常微弱,在一般的物体之间存在的万有引力常被忽略不计. 但是,对于一个具有极大质量的天体,引力成为决定天体之间以及天体与物体之间的主要作用;而由于其广泛的作用范围,引力理论可以解释一些大范围的天文现象(如银河系、黑洞和宇宙的膨胀),以及基本天文现象(如行星的公转),还有一些生活现象(如物体下落等). 万有引力是第一种被数学理论描述的相互作用.

在古代,亚里士多德建立了具有不同质量的物体是以不同的速度下落的理论. 到了科学革命时期,伽利略用实验推翻了这个理论,并且得出如果忽略空气阻力,那么所有的物体都会以相同的速度落向地面. 牛顿被苹果砸到时发现地心引力,进而引申出万有引力定律(1687年). 1915年,阿尔伯特·爱因斯坦完成了广义相对论,将重力用一种更精确的方式来描述,并指出引力是空间与时间弯曲的一种影响. 如今,一个活跃的领域正致力于用一个使用范围更广的理论来统一广义相对论和量子力学,我们称为大统一理论. 在量子力学中,一个在量子引力理论中设想的粒子(称为引力子)被广泛地认为是一个传递引力的粒子. 引力子仍是假想粒子,目前还没有被观测到. 尽管广义相对论在非量子力学限制的情况下较精确地描述了引力,但是仍有不少描述万有引力的替代理论. 这些在物理学界严格审视下的理论都是为了减少一些广义相对论的局限性,而目前观测工作的焦点就是确定什么理论修正广义相对论的局限性是可能的.

2. 电磁相互作用

带电物体或具有磁矩物体之间的相互作用,是一种长程力,力程为无穷. 宏观的摩擦力、弹性力以及各种化学作用实质上都是电磁相互作用的表现. 电磁作用研究得最清楚,其规律总结在麦克斯韦方程组和洛伦兹力公式中,更为精确的理论是量子电动力学. 量子电动力学是物理学的精确理论,按照量子电动力学,电磁相互作用是通过交换电磁场的量子(光子)而传递的,它能够很好地说明正反粒子的产生和湮没,电子、μ子的反常磁矩与兰姆移位等真空极化引起的细微电磁效应,其理论计算与实验符合得非常好.

电磁相互作用包括静止电荷之间以及运动电荷之间的相互作用. 两个点电荷之间的相互作用规律是19世纪法国物理学家库仑发现的. 运动着的带电粒子之间,除存在库仑静电作用力之外,还存在磁力(洛伦兹力)的相互作用. 这两种力是长程力,从理论上说,它们的作用范围是无限的. 宏观物体之间的相互作用,除引力外,所有接触力都是大量原子、分子之间电磁相互作用的宏观表现.

3. 弱相互作用

最早观察到的原子核的β衰变是弱作用现象. 弱作用仅在微观尺度上起作用,其对称性较差,许多在强作用和电磁作用下的守恒定律都遭到破坏,如宇称守恒在弱作用下不成立. 弱作用通过交换中间玻色子Z^0而传递. 弱作用引起的粒子衰变称为弱衰变,弱衰变粒子的平均寿命大于10^{-13} s. 凡是涉及中微子的反应都是弱相互作用过程. 弱相互作用仅在微观尺度上起作用,力程最短约在10^{-18} m范围内,比强相互作用的范围小,强度在四种相互作用中排第三位. 由于弱相互作用比强相互作用和电磁相互作用的强度都弱,故有此名. 弱相互作用的一个特点是对称性低. 在弱相互作用中,空间反射,电荷共轭和时间反演的对称性都被破坏,像同位旋、奇异数、粲数、底数等在强作用下守恒的量子数都不守恒. 弱相互作用与电磁相互作用虽然很不相同,却又有相似之处,它们之间还有以对称性相联系的关系. 在20世纪60年代末提出了弱相互作用和电磁相互作用统一的规范理论. 标准的弱电统一规范模型与所有低能的弱相互作用实验结果一致.

4. 强相互作用

最早认识到的质子和中子间的核力属于强相互作用,是质子、中子结合成原子核的作用力. 后来进一步认识到强子是由夸克组成的,强相互作用是夸克之间相互作用的体现. 强相互作用最强,也是一种短程力. 其理论是量子色动力学,强相互作用是一种色相互作用,具有色荷的夸克所具有的相互作用;

色荷通过交换 8 种胶子而相互作用,在能量不是非常高的情况下,强相互作用的媒介粒子是介子. 强相互作用具有最强的对称性,遵从的守恒定律最多. 强相互作用引起的粒子衰变称为强衰变,强衰变粒子的平均寿命最短,为 $10^{-24}\sim10^{-20}$ s,强衰变粒子称为不稳定粒子或共振态. 强相互作用是作用于强子之间的力,是所知四种宇宙间基本作用力最强的,其作用范围约在 10^{-15} m 内,比弱相互作用的范围大.

四种相互作用按强弱来排列,顺序是:强相互作用、电磁相互作用、弱相互作用、引力相互作用. 近代物理的观点倾向于认为四种基本相互作用是统一的,物理学家正在为建立大统一理论而努力.

大统一理论

长期以来,人们有一种朴素的愿望,世界是统一的,各种基本相互作用应该有统一的起源. 许多著名物理学家,如爱因斯坦、海森伯、泡利(Pauli)等,在晚年致力于统一理论的研究,但是没有取得成功. 规范理论提供了各种相互作用统一理论的诱人基础.

麦克斯韦方程统一了电和磁两种相互作用,这种电磁作用理论是一种阿贝尔的规范理论. 现在,温伯格-萨拉姆模型又在非阿贝尔规范理论基础上把弱作用和电磁作用统一了起来. 这个模型的成功加深了人类对弱作用和电磁作用本质的认识,也推动人们在规范理论基础上把各种相互作用统一起来的努力.

弱电统一理论当然也不是十全十美的理论,它的最大困难在于希格斯场至今没有发现,这个理论引进的一些参数还没有得到充分的理论解释,甚至这个理论尚未解释弱作用所有的主要性质. 例如与奇异粒子弱作用过程有关的卡皮波(Cabibbo)角,在弱电统一理论中是作为外来因素放进去的,理论无法提供任何解释.

量子色动力学沿着另一条途径来解决规范粒子零质量问题. 早在 20 世纪 50 年代末,日本的坂田昌一(Sakata)领导的小组提出强子存在着 SU(3)对称性. 20 世纪 60 年代初,对称性理论吸引了粒子物理界浓厚的兴趣. 1964 年盖尔曼(Gell-Mann,M.)提出强子由夸克(quark)构成的设想. 1966 年北京粒子物理理论组提出强子的层子模型,并对强子结构进行了具体的定量计算. "文化大革命"期间,中国的科学研究停顿下来了,但国际上恰正处于十分活跃的时期. 一系列实验证实了强子的夸克结构,并在此基础上建立起描写强相互作用的量子色动力学(quantum chromo-dynamics). 按照这一理论,夸克带有两种量子数,分别称为味道和颜色. 当然,它们与通常的味道和颜色概念毫无共同之处. 根据目前的实验,共有五种不同味道的夸克,很可能会有第六种味道,每种味道的夸克有三种不同的颜色. 各种颜色夸克之间存在强相互作用,这是一种 SU(3)规范作用,传递规范作用的规范粒子称为胶子(gluon),规范理论严格地规定了强相互作用的耦合形式. 这种非阿贝尔规范作用有十分奇特的性质:耦合强度随能量增高而减弱,高能粒子间的作用变得很弱,可用微扰论来计算,称为渐近自由现象,这也在实验中观测到;相反,随能量降低,耦合强度不断增强,以致要把带颜色的夸克分割开需要无穷大的能量,称为颜色禁闭现象. 由于颜色禁闭,在目前能量的实验中只能观测到没有颜色的状态,即颜色中性状态. 因为夸克带有颜色,作为规范粒子的胶子也带有颜色,所以目前实验无法直接观测到单独的夸克和胶子,这就解释了目前实验没有发现这类零质量规范粒子的原因.

量子色动力学解释了强相互作用的一些实验现象,但也还存在许多困难.例如在低能情况耦合系数较强时,如何按照这个理论作外微扰计算问题,又如颜色禁闭性如何从理论上作严格论证问题.

既然弱作用和电磁作用在非阿贝尔规范理论基础上统一起来了,而且强相互作用也是一种非阿贝尔规范作用,一个诱人的想法是它们能否在一个更大的非阿贝尔规范理论下统一起来,这就是所谓大统一理论的基本想法.最简单的大统一理论是 1974 年乔奇和格拉肖提出的 Georgi-GlashowSU(5)大统一模型.

大统一理论把夸克和轻子看成一种粒子的不同状态,用数学的话来说,大统一理论把夸克和轻子填在同一线性表示里,通过 SU(5)规范作用把它们联系起来.强相互作用,弱相互作用和电磁相互作用在非常高的能量(百万亿倍质子的静止能量级,质子静止能量约为 10 亿电子伏特.)下统一成一种 SU(5)规范相互作用.随着能量下降,通过希格斯场的第一次破缺,描写强相互作用的 SU(3)对称性和描写弱电相互作用的 SU(2)×U(1)对称性分开来了.能量继续下降,在 100 倍质子静止能量量级,希格斯场发生第二次破缺,电磁作用和弱作用又分开了,形成目前实验观测到的三种相互作用.在大统一理论中,夸克和轻子可以通过 SU(5)规范场相互转化,原则上质子不再是稳定的,它可能衰变成介子和轻子.尽管希格斯场第一次破缺的能量标度非常大,质子衰变的寿命非常长,但是质子不稳定造成原子核不稳定,由原子分子构造起来的物质都将是不稳定的.大统一理论引起了观念上的突破.作为规范理论的大统一理论,它对质子衰变的寿命有相当明确的预言.20 世纪 80 年代初,人们密切注视着实验的发展,但是实验没有观测到大统一理论所预言的质子衰变现象.当然这实验比较难做,有很强的背景干扰,目前还有人在不断地改进设备和方法,努力寻找质子衰变的事例.现在,只能说目前实验不太支持 SU(5)大统一模型.

大统一理论还有两个重要缺点.一个称为能量阶层问题.大统一理论中引入两次希格斯自发破缺,破缺发生的能量标度相差 12 个量级,在两次破缺之间这么大的能量范围内,大统一理论认为不会有重大物理现象发生,称为“物质沙漠”,这是难以令人置信的.另一个称为“代”的问题.SU(5)大统一模型只容纳一部分夸克和轻子,而把其他夸克和轻子重复地构成相同的 SU(5)模型,称为代.目前实验发现有三代粒子.为什么会形成代的结构?一共会有几代粒子?大统一模型都没有提供解释.此外,大统一模型中的希格斯场相当任意,与它相关引入了许多可以调节的参数,大大减少了大统一模型的预言能力.

为了克服大统一模型的缺点,20 世纪 70 年代后期又提出了超对称(super-symmetry)理论.按照这一理论,费米子和玻色子都填入同一线性表示中,通过规范作用可以互相转化.为了达到这一目的,理论不得不在已知的微观粒子基础上引入大量配偶粒子.超对称理论形式十分美妙,可惜这些配偶粒子至今都没有找到.

大统一的能量标度离完全由普适常数构成的普朗克能量只相差几个量级,进入超对称理论后,能量标度更加接近,因此,再将引力作用排除在外已不太合理.为了把引力也统一进来,将引力作用也理解为一种规范作用,建立了超引力(super-gravity)理论.

近几年来,一种新的统一理论正在兴起,称为超弦(super-string)理论. 这理论认为微观粒子不是一个点,而是一条弦,并在弦的基础上形成一套量子化方法. 这理论宣称这是第一次得到的可重整化引力理论,这理论只有几个基本参数,其他参数原则上都可以在理论中计算得到,只是由于数学上的困难,暂时还算不出来. 人们期望这一理论可以统一四种基本相互作用,当然,目前困难还很大,对此理论持批评意见的人也很多.

用规范理论统一四种基本相互作用是一种诱人的因素,但是在前进道路上还会有许多困难,也有可能会遭到失败. 也许人们还会寻找新的途径去统一各种基本的相互作用. 通过一系列探索、失败、成功,再失败,再成功,不断发现矛盾,解决矛盾,每一次循环都在加深着人类对自然界的认识.

习 题 20

20-1 下列诸力属于四种相互作用中的哪种?

(1) 行星和太阳间的力;

(2) 原子结合成分子的力;

(3) 电子和原子核结合成原子的力;

(4) 核子结合成原子核的力;

(5) 引起 $n \to p + e^- + \bar{\nu}_e$ 过程的力;

(6) 引起 $\pi^0 \to \gamma + \gamma$ 的力.

20-2 根据轻子数和重子数守恒,试判断下列过程是否可能发生:

(1) $n \to p + e^- + \nu_e$; (2) $\bar{\nu}_\mu + p \to n + \mu^+$;

(3) $\mu^+ \to e^+ + \bar{\nu}_e + \nu_\mu$; (4) $K^+ \to \mu^+ + \nu_\mu + \pi^0$;

(5) $\pi^- + n \to K^- + K^0$; (6) $K^- + p \to \Sigma^+ + \pi$.

20-3 下列反应中哪些保持奇异数守恒?

(1) $K^0 \to \pi^+ + \pi^-$; (2) $\Sigma^0 \to \Lambda^0 + \gamma$;

(3) $\overline{\Sigma}^+ \to \bar{n} + \pi^-$; (4) $\pi^- + p \to K^0 + \Lambda^0$;

(5) $p + p \to K^0 + p + p$; (6) $K^- + p \to \Omega^- + K^+ + K^0$.

20-4 根据各种守恒定律,讨论下列过程是否能实现:

(1) $\pi^0 \to \gamma + \gamma$; (2) $\Xi^- \to n + \pi^-$;

(3) $\nu_e + p \to n + \mu^+$; (4) $n \to \mu^+ + e^- + \gamma$;

(5) $\Lambda^0 \to n + \gamma$; (6) $\bar{n} \to \bar{p} + e^+ + \nu_e$;

(7) $\pi^+ + p \to \pi^+ + \pi^0 + p$.

20-5 下列各式哪些能实现,能实现的属于哪种相互作用?

(1) $p \to \pi^+ + e^+ + e^-$; (2) $p + \bar{p} \to \gamma + \gamma$

(3) $\mu^- \to e^- + \nu_e + \nu_\mu$; (4) $n + p \to \Sigma^+ + \Lambda^0$;

(5) $\Lambda^0 \to p + \pi^-$; (6) $p + p \to \Sigma^+ + K^+ + n$.

20-6 根据夸克模型,下列重子应由哪三个夸克组成:p、n、Σ^+、Ξ^0、Ξ^-、Ω^-?

20-7 试确定下列介子的夸克成分:π^+、π^-、K^+、K^-、K^0、$\overline{K}^0$.

附录Ⅳ　化学元素周期表

	ⅠA	ⅡA		ⅢB	ⅣB	ⅤB	ⅥB	ⅦB	Ⅷ			ⅠB	ⅡB	ⅢB	ⅣA	ⅤA	ⅥA	ⅦA	0
1	1 H 氢 1.0079																		2 He 氦 4.0026
2	3 Li 锂 6.941	4 Be 铍 9.012												5 B 硼 10.811	6 C 碳 12.011	7 N 氮 14.007	8 O 氧 15.999	9 F 氟 18.998	10 Ne 氖 20.17
3	11 Na 钠 22.989	12 Mg 镁 24.305												13 Al 铝 26.982	14 Si 硅 28.085	15 P 磷 30.974	16 S 硫 32.06	17 Cl 氯 35.453	18 Ar 氩 39.94
4	19 K 钾 39.098	20 Ca 钙 40.08		21 Sc 钪 44.956	22 Ti 钛 47.9	23 V 钒 50.9415	24 Cr 铬 51.996	25 Mn 锰 54.938	26 Fe 铁 55.84	27 Co 钴 58.9332	28 Ni 镍 58.69	29 Cu 铜 63.54	30 Zn 锌 65.38	31 Ga 镓 69.72	32 Ge 锗 72.5	33 As 砷 74.922	34 Se 硒 78.9	35 Br 溴 79.904	36 K r 氪 83.8
5	37 Rb 铷 85.467	38 Sr 锶 87.62		39 Y 钇 88.906	40 Zr 锆 91.22	41 Nb 铌 92.9064	42 Mo 钼 95.94	43 Tc 锝 99	44 Ru 钌 101.07	45 Rh 铑 102.906	46 Pd 钯 106.42	47 Ag 银 107.868	48 Cd 镉 112.41	49 In 铟 114.82	50 Sn 锡 118.6	51 Sb 锑 121.7	52 Te 碲 127.6	53 I 碘 126.905	54 Xe 氙 131.3
6	55 Cs 铯 132.905	56 Ba 钡 137.33	镧系	71 Lu 镥 174.96	72 Hf 铪 178.4	73 Ta 钽 180.947	74 W 钨 183.8	75 Re 铼 186.207	76 Os 锇 190.2	77 Ir 铱 192.2	78 Pt 铂 195.08	79 Au 金 196.967	80 Hg 汞 200.5	81 Tl 铊 204.3	82 Pb 铅 207.2	83 Bi 铋 208.98	84 Po 钋 (209)	85 At 砹 (201)	86 Rn 氡 (222)
7	87 Fr 钫 (223)	88 Ra 镭 226.03	锕系	103 Lr 铹 260	104 Rf 钅卢 (261)	105 Db 钅杜 (262)	106 Sg 钅喜 (263)	107 Bh 钅波 (262)	108 Hs 钅黑 (265)	109 Mt 鿏 (266)	110 Ds 𫟼 (269)	111 Rg 𬬭 (272)	112 Uub (285)	113 Uut (284)	114 Uuq (289)	115 Uup (288)	116 Uuh (292)	117 Uus	118 Uuo

镧系	57 La 镧 138.905	58 Ce 铈 140.12	59 Pr 镨 140.91	60 Nd 钕 144.2	61 Pm 钷 147	62 Sm 钐 150.4	63 Eu 铕 151.96	64 Gd 钆 157.25	65 Tb 铽 158.93	66 Dy 镝 162.5	67 Ho 钬 164.93	68 Er 铒 167.2	69 Tm 铥 168.934	70 Yb 镱 173.0
锕系	89 Ac 锕 227.03	90 Th 钍 232.04	91 Pa 镤 231.04	92 U 铀 238.03	93 Np 镎 237.05	94 Pu 钚 244	95 Am 镅 243	96 Cm 锔 247	97 Bk 锫 247	98 Cf 锎 251	99 Es 锿 254	100 Fm 镄 257	101 Md 钔 258	102 No 锘 259

习题答案

习　题　10

10-1　$q=2l\sin\theta\sqrt{4\pi\varepsilon_0 mg\tan\theta}$

10-2　$\dfrac{q^2}{2\varepsilon_0 S}$

10-3　$F=0.90\ \mathrm{N}$；沿 x 轴负向

10-4　$E=E_y=-\dfrac{Q}{\pi^2\varepsilon_0 R^2}$

10-5　(1) $r<R_1$，$\sum q=0, E=0$；(2) $R_1<r<R_2, E=\dfrac{\lambda}{2\pi\varepsilon_0 r}$，沿径向向外；(3) $r>R_2, E=0$

10-6　两面间，$\boldsymbol{E}=\dfrac{1}{2\varepsilon_0}(\sigma_1-\sigma_2)\boldsymbol{n}$；$\sigma_1$ 面外，$\boldsymbol{E}=-\dfrac{1}{2\varepsilon_0}(\sigma_1+\sigma_2)\boldsymbol{n}$；$\sigma_2$ 面外，$\boldsymbol{E}=\dfrac{1}{2\varepsilon_0}(\sigma_1+\sigma_2)\boldsymbol{n}$；$\boldsymbol{n}$：垂直于两平面由 σ_1 面指向 σ_2 面

10-7　(1) $\boldsymbol{E}_0=\dfrac{r^3\rho}{3\varepsilon_0 d^3}\overrightarrow{OO'}$；(2) $\boldsymbol{E}_{0'}=\dfrac{\rho}{3\varepsilon_0}\overrightarrow{OO'}$；(3) $\boldsymbol{E}_P=\dfrac{\rho\boldsymbol{d}}{3\varepsilon_0}$

10-8　(1) $\Phi_e=\dfrac{q}{6\varepsilon_0}$；(2)不包含 q 所在的顶点，则 $\Phi_e=\dfrac{q}{24\varepsilon_0}$，包含 q 所在顶点则 $\Phi_e=0$

10-9　平行于 xOy 平面的两个面的电场强度通量为 $\Phi_{e1}=0$，平行于 yOz 平面的两个面的电场强度通量为 $\Phi_{e2}=\pm200b^2$（Wb），平行于 xOz 平面的两个面的电场强度通量为 $\Phi_{e3}=\pm300b^2$（Wb）

10-10　$\dfrac{q}{4\pi\varepsilon_0}\left(\dfrac{1}{r}-\dfrac{1}{R}\right)$

10-11　$\dfrac{3\sqrt{3}qQ}{2\pi\varepsilon_0 a}$

10-12　0；$\dfrac{qQ}{4\pi\varepsilon_0 R}$

10-13　(1) $\dfrac{-\lambda}{2\pi\varepsilon_0 R}$；(2) $U_O=\dfrac{\lambda}{2\pi\varepsilon_0}\ln2+\dfrac{\lambda}{4\varepsilon_0}$

10-14　$U_P=\dfrac{q}{8\pi\varepsilon_0 l}\ln\left(1+\dfrac{2l}{a}\right)$

习　题　11

11-1　$a=\dfrac{b}{2}$，此时 $E_{a\min}=\dfrac{4U}{b}$

11-2　$U_C=\dfrac{1}{2}\left(V+\dfrac{q}{2\varepsilon_0 S}d\right)$

11-3　25∶16

11-4　$W=W_0/\varepsilon_r$

11-5　(1) 由静电感应，金属球壳的内表面上有感生电荷 $-q$，外表面上带电荷 $q+Q$.

(2) $U_{-q}=-\frac{q}{4\pi\varepsilon_0 a}$;(3) $U_0=\frac{q}{4\pi\varepsilon_0}\left(\frac{1}{r}-\frac{1}{a}+\frac{1}{b}\right)+\frac{Q}{4\pi\varepsilon_0 b}$

11-6 (1) $\frac{3}{8}F_0$;(2) $\frac{4}{9}F_0$

11-7 (1) $q_1=\frac{C_1(C_1-C_2)}{C_1+C_2}U, q_2=\frac{C_2(C_1-C_2)}{C_1+C_2}U$;(2) $\frac{2C_1C_2}{C_1+C_2}U^2$

11-8 (1) 1.82×10^{-4}J;(2) 1.01×10^{-4} J;(3) 4.49×10^{-12}F

习 题 12

12-1 $\boldsymbol{B}_O=-\frac{\mu_0 I}{4\pi R}\boldsymbol{j}+\frac{\mu_0 I}{4R}\boldsymbol{k}$

12-2 $B=\frac{\mu_0 I}{2R}\left(\frac{\sqrt{3}}{\pi}-\frac{1}{3}\right)$,方向垂直纸面向里

12-3 $B=\frac{\mu_0 NI}{4R}$

12-4 (1)$\Phi_1=0.24$Wb;(2)$\Phi_2=0$;(3)$\Phi_3=0.24$Wb

12-5 $B_0=\frac{\mu_0 I}{2\pi R}\left(1-\frac{\sqrt{3}}{2}+\frac{\pi}{6}\right)$,方向垂直纸面向里

12-6 $B=6.37\times10^{-5}$T

12-7 $B_0=\frac{\mu_0 ev}{4\pi a^2}=13T$,垂直向里;$P_m=9.2\times10^{-24}$ A·m^2,垂直向里

12-8 (1) $B_A=4\times10^{-5}$ T,方向垂直纸面向外;(2)$\Phi=2.2\times10^{-6}$T

12-9 (1) $r<a, B=\frac{\mu_0 Ir}{2\pi R^2}$;(2) $a<r<b, B=\frac{\mu_0 I}{2\pi r}$;(3)$b<r<c$, $B=\frac{\mu_0 I(c^2-r^2)}{2\pi r(c^2-b^2)}$;(4)$r>c, B=0$

12-10 (1) $B=\frac{\mu_0\rho\omega}{2}(R^2-r^2)$;(2) $B_{端面中心}=\frac{\mu_0\rho\omega R^2}{4}$

12-11 $F=\frac{\mu_0 I_1 I_2}{\pi}\ln\frac{b}{a}$

12-12 (1)$M=\frac{1}{2}\pi R^2 IB$,垂直于 B 的方向向上 (2)$A=\frac{B\pi R^2 I}{2}$

12-13 (1) $\boldsymbol{F}_{CD}$垂直CD 向左,大小 $F_{CD}=8.0\times10^{-4}$N,
同理 $\boldsymbol{F}_{FE}$方向垂直FE 向右,大小 $F_{FE}=8.0\times10^{-5}$N,
$\boldsymbol{F}_{CF}$方向垂直CF 向上,大小 $F_{CF}=9.2\times10^{-5}$N,
$\boldsymbol{F}_{ED}$方向垂直ED 向下,大小 $F_{ED}=F_{CF}=9.2\times10^{-5}$N;
(2) 合力 $\boldsymbol{F}$ 方向向左,大小 $F=7.2\times10^{-4}$N,合力矩 $\boldsymbol{M}=0$

12-14 (1) $H=200$A·m^{-1},$B_0=2.5\times10^{-4}$T;
(2) $H=200$ A·m^{-1},$B=1.05$ T

12-15 证明略

习 题 13

13-1 0.40V

13-2 0.8πV

13-3 $-\frac{\mu_0 a}{2\pi}\ln\frac{4}{3}\cdot\frac{\mathrm{d}I}{\mathrm{d}t}$,沿顺时针方向

13-4 $\frac{1}{2}\omega BL^2\sin^2\theta$

13-5 $\frac{\mu_0 I l_1 l_2 v}{2\pi a(a+l_1)}$,顺时针方向

13-6 (1)$\frac{1}{6}B\omega l^2$; (2)b

13-7 $\frac{\mu_0 Iv}{\pi}\ln\frac{a+b}{a-b}$

13-8 $-\frac{\mu_0 Iv}{2\pi}\ln\frac{m+l\cos\theta}{m}$,方向由$b\rightarrow a$,$a$端电势较高

13-9 1.5V,方向从A指向B,B点电势较高

13-10 (1) $\frac{1}{2}\omega BR^2$ 盘心指向盘边,盘边电势高;

(2) $\frac{1}{2}\omega BR^2$ 盘边指向盘心,盘心电势高

13-11 0.3

13-12 1200匝

13-13 (1) $2.5\times10^{-4}\mathrm{N\cdot C^{-1}}$向沿顺时针方向;(2) $-0.44\times10^8\mathrm{m\cdot s^{-2}}$

13-14 $M=\frac{\mu_0 l}{2\pi}\ln\frac{m+n}{m}$

13-15 磁能$4\times10^{-15}V$(J);动能$10^{-15}V$(J)

习　题　14

14-1 $\frac{\varepsilon k}{r\ln\frac{R_2}{R_1}}$

14-2 略

14-3 $\frac{qa^2v}{2(x^2+a^2)^{\frac{3}{2}}}$

14-4 (1) $4\times10^2\mathrm{A\cdot m^{-1}}$;(2) $7.53\times10^{-2}\mathrm{V\cdot m^{-1}}$;(3) $30.1\mathrm{W\cdot m^{-2}}$

14-5 (1) $E=\frac{\rho I_0}{\pi a^2}$,与电流方向相同;

(2) $H=\frac{I_0 r}{2\pi a^2}$,与电流方向成右手螺旋关系;(3) $S=\frac{\rho I_0^2 r}{2\pi^2 a^4}$,垂直导线侧面且进入导线

14-6 (1) $E_i=-\frac{\mu_0 nr}{2}\frac{\mathrm{d}i}{\mathrm{d}t}$;(2) $\frac{\mu_0 n^2 r}{2}i\frac{\mathrm{d}i}{\mathrm{d}t}$,在垂直于轴的截面上且指向轴

14-7 (1) 303m;(2) 14.99m;(3) 1.63m

14-8 $E_m=1.55\times10^3\ \mathrm{V\cdot m^{-1}}$; $B_m=5.16\times10^{-6}\mathrm{T}$

习　题　15

15-1 500nm

15-2 0.79×10^{-3}m

15-3 1.67×10^{-5}m

15-4 0.11m;7

15-5 4.33×10^{-4}m,3.55×10^{-4}m,6.29×10^{-4}m

15-6 6.73×10^{-7}m

15-7 反射光中波长为654.5nm、553.8nm、480nm、423.5nm的光最强

15-8 8″

15-9 4.0×10^{-4}rad;3.4×10^{-7}m;0.85mm;141

15-10 12.24×10^{-3}mm

15-11 401.54nm

15-12 1.22

15-13 正面呈红色($\lambda=673.7$nm)和紫色($\lambda=404.2$nm);背面呈绿色($\lambda=505.4$mm)

15-14 99.0nm

15-15 5.9×10^{-2}mm

习　题　16

16-1 (1) $\lambda_1=2\lambda_2$;(2) $k_2=2k_1$,相应的暗纹重合

16-2 3,6,9,……

16-3 (1) 6μm;(2) 1.5μm;(3) 0,±1,±2,±3,±5,±6,±7,±9级

16-4 4个

16-5 2.68×10^{-7}rad

16-6 (1) 5.0mm;(2) 10.0mm;(3) 4个

16-7 (1) 33;(2) 50

16-8 (1) 6×10^{-3}rad;(2) 1.2×10^{-2}rad;(3) 1.2×10^{-2}m

16-9 略

16-10 (1) 3.394×10^{-6}m;(2) 1.13×10^{-6}m或2.26×10^{-6}m;(3) 9条(0,±1,±2,±4,±5)

习　题　17

17-1 3/8、1/4、1/8

17-2 2.25

17-3 略

17-4 (1)54°44′;(2) 35°16′

17-5 (1) 54°28′;(2) 36°32′

17-6 1.6

17-7 4.5mm

习　题　18

18-1 $\Delta t=\dfrac{2vl_0}{c^2\sqrt{1-\dfrac{v^2}{c^2}}}$

18-2 $\Delta l=1.25\times10^{-14}$m

18-3 $\Delta t=2.87\times10^{8}$s≈9a

18-4 (1)$\Delta t_1=2.25\times10^{-7}$s;(2)$\Delta t_2=3.75\times10^{-7}$s

18-5 $v=0.816c$;$L=0.707$m

18-6 $\Delta t=1.25\times10^{-8}$s;$\Delta t'=7.5\times10^{-9}$s

18-7 $u=0.6c$;$\Delta x'=-9\times10^{8}$m

18-8 (1)$v=\frac{\sqrt{3}}{2}c$; (2) $v=\frac{\sqrt{3}}{2}c$

18-9 $\tau=8\tau_0$

18-10 (1)$E_{k1}=2.57$MeV;(2)$E_{k2}=2.44$MeV

18-11 $v=\frac{c\sqrt{n(n+2)}}{n+1}$;$P=m_0c\sqrt{n(n+2)}$

18-12 $E_k=1.6\times10^{-17}$J;0.02%;$v=5.9\times10^{6}$mg·s^{-1}

18-13 1.8×10^{4}m

18-14 5.5MeV

习 题 19

19-1 太阳:$T_1=5.3\times10^{3}$K;北极星:$T_2=8.3\times10^{3}$K;天狼星:$T_3=1.0\times10^{4}$K

19-2 (1)$\lambda_m=9.66\times10^{-4}$m;(2)$P=2.34\times10^{9}$W

19-3 (1)$E_{kmax}=2.0$eV (2)$U_a=2.0$V (3)$\lambda_0=0.296\mu$m

19-4 (1)能产生光电效应;(2)$v=5.74\times10^{5}$m/s

19-5 $E=1.99\times10^{-18}$J;$P=1.99\times10^{-18}$W

19-6 $\nu=1.236\times10^{20}$Hz;$\lambda=0.002$nm;$p=2.73\times10^{-22}$kg·m·s^{-1}

19-7 (1) $\lambda'=0.102426$nm;(2) $\varphi=44°18'$;$E_k=291$eV

19-8 $\lambda=0.0043$nm;$\varphi=62°17'$

19-9 (1) $\lambda=1.2\times10^{-13}$m;(2) $\lambda=9.1\times10^{-15}$m

19-10 (1)$\Delta E_{1\to4}=12.75$eV;

(2) "4→3":$\Delta E_{4\to3}=E_4-E_3=0.65$eV,

"4→2":$\Delta E_{4\to2}=E_4-E_2=2.55$eV,

"4→1":$\Delta E_{4\to1}=E_4-E_1=12.75$eV,

"3→2":$\Delta E_{3\to2}=E_3-E_2=1.9$eV,

"3→1":$\Delta E_{3\to1}=E_3-E_1=12.1$eV,

"2→1":$\Delta E_{2\to1}=E_2-E_1=10.2$eV;

(3)$u=4.07$m/s

19-11 $\tau=5\times10^{-11}$s

19-12 $\Delta x=30$cm

19-13 $\Delta\lambda=1.323\times10^{-3}$nm

19-14 $\frac{1}{2a}$

19-15 0.091

19-16 (1) $L=\sqrt{2}\hbar$; (2) L_z 有三个取向,夹角分别为:

$L_z=0,\theta=\frac{\pi}{2}$；$L_z=\hbar,\theta=\frac{\pi}{4}$；$L_z=-\hbar,\theta=\frac{3\pi}{4}$

19-17 $m_l=0,\pm1,\pm2$; $m_s=\pm\frac{1}{2}$

习 题 20

20-1 (1)万有引力；(2)电磁力；(3)电磁力；(4)强作用力；(5)弱作用力；(6)电磁力

20-2 (1)不能；(2)可能；(3)不能；(4)可能；(5)不能；(6)可能

20-3 (2)(4)(6)

20-4 (1)能；(2)不能；(3)不能；(4)不能；(5)不能；(6)能；(7)能

20-5 (1)不能；(2)电磁作用；(3)不能；(4)不能；(5)弱作用；(6)强作用

20-6 p(uud)、n(udd)、Σ^+(uus)、Σ^-(dds)、Ξ^0(uss)、Ξ^-(dss)、Ω^-(sss)

20-7 $\pi^+(u\bar{d})$、$\pi^-(\bar{u}d)$、$K^+(u\bar{s})$、$K^-(\bar{u}s)$、$K^0(d\bar{s})$、$\bar{K}^0(\bar{d}s)$